电力工程设计手册

U0300058

电力工程设计手册

火力发电厂电气一次设计

中国电力工程顾问集团有限公司　编著

Power
Engineering
Design Manual

中国电力出版社

内 容 提 要

本书是《电力工程设计手册》系列手册中的一个分册，是按火力发电厂电气一次设计要求编写的实用性工具书，可以满足火力发电厂各设计阶段电气一次设计的内容深度要求。本书主要内容包括火力发电厂发电机变压器、高压配电装置、厂用电系统等一次设计的系统设计、设备选择、布置设计、专项设计、施工详图设计的原则、方法及实例。

本书是依据最新相关规范、规程和标准的内容要求编写的，充分吸收火力发电厂建设和运行管理的先进理念和成熟技术，广泛收集了电气一次设计成熟、先进的案例，全面反映了近年来新建火力发电厂工程中电气一次设计的新理念、新方案、新方法，列入了大量成熟、可靠的设计基础资料、技术数据和技术指标。本书内容充实，简明扼要，直观实用。

本书是供火力发电厂电气一次设计工作相关人员使用的工具书，可以满足火力发电厂前期工作、初步设计、施工图设计等阶段的深度要求，可作为火力发电厂建设、施工、调试、运行人员的参考工具书，也可作为大专院校电气专业师生的参考书。

图书在版编目（CIP）数据

电力工程设计手册. 火力发电厂电气一次设计 / 中国电力工程顾问集团有限公司编著. —北京：中国电力出版社，2018.3（2022.3 重印）
ISBN 978-7-5198-0991-1

Ⅰ. ①电… Ⅱ. ①中… Ⅲ. ①火电厂－机电设备－建筑设计－手册
Ⅳ. ①TM7-62②TU85-62

中国版本图书馆 CIP 数据核字（2017）第 173886 号

出版发行：中国电力出版社
地　　址：北京市东城区北京站西街 19 号（邮政编码 100005）
网　　址：http://www.cepp.sgcc.com.cn
印　　刷：三河市万龙印装有限公司
版　　次：2018 年 3 月第一版
印　　次：2022 年 3 月北京第五次印刷
开　　本：787 毫米×1092 毫米　16 开本
印　　张：65.25
字　　数：2326 千字
印　　数：9001—10500 册
定　　价：390.00 元

《火力发电厂电气一次设计》
编 写 组

主　　编　张欢畅

参编人员　（按姓氏笔画排序）

王　鑫	王莹玉	卢　伟	史　东	朱小利	朱蕊莉
刘世友	刘增远	孙瑞强	李　磊	李鸿路	杨小平
杨月红	何世杰	沈　坚	张朝阳	周　爽	孟勇强
黄一凡	康　博	魏　燕			

《火力发电厂电气一次设计》
编辑出版人员

编审人员　安小丹　李文娟　张运东　姜丽敏　刁晶华

出版人员　王建华　李东梅　黄　蓓　常燕昆　朱丽芳　闫秀英
　　　　　　陈丽梅　李　娟　安同贺　王红柳　赵姗姗

序 言

改革开放以来，我国电力建设开启了新篇章，经过30多年的快速发展，电网规模、发电装机容量和发电量均居世界首位，电力工业技术水平跻身世界先进行列，新技术、新方法、新工艺和新材料的应用取得明显进步，信息化水平得到显著提升。广大电力工程技术人员在30多年的工程实践中，解决了许多关键性的技术难题，积累了大量成功的经验，电力工程设计能力有了质的飞跃。

党的十八大以来，中央提出了"创新、协调、绿色、开放、共享"的发展理念。习近平总书记提出了关于保障国家能源安全，推动能源生产和消费革命的重要论述。电力勘察设计领域的广大工程技术人员必须增强创新意识，大力推进科技创新，推动能源供给革命。

电力工程设计是电力工程建设的龙头，为响应国家号召，传播节能、环保和可持续发展的电力工程设计理念，推广电力工程领域技术创新成果，推动电力行业结构优化和转型升级，中国电力工程顾问集团有限公司编撰了《电力工程设计手册》系列手册。这是一项光荣的事业，也是一项重大的文化工程，对于培养优秀电力勘察设计人才，规范指导电力工程设计，进一步提高电力工程建设水平，助力电力工业又好又快发展，具有重要意义。

中国电力工程顾问集团有限公司作为中国电力工程服务行业的"排头兵"和"国家队"，在电力勘察设计技术上处于国际先进和国内领先地位。在百万千瓦级超超临界燃煤机组、核电常规岛、洁净煤发电、空冷机组、特高压交直流输变电、新能源发电等领域的勘察设计方面具有技术领先优势。中国电力工程顾问集团有限公司还在中国电力勘察设计行业的科研、标准化工作中发挥着主导作用，承担着电力新技术的研究、推广和国外先进技术的引进、消化和创新等工作。

这套设计手册获得了国家出版基金资助，是一套全面反映我国电力工程设计领域自有知识产权和重大创新成果的出版物，代表了我国电力勘察设计行业的水平和发展方向，希望这套设计手册能为我国电力工业的发展做出贡献，成为电力行业从业人员的良师益友。

汪建平

2017 年 3 月 18 日

总 前 言

电力工业是国民经济和社会发展的基础产业和公用事业。电力工程勘察设计是带动电力工业发展的龙头，是电力工程项目建设不可或缺的重要环节，是科学技术转化为生产力的纽带。新中国成立以来，尤其是改革开放以来，我国电力工业发展迅速，电网规模、发电装机容量和发电量已跃居世界首位，电力工程勘察设计能力和水平跻身世界先进行列。

随着科学技术的发展，电力工程勘察设计的理念、技术和手段有了全面的变化和进步，信息化和现代化水平显著提升，极大地提高了工程设计中处理复杂问题的效率和能力，特别是在特高压交直流输变电工程设计、超超临界机组设计、洁净煤发电设计等领域取得了一系列创新成果。"创新、协调、绿色、开放、共享"的发展理念和实现全面建设小康社会奋斗目标，对电力工程勘察设计工作提出了新要求。作为电力建设的龙头，电力工程勘察设计应积极践行创新和可持续发展思路，更加关注生态和环境保护问题，更加注重电力工程全寿命周期的综合效益。

作为电力工程服务行业的"排头兵"和"国家队"，中国电力工程顾问集团有限公司是我国特高压输变电工程勘察设计的主要承担者，包括世界第一个商业运行的 1000kV 特高压交流输变电工程、世界第一个 ±800kV 特高压直流输电工程等；是我国百万千瓦级超超临界燃煤机组工程建设的主力军，完成了我国 70%以上的百万千瓦级超超临界燃煤机组的勘察设计工作，创造了多项"国内第一"，包括第一台百万千瓦级超超临界燃煤机组、第一台百万千瓦级超超临界空冷燃煤机组、第一台百万千瓦级超超临界二次再热燃煤机组等。

在电力工业发展过程中，电力工程勘察设计工作者攻克了许多关键技术难题，积累了大量的先进设计理念和成熟设计经验。编撰《电力工程设计手册》系列手册可以将这些成果以文字的形式传承下来，进行全面总结、充实和完善，引导电力工程勘察设计工作规范、健康发展，推动电力工程勘察设计行业技术水平提升，助力勘察设计从业人员提高业务水平和设计能力，以适应新时期我国电力工业发展的需要。

2014年12月，中国电力工程顾问集团有限公司正式启动了《电力工程设计手册》系列手册的编撰工作。《电力工程设计手册》的编撰是一项光荣的事业，也是一项艰巨和富有挑战性的任务。为此，中国电力工程顾问集团有限公司和中国电力出版社抽调专人成立了编辑委员会和秘书组，投入专项资金，为系列手册编撰工作的顺利开展提供强有力的保障。在手册编辑委员会的统一组织和领导下，700多位电力勘察设计行业的专家学者和技术骨干，以高度的责任心和历史使命感，坚持充分讨论、深入研究、博采众长、集思广益、达成共识的原则，以内容完整实用、资料翔实准确、体例规范合理、表达简明扼要、使用方便快捷、经得起实践检验为目标，参阅大量的国内外资料，归纳和总结了勘察设计经验，经过几年的反复斟酌和锤炼，终于编撰完成《电力工程设计手册》。

《电力工程设计手册》依托大型电力工程设计实践，以国家和行业设计标准、规程规范为准绳，反映了我国在特高压交直流输变电、百万千瓦级超超临界燃煤机组、洁净煤发电、空冷机组等领域的最新设计技术和科研成果。手册分为火力发电工程、输变电工程和通用三类，共31个分册，3000多万字。其中，火力发电工程类包括19个分册，内容分别涉及火力发电厂总图运输、热机通用部分、锅炉及辅助系统、汽轮机及辅助系统、燃气-蒸汽联合循环机组及附属系统、循环流化床锅炉附属系统、电气一次、电气二次、仪表与控制、结构、建筑、运煤、除灰、水工、化学、供暖通风与空气调节、消防、节能、烟气治理等领域；输变电工程类包括4个分册，内容分别涉及变电站、架空输电线路、换流站、电缆输电线路等领域；通用类包括8个分册，内容分别涉及电力系统规划、岩土工程勘察、工程测绘、工程水文气象、集中供热、技术经济、环境保护与水土保持和职业安全与职业卫生等领域。目前新能源发电蓬勃发展，中国电力工程顾问集团有限公司将适时总结相关勘察设计经验，编撰新能源等系列设计手册。

《电力工程设计手册》全面总结了现代电力工程设计的理论和实践成果，系统介绍了近年来电力工程设计的新理念、新技术、新材料、新方法，充分反映了当前国内外电力工程设计领域的重要科研成果，汇集了相关的基础理论、专业知识、常用算法和设计方法。全套书注重科学性、体现时代性、增强针对性、突出实用性，可供从事电力工程投资、建设、设计、制造、施工、监理、调试、运行、科研等工作者使用，也可供相关教学及管理工作者参考。

《电力工程设计手册》的编撰和出版，是电力工程设计工作者集体智慧的结晶，展现了当今我国电力勘察设计行业的先进设计理念和深厚技术底蕴。《电力工程设计手册》是我国第一部全面反映电力工程勘察设计的系列手册，难免存在疏漏与不足之处，诚恳希望广大读者和专家批评指正，如有问题请向编写人员反馈，以期再版时修订完善。

在此，向所有关心、支持、参与编撰的领导、专家、学者、编辑出版人员表示衷心的感谢！

《电力工程设计手册》编辑委员会

2017 年 3 月 10 日

前　言

　　《火力发电厂电气一次设计》是《电力工程设计手册》系列手册之一。

　　近些年来，电力装备制造、电网建设、大容量高参数机组建设的发展引起电气一次设计发生了巨大变化，电气主接线、厂用电系统都发生了变化，设计思路、设计方法也不断与国际标准接轨，越来越科学，本书在总结新中国成立以来特别是近些年火力发电厂电气一次设计、施工、运行管理经验的基础上，充分吸收火力发电厂建设和运行管理的先进理念和成熟技术，广泛收集电气一次设计成熟先进的案例，全面反映近年来新建火力发电厂工程中电气一次设计的新理念、新方案、新方法，对提高火力发电厂电气一次设计质量、提升设计水平将起到指导作用。

　　本书以实用性为主，按照现行的相关规范、标准的内容规定，结合火力发电厂电气一次设计的特点，先介绍了电气专业设计的基本知识，包括电气专业的设计内容、设计范围、设计文件及设计配合，然后按系统设计、设备选择、布置设计、过电压及接地专项设计、施工详图设计等几个模块详细论述了发电机变压器、高压配电装置、厂用电系统方面的电气一次设计内容，给出了各部分设计原则、设计方法、计算方法及设计实例，既可以供初学者了解电气设计全貌、系统学习电气设计使用，也可以供有一定设计经验的同志翻阅查询、深入学习使用。

　　本书主编单位为中国电力工程顾问集团西北电力设计院有限公司。本书由张欢畅担任主编，杨月红负责编写第一章；黄一凡、张欢畅负责编写第二章；张朝阳、刘增远、何世杰负责编写第三章；刘世友、张欢畅负责编写第四章；张欢畅、朱蕊莉负责编写第五章；魏燕、孟勇强负责编写第六章；周爽、李鸿路负责编写第七章；康博、张欢畅负责编写第八章；王鑫负责编写第九章；周爽、卢伟负责编写第十章；朱小利、李磊负责编写第十一章；王莹玉负责编写第十二章；沈坚、卢伟负责编写第十三章及第十四章；李鸿路、史东负责编写第十五章；朱小利、孙瑞强负责编写第十六章；杨小平负责编写第十七章。

本书是供火力发电厂电气一次设计人员使用的工具书，可以满足火力发电厂前期工作、初步设计、施工图设计等阶段的深度要求，并可作为火力发电厂建设、施工、调试、运行人员的参考工具书，也可作为大专院校电气专业师生的参考书。

　　在本书的编写过程中，参考了《电力工程电气设计手册　电气一次部分》（1989年中国电力出版社出版）的数据和资料，在此，向该书的编写人员表示由衷的感谢！

《火力发电厂电气一次设计》编写组

2018 年 3 月

目 录

第一章

综　述

第一节　概　述

一、设计在工程建设中的作用

设计是一门涉及科学、技术、经济和方针政策等各方面的综合性的应用技术科学，又是先进技术转化为生产力的纽带。

设计工作的基本任务是在工程建设中贯彻国家的基本建设方针和技术经济政策，做出切合实际、安全适用、技术先进、综合经济效益好的设计，有效地为工程建设服务。

电力设计院是电厂的总体设计院，对电厂工程建设项目的合理性和整体性以及各设计单位之间的配合协调负有全责，并负责组织编制和汇总项目的总说明、总图和总概算等内容。

设计文件是安排工程建设项目和组织施工安装的主要依据。设计成为工程建设的"龙头"。

设计工作是工程建设的关键环节。做好设计工作，对工程建设的工期、质量、投资费用和建成投产后的运行安全可靠性、生产的综合经济效益，起着决定性的作用。

工程项目需要设计单位为有关部门的宏观控制和项目法人的决策提供科学依据。项目核准后，能否保证工程设计质量、控制工程建设进度和工程投资；项目建成后，能否获得最大的经济效益、环境效益和社会效益，设计都将起到关键作用。因此，设计是工程建设的灵魂。

二、设计工作需遵循的主要原则

设计工作要遵守国家的法律、法规，贯彻执行国家经济建设的方针、政策和基本建设程序，特别需要贯彻执行提高综合经济效益和促进技术进步的方针及产业政策。

要运用系统工程的方法从全局出发，正确处理中央与地方、工业与农业、沿海与内地、城市与乡村、远期与近期、平时与战时、技改与新建、主体设施与辅助设施、生产与生活、安全与经济等方面的关系。

要根据国家规程、规范及有关规定，结合工程的不同性质、不同要求，从我国实际情况出发，合理地确定设计标准。以电厂全寿命周期内效益最大化为根本目标，对生产工艺、主要设备和主体工程要做到可靠、适用、先进；对非生产性的建设，坚持经济、适用，在可能条件下注意美观。

发电厂项目建设需贯彻"建设资源节约型、环境友好型社会"的国策，积极采用可靠的先进技术，积极推荐采用高效、节能、节地、节水、节材、降耗和环保的方案。落实节约资源的基本国策，实现资源的综合利用，推广应用高效节能技术，提高能源利用效率，节约能源。严格执行国家环境保护政策，减少污染，烟气、废水、噪声等污染物的排放需符合国家及地方的规定和标准。提高整体效果和水平，总体规划和建筑设计需因地制宜、合理布置、协调一致；厂区、车间布置要提高综合技术水平，合理分区，方便施工、检修和运行操作。

三、设计基本程序

设计要执行国家规定的基本建设程序。火力发电厂设计的一般程序是：初步可行性研究—可行性研究—初步设计—施工图设计。研究报告和设计文件都要按规定的内容完成报批和批准手续。按程序办事，就能使工程的规划设计由主要原则到具体方案，由宏观到微观，逐步充实、循序渐进，从而得出最优方案，保证质量，避免决策失误。

在工程进入施工阶段后，设计工作还要配合施工、工程管理、试运行和验收，最后进行总结，从而完成设计工作的全过程。

新建大、中型火电厂，一般可按表 1-1 所列设计基本程序进行。

表 1-1   设计基本程序及任务

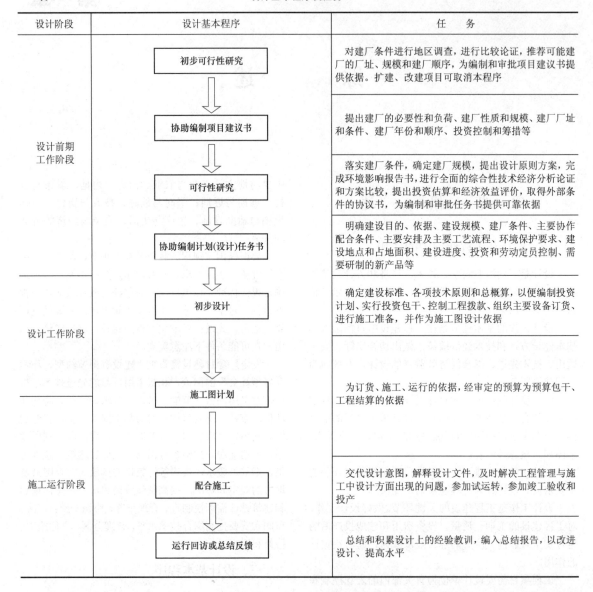

设计阶段	设计基本程序	任　务
设计前期工作阶段	初步可行性研究	对建厂条件进行地区调查，进行比较论证，推荐可能建厂的厂址、规模和建厂顺序，为编制和审批项目建议书提供依据。扩建、改建项目可取消本程序
	协助编制项目建议书	提出建厂的必要性和负荷、建厂性质和规模、建厂厂址和条件、建厂年份和顺序、投资控制和筹措等
	可行性研究	落实建厂条件，确定建厂规模，提出设计原则方案，完成环境影响报告书，进行全面的综合性技术经济分析论证和方案比较，提出投资估算和经济效益评价，取得外部条件的协议书，为编制和审批任务书提供可靠依据
	协助编制计划(设计)任务书	明确建设目的、依据、建设规模、建厂条件、主要协作配合条件、主要安排及主要工艺流程、环境保护要求、建设地点和占地面积、建设进度、投资和劳动定员控制、需要研制的新产品等
设计工作阶段	初步设计	确定建设标准、各项技术原则和总概算，以便编制投资计划、实行投资包干、控制工程拨款、组织主要设备订货、进行施工准备，并作为施工图设计依据
	施工图计划	为订货、施工、运行的依据，经审定的预算为预算包干、工程结算的依据
施工运行阶段	配合施工	交代设计意图，解释设计文件，及时解决工程管理与施工中设计方面出现的问题，参加试运转，参加竣工验收和投产
	运行回访或总结反馈	总结和积累设计上的经验教训，编入总结报告，以改进设计、提高水平

四、设计人员职责

一个专业的设计任务主要由设计人、校核人和主要设计人完成。设计成品最后由专业科长（经理）、主任（专业）工程师和设计总工程师审核、审定。这里仅介绍设计人员的职责。

（一）主要设计人

主要设计人的任务是组织本专业的工程设计工作，并通过本专业内的接口技术要求与协调，对本专业的技术业务全面负责。具体职责如下：

（1）组织收集、鉴定本专业的原始资料，检查协议和主要数据，落实开展工作的条件。在工程负责人的统一安排下，组织本专业的调查收资工作，编制调查收资提纲并贯彻执行，听取生产、施工方面意见。

（2）落实设计内容、深度和人员安排，拟定本专业的技术组织措施和工程设计综合进度，安排并协调联系配合及互提资料的计划。

（3）负责本专业设计文件的编制工作，组织方案研究和技术经济比较，提出技术先进、经济合理的推荐意见。

（4）负责专业间的联系配合及相互间的协调统一。负责设计文件符合审定原则，原始资料正确，内容深度适当，专业内各卷册内容协调一致。校审签署本工程及本专业的全部文件、图纸，核对专业间相互提供的资料及进行图纸会签。

（5）参加对外业务工作时，负责本专业的各项准备工作，参加必要的会议和对外联系工作。

（6）负责编制设备技术规范书、参加设备招标、评标、技术协议的签订及参加设计联络会等工作。

（7）本人或协助工地代表向生产、施工单位进行技术交底，归口处理施工、安装、运行中的专业技术问题。

（8）做好工程各阶段的技术文件资料的立卷归档工作。

（二）校核人

校核人对所分配校审的卷册或项目的质量负责，具体如下：

（1）校对设计文件是否符合国家技术政策及标准规范；是否贯彻执行已审定的设计原则方案；核对原始资料及数据，设备材料的规格及数量，图纸的尺寸、坐标、计算方法、项目、条件和运算结果等是否正确无误；审核设计意图是否交代清楚。

（2）核对系统与布置是否一致，总图与分图是否符合一致，与有关专业是否衔接协调，有无矛盾。

（3）核对套用的标准设计、典型设计、活用的其他工程图纸，是否符合本工程的设计条件。

（4）将发现的问题认真地填写在校审记录单上，并督促原设计人及时更正。

（三）设计人

设计人对所分配的生产任务的质量和进度负责，具体如下：

（1）设计中认真贯彻上级审批意见，执行有关标准规范和各项管理制度。

（2）认真吸取国内外施工、运行先进经验，主动与有关专业联系配合，合理制订系统、布置和结构方案，正确采用计算方法、计算公式、计算数据，正确选择设备材料，按本工程条件正确套用标准设计、典型设计或活用其他工程图纸。

（3）认真做好调查研究、收集资料等外部业务工作，做好现场记录及有关资料整理工作，满足调查收资的有关规定。

（4）根据主要设计人的委托，会签外专业与本人承担的卷册或项目的有关文件和图纸。

（5）计算和制图完成后，认真进行自校，确保设计质量。

（6）设计结束后，及时协助主设人做好本卷册或项目的立卷归档工作。

第二节 工程项目各阶段电气专业设计内容

在火力发电厂工程设计的各个阶段中，电气专业自始至终都是主要专业。但在发电工程的设计前期工作阶段，设计成品往往由整个工程组统一提出，电气专业的设计内容仅是其中的一部分。

本节按大、中型新建火力发电厂编写，小型火力发电厂及燃机电厂可供参考。

一、初步可行性研究阶段

初步可行性研究阶段的任务是进行地区性的规划选厂。在此阶段，设计单位提出的设计成品主要是一份初步可行性研究报告，由各个专业共同执笔，设计总工程师统稿。

初步可行性研究报告的内容一般包括：概述、电力系统、热负荷分析、燃料供应、建厂条件、工程设想、环境和社会影响、厂址方案与技术经济比较、初步投资估算及财务与风险分析、结论及存在的问题、附图与附件 12 个方面。其中，电气专业的工作量很少，主要是配合系统和总图专业就出线条件、总体布置设想等提供意见，对投资影响较大的主接线提出建议；有时亦可不参加这一阶段的工作。

二、可行性研究阶段

在工程项目的建设得到批准后，工程设计进入可行性研究阶段，进行工程定点选厂。在此阶段，除完成可行性研究报告的编写工作之外，还需进行必要的论证计算，提出主要的设计图纸和取得必需的外部协议。

可行性研究报告由工程组各专业共同编写，其内容一般包括：总论、电力系统、热负荷分析、燃料供应、厂址条件、工程设想、烟气脱硫与脱硝、环境及生态保护与水土保持、综合利用、劳动安全、职业卫生、资源利用、节能分析、人力资源配置、项目实施的条件和建设进度及工期、投资估算及财务分析、风险分析、经济与社会影响分析、结论与建议 19 个方面。电气专业主要参与"工程设想"一节的编写工作，提出发电机和励磁系统选型及主要参数；根据外部电网条件设想启动/备用电源的引接方式；说明电厂主接线方案的比较和选择、各级电压出线回路数和方向、主要设备选择和布置等。在报告中做经济效益分析时，电气专业需提供厂用电率等主要经济指标。

在提出的工程设计图纸中，电气专业需提出"电气主接线原则接线图"，600MW 及以上机组增加"高压厂用电原则接线图"，并配合其他专业完成"厂区总平面布置图""主厂房平面布置图"和"主厂房断面布置图"等。

配合可行性研究阶段节能专项设计及消防专项设计中电气有关内容。节能专项设计中主要编写厂用电负荷情况及计算厂用电率，编写电气专业相关的节能措施。消防专项设计中主要编写消防供电方案及控制要求。

在定点选厂中，当厂址和机场、军事设施和通信电台等有矛盾时，或高压输电线路在厂址附近需要跨越铁路和航道等，需取得这些单位主管部门的同意文件。

三、初步设计阶段

在电厂厂址确定后，便可根据上级下达的设计任务书，正式进行工程的初步设计，并按设计任务书给出的条件，分专业提出符合设计深度要求的设计文件。

初步设计所确定的设计原则和建设标准，能宏观地勾画出工程概貌，控制工程投资，体现技术经济政策的贯彻落实。所以，初步设计是工程建设中非常重要的设计阶段，各种设计方案需经过充分地论证和选择。

工程中积极采用成熟的新技术、新工艺和新方法，初步设计文件需详细说明所应用的新技术、新工艺和新方法的优越性、经济性和可行性。

（一）对初步设计文件的总要求

初步设计文件包括说明书、图纸和专题报告三部分。说明书、图纸需充分表达设计意图，重大设计原则需进行多方案的优化比选，提出专题报告和推荐方案供审批确定。计算书作为初步设计工作的主要内容，要有明确的内容深度要求。

初步设计说明书包括：总的部分、电力系统部分、总图运输部分、热机部分、运煤部分、除灰渣部分、电厂化学部分、烟气脱硫工艺部分、电气部分、仪表与控制部分、信息系统与安全防护部分、建筑结构部分、采暖通风及空气调节部分、水工部分、环境保护部分、水土保持部分、消防部分、劳动安全部分、职业卫生部分、节约资源部分、施工组织大纲部分、运行组织及电厂设计定员部分、主要设备材料清册、工程概算等。

初步设计图纸包括：总的部分、电力系统部分、总图运输部分、热机部分、运煤部分、除灰渣部分、电厂化学部分、烟气脱硫工艺部分、电气部分、仪表与控制部分、信息系统与安全防护部分、建筑结构部分、采暖通风及空气调节部分、水工部分、环境保护部分、水土保持部分、消防部分、劳动安全部分、职业卫生部分、施工组织大纲部分等。

（二）电气设计内容

1. 说明书内容
（1）概述。
（2）发电机及励磁系统。
（3）电气主接线。
（4）短路电流计算。
（5）导体及设备选择。

（6）厂用电接线及布置。
（7）事故保安电源。
（8）电气设备布置。
（9）直流电系统及不间断电源（UPS）。
（10）二次线、继电保护及自动装置。
（11）过电压保护及接地。
（12）照明和检修网络。
（13）电缆及电缆设施。
（14）检修及试验。
（15）阴极保护（需要时说明）。
（16）节能方案。
（17）劳动安全和职业卫生。
（18）附件。

2. 图纸目录
（1）电气主接线图。
（2）短路电流计算接线图。
（3）高低压厂用电原理接线图。
（4）电气建（构）筑物及设施平面布置图。
（5）各级电压（及厂用电）配电装置平剖面图。
（6）继电器室布置图。
（7）发电机封闭母线平剖面图。
（8）高压厂用母线平剖面图。
（9）保护及测量仪表配置图。
（10）直流系统图。
（11）UPS系统图。
（12）主厂房电缆桥架通道规划图。
（13）电气计算机监控（测）方案图。

3. 计算书内容
（1）短路电流计算及主设备选择。
（2）厂用电负荷和厂用电率计算。
（3）厂用电成组电动机自启动、单台大电动机启动的电压水平校验。
（4）直流负荷统计及设备选择。
（5）发电机中性点接地设备的选择（必要时进行）。
（6）厂用电供电方案技术经济比较（必要时进行）。
（7）高压厂用电系统中性点接地设备的选择（必要时进行）。
（8）导线电气及力学计算（必要时进行）。
（9）内过电压及绝缘配合计算（必要时进行）。
（10）发电机主母线选择（必要时进行）。
（11）有关方案比较的技术经济计算（必要时进行）。
（12）远离主厂房供电线路电压选择计算（必要时进行）。

四、施工图设计阶段

初步设计经过审查批准，便可根据审查结论和主要设备落实情况，开展施工图设计。在这一设计阶段中，需准确无误地表达设计意图，按期提出符合质量和深度要求的设计图纸及说明书，以满足设备订货所需，并保证施工的顺利进行。

（一）施工图设计依据和原始资料

（1）初步设计的审批文件。

（2）设计总工程师编制的施工图设计任务书、各专业间施工图综合进度表、主要设计人编制的电气专业施工图设计任务书。

（3）有关典型设计。

（4）新产品试制的协议书。

（5）必要的设备技术资料。

（6）协作设计单位的设计分工协议和必要的设计资料。

（二）电气设计内容

施工图总说明及卷册目录需对电气部分施工图设计的总体情况和基本设计原则进行说明，并提出施工、运行中注意的事项和存在的问题，说明书中还需附有电气部分卷册目录。

施工图总说明及卷册目录包括工程概述、设计依据、设计范围及分界、其他必要的说明、主要设计方案和电气部分施工图卷册目录6个部分。

1. 设计范围

（1）电气部分施工图设计主要指厂内电气系统（含一次、二次）、照明和防雷接地等的设计，并包括厂内系统继电保护、自动装置及远动系统设计。

（2）屋外变压器、高压配电装置（以出线门形架为界，出线门形架以外，包括出线侧绝缘子串，由顾客另行委托设计）电气部分设计。

（3）主厂房内电气部分设计，包括发电机引出线系统安装设计、厂用电系统设计、二次接线设计、行车滑线安装设计、电缆设计、照明设计。

（4）主厂房外辅助生产系统电气部分设计，包括厂用电系统设计、二次接线设计、行车滑线安装设计、电缆设计、照明设计。

（5）全厂防雷接地设计。

2. 设计文件组成

（1）电气总图。

（2）施工图总说明及卷册目录。

（3）标识系统设计说明文件。

（4）设备、材料清册（含设备清册、主要材料清册）。

（5）高压配电装置布置安装图。

（6）发电机引出线系统、屋外变压器及其他设备安装图。

（7）厂用配电装置接线及布置图。

（8）二次接线图。

（9）直流系统及交流不间断电源接线及布置图。

（10）全厂防雷接地布置图。

（11）全厂行车滑线安装图。

（12）全厂电缆构筑物及电缆敷设布置安装图。

（13）全厂照明。

（14）接地网阴极保护。

（15）计算书不属于必须交付的设计文件，但需设计并归档保存。

第三节　工程项目各阶段电气专业设计深度

一、初步可行性研究阶段

初步可行性研究阶段电气专业的工作量很少，主要是配合系统专业就出线条件、总体布置设想等提供意见，对投资影响较大的主接线提出建议；有时亦可不参加这一阶段的工作。

二、可行性研究阶段

可行性研究阶段的工程设计部分，电气专业主要编写内容如下：

（1）主机选型。提出发电机和励磁系统选型及主要参数。

（2）主变压器。根据厂址条件及大件运输条件，对600MW及以上机组主变压器型式（三相变压器或单相变压器）选择提出推荐意见。

（3）电气主接线。根据发电厂接入系统方案，综合本期工程和规划容量，对电气主接线方案提出推荐意见。对装设发电机出口断路器的设计方案需有论证。

（4）对高压启动/备用电源引接设计方案提出推荐意见。

（5）提出高压厂用电接线方案的原则性意见，对600MW及以上空冷机组以及1000MW机组，还需提出高压厂用电电压等级的选择意见。

600MW大型空冷机组的厂用负荷单台电机最大容量较600MW湿冷机组有所提高。每台机组设3台50%的电动给水泵，单台电动给水泵的功率达到11000kW。厂用负荷的增加和单台电机容量的提高，带来短路容量增大、启动压降大等问题。采用6kV一级电压时，6kV系统短路水平可能超过50kA，如要求短路电流水平控制在50kA内，则不满足电动机正常启动电压水平要求。因此，在大型空冷机组高压厂用电电压选择中，需采用10kV电压等级。具体工程是采用10、6kV二级电压还是10kV一级电压，需结合厂用电接线方案（包括脱硫、脱硝系统的供电设计）及厂用配电装置布置等进行全面的技术经济比较确定。

（6）结合厂用电接线设计方案，对各工艺系统负

（7）结合厂区总平面规划布置，对电气构筑物布置、高压配电装置型式以及网络继电器室等的设计方案和规模提出意见。

（8）对扩建工程，需充分利用（老厂）已有设备（施），对扩建或改造设计方案提出意见。

三、初步设计阶段

初步设计深度需满足以下要求：进行设计方案的比较选择和确定；主要设备材料订货；土地征用；基建投资的控制；施工图设计的编制；施工组织设计的编制；施工准备和生产准备等。

1. 说明书

（1）概述。说明整个工程与电气相关的主要系统概况、设计依据、设计范围及接口。对扩建工程，需说明已建部分的情况和存在的问题。

（2）发电机及励磁系统。说明发电机主要参数、励磁系统主要参数等。

（3）电气主接线。说明电厂在系统中的作用和建设规模、本期及远期与系统连接方式和出线的要求。

对主接线方案进行多方案比较（对主接线在可行性研究阶段已明确的，可不进行方案比选），确定各级电压母线接线方式（本期及远期）、分期建设与过渡方案。说明各级电压负荷、功率交换及出线回路数。

说明主变压器、联络变压器台数及连接方式。对大容量变压器选用三相或单相以及运输方案进行说明。对并联电抗器台数、接入方式及其回路设备进行说明。说明启动/备用电源的引接方案（对启动/备用电源的引接在可行性研究阶段已明确的，可不进行方案比选）。

说明各级电压中性点接地方式，包括发电机中性点接地方式及其接入设备、变压器中性点接地方式及其接入设备、并联电抗器中性点接地方式及其接入设备、6～35kV 单相接地电容电流补偿设备选择等。

（4）短路电流计算。说明短路电流计算的依据及方法、接线（含远景接线）、运行方式及系统容量等，列出短路电流计算结果。

（5）导体及设备选择。说明导体及设备选择的依据及原则、选择导体及设备的型式及规范。

导体包括：主母线，发电机回路母线，变压器（包括主变压器、联络变压器、启动/备用变压器、高压厂用变压器等）进出线，共箱母线，高压电缆等。

设备包括：主变压器，发电机出口断路器，并联电抗器，高压断路器，高压隔离开关，110kV 及以上电流互感器、电压互感器等。主要设备的动热稳定需校验。

当采用特种母线（共箱隔相母线、电缆母线、绝缘母线等）时需专题论述。当选用 SF_6 全封闭电器（GIS）时，需进行论证说明。

（6）厂用电接线及布置。说明厂用电电压等级选择及接线方案比较、厂用负荷计算及变压器选择、厂用电系统中性点接地方式及其接地设备、高压变频器接线方式选择等。

说明高低压厂用工作、启动/备用电源连接方式，设备容量，分接头及阻抗选择。对厂用电压水平进行验算，包括正常各种运行方式时厂用电母线电压水平，电动机单独自启动及事故情况下成组和高低压串接等自启动时厂用高低压母线电压水平等。

说明厂用配电装置布置及设备选型，厂外部分电源的供电及接线等内容。

（7）事故保安电源。说明事故保安电源的设置方案、接线方式及设备选择，保安电源的设备布置等。

（8）电气设备布置。说明电气建（构）筑物总平面布置方案比较，电气出线走廊及厂区环境对电气设备的影响（必要时加以说明），高压配电装置型式选择论证及间隔配置。

说明主变压器、联络变压器、并联电抗器、高压厂用变压器、启动/备用变压器、消弧线圈、发电机引出线及设备等的布置。

说明高压厂用变压器及启动/备用变压器低压侧连接布置。

（9）直流电系统及不间断电源。说明单元控制室和网络继电器室直流系统的接线方式及负荷计算，各蓄电池组、充电设备选择及布置，直流供电方式的选择。远离主厂房的生产车间供电方式及设备选择。

说明不间断电源设备选择及布置。

（10）二次线、继电保护及自动装置。说明单元控制室和网络继电器室布置及与电气有关部分元件的控制地点，主要电气元件控制、信号、测量、联锁、同期方式选择，元件保护和自动装置的配置原则及选型。

说明发电机、升压站系统及厂用电系统电气采用的计算机监控方案、组网原则及系统配置的主要内容，防止电气误操作的方案及措施，主要电气设备在线监测装置设置原则（包括对象、范围、功能等），电气计算机监控（控）系统安全防护要求。

说明电除尘、输煤系统及远离主厂房的生产车间控制方式、控制地点及二次设备选型等内容。

说明二次线、继电保护及自动装置等电气有关设备的布置。

（11）过电压保护及接地。说明电厂主、辅建（构）筑物的防雷保护、电气设备的绝缘配合和防止过电压的保护措施、避雷器的选型与配置、环境污秽情况及电气外绝缘防污秽措施。

说明土壤电阻率及接地装置设计的主要原则、接地材料选择及防腐措施。

（12）照明和检修网络。说明工作、事故、安全照明供电电压，照明和检修网络供电方式，专用照明变压器的选择、照明稳压措施及照明配电盘布置，检修电源的设置及供电方式等。

（13）电缆及电缆设施。说明电缆选型原则（包括绝缘材料、缆芯材料、护套材料、铠装形式等），厂区、主厂房电缆隧道、桥架、沟道型式选择及路径，电缆防火措施及阻燃电缆选用原则等。

（14）检修及试验。说明电气检修间布置及起吊设施，电气试验规模、地点、主要试验设备配置原则等。

（15）阴极保护（需要时说明）。说明阴极保护的方式选择、对象及范围、设施布置及特殊要求等。

（16）节能方案。说明电气设备必要容量的选取和在电气方面采取的节能措施。

（17）劳动安全和职业卫生。

1）防火、防爆。说明防火、防爆电源设计原则，变压器及充油电气设备的防火措施，电缆防火设计原则及其采取的防范措施，电气设施的防爆措施。

2）防电伤、防机械伤害和其他伤害。说明全厂防雷接地的设计原则及防护安全措施，防止电气误操作的技术措施，电气设备的最小安全距离，带电设备与操作人员间的隔离防护措施以及高电压对人身安全影响的防范措施等。

说明照明系统、保安电源及事故照明的设计情况，以及为保证安全撤离现场所采取的土建和工艺上的措施。

说明防回旋机械对人体伤害的措施、防滑和防高处坠落的措施。

（18）附件。本卷专题论证报告。

2．图纸深度要求

（1）电气主接线图。表示发电机、变压器与各级电压主母线间的连接方式，母线设备连接方式。

表示各级电压出线名称、回路数以及避雷器、电压互感器、电流互感器、隔离开关及接地开关的配置。

表示高压厂用工作及启动/备用电源的引接和厂用变压器的调压方式。

表示各元件回路设备规范、中性点接地方式及补偿设备。

表示本期扩建与原有设备的区分、远景接线示意图等。

（2）短路电流计算接线图。表示计算接线短路点及各元件主要参数，列出计算结果表。

（3）高低压厂用电原理接线图。表示高低压厂用

工作、启动/备用和保安等电源的引接及连接方式；高低压厂用母线接线方式，中性点接线方式；高低压辅机及馈线回路、主要设备名称和规范等。

（4）电气建（构）筑物及设施平面布置图。表示主要电气设备及建（构）筑物、道路等的相对布置位置，各级电压配电装置间隔配置及进出线排列，厂区主要电缆隧道、沟道位置，其他各建筑物的名称及相对位置、指北针等。

（5）各级电压（及厂用电）配电装置平剖面图。表示所采用配电装置的型式，各层平面布置尺寸、间隔名称、出线排列、通道及其他建筑物的相对位置。

主要厂用电布置图需表示厂用高、低压开关柜的布置，分段及各通道出入口位置尺寸以及低压厂用变压器布置。

剖面图需表示不同类型间隔剖面设备安装位置、标高、引线方式，电气距离校验尺寸。

主要厂用电配电装置剖面图需表示各层标高及电缆构筑物布置方式等。

（6）继电器室布置图。表示继电器屏的布置方式，相互间的主要尺寸，屏的名称、编号和对照表。

（7）发电机封闭母线平剖面图。表示发电机封闭母线的平剖面与主要尺寸，包括发电机引线出口至变压器套管处的全部母线及母线设备（如电压互感器，避雷器）以及厂用分支线及设备等；发电机励磁装置、发电机中性点设备及其他有关电气设备；封闭母线与发电机引线及变压器套管的接口方式等。

（8）高压厂用母线平剖面图。表示高压厂用母线平剖面与主要尺寸，包括高压变压器低压侧套管至高压厂用开关柜。

（9）保护及测量仪表配置图。表示发电机—变压器组及启动/备用变压器继电保护及测量仪表配置类型、主要保护方式、主要设备名称等，也可以与主接线合并出图。

（10）直流系统图。表示直流系统的接线方式，蓄电池型号和数量，充电、浮充电设备及系统图中有关的主要设备规范。

（11）UPS系统图。表示UPS系统接线，交流、直流电源的引接方式及系统图中有关的主要设备规范。

（12）主厂房电缆桥架通道规划图。表示电缆桥架的路径、位置及主要通道尺寸等。

（13）电气计算机监控（测）方案图。表示电气计算机监控（测）及管理系统组网方式、电气计算机监控主要设备及技术规范、监控（测）对象组网的范围及测点、与其他计算机系统的接口范围。

3．计算书内容深度

（1）短路电流计算及主设备选择。短路电流的计

算,需按 DL/T 5222《导体和电器选择设计技术规定》的规定方法与原则进行,满足选择导体和电器的要求。计算短路电流时,采用可能发生最大短路电流的正常接线方式,计算三相、两相和单相三种短路电流。短路点及短路电流时间,按各工程具体要求确定。短路电流时间一般至少要求计算 0s 及 ∞ 两种方式。

对导体和电器的动稳定、热稳定以及电器的开断电流需进行选择计算,列出选择结果表。在导体和电器选择中,还需按照 DL/T 5222《导体和电器选择设计技术规定》中规定的其他的一些必要的选择计算。

(2)厂用电负荷和厂用电率计算。高低压厂用负荷计算,高低压厂用变压器(厂用电抗器)选择、电厂的厂用电率计算、保安负荷计算及设备选择。

(3)厂用电负荷计算,按 DL/T 5153《火力发电厂厂用电设计技术规程》中规定的原则与方法进行。

(4)厂用电成组电动机自启动,单台大电动机启动的电压水平校验。校验方法按 DL/T 5153《火力发电厂厂用电设计技术规程》进行。

(5)直流负荷统计及设备选择。按 DL/T 5044《电力工程直流电源系统设计技术规程》进行,列出直流负荷统计表及设备选择表。

(6)发电机中性点接地设备的选择。按 DL/T 5222《导体和电器选择设计技术规定》规定的原则与要求进行。

(7)厂用电供电方案技术经济比较。包括技术比较及经济比较,列出比较表。

(8)高压厂用电系统中性点接地设备的选择。按 DL/T 5153《火力发电厂厂用电设计技术规程》规定的要求与方法进行。

(9)导线电气及力学计算。按 DL/T 5222《导体和电器选择设计技术规定》规定的要求与方法进行。

(10)内过电压及绝缘配合计算。按 DL/T 5222《导体和电器选择设计技术规定》、GB 311《绝缘配合》及 GB/T 50064《交流电气装置的过电压保护和绝缘配合设计规范》规定的原则与要求进行。

(11)发电机主母线选择。按 DL/T 5222《导体和电器选择设计技术规定》规定的原则与要求进行。

(12)有关方案比较的技术经济计算。包括技术比较及经济比较,列出比较表。

(13)远离主厂房的辅助车间供电线路电压选择计算。按远离主厂房的辅助车间供电负荷和供电距离进行供电电压选择计算。

四、施工图设计阶段

施工图设计阶段的电气设计必须认真贯彻国家的各项技术方针政策,执行国家和电力行业颁发的有关标准和规范。施工图设计内容深度需充分体现设计意图,满足订货、施工、运行以及管理等各方面要求。设计文件的内容、深度和编制方式要重视建设方的需求,为建设方提供更完善的服务。设计文件的编制考虑数字化等设计手段的进步,采用更为合理和完善的表达方式。

设计文件的表达可借鉴国际同行业的发展水平和发展趋势,与国际通行的惯例、方式接轨。具体工程施工图设计内容深度需以合同为准。

1. 电气总图

施工图总图阶段是介于初步设计与施工图设计之间的一个重要环节,是开展施工图设计的依据之一。施工图总图阶段需要与锅炉、汽轮机、发电机、变压器等主辅机设备制造厂配合并互提配合资料,为施工图设计创造条件。施工图总图是施工图初期指导和协调专业之间及专业内部相互配合、指导各卷册施工图设计的重要文件。本阶段主要解决主体专业与相关专业之间的互提资料配合,完成初步设计审查文件中要求修改、优化等的内容,各专业需提出主要单位工程的布置总图,并进行必要的计算,选择最优的设计方案,并对本阶段提出的中间成果进行专业评审和综合评审。

电气总图主要包括:电气主接线图、发电机—变压器组测量仪表及保护配置图、厂用电原理接线图、电气总平面布置图、短路电流计算及设备选择、厂区电缆构筑物布置图、主要电压等级系统短路电流计算、发电机中性点接地电阻选择计算、主要电压等级导体选择计算等。其内容深度要求如下:

(1)电气主接线图。表示各级电压母线接线以及发电机、变压器与各电压母线之间的连接方式;标注各级电压进出线回路名称及断路器、隔离开关、电流互感器、电压互感器和避雷器等元件的配置,并标注各项设备及导体的型号、规范;表示各级电压所在系统中性点接地方式及补偿设备。

表示远景接线示意图,如为扩建工程,则本期扩建与原有设备要区分。

(2)发电机—变压器组测量仪表及保护配置图。表示各测量点测量仪表配置,各元件继电保护配置,测量及保护用电流互感器(TA)、电压互感器(TV)参数等。

(3)厂用电原理接线图。表示高、低压厂用母线接线方式及高、低压厂用系统中性点接地方式;高、低压厂用工作电源、启动/备用电源和保安电源的引接方式;高、低压厂用系统电源进线和馈线回路主要设备及连接导体选型。如为扩建工程,则原有部分和扩建部分需作区别。

(4)电气总平面布置图。表示主厂房 A 列柱外变压器及其构筑物，各级升高电压配电装置及其构架位置，网络继电器室和周围道路等相对布置位置，并注明定位尺寸、指北针等；标注变压器与高压配电装置之间架空进线偏移；表示主厂房至各级电压配电装置、网络继电器室的电缆通道等。

各配电装置间隔配置及进出线排列需与主接线相一致，并区别表示原有、本期及预留的位置。

（5）短路电流计算及设备选择。表示远期接线示意图及标幺阻抗图（当采用标幺值计算法时）。短路电流计算及主要设备和导体选择结果表中需包括所选设备额定参数与计算数据比较，扩建工程与老厂相关部分需示出老厂原有设备的实际参数与计算数据比较，如果必要，需提出需要更换设备的要求。

（6）厂区电缆构筑物布置图。表示厂区主要电缆隧道、沟道位置，包括电缆隧道或沟道的横截面尺寸；综合管架上电缆桥架布置，包括电缆桥架层数、高度及每层电缆桥架宽度。

（7）计算书。短路电流计算按系统专业提供的一定水平年阻抗、电厂远期规划接线和元件参数进行三相、单相短路电流计算。

其他设备和导体选择计算需根据相关规程、规范的要求，对各设备和导体按电压、电流、经济电流密度、电晕和无线电干扰水平、过电压水平、开断短路电流能力和耐受动/热稳定电流能力、允许电压降和环境条件诸因素进行选择计算。

2. 施工图总说明及卷册目录

（1）工程概述。说明电厂地理位置、交通条件等基本情况；说明本期工程设计规模及规划容量，如为扩建工程，需描述前期工程的相关概况；说明本期工程主要电气设备的供货方、型号和主要参数等。

（2）设计依据。初步设计文件及其审批文件、施工设计总图及其评审意见、工程合同及附件、与本专业有关的其他上级文件、主辅机技术协议文件及生产厂家提供的资料和图纸、国家标准、规定及强制性规定。

（3）设计范围及分界。本工程的设计范围，与外部的接口及分界。

（4）其他必要的说明。对审批意见的执行情况和处理意见的简要叙述；详细说明与初步设计不同的变更部分，对改进方案作必要论证；对设计中采用新技术、新工艺、新设备、新接线的简要说明，包括技术上的优越性、使用条件、性能、特点、操作运行方式、设备落实情况等；施工及运行注意事项、存在问题；扩建工程还需说明本期工程与老厂接口设计情况、老厂原有设施改造及综合利用情况。

（5）主要设计方案。

1）电气主接线。条件具备时需说明电厂在系统中的地位和建设规模、本期及远景与系统的连接方式和出线要求、电厂出线电压等级、各级电压母线近远期接线方式、出线回路数、分期建设和过渡情况。说明主变压器、联络变压器台数及连接方式；各级电压系统中性点接地方式及补偿设施。说明启动/备用电源配置及引接方式等。

2）短路电流计算及导体和设备选择。短路电流计算依据包括输入文件中系统阻抗及其对应水平年、电厂接线和设备参数，短路电流主要计算结果，导体和设备的选择原则，导体和设备型式及规范选择结果。

对于扩建工程，如与原系统有电气连接，需对原系统的导体和设备进行校验。

3）电气设备布置。说明电气总平面布置，高压配电装置选型及布置，主变压器、联络变压器、高压厂用变压器、启动/备用变压器等安装布置，发电机引出封闭母线及其配套设备、高压厂用分支封闭母线、交直流励磁封闭母线等的布置。

4）厂用电接线及布置。说明高、低压厂用母线接线方式，高、低压厂用系统中性点接地方式，高、低压厂用电源连接方式，保安电源配置方案，电动机正常启动和成组自启动母线电压水平验证结果，厂用设备和连接导体型式及规范选择，厂用配电装置布置及设备安装等。

5）防雷接地及过电压保护。说明电厂汽机房 A 排外屋外变压器区域、升压站、油区和制氢站等处的防雷保护措施；有超高压系统时，需说明电气设备绝缘配合和抑制过电压措施；避雷器选型及配置；环境污秽情况及电气外绝缘防污措施；接地电阻、地电位计算和接地网设计；电子设备间接地装置等。

6）电缆选择及敷设。说明高、低压电力电缆和控制电缆型式选择；主厂房、各辅助车间、厂区电缆通道规划，电缆构筑物型式选择；电缆防火设施等。

7）照明及检修网络。说明照明装置类别和供电电压等级，照明及检修网络构成及供电方式，照明、检修变压器、电源引接及灯具选择与布置，电气检修设施配置。

8）励磁系统。说明发电机励磁方式及设备组成、励磁系统主要参数、励磁系统设备布置等。

9）直流系统。说明全厂直流系统的构成以及直流负荷供电范围，远离主厂房的生产车间直流供电方式，各蓄电池组、充电设备等的选择和配置，直流系统的接线及布置。

10）交流不间断电源。说明全厂交流不间断电源的配置及负荷供电方式，交流不间断电源设备的选择及主要参数，交流不间断电源系统的接线及布置等。

11）二次线、继电保护及自动装置。说明电气设备或元件的控制、信号和测量方式以及各设备的控制地点，电气系统采用计算机监控的范围，发电机同期、备用电源自动投入装置等的选择及配置，单元控制室、网络控制室及继电器室的布置，元件保护和自动装置的配置原则、组屏方式及选型，主要电气设备的保护配置，电气防误操作的设置等。

（6）电气部分施工图卷册目录。

1）根据最终的卷册编制，一般采用表格的形式，包括序号、卷册号、卷册名称。

2）电气部分施工图阶段典型工程项目（2×600MW超临界凝汽式燃煤发电机组）分册目录见表1-2。

表1-2　典型工程电气部分施工图卷册目录

序号	卷册号	卷　册　名　称
		电气部分
1	D0101	施工图设计说明书及卷册目录
2	D0102	电气总图
3	D0103	主要设备清册
4	D0104	主要材料清册
5	D0105	标识系统设计说明
6	D0201	×××kV屋外（内）配电装置施工图
7	D0202	×××kV高压电缆安装图
8	D0203	高压电抗器安装图
9	D0301	屋外变压器安装图
10	D0401	发电机离相封闭母线安装图
11	D0402	厂用高压共箱封闭母线安装图
12	D0403	交、直流励磁母线安装图
13	D0501	主厂房高压厂用电接线及布置图
14	D0502	380/220V主厂房PC厂用电接线及布置图
15	D0503	380/220V主厂房MCC厂用电接线及布置图
16	D0504	380/220V保安电源电气接线及布置图
17	D0505	380/220V输煤系统PC、MCC厂用电接线及布置图
18	D0506	380/220V电除尘系统电气接线及布置图
19	D0507	380/220V水处理及供水车间电气接线及布置图
20	D0508	380/220V除灰系统厂用电接线及布置图
21	D0509	脱硫系统电气接线及布置图
22	D0510	厂区外辅助车间电气一次线
23	D0601	单元控制总的部分
24	D0602	机组电气监控系统
25	D0603	发电机—变压器（组）二次线

序号	卷册号	卷　册　名　称
26	D0604	发电机励磁系统二次线
27	D0605	启动/备用变压器二次线
28	D0606	高压厂用电源二次线
29	D0607	主厂房（集中控制）低压厂用电源二次线
30	D0608	辅助车间（就地控制）低压厂用电源二次线
31	D0609	保安电源二次线
32	D0610	机组直流系统
33	D0611	交流不间断电源
34	D0621	元件继电保护
35	D0622	发电机—变压器（组）继电保护接线图
36	D0623	启动/备用变压器继电保护接线图
37	D0624	发电机—变压器（组）故障录波接线图
38	D0625	启动/备用变压器故障录波接线图
39	D0631	1号机组电气系统DCS测点清单
40	D0632	2号机组电气系统DCS测点清单
41	D0633	公用电气系统DCS测点清单
42	D0641	高压厂用配电装置二次线订货图
43	D0642	主厂房380V开关柜二次线订货图
44	D0643	辅助车间380V开关柜二次线订货图
45	D0701	网络控制总的部分
46	D0702	网络监控系统
47	D0703	500kV（220kV）线路设备二次线
48	D0704	220kV（110kV）线路设备二次线
49	D0705	500kV（220kV）母线设备二次线
50	D0706	220kV（110kV）母线设备二次线
51	D0707	网络直流系统
52	D0801	汽轮机电动机二次线
53	D0802	锅炉电动机二次线
54	D0803	输煤电动机二次线
55	D0804	输煤程控总的部分
56	D0805	输煤系统安装接线图
57	D0806	翻车机（卸船机/汽车衡）程控系统及接线图
58	D0807	电气除尘器二次线
59	D0808	循环水泵房电动机二次线
60	D0809	江边水泵房电动机二次线
61	D0810	水工电动机二次线

续表

序号	卷册号	卷 册 名 称
62	D0811	废水处理电动机二次线
63	D0812	化水电动机二次线
64	D0813	燃油泵房电动机二次线
65	D0814	启动锅炉房电动机二次线
66	D0815	空气压缩机电动机二次线
67	D0816	灰水回收泵房二次线
68	D0817	其他电动机二次线
69	D0901	发电机—变压器（组）二次线安装接线图
70	D0902	启动/备用变压器二次线安装接线图
71	D0903	厂用电二次线安装接线图
72	D0904	高压配电装置二次线安装接线图
73	D0911	1 号机组 DCS 电气量端子排接线图
74	D0912	2 号机组 DCS 电气量端子排接线图
75	D0913	公用 DCS 电气量端子排接线图
76	D0914	网络监控测控屏端子排接线图
77	D0921	蓄电池安装图
78	D1001	主厂房火灾报警系统
79	D1002	输煤系统火灾报警系统
80	D1003	辅助车间火灾报警系统
81	D1101	全厂防雷布置图
82	D1102	全厂接地布置图
83	D1201	主厂房行车滑线
84	D1202	辅助车间行车滑线
85	D1301	全厂电缆敷设总的部分
86	D1302	全厂电缆防火总的部分
87	D1303	主厂房电缆敷设图
88	D1304	炉后部分电缆敷设图
89	D1305	×××kV 屋外配电装置电缆敷设图
90	D1306	输煤系统电缆敷设图
91	D1307	厂区及其他辅助车间电缆敷设图
92	D1308	除灰系统电缆敷设图
93	D1309	脱硫系统电缆敷设图
94	D1310	主厂房电缆桥架及防火布置图
95	D1311	炉后电缆桥架及防火布置图
96	D1312	输煤及翻车机系统电缆桥架及防火布置图
97	D1313	厂区及其他辅助车间电缆桥架及防火布置图
98	D1314	脱硫系统电缆桥架及防火布置图

续表

序号	卷册号	卷 册 名 称
99	D1315	电缆清册
100	D1316	主厂房底层及锅炉尾部电缆埋管布置图
101	D1401	照明总的部分
102	D1402	主厂房照明
103	D1403	×××kV 屋外配电装置照明
104	D1404	输煤系统照明
105	D1405	辅助车间照明
106	D1406	烟囱（及冷却塔）照明及防雷接地
107	D1407	厂区道路照明
108	D1408	炉后照明
109	D1409	脱硫系统照明

3. 标识系统设计说明

此部分设计文件作为一个单独的卷册编制，主要根据具体项目所采用的标识系统方案，说明电气部分标识系统编码的规则、设计文件中标识系统编码的具体内容和要求。主要包括：项目标识系统编码规则介绍、各级编码定义、电气部分编码要求等。

项目标识系统编码应符合 GB/T 50549《电厂标识系统编码标准》的规定。项目标识系统编码规则介绍需根据本项目所确定的标识系统方案，简要介绍编码的基本原则，包括编码分层的基本格式、各层次代码编制的规定及与本项目标识系统编码相关的要求等。各级编码需定义电气部分各级的编码符号与其所代表的对象之间的对应关系。电气部分编码要求需具体介绍在电气部分设计文件中进行标识系统编码时的具体规定、要求和方法。电气系统编码一般编至设备级。

4. 设备、材料清册

统计汇总全厂设备和主要材料，开列设备清册和材料清册。

设备清册中的内容一般以表格的形式开列，表格中需具有序号、标识系统编码（可按工程需要确定是否设置此栏）、名称、型号及规范、单位、数量、制造厂和备注等。典型设备清册表格见表 1-3。

表 1-3　典型设备清册表格

序号	标识系统编码	名称	型号及规范	单位	数量			制造厂	备注
					×号机组	×号机组	合计		

为便于订货，满足分期建设要求，清册中的机组用设备数量可按每台机组开列，公用设备可开列在第一台机组的合计栏中或单独开列，两台机组连续建设时也可按两台机组开列。设备在清册中一般按系统、类别和功能、用途进行分类，以便归口统计。随主设备配套供货的辅助设备及附件需随主设备一起开列，并列于该主设备项目下。对于特殊要求的设备，在"型号及规范"一栏（或备注）中详细说明。为满足工程订货要求，可按设计进度分批、分期提供清册，如在设计中有较大的修改或补充，则需编制补充的设备清册，并说明清册中修改、增补的具体内容。设备清册需编写编制说明，其内容包括：本清册对应本期工程机组数量、本清册所包括的部分、本清册所不包括的部分、其他所需要特别说明的事项。

材料清册中的内容一般以表格的形式开列，表格中需有序号、名称、型号及规范、单位、数量、制造厂和备注等。典型主要材料清册表格见表1-4。

表1-4　　典型主要材料清册表格

序号	名称	型号及规范	单位	数量			制造厂	备注
				×号机组	×号机组	合计		

为便于订货，满足分期建设要求，清册中的机组用材料数量可按每台机组开列，公用设备可开列在第一台机组的合计栏中或单独开列，材料在清册中一般按系统、类别和功能、用途进行分类，以便归口统计。为满足工程订货要求，可按设计进度分批、分期提供清册，如在设计中有较大的修改或补充，则需编制补充的材料清册，并说明清册中修改、增补的具体内容。材料清册需包括电线电缆、导线金具、电缆桥架、滑触线材料、电线电缆穿管、防火材料、照明器材、接地材料及安装材料等。材料清册需编写编制说明，其内容包括：本清册对应本期工程机组数量、本清册所包括的部分、本清册所不包括的部分、所列数量是否包括安装裕量和备用量、随设备供应的材料是否开列、其他所需要特别说明的事项。

5. 高压配电装置布置安装图

设计内容：高压配电装置配置接线图，高压配电装置平断面布置图，设备安装图，软导线安装曲线图（表），导线拉力计算，必要时增加摇摆计算，绝缘子选择计算，支持式管型母线挠度、强度，母线及其支持绝缘子所受风力影响，母线及其支持绝缘子动稳定机械强度计算（当采用支持式管型母线时），悬吊管型母线各挂点的水平荷重、垂直荷重、侧向力以及管型母线悬吊受力点的 x、y、z 三个方向的空间定位（当采用悬吊式管型母线时）等。

高压配置接线图需对应配电装置各间隔标注间隔名称和编号、各间隔内所有设备型号及规范、配电装置母线及各间隔引线导体的型式及规范。

（1）高压配电装置平、断面布置图内容深度。平面布置图需标注配电装置电气设施所在标高、间隔名称、排列顺序、进出线相序、设备搬运及巡视通道、电缆构筑物位置等，并注明必要的定位尺寸和指北针；对应不同类型间隔的断面图，需表示出各间隔内母线、引线、各种设备及其支架外形、安装位置及高度、电流互感器的极性、导线引接方式、带电体间及带电体对地与检修、起吊、搬运设备之间的电气安全距离校验尺寸、架空引线的挂点高度、电缆出线的支架高度、隔离开关操动机构的安装高度等；根据回路导线规格和根数、设备端子材质及引线角度选用各间隔电气设备的连接金具。

户内布置的高压配电装置还需标注各层建筑平面标高，按比例示出建筑物墙壁、楼板、梁柱、门、窗、楼梯、走廊通道、起吊孔位置及尺寸。

（2）设备安装图内容深度。标注设备的外形尺寸、安装高度、相间距离、端子材料及尺寸等；标注设备的安装方式及安装尺寸（安装孔与设备中心线的相对关系），必要时绘制局部放大详图；提供安装用构件与零部件的尺寸及加工制作图；开列安装用材料表；明确由厂家供货材料的范围。

6. 发电机引出线系统、屋外变压器及其他设备安装图

设计内容：发电机引出线封闭母线安装图、共箱封闭母线安装图、交直流励磁母线安装图、屋外变压器安装图、高压电抗器安装图、高压电缆敷设及安装图等。

（1）发电机引出线封闭母线安装图设计内容：发电机引出线系统配置接线图、封闭母线平断面布置图、发电机出口断路器安装图（当采用发电机出口断路器时）、辅助设备及母线支吊架安装图等。

（2）共箱封闭母线安装图设计内容：共箱封闭母线平断面布置图、辅助设备及母线支吊架安装图等。

（3）交直流励磁母线安装图设计内容：封闭母线平断面布置图、辅助设备及母线支吊架安装图等。

（4）屋外变压器安装图设计内容：汽机房 A 列柱外油浸变压器平面布置图，各变压器平、断面安装图，其他成套设备安装图等。

（5）高压电抗器安装图设计内容：电抗器平面布置图，电抗器平、断面安装图，其他成套设备安装图等。

（6）高压电缆敷设及安装图设计内容：高压电缆

接地系统原理图、高压电缆敷设平面布置图、辅助设备安装图及零部件加工图等。

（7）封闭母线安装图内容深度。发电机引出线系统配置接线图包括：发电机主回路、厂用分支、励磁分支、电压互感器及避雷器分支以及发电机中性点回路电气接线，标注设备和导体型号及规范。

封闭母线平断面布置图包括：发电机主回路、厂用分支、励磁分支（当设置励磁变压器时）、电压互感器及避雷器分支、发电机中性点回路、高压厂用变压器（包括高压厂用工作变压器、高压备用变压器或高压启动/备用变压器）低压侧端子与高压厂用配电装置之间的封闭母线、交直流励磁母线等的平、断面布置图。

相关的平、断面布置，需表示出发电机安装中心线、发电机引出套管高度及相序、主变压器低压侧套管、励磁变压器和高压厂用变压器高低压侧套管相序及接口位置、高压厂用配电装置布置位置、励磁屏布置位置、与直流励磁母线连接的发电机电刷位置等，必要时应表示出发电机励磁引线位置及外形详图；相关的主厂房布置，包括主厂房有关建筑结构平断面布置、标高及柱子编号、运行维护通道等，注意与土建梁柱、各工艺专业管道之间的碰撞检查。

辅助设备及母线支吊架安装图包括：封闭母线附属设备的布置和外形尺寸、安装高度、封闭母线各种安装情况所适用的支吊架安装详图。

发电机出口断路器安装图包括：设备及基础轮廓外形和安装尺寸，发电机出口断路器成套供货的控制屏布置安装图，平面图中需标注发电机出口断路器设备安装中心线、各相相序及中心线，断面图中需标注引出套管中心标高及相序。

（8）屋外变压器及高压电抗器安装图内容深度。汽机房A排外油浸变压器、高压电抗器平面布置图中应有指北针，需表示汽机房A列柱外各屋外变压器、高压电抗器及周围附属设备布置位置、储油池尺寸、区域围栏和防火墙位置、变压器及电抗器进线相关构架、杆塔、架空线及其偏角；各变压器及电抗器平、断面安装图需表示各设备中心线、设备外轮廓外形尺寸、基础顶面标高（相对于主厂房0m标高）、油坑及有关构筑物、设备搬运时与带电体之间的安全距离校验（必要时）；其他设备安装图需包括端子箱、控制箱和中性点设备安装图，包含设备的外形尺寸、安装高度、安装方式、安装用构件与零部件的加工制作图、安装用材料表。

屋外变压器安装与高压配电装置安装分册的设计界限一般为：当高压配电装置为屋内配电装置时，以进线穿墙套管为界；当为屋外配电装置时，一般以高压配电装置进线门形架为界。

屋外变压器安装与封闭母线安装分册的设计界限一般为：屋外变压器安装分册标明变压器端子和母线连接法兰位置及相序，封闭母线只示意与变压器相关部分封闭母线的走向。

（9）高压电缆敷设及安装图内容深度。高压电缆接地系统原理图需表示各回路电缆路径长度及交流单芯高压电缆所采用的金属护层接地方式。高压电缆敷设平面布置图中应有指北针，需表示高压电缆敷设路径及敷设方式、高压电缆两端设备布置、高压电缆敷设相关防火封堵设计。

辅助设备安装图及零部件加工图包括：

1）高压电缆终端设备安装详图。

2）高压电缆金属护层接地设备安装详图。

3）高压电缆敷设构筑物支架安装制作图。

4）高压电缆终端与软导线连接金具以及高压电缆固定金具设计，如需现场制作，还需提供零部件制作图。

7．厂用配电装置接线及布置图

设计内容：厂用配电装置接线及布置图、厂用高低压开关柜电气接线及布置安装图、电动机二次接线图及相关计算等。

（1）厂用配电装置接线及布置图设计内容：厂用高压开关柜电气接线及布置安装图、主厂房380V PC柜电气接线及布置安装图、主厂房380V MCC柜电气接线及布置安装图、事故保安电源电气接线及布置图、电除尘380V柜电气接线及布置图、辅助车间380V柜电气接线及布置图、二次接线图、相关计算等。

（2）厂用高低压开关柜电气接线及布置安装图设计内容：厂用高低压开关柜配置接线图、厂用高低压开关柜平、断面布置图等。

（3）二次接线图设计内容：高低压开关柜内控制、测量及保护二次原理接线图；高低压厂用电动机控制、信号、测量及保护回路图；电缆联系图或端子排接线图；当采用硬接线联锁时，需表示联锁示意图等。

（4）相关计算：负荷计算及高低压厂用变压器容量、阻抗选择计算；高压厂用电系统短路电流计算；厂用电动机正常启动和成组自启动时母线电压水平校验；厂用电压调整计算及有载调压变压器抽头选择计算；高压厂用电系统中性点接地电阻选择计算；每个回路设备及导体选择计算；长距离负荷回路保护灵敏度校验和导体压降损失计算；对于事故保安电源设计，除上述常规计算内容外，还需统计事故停机状态下，最大可能同时运行的保安负荷，并进行柴油发电机组容量选择和校验；继电保护选型计算；电流互感器负荷及电缆截面选择计算；跳合闸控制回路电缆截面及选择计算（当控制距离较远时）等。

（5）厂用高低压开关柜配置接线图深度：各级电

压母线段工作电源和备用电源连接；间隔编号、开关柜或配电屏型号、编码；每台柜（屏）内出线回路名称及其排列顺序、柜体总尺寸及单元尺寸；每个回路设备及连接导体的型号、规范、必要的整定值；每个母线段工作电压、电流和短路动、热稳定水平等。

（6）厂用高低压开关柜布置图深度：主厂房及厂区辅助车间高低压开关柜配电屏布置图；配电装置室内土建结构、柱号、门、窗、走廊楼梯位置；高低压开关柜外形、开关柜编号、布置尺寸等；配电装置层高、工作及备用电源进线方式、母线桥连接及电缆构筑物等。

（7）二次接线图深度：二次原理接线图需表示所有开关柜对外接口内容及用途，图中设备型号、参数及数量需表示完整；电缆联系图需表示电缆编号及型号，电缆端子排图需表示使用的端子和备用端子。

8. 单元机组二次线

设计内容：单元机组二次线、单元控制室总的部分、机组电气计算机监控管理系统、发电机—变压器组二次线、发电机励磁系统、高压厂用工作及启动/备用电源二次线、低压厂用电源二次线、元件继电保护及继电保护接线图、发电机—变压器组及启动/备用变压器故障录波接线、机组控制系统电气 I/O 清单等。

（1）单元机组二次线设计内容：单元控制室总的部分、机组电气计算机监控管理系统、发电机—变压器组二次线、发电机励磁系统、高压厂用工作及启动/备用电源二次线、低压厂用电源二次线、元件继电保护及继电保护接线图、发电机—变压器组故障录波接线图、机组控制系统电气 I/O 清单、相关计算等。

（2）单元控制室总的部分图纸内容：单元控制室、电气继电器室、电气工程师室等单元机组各建筑物的电气设备平面布置图；电气公用继电器屏、同期屏、变送器屏、电度表屏的屏面布置图；机组公用同期回路图；单元控制室、电气继电器室的公用电源分配图或小母线电缆联系图等。

（3）机组电气计算机监控管理系统图纸内容：系统配置图、各测控装置接线图、测控屏屏面布置图、系统设备布置图、测控屏端子排图。

（4）发电机—变压器组二次线图纸内容：发电机—变压器组接线示意图；电流电压回路图；控制信号回路图；同期二次接线图；主变压器冷却器控制回路图；发电机、变压器在线监测系统接线图（当采用在线监测系统时）；端子排图；二次安装接线图；当设置有独立的同期屏、继电器屏、变送器屏或电能表屏时，还包括这些屏的屏面布置图及端子排图等。

（5）发电机励磁系统图纸内容：发电机励磁系统图；励磁变压器二次安装接线图；励磁系统电流电压回路、测量回路图；AVR 及灭磁屏接口回路图；磁场断路器控制信号回路图；励磁系统各屏屏面布置图和端子排图；励磁屏布置图。

（6）高压厂用工作及启动/备用电源二次线图纸内容：高压厂用工作变压器以及厂用 3～10kV 电源馈线回路的电流电压回路图；高压厂用工作变压器以及厂用 3～10kV 电源馈线回路的控制信号回路图；启动/备用变压器电流电压回路图；启动/备用变压器控制信号回路图；端子排图；备用电源自动投入装置的二次原理接线图、屏面布置图和端子排图；二次安装接线图。

（7）低压厂用电源二次线图纸内容：主厂房内所有低压厂用变压器以及低压厂用电源进线和馈线的电流电压回路图；主厂房内所有低压厂用变压器以及低压厂用电源进线和馈线的控制信号回路图；端子排接线图；备用电源自动投入装置的二次原理接线图；备用电源自动投入装置的端子排图和屏面布置图（需要时）。

（8）元件继电保护及继电保护接线图纸内容：发电机（含励磁机或励磁变压器）、主变压器、高压厂用工作及启动/备用变压器的保护配置图；保护屏接线图（保护屏内部原理接线图由制造厂完成）；保护屏面布置图和端子排图。

（9）发电机—变压器组及启动/备用变压器故障录波接线图纸内容：发电机（含励磁机或励磁变压器）和主变压器故障录波测点配置图；高压厂用工作及启动/备用变压器的故障录波测点配置图；录波屏接线图（录波屏内部原理接线图由制造厂完成）；录波屏面布置图和端子排图。

（10）机组控制系统电气 I/O 清单内容：电气系统接入计算机监控管理系统所有模拟量和脉冲量等测点的序号、测点名称、测点编号、类型、参数以及控制、显示和报警要求等；电气系统接入计算机监控管理系统所有数字量和控制量等测点的序号、测点名称、测点编号、类型、参数以及控制、显示和报警要求等。

（11）计算内容：电流互感器及电压互感器负荷及电缆截面选择计算；励磁回路压降计算（中频电缆截面选择计算）。

（12）布置图内容深度：应有指北针，需表示电气屏、台及其他电气设备的轮廓外形、定位尺寸，建筑物的门、窗、楼梯及主要通道的位置、楼层的标高、相邻各房间的名称或用途；如为扩建工程，则扩建部分屏、台与原有部分需区别清楚，并有与图面对应的屏台用途一览表。

（13）屏面布置图内容深度：需标明屏正面电气设备的轮廓外形和定位尺寸；模拟母线需注明颜色或电压等级，并示意屏背面主要设备的位置，示意各安装单位端子排的排列顺序和在屏后的安装位置；设备表需标明屏上所有设备的编号、名称、型号、参数和数量。

（14）监控系统配置图内容深度：需表示系统构成、设备配置、网络结构以及与其他智能装置或系统的通信接口关系，必要时还需表示主要设备的安装位置。

（15）接线示意图内容深度：需标明相应一次元件设备名称、数量、符号及必要参数特征。

（16）原理图内容深度：需表示设备的符号、回路编号、回路说明以及设备安装地点、数量和规范，同一设备在两张图内表示时，需在一张图内表示设备的所有线圈及接点，并注明不在本图中接点的用途，在另一图中则表示接点来源；对有方向性的设备需标注极性；图中的接点需按不带电时的位置表示。

（17）端子排接线图内容深度：可以采用电缆接线表表示，但需表示各芯电缆的连接位置，需有安装单位编号、安装单位名称、连接设备符号、回路编号等；端子排还需包括预留的公用备用端子，端子排图上电缆编号以及电缆去向等需表示完整，必要时还需注明电缆芯数和截面。

（18）二次安装接线图内容深度：需表示设备的接线端子编号、电流互感器和电压互感器的极性，并有对应的设备材料表。

9. 升压站二次线

设计内容：网络控制总的部分、网络监控系统、线路及母线设备二次线、网络元件继电保护及继电保护接线图、网络微机防误操作图纸及相关计算内容等。

（1）网络控制总的部分图纸内容：网络控制室、网络继电器室、工程师室等电力网络部分电气有关各建筑物的平面布置图；电气控制屏、模拟屏、继电器屏、变送器屏、电能表屏的屏面布置图；网络继电器室的公用电源分配图或小母线电缆联系图。

（2）网络监控系统图纸内容：网络计算机监控系统配置图、公用测控装置接线图、测控屏屏面布置图及端子排图、网络计算机监控系统设备布置图及测点清单。

（3）线路及母线设备二次线图纸内容：线路电流电压回路图；线路控制信号回路图；母联电流电压回路图；母联控制信号回路图；母线电压互感器二次接线图；线路及母线设备二次安装接线图；线路及母线设备在辅助继电器屏、变送器屏以及电能表屏上的端子排接线图。

（4）网络元件继电保护及继电保护接线图图纸内容：联络变压器、并联电抗器以及并联补偿装置等的保护配置图；联络变压器、并联电抗器以及并联补偿装置等的保护逻辑图；保护屏接线图（保护屏内部原理接线图由制造厂完成）；保护屏面布置图；端子排图。

（5）网络微机防误操作图纸内容：网络微机防误操作系统配置图；操作闭锁逻辑图；模拟屏（如有）屏面布置图；模拟屏（如有）端子排图；当网络计算机监控系统兼有防误操作功能时，本部分内容可并入网络监控系统中。

（6）计算内容：电流互感器和电压互感器负荷及电缆截面选择计算；跳合闸控制回路电缆截面选择计算；电流互感器保护10%误差曲线的校验计算。

（7）布置图内容深度：应有指北针，需表示电气屏、台及其他电气设备的轮廓外形、定位尺寸，建筑物的门、窗、楼梯及主要通道的位置、楼层的标高、相邻各房间的名称或用途；如为扩建工程，则扩建部分屏、台与原有部分需区别清楚；需有与图面对应的屏台用途一览表。

（8）屏面布置图内容深度：需标明屏正面电气设备的轮廓外形和定位尺寸；模拟母线需注明颜色或电压等级，并示意屏背面主要设备的位置，示意各安装单位端子排的排列顺序和在屏后的安装位置；设备表需标明屏上所有设备的编号、名称、型号、参数和数量。

（9）监控系统配置图内容深度：需表示监控系统构成、设备配置、网络结构以及与其他智能装置或系统的通信接口关系，必要时还需表示主要设备的安装位置。

（10）原理图内容深度：需表示设备的符号、回路编号、回路说明、设备安装地点、数量和规范，同一设备在两张图内表示时，需在一张图内表示设备的所有线圈及接点，并注明不在本图中接点的用途，在另一图中则表示接点来源；对有方向性的设备需标注极性；图中的接点需按不带电时的位置表示。

（11）端子排接线图内容深度：可以采用电缆接线表表示，但需表示各芯电缆的连接位置，需有安装单位编号、安装单位名称、连接设备符号、回路编号等；端子排还需包括预留的公用备用端子，端子排图上电缆编号以及电缆去向等需表示完整，必要时还需注明电缆芯数和截面。

（12）二次安装接线图内容深度：需表示设备的接线端子编号，电流互感器和电压互感器的极性，并有对应的设备材料表。

10. 辅助车间二次线

设计内容：辅助车间高、低压厂用电源二次线；电除尘控制系统、输煤程控系统、输煤工业电视监视系统及相应的计算等。

（1）辅助车间高、低压厂用电源二次线图纸内容：辅助车间低压厂用变压器、备用变压器电流电压及控制信号回路图；辅助车间高压厂用电源进线、馈线回路的电流电压及控制信号回路图；辅助车间低压厂用电源进线、馈线回路的电流电压及控制信号回路图；有关端子排接线图；备用电源自动投入装置的二次原理接线图；备用电源自动投入装置屏面布置图和端子排接线图、配电装置平断面。

（2）电除尘二次线图纸内容：电除尘控制室布置图、对外接口图（内部控制原理图由制造厂完成）、电除尘控制系统对外端子排接线图。

（3）输煤程控系统图纸内容：输煤控制室及远程分站布置图、输煤程控系统图、输煤程控逻辑图或联锁逻辑说明、输煤系统就地转接端子箱接线图。

（4）输煤工业电视监视系统图纸内容：输煤工业电视监视系统图、监视点布置图、摄像机安装图、电源及信号系统接线图。

（5）计算内容：继电保护选型计算、长距离控制回路电缆截面选择计算。

（6）布置图内容深度：应有指北针，需表示电气屏、台及其他电气设备的轮廓外形、定位尺寸，建筑物的门、窗、楼梯及主要通道的位置、楼层的标高、相邻各房间的名称或用途；如为扩建工程，则扩建部分屏、台与原有部分需区别清楚；需有与图面对应的屏台用途一览表。

（7）屏面布置图内容深度：需标明屏正面电气设备的轮廓外形和定位尺寸；模拟母线需注明颜色或电压等级，并示意屏背面主要设备的位置，示意各安装单位端子排的排列顺序和在屏后的安装位置；设备表需标明屏上所有设备的编号、名称、型号、参数和数量。

（8）系统图内容深度：需表示系统构成、设备配置、网络结构以及设备之间的通信接口关系，必要时还需表示主要设备的安装位置。

（9）原理图内容深度：需表示设备的符号、回路编号、回路说明、设备安装地点、数量和规范，同一设备在两张图内表示时，需在一张图内表示设备的所有线圈及接点，并注明不在本图中接点的用途，在另一图中则表示接点来源；对有方向性的设备需标注极性；图中的接点需按不带电时的位置表示。

（10）端子排接线图内容深度：可以采用电缆接线表表示，但需表示各芯电缆的连接位置，需有安装单位编号、安装单位名称、连接设备符号、回路编号等；端子排还需包括预留的公用备用端子，端子排图上电缆编号以及电缆去向等需表示完整，必要时还需注明电缆芯数和截面。

11. 直流系统及交流不间断电源接线及布置图

设计内容：直流系统和交流不间断电源接线及布置图、蓄电池安装图、直流系统图、UPS接线和安装图及相关计算等。

（1）直流系统和交流不间断电源接线及布置图内容：蓄电池安装图、直流系统图、UPS接线图及安装图。

（2）蓄电池安装图纸内容：蓄电池室布置图、蓄电池安装图、蓄电池及相关设备接线图。

（3）直流系统图纸内容：各级直流电压的系统图、直流系统图，需表示各设备和元件的主要参数；直流配电网络图；直流系统主屏及分屏接线图；直流主屏及分屏屏面布置图；直流系统测量及信号回路图；充电器及直流屏布置图。

（4）UPS接线及安装图纸内容：UPS系统图、UPS馈电屏接线图、UPS馈电屏屏面布置图、UPS测量及信号回路图、UPS及配电屏布置图。

（5）计算内容：直流负荷统计及蓄电池容量选择计算、充电设备容量选择计算、直流导体及电缆截面选择计算、UPS负荷统计及容量选择计算。

（6）蓄电池安装图内容深度：蓄电池室尺寸、标高及土建结构、门、窗、走道位置；蓄电池外形尺寸、布置尺寸和安装方式；蓄电池的编号和连接顺序；蓄电池组行间联络电缆型号及电缆埋管规格；蓄电池安装的设备及材料表；必要时也可以示出蓄电池室采暖和通风设施的位置。

（7）直流系统图内容深度：直流系统图中需表示各设备和元件的主要参数；屏面布置图需标明屏正面电气设备的轮廓外形和定位尺寸，模拟母线需注明颜色或电压等级，并示意屏背面主要设备的位置，示意各安装单位端子排的排列顺序和在屏后的安装位置，设备表需标明屏上所有设备的编号、名称、型号、参数和数量；直流系统主屏及分屏接线图，母线段工作电源和备用电源连接；间隔编号、屏型号、编码；每屏内出线回路名称及其排列顺序、柜体总尺寸及单元尺寸；每个回路设备及连接导体的型号、规范、必要的整定值；每个母线段工作电压、电流和短路动、热稳定水平等。

（8）UPS接线及安装图内容深度：UPS系统图中需表示各设备和元件的主要参数；UPS馈电屏屏面布置图的图纸内容深度同直流屏屏面布置图的要求；UPS馈电屏接线图要求直流系统；UPS室尺寸、标高及土建结构、门、窗、走道位置；UPS外形尺寸、布置尺寸和安装方式；UPS安装的设备及材料表。

12. 全厂防雷接地布置图

设计内容：卷册说明、全厂直击雷防护设施布置图、全厂主接地网布置图、室内接地设计、安装详图设计、相关计算等。

（1）卷册说明内容深度：需明确工程中采用的主要防雷保护措施及适用范围，接地材料选型、设备接地要求及各种型式规格接地材料适用范围，施工注意事项；扩建工程还需说明新建工程接地网与原有接地网之间的连接要求。

（2）全厂直击雷防护设施布置图内容深度：避雷针（线）坐标及高度、被保护物轮廓及相应高度的保护范围；避雷带在屋面布置方位、安装高度及接地引下线位置。

（3）全厂主接地网布置图内容深度：全厂接地网布置及接地井设置位置；避雷针（线）、避雷带、避雷器及变压器中性点集中接地装置的布置；在重要出入口设置的帽檐式均压带的布置。

（4）室内接地设计内容深度：主厂房及厂区辅助车间设置的室内接地干线设计、数字化监控保护设备等电位接地设计。

（5）安装详图内容深度：接地施工常用详图及必要的说明。

（6）相关计算：防雷保护范围计算；全厂接地网接地电阻计算；接触电势和跨步电势计算；接地材料选择计算，包括接地导体热稳定截面及导体腐蚀情况计算。

13. 全厂行车滑线安装图

设计内容：主厂房行车滑线安装图、辅助厂房行车滑线安装图、滑线截面选择及压降验算等。

内容深度：需标注滑线安装高度、跨度及电源引接点位置；需表示安装行车的梁柱结构及重要结构标高；需提供滑线安装及零件详图；需对本卷册设备及材料进行汇总。

14. 全厂电缆构筑物及电缆敷设布置安装图

设计内容：电缆敷设总的部分、各系统电缆构筑物安装及电缆防火、各系统电缆敷设图、电缆清册。

（1）电缆敷设总的部分内容深度：整个工程电缆相关设计分册汇总、电缆构筑物型式说明、电缆敷设设计说明及施工注意事项、电缆防火主要措施说明及施工注意事项。

（2）各系统电缆构筑物安装及电缆防火图纸内容深度：需表示电缆通道、桥架或支架规格、层次、标高、上下衔接标志、固定方式和防火设施等；需表示有关的平断面土建结构、主要工艺设备布置等；电缆构筑物穿越道路、与管沟交叉和进入建筑物等处，需提供断面图。

（3）各系统电缆敷设图内容深度：需表示电缆通道、始终端设备名称和编号、电缆埋管及其管径等；电缆敷设设计述需包括设备电缆汇总以及主要电缆路径断面电缆汇总。

（4）电缆清册内容深度：包括每根电缆的安装单位，始、终端设备名称，电缆编号和型号、备用芯数、电缆长度等；当用计算机辅助设计时，还需提供电

缆路径所经过的节点编号。

15. 全厂照明

设计内容：照明总的部分、建筑物照明布置图、厂区道路照明布置图、相关计算等。

（1）照明总的部分内容深度：照明网络与供电电压情况；主要场所所采用的照明方式、光源选择；导线敷设方式、设备安装方式、照明网络接地方式及其他施工要求。

（2）建筑物照明布置图纸内容深度：需提供照明装置选型及布置设计，含正常照明、应急照明、警卫照明和障碍照明，应急照明又含备用照明、安全照明和疏散照明；需表示土建有关的墙、板、梁、柱、门窗、楼梯走道等；需表示建、构筑物有关工艺和电气设备外形轮廓以及管道和托架位置；需表示各个照明箱的引接电源，照明箱型式、代号及装设位置，照明箱各回路的负荷量，供电电缆或电线型号及规格等需在照明系统图或者布置图中示出；照明配电箱的回路编号需在照明布线图中示出，当用单线表示时，尚需表示导线根数，开关与灯具的编号与所属回路编号一致；照明电源的引接方位，在图中可用箭头表示或文字说明；照明灯具的布置位置需按比例，图例符号应该统一，图中需注明灯具数量、功率和装设方式及高度；有特殊安装要求的灯具需出详图。

（3）厂区道路照明布置图纸内容深度：需表示厂区所有道路及建（构）筑物；需表示与建（构）筑物有关且布置于户外的工艺和电气设备外形轮廓以及大型管架位置；照明配电箱配置接线图中需表示户外照明灯具控制方式。

（4）相关计算：单元控制室照度计算、主厂房照度计算；照明配电箱供电回路负荷计算；供电回路工作电流及电压降计算；导线截面选择及验算。

16. 接地网阴极保护

设计内容：卷册说明、阴极保护设备布置安装图、相关计算等。

（1）卷册说明内容深度：工程中采用的阴极保护措施及适用范围，阴极保护材料选型，各种型式规格的阴极保护材料适用范围，阴极保护系统的测试说明及阴极保护系统的维护说明。

（2）阴极保护设备布置安装图纸内容深度：阳极牺牲块的布置图（当采用牺牲阳极法作为接地网阴极保护时）；电源设备及阳极布置安装图（当采用外加电流法作为接地网阴极保护时）；参比电极和测试桩布置安装图。

（3）有关计算：当采用牺牲阳极法时，包括保护电流计算、阳极接地电阻计算、单支阳极发生电流计算、单支阳极平均发生电流计算、牺牲阳极使用寿命计算、牺牲阳极数量计算；当采用外加电流法时，包

括阳极接地电阻计算、阳极寿命计算、阳极数量计算、恒电位仪功率计算。

第四节 电气专业设计配合

为了使各有关专业之间在设计内容上互相衔接、协调统一，避免差错、漏缺和碰撞，设计过程中需要进行必要的联系配合、研究磋商，一些相互有关联的设计图纸尚要进行会签，以保证设计质量。

专业间的设计配合，主要依靠大量的、经常的联系进行，手续尽量简化，以使相互间交换的资料项目压缩到最少，但配合后的正式书面资料需准确、细致。

本节所述为示例，工程设计时，需根据本单位机构组成和专业分工的情况做适当变更和增减。

1. 初步可行性研究阶段专业间交换资料

本阶段电气专业的工作量很少，主要提出资料为：

（1）给总交、水工、土建结构、建筑：A排外各变压器、屋外（屋内）配电装置、变压器至配电装置引线、继电器室、空冷配电室（如果有）等电工建（构）筑物的定位、占地尺寸、平面布置规划。

（2）给技经：主要设备、材料清单、厂用电率等。一般按同类参考工程作为基础，提出与参考工程不同部分即可。

主要接收资料由系统提供：电厂主接线规划方案，含出线电压等级、出线回路数、电抗器设置（如有）等。

2. 可行性研究阶段专业间交换资料

主要提出资料为：

（1）给总交、水工、土建结构、建筑：A排外各变压器、屋外（屋内）配电装置、变压器至配电装置引线、继电器室、空冷配电室（如果有）等电工建构（筑）物的定位、占地尺寸、平面布置规划。

（2）给热机、土建结构、建筑：主厂房各配电室、变频器室尺寸。

（3）给技经：主要设备、材料清单、厂用电率等。

主要接收资料为：

（1）系统提供：电厂主接线规划方案，含山线电压等级、出线回路数、电抗器设置（如有）等。

（2）各工艺专业提供：主要用电负荷清单。

（3）机务专业提供：主厂房平、剖面图。

3. 初步设计阶段专业间交换资料

初步设计阶段专业间交换资料分为电气专业提出资料（见表1-5）及电气专业接收资料（见表1-6）。

表1-5　　　　　　　　　　　燃煤项目初设电气专业提出资料清单（仅供参考）

序号	资料名称	内 容 深 度	接收专业（见注）
1	A排外电工建（构）筑物平面布置图资料	A排外各变压器、屋外（屋内）配电装置、变压器至配电装置引线、独立避雷针、继电器室、空冷配电室（如果有）等电工建（构）筑物的定位、占地尺寸、平面布置规划，土建工程量，导线拉力限值	Z、T、TJ、S、J
2	高压配电装置平断面布置资料	高压屋外（屋内）配电装置定位、占地尺寸、环道等平面布置规划；主要间隔断面布置规划	T、Z、J
3	封闭母线平断面布置资料	封闭母线及其附属设备（含封闭母线、TV柜、励磁变压器、励磁柜、励磁小室）、交直流励磁共箱母线等平面定位及布置规划，封母主要断面布置规划，墙面留孔	T、J、Z、TJ、N
4	共箱母线平断面布置资料	共箱母线平面定位、标高标注及布置规划，主要断面布置规划，墙面留孔	T、J、Z、TJ
5	主厂房各配电室布置	主厂房各配电室、变频器室尺寸及高度、出口、平面布置	J、H、TJ、T、N
6	主厂房电缆通道	主厂房电缆桥架层数、占空，电缆沟（隧道）路径及规格，电缆竖井位置及规格，MCC的尺寸及位置	J、H、TJ、T、N、K
7	集控楼电缆通道	电气电缆夹层范围及净空、电缆桥架层数、占空，电缆沟（隧道）路径及规格	TJ、T、N、K、J
8	辅助厂房配电室布置	辅助厂房配电室尺寸及高度、出口、输煤综合楼规划资料	S、H、M、C、T、TJ、SJ、Z、N
9	厂区电缆通道	厂区电缆桥架层数、占空，电缆沟（隧道）路径及规格	Z、F
10	集控楼厂用电气设备布置	集控楼各配电室、柴油机室尺寸及高度、出口、平面布置	TJ、T、N、J
11	集控楼二次电气设备布置	直流、UPS配电室及蓄电池室尺寸、出口、平面布置	TJ、T、N、J

序号	资料名称	内 容 深 度	接收专业（见注）
12	网控楼/继电器室平面布置图	网控楼平面布置图及电气所需房间尺寸净空要求	TJ、T、Z、N
13	集控楼电子设备间电气设备名称及数量	包括电子设备间电气盘柜名称、数量、尺寸，以及电气操作员站及工程师站的数量及布置位置要求	K、J
14	技经资料	设备、材料清单、厂用电率	E
15	I/O测点数		K

注 J—热机（含脱硫、脱硝）、M—运煤、C—除灰、N—暖通、H—化水、S—供水、K—热工自动化、F—MIS、T—土建结构、TJ—建筑、SJ—水工结构、Z—总交、P—环保水保、E—技经。

表1-6　　　　　　　　燃煤项目初设电气专业接收资料清单（仅供参考）

序号	提出专业	资料名称	内 容 深 度
1	各工艺专业	用电负荷资料	包括数量、运行方式、功率和电源参数及控制和联锁要求
2	各工艺专业	各辅助车间布置图	包括平、剖面图，设备布置等
3	热机	燃油、燃气设备及建筑的防火、防爆要求	
		主厂房平、剖面图	（1）柱网。 （2）各层标高。 （3）主机及主要辅机的外形及布置。 （4）集控楼的位置规划。 （5）预留楼梯交通位置
4	运煤	运煤系统工艺流程图及程控联锁要求、通信要求	包括控制要求及摄像头设置点
5	除灰	除灰渣系统图	厂内外灰、渣、石子煤处理系统图
6	热工自动化	集中（单元）控制室及电子间平面布置图	（1）集控室、电子间、工程师室、走廊、电缆夹层等功能区间的命名、布局及面积区间划分。 （2）各房间内盘、台、柜等布置，含定位尺寸。 （3）设备清单
		集中（单元）控制室及电子间等环境要求	照明要求
		主厂房电缆主通道走向资料（热工部分）	（1）电缆走向示意，层数、层高要求；安装方式说明。 （2）主厂房电缆桥架层数、占空、路径及规格，电缆竖井位置及规格，安装方式说明
		主厂房电子间电缆夹层主通道走向资料	走向示意，与主通道的接口位置，层数、层高要求；安装方式说明
7	建筑	主厂房结构布置图	（1）各层平面布置图。 （2）横向结构布置图。 （3）纵向结构布置图
		汽轮发电机基座平剖面图	运转层平面图、纵向剖面图
		主厂房建筑布置图（含集控楼）	（1）主厂房底层平面图。 （2）主厂房管道层（夹层）平面图。 （3）主厂房运转层平面图。 （4）主厂房除氧、煤仓间及各层平面图。 （5）主厂房横剖面图。 （6）主厂房汽轮机侧立面。 （7）主厂房固定端立面。 （8）主厂房锅炉侧立面。 （9）集中控制楼各层平面及剖面图

续表

序号	提出专业	资料名称	内 容 深 度
8	总交	全厂总体规划（含全厂防排洪规划）	（1）规划容量的厂区布置、老厂厂区布置、本期施工区范围、高压出线走廊、厂区防排洪设施。 （2）灰场、水源、取排水口的位置。 （3）煤炭工业场地位置及范围。 （4）厂址附近码头、变电站位置。 （5）厂外补给水管线、灰管线及输煤设施
		厂区总平面布置	（1）老厂、本期及远期厂区布置及用地范围。 （2）厂内道路、铁路布置及其与厂外线路的连接。 （3）电厂码头的布置及其与厂区运煤设施的衔接。 （4）挡土墙、护坡等设施布置。 （5）主要生产建（构）筑物包括铁路、主厂房、烟囱、冷却塔（或空冷凝汽器）等及厂区围墙的坐标、设计标高。 （6）厂区建筑坐标系与测量坐标系的换算关系、风向频率玫瑰图。 （7）厂区建（构）筑物一览表。 （8）厂区主要技术经济指标表及图例
		厂区竖向布置	（1）老厂主要建（构）筑物、道路、挡土墙及护坡坐标、标高等。 （2）厂区竖向设计等高线、主要建（构）筑物室内地面标高、冷却塔 0m 标高、储煤场斗轮机及卸煤铁路轨顶标高以及主要道路标高等。 （3）厂内、外排水（洪）沟的位置和走向及主要转点标高。 （4）厂区挡土墙、护坡布置
		厂区管线设施规划	包括厂区循环水管（沟）、管架、暖气沟、电缆沟（隧）道及上、下水管道的干管布置，并标注主干管、沟、管架的定位坐标
9	系统	电气主接线的原则接线及主要设备参数、型式	
		系统阻抗	
		补偿装置的要求	
		系统继电保护的要求	
		系统通信的要求	
		系统远动要求	

4. 施工图设计阶段专业间交换资料

施工图设计阶段专业间交换资料分为电气专业提出资料（见表1-7）及电气专业接收资料（见表1-8）。

表 1-7　　　　　　　　燃煤项目施工图电气专业提出资料清单（仅供参考）

序号	资 料 名 称	内 容 深 度	接收专业（见注）
1	变压器本体及相关附属设备资料	A 排外变压器及其附属设备、中性点设备平面总布置图，各变压器及其附属设备、中性点设备基础布置，各设备基础资料（包含变压器油重、变压器本体及其附属设备、中性点设备基础埋件、留孔，变压器本体及各设备安装对基础要求，如定位、标高、荷载等	T、S、Z（仅平面图）、J
2	屋（内）外配电装置设备布置	屋（内）外配电装置设备平面布置图，屋内配电装置墙面开孔、挂线荷载、净空及检修要求	T、Z（仅平面图）、TJ（仅屋内配电装置）
3	屋（内）外配电装置设备布置及基础资料	屋（内）外配电装置设备平面布置图，各设备基础资料（包含设备安装基础埋件、留孔，各设备安装对基础要求，如定位、标高、荷载等），屋内配电装置墙面开孔、挂线荷载、净空及检修要求	T、Z（仅平面图）、TJ（仅屋内配电装置）
4	屋外配电装置绝缘地坪资料	屋外配电装置绝缘地坪及检修小道布置、地坪要求	T

序号	资 料 名 称	内 容 深 度	接收专业（见注）
5	屋（内）外 GIS 配电装置设备布置	屋（内）外 GIS 配电装置设备平面布置图，屋内 GIS 墙面开孔、行车资料（包含最大整块吊装重量，起吊高度，轨距等）	T、Z（仅平面图）、TJ（仅屋内 GIS）、N（仅屋内 GIS）
6	屋（内）外 GIS 配电装置设备布置及基础资料	屋（内）外 GIS 配电装置设备平面布置图，各 GIS 间隔及附属设备基础资料（包含设备安装基础埋件、留孔；设备安装对基础要求，如定位、标高、荷载等）。屋内 GIS 墙面开孔、行车资料（包含最大整块吊装重量，起吊高度、轨距等），屋内 GIS 通风要求	T、Z（仅平面图）、TJ（仅屋内 GIS）、N（仅屋内 GIS）
7	架空导线构架（含空冷柱导线构架梁）拉力资料	架空导线（架空地线）构架（含空冷柱导线构架梁）平面布置图，构架拉力荷载资料（包含水平、垂直、侧向主要工况荷载及检修工况荷载），构架挂环、地线柱、构架避雷针布置及要求资料	T、Z（仅平面图）
8	避雷针、主厂房 A 排避雷线资料	全厂独立避雷针、建（构）筑物顶部避雷针的定位和高度，主厂房 A 排避雷线挂环布置及荷载资料	T
9	避雷带资料	非钢屋面混凝土结构主厂房及有特殊避雷要求的辅助厂房的屋顶避雷带预埋要求	T、TJ
10	空冷平台接地引下线资料	空冷平台接地引下线在空冷柱上预留埋件要求	T
11	烟囱防雷接地资料	烟囱独立避雷针布置、高度资料，接地引下线布置资料，烟囱基础照明预留埋管	T
12	冷却塔（间冷塔）防雷接地资料	冷却塔（间冷塔）避雷带布置、高度要求资料，接地引下线布置资料	T
13	高压电缆沟、电缆头小室资料	高压电缆沟及电缆头小室的平面布置，电缆沟（含伸缩节）净空及埋件要求，电缆头小室尺寸、人孔、净空、留孔及埋件资料，电缆沟断面图，电缆头及附属设备基础资料（含基础埋件、定位、荷载、标高等）	T、Z
14	主厂房封闭母线及其附属设备、励磁系统土建资料	主厂房内封闭母线及其附属设备、交直流励磁母线、励磁变压器、励磁柜等设备基础或安装埋件要求；埋件、留孔，设备安装对楼板及基础要求，如定位、标高、荷载等；励磁小室平面布置、励磁小室净空及设备安装留孔埋件定位标高荷载	T、TJ
15	主厂房封闭母线及附属设备平断面布置资料	主厂房内封闭母线及其附属设备、交直流励磁母线、励磁变压器、励磁柜等设备平面布置图、主要断面布置图，励磁小室设备平面布置，励磁系统设备散热暖通资料	T、J、TJ、N
16	厂用配电室（主厂房）共箱母线土建资料	厂用配电室内（主厂房内，适用于共箱母线厂房内布置）共箱母线安装土建要求，包含埋件，留孔的定位、荷载、标高等；共箱母线平断面布置图（主厂房内，适用于共箱母线厂房内布置）	T、TJ、J（仅共箱母线主厂房内布置时）、J
17	主厂房 A 排外母线支架土建资料	母线支架梁（含检修步道）的平面布置定位，各层支架梁单位荷载、标高；支架梁支柱规划定位及定位特殊要求	T、TJ、S
18	主厂房及集控楼各配电室布置	主厂房及集控楼各厂用配电室、变频器室尺寸及高度、出口、门的要求	J、H、TJ、T、N
19	主厂房电缆通道布置	主厂房各处电缆桥架层数、占空，电缆沟（隧道）路径及规格，电缆竖井位置及规格；电缆桥架定位	J、H、TJ、T、N、Z、K
20	主厂房配电室土建资料	主厂房各配电室内变压器、开关柜荷载、留孔及埋件，变压器发热量资料	TJ、T、N
21	变频器室土建资料	变频器柜荷载、留孔及埋件，发热量资料，风道接口	TJ、T、N
22	主厂房电缆通道土建资料	主厂房电缆桥架、电缆沟（隧道）埋件，电缆竖井、MCC 的留孔、埋件、定位；电缆桥架荷载	TJ、T、Z
23	主厂房照明资料	主厂房照明箱留孔、定位资料	TJ、T、J
24	集控楼配电室土建资料	集控楼各配电室内变压器、开关柜留孔及埋件，变压器发热量资料	TJ、T、N

序号	资料名称	内容深度	接收专业（见注）
25	集控楼电缆通道土建资料	电气电缆夹层桥架埋件，电缆沟（隧道）埋件，电缆竖井、MCC 的留孔、埋件、定位，电缆桥架荷载	TJ、T、Z、K
26	集控楼照明资料	主厂房照明箱留孔、定位资料，嵌入式灯具留孔资料	TJ
27	空冷配电室资料	配电室内变压器、开关柜荷载、留孔及埋件，变压器发热量资料，电缆通道路径规格及埋件、留孔、定位	TJ、T、N、K
28	空冷电缆资料	空冷平台电缆桥架、电缆沟（隧道）路径规格及埋件，电缆竖井、MCC 的留孔、埋件、定位	S、TJ、T、Z、K
29	间冷塔资料	电缆桥架、电缆沟（隧道）路径规格及埋件，电缆竖井留孔、埋件、定位	S、SJ、K
30	辅助厂房配电室布置	辅助厂房配电室尺寸及高度、出口规划，输煤综合楼规划资料	S、H、M、C、T、TJ、SJ、Z、N、K
31	辅机冷却水泵房电缆通道土建资料	电缆桥架、电缆沟（隧道）路径规格及埋件，电缆竖井、MCC 的留孔、埋件、定位	S、SJ、Z、K
32	循环水泵房电缆通道土建资料	电缆桥架、电缆沟（隧道）路径规格及埋件，电缆竖井、MCC 的留孔、埋件、定位	S、SJ、Z、K
33	机力塔电缆通道土建资料	电缆桥架路径规格及埋件，电缆竖井埋件、定位	S、SJ、Z、K
34	烟囱资料	照明电缆预埋管	T
35	引风机室电缆通道土建资料	电缆桥架、电缆沟（隧道）路径规格及埋件，电缆竖井、MCC 的留孔、埋件、定位	J、T、TJ、Z、K
36	硫化风机房电缆通道土建资料	电缆桥架、电缆沟（隧道）路径规格及埋件，电缆竖井、MCC 的留孔、埋件、定位	J、T、TJ、Z、K
37	电除尘配电室资料	配电室内变压器、开关柜荷载、留孔及埋件，变压器发热量资料，电缆通道路径规格及埋件、留孔、定位	T、TJ、N、Z
38	电除尘系统通道土建资料	电除尘本体与配电室连接的电缆通道路径规格及埋件，电缆竖井、MCC 的留孔、埋件、定位	J、T、TJ、Z
39	渣仓电缆通道土建资料	电缆通道路径规格及埋件，电缆竖井、MCC 的留孔、埋件、定位	C、T、TJ、Z
40	机组排水槽电缆通道土建资料	电缆桥架、电缆沟（隧道）路径规格及埋件，电缆竖井、MCC 的留孔、埋件、定位	H、T、TJ、Z
41	脱硫配电室资料	配电室内变压器、开关柜荷载、留孔及埋件，变压器发热量资料，电缆通道路径规格及埋件、留孔、定位	J、T、N、Z
42	脱硫电缆及照明资料	电缆桥架、电缆沟（隧道）路径规格及埋件，电缆竖井、MCC 的留孔、埋件、定位，脱硫综合楼照明箱留孔	J、T、TJ、Z
43	输煤综合楼资料	配电室、程控室内变压器、开关柜荷载、留孔及埋件，变压器发热量资料，综合楼电缆通道路径、留孔及埋件，综合楼照明箱留孔	M、T、TJ、N、Z
44	转运站及输煤栈桥电缆通道土建资料	电缆桥架、电缆沟（隧道）路径规格及埋件，电缆竖井、MCC 的留孔、埋件、定位	M、T、TJ、Z
45	煤场照明资料	煤场灯塔资料	T
46	煤水处理室电缆通道土建资料	电缆桥架、电缆沟（隧道）路径规格及埋件，电缆竖井、MCC 的留孔、埋件、定位	S、SJ、Z、K
47	翻车机配电室及控制室资料	室内变压器、开关柜荷载、留孔及埋件，变压器发热量资料，电缆通道路径规格及埋件、留孔、定位	M、T、TJ、N、Z
48	翻车机室电缆通道土建资料	电缆桥架、电缆沟（隧道）路径规格及埋件，电缆竖井、MCC 的留孔、埋件、定位	M、T、TJ、Z

续表

序号	资 料 名 称	内 容 深 度	接收专业（见注）
49	除灰配电室资料	配电室内变压器、开关柜留孔及埋件，变压器发热量资料，电缆通道路径规格及埋件、留孔、定位	C、T、TJ、N、Z、K
50	空压机室电缆通道土建资料	电缆桥架、电缆沟（隧道）路径规格及埋件，电缆竖井、MCC的留孔、埋件、定位	J、C、T、TJ、Z、K
51	灰库电缆通道土建资料	电缆桥架、电缆沟（隧道）路径规格及埋件，电缆竖井、MCC的留孔、埋件、定位	C、T、TJ、Z
52	化水配电室资料	配电室内变压器、开关柜荷载、留孔及埋件，变压器发热量资料，电缆通道路径规格及埋件、留孔、定位	H、T、TJ、N、Z
53	锅炉补给水处理室电缆通道土建资料	电缆桥架、电缆沟（隧道）路径规格及埋件，电缆竖井、MCC的留孔、埋件、定位	H、T、TJ、K
54	化验楼电缆通道及照明土建资料	电缆桥架、电缆沟（隧道）路径规格及埋件，电缆竖井、MCC的留孔、埋件、定位，照明箱留孔	H、T、TJ、Z
55	氢气站电缆通道土建资料	电缆桥架、电缆沟（隧道）路径规格及埋件，电缆竖井、MCC的留孔、埋件、定位	H、T、TJ、Z、K
56	制氨区电缆通道土建资料	电缆桥架、电缆沟（隧道）路径规格及埋件，电缆竖井、MCC的留孔、埋件、定位	H、T、TJ、Z、K
57	海水淡化配电室资料	配电室内变压器、开关柜荷载、留孔及埋件，变压器发热量资料，电缆通道路径规格及埋件、留孔、定位	S、SJ、N、Z
58	海水淡化电缆通道土建资料	电缆桥架、电缆沟（隧道）路径规格及埋件，电缆竖井、MCC的留孔、埋件、定位	S、SJ、Z、K
59	中水深度处理车间电缆通道土建资料	电缆桥架、电缆沟（隧道）路径规格及埋件，电缆竖井、MCC的留孔、埋件、定位	H、T、TJ、Z、K
60	循环水加药间电缆通道土建资料	电缆桥架、电缆沟（隧道）路径规格及埋件，电缆竖井、MCC的留孔、埋件、定位	H、T、TJ、Z
61	水源地变压器、配电室资料	配电室内变压器、开关柜荷载、留孔及埋件，变压器发热量资料，隔离变压器及降压变压器基础，电缆通道路径规格及埋件、留孔、定位	S、SJ、N、Z
62	水源地电缆通道土建资料	取水泵房、深井泵房及水源地区域等电缆桥架、电缆沟（隧道）路径规格及埋件，电缆竖井、MCC的留孔、埋件、定位	S、SJ、Z
63	水务配电室资料	配电室内变压器、开关柜荷载、留孔及埋件，变压器发热量资料，电缆通道路径规格及埋件、留孔、定位	S、SJ、N、Z
64	综合水泵房电缆通道土建资料	电缆桥架、电缆沟（隧道）路径规格及埋件，电缆竖井、MCC的留孔、埋件、定位	S、SJ、Z、K
65	污废水处理系统电缆通道土建资料	污废水泵房、工业废水处理车间、污泥浓缩池电缆桥架、电缆沟（隧道）路径规格及埋件，电缆竖井、MCC的留孔、埋件、定位	S、SJ、Z、K
66	雨水调节池、雨水泵房电缆通道土建资料	电缆桥架、电缆沟（隧道）路径规格及埋件，电缆竖井、MCC的留孔、埋件、定位	S、SJ、Z
67	地表水净化系统电缆通道土建资料	澄清池、机加池等电缆桥架、电缆沟（隧道）路径规格及埋件，电缆竖井、MCC的留孔、埋件、定位	S、SJ、Z
68	灰场资料	配电室布置及变压器、开关柜留孔及埋件，变压器发热量资料电缆桥架、电缆沟（隧道）路径规格及埋件，电缆竖井、MCC的留孔、埋件、定位	SJ、N
69	厂区电缆通道规划（总图安排）	厂区管架上电缆桥架层数、占空，电缆沟（隧道）路径及规格	Z
70	厂区电缆通道土建资料（总图安排）	管架上电缆桥架荷载、埋件及电缆沟（隧道）路径规格及埋件	T、Z

续表

序号	资 料 名 称	内 容 深 度	接收专业（见注）
71	燃油泵房及油库区资料	电缆桥架、电缆沟（隧道）路径规格及埋件，电缆桥架、电缆竖井、MCC 的留孔、埋件、定位	J、T、TJ、Z
72	厂区道路照明资料	路灯布置图及路灯基础	Z
73	厂前区电缆通道土建资料（总图安排，分批）	电缆桥架、电缆沟（隧道）路径规格及埋件，电缆竖井、MCC 的留孔、埋件、定位	T、TJ、Z
74	厂前区照明资料	生产办公楼、夜班休息楼等建筑照明箱留孔、定位资料，嵌入式灯具留孔资料	TJ
75	集控楼直流、UPS 配电室及蓄电池室平面布置图、埋件布置图、电缆沟及开孔布置图	包括尺寸、开孔、埋件、荷载、蓄电池室的环境要求	TJ、T、N，J
76	网络继电器室平面布置图、埋件布置图、电缆沟及开孔布置图（包括对网控楼的要求）	包括尺寸、开孔、埋件、荷载、蓄电池室的环境要求、网络继电器室建筑屏蔽要求	TJ、J、N
77	网控直流、UPS 配电室及蓄电池室平面布置图、埋件布置图、电缆沟及开孔布置图（包括对直流、UPS 配电室的要求）	包括尺寸、开孔、埋件、荷载、蓄电池室的环境要求	TJ、T、N
78	集控楼电子设备间电气设备名称及数量（包括设备编码）	包括电子设备间电气盘柜名称、数量、尺寸，电气操作员站、工程师站的数量及布置位置要求，设备编码	K
79	I/O 测点清册		K
80	电动机二次接线图		K
81	电网调度部门对热控送出信号的要求		K
82	电气系统或装置与热控控制系统通信接口的数量、通信协议类型、接口位置		K
83	输煤系统电气设备布置	输煤系统的输煤控制楼、栈桥、转运站电气设备（含电缆通道）布置图	K
84	不同类型电动机进 DCS 监控点数的约定		K
85	主厂房区电缆沟道布置（总图安排）	主厂房（外）周围电缆沟（隧道）路径及规格，确定接口	Z
86	出线资料	各回出线的门型架构位置、允许拉力、偏角	XL

注　J—热机（含脱硫、脱硝）、M—运煤、C—除灰、N—暖通、H—化水、S—供水、K—热工自动化、F—MIS、T—土建结构、TJ—建筑、SJ—水工结构、Z—总交、P—环保水保、XL—线路。

表 1-8　　　　　　　　　　燃煤项目施工图电气专业接收资料清单（仅供参考）

序号	提出专业	资料名称	内 容 深 度
1	热机	锅炉本体有关资料	构架及平台扶梯
		煤仓间、锅炉房及炉后区域的布置图	
		煤仓间、锅炉房及炉后区域的辅助安装图	（1）总图（含设备定位、设备编码）。 （2）各设备安装图（含基础外形、动静荷载、留孔、埋件、特殊要求等）

序号	提出专业	资料名称	内 容 深 度
1	热机	电伴热资料	需要电伴热的管道规格、介质参数、布置位置、长度等
		启动锅炉房	平、剖面图
		油库区及油泵房	(1)平、剖面图。 (2)油罐容积、外形尺寸及基础布置图
		煤仓间、锅炉房及炉后检修起吊设施总图	单轨定位、标高、长度
		用电负荷资料	提出本专业电动机清单、全厂用电资料,包括数量、运行方式、功率及电源参数及控制和联锁要求
		主厂房布置图	各层平、剖面图
		主厂房各车间布置图	平、剖面图
		空压机室	平、剖面图
		柴油机室	(1)平、剖面图(含沟道)。 (2)设备布置、安装基础图
		汽机房、除氧间辅机安装图	(1)总图(含设备定位、设备编码)。 (2)各设备安装图(含基础外形、留孔、埋件、特殊要求等)
		汽机房及除氧间检修起吊设施	单轨定位、标高、长度
		脱硫和公用区布置图	平、剖面图
2	运煤	运煤系统平面布置图	运煤系统各转运站、栈桥及其他附属设施的坐标及相对关系
		煤仓层带式输送机布置图	包括照明要求及移动电源资料
		运煤系统工艺流程图及程控联锁要求、通信要求	包括控制要求及摄像头设置点
		运煤系统及辅助设施布置平、剖面图	煤场封闭形式
		用电负荷资料	提出本专业电动机清单、全厂用电资料,包括数量、运行方式、功率和电源参数及控制和联锁要求
		运煤系统工艺流程图及通信要求	整个运煤系统的通信要求
3	除灰	除灰渣系统图	厂内外灰、渣、石子煤处理系统图
		用电负荷资料	提出本专业电动机清单、全厂用电资料,包括数量、运行方式、功率和电源参数及控制和联锁要求
		空压机站、除渣设施、除尘器下除灰设施、灰库、风机房等	各建筑物平、剖面布置图,外形尺寸等
4	暖通	主厂房采暖	提出主厂房区域空调机房、通风机的布置位置和房间面积,采暖用电设备电源资料、联锁要求及用电设备的定位与标高等
		用电负荷资料	提出本专业电动机清单、全厂用电资料,包括数量、运行方式、功率和电源参数及控制和联锁要求
		采暖加热站	泵、凝结水回收器、软水器等用电量资料、安装位置及相关控制、电气接线图等
		主厂房内工艺房间通风	通风及降温设备的电源资料和联锁要求,电动风阀、防火阀的位置及电源和联锁要求
		制冷站	制冷系统设备的电源资料、接线位置和联锁要求,电动阀的位置及电源和联锁要求,系统启动停机顺序要求
		集控室和电子设备间空调	空调系统设备的电源资料、接线位置和联锁要求,水或蒸汽管道电动阀、电动风阀、电动排烟阀、防火阀的位置及电源和联锁要求

序号	提出专业	资料名称	内 容 深 度
4	暖通	集控楼采暖通风空调系统	通风与空调设备的电源资料、接线位置和联锁要求，电动百叶窗、电动阀、电动风阀、防火阀的位置及电源和联锁要求
		煤仓间通风除尘	除尘设备、通风设备等的电源资料、接线位置和联锁要求
		锅炉房真空清扫	真空清扫设备的电源资料、接线位置
		电气建筑采暖通风除尘	通风与空调设备的电源资料、接线位置和联锁要求，电动阀、电动风阀、防火阀的位置及电源和联锁要求
		输煤建筑采暖通风除尘	通风与空调设备的电源资料、接线位置和联锁要求，电动阀、电动风阀、防火阀的位置及电源和联锁要求
		化学建筑采暖通风空调	通风与空调设备的电源资料、接线位置和联锁要求
		生产辅助建筑采暖通风空调	通风与空调设备的电源资料、接线位置和联锁要求
		厂前区生产附属建筑资料	通风与空调设备的电源资料、接线位置和联锁要求
		脱硫建筑资料	通风与空调设备的电源资料、接线位置和联锁要求
5	化水	各水处理室布置资料	各水处理室外设施、化验室、水处理加药间、氢气站等布置图、剖面图
		主厂房化水设备布置资料	水处理设施、机组排水槽等布置
		系统图等系统及测量控制要求资料	（1）水处理系统、氢气系统图等系统图。 （2）测量控制要求
		用电负荷资料	提出本专业电动机清单、全厂用电资料，包括数量、运行方式、功率和电源参数及控制和联锁要求
		化学试验室资料	化验室电源要求
		室外管道电缆伴热资料	（1）室外管道布置资料。 （2）管道长度、管径、管道介质参数。 （3）温度要求等
6	供水	空冷系统总布置图	工艺平面布置图、剖面图
		厂区循环水管布置图	平面布置图、剖面图、标高、埋深等
		间冷塔总布置图	工艺平面布置图、剖面图
		自然通风湿式冷却塔布置图	冷却塔几何尺寸、工艺布置等
		各水泵房及辅助设施布置资料	工艺平面布置图、剖面图等
		事故油管布置图	事故油管布置图、坐标、管径、标高
		各变压器水喷雾消防管道布置图	管道布置图、留孔、支架布置、基础、埋件
		各水系统控制联锁要求	循环水系统控制联锁要求、系统图
		阴极保护管道、设备布置图	阴极保护管道、设备的布置资料
		用电负荷资料	提出本专业电动机清单、全厂用电资料，包括数量、运行方式、功率和电源参数及控制和联锁要求
7	热工自动化	集中控制室及电子间平面布置图	（1）集控室、电子间、工程师室、走廊、电缆夹层等功能区间的命名、布局及面积区间划分。 （2）各房间内盘、台、柜等布置，含定位尺寸。 （3）设备清单
		集中控制室及电子间等环境要求	暖通、照明、噪声、防尘等环境要求
		热工电源资料	主厂房，辅助车间的热控（380、220、110V）交流、直流、UPS等电源回路数及负荷要求

序号	提出专业	资料名称	内　容　深　度
7	热工自动化	热工试验室资料	试验室名称、数量及面积要求
		各车间控制设备间资料	地点、名称、数量及面积要求
		主厂房电缆主通道走向资料（热控部分）	(1) 电缆走向示意，层数、层高要求，安装方式说明。 (2) 主厂房电缆桥架层数、占空、路径及规格，电缆竖井位置及规格，安装方式说明
		主厂房及各辅助厂房热控电缆桥架容量要求	电气专业规划的电缆主通道区域内热控电缆的桥架层数、宽度要求
		各泵房及辅助设施热控资料	(1) 主要设备及就地电子间等布置。 (2) 热控电缆桥架、电缆沟布置图，埋件、埋管、留孔图
		热工设备伴热资料	(1) 电伴热仪表清单。 (2) 仪表管保温要求。 (3) 蒸汽伴热要求
		控制系统 GPS 接口要求	接口的数量、连接型式、位置要求
		空冷电子间热控资料	电子间主要设备平面布置，直接空冷电子间抗干扰要求，电缆桥架、沟布置及留孔、埋件图
8	MIS	MIS 主机房和生产综合楼及 MIS 系统用电负荷资料	MIS 主机房和生产综合楼平、剖面图，MIS 系统电源要求等
9	土建结构	主厂房结构布置图	(1) 各层平面布置图。 (2) 横向结构布置图。 (3) 纵向结构布置图
		汽轮发电机基座平、剖面图	运转层平面图、纵向剖面图
		集中控制楼结构图	各层结构布置图
		锅炉运转层平台结构图	(1) 栈桥建筑平面、立面、横向剖面图。 (2) 栈桥结构平面布置和剖面图
		烟囱基础图	基础平面布置和剖面图
		各设备、系统的结构图、基础图	各层平面结构布置图、基础平面布置和基础外形图、地下设施平面布置图
		煤仓间栈桥	栈桥建筑平面、立面、横向剖面图
		汽机房 A 排外场地构筑物施工图	平面布置图，包括各设备基础、支架及其基础的外形图、沟道平面和剖面图、防火墙平面和立面图、油坑平、剖面图
		屋外配电装置资料	(1) 构架基础平面布置及外形图。 (2) 构架透视图。 (3) 基础平面布置图及基础外形，包括地下设施平面布置。 (4) 设备支架外形图。 (5) 基础平面布置和基础外形图。 (6) 地下设施平面布置图。 (7) 各层平面结构布置图
		继电器室结构图	(1) 基础平面布置和基础外形图。 (2) 地下设施平面布置图。 (3) 各层平面结构布置图
		空冷配电室结构图	(1) 基础平面布置和基础外形图。 (2) 地下设施平面布置图。 (3) 各层平面结构布置图
		综合管道支架图	(1) 基础平面布置和基础外形图。 (2) 横向剖面图。 (3) 纵向立面图

续表

序号	提出专业	资料名称	内 容 深 度
10	建筑	主厂房建筑布置图	(1) 主厂房底层平面图。 (2) 主厂房管道层平面图。 (3) 主厂房运转层平面图。 (4) 主厂房除氧、煤仓间及各层平面图。 (5) 主厂房横剖面图。 (6) 主厂房汽轮机侧立面。 (7) 主厂房固定端立面。 (8) 主厂房锅炉侧立面。 (9) 主厂房楼梯布置图
		集控楼建筑布置	(1) 集控楼各层平面布置图。 (2) 集控楼剖面图。 (3) 集控楼立面图。 (4) 集控楼楼梯布置图等
		各室布置图	平面图、剖面图、立面图、各种电动门窗的电源及安装要求
11	水工结构	自然通风冷却塔平、剖面图	模板图、支柱布置图、立面图
		各泵房及辅助设施平、剖面图	主要结构尺寸
12	总交	全厂总体规划 (含全厂防排洪规划)	(1) 规划容量的厂区布置、老厂厂区布置、本期施工区范围、高压出线走廊、厂区防排洪设施。 (2) 灰场、水源、取排水口的位置。 (3) 厂址附近断层、矿区及煤炭工业场地位置及范围。 (4) 厂址附近城镇、工企、机场、码头、变电站位置。 (5) 城镇规划区、水源保护区、自然保护区、军事保护区及其他限制区范围。 (6) 区域主要铁路、火车站、公路、规划的电厂铁路接轨站及专用线、电厂专用道路。 (7) 厂外补给水管线、灰管线及输煤设施
		厂区总平面布置	(1) 本期厂区建(构)筑物及其坐标、室内 0m 标高。 (2) 厂内道路坐标及路面中心标高、电厂铁路坐标及轨面标高、电厂码头坐标及标高。 (3) 厂区建筑坐标系与测量坐标系的换算关系、风向频率玫瑰图。 (4) 厂区建(构)筑物一览表。 (5) 厂区主要技术经济指标表及图例
		厂区竖向布置	(1) 老厂主要建(构)筑物、道路、挡土墙及护坡坐标、标高等。 (2) 厂区竖向设计等高线、主要建(构)筑物室内地面标高、冷却塔零米标高、贮煤场斗轮机及卸煤铁路轨顶标高以及主要道路标高等。 (3) 厂内、外排水(洪)沟的位置和走向及主要转点标高。 (4) 厂区挡土墙、护坡布置
		厂区管线设施布置	包括厂区循环水管(沟)、管架、暖气沟、电缆沟(隧道)及上、下水管道的干管布置,并标注主干管、沟、管架的定位坐标
13	系统	与初步设计有变更的电气主接线资料	
		短路电流计算阻抗图	
		远动通信资料	
		继电保护、远动所需的电气量	
		系统保护、远动、通信设备的布置	
		交直流用电负荷资料	
14	线路	出线终端塔位置及相序	

第二章

电气主接线

电气主接线是在发电厂等电力系统中,为了满足预定的电能量传送和系统运行等要求而设计的,表明了各种电气设备之间相互连接关系的传送电能量的电路。电气主接线通常采用单线图表示。

发电厂电气主接线的设计内容包括:发电厂本期、远期和终期的建设规模,各建设时期与电力系统的连接方式和出线情况、启备电源的引接;各建设时期厂内各级电压母线的接线方式以及发电机、变压器与各级电压母线的连接方式;各级电压系统中性点接地方式及补偿设施;各级电压母线、进出线间隔、发电机、变压器、电抗器、断路器、隔离开关、电压互感器、电流互感器、避雷器、电缆、导线等的配置,以及这些设备和元件的主要参数和规范。

发电厂电气主接线是保证电力系统安全可靠、灵活和经济运行的关键,是电气设备选择和布置、继电保护、控制计量、自动化设施等设计的原则和基础。

第一节 电气主接线的设计原则

一、电气主接线的设计依据

电气主接线设计是发电厂电气设计的核心内容,电气主接线由系统规划专业提出要求,由电气专业进行设计。在设计电气主接线时,以下内容可作为设计依据。

1. 国家相关政策、法规和标准

电气主接线设计应符合国家经济建设方针、相关政策导向和法规、技术标准和规定等,结合工程实际情况,达到安全可靠、先进适用、运行灵活、维护方便、经济合理的要求。

2. 发电厂在电力系统中的地位和作用

发电厂在电力系统中的地位和作用是决定电气主接线的主要因素,发电厂在电力系统中地位和作用不同,其电气主接线对可靠性、灵活性和经济性的要求有所不同。

(1)电力系统中的发电厂有大中型主力电厂、小型地区电厂及企业自备电厂三种类型。大中型火力发电厂靠近煤矿或沿海、沿江、沿路,并接入 330~1000kV 超高压、特高压系统;小型地区电厂靠近城镇,一般接入 110~220kV 系统;企业自备电厂则以对本企业供电、供热为主,并与地区 110~220kV 系统相连接。

(2)在电力系统中,发电机组可分为基本负荷机组、调峰机组、具有黑启动功能机组、热电联产机组和资源综合利用机组等。对于不同作用的发电厂,其工作特性有所不同。担任基本负荷的发电厂应以供电可靠和稳定为主要要求设计电气主接线,担任调峰作用的发电厂应以供电调度灵活为主要要求设计电气主接线,煤矸石、煤泥、油页岩等低热值燃料发电厂的电气主接线在可靠性和灵活性方面不宜过严要求。

3. 发电厂的分期和最终建设规模

电气主接线设计应满足电力系统的要求,考虑发电厂发展规划、分期建设的可能,应具有一定的前瞻性。

(1)发电厂的机组容量,应根据电力系统内总装机容量、备用容量、负荷增长速度和电网结构等因素进行选择。在条件具备时,优先采用大容量机组,最大机组的容量一般不超过系统总容量的10%。

(2)电气主接线应综合考虑电力系统近远期发展规划进行设计,根据负荷大小和分布、负荷增长速度、网络情况和潮流分布、运行方式等来确定电气主接线的形式。

4. 负荷的重要性

按照负荷对供电可靠性要求以及中断供电对人身安全、经济损失等方面所造成的影响程度,电力负荷可分为一级负荷、二级负荷和三级负荷。

当中断负荷供电,将造成人身伤害、在经济上造成重大损失、影响重要用电单位正常工作时,这类负荷视为一级负荷。当中断负荷供电,将在经济上造成较大损失、影响较重要用电单位正常工作时,这类负荷视为二级负荷。不属于一级和二级负荷的,视为三级负荷。

（1）对于一级负荷应由两路相互独立的电源供电，当任何一路电源发生故障时，另一路电源不应同时受到损坏，能保证对全部一级负荷持续供电。

（2）对于二级负荷一般由两路电源供电，当任何一路电源失去后，能保证全部或大部分二级负荷的供电。当负荷较小或供电条件困难时，可由一回 6kV 及以上专用线路供电。

（3）对于三级负荷可由一路电源供电。

5. 系统备用容量大小

系统备用容量是为了保证电力系统不间断供电、保持电力系统在额定频率下运行而设置的发电机组装机容量。系统备用容量包括有负荷备用容量、事故备用容量和检修备用容量，分别用以适应负荷突增、机组故障停运和机组检修三种情况。

系统备用容量可按照系统最大发电负荷的15%～20%考虑，低值适用于大系统，高值适用于小系统。其中，负荷备用容量为 2%～5%，事故备用容量为8%～10%且不小于系统一台最大的单机容量，检修备用容量按检修规程及系统情况确定，初步取值应不低于 5%。

系统备用容量的大小将会影响运行方式的变化。例如：检修母线或断路器时，是否允许线路、变压器或发电机停运；故障时允许切除的线路、变压器和机组的数量等。设计电气主接线时，应充分考虑这个因素。

6. 系统专业对电气主接线提供的资料

（1）出线的电压等级、回路数、出线方向和相序、输送距离、每回路输送容量和导线截面等。

（2）主变压器的台数、容量和型式，变压器各侧的额定电压、阻抗、调压范围及各种运行方式下通过变压器的功率潮流，各级母线的电压波动值和谐波含量值，变压器中性点接地方式的要求。

（3）静止补偿装置、并联电抗器、串联电抗器等型式、参数、数量、容量和运行方式的要求。

（4）系统的短路容量或归算的电抗值。注明最大、最小运行方式的正、负、零序电抗值，为了进行非周期分量短路电流计算，尚需系统的时间常数或电阻 R、电抗 X 值。

（5）系统内过电压数值及限制过电压的措施，断路器合闸电阻阻值及投入时间。

（6）对发电机的特殊要求，例如：发电机阻抗、功率因数、励磁方式等，发电机进相、调峰及失磁异步运行能力，次同步谐振问题，启动/备用电源相角差等特殊问题等。

（7）发电厂与系统的连接方式及推荐的本期、远期和终期电气主接线方案。

（8）母线穿越功率、双回共塔电磁感应计算结果、当地电网或甲方对主接线的特殊要求。

7. 其他设计依据

（1）电气主接线设计应满足系统正常运行、设备检修、故障等各种情况的要求。

（2）工程环境条件及厂址条件，环境条件包括地震烈度、污秽等级、海拔高度、温度、雷暴日、台风等，厂址条件包括厂区地形、形状、大小、厂址运输条件等。

二、电气主接线设计的基本要求

电气主接线应满足可靠性、灵活性和经济性三方面要求。

（一）可靠性

供电可靠性是电力生产和分配的首要要求，电气主接线应首先满足这个要求。可靠性是指电气主接线系统在规定的条件下和规定的时间内，按照一定的质量标准和要求，不间断地向电力系统提供或传送电能量的能力。

1. 电气主接线可靠性应注意的问题

（1）电气主接线的可靠性要综合考虑一次设备和相应组成的二次设备在运行中的可靠性。

（2）电气主接线的可靠性在很大程度上取决于设备的可靠程度，采用可靠性高的电气设备可以简化接线。

（3）要考虑所设计发电厂在电力系统中的地位和作用。

2. 主接线可靠性的具体要求

（1）断路器检修时，不宜影响对电力系统的供电。

（2）断路器或母线故障以及母线检修时，尽量减少停运的回路数及停运时间。

（3）尽量避免发电厂全部停运的可能性。

3. 重要地位电厂可靠性的要求

大中型发电厂在电力系统中的地位重要，供电容量大、范围广，发生事故可能使系统稳定破坏，甚至瓦解，造成巨大损失。为此，对大中型机组，应根据接入电压等级采用满足电力系统要求、可靠性高的接线。

（二）灵活性

电气主接线应能适应各种运行状态，并能灵活地进行运行方式转换，应满足在操作、调度、检修及扩建时的灵活性。

（1）操作时，应在满足可靠性的要求下，简化接线、方便操作，尽可能使操作步骤少，以便运行人员容易掌握，在操作过程中不出现差错。

（2）调度时，应可以灵活地投入和切除发电机、变压器和线路，调配电源和负荷，满足系统在事故运行方式、检修运行方式以及特殊运行方式下的系统调度要求。

（3）检修时，可以方便地停运断路器、母线及其继电保护设备，进行安全检修而不致影响电力网的运行和对用户的供电。

（4）扩建时，可以容易地从初期接线过渡到最终接线。在不影响连续供电或停电时间最短的情况下，投入新装机组、变压器或线路而不互相干扰，并且对一次和二次部分的改建工作量最少。

（三）经济性

在设计电气主接线时，可靠性和经济性之间往往是矛盾的，通常的设计原则是，电气主接线在满足可靠性、灵活性要求的前提下做到经济合理。

1. 投资省

（1）电气主接线应力求简单，以节省断路器、隔离开关、电流和电压互感器、避雷器等一次设备及导体的投资。

（2）要能使继电保护和二次回路不过于复杂，以节省二次设备和控制电缆的投资。

（3）要能将短路电流限制在合理范围，避免采用短路水平过高的电气设备，以便节省电气设备的投资。

（4）如能满足系统安全运行及继电保护要求，110kV 及以下重要性低的配电装置可采用简易电器。

2. 占地面积小

电气主接线设计要为配电装置布置创造条件，尽量使占地面积减少。

（1）在满足可靠性、灵活性要求时，采用简单的电气主接线，以便节省配电装置占地。

（2）厂址条件受限时，可通过选择电气设备节省占地面积。例如，采用三相一体变压器、罐式断路器、GIS、HGIS 等设备。

3. 电能损耗少

（1）在发电厂中，电能损耗主要来自变压器，应经济合理地选择变压器的种类（双绕组、三绕组或自耦变压器）、容量、数量以及变压器的阻抗，以减少变压器的电能损耗。

（2）对于发电厂，其接入系统的电压等级一般不超过两种，以避免因两次变压而增加电能损耗。

（3）合理选择导体，以降低导体电能损耗。

三、电气主接线设计中短路电流的限制措施

在电力系统运行中，相与相之间或相与地之间发生非正常连接（短路）时流过的短路电流，会对电力系统的正常运行造成严重影响和后果。

随着我国电网的不断发展，短路电流也随之不断增大。如何将短路电流水平限制在合理的范围内，是电气主接线设计、设备选择以及继电保护整定的重要

内容之一。发电厂中通常采用以下措施限制短路电流。

1. 装设限流电抗器

限流电抗器是电抗器的一种，安装在电力系统中用于限制短路电流和补偿输电线路的容性电流。三相限流电抗器由三个单相的空心线圈构成，没有铁芯，又称为空心式电抗器。按照安装位置和作用，限流电抗器可分为母线电抗器和线路电抗器。

（1）在发电厂中，当发电机电压母线的短路电流超过所选择的开断设备允许值时，应采用限流电抗器以限制短路电流。

1）在发电机电压母线分段回路中装设母线电抗器，其目的是限制并列运行发电机所提供的短路电流。母线分段电抗器的额定电流按母线上因事故切断最大一台发电机时可能通过电抗器的电流进行选择，当没有确切的负荷资料时，可按照该发电机额定电流的 50%～80%选择。母线电抗器的接线见图 2-1。

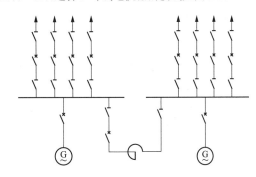

图 2-1　母线电抗器的接线

2）当装设母线分段电抗器仍不能满足要求时，可在发电机回路、主变压器回路、直配线上安装限流电抗器。

（2）在出线回路上装设线路电抗器，通过增加回路阻抗限制短路电流。线路电抗器的接线见图 2-2。

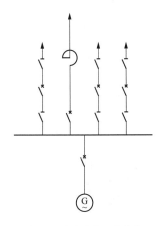

图 2-2　线路电抗器的接线

（3）在变压器回路中装设分裂电抗器。分裂电抗器在绕组中心有一个抽头，将电抗器分为两个分支，中间抽头一般连接电源侧，分支一般连接负载侧。

2. 采用低压侧为分裂绕组的变压器

分裂绕组变压器有一个高压绕组和两个低压的分裂绕组，两个分裂绕组的匝数相等。分裂绕组变压器有两个特点，一是两个低压分裂绕组之间有较大的短路阻抗，二是每一个分裂绕组与高压绕组之间的短路阻抗较小且相等。发电厂中利用分裂绕组变压器的这一特点限制短路电流。

采用分裂绕组变压器组成的发电机—变压器扩大单元接线，如图 2-3 所示，对发电机出口位置短路电流具有明显的限制作用。

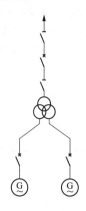

图 2-3　分裂绕组变压器的扩大单元接线

在大中型发电厂中，厂用高压变压器采用分裂绕组变压器，将两个低压分裂绕组分别接至厂用电的两个不同母线上，当任一母线短路时，来自另一母线的电动机反馈电流将受到很大限制。

3. 采用高阻抗的发电机和变压器

在对电力系统稳定性影响不太大时，适当提高大容量发电机和主变压器的阻抗值，以减少短路电流。

4. 采用不同的运行方式

（1）母线分段，分列运行，系统阻抗增大，短路电流减少。

（2）对于环形供电网络，在环网中穿越功率最小位置开环运行。

（3）在降压变接线中，可采用变压器低压侧分列运行方式。

（4）具有双回路的网络，在负荷允许时可采用单回路运行。

这些采用的运行方式，其目的都在于增大系统阻抗、减少电源，从而减少短路电流。对于以上这些限制短路电流措施，应通过综合评估对电气主接线供电可靠性、运行灵活性、经济性的影响，选择合理的方法。

第二节　高压配电装置的基本接线及适用范围

高压配电装置的接线分为：

（1）有汇流母线的接线。单母线、单母线分段、双母线、双母线分段、3/2 断路器、4/3 断路器接线、双断路器接线、变压器—母线接线等。

（2）无汇流母线的接线。变压器—线路单元接线、桥形接线、角形接线等。

高压配电装置的接线方式，决定于发电厂在电力系统的地位、负荷的重要性、出线电压等级及回路数、设备特点、发电厂单机容量和规划容量，以及对运行稳定性、可靠性、灵活性、经济性的要求等条件。按照上述条件，高压配电装置接线方式有一个大致的适用范围。

一、单母线接线、单母线分段接线及出线不设断路器的单母线接线

1. 单母线接线

单母线接线是设母线配电装置最简单的接线，所有电源和出线都接在同一组母线上。单母线接线图如图 2-4 所示。

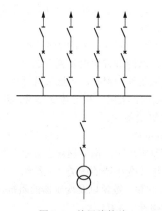

图 2-4　单母线接线

（1）优点：接线简单清晰、设备少、操作方便、经济性好、便于扩建。

（2）缺点：不够灵活可靠。

1）任一元件（母线及母线隔离开关等）故障或检修时，均需使整个配电装置停电。

2）单母线可用隔离开关分段，但当一段母线故障时，全部回路仍需短时停电，在用隔离开关将故障的母线段分开后才能恢复非故障段的供电。

3）当有两路电源进线时，两路电源只能并列运行。

（3）适用范围：一般适用于 220kV 及以下电压等级对可靠性没有过高要求的发电厂。当用于一台发电

机或一台主变压器时，一般有以下三种情况。

1）6～10kV 配电装置的出线回路数不超过 5 回。

2）35～63kV 配电装置的出线回路数不超过 3 回。

3）110～220kV 配电装置的出线回路数不超过 2 回。

2. 单母线分段接线

当进出线回路数较多、采用单母线不能满足可靠性要求时，可采用单母线分段接线，接线图如图 2-5 所示。单母线分段接线进线和出线宜均匀配置在各段母线上，扩建时宜向两个方向均衡扩建。

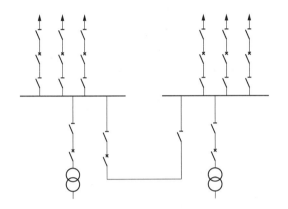

图 2-5　单母线分段接线

（1）优点。

1）用分段断路器把母线分段后，对重要负荷可由不同母线段分别引出一个回路，双电源供电，提高了可靠性。

2）当一段母线发生故障，分段断路器自动将故障段切除，保证非故障母线不间断供电，不致全厂（站）和重要用户停电。

（2）缺点。

1）当一段母线或母线隔离开关故障或检修时，该段母线的回路都要在检修期间内停电。

2）当两段母线各一回出线至同一用户或变电站时，架空线路常出现交叉跨越。

3）分段断路器故障时，将导致全厂（站）停电。

（3）适用范围：一般适用于 220kV 及以下电压等级的小型发电厂。当用于两台发电机或两台主变压器时，一般有以下三种情况。

1）6～10kV 配电装置出线回路数为 6 回及以上时。

2）35～63kV 配电装置出线回路数为 4～8 回时。

3）110～220kV 配电装置出线回路数为 3～4 回时。

3. 出线不设断路器的单母线接线

当仅有两回机组进线、一回出线时，从节约投资的角度可以采用出线不设断路器的单母线接线，接线图如图 2-6 所示。

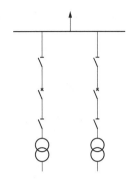

图 2-6　出线不设断路器的单母线接线

（1）优点：接线简单清晰、设备少、操作方便、经济性好、便于扩建。

（2）缺点：不够灵活可靠，任一元件故障或检修（母线及母线隔离开关等），导致整个配电装置停电。

（3）适用范围：一般适用于工程建设初期的过渡接线，例如两台 600～1000MW 机组、750～1000kV 配电装置仅 1 回出线时，采用出线不设断路器的单母线接线，可达到建设初期节省设备投资的效果，工程扩建或远期接线可根据工程具体条件、最终装机容量和建设规模采用角形接线、3/2 断路器接线或 4/3 断路器接线等。对于单套燃气蒸汽联合循环机组，只有一回出线时也可采用。

二、双母线接线及双母线分段接线

双母线接线（见图 2-7）进线、出线宜均匀配置在两组母线上，两组母线同时工作，并通过母线联络断路器并联运行，电源与负荷均匀配置在两组母线上。为了简化母线继电保护，两组母线通过母联断路器并联运行，一般某一回路固定与某一组母线连接，以固定连接的方式运行，这种方式是双母线接线最常采用的运行方式。

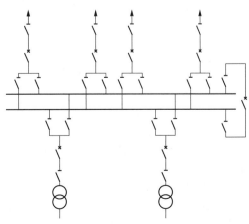

图 2-7　双母线接线

（1）优点。

1）供电可靠。双母线接线的供电可靠性高于单母线接线，通过两组母线隔离开关的倒换操作，可以轮流检修一组母线而不致使供电中断；一组母线故障后，可迅速恢复供电；检修任一回路的母线隔离开关时，只停该回路和该隔离开关相连的母线，其他回路可由另一组母线继续运行。

2）调度灵活。通过隔离开关倒换操作，可组成各种运行方式，各个进线和出线可以任意分配到某一组母线上，能灵活地适应电力系统中各种运行方式调度和潮流变化的需要。

3）扩建方便。向双母线的左右任何一个方向扩建，均不影响两组母线的电源和负荷均匀分配，不会引起原有回路的停电。当双回架空线路至同一负荷时，可以顺序布置，不会导致出线交叉跨越。

4）便于试验。当个别回路需要单独进行试验时，可将该回路单独接至一组母线上运行。当线路利用短路方式融冰时，可用一组母线作为融冰母线，不影响其他回路运行。

（2）缺点。

1）当母线故障或检修时，隔离开关作为倒换操作电器，容易误操作。当采用硬接线的电气防误操作回路时，母线隔离开关的电气闭锁回路较复杂。

2）当母线联络断路器故障时，导致全厂（站）停电。

3）当一组母线检修时，任一进线、出线断路器故障，将导致全厂（站）停电。

（3）适用范围。

当出线回路数或母线上电源较多、输送和穿越功率较大、母线故障后要求迅速恢复供电、母线或母线设备检修时不允许影响对用户的供电、系统运行调度对接线的灵活性有一定要求时可采用双母线接线，各级电压等级采用双母线接线的具体条件一般为：

1）6～10kV 配电装置，当短路电流较大、出线需要带电抗器时。

2）35～63kV 配电装置，当出线回路数超过 8 回时；或连接的电源较多、负荷较大时。

3）35～220kV 配电装置在电力系统中居重要地位、负荷大、潮流变化大、出线回路数较多时。

4）110～220kV 配电装置在电力系统中居重要地位、出线回路数为 4 回及以上时。

5）110～220kV 配电装置出线回路数为 6 回及以上时。

6）330～500kV 配电装置进线、出线回路数少于 6 回，如能满足系统稳定性和可靠性的要求，且系统远景发展有特殊要求时，可采用双母线接线，远期可过渡到双母线分段接线。

双母线分段接线（见图 2-8～图 2-9）进线、出线宜均匀配置在各段母线上。分段断路器的设置应满足电力系统稳定性、限制系统短路容量、地区供电可靠性以及发电厂运行可靠性和灵活性的要求。当任一台断路器发生故障或拒动时，应满足系统稳定、限制短路容量和地区供电要求可允许切除机组的台数和出线回路数，确定采用双母线单分段或双分段接线。在双母线单分段或双分段接线中，均装设两组母线联络断路器。

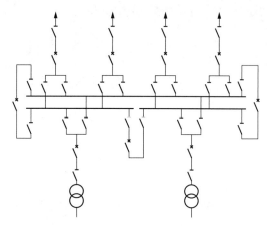

图 2-8　双母线单分段接线

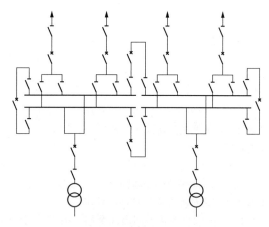

图 2-9　双母线双分段接线

（1）优点。双母线分段接线的可靠性高于双母线接线，当某一段母线发生故障，分段断路器自动切除故障母线，保证非故障母线不间断供电，不致使所有进线和出线停电，提高了可靠性。

（2）缺点。

1）双母线分段接线，分段回路的二次接线及继电保护较复杂，母线分段断路器故障将对系统造成较大冲击。

2）当两段分段母线各一回出线至同一用户时，架空线路易出现交叉跨越。

（3）适用范围。

1）35～220kV 配电装置在电力系统中居重要地位、负荷大、潮流变化大、出线回路数较多时。

2）当进线、出线回路数为 10～14 回时，可在一组母线上装设分段断路器。

3）当进线、出线回路数为 15 回及以上时，可在两组母线上均装设分段断路器。

4）可根据电力系统要求，例如限制 220kV 母线短路电流或系统解列运行等要求，采用双母线分段接线。

5）330～500kV 配电装置进线、出线回路数为 6 回及以上时，为限制故障范围或短路容量，可采用双母线单分段或双分段接线。

三、变压器—线路单元接线

变压器—线路单元接线如图 2-10 所示。

（1）优点。无高压配电装置，接线最简单，设备最少，经济性好，占地面积小。

（2）缺点。线路故障或检修时，变压器停运；变压器故障或检修时，线路停运。

（3）适用范围。

1）只有一台变压器和一回线路的情况。

2）当发电厂内不设高压配电装置，直接将电能送至电力系统时。

图 2-10　变压器—线路单元接线

四、桥形接线

通过桥连断路器将两回变压器—线路单元相连，构成桥形接线，按照桥连断路器安装位置，桥形接线分为内桥形与外桥形两种接线。

内桥形接线（见图 2-11）的特点是连接桥断路器设在内侧，其他两台断路器接在线路上。

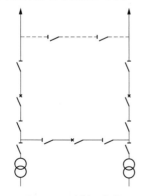

图 2-11　内桥形接线

（1）优点。高压断路器数量少，4 个回路只需 3 台断路器。

（2）缺点。

1）进线回路的切除和投入较复杂，需操作与该进线相连的两台断路器，将导致与该进线对应的出线回路暂时停运。

2）桥连断路器检修时，两回变压器—线路单元需解列运行。

3）出线回路断路器检修时，对应线路需较长时间停运。为避免此缺点，可加装正常断开运行的跨条，为了轮流停电检修任何一组隔离开关，在跨条上须加装两组隔离开关。桥连断路器检修时，也可利用此跨条。

（3）适用范围。

1）一般适用于较小容量的发电厂，对于终期进线、出线回路数为 4 回的大中型电厂也可采用。

2）当工程建设初期进线、出线回路数为 4 回时，可采用内桥形接线作为过渡接线，工程扩建或远期接线可采用角形接线、3/2 断路器接线或 4/3 断路器接线等。

3）当出线回路切换较频繁或者线路较长、故障率较高时，通常采用内桥形接线，而不采用外桥形接线。

外桥形接线（见图 2-12）的特点是连接桥断路器设在外侧，其他两台断路器接在变压器回路上。

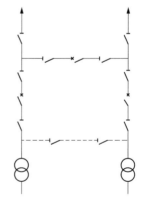

图 2-12　外桥形接线

（1）优点。高压断路器数量少，四个回路只需三台断路器。

（2）缺点。

1）出线回路的切除和投入较复杂，需操作与该出线相连的两台断路器，将导致与该出线对应的进线回路暂时停运。

2）桥连断路器检修时，两回变压器—线路单元需解列运行。

3）进线回路断路器检修时，对应变压器需较长时间停运。为避免此缺点，可加装正常断开运行的跨条，桥连断路器检修时，也可利用此跨条。

（3）适用范围。

1）一般适用于较小容量的发电厂。

2）当工程建设初期进线、出线回路数为 4 回时，可采用外桥形接线作为过渡接线，工程扩建或远期接线可采用角形接线、3/2 断路器接线或 4/3 断路器接线等。

3）当进线回路切换较频繁或者线路较长、故障率较高时，通常采用外桥形接线。

4）当电力系统有穿越功率通过桥形接线或者两回线路接入环形电网时，通常采用外桥形接线，而不采用内桥形接线。

五、角形接线

角形接线将断路器接成单环形接线，断路器数量等于进出线回路数，也是"角"数。为了保证角形接线运行的可靠性，减少因断路器检修而开环运行的时间，断路器数量不宜过多，一般采用 3～5 角形接线（见图 2-13～图 2-15），并且进线与出线回路宜对角对称布置。

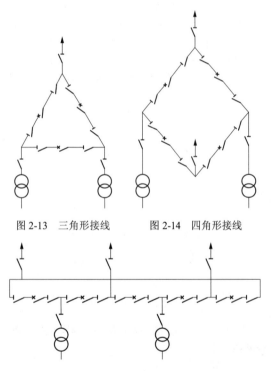

图 2-13　三角形接线　　图 2-14　四角形接线

图 2-15　五角形接线

（1）优点。

1）角形接线成闭合环形，在闭环运行时，可靠性和灵活性较高。

2）平均每回进线、出线只需装设一台断路器，设备少，经济性好。

3）没有汇流母线，不存在因母线故障产生的影响。

4）每回路与两台断路器连接，任一台断路器检修时，只需断开其两侧的隔离开关，不引起停电，也不需旁路设施。

5）任一回路发生故障，只需断开与其连接的两台断路器，不影响其他回路的正常运行，对系统运行的影响较小。

6）操作方便。所有隔离开关只作为检修时隔离之用，不作为倒换操作，减少了误操作的可能性。

7）占地面积小。多角形接线占地面积约为普通中型双母线接线的 40%，对地形狭窄地区和地下布置较适合。

（2）缺点。

1）任一台断路器检修，需开环运行，此时降低了接线的可靠性。因此，断路器数量不能多，即进线、出线回路数要受到限制。

2）每一进线、出线回路都连着两台断路器，每一台断路器又连着两个回路，从而使继电保护和控制回路较单、双母线接线复杂。

3）对于调峰电厂，为保证可靠性避免经常开环运行，一般机组启、停通过操作发电机断路器实现，由此需增设发电机断路器，并增加了变压器空载损耗。

（3）适用范围。

1）适用于最终进线、出线为 3～5 回的 110～1000kV 配电装置。

2）当工程建设初期进线、出线回路数为 3～5 回时，可采用角形接线作为过渡接线，工程扩建或远期接线可采用 3/2 断路器接线或 4/3 断路器接线等。

六、3/2 断路器接线

每两回进出线和三台断路器交替设置构成一串，每串的两端分别接至一组母线，这种接线方式称为 3/2 断路器接线，又称一台半断路器接线。3/2 断路器接线（见图 2-16～图 2-17）是一种没有多回路集结点，一个回路由两台断路器供电的双重连接的多环形接线，是大中型电厂超高压配电装置广泛应用的一种接线方式。

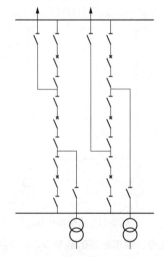

图 2-16　3/2 断路器接线（进出线交叉接线）

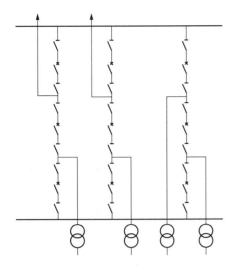

图 2-17 3/2 断路器接线（进出线非交叉接线）

（1）优点。

1）可靠性高。

每一回路由两台断路器供电，发生母线故障时，只跳开与此母线相连的所有断路器，任何回路均不停电。

任一台断路器检修时，任何回路均不停电。

对于每一串内均有进出线时，两组母线同时故障或一组母线检修时另一组母线故障的极端情况，仍可继续运行。

在故障与检修重合情况下的停电回路不会多于两回（见表 2-1）。

表 2-1　3/2 断路器接线（4 回进线 4 回出线）故障停电范围

运行情况	故障类别	停电回路数	停电百分比（%）
无设备检修	母线侧断路器故障	1	12.5
	母线故障	0	0
	中间断路器故障	2	25
一台断路器检修	母线侧断路器故障	1～2	12.5～25
	母线故障	0～1	0～12.5
	中间断路器故障	2	25
一组母线检修	母线侧断路器故障	2	25
	母线故障	0	0
	中间断路器故障	2	25

2）运行调度灵活。正常时两组母线和全部断路器都投入工作，形成多环形供电，运行调度灵活。

3）操作检修方便。隔离开关仅在断路器检修时使用，避免了将隔离开关作为倒换操作。检修断路器时，

不需要带旁路的倒换操作。检修母线时，回路不需要切换。

4）3/2 断路器接线广泛应用在国内外发电厂，运行经验丰富。

（2）缺点。

1）对于同样规模的高压配电装置，断路器数量多于其他接线形式，设备投资较高。

2）当采用空气绝缘开关电器（AIS）时，占地面积大于双母线接线，构架数量也较多。

（3）适用范围。

1）300～600MW 级机组的 220kV 配电装置，当采用双母线分段接线不能满足电力系统稳定性和地区供电可靠性要求，可采用 3/2 断路器接线。

2）在电力系统中具有重要地位的 330～750kV 配电装置，当进线、出线回路数为 6 回及以上时，宜采用 3/2 断路器接线。

3）1000kV 配电装置的最终接线形式，当进线、出线回路数为 5 回及以上时，宜采用 3/2 断路器接线。

4）3/2 断路器接线可作为工程建设的最终接线形式，工程初期变压器-线路单元接线、不完全单母线接线、桥形接线、角形接线等均可扩建成 3/2 断路器接线。

（4）注意事项。

1）由于一个回路连接着两台断路器，一台中间断路器连接着两个回路，继电保护及二次回路较复杂。应注意解决保护接入和电流问题、重合闸问题、失灵保护问题、二次接线安装单位划分等问题。

2）当接线只有两个串（每串为 3 台断路器、接两个回路）时，属于单环形接线。当接线至少有 3 个串时，形成多环形接线。

3）在一台断路器检修另一台断路器故障拒动以及一段母线检修一台断路器故障拒动的情况下可能出现全厂（站）停电。

（5）成串配置原则。为提高 3/2 断路器接线的可靠性，防止同名回路（双回路进线和出线）同时停电，可按下述原则成串配置：

1）进线与出线宜配对成串，同名回路宜配置在不同串内，以免当一串的中间断路器故障或一串中母线侧断路器检修同时串内另一侧回路故障时，使该串中两个同名回路同时断开。

2）发电厂建设初期，配电装置仅有两个串时，同名回路宜分别交替接入不同侧母线，即"交叉布置"。这种布置可避免当一串的中间断路器检修时，合并同名回路串的母线侧断路器故障，而将配置在同侧母线的同名回路同时断开，造成全厂（站）停电。这种同名回路交替接入不同侧母线的配置方式，通常有一个串需占据两个间隔，增加了架构和引线的复杂性，扩

大了占地面积。当配电装置为 3 个串及以上时，不会出现同名回路同时断开的情况，同名回路可接在同一侧母线上。

七、4/3 断路器接线

当发电厂进线、出线回路数量基本符合 2:1 比例时，可将 2 个进线与 1 个出线回路组成 1 个串，采用 4/3 断路器接线（见图 2-18）。

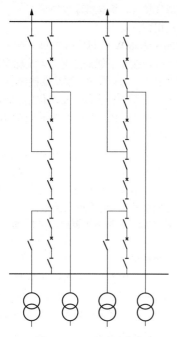

图 2-18　4/3 断路器接线

4/3 断路器接线的一个串中有 4 台断路器接 3 个进线、出线回路。与 3/2 断路器接线相比，断路器数量减少，投资节省，但可靠性有所降低，布置复杂，继电保护复杂。在一个串的 3 个回路中，电源与负荷的容量应相配，以提高供电可靠性。

（1）优点。

1）具有 3/2 断路器接线同样的优点。

2）与 3/2 断路器接线相比，节省断路器投资。

（2）缺点。

1）当一台断路器或一组母线检修，合并串中断路器发生故障时，可能引起同一串中 3 个回路全部停运。4/3 断路器接线每串有两个串中断路器，引起这类故障的概率更大。

2）继电保护及二次回路复杂。

3）配电装置布置复杂。

4）目前国内应用较少，有待进一步积累运行经验。

（3）适用范围。

330～1000kV 配电装置，当进线回路数较多、出线回路数较少、基本符合 2:1 比例时，可采用 4/3 断路器接线。

八、双断路器接线

双断路器接线（见图 2-19）又称为双断路器双母线接线，每个回路均设有两台断路器，与两组母线分别连接，两组母线同时运行。

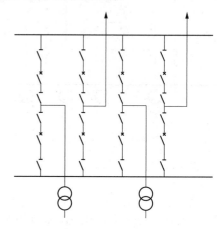

图 2-19　双断路器接线

（1）优点。

1）可靠性极高。任意一组母线或一台断路器检修时，不会引起停电。当一组母线发生故障时，将连在该母线所有进线、出线回路的断路器断开，所有回路仍连在另一组母线上继续工作，不会出现停电现象。任一断路器故障拒动，只影响一个回路。

2）灵活性好。正常运行时两组母线和全部断路器都投入工作，形成多环形供电，运行调度灵活。

3）操作检修方便。可同时检修一组母线的所有隔离开关，简化了检修和倒换操作。由于每个回路均有两台断路器，便于断路器检修，隔离开关不用来倒换操作，减少了误操作引起事故的可能。

（2）缺点。

1）断路器数量多、投资大。

2）检修断路器工作量增加。

（3）适用范围。

当对可靠性有较高要求时可采用双断路器接线。

九、变压器—母线接线

变压器—母线接线（见图 2-20～图 2-21），出线回路采用双断路器，以保证高可靠性，当线路较多时，出线回路也可采用 3/2 断路器。选用质量可靠的变压器，直接将变压器经隔离开关连接在母线上，以节省进线回路的断路器。当主变压器故障时，连接在该母线上的断路器跳开，不影响其他回路供电，变压器用隔离开关断开后，母线即可恢复供电。

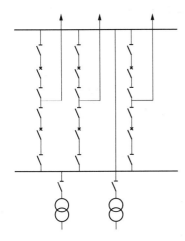

图 2-20 变压器—母线接线（两回进线三回出线）

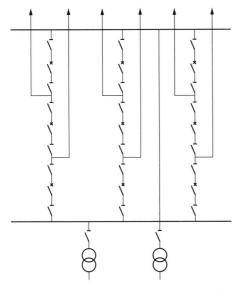

图 2-21 变压器—母线接线（两回进线六回出线）

（1）优点。

1）出线回路具有较高的可靠性。任一断路器检修时，不会引起出线回路停电。变压器故障时，连接在该母线的断路器跳闸，不影响其他回路供电，变压器用隔离开关断开后，该母线可恢复供电。

2）正常运行时两组母线和全部断路器都投入工作，形成多环形供电，运行调度灵活。

3）与双断路器接线、3/2 断路器接线相比，断路器数量减少，节约了投资。

（2）缺点。

1）一组母线故障或检修时，导致连接在该母线的变压器退出运行。

2）变压器退出时需操作多台断路器。

（3）适用范围。

1）长距离大容量输电线路、系统稳定性问题较

突出、要求线路有高度可靠性时。

2）变压器的质量可靠、故障率甚低时。

3）当有 4 台主变压器时，可将母线分段，以便在母线故障时减少切除变压器数量。

十、环形母线多分段接线

环形母线多分段接线（见图 2-22），每段母线连接一回线路和一回变压器，相当于以变压器—线路单元接线与环形母线多分段相连接。

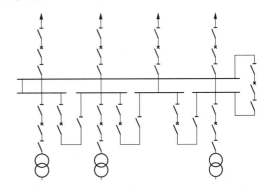

图 2-22 环形母线多分段接线

（1）优点。

1）本接线与双母线双分段接线相比（8 个回路时），两者的可靠性相近，而设备投资和占地面积方面则本接线较节约，且继电保护和二次回路简单。

2）由于占地面积较小，可作单层屋内式布置，因而适用于沿海盐雾地区。

（2）缺点。本接线的出线断路器必须配合线路进行检修，可采用质量高度可靠、检修周期超过 20 年的 SF_6 断路器。

（3）适用范围：适用于发电机—变压器—线路单元接线的大机组和需要防止严重污秽而采用屋内配电装置的发电厂。

第三节　大中型电厂的电气主接线

本节适用于单台机组容量在 125MW 及以上的火力发电厂。

对于大中型发电厂，常采用简单可靠的单元接线方式。有发电机—变压器单元接线、扩大单元接线、联合单元接线和发电机—变压器—线路单元接线等，直接接入高压、超高压、特高压配电装置。

一、发电机—变压器单元接线

发电机—变压器单元接线按照不同型式变压器可分为发电机—双绕组变压器单元接线（见图 2-23）和

发电机—三绕组变压器单元接线（见图 2-24）。

节省设备投资和占地面积。

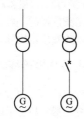

图 2-23　发电机—双绕组变压器单元接线

图 2-24　发电机—三绕组变压器单元接线

（1）特点。

1）单元性好，可靠性高。

2）接线形式简单、设备少、操作简便。

3）继电保护简单。

4）与发电机电压母线接线相比，发电机和变压器之间可采用离相封闭母线连接，使得发生短路故障的概率降低、变压器低压侧的短路电流减小。

5）当采用三绕组变压器时，需在各侧设断路器；三绕组变压器中压侧往往只能制造死抽头，限制高、中压侧调压灵活性。

（2）适用范围。

1）发电机—双绕组变压器单元接线适用于容量为 125MW 及以上的大中型发电机组。

2）发电机—三绕组变压器单元接线适用于单台机组容量为 125MW 级机组以两种升高电压接入电力系统。200MW 及以上的机组不宜采用三绕组变压器，当需以两种电压等级接入系统时，宜在高压配电装置间进行联络。

二、发电机—变压器扩大单元接线

当发电机容量与升高电压等级所能传输容量相比，发电机容量较小而不匹配时（例如 125～300MW 机组接至 500kV 系统、600MW 机组接至 750kV 或 1000kV 系统），可采用两台发电机接一台主变压器的扩大单元接线，以减少主变压器、高压断路器和高压配电装置间隔。当采用扩大单元接线时，发电机出口位置应装设发电机断路器及隔离开关。

（1）优点。

减少主变压器、高压断路器和高压配电装置间隔，

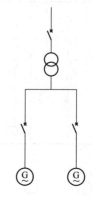

图 2-25　发电机—双绕组变压器扩大单元接线

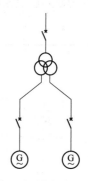

图 2-26　发电机—分裂绕组变压器扩大单元接线

（2）缺点。

1）单元性不强。

2）发电机和主变压器之间应装设发电机断路器，增加设备投资。

3）当任一台发电机断路器故障拒动、主变压器故障时，将导致两台发电机组同时停运。

（3）适用范围。

适用于发电机组容量相对于升高电压等级输送容量较小的发电厂。

三、发电机—变压器联合单元接线

当发电机容量与升高电压等级所能传输容量相比，发电机容量较小而不匹配时，也可采用发电机—变压器联合单元接线（见图 2-27），即把两个发电机—变压器单元在变压器高压侧联合起来作为一个单元通过一台断路器接入高压配电装置或电力系统。与扩大单元接线相比，采用联合单元接线也可以起到减少高压断路器和高压配电装置间隔的作用，主变压器数量与发电机—变压器单元接线相同，可以减少制造特大容量主变压器的困难。

（1）优点。

减少高压断路器和高压配电装置间隔，节省设备

投资和占地面积。

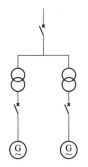

图 2-27 发电机—变压器联合单元接线

（2）缺点。

1）单元性不强。

2）发电机和主变压器之间应装设发电机断路器，增加设备投资。

3）当任一台发电机断路器故障拒动、主变压器故障时，将导致两台发电机组同时停运。

（3）适用范围。

适用于发电机组容量相对于升高电压等级输送容量较小的发电厂。对于 600MW 及以上机组接入 750、1000kV 电压等级电力系统，可采用联合单元接线作为工程初期的过渡接线。

四、发电机—变压器—线路单元接线

大中型电厂采用发电机—变压器—线路单元接线（见图 2-28），厂内不设高压配电装置，电能直接输送到附近枢纽变电站。

图 2-28 发电机—变压器—线路单元接线

（1）优点。

1）接线简单，操作简单，维护工作量小。

2）单元性好。

3）布置紧凑，节省占地面积，设备少，设备投资小。

（2）缺点。

1）一个回路中的任一元件（主变压器、线路）故障，将导致一台机组停运。

2）一台机组检修时，将停运对应线路。

3）由于厂内不设高压配电装置，需考虑启动/备

用电源引接问题。

（3）适用范围。

1）某些地区矿源丰富，同地区有几个大中型电厂，工业发达和集中，则汇总起来建设一个公用的枢纽变电站较为经济。

2）有的电厂地位狭窄，厂内不设高压配电装置，不仅解决了电厂占地面积庞大的困难，而且也为电厂总平面布置创造有利条件，汽机房前可布置冷却塔或紧靠河流，从而缩短循环冷却水管道。

3）有的电厂距离现有枢纽变电站较近，直接从枢纽变电站引出线路较为方便，因而在电厂内也不设高压配电装置。

（4）注意事项。

在大中型电厂内不设高压配电装置，必须在电力系统设计中做好规划。在建厂时，相应地规划好建设汇总变电站或接入附近的枢纽变电站。对于送出线路较长或者线路故障率较高的地区，为避免线路故障导致机组频繁停运，应尽量避免采用发电机—变压器—线路单元接线。

第四节　小型电厂的电气主接线

本节适用于单台机组容量在 125MW 以下的火力发电厂。

小型电厂一般建设在工业企业或城镇附近，除少数为凝汽式电厂外，多数为热电厂，经常设有 6.3kV 或 10.5kV 发电机电压配电装置向附近供电。

一、发电机的连接方式

（1）当有发电机电压直配线时，应根据地区电力网络的需要，采用 6.3kV 或 10.5kV 电压等级。50MW 级及以下发电机与变压器单元连接且有厂用分支引出时，一般采用 6.3kV 电压等级。

（2）100MW 发电机电压为 10.5kV，一般与变压器单元接线，但也可接至发电机电压母线。125MW 发电机组则与变压器单元连接。

（3）连接于 6.3kV 配电装置的发电机总容量不能超过 120MW，连接于 10.5kV 配电装置的发电机总容量不能超过 240MW，以免母线分段过多和短路电流太大。

二、主变压器的连接方式

（1）为了保证发电机电压出线可靠性，接在发电机电压母线上的主变压器一般不少于两台。

（2）当发电厂有两种升高电压，且机组容量为 125MW 及以下时，一般采用两台三绕组变压器与两种升高电压母线连接，但每个绕组的通过功率应达到

该变压器容量的 15%以上。

（3）若两种升高电压母线均系中性点直接接地系统，且送电方向主要由变压器低、中压向高压侧输送时，选用自耦变压器连接较为经济。

（4）当两种升高电压母线交换功率较大时，可采用降压型自耦变压器连接。

三、发电机电压配电装置的接线

发电机电压配电装置应根据发电厂的容量或负荷性质确定，可采用单母线（分段）或双母线（分段）接线，一般原则是：

（1）每段母线上发电机容量为 12MW 及以下时，宜采用单母线或单母线分段接线。

（2）每段母线上发电机容量为 12MW 以上时，可采用双母线或双母线分段接线。

第五节　主变压器和发电机中性点接地方式

一、电力系统中性点接地方式

电力系统中性点接地方式是决定系统运行方式、防止系统事故的重要因素，也是电气系统实现安全、经济运行的基础。

选择电力系统中性点接地方式是一个综合性问题。它与电力系统电压等级、单相接地短路电流、过电压保护与绝缘配合、继电保护配置、设备选型等有关，直接影响系统的绝缘水平、系统的供电可靠性和连续性、发电机和变压器的运行安全以及对通信线路的干扰等。

目前，我国电力系统中性点接地方式可分为两大类：一类是中性点非有效接地方式，即小电流接地系统，包括中性点不接地、中性点经消弧线圈接地和中性点经高电阻接地；另一类是中性点有效接地方式，即大电流接地系统，包括中性点直接接地和中性点经小电抗器接地。

中性点有效接地方式，即系统在各种条件下系统的零序与正序电抗之比 X_0/X_1 应为正值并且不应大于 3，而其零序电阻与正序电抗之比 R_0/X_1 不应大于 1。有效接地方式可分为中性点直接接地或经低阻抗接地。

（一）中性点非有效接地方式

1. 中性点不接地

中性点不接地方式，即发电机、变压器绕组的中性点对大地是电气绝缘的，结构最简单。当发生单相接地故障时，故障相的对地电压降低为零，非故障相的对地电压由相电压升高为线电压，中性点对地电压升高为相电压。

中性点不接地方式的优点是非故障相电压相对中性点电压变化不大，不破坏系统对称性，单相接地故障后，允许设备继续运行两小时，可由运行人员排除故障，提高了供电可靠性和连续性。

中性点不接地方式的缺点：第一，由于非故障相电压升高为线电压，系统中各电气设备的绝缘必须按线电压设计，在较高电压等级的系统中，设备绝缘费用较高；第二，发生单相接地故障时，接地点处的接地电流为正常时一相电容电流的 3 倍，接地电流不大时接地点处的电弧可以自行熄灭，当接地电流超过允许值时，接地电弧不易自熄，易产生较高弧光间歇接地过电压，威胁设备绝缘或引起相间短路。

中性点不接地方式通常用于 6～35kV 系统中，不宜用于 110kV 及以上系统。

2. 中性点经消弧线圈接地

中性点经消弧线圈接地方式，即在发电机、变压器绕组的中性点与大地之间装设一个电感线圈，当发生单相接地故障时，利用消弧线圈的电感电流对接地电容电流进行补偿，使得流过接地点的电流减小到自熄范围，以消除弧光间歇接地过电压。

中性点经消弧线圈接地方式的优点是可带单相接地故障运行两小时，提高了供电可靠性和连续性，同时，迅速补偿单相接地产生的电容电流，消除电弧过电压的发生。

中性点经消弧线圈接地方式的缺点是电气设备的绝缘按照线电压设计，设备绝缘水平高。

中性点经消弧线圈接地方式通常用于 6～35kV 系统中。

3. 中性点经高电阻接地

当接地电容电流超过允许值时，也可采用中性点经高电阻接地方式。中性点经高电阻接地方式，即在发电机、变压器绕组的中性点与大地之间装设一个高阻值的电阻器，电阻与系统对地电容构成并联回路，增大零序电抗，限制单相接地电流。

中性点经高电阻接地方式和经消弧线圈接地方式相比，改变了接地电流相位，加速卸放回路中的残余电荷，促使接地电弧自熄，从而降低弧光间歇接地过电压，同时可提供足够的电流和零序电压，使接地保护可靠动作。

中性点经高电阻接地方式多用于大中型发电厂发电机中性点。

（二）中性点有效接地方式

1. 中性点直接接地

中性点直接接地就是将变压器绕组中性点与大地直接连接，强制中性点保持地电位。当发生单相接地故障时，构成单相短路，接地相通过单相短路电流，此单相短路电流很大，须立即切除线路或设备。

中性点直接接地方式的优点是由于非故障相对地电压不增高，设备绝缘可按相对地电压设计，设备绝缘水平可降低，减少了设备造价，特别是在高压、超高压和特高压电网，经济效益显著。

中性点直接接地方式的缺点是发生单相接地故障时，接地电流较大，应迅速切除接地相甚至三相，因而供电可靠性和连续性降低。

中性点直接接地方式通常用于 110～1000kV 系统。此外，在雷电活动较强的山岳丘陵地区，结构简单的 110kV 电网，如采用直接接地方式不能满足安全供电要求和对联网影响不大时，可采用中性点经消弧线圈接地方式。

2. 中性点经小电抗接地

中性点经小电抗接地就是在变压器绕组中性点与大地之间装设小阻值的电抗器。中性点经小电抗接地方式的特点是降低变压器中性点过电压和绝缘水平，可限制系统单相接地短路电流。

中性点经小电抗接地方式多用于单相接地短路电流较大的 110～500kV 系统。

二、主变压器中性点接地方式

主变压器中性点接地方式应根据所在电力系统的中性点接地方式及系统继电保护要求确定。

1. 主变压器的 110～1000kV 侧中性点应采用有效接地方式

（1）110～1000kV 系统中性点采用有效接地方式。

（2）110kV 及 220kV（330kV）系统中主变压器中性点可采用直接接地方式。为限制系统短路电流，变压器中性点可装设隔离开关、避雷器及间隙等设备，部分变压器实际运行时打开中性点隔离开关，采用不接地方式运行。

（3）500～1000kV 系统中主变压器中性点应采用直接接地或经小电抗接地方式。

（4）自耦变压器的中性点须直接接地或经小电抗接地。

2. 主变压器的 6～66kV 侧中性点采用不接地或经消弧线圈接地方式

（1）35kV 系统、66kV 系统、不直接连接发电机且由钢筋混凝土杆或金属杆塔的架空线路构成的 6～20kV 系统，当单相接地故障电容电流不大于 10A 时，可采用中性点不接地方式；当单相接地故障电容电流大于 10A 且需在接地故障条件下运行时，应采用中性点经消弧线圈接地。

（2）不直接连接发电机且由电流线路构成的 6～20kV 系统，当单相接地故障电容电流不大于 10A 时，可采用中性点不接地方式；当单相接地故障电容电流大于 10A 且需在接地故障条件下运行时，宜采用中性点经消弧线圈接地。

（3）当变压器中性点经消弧线圈接地时，应注意以下几点：

1）宜采用具有自动跟踪补偿功能的消弧线圈。

2）正常运行时，自动跟踪补偿消弧线圈应确保中性点的长时间电压位移不超过系统标称相电压的 15%。

3）采用自动跟踪补偿消弧线圈装置时，系统接地故障残余电流不应大于 10A。

4）自动跟踪补偿消弧线圈消弧部分的容量应根据系统远景年的发展规划确定，并应按式（2-1）计算：

$$W = 1.35 I_C \frac{U_n}{\sqrt{3}} \qquad (2\text{-}1)$$

式中　W——自动跟踪补偿消弧线圈消弧部分的容量，kV·A；

　　　I_C——接地电容电流，A；

　　　U_n——系统标称电压，kV。

5）自动跟踪补偿消弧线圈装设地点应符合以下要求：

a. 系统在任何运行方式下，断开一、二回线路时，应保证不失去补偿。

b. 多套自动跟踪补偿消弧线圈不宜集中安装在系统中的同一位置。

6）自动跟踪补偿消弧线圈装设的消弧部分应符合下列要求：

a. 消弧部分宜接于 YNd 或 YNynd 接线的变压器中性点上。也可接在 ZNyn 接线变压器中性点上，不应接于零序磁通经铁芯闭路的 YNyn 接线变压器。

b. 当消弧部分接于 YNd 接线的双绕组变压器中性点时，消弧部分容量不应超过变压器三相总容量的 50%。

c. 当消弧部分接于 YNynd 接线的三绕组变压器中性点时，消弧部分容量不应超过变压器三相总容量的 50%，并不得大于三绕组变压器的任一绕组容量。

d. 当消弧部分接于零序磁通未经铁芯闭路的 YNyn 接线变压器中性点时，消弧部分容量不应超过变压器三相总容量的 20%。

7）当电源变压器无中性点或中性点未引出时，应装设专用接地变压器以连接自动跟踪补偿消弧线圈，接地变压器容量应与消弧部分的容量相配合。

三、发电机中性点接地方式

发电机中性点宜采用非有效接地方式。

发电机定子绕组发生单相接地故障时，接地点流过的电流是发电机本身及其引出回路所连接元件（主母线、厂用分支线、主变压器低压绕组等）的对地电容电流。

发电机额定电压 6.3kV 及以上的系统，当发电机内部发生单相接地故障不要求瞬时切机，发电机单相接地电容电流不大于表 2-2 的最高允许值时，可采用中性点不接地方式；当超过该最高允许值时，将烧伤定子铁芯，进而损坏定子绕组绝缘，引起匝间或相间短路，故发电机中性点应采取经消弧线圈接地方式，消弧线圈可装在厂用变压器中性点上或发电机中性点上。

表 2-2　发电机单相接地故障电容电流最高允许值

发电机额定电压（kV）	发电机额定容量（MW）	电流允许值（A）
6.3	≤50	4
10.5	50～100	3
13.8～15.75	125～200	2*
≥18	≥300	1

* 对于额定电压为 13.8～15.75kV 的氢冷发电机，电流允许值为 2.5A。

发电机额定电压 6.3kV 及以上的系统，当发电机内部发生单相接地故障要求瞬时切机时，宜采用中性点经高电阻接地方式，当电阻器体积过大不易布置时，电阻器可接在发电机中性点变压器的二次绕组上。

1. 发电机中性点不接地方式

（1）单相接地故障电流应不超过允许值。

（2）发电机中性点应装设电压为额定相电压的避雷器，防止三相进波在中性点反射引起过电压；在出线端应装设电容器和避雷器，以削弱当有发电机电压架空直配线时，进入发电机的冲击波陡度和幅值。

（3）适用于 125MW 及以下的小型机组。

2. 发电机中性点经消弧线圈接地方式

（1）对具有直配线的发电机，宜采用过补偿方式，对单元接线的发电机，宜采用欠补偿方式。

（2）经补偿后的单相接地电流一般小于 1A，因此，可不跳闸停机，仅作用于信号。

（3）消弧线圈可接在直配线发电机的中性点上，也可接在厂用变压器的中性点上。当发电机为单元连接时，则应接在发电机的中性点上。

（4）适用于单相接地电流大于允许值的小型机组或 300MW 及以上大机组要求能带单相接地故障运行时。

3. 发电机中性点经高电阻接地方式

（1）发电机中性点经高电阻接地后，可达到：①限制过电压不超过 2.6 倍额定相电压；②限制接地故障电流不超过 10A；③为定子接地保护提供电源，便于检测。

（2）为减小电阻值，一般经配电变压器接入中性点，电阻接在配电变压器的二次侧。

（3）发生单相接地时，总的故障电流不宜小于 3A，以保证接地保护不带时限立即跳闸停机。

（4）适用于 300MW 及以上大中型机组。

第六节　电气主接线中的设备配置

一、隔离开关的配置

（1）小型发电机出口位置一般装设隔离开关。容量为 125MW 及以上大中型机组与双绕组变压器为单元连接时，其出口不装设独立的隔离开关，可设置可拆卸连接点。

（2）在出线上装设电抗器的 6～10kV 配电装置中，当向不同用户供电的两回线共用一台断路器和一组电抗器时，每回线上应各装设一组出线隔离开关。

（3）220kV 及以下电压等级 AIS 配电装置，其母线避雷器和电压互感器宜合用一组隔离开关。330kV 及以上电压等级 AIS 配电装置，其母线避雷器不应装设隔离开关，其母线电压互感器不宜装设隔离开关，其进、出线避雷器及电压互感器均不应装设隔离开关。

（4）330kV 及以上电压等级 AIS 配电装置，其线路并联电抗器回路不宜装设断路器或负荷开关，如电力系统有特殊要求，应根据要求进行装设。330kV 及以上电压等级 AIS 配电装置，其母线并联电抗器回路应装设断路器和隔离开关。

（5）110～220kV 线路上的电压互感器和耦合电容器不应装设隔离开关。变压器中性点避雷器不应装设隔离开关。220kV 及以下电压等级的线路避雷器不宜装设隔离开关。接于发电机、变压器中性点侧或出线侧的避雷器不宜装设隔离开关。

（6）110～220kV（330kV）系统中性点直接接地的变压器，通常为了限制系统短路电流，变压器中性点可通过隔离开关接地，具体工程可根据系统要求装设隔离开关。自耦变压器的中性点不应装设隔离开关。

（7）3/2 断路器接线中，当仅装设两串时，为避免开环运行，进、出线应装设隔离开关；当装设三串及以上时，进、出线可不装设隔离开关。

（8）角形接线中，进、出线应装设隔离开关，以便在进、出线检修时，保证闭环运行。

（9）桥形接线中，如装设跨条，跨条宜用两组隔离开关串联，以便于进行不停电检修。

（10）断路器的两侧通常配置隔离开关，以便在断路器检修时隔离电源。对于电厂内高压配电装置的主变压器及启动/备用变压器进线回路，高压断路器的变压器侧可不装设隔离开关，断路器检修可配合发电机—变压器组或启动/备用变压器检修进行。

（11）为了便于试验和检修，GIS 的母线避雷器和电压互感器、电缆进线间隔的避雷器、线路电压互感器应设置独立的隔离开关或隔离断口。

二、接地开关及快速接地开关的配置

（1）对于屋外 AIS 配电装置，为保证电气设备和母线的检修安全，每段母线上应装设接地开关，接地开关的安装数量应根据母线上电磁感应电压和平行母线的长度以及间隔距离进行计算确定。对于 1000kV 母线优先考虑配置不少于 2 组接地开关。

（2）110kV 及以上电压等级 AIS 配电装置，断路器两侧的隔离开关靠断路器一侧，线路隔离开关靠线路一侧，变压器进线隔离开关靠变压器一侧，应装设接地开关。110kV 及以上电压等级 AIS 配电装置，并联电抗器的高压侧应装设接地开关。

（3）对于双母线接线，两组与母线连接的隔离开关，其断路器侧可共用一组接地开关。

（4）GIS 配电装置接地开关的配置应满足运行检修的要求，与 GIS 配电装置连接并需要单独检修的电气设备、母线和出线，均应配置接地开关。一般情况下，出线回路的线路一侧接地开关和母线接地开关应采用具有关合动稳定电流能力的快速接地开关。

（5）当变压器与 GIS 配电装置采用气体管道母线连接时，在变压器侧或 GIS 侧应设置接地开关。

三、电压互感器的配置

（1）电压互感器的配置与主接线形式有关，电压互感器的数量、类型、绕组和准确级应满足继电保护、测量仪表、同期和自动装置的要求。

（2）110kV 及以上电压等级配电装置，电压互感器可按照母线配置，也可按照回路配置。电压互感器的配置应能保证在运行方式改变时，保护装置不失压，同期点的两侧都能提取到电压。

（3）对于双重化保护，两套保护装置应配置不同的电压互感器或同一组电压互感器的不同二次绕组。

（4）对于单母线、单母线分段、双母线、双母线分段接线，每组母线及出线间隔应装设一组电压互感器，出线间隔电压互感器装设在出线隔离开关（或阻波器）的外侧；当电压等级为 220kV 及以下时，每

组母线三相均装设电压互感器，出线间隔可在一相或三相装设电压互感器；当电压等级为 330kV 及以上时，宜在每组母线和每个出线间隔三相均装设电压互感器。

（5）对于 3/2 断路器接线、4/3 断路器接线，每组母线及进出线间隔均应装设一组电压互感器，出线间隔电压互感器装设在出线隔离开关（或阻波器）的外侧；每组母线可在一相或三相装设电压互感器；进出线间隔应在三相上装设电压互感器。

（6）对于角形接线、桥形接线，每组进出线间隔均应装设一组电压互感器，出线间隔电压互感器装设在出线隔离开关（或阻波器）的外侧；进出线间隔应在三相上装设电压互感器；当角形接线或桥形接线为过渡接线时，电压互感器的配置还应考虑终期接线的要求。

（7）对于发电机—变压器—线路单元接线，线路断路器两侧均应装设一组电压互感器，线路侧电压互感器装设在出线隔离开关（或阻波器）的外侧；当线路电压等级为 330kV 及以上时，线路侧宜在三相上装设电压互感器；当本接线为过渡接线时，电压互感器的配置还应考虑终期接线的要求。

（8）对于无发电机母线的接线，发电机出线侧应装设 2～3 组电压互感器；对于有发电机母线的接线，发电机母线上应装设一组电压互感器。

（9）当发电机出线侧装设断路器时，可在发电机断路器与主变压器之间装设 1～2 组电压互感器。

（10）当发电机中性点不接地时，可在发电机中性点装设一组单相电压互感器。

（11）架空进线的 GIS 线路间隔电压互感器宜采用外置结构。

四、电流互感器的配置

（1）电流互感器的配置与主接线形式有关，电流互感器的数量、类型和准确级应满足继电保护、测量仪表、同期和自动装置的要求。

（2）对于双重化保护，两套保护装置应配置不同的电流互感器或同一组电流互感器的不同二次绕组。

（3）保护用电流互感器配置应避免出现主保护的死区，互感器二次绕组分配应避免当一套保护停用时，出现被保护区内故障时的保护动作死区。

（4）电流互感器一般随断路器间隔对应装设。在未设置断路器的下列位置也应装设电流互感器：发电机的中性点侧和出线侧、变压器和电抗器的中性点和高压侧、桥形接线的跨条上等。

（5）对于高压配电装置采用 GIS、HGIS 或罐式断路器时，宜在断路器两侧分别配置电流互感器。

（6）对于单母线、单母线分段、双母线、双母线分段接线，进出线、分段、母联间隔均应装设一组电

流互感器,电流互感器装设在断路器与隔离开关之间;当电压等级为 220kV 及以上时,进出线间隔宜配置至少 4 组保护级绕组和 2 组测量(计量)级绕组电流互感器,分段间隔宜配置 5 组保护级绕组和 1 组测量级电流互感器;当电压等级为 110kV 及以下采用单套保护配置时,电流互感器可相应减少保护级绕组数量;进出线间隔电流互感器保护级绕组宜靠近母线侧,测量(计量)级绕组宜靠近线路侧。

(7)对于 3/2 断路器接线、4/3 断路器接线,电流互感器随断路器间隔对应装设,电流互感器装设在断路器与隔离开关之间;当电压等级为 220kV 及以上时,各断路器间隔电流互感器宜配置至少 5 组保护级绕组和 2 组测量(计量)级绕组。

(8)对于发电机—变压器—线路单元接线,应在线路侧装设电流互感器,宜装设在线路断路器靠变压器侧;当电压等级为 220kV 及以上时,电流互感器宜配置 5 组保护级绕组和 2 组测量(计量)级绕组。

(9)发电机中性点侧和出线侧均应装设电流互感器。对于容量为 100MW 及以下的发电机,其中性点侧和出线侧电流互感器均宜配置 2 组保护级绕组和 1 组测量级绕组;对于设置发电机电压母线的接线,当定子绕组单相接地电流大于允许值时,发电机机端应装设 1 组保护级零序电流互感器。对于容量为 100MW 以上的发电机,其中性点侧和出线侧电流互感器均宜配置 2 组保护级绕组和 2 组测量级绕组,如发电机套管安装电流互感器有困难,可将电流互感器安装在离相封闭母线内。

(10)发电机中性点采用经消弧线圈接地或经配电变压器电阻接地时,在发电机中性点与地之间宜配置 1 组保护级电流互感器,可根据需要再配置 1 组测量级电流互感器。

(11)当装设发电机断路器,且发电机保护采用 TPY 级电流互感器时,宜在发电机与主变压器之间再配置 1~2 组保护级绕组用于断路器失灵保护。

(12)主变压器中性点侧和高压侧应装设电流互感器,主变压器高压侧套管电流互感器宜配置 2 组保护级绕组和 1 组测量级绕组。当变压器进线需设置短引线差动保护时,还应增加设置 2 组保护级绕组。当电压等级为 110kV 及以上时,主变压器高压侧中性点电流互感器宜配置 1~2 组保护级绕组;当采用经隔离开关及间隙接地时,中性点间隙电流互感器宜配置 1~2 组保护级绕组。

(13)励磁变压器高压侧、低压侧电流互感器宜分别配置 2 组保护级绕组和 1 组测量级绕组。

五、避雷器的配置

(1)对于系统最高电压大于 252kV 的发电厂高压配电装置。

1)雷电侵入波过电压保护用金属氧化物避雷器(MOA)的设置和保护方案,宜通过仿真计算确定。

2)变压器和高压并联电抗器的中性点经接地电抗器接地时,中性点上应装设金属氧化物避雷器进行保护。

3)1000kV 出线回路线路侧、主变压器各级电压侧出口应装设避雷器,高压并联电抗器前、母线是否装设避雷器应根据计算确定。

(2)对于系统最高电压小于或等于 252kV 的发电厂高压配电装置。

1)具有架空进出线的 35kV 及以上电压等级发电厂 AIS 配电装置中金属氧化物避雷器的配置应符合下述要求:

装有标准绝缘水平的设备和标准特性金属氧化物避雷器且高压配电装置采用单母线、双母线或分段的电气主接线时,金属氧化物避雷器可仅安装在母线上。金属氧化物避雷器至变压器间的最大电气距离可按表 2-3 确定。对其他设备的最大距离可相应增加 35%。金属氧化物避雷器与主被保护设备的最大电气距离超过规定值时,可在主变压器附近增设一组金属氧化物避雷器。

表 2-3 金属氧化物避雷器至主变压器间的最大电气距离 (m)

系统标称电压(kV)	进线长度(m)	进线路数			
		1 回	2 回	3 回	4 回及以上
35	1.0	25	40	50	55
	1.5	40	55	65	75
	2.0	50	75	90	105
66	1.0	45	65	80	90
	1.5	60	85	105	115
	2.0	80	105	130	145
110	1.0	55	85	105	115
	1.5	90	120	145	165
	2.0	125	170	205	230
220	2.0	125 (90)	195 (140)	235 (170)	265 (190)

注 1. 全线有地线进线长度取 2km,进线长度在 1~2km 时的距离可按补插法确定。

2. 标准绝缘水平指 35、66、110kV 及 220kV 变压器、电压互感器标准雷电冲击全波耐受电压分别为 200、325、480kV 及 950kV。括号内的数值对应的雷电冲击全波耐受电压为 850kV。

为防止雷击线路断路器跳闸后待重合时间内重

复雷击引起配电装置设备损坏，多雷区及运行中已出现过此类事故的地区的 66～220kV AIS 配电装置，线路断路器的线路侧宜安装一组金属氧化物避雷器。当线路入口金属氧化物避雷器与被保护设备的电气距离不超过规定值时，可不在母线上装设金属氧化物避雷器。

架空进线采用同塔双回路杆塔，确定金属氧化物避雷器与变压器最大电气距离时，进线回路数应计为一路，且在雷季中宜避免将其中一路断开。

2）发电厂的 35kV 及以上电压等级电缆进线，电缆与架空线的连接处应装设金属氧化物避雷器。当电缆长度超过 50m，且断路器在雷季经常断路运行时，应在电缆末端装设金属氧化物避雷器；当电缆长度不超过 50m 或虽超过 50m 但经校验装一组金属氧化物避雷器能符合保护要求时，可只在电缆一侧末端装设金属氧化物避雷器。当采用全线电缆线路—变压器组接线时，是否装设金属氧化物避雷器，应根据电缆另一端有无雷电过电压波侵入的可能，经校验确定。

3）全线架设地线的 66～220kV 线路，其发电厂配电装置进线隔离开关或断路器经常断路运行，同时线路侧又带电时，宜在靠近隔离开关或断路器处装设一组金属氧化物避雷器。

4）未沿全线架设地线的 35～110kV 线路，其发电厂配电装置进线隔离开关或断路器经常断路运行，同时线路侧又带电时，宜在靠近隔离开关或断路器处装设一组金属氧化物避雷器。

5）有效接地系统中的中性点不接地或经隔离开关接地的变压器，中性点采用分级绝缘时，应在中性点装设保护间隙和金属氧化物避雷器；中性点采用全绝缘时，配电装置为单进线且为单台变压器运行、发电厂仅建设一台机组且采用发电机—变压器—线路单元接线时，也应在变压器中性点装设保护间隙和金属氧化物避雷器。中性点不接地、经消弧线圈接地和高电阻接地系统中的变压器中性点可不装设金属氧化物避雷器，多雷区单进线配电装置且变压器中性点引出时，宜装设金属氧化物避雷器。

6）自耦变压器应在其两个自耦合的绕组出线上装设金属氧化物避雷器，该金属氧化物避雷器应装在自耦变压器和断路器之间，并采用图 2-29 的保护接线。

7）35～220kV 配电装置，应根据其重要性和进线回路数，在进线上装设金属氧化物避雷器。

8）为防止变压器高压绕组雷电波电磁感应传递的过电压对其他各相应绕组的损坏，应在与架空线路连接的三绕组变压器的第三开路绕组或第三平衡绕组、发电厂双绕组升压变压器当发电机断开由高压侧

倒送厂用电时的二次绕组的三相上各装设一支金属氧化物避雷器。

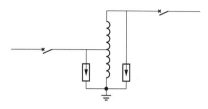

图 2-29　自耦变压器的 MOA 保护接线

（3）GIS 配电装置的避雷器配置。

1）对采用全线架空进、出线的 GIS 应符合下列要求：

应在 GIS 管道与架空线路连接处装设金属氧化物避雷器，该避雷器宜采用敞开式，其接地端应与 GIS 管道金属外壳连接。

GIS 母线是否装设避雷器，需经雷电侵入波过电压计算确定。

对 66kV 系统变压器或 GIS 一次回路的任何电气部分至连接处金属氧化物避雷器的最大电气距离不超过 50m 时，对 110kV 或 220kV 系统变压器或 GIS 一次回路的任何电气部分至连接处金属氧化物避雷器的最大电气距离不超过 130m 时，或经校验装一组金属氧化物避雷器符合保护要求时，可只在连接处装设一组金属氧化物避雷器。

2）对采用有电缆进、出线的 GIS 应符合下列要求：

在电缆段与架空线路的连接处应装设金属氧化物避雷器，其接地端应与电缆的金属外皮连接；当电缆为单芯电缆时，电缆与 GIS 连接处应经金属氧化物电缆护层保护器接地。

电缆末端至变压器或 GIS 一次回路的任何电气部分的最大电气距离不超过 50m（66kV 系统）或 130m（110kV 或 220kV 系统），或超过此值但经校验装设一组金属氧化物避雷器符合要求时，可在变压器或 GIS 不再装设金属氧化物避雷器。

当升压变压器经较长的气体绝缘管道或电缆接至 GIS 母线，或 GIS 接线复杂时，金属氧化物避雷器的配置可通过校验确定。

3）对全长为电缆进出线的 GIS 配电装置是否装设金属氧化物避雷器，应根据电缆另一端有无雷电过电压波侵入，经校验确定。

（4）发电机的避雷器配置。

1）每台发电机出线处应装设一组发电机用金属氧化物避雷器。

2）当发电机中性点能引出且未直接接地时，应在中性点上装设发电机中性点用金属氧化物避雷器。

3）当接在每组发电机电压母线上的发电机不超

过两台时，金属氧化物避雷器可装设在每组母线上。

（5）注意事项。

1）电容式电压互感器的中间变压器高压侧不应装设金属氧化锌避雷器。

2）架空进线的 GIS 线路间隔的避雷器宜采用外置结构。

3）对于低压侧有空载运行或者带短母线运行可能的变压器，宜在变压器低压侧装设避雷器进行保护。

六、电抗器的配置

发电厂常用的电抗器类设备包括高压并联电抗器、限流电抗器、消弧线圈、阻波器等。

（1）高压并联电抗器一般接在超高压长距离交流输电线路末端的相与地之间，用于补偿输电线路的电容和吸收容性无功功率。高压并联电抗器应由系统专业根据过电压研究结果进行配置，设计中需要与系统专业密切配合。

（2）限流电抗器主要作用是限制系统短路电流，根据安装位置不同，分为母线电抗器和线路电抗器。限流电抗器的配置要求见本章第一节。

（3）消弧线圈的配置见本章第五节。

七、阻波器和耦合电容器的配置

阻波器和耦合电容器应根据系统通信对载波电话的规划要求配置。设计中需要与系统通信专业密切配合。

八、断路器合闸电阻的配置

断路器合闸电阻应由系统专业根据过电压研究结果配置。设计中需要与系统专业密切配合。

九、发电机断路器的配置

装设发电机断路器具有简化厂用电操作、提高厂用电系统灵活性、提高发电机及主变压器可靠性、提高保护选择性等优点，但也增加了电气连接点和电器元件，系统可靠性有所减低。对于无机端供电母线的机组，发电机断路器通常安装在发电机出线与厂用分支母线间的主母线上（见图 2-30）。

是否装设发电机断路器与诸多因素相关。例如，电厂高压配电装置的形式和电压等级、电气主接线的方式、启动/备用电源的引接方案、电网是否收取基本电费和电度电费、外部启动/备用电源偏角、发电机断路器制造和供货条件等。工程设计时可结合工程具体条件，经技术经济比较后确定是否装设发电机断路器。

一般可按如下原则配置：

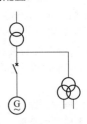

图 2-30　装设发电机断路器的接线

1）对于 125MW 以下供热机组，当存在停机不停炉供热工况，可装设发电机断路器。125～300MW 级机组，发电机与双绕组变压器为单元接线时，不宜在发电机与主变压器之间装设发电机断路器。600MW 级及以上机组，根据工程具体情况，经技术经济论证合理时，可在发电机与主变压器之间装设发电机断路器。

2）当发电厂从所在区域电网引接启动备用电源困难时，机组可装设发电机断路器，两台机组厂用高压变压器低压侧相互联络，互为事故停机电源。

3）当发电厂由外部不同电网引接启动备用电源，启备电源与机组所发电源存在较大相角差，导致厂用电切换困难时，机组可装设发电机断路器。

4）当发电厂以 750、1000kV 特高压接入电网时，为减少 750、1000kV 设备数量、降低设备投资，可通过技术经济比较，装设发电机断路器，以减少 750、1000kV 断路器数量。

5）发电机与变压器采用扩大单元接线或联合单元接线时，应在发电机与主变压器之间装设发电机断路器。发电机与三绕组变压器或自耦变压器为单元接线时，宜在发电机与主变压器之间装设发电机断路器。

6）燃气轮发电机组或燃气—蒸汽联合循环机组用作调峰时宜设发电机断路器。对于多轴的联合循环机组，一般装在燃气轮发电机出口，当燃气轮机与汽轮机同启停时，经技术经济比较也可装在汽轮发电机出口。

7）启、停频繁的电厂接入角形接线的高压配电装置时，为提高运行可靠性、避免经常开环运行，发电机出口宜设置断路器。

8）为提高厂用电运行可靠性、简化操作，可装设发电机断路器。

十、电气主接线的设备配置示例

图 2-31～图 2-33 为对双母线、3/2、4/3 接线完整示例图，用以表示设备配置。

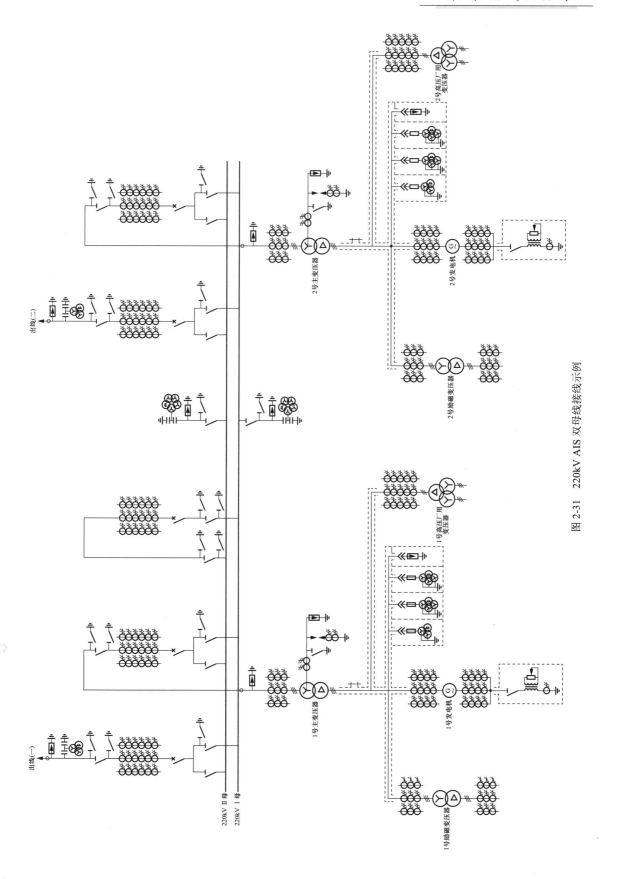

图 2-31 220kV AIS 双导线接线示例

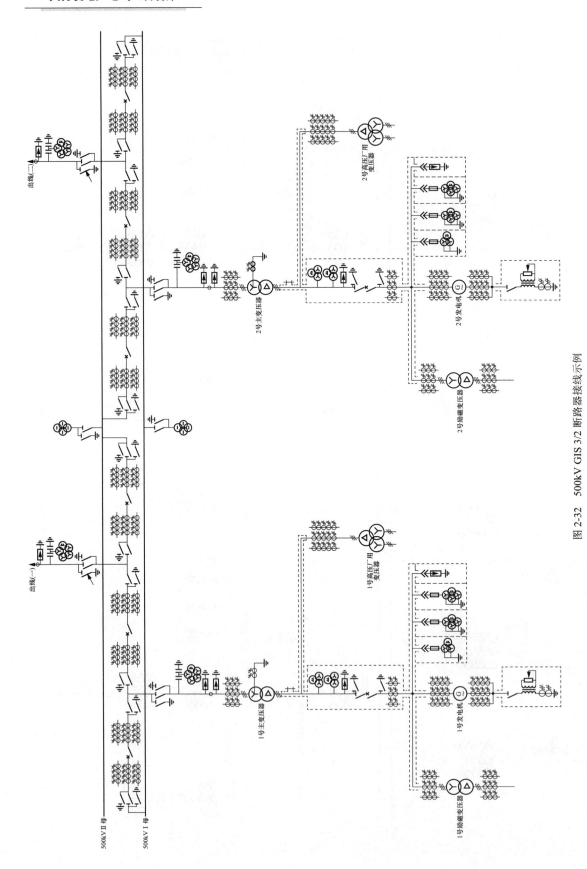

图 2-32 500kV GIS 3/2 断路器接线示例

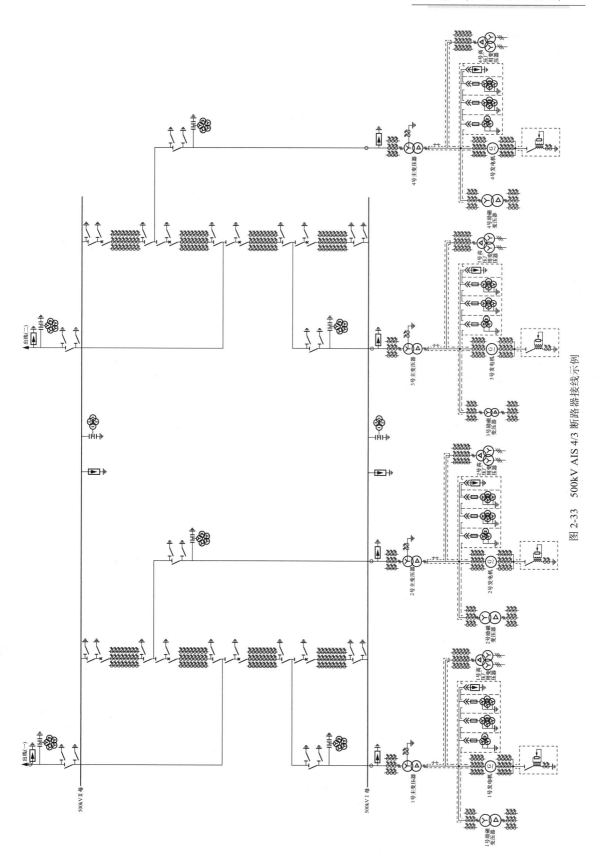

图 2-33 500kV AIS 4/3 断路器接线示例

第三章

厂 用 电 接 线

厂用电设计应按照运行、检修和施工的要求，考虑全厂发展规划，厂用电接线应满足以下要求：

（1）对于数量为 2 台及以上，单机容量为 200MW 级及以上的机组，宜保持各单元机组厂用电的独立性，减少单元机组之间的联系，以提高运行的安全可靠性。

（2）全厂应设置可靠的高压厂用备用或启动/备用电源，在机组启动、停运和事故过程中的切换操作要少。

（3）厂用电设计要同时考虑全厂发展规划和分期建设的情况，充分考虑电厂分期建设和连续施工过程中厂用电系统运行方式，特别注意对公用负荷供电的影响，要便于过渡，尽量减少接线变更和更换设备。

（4）厂用电设计中要积极地运用经过运行实践以及通过鉴定的新技术、新设备。

第一节　厂 用 负 荷

厂用负荷按运行方式可分为经常连续、经常短时、经常断续、不经常连续、不经常短时和不经常断续六种类型。

一、厂用电负荷按生产过程中的重要性分类

（1）火力发电厂的厂用电负荷按其对人身安全和设备安全的重要性，分为 0 类负荷和非 0 类负荷。厂用电负荷的重要性由其所属的工艺系统确定。停电将直接影响到人身或重大设备安全的厂用电负荷，称为 0 类负荷，除此之外的厂用电负荷均可视作非 0 类负荷。

（2）0 类负荷按其重要性程度及对电源的要求不同，可以分为：

1）0 I 类负荷。交流不停电负荷，在机组运行期间，以及停机（包括事故停机）过程中，甚至在停机以后的一段时间内，应由交流不间断电源（UPS）连续供电的负荷。

2）0 II 类负荷。直流保安负荷，在发生全厂停电或在单元机组失去厂用电时，为了保证机组的安全停运，或者为了防止危及人身安全等原因，应在停电时继续由直流电源供电的负荷。

3）0 III 类负荷。交流保安负荷，在发生全厂停电或在单元机组失去厂用电时，为了保证机组的安全停运，或者为了防止危及人身安全等原因，应在停电时继续由交流保安电源供电的负荷。

（3）非 0 类负荷按其在电能生产过程中的重要性不同，又可以分为：

1） I 类负荷。短时停电可能影响设备正常使用寿命，使生产停顿或发电量大量下降的负荷。

2） II 类负荷。允许短时停电，但停电时间过长，有可能影响设备正常使用寿命或影响正常生产的负荷。

3） III 类负荷。长时间停电不会直接影响生产的负荷。

4）与火力发电厂生产无关的负荷不宜接入厂用电系统。行政办公楼、值班人员宿舍等少量厂前区负荷可通过专用低压厂用变压器，接入高压厂用电系统。

二、厂用负荷的供电类别

在进行工程设计时，应与机务、化水、水工、热控等专业联系，确定厂用负荷的分类、辅机电动机的控制地点和联锁要求。表 3-1 为主要厂用负荷的特性参考表，其中仅包括主要厂用负荷的分类，其控制地点及联锁要求系指一般情况。

表 3-1　　　　　　　　　　火力发电厂常用厂用负荷特性参考表

序号	名　称	供电类别①	是否易于过负荷	控制地点	有无联锁要求	运行方式②	备注
一	交流不停电负荷						
1	电子计算机	0 I	不易			经常、连续	

续表

序号	名　　　称	供电类别①	是否易于过负荷	控制地点	有无联锁要求	运行方式②	备注
2	热工保护	0 I	不易			不经常、短时	
3	热工检测和信号	0 I	不易			经常、断续	
4	自动控制和调节装置	0 I	不易			经常、断续	
5	电动执行机构	0 I	易			经常、断续	
6	调度通信	0 I	不易			经常、连续	
7	远动通信	0 I	不易			经常、连续	
二	事故保安负荷						
1	主汽轮机直流润滑油泵	0 II	不易	集控室	有	不经常、短时	亦称"汽轮机直流事故泵"
2	汽动给水泵汽轮机直流润滑油泵	0 II	不易	集控室	有	不经常、短时	亦称"汽动给水泵汽轮机直流事故油泵"
3	发电机氢密封直流油泵	0 II	不易	集控室	有	不经常、短时	
4	火焰监测器直流冷却风机	0 II	不易		有	不经常、短时	
5	载波机逆变装置	0 II				经常、连续	200MW级及以上机组
6	停机冷却水泵	0 II	不易	集控室	有	经常、连续	200MW级及以上机组
7	主汽轮机盘车电动机	0 III	不易	就地	有	不经常、连续	200MW级及以上机组
8	汽动给水泵汽轮机盘车电动机	0 III	不易	就地	有	不经常、连续	
9	汽轮机顶轴油泵	0 III	不易	就地	有	不经常、连续	200MW级及以上机组
10	汽轮机交流润滑油泵	0 III	不易	集控室	有	不经常、连续	200MW级及以上机组
11	发电机氢密封交流油泵	0 III	不易	集控室	有	经常、连续	200MW级及以上机组
12	辅机交流润滑油泵	0 III	不易	集控室	有	经常、连续	200MW级及以上机组1台辅机配有2台润滑油泵时，其中1台列入保安负荷
13	回转式空气预热器盘车	0 III	不易	集控室	有	不经常、连续	200MW级及以上机组
14	电梯	0 III				经常、短时	200MW级及以上机组
15	火焰监测器交流冷却风机	0 III	不易			经常、连续	200MW级及以上机组
16	热力系统自动化阀门	0 III	不易			经常、短时	200MW级及以上机组
17	柴油发电机组自用电	0 III				不经常、连续	200MW级及以上机组
18	主厂房应急照明	0 III				经常、连续	200MW级及以上机组
19	充电装置	0 III				经常、连续	200MW级及以上机组
20	不间断电源装置电源	0 III				不经常、短时	200MW级及以上机组
21	烟囱障碍灯	0 III				经常、连续	200MW级及以上机组
22	消防通道电动卷帘门	0 III	不易	就地		不经常、短时	
三	锅炉部分						
1	锅炉附属设备						
1.1	空气预热器	I	易	集控室	有	经常、连续	含回转式空气预热器等各种类型
1.2	启动循环泵	I	不易	集控室	有	不经常、连续	
1.3	凝结水疏水泵	II	不易	就地	有	经常、短时	

续表

序号	名　　称	供电类别①	是否易于过负荷	控制地点	有无联锁要求	运行方式②	备注
2	送风机	I	不易	集控室	有	经常、连续	
3	一次风机	I	易	集控室	有	经常、连续	用作热风送粉
4	引风机及附属设备						
4.1	引风机	I	易	集控室	有	经常、连续	
4.2	引风机冷却风机	I	不易	集控室	有	经常、连续	
5	磨煤机及附属设备						
5.1	磨煤机	I	易	集控室	有	经常、连续	有煤粉仓时为II类
5.2	磨煤机动态分离器	I	不易	集控室	无	经常、连续	
5.3	磨煤机密封风机	I	不易	集控室	有	经常、连续	
6	给煤机/给粉机设备						
6.1	给煤机	I	易	集控室	有	经常、连续	有煤粉仓时为II类
6.2	给粉机	I	易	集控室	有	经常、连续	
6.3	排粉机	I 或 II	易	集控室	有	经常、连续	用于送粉时为I类
6.4	螺旋输粉机	II	易	就地	无	经常、连续	
7	各式除尘器						
7.1	电气除尘器	I 或 II	不易	控制室和/或就地	无	经常、连续	200MW级及以上机组为I类
7.2	布袋除尘器	I 或 II	不易	控制室和/或就地	无	经常、连续	
7.3	电袋除尘器	I 或 II	不易	控制室和/或就地	无	经常、连续	
8	油系统设备						
8.1	供油泵	II	不易	集控室	无	不经常、短时	轻油点火时用
8.2	卸油泵	II	不易	就地	无	经常、连续或不经常、短时	
8.3	污油处理装置	III	不易	集控室	有	经常、连续	
9	压缩空气系统						
9.1	仪用空压机	I	不易	就地	有	经常、连续	
9.2	厂用空压机	III	不易	就地	无	不经常、短时	检修气源
9.3	压缩空气干燥净化装置	I	不易	集控	有	经常、连续	
10	启动锅炉附属设备						
10.1	启动锅炉送风机	II	不易		有	不经常、连续	
10.2	启动锅炉引风机	II	不易		有	不经常、连续	
10.3	启动锅炉给水泵	II	不易		有	不经常、连续	
10.4	启动锅炉供油泵	II	不易		有	不经常、连续	
11	烟气脱硫负荷						
11.1	增压风机	I	易	控制室	有	经常、连续	
11.2	烟气加热器（GGH）	I	易	控制室	有	经常连续	
11.3	吸收塔浆液循环泵	I				经常、连续	

序号	名　　称	供电类别①	是否易于过负荷	控制地点	有无联锁要求	运行方式②	备注
11.4	氧化风机	II				经常、连续	
11.5	石膏排出泵	II				经常、连续	
11.6	事故浆液返回泵	II				经常、连续	
11.7	工艺水泵	II				经常、连续	
11.8	除雾器冲洗水泵	III				不经常、短时	
11.9	出入口及旁路挡板	0II				不经常、断续	
11.10	吸收塔搅拌机	I				经常、连续	
11.11	石灰石浆液箱搅拌机	I				经常、连续	
11.12	石灰石粉碎机	II				经常、连续	
11.13	石膏浆液给料泵	II				经常、连续	
11.14	湿式球磨机	II				经常、连续	
11.15	真空泵	II				经常、断续	
12	脱硝系统						
12.1	SCR反应器	II	不易	控制室	有	经常、短时	
12.2	稀释风机	II	不易	控制室	有	经常、连续	
13	其他						
13.1	辅机交流润滑油泵	I 或 II	不易	同相应辅机	有	经常、连续	125MW级及以下机组
13.2	炉水循环泵	I	不易	集控室	有	经常、连续	
13.3	烟气再循环风机	II	不易	集控室	无	经常、连续	
13.4	点火风机	II	不易	就地	无	不经常、短时	点火电焊机
13.5	吹灰电动机	III	易	集控室	无	不经常、断续	
13.6	酸洗泵	III	不易	就地	无	不经常、连续	
13.7	锅炉启动点火装置	II	不易	集控室	无	不经常、短时	
四	汽轮机/发电机部分						
1	汽轮机附属设备						
1.1	汽轮机主油箱排油烟机	II	不易	集控室	无	经常、断续	
1.2	汽轮机油箱电加热器	III	不易	集控室	无	不经常、连续	
1.3	汽轮机轴封冷却器风机	I		集控室	有	不经常、连续	
1.4	汽轮机抗燃油泵	I		集控室	有	经常、连续	亦称"EH抗燃油泵"
1.5	高压调速油泵	II	不易	集控室	有	不经常、短时	
1.6	汽轮机油净化装置	I	不易	集控室	无	经常、连续	
2	发电机附属设备						
2.1	氢侧密封油泵	I	不易	集控室	有	经常、连续或不经常、短时	125MW级及以下机组
2.2	空侧密封油泵	I	不易	集控室	有	不经常、短时	
2.3	发电机密封油箱排氢风机	II	不易	集控室	无	经常、连续	亦称"氢冷用排氢风机"
2.4	氢冷用真空泵	II	不易	集控室	无	经常、连续	

序号	名称	供电类别①	是否易于过负荷	控制地点	有无联锁要求	运行方式②	备注
2.5	发电机定子冷却水泵	I	不易	集控室	有	经常、连续	
3	凝汽器附属设备						
3.1	凝汽器汽侧真空泵	I	不易	集控室	有	经常、连续	
3.2	凝汽器水室真空泵	III	不易	集控室	无	不经常、连续	
4	除氧器预加热再循环泵	III	不易	集控室	无	不经常、连续	
5	各种疏水泵						
5.1	高压加热器疏水泵	II	不易	集控室	有	经常、连续	
5.2	低压加热器疏水泵	II	不易	就地	无	经常、连续	
5.3	生产预热器疏水泵	II	不易	就地	无	经常、连续	
5.4	净水加热器疏水泵	II	不易	就地	无	经常、连续	
6	凝结水系统设备						
6.1	凝结水泵	I	不易	集控室	有	经常、连续	
6.2	凝结水升压泵	I	不易	集控室	有	经常、连续	
6.3	凝结水补给水泵	I	不易	集控室	有	不经常、连续	对 300MW 级及以上机组，两台大功率凝结水补给水泵仅在凝结水泵启动时运行； 一台小功率凝结水补给水泵的运行方式为经常、连续
7	射水泵/射水回收泵						
7.1	射水泵	I	不易	集控室	有	经常、连续	
7.2	射水回收泵	II	不易	集控室	有	经常、短时	
8	给水泵及给水泵前置泵						
8.1	电动给水泵	I	不易	集控室	有	经常、连续作备用时不经常、连续	
8.2	汽动给水泵前置泵	I	不易	集控室	有	经常、连续	宜装设过负荷保护
8.3	电动给水泵前置泵	I	不易	集控室	有	经常、连续	宜装设过负荷保护
9	汽动或电动给水泵附属设备						
9.1	给水泵油泵	I	不易	集控室	有	经常、连续	给水泵不带主油泵时；200MW 级及以上机组的 1 台给水泵配有 2 台润滑油泵时，其中 1 台列入保安负荷，另 1 台可列入 I 类负荷
9.2	给水泵辅助油泵	II	不易	集控室	有	不经常、短时	给水泵带主油泵时
10	汽动给水泵汽轮机附属设备						
10.1	汽动给水泵汽轮机油箱排油烟机	II	不易	集控室	无	经常、断续	
10.2	汽动给水泵汽轮机油箱电加热器	III	不易	集控室	无	不经常、断续	
10.3	汽动给水泵汽轮机抗燃油泵	I		集控室	有	经常、连续	
10.4	汽动给水泵汽轮机凝结水泵	I	不易	集控室	有	经常、连续	
10.5	汽动给水泵汽轮机凝汽器真空泵	I	不易	集控室	有	经常、连续	

序号	名　　称	供电类别①	是否易于过负荷	控制地点	有无联锁要求	运行方式②	备注
10.6	汽动给水泵汽轮机油净化装置	I	不易	集控室	无	经常、连续	
11	开式冷却水泵及附属设备						
11.1	开式循环冷却水泵	I	不易	集控室	有	经常、连续	
11.2	开式循环冷却水过滤器电机	I	不易	集控室	有	经常、连续	
12	闭式循环冷却水泵	I	不易	集控室	有	经常、连续	
13	润滑油输送泵	II	不易	集控室	无	不经常、连续	
14	胶球清洗泵	III	不易	就地	无	不经常、短时	
15	排污泵	II	不易	就地	有	不经常、连续	
16	汽机房桥式起重机	III	易	就地	无	不经常、短时	
17	其他						
17.1	除氧器中继水泵	I	不易	集控室	有	经常、连续	
17.2	除氧器循环水泵	II	不易	集控室	有	不经常、连续	
17.3	空冷升压泵	I	不易		有	经常、连续	
17.4	氢冷水泵	I	不易	集控室	有	经常、连续	
17.5	盘车电动机	II	不易	就地	有	不经常、短时	125MW级及以下机组
17.6	顶轴油泵	II	不易	就地	有	不经常、短时	125MW级及以下机组
17.7	交流润滑油泵	II	不易	集控室	有	不经常、短时	125MW级及以下机组
17.8	生水泵	II	不易	就地	无	经常、连续	
17.9	工业水泵	II	不易	集控室	有	经常、连续	
17.10	低位水箱水泵	II	不易	就地	有	经常、短时	
17.11	蒸发器给水泵	II	不易	就地	无	经常、连续	
17.12	蒸发器凝结水泵	II	不易	就地	无	经常、连续	
17.13	蒸发器排污泵	III	不易	就地	无	经常、短时	
17.14	采暖回水泵	III	不易	就地	无	经常、连续或短时	
18	直接空冷风机	I	不易	集控室	有	经常、连续	
五	电气及公共部分						
1	主变压器强油风冷电源	I	不易	就地	有	经常、连续	或强油水冷电源
2	交流励磁机备用励磁电源	I	不易	集控室	有	不经常、连续	
3	硅整流装置通风机	I	不易	就地励磁屏	有	经常、连续	
4	备用励磁机	I	不易	集控室	无	不经常、连续	
5	通信电源	I	不易			经常、连续	
6	机炉自动控制电源	I	不易			经常、连续	125MW级及以下机组
7	自动化电动阀门	I	不易			经常、连续	125MW级及以下机组
8	火焰检测器冷却风机	I	不易			经常、连续	125MW级及以下机组

续表

序号	名　　称	供电类别①	是否易于过负荷	控制地点	有无联锁要求	运行方式②	备注
9	励磁起励电源	Ⅱ	不易	控制室	无	不经常、短时	
10	离相封母微正压空压机	Ⅱ	不易	就地	有	经常、连续	
11	高压厂用变压器冷却风机	Ⅱ	不易	就地	有	经常、连续	
12	启动备用变压器/停机变压器冷却风机	Ⅱ	不易	就地	有	经常、连续	
13	充电装置	Ⅱ	不易	控制室或就地	无	不经常、连续	125MW级及以下机组
14	浮充电装置	Ⅱ	不易	控制室或就地	无	经常、连续	125MW级及以下机组
六	输煤部分						
1	输煤皮带	Ⅱ	易	控制室和/或就地	有	经常、连续	
2	碎煤机	Ⅱ	易	控制室和/或就地	有	经常、连续	
3	筛煤机	Ⅱ	不易	控制室和/或就地	有	经常、连续	
4	磁铁分离器	Ⅱ	不易	控制室和/或就地	有	经常、连续	
5	叶轮给煤机	Ⅱ	不易	控制室和/或就地	有	经常、连续	
6	斗链运煤机	Ⅱ	易	控制室和/或就地	有	经常、连续	
7	移动式给煤机	Ⅱ	易	就地	有	经常、连续	
8	煤场抓煤机	Ⅱ	不易	就地	无	经常、断续	
9	移动式皮带机	Ⅱ	易	就地	无	经常、连续	
10	卸煤小车	Ⅱ	不易	就地	无	经常、断续	
七	除灰部分						
1	除尘水泵	Ⅰ	不易	控制室和/或就地	有	经常、连续	
2	冲灰水泵	Ⅱ	不易	控制室和/或就地	有	经常、连续	
3	灰浆泵	Ⅱ	易	控制室和/或就地	有	经常、连续	
4	碎渣机	Ⅱ	易	控制室和/或就地	有	经常、连续	
5	轴封水泵	Ⅱ	不易	控制室和/或就地	有	经常、连续	
6	马丁除灰机	Ⅱ	易	就地	无	经常、连续	
7	除灰皮带机	Ⅱ	易	就地	无	经常、连续	
8	刮板捞渣机	Ⅱ	易	集控室	有	不经常、连续	
八	水工部分						
1	消防水泵	Ⅰ	不易	集控室和/或就地	有	不经常、短时	

续表

序号	名　称	供电类别①	是否易于过负荷	控制地点	有无联锁要求	运行方式②	备注
2	循环水泵	I	不易	集控室、水控制室	有	经常、连续	
3	真空泵	II	不易	就地		经常、短时	
4	补给水深井泵	II	不易	就地或遥控	无	经常、连续	
5	江岸补给水泵	II	不易	就地	无	经常、连续	
6	生活水泵	II	不易	就地	有	经常、短时	
7	冷却塔通风机	II	不易	集控室	无	经常、连续	
8	雨水泵	II	不易	就地	有	不经常、连续	
9	旋转滤网	III	不易	就地		经常、连续	
10	旋转滤网冲洗水泵	III	不易	就地		不经常、短时	
九	化水处理部分						
1	清水泵	I 或 II	不易	水控制室和/或就地	无	经常、连续	热电厂和 300MW 及以上的机组为 I 类
2	中间水泵	I 或 II	不易	水控制室和/或就地	无	经常、连续	热电厂和 300MW 及以上的机组为 I 类
3	除盐水泵	I 或 II	不易	水控制室和/或就地	无	经常、连续	热电厂和 300MW 及以上的机组为 I 类
4	除二氧化碳风机	I	不易	水控制室和/或就地	无	经常、连续	
5	加药泵	II	不易	就地	无	经常、连续	
6	自用水泵	II	不易	水控制室	无	经常、短时	
7	废水泵	II	不易	水控制室和/或就地	无	经常、短时	
8	罗茨风机	II	不易	水控制室和/或就地	无	经常、短时	
9	混床酸计量泵	II	不易	水控制室和/或就地	无	经常、短时	
10	阳床酸计量泵	II	不易	水控制室和/或就地	无	经常、短时	
11	混床碱计量泵	II	不易	水控制室和/或就地	无	经常、短时	
12	阴床碱计量泵	II	不易	水控制室和/或就地	无	经常、短时	
13	磷酸盐溶液泵	II	不易	水控制室和/或就地	无	经常、短时	
14	盐溶液泵	II	不易	水控制室和/或就地	无	经常、短时	
15	混床自用泵	II	不易	水控制室和/或就地	无	经常、短时	
16	覆盖自用水泵	II	不易	水控制室和/或就地	无	经常、短时	

序号	名　　称	供电类别[①]	是否易于过负荷	控制地点	有无联锁要求	运行方式[②]	备注
17	反洗泵	Ⅱ	不易	水控制室和/或就地	无	经常、短时	
18	辅料泵	Ⅱ	不易	就地	无	经常、短时	
19	活性炭反洗泵	Ⅱ	不易	就地	无	经常、短时	
20	碱液稀释泵	Ⅱ	不易	就地	无	经常、短时	
21	覆盖护膜泵	Ⅱ	不易	就地	无	经常、短时	
22	水池搅拌器	Ⅱ	易	就地	无	经常、短时	
23	酸磁力泵	Ⅱ	不易	就地	无	经常、短时	
24	碱磁力泵	Ⅱ	不易	就地	无	经常、短时	
25	次氯酸钠注入泵	Ⅱ	不易	就地	无	经常、短时	
26	盐酸注入泵	Ⅱ	不易	就地	无	经常、短时	
27	循环水加稳定剂升压泵	Ⅱ	不易	就地	无	经常、连续	
28	空气压缩机	Ⅱ	不易	就地	无	经常、短时	
29	循环水加氯升压泵	Ⅲ	不易	就地	无	不经常、短时	
十	废水处理部分						
1	废水处理输送泵	Ⅱ	不易	水控制室和/或就地	无	经常、连续	
2	pH 调整池机械搅拌器	Ⅱ	不易	水控制室和/或就地	无	经常、连续	
3	凝聚澄清池刮泥机	Ⅱ	易	水控制室和/或就地	无	经常、连续	
4	焚烧液输送泵	Ⅱ	不易	水控制室和/或就地	无	经常、连续	
5	凝聚澄清池排泥泵	Ⅱ	易	水控制室和/或就地	无	经常、连续	
6	浓缩池排泥泵	Ⅱ	易	水控制室和/或就地	无	经常、连续	
7	浓缩池刮泥机	Ⅱ	不易	水控制室和/或就地	无	经常、连续	
8	泥渣泵房坑泵	Ⅱ	不易	水控制室和/或就地	无	经常、短时	
9	泥渣脱水机	Ⅱ	不易	水控制室和/或就地	无	经常、连续	
10	冲洗水泵	Ⅱ	不易	水控制室和/或就地	无	经常、短时	
11	污水泵	Ⅱ	不易	水控制室和/或就地	无	经常、短时	
12	浓碱计量泵	Ⅱ	不易	水控制室和/或就地	无	经常、短时	
13	稀碱计量泵	Ⅱ	不易	水控制室和/或就地	无	经常、短时	

序号	名　称	供电类别①	是否易于过负荷	控制地点	有无联锁要求	运行方式②	备注
14	硫酸计量泵	II	不易	水控制室和/或就地	无	经常、短时	
15	回水排放水泵	II	不易	水控制室和/或就地	无	经常、短时	
16	次氯酸钠溶液输送泵	II	不易	水控制室和/或就地	无	经常、短时	
17	次氯酸钠计量泵	II	不易	水控制室和/或就地	无	经常、短时	
18	凝聚剂输送泵	II	不易	水控制室和/或就地	无	经常、短时	
19	凝聚剂计量泵	II	不易	水控制室和/或就地	无	经常、短时	
20	凝聚助剂计量泵	II	不易	水控制室和/或就地	无	经常、短时	
21	排水贮槽搅拌风机	II	不易	水控制室和/或就地	无	经常、短时	
22	杂用搅拌风机	II	不易	水控制室和/或就地	无	经常、短时	
23	混合槽搅拌机	II	易	水控制室和/或就地	无	经常、短时	
24	最终中和槽搅拌机	II	易	水控制室和/或就地	无	经常、短时	
25	凝聚剂溶解池搅拌机	II	易	水控制室和/或就地	无	经常、短时	
26	次氯酸钠贮箱搅拌机	II	不易	水控制室和/或就地	无	经常、短时	
27	凝聚助剂箱搅拌机	II	不易	水控制室和/或就地	无	经常、短时	
28	汽水集中取样冷却水泵	II	不易	水控制室和/或就地	有	经常、连续	
十一	辅助车间及其他						
1	重油泵房设备	I 或 II	不易	就地	无	经常、连续	燃油电厂为 I 类
2	制氢室设备	II	不易	就地	无	经常、连续	
3	排水泵	II 或 III	不易	就地	无	不经常、短时	用于主厂房、循环水泵房、灰浆泵房时为 II 类负荷
4	油处理设备	III	不易	就地	无	经常、连续	
5	中央修配厂设备	III	不易	就地	无	经常、连续	
6	电气试验室	III	不易	就地	无	不经常、短时	
7	电焊机	III	不易	就地	无	不经常、断续	
8	起重机械	III	不易	就地	无	不经常、断续	

续表

序号	名　称	供电类别①	是否易于过负荷	控制地点	有无联锁要求	运行方式②	备注
十二	暖通、建筑						
1	中央空调机组	II	不易	集控室	有	经常、连续	
2	屋顶风机	II	不易	就地	有	经常、连续	
3	事故通风机	II	不易	就地	无	不经常、连续	
4	通风机	III	不易	就地	无	经常、连续	
5	采暖供水泵	III	不易	就地	无	经常、连续	
6	电动卷帘门	III	不易	就地	无	不经常、短时	当电动卷帘门不作为消防通道时

① 负荷特性如供电类别、控制地点等系指一般情况，具体工程设计时，尚应与有关专业（包括相关制造厂）联系确定；特别应注意符合 GB 50229《火力发电厂与变电站设计防火规范》等有关规程。

② 运行方式栏中"经常"与"不经常"系区别该类电动机的使用机会，"连续""短时""断续"系区别每次使用时间的长短。即：

连续——每次连续带负荷运转 2h 以上者；

短时——每次连续带负荷运转 2h 以内，10min 以上者；

断续——每次使用从带负荷到空载或停止，反复周期地工作，每个工作周期不超过 10min 者；

经常——与正常生产过程有关的，一般每天都要使用的电动机；

不经常——正常不用，只是在检修、事故或机炉启停期间使用的电动机。

燃气轮机发电厂包括燃料供应设备及系统、燃气轮机设备及系统、余热锅炉及系统、汽轮机设备及系统、化水处理设备及系统、热工自动化、电气设备及系统、水工系统和辅助及附属系统等。主要厂用负荷见表 3-2。

表 3-2　燃气轮机发电厂主要厂用负荷参考表

序号	名称	序号	名称
一	燃气轮机部分	10	锅炉本体检修电源箱
1	燃气轮机变压器	11	炉顶检修电动葫芦
2	SFC	12	给水泵检修起吊设施
3	空压机	三	汽轮机部分
二	余热锅炉	1	主油箱排烟风机电动机
1	高压给水泵	2	交流润滑油泵电动机
2	低压给水泵	3	直流事故油泵
3	凝结水再循环泵	4	主油箱电加热器
4	锅炉热工控制电源	5	顶轴油泵电动机
5	旁路系统就地控制柜电源	6	轴封风机电动机
6	旁路系统就地控制柜UPS电源	7	凝结水泵
7	正常照明系统	8	真空泵
8	事故照明系统	9	胶球清洗电控柜
9	余热锅炉电源柜	10	闭式循环水泵

续表

序号	名称	序号	名称
11	循环水坑排污泵	4	检修
12	油净化装置	5	电动执行机构
13	汽轮机大螺栓加热器控制柜	6	UPS
14	润滑油输送泵	7	柜体用电
四	汽轮机检修	八	循环水系统
1	汽机房起重机	1	循环水泵
2	盘车电源柜	2	液控蝶阀
五	空压机房	3	排水泵
1	空气压缩机	4	潜污泵
2	压缩空气干燥装置电加热器	5	桥式起重机
六	燃油泵房	6	燃气轮机冷却水增压水泵
1	卸油泵	7	网算式清污机
2	供油泵	8	机力塔风机
3	污油处理装置	九	取海水系统
4	污油泵	1	取水泵
5	回收油泵	2	桥式起重机
七	天然气调节站	3	液控蝶阀
1	水浴炉	4	排水泵
2	旁路蝶阀电动执行机构	5	移动式潜污泵
3	烃泵	6	真空泵

续表

序号	名称	序号	名称
7	旋转滤网	7	化验楼负荷
8	格栅清污机电控箱	8	电动单梁悬挂式起重机
9	黑启动水泵	十四	化学加药系统
十	厂区补给水系统	1	化学加药系统
1	工业水泵	十五	汽水取样系统
2	生活水泵	1	取样装置
3	起重机	十六	循环水加阻垢剂单元
4	排水泵	1	加阻垢剂单元
5	电动消火栓泵	十七	制氯系统
6	消防稳压泵	1	海水泵
7	锅炉补给水泵	2	自动反冲洗过滤器
十一	污废水处理系统	3	连续投药泵
1	回收水泵	4	风机
2	工业废水提升泵	5	酸洗泵
3	生活污水提升泵	6	卸酸泵
4	中间水泵	7	废水泵
5	溶气水泵	8	仪表及控制
6	生活污水处理装置电源	9	整流器
7	污泥提升泵	十八	热控及电气
8	空压机	1	汽机电动门配电箱
9	污泥脱水机	2	锅炉电动门配电箱
10	加药装置	3	分散控制系统（DCS）
11	电动单梁起重机	4	燃机控制系统（TCS）
12	澄清、气浮装置电控箱	5	汽机控制系统（DEH）
13	电动泥斗电控箱	6	汽机监视仪表（TSI）
14	风机	7	汽机跳闸仪表（ETS）
十二	消防系统	8	热控电源柜
1	全淹没气体消防系统	9	空压机控制系统
2	泡沫消防系统	10	火灾报警系统
3	雨淋阀组	11	雨淋阀电源
十三	锅炉补给水处理部分	12	集控楼空调控制系统
1	除盐水	13	全厂闭路电视系统
2	自用除盐水泵	14	化学取样和加药程控系统
3	卸酸泵	15	热控其他负荷
4	卸碱泵	16	循环水泵房配电箱
5	废水泵	17	循环水泵房控制
6	罗茨风机	18	海水取水泵房配电箱

续表

序号	名称	序号	名称
19	海水取水泵房控制系统电源	1	屋顶风机
20	锅炉补给水程控系统	2	射流风机
21	燃油泵房控制电源	3	风冷恒温恒湿空调机
22	燃气轮机调压站控制电源	4	柜式空调机
23	热工试验室电源	5	消防高温排烟风机
24	气体消防电源	6	防爆型空调机
25	变压器风冷控制箱	7	风冷冷水机组
26	蓄电池充电电源	8	卫生间通风器
27	CEMS 电源	9	屋顶轴流风机
28	机组 UPS 旁路电源	10	挂壁式空调机
29	UPS	11	轴流风机
十九	暖通		

进行燃气轮机发电厂工程设计时，通常燃气轮机部分负荷及电动机控制中心由燃机厂成套供货，应与燃机厂及工艺专业配合，确保供电满足工艺系统要求。

第二节　厂用电电压等级

一、厂用电电压的定义

根据 GB/T 156—2007《标准电压》和 GB/T 2900.50—2008《电工术语　发电、输电及配电　通用术语》，厂用电系统的电压可以分为标称电压、运行电压、最高电压等。厂用电设备的电压可以分为额定电压、用电电压、最高电压等。

（一）厂用电系统电压

（1）系统标称电压：用以标志或识别系统电压的给定值。

（2）系统运行电压：在正常运行条件下系统的电压值。对于厂用电系统，一般为系统标称电压的1.05倍。

（3）系统最高电压：正常运行条件下，在系统的任何时间和任何点上出现的电压的最高值。系统最高电压不包括瞬变电压（比如：不包括由于系统的开关操作及暂态的电压波动所出现的电压值)，厂用电系统的电压及参考数值见表3-3。

表3-3　厂用电系统的电压及参考数值

序号	厂用电系统的电压	参考数值
1	系统标称电压	660/380V、380/220V、3kV、6kV、10kV

续表

序号	厂用电系统的电压	参考数值
2	系统运行电压	690/400V、400/230V、3.15kV、6.3kV、10.5kV
3	系统最高电压	3.6kV、7.2kV、12kV

（二）厂用电设备电压

（1）（开关）设备额定电压：通常由电气设备的制造厂家确定，用以规定元件、器件或设备的额定工作条件的电压。对于3kV及以上的电气设备，其额定电压为设备所在系统的最高电压。

（2）（开关）设备最高电压：电气设备的最高电压就是该设备可以应用的"系统最高电压"的最大值。设备最高电压仅指高于1000V的系统标称电压。

二、高压厂用电系统电压等级

火力发电厂可采用3、6、10kV作为高压厂用电系统的标称电压。高压厂用电电压等级的选取可遵循以下原则：

（1）在高压厂用电接线形式相同的前提下，宜选择可以使高压厂用母线短路水平更低的电压等级，以便选用较低开断水平的开关设备。

（2）在高压厂用电接线形式相同、高压厂用母线短路水平相同的前提下，宜选择较低的高压厂用电压等级，以便选用较低绝缘要求的厂用电设备。

三、按发电机容量、电压决定高压厂用电电压等级

（1）单机容量为50～60MW级的机组，发电机电压为10.5kV时，可采用3kV或10kV；发电机电压为6.3kV时，可采用6kV。

（2）单机容量为125～300MW级的机组，宜采用6kV一级高压厂用电压。

（3）单机容量为600MW级及以上的机组，可根据工程具体条件，采用6kV一级，或10kV一级，或10/6kV二级，或10/3kV二级高压厂用电压。

四、低压厂用电系统电压等级

火力发电厂可采用380、380/220V作为低压厂用电系统的标称电压。单机容量为200MW级及以上的机组，主厂房内的低压厂用电系统宜采用动力与照明分开供电的方式，动力网络的电压宜采用380V或380/220V。

第三节 中性点接地方式

中性点接地方式包括高压厂用电系统中性点接地

方式和低压厂用电系统中性点接地方式。高压厂用电系统中性点接地方式分为中性点不接地、中性点经高电阻接地、中性点经低电阻接地和中性点经消弧线圈接地等。低压厂用电系统中性点接地方式分为中性点直接接地和中性点经高电阻接地等。

一、确定中性点接地方式的原则

（一）一般原则

（1）单相接地故障对系统连续供电影响小，对厂用电设备危害轻，能够快速切除故障。

（2）单相接地故障时，健全相的过电压倍数低，不致破坏厂用电系统绝缘水平，发展为相间短路。

（3）发生单相接地故障时，能将故障电流对电动机、电缆等的危害限制到最低限度，同时有利于实现灵敏而有选择性的接地保护。

（4）尽量减少厂用设备相互间的影响。如照明、检修网络单相短路对动力回路的影响和电动机启动时电压波动对照明的影响等。

（5）接地保护简单、灵敏性好，投资少。

（二）电容电流计算

在确定厂用电系统的接地方式时，首先应计算容量最大的一台厂用变压器所连接供电网络的单相接地电容电流，并据以确定接地方式、选择设备和整定继电保护。

（1）高压厂用电系统的电容电流以电缆的电容为主。具有金属护层的三芯电缆的电容值见表3-4。

表3-4　　具有金属护层的三芯电缆
每相对地电容值　　（μF/km）

电缆截面（mm²）	U_e（kV）			
	1	3	6	10
10	0.35～0.355	—	0.2	—
16	0.39～0.40	0.3	0.23	—
25	0.50～0.56	0.35	0.28	0.23
35	0.53～0.63	0.42	0.31	0.27
50	0.63～0.82	0.46	0.36	0.29
70	0.72～0.91	0.55	0.40	0.31
95	0.77～1.04	0.56	0.42	0.35
120	0.81～1.16	0.64	0.46	0.37
150	0.86～1.11	0.66	0.51	0.44
185	0.86～1.21	0.74	0.53	0.45
240	1.18	0.81	0.58	0.46

将求得的电容值乘以1.25即为全系统总的电容近似值（即包括厂用变压器绕组、电动机以及配电装置等的电容）。单相接地电容电流可由式（3-1）求出。

$$I_c = \sqrt{3}U_e\omega C \times 10^{-3} \qquad (3\text{-}1)$$

$$\omega = 2\pi f \qquad (3\text{-}2)$$

式中　I_c——单相接地电容电流，A；

U_e——厂用电系统额定线电压，kV；

ω——角频率；

C——厂用电系统每相对地电容，μF。

（2）6～10kV 电缆和架空线路的单相接地电容电流 I_c 也可通过式（3-3）～式（3-6）求出近似值。

6kV 电缆线路：

$$I_c = \frac{95+2.84S}{2200+6S}U_e \qquad (3\text{-}3)$$

10kV 电缆线路：

$$I_c = \frac{95+1.44S}{2200+0.23S}U_e \qquad (3\text{-}4)$$

式中　S——电缆截面；

U_e——厂用电系统额定线电压，kV。

6kV 架空线路：

$$I_c = 0.015(\text{A/km}) \qquad (3\text{-}5)$$

10kV 架空线路：

$$I_c = 0.025(\text{A/km}) \qquad (3\text{-}6)$$

为简便计，6～10kV 电缆线路的单相接地电容电流还可采用表 3-5 所示数值。

表 3-5　　　6～10kV 电缆线路的单相

接地电容电流　　　　（A/km）

S (mm^2)	U_e (kV)	
	6	10
10	0.33	0.46
16	0.37	0.52
25	0.46	0.62
35	0.52	0.69
50	0.59	0.77
75	0.71	0.9
95	0.82	1.0
120	0.89	1.1
150	1.1	1.3
185	1.2	1.4
240	1.3	—

（3）380V 厂用电系统的接地电容电流数值大小与电缆选型有关。

（4）采用具有金属保护层的 1kV 电缆，其每相对地电容值见表 3-4。根据部分工程低压厂用电系统电缆长度汇总计算，并取平均值。一台低压厂用变压器所属配电网络的单相对地电容和单相接地电容电流见表 3-6。

表 3-6　50～1000MW 机组低压厂用网络

的单相对地电容和单相接地电容电流

单机容量 （MW）	变压器容量 （kV·A）	单相对地电容 （μF）	单相接地电容电流（A）
50	800	1.0	0.21
100	1000	1.5	0.31
125	1000	2.7	0.56
200	1000	3.7	0.77
300	1250	6.5	1.35
600	1600	7.4	1.52
1000	2000	8.2	1.68

二、高压厂用电系统的中性点接地方式

火力发电厂高压厂用电系统中性点接地方式可采用不接地或经电阻接地方式。高压厂用电系统中性点接地方式及保护动作对象的选择应符合表 3-7 的要求。

表 3-7　高压厂用电系统中性点接地方式

及保护动作对象的选择

高压厂用电系统的接地电容电流 I_c	高压厂用电系统中性点接地方式及保护动作对象	
$I_c \leqslant 7\text{A}$[①]	不接地，保护动作于信号	经高电阻接地，保护动作于信号
$7\text{A} < I_c \leqslant 10\text{A}$[②]	不接地，保护动作于信号	经低电阻接地，保护动作于跳闸
$I_c > 10\text{A}$[③]	经低电阻接地，保护动作于跳闸	

[①] 当高压厂用电系统的接地电容电流在 7A 及以下时，其中性点可采用不接地方式，也可采用经高电阻接地方式并通过接地电阻的选择，控制单相接地故障总电流小于 10A，保护动作于报警信号。

[②] 当高压厂用电系统的接地电容电流在 7A 以上且在 10A 及以下时，其中性点可采用不接地方式，也可采用经低电阻接地方式，相应的单相接地故障总电流应分别按照①或③进行选择。

[③] 当高压厂用电系统的接地电容电流在 10A 以上时，其中性点宜采用低电阻接地方式。接地电阻的选择应使发生单相接地故障时，电阻电流不小于电容电流，并且单相接地故障总电流值应使保护装置准确且灵敏地动作于跳闸。

（一）中性点不接地

1. 主要特点

（1）发生单相接地故障时，流过故障点的电流为电容性电流。

（2）当厂用电（具有电气联系的）系统的单相接地电容电流不大于 10A 时，允许继续运行 2h，为处理故障赢得了时间。

（3）当厂用电系统单相接地电容电流大于 10A 时，

接地电弧不能自动消除，将产生较高的电弧接地过电压［一般情况下最大过电压不超过 3.5p.u.（标幺值），对于工频过电压，1.0p.u. 为 $\dfrac{U_m}{\sqrt{3}}$；对于谐振过电压和操作过电压，1.0p.u. 为 $\dfrac{\sqrt{2} \cdot U_m}{\sqrt{3}}$，$U_m$ 为系统最高电压］，且易发展为多相短路。故接地保护应动作于跳闸，中断对厂用设备的供电。

（4）实现有选择性的接地保护比较困难，需要采用灵敏的零序方向保护。过去沿用反应零序电压的母线绝缘监察装置，在发生单相接地故障时，需对馈线逐条拉闸才能判断出故障回路，但是现在已有微机型小电流接地选线装置，当接地电容电流不大于 10A 时，系统不需要立即跳闸时，可以有选择地发出馈线接地信号。

（5）无需中性点接地装置。

2. 适用范围

广泛应用于中小型火力发电机组的高压厂用电系统，今后仍可在接地电容电流不大于 10A 的高压厂用电系统中采用。

（二）中性点经高电阻接地方式

1. 主要特点

（1）选择适当的电阻值，使流过接地点的电阻性电流不小于电容性电流。以抑制单相接地故障时健全相的过电压倍数不超过额定相电压的 2.6 倍，避免故障扩大。

（2）单相接地故障时，故障点流过一固定值的电阻性电流，保证馈线的零序保护动作。

（3）接地总电流小于 10A 时动作于信号，大于 10A 时改为低电阻接地或不接地方式，保护动作于跳闸。

（4）常采用二次侧接电阻器的配电变压器接地方式。

（5）当厂用变压器二次侧为 △ 接线时，设置 Yd 接线的专用接地变压器或 Z 型接地变压器。

2. 适用范围

用于高压厂用电系统接地电容电流不大于 7A，为了降低间歇性电弧接地的过电压水平且便于寻找接地故障点的情况。

3. 接地设备选择

（1）系统中性点的设置。

1）优先采用高压厂用工作变压器负载侧的中性点。

2）采用专用的三相接地变压器，构成人为的中性点。

3）采用高压厂用电系统供电的低压厂用工作变压器高压侧的中性点，此时要考虑低压厂用工作变压器退出运行的工况，所以应选用 2 台变压器的中性点。变压器的接线组别可采用 YNyn0，但容量宜大于

100 倍的接地设备容量。

（2）电阻接地方式。

1）电阻器直接接入系统的中性点。对电阻器要求耐压高、阻值大，但电流小［见式（3-7）］。

$$R_N = \frac{U_e}{\sqrt{3} \cdot I_R} \tag{3-7}$$

式中　R_N——直接接入的电阻器阻值，kΩ；

　　　U_e——高压厂用电系统母线的额定线电压，kV；

　　　I_R——接地电阻性电流，A，取 1.1 倍的接地电容电流。

电阻器的绝缘等级应达到高压厂用电系统额定相电压的要求。

2）电阻器经单相变压器变换后接入系统的中性点。

把电阻器接到单相降压变压器的二次侧，变压器的一次侧接到系统的中性点。对电阻器要求耐压低、阻值小，但电流大［见式（3-8）～式（3-10）］。

$$R_{N2} = \frac{R_N \times 10^3}{n_\phi^2} \tag{3-8}$$

$$I_{R2} = n_\phi I_R \tag{3-9}$$

$$S_{e\phi} \geqslant \frac{U_e}{\sqrt{3}} I_R \tag{3-10}$$

式中　R_N——系统中性点的等效电阻；

　　　R_{N2}——间接接入的电阻器值，Ω；

　　　n_ϕ——单相降压变压器的变比；

　　　I_{R2}——电阻器中流过的电流，A；

　　　$S_{e\phi}$——单相降压变压器的容量，kV·A。

$$n_\phi = \frac{U_e \times 10^3}{\sqrt{3} \cdot U_{R2}} \tag{3-11}$$

式中　U_{R2}——单相降压变压器的二次电压，V。

U_{R2} 宜取 220V。

3）当高压厂用电系统中性点无法引出时，可将电阻器接于专用的三相接地变压器，宜采用间接接入方式，如图 3-1 所示。

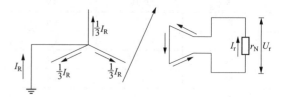

图 3-1　电阻器接于三相接地变压器

三相接地变压器采用 YNd 接线。一次侧中性点直接接地，二次侧开口三角形中接入电阻器，电阻为：

$$r_N = \frac{9R_N \times 10^3}{n^2} \tag{3-12}$$

$$i_r = \frac{1}{3} n I_R \tag{3-13}$$

$$S_e \geqslant \sqrt{3} U_e I_R \tag{3-14}$$

式中 R_N——系统中性点的等效电阻；

r_N——开口三角形中接入的电阻，Ω；

n——三相变压器的额定相电压比；

i_r——电阻器中流过的电流，A；

S_e——接地变压器额定容量，$kV \cdot A$。

$$n = \frac{\sqrt{3}U_e \times 10^3}{U_r} = \frac{\sqrt{3}U_e \times 10^3}{3 \times U_{2\phi}} = \frac{U_e \times 10^3}{\sqrt{3} \times U_{2\phi}} = \frac{U_{1\phi} \times 10^3}{U_{2\phi}}$$

（3-15）

$$U_r = 3U_{2\phi} \tag{3-16}$$

式中 U_r——系统单相金属性接地时开口三角形两端的额定电压，V；

$U_{2\phi}$——接地变压器二次侧三角形绕组额定相电压（等于线电压），宜取 33.33V；

$U_{1\phi}$——接地变压器一次侧星形绕组额定相电压（等于系统标称电压除以 $\sqrt{3}$），kV。

4）在系统为△型接线或 Y 型接线中性点无法引出时，可采用 Z 型接线的专用三相接地变压器，引出中性点用于加接电阻，如图 3-2 所示。

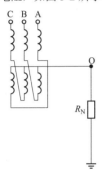

图 3-2 电阻器接于 Z 型三相接地变压器

采用 Z 型接线的接地变压器，三相铁芯中每一相均有两个匝数相同的绕组，每一相线圈分别绕在两个磁柱上，两相绕组产生的零序磁通可相互抵消，故 Z 型接线的接地变压器的零序阻抗很小。

三相接地变压器采用 Z 型接线。Z 型变压器中性点接入电阻器，电阻为：

$$R_N = \frac{U_e}{\sqrt{3} \cdot I_R} \tag{3-17}$$

变压器容量为：

$$S_e \geqslant P_r \tag{3-18}$$

式中 U_e——额定线电压，kV；

P_r——接地电阻额定容量，kW。

（三）中性点经低电阻接地方式

1. 主要特点

（1）发生单相接地故障时，流过故障点的电流为电阻性电流。

（2）接地保护应瞬时动作于跳闸，中断对厂用设备的供电，同时避免单相接地产生过电压。

（3）易于实现有选择性的接地保护，一般用微机型综合保护装置内的一个功能实现，没必要单独装设电流选线装置。

（4）电阻选择一般采用氧化锌阀片电阻或金属电阻，阻值按 40Ω-100A（6kV 系统）或 60Ω-100A（10kV 系统）选择。在满足限制电弧接地过电压和满足保护灵敏度的前提下，为了保护设备免受损伤，单相接地电流值宜尽可能小。

2. 适用范围

用于高压厂用电系统接地电容电流大于 7A 时，人为的增大接地电流，提高接地保护的灵敏性和选择性。

（四）中性点经消弧线圈接地

1. 主要特点

（1）单相接地故障时，中性点的位移电压产生感性电流流过接地点，补偿电容电流，将接地点的综合电流限制在 10A 以下，达到自动熄弧、继续供电的目的。

（2）为了提高接地保护的灵敏度和选择性，通常在消弧线圈二次侧并联电阻。电阻值可按式（3-19）计算：

$$R_e = \frac{U_e \times 10^3}{\sqrt{3}I_R n^2} \tag{3-19}$$

式中 R_e——消弧线圈二次值并联电阻值，Ω；

U_e——厂用电系统额定线电压，kV；

I_R——要求接地点限制的电流值，A；

n——消弧线圈变比。

当机组的负荷变化时，要改变消弧线圈的分接头以适应厂用电系统电容电流的变化，但消弧线圈变比的变化又改变了接地点的电流值。为了保持接地故障电流不变，必须相应地调节二次侧的电阻，所以二次侧电阻应有与消弧线圈分接头相匹配的调节分接头。

（3）消弧线圈的电感电流可根据工程的具体情况决定。一般可按机组最大、最小运行方式（不计停机后的运行方式）下，厂用电系统的接地电容电流平均值考虑。

（4）这一接地方式运行比较复杂，要增加接地设备投资，而且接地保护也比较复杂。

2. 适用范围

大机组高压厂用电系统接地电容电流大于 10A 时。

3. 消弧线圈容量的计算

消弧线圈的容量应根据系统 5～10 年的发展规划确定，并应按式（3-20）计算：

$$Q = KI_C \frac{U_e}{\sqrt{3}} \tag{3-20}$$

式中 Q——补偿容量，$kV \cdot A$；

K——系数，过补偿取 1.35，欠补偿按脱谐度确定；

I_C——单相接地电容电流，A；

U_e——系统标称电压，kV。

为便于运行调谐，宜选用容量接近于计算值的消弧线圈。

三、低压厂用电系统接地方式

（一）中性点直接接地方式

1. 主要特点

（1）单相接地故障时：

1）中性点不发生位移，防止了相电压出现不对称和超过 250V。

2）保护装置应立即动作于跳闸，电动机停止运转。

3）为了获得足够的灵敏度，又要躲开电动机的启动电流，往往不能利用自动开关的过流瞬动脱扣器，需加装零序电流互感器组成的单相短路保护。

（2）动力和照明、检修网络可以共用（通常用于 200MW 以下的机组）：

1）低压厂用网络比较简单。

2）为了提高承受三相不平衡负载的能力，低压厂用变压器宜采用 Dyn 接线。

3）照明、检修回路的故障往往危及动力回路的正常运行，降低了厂用电系统的可靠性。

4）100kW 以上的低压电动机启动时，会使灯光变暗，高压荧光灯可能由于电压降低而熄灭（重燃需历时 6~10min），影响工作。

（3）用于辅助厂房采用交流操作的场合，可以省去在每一回路上安装控制变压器的费用。

2. 适用范围

所有火力发电厂低压厂用电系统。

（二）中性点经高电阻接地方式

1. 主要特点

（1）单相接地故障时，可以避免开关立即跳闸和电动机停运，也防止了由于熔断器一相熔断造成的电动机两相运转。提高了低压厂用电系统的运行可靠性。

（2）单相接地故障时，单相接地电流值在小范围内变化，可以采用简单的接地保护装置实现有选择性的动作。

（3）必须另设照明、检修网络，需要增加照明和其他单相负荷的供电变压器。但也消除了动力网络和照明，检修网络相互间的影响。

（4）不需要为了满足短路保护的灵敏度而放大馈线电缆的截面。

（5）对采用交流操作的回路，需要设置控制变压器。

2. 适用范围

原有低压厂用电系统采用高阻接地的扩建火力发电厂。

3. 接地电阻选择

接地电阻值的大小以满足所选用的接地指示装置

动作为原则，但应不超过电动机带单相接地运行的允许电流值（包括系统电容电流及电阻电流），此值一般按 10A 考虑。

第四节 厂用母线接线

一、按机组容量决定高压厂用母线分段

高压厂用母线应采用单母线接线。在确定每台机组高压厂用母线的段数时，应考虑母线额定电流、短路电流水平、电动机启动电压降水平、电压调整以及双套辅机由不同母线段供电等要求。高压厂用母线的设置宜采用以下原则：

（1）单机容量为 50~60MW 级的机组，每台机组可设 1 段高压厂用母线；当机炉不对应设置且锅炉容量为 400t/h 以下时，每台锅炉可设 1 段高压厂用母线。

（2）单机容量为 125~300MW 级的机组，每台机组的每一级高压厂用电压母线应为两段，并将双套辅机的电动机分接在两段母线上。

（3）单机容量为 600MW 级的机组，每台机组的高压厂用电压母线应不少于两段，并将双套辅机的电动机分接在两段母线上。

（4）单机容量为 1000MW 级及以上的机组，每台机组的每一级高压厂用电压母线应不少于两段，并将双套辅机的电动机分接在两段母线上。

高压厂用母线的各种接线方式如图 3-3 所示。

每套燃气轮机发电机组的高压厂用母线段数设置宜与辅机套数协调。

二、按机组容量决定低压厂用母线分段

低压厂用母线应采用单母线接线。低压厂用母线的设置宜采用以下原则：

（1）单机容量为 50~60MW 级的机组，且在低压厂用母线上接有机炉的 I 类负荷时，宜按炉或机对应分段，且低压厂用电与高压厂用电分段一致。

（2）单机容量为 125~200MW 级的机组，每台机组可由两段母线供电，并将双套辅机的电动机分接在两段母线上，两段母线可由 1 台变压器供电。

（3）单机容量为 300MW 级及以上的机组，每台机组应按需设置成对的母线，并将双套辅机的电动机分接在成对的母线上，每段母线宜由 1 台变压器供电。当成对设置母线使变压器容量选择有困难时，可以增加母线的段数，或合理采用明备用方式。

低压厂用母线的各种接线方式如图 3-4 所示。

每套燃气轮机发电机组的低压厂用母线段数设置宜与辅机套数协调。

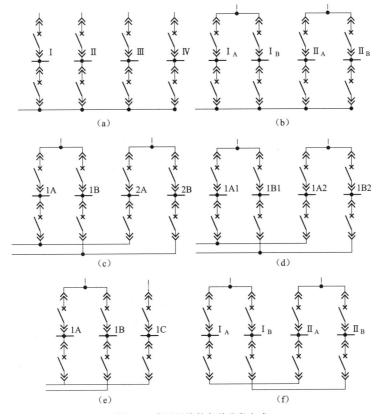

图 3-3　高压母线的各种分段方式

（a）按机组分段，有专用备用电源；（b）每台机组两段，由同一台变压器供电，每段有备用电源，备用电源仅一路；（c）每台机组两段，由同一台变压器的两个分裂绕组供电或由两台变压器供电，有备用电源；（d）每台机组四段，由两台分裂绕组或三绕组变压器的四个绕组供电，有专用备用电源；（e）每台机组三段，由一台分裂变压器及一台双绕组变压器供电（c 段用于公用系统或脱硫等，也从接于发电机机端双绕组变压器引接），有专用备用电源；（f）每台机组两段，由同一台变压器供电，两台机组厂用段互相拉手，互为停机备用电源

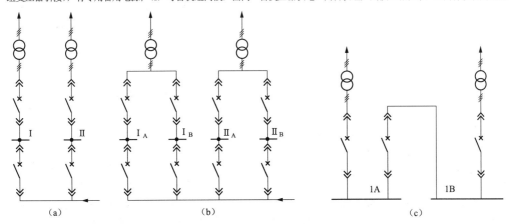

图 3-4　低压厂用母线的分段及接线方式

（a）按炉或机组分段，低压厂用电与高压厂用电分段一致，有专用备用电源，适用于单机容量 50～60MW 级的机组；

（b）每台机组两段，由一台变压器供电，有专用备用电源，适用于 125～200MW 级机组的主厂房及有双套一类负荷的辅助厂房；

（c）每台机组两段，各由一台变压器供电，两台变压器互为备用，适用于 300MW 级及以上机组的主厂房和辅助厂房

三、公用母线段的设置

厂区范围内如公用负荷较多、容量较大、负荷集中，宜设立高压公用段母线，全厂高压公用段母线不应少于两段，并由两台机组的高压厂用母线供电或由单独的高压厂用变压器供电，以保证重要公用负荷的

供电可靠性。但由于增加公用母线段，相应增加了进线电源开关、增加电源共相母线或电源电缆，增加投资较大。因此工程中应经过具体技术经济比较确定。其主要技术特征如下：

（1）加强机组的单元性。

（2）利于全厂公用负荷的集中管理。

（3）配合机组检修、停运以及检修本机组所属厂用配电装置均较为方便。

（4）当1号机组、2号机组分期建设时，公用负荷的供电不存在过渡问题（当不设公用母线段时，需提前安装由2号机组厂用母线供电的公用负荷开关柜，由1号机组的高压厂用工作母线或由备用电源临时供电）。单按目前一般工程施工安排，过渡问题已不存在。

（5）当全厂仅设置一台高压厂用备用（兼公用）变压器时，高压公用负荷的备用电源只能借助于高压厂用工作变压器的手动切换或另加专门的切换装置，实现逆备用，增加切换装置费用以及切换的复杂性。

公用厂用母线段的接线方式如图3-5所示。

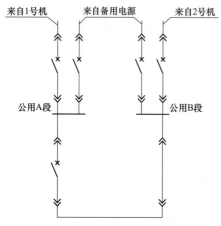

图3-5 公用厂用母线段的接线方式

第五节 厂用电源的引接

一、高压厂用工作电源引接方式

高压厂用工作电源（变压器或电抗器）应由发电机电压回路引接，并尽量满足炉、机、电的对应性要求（即发电机供给各自炉、机和主变压器的厂用负荷）。高压厂用工作电源的各种引接方式如图3-6所示。

（1）当有发电机电压母线时，高压厂用工作电源由各母线段引接，供给接在该母线段的机组的厂用负荷。接在馈线不带电抗器的6kV主母线上的机组时，高压厂用电动机和低压厂用变压器均可接在主母线上，不另设高压厂用母线段。

（2）当发电机与主变压器为单元连接时，由主变压器低压侧引接，供给该机组的厂用负荷。

（3）容量为125MW及以下机组，在厂用分支线上宜装设断路器。当无所需开断短路电流的断路器时，可采用能够满足动稳定要求的断路器，但应采取相应的措施，使该断路器仅在其允许的开断短路电流范围内切除短路故障；也可采用能满足动稳定要求的隔离开关或连接片等。当厂用分支线采用分相封闭母线时，在该分支线上不应装设断路器和隔离开关。

（4）200、300MW机组的高压厂用工作电源宜采用1台分裂变压器，600MW及以上机组的高压厂用工作电源可采用一台或两台变压器。

（5）当发电机装设有出口断路器时，高压厂用工作电源从出口断路器与主变压器之间引接。

（6）高压厂用电抗器宜装设在断路器之后，但断路器的分断能力和动热稳定性，可按电抗器后面短路条件进行验算。在布置上合理时，也可将电抗器装设在断路器之前。

（7）根据DL/T 5174—2003《燃气—蒸汽联合循环电厂设计规定》，燃机电厂中多轴配置的联合循环发电机组的厂用工作电源可从燃气轮机发电机组引接；汽轮发电机组的厂用负荷可接入相应的燃气轮机发电机组的厂用母线。

二、低压厂用工作电源引接方式

（1）低压厂用工作变压器一般由高压厂用母线段上引接。当无高压厂用母线段时，可从发电机电压主母线或发电机出口引接。

（2）按机或炉分段的低压厂用母线，其工作变压器应由对应的高压厂用母线段供电。

三、厂用备用、启动/备用电源

（一）备用电源的要求

接有Ⅰ类负荷的高压和低压动力中心的厂用母线，宜设置备用电源。接有Ⅱ类负荷的高压和低压动力中心的厂用母线，可设置备用电源。仅接有Ⅲ类负荷的厂用母线，可不设置备用电源。

（二）高压厂用备用或启动/备用电源的功能

（1）在未装设发电机断路器或负荷开关时，高压启动/备用电源主要作为机组启动和停机的电源，并兼作厂用备用和机组检修电源。

（2）在装设发电机断路器或负荷开关时，高压厂用备用电源主要作为机组事故停机的电源，并兼作厂用备用和机组检修电源。

（三）厂用备用变压器（电抗器）的设置原则

（1）单机容量为50～125MW级的机组，高压厂用备用（启动/备用）变压器或电抗器按照以下原则设置：

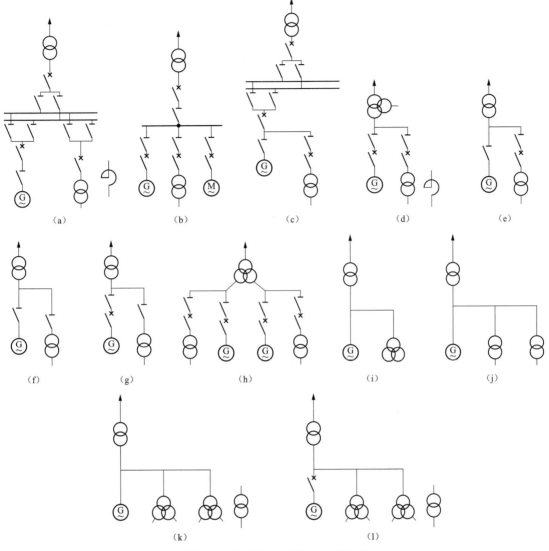

图 3-6 高压厂用工作电源各种引接方式

(a) 从发电机电压母线引接；(b) 高压厂用电动机和低压厂用变压器均接在发电机电压母线上；(c) 从发电机出口引接；(d) 从单元机组的主变压器低压侧引接；(e) 从单元机组的主变压器低压侧引接，但发电机无出口断路器；(f) 发电机出口及厂用分支仅设隔离开关；(g) 从单元机组的主变压器低压侧引接，但厂用分支仅设隔离开关；(h) 从扩大单元的主变压器低压侧引接；(i) 从单元接线的发电机出口引接，发电机主母线及厂用电分支均采用封闭母线，不设断路器或隔离开关；(j) 从单元接线的发电机出口引接，发电机主母线及厂用电分支均采用封闭母线，不设断路器或隔离开关，但为两台双绕组变压器；(k) 从单元接线的发电机出口引接，发电机主母线及厂用电分支均采用封闭母线，不设断路器或隔离开关，但为两台分裂绕组变压器或一台分裂变压器加一台双绕组变压器；

(1) 从单元接线的发电机出口引接，为两台分裂绕组变压器或一台分裂变压器加一台双绕组变压器，但发电机出口设有断路器

1) 容量为 100MW 级及以下的机组，高压厂用工作变压器（电抗器）的数量在 6 台（组）及以上时，可设置第二台（组）高压厂用备用变压器（电抗器）。

2) 容量为 100～125MW 级的机组采用单元制时，高压厂用工作变压器的数量在 5 台及以上，可设置第二台高压厂用备用变压器。

(2) 单机容量为 200～1000MW 级的机组，当未装设发电机断路器或负荷开关时，高压启动/备用变压器按照以下原则设置：

1) 单机容量为 200～300MW 级的机组，每两台机组可设 1 台高压启动/备用变压器。

2) 单机容量为 600～1000MW 级的机组，每两台机组可设 1 台或 2 台高压启动/备用变压器。

3) 高压启动/备用变压器的台数和容量设置，应满足每两台机组中的任意一台机组启动/备用的功能要求。

（3）单机容量为 300～1000MW 级的机组，当装设发电机断路器或负荷开关时，高压厂用备用变压器按照以下原则设置：

1）当从厂内高压配电装置母线引接机组的高压厂用备用电源时，使用同容量高压厂用备用电源的 4 台及以下机组，可设 1 台高压厂用备用变压器；使用同容量高压厂用备用电源的 5 台及以上机组，除了设 1 台高压厂用备用变压器外，可再设置 1 台不接线的高压厂用工作变压器。

2）当从另一台机组的高压厂用工作变压器低压侧厂用工作母线引接本机组的事故停机高压电源，即机组之间对应的高压厂用母线设置联络，互为事故停机电源时，可以不设专用的高压厂用备用变压器，按需设置 1 台不接线的高压厂用工作变压器。

（4）当低压厂用备用电源采用专用备用变压器时，备用变压器按以下要求设置：

1）单机容量为 125MW 级及以下的机组，低压厂用工作变压器的数量在 8 台及以上时，可增设第二台低压厂用备用变压器。

2）单机容量为 200MW 级的机组，每 2 台机组可合用 1 台低压厂用备用变压器。

3）单机容量为 300MW 级及以上的机组，每台机组宜设 1 台或多台低压厂用备用变压器。

（5）根据 DL/T 5174—2003《燃气—蒸汽联合循环电厂设计规定》，燃机电厂中单轴及多轴配置的联合循环发电机组宜按每套发电机组容量等级的要求配置，简单循环发电机组宜按每台燃气轮机发电机组容量等级的要求配置。

（四）备用电源的引接方式

火力发电厂一般均设置备用电源。备用电源的引接应保证其独立性，避免与厂用工作电源由同一电源处引接，引接点电源数量应有两个以上，并有足够的供电容量。

1. 高压厂用备用或启动/备用电源的引接方式

（1）有发电机电压母线。发电机电压母线为 6.3kV 时，一般用电抗器从主母线引接一个备用电源。当电厂有与电力系统连接的 35kV 母线时，根据装机容量及其在系统中的作用（如 6.3kV 主母线上的发电机总容量超过系统容量的 20%时），为了在全厂停电时迅速取得备用电源，也可由 35kV 母线引接。

发电机电压母线为 10.5kV，并具有两个电源（包括本厂电源）的 35kV 母线时，可由 10.5kV 或 35kV 母线引接，决定于技术经济比较。如无 35kV 母线或 35kV 母线上仅有一个电源时，则应由 10.5kV 主母线引接一个备用电源。

（2）发电机与主变压器成单元连接。发电机与主变压器成单元连接时，高压启动（备用）电源的引接方式如图 3-7 所示。

1）厂内有两级（或三级）升高电压母线（如 500kV 与 220kV 或 220kV 与 110kV 两级电压，220、110kV 与 35kV 三级电压），备用电源应由与系统有联系的最低电压级母线引出。若厂内 35kV 母线与系统无联系，但通过两台变压器与高一级电压的系统连接，或 35kV 母线上接有两个本厂电源时，高压厂用备用变压器仍可由 35kV 母线引接。

2）由联络变压器的低压绕组引接。但要注意断路器的短路容量、电源电压及联络变压器阻抗对厂用母线电压（正常及启动时）的影响。关于高压厂用备用变压器的电压调整计算参见第八章《厂用电气设备选择》。

3）当电厂仅有 1 级（或有 2 级）升高电压母线，而附近又有较低电压级的电网，且在全厂停电时能由该电网取得足够的电源时，在技术经济比较合理时，可从该电网引接专用线路作为备用电源。必要时可设置备用母线段，向两台及以上备用变压器供电。一般情况下，对于 300MW 级及以上机组，宜由 110kV 及以上电网供电。

4）当电厂仅有 1 级 330kV 或 500kV 升高电压母线，而附近又没有较低电压级的电网，在技术经济比较合理时，也可由该级电压母线引接备用电源。

5）当发电机—变压器—线路组与区域变电站相连接时，在技术经济合理时，厂用备用电源可以由该变电站较低电压级的母线上引接专用线路取得，也可由地区网络上引接。

6）备用电源的引接应保证在全厂停电的情况下，能从外部电力系统取得足够的电源（包括三绕组变压器的中压侧从高压侧取得电源）。

7）全厂有 2 个及以上高压厂用备用或启动/备用电源时，宜引自 2 个相对独立的电源。

（3）发电机出口安装断路器。

当发电机出口装设断路器，此时机组启动电源由主变压器从系统倒送获得，厂内备用变压器已没有启动的功能，仅作为事故停机的备用电源。此时备用电源的引接方式如图 3-8 所示。

1）当电厂内仅有 500kV 或 330kV 一级电压母线时，此时备用电源可以由厂内 500kV 或 330kV 母线引接，作为全厂的事故备用电源。

2）不设专用的备用变压器，适当加大厂用工作变压器容量，作为另一台机的事故备用电源。

3）当电厂内仅有 500kV 或 330kV 一级电压母线，而附近又有较低电压级的电网，且在全厂停电时能由该电网取得足够的电源时，也可由此电网引接一路专用线路作为全厂事故备用电源。

4）每台机设置专用的备用变压器，从发电机出口引接，作为另一台机的事故备用电源。

5）两台机厂用段互相拉手，互为停机备用电源。

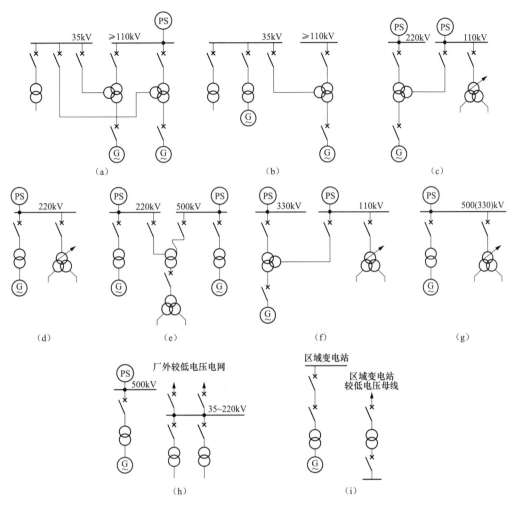

图 3-7 单元连接机组高压厂用启动/备用电源引接方式

（a）、（b）从 35kV 母线引接；（c）从 110kV 母线引接；（d）从 220kV 母线引接；（e）从联络变压器第三绕组引接；

（f）从 110kV 母线引接；（g）从 330（500）kV 母线一级降压引接；（h）从厂外引接，并设有备用母线段；

（i）从区域变电站较低电压母线引接

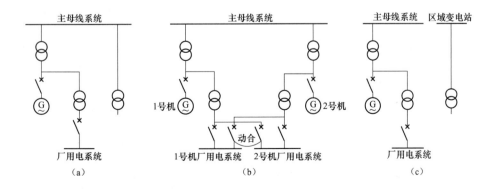

图 3-8 机组安装出口断路器时，备用电源引接方式（一）

（a）备用电源由主母线引接；（b）由另一台机的工作变压器作为本机的备用；（c）从区域变电站引接备用电源

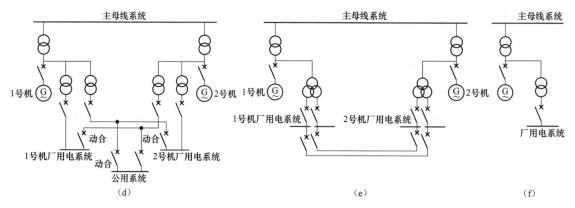

图 3-8　机组安装出口断路器时，备用电源引接方式（二）

（d）由接在发电机出口的专用变压器作为另一台机的备用，并兼作公用负荷的电源；

（e）两台机厂用段互相拉手，互为停机备用电源；（f）无备用电源

2. 低压厂用备用电源的引接方式

（1）低压厂用备用变压器不宜与需要由其自动投入的低压厂用工作变压器接在同一高压母线段上。

（2）低压厂用备用变压器接线组别的选择，应使其与厂用工作电源之间的相位一致，以便厂用电源的切换可采用并联切换的方式。

四、备用电源与厂用母线段连接方式

（1）全厂只有 1 个高压或低压厂用备用或启动/备用电源时，与各厂用母线段的连接方式宜采用分组支接的方式，如图 3-9 所示。每组支接的母线段可为 2～4 段，在备用或启动/备用变压器的低压侧总出口处宜装设隔离开关（刀开关），以便该电源故障或检修时，各母线段可以相互备用。

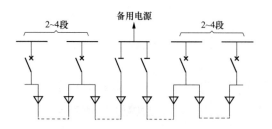

图 3-9　一个备用电源与各厂用母线段的连接方式

（2）单机容量 200MW 及以下的火电厂，当全厂设有两个高压（或低压）备用电源，而且其容量及短路水平相近时，与各厂用母线段的连接方式如图 3-10 所示。正常情况下，两个备用电源分别匹配一个独立的厂用系统，互不连接。当一个备用电源检修时，可由另一个备用电源作为全厂备用。对高压备用电源，尚应考虑在一个备用电源带了一段母线后，通过切换操作，其他母线段有可能由另一备用电源供电。

当中、小容量机组的电厂扩建大容量机组时，高

压备用电源的容量及短路水平相差较大，两个高压备用电源一般不考虑互为备用。

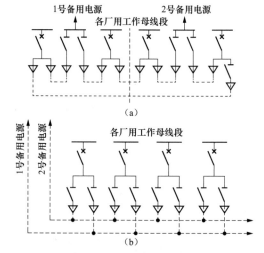

图 3-10　两个备用电源与各厂用母线段的连接方式

（a）环形连接；（b）双母线连接

（3）一台双绕组备用变压器二次侧引出两个分支，每个分支各作为一台或数台机组备用电源的连接方式如图 3-11 所示。一台分裂绕组备用变压器二次侧的一个分支，作为各机组 A 段高压厂用母线的备用电源，而另一分支作为相应机组 B 段高压厂用母线备用电源的连接方式如图 3-12 所示。

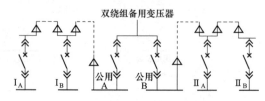

图 3-11　双绕组备用变压器二次侧引出两个分支，

每一分支作为一台机组的备用电源

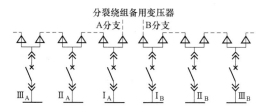

图 3-12 分裂绕组备用变压器二次侧的两个分裂绕组，分别作为数台机组 A 段和 B 段高压厂用母线的备用电源

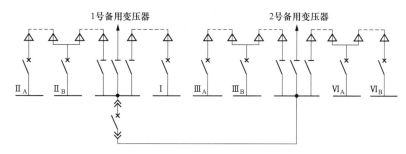

图 3-13 两台低压备用变压器分别作为几台工作变压器的备用电源，其间并设联络线

远离主厂房的Ⅱ类负荷，也宜采用由邻近的两台变压器互为备用的连接方式。

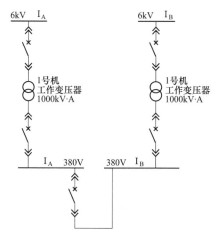

图 3-14 一台机组设置两台低压厂用变压器，两台厂用变压器互为备用方式

第六节 厂用负荷的供电方式

一、厂用负荷的连接原则

（1）锅炉和汽轮发电机组用的电动机应分别连接到与其相应的高压和低压厂用母线段上。对于 50～60MW 级的机组，互为备用的重要设备也可采用交叉供电方式。

（2）当每台机组有两段厂用母线时，应将双套辅机分接在两段母线上。对于工艺上有联锁要求的Ⅰ类

（4）全厂安装两台低压备用变压器时，两台变压器分别作为几台工作变压器的备用电源，并在其间设联络电缆，如图 3-13 所示。

（5）200MW 及以上大容量机组的低压厂用电系统，采用两台变压器互为备用的方式时（如图 3-14 所示），每台变压器对应一段母线，两母线段设联络开关。联络开关不设自动投入装置，避免当一母线段发生永久性故障时投入，继电保护误动作或联络开关拒动，造成事故范围扩大。

高低压电动机，应接于同一条电源通道上。

（3）当无公用母线段时，全厂公用性负荷应根据负荷容量和对供电可靠性的要求，分别接在各段厂用母线上，但应适当集中。当有公用母线段时，相同的Ⅰ类公用电动机不应全部接在同一公用母线段上。

（4）无汽动给水泵的 200～1000MW 级的机组，每台机组有 2 台及以上电动给水泵时，电动给水泵应分接在本机组的各段高压工作母线上。当分接后仍有多余 1 台电动给水泵时，应采用跨接在本机组其中两段高压工作母线上供电的方式。

（5）有汽动给水泵的 300～1000MW 级的机组，其备用电动给水泵宜接在本机组的工作母线上。

（6）主厂房附近的高压厂用电动机和低压厂用变压器宜由主厂房内的母线段单独供电。在经济上合理时，可以采用组合供电方式。即在负荷中心设立两段公用母线段，其电源可分别从不同机组的高压工作母线段上引接。

（7）对远离主厂房的高压电动机，当仅为单元机组单独使用时，应接自本机组的高压厂用工作母线段；如为两台及以上机组公用时，可采用下列接线方式：

1）在负荷中心设置配电装置，可从不同机组的高压厂用工作母线段引接 2 回及以上线路作为工作电源和备用电源。备用电源也可由外部电网引接。

2）在负荷中心设置变电站，可从不同机组的高压厂用工作母线段或公用段经升压变压器引接 2 回线路，也可从发电厂内 110kV 以下配电装置的不同母线段引接 2 回线路作为工作电源和备用电源。

（8）主厂房内低压电动机的供电方式，可采用明备用动力中心（PC）和电动机控制中心（MCC）的供

电方式，也可采用暗备用动力中心（PC）和电动机控制中心（MCC）的供电方式。

1）明备用动力中心和电动机控制中心的供电方式：

a. Ⅰ类电动机和75kW及以上的Ⅱ、Ⅲ类电动机，宜由动力中心直接供电。

b. 容量为75kW以下的Ⅱ、Ⅲ类电动机，宜由电动机控制中心供电。

c. 容量为5.5kW及以下的Ⅰ类电动机，如有两台，且互为备用时，可由动力中心不同母线段上供电的电动机控制中心供电。

d. 电动机控制中心上接有Ⅱ类负荷时，应采用双电源供电（手动切换）；当仅接有Ⅲ类负荷时，可采用单电源供电。

2）暗备用动力中心和电动机控制中心的供电方式：

a. 低压厂用变压器、动力中心和电动机控制中心宜成对设置，建立双路电源通道。两台低压厂用变压器间暗备用，应采用手动切换。

b. 成对的电动机控制中心应由对应的动力中心单电源供电。成对的电动机应分别由对应的动力中心和电动机控制中心供电。

c. 容量为75kW及以上的电动机宜由动力中心供电，75kW以下的电动机宜由电动机控制中心供电。

d. 对于单台的Ⅰ、Ⅱ类电动机应单独设立1个双电源供电的电动机控制中心，双电源应从不同的动力中心引接；对接有Ⅰ类负荷的电动机控制中心双电源应自动切换，仅接有Ⅱ类负荷的电动机控制中心双电源可手动切换。

（9）主厂房以外低压电动机的供电方式：

1）对于输煤、除灰、化学水处理、油泵房和电气除尘等车间，当其负荷中心离主厂房较远且容量较大时，宜单独装设变压器供电，并根据负荷的重要性，装设备用电源的自动或手动投入装置。当容量不大，且离主厂房较近时，可由主厂房内动力中心或电动机控制中心直接供电。

2）对于380V水源地电动机群，宜采用变压器电动机组支接在高压专用架空线路上的方式供电。远离主厂房分散布置的380V水源地电动机群，一般采用变压器电动机组支接在6~10kV专用架空线路上的方式供电。每个取水点的电动机经6~10/0.38kV变压器与架空线路连接，保护设备采用户外跌开式熔断器。电源由主厂房内不同的高压母线段供给，或经升压变压器供给，也可由附近变电站的6~10kV母线段供给。图3-15为电源由主厂房内6kV母线段上引出的示例。

（10）由双电源手动切换供电的电动机控制中心接线方式如下：

1）两回电源进线接自同一台变压器时，可采用两副能开断额定电流的单投进线负荷开关的接线。

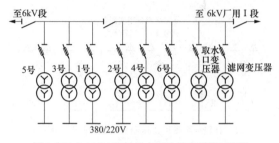

图3-15　4×100MW机组水源地供电系统示意图

2）两回电源进线接自不同变压器时，应采用1副能开断额定电流的双投或两副相互闭锁并能开断额定电流的单投进线负荷开关的接线。

（11）直吹式制粉系统的给煤电动机供电方式。

1）直吹式制粉系统的给煤电动机和对应的磨煤机及其附属设备，宜于同一电源通道上。

2）当给煤机采用变频装置调速驱动时，需注意下列问题。系统发生瞬时故障或厂用电压切换导致短时低电压时，变频器由于低电压穿越能力不足而停止输出，使给煤机停止运行，进而可能导致机组被动减负荷甚至机组跳闸。此时给煤机要采用可靠装置供电或者修改控制逻辑，避免上述事故发生。

（12）单机容量为200MW级及以上的机组，每台机炉的热工配电盘应由两路380V电源供电；其中一路应由动力中心引接，另一路应由交流保安母线段引接。125MW级及以下的机组，每台机炉的热工配电盘应由两路380V电源供电。

（13）当低压厂用电系统中性点为非直接接地方式时，宜在热控配电柜上装设隔离变压器，二次侧中性点直接接地。

二、主厂房内厂用负荷的供电方式

（一）锅炉、汽轮发电机辅机电动机

锅炉、汽轮发电机辅机电动机分别连接到与其相应的高、低压厂用母线段上。每台机组两段厂用母线时，两套辅机电动机应分接在两段母线上。对于工艺上有联锁要求的Ⅰ类电动机，应由同一电源通道供电。对于50~60MW级的机组，互为备用的重要负荷可采用交叉供电方式，即一台接到本机组的厂用母线段上，另一台接到其他机组的厂用母线段上。

（二）电动给水泵

无汽动给水泵的单机容量为200~1000MW级的机组，每台机组有2台及以上电动给水泵时，电动给水泵应分接在本机组的各段高压工作母线上。当分接后仍有多余1台电动给水泵时，应采用跨接在本机组其中2段高压工作母线上供电的方式，如图3-16所示。

有汽动给水泵的单机容量为300~1000MW级的机组，其备用电动给水泵宜接在本机组的工作母

线上。

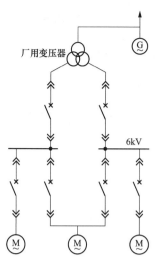

图 3-16　3 台（50%）电动给水泵电动机连接方式

（三）公用负荷

当无公用母线段时，全厂公用性负荷应根据负荷容量和对供电可靠性的要求，分别接在各段厂用母线上，但应适当集中。

当有公用母线段时，相同的 I 类公用电动机不应全部接在同一公用母线段上，以免该段母线检修或故障时，影响几台机组的运行，甚至造成全厂停电。如全厂只设一段公用母线，相同的 I、II 类公用负荷在

公用母线段上应只接一部分，其余的则分散接到各机组的厂用母线段上。

三、主厂房附近厂用负荷供电方式

（1）主厂房附近的高压厂用电动机和低压厂用变压器一般由主厂房内的母线段供电。低压负荷如输煤、除灰、化学水处理、油泵房和电除尘等，当容量不大、且离主厂房较近时，可由主厂房内动力中心和电动机控制中心直接供电。

（2）对于大机组，若高压厂用电动机和低压厂用变压器数量较多（如输煤皮带的电动机为高压），在经济上合理时，可以采用集中供电方式，即在负荷中心设置两段公用母线段，其电源可由第一台机组的两段厂用母线上引接，也可由启动（备用）变压器供电。

四、远离主厂房厂用负荷供电方式

（1）在负荷中心设置高压母线段，由主厂房内不同高压厂用母线段引接 2 回或 2 回以上线路作为工作电源和备用电源（备用电源也可由外部电源引接）。高压电动机和低压变压器均连接在高压母线段上。

图 3-17 为 2×300MW 机组输煤和除灰负荷的供电方式。两段 6kV 母线互为备用，低压变压器接在 6kV 母线段上，低压负荷分别由五段低压工作母线供电，并设有一段低压备用母线。

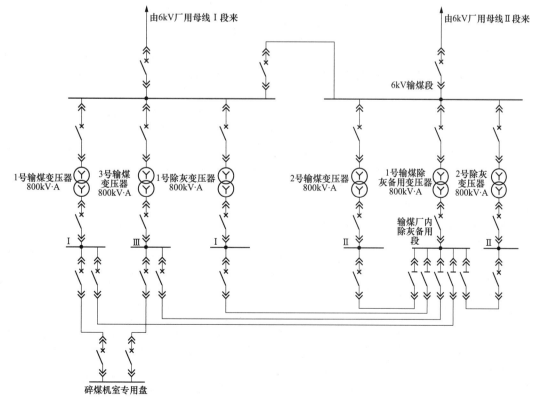

图 3-17　在负荷中心设立 6kV 母线段

（2）在负荷中心设置变电站。由主厂房内不同高压母线段经升压变压器引接 2 回线路，或由发电厂内 110kV 以下配电装置的不同母线段引接 2 回线路作为工作电源和备用电源。

（3）在负荷中心设置两段 380/220V 母线段，互为备用。电源分别由主厂房两段 6kV 母线引来，经降压变压器供给。图 3-18 为某厂厂外水泵房的供电方式，水泵房负荷分别接在两段母线上。

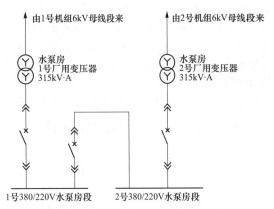

图 3-18 在负荷中心设立车间变电站

第七节 交流事故保安电源接线

交流事故保安电源系统是当电网发生事故或其他原因致使火电厂厂用电长时间停电时，提供机组安全停机所必需的交流用电系统。

一、交流事故保安电源接线的原则

（1）容量为 200MW 级及以上的机组，应设置交流保安电源。交流保安电源宜采用自动快速启动的柴油发电机组，按允许加负荷的程序，分批投入保安负荷。

（2）交流保安电源的电压和中性点的接地方式宜与低压厂用电系统一致。

（3）200MW 级及以上燃煤机组应设置柴油发电机组，200～300MW 级燃煤机组宜按机组设置柴油发电机组，600～1000MW 级燃煤机组应按机组设置柴油发电机组。

（4）根据 DL/T 5174—2003《燃气—蒸汽联合循环电厂设计规定》规定：

单轴及多轴配置的联合循环发电机组宜按每套发电机组容量等级的要求配置交流保安电源。

简单循环及联合循环的发电机容量为 200MW 级及以上时，应设置交流保安电源。

发电机容量小于 200MW 级的非调峰用燃气轮机应根据制造厂的要求，决定交流保安电源的设置。

调峰的燃气轮机发电机组且盘车电动机需交流电源时，应设置交流保安电源。

（5）交流保安母线段应采用单母线接线，按机组分段，分别供给本机组的交流保安负荷。正常运行时，保安母线段应由本机组的低压明或暗备用动力中心供电，当确认本机组动力中心真正失电后应能切换到交流保安电源供电。

二、交流事故保安电源接线示例

（一）方案一

每台机组主厂房设置一套柴油发电机组、两段保安动力中心（简称保安 PC），不设保安变压器。每段保安 PC 设三路进线。两路工作电源来自两台低压工作变压器，一路交流保安电源来自柴油发电机组。正常运行时，保安 PC 带电。

主厂房设（或不设）保安电动机控制中心（简称保安 MCC），保安 MCC 设两路进线，一路电源来自保安 PCA 段，一路电源来自保安 PCB 段。每台机设一段脱硫保安 MCC，脱硫保安 MCC 设两路进线，一路工作电源来自脱硫 PC，一路交流保安电源来自保安 PC，如图 3-19 所示。

保安 PC 的两路工作电源均失电后，经延时确认自动启动柴油发电机组，当转速和电压达到额定值时，柴油发电机出口开关自动合闸，保安 PC 由柴油发电机组供电。

（二）方案二

每台机组主厂房设置一套柴油发电机组、一段保安 PC、若干段保安 MCC。每段保安 PC 设一路进线，来自柴油发电机组。正常运行时，保安 PC 不带电。

每台机组主厂房设置两段汽轮机保安 MCC、两段锅炉保安 MCC，保安 MCC 设三路进线，两路工作电源来自机组厂用 PC，一路交流保安电源来自保安 PC；每台机设一段脱硫保安 MCC，脱硫保安 MCC 设三路进线，两路工作电源来自脱硫 PC，一路交流保安电源来自保安 PC，如图 3-20 所示。

保安 MCC 两回工作电源均失电后，经延时确认自动启动柴油发电机组，当转速和电压达到额定值时，柴油发电机出口开关自动合闸，保安 PC 及保安 MCC 由柴油发电机组供电。

（三）方案三

1. 方案三（A）

每台机组主厂房设置一套柴油发电机组、两段保安 PC，不设保安变压器。每段保安 PC 设两路进线，一路工作电源来自低压工作变压器；一路交流保安电源来自柴油发电机组。正常运行时，保安 PC 带电。

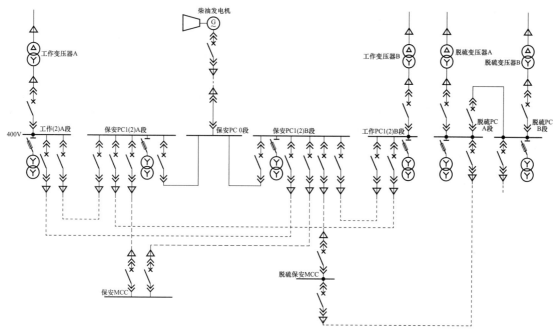

图 3-19　交流事故保安电源系统接线方案一

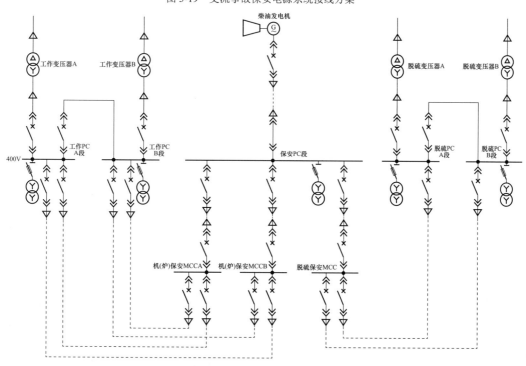

图 3-20　交流事故保安电源系统接线方案二

主厂房不设保安 MCC。每台机设一段脱硫保安 MCC，脱硫保安 MCC 设两路进线，一路工作电源来自脱硫 PC，一路交流保安电源来自保安 PC，如图 3-21 所示。

保安 PC 的工作电源失电后，经延时确认自动启动柴油发电机组，当转速和电压达到额定值时，柴油发电机出口开关自动合闸，保安 PC 由柴油发电机组供电。

2. 方案三（B）

每台机组主厂房设置一套柴油发电机组、一段保安 PC、若干段保安 MCC，不设保安变压器。每段保安 PC 设一路进线，来自柴油发电机组。正常运行时，保安 PC 不带电。

每台机组主厂房设置两段汽轮机保安 MCC、两段锅炉保安 MCC，保安 MCC 设两路进线，一路工作电源来自机组厂用 PC, 一路交流保安电源来自保安 PC; 每台机设一段脱硫保安 MCC, 脱硫保安 MCC 设两路进线, 一路工作电源来自脱硫 PC, 一路交流保安电源来自保安 PC, 如图 3-22 所示。

保安 MCC 工作电源失电后, 经延时确认自动启动柴油发电机组, 当转速和电压达到额定值时, 柴油发电机出口开关自动合闸, 保安 PC 及保安 MCC 由柴油发电机组供电。

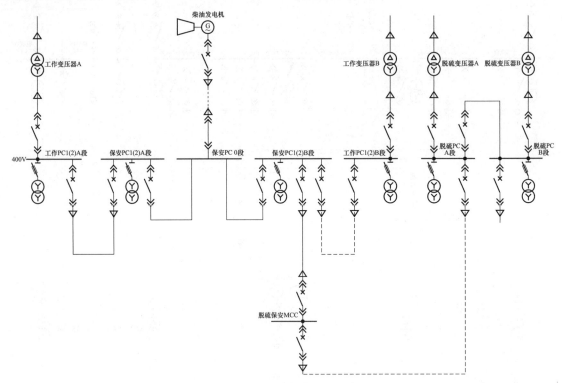

图 3-21 交流事故保安电源系统接线方案三 (A)

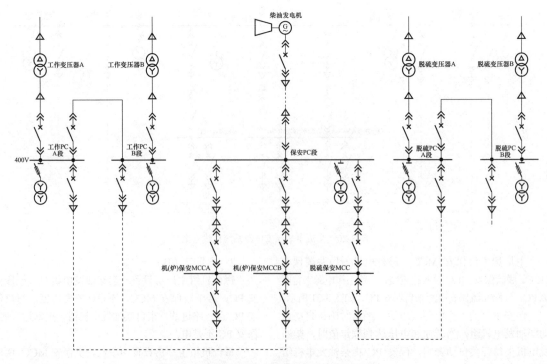

图 3-22 交流事故保安电源系统接线方案三 (B)

（四）方案四

每台机组主厂房设置一套柴油发电机组、一台保安工作变压器、一台保安备用变压器，以及一段保安PC、一段备用PC、若干段保安MCC。每段保安PC设两路进线，一路工作电源来自保安工作变压器，一路交流保安电源来自柴油发电机组。保安变压器高压侧电源由本期机组10kV（6kV）段提供。正常运行时，保安PC带电。

每台机组主厂房设置两段汽轮机保安MCC、两段锅炉保安MCC，保安MCC设两路进线，一路工作电源来自保安PC（保安变压器），另一路备用电源来自低压备用PC段（明备用）；每台机设一段脱硫保安MCC，脱硫保安MCC设两路进线，一路工作电源来自脱硫PC，一路交流保安电源来自保安PC，如图3-23所示。

保安MCC工作电源失电后，首先自动切换至备用电源（保安备用变压器）供电；当工作电源和备用电源均失电后，经延时确认自动启动柴油发电机组，当转速和电压达到额定值时，柴油发电机出口开关自动合闸，保安PC及保安MCC由柴油发电机组供电。

（五）方案五

1. 方案五（A）

每台机组主厂房设置一套柴油发电机组、一台保安变压器、一段保安PC、若干段保安MCC。每段保安PC设两路进线，一路备用电源来自保安变压器，

一路交流保安电源来自柴油发电机组。保安变压器高压侧电源由本期机组或老厂10kV（6kV）段提供。正常运行时，保安PC带电。

每台机组主厂房设置两段汽轮机保安MCC、两段锅炉保安MCC，保安MCC设两路进线，一路来自工作PC段，另一路来自保安PC；每台机设一段脱硫保安MCC，脱硫保安MCC设两路进线，一路工作电源来自脱硫PC，一路交流保安电源来自保安PC，如图3-24所示。

保安MCC工作电源失电后，首先自动切换至备用电源（保安变压器）供电；当工作电源和备用电源均失电后，则延时启动柴油发电机组，当转速和电压达到额定值时，柴油发电机出口开关自动合闸，保安PC及保安MCC由柴油发电机组供电。

2. 方案五（B）

每台机组主厂房设置一套柴油发电机组、一台保安变压器、两段保安PC。每段保安PC设三路进线，一路工作电源来自工作变压器，一路备用电源来自保安变压器，一路交流保安电源来自柴油发电机组。保安变压器高压侧电源由本期机组或老厂10kV（6kV）段提供。正常运行时，保安PC带电。

主厂房不设保安MCC。每台机设一段脱硫保安MCC，脱硫保安MCC设两路进线，一路工作电源来自脱硫PC，一路交流保安电源来自保安PC，如图3-25所示。

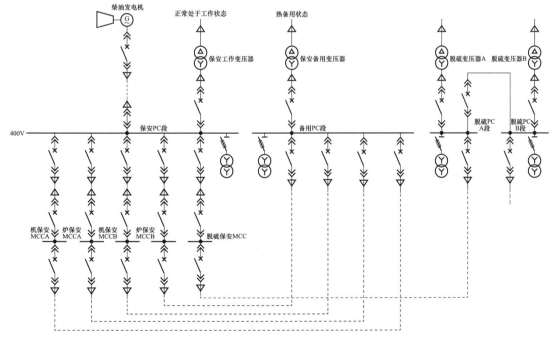

图3-23 交流事故保安电源系统接线方案四

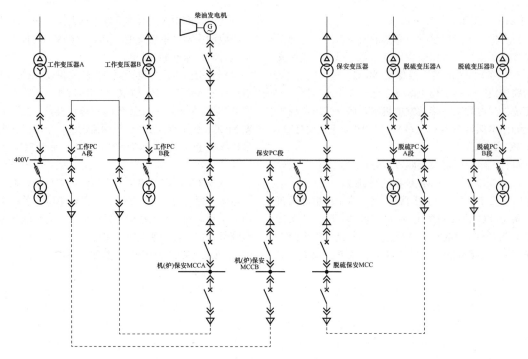

图 3-24　交流事故保安电源系统接线方案五（A）

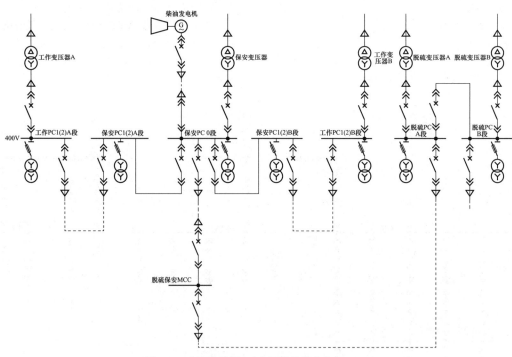

图 3-25　交流事故保安电源系统接线方案五（B）

保安 PC 工作电源失电后，首先自动切换至备用电源（保安变压器）供电；当工作电源和备用电源均失电后，则延时启动柴油发电机组，当转速和电压达到额定值时，柴油发电机出口开关自动合闸，保安 PC 由柴油发电机组供电。

（六）方案六

燃气轮机机组的交流保安电源接线如图 3-26 所示。每台机组设置一套柴油发电机组和两段保安 PC。每段保安 PC 设两路进线，一路工作电源来自工作变压器，一路交流保安电源来自柴油发电机组。正常运行时，保安 PC 带电。

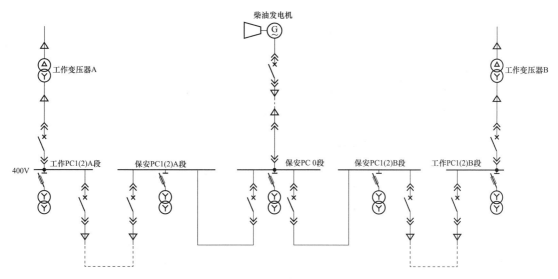

图 3-26 交流事故保安电源系统接线方案六

保安 PC 工作电源失电后，经延时确认自动启动柴油发电机组，当转速和电压达到额定值时，柴油发电机出口开关自动合闸，保安 PC 带电。

第八节 低压检修网络

一、低压检修供电网络

（1）发电厂应设置固定的交流低压检修供电网络，并在各检修现场装设检修电源箱，供电焊机、电动工具和试验设备等使用。检修电源的容量应按电焊机的负荷确定。

（2）检修网络宜采用单电源分组支接的供电接线，其接线原则如下：

1）在主厂房内，宜由对应的动力中心引接。当380V 厂用电为三相三线制时，可在检修配电箱内装设 380/220V 变压器，用于供给 220V 检修用电。

2）单机容量为 300MW 级及以上的机组，可设置专用的检修变压器，其低压侧中性点直接接地。

3）主厂房以外的检修配电箱宜由就近的动力中心或电动机控制中心引接。

4）检修配电箱装设的地点和数量参见本书第十一章《厂用电设备布置》，电焊机的最大引线长度一般可按 50m 考虑。

5）在主厂房内的检修配电箱中，其回路数应不少于 4 回，箱内宜装设封闭的开关、插座及易于更换的熔断器。

6）检修网络应装设漏电保护。

二、检修电源及检修网络示例

（1）检修电源的容量一般按电焊机负荷选择。当缺少资料时，单相交流电焊变压器的初级电流可按 40～50A 计。

（2）大容量机组检修网络干线的容量取决于电焊机的工作台数，下列数据可供参考。

1）锅炉房一般按锅炉容量设置若干台电焊机，如 400~410t/h 锅炉为 13~15 台，670t/h 锅炉为 20~23 台，1000t/h 锅炉为 23~25 台。其中 2/3 电焊机按 AX_4-300 型考虑，1/3 按 BX_3-300 型和 BX_3-500 型考虑。

2）汽机房一般设置 5～6 台电焊机。其中 2/3 电焊机按 AX_4-300 型考虑，1/3 按 BX_3-300 型考虑。

3）电焊机的引线长度一般按 50m 考虑。检修电源箱内的回路数一般不少于 4 回，箱内宜装设有明显断开点的刀开关（如 HH_3 系列）、安全插座及易于更换的熔断器（如 RL_1 系列）。

4）电焊回路干线的计算工作电流和导体选择见第八章《厂用电气设备选择》。

（3）检修网络示例。

2×100MW 机组及 2×300MW 机组主厂房检修供电网络示例见图 3-27～图 3-28。

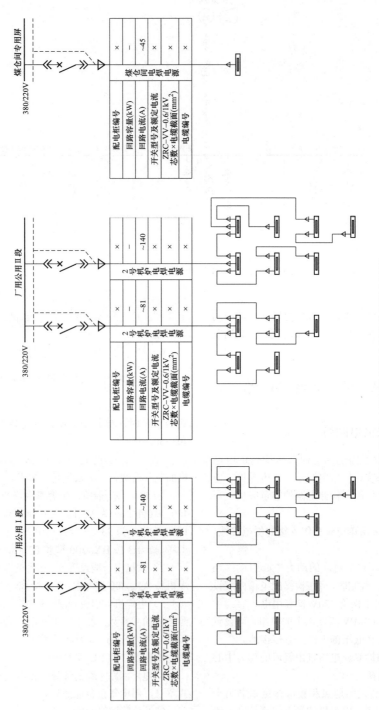

图 3-27 2×100MW 机组主厂房检修供电网络

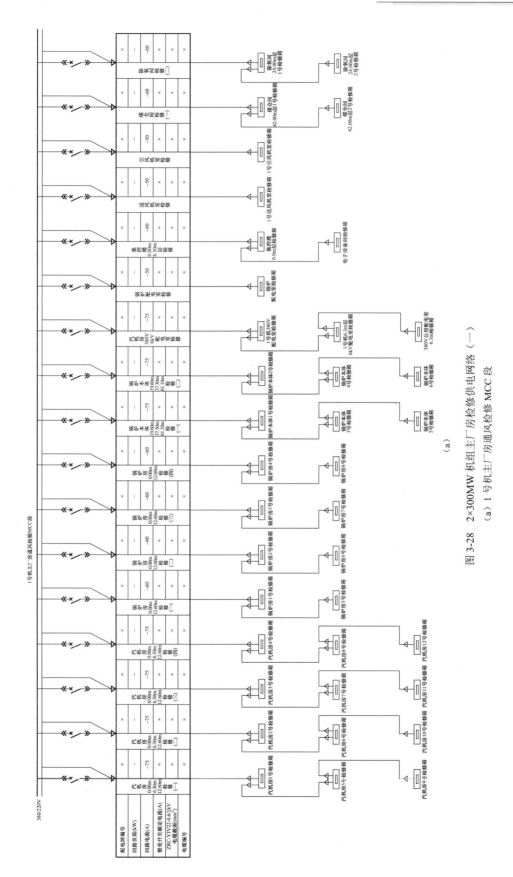

图 3-28 2×300MW 机组主厂房检修供电网络（一）

(a) 1 号机主厂房通风检修 MCC 段

(a)

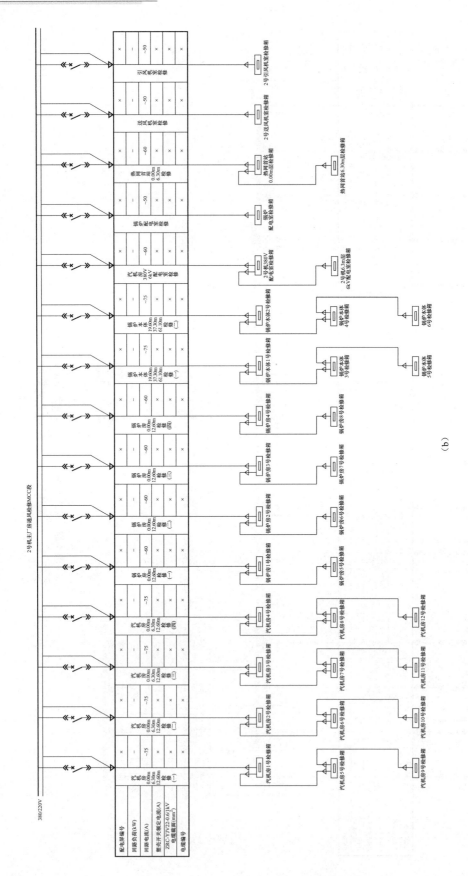

图 3-28 2×300MW 机组主厂房检修供电网络（二）

(b) 2 号机主厂房通风检修 MCC 段

第九节　发电厂厂用电接线示例

一、发电厂高压厂用电接线示例

（一）100MW 及以下机组

（1）图 3-29 为安装 12～50MW 机组发电厂的高压厂用电接线。部分发电机接 10kV 主母线，另一台发电机与变压器成单元连接。高压厂用母线电压为 3kV，按炉分段。

（2）图 3-30 为安装 25～50MW 机组发电厂的高压厂用电接线。前两台发电机接 6kV 主母线，后一台发电机电压为 10.5kV，与变压器成单元连接。单元制机组的高压厂用电源仍引自 6kV 主母线，节省部分投资，有利于热力系统为母管制的，机炉不对应检修的运行方式。

（3）图 3-31 为安装 4×100MW 机组发电厂的高压厂用电接线。厂用工作电源由主变压器低压侧引接，备用电源从 110kV 母线引接。高压厂用母线为每台机组两段。设置 6kV 备用段，备用段电源取自备用高压厂用变压器。

（二）200、300MW 机组

（1）200MW 机组火电厂主厂房高压厂用电接线如图 3-32 所示。高压厂用电采用 6kV 电压，为中性点不接地系统。每台机组设 A、B 两段 6kV 母线，由一台分裂绕组高压厂用工作变压器供电，该变压器由发电机出口引接。两台机组设一台启动（备用）变压器，供给机组启动和停机负荷，并兼作厂用工作变压器的事故备用。按采用 5500kW 给水泵和全厂公用负荷集中由 1 号机组供电的方案，1 号高压厂用工作变压器和启动（备用）变压器选用 31.5/20-20MV·A，以后机组的高压厂用工作变压器均选用 31.5/16-16MV·A。

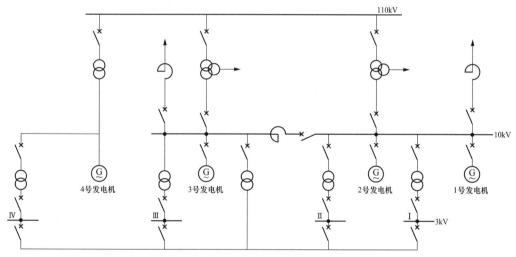

图 3-29　12～50MW 机组发电厂高压厂用电接线（高压厂用母线 3kV，按炉分段）

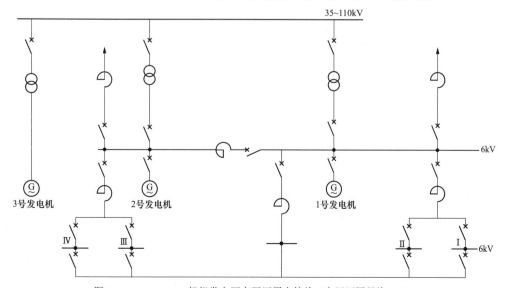

图 3-30　25～50MW 机组发电厂高压厂用电接线（高压厂用母线 6kV）

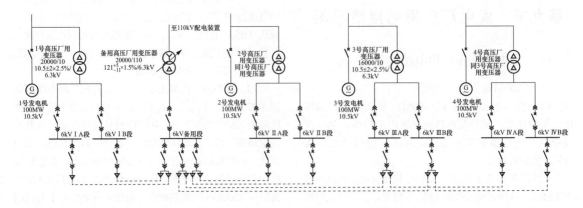

图 3-31　4×100MW 机组火电厂厂用电接线

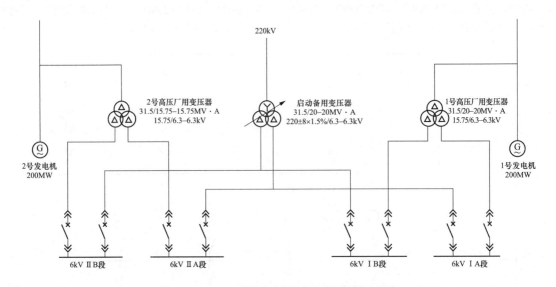

图 3-32　200MW 机组火电厂主厂房高压厂用电接线

（2）图 3-33 为 2×350MW 机组自备电厂的高压厂用电接线。每台机组设一台双绕组高压厂用工作变压器，向一段 6kV 厂用母线供电。两台机组共用一台启动（公用）变压器，由 110kV 母线供电。启动（公用）母线共设两段，分别与 1 号机、2 号机 6kV 厂用母线连接。6kV 厂用电系统中性点采用二次侧接电阻器的配电变压器接地方式。

（三）600、1000MW 机组

（1）国内某 2×600MW 空冷机组电厂的高压厂用电接线如图 3-34 所示。每台机设置一台容量为 50/31.5-31.5MV·A 的高压厂用分裂绕组变压器及一台 25/25MV·A 的高压厂用公用双绕组变压器，变压器的高压侧电源由本机组发电机出口开关上方引接。分裂绕组变压器采用有载调压型，公用双绕组变压器采用无载调压型。设两段 6kV 工作母线，一段公用母线。机组负荷接在 6kV 工作母线，公用负荷接在 6kV 公用母线。设置一台机容量为 31.5MV·A 的备用停机变压器，备用停机变压器采用双绕组变压器。备用停机变压器 6kV 侧通过共箱母线连接到每台机组的两段 6kV 工作母线及公用母线上作为备用电源，备用停机变压器采用有载调压型。备用停机变压器在事故情况下，可以保证机组事故状态下安全停机。

（2）国内某 2×600MW 空冷机组电厂的高压厂用电接线如图 3-35 所示。每台机设置一台容量为 63/35-35MV·A 的高压厂用工作变压器 A 和一台容量为 35MV·A 的高压厂用工作变压器 B，两台变压器的高压侧电源均由本机组发电机和主变压器之间的封闭母线上支接。每台机组设 3 段 10kV 工作母线，单元机组负荷接在厂用高压工作变压器 A 的 10kV 工作 A、B 段母线，全厂公用负荷及脱硫负荷接在工作变压器 B 的 10kV 工作 C 段母线上。

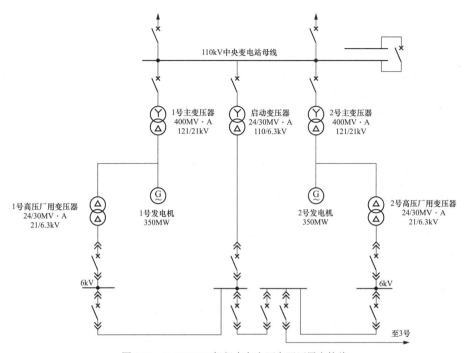

图 3-33 2×350MW 机组自备电厂高压厂用电接线

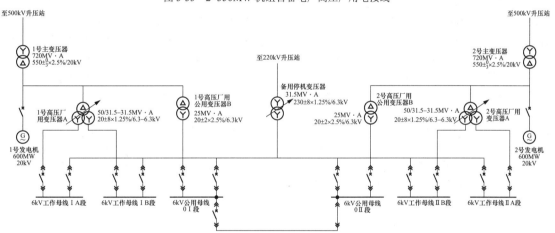

图 3-34 国内某 2×600MW 空冷机组电厂的高压厂用电接线（一）

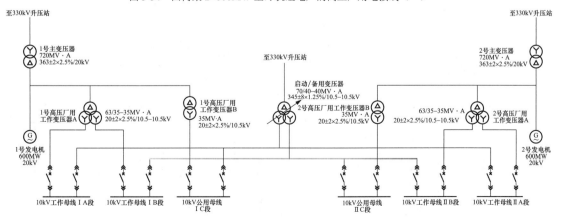

图 3-35 国内某 2×600MW 空冷机组电厂的高压厂用电接线（二）

本工程设置一台容量为 70/40-40MV·A 的高压启动/备用变压器，启动/备用变压器采用有载调压分裂变压器。启动/备用变压器10kV侧通过共箱母线连接到每台机组的 3 段 10kV 工作母线上作为启动/备用电源。

启动/备用变压器容量选择：可作为任一台工作变压器故障情况下的备用，满足一台机启动容量；若同一机组的两台工作变压器同时故障，启动/备用变压器可带工作 A、B 段的全部负荷和工作 C 段的高压电动机负荷及低压变压器的负荷。工作 A、B 段设快切装置，工作 C 段设备自投装置。

（3）国内某 2×660MW 空冷机组电厂的高压厂用电接线如图 3-36 所示。发电机出口设置出口断路器 GCB，两台机配置一台电动给水泵。每台机设一台容量为 76/48-48MV·A 的分裂变压器作为高压厂用工作变压器，高压厂用变压器的高压侧电源由本机组发电机出口的封闭母线上 T 接，低压侧采用共箱母线与工作段连接。每台机设置两段 10kV 高压母线，单母线接线。两台机对应的 10kV 高压段之间设置联络，互为事故停机备用电源。不设启动备用变压器和停机变压器。工程投运后保留施工调试电源，引一路 10kV 电源到两台机的 10kV 段，作为备用的事故停机电源，提高停机电源的可靠性。

（4）国内某 2×660MW 湿冷扩建机组电厂的高压厂用电接线如图 3-37 所示。6kV 高压厂用工作电源由发电机出口的主封闭母线支接 1 台分裂变压器提供，每台机配置一台电动给水泵。高压厂用母线为单母线，每台机设 A、B 两段母线，分别接在高压厂用变压器低压侧两个分裂绕组上。本工程不设 6kV 公用段。脱硫系统设置 6kV 段，电源取自主厂房 6kV 段。

本工程设置一台容量为 63/35-35MV·A 的高压启动/备用变压器，作为相应两台机组的启动/备用电源。启动/备用变压器采用有载调压分裂绕组变压器，电源从本工程一期老厂 220kV 母线引接。启动/备用变压器容量选择：可作为任一台工作变压器故障情况下的备用，满足一台机启动容量。若一台机组故障，启动/备用变压器可带工作 A、B 段的全部负荷。工作 A、B 段设快切装置。

（5）国内某 2×1000MW 湿冷机组电厂的高压厂用电接线如图 3-38 所示。高压厂用电电压采用 10kV，每台机配置一台电动给水泵。每台机设置两台容量为 68/34-34MV·A 的高压厂用工作变压器，高压厂用变压器采用三相油自然循环风冷分裂变压器，接线组为 Dyn1yn1，电压变比为 27±2×2.5%/10.5-10.5kV。变压器的高压侧电源由本机组发电机引出线上支接。每台机组设四段 10kV 工作母线，A、B 段 10kV 母线由第一台高压厂用变压器两个低压分裂绕组经共箱母线引接；C、D 段 10kV 母线由第二台高压厂用变压器两个低压分裂绕组经共箱母线引接。

本期工程两台机设置两台与工作高压厂用变压器同容量的启动/备用变压器。启动/备用变压器采用三相油自然循环风冷有载调压分裂变压器，其容量为 68/34-34MV·A，接线组为 YN0yn0 yn0，电压变比为 230±8×1.25%/10.5-10.5kV。启动/备用变压器 10kV 侧通过共箱母线连接到每台机组的四段 10kV 工作母线上作为启动/备用电源。

在本期输煤综合楼设两段输煤 10kV 段，供电给输煤以及附近的灰库等高压电动机及低压变压器，输煤 10kV 两段电源分别由 7 号和 8 号机组供电，两段之间设分段开关，互为备用。脱硫负荷高压电动机由主厂房 10kV 段直接供电。

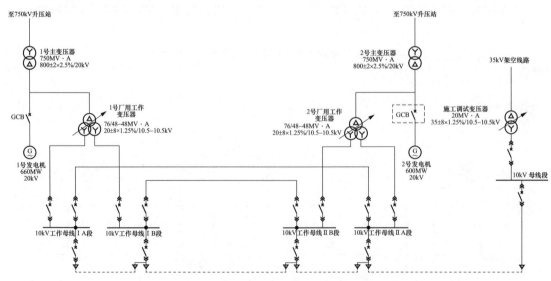

图 3-36　国内某 2×660MW 空冷机组电厂的高压厂用电接线

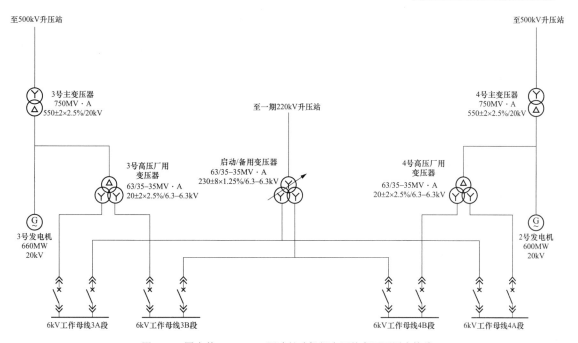

图 3-37　国内某 2×660MW 湿冷扩建机组电厂的高压厂用电接线

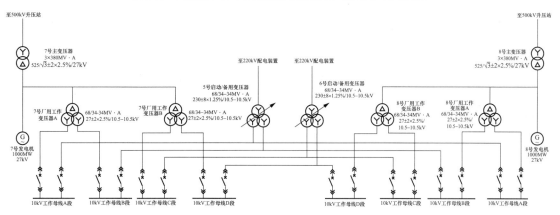

图 3-38　国内某 2×1000MW 湿冷机组电厂的高压厂用电接线

（6）国内某 2×1000MW 空冷扩建机组电厂的高压厂用电接线如图 3-39 所示。高压厂用电电压采用 10kV，每台机设置一台电动给水泵。每台机出口支接两台容量为 50/31.5-31.5MV·A 的高压厂用工作变压器。设 10kV 工作 A、B、C、D 段分别接在两台高压工作变压器低压侧的四个分裂绕组上。

启动/备用变压器 10kV 侧通过共箱母线连接到各段 10kV 工作母线上作为启动/备用电源，启动/备用变压器容量为 84/50-50MV·A。

启动/备用变压器可作为任一台工作变压器故障情况下的备用，满足一台机启动容量。若两台厂用变压器故障，可带一台机的高压负荷，公用的低压负荷由另一台机组带。即只要运行时注意将低压厂用变压器正常分列运行，高压负荷均匀分担在各母线段，启动/备用变压器可以满足两台高压厂用变压器快速切换。否则可能启动/备用变压器分支会出现过负荷。所以机组运行时应密切监视高压分支电流，预想机组故障时启动/备用变压器的分支带负荷能力是否满足要求。启动/备用变压器分支保护设计时需设置分支过负荷报警和跳闸两段时限。

（7）国内某 2×1000MW 湿冷扩建机组电厂的高压厂用电接线如图 3-40 所示。发电机出口装设断路器，两台机设置一台电动给水泵，引风机为汽驱。每台机设置一台容量为 50/28-28MV·A 的分裂绕组高压厂用变压器及一台容量为 28/28MV·A 的双绕组高压厂用变压器，变压器的高压侧电源由本机组发电机出口开关系统侧引接。高压厂用变压器 A 和高压厂用变压器 B 均采用有载调压型。设两段 6kV 工作母线，一段公用母线。机组负荷接在 6kV 工作母线，公用负荷接在 6kV 公用母线。本期与前期工程共设 1 台 31.5MV·A

双绕组变压器作为高压备用变压器，电厂的高压备用电源来自厂外 220kV 变电站。

（8）国内某 2×1000MW 机组电厂的高压厂用电接线如图 3-41 所示。发电机出口装设断路器，不设置电动给水泵，电动机驱动引风机。厂用电高压系统采用 10kV 一级电压，高压厂用电系统设置 10kV 工作 A、B 两段，采用单母线接线。每台机设置一台容量为 80/45-45MV·A 的高压厂用工作变压器，厂用工作变压器采用三相油浸自然循环风冷有载调压分裂变压器。厂用工作变压器的电源由发电机断路器与主变压器间封闭母线上支接。每台机组设 2 段 10kV 工作母线，A、B 段 10kV 母线由厂用工作变压器两个低压分裂绕组经共箱母线引接。

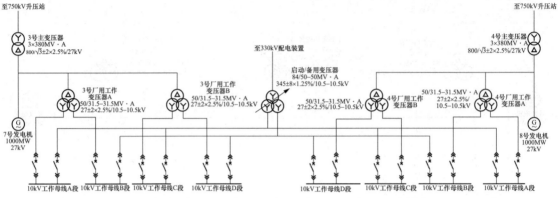

图 3-39　国内某 2×1000MW 空冷扩建机组电厂的高压厂用电接线

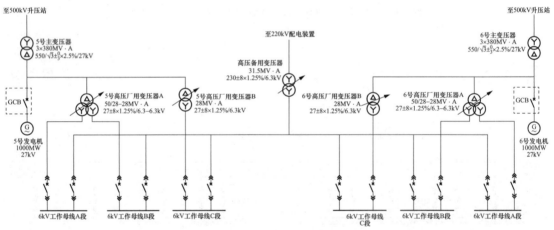

图 3-40　国内某 2×1000MW 湿冷扩建机组电厂的高压厂用电接线

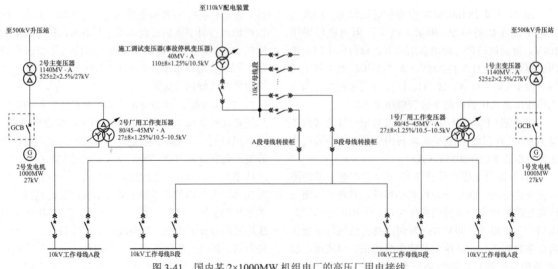

图 3-41　国内某 2×1000MW 机组电厂的高压厂用电接线

两台机组事故停机电源由 110kV 施工调试变压器 10kV 侧母线段电源间隔引接。10kV 工作母线段通过共箱母线接至母线转接柜，母线转接柜再经电缆接至施工调试变压器 10kV 侧。

二、发电厂低压厂用电接线示例

（1）国内某 2×350MW 机组电厂的低压厂用电接线如图 3-42 所示。低压厂用电系统电压采用 380/220V。中性点采用直接接地方式。每台机组在主厂房设置汽轮机、锅炉动力配电中心，设置 2 台 1250kV·A 汽轮机变压器，2 台 2000kV·A 锅炉变压器，两台变压器互为暗备用，供本机组 380V 机炉辅机低压负荷。等离子点火设备电源由每台机锅炉 PC 供电。两台机设置两台 2000kV·A 公用变压器及对应公用动力中心，两台变压器互为暗备用，供给两台机的低压公用负荷。每台机组设置照明动力中心，由 1 台 500 kV·A 变压器供电，两台机照明变压器互为暗备用。主厂房不设专用检修变压器，仅设检修通风 MCC，由主厂房公用动力中心供电。

辅助车间根据负荷分布情况设置 380/220V 动力中心，设置情况如下：

1）输煤动力中心，设置 2 台 2000kV·A 变压器，互为暗备用，设置相应的动力中心。

2）供水动力中心，设置 2 台 2000kV·A 变压器，互为暗备用，设置相应的动力中心。

3）电除尘动力中心，每台炉设置 2 台 2500kV·A 电除尘变压器，互为暗备用，设置相应的动力中心。

4）化水动力中心，设置 2 台 2000kV·A 变压器，互为暗备用，设置相应的动力中心。

5）厂前区动力中心，设置 2 台 1600kV·A 变压器，互为暗备用，设置相应的动力中心。

6）灰场动力中心，设置 1 台 250kV·A 变压器，设置相应的动力中心，电源由就地引接。

（2）国内某 2×660MW 扩建机组电厂的低压厂用电接线如图 3-43 所示。低压厂用电系统电压采用 380/220V。每台机组在主厂房设置汽机、锅炉动力配电中心，设置 2 台 2000kV·A 汽机变压器，2 台 2500kV·A 锅炉变压器，两台变压器互为暗备用，为本机组机炉辅机低压负荷供电。两台机共设置 2 台 2500kV·A 公用变压器，及相应的公用动力中心，两台公用变压器互为暗备用，供给两台机的低压公用负荷。每台机组设置一段照明动力中心，由 1 台 800kV·A 变压器供电，2 台照明变压器互为暗备用。主厂房不设专用检修变压器，每台

机汽机和锅炉分别设置一段检修通风 MCC 段，电源引自机、炉低压 PC 段。

辅助车间根据负荷分布情况设置 380/220V 动力中心，设置情况如下：

1）电除尘动力中心，每台炉设置 3 台电除尘变压器，两台工作一台明备用。容量为 2000kV·A，设置两段 PC 母线，装设备自投装置。

2）除灰动力中心，设置 2 台 1600kV·A 变压器，互为暗备用，设置相应的动力中心。

3）水处理动力中心，设置 2 台 1250kV·A 变压器，互为暗备用，设置相应的动力中心。

4）输煤动力中心，设置 2 台 1600kV·A 变压器，互为暗备用，设置相应的动力中心。

5）翻车机动力中心，设置 2 台 1000kV·A 变压器，互为暗备用，设置相应的动力中心。

（3）国内某 2×300MW 机组电厂的直接空冷系统电气接线如图 3-44 所示。每台机组直接空冷系统设置 2 台 2500kV·A 空冷双卷变压器及 2 段低压空冷动力中心。空冷变压器由主厂房 6kV A、B 段提供电源，2 台空冷变压器互为暗备用，供本机组空冷辅机低压负荷。

（4）国内某 2×300MW 机组电厂的直接空冷系统电气接线如图 3-45 所示。每台机组直接空冷系统设置 3 台 2500 kV·A 空冷双卷变压器及 2 段低压空冷动力中心。空冷变压器由主厂房 6kV A、B 段提供电源，3 台空冷变压器 2 台工作、1 台明备用，供本机组空冷辅机低压负荷。

（5）国内某 2×660MW 机组电厂的直接空冷系统电气接线如图 3-46 所示。每台机组直接空冷系统设置 6 台 2500 kV·A 空冷双卷变压器及 4 段低压空冷动力中心。空冷变压器由主厂房 6kV A、B 段提供电源，设置 3 台 Dy 空冷变压器和 3 台 Yy 空冷变压器，抑制了大量应用变频器产生的谐波。3 台 Dy 空冷变压器中 2 台工作、1 台明备用，3 台 Yy 空冷变压器中 2 台工作、1 台明备用，供本机组空冷辅机低压负荷。

（6）国内某 2×1000MW 机组电厂的直接空冷系统电气接线如图 3-47 所示。每台机组直接空冷系统设置 8 台 2500 kV·A 空冷双绕组变压器及 6 段低压空冷动力中心。空冷变压器由主厂房 6kV A、B、C、D 段提供电源，设置 4 台 Dy 空冷变压器和 4 台 Yy 空冷变压器，抑制了大量应用变频器产生的谐波。4 台 Dy 空冷变压器中 3 台工作、1 台明备用，4 台 Yy 空冷变压器中 3 台工作、1 台明备用，供本机组空冷辅机低压负荷。

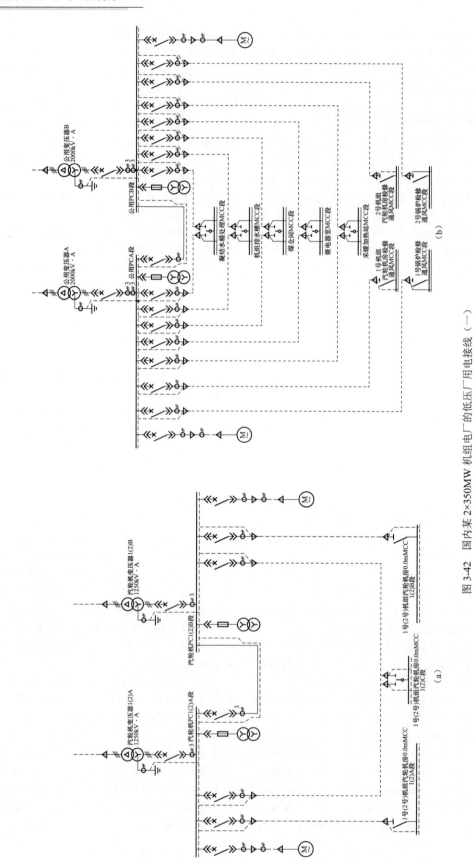

图 3-42　国内某 2×350MW 机组电厂的低压厂用电接线 (一)

(a) 汽轮机动力中心；(b) 公用动力中心

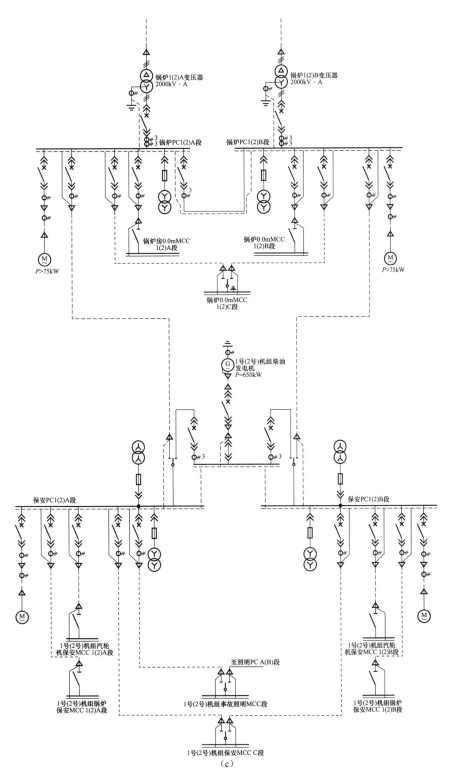

图 3-42　国内某 2×350MW 机组电厂的低压厂用电接线（二）

（c）锅炉及保安动力中心

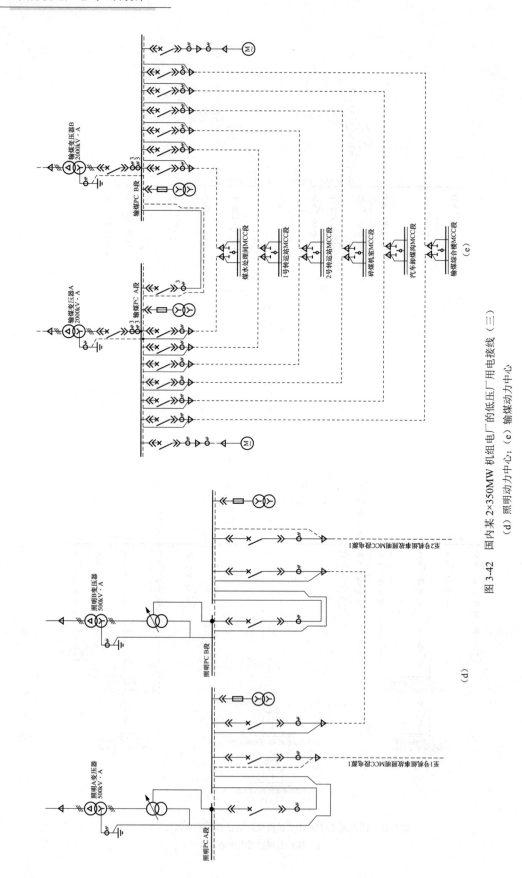

图 3-42　国内某 2×350MW 机组电厂的低压厂用电接线（三）

(d) 照明动力中心；(e) 输煤动力中心

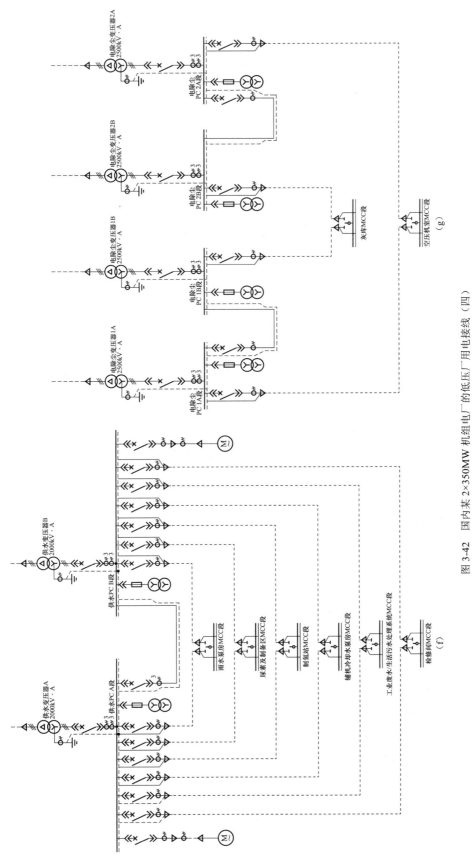

图 3-42 国内某 2×350MW 机组电厂的低压厂用电接线（四）

（f）供水动力中心；（g）电除尘动力中心

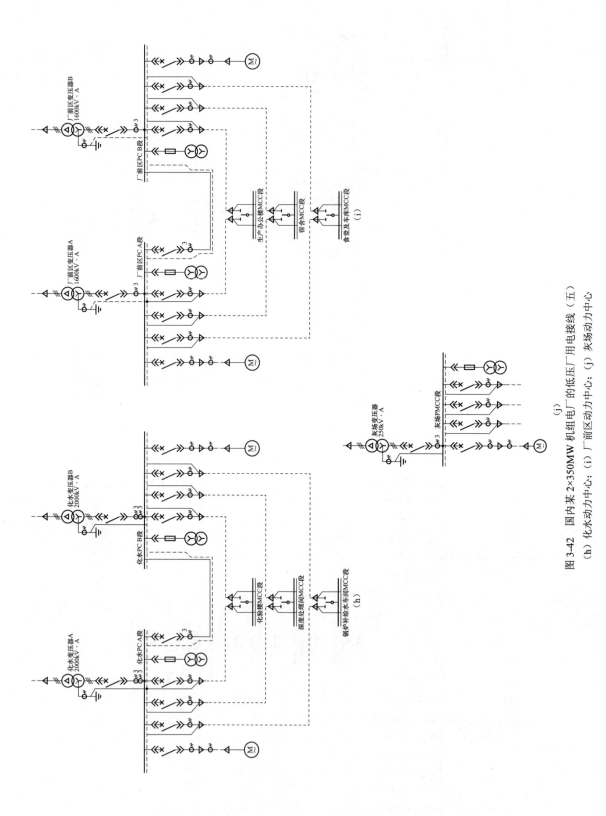

图 3-42　国内某 2×350MW 机组电厂的低压厂用电接线（五）

(h) 化水动力中心；(i) 厂前区动力中心；(j) 灰场动力中心

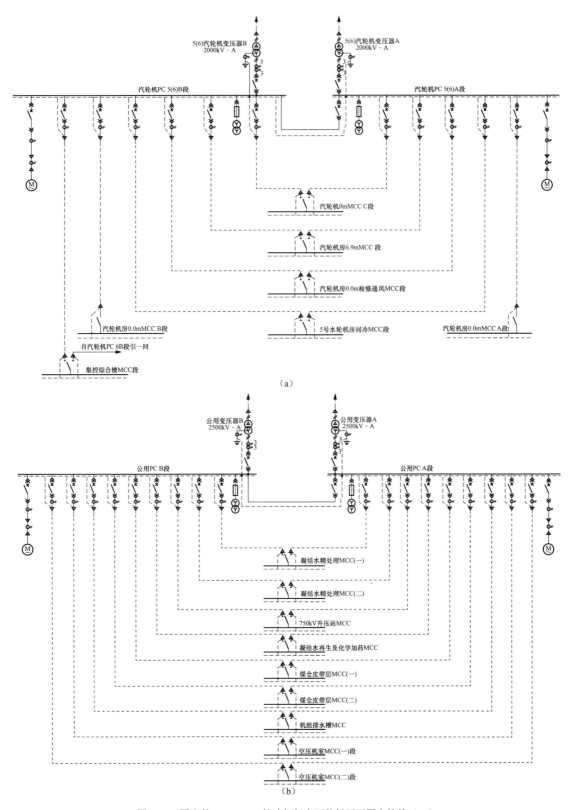

图 3-43　国内某 2×660MW 扩建机组电厂的低压厂用电接线（一）
（a）汽轮机动力中心；（b）公用动力中心

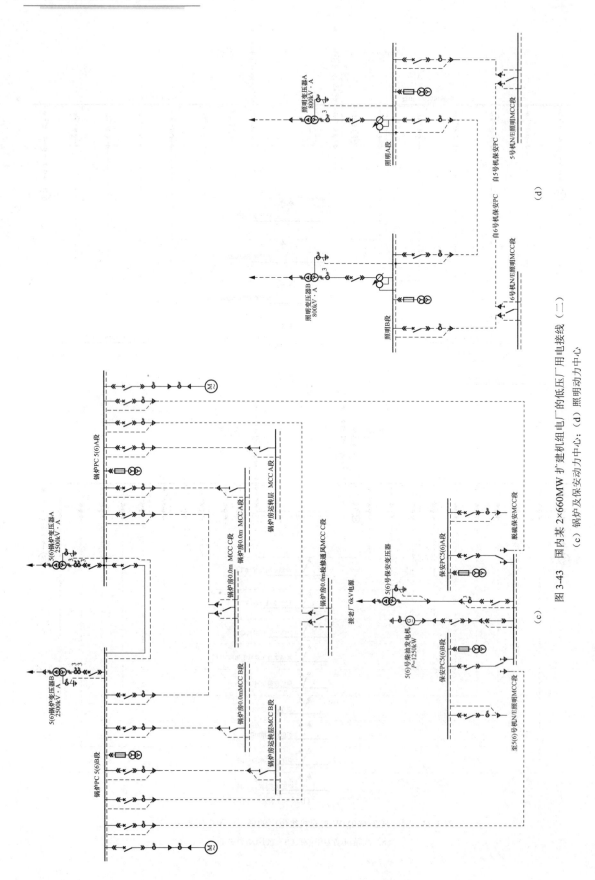

图 3-43 国内某 2×660MW 扩建机组电厂的低低压厂用电接线（二）

(c) 锅炉及保安动力中心；(d) 照明动力中心

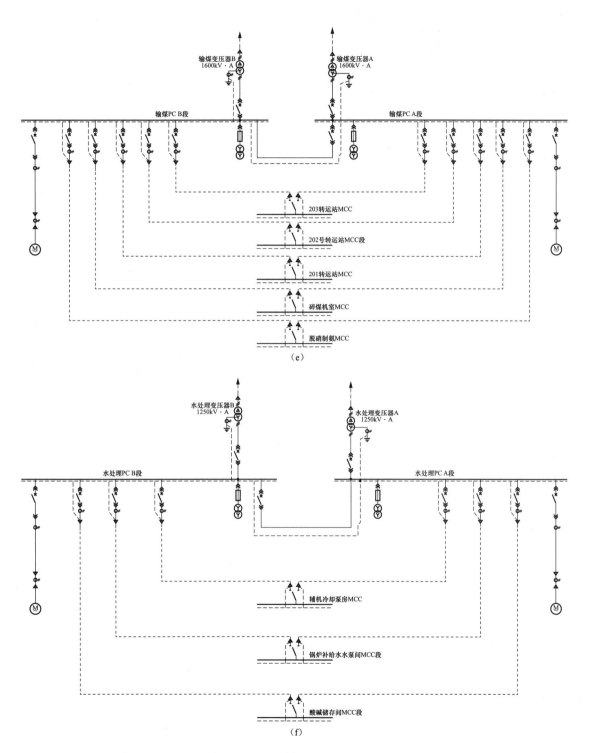

图 3-43　国内某 2×660MW 扩建机组电厂的低压厂用电接线（三）

（e）输煤动力中心；（f）水处理动力中心

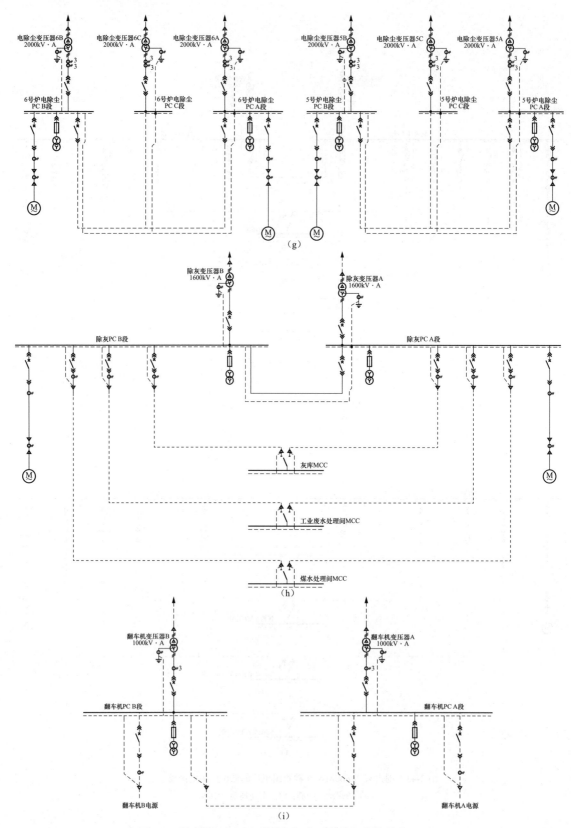

图 3-43　国内某 2×660MW 扩建机组电厂的低压厂用电接线（四）

（g）电除尘动力中心；（h）除灰动力中心；（i）翻车机动力中心

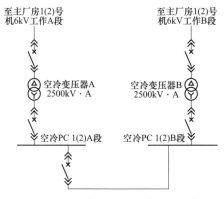

图 3-44 国内某 2×300MW 机组电厂的直接
空冷系统电气接线（一）

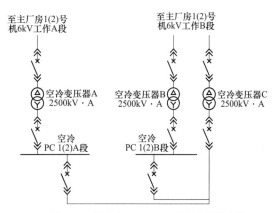

图 3-45 国内某 2×300MW 机组电厂的直接
空冷系统电气接线（二）

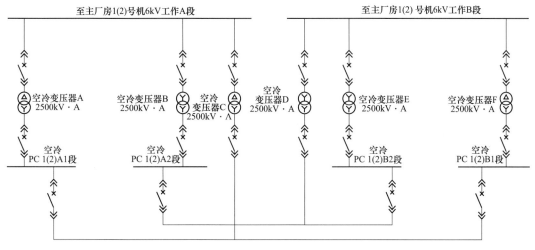

图 3-46 国内某 2×660MW 机组电厂的直接空冷系统电气接线

（7）国内某 2×330MW 机组电厂的直接空冷系统电气接线如图 3-48 所示。每台机组直接空冷系统设置 3 台 2500/1250/1250kV·A 空冷分裂变压器及 4 段低压空冷动力中心。空冷变压器由主厂房 6kV A、B 段提供电源，3 台空冷变压器中 2 台工作、1 台明备用，供本机组空冷辅机低压负荷。

（8）国内某 2×660MW 机组电厂的直接空冷系统电气接线如图 3-49 所示。每台机组直接空冷系统设置 5 台 3200/1600/1600kV·A 空冷分裂变压器及 8 段低压空冷动力中心。空冷变压器由主厂房 6kV 工作段提供电源，5 台空冷变压器中 4 台工作、1 台明备用，供本机组空冷辅机低压负荷。

三、脱硫段、输煤段接线示例

（1）国内某 2×600MW 机组电厂的脱硫系统电气接线如图 3-50 所示。两台机组高压共设四段 6kV 脱硫段，每段母线由主厂房 6kV 段引一路电源，1 号机两段 6kV 脱硫段之间及 2 号机两段 6kV 脱硫段

之间各自采用互为备用方式，保证了脱硫系统的单元性，但增加了 6kV 开关柜数量。低压采用 380/220V 电压，每台机组设一台低压工作脱硫变压器及一段动力中心对低压脱硫负荷进行供电，电源由 6kV 脱硫段引接。低压脱硫变压器采用暗备用方式。脱硫系统保安电源不单独设置柴油机，由主厂房保安段供给，每台机组提供一路电源至脱硫岛保安 MCC。

（2）国内某 2×350MW 机组电厂的脱硫系统电气接线如图 3-51 所示。两台机组高压共设两段 6kV 脱硫段，6kV 脱硫 A 段由主厂房 1 号机 6kV A、B 段各引一路电源，6kV 脱硫 B 段由主厂房 2 号机 6kV A、B 段各引一路电源。低压采用 380/220V 电压，两台机组共设置两台低压工作脱硫变压器及一段动力中心对低压脱硫负荷进行供电，电源由 6kV 脱硫段引接。低压脱硫变压器采用暗备用方式。脱硫系统保安电源不单独设置柴油机，由主厂房保安段供给，每台机组提供一路电源至脱硫岛保安 MCC。

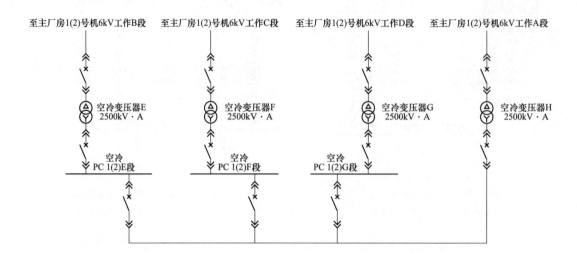

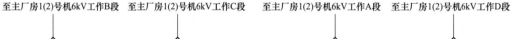

图 3-47 国内某 2×1000MW 机组电厂的直接空冷系统电气接线

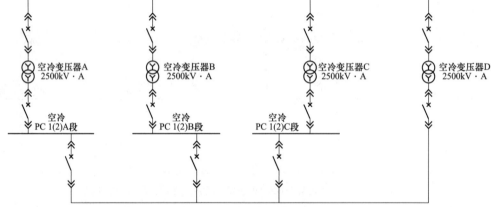

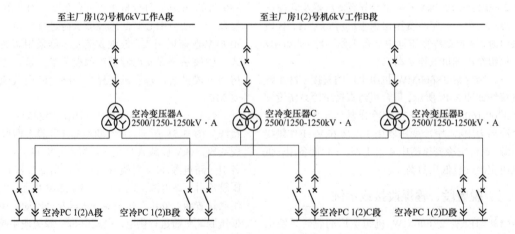

图 3-48 国内某 2×330MW 机组电厂的直接空冷系统电气接线

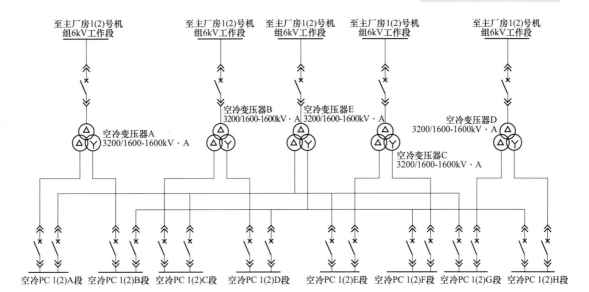

图 3-49 国内某 2×660MW 机组电厂的直接空冷系统电气接线

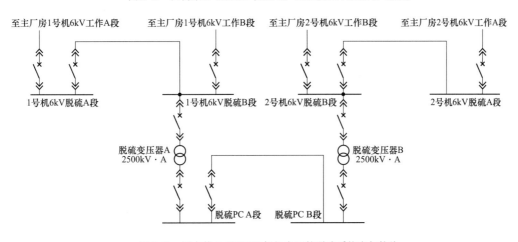

图 3-50 国内某 2×600MW 机组电厂的脱硫系统电气接线

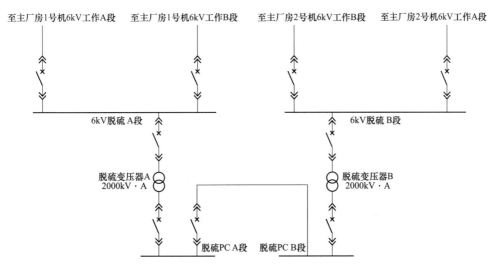

图 3-51 国内某 2×350MW 机组电厂的脱硫系统电气接线

（3）国内某 2×660MW 机组电厂的输煤系统电气接线如图 3-52 所示。两台机组高压共设置两段 10kV 输煤段，10kV 输煤 A、B 段分别由主厂房 10kV 公用 A、B 段引一路电源，两段 10kV 输煤段之间采用互为备用方式。低压采用 380/220V 电压，两台机组共设置两台低压工作输煤变压器及两段输煤动力中心对低压输煤负荷进行供电，电源由对应的 10kV 输煤段引接，低压输煤变压器采用暗备用方式。

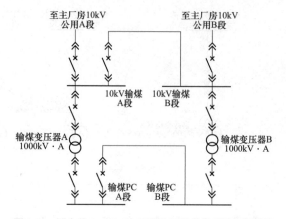

图 3-52　国内某 2×660MW 机组电厂的输煤系统电气接线

第四章

短路电流计算

第一节　短路电流计算综述

一、短路电流计算总则

火力发电厂应按工程的设计规划容量进行短路电流计算。系统计算水平应考虑电力系统的远景发展规划，宜按该工程投产后 10 年考虑。

短路类型包括对称短路故障和不对称短路故障。火力发电厂三相交流系统需要计算以下两种短路电流：

（1）最大短路电流，用于选择电气设备的容量或额定值。

（2）最小短路电流，用于选择熔断器和断路器、设定保护定值或校核感应电动机启动。

二、短路电流计算的目的

（1）电气主接线比选。

（2）选择导体和电器。

（3）确定中性点接地方式。

（4）计算软导线的短路摇摆。

（5）确定分裂导线间隔棒的间距。

（6）验算接地装置的接触电压和跨步电压。

（7）选择继电保护装置和进行整定计算。

三、短路电流计算主要方法

短路电流故障由周期分量和非周期分量构成。对于周期分量的计算，可根据故障点距电源的电气距离远近分两种情况考虑：

（1）有限电源系统。近距离故障点对电源的影响较大，发电机端电压下降很多，故障电流很大，因而发电机电枢去磁作用很强，致使短路电流中的周期分量随时间而衰减。

（2）无限大电源系统。无限大功率电源是一个相对的概念，真正的无限大功率电源在实际电力系统中是不存在的。但当许多个有限容量的发电机并联运行，或电源距短路点的电气距离很远时，就可将其等值电源近似看做无限大功率电源。前一种情况常根据等值电源的内阻抗与短路回路总阻抗的相对大小来判断该电源能否看做无限大功率电源，若等值电源的内阻抗小于短路回路总阻抗的 10% 时，则可以认为该电源为无限大功率电源；后一种情况则是通过电源与短路点间电抗的标幺值来判断的，若电抗在以电源额定容量作基准容量时的标幺值大于 3，则认为该电源是无限大功率电源。

对近距离故障点的有限大电源系统，任意时刻短路电流周期分量的计算，国内有实用短路电流计算方法，即运算曲线法。该方法是根据 20 世纪 80 年代国产机组参数运用概率统计方法制定短路电流运算曲线，给出非周期分量衰减时间常数及短路电流热效应计算方法。计算时将网络化简，保留发电机、系统及短路点，求出发电机相对短路点的连接阻抗，然后从运算曲线中查出计算电抗，计算电抗的倒数即为发电机提供的短路电流值标幺值。对远距离短路点（无限大电源系统），其相对短路点计算电抗的倒数即为短路电流标幺值。

在国际上，电力系统任意时刻短路电流的计算方法主要有 IEC、IEEE 等标准。IEEE 标准根据考虑问题的不同采用不同的标准。IEC 标准主要是分析三相对称短路故障，采用在短路点应用戴维南等值电路的等效电压源法，等效电压源法在短路点引入网络唯一的电压源，并求取短路点的系统等值阻抗从而计算短路电流。考虑到发电机励磁、系统运行电压等各种因素，引入了电压修正因子 c，电压源为系统标称电压与电压修正因子的乘积，计算系统等值阻抗时对发电机、发电机—变压器组、变压器等元件进行 c 因子相关的阻抗修正。

第二节　实用短路电流计算

一、计算条件

实用短路电流计算中，采用以下假设条件和原则：

（1）正常工作时三相系统对称运行。

（2）所有电源的电动势、相位角相同。

（3）系统中同步电机和异步电机均为理想电机，

不考虑电机磁饱和、磁滞、涡流及导体的集肤效应等影响；转子结构完全对称；定子三相绕组空间位置相差120°电气角度。

（4）电力系统中各元件的磁路不饱和，即带铁芯的电气设备电抗值不随电流大小发生变化。

（5）电力系统中所有电源都在额定负荷下运行，其中50%负荷接在高压母线上，50%负荷接在系统侧。

（6）同步电机都具有自动调整励磁装置（包括强励）。

（7）短路发生在短路电流为最大值的瞬间。

（8）不考虑短路点的电弧阻抗和变压器的励磁电流。

（9）除计算短路电流的衰减时间常数和低压网络的短路电流外，元件的电阻均略去不计。

（10）元件的参数均取其额定值，不考虑参数的误差和调整范围。

（11）输电线路的电容略去不计。

（12）用概率统计法制定短路电流运算曲线。

二、电路元件参数的计算

（1）基准值计算。

高压短路电流计算一般采用标幺值计算。为了计算方便，通常取基准容量 $S_j=100MV \cdot A$ 或 $S_j=1000MV \cdot A$，基准电压 U_j 一般用各级平均电压，即：

$$U_j=U_p=1.05U_e \tag{4-1}$$

式中　U_p——平均电压；

　　　U_e——额定电压。

当基准容量 S_j（MV·A）与基准电压 U_j（kV）选定后，基准电流 I_j（kA）与基准电抗 X_j（Ω）便已决定

基准电流：

$$I_j=\frac{S_j}{\sqrt{3}U_j} \tag{4-2}$$

基准电抗：

$$X_j=\frac{U_j}{\sqrt{3}I_j}=\frac{U_j^2}{S_j} \tag{4-3}$$

常用基准值见表4-1。

（2）各元件参数标幺值的计算。

电路元件的标幺值为有名值与基准值之比，计算公式为：

$$U_*=\frac{U}{U_j} \tag{4-4}$$

$$S_*=\frac{S}{S_j} \tag{4-5}$$

$$I_*=\frac{I}{I_j}=I\frac{\sqrt{3}U_j}{S_j} \tag{4-6}$$

$$X_*=\frac{X}{X_j}=X\frac{S_j}{U_j^2} \tag{4-7}$$

采用标幺值后，相电压和线电压的标幺值是相同的，单相功率和三相功率的标幺值也是相同的，某些物理量还可以用标幺值相等的另一物理量来代替，$I_*=S_*$。

电抗标幺值和有名值的变换公式见表 4-2，各类元件的电抗平均值见表 4-3。

表 4-1　　　　　　　　　　　常用基准值（$S_j=100MV \cdot A$）

基准电压 U_j（kV）	3.15	6.3	10.5	15.75	18	20	37
基准电流 I_j（kV）	18.33	9.16	5.50	3.67	3.21	2.89	1.56
基准电抗 X_j（kV）	0.0992	0.3969	1.10	2.48	3.24	4.00	13.7
基准电压 U_j（kV）	69	115	230	345	525	787.5	1050
基准电流 I_j（kV）	0.84	0.50	0.25	0.17	0.11	0.08	0.05
基准电抗 X_j（kV）	47.6	132.3	529.0	1190	2756	5852	11025

表 4-2　　　　　　　　　　　电抗标幺值和有名值的变换公式

序号	元件名称	标幺值	有名值（Ω）	备　注
1	发电机 调相机 电动机	$X''_{d*}=\frac{X''_d\%}{100}\times\frac{S_j}{P_e/\cos\varphi}$	$X''_d=\frac{X''_d\%}{100}\times\frac{U_j^2}{P_e/\cos\varphi}$	$X''_d\%$ 为电机次暂态电抗百分值。P_e 系指电机额定容量，单位为 MW
2	变压器	$X_{*d}=\frac{U_d\%}{100}\times\frac{S_j}{S_e}$	$X_d=\frac{U_d\%}{100}\times\frac{U_e^2}{S_e}$	$U_d\%$为变压器短路电压的百分值。S_e 系指最大容量绕组的额定容量，单位为 MV·A
3	电抗器	$X_{*k}=\frac{X_k\%}{100}\times\frac{U_e}{\sqrt{3}I_e}\times\frac{S_j}{U_j^2}$	$X_k=\frac{X_k\%}{100}\times\frac{U_e}{\sqrt{3}I_e}$	$X_k\%$为电抗器的百分电抗值，分裂电抗器的自感电抗计算方法与此相同。I_e 单位为 kA
4	线路	$X_*=X\frac{S_j}{U_j^2}$	$X=0.145\lg\frac{D}{0.789r}$ $D=\sqrt[3]{d_{ab}\,d_{ac}\,d_{cb}}$	r——导线半径，cm； D——导线相间的几何均距，cm； d——相间距离

注　U_j 和 U_e 实际为设备本身电压，单位为 kV。

　　$X''_d\%$ 为发电机次暂态电抗饱和值。

表 4-3   各类元件的电抗平均值

序号	元件名称		电抗平均值			备注
			X_j'' 或 X_1 (%)	X_2 (%)	X_0 (%)	
1	容量为 50MW 以下的汽轮发电机		14.5	17.5	7.5	
2	100MW 或 125MW 的汽轮发电机		17.5	21.0	8.0	
3	200MW 的汽轮发电机		14.5	17.5	8.5	
4	300MW 的汽轮发电机		17.2	19.8	8.4	国产机
5	600MW 的汽轮发电机		21.7	22.9	10.3	
6	1000MW 的汽轮发电机		18.6	19.6	12	
7	同步电动机		15.0	16.0	8.0	
	异步电动机		20.0			
8	6～10kV 三芯电缆		$X_1=X_2=0.08\Omega/km$		$X_0=0.35X_1$	
9	20kV 三芯电缆		$X_1=X_2=0.11\Omega/km$		$X_0=0.35X_1$	
10	35kV 三芯电缆		$X_1=X_2=0.12\Omega/km$		$X_0=3.5X_1$	
11	110kV 和 220kV 单芯电缆		$X_1=X_2=0.18\Omega/km$		$X_0=(0.8～1.0)X_1$	
12	无避雷线的架空输电线路	单回路	单导线		$X_0=3.5X_1$	
13		双回路	$X_1=X_2=0.4\Omega/km$		$X_0=5.5X_1$	系每回路值
14	有钢质避雷线的架空输电线路	单回路	双分裂导线		$X_0=3X_1$	
15		双回路	$X_1=X_2=0.31\Omega/km$		$X_0=4.7X_1$	系每回路值
16	有良导体避雷线的架空输电线路	单回路	四分裂导线		$X_0=2X_1$	
17		双回路	$X_1=X_2=0.29\Omega/km$		$X_0=3X_1$	系每回路值

注 X_1 (%)—正序阻抗，X_2 (%)—负序阻抗，X_0 (%)—零序阻抗。

从某一基准容量 S_{1j} 的标幺值化到另一基准容量 S_{2j} 的标幺值，即：

$$X_{*2} = X_{*1}\frac{S_{2j}}{S_{1j}} \tag{4-8}$$

从某一基准容量电压 U_{1j} 的标幺值化到另一基准电压 U_{2j} 的标幺值，即：

$$X_{*2} = X_{*1}\frac{U_{1j}^2}{U_{2j}^2} \tag{4-9}$$

已知系统短路容量 S_d''，求该系统的组合电抗标幺值，即：

$$X_* = \frac{S_j}{S_d''} \tag{4-10}$$

(3) 变压器及电抗器的等值电抗计算。

三绕组变压器、自耦变压器、分裂变压器及分裂电抗器的等值电抗计算公式见表 4-4。

三绕组变压器的容量组合有 100/100/100、100/100/50 及 100/50/100 三种方案，自耦变压器也有后两种组合方案。通常，制造单位提供的三绕组变压器的电抗已归算到以额定容量为基准的数值，但对于自耦变压器有时却未归算，在使用时应予以注意。如果制造单位提供的是未经归算的数值，则其高低、中低绕组的电抗乘以自耦变压器额定容量对低压绕组容量的比值。

普通电抗器的电抗由每相的自感决定，等值电路用自身的电抗表示。由于电抗器绕组间的互感很小，可看做 $X_0=X_1=X_2$。分裂电抗器是在绕组中部有一个抽头，将绕组分成匝数相等的两部分。由于电磁交链，将使分裂电抗器在不同的工作状态下呈现不同的电抗值，计算时应根据运行方式和短路点的位置，选择计算公式。

表 4-4   三绕组变压器、自耦变压器、分裂绕组变压器及分裂电抗器的等值电抗计算公式

名称		接线图	等值电抗	等值电抗计算公式	符号说明
双绕组变压器	低压侧有两个分裂绕组			低压绕组分裂 $X_1 = X_{1-2} - \frac{1}{4}X_{2'-2''}$ $X_{2'} = X_{2''} = \frac{1}{2}X_{2'-2''}$	X_{1-2}——高压绕组与总的低压绕组间的穿越电抗； $X_{2'-2''}$——分裂绕组间的分裂电抗

名称		接线图	等值电抗	等值电抗计算公式	符号说明
双绕组变压器	低压侧有两个分裂绕组			普通单相变压器低压两个绕组分别引出使用 $$X_1 = 0$$ $$X_2' = X_2'' = 2X_{1-2}$$	X_{1-2}——高压绕组与总的低压绕组间的穿越电抗; $X_{2'-2''}$——分裂绕组间的分裂电抗
三绕组变压器	不分裂绕组			$$X_1 = \frac{1}{2}(X_{1-2} + X_{1-3} - X_{2-3})$$ $$X_2 = \frac{1}{2}(X_{1-2} + X_{2-3} - X_{1-3})$$ $$X_3 = \frac{1}{2}(X_{1-3} + X_{2-3} - X_{1-2})$$	
自耦变压器					
三绕组变压器	低压侧有两个分裂绕组			$$X_1 = \frac{1}{2}(X_{1-2} + X_{1-3'} - X_{2-3'})$$ $$X_2 = \frac{1}{2}(X_{1-2} + X_{2-3'} - X_{1-3'})$$ $$X_3 = \frac{1}{2}(X_{1-3'} + X_{2-3'} - X_{1-2} - X_{3'-3''})$$ $$X_{3'} = X_{3''} = \frac{1}{2}X_{3'-3''}$$	X_{1-2}——高中压绕组间的穿越电抗; $X_{3'-3''}$——分裂绕组间的分裂电抗; $X_{1-3'} = X_{1-3''}$——高压绕组与分裂绕组间的穿越电抗; $X_{2-3'} = X_{2-3''}$——中压绕组与分裂绕组间的穿越电抗
自耦变压器					
分裂电抗器	仅由一臂向另一臂供给电流			$$X = 2X_k(1 + f_0)$$	X_k——其中一个分支的电抗
	由中间向两臂或由两臂向中间供给电流			$$X_1 = X_2 = X_k(1 - f_0)$$ （两臂电流相等）	f_0——互感系数 = 0.4~0.6; X_3——互感电抗
	由中间和一臂同时向另一臂供给电流			$$X_1 = X_2 = X_k(1 + f_0)$$ $$X_3 = -X_k f_0$$	

三、网络变换

（一）网络变换基本公式

网络变换基本方法的公式见表4-5。

（二）常用网络电抗变换公式

常用网络电抗变换的简明公式见表4-6。

表4-5 网络变换基本方法的公式

序号	变换名称	变换符号	变换前的网络	变换后的网络	变换后网络元件的阻抗	变换前网络中的电流分布
1	串联	+			$X_z=X_1+X_2+\cdots+X_n$	$I_1=I_2=\cdots=I_n=I$
2	并联	‖			$$X_z=\cfrac{1}{\cfrac{1}{X_1}+\cfrac{1}{X_2}+\cdots+\cfrac{1}{X_n}}$$ 当只有两支时 $X_z=\dfrac{X_1X_2}{X_1+X_2}$	$I_n=I\dfrac{X_z}{X_n}=IC_n$
3	三角形变成等值星形	△／Y			$X_L=\dfrac{X_{LM}X_{NL}}{X_{LM}+X_{MN}+X_{NL}}$ $X_M=\dfrac{X_{LM}X_{MN}}{X_{LM}+X_{MN}+X_{NL}}$ $X_N=\dfrac{X_{MN}X_{NL}}{X_{LM}+X_{MN}+X_{NL}}$	$I_{LN}=\dfrac{I_LX_L-I_MX_M}{X_{LM}}$ $I_{MN}=\dfrac{I_MX_M-I_NX_N}{X_{MN}}$ $I_{NL}=\dfrac{I_NX_N-I_LX_L}{X_{NL}}$
4	星形变成等值三角形	Y／△			$X_{LM}=X_L+X_M+\dfrac{X_LX_M}{X_N}$ $X_{MN}=X_M+X_N+\dfrac{X_MX_N}{X_L}$ $X_{NL}=X_N+X_L+\dfrac{X_NX_L}{X_M}$	$I_L=I_{LM}-I_{NL}$ $I_M=I_{MN}-I_{LM}$ $I_N=I_{NL}-I_{MN}$
5	四边形变成有对角线的四边形	＋／⊕			$X_{AB}=X_AX_B\Sigma Y$ $X_{BC}=X_BX_C\Sigma Y$ $X_{AC}=X_AX_C\Sigma Y$ ... 式中 $\Sigma Y=\dfrac{1}{X_A}+\dfrac{1}{X_B}+\dfrac{1}{X_C}+\dfrac{1}{X_D}$	$I_A=I_{AC}+I_{AB}-I_{DA}$ $I_B=I_{BD}+I_{BC}-I_{AB}$ ...

续表

序号	变换名称	变换前的网络	变换后的网络	变换后网络元件的阻抗	变换前网络中的电流分布
6	有对角线的四边形变换为四角形，满足下列条件时：$y_{AB}y_{CD}=y_{AC}y_{BD}$，$y_{BD}=y_{AD}y_{BC}$	(网络图)	(网络图)	$$X_A=\cfrac{1}{\cfrac{1}{X_{AB}}+\cfrac{1}{X_{AC}}+\cfrac{X_{BD}}{X_{AB}X_{DA}}}$$ $$X_B=\cfrac{1}{\cfrac{1}{X_{AB}}+\cfrac{1}{X_{BC}}+\cfrac{X_{AC}}{X_{AB}X_{BC}}}$$ $$X_C=\cfrac{X_{AB}+\cfrac{X_{AC}}{X_{BC}}}{1+\cfrac{X_{AB}}{X_{BC}}+\cfrac{X_{AC}}{X_{BD}}}$$ $$X_D=\cfrac{X_{AB}+\cfrac{X_{BD}}{X_{AC}}}{1+\cfrac{X_{AB}}{X_{AC}}+\cfrac{X_{BD}}{X_{AD}}}$$	$$I_{AB}=\frac{I_AX_A-I_BX_B}{X_{AB}}$$ $$I_{CB}=\frac{I_CX_C-I_BX_B}{X_{BC}}$$ $$\cdots$$
7	有对角线的四边形变换为等值网络，满足下列条件时：$y_{AB}y_{CD}=y_{AC}y_{BD}$	(网络图)	(网络图)	计算 X_A、X_B、X_C、X_D 的公式同上 $$X_E=\left(\frac{X_{AC}X_{BD}}{X_{AD}X_{BC}}-1\right)\times$$ $$\frac{X_{AB}}{\left(1+\frac{X_{AB}}{X_{BC}}+\frac{X_{AB}}{X_{BD}}\right)\left(1+\frac{X_{AB}}{X_{AC}}+\frac{X_{AB}}{X_{AD}}\right)}$$	$$I_{AB}=\frac{I_A(X_A+X_E)-I_BX_B+I_DX_E}{X_{AB}}$$ $$I_{DG}=\frac{I_D(X_D+X_E)+I_AX_E-I_CX_C}{X_{DC}}$$ $$I_{CB}=\frac{I_CX_C-I_BX_B}{X_{BC}};\ I_{DA}=\frac{I_DX_D-I_AX_A}{X_{DA}}$$ $$I_{AC}=\frac{I_A(X_A+X_E)-I_CX_C+I_DX_E}{X_{AC}}$$ $$I_{BD}=\frac{I_BX_B-I_AX_E-I_D(X_D+X_E)}{X_{BD}}$$
8	一般条件下，由有对角线的四边形变换为等值网络	(网络图)	(网络图)	计算 X_A、X_B、X_C、X_D 及 X_E 的公式同上 $$X_F=\cfrac{1}{\cfrac{1}{X_{CD}}-\cfrac{X_{AB}}{X_{AC}X_{BD}}}$$	计算 I_{AB}、I_{CB}、I_{DA}、I_{AC} 及 I_{BD} 的公式同上 $$I_{DC}=\frac{I_FX_F}{X_{DC}}$$

表 4-6　　　常用网络阻抗变换的简明公式

序号	变换前的网络	变换后的网络	变换后网格元件的阻抗	适用接线图实例
1			$X_{1d}=X_1$ $X_{2d}=\dfrac{Y_1}{X_6+\dfrac{X_2X_5}{Y_2\Sigma Y}+\dfrac{X_4X_5}{Y_2\Sigma Y}}$ $X_{3d}=\dfrac{X_3X_5}{\dfrac{X_2X_5}{Y_2\Sigma Y}+\dfrac{X_4X_5}{Y_2\Sigma Y}}$ $X_{4d}=\dfrac{Y_2}{X_7+\dfrac{X_2X_8}{Y_1\Sigma Y}+\dfrac{X_4X_8}{Y_2\Sigma Y}}$ 其中: $Y_1=X_2X_6+X_5X_6+X_2X_5$ $Y_2=X_4X_7+X_7X_8+X_4X_8$ $\Sigma Y=\dfrac{1}{X_3}+\dfrac{X_2+X_5}{Y_1}+\dfrac{X_4+X_8}{Y_2}$	 注　1. 三绕组变压器的 $U_{dⅢ}\%=0$。 　　2. 对以上接线图任一母线短路均可采用。
2			$X_{1d}=X_1$ $X_{2d}=\dfrac{Y_1}{\dfrac{X_2X_9}{Y_3}+\dfrac{X_2X_5}{Y_1\Sigma Y}+\dfrac{X_5X_5}{Y_2\Sigma Y}}$ $X_{3d}=\dfrac{X_3J_3+X_6X_7}{\dfrac{X_2}{Y_1\Sigma Y}+\dfrac{X_4}{Y_2\Sigma Y}}$ $X_{4d}=\dfrac{Y_2}{\dfrac{X_7X_9}{Y_3}+\dfrac{X_2X_8}{Y_1\Sigma Y}+\dfrac{X_4X_8}{Y_2\Sigma Y}}$ 其中: $Y_1=\dfrac{X_2X_6X_9}{Y_3}+\dfrac{X_5X_9X_9}{Y_3}+X_2X_5$ $Y_2=\dfrac{X_4X_7X_9}{Y_3}+\dfrac{X_7X_8X_9}{Y_3}+X_4X_8$ $Y_3=X_6+X_7+X_9$ $\Sigma Y=\dfrac{X_3J_3+X_6X_7}{Y_3}+\dfrac{X_2+X_5}{Y_1}$ $\qquad+\dfrac{X_4+X_8}{Y_2}$	 注　三绕组变压器的 $U_{dⅢ}\%=0$

续表

序号	变换前的网络	变换后的网络	变换后网格元件的阻抗	适用接线图实例
3			$X_{1d}=X_1$ $X_{2d}=\dfrac{Y_1}{X_6+\dfrac{X_5}{X_9\sum Y}+\dfrac{X_2X_5}{Y_1\sum Y}+\dfrac{X_4X_5}{Y_2\sum Y}}$ $X_{3d}=\dfrac{X_3X_5}{\dfrac{X_5}{X_9\sum Y}+\dfrac{X_2X_5}{Y_1\sum Y}+\dfrac{X_4X_5}{Y_2\sum Y}}$ $X_{4d}=\dfrac{Y_2}{X_7+\dfrac{X_5}{X_9\sum Y}+\dfrac{X_2X_8}{Y_1\sum Y}+\dfrac{X_4+X_8}{Y_2\sum Y}}$ 其中： $Y_1=X_2X_6+X_6X_5+X_2X_5$ $Y_2=X_4X_7+X_7X_8+X_4X_8$ $\sum Y=\dfrac{1}{X_3}+\dfrac{1}{X_9}+\dfrac{X_2}{X_1}+\dfrac{X_5}{Y_1}+\dfrac{X_4+X_8}{Y_2}$	 注　三绕组变压器的 $U_{dⅢ}\%_6=0$
4			$X_{1d}=X_1$ $X_{2d}=X_2+\dfrac{X_4(X_5+X_6)}{Y_1}+\dfrac{X_4X_6(X_4X_5+Y_1X_2)}{(Y_1X_3+X_5X_6)Y_1}$ $X_{3d}=X_3+\dfrac{X_6(X_4+X_5)}{Y_1}+\dfrac{X_4X_6(X_6X_5+Y_1X_2)}{(Y_1X_2+X_4X_5)Y_1}$ 其中： $Y_1=X_4+X_5+X_6$	

（三）网络的简化

（1）对称网络的简化。

在网络简化中，对短路点具有局部对称或全部对称的网络，同电位的点可以短接，其间电抗可以略去。

如图 4-1 所示，如果 G_1 与 G_2、B_1 与 B_2 相同，那么计算 d_1 与 d_2 点短路电流时，A 点和 B 点具有相同的电位。因此完全可以将 G_1 与 G_2、B_1 与 B_2 并联，将电抗器 K 的电抗 X_K 视为零，将 A、B 两点直接短接。

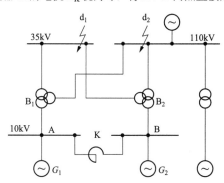

图 4-1 对称网络示例

（2）并联电路支路合并。

如图 4-2 所示的并联电源支路合并按式（4-11）～式（4-14）进行，即：

$$E_z = \frac{E_1 Y_1 + E_2 Y_2 + E_3 Y_3 + \cdots + E_n Y_n}{Y_1 + Y_2 + Y_3 + \cdots + Y_n} \quad (4\text{-}11)$$

$$X_z = \frac{1}{Y_1 + Y_2 + Y_3 + \cdots + Y_n} \quad (4\text{-}12)$$

如果只有两个电源支路，则：

$$E_z = \frac{E_1 X_2 + E_2 X_1}{X_1 + X_2} \quad (4\text{-}13)$$

$$X_z = \frac{X_1 X_2}{X_1 + X_2} \quad (4\text{-}14)$$

式中　　E_z——合成电动势；

　　　　X_z——合成电抗；

Y_1、Y_2、$\cdots$、Y_n——各并联分支回路的电纳。

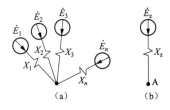

图 4-2 并联电源支路合并示意图

（a）原电路；（b）等效电路

（3）合成电抗的分解（如图 4-3 所示）。

若需从总的合成电抗 X_z 中分出某一电抗 X_1，则其余电抗的合成电抗 X_{z-1} 按式（4-15）计算，即：

$$X_{z-1} = \frac{X_1 X_z}{X_1 - X_z} \quad (4\text{-}15)$$

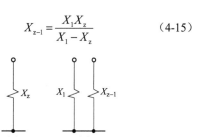

图 4-3 合成阻抗分解示意图

（a）原电路；（b）分解电路

（4）分布系数。

求得短路点到各电源间的总组合电抗以后，为了求出短路点到各电源的转移电抗及网络内电流分布，可利用分布系数 c。将短路处总电流当做单位电流，则可求得每支路中电流对单位电流的比值，这些比值称为分布系数，用符号 c_1、c_2、$\cdots$、c_n 代表。对于一个点，其所有支路的电流分布系数之和为 1。

任一电源 n 和短路点 K 间的转移电抗 X_{nd}，可由该电源的分布系数 c_n 和网络的总组合电抗 X_Σ 来决定。

$$X_{nd} = \frac{X_\Sigma}{c_n} \quad (4\text{-}16)$$

任一电源 n 供给的短路电流 I_z，也可由该电源的分布系数 c_n 和短路点的总短路电流 I_d 来决定。

$$I_z = c_n I_d \quad (4\text{-}17)$$

现以图 4-4 为例，说明如下：

$$X_4 = \frac{X_1 X_2}{X_1 + X_2}$$

$$X_\Sigma = X_3 + X_4 = X_3 + \frac{X_1 X_2}{X_1 + X_2}$$

$$c_1 = \frac{X_4}{X_1} = \frac{X_2}{X_1 + X_2}$$

$$c_2 = \frac{X_4}{X_2} = \frac{X_1}{X_1 + X_2}$$

则　　　$X_{1d} = \dfrac{X_\Sigma}{c_1}$　　$I_1 = c_1 I_d$

　　　　$X_{2d} = \dfrac{X_\Sigma}{c_2}$　　$I_2 = c_2 I_d$

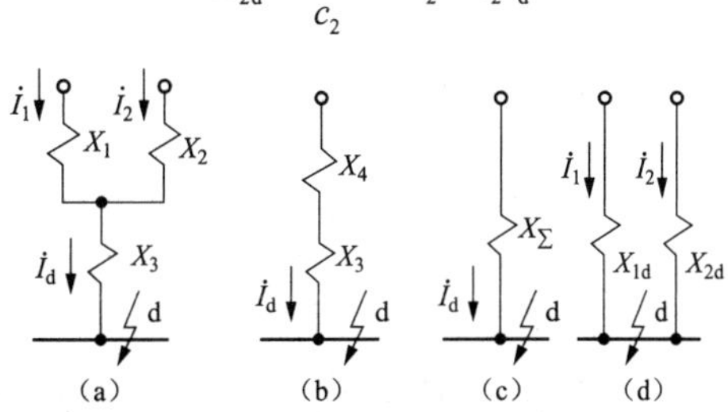

图 4-4 求分布系数示意图

（5）多支路星形网络化简。

若各电源点的电势是相等的，即电源间的转移电抗不会有短路电流流过，在网络变化中应用由多支路星形变为具有对角线的多角形公式推导出ΣY法。即

$$X_{nd} = X_n \Sigma Y \qquad (4\text{-}18)$$

在实用计算中，利用式（4-18）及倒数法（即合成电抗为各并联电抗倒数和的倒数）则会使计算极为简便。以图4-5为例，令：

$$\Sigma Y = \frac{1}{X_1} + \frac{1}{X_2} + \cdots + \frac{1}{X_n} + \frac{1}{X}$$

$$W = X\Sigma Y$$

则 $X_{1d} = X_1 W \qquad X_{2d} = X_2 W \qquad X_{nd} = X_n W$

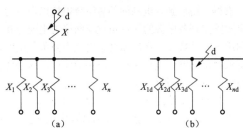

图 4-5 ΣY 法示意图

（6）等值电源的归并。

1）按个别变化计算。

当网络中有几个电源时，可将条件相类似的发电机按下述情况连成一组，分别求出至短路点的转移电抗：

a. 同型式且至短路点的电气距离大致相等的发电机。

b. 至短路点的电气距离较远，即 $X_{js} > 1$ 的同一类型或不同类型的发电机。

c. 直接连接于短路点上的同类型发电机。

2）按同一变化计算。

当仅计算任意时间 t 的短路电流周期分量 I_{zt} 时，各电源的发电机型式、参数相同且距离短路点的电气距离大致相等时，可将各电源合并为一个总的计算电抗：

$$X_{js} = X_{*\Sigma} \frac{S_{e\Sigma}}{S_j} \qquad (4\text{-}19)$$

$$I_{zt} = I_{*zt} I_{e\Sigma} \qquad (4\text{-}20)$$

式中 $X_{*\Sigma}$ ——各电源合并后的计算电抗标幺值；

I_{*zt} ——各电源合并后的计算电抗标幺值 t 秒短路电流周期分量标幺值；

$S_{*e\Sigma}$ ——各电源合并后总的额定容量，MV·A；

$I_{e\Sigma}$ ——各电源合并后总的额定电流。

四、无限大电源供给的短路电流周期分量

无限大电源供给的短路电流，当供电电源为无穷大或计算电抗（以供电电源为基准）$X_{js} \geq 3$ 时，可不

考虑电流周期分量的衰减，认为其为恒压源，此时短路电流周期分量有效值计算如下：

$$X_{js} = X_{*\Sigma} \frac{S_e}{S_j} \qquad (4\text{-}21)$$

$$I_{*Z} = I_*'' = I_{*\infty} = \frac{1}{X_{*\Sigma}} \qquad (4\text{-}22)$$

$$I_Z = \frac{I_j}{X_{js}} = \frac{U_p}{\sqrt{3}X_\Sigma} = \frac{I_j}{X_{*\Sigma}} = I_*'' \times I_j \qquad (4\text{-}23)$$

$$S'' = \frac{S_e}{X_{js}} = \frac{S_j}{X_{*\Sigma}} = I_*'' S_j \qquad (4\text{-}24)$$

式中 $X_{*\Sigma}$ ——电源对短路点的等值电抗标幺值；

X_{js} ——额定容量 S_e 下的计算电抗；

S_e ——电源的额定容量，MV·A；

S'' ——短路容量，MV·A；

I_{*Z} ——短路电流周期分量的标幺值；

I_Z ——短路电流周期分量的有效值，kA；

I_*'' ——0秒短路电流周期分量的标幺值；

$I_{*\infty}$ ——时间为 ∞ 短路电流周期分量的标幺值；

U_p ——系统平均额定电压；

X_Σ ——电源对短路点的等值电抗有名值。

公式中忽略了电阻，如果回路总电阻 $R_\Sigma > \frac{1}{3} X_\Sigma$ 时，电阻对短路电流有较大的作用。此时，必须用阻抗的标幺值来代替式中的电抗标幺值，$Z_{*\Sigma} = \sqrt{R_{*z}^2 + X_{*z}^2}$ 来代替公式中的 $X_{*\Sigma}$。

五、有限电源供给的短路电流周期分量

有限电源供给的短路电流，通常先将电源对短路点的等值电抗 $X_{*\Sigma}$ 归算到以电源容量为基准的计算电抗 X_{js}，然后查相应的发电机运算曲线（见图4-6～图4-10），或查相应的发电机计算曲线数字表（见表4-7～表4-8），即可得到短路电流周期分量的标幺值 I_*。这

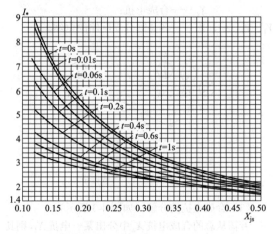

图 4-6 汽轮发电机运算曲线（一）（$X_{js}=0.12～0.50$）

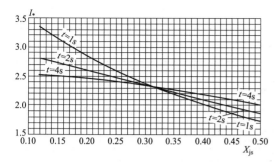

图 4-7　汽轮发电机运算曲线（二）（X_{js}=0.12～0.50）

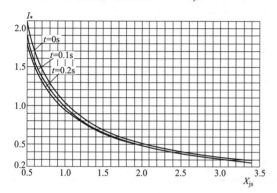

图 4-8　汽轮发电机运算曲线（三）（X_{js}=0.5～3.45）

时，可能要进行时间常数或励磁回路时间常数或励磁电压顶值的修正。

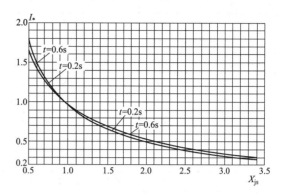

图 4-9　汽轮发电机运算曲线（四）（X_{js}=0.5～3.45）

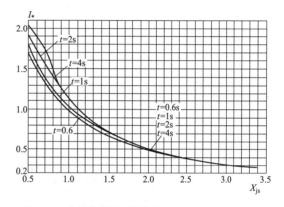

图 4-10　汽轮发电机运算曲线（五）（X_{js}=0.5～3.45）

些曲线和数字，是 20 世纪 80 年代采集国内 200MW 及以下各机组参数，分析电力系统负荷分布状况，采用概率统计方法在计算机上得到的结果。若发电机型式和容量不相等，查容量占多数的发电机的曲线。当发电机参数与制订运算曲线时的标准参数有较大差别

表 4-7　　　　　　　　　　　　　　　汽轮发电机运算曲线数字表（X_{js}= 0.12～0.95）

X_{js} \ t（s）	0	0.01	0.06	0.1	0.2	0.4	0.5	0.6	1	2	4
0.12	8.963	8.603	7.186	6.4	5.22	4.252	4.006	3.821	3.344	2.795	2.512
0.14	7.718	7.467	6.441	5.839	4.878	4.04	3.829	3.673	3.28	2.808	2.526
0.16	6.763	6.545	5.66	5.146	4.336	3.649	3.481	3.359	3.06	2.706	2.49
0.18	6.02	5.844	5.122	4.697	4.016	3.429	3.288	3.186	2.944	2.659	2.476
0.2	5.432	5.28	4.661	4.297	3.715	3.217	3.099	3.016	2.825	2.607	2.462
0.22	4.938	4.813	4.296	3.988	3.487	3.052	2.951	2.882	2.729	2.561	2.444
0.24	4.526	4.421	3.984	3.721	3.286	2.904	2.816	2.758	2.638	2.515	2.425
0.26	4.178	4.088	3.714	3.486	3.106	2.769	2.693	2.644	2.551	2.467	2.404
0.28	3.872	3.705	3.472	3.274	2.939	2.641	2.575	2.534	2.464	2.415	2.378
0.3	3.603	3.536	3.255	3.081	2.785	2.52	2.463	2.429	2.379	2.36	2.347
0.32	3.368	3.31	3.063	2.909	2.646	2.41	2.36	2.332	2.299	2.306	2.316
0.34	3.159	3.108	2.891	2.754	2.519	2.308	2.264	2.241	2.222	2.252	2.283
0.36	2.975	2.93	2.736	2.614	2.403	2.213	2.175	2.156	2.149	2.109	2.25
0.38	2.811	2.77	2.597	2.487	2.297	2.126	2.093	2.077	2.081	2.148	2.217

X_{js} ＼ t（s）	0	0.01	0.06	0.1	0.2	0.4	0.5	0.6	1	2	4
0.4	2.664	2.628	2.471	2.372	2.199	2.045	2.017	2.004	2.017	2.099	2.184
0.42	2.531	2.499	2.357	2.267	2.11	1.97	1.946	1.936	1.956	2.052	2.151
0.44	2.411	2.382	2.253	2.17	2.027	1.9	1.879	1.872	1.899	2.006	2.119
0.46	2.302	2.275	2.157	2.082	1.95	1.835	1.817	1.812	1.845	1.963	2.088
0.48	2.203	2.178	2.069	2	1.879	1.774	1.759	1.756	1.794	1.921	2.057
0.5	2.111	2.088	1.988	1.924	1.813	1.717	1.704	1.703	1.746	1.88	2.027
0.55	1.913	1.894	1.81	1.757	1.665	1.589	1.581	1.583	1.635	1.785	1.953
0.6	1.748	1.732	1.662	1.617	1.539	1.478	1.474	1.479	1.538	1.699	1.884
0.65	1.61	1.596	1.535	1.497	1.431	1.382	1.381	1.388	1.452	1.621	1.819
0.7	1.492	1.479	1.426	1.393	1.336	1.297	1.298	1.307	1.375	1.549	1.734
0.75	1.39	1.379	1.332	1.302	1.253	1.221	1.225	1.235	1.305	1.484	1.596
0.8	1.301	1.291	1.249	1.223	1.179	1.154	1.159	1.171	1.243	1.424	1.474
0.85	1.222	1.214	1.176	1.152	1.114	1.094	1.1	1.112	1.186	1.358	1.37
0.9	1.153	1.145	1.11	1.089	1.055	1.039	1.047	1.06	1.134	1.279	1.279
0.95	1.091	1.084	1.052	1.032	1.002	0.99	0.998	1.012	1.087	1.2	1.2

表 4-8　　　　　　　　　　　　汽轮发电机运算曲线数字表（X_{js}=1.00～3.45）

X_{js} ＼ t（s）	0	0.01	0.06	0.1	0.2	0.4	0.5	0.6	1	2	4
1	1.035	1.028	0.999	0.981	0.954	0.945	0.954	0.968	1.043	1.129	1.129
1.05	0.985	0.979	0.952	0.935	0.91	0.904	0.914	0.928	1.003	1.067	1.067
1.1	0.94	0.934	0.908	0.893	0.87	0.866	0.876	0.891	0.966	1.011	1.011
1.15	0.898	0.892	0.869	0.854	0.833	0.832	0.842	0.857	0.932	0.961	0.961
1.2	0.86	0.855	0.832	0.819	0.8	0.8	0.811	0.825	0.898	0.915	0.915
1.25	0.825	0.82	0.799	0.786	0.769	0.77	0.781	0.796	0.864	0.874	0.874
1.3	0.793	0.788	0.768	0.756	0.74	0.743	0.754	0.769	0.831	0.836	0.836
1.35	0.763	0.758	0.739	0.728	0.713	0.717	0.728	0.743	0.8	0.802	0.802
1.4	0.735	0.731	0.713	0.703	0.688	0.693	0.705	0.72	0.769	0.77	0.77
1.45	0.71	0.705	0.688	0.678	0.665	0.671	0.682	0.697	0.74	0.74	0.74
1.5	0.686	0.682	0.665	0.656	0.644	0.65	0.662	0.676	0.713	0.713	0.713
1.55	0.663	0.659	0.644	0.635	0.623	0.63	0.642	0.657	0.687	0.687	0.687
1.6	0.642	0.639	0.623	0.615	0.604	0.612	0.624	0.638	0.664	0.664	0.664
1.65	0.622	0.619	0.605	0.596	0.586	0.594	0.606	0.621	0.642	0.642	0.642
1.7	0.604	0.601	0.587	0.579	0.57	0.578	0.59	0.604	0.621	0.621	0.621
1.75	0.586	0.583	0.57	0.562	0.554	0.562	0.574	0.589	0.602	0.602	0.602
1.8	0.57	0.567	0.554	0.547	0.539	0.548	0.559	0.573	0.584	0.584	0.584
1.85	0.554	0.551	0.539	0.532	0.524	0.534	0.545	0.559	0.566	0.566	0.566
1.9	0.54	0.537	0.525	0.518	0.511	0.521	0.532	0.544	0.55	0.55	0.55
1.95	0.526	0.523	0.511	0.505	0.498	0.508	0.52	0.53	0.535	0.535	0.535
2	0.512	0.51	0.498	0.492	0.486	0.496	0.508	0.517	0.521	0.521	0.521

X_{js}＼t（s）	0	0.01	0.06	0.1	0.2	0.4	0.5	0.6	1	2	4
2.05	0.5	0.497	0.486	0.48	0.474	0.485	0.496	0.504	0.507	0.507	0.507
2.1	0.488	0.485	0.475	0.469	0.463	0.474	0.485	0.492	0.494	0.494	0.494
2.15	0.476	0.474	0.464	0.458	0.453	0.463	0.474	0.481	0.482	0.482	0.482
2.2	0.465	0.463	0.453	0.448	0.443	0.453	0.464	0.47	0.47	0.47	0.47
2.25	0.455	0.453	0.443	0.438	0.433	0.444	0.454	0.459	0.459	0.459	0.459
2.3	0.445	0.443	0.433	0.428	0.424	0.435	0.444	0.448	0.448	0.448	0.448
2.35	0.435	0.433	0.424	0.419	0.415	0.426	0.435	0.438	0.438	0.438	0.438
2.4	0.426	0.424	0.415	0.411	0.407	0.418	0.426	0.428	0.428	0.428	0.428
2.45	0.417	0.415	0.407	0.402	0.399	0.41	0.417	0.419	0.419	0.419	0.419
2.5	0.409	0.407	0.399	0.394	0.391	0.402	0.409	0.41	0.41	0.41	0.41
2.55	0.4	0.399	0.391	0.387	0.383	0.394	0.401	0.402	0.402	0.402	0.402
2.6	0.392	0.391	0.383	0.379	0.376	0.387	0.393	0.393	0.393	0.393	0.393
2.65	0.385	0.384	0.376	0.372	0.369	0.38	0.385	0.386	0.386	0.386	0.386
2.7	0.377	0.377	0.369	0.365	0.362	0.373	0.378	0.378	0.378	0.378	0.378
2.75	0.37	0.37	0.362	0.359	0.356	0.367	0.371	0.371	0.371	0.371	0.371
2.8	0.363	0.363	0.356	0.352	0.35	0.361	0.364	0.364	0.364	0.364	0.364
2.85	0.357	0.356	0.35	0.346	0.344	0.354	0.357	0.357	0.357	0.357	0.357
2.9	0.35	0.35	0.344	0.34	0.338	0.348	0.351	0.351	0.351	0.351	0.351
2.95	0.344	0.344	0.338	0.335	0.333	0.343	0.344	0.344	0.344	0.344	0.344
3	0.338	0.338	0.332	0.329	0.327	0.337	0.338	0.338	0.338	0.338	0.338
3.05	0.332	0.332	0.327	0.324	0.322	0.331	0.332	0.332	0.332	0.332	0.332
3.1	0.327	0.326	0.322	0.319	0.317	0.326	0.327	0.327	0.327	0.327	0.327
3.15	0.321	0.321	0.317	0.314	0.312	0.321	0.321	0.321	0.321	0.321	0.321
3.2	0.316	0.316	0.312	0.309	0.307	0.316	0.316	0.316	0.316	0.316	0.316
3.25	0.311	0.311	0.307	0.304	0.303	0.311	0.311	0.311	0.311	0.311	0.311
3.3	0.306	0.306	0.302	0.3	0.298	0.306	0.306	0.306	0.306	0.306	0.306
3.35	0.301	0.301	0.298	0.295	0.294	0.301	0.301	0.301	0.301	0.301	0.301
3.4	0.297	0.297	0.293	0.291	0.29	0.297	0.297	0.297	0.297	0.297	0.297
3.45	0.292	0.292	0.289	0.287	0.286	0.292	0.292	0.292	0.292	0.292	0.292

六、有限电源供给短路电流修正

当电源的发电机参数与制订运算曲线时的标准参数有较大差别，使得计算结果误差超过 5%时，为提高计算精度，可以对周期分量进行修正计算。

（一）时间常数引起的修正

当 $t \leqslant 0.06$s 时，周期分量处于次暂态过程，可以用下面换算过的时间 t'' 代替实际短路时间 t 来查曲线，以求得 t 秒的实际短路电流。

$$t'' = \frac{T_d''(B)}{T_d''} t \qquad （4-25）$$

$$T_d''(B) = \frac{X_d''(B)}{X_d'(B)} T_{d0}''(B) \qquad （4-26）$$

$$T_d'' = \frac{X_d''}{X_d'} T_{d0}'' \qquad （4-27）$$

式中　T_{d0}''、$T_{d0}''(B)$——发电机的开路次暂态时间常数；

T_d''、$T_d''(B)$——发电机的短路次暂态时间常数；

X_d''、$X_d''(B)$——发电机的次暂态电抗；

X_d'、$X_d'(B)$——发电机的暂态电抗。

式中带有标号（B）者是标准参数，不带标号（B）者是发电机的实际参数。

当 $t > 0.06$s 时，周期分量处于暂态过程，可以用

下面换算过的时间 t' 代替实际短路时间 t 来查曲线，以求得 t 秒的实际短路电流。

$$\left.\begin{array}{l} t' = \dfrac{T'_d(B)}{T'_d} \\[3mm] T'_d(B) = \dfrac{X'_d(B)}{X_d(B)}T'_{d0}(B) \\[3mm] T'_d = \dfrac{X'_d}{X_d}T'_{d0} \end{array}\right\} \quad (4\text{-}28)$$

式中　T'_{d0}、$T'_{d0}(B)$——发电机的开路次暂态时间常数；

　　　　T'_d、$T'_d(B)$——发电机的短路次暂态时间常数；

　　　　X'_d、$X'_d(B)$——发电机的次暂态电抗；

　　　　X、$X_d(B)$——发电机的暂态电抗。

式中带有标号（B）者是标准参数，不带标号（B）者是发电机的实际参数。同步发电机标准参数见表4-9。

表4-9　　同步发电机的标准参数

机型	$X_d(B)$	$X'_d(B)$	$X''_d(B)$	$T'_{d0}(B)$	$T''_{d0}(B)$	$T'_d(B)$	$T''_d(B)$
汽轮发电机	1.9040	0.2150	0.1385	9.0283	0.1819	1.0195	0.1172

（二）励磁电压顶值所引起的修正

制订运算曲线时，强励顶值倍数取 1.8 倍。一般情况下不必进行修正。当实际机组励磁方式特殊，其励磁电压顶值倍数大于 2.0 倍时，短路电流增加的部分可用式（4-29）计算，即：

$$\Delta I_{*zt} = (U_{lmax} - 1.8)\Delta K_1 I_{*zt} \quad (4\text{-}29)$$

式中　ΔI_{*zt}——强励倍数大于1.8倍时，引起短路电流增量的标幺值；

　　　U_{lmax}——实际机组的强励顶值倍数；

　　　I_{*zt}——根据计算电抗查运算曲线所得的 t 秒周期分量标幺值；

　　　ΔK_1——励磁顶值校正系数，可由表4-10查取。

表4-10　　发电机励磁顶值校正系数 ΔK_1

机型	t（s）	计算电抗 X_{js}	ΔK_1	备注
汽轮发电机	0.6	≤0.15	0.1	X_{js} 小者用较大的 ΔK_1 值
	1	≤0.5	0.2	
	2	≤0.55	0.3～0.4	
	4	≤0.55	0.4～0.5	

注　1. 计算电抗不在表中计算范围以内（汽轮发电机 X_{js}>0.55）可校正。

　　2. 计算电抗不在表4-10中计算范围以内可不校正。

（三）励磁回路时间常数的修正问题

制订运算曲线时，汽轮发电机励磁回路时间常数取 0.25s。由于当实际的励磁回路常数在 0.02～0.56s 的范围内时，其对短路电流的影响不超过 5%，因此

一般计算时可不进行修正。

七、短路电流非周期分量计算

（一）单支路的短路电流非周期分量

一个单支路的短路电流非周期分量可按式（4-30）～式（4-31）计算。

起始值：

$$I_{fz0} = -\sqrt{2}I'' \quad (4\text{-}30)$$

t 秒值：

$$\left.\begin{array}{l} I_{fzt} = I_{fz0}e^{-\frac{t}{T_a}} = -\sqrt{2}I''e^{-\frac{t}{T_a}} \\[3mm] \omega = 2\pi f \\[3mm] T_a = \dfrac{X_\Sigma}{R_\Sigma} \end{array}\right\} \quad (4\text{-}31)$$

式中　I_{fz0}、I_{fzt}——分别为 0s 和 ts 短路电流非周期分量，kA；

　　　ω——角频率；

　　　T_a——衰减时间常数。

（二）多支路的短路电流非周期分量

复杂网络中各独立支路的 T_a 值相差较大时，可采用多支路叠加法计算短路电流的非周期分量。

衰减时间常数 T_a 相近的分支可以归并化简。复杂网络常常能够近似的化简为 3～4 个独立分支的等效网络，多数情况下甚至可以简化为两支等效网络，一支是系统支路，通常 $T_a \le 15$；另一支是发电机支路，通常 $15 < T_a < 80$。

两个以上支路的短路电流非周期分量为各个支路的非周期分量的代数和。可按式（4-32）～式（4-33）计算。

起始值：

$$I_{fz0} = -\sqrt{2}(I''_1 + I''_2 + \cdots + I''_n) \quad (4\text{-}32)$$

t 秒值：

$$I_{fzt} = -\sqrt{2}(I''_1 e^{-\frac{\omega t}{T_{a1}}} + I''_2 e^{-\frac{\omega t}{T_{a2}}} + \cdots + I''_n e^{-\frac{\omega t}{T_{am}}}) \quad (4\text{-}33)$$

式中　I''_1、I''_2、I''_n——各支路短路电流非周期分量起始值，kA；

　　　ω——角频率；

　　　T_{a1}、T_{a2}、T_{an}——各支路衰减时间常数。

（三）等效衰减时间常数 T_a

进行各个支路衰减时间常数计算时，在各个支路不同的 T_a 值相近的情况下，可利用极限频率法进行归并。这时，其电抗应取归并到短路点的等值电抗（归并时，假定各元件的电阻为零），其电阻应归并到短路点的等值电阻（归并时，假定各元件的电抗为零）。

在粗略计算时，T_a可直接选用表 4-11 推荐的数值。

表 4-11　不同短路点等效时间常数表

短 路 点 位 置	T_a
汽轮发电机端	80
高压侧母线（主变压器在 100MV·A 以上）	40
高压侧母线（主变压器在 10～100MV·A 之间）	35
远离发电厂的短路点	15
发电机出线电抗器之后	40

在求算短路点的等效衰减时间常数时，如果缺乏电力系统各元件本身的 R 或者 X/R 数据，可选用表 4-12 所列推荐值。

表 4-12　电力系统各元件 X/R 值

序号	名　称	X/R 推荐值
1	汽轮发电机 350MW（哈尔滨电气）	77
2	汽轮发电机 350MW（东方电气）	83
3	汽轮发电机 350MW（上海电气）	69
4	汽轮发电机 660MW（哈尔滨电气）	96
5	汽轮发电机 660MW（东方电气）	71
6	汽轮发电机 660MW（上海电气）	88
7	汽轮发电机 1000MW（哈尔滨电气）	134
8	汽轮发电机 1000MW（东方电气）	98
9	汽轮发电机 1000MW（上海电气）	111
10	主变压器 370～420MV·A	75
11	主变压器 720～750MV·A	78
12	主变压器 1290MV·A	110
13	高压厂用变压器（分裂绕组）	20
14	启动备用变压器（分裂绕组）	25
15	6、10kV 电力电缆（3×240）	1.14
16	6、10kV 电力电缆（3×185）	0.89
17	6、10kV 电力电缆（3×150）	0.73
18	6、10kV 电力电缆（3×120）	0.61
19	6、10kV 电力电缆（3×95）	0.5
20	6、10kV 电力电缆（3×70）	0.38
21	6、10kV 电力电缆（3×50）	0.28
22	110kV 单芯电力电缆（1600mm²）	11.3（平行敷设） 7.6（品字形敷设）
23	110kV 单芯电力电缆（1000mm²）	8.5（平行敷设） 5.6（品字形敷设）

序号	名　称	X/R 推荐值
24	110kV 单芯电力电缆（500mm²）	4.5（平行敷设） 2.9（品字形敷设）
25	220kV 单芯电力电缆（2500mm²）	15.2（平行敷设） 11（品字形敷设）
26	220kV 单芯电力电缆（2000mm²）	13.4（平行敷设） 9.6（品字形敷设）
27	220kV 单芯电力电缆（1600mm²）	11.3（平行敷设） 8.1（品字形敷设）
28	220kV 单芯电力电缆（1000mm²）	8.5（平行敷设）
29	220kV 单芯电力电缆（500mm²）	4.5（平行敷设） 3.2（品字形敷设）
30	330kV 单芯电力电缆（2500mm²）	15.2（平行敷设） 11.3（品字形敷设）
31	330kV 单芯电力电缆（2000mm²）	13.4（平行敷设） 9.9（品字形敷设）
32	330kV 单芯电力电缆（1600mm²）	11.3（平行敷设） 8.4（品字形敷设）
33	330kV 单芯电力电缆（1000mm²）	8.5（平行敷设） 6.3（品字形敷设）
34	330kV 单芯电力电缆（500mm²）	4.5（平行敷设） 3.3（品字形敷设）
35	500kV 单芯电力电缆（2500mm²）	15.2（平行敷设） 11.7（品字形敷设）
36	500kV 单芯电力电缆（2000mm²）	13.4（平行敷设） 10.2（品字形敷设）
37	500kV 单芯电力电缆（1600mm²）	11.3（平行敷设） 8.6（品字形敷设）
38	500kV 单芯电力电缆（1000mm²）	8.5（平行敷设） 6.5（品字形敷设）

八、冲击电流的计算

三相短路发生后大约半个周期（$t=0.01\text{s}$），短路电流瞬时值达到最大，称为冲击电流 I_{ch}。其值按式（4-34）计算，即：

$$I_{ch} = I_{Z0.01} + I_{fz0}\mathrm{e}^{-\frac{0.01}{T_a}} \qquad (4\text{-}34)$$

当不计周期分量衰减时，有：

$$I_{ch} = \sqrt{2}K_{ch}I'' \qquad (4\text{-}35)$$

$$K_{ch} = 1 + \mathrm{e}^{-\frac{0.01\omega}{T_a}}$$

式中　K_{ch}——冲击系数，可按表 4-13 选择。

表 4-13　　不同短路点冲击系数的选择

短路点	K_{ch} 推荐值	$\sqrt{2}K_{ch}$
发电机端	1.90	2.69
发电厂高压侧母线及发电机电压电抗器后	1.85	2.62
远离发电厂的地点	1.80	2.55

注　表中推荐的数值已考虑了周期分量的衰减。

九、不对称短路电流计算

（一）对称分量法的基本关系

不对称短路计算一般采用对称分量法。三相网络内任一组不对称三相相量（电流、电压等）都可以分解成三组对称的分量。即正序分量、负序分量和零序分量。由于三相对称网络中对称分量的独立性，即正序电势只产生正序电流和正序电压降，负序和零序亦然。因此，可利用叠加原理，分别计算，然后从对称分量中求出实际的短路电流或电压值。

对称分量的基本关系见表 4-14。

（二）序网的构成

将不对称相量分解为正序（顺序）、负序（逆序）和零序三组对称分量，彼此间的差别在于相序不同。其对应的网络称为序网。

1. 正序网络

它与前面所述三相短路时的网络和电抗值相同。

表 4-14　　　　　　　　　　　　　　　　对称分量的基本关系

	电流 I 的对称分量	电压 U 的对称分量	算子"a"的性质
相量	$\dot{I}_a = \dot{I}_{a1} + \dot{I}_{a2} + \dot{I}_{a0}$ $\dot{I}_b = a^2\dot{I}_{a1} + a\dot{I}_{a2} + \dot{I}_{a0}$ $\dot{I}_c = a\dot{I}_{a1} + a^2\dot{I}_{a2} + \dot{I}_{a0}$	电压降 $\Delta\dot{U}_1 = \dot{I}_1 jX_1$ $\Delta\dot{U}_2 = \dot{I}_2 jX_2$ $\Delta\dot{U}_0 = \dot{I}_0 jX_0$	$a = e^{j120°} = -\dfrac{1}{2} + \dfrac{\sqrt{3}}{2}j$ $a^2 = e^{j240°} = e^{-j120°} = -\dfrac{1}{2} - \dfrac{\sqrt{3}}{2}j$ $a^3 = e^{j360°} = 1$
序量	$\dot{I}_{a0} = \dfrac{1}{3}(\dot{I}_a + \dot{I}_b + \dot{I}_c)$ $\dot{I}_{a1} = \dfrac{1}{3}(\dot{I}_a + a\dot{I}_b + a^2\dot{I}_c)$ $\dot{I}_{a2} = \dfrac{1}{3}(\dot{I}_a + a^2\dot{I}_b + a\dot{I}_c)$	短路处电压分量 $\dot{U}_{K1} = \dot{E} - \dot{I}_{K1} jX''_{1\Sigma}$ $\dot{U}_{K2} = -\dot{I}_{K2} jX''_{2\Sigma}$ $\dot{U}_{K0} = -\dot{I}_{K0} jX''_{0\Sigma}$	$a^2 + a + 1 = 0$ $a^2 - a = \sqrt{3}e^{j90°} = -\sqrt{3}j$ $a - a^2 = \sqrt{3}e^{j90°} = \sqrt{3}j$ $1 - a = \sqrt{3}e^{-j30°} = \sqrt{3}\left(\dfrac{\sqrt{3}}{2} - \dfrac{1}{2}j\right)$ $1 - a^2 = \sqrt{3}e^{j30°} = \sqrt{3}\left(\dfrac{\sqrt{3}}{2} + \dfrac{1}{2}j\right)$

注　1. 表中对称分量用电流 I 表示处，电压 U 的关系与此相同。

　　2. 1、2、0 表示正序、负序、零序。

　　3. 乘以算子"a"即使向量转 120°（反时针方向）。

2. 负序网络

它所构成的元件与正序网络完全相同，只需用各元件负序阻抗 X_2 代替正序阻抗 X_1 即可。

对于静止元件（变压器、电抗器、架空线路、电缆线路等）$X_2 = X_1$。

旋转电机的负序阻抗 X_2 不等于正序阻抗 X_1，一般由制造厂提供。

3. 零序网络

它由元件的零序阻抗所构成，零序电压施于短路点，各支路并联于该点。在作零序网络时，首先必须查明有无零序电流的闭合回路存在，这种回路至少在短路点连接的回路中有一个接地中性点时才能形成。设备的零序阻抗由制造厂提供。若发电机或变压器的中性点经过阻抗接地，则必须将该阻抗增加 3 倍后再列入零序网络。

如果在回路中有变压器，那么零序电流只有在一定条件下才能由变压器一侧感应至另一侧。变压器零序阻抗 X_0 与构造及接线有关，详见表 4-15～表 4-16。

电抗器的零序阻抗 $X_0 = X_1$。

（三）合成阻抗

计算不对称短路，首先应求出正序短路电流。正序短路电流的合成阻抗标幺值可由式（4-36）计算，即

$$X_* = X_{1\Sigma} + X_\Delta^{(n)} \tag{4-36}$$

三相短路：$X_\Delta^{(3)} = 0$

两相短路：$X_\Delta^{(2)} = X_{2\Sigma}$

单相短路：$X_\Delta^{(1)} = X_{2\Sigma} + X_{0\Sigma}$

两相接地短路：$X_\Delta^{(1.1)} = \dfrac{X_{2\Sigma} \cdot X_{0\Sigma}}{X_{2\Sigma} + X_{0\Sigma}}$

表 4-15   **双绕组变压器的零序电抗**

序号	接线图	等值电抗		
		等值网络	三个单相或壳式三相四柱	三相三柱式
1	线圈II任意链接	U_0 X_I X_{II}	$X_0 = \infty$	$X_0 = \infty$
2	I II	U_0 X_I X_{II} $X_{\mu0}$	$X_0 = X_1 + \cdots$	$X_0 = X_1 + \cdots$
3	I II	U_0 X_I X_{II} $X_{\mu0}$	$X_0 = \infty$	$X_0 = X_1 + X_{\mu0}$
4	I II	U_0 X_I X_{II} $X_{\mu0}$	$X_0 = X_1$	$X_0 = X_1 + \dfrac{X_{II} X_{\mu0}}{X_{II} + X_{\mu0}}$
5	Z I II	U_0 X_I X_{II} $X_{\mu0}$ $3Z$	$X_0 = X_1 + 3Z$	$X_0 = X_1 + \dfrac{(X_{II} + 3Z +)X_{\mu0}}{X_{II} + 3Z + X_{\mu0}}$
6	短路点 Z I II	U_0 X_I X_{II} $3Z$ $X_{\mu0}$	$X_0 = X_1 + 3Z$	$X_0 = X_1 + \dfrac{(X_{II} + 3Z + \cdots)X_{\mu0}}{X_{\mu0} + X_{II} + 3Z + \cdots}$

注 1. $X_{\mu0}$ 为变压器的零序励磁电抗。三相三柱式 $X_{*\mu0}=0.3\sim1.0$，通常在 0.5 左右（以额定容量为基准）；三个单相、三相四柱式或壳式变压器 $X_{\mu0} \approx \infty$。

    2. X_I、X_{II} 为变压器各绕组的正序电抗，二者大致相等，约为正序电抗 X_1 的一半。

表 4-16   **三绕组变压器的零序电抗**

序号	接线图	等值网络	等值电抗
1	I III II	U_0 X_I X_{II} X_{III}	$X_0 = X_I + X_{III}$
2	I III II	U_0 X_I X_{II} X_{III}	$X_0 = X_I + \dfrac{X_{III}(X_{II}+\cdots)}{X_{III} + X_{II} + \cdots}$

序号	接线图	等值网络	等值电抗
3			$X_0 - X_{\mathrm{I}} + \dfrac{X_{\mathrm{III}}(X_{\mathrm{II}}+3Z+\cdots)}{X_{\mathrm{III}}+X_{\mathrm{II}}+3Z+\cdots}$
4			$X_0 = X_{\mathrm{I}} + \dfrac{X_{\mathrm{II}}X_{\mathrm{III}}}{X_{\mathrm{II}}+X_{\mathrm{III}}}$

注　1. X_{I}、X_{II}、X_{III}为三绕组变压器等值星形各支路的正序电抗，计算公式见表 4-4。

　　2. 直接接地 $Y_0/Y_0/Y_0$ 和/$Y_0/Y_0/\triangle$ 接线的自耦变压器与 $Y_0/Y_0/\triangle$ 接线的三绕组变压器的等值回路是一样的。

　　3. 当自耦变压器无第三绕组时，其等值回路与三个单相或三相四柱式 Y_0/Y_0 接线的双绕组变压器是一样的。

　　4. 当自耦变压器的第三绕组为 Y 接线，且中性点不接地时（即 $Y_0/Y_0/Y$ 接线的全星形变压器），等值网络中的 X_{III} 不接地，等值电抗 $X_{\mathrm{III}}=\infty$。

式中　$X_{1\Sigma}$——正序网络合成阻抗标幺值，即三相短路时合成阻抗的标幺值；

　　　$X_{2\Sigma}$——负序网络合成阻抗标幺值；

　　　$X_{0\Sigma}$——零序网络合成阻抗标幺值；

　　　$X_{\Delta}^{(n)}$——附加阻抗，与短路类型有关，上角符号表示短路的类型。

计算电抗的公式为：

$$X_{\mathrm{js}}^{(n)} = \left(1+\frac{X_{\Delta}^{(n)}}{X_{1\Sigma}}\right)X_{\mathrm{js}}^{(3)} = X_* \frac{S_e}{S_j} \qquad (4\text{-}37)$$

（四）正序电流

各种短路型式的正序短路电流 $I_{\mathrm{d1}}^{(n)}$ 的计算方法与三相短路电流相同，可以采用同一计算方法，亦可采用个别计算方法。按个别计算方法时，各电源分配系数按正序网络求得；按同一计算方法计算时，其误差 δ 将随着短路的不对称度越来越小，即 $\delta^{(1)}<\delta^{(2)}<\delta^{(1.1)}<\delta^{(3)}$。

当计算电抗 $X_{\mathrm{js}}^{(n)} \geqslant 3$ 时，可按系统为无穷大计算。其标幺值为：

$$I_{*\mathrm{d1}}^{(n)} = \frac{1}{X_{1\Sigma}+X_{\Delta}^{(n)}} \qquad (4\text{-}38)$$

在有限电源系统中，按 $X_{\mathrm{js}}^{(n)}$ 直接查发电机运算曲线，即得不对称短路的正序电流标幺值为

$$I_{\mathrm{d1}(t)}^{(n)} = I_{*\mathrm{d1}(t)}^{(n)} I_e \qquad (4\text{-}39)$$

（五）合成电流

短路点的短路合成电流按式（4-40）计算，即：

$$I_{\mathrm{d}}^{(n)} = m I_{\mathrm{d1}}^{(n)} \qquad (4\text{-}40)$$

三相短路：$m=1$

两相短路：$m=\sqrt{3}$

单相短路：$m=3$

两相接地短路：$m = \sqrt{3}\sqrt{1-\dfrac{X_{2\Sigma}X_{0\Sigma}}{(X_{2\Sigma}+X_{0\Sigma})^2}}$

式中　m——I_{d} 与正序电流的比值。

在非直接接地电网中，两相接地短路电流计算方法与两相短路的情况相同。

主要公式归纳在表 4-17 中。在估算时，常取 $X_2=X_1$。此时，表 4-17 中所列计算公式可以进一步简化。$t=0$ 时和短路点很远时的两相短路电流可以简化为：

$$I^{(2)} = \frac{\sqrt{3}}{2}I^{(3)}$$

在计算非周期分量时，非周期分量的衰减时间常数理论上是不同的，但一般取 $T_{\mathrm{a}}^{(1)} \approx T_{\mathrm{a}}^{(2)} \approx T_{\mathrm{a}}^{(1.1)} \approx T_{\mathrm{a}}^{(3)}$。

在计算不对称短路的冲击电流时，由于不对称短路处的正序电压相当大，异步电动机的反馈电流可以忽略不计。

（六）各相电流及电压

为了解在不对称短路时各相电流及电压的变化，可按表 4-18 所列公式进行计算。其相量图见图 4-11～图 4-12。

在计算时，尚需注意以下三个问题：

（1）某点剩余电压的相量等于短路点电压相量加上该点至短路点的电压降相量：

表 4-17 序 网 组 合 表

短路种类	符号	序网组合	$I_{d1}=\dfrac{E}{X_{1\Sigma}+X_\Delta^{(n)}}$ 中的 $X_\Delta^{(n)}$	$I_d=mI_{d1}$ 中的 m
三项短路	（3）	$\dot{E}$ — $X_{1\Sigma}$	0	1
二项短路	（2）	$\dot{E}$ — $X_{1\Sigma}$ — $X_{2\Sigma}$	$X_{2\Sigma}$	$\sqrt{3}$
单相短路	（1）	$\dot{E}$ — $X_{1\Sigma}$ — $X_{2\Sigma}$ — $X_{0\Sigma}$	$X_{2\Sigma}+X_{0\Sigma}$	3
二相接地短路	（1，1）	$\dot{E}$ — $X_{1\Sigma}$ — ($X_{2\Sigma}$ ∥ $X_{0\Sigma}$)	$\dfrac{X_{2\Sigma}X_{0\Sigma}}{X_{2\Sigma}+X_{0\Sigma}}$	$\sqrt{3}\sqrt{1-\dfrac{X_{2\Sigma}X_{0\Sigma}}{(X_{2\Sigma}+X_{0\Sigma})^2}}$

表 4-18 不对称短路各相电流、电压计算公式汇总表

序号	短路处的待求量		短路种类		
			二相短路	单相短路	二相接地短路
			$\dot{I}_{dc}$, $\dot{I}_{db}$, $\dot{I}_{da}$ (d; a b c)	$\dot{I}_{dc}$, $\dot{I}_{db}$, $\dot{I}_{da}$ (a b c; a)	$\dot{I}_{jd}$; $\dot{I}_{dc}$, $\dot{I}_{db}$, $\dot{I}_{da}$ (a b c)
1	a 相正序电流	$\dot{I}_{a1}$	$\dfrac{\dot{E}_{a\Sigma}}{j(X_1+X_{2\Sigma})}$	$\dfrac{\dot{E}_{a\Sigma}}{j(X_{1\Sigma}+X_{2\Sigma}+X_{0\Sigma})}$	$\dfrac{\dot{E}_{a\Sigma}}{j\left(X_{1\Sigma}+\dfrac{X_{2\Sigma}X_{0\Sigma}}{X_{2\Sigma}+X_{0\Sigma}}\right)}$
2	a 相负序电流	$\dot{I}_{a2}$	$-\dot{I}_{a1}$	$\dot{I}_{a1}$	$-\dot{I}_{a1}\dfrac{X_{0\Sigma}}{X_{2\Sigma}+X_{0\Sigma}}$
3	零序电流	$\dot{I}_0$	0	$\dot{I}_{a1}$	$-\dot{I}_{a1}\dfrac{X_{2\Sigma}}{X_{2\Sigma}+X_{0\Sigma}}$
4	a 相电流	$\dot{I}_a$	0	$3\dot{I}_{a1}$	0
5	b 相电流	$\dot{I}_b$	$-j\sqrt{3}\dot{I}_{a1}$	0	$\left(a^2-\dfrac{X_{2\Sigma}+aX_{0\Sigma}}{X_{2\Sigma}+X_{0\Sigma}}\right)\dot{I}_{a1}$
6	c 相电流	$\dot{I}_c$	$\sqrt{3}\dot{I}_{a1}$	0	$\left(a-\dfrac{X_{2\Sigma}+a^2X_{0\Sigma}}{X_{2\Sigma}+X_{0\Sigma}}\right)\dot{I}_{a1}$
7	a 相正序电压	$\dot{U}_{a1}$	$jX_{2\Sigma}\dot{I}_{a1}$	$j(X_{2\Sigma}+X_{0\Sigma})\dot{I}_{a1}$	$j\left(\dfrac{X_{2\Sigma}X_{0\Sigma}}{X_{2\Sigma}+X_{0\Sigma}}\right)\dot{I}_{a1}$
8	a 相负序电压	$\dot{U}_{a2}$	$jX_{2\Sigma}\dot{I}_{a1}$	$-jX_{2\Sigma}\dot{I}_{a1}$	$j\left(\dfrac{X_{2\Sigma}X_{0\Sigma}}{X_{2\Sigma}+X_{0\Sigma}}\right)\dot{I}_{a1}$

序号	短路处的待求量		短路种类		
			二相短路	单相短路	二相接地短路
			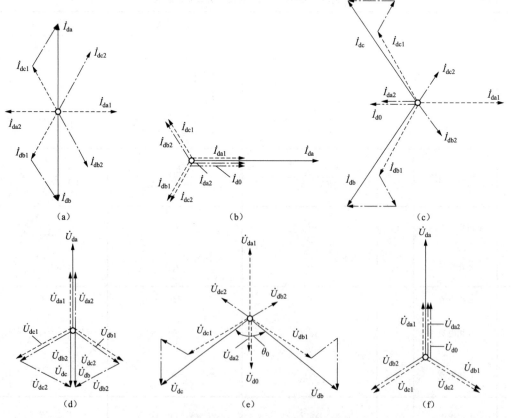		
9	零序电压	$\dot{U}_0$	0	$-jX_{0\Sigma}\dot{I}_{a2}$	$j\left(\dfrac{X_{2\Sigma}X_{0\Sigma}}{X_{2\Sigma}+X_{0\Sigma}}\right)\dot{I}_{a2}$
10	a 相电压	$\dot{U}_a$	$2jX_{2\Sigma}\dot{I}_{a2}$	0	$3j\left(\dfrac{X_{2\Sigma}X_{0\Sigma}}{X_{2\Sigma}+X_{0\Sigma}}\right)\dot{I}_{a2}$
11	b 相电压	$\dot{U}_b$	$-jX_{2\Sigma}\dot{I}_{a2}$	$j[(a^2-a)X_{2\Sigma}+(a^2-1)X_{0\Sigma}]\dot{I}_{a2}$	0
12	c 相电压	$\dot{U}_c$	$-jX_{2\Sigma}\dot{I}_{a2}$	$j[(a-a^2)X_{2\Sigma}+(a-1)X_{0\Sigma}]\dot{I}_{a2}$	0
13	电流相量图		见图 4-11（a）	见图 4-11（b）	见图 4-11（c）
14	电压相量图		见图 4-11（d）	见图 4-11（e）	见图 4-11（f）

图 4-11　不对称短路在短路处的电压电流和相量图

（a）两相短路电流相量图；（b）单相短路电流相量图；（c）两相接地短路电流相量图；（d）两相短路电压相量图；

（e）单相短路电压相量图；（f）两相接地短路电压相量图

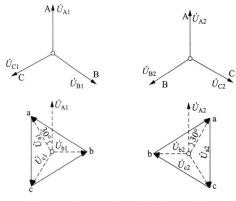

图 4-12　在 Yd11 变压器连接中, 正序和
　　　　负序电压相角的移动

$$\left.\begin{array}{l} \dot{U}_1 = \dot{U}_{d1} + j\dot{I}_1 X_1 \\ \dot{U}_2 = \dot{U}_{d2} + j\dot{I}_2 X_2 \\ \dot{U}_0 = (\dot{U}_{d0} + j\dot{I}_0 X_0 \end{array}\right\} \tag{4-41}$$

$\dot{U}_{d1}$、$\dot{U}_{d2}$、$\dot{U}_{d0}$ 计算公式见表 4-14。

（2）对 Y/△接线的变压器, 常用的是 Yd11。此时, △侧的正序电流和正序电压比 Y 侧超前 30°, 而负序电流和负序电压则滞后 30°。零序电流不通, 零序电压为零。电流、电压表示如下:

$$\left.\begin{array}{l} \dot{I}_{\Delta 1} = K\dot{I}_{Y1}\angle 30° \\ \quad = K\dot{I}_{Y1}(0.866 + j0.5) \\ \dot{I}_{\Delta 2} = K\dot{I}_{Y2}\angle -30° \\ \quad = K\dot{I}_{Y2}(0.866 - j0.5) \\ \dot{U}_{\Delta 1} = \dfrac{1}{K}\dot{U}_{Y1}\angle 30° \\ \quad = \dfrac{1}{K}\dot{U}_{Y1}(0.866 + j0.5) \\ \dot{U}_{\Delta 2} = \dfrac{1}{K}\dot{U}_{Y1}\angle -30° \\ \quad = \dfrac{1}{K}\dot{U}_{Y1}(0.866 - j0.5) \end{array}\right\} \tag{4-42}$$

式中　K——变压器变比。当用标幺值表示时, $K=1$。
　　相量图如图 4-12 所示。

（3）在 Yy 和 Dd 接线组合中, 一般常用的是 Yy12、Dd12。此时, 两侧电流和电压相位一致。在 Y9yn12 的接线组合中, 必须在两侧计入零序分量。

十、短路电流热效应计算

（一）基本公式

短路电流在导体和电器中引起的热效应 Q_t 按式（4-43）计算:

$$\begin{aligned} Q_t &= \int_0^t i^2 dt \\ &= \int_0^t (\sqrt{2}I_{zt}\cos\omega t + I_{fz0}e^{-\frac{\omega t}{T_a}})^2 dt \approx Q_z + Q_f \end{aligned} \tag{4-43}$$

式中　Q_z——短路电流周期分量引起的热效应, kA²·s;
　　　Q_f——短路电流非周期分量引起的热效应, kA²·s;
　　　i_{dt}——短路电流瞬时值, kA;
　　　I_{zt}——短路电流周期分量有效值, kA;
　　　I_{fz0}——短路电流非周期分量 0 秒值, kA;
　　　t——短路电流持续时间;
　　　T_a——等效衰减时间常数。

（二）短路电流周期分量热效应 Q_z

短路电流在导体和电器中引起的热效应 Q_z 按式（4-44）计算:

$$Q_z = \frac{I''^2 + 10I_{zt/2}^2 + I_{zt}^2}{12}t \tag{4-44}$$

式中　$I_{zt/2}$——短路电流在 $t/2$ 秒时的周期分量有效值, kA。

当为多支路向短路点供给短路电流时, 不能采用先算出每个支路的热效应 Q_{zt} 然后再相加的叠加法则。而应先求电流和, 再求总的热效应。在利用式（4-44）时, I'' 和 $I_{zt/2}$ 及 I_{zt} 分别为各个支路短路电流之和。即:

$$Q_t = \frac{(\sum I'')^2 + 10(\sum I''_{zt/2})^2 + (\sum I''_{zt})^2}{12}t \tag{4-45}$$

（三）短路电流非周期分量热效应 Q_f

短路电流在导体和电器中引起的热效应 Q_f 按式（4-46）计算:

$$Q_f = \frac{T_a}{\omega}(1 - e^{-\frac{2\omega t}{T_a}})I''^2 = TI''^2 \tag{4-46}$$

式中　T——等效时间, s。为简化计算, 可以查表 4-19。

表 4-19　　　　非周期分量等效时间　　　　（s）

短路点	T	
	$t \leqslant 0.1$	$t > 0.1$
发电机出口及母线	0.15	0.2
发电厂升高电压母线及出线发电机电压电抗后	0.08	0.1
变电站各级电压母线及出线	0.05	

当为多支路向短路点供给短路电流时, 仍不能采用叠加法。在利用式（4-46）时, I'' 应取各个支路短路电流之和, T_a 取多支的等效衰减时间常数。

十一、大容量并联电容器短路电流计算

（一）一般原则

大容量并联电容器装置对其附近的短路电流影响较大。短路点越远, 影响将迅速减弱。下列情况可不考虑并联电容器装置对短路的影响:

（1）短路点在出线电抗器后。

（2）短路点在主变压器的高压侧。

（3）不对称短路。

（4）计算 t 秒周期分量有效值，当 $M<0.7$（$M=X_s/X_L$）或者：对于采用 5%～6%串联电抗器的电容器装置，$\dfrac{Q_c}{S_d}<5\%$ 时；对于采用 12%～13%串联电抗器的电容器装置，$\dfrac{Q_c}{S_d}<10\%$ 时。

以上式中　Q_c——并联电容器装置的总容量，Mvar；

　　　　　S_d——并联电容器装置安装地点的短路容量，MV·A；

　　　　　M——系统电抗与电容器组串联电抗的比值；

　　　　　X_s——归算到短路总的系统阻抗；

　　　　　X_L——电容器装置的串联电抗。

采用阻尼措施（例如在串联电抗器两端通过火花间隙并入一个不大的电阻），使得电容器组的衰减时间常数 $T_c<0.025s$ 时，能够有效地抑制并联电容器组对短路电流的影响。

（二）t 秒短路电流的计算

短路点的 t 秒短路电流周期分量按式（4-47）计算，其中 K_{tc} 为 T_c 和 m 的函数。

$$\left.\begin{array}{l} I_{zt}=K_{tc}I_{zts} \\[4pt] T_c=\dfrac{L}{R} \\[4pt] m=\dfrac{X_L}{X_c}=\omega^2 CL \end{array}\right\} \qquad (4\text{-}47)$$

式中　I_{zts}——系统供给的三相短路电流 t 秒周期分量有效值，kA；

　　　　K_{tc}——考虑电容器助增作用的校正系数，由图 4-13 和图 4-14 查得；

　　　　T_c——电容器装置的衰减时间常数，对于铁芯电抗器平均可取 $T_c=0.075s$，对于空芯电抗器平均可取 $T_c=0.1s$；

　　　　L——串联电抗器的电感；

　　　　R——串联电抗器的电阻；

　　　　m——电容器装置的感抗与容抗之比；

　　　　X_c——电容器组的容抗；

　　　　C——电容器组的电容；

　　　　ω——角频率。

（三）冲击电流计算

短路点的冲击短路电流按下式计算，其中 $K_{ch,c}$ 为 T_c 和 m 的函数。

$$I_{ch}=K_{ch,c}I_{ch,g}$$

式中　$I_{ch,g}$——系统供给的冲击电流，kA；

　　　　$K_{ch,c}$——考虑电容器助增作用的校正系数，由图 4-15 和图 4-16 查得。

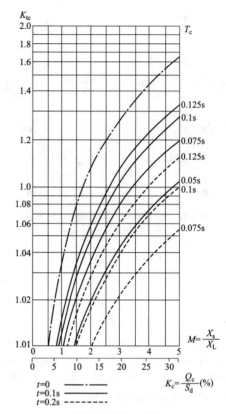

图 4-13　电容器装置助增校正系数曲线（$m=6\%$）

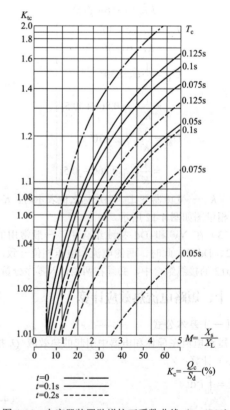

图 4-14　电容器装置助增校正系数曲线（$m=12\%$）

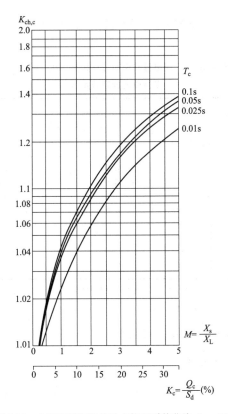

图 4-15　电容器装置助增冲击校正系数曲线（*m*=6%）

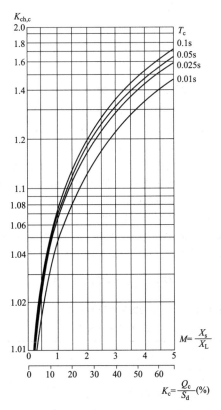

图 4-16　电容器装置助增冲击校正系数曲线（*m*=13%）

十二、高压厂用电系统短路电流计算

高压厂用电系统的短路电流由厂用电源和电动机两部分供给，并按相角相同取算术和计算。对于厂用电源供给的短路电流，其周期分量在整个短路过程中可认为不衰减，其非周期分量可按厂用电源的衰减时间常数计算。对于异步电动机的反馈电流，其周期分量和非周期分量可按相同的等效衰减时间常数计算。

（一）三相短路电流周期分量的起始值

$$I''=I''_B+I''_D \tag{4-48}$$

$$I''_B = \frac{I_j}{X_X + X_T} \tag{4-49}$$

$$I''_D = K_{q.D}I_{e.D}\times10^{-3}$$
$$= K_{q.D}\frac{P_{e.D}}{\sqrt{3}U_{e.D}\eta_D\cos\varphi_D}\times10^{-3} \tag{4-50}$$

其中：
$$X_X = \frac{S_j}{S_X}$$

式中　I''——短路电流周期分量的起始有效值，kA；

I''_B——厂用电源短路电流周期分量的起始有效值，kA；

I''_D——电动机反馈电流周期分量的起始有效值，kA；

I_j——基准电流，kA，当取基准容量 S_j=100 MV·A、基准电压 U_j=6.3kV 时，$I_j=$

$$\frac{S_j}{\sqrt{3}U_j} = \frac{100}{\sqrt{3}\times6.3} =9.16（kA）；$$

X_X——系统电抗（标幺值）；

S_X——厂用电源引接点的短路容量，MV·A；

X_T——厂用变压器（电抗器）的电抗（标幺值），对电抗器 $X_T = \frac{X_k\%}{100}\cdot\frac{U_{e.K}}{\sqrt{3}I_{e.K}}\cdot\frac{S_j}{U_j^2}$

对变压器 $X_T = \frac{(1-7.5\%)U_D\%}{100}\cdot\frac{S_j}{S_{e.B}}$

其中 7.5%为考虑变压器短路阻抗（大于10%时）的负误差，如变压器已经制造并有实测数据，则可不考虑短路阻抗的负误差；

$U_D\%$——以厂用变压器额定容量 $S_{e.B}$（对分裂变压器为一次绕组的容量）为基准的阻抗电压百分值；

$X_K\%$——电抗器的百分电抗值；

$U_{e\cdot K}$——电抗器的额定电压，kV；

$I_{e\cdot K}$——电抗器的额定电流，kA；

$K_{q.D}$——电动机的平均反馈电流倍数，100MW及以下机组取 5，125MW 及以上机组取 5.5～6.0；

$I_{e \cdot D}$ ——计及反馈的电动机额定电流之和，A；

$P_{e \cdot D}$ ——计及反馈的电动机额定功率之和，kW；

$U_{e \cdot D}$ ——电动机的额定电压，kV；

$\eta_D \cos \varphi_D$ ——电动机平均的效率和功率因数乘积，可取 0.8。

（二）短路冲击电流

$$I_{ch} = I_{ch \cdot B} + I_{ch \cdot D} = \sqrt{2}(K_{ch \cdot B} I_B'' + 1.1 K_{ch \cdot D} I_D'') \quad (4-51)$$

式中　I_{ch} ——短路冲击电流，kA；

$I_{ch \cdot B}$ ——厂用电源的短路峰值电流，kA；

$I_{ch \cdot D}$ ——电动机的反馈峰值电流，kA；

$K_{ch \cdot B}$ ——厂用电源短路电流的峰值系数，取表 4-20 的数值；

$K_{ch \cdot D}$ ——电动机反馈电流的峰值系数，100MW 及以下机组取 1.4～1.6，125MW 及以上机组取 1.7。

表 4-20　厂用电源非周期分量的衰减时间常数和峰值系数值

时间常数 峰值系数	电抗器	双绕组变压器		分裂绕组 变压器
		$U_d\% \leqslant 10.5$	$U_d\% > 10.5$	
T_B （s）	0.045	0.045	0.06	0.06
$K_{ch \cdot B}$	1.80	1.80	1.85	1.85

（三）t 秒三相短路电流

$$I_{z(t)} = I_{z \cdot B(t)} + I_{z \cdot D(t)} = I_B'' + K_{D(t)} I_D'' \quad (4-52)$$

$$I_{fz(t)} = I_{fz \cdot B(t)} + I_{fz \cdot D(t)} = \sqrt{2}(K_{B'(t)} I_B'' + K_{D(t)} I_D'') \quad (4-53)$$

式中　$I_{z(t)}$ ——t 瞬间短路电流的周期分量有效值，kA；

$I_{fz(t)}$ ——t 瞬间短路电流的非周期分量值，kA；

$I_{z \cdot B(t)}$ ——t 瞬间厂用电源短路电流的周期分量有效值，kA；

$I_{fz \cdot B(t)}$ ——t 瞬间厂用电源短路电流的非周期分量值，kA；

$I_{z \cdot D(t)}$ ——t 瞬间电动机反馈电流的周期分量有效值，kA；

$I_{fz \cdot D(t)}$ ——t 瞬间电动机反馈电流的非周期分量值，kA；

$K_{D(t)}$ ——电动机反馈电流的衰减系数，$K_{D(t)} = e^{-t/T_D}$，可取表 4-21 的数值；

$K_{B(t)}$ ——厂用电源非周期分量衰减系数，$K_{B(t)} = e^{-t/T_B}$，可取表 4-21 的数值；

t ——短路电流计算时间，s，用于校验断路器开断电流时为 $t = t_b + t_{gu}$，t_b 为主保护动作时间，s，t_{gu} 为断路器固有分闸时间，s；

t_b ——主保护装置动作时间，s；

t_{gu} ——断路器固有分闸时间，s。

对于 100MW 及以下机组，可不计算 $I_{z \cdot D(t)}$ 和 $I_{fz \cdot D(t)}$ 两项。

表 4-21　厂用电源非周期分量和电动机反馈电流的衰减系数

时间常数 T（s）	$K_{B(t)}$ 或 $K_{D(t)}$		
	当 t 为下列值时（s）		
		0.11 （对中速断路器）	0.15 （对低速断路器）
T_B	0.045	0.09	0.04
	0.06	0.16	0.08
T_D	0.062	0.17	0.09

注　T_D 为电动机反馈电流的衰减时间常数，s；T_B 为厂用电源非周期分量的衰减时间常数，s。

（四）三相短路电流热效应

$$Q_t = \int_0^t i^2 dt$$

$$= (I_B'')^2 (t + T_B) + 4 I_B'' I_D'' \left[\frac{T_D}{2} (1 - e^{-t}/T_D) + \frac{T_B T_D}{T_B + T_D} \right] + 1.5 (I_D'')^2 T_D \quad (4-54)$$

式中　Q_t ——短路电流热效应，kA²·s，简化计算式见表 4-22；

i ——短路电流瞬时值，kA。

$$i = i_B + i_D = \sqrt{2} I_B'' (e^{-t/T_B} - \cos \omega t) + \sqrt{2} I_D'' e^{-t/T_D} (1 - \cos \omega t)$$

式中　i_B ——厂用电源短路电流瞬时值，kA；

i_D ——电动机反馈电流瞬时值，kA；

t ——短路电流热效应计算时间 s，用于校验电缆热稳定最小截面时为 $t = t_b + t_{fd}$，对中速断路器取 0.15s，慢速断路器取 0.2s；

t_{fd} ——断路器全分闸时间，s。

对于 100MW 及以下机组，可不计电动机反馈电流热效应的作用，短路电流热效应的计算式为：

$$Q_t = \int_0^t i_B^2 dt = (I_B'')^2 (t + T_B) \quad (4-55)$$

表 4-22　三相短路电流热效应 Q_t 的简化计算式

t (s)	T_B (s)	T_D (s)	Q_t (kA²·s)
0.15	0.045	0.062	$0.195(I_B'')^2 + 0.22 I_B'' I_D'' + 0.09(I_D'')^2$
	0.06		$0.21(I_B'')^2 + 0.23 I_B'' I_D'' + 0.09(I_D'')^2$

续表

t（s）	T_B（s）	T_D（s）	Q_t（kA²·s）
0.2	0.045	0.062	$0.245(I_B'')^2+0.22I_B''I_B''+0.09(I_B'')^2$
	0.06		$0.26(I_B'')^2+0.24I_B''I_B''+0.09(I_B'')^2$

（五）三相短路时异步电动机反馈电流逐台计算法

在具有电动机参数的条件下，必要时也可根据其参数逐台计算反馈电流，可按相角相同的算术和求总的反馈电流。

（1）n 台电动机反馈电流周期分量的起始值。

$$I_D'' = \sum_{i=1}^{n} K_{q·di} I_{e·di} \times 10^{-3} \qquad (4-56)$$

式中 I_D'' ——电动机反馈电流周期分量的起始（有效）值之和，kA；

$K_{q·di}$ ——第 i 台电动机的反馈电流倍数，可取其启动电流倍数值；

$I_{e·di}$ ——第 i 台电动机的额定电流，A。

（2）n 台电动机的反馈峰值电流。

$$i_{ch·D} = 1.1\sqrt{2} \sum_{i=1}^{n} K_{ch·di} K_{q·di} I_{e·di} \times 10^{-3} \qquad (4-57)$$

式中 $i_{ch·D}$ ——电动机的反馈峰值电流之和，kA；

$K_{ch·di}$ ——第 i 台电动机反馈电流的峰值系数，可查图 4-17 相应的曲线。

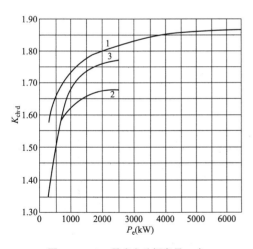

图 4-17　6kV 异步电动机容量 P_e 与
冲击系数 $K_{ch·d}$ 的关系曲线

1—二极电动机；2—四极及以上电动机；3—平均值

（3）n 台电动机的 t 瞬间反馈电流。

$$I_{z·D(t)} = \sum_{i=1}^{n} K_{d(t)i} K_{q·di} I_{e·di} \times 10^{-3} \qquad (4-58)$$

$$I_{fz·D(t)} = \sqrt{2} \sum_{i=1}^{n} K_{d(t)i} K_{q·di} I_{e·di} \times 10^{-3} \qquad (4-59)$$

其中

$$K_{d(t)i} = e^{-t/T_{di}} \qquad (4-60)$$

以上式中 $I_{z·D(t)}$ ——t 瞬间电动机反馈电流的周期分量有效值之和，kA；

$I_{fz·D(t)}$ ——t 瞬间电动机反馈电流的非周期分量值之和，kA；

$K_{d(t)i}$ ——第 i 台电动机反馈电流的衰减系数；

T_{di} ——第 i 台电动机反馈电流的衰减时间常数，s，可查图 4-18 相应的曲线。

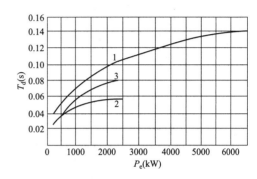

图 4-18　6kV 异步电动机容量 P_e 与
时间常数 T_d 的关系曲线

1—二极电动机；2—四极及以上电动机；3—平均值

（4）用于计算短路电流效应的 n 台电动机等效时间常数。

$$T_D = \frac{1}{100\ln\dfrac{2}{K_{ch·D}}} \qquad (4-61)$$

$$K_{ch·D} = \frac{\sum\limits_{i=1}^{n} P_{ei} K_{ch·di}}{\sum\limits_{i=1}^{n} P_{ei}} \qquad (4-62)$$

式中 T_D ——n 台电动机等效的反馈电流衰减时间常数，s；

$K_{ch·D}$ ——n 台电动机等效的反馈电流峰值系数；

P_{ei} ——第 i 台电动机的额定功率，kW；

$K_{ch·di}$ ——第 i 台电动机反馈电流的峰值系数，可查图 4-17 相应的曲线。

十三、380V 厂用电系统短路电流计算

低压厂用电系统的短路电流计算应考虑以下各点：

（1）网络变换归算时，应计及电阻。

（2）低压厂用变压器高压侧的电压在短路时可以认为不变，低压侧的短路电流不衰减。

（3）380V 中央配电屏的短路电流应考虑异步

电动机的反馈电流，它由低压厂用变压器和异步电动机两部分供给，并按相角相同取算术和计算。计及反馈的异步电动机总功率（kW），一般取低压厂用变压器容量（kV·A）的60%。

（4）在动力中心（PC）的馈线回路短路时，应计及馈线回路的阻抗，但可不计及异步电动机的反馈电流。

（一）三相短路电流周期分量的起始值

$$I'' = I''_B + I''_D \tag{4-63}$$

$$I''_B = \frac{U}{\sqrt{3} \cdot \sqrt{R_\Sigma^2 + X_\Sigma^2}} \tag{4-64}$$

$$I''_D = 3.7 \times 10^{-3} I_{e \cdot B} \tag{4-65}$$

以上式中　I''——三相短路电流周期分量的起始有效值，kA；

I''_B——变压器短路电流周期分量的起始有效值，kA；

I''_D——电动机反馈电流周期分量的起始有效值，kA；

U——变压器低压侧线电压，取400V；

R_Σ、X_Σ——每相回路的总电阻和总电抗，mΩ；

$I_{e \cdot B}$——变压器低压侧的额定电流，A。

（二）短路峰值电流

$$i_{ch} = i_{ch \cdot B} + i_{ch \cdot D}$$
$$= \sqrt{2} K_{ch \cdot B} I''_B + 6.2 \times 10^{-3} I_{e \cdot B} \tag{4-66}$$

式中　i_{ch}——380V中央配电屏的短路冲击电流，kA；

$i_{ch \cdot B}$——变压器的短路冲击电流，kA；

$i_{ch \cdot D}$——电动机的反馈冲击电流，kA；

$K_{ch \cdot B}$——变压器短路电流的冲击系数，可根据回路中 X_Σ / R_Σ 的比值从图4-19查得。

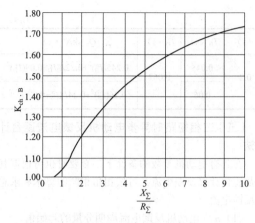

图4-19　冲击系数 $K_{ch \cdot B} = f\left(\dfrac{X_\Sigma}{R_\Sigma}\right)$ 的关系曲线

（三）t 瞬间三相短路电流的周期分量

$$I_{Z(t)} = I''_B + K_{D(t)} I''_D \tag{4-67}$$

式中　$I_{Z(t)}$——t 瞬间短路电流周期分量有效值，kA；

$K_{D(t)}$——t 瞬间电动机反馈电流周期分量的衰减系数。

380V电动机电流周期分量的衰减系数可参照表4-23。

表4-23　380V电动机电流周期分量的衰减系数

t（s）	0.01	0.02	0.03
$K_{D(t)} = e^{-\frac{t}{0.04}}$	0.78	0.61	0.47

由常用低压厂用变压器供电的380V中央配电屏的短路电流计算结果见表4-24。

表4-24　380V动力中心（PC）短路电流计算结果

变压器参数			变压器短路电流			电动机反馈电流			短路电流总计			母线短路功率因数 $\cos\varphi$
$S_{e \cdot B}$（kV·A）	$I_{e \cdot B}$（A）	U_d（%）	冲击系数 $K_{ch \cdot B}$	I''_B（kA）	$i_{ch \cdot B}$（kA）	$K_{D(t)} I''_D$（kA）		$i_{ch \cdot D}$（kA）	$I_{Z(0.01s)}$（kA）	$I_{Z(0.03s)}$（kA）	i_{ch}（kA）	
						0.01s	0.03s					
500	722	4	1.45	16.3	33.3	2.1	1.3	4.5	18.4	17.5	37.8	0.25
630	909	4	1.33	19.44	36.56	2.62	1.58	5.64	22.06	21.02	42.2	0.26
		4.5	1.34	17.8	33.3	2.6	1.6	5.6	20.5	19.4	38.9	0.25
800	1155	4.5	1.35	22.1	41.4	3.3	2.0	7.2	25.4	24.1	48.6	0.28
		6	1.6	17.5	39.5	3.3	2.0	7.2	20.8	19.5	46.7	0.16
1000	1445	4.5	1.34	27.0	51.2	4.2	2.5	9.0	31.1	29.5	60.2	0.26
		6	1.43	21.1	42.7	4.2	2.5	9.0	25.2	23.6	51.7	0.17
1250	1804	6	1.43	25.6	51.8	5.2	3.1	11.2	30.8	28.8	63.0	0.16
1600	2312	8	1.51	24.9	53.0	6.7	4.0	14.3	31.6	28.9	67.3	0.12
2000	2890	10	1.55	25.1	55.0	8.3	5.0	17.9	33.4	30.1	72.9	0.08
2500	3609	8	1.60	31.75	71.83	10.42	6.28	22.38	42.17	38.03	94.21	0.10
2500	3609	10	1.80	22.85	58.16	10.42	6.28	22.38	33.27	29.13	77.31	0.06

第三节 等效电压源法
短路电流计算

一、计算条件

等效电压源法的适用范围：

（1）适用于额定频率为 50、60Hz 的三相交流系统短路电流计算。

（2）适用于在中性点直接接地或经阻抗接地的系统中、导体对地短路的情况。

（3）不适用于在中性点不接地或谐振接地系统中、发生单相导体对地短路故障的情况。

采用等效电压源法计算最大与最小短路电流时都应以下列条件为基础：

（1）短路类型不会随短路的持续时间而变化，即在短路期间，三相短路始终保持三相短路状态。

（2）单相接地短路始终保持单相接地短路。

（3）网络结构不随短路持续时间变化。

（4）变压器的阻抗取自分接开关处于主分接头位置时的阻抗。

（5）不计电弧的电阻。

（6）除了零序系统外，忽略所有线路电容、并联导纳、非旋转型负载。

二、短路点等效电压源

1. C 因子

用等效电压源计算短路电流时，引入了 C 因子，C 因子为与电压源 U_n 相对应的电压修正系数，该电压源为网络的唯一的电压源，短路点用等效电压源 $CU_n/\sqrt{3}$ 代替，该电压源为网络唯一的电压源，其他电源，如同步发电机、异步电动机和馈电网络的电势都视为零，并以自身内阻抗代替。C 因子按表 4-25 选择。

表 4-25   **C 因子选择表**

标称电压 U_n	电压系数	
	C_{max}	C_{min}
$100V \leqslant U_n \leqslant 1000V$	1.05[2] 1.10[3]	0.95
$1kV < U_n \leqslant 35kV$	1.10	1.00
$U_n > 35kV$[1]	1.10	1.00

注 $C_{max}U_n$ 不宜超过电力系统设备的最高电压 U_m。

① 如果没有定义标称电压，宜采用 $C_{max}U_n = U_m$、$C_{min}U_n = 0.90U_m$。

② 1.05 应用于允许电压偏差为 +5% 的低压系统，如 380V/400V。

③ 1.10 应用于允许电压偏差为 +10% 的低压系统。

用等效电压源计算短路电流时，可不考虑非旋转负载的运行数据、变压器分接头位置和发电机励磁方式，无需进行关于短路前各种可能的潮流分布的计算。除零序网络外，线路电容和非旋转负载的并联导纳都可忽略。

计算近端短路时，对于发电机及发电机-变压器组的发电机和变压器的阻抗应用修正后的值。同步电机用超瞬态阻抗，异步电动机用堵转电流算出的阻抗。在计算稳态短路电流时，才需考虑同步电机同步电抗和其励磁顶值。

2. 对称分量法

短路类型如图 4-20 所示。在计算三相交流系统中由平衡或不平衡短路产生的短路电流时，常采用对称分量法。用对称分量法时，假定电气设备具备平衡的结构，因此系统阻抗平衡。

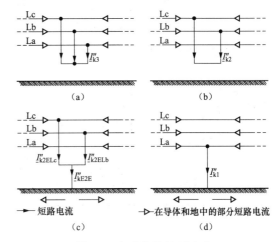

图 4-20 短路类型及短路电流

（a）三相短路；（b）两相短路；（c）两相接地短路；

（d）单相接地短路

注：图中箭头方向为任意选定的电流方向。

应用对称分量法，将不平衡短路的系统分解为三个独立的对称分量系统，网络中各支路的电流可由 $I_{(1)}$、$I_{(2)}$ 和 $I_{(0)}$ 三个对称序分量电流叠加得到。以线路导体 La 相为参考，各相电流 I_{La}、I_{Lb} 和 I_{Lc} 计算如下：

$$\begin{cases} \underline{I}_{La} = \underline{I}_{(1)} + \underline{I}_{(2)} + \underline{I}_{(0)} \\ \underline{I}_{Lb} = \underline{a}^2 \underline{I}_{(1)} + \underline{a}\underline{I}_{(2)} + \underline{I}_{(0)} \\ \underline{I}_{Lc} = \underline{a}\underline{I}_{(1)} + \underline{a}^2 \underline{I}_{(2)} + \underline{I}_{(0)} \end{cases} \quad (4-68)$$

$$\underline{a} = -\frac{1}{2} + j\frac{\sqrt{3}}{2}; \ \underline{a}^2 = -\frac{1}{2} - j\frac{\sqrt{3}}{2} \quad (4-69)$$

两相相间短路、两相接地短路、单相接地短路应区分短路点 F 的短路阻抗与电气设备的短路阻抗，用对称分量法时，还应考虑序网阻抗。

计算短路点 F 的正序或负序阻抗，是在短路点 F 施加正序电压或负序电压，电网所有同步电机和异步电机都用自身的相应序值阻抗替代，根据图 4-21（a）或图 4-21（b）即可确定 F 点的正序或负序短路阻抗 $Z_{(1)}$ 或 $Z_{(2)}$。

旋转设备的正序和负序阻抗可能不相等，在计算远端短路时，通常令 $Z_{(1)}=Z_{(2)}$；正端短路时则应获得实际负序阻抗。

在短路线和共用回线（如接线系统，中性线、地线、电缆外壳和电缆铠装）之间施加一交流电压，根据图 4-21（c）即可确定 F 点的零序短路阻抗 $Z_{(0)}$。

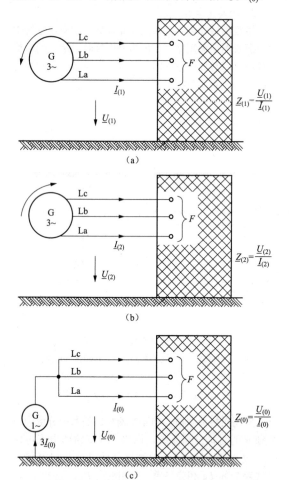

图 4-21　短路 F 处三相交流系统的短路阻抗
（a）正序阻抗 $Z_{(1)}$；（b）负序阻抗 $Z_{(2)}$；（c）零序阻抗 $Z_{(0)}$

计算火力发电厂高压系统和厂用中压系统中不平衡短路电流时，对于中性点不接地系统、中性点谐振接地系统或接地系数高于 1.4 的中性点接地系统应该考虑线路零序电容和零序并联导纳。

计算低压电网的短路电流时，在正序系统、负序系统和零序系统中可忽略线路（架空线路和电缆）的电容。

在中性点接地的电力系统中，不计线路零序电容的情况下，短路电流计算值要比实际短路电流略大。其差值与电网结构有关。

除了特殊情况外，零序短路阻抗与正序短路阻抗、负序短路阻抗不等。

3. 等效电压源法计算条件

采用等效电压源法计算最大短路电流时，应考虑以下条件：

（1）选用表 4-25 中的最大短路电流系数 C_{max}。

（2）选择电网结构（包括恰当的解环方案），考虑电厂与馈电网络可能的最大贡献。

（3）用等值阻抗等值外部网络时，应使用最小值。

（4）应计及电动机影响。

（5）线路（架空线和电缆）电阻采用 20℃ 时的数值 R_{L20}。

采用等效电压源法计算最小短路电流时，应考虑以下条件：

（1）选用表 4-25 中的最小短路电流电压系数 C_{min}。

（2）选择电网结构，考虑电厂与馈电网络可能的最小贡献。

（3）不计电动机影响。

（4）线路（架空线、电缆、导体、中性点导体）电阻 R_L 采用较高温度下的数值，与 R_{L20} 的关系可由下式确定。

$$R_L = [1+\alpha(\theta_c-20)] \cdot R_{L20}$$

式中　R_{L20} ——导线在 20℃ 时的阻值，由设备制造厂给出；

　　　θ_c ——短路结束时的导线温度，对于铜导体，取 250℃，对于铝导体，取 200℃；

　　　α ——铜、铝和铝合金的温度系数，取 0.004/℃。

三、电气设备短路阻抗

对于馈电网络、变压器、架空线路、电缆线路、电抗器和其他类似电气设备，其正序和负序短路阻抗相等，有 $Z_{(1)}=Z_{(2)}$。计算设备零序阻抗时，在零序网络中，假设三相导体和返回的共用线间有一交流电压 $U_{(0)}$，共用线流过三倍零序电流 $3I_{(0)}$，设备零序阻抗满足 $Z_{(0)}=U_{(0)}/I_{(0)}$。测量零序短路阻抗接线图如图 4-22 所示。

（1）馈电网络阻抗。如图 4-23（a）所示，由电网向短路点馈电的网络，仅知节点 Q 的对称短路功率初始值 S''_{kQ} 或对称短路电流初始值 I''_{kQ}，在 Q 点的网络阻抗 Z_Q 按下式计算：

$$Z_Q = \frac{CU_n^2}{S''_{kQ}} = \frac{CU_{nQ}}{\sqrt{3}I''_{kQ}} \qquad (4-70)$$

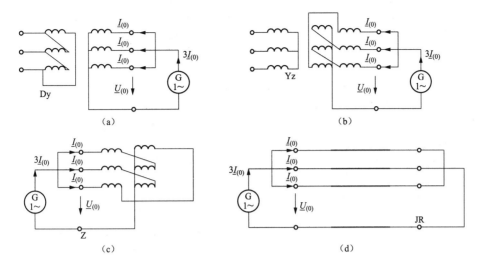

图 4-22 测量零序短路阻抗接线图

（a）矢量组 Dy 变压器；（b）矢量组 Yz 变压器；（c）Z 接线的中性点接地的变压器；（d）架空线路或电缆，JR 为返回线

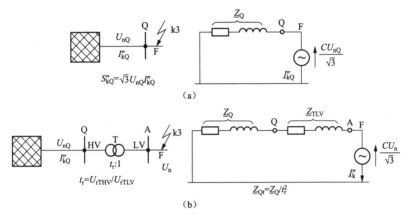

图 4-23 电网馈电短路的系统图和等值电路

（a）不经变压器短路；（b）经变压器短路

如果由中压或高压电网经变压器向短路点馈电，仅知节点 Q 的对称短路功率初始值 S''_{kQ} 或对称短路电流初始值 I''_{kQ}，如图 4-23（b）所示，应归算到变压器低压侧的阻抗 Z_{Qt} 按式（4-71）计算

$$Z_{Qt} = \frac{CU_{nQ}^2}{S''_{kQ}} \cdot \frac{1}{t_r^2} = \frac{CU_{nQ}}{\sqrt{3}I''_{kQ}} \cdot \frac{1}{t_r^2} \qquad (4-71)$$

式中 Z_{Qt}——归算到变压器低压侧的阻抗；

U_{nQ}——Q 点的系统标称电压；

S''_{kQ}——馈电网络在节点 Q 的对称短路功率初始值（视在功率）；

I''_{kQ}——流过 Q 点的对称短路电流初始值；

C——电压系数，见表 4-25；

t_r——分接开关在主分接位置时的变压器额定变比。

若电网电压在 35kV 以上时，网络阻抗可视为纯电抗（略去电阻），即 $Z_Q = 0 + jX_Q$。

计算中若计及电阻但具体数值不知道，可按式 $R_Q = 0.1X_Q$ 和 $X_Q = 0.995Z_Q$ 计算。

可以不计算馈电网络的零序阻抗，仅在特殊场合才计算此值。

（2）变压器的阻抗。双绕组变压器的正序短路阻抗 $\underline{Z}_T$ 按式（4-72）计算

$$Z_T = \frac{u_{kr}}{100\%} \cdot \frac{u_{rT}^2}{S_{rT}} \qquad (4-72)$$

$$R_T = \frac{u_{Rr}}{100\%} \cdot \frac{u_{rT}^2}{S_{rT}} = \frac{P_{krT}}{3I_{rT}^2} \qquad (4-73)$$

$$X_T = \sqrt{Z_T^2 - R_T^2} \qquad (4-74)$$

式中 u_{rT}——变压器高压侧或低压侧的额定电压；

I_{rT}——变压器高压侧或低压侧的额定电流；

S_{rT}——变压器额定容量；

P_{krT}——变压器的负载损耗；

u_{kr}——阻抗电压，%；

u_{Rr}——电阻电压，%。

变压器 R_T/X_T 通常随着变压器容量的增大而减小。计算大容量变压器短路阻抗时，可略去绕组中的电阻，只计电抗，只是在计算短路电流峰值或非周期分量时才计及电阻。

通常 $Z_T = R_T + jX_T = Z_{(1)} = Z_{(2)}$，计算时所需数据（包括零序阻抗）可从铭牌或制造厂得到。

图 4-24 所示三绕组变压器的正序短路阻抗 $\underline{Z}_H$、$\underline{Z}_M$、$\underline{Z}_L$ 按下式计算（换算到 H 侧）。

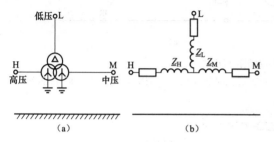

图 4-24 三绕组变压器

（a）绕组名称；（b）等值电路图正序系统

$$\underline{Z}_{HM} = \left(\frac{u_{RrHM}}{100\%} + j\frac{u_{XrHM}}{100\%}\right) \cdot \frac{U_{rTH}^2}{S_{rTHM}} \quad (\text{L侧开路})$$

$$\underline{Z}_{HL} = \left(\frac{u_{RrHL}}{100\%} + j\frac{u_{XrHL}}{100\%}\right) \cdot \frac{U_{rTH}^2}{S_{rTHL}} \quad (\text{M侧开路})$$

$$\underline{Z}_{ML} = \left(\frac{u_{RrML}}{100\%} + j\frac{u_{XrML}}{100\%}\right) \cdot \frac{U_{rTH}^2}{S_{rTML}} \quad (\text{H侧开路})$$

$$u_{Xr} = \sqrt{u_{kr}^2 - u_{Rr}^2}$$

$$(4\text{-}75)$$

代入式（4-76）可得

$$\underline{Z}_H = \frac{1}{2}(\underline{Z}_{HM} + \underline{Z}_{HL} - \underline{Z}_{ML})$$

$$\underline{Z}_M = \frac{1}{2}(\underline{Z}_{ML} + \underline{Z}_{HM} - \underline{Z}_{HL})$$

$$\underline{Z}_L = \frac{1}{2}(\underline{Z}_{HL} + \underline{Z}_{ML} - \underline{Z}_{HM})$$

$$(4\text{-}76)$$

式中　U_{rTH}——变压器额定电压；

S_{rTHM}——H、M 间的额定容量；

S_{rTHL}——H、L 间的额定容量；

S_{rTML}——M、L 间的额定容量；

u_{RrHM}、u_{XrHM}——H、M 间的阻抗电压，%；

u_{RrHL}、u_{XrHL}——H、L 间的阻抗电压，%；

u_{RrML}、u_{XrML}——M、L 间的阻抗电压，%。

（3）架空线和电缆的阻抗。架空线和电缆的正序短路阻抗 $\underline{Z}_L = R_L + jX_L$ 可按导线有关参数计算。其零序短路阻抗 $Z_{(0)} = R_{(0)} + jX_0$ 可通过测量或按 $R_{(0)L}/R_L$ 和 $X_{(0)L}/X_L$ 计算。

高、低压电缆的正序和零序阻抗 $\underline{Z}_{(1)}$、$\underline{Z}_{(0)}$ 的大小与国家的制造工艺水平和标准有关，具体数值可从手册或制造厂给出的数据中得到。

导线平均温度 20℃时的架空线单位长度有效电阻 R_L 可根据电阻率 ρ 和标称截面 q_n，用式（4-77）计算

$$R_L' = \frac{\rho}{q_n} \quad (4\text{-}77)$$

式中　ρ——材料电阻率，铜为 $\rho = 1/54$（$\Omega \cdot mm^2$）/m，铝为 $\rho = 1/34$（$\Omega \cdot mm^2$）/m，铝合金为 $\rho = 1/31$（$\Omega \cdot mm^2$）/m；

q_n——导线标称截面。

对于换位架空线，单位长度的电抗 X_L'（Ω/km），按式（4-78）计算：

$$X_L' = 2\pi f \frac{\mu_0}{2\pi}\left(\frac{0.25}{n} + \ln\frac{d}{r}\right) = f\mu_0\left(\frac{0.25}{n} + \ln\frac{d}{r}\right) \quad (4\text{-}78)$$

式中　f——频率；

d——导线间的几何均距或相应的导线的中心距离，其值为 $d = \sqrt[3]{d_{LaLb}d_{LbLc}d_{LcLa}}$；

r——单导线时，指导线的半径，分裂导线时，$r = \sqrt[n]{nr_0R^{n-1}}$，其中 R 为分裂导线半径，r_0 为每根导线半径；

n——分裂导线数，单导线时，$n=1$；

μ_0——真空绝对导磁率。

若真空绝对导磁率为 $\mu_0 = 4\pi10^4$H/km，在 $f = 50$Hz 时，将式（4-78）化简表示为

$$X_L' = 0.0628\left(\frac{0.25}{n} + \ln\frac{d}{r}\right) \quad (4\text{-}79)$$

（4）限流电抗器阻抗。假设电抗器为几何对称，它们的正序、负序和零序阻抗相等。

$$Z_R = \frac{u_{kR}}{100\%} \cdot \frac{U_n}{\sqrt{3}I_{rR}} \quad (4\text{-}80)$$

式中　U_n——系统标称电压；

u_{kR}——额定阻抗电压，%；

I_{kR}——额定电流。

（5）直接与系统连接的发电机阻抗。发电机不经变压器直接与电网相连，在计算三相对称短路电流初始值时，应按式（4-81）计算发电机的正序阻抗

$$\underline{Z}_{GK} = K_G\underline{Z}_G = K_G(R_G + jX_d'') \quad (4\text{-}81)$$

式中　$\underline{Z}_{GK}$——发电机校正超瞬态阻抗；

K_G——校正系数，按式（4-82）计算。

$$K_G = \frac{U_n}{U_{rG}} \cdot \frac{C_{max}}{1 + x_d''\sin\varphi_{rG}} \quad (4\text{-}82)$$

式中　C_{max}——电压系数（见表 4-25）；

U_n——系统标称电压；

U_{rG}——发电机额定电压；

Z_G——发电机阻抗（$\underline{Z}_G = R_G + jX''_d$）；

x''_d——归算到额定阻抗时的发电机超瞬态电抗，$x''_d = x''_d / Z_{rG}$；

φ_{rG}——发电机额定电流 $\underline{I}_{rG}$ 与额定电压 $\underline{U}_{rG}/\sqrt{3}$ 间的相角。

同步发电机在额定工况下的相量图如图 4-25 所示。在计算单台发电机馈电的短路电流时，由于用等效电压源 $CU_n/\sqrt{3}$ 代替同步发电机的超瞬态电动势 E''，因此发电机的阻抗应用校正阻抗 $\underline{Z}_{GK}$。

电阻 R_G 和超瞬态电抗 X''_d 的关系式可根据发电机额定电压和视在功率按以下范围选用：

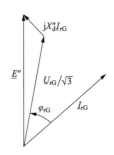

图 4-25　同步发电机在额定工况下的相量图

对 $U_{rG} > 1\text{kV}$，$S_{rG} \geqslant 100\text{MV} \cdot \text{A}$ 的发电机：$R_{Gf} = 0.05\, X''_d$

对 $U_{rG} > 1\text{kV}$，$S_{rG} < 100\text{MV} \cdot \text{A}$ 的发电机：$R_{Gf} = 0.07\, X''_d$

对 $U_{rG} \leqslant 1000\text{V}$ 的发电机：$R_G = 0.15\, X''_d$

除非周期分量衰减外，系数 0.05、0.07 和 0.15 还计及短路后的第一个半周期内对称短路电流分量的衰减。没有考虑不同绕组温度对 R_{Gf} 的影响。

注：R_{Gf} 只用于计算峰值短路电流 i_p，不能用于计算短路电流的非周期分量 i_{dc}。同步发电机定子的有效电阻通常比给定的 R_{Gf} 小得多，计算 i_{dc} 应采用厂家提供的 R_G 值。

如果发电机端电压与 U_{rG} 不同，则计算三相短路电流时可用 $U_G = U_{rG}(1 + p_G)$ 代替式（4-82）中的 U_{rG}。

同步发电机负序阻抗计算如下

$$\begin{aligned}\underline{Z}_{(2)GK} &= K_G(R_{(2)G} + jX_{(2)G}) \\ &= K_G\underline{Z}_{(2)G} \approx K_G\underline{Z}_G \\ &= K_G(R_G + jX''_d)\end{aligned} \quad (4\text{-}83)$$

如果 X''_d 和 X''_q 不相等，则

$$X_{(2)G} = (X''_d + X''_q)/2 \quad (4\text{-}84)$$

零序阻抗计算如下

$$\underline{Z}_{(0)GK} = K_G(R_{(0)G} + jX_{(0)G}) \quad (4\text{-}85)$$

发电机中性点阻抗不需要校正。在发电机低励状态下运行时（如系统中含有电缆或长架空线路、抽水蓄能电站等），计算最小短路电流，需特殊考虑。对于同步电动机和同步调相机，在短路计算中均按同步发电机处理。

（6）发电机—变压器组的阻抗（分接头可调节）。发电机—变压器组的短路阻抗为

$$\underline{Z}_S = K_S(t_r^2 \underline{Z}_G + \underline{Z}_{THV}) \quad (4\text{-}86)$$

校正系数为

$$K_S = \frac{U_{nQ}^2}{U_{rG}^2} \cdot \frac{U_{rTLV}^2}{U_{rTHV}^2} \frac{C_{max}}{1 + |x''_d + x_T|\sin\varphi_{rG}} \quad (4\text{-}87)$$

发电机的相对电抗为

$$x''_d = \frac{x''_d}{Z_{rG}} = \frac{x''_d}{U_{rG}^2/S_{rG}} \quad (4\text{-}88)$$

变压器的相对电抗为

$$x_T = \frac{X_T}{U_{rT}^2/S_{rT}} \quad (4\text{-}89)$$

以上式中　t_r——变压器的额定变比；

　$\underline{Z}_s$——发电机—变压器组高压侧的短路阻抗校正值；

　$\underline{Z}_G$——发电机阻抗，$\underline{Z}_G = R_G + jX''_d$；

　$\underline{Z}_{THV}$——归算到高压侧的变压器阻抗；

　U_{nQ}——变压器高压侧电网的系统标称电压；

　U_{rG}——发电机额定电压；

　U_{rTLV}——变压器低压侧额定电压；

　U_{rTHr}——变压器高压侧额定电压；

　x''_d——发电机的相对电抗；

　x_T——分接头位于主位置时的变压器相对电抗；

　φ_{rG}——发电机额定功率因数角度，即电流 $\underline{I}_{rG}$ 与电压 $\underline{U}_{rG}/\sqrt{3}$ 间的相角。

如能确定变压器高压侧最低运行电压满足 $U_{Qmin}^b \geqslant U_{nQ}$，则式（4-87）中 U_{nQ}^2 可用 $U_{Qmin}^b \cdot U_{nQ}$ 替代。另外，若需计算流过变压器的最大局部电流，仍用原式（4-87）。

若发电机机端电压 U_G 恒大于 U_{rG}，则应用 $U_{Gmax} = U_{rG}(1 + p_G)$ 代替式（4-87）中的 U_{rG}，例如取 $p_G = 0.05$。

在发电机过励条件下，校正系数 K_s 适用于计算发电机—变压器组的正序、负序和零序短路阻抗，变压器中性点阻抗不需要校正。

在发电机过励条件下，计算不对称接地故障的短路电流时，按式（4-88）确定的 K_s 可能得到非保守结果，此时可考虑其他计算方法，如叠加法。

计算发电机—变压器组高压侧短路时，无需考虑发电厂内由辅助变压器供电的异步电动机的影响。

（7）发电机—变压器组的阻抗（分接头不可调节）。在发电机—变压器组结线中，短路点位于变压器高压侧时，发电机—变压器组的阻抗，应是经校正后的阻抗，即

$$\underline{Z}_{SO} = K_{SO}(t_r^2 \underline{Z}_G + \underline{Z}_{THV}) \quad (4\text{-}90)$$

K_{SO} 为校正系数，其值为

$$K_{SO} = \frac{U_{nQ}}{U_{rG}(1 + p_G)} \cdot \frac{U_{rTLV}}{U_{rTHV}} \cdot (1 \pm p_T)\frac{C_{max}}{1 + x''_d \sin\varphi_{rG}} \quad (4\text{-}91)$$

式中 $\underline{Z}_{SO}$ ——不带有载调压发电机—变压器组折算
到高压侧的短路阻抗校正值；

$\underline{Z}_G$ ——发电机阻抗，$\underline{Z}_G = R_G + jX''_d$；

$\underline{Z}_{THV}$ ——归算到高压侧时的变压器阻抗；

U_{nQ} ——变压器高压侧电网的系统标称电压；

U_{rG} ——发电机额定电压；

t_r ——在主分接时的变压器额定变比；

x''_d ——发电机的相对电抗；

φ_{rG} ——发电机额定功率因数角度，即电流 I_{rG}
与电压 $U_{rG}/\sqrt{3}$ 间的相角；

$(1 \pm p_T)$ ——变压器分接头位置对应电压的调节
范围。

当变压器采用无载分接开关，并将分接头长期置
于非主接位置时，使用（$1 \pm p_T$）。需计算流经变压器
的最大短路电流时，取 $1 - p_T$。

校正系数 K_{SO} 适用于计算发电机—变压器组的正
序、负序和零序短路阻抗，变压器中性点阻抗不需要
校正。该校正系数不受短路前发电机的过励或欠励运
行条件的影响。

计算发电机—变压器组高压侧短路时，无需考虑
发电厂内由辅助变压器供电的异步电动机的影响。

（8）电动机阻抗。计算三相对称短路电流初始值
I''_k 时，同步电动机和同步调相机均按同步发电机
处理。

电网发生短路时，网内连接的异步电动机将向短
路点反馈短路电流，在三相对称短路中反馈电流衰减
很快，在电动机（组）的额定电流之和小于或等于不
计电动机算出的对称短路电流初始值时，即式（4-92）
成立时不考虑影响。

$$\Sigma I_{rM} \leqslant 0.01 I''_k \tag{4-92}$$

式中 ΣI_{rM} ——短路点近区的电动机（组）的额定电
流之和；

I''_k ——短路点近区无电动机（切断电动机）
时的对称短路电流初始值。

在正序、负序网络中，异步电动机阻抗用式
（4-93）计算

$$Z_M = \frac{1}{I_{LR}/I_{rM}} \cdot \frac{U_{rM}}{\sqrt{3}I_{rM}} = \frac{1}{I_{LR}/I_{rM}} \cdot \frac{U^2_{rM}}{S_{rM}} \tag{4-93}$$

式中 U_{rM} ——电动机额定电压；

I_{rM} ——电动机额定电流；

S_{rM} ——电动机额定视在功率，$S_{rM} = P_{rM}/(\eta_r \cos\varphi_r)$；

I_{LR}/I_{rM} ——电动机堵转电流与额定电流之比。

也可以用下式对阻抗 Z_M 进行估算，其值也满足
工程要求：

对于极功率 $P_{rM} \geqslant 1MW$ 的高压电动机：$X_M = 0.995Z_M$ 时，$R_M/X_M = 0.10$；

对于极功率 $P_{rM} < 1MW$ 的高压电动机：$X_M = 0.989Z_M$ 时，$R_M/X_M = 0.15$；

对于有连接电缆的低压电动机组：$X_M = 0.922Z_M$ 时，$R_M/X_M = 0.42$。

静止变频器驱动的电动机按异步电动机处理，它
的阻抗仍按式（4-93）计算，式中各符号的意义是：

Z_M ——按式（4-93）算出的阻抗；

U_{rM} ——静止变频变压器电网侧额定电压或无变
压器时的静止变频器的额定电压；

I_{rM} ——静止变频变压器电网侧额定电流，或无变
压器时静止变频器的额定电流；

I_{LR}/I_{rM} ——堵转电流与额定电流之比，其值等于"3"，
$X_M = 0.995Z_M$ 时，$R_M/X_M = 0.10$。

四、短路电流周期分量初始值计算

对称短路电流初始值 I''_k 对于火力发电厂而言，网
络结构都是辐射状结构，而非网状结构，短路点处的
对称短路电流初始值为各分支对称短路电流初始值的
向量和，见图 4-26。

$$\underline{I}''_k = \sum_i \underline{I}''_{ki} \tag{4-94}$$

在 IEC 60909 和 GB/T 15544.1 要求的精度范围
内，通常可取各分支对称短路电流初始值的绝对值之
和作为短路点的短路电流。

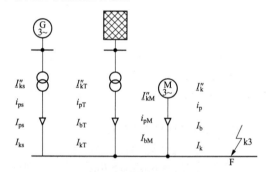

图 4-26 辐射状电网示例

（1）三相短路。通常情况下，三相短路时采用
等效电压源 $CU_n/\sqrt{3}$ 和短路阻抗 $Z_k = R_k + jX_k$ 通过式
（4-95）计算各分支回路对称短路电流初始值 I_k。

$$I''_k = \frac{CU_n}{\sqrt{3}Z_k} = \frac{CU_n}{\sqrt{3}\sqrt{R^2_k + X^2_k}} \tag{4-95}$$

等效电压源 C 值按表 4-25 确定。

1）图 4-27、图 4-28 对应的短路电流 I''_k 及 Z_k
计算见表 4-26。

如表 4-26 所示，根据各点短路电流计算阻抗。

2）网状电网中的短路。计算网状电网中的三相
短路电流如图 4-29 所示，需使用电气设备的正序阻
抗、短路阻抗，通过网络化简计算短路点的短路阻抗。

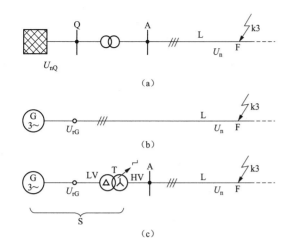

（a）

（b）

（c）

图 4-27 单电源馈电三相短路示例

（a）通过变压器由电网馈电的三相短路；（b）由单台发电机馈电的
三相短路（无变压器）；（c）由发电机变压器组馈电的三相短路

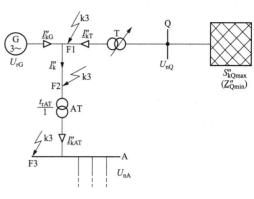

图 4-28 发电厂内三相短路

经过变压器连接的阻抗，须通过额定变比的平方进行折算。如果两个系统之间并列的多台变压器额定变比稍有差别，则可采用算术平均值。

表 4-26　　　　　　　　各短路点的对称短路电流初始值 I_k'' 计算公式

序号	短路类型	短路点	短路阻抗	对称短路电流初始值
1	通过变压器由电网馈电的三相短路	F1	$\underline{Z}_k = \underline{Z}_Q + \underline{Z}_{TK} + \underline{Z}_L$ $= \underline{Z}_Q / t_r^2 + K_T \underline{Z}_T + \underline{Z}_L$	$I_k'' = \dfrac{CU_n}{\sqrt{3}\underline{Z}_k}$
2	由单一发电机馈电的三相短路	F2	$\underline{Z}_k = \underline{Z}_{GK} + \underline{Z}_L$ $= K_G(R_G + jx_d'') + \underline{Z}_L$	$I_k'' = \dfrac{CU_n}{\sqrt{3}\underline{Z}_k}$
3	由单一发电机变压器组馈电的三相短路	F3	$\underline{Z}_k = \underline{Z}_S + \underline{Z}_L$ $= K_S(t_r^2 \underline{Z}_G + \underline{Z}_{THV}) + \underline{Z}_L$	$I_k'' = \dfrac{CU_n}{\sqrt{3}\underline{Z}_k}$
4	发电机变压器组内的三相短路	F4	$\underline{Z}_{kG} = K_{GS}\underline{Z}_G$ $K_{GS} = \dfrac{C_{max}}{1 + x_d'' \sin\varphi_{rG}}$ $\underline{Z}_{kT} = \underline{Z}_{TLV} + \underline{Z}_Q / t_r^2$	$I_{kG}'' = \dfrac{CU_{rG}}{\sqrt{3}\underline{Z}_{kG}}$ $I_{kT}'' = \dfrac{CU_{rG}}{\sqrt{3}\underline{Z}_{kT}}$
		F5	$\underline{Z}_{rsl} = 1/\left[\dfrac{1}{K_{GS}\underline{Z}_G} + \dfrac{1}{K_{TS}\underline{Z}_{TLV} + \dfrac{1}{t_r^2}\underline{Z}_{Qmin}}\right]$ $K_{TS} = \dfrac{C_{max}}{1 - x_T \sin\varphi_{rG}}$	$I_k'' = \dfrac{CU_{rG}}{\sqrt{3}\underline{Z}_{rsl}}$

网状电网的阻抗网络简化计算非常复杂，如果采用手算几乎不可能，并且错误率也较高。因此对于网状电网的短路计算需采用程序计算，并且网状电网计算网络的计算也适用于 1）中的简单网络。因此工程中采用程序进行短路电流的计算。

（2）两相短路。两相短路时，按式（4-96）计算对称短路电流初始值。

$$I_{k2}'' = \frac{CU_n}{|\underline{Z}_{(1)} + \underline{Z}_{(2)}|} = \frac{CU_n}{2|\underline{Z}_{(1)}|} = \frac{\sqrt{3}}{2}I_k'' \qquad (4\text{-}96)$$

在短路初始阶段，无论远端短路还是近端短路，负序阻抗与正序阻抗大致相等，因此式（4-96）中假定 $\underline{Z}_{(2)} = \underline{Z}_{(1)}$。

（3）两相接地短路。两相接地短路时，如图 4-20（c）所示。应区分电流 I_{k2EL2}''、I_{k2EL3}'' 和 I_{kE2E}''，计算公

式如下：

$$\left.\begin{aligned}
\underline{I}''_{k2EL2} &= -\mathrm{j}CU_n \frac{\underline{Z}_{(0)} - a\underline{Z}_{(2)}}{\underline{Z}_{(1)}\underline{Z}_{(2)} + \underline{Z}_{(1)}\underline{Z}_{(0)} + \underline{Z}_{(2)}\underline{Z}_{(0)}} \\
\underline{I}''_{k2EL3} &= -\mathrm{j}CU_n \frac{\underline{Z}_{(0)} - a^2\underline{Z}_{(2)}}{\underline{Z}_{(1)}\underline{Z}_{(2)} + \underline{Z}_{(1)}\underline{Z}_{(0)} + \underline{Z}_{(2)}\underline{Z}_{(0)}} \\
\underline{I}''_{kE2E} &= \frac{\sqrt{3}CU_n\underline{Z}_{(2)}}{\underline{Z}_{(1)}\underline{Z}_{(2)} + \underline{Z}_{(1)}\underline{Z}_{(0)} + \underline{Z}_{(2)}\underline{Z}_{(0)}}
\end{aligned}\right\} \qquad (4\text{-}97)$$

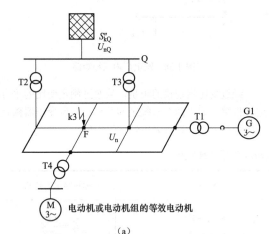

（a）

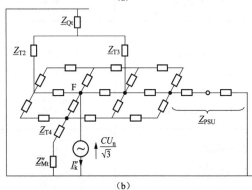

（b）

图 4-29　网状电网示例

（a）接线图；（b）用短路点等效电压源计算的等值电路

远端短路时，$Z_{(2)}$ 与 $Z_{(1)}$ 近似相等，则电流绝对值计算如下：

$$\left.\begin{aligned}
I''_{k2EL2} &= CU_n \left| \frac{\underline{Z}_{(0)}/\underline{Z}_{(1)} - a}{\underline{Z}_{(1)} + 2\underline{Z}_{(0)}} \right| \\
I''_{k2EL3} &= CU_n \left| \frac{\underline{Z}_{(0)}/\underline{Z}_{(1)} - a^2}{\underline{Z}_{(1)} + 2\underline{Z}_{(0)}} \right| \\
I''_{kE2E} &= \frac{\sqrt{3}CU_n}{|\underline{Z}_{(1)} + 2\underline{Z}_{(0)}|}
\end{aligned}\right\} \qquad (4\text{-}98)$$

（4）单相接地短路。单相接地短路时，短路电流交流分量初始值 I''_{k1}，按式（4-99）计算：

$$\underline{I}''_{k1} = \frac{\sqrt{3}CU_n}{\underline{Z}_{(1)} + \underline{Z}_{(2)} + \underline{Z}_{(0)}} \qquad (4\text{-}99)$$

在短路初始阶段，无论远端短路还是近端短路，负序阻抗与正序阻抗大致相等，考虑 $Z_{(2)} = Z_{(1)}$，则电流绝对值计算如下：

$$I''_{k1} = \frac{\sqrt{3}CU_n}{|2\underline{Z}_{(1)} + \underline{Z}_{(0)}|} \qquad (4\text{-}100)$$

若 $Z_{(0)}$ 小于 $Z_{(2)} = Z_{(1)}$，则单相短路电流 I''_{k1} 大于三相短路电流 I''_k，但小于 I''_{kE2E}。然而，满足 $0.23 < Z_{(0)}/Z_{(1)} < 1$ 条件下，I''_{k1} 为被断路器切断的最大电流。

五、短路电流非周期分量计算

火力发电厂三相交流系统短路电流的最大非周期分量 i_{dc}，可按式（4-101）计算：

$$i_{dc} - \sqrt{2}I''_k \mathrm{e}^{-2\pi \cdot ftR/X} \qquad (4\text{-}101)$$

式中　I''_k——对称短路电流初始值；

　　　　f——额定频率，Hz；

　　　　t——时间，s。

六、短路电流峰值计算

（1）三相短路。对于火力发电厂而言，接线形式都是辐射状结构，而非网状结构，短路点 F 处的短路电流峰值 I_p，可表示为各支路的局部短路电流峰值之和：

$$I_p = \sum_i i_{pi} \qquad (4\text{-}102)$$

各馈电支路对短路电流峰值的贡献均可表示为：

$$I_{pi} = k\sqrt{2}I''_{ki} \qquad (4\text{-}103)$$

系数 k 由 R/X 或 X/R 决定，可通过图 4-30 查曲线或通过式（4-104）进行计算。

$$k = 1.02 + 0.98\mathrm{e}^{-3R/X} \qquad (4\text{-}104)$$

（2）两相短路。两相短路时的短路电流峰值可表示为：

$$i_{p2} = k\sqrt{2}I''_{k2} \qquad (4\text{-}105)$$

为简化计算，可采用与三相短路相同的 k 值。当 $Z_{(2)} = Z_{(1)}$ 时，短路电流峰值 i_{p2} 小于三相短路时的短路电流峰值 I_p，其关系如式（4-106）所示。

$$I_{p2} = \sqrt{3}/2 \times I''_{k2} \qquad (4\text{-}106)$$

（3）两相接地短路。对于两相接地短路，短路电流峰值可表示为：

$$I_{p2E} = k\sqrt{2}I''_{k2E} \qquad (4\text{-}107)$$

为简化计算，可采用与三相短路相同的 k 值。当 $Z_{(0)}$ 远小于 $Z_{(1)}$ 时，才需计算 I_{p2E}。

（4）单相接地短路。对于单相接地短路，峰值短路电流可表示为：

$$I_{pl2} = k\sqrt{2}I''_{kl} \tag{4-108}$$

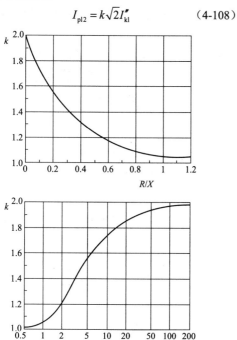

图 4-30 串联支路中系数 k 与 R/X 或 X/R 的函数关系

为简化计算，可采用与三相短路相同的 k 值。

七、对称开断电流

一般来说，短路点 t_{min} 时刻的开断电流包括对称开断电流 I_b 与非周期分量 i_{dc}。i_{dc} 由式（4-101）计算。

（1）远端短路。对于远端短路，对称开断电流 I_b 等于对称短路电流初始值 I''_k。

$$\left.\begin{array}{l} I_b = I''_k \\ I_{b2} = I''_{k2} \\ I_{b2E} = I''_{k2E} \\ I_{bl} = I''_{kl} \end{array}\right\} \tag{4-109}$$

（2）近端短路。对于火力发电厂而言，接线形式都是辐射状结构，而非网状结构，短路点的对称开断电流为各支路开断电流之和。

$$I_b = \sum_i I_{bi} \tag{4-110}$$

如图 4-26 所示，有：

$$I_b = I_{bs} + I_{bT} + I_{bM} = \mu I''_{ks} + I''_{kt} + \mu q I''_{km} \tag{4-111}$$

式中，I''_{ks}、I''_{kt}、I''_{km} 为各支路对短路点短路电流 I''_k 的贡献电流。

系数 μ 由式（4-112）或图 4-31 确定。系数 μ 与 t_{min} 和 I''_{kG}/I_{rG} 有关，可根据 I''_{kG}/I_{rG} 和 t_{min} 确定，I_{rG} 为发电机额定电流。式（4-112）中的 μ 值适用于旋转励

磁机或静止整流励磁装置的同步发电机（用静止整流励磁装置励磁，其最小延时 t_{min} 应小于 0.25s，最高励磁电压小于 1.6 倍额定负载下的励磁电压）。对于其他情况，若实际数值未知，可取 $\mu = 1$。

当短路点与发电机之间有升压变压器时〔见图4-27（c）〕，变压器高压侧局部短路电流 I''_{ks} 应根据变压器变比折算到发电机出口侧，$I''_{kG} = t_r I''_{ks}$。即 I''_{kG}（I''_{kG} 为发电机端的短路电流）和 I_{rG}（I_{rG} 为发电机额定电流）应为归算到同一电压下的值。系数按式（4-112）计算：

$$\left.\begin{array}{l} \text{对}\,t_{min} = 0.02\text{s时，}\,\mu = 0.84 + 0.26e^{-0.26I''_{kG}/I_{rG}} \\ \text{对}\,t_{min} = 0.05\text{s时，}\,\mu = 0.71 + 0.51e^{-0.30I''_{kG}/I_{rG}} \\ \text{对}\,t_{min} = 0.10\text{s时，}\,\mu = 0.62 + 0.72e^{-0.32I''_{kG}/I_{rG}} \\ \text{对}\,t_{min} \geq 0.25\text{s时，}\,\mu = 0.56 + 0.94e^{-0.38I''_{kG}/I_{rG}} \end{array}\right\} \tag{4-112}$$

当 $I''_{kG}/I_{rG} \leq 2$ 时，式（4-112）中的 μ 取 1。系数 μ 也可按图 4-31 查找，对于相邻最小延时 t_{min} 曲线间对应得 μ 值，可用线性插值求取。

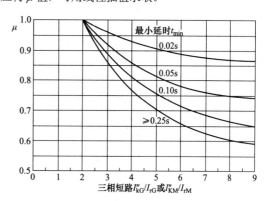

图 4-31 对称开断电流 I_b 的计算系数 μ

其中，异步电动机回路的对称开断电流为：

$$I_b = \mu q I''_k \tag{4-113}$$

异步电动机 μ 值的计算方法与同步发电机相同，如式（4-112）用 I''_{kM}/I_{rM} 替代 I''_{kG}/I_{rG}（见表 4-28）；对称开断电流的计算系数 q 可视为最小延时 t_{min} 的函数，见式（4-114）：

$$\left.\begin{array}{l} \text{对}\,t_{min} = 0.02\text{s时，}\,q = 1.03 + 0.12\ln(P_{rM}/p) \\ \text{对}\,t_{min} = 0.05\text{s时，}\,q = 0.79 + 0.12\ln(P_{rM}/p) \\ \text{对}\,t_{min} = 0.10\text{s时，}\,q = 0.57 + 0.12\ln(P_{rM}/p) \\ \text{对}\,t_{min} \geq 0.25\text{s时，}\,q = 0.26 + 0.10\ln(P_{rM}/p) \end{array}\right\} \tag{4-114}$$

式中 P_{rM}——额定功率，MW；

   p——极对数。

如果式（4-114）的计算结果大于 1，则取 $q = 1$。系数 q 可以通过图 4-32 确定。

（3）不平衡短路。对于不平衡近端短路，不考虑发电机磁通的衰减，应用式（4-109）进行计算。

八、稳态短路电流计算

（1）单馈入三相短路电流。计算最大稳态短路电流，假定发电机设定至最大励磁状态，采用式（4-115）计算。

$$I_{k\max} = \lambda_{\max} I_{rG} \tag{4-115}$$

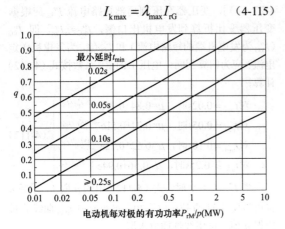

图 4-32　异步电动机对称开断电流计算系数 q

计算最小稳态短路电流，假定发电机为恒定的空载励磁状态，采用式（4-116）计算。

$$I_{k\min} = \lambda_{\min} I_{rG} \tag{4-116}$$

$\lambda_{\max}$ 与 $\lambda_{\min}$ 取值查图 4-33。若发电机采用自并励静止励磁装置，机端短路时 $\lambda_{\max} = \lambda_{\min} = 0$。

对于由一台或多台相近的复式励磁发电机并联馈电的近端短路，其最小稳态短路电流按式（4-117）计算。

$$I_{k\min} = \frac{C_{\min} U_n}{\sqrt{3}\sqrt{R_k^2 + X_k^2}} \tag{4-117}$$

发电机有效计算电抗按式（4-118）计算。

$$I_{k\min} = \frac{U_{rG}}{\sqrt{3} I_{kP}} \tag{4-118}$$

（2）辐射状电网三相短路电流。辐射状电网三相短路为各支路稳态短路电流之和。对于图 4-26 示例有：

$$I_k = I_{ks} + I_{kT} + I_{kM} = \lambda_{\max} I_{rGt} + I''_{kT} \tag{4-119}$$

$\lambda_{\max}$ 与 $\lambda_{\min}$ 取值查图 4-33。I_{rGt} 为折算到变压器高压侧的发电机额定电流。异步电动机端口发生三相短路时，其稳态短路电流为零。计算 $I_{\max}$ 与 $I_{\min}$ 时分别采用表 4-25 的系数 $C_{\max}$ 与 $C_{\min}$。

（3）网状电网三相短路电流。网状电网稳态短路电流近似等于短路电流初始值。

（4）不平衡短路。不平衡稳态短路电流等于不平衡短路电流初始值。

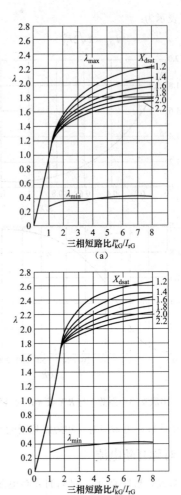

图 4-33　隐极机的 $\lambda_{\max}$ 与 $\lambda_{\min}$ 系数
（a）曲线簇 I；（b）曲线簇 II

九、变压器低压侧短路高压侧单相断开

当变压器高压侧采用熔断器作为进线保护时，低压侧发生的短路在断路器切除故障之前造成高压侧一相熔断器断开。这会导致局部短路电流太小，不能使其他保护装置动作，特别是在出现最小短路电流的情况下。电气设备由于短路持续存在而承受过应力。图 4-34 为造成这种情况的示例。

如图 4-34 所示，变压器低压侧的短路电流 I''_{kL1}、I''_{kL2}、I''_{kL3} 及 I''_{kN} 可通过式（4-120）计算，变压器高压侧的局部短路电流 $I''_{kL2HV} = I''_{kL3HV}$ 也可以通过式（4-120）在系数 α 取适当值时计算。由于短路属于远端短路，所有情况下 $I''_{kV} = I_{kV}$。

$$I''_{kV} = \alpha \frac{CU_n}{\sqrt{3}\,|\,\underline{Z}_{Qt} + K_T \underline{Z}_T + \underline{Z}_L + \beta(K_T \underline{Z}_{(0)T} + \underline{Z}_{(0)L})\,|} \tag{4-120}$$

式中 $\underline{Z}_{Qt} + K_T \underline{Z}_T + \underline{Z}_L$ ——折算到低压侧的正序系统阻抗，$\underline{Z}_T = \underline{Z}_{TLV}$；

$K_T \underline{Z}_{(0)T} + \underline{Z}_{(0)L}$ ——折算到低压侧的零序系统阻抗；

α、β ——查表 4-27。

任何两相间短路时的短路电流均较小，表 4-27 中没有列出。

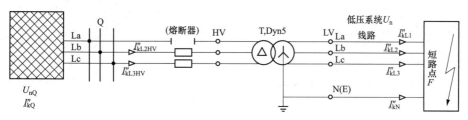

图 4-34 变压器低压侧短路高压侧单相断开

表 4-27　α、β 取值表

F 点短路（见图 4-34） 低压侧短路导体	三相短路 La、Lb、Lc La、Lb、Lc、N（E）	两相接地短路 La、Lc、N（E）	两相接地短路 Lb、Lc、N（E）	单相短路 Lb、N（E）[①]
系数 β	0	2	0.5	0.5
系数 α（低压侧）计算电流				
I''_{kLa}	0.5	1.5	—	—
I''_{kLb}	1.0	—	1.5	1.5
I''_{kLc}	0.5	1.5	—	—
I''_{kN}	—	3.0	1.5	1.5
系数 α（高压侧）计算电流 I''_{kLv} $I''_{kLbHV} = I''_{kLcHV}$	$\frac{1}{t_r} \cdot \frac{\sqrt{3}}{2}$	$\frac{1}{t_r} \cdot \frac{\sqrt{3}}{2}$	$\frac{1}{t_r} \cdot \frac{\sqrt{3}}{2}$	$\frac{1}{t_r} \cdot \frac{\sqrt{3}}{2}$

① 其他相单相短路时，如 La、N（E）或 Lc、N（E）由变压器开路阻抗决定电流较小，予以忽略。

图 4-34 所示的变压器低压侧和高压侧的短路电流均不大于高压侧有完整连接时的对称或不对称短路电流，因此式（4-120）仅用于计算最小短路电流。

十、异步电动机机端短路

对于异步电动机机端对称短路和两相短路，其电流 I''_k、I_p、I_b 和 I_k 可按表 4-28 公式计算。对于中性点接地的电网，电动机机端单相接地短路电流不能忽略。

表 4-28　异步电动机机端短路时的短路电流

短路	对称短路	两相短路	单相短路
对称短路电流初始值	$I''_{k3M} = \dfrac{CU_n}{\sqrt{3}Z_M}$	$I''_{k2M} = \dfrac{\sqrt{3}}{2} I''_{k3M}$	

续表

短路	对称短路	两相短路	单相短路
短路电流峰值	$i_{p3M} = \kappa_M \sqrt{2} i_{k3M}$ 高压电动机： $\kappa_M = 1.65$（对应于 $R_M/X_M=0.15$），对于每对极功率小于 1MW 的电动机； $\kappa_M = 1.75$（对应于 $R_M/X_M=0.10$），对于每对极功率大于或等于 1MW 的电动机； 有连接电缆的低压电动机组： $\kappa_M = 1.3$（对应于 $R_M/X_M=0.42$）	$i_{p2M} = \dfrac{\sqrt{3}}{2} i_{p3M}$	$i_{p1M} = \kappa_M \sqrt{2} I''_{k1M}$
对称开断电流	$I_{b3M} = \mu q\, I''_{k3M}$ μ 根据式（4-112）或图 4-31 用 I''_{k1M}/I_{rM} 求出，q 根据式（4-114）或图 4-32 求出	$I_{b2M} = \dfrac{\sqrt{3}}{2} I''_{k3M}$	$I_{b1M} = I''_{k1M}$
稳态短路电流	$I_{k3M} = 0$	$I_{k2M} = \dfrac{\sqrt{3}}{2} I''_{k3M}$	$I_{k1M} = I''_{k1M}$

十一、短路电流热效应计算

焦耳积分 $\int i^2 dt$ 用来度量短路电流在系统中阻性元件产生的热量。工程中可采用系数 m 计算短路电流非周期分量的热效应，采用系数 n 计算短路电流交流分量的热效应。

$$\int_0^{T_k} i^2 dt = I''^2_k (m+n) T_k = I^2_{th} T_k \qquad (4\text{-}121)$$

热等效短路电流为：

$$I_{th} = I''_k \sqrt{m+n} \qquad (4\text{-}122)$$

系数 m 由图 4-35 通过 $f \cdot T_k$ 确定，系数 n 由图 4-36 通过系数 T_k 以及 I''_k/I_k 确定，其中 I_k 为稳态短路电流。

配电网中发生短路时（远端短路），通常取 $n=1$。

对于短路持续时间大于或等于 0.5s 的远端短路，可近似取 $m+n=1$。

如果需要计算不对称短路的焦耳积分或热等效短路电流，则使用相应的不对称短路电流进行计算。

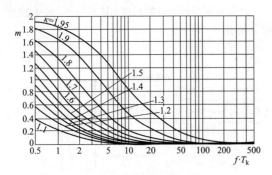

图 4-35 短路电流非周期分量的热效应系数 m

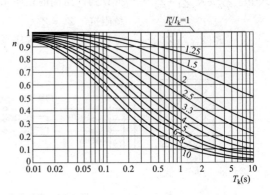

图 4-36 短路电流交流分量的热效应系数 n

第四节 实用短路电流计算算例

【例 4-1】 计算某火力发电厂的短路电流。

一、原始数据

短路电流计算接线图如图 4-37 所示。求 $d_1 \sim d_9$ 点的三相短路电流及 d_1、d_2 点的不对称短路电流。

取 $S_j = 1000\text{MV} \cdot \text{A}$，网络中各元件的电抗标幺值如下：

（一）正序电抗

正序电抗值见表 4-29，正序阻抗图见图 4-38。

（二）负序电抗

负序电抗值见表 4-30，负序阻抗图见图 4-39。

（三）零序电抗

零序电抗值见表 4-31，零序阻抗图见图 4-40。

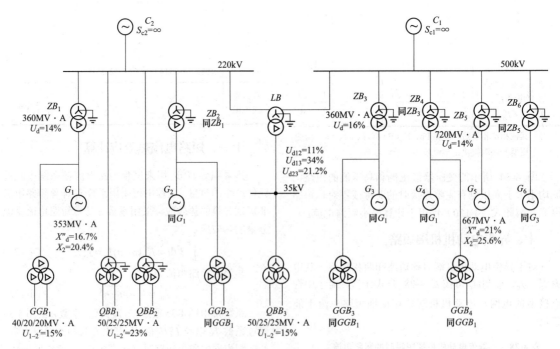

图 4-37 短路电流计算接线图

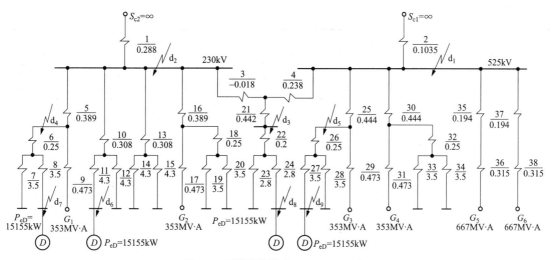

图 4-38 正序阻抗图（S_j=1000MV·A）

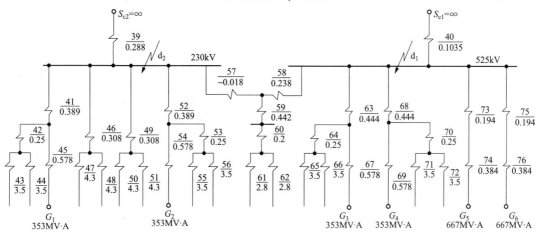

图 4-39 负序阻抗图（S_j=1000MV·A）

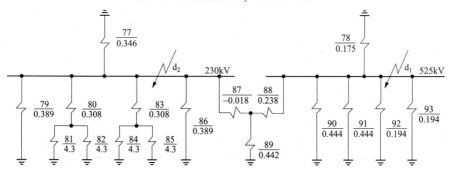

图 4-40 零序阻抗图（S_j=1000MV·A）

表 4-29 正 序 电 抗 值

名称	符号	电抗编号	阻抗电压和电抗值	计算式	标幺值
系统	C_2	1	0.288	—	0.288
	C_1	2	0.1035	—	0.1035
主变压器	1ZB、2ZB	5、16	U_d=14%	14%×1000/360	0.389
	3ZB、4ZB	25、30	U_d=16%	16%×1000/360	0.444
	5ZB、6ZB	35、37	U_d=14%	14%×1000/720	0.194

名称	符号	电抗编号	阻抗电压和电抗值	计算式	标幺值
联络变压器	LB	3 4 21	$U_{d12}=11\%$ $U_{d13}=34\%$ $U_{d23}=21.2\%$	$1/2\times(11+21.2-34)\times1000/500$ $1/2\times(11+34-21.2)\times1000/500$ $1/2\times(34+21.2-11)\times1000/500$	−0.018 0.238 0.442
厂用高压 工作变压器	$1GGB\sim4GCB$	6、18 26、32	$X_{1-2'}=15\%$① $K_f=3.5$ $X_{1-2}=X'_{1-2}/(1+K_f/4)=0.08$	$\left(1-\dfrac{3.5}{4}\right)X_{1-2}\times1000/40$	0.25
		7、8、19、20 27、28、33、34		$\dfrac{1}{2}K_fX_{1-2}\times1000/40$	3.5
厂用启动 备用变压器	$1QBB$ $2QBB$	10、13	$X_{1-2}=23\%$① $K_f=3.5$ $X_{1-2}=0.123$	$(1-3.5/4)X_{1-2}\times1000/50$	0.308
		11、12 14、15		$\dfrac{1}{2}K_fX_{1-2}\times1000/50$	4.3
	$3QBB$	22	$X_{1-2'}=15\%$① $K_f=3.5$ $X_{1-2}=0.08$	$(1-3.5/4)X_{1-2}\times1000/50$	0.2
		23、24		$\dfrac{1}{2}K_fX_{1-2}\times1000/50$	2.8
发电机	$1G\sim4G$	9、17 29、31	$X''_d=16.7\%$	$16.7\%\times1000/353$	0.473
	$5G\sim6G$	36、38	$X''_d=21\%$	$21\%\times1000/667$	0.315

① $X_{1-2'}$ 为半穿越电抗，高压绕组与一个低压绕组的穿越电抗。

X_{1-2} 为穿越电抗，高压绕组与总的低压绕组间的穿越电抗，$X_{1-2}=X_{1-2'}/(1+K_f/4)$。

K_f 为分裂系数，分裂绕组间的分裂电抗与穿越电抗的比值。

表 4-30 　　　　　　　　　　　　　负 序 电 抗 值

名称	符号	电抗编号	阻抗电压和电抗值	计算式	标幺值
系统	C_2 C_1	39 40	0.288 0.1035	— —	0.288 0.1035
主变压器	1ZB、2ZB 3ZB、4ZB 5ZB、6ZB	41、52 63、68 73、75	$U_d=14\%$ $U_d=16\%$ $U_d=14\%$	$14\%\times1000/360$ $16\%\times1000/360$ $14\%\times1000/720$	0.389 0.444 0.194
联络变压器	LB	57 58 59	$U_{d12}=11\%$ $U_{d13}=34\%$ $U_{d23}=21.2\%$	$1/2\times(11+21.2-34)\times1000/500$ $1/2\times(11+34-21.2)\times1000/500$ $1/2\times(34+21.2-11)\times1000/500$	−0.018 0.238 0.442
厂用高压 工作变压器	$1GGB\sim$ $4GGB$	42、53、64、70	$X_{1-2'}=15\%$① $K_f=3.5$ $X_{1-2}=0.08$	$\left(1-\dfrac{3.5}{4}\right)X_{1-2}\times1000/40$	0.25
		43、44、55、56、 65、66、71、72		$\dfrac{1}{2}K_fX_{1-2}\times1000/40$	3.5
厂用启动备 用变压器	$1QBB$ $2QBB$	46、49	$X_{1-2'}=23\%$① $K_f=3.5$ $X_{1-2}=0.123$	$\left(1-\dfrac{3.5}{4}\right)X_{1-2}\times1000/50$	0.808
		47、48、50、51		$\dfrac{1}{2}K_fX_{1-2}\times1000/50$	4.3
	$3QBB$	60	$X_{1-2'}=15\%$① $K_j=3.5$ $X_{1-2}=0.08$	$\left(1-\dfrac{3.5}{4}\right)X_{1-2}\times1000/50$	0.2
		61、62		$\dfrac{1}{2}K_fX_{1-2}\times1000/50$	2.8
发电机	$1G\sim4G$ $5G、6G$	45、54、67、69 74、76	$X_2=20.4\%$ $X_2=25.6\%$	$20.4\%\times1000/353$ $25.6\%\times1000/667$	0.578 0.384

① $X_{1-2'}$ 为半穿越电抗，高压绕组与一个低压绕组的穿越电抗。

X_{1-2} 为穿越电抗，高压绕组与总的低压绕组间的穿越电抗，$X_{1-2}=X_{1-2'}/(1+K_f/4)$。

K_f 为分裂系数，分裂绕组间的分裂电抗与穿越电抗的比值。

表 4-31 零序电抗值

名称	符号	电抗编号	阻抗电压和电抗值	标幺值
系统	C_2 C_1	77 78	0.346 0.175	0.346 0.175
主变压器	1ZB、2ZB	79、86	0.14	0.389
	3ZB、4ZB	90、91	0.16	0.444
	5ZB、6ZB	92、93	0.14	0.194
联络变压器	LB	87	$U_{d12}=11\%$ $U_{d13}=34\%$ $U_{d23}=21.2\%$	−0.018
		88		0.238
		89		0.442
厂用启动 备用变压器	1QBB 2QBB	80、83	$X_{1-2}'=23\%$① $K_f=3.5$ $X_{1-2}=0.123$	0.308
		81、82、84、85		4.3

① X_{1-2}' 为半穿越电抗，高压绕组与一个低压绕组的穿越电抗。

X_{1-2} 为穿越电抗，高压绕组与总的低压绕组间的穿越电抗，$X_{1-2}=X_{1-2}'/(1+K_f/4)$。

K_f 为分裂系数，分裂绕组间的分裂电抗与穿越电抗的比值。

二、网络变换

（一）正序网络的变换

1. 短路点 d_1

将图 4-38 化为图 4-41（a）。图 4-41（a）中，

$$X_{101}=\frac{X_5+X_9}{2}=\frac{0.473+0.389}{2}=0.431$$

$$X_{102}=\left(\frac{X_{29}+X_{25}}{2}\right)\left\|\left(\frac{X_{36}+X_{35}}{2}\right)\right.$$
$$=\{[(0.315+0.194)\div2]\times[(0.473+0.444)\div2]\}$$
$$\div\{[(0.315+0.194)\div2]+[(0.473+0.444)\div2]\}$$
$$=0.164$$

其中：‖ 为并联符号。

用 Y/△法（由 X_1、X_{101}、X_3、$X_4\rightarrow X_{103}$、X_{104}）

$$X_{103}=X_1+(X_3+X_4)+\frac{X_1(X_3+X_4)}{X_{101}}$$
$$=0.288+0.22+\frac{0.288\times0.22}{0.431}$$
$$=0.655$$

$$X_{104}=X_{101}+(X_3+X_4)+\frac{X_{101}(X_3+X_4)}{X_1}$$
$$=0.431+0.22+\frac{0.431\times0.22}{0.288}$$
$$=0.98$$

根据图 4-41（b）将各支路电抗并联，得综合正序电抗图 4-41（c）。

$$X_{1\Sigma}=\cfrac{1}{\cfrac{1}{X_{104}}+\cfrac{1}{X_{103}}+\cfrac{1}{X_2}+\cfrac{1}{X_{102}}}$$
$$=\cfrac{1}{\cfrac{1}{0.98}+\cfrac{1}{0.655}+\cfrac{1}{0.1035}+\cfrac{1}{0.164}}$$
$$=0.055$$

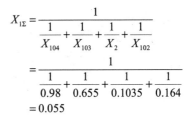

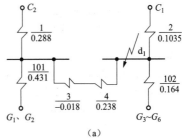
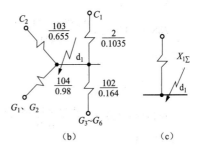

图 4-41 d_1 点短路网络变换示例

（a）变换前；（b）第一次变换；（c）第二次变换

2. 短路点 d_2

用 Y/△法（由 X_2、X_{102}、X_3、$X_4\rightarrow X_{105}$、X_{106}）将

图 4-41（a）化为图 4-42（a）。

$$X_{105} = X_2 + (X_3 + X_4) + \frac{X_2(X_3 + X_4)}{X_{102}}$$

$$= 0.1035 + 0.22 + \frac{0.1035 \times 0.22}{0.164}$$

$$= 0.462$$

$$X_{106} = X_{102} + (X_3 + X_4) + \frac{X_{102}(X_3 + X_4)}{X_2}$$

$$= 0.164 + 0.22 + \frac{0.164 \times 0.22}{0.1035}$$

$$= 0.732$$

综合正序阻抗〔见图 4-42（b）〕，为

$$X_{1\Sigma} = \cfrac{1}{\cfrac{1}{X_{105}} + \cfrac{1}{X_{106}} + \cfrac{1}{X_1} + \cfrac{1}{X_{101}}}$$

$$= \cfrac{1}{\cfrac{1}{0.462} + \cfrac{1}{0.732} + \cfrac{1}{0.288} + \cfrac{1}{0.431}}$$

$$= 0.107$$

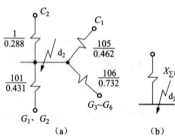

图 4-42 d_2 点短路网络变换示例

（a）变换前；（b）变换后

3. 短路点 d_3

用 Y/△法（由 X_1、X_{101}、X_3、→X_{107}、X_{108}）将图 4-38 化为图 4-43（a），再用分布系数法，进一步化为图 4-43（b）、图 4-43（c）和图 4-43（d）。

$$X_{107} = X_1 + X_3 + \frac{X_1 X_3}{X_{101}}$$

$$= 0.288 + (-0.018) + \frac{0.288 \times (-0.018)}{0.431}$$

$$= 0.258$$

$$X_{108} = X_{101} + X_3 + \frac{X_{101} X_3}{X_1}$$

$$= 0.431 + (-0.018) + \frac{0.431 \times (-0.018)}{0.288}$$

$$= 0.3875$$

$$X_{109} = X_2 + X_4 + \frac{X_2 X_4}{X_{102}}$$

$$= 0.1035 + 0.238 + \frac{0.1035 \times 0.238}{0.164}$$

$$= 0.492$$

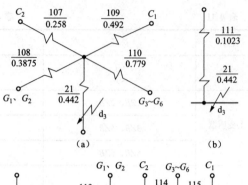

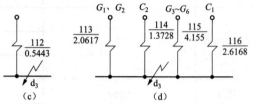

图 4-43 d_3 点短路网络变换示例

（a）变换前；（b）变换后（一）；（c）变换后（二）；

（d）变换后（三）

$$X_{110} = X_{102} + X_4 + \frac{X_{102} X_4}{X_2}$$

$$= 0.164 + 0.238 + \frac{0.164 \times 0.238}{0.1035}$$

$$= 0.779$$

$$X_{111} = \cfrac{1}{\cfrac{1}{X_{107}} + \cfrac{1}{X_{108}} + \cfrac{1}{X_{109}} + \cfrac{1}{X_{110}}}$$

$$= 0.1023$$

$$X_{112} = X_{111} + X_{21} = 0.5443$$

$$C_1 = \frac{X_{111}}{X_{108}} = 0.264$$

$$C_2 = \frac{X_{111}}{X_{107}} = 0.3965$$

$$C_3 = \frac{X_{111}}{X_{110}} = 0.131$$

$$C_4 = \frac{X_{111}}{X_{109}} = 0.208$$

$$X_{113} = \frac{X_{112}}{C_1} = 2.0617$$

$$X_{114} = \frac{X_{112}}{C_2} = 1.3328$$

$$X_{115} = \frac{X_{112}}{C_3} = 4.155$$

$$X_{116} = \frac{X_{112}}{C_4} = 2.6168$$

4. 短路点 d_8

在图 4-43（d）的基础上，再用分布系数法得图 4-44（a）及图 4-44（b）。其中

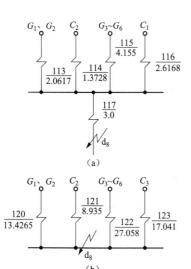

图 4-44 d_8 点短路网络变换示例

（a）变换前；（b）变换后

$$X_{117} = X_{22} + X_{24} = 0.2 + 2.8 = 3.0$$

$$X_{118} = \cfrac{1}{\cfrac{1}{X_{113}} + \cfrac{1}{X_{114}} + \cfrac{1}{X_{115}} + \cfrac{1}{X_{116}}} = 0.5446$$

$$X_{119} = X_{118} + X_{117} = 3.5446$$

$$C_1 = \frac{X_{118}}{X_{113}} = 0.264$$

$$C_2 = \frac{X_{113}}{X_{114}} = 0.3967$$

$$C_3 = \frac{X_{118}}{X_{115}} = 0.131$$

$$C_4 = \frac{X_{118}}{X_{116}} = 0.208$$

$$X_{120} = \frac{X_{119}}{C_1} = 13.4265$$

$$X_{121} = \frac{X_{119}}{C_2} = 8.935$$

$$X_{122} = \frac{X_{119}}{C_3} = 27.058$$

$$X_{123} = \frac{X_{119}}{C_4} = 17.041$$

5. 短路点 d_4

参考短路点 d_2 的图 4-42（a），得到图 4-45（a）的接线形式，然后用分布系数法化简，得图 4-45（b）。

$$X_{124} = X_{16} + X_{17} = 0.389 + 0.473 = 0.862$$

$$X_{125} = \cfrac{1}{\cfrac{1}{X_1} + \cfrac{1}{X_{124}} + \cfrac{1}{X_{105}} + \cfrac{1}{X_{106}}} = 0.1225$$

$$X_{126} = X_{125} + X_5 = 0.5115$$

$$C_1 = \frac{X_{125}}{X_1} = 0.425$$

$$C_2 = \frac{X_{125}}{X_{124}} = 0.142$$

$$C_3 = \frac{X_{125}}{X_{105}} = 0.265$$

$$C_4 = \frac{X_{125}}{X_{106}} = 0.167$$

$$X_{127} = \frac{X_{126}}{C_1} = 1.2035$$

$$X_{128} = \frac{X_{126}}{C_2} = 3.602$$

$$X_{129} = \frac{X_{126}}{C_3} = 1.93$$

$$X_{130} = \frac{X_{126}}{C_4} = 3.063$$

6. 短路点 d_7

按短路点 d_4 的图 4-45（b），再用分布系数法可得图 4-46（a）和图 4-46（b）。

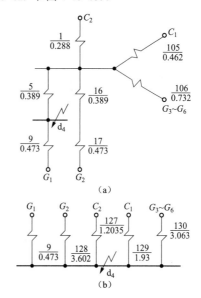

图 4-45 d_4 点短路网络变换示例

（a）变换前；（b）变换后

$$X_{131} = X_6 + X_8 = 0.25 + 3.5 = 3.75$$

$$X_{132} = \cfrac{1}{\cfrac{1}{X_9} + \cfrac{1}{X_{128}} + \cfrac{1}{X_{127}} + \cfrac{1}{X_{129}} + \cfrac{1}{X_{130}}} = 0.2458$$

$$X_{133} = X_{132} + X_{131} = 0.2458 + 3.75 = 3.996$$

$$C_1 = \frac{X_{132}}{X_9} = 0.5197$$

$$C_2 = \frac{X_{132}}{X_{128}} = 0.0682$$

$$C_3 = \frac{X_{132}}{X_{127}} = 0.2042$$

$$C_4 = \frac{X_{132}}{X_{129}} = 0.1274$$

$$C_5 = \frac{X_{132}}{X_{130}} = 0.08$$

$$X_{134} = \frac{X_{133}}{C_1} = 7.689$$

$$X_{135} = \frac{X_{133}}{C_2} = 58.59$$

$$X_{136} = \frac{X_{133}}{C_3} = 19.569$$

$$X_{137} = \frac{X_{133}}{C_4} = 31.366$$

$$X_{138} = \frac{X_{133}}{C_5} = 49.95$$

7. 短路点 d_6、d_5、d_9

短路点 d_6、d_5、d_9 与短路点 d_2、d_4、d_7 的位置和接线形式相类似，均可用分布系数法计算，网络变换过程从略。变换结果如图 4-47～图 4-49 所示。

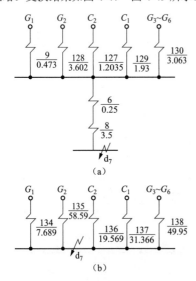

(a)

(b)

图 4-46　d_7 点短路网络变换示例

（a）变换前；（b）变换后

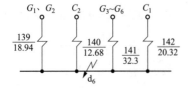

图 4-47　d_6 点短路网络变换示例

（二）负序网络的变换

1. 短路点 d_1

将图 4-39 化为图 4-50（a）。

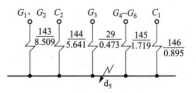

图 4-48　d_5 点短路网络变换示例

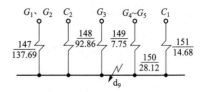

图 4-49　d_9 点短路网络变换示例

$$X_{152} = \frac{(X_{41} + X_{45})}{2} = \frac{0.389 + 0.578}{2} = 0.4835$$

$$X_{153} = \frac{(X_{63} + X_{67})}{2} \Big\| \frac{(X_{73} + X_{74})}{2}$$

$$= \frac{[(0.444 + 0.578) \div 2] \times [(0.194 + 0.384) \div 2]}{[(0.444 + 0.578) \div 2] + [(0.194 + 0.384) \div 2]} = 0.18$$

用 Y/△法（由 X_{39}、X_{152}、X_{57}、$X_{58} \rightarrow X_{154}$、$X_{155}$），可简化为图 4-50（b）。

$$X_{154} = X_{39} + (X_{57} + X_{58}) + \frac{X_{39}(X_{57} + X_{58})}{X_{152}}$$

$$= 0.288 + 0.22 + \frac{0.288 \times 0.22}{0.4835} = 0.639$$

$$X_{155} = X_{152} + (X_{57} + X_{58}) + \frac{X_{152}(X_{57} + X_{58})}{X_{39}}$$

$$= 0.4835 + 0.22 + \frac{0.4835 \times 0.22}{0.288} = 1.0728$$

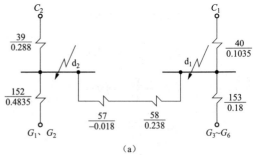

(a)

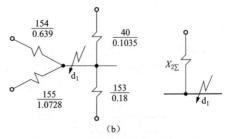

(b)

图 4-50　d_1 点短路负序网络变换示例

（a）变换前；（b）变换后

将图 4-50（b）中各阻抗并联，得负序综合阻抗见图 4-50（c）。

$$X_{2\Sigma} = 1 / \left(\frac{1}{X_{154}} + \frac{1}{X_{155}} + \frac{1}{X_{40}} + \frac{1}{X_{153}} \right) = 0.0565$$

2. 短路点 d_2

对图 4-50（a）的接线用 Y/△法（X_{40}、X_{153}、X_{57}、X_{58}→X_{156}、X_{157}），得图 4-51（a），再将各支路阻抗并联，求出综合阻抗，见图 4-51（b）。

其中：
$$X_{156} = X_{40} + (X_{57} + X_{58}) + \frac{X_{40}(X_{57} + X_{58})}{X_{153}}$$
$$= 0.1035 + 0.22 + \frac{0.1035 \times 0.22}{0.18} = 0.45$$

$$X_{157} = X_{153} + (X_{57} + X_{58}) + \frac{X_{153}(X_{57} + X_{58})}{X_{40}}$$
$$= 0.18 + 0.22 + \frac{0.18 \times 0.22}{0.1035} = 0.7826$$

$$X_{2\Sigma} = 1 / \left(\frac{1}{X_{156}} + \frac{1}{X_{157}} + \frac{1}{X_{39}} + \frac{1}{X_{152}} \right) = 0.1106$$

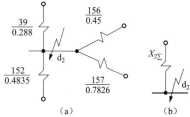

图 4-51　d_2 点短路负序网络变换示例

（a）变换前；（b）变换后

（三）零序网络变换

1. 短路点 d_1

将图 4-40 化简为图 4-52（a）。

$$X_{158} = X_{90} \| X_{91} \| X_{92} \| X_{93} = 0.068$$

$$X_{159} = (X_{81} + X_{82}) \div 2 + X_{80} = 2.458$$

$$X_{160} = (X_{79}/2) \| (X_{159}/2)$$
$$= \left(\frac{0.389}{2} \times \frac{2.458}{2} \right) / \left(\frac{0.389}{2} + \frac{2.458}{2} \right)$$
$$= 0.168$$

对图 4-52（a）做进一步简化，得图 4-52（b）和图 4-52（c）。

$$X_{161} = X_{160} \| X_{77} = 0.113$$

$$X_{162} = X_{161} + X_{87} = 0.095$$

$$X_{163} = X_{162} \| X_{89} = 0.078$$

$$X_{164} = X_{163} + X_{88} = 0.316$$

$$X_{0\Sigma} = 1 / \left(\frac{1}{X_{164}} + \frac{1}{X_{78}} + \frac{1}{X_{158}} \right) = 0.0424$$

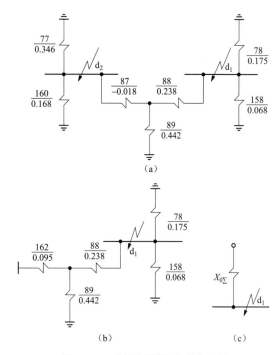

图 4-52　d_1 点短路零序网络变换示例

（a）变换前；（b）变换后（一）；（c）变换后（二）

2. 短路点 d_2

用于短路点 d_1 相类似的方法，将图 4-52（a）化简为图 4-53（a）和图 4-53（b）。

$$X_{165} = X_{78} \| X_{158} = 0.049$$

$$X_{166} = X_{165} + X_{88} = 0.287$$

$$X_{167} = X_{166} \| X_{89} = 0.174$$

$$X_{168} = X_{167} + X_{87} = 0.155$$

$$X_{0\Sigma} = 1 / \left(\frac{1}{X_{77}} + \frac{1}{X_{160}} + \frac{1}{X_{168}} \right) = 0.0654$$

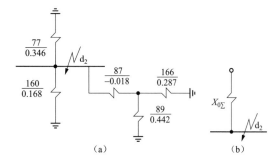

图 4-53　d_2 点短路零序网络变换示例

（a）变换前；（b）变换后

三、三相短路电流计算

因为 9 个短路点的计算方法类同，故只举 d_1 点和 d_2 点两个例子，详细列出计算过程，其余从略。

（一）d_1 点短路电流计算［参见图 4-41（b）］

1. 计算电抗

$$X_{js104} = 0.98 \times \frac{706}{1000} = 0.694$$

$$X_{js102} = 0.164 \times \frac{2040}{1000} = 0.335$$

$$X_{js103} = 0.655$$

$$X_{js2} = 0.1035$$

2. 各电源供给的短路电流标幺值

各电源供给的短路电流标幺值见表 4-32。

3. 各电源短路电流周期分量有效值

各电源短路电流周期分量有效值见表 4-33。

4. 短路容量和短路电流最大值

（1）短路容量。

$$S_d = \sqrt{3} I_t U_j \quad \text{或} \quad S_d = S_j I_*$$

求得：$S'' = 18778.5 (\text{MV} \cdot \text{A})\ S_{0.1} = 18013.76 (\text{MV} \cdot \text{A})$

$S_{0.2} = 17299.03 (\text{MV} \cdot \text{A})\quad S_4 = 17098.07 (\text{MV} \cdot \text{A})$

（2）冲击电流。

$$I_{ch} = 2.62 \times 20.651 = 54.1 \quad (\text{kA})$$

5. 短路电流非周期分量

查表 4-11，由系统 C_1、C_2 供给的短路电流，取 $T_a = 15$；由本厂发电机 1G~6G 供给的短路电流，取 $T_a = 40$。据式（4-30）分别求得：

起始值 $I_{fz0} = -\sqrt{2} \times 20.651 = -29.2$（kA）

0.1s 值

$$i_{fz0.1} = -\sqrt{2}\left[(1.164 + 7.178) \times e^{-\frac{314 \times 0.1}{40}}\right.$$

$$\left. + (1.683 + 10.626) \times e^{-\frac{314 \times 0.1}{15}}\right]$$

$$= -7.52 \quad (\text{kA})$$

表 4-32　各电源供给的短路电流标幺值

电源	计算式	I''_*	$I_{*0.1}$	$I_{*0.2}$	I_{*4}
发电机 1G、2G	查图 4-8、图 4-9 和图 4-10	1.5	1.4	1.34	1.75
发电机 3G、6G	查图 4-6、图 4-7	3.2	2.86	2.53	2.29
系统 C_2	1/0.655	1.53	1.53	1.53	1.53
系统 C_1	1/0.1035	9.66	9.66	9.66	9.66

表 4-33　各电源供给的短路电流周期分量有效值

电源	额定电流（kA）		短路电源（kA）			
	计算式	电流值	计算式	I''	$I_{0.1}$	$I_{0.2}$	I_4
发电机 1G、2G	$706/\sqrt{3} \times 525$	0.776	0.776×标幺值	1.164	1.086	1.040	1.358
发电机 3G~6G	$2040/\sqrt{3} \times 525$	2.243	2.243×标幺值	7.178	6.415	5.675	5.136
系统 C_2	$1000/\sqrt{3} \times 525$	1.1	1.1×标幺值	1.683	1.683	1.683	1.683
系统 C_1	$1000/\sqrt{3} \times 525$	1.1	1.1×标幺值	10.626	10.626	10.626	10.626
合计				20.651	19.81	19.024	18.803

（二）d_2 点短路电流计算［参见图 4-42（a）］

1. 计算电抗

$$X_{js101} = 0.431 \times \frac{706}{1000} = 0.304$$

$$X_{js106} = 0.732 \times \frac{2040}{1000} = 1.493$$

$$X_{js1} = 0.288$$

$$X_{js105} = 0.462$$

2. 各电源供给的短路电流标幺值

各电源供给的短路电流标幺值见表 4-34。

3. 各电源短路电流周期分量有效值

各电源短路电流周期分量有效值见表 4-35。

表 4-34　各电源供给的短路电流标幺值

电源	计算式	I''_*	$I_{*0.1}$	$I_{*0.2}$	I_{*4}
发电机 1G、2G	查图 4-6 和图 4-7	3.52	3.05	2.74	2.34
发电机 3G、6G	查图 4-8、图 4-9 和图 4-10	0.69	0.66	0.65	0.72
系统 C_2	1/0.288	3.47	3.47	3.47	3.47
系统 C_1	1/0.462	2.165	2.165	2.165	2.165

表 4-35　　　各电源供给的短路电流周期分量有效值

电源	额定电流（kA）		短路电源（kA）				
	计算式	电流值	计算式	I''	$I_{0.1}$	$I_{0.2}$	I_4
发电机 $1G$、$2G$	$706/\sqrt{3}\times230$	1.77	1.77×标幺值	6.23	5.40	4.85	4.14
发电机 $3G\sim6G$	$2040/\sqrt{3}\times230$	5.12	5.12×标幺值	3.53	3.38	3.33	3.69
系统 C_2	$1000/\sqrt{3}\times230$	2.51	2.51×标幺值	8.71	8.71	8.71	8.71
系统 C_1	$1000/\sqrt{3}\times230$	2.51	2.51×标幺值	5.43	5.43	5.43	5.43
合计				23.90	22.92	22.32	21.97

4. 短路容量和短路电流最大值

（1）短路容量。

$$S_d = \sqrt{3}I_*U_j \text{ 或 } S_d = S_jI_*$$

求得：　$S'' = 9521.08$（MV·A）

$\qquad S_{0.1} = 9130.68$ （MV·A）

$\qquad S_{0.2} = 8891.66$（MV·A）

$\qquad S_4 = 8752.23$ （MV·A）

（2）冲击电流。

$$I_{ch} = 2.62\times23.90 = 62.62 \text{（kA）}$$

5. 短路电流非周期分量

起始值：

$$I_{fz0} = -\sqrt{2}\times23.9 = -33.8 \text{（kA）}$$

0.1s 值：

$$I_{fz0.1} = -\sqrt{2}\left[(6.23+3.53)\times e^{-\frac{314\times0.1}{40}}\right.$$
$$\left. +(8.71+5.43)e\times^{-\frac{314\times0.1}{15}}\right]$$
$$= -8.76\text{(kA)}$$

（三）$d_1\sim d_9$ 点三相短路电流计算结果

$d_1\sim d_9$ 点三相短路电流计算结果见表 4-36。

四、不对称短路电流计算

（一）d_1 点短路

由网络变换已求得：

正序综合阻抗　$X_{1\Sigma} = 0.055$

负序综合阻抗　$X_{2\Sigma} = 0.0565$

零序综合阻抗　$X_{0\Sigma} = 0.0424$

1. 单相短路电流

正序电流的标幺值：

$$I_{*1}''^{(1)} = \frac{1}{X_{1\Sigma}+X_{2\Sigma}+X_{0\Sigma}}$$
$$= \frac{1}{0.055+0.0565+0.0424}$$
$$= 6.498$$

正序电流的有名值：

$$I_1''^{(1)} = I_{*1}''^{(1)}I_j$$
$$= 6.648\times1.1$$
$$= 7.147\text{(kA)}$$

单相短路电流：

$$I''^{(1)} = mI_1''^{(1)}$$
$$= 3\times7.147$$
$$= 21.44\text{(kA)}$$

2. 两相短路电流

正序电流的标幺值：

$$I_{*1}''^{(2)} = \frac{1}{X_{1\Sigma}+X_{2\Sigma}} = \frac{1}{0.055+0.0565} = 8.97$$

正序电流的有名值：

$$I_1''^{(2)} = 1.1\times8.97 = 9.867\text{(kA)}$$

两相短路电流：

$$I_1''^{(2)} = \sqrt{3}\times9.867 = 17.09\text{(kA)}$$

3. 两相接地短路

正序电流的标幺值：

$$I_{*1}''^{(1,1)} = \frac{1}{X_{1\Sigma}+\frac{X_{2\Sigma}X_{0\Sigma}}{X_{2\Sigma}+X_{0\Sigma}}}$$
$$= \frac{1}{0.055+\frac{0.0565\times0.0424}{0.0565+0.0424}}$$
$$= 12.62$$

正序电流的有名值：

$$I_1''^{(1,1)} = 1.1\times12.62$$
$$= 113.88\text{(kA)}$$

两相接地短路电流：

$$I''^{(1,1)} = \sqrt{3}\times\sqrt{1-\frac{X_{2\Sigma}X_{0\Sigma}}{(X_{2\Sigma}+X_{0\Sigma})^2}}\times I_1''^{(1,1)}$$
$$= \sqrt{3}\times\sqrt{1-\frac{0.0565\times0.0424}{(0.0565+0.0424)^2}}\times13.88$$
$$= 20.89\text{(kA)}$$

表4-36 三相短路电流计算结果

短路点编号	短路点平均电压 U_j (kV)	基准电流 I_j (kA)	分支线名称	分支电抗 X_*	分支额定电流 I_e (kA)	短路电流标幺值 I''_*	$I_{*0.1}$	$I_{*0.2}$	I'' $I_eI''_*$ (kA)	$I_{0.1}$ $I_eI_{*0.1}$ (kA)	$I_{0.2}$ $I_eI_{*0.2}$ (kA)	I_{ch} 1.56I'' (kA)	I_{ch} 2.62I'' (kA)	S'' $\sqrt{3}I_jU_j$ (MV·A)	$I_{f\infty0.1}$ (kA)
d_1	525	1.1	1、2号发电机1G、2G	0.98	0.776	1.5	1.4	1.34	1.164	1.086	1.04	1.82	3.05	1058.5	0.75
			3~6号发电机3G~6G	0.164	2.243	3.2	2.86	2.53	7.178	6.415	5.675	11.2	18.8	6527.2	4.63
			220kV系统C_2	0.665	1.1	1.53	1.53	1.53	1.683	1.683	1.683	2.63	4.4	1530.4	0.29
			500kV系统C_1	0.1035	1.1	9.66	9.66	9.66	10.626	10.626	10.626	16.58	27.85	9662.4	1.85
			小计						20.651	19.81	19.024	32.29	54.1	18778.5	7.52
d_2	230	2.51	1、2号发电机1G、2G	0.431	1.77	3.52	3.05	2.74	6.23	5.40	4.85	9.72	16.32	2481.9	4.02
			3~6号发电机3G~6G	0.732	5.12	0.69	0.66	0.65	3.53	3.38	3.33	5.50	9.25	1406.3	2.28
			220kV系统C_2	0.288	2.51	3.47	3.47	3.47	8.71	8.71	8.71	13.59	22.82	3469.8	1.52
			500kV系统C_1	0.462	2.51	2.165	2.165	2.165	5.43	5.43	5.43	8.47	14.23	2163.2	0.94
			小计						23.90	22.92	22.32	37.38	62.62	9521.2	8.76
d_3	37	15.6	1、2号发电机1G、2G	2.0617	11.02	0.71	0.67	0.65	7.82	7.38	7.163	12.20	20.49	501.15	1.36
			3~6号发电机3G~6G	4.155	31.83	0.241	0.241	0.241	7.67	7.67	7.67	11.97	20.10	491.54	1.33
			220kV系统C_2	1.3728	15.6	0.728	0.728	0.728	11.36	11.36	11.36	17.72	29.76	728.02	1.98
			500kV系统C_1	2.6168	15.6	0.382	0.382	0.382	5.96	5.96	5.96	9.30	15.62	381.95	1.04
			小计						32.81	32.37	32.153	51.19	85.97	2102.66	5.71
d_4	18.9	30.55	1号发电机1G	0.473	10.78	6.5	5.08	4.25	70.07	54.76	45.82	109.3	183.58	2293.8	45.20
			2号发电机2G	3.602	10.78	0.82	0.77	0.75	8.84	8.30	8.09	13.79	23.16	289.4	1.54
			3~6号发电机3G~6G	3.063	62.32	0.196	0.196	0.196	12.21	12.21	12.21	19.05	31.99	399.7	2.12
			220kV系统C_2	1.2035	30.55	0.83	0.83	0.83	25.36	25.36	25.36	39.56	66.44	830.18	4.41
			500kV系统C_1	1.93	30.55	0.52	0.52	0.52	15.89	15.89	15.89	24.79	41.63	520.17	2.76
			小计						132.37	116.52	107.37	206.49	346.8	4333.25	56.03

续表

短路点编号	短路点平均电压 U_j (kV)	基准电流 I_j (kA)	分支线名称	分支电抗 X_*	分支额定电流 I_e (kA)	I''_*	$I_{*0.1}$	$I_{*0.2}$	I'' $I_e I''_*$ (kA)	$I_{0.1}$ $I_e I_{*0.1}$ (kA)	$I_{0.2}$ $I_e I_{*0.2}$ (kA)	I_{ch} $1.56I''$ (kA)	I_{ch} $2.62I''$ (kA)	S'' $\sqrt{3}I''U_j$ (MV·A)	$I_{fz0.1}$ (kA)
d_5	18.9	30.55	1、2号发电机 1G、2G	8.509	21.57	0.167	0.167	0.167	3.60	3.60	3.60	5.62	9.43	117.85	0.63
			3号发电机 3G	0.473	10.78	6.5	5.08	4.25	70.07	54.76	45.82	109.3	183.58	2293.8	45.20
			4~6号发电机 4G~6G	1.719	51.53	0.35	0.33	0.33	18.04	17.00	17.00	28.14	47.26	590.55	3.14
			220kV系统 C_2	5.641	30.55	0.177	0.177	0.177	5.40	5.40	5.40	8.42	14.15	176.77	0.94
			500kV系统 C_1	0.895	30.55	1.117	1.117	1.117	34.12	34.12	34.12	53.23	89.39	1116.94	5.94
			小计						131.23	114.88	105.94	204.71	343.81	4295.91	55.85
d_6	6.3	91.6	1号启动变压器 1QBB	4.72	91.6	0.212	0.212	0.212	19.42	19.42	19.42	29.32	49.52	211.90	3.38
			电动机反馈						10.94	2.19	0.44	18.60	28.94	119.38	3.10
			小计						30.36	21.61	19.86	47.92	78.46	331.28	6.48
d_7	6.3	91.6	1号厂用高压变压器 1GGB	4.00	91.6	0.25	0.25	0.25	22.9	22.9	22.9	34.58	58.40	249.88	3.98
			电动机反馈						10.94	2.19	0.44	18.60	28.94	119.38	3.10
			小计						33.84	25.09	23.34	53.18	87.34	369.26	7.08
d_8	6.3	91.6	3号启动变压器 3QBB	3.546	91.6	0.282	0.282	0.282	25.83	25.83	25.83	39.00	65.87	281.85	4.49
			电动机反馈						10.94	2.19	0.44	18.60	28.94	119.38	3.10
			小计						36.77	28.02	26.27	57.6	94.81	401.23	7.59
d_9	6.3	91.6	3号厂用高压变压器 3GGB	3.988	91.6	0.25	0.25	0.25	22.9	22.9	22.9	34.58	58.40	249.88	3.98
			电动机反馈						10.94	2.19	0.44	18.60	28.94	119.38	3.10
			小计						33.84	25.09	23.34	53.18	87.34	369.26	7.08

（二）d_2 点短路

由网络变换已求得：

正序综合阻抗　$X_{1\Sigma}=0.107$

负序综合阻抗　$X_{2\Sigma}=0.1106$

零序综合阻抗　$X_{0\Sigma}=0.0654$

1. 单相短路电流

正序电流标幺值：

$$I_{*1}''^{(1)}=\frac{1}{0.107+0.1106+0.0654}$$
$$=3.53$$

正序电流有名值：

$$I_1''^{(1)}=2.51\times3.53$$
$$=8.86(\text{kA})$$

单相短路电流：

$$I_1''^{(1)}=3\times8.86$$
$$=26.58(\text{kA})$$

2. 两相短路电流

正序电流标幺值：

$$I_{*1}''^{(2)}=\frac{1}{0.107+0.1106}$$
$$=4.6$$

正序电流有名值：　$I_1''^{(2)}=2.51\times4.6=11.55(\text{kA})$

两相短路电流：　$I_1''^{(2)}=\sqrt{3}\times11.55=20(\text{kA})$

3. 两相接地短路电流

正序电流标幺值：

$$I_{*1}''^{(1,1)}=\frac{1}{0.107+\dfrac{0.1106\times0.0654}{0.1106+0.0654}}$$
$$=6.75$$

正序电流有名值：

$$I_1''^{(1,1)}=2.51\times6.75$$
$$=16.95(\text{kA})$$

两相接地短路电流：

$$I''^{(1,1)}=\sqrt{3}\times\sqrt{1-\frac{0.1106\times0.0654}{(0.1106+0.0654)^2}}\times16.95$$
$$=25.7(\text{kA})$$

【例 4-2】　计算如图 4-54 所示发电厂 110kV 母线单相短路电流、各相电压及 6kV 母线剩余电压。

（1）取 $S_j=100\text{MV}\cdot\text{A}$，简化网络如图 4-55 所示，求出各序阻抗。

$X_{1\Sigma}=0.142$

$X_{2\Sigma}=0.146$

$X_{0\Sigma}=0.142$

（2）求 110kV 母线单相短路电流（用同一变化法）。

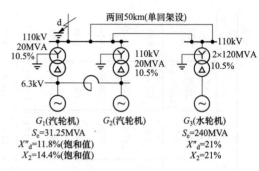

图 4-54　【例 4-2】接线图

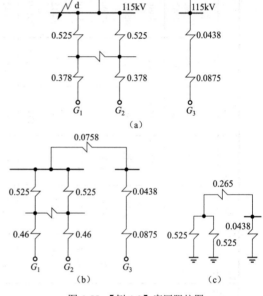

图 4-55　【例 4-2】序网阻抗图
（a）正序；（b）负序；（c）零序

$$X_{js}^{(1)}=\left(1+\frac{X_\Delta}{X_{1\Sigma}}\right)\times X_{js}^{(3)}$$
$$=\left(1+\frac{X_{2\Sigma}+X_{0\Sigma}}{X_{1\Sigma}}\right)\times X_{1\Sigma}\times\frac{S_e}{S_j}$$
$$=\left(1+\frac{0.146+0.142}{0.142}\right)\times0.142\times\frac{302.5}{100}$$
$$=1.34$$

查运算曲线（见图 4-8）得：

$$I_{*1}''=0.77$$

$$I_e=\frac{S_e}{\sqrt{3}\times U_j}=\frac{302.5}{\sqrt{3}\times115}=1.52(\text{kA})$$

$$I_{a1}=0.77\times1.52=1.17(\text{kA})$$

$$I_a=3I_{a1}=3\times1.17=3.51(\text{kA})$$

（3）求 $t=0\text{s}$ 时短路点各相电压。

$$I_{a1*}=0.77\times\frac{302.5}{100}=2.33$$

归算到 $S_j=100\text{MV}\cdot\text{A}$ 为基准。由表 4-18 可得

$$\dot{U}_A = 0$$

$$
\begin{aligned}
\dot{U}_B &= \text{j}[(a^2-a)X_{2\Sigma}+(a^2-1)X_{0\Sigma}]I_{a1*}\\
&= \text{j}\left[-\text{j}\sqrt{3}\times0.146-\sqrt{3}\times\left(\frac{\sqrt{3}}{2}+\text{j}\frac{1}{2}\right)\times0.142\right]\times2.33\\
&= 0.874-\text{j}0.496\\
&= 0.992\angle-29.6°
\end{aligned}
$$

$$
\begin{aligned}
\dot{U}_C &= \text{j}[(a-a^2)X_{2\Sigma}+(a-1)X_{0\Sigma}]I_{a1*}\\
&= \text{j}\left[\text{j}\sqrt{3}\times0.146-\sqrt{3}\times\left(\frac{\sqrt{3}}{2}-\text{j}\frac{1}{2}\right)\times0.142\right]\times2.33\\
&= -0.874-\text{j}0.496\\
&= 0.992\angle-150.4°
\end{aligned}
$$

（4）求 $t=0\text{s}$ 时 6.3kV 母线剩余电压。

115kV 母线短路点的电压对称分量由表 4-18 可得

$$
\begin{aligned}
\dot{U}_{A1} &= \text{j}(X_{2\Sigma}+X_{0\Sigma})I_{a1*}\\
&= (0.146+0.142)\times2.33\text{j}\\
&= 0.67\text{j}
\end{aligned}
$$

$$
\begin{aligned}
\dot{U}_{A2} &= -\text{j}X_{2\Sigma}\dot{I}_{a1}\\
&= -0.146\times2.33\text{j}\\
&= -0.34\text{j}
\end{aligned}
$$

$$
\begin{aligned}
\dot{U}_{A0} &= -\text{j}X_{0\Sigma}\dot{I}_{a1}\\
&= -0.142\times2.33\text{j}\\
&= -0.33\text{j}
\end{aligned}
$$

经过 20MV·A 变压器 Yd 接线后，正序转+30°，负序转-30°。由式（4-41）及式（4-42）可得 6.3kV 母线上电压对称分量为：

$$\dot{U}_{a1} = (\dot{U}_{A1}+\text{j}I_{a1,b}X_{1,b})\angle+30°$$

$$\dot{U}_{a2} = (\dot{U}_{A2}+\text{j}I_{a2,b}X_{2,b})\angle-30°$$

$$U_{a0} = 0 \quad （因零序电流不通）$$

变压器的阻抗：

$$X_{1,b}=X_{2,b}=0.525$$

流经变压器的短路电流：

$$
\begin{aligned}
\dot{I}_{a1,b} &= I_{a1}\times\frac{X_{1\Sigma}}{X_{1\Sigma(G1,G2)}}\times\frac{1}{2}\\
&= 2.33\times\frac{0.142}{0.451}\times\frac{1}{2}\\
&= 0.366
\end{aligned}
$$

式中　$X_{1\Sigma(G1,G2)}$——G1、G2 发电机对短路点 d 的合成正序阻抗。

$$
\begin{aligned}
I_{a2,b} &= I_{a2}\times\frac{X_{2\Sigma}}{X_{2\Sigma(G1,G2)}}\times\frac{1}{2}\\
&= 2.33\times\frac{0.146}{0.492}\times\frac{1}{2}\\
&= 0.345
\end{aligned}
$$

式中　$X_{2\Sigma(G1,G2)}$——G1、G2 发电机对短路点 d 的合成负序阻抗。

$$
\begin{aligned}
\dot{U}_{a1} &= (0.67\text{j}+0.366\times0.525\text{j})\times(0.866+0.5\text{j})\\
&= -0.431+0.746\text{j}\\
&= 0.862\angle120°
\end{aligned}
$$

$$
\begin{aligned}
\dot{U}_{a2} &= (-0.34\text{j}+0.345\times0.525\text{j})\times(0.866-0.5\text{j})\\
&= -0.081-0.138\text{j}\\
&= 0.16\angle-120°
\end{aligned}
$$

$$\dot{U}_{a0} = 0$$

则 6.3kV 母线各相剩余电压为：

$$
\begin{aligned}
\dot{U}_a &= \dot{U}_{a1}+\dot{U}_{a2}+\dot{U}_{a0}\\
&= (-0.431+0.746\text{j})+(-0.08-0.138\text{j})+0\\
&= -0.512+0.608\text{j}\\
&= 0.797\angle130°
\end{aligned}
$$

$$
\begin{aligned}
\dot{U}_b &= a^2U_{a1}+aU_{a2}+U_{a0}\\
&= \left(-\frac{1}{2}-\frac{\sqrt{3}}{2}\text{j}\right)\times(-0.431+0.746\text{j})+\left(-\frac{1}{2}+\frac{\sqrt{3}}{2}\text{j}\right)\\
&\quad\times(-0.081-0.138\text{j})+0\\
&= 1.022
\end{aligned}
$$

$$
\begin{aligned}
\dot{U}_c &= a\dot{U}_{a1}+a^2\dot{U}_{a2}+\dot{U}_{a0}\\
&= \left(-\frac{1}{2}+\frac{\sqrt{3}}{2}\text{j}\right)\times(-0.431+0.746\text{j})+\left(-\frac{1}{2}-\frac{\sqrt{3}}{2}\text{j}\right)\\
&\quad\times(-0.081-0.138\text{j})+0\\
&= 0.797\angle-130°
\end{aligned}
$$

第五节　等效电压源法短路电流计算算例

一、电气接线图

电气接线图如图 4-56 所示。

二、设备参数

电力系统各项参数参见表 4-37。

表 4-37　　　　电力系统参数

标称电压 U_{nQ}（kV）		500
系统正序阻抗（$S_j=100\text{MV}\cdot\text{A}$）	正序电抗	0.0041
	负序电抗	0.0041
	零序电抗	0.005
X/R		15
$X_{(0)}/R_{(0)}$		13

发电机各项参数参见表 4-38。

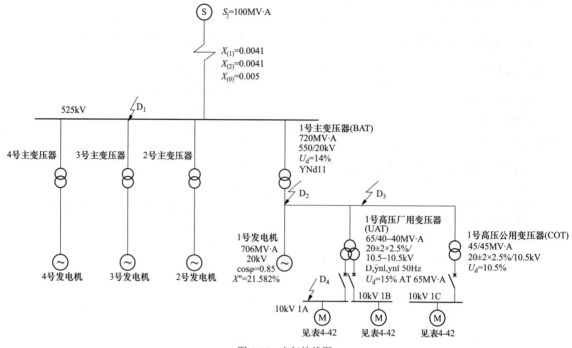

图 4-56 电气接线图

表 4-38	发电机参数
额定电压 U_{rG}（kV）	20
额定容量 S_{rG}（kV·A）	15
额定功率 P_{rG}（MW）	600
额定功率因数 $\cos\varphi$	0.85
额定电流 I_{rG}（A）	20377
直流电阻 R_G（Ω）	0.00146
直轴超瞬超电抗（饱和值）x_d（%）	21.582
横轴超瞬超电抗（饱和值）x_q（%）	21.007
负序电抗（饱和值）X（%）	21.295
允许定子电压偏差	±5

主变压器各项参数参见表 4-39。

表 4-39	主变压器参数
变压器容量（MV·A）	720
高压侧额定电压 $U_{rTHV.BAT}$（kV）	550
低压侧额定电压 $U_{rTLV.BAT}$（kV）	20
变压器变比 t_{BAT}	550/20
阻抗电压 $U_{d.BAT}$（%）	14
负载损耗 $P_{kr.BAT}$（kW）	1380

高压厂用变压器各项参数参见表 4-40。

表 4-40	高压厂用变压器参数	
变压器容量（MV·A）	65/40-40	
高压侧额定电压 $U_{THV.UAT}$（kV）	20	
低压侧额定电压 $U_{TLV.UAT}$（kV）	10.5	
变压器变比 t_{UAT}	20/10.5	
阻抗电压 $U_{d.UAT}$（%）	15	
分裂系数 K	3.5	
负载损耗（kW）	$P_{kr.UAT.1-2''}$	115
	$P_{kr.UAT.1-2'}$	115
	$P_{kr.UAT.2'-2''}$	220

高压公用变压器各项参数参见表 4-41。

表 4-41	高压公用变压器参数
变压器容量（MV·A）	45
高压侧额定电压 $U_{THV.COT}$（kV）	20
低压侧额定电压 $U_{TLV.COT}$（kV）	10.5
变压器变比 t_{COT}	20/10.5
阻抗电压 $U_{d.COT}$（%）	10.5
负载损耗 $P_{kr.COT}$（kW）	173

高压电动机各项参数参见表 4-42～表 4-43。

经变压器供电的低压电动机群参数见表 4-44～表 4-45。

表 4-42　　　　　　　　　　　　　（10kV A/B 段）电动机参数

项　目	凝结水泵	电动给水泵	一次风机	吸风机	磨煤机	送风机	备注
额定电压（kV）	10	10	10	10	10	10	
功率（kW）	2100	11000	4500	5000	800	1700	
额定电流（kA）	0.142	0.712	0.315	0.342	0.0585	0.117	
运行数量	1	1	1	1	4	1	
极对数 p	2	2	2	4	3	3	
每对极功率（kW/p）	1050	5500	2250	1250	266.667	566.667	
R/X	0.1	0.1	0.1	0.1	0.15	0.15	
启动电流倍数	6	6	6	6	6	6	
效率	0.96	0.97	0.96	0.96	0.94	0.95	
功率因数	0.89	0.92	0.86	0.88	0.84	0.88	
电动机阻抗	6.781	1.352	3.058	2.816	4.113	8.196	归算至 10kV
电动机电抗	6.747	1.345	3.043	2.802	4.067	8.105	归算至 10kV
电动机电阻	0.675	0.135	0.304	0.280	0.610	1.216	归算至 10kV
短路电流	0.937	4.697	2.077	2.255	1.544	0.775	D_4 点
μ_t=0.1s	0.726	0.726	0.726	0.726	0.726	0.726	
q_t=0.1s	0.576	0.775	0.667	0.597	0.411	0.502	
开断电流 $I_{b0.1s}$	0.391	2.640	1.006	0.977	0.461	0.282	合计 5.756kA
本段电机阻抗和（Ω）	ΣZ_m	0.517	ΣR_m	0.055	ΣX_m	0.514	归算至 10kV

表 4-43　　　　　　　　　　　　　（10kV C 段）电动机参数

项　目	循环泵	皮带	空气压缩机	热网泵	增压风机	氧化风机	备注
额定电压（kV）	10	10	10	10	10	10	
功率（kW）	500	220	262	230	3000	700	
运行数量	2	3	6	1	4	2	
备用台数	0	0	0	0	0	0	
极对数 p	2	4	2	2	3	2	
每对极功率（kW/p）	250	55	131	115	1000	350	
R/X	0.15	0.15	0.15	0.15	0.1	0.15	
启动电流倍数	6	6	6	6	6	6	
效率	0.960	0.926	0.960	0.960	0.960	0.930	
功率因数	0.880	0.830	0.880	0.880	0.880	0.870	
电动机阻抗	14.080	19.409	8.957	61.217	1.173	9.632	
电动机电抗	13.924	19.194	8.858	60.540	1.168	9.526	归算至 10kV
电动机电阻	2.089	2.879	1.329	9.081	0.117	1.429	归算至 10kV
项　目	再循环泵	再循环泵	再循环泵	再循环泵	真空泵	碎煤机	
额定电压	10	10	10	10	10	10	
功率（kW）	1100	1200	1300	1400	250	450	
运行数量	2	2	2	2	2	1	

项　目	再循环泵	再循环泵	再循环泵	再循环泵	真空泵	碎煤机	
备用台数	0	0	0	0	0	0	
极对数 p	2	2	2	2	2	4	
每对极功率（kW/p）	550	600	650	700	125	112.5	
R/X	0.15	0.15	0.15	0.15	0.15	0.15	
启动电流倍数	6	6	6	6	6	6	
效率	0.960	0.960	0.960	0.960	0.960	0.960	
功率因数	0.880	0.880	0.880	0.880	0.880	0.880	
电动机阻抗	6.400	5.867	5.415	5.029	28.160	31.289	
电动机电抗	6.329	5.802	5.355	4.973	27.848	30.943	归算至10kV
电动机电阻	0.949	0.870	0.803	0.746	4.177	4.641	归算至10kV
汇总	ΣZ_m	0.504	ΣR_m	0.0617	ΣX_m	0.500	归算至10kV

表 4-44　　　　　　　　经变压器供电的低压电动机群参数（10kV A 段）

	项　目	汽机低压变压器	锅炉低压变压器	空冷变压器	除尘变压器
10kV A 段 变压器参数	容量 S_{rb}（kV·A）	2000	1250	2000	2000
	U_{rTHV}（kV）	10	10	10	10
	U_{rTLV}（kV）	0.4	0.4	0.4	0.4
	安装台数	1	1	2	2
	损耗 P_{rk}（kW）	16	10	16	16
	阻抗电压 U_d%	10%	6%	10%	10%
	U_r%	0.800%	0.800%	0.800%	0.800%
	U_X%	9.968%	5.946%	9.968%	9.968%
	电阻 R_b（Ω）	0.4000	0.6400	0.4000	0.4000
	电抗 X_b（Ω）	4.984	4.757	4.984	4.984
	相对电抗 X_t	0.0997	0.0595	0.0997	0.0997
	修正系数 K_b	0.9860	1.0090	0.9860	0.9860
	修正电阻 R_{kb}	0.3944	0.6458	0.3944	0.3944
	修正电抗 X_{kb}	4.9143	4.8000	4.9143	4.9143
电动机群参数	额定电压 U_n	0.38	0.38	0.38	0.38
	电机群功率（kW）	800	500	1600	300
	$\cos\varphi_{AV}$	0.8	0.8	0.8	0.8
	启动倍数 I_{LK}/I_{rM}	6.5	6.5	6.5	6.5
	R/X	0.42	0.42	0.42	0.42
	计算容量（kV·A）	1000	625	4000	750
	额定电流（A）	1519.387	949.6171	6077.55	1139.541
	Z_m（Ω）	0.0222	0.0355	0.0056	0.0296
	R_m（Ω）	0.00860	0.01376	0.00215	0.01147
	X_m（Ω）	0.0205	0.0328	0.0051	0.0273
	$R_{mt}=R_m m^2$（Ω）	5.377	8.603	1.344	7.169
	$X_{mt}=X_m m^2$（Ω）	12.801	20.482	3.200	17.068

续表

项 目			汽机低压变压器	锅炉低压变压器	空冷变压器	除尘变压器
10kV A 段	合成阻抗	$R_{thvK}+R_{mt}$（Ω）	5.771	9.248	1.541	7.366
		$X_{thvK}+X_{mt}$（Ω）	17.716	25.282	5.658	19.526
		A 段汇总（Ω）	ΣR_M	0.938	ΣX_M	3.087

表 4-45　　　　　　　　经变压器供电的低压电动机群参数（10kV C 段）

项 目			主厂房公用变压器	化学水处理室变压器	综合水泵房变压器	脱硫低压负荷
10kV C 段	变压器参数	容量 S_{rb}（kV·A）	1600	1600	1600	2000
		U_{rTHV}（kV）	10	10	10	10
		U_{rTLV}（kV）	0.4	0.4	0.4	0.4
		安装台数	1	1	1	1
		损耗 P_{rk}（kW）	13.5	13.5	13.5	16
		阻抗电压 U_d%	8%	8%	8%	10%
		U_r%	0.844%	0.844%	0.844%	0.800%
		U_X%	7.955%	7.955%	7.955%	9.968%
		电阻 R_b（Ω）	0.5273	0.5273	0.5273	0.4000
		电抗 X_b（Ω）	4.972	4.972	4.972	4.984
		相对电抗 X_t	0.0796	0.0796	0.0796	0.0997
		修正系数 K_b	0.9974	0.9974	0.9974	0.9860
		修正电阻 R_{kb}	0.5260	0.5260	0.5260	0.3944
		修正电抗 X_{kb}	4.9591	4.9591	4.9591	4.9143
	电动机群参数	额定电压 U_n	0.38	0.38	0.38	0.38
		电机群功率（kW）	500	500	500	800
		$\cos\varphi_{AV}$	0.8	0.8	0.8	0.8
		启动倍数 I_{LR}/I_{rM}	6.5	6.5	6.5	6.5
		R/X	0.42	0.42	0.42	0.42
		计算容量（kV·A）	625	625	625	1000
		Z_m（Ω）	0.0355	0.0355	0.0355	0.0222
		R_m（Ω）	0.01376	0.01376	0.01376	0.00860
		X_m（Ω）	0.0328	0.0328	0.0328	0.0205
		$R_{mt}=R_m t^2$（Ω）	8.603	8.603	8.603	5.377
		$X_{mt}=X_m t^2$（Ω）	20.482	20.482	20.482	12.801
	合成阻抗	$R_{thvK}+R_{mt}$（Ω）	9.128	9.128	9.128	5.771
		$X_{thvK}+X_{mt}$（Ω）	25.441	25.441	25.441	17.716
		C 段汇总（Ω）	ΣR_M	1.992	ΣX_M	5.735

三、短路电流计算

（一）短路位置 D_1

D_1 点的短路电流 I_k'' 可以表示为来自系统的短路电流 I_{kQ}'' 与各发电机变压器组提供的短路电流 $\sum I_{ks}''$ 之和。用于计算该点的短路电流的正序阻抗图如图 4-57 所示。

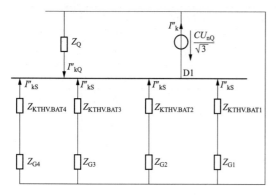

图 4-57 用于计算 D_1 点短路电流的正序图

1. D_1 点三相短路周期分量起始值

（1）系统侧短路电流计算。

系统短路阻抗为 0.0041（标幺值），S_j=100MV·A，U_j=1.05U_{nQ}=525kV

X_j=525²/100=2756.25Ω

X_Q=0.0041×2756.25=11.301Ω

取 X/R=15，则：

$$R=0.753Ω$$

$$Z_Q=(0.753+j11.301)\ Ω$$

$$I_{KQ}''=\frac{CU_{nQ}}{\sqrt{3}Z_Q}$$

$$=\frac{1.1\times500}{\sqrt{3}(0.753+j11.301)}$$

$$=(1.820-j27.980)\text{kA}$$

系统零序阻抗为 0.005（标幺值）

$X_{Q(0)}$=0.005×2756.25=13.781Ω

取 X/R=13，则：

R=1.060Ω

$$Z_{Q(0)}=(1.060+j13.781)Ω$$

（2）发电机侧短路电流计算。

1）发电机阻抗。由表 4-38 可知 $x''\%=21.582\%$，则发电机超瞬变电抗应为：

$$X_d''=\frac{x_d''}{100}\times\frac{U_G^2}{S_G}$$

$$=\frac{21.582}{100}\times\frac{20^2}{706}$$

$$=0.122(Ω)$$

$$R=0.00146Ω$$

$$Z_G=(0.00146+j0.122)Ω$$

2）主变压器阻抗。

$$Z_{THV,BAT}=\frac{U_d}{100}\times\frac{U_{THV}^2}{S_T}$$

$$=\frac{14}{100}\times\frac{550^2}{720}$$

$$=58.819(Ω)$$

$$R_{THV,BAT}=P_{Kr}\frac{U_{THV}^2}{S_T^2}$$

$$=1.380\times\frac{550^2}{720^2}$$

$$=0.805(Ω)$$

$$X_{THV,BAT}=\sqrt{58.819^2-0.805^2}$$

$$=58.813(Ω)$$

$$Z_{THV,BAT}=(0.805+j58.813)Ω$$

本例应采用无载调压的发电机—变压器组修正系数，即：

$$K_{SO}=\frac{U_{nQ}}{U_{rG}(1+P_G)}\cdot\frac{U_{rTLV}}{U_{rTHV}}\cdot(1\pm P_T)\frac{C_{max}}{1+x_d''\sin\varphi_{rG}}$$

$$=\frac{500}{20(1+5\%)}\times\frac{20}{550}\times(1\pm0)\times\frac{1.1}{1+21.582\%\times0.527}$$

$$=0.855$$

所以，发电机变压器组单元的修正阻抗为：

$$Z_{SO}=K_{SO}(t_r^2Z_G+Z_T)$$

$$=0.855\times\left[\left(\frac{550}{20}\right)^2\times(0.00146+j0.122)+(0.805+j58.813)\right]$$

$$=(1.639+j129.744)Ω$$

发电机侧短路电流为：

$$I_{ks}''=\frac{CU_{nQ}}{\sqrt{3}Z_{SO}}$$

$$=\frac{1.1\times500}{\sqrt{3}(1.639+j129.744)}$$

$$=(0.0309-j2.447)\text{kA}$$

（3）D_1 点的三相短路周期分量起始值。

D_1 点的短路电流为：

$$I_{k,D1}''=I_{kQ}''+4I_{ks}''$$

$$=(1.820-j27.980)+4\times(0.0309-j2.447)$$

$$=(1.944-j37.768)\text{kA}$$

$$I_{k,D1}''=37.818\text{kA}$$

2. D_1 点三相短路电流峰值

$$\kappa=1.02+0.98\text{e}^{\frac{-3R}{X}}$$

对于系统侧，由于 $R/X=0.0667$

所以 $\kappa_Q=1.822$

对于发电机侧，发电机采用假定电阻 $R_{Gf}=0.05X_G$，可得：

$$\underline{Z}_{Sf}=0.855\times\left[\left(\frac{550}{20}\right)^2\times(0.00611+j0.122)+(0.805+j58.813)\right]$$
$$=(4.632+j129.170)\Omega$$

则 Z_{Sf} 的 $R/X=0.0359$

所以 $\kappa_{Sf}=1.900$

故 D_1 点三相短路电流峰值为：

$$\underline{I}_{p,D1}=\sqrt{2}\kappa_Q I''_{kQ}+\sqrt{2}\kappa_{Sf}\Sigma I''_{kS}$$
$$=\sqrt{2}\times1.822\times28.039+\sqrt{2}\times1.900\times4\times2.447$$
$$=98.548(kA)$$

3. D_1 点对称开断短路电流

对于故障点 D_1 而言，系统侧为远端短路，发电机侧为近端短路。

（1）开断时间 0.1s。

$$\frac{I''_{KG}}{I_{rG}}=\frac{t_r I''_{kS}}{I_{rG}}=\frac{\frac{550}{20}\times2.447}{20.377}=3.302$$

所以：

$$\mu_{0.1}=0.62+0.72e^{-0.32I''_{KG}/I_{rG}}$$
$$=0.62+0.72e^{-0.32\times3.302}$$
$$=0.870$$

故：

$$I''_{b,D1,0.1}=I''_{kQ}+\mu_{0.1}\Sigma I''_{kS}$$
$$=28.039+0.87\times4\times2.447$$
$$=36.555(kA)$$

（2）开断时间 0.2s。

$$\mu_{0.2}=0.56+0.94e^{-0.38I''_{KG}/I_{rG}}$$
$$=0.56+0.94e^{-0.38\times3.302}$$
$$=0.828$$

按线性差值求 $\mu_{0.2}=0.842$，则：

$$I''_{b,D1,0.2}=I''_{kQ}+\mu_{0.2}\Sigma I''_{kS}$$
$$=28.039+0.842\times4\times2.447$$
$$=36.280(kA)$$

4. D_1 点稳态短路电流

D_1 点的稳态短路电流由系统和发电机分别提供。

根据发电机制造商提供的数据，该发电机三相短路稳态电流为额定电流的 158%。也就是 λ_{max} 取 1.58。

$$I''_k=I''_{kQ}+\Sigma\lambda_{max}I_{rGt}$$
$$=28.039+4\times1.58\times0.741$$
$$=32.722(kA)$$

λ_{max} 的数值在制造厂数据不完整的情况下可以查 GB/T 15544.1—2013《三相交流系统短路电流计算 第 1 部分：电流计算》中提供的曲线。本例中的发电机参数，查得 λ_{max} 为 1.71。

$$I''_k=I''_{kQ}+\Sigma\lambda_{max}I_{rGt}$$
$$=28.039+4\times1.71\times0.741$$
$$=33.107(kA)$$

5. D_1 点两相短路故障

$$I''_{K2}=\frac{\sqrt{3}}{2}\underline{I}''_{k,D1}$$
$$=\frac{\sqrt{3}}{2}\times37.818$$
$$=32.751(kA)$$

6. D_1 点两相对地短路故障

D_1 点非对称故障的序阻抗如图 4-58 所示。

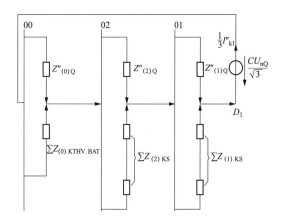

图 4-58　D_1 点非对称故障的正序、负序及零序系统

对于两相短路对地短路故障有：

$$I''_{k2EL2}=\frac{CU_n\left|Z_{(0)}/Z_{(1)}-a\right|}{\left|Z_{(1)}+2Z_{(0)}\right|}$$

$$I''_{k2EL3}=\frac{CU_n\left|Z_{(0)}/Z_{(1)}-a^2\right|}{\left|Z_{(1)}+2Z_{(0)}\right|}$$

$$I''_{kE2E}=\frac{\sqrt{3}CU_n}{\left|Z_{(1)}+2Z_{(0)}\right|}$$

由图 4-58 可知：

$$\underline{Z}_{(1)}=\Sigma\underline{Z}_{KS(1)}//\underline{Z}_{Q(1)}$$
$$=\frac{(1.639+j129.744)}{4}//(0.753+j11.301)$$
$$=(0.441+j8.386)\Omega$$

$$\underline{Z}_{(0)} = \Sigma \underline{Z}_{S(0)} \// \underline{Z}_{Q(0)}$$
$$= \frac{0.855(0.805 + j58.813)}{4} \// (1.060 + j13.781)$$
$$= (0.288 + j6.581)\Omega$$

则故障相短路电流为：

$$I''_{k2EL2,\ D1} = \frac{1.1 \times 500 \times \left| \begin{matrix} (0.288 + j6.581) \div (0.441 \\ + j8.386) - \left(-\frac{1}{2} + j\frac{\sqrt{3}}{2} \right) \end{matrix} \right|}{|(0.441 + j8.386) + 2(0.288 + j6.581)|}$$
$$= 39.397(kA)$$

$$I''_{k2EL3,\ D1} = \frac{1.1 \times 500 \times \left| \begin{matrix} (0.288 + j6.581) \div (0.441 \\ + j8.386) - \left(-\frac{1}{2} + j\frac{\sqrt{3}}{2} \right)^2 \end{matrix} \right|}{|(0.441 + j8.386) + 2(0.288 + j6.581)|}$$
$$= 39.594(kA)$$

则两相故障入地电流为：

$$I''_{kE2E,\ D1} = \frac{\sqrt{3} \times 1.1 \times 500}{|(0.441 + j8.386) + 2(0.288 + j6.581)|}$$
$$= 44.160(kA)$$

7. D_1 点单相短路故障

$$I''_{k1,\ D1} = \frac{\sqrt{3}CU_n}{|2Z_{(1)} + Z_{(0)}|}$$
$$= \frac{\sqrt{3} \times 1.1 \times 500}{|2 \times (0.441 + j8.386) + (0.288 + j6.581)|}$$
$$= 40.741(kA)$$

（二）短路点 D_2

D_2 点的位置是在发电机出口。D_2 点的短路电流 I''_k 可以表示为经主变压器来自系统的短路电流 I''_{kT} 与发电机提供的短路电流 I''_{kG} 的较大者与经由高压厂用变压器和高压公用变压器传递过来的电动机反馈电流 I_{kM} 之和。D_2 点短路电流计算的正序系统如图 4-59 所示。

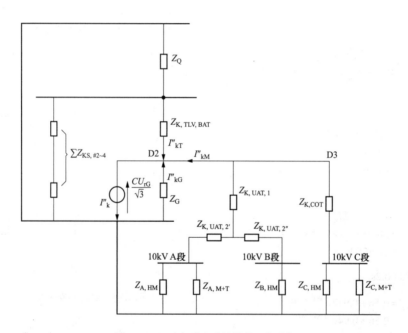

图 4-59 D_2 点短路电流计算的正序系统

1. D_2 点三相短路周期分量起始值

（1）系统侧短路电流计算。

系统侧短路电流由电网以及 500kV 母线上的其他 3 台发电机提供，由"D_1 点发电机侧短路电流计算"可知其他发电机—变压器组归算至 500kV 母线的阻抗为：

$$\underline{Z}_{SO} = (1.639 + j129.744)\ \Omega$$

主变压器变比 $t_r = 550/20 = 27.5$

$$I''_{kT} = \frac{CU_{rG}}{\sqrt{3} \times \left(\underline{Z}_{K,TLV,BAT} + \dfrac{Z_Q}{t_r^2} \right)}$$
$$= \frac{1.1 \times 20}{\sqrt{3} \times \left(\dfrac{0.805 + j58.813}{27.5^2} + \dfrac{0.497 + j8.964}{27.5^2} \right)}$$
$$= \frac{1.1 \times 20}{\sqrt{3} \times (0.00172 + j0.0896)}$$
$$= (2.720 - j141.708)kA$$

$$I''_{kT} = 141.734\text{kA}$$

式中：

$$\underline{Z}_Q = \left(\frac{1}{0.753 + j11.301} + \frac{3}{1.639 + j129.744} \right)^{-1}$$

$$= (0.497 + j8.964)\Omega$$

其中，系统提供的短路电流为：

$$I''_{kQ} = \frac{\underline{Z}_Q // \underline{Z}''_{KS,\#2} // \underline{Z}''_{KS,\#3} // \underline{Z}''_{KS,\#4}}{\underline{Z}_Q} I''_{kQ}$$

$$= 0.793 \times 141.734 = 112.395\text{kA}$$

2～4号发电机提供的短路电流为

$$I''_{kG2\sim4} = 9.780\text{kA}$$

（2）发电机侧短路电流计算。

发电机的修正系数为：

$$K_{GSO} = \frac{1}{(1 + P_G)} \cdot \frac{C_{max}}{1 + x''_d \sin\varphi_{rG}}$$

$$= \frac{1}{1 + 5\%} \times \frac{1.1}{1 + 21.582\% \times 0.527}$$

$$= 0.941$$

则，故障点最近发电机提供的短路电流为：

$$I''_{KG} = \frac{CU_{rG}}{\sqrt{3}K_{GSO}\underline{Z}_G}$$

$$= \frac{1.1 \times 20}{\sqrt{3} \times 0.941 \times (0.00146 + j0.122)}$$

$$= (1.324 - j110.624)\text{kA}$$

$$\underline{I}''_{KG} = 110.632（\text{kA}）$$

（3）高压电动机反馈电流。

高压电机经过高压厂用变压器以及高压公用变压器反馈至故障点 D_2。

1）高压厂用变压器阻抗计算。

$$U_{d,UAt,1-2'}\% = 15\%$$

$$\underline{Z}_{UAT,1-2'} = \left(\frac{u_{r,UAT,1-2'}}{100} \right) \frac{U^2_{THV,UAT}}{S_{UAT,1}}$$

$$= \frac{15}{100} \times \frac{20^2}{65}$$

$$= 0.923(\Omega)$$

$$Z_{UAT,1-2}\% = \frac{Z_{UAT,1-2'}}{1 + \frac{1}{4}K_f} = \frac{0.923}{1 + \frac{3.5}{4}} = 0.4922(\Omega)$$

$$Z_{UAT,1} = \left(1 - \frac{1}{4}K_f \right)Z_{UAT,1-2'} = \left(1 - \frac{3.5}{4} \right) \times 0.4922$$

$$= 0.06153(\Omega)$$

$$Z_{UAT,2'} = Z_{UAT,2''} = \frac{1}{2}K_f Z_{UAT,1-2} = \frac{3.5}{2} \times 0.4922$$

$$= 0.8614(\Omega)$$

$$Z_{UAT,2'-2''} = Z_{UAT,2'} + Z_{UAT,2''} = 1.723(\Omega)$$

$$R_{UAT,1-2'} = P_{kr,UAT,1-2'}\frac{U^2_{THV,UAT}}{S^2_{UAT,1}} = 0.115 \times \frac{20^2}{65^2} = 0.0109(\Omega)$$

$$R_{UAT,2'-2''} = P_{kr,UAT,2'-2''}\frac{U^2_{THV,UAT}}{S^2_{UAT,1}} = 0.220 \times \frac{20^2}{65^2} = 0.0208(\Omega)$$

半穿越电抗为：

$$X_{UAT,1-2'} = \sqrt{0.923^2 - 0.0109^2} = 0.923(\Omega)$$

$$\underline{Z}_{UAT,1-2'} = (0.0109 + j0.923)\Omega$$

低压穿越电抗为：

$$X_{UAT,2'-2''} = \sqrt{1.723^2 - 0.0208^2} = 1.723(\Omega)$$

$$\underline{Z}_{UAT,1-2'} = (0.0208 + j1.723)\Omega$$

修正系数为：

$$x_{T,UAT,1-2} = X_{UAT,1-2'}/(U^2_{rT}/S_{rT}) = 0.923 \div (20^2 \div 65) = 0.150$$

$$x_{T,UAT,2-2} = X_{UAT,2-2''}/(U^2_{rT}/S_{rT}) = 1.723 \div (20^2 \div 65) = 0.280$$

$$K_{UAT,1-2'} = 0.95\frac{C_{max}}{1 + 0.6x_{T,UAT1-2'}}$$

$$= 0.95 \times \frac{0.6}{1 + 0.6 \times 0.15} = 0.959$$

$$K_{UAT,2'-2''} = 0.95\frac{C_{max}}{1 + 0.6x_{T,UAT2'-2''}}$$

$$= 0.95 \times \frac{0.6}{1 + 0.6 \times 0.28} = 0.895$$

修正后的星形阻抗为：

$$\underline{Z}_{K,UAT,1} = \frac{1}{2}(K_{UAT,1-2'}Z_{UAT,1-2'} + K_{UAT,1-2'}Z_{UAT,1-2''}$$

$$- K_{UAT,2'-2''}Z_{UAT,2'-2''})$$

$$= \frac{1}{2} \times [2 \times 0.959 \times (0.0109 + j0.923)$$

$$- 0.895 \times (0.0208 + j1.723)]$$

$$= (0.00115 + j0.114)\Omega$$

考虑7.5%的制造误差，则：

$$\underline{Z}_{K,UAT,1} = (0.00106 + j0.105)\Omega$$

$$\underline{Z}_{K,UAT,2'} = \underline{Z}_{K,UAT,2''} = (0.0104 + j0.862)\Omega$$

考虑7.5%的制造误差，则：

$$\underline{Z}_{K,UAT,2'} = \underline{Z}_{K,UAT,2''} = (0.00962 + j0.797)\Omega$$

2）公用变压器阻抗计算。

$$U_{d,COT}\% = 10.5\%$$

$$u_{r,cot}\% = \frac{P_{kr,COT}}{S_{COT}} \times 100\% = \frac{173}{45000} \times 100\% = 0.384\%$$

$$u_{x,cot}\% = \sqrt{u_{d,cot}^2 - u_{r,cot}^2} = \sqrt{10.5^2 - 0.384^2} = 10.493\%$$

$$\begin{aligned}\underline{Z}_{COT} &= \left(\frac{u_r}{100} + j\frac{u_x}{100} \times 100\%\right)\frac{U_T^2}{S_T}\\ &= \left(\frac{0.384}{100} + j\frac{10.493}{100}\right) \times \frac{20^2}{45}\\ &= (0.0341 + j0.933)\Omega\end{aligned}$$

修正系数:

$$x_{T,COT} = X_{COT}/(U_{rT}^2/S_{rT}) = 0.933 \div (20^2 \div 45) = 0.105$$

$$K_{COT} = 0.95\frac{C_{max}}{1 + 0.6x_{T,COT}} = 0.95 \times \frac{0.6}{1 + 0.6 \times 0.105} = 0.983$$

修正后的公用变压器阻抗:

$$\underline{Z}_{K,COT} = 0.983 \times (0.0341 + j0.933) = (0.0335 + j0.917)\Omega$$

考虑 7.5% 的制造误差,则:

$$\underline{Z}_{K,COT} = (0.0310 + j0.848)\Omega$$

3)高低压电动机阻抗计算。

A 段所接全部高压电动机群阻抗折算到 20kV 母线为:

$$\underline{Z}_{A,HM,d2} = (0.055 + j0.514) \times \left(\frac{20}{10.5}\right)^2 = (0.2 + j1.865)\Omega$$

A 段全部经变压器接入的低压电动机群阻抗折算到 20kV 母线为:

$$\underline{Z}_{A,M+T} = (0.938 + j3.087) \times \left(\frac{20}{10.5}\right)^2 = (3.403 + j11.200)\Omega$$

计算 D_2 点故障时,按所有低压变压器均由 A 段供电。

A 段全部电动机与变压器的阻抗可与 $Z_{K2''}$ 合并,即:

$$\begin{aligned}\underline{Z}_{UAT,MA} &= (0.2 + j1.865)//(3.403 + j11.200)\\ &\quad + (0.00962 + j0.797)\\ &= (0.224 + j2.403)\Omega\end{aligned}$$

B 段全部电动机与变压器的阻抗可与 $Z_{K2''}$ 合并,即:

$$\begin{aligned}\underline{Z}_{UAT,MB} &= (0.2 + j1.865) + (0.00962 + j0.797)\\ &= (0.209 + j2.662)\Omega\end{aligned}$$

C 段所接全部高压电动机群阻抗折算到 20kV 母线为:

$$\underline{Z}_{C,M+T} = (1.992 + j5.735) \times \left(\frac{20}{10.5}\right)^2 = (7.227 + j20.807)\Omega$$

C 段全部电动机与变压器的阻抗可与 $Z_{KCOT,HV}$ 合并为:

$$\begin{aligned}\underline{Z}_{COT,MC} &= (0.224 + j1.814)//(7.227 + j20.807)\\ &\quad + (0.0310 + j0.848)\\ &= (0.266 + j2.522)\Omega\end{aligned}$$

所以,10kV A、B、C 段母线上所接电动机对 D_2 点的短路阻抗为:

$$\begin{aligned}\underline{Z}_{\Sigma M} &= (\underline{Z}_{UAT,MA}//\underline{Z}_{UAT,MB} + \underline{Z}_{K,UAT,1})//\underline{Z}_{COT,MC}\\ &= [(0.224 + j2.403)//(0.209 + j2.662) + 0.00106\\ &\quad + j0.105]//(0.266 + j2.522)\\ &= (0.110 + j1.368)//(0.266 + j2.522)\\ &= (0.0791 + j0.887)\Omega\end{aligned}$$

因此,上述电动机对 D_2 故障点的反馈电流为:

$$\begin{aligned}I''_{K,\Sigma M} &= \frac{CU_{rG}}{\sqrt{3}Z_{\Sigma M,D2}} = \frac{1.1 \times 20}{\sqrt{3} \times |0.0791 + j0.887|}\\ &= |1.267 - j14.207| = 14.263(kA)\end{aligned}$$

(4) D_2 点三相短路电流的周期分量起始值。

D_2 点短路电流应为:

$$I''_{kD2} = I''_{kT} + I''_{k\Sigma M} = 141.734 + 14.263 = 155.997(kA)$$

可以看到,电动机反馈电流在 D_2 点故障电流中所占比例接近 10%,不宜忽略。如果忽略掉低压电动机群,则 $I''_{k\Sigma M}$ 约为 12.898kA,低压电动机群所贡献的短路电流约为 1.365kA,在 D_2 点可以忽略不计。本例为体现计算方法,仍保留该部分。

2. D_2 点三相短路电流峰值

$$I_{pG} = \kappa_G\sqrt{2}I''_{kG} = 1.863 \times \sqrt{2} \times 110.632 = 291.480(kA)$$

其中,κ_G 由 $R_{GF}/X_G = 0.05$ 求得。

$$I_{pT} = \kappa_T\sqrt{2}I''_{kT} = 1.945 \times \sqrt{2} \times 141.734 = 389.860(kA)$$

其中,κ_T 由 $R_T/X_T = 0.0192$ 求得。

$$I_{p\Sigma M} = \kappa_M\sqrt{2}I''_{k\Sigma M} = 1.770 \times \sqrt{2} \times 14.263 = 35.703(kA)$$

由 D_2 点的 $Z_{\Sigma M}$ 可知,$R_{\Sigma M}/X_{\Sigma M} = 0.0892$,由此可求得 $\kappa_{\Sigma M}$。

3. D_2 点的对称开断短路电流

开断时间 0.1s。

发电机侧开断电流 I_{bG}:

$$\frac{I''_{KG}}{I_{rG}} = \frac{110.632}{20.377} = 5.429$$

所以,有:

$$\begin{aligned}\mu_{0.1} &= 0.62 + 0.72e^{-0.32I'_{KG}/I_{rG}}\\ &= 0.62 + 0.72e^{-0.32 \times 5.429}\\ &= 0.747\end{aligned}$$

因此,有:

$$I_{bG} = \mu_{0.1} I''_{kG}$$
$$= 0.747 \times 110.632$$
$$= 82.642(kA)$$

变压器侧的开断电流 I_{bT}，按远端故障考虑无衰减为：

$$I_{bT} = 141.691 \ (kA)$$

4. D_2 点的稳态短路电流

D_2 点的稳态短路电流由经过主变压器的系统侧和发电机分别提供。

$$I_k = I_{kQ} + \lambda_{max} I_{rGt}$$
$$= 141.691 + 1.58 \times 20.377$$
$$= 173.886(kA)$$

（三）短路点 D_3

短路点 D_3 位于厂用分支。正序系统见图 4-60。

1. D_3 点三相短路周期分量起始值

$$I''_{k,D3} = \frac{CU_{rG}}{\sqrt{3}} \left(\frac{1}{K_{GSO} Z_G} + \frac{1}{K_{TSO} Z_{TLV} + \frac{1}{t^2} Z_Q} \right)$$

$$K_{T.SO} = \frac{1}{1 + P_G} \cdot \frac{C_{max}}{1 - x_T \sin \varphi_{rG}}$$
$$= \frac{1}{1 + 5\%} \times \frac{1.1}{1 - 0.14 \times 0.527}$$
$$= 1.131$$

其中：

$$x_T = X_T / (U_{rt}^2 / S_{rT})$$
$$= (58.813 \div 27.5^2) \div (20^2 \div 720)$$
$$= 0.140$$

$$I''_{k,D3} = \frac{1.1 \times 20}{\sqrt{3}} \times \left| \frac{1}{0.941 \times (0.00146 + j0.122)} \right.$$

$$+ \left. \frac{1}{1.131 \times \frac{0.805 + j58.813}{27.5^2} + \frac{0.497 + j8.964}{27.5^2}} \right|$$

$$= \frac{1.1 \times 20}{\sqrt{3}} \times \left| \frac{1}{0.00137 + j0.115} + \frac{1}{0.00195 + j0.101} \right|$$

$$= |3.743 - j236.147|$$

$$= 236.176(kA)$$

在这里，把 $\left(\dfrac{1}{K_{GSO} Z_G} + \dfrac{1}{K_{TSO} Z_{TLV} + \dfrac{1}{t^2} Z_Q} \right)^{-1}$

记做 $\underline{Z}_{S.D3} = (0.000852 + j0.0538)\Omega$

算得 $I_{K\Sigma M} = 14.263(kA)$

2. D_3 点三相短路峰值

$$I_{pG} = \kappa_G \sqrt{2} \frac{CU_{rG}}{\sqrt{3}} \cdot \frac{1}{K_{GSO} Z_G}$$

$$I_{pT} = \kappa_T \sqrt{2} \frac{CU_{rG}}{\sqrt{3}} \cdot \frac{1}{K_{TSO} Z_{TLV} + \frac{1}{t^2} Z_Q}$$

$$\begin{cases} K_G = 1.863 \\ R/X = 0.05 \end{cases}$$

$$\begin{cases} K_T = 1.945 \\ R/X = 0.0193 \end{cases}$$

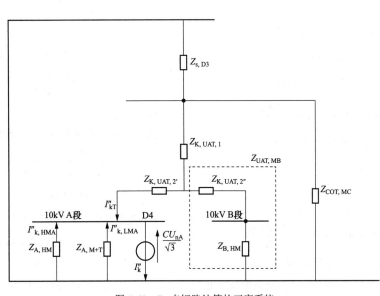

图 4-60　D_4 点短路计算的正序系统

$$i_{pG} = 1.863 \times \sqrt{2} \times \frac{1.1 \times 20}{\sqrt{3}} \times \frac{1}{0.941 \times |0.00146 + j0.122|}$$
$$= 291.480(\text{kA})$$

$$i_{pT} = 1.945 \times \sqrt{2} \times \frac{1.1 \times 20}{\sqrt{3}}$$
$$\times \frac{1}{1.131 \times \left| \dfrac{0.805 + j58.813}{27.5^2} + \dfrac{0.497 + j8.964}{27.5^2} \right|}$$
$$= 349.982(\text{kA})$$

$$i_{p\Sigma M} = \kappa_M \sqrt{2} I''_{k\Sigma M}$$
$$= 1.770 \times \sqrt{2} \times 14.263$$
$$= 35.703(\text{kA})$$

（四）短路点 D_4

D_4 点的位置是在 10kV 母线 A 段上。D_4 点的短路电流 I''_{KD3} 可以表示为经高压厂用变压器来的短路电流 I''_{KT} 与电动机反馈电流 $I_{\Sigma M}$ 之和。

1. D_4 点三相短路周期分量起始值

（1）经高压厂用变压器来的短路电流 I''_{KT}。

经高压厂用变压器来的短路电流，应考虑经高压厂用变压器高压侧馈入的发电机、系统侧、C 段电动机的反馈电流以及经高压厂用变压器低压侧馈入的 10kV B 段电动机反馈电流。发电机和系统侧的故障阻抗（折算至 10kV）为：

$$\underline{Z}_{s,D3} = (0.000852 + j0.0538) \times \left(\frac{10.5}{20} \right)^2$$
$$= (0.000235 + j0.0148)\Omega$$

C 段电动机经高压公用变压器的故障阻抗（折算至 10kV）为：

$$\underline{Z}_{COT,MC} = (0.268 + j2.591) \times \left(\frac{10.5}{20} \right)^2$$
$$= (0.0739 + j0.714)\Omega$$

高压厂用变压器高压侧阻抗（折算至 10kV）为：

$$\underline{Z}_{K,UAT,1} = (0.00106 + j0.105) \times \left(\frac{10.5}{20} \right)^2$$
$$= (0.000292 + j0.0289)\Omega$$

高压厂用变压器低压绕组的阻抗（折算至 10kV）为：

$$\underline{Z}_{K,UAT,2'} = \underline{Z}_{K,UAT,2''}$$
$$= (0.00962 + j0.797) \times \left(\frac{10.5}{20} \right)^2$$
$$= (0.00265 + j0.220)\Omega$$

B 段电动机经高压厂用变压器低压绕组的故障阻抗（折算至 10kV）为：

$$\underline{Z}_{UAT,MB} = (0.210 + j2.727) \times \left(\frac{10.5}{20} \right)^2$$
$$= (0.0579 + j0.752)\Omega$$

则经高压厂用变压器高压侧的合成阻抗为：

$$\underline{Z}_{\Sigma H,UAT} = \underline{Z}_{S,D3} /\!/ \underline{Z}_{COT,MC}$$
$$= (0.000256 + j0.0145)\Omega$$

则经高压厂用变压器对于 D_4 点的故障阻抗为：

$$\underline{Z}_{UAT,D4} = (\underline{Z}_{\Sigma H.UAT} + \underline{Z}_{K,UAT,1}) /\!/ \underline{Z}_{UAT,MB} + \underline{Z}_{K,UAT,2'}$$
$$= (0.00331 + j0.261)\Omega$$

所以，经高压厂用变压器提供的短路电流为：

$$I''_{K,UAT,D4} = \frac{CU_n}{\sqrt{3}Z_{UAT,D4}}$$
$$= \frac{1.1 \times 10}{\sqrt{3} \times |0.00331 + j0.261|}$$
$$= |0.309 - j24.329|$$
$$= 24.331(\text{kA})$$

（2）电动机提供的短路电流。

A 段高压电机的故障电流为：

$$I''_{K,HMA} = \frac{CU_n}{\sqrt{3}Z_{A,HM}}$$
$$= \frac{1.1 \times 10}{\sqrt{3} \times |0.055 + j0.514|}$$
$$= |1.3071 - j12.216|$$
$$= 12.286(\text{kA})$$

A 段低压电机群的故障电流为：

$$I''_{K,LMA} = \frac{CU_n}{\sqrt{3}Z_{A.M+T}}$$
$$= \frac{1.1 \times 10}{\sqrt{3} \times |0.938 + j3.087|}$$
$$= |0.572 - j1.883|$$
$$= 1.968(\text{kA})$$

（3）D_4 点三相短路周期分量起始值。

D_4 点三相短路电流周期分量的起始值为：

$$I''_{K,D4} = I''_{K,UAT,D4} + I''_{K,HMA} + I''_{K,LMA}$$
$$= |2.188 - j38.428|$$
$$= 38.490(\text{kA})$$

2. D_4 点三相短路电流峰值

$$i_{pUAT} = 1.963 \times \sqrt{2} \times 24.331$$
$$= 67.545(\text{kA})$$

$$i_{pHMA} = 1.731 \times \sqrt{2} \times 12.286$$
$$= 30.075(\text{kA})$$

$$i_{pLMA} = 1.414 \times \sqrt{2} \times 1.968$$
$$= 3.935(kA)$$
$$i_{p,D4} = 101.555(kA)$$

3. D_4 点对称开断短路电流

D_4 点相对发电机而言，经 UAT 提供到 D_4 点的故障电流为 24.331kA，转移至发电机出口为 12.774kA＜2× 20.377kA，可视为远端短路。故只考虑本段电动机的衰减。

对于高压电机（参数见表 4-42），有：

$$I''_{b,HMA0.1} = \mu_{0.1} q_{0.1} I''_{k,HMA} = 5.756(kA)$$

对于低压电机

由 $P_{rM}/p = 0.05MW$ 得 $q_{0.1} = 0.21$

由 $I''_{KM} / I_{rM} = 4.12$ 得 $\mu_{0.1} = 0.21$

$$I''_{b,LMA0.1} = \mu_{0.1} q_{0.1} I''_{k,LMA}$$
$$= 0.762 \times 0.21 \times 1.968$$
$$= 0.315(kA)$$

因此，D_4 点的对称开断电流为：

$$I''_{b,D4.0.1} = 24.331 + 5.756 + 0.315$$
$$= 30.402(kA)$$

四、计算结果汇总

计算结果汇总见表 4-46。

表 4-46　　计 算 结 果 汇 总

序号	故障点	故障类型		短路电流周期分量起始值（kA）	短路电流峰值（kA）
1	D_1	三相故障		37.818	98.548
		两相故障		32.751	
		两相对地故障		44.160	
		单相故障		40.741	
2	D_2	三相故障	发电机	110.632	291.480
			系统侧	141.734	389.860
			电机反馈	14.263	35.703
			合计	266.629	717.043
3	D_3	三相故障		250.439	677.165
4	D_4	三相故障		38.490	101.555

380V 系统短路计算曲线参见附录 D。

第五章

发电机及发电机断路器

火力发电厂发电机是将机械能转换为电能的能量转换中枢，是重要的主机设备。发电机的正确选择及可靠运行是发电厂设计的关键，发电机的机电特性、结构及特点关系到继电保护的正确设计。

第一节　汽轮发电机

我国的大型汽轮发电机经历了自主研发、引进、消化吸收完善的历程。1981年机械工业部、能源部组织引进了300MW级机组，以后随着电力工业发展陆续引进了600MW级、1000MW级机组，均采用单轴发电机。目前大型汽轮发电机从冷却方式上分，主要流派有美国西屋（日本三菱）、美国GE（日本日立、东芝）、德国西门子、法国阿尔斯通、苏联电力工厂等。

一、汽轮发电机构成及结构

汽轮发电机组有单轴及双轴汽轮发电机组，双轴汽轮发电机组在由于单机容量不断增大而单轴机组容量受低压缸叶片、转子力等技术限制的情况下采用，是将不同的汽缸分别布置在两个轴上并各自驱动一台发电机，而高、低压加热器及除氧器等系统配置不变。目前为止，我国1000MW及以下新建汽轮发电机组均采用了单轴机组。汽轮发电机主要由定子、转子及辅助系统组成，当采用无刷旋转励磁时，励磁机、副励磁机与汽轮发电机组转子为一整体轴系。汽轮发电机结构如图5-1所示。

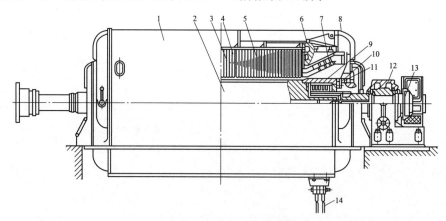

图 5-1　汽轮发电机结构图

1—定子；2—转子；3—定子铁芯；4—定子铁芯的径向通风沟；5—定位筋；6—定子压圈；7—定子绕组；8—端盖；
9—转子护环；10—中心环；11—离心式风扇；12—轴承；13—集电环；14—定子电流引出线

1. 汽轮发电机定子结构

汽轮发电机定子由定子铁芯、定子绕组、机座及端盖组成。

（1）定子铁芯。大型汽轮发电机定子铁芯采用磁导率高、低损耗的冷轧硅钢片叠装而成，硅钢片一般为0.35mm和0.5mm的有向或无向硅钢片，有向硅钢片比无向硅钢片导磁性更好，但刚度比无向硅钢片低。

国内制造厂目前除北重阿尔斯通部分机型采用有向硅钢片外，其他制造厂均采用了无向硅钢片。硅钢片两面涂绝缘漆，以减少涡流损耗。铁芯内圆有嵌线槽，用于嵌放定子绕组；铁芯外圆有鸽尾槽，用于定子机组的固定。

铁芯叠装结构与冷却方式相关。定子铁芯的冷却方式一般有轴向和径向通风方式。全轴向通风系统一般在铁芯轭部上开半径较大的通风孔，齿部由于磁通密度较高，考虑到对电磁性能的影响开孔径较小的通风孔或不开孔，通风孔全轴向贯通，冷却气体从电机一端进风，从另一端出风；半轴向通风系统中，在铁芯中间部分有分段，冷却气体从电机两端进入，从铁芯中部径向风道排出。径向通风系统有单边进风通风系统、两边进风通风系统及轴向分段多流通风系统，其中前两种分别指冷却气体从单侧进入或从双侧进入，通过气隙及转子轴向风道经中部径向排出，主要用于容量较小机组；轴向分段多流径向通风系统指铁芯沿轴向分为多段，其中端部由于发热严重每段厚度一般低于中段每段厚度，铁芯沿轴向交替分成进、出风区，此种冷却方式在大容量机组中得到广泛应用。

边段铁芯一般设计为阶梯形，以增大气隙、降低铁芯端部漏磁分布，端部安装铜屏蔽以减少涡流。整个定子铁芯通过外回路的定位筋及两端的压指、压圈固定压紧，再与机座连接成一个整体。

（2）定子绕组。大型汽轮发电机组定子绕组采用三相双层短距分布绕组，可以改善电流波形，消除高次谐波电动势。绕组一般采用双层叠绕组，每个线圈两个线棒分别放在不同槽的上下层，以形成最大的电动势，在端部线鼻处用对接或并头套焊接成一个完整单匝线圈。上、下层线棒间及线棒与槽间均绝缘，线棒采用多胶模压绝缘或少胶 VPI（真空压力浸渍）绝缘。

定子绕组采用无氧铜线，水内冷定子绕组线棒采用聚酯玻璃丝包绝缘实心扁铜线和空心裸铜线组合而成，空心裸铜线主要用于定子冷却水的流通，空心导线也有采用不锈钢导线的。

大型汽轮发电机一般采用 2 支路并联绕组，定子出线端设 3 个接线端子，中性点侧不同的发电机结构可引出 3 个或 6 个接线端子，可用于不同的差动保护及匝间保护配置。

（3）定子机座及端盖。机座主要作用是支持和固定定子铁芯和定子绕组，作为承重受力部件，一般采用高强度钢板焊接而成。国内有整体式机座及三段式机座、双机座方案，三段式机座由机座中间段和两端端罩组成，双机座由外机座和固定铁芯及绕组的内机座组成，整体机座便于安装，三段式机座及双机座主要用于运输困难的厂址以方便运输。汽轮发电机的 2 极转子每转一周，定子铁芯受到转子磁极的磁拉力作用引起的铁芯变形为两次，引起铁芯的倍频振动，定子铁芯与机座之间需采用弹性连接结构以减少传至机座的振动，但当采用弹性连接时铁芯振动可能会加大。

氢冷发电机的冷却器安装在机座内的矩形框内，以便缩短风道、减少通风阻力，冷却器一般为 2～4 组，立放在发电机两侧或横放在发电机上部两端。

端盖主要用于电机密封，大型汽轮发电机经常采用端盖轴承，轴承安装在端盖上，用端盖轴承时机座还要承受转子质量和电磁力矩。端盖分为外端盖、内端盖和导风环。

2. 汽轮发电机转子结构

汽轮发电机采用蒸汽作为动力发电，采用高转速，考虑到高转速转子离心力的作用，同时考虑到励磁绕组固定的要求，转子采用隐极式结构，一般采用 2 极。大容量核电机组蒸汽参数相对较低、蒸汽流量大，考虑到汽轮机叶片等原因，采用 4 极较多。转子由转轴、转子绕组、集电环、护环等组成。发电机转子结构图如图 5-2 所示。

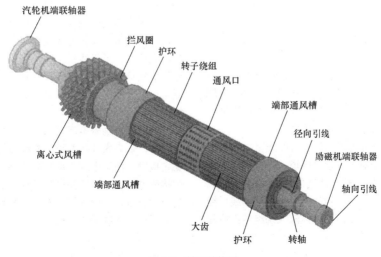

图 5-2 转子结构图

（1）转轴及轴承。转子铁芯由高机械强度和磁导率较高的合金钢锻成并与转轴做成一个整体，铁芯上开槽放置励磁绕组，槽有矩形槽、阶梯槽、梯形槽，转子槽内截面如图 5-3 所示。早期的发电机转子采用有轴向中心孔的锻件，主要是考虑到方便转子中心部位缩孔、裂纹等缺陷的检测。随着超声波探伤检测技术发展，可以探测出转子中心部位小缺陷，而实心转子承受应力能力更强，现在国内机组均采用无中心孔的实心转子。

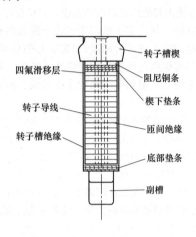

图 5-3 转子槽内截面

汽轮发电机轴承采用动压式轴承，液体动压润滑是依靠被润滑的一对固体摩擦面间的相对运动，使固体间的润滑流膜体内产生压力，以承受外荷载而免除固体间相互接触。故动压润滑要求轴和轴承间有楔形间隙，轴和轴承的相对运动带动润滑油由间隙大端流向间隙小端，根据楔形间隙的不同形状轴承一般分为圆柱瓦、椭圆瓦、可倾瓦等型式，轴承采用承载能力强、耐高温的钨金材料制成。

（2）转子绕组。为了适应变负荷运行要求，转子绕组采用蠕变性较好的含银铜线。转子绕组通风方式也分为径向和轴向两种。

空冷机组径向冷却方式的转子绕组采用矩形铜线，铜线槽内部加工径向通风孔，转子槽槽底设有副槽，冷却气体从护环下进入副槽，经过铜线径向通风孔冷却铜线后由槽楔出风孔排入气隙。

空冷机组轴向冷却方式的转子绕组线匝由两根 U 形截面的铜线凹槽相对形成轴向风道，也有采用单根空心铜线做成一匝的，一路冷却气体从槽底副槽进入，经铜线径向孔流入绕组槽部轴向风道，冷却铜线后经径向孔排入气隙，另一路冷却气体流入绕组端部冷却后从端部出风口离开转子。

氢冷机组冷却方式主要有气隙斜流取气通风及副槽通风方式。气隙斜流取气方式的转子线棒上造成了

两排不同方向的斜流孔至槽底，从而沿转子本体轴向形成了若干平行的斜流通道，运行中转子自泵作用从进风区吸入氢气，进入斜流通道冷却线棒，氢气到达底匝铜棒后转向进入另一排斜流通道，冷却线棒后从出风区排入气隙，与定子进、出风区相对应，有在线棒两侧铣出沟槽形成侧面风沟、线棒导体铣出长圆孔形成内部风沟两种结构，气隙斜流取气示意图如图 5-4 所示。转子副槽通风方式中，冷却气体由转子本体两端进入槽底副槽，再经过铜线上的径向风道从槽楔上的出风孔排入气隙。

汽轮发电机的转子本体自身可通过转子齿、槽楔、护环构成半阻尼系统，也可设专用阻尼环压在护环上构成半阻尼，还可在转子各槽的槽楔下放一根全长的阻尼铜条并与端部连接在一起构成短路环，形成全阻尼。

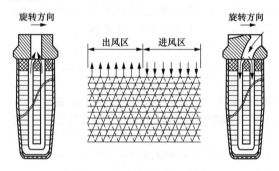

图 5-4 气隙斜流取气示意图

（3）护环、中心环、集电环、电刷。转轴一端与汽轮机转子连接，一端与旋转励磁系统的励磁机连接。转子两端设有护环，用于保护和紧固转子绕组端部。护环要承受端部绕组的离心力及自身的离心力，同时又因处在端部受到定、转子端部漏磁通作用，所以护环应选用高强度、非磁性材质。

当采用静止励磁系统时，在转子励磁端设有集电环，励磁电压通过集电环及与集电环连接的导电杆、导电螺钉、转子引线接至转子绕组。集电环一般设在励磁端轴承外侧，以减少转子轴承间距离，集电环一般采用耐磨的锻钢制作，是一对带有沟槽的钢环，沟槽在实际运行中起到散热作用。

电刷是将励磁电流通入高速旋转的转子绕组的关键部件，依靠内部弹簧设计与高速旋转的集电环保持稳定接触。由于电刷头部与高速旋转的集电环长期发生接触摩擦，电刷容易产生磨损，所以需采用导电且耐磨的材料，一般采用天然石墨材料黏结而成。电刷一般采用盒式刷握式结构。

3. 发电机冷却方式

国内主流汽轮发电机冷却方式主要有水氢氢冷方式、双水内冷方式及空冷方式。

水氢氢冷却即定子绕组水内冷、转子绕组及定子铁芯氢冷，转子铁芯由于发热量很低可不单独考虑。水氢氢冷却主要应用于国内 300MW 及以上机组，是目前国内应用最广泛的冷却方式。

双水内冷指定子铁芯空气冷却、定子绕组及转子绕组水内冷。双水内冷机组是上海电气集团自主研发的冷却方式，从 12MW 机组一直到 300MW 级机组都有应用，600MW 级机组也已研发成功并通过鉴定。

空冷方即发电机整体均采用空气冷却，目前主要应用于 300MW 级及以下机组。

4. 发电机辅助系统

空冷发电机辅助系统主要设备是空气冷却器，空气冷却器采用循环空气冷却系统，提供发电机冷却所需的冷却空气，设补气口与大气直接相通。空气由冷却水冷却。

水氢氢冷却发电机辅助系统较复杂，包含定子冷却水系统、氢气系统和防止氢气泄漏的密封油系统。

定子冷却水系统包括冷却器，定子冷却水泵，过滤器，冷却水流量、压力、压差、水位、温度、电导率等监测仪表。由于定子冷却水在定子绕组空心导线内流动，定子冷却水采用低电导率的除盐水，有贫氧、中性 pH 系统和富氧、中性 pH 系统，贫氧系统在定子绕组导水管表面生成氧化亚铜保护绕组不再腐蚀，富氧系统在定子绕组导水管表面生成氧化铜保护绕组不再腐蚀，贫氧系统定子水箱采用封闭式，富氧系统定子水箱采用敞开式。

氢气系统包含气体控制装置、二氧化碳蒸发器、气体纯度和湿度监测装置、氢气干燥装置、发电机漏油漏水监测装置。由于氢气与空气的混合气体为爆炸性气体，二氧化碳主要用于发电机充氢和排氢过程中作为置换中间介质。

密封油系统主要用于防止转子转轴与机座间间隙的氢气泄漏。在转轴和机座间放一有环形小槽的圆环，向环形小槽内注入比氢气压力略高的压力油，压力油同时流向基座外和基座内，从而将氢气密封在发电机内。密封圆环即为密封环，流向基座外的压力油为空气侧密封油，流向基座内的压力油为氢气侧密封油，按密封结构型式的不同有单流环系统、双流环系统、三流环系统。单流环指进入密封环中油流只有一股分别流向氢气侧和空气侧，氢气侧油不能带有空气以免影响氢气纯度，空气侧油不能带有氢气以免将氢气引入主油箱，故单流环系统设有真空处理系统分离密封油中的空气、氢气及水分，其真空处理系统是关系到系统安全的关键设备。双流环系统流向密封环的油流分为氢气侧及空气侧两股，两股不会交换；双流环系统中空气侧油为主密封，氢气侧油压力跟踪空气侧油压力以使两侧压力平衡，故其空气侧密封油泵、平衡阀都是关键设备。三流环系统是在双流环系统的空气侧油和氢气侧油中间引入第三股经过真空处理的压力油以隔绝空气侧油和氢气侧油的接触，真空侧油压只负责隔绝不负责密封，故需真空处理的油量很小。

5. 发电机励磁系统

大型汽轮发电机励磁系统采用直流励磁系统，励磁系统应满足发电机各种运行工况要求，并可根据系统需求采用恒无功功率、恒电压、恒功率因数控制方式，一般火电机组采用恒电压方式运行较多。励磁系统主要型式有机端自并励静止励磁系统及旋转无刷励磁系统。机端自并励静止励磁系统主要由励磁变压器、静止整流部分、磁场断路器、灭磁电阻及转子过电压保护、自动励磁调节器等组成，旋转无刷励磁系统主要由中频发电机组、旋转整流部分、自动励磁调节器等组成。从提高系统稳定性角度出发，励磁系统应采用较高强励倍数、高起始响应的励磁系统，也有利于继电保护的正确动作，但旋转励磁系统只能采用逆变灭磁，故障情况下灭磁速度较静止励磁系统慢，由于隐极转子为整体转子，即使灭磁开关动作断开励磁电源，励磁电流衰减仍较慢，两种励磁系统在灭磁速度效果上均可接受。旋转励磁系统由于有与发电机同轴旋转的副励磁机、励磁机，故轴系较长，增加了主厂房体积及轴系振动。

二、汽轮发电机主要技术性能

汽轮发电机主要参数与发电机结构密切相关，应满足电力系统运行稳定性的要求。

1. 发电机额定功率

发电机容量以额定容量或额定功率及额定功率因数表示，对应于一定冷却介质温度及海拔等使用条件。汽轮发电机额定容量是以氢、定子内冷水（水氢氢冷却）或空气（空冷）等直接进入机壳进行冷却的初级冷却介质温度为 40℃ 定义的。发电机不可能按现场环境逐一对应设计，而是依照典型环境条件做标准设计（进风温度为 40℃）。如有特殊要求可采用系列中上一档容量来满足。

发电机选择功率应不限制汽轮机不同工况出力。GB 5578—2007《固定式发电用汽轮机规范》中定义了额定功率、最大连续功率，两种工况均定义为发电机端子处的保证连续功率，即发电机出力应与汽轮机匹配满足两种工况下的连续输出功率要求；而 IEC 60045-1：1991《Steam turbines Part 1： Specifications》只定义了最大连续功率，即只对发电机出力匹配汽轮机最大连续功率提出了要求。对于汽轮机 VWO 工况，是一种能力要求，可以要求发电机在额定功率因数、进水温度时满足 VWO 工况出力要求；也可以要求发电机在满足 VWO 工况出力要求时允许改变功率因数、降低进水温度等，具体可根据工程要求确定。

国内大型汽轮发电机额定功率系列主要有 125、200、300、330、350、600、660、1000MW 等。根据 GB/T 7064—2008《隐极同步发电机技术要求》，空冷汽轮发电机基本参数见表 5-1，氢冷和水冷汽轮发电机基本参数见表 5-2。300MW 及以上汽轮发电机组主要参数见表 5-3～表 5-6。

表 5-1　空冷汽轮发电机基本系数

额定功率 P_N（MW）	额定容量 S_N（MV·A）	额定电压 U_N（kV）	额定功率因数 $\cos\varphi$	效率（规定值总损耗容差+10%）
12	15			97.0
15	18.75			97.0
25	31.25	6.3，10.5	0.8	97.4
30	37.5			97.4
50	62.5			98.2
60	75			98.2
100	117.7	10.5		
125	147	13.8		
135	158.8	13.8	0.85	98.4
150	176.46	13.8，15.75		
200	235.3	15.75，18	0.85	98.5
300	353	18～22	0.85	98.6

表 5-2　氢冷和水冷汽轮发电机基本参数

额定功率 P_N（MW）	额定容量 S_N（MV·A）	额定电压 U_N（kV）	额定功率因数 $\cos\varphi$	效率（规定值总损耗容差+10%）
100	117.7			
125	147	10.5，13.8	0.85	98.4
135	158.5			
200	235.3	15.75	0.85	98.6
300	353	18，20，24	0.85	98.7
600	666.66	20，22，24	0.9	98.8
900	10000	24，26	0.9	98.9
1000	1111.1	24，27	0.9	98.9
1200	1333.33	24，27	0.9	99
1500	1666.66	27，30	0.9	99

表 5-3　部分制造厂 350MW 汽轮发电机组主要参数

参数	东方电机	上海电机	哈尔滨电机厂	北重阿尔斯通
额定容量（MV·A）	412	412	412	412

续表

参数	东方电机	上海电机	哈尔滨电机厂	北重阿尔斯通
最大连续容量（MV·A）	453	433	453	429
额定电压	20	20	20	20
额定功率因数	0.85	0.85	0.85	0.85
直轴超瞬变电抗（饱和值）	17.51%	18.5%	18.02%	19.62%
直轴瞬变电抗（饱和值）	24.4%	23.4%	23.35%	28.6%
同步电抗	217.49%	210%	217.14%	186.14%
短路比	0.558	0.513	0.529	0.58

表 5-4　部分制造厂 600MW 汽轮发电机组主要参数

参数	东方电机	上海电机	哈尔滨电机厂	北重阿尔斯通
额定容量（MV·A）	667	667	667	716
最大连续容量（MV·A）	778	778	778	796
额定电压（kV）	22	20	20	22
额定功率因数	0.9	0.9	0.9	0.9
直轴超瞬变电抗（饱和值）	18.26%	20.5%	21.383%	
直轴瞬变电抗（饱和值）	23.92%	26.5%	26.71%	27.4%
同步电抗	189%	215.5%	226.963%	186.8%
短路比	0.6	0.54	0.54	0.55

表 5-5　部分制造厂 660MW 汽轮发电机组主要参数

参数	东方电机	上海电机	哈尔滨电机厂	北重阿尔斯通
额定容量（MV·A）	733	733	733	733
最大连续容量（MV·A）	756.9	733	806	752
额定电压	22	20	20	22
额定功率因数	0.9	0.9	0.9	0.9
直轴超瞬变电抗（饱和值）	19.49%	23.1%	22.386%	18.4%
直轴瞬变电抗（饱和值）	26.44%	29.6%	29.35%	25.8%
同步电抗	208.11%	238%	249.624%	190.3%
短路比	0.546	0.5	0.5	0.545

表 5-6 　　部分制造厂 1000MW 汽轮
发电机组主要参数

参数	东方电机	上海电机	哈尔滨电机厂
额定容量（MV·A）	1112	1112	1112
最大连续容量（MV·A）	1220	1222	1222
额定电压	27	27	27
额定功率因数	0.9	0.9	0.9
直轴超瞬变电抗（饱和值）	18%		21.4%
直轴瞬变电抗（饱和值）	22%	23.8%	26.9%
同步电抗	188%	261.4%	218%
短路比	0.53	0.48	0.52

2. 发电机电压

我国 GB/T 156《标准电压》规定大型交流发电机电压为 3.15、6.3、10.5、13.8、15.75、18、20、22、24、26kV，考虑到相同容量下提高电压将减少电流，从而减少了定子绕组导体截面，故一般电机容量越大采用的电压等级也越高；但电压提高将增加绕组线棒的绝缘厚度，防电晕和防电腐蚀要求也更高，所以要选择一个经济合理的值。不同容量发电机额定电压见表 5-1 和表 5-2。

3. 发电机功率因数

发电机正常运行时以滞后功率因数运行，一般 300MW 及以上为 0.85，200MW 及以下机组为 0.8。当电力系统需要时，发电机应满足电力系统要求以超前功率因数运行，一般要求可以超前 0.9 或 0.95 运行，此时电压应与系统电压配合，同时由于超前运行时电枢反应磁通为增磁效应，会造成定子端部漏磁严重发热，应注意定子端部发热问题。

4. 发电机频率

发电机额定频率与电网频率相同，频率与铁芯磁通密度等因素相关，我国电网频率为 50Hz。当 60Hz 发电机在 50Hz 运行时，其额定有功功率、额定电压均降为原来的 5/6 左右，如 60Hz、300MW、24kV 的发电机用于 50Hz 只能按 250MW、20kV 发电机用，还要核算各部件温升及各部件自振频率。GB/T 7064—2008《隐极同步发电机技术要求》规定，电机在额定功率因数下，如图 5-5 所示阴影面积下，电压最大变化率为±5%、频率变化最大为±2% 范围内连续输出额定功率，该标准中温升限值仅适用于额定电压和额定频率运行。

随运行点离开额定电压和额定频率时，电机温升或温度会逐渐增加。如电机带额定负荷在阴影部分边界运行时，温升增加约 10K；若电机在额定功率因数、电压±5%、频率变化+3%～−5% 条件下在图 5-5 所示虚线边界上运行，温升将进一步增加；应避免在阴影区域外运行。过电压或低电压和高频同时发生可能性不大，前者会增加磁场绕组温升。进相运行时发电机端电压允许短时降至 92%。

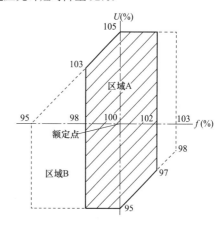

图 5-5 　电压和频率限值

5. 汽轮发电机电抗

汽轮发电机电抗值分别有交、直轴的同步电抗、瞬变电抗、超瞬变电抗。汽轮发电机为隐极型转子，气隙是均匀的，可认为直轴和交轴同步电抗相等。

（1）直轴超瞬变电抗。汽轮发电机包含定子绕组、励磁绕组和阻尼绕组。超瞬变电抗指短路发生瞬间同步发电机的电抗，短路初期瞬间定子电流发生突变，而励磁绕组和阻尼绕组作为闭合回路其磁链不能突变，感应出对定子电枢反应起抵消作用的电流，相当于电枢反应磁通在通过主气隙后被挤到励磁绕组和阻尼绕组的漏磁磁路上，电枢反应磁通经过气隙磁阻、励磁绕组漏磁路磁阻、阻尼绕组漏磁路磁阻，各自相对应于相应频率下的电抗。直轴超瞬变电抗的等效电路图如图 5-6 所示。

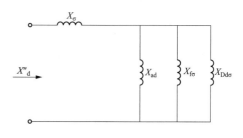

图 5-6 　超瞬变电抗等效电路

故超瞬变电抗为：

$$X''_d = X_\sigma + X''_{ad} = X_\sigma + \cfrac{1}{\cfrac{1}{X_{ad}} + \cfrac{1}{X_{Dd\sigma}} + \cfrac{1}{X_{f\sigma}}} \qquad (5\text{-}1)$$

式中　X''_d——直轴超瞬变电抗；

　　　X_σ——定子漏磁电抗；

　　　X''_{ad}——直轴电枢反应超瞬变电抗；

　　　X_{ad}——直轴电枢反应电抗；

　　　$X_{Dd\sigma}$——阻尼绕组漏磁电抗；

　　　$X_{f\sigma}$——励磁绕组漏磁电抗。

（2）直轴瞬变电抗。如果发电机阻尼绕组磁通势已经消失，或者没有阻尼绕组，则相当于图 5-6 阻尼绕组开路，此时电抗变为瞬变电抗。瞬变电抗为：

$$X'_d = X_\sigma + \cfrac{1}{\cfrac{1}{X_{ad}} + \cfrac{1}{X_{f\sigma}}} \qquad (5\text{-}2)$$

式中　X'_d——直轴瞬变电抗。

（3）直轴同步电抗。如果发电机励磁绕组和阻尼绕组磁通势均已经消失，则相当于图 5-6 励磁绕组和阻尼绕组开路，此时电抗变为同步电抗。同步电抗为：

$$X_d = X_\sigma + X_{ad} \qquad (5\text{-}3)$$

式中　X_d——直轴同步电抗。

设计过程中关注的主要电抗值是同步电抗及超瞬变电抗饱和值，同步电抗关系着并联运行的稳定性，超瞬变电抗主要关系短路电流初始值及系统暂态性能，较大的超瞬变电抗可以降低系统短路水平，较小的超瞬变电抗可以在系统发生状态变化时较快地响应，从而有利于系统暂态稳定。汽轮发电机额定功率运行时铁芯一般处在饱和区，考虑运行过程中突然短路故采用饱和值。国内制造的 2 极同步发电机实际同步电抗在 180%～265%（以发电机额定容量为基准）之间，超瞬变电抗不饱和值在 11.6%～25.4%之间。

6. 汽轮发电机短路比

短路比是产生空载额定电压、额定频率所需磁场安匝数与短路时产生额定定子电流所需磁场安匝数之比，与直轴同步电抗饱和值成反比。短路比大的发电机，同步电抗饱和值小，电枢反应弱，负载变化时发电机电压变化小，并联运行稳定性好，但同步电抗小要求较大气隙，从而需要励磁磁通势大，造成转子直径大、电机体积大、造价高，相应要求励磁系统容量加大；短路比小的发电机，同步电抗大，电压调整率大，并联运行稳定性较差，但气隙及转子励磁磁通势低，造价相对低。GB/T 7064—2008《隐极同步发电机技术要求》规定在额定工况下短路比不小于 0.35。

三、发电机非正常运行工况

1. 发电机出线端短路

GB/T 7064—2008 规定，用外部方法将短路时相电流限制到不超过三相突然短路所产生的最大相电流值，即发电机在额定负载和 1.05 倍额定电压下运行时，能承受出线端任何形式的突然短路而不发生立即可见有害变形，这是发电机机械设计的依据。

2. 频率异常运行

汽轮发电机非额定频率运行将给汽轮机叶片带来损伤。根据电网要求，汽轮发电机组设计允许频率异常运行能力不低于表 5-7 规定。

表 5-7　　汽轮发电机组频率异常
运行允许时间

频率（Hz）	允许时间	
	每次（s）	累计（min）
$51.0 < f \leqslant 51.5$	>30	>30
$50.5 < f \leqslant 51.0$	>180	>180
$48.5 \leqslant f \leqslant 50.5$	连续运行	
$48.0 \leqslant f < 48.5$	>300	>300
$47.5 \leqslant f < 48.0$	>60	>60
$47.0 \leqslant f < 47.5$	>20	>10
$46.5 \leqslant f < 47.0$	>5	>2

3. 不对称运行

发电机不对称运行时产生负序电流，将在气隙中产生与同步磁场反向的旋转磁场，旋转磁场以 2 倍额定转速切割转子并在转子中产生感应电流，将引起转子发热。根据 GB/T 7064—2008《隐极同步发电机技术要求》规定，不平衡负载运行限值要求满足表 5-8。

表 5-8　　发电机不对称运行允许值

序号	电机型式	连续运行的 I_2/I_N 值	故障运行的 $(I_2/I_N)^2 t$ 值（s）
	间接冷却的转子		
1	空冷	0.1	15
2	氢冷	0.1	10
	直接冷却的转子		
3	$\leqslant 350\text{MV} \cdot \text{A}$	0.08	8
4	$350\text{MV} \cdot \text{A} < P \leqslant 900\text{MV} \cdot \text{A}$	$0.08 - \dfrac{S_N - 350}{3 \times 10^4}$	$8 - 0.00545(S_N - 350)$
5	$900\text{MV} \cdot \text{A} < P \leqslant 1250\text{MV} \cdot \text{A}$	$0.08 - \dfrac{S_N - 350}{3 \times 10^4}$	5
6	$1250\text{MV} \cdot \text{A} < P \leqslant 1600\text{MV} \cdot \text{A}$	0.05	5

4. 失磁异步运行

失磁运行指由于各种原因引起汽轮发电机全部或部分失去励磁，带一定有功功率以低转差继续运行，影响主要有以下几方面：

（1）发生失磁后，转子中直流励磁电流减小，发电机电磁转矩减小，在汽机输入转矩加速下发电机将加速进入失步状态，转子与定子不再同步，在转子绕组、槽楔等部位将感应出转差频率的电流，这些电流与定子磁场相互作用产生异步电磁转矩。

（2）低励或失磁的电机，需从电网吸收大量无功，引起局部电力系统电压下降，机组进相运行，同时机端电压也将下降，引起厂用电压下降。进相运行也会增加定子端部漏磁，引起端部过热。

（3）在高负荷下失磁，发电机将吸收大量的无功，引起定子电流超过额定值。同时，定子电流中有与2倍转差频率的交变分量，会引起2倍转差频率的周期性振荡，振幅过大会影响系统稳定。

（4）失磁异步运行在转子绕组、槽楔等部位将感应出转差频率的电流，会在转子中产生额外损耗，当转差过大时超出允许值使转子相关部件过热。

失磁异步运行的能力及限制，很大程度上与电网容量、机组容量、有否特殊设计等有关，转差越大各种影响越严重，合适的转差频率范围是决定失磁异步运行的关键因素。通常发电机的设计本身允许做短时失磁异步运行：

（1）对间接冷却的发电机，在定子电压接近额定值时，可带0.6倍的额定有功功率，此时定子电流不超过1.0～1.1倍额定值，失磁异步运行不超过20min。

（2）直接冷却的300MW及以下发电机组可以在失磁后60s内减负荷至额定有功功率的60%，90s内降至40%，在额定定子电压下带0.4倍额定有功，定子电流不超过1.0～1.1倍时，发电机总的失磁运行时间不超过15min。

（3）600MW及以上机组的允许运行时间和减负荷方式由用户与制造厂协商决定。

5. 汽轮发电机失步

发电机失磁、输送功率超过极限功率、暂态稳定破坏、电网扰动引起机组振荡均可能引起发电机失步。主要影响有：

（1）当发电机带励磁失步时，由于带励磁发电机仍可发出有功和无功，但电流偏离50Hz，发出电流频率与电网不同的结果是产生差拍振荡，振荡时发电机发出的有功功率呈周期性变化，定子电流最大值可达额定值的几倍。

（2）失步时发生发电机机械量和电气量与系统的剧烈振荡，在转子大轴上产生周期性过负荷的扭转应力变化，这种周期性应力变化的影响在金属材料上是累积的，可以造成金属材料的寿命损失，积累到一定程度就产生金属疲劳断裂。

（3）失步振荡过程中机端电压周期性下降，厂用电压相应周期性下降，辅机工作稳定性遭到破坏。

（4）周期性转差变化在转子中产生感应电流，引起转子过热。

对于失步引起的定子过电流，发电机定子容量在1200MV·A及以下，电机允许的过电流时间与过电流倍数用式（5-4）表示：

$$(I^2-1)t=37.5s \qquad (5-4)$$

研究表明，若发电机-变压器组高压侧短路电流约为额定电流的2.5倍，如果振荡电流幅值等于高压侧短路电流，则定子绕组发热允许时间为17.6s，即持续十几秒的振荡造成的绕组过热在允许值内。

300MW及以上大机组需要限制带励磁失步的时间，通常用振荡周期考核，目前规定在振荡电流低于三相短路电流的60%～70%时，允许振荡5～20个振荡周期，要求制造厂提供此判据，主要依据是轴系的强度设计。有时需要进行计算机的仿真计算。当振荡起因为发电机-变压器组内部故障时，应立即与电网解列，即清除振荡源，既保机组也保电网。延迟几个振荡周期是为保电网，机组则承担有限损失。

6. 汽轮发电机非同期并网

发电机电压与电网电压非同期并网时将在发电机组上产生很大冲击和振荡扭矩，可能会造成端部绕组损坏、联轴器局部变形、联轴器螺栓开裂、转子弯曲变形等事故。根据计算120°误并列产生的电磁扭矩最严重，比正常大6.5倍，故JB/T 10499—2005《透平型发电机非正常运行工况设计和应用导则》规定发电机在保证寿命期间应能承受180°或120°误同期两次。

7. 汽轮发电机承受高压线路重合闸能力

电力系统事故跳闸后再进行重合闸，若故障仍未消除将引起第二次保护跳闸，这一故障及跳闸、重合闸、跳闸过程使发电机承受四次以上冲击，不断放大轴系扭矩，不检查同期的三相重合闸对于发电机非常危险，应予以避免。对于单相重合闸，华东电力设计院对PW电厂600MW机组在最不利条件下计算主变压器高压侧单相故障、重合闸不成功时造成的最大疲劳损耗为0.143%，日本东芝公司对BLG电厂660MW机组计算分析最大疲劳损耗值为0.016%，单相重合闸对机组轴系疲劳损耗造成影响很小，故JB/T 10499—2005《透平型发电机非正常运行工况设计和应用导则》规定发电机应具备高压线路单相重合闸的能力而不影响其可靠性。

8. 汽轮发电机组次同步振荡

次同步振荡指电力系统受到扰动后产生的异常电磁及机械振荡，此时电网与汽轮发电机组转子轴系之间在低于工频的自然振荡频率下进行能量交换。

对于送出线路安装串联电容补偿的机组，当电力系统发生扰动时，可能会在串联电容与系统之间发生低于同步频率的自由电流谐振，谐振电流通过定子会产生次同步电气频率的气隙磁场，此气隙磁场与恒定的转子电流相互作用会在转子上产生次同步电磁转矩。当次同步转矩频率接近或等于汽轮发电机轴系的某一自然扭振频率时，便会发生机械和电气系统相互作用而造成振荡发散增大。

对于接入高压直流换流站的机组，当电力系统发生扰动如逆变电压变化时，会造成换流站母线电压幅值和相位的变化，从而引起触发延迟角的变化，引起直流电流、电压的波动，在控制系统作用下会产生直流功率波动，此低频波动会进一步在交流侧产生同步频率互补的次同步电流。次同步电流通过定子相应会产生次同步电气频率的气隙磁场，并通过电磁与机械系统的相互作用产生次同步频率振荡。

其他风电机组功率变流器、机组快速控制作用也有可能引起接在同一电网的汽轮发电机组次同步振荡。

当汽轮发电机组发生次同步振荡时，定子中感应的次同步频率电流会在转子中产生同步相位的维持转子振荡的电磁转矩，定子、转子相互激励产生扭转相互作用，转子轴系轴段间将产生交变的扭振应力，多次积累造成机组轴系疲劳，也可能发生暂态扭矩放大，对转子轴系造成破坏性的损害。

针对次同步振荡，发电厂侧的防治措施一般有装设次同步监测及扭振保护，装设励磁阻尼控制、SVC（静止无功补偿器）型次同步阻尼、STATCOM（静止同步补偿器）型次同步阻尼、主变压器中性点抑制等装置。按能源局《防止电力生产事故的二十五项重点要求及编制释义》中要求，发电厂应装设次同步监测及扭振保护装置，除提供保护功能外，还可通过监测为后续抑制装置设计积累数据；变压器中性点抑制装置国内仅在托克托工程实施过，投资高；励磁阻尼控制、SVC型次同步阻尼装置及STATCOM型次同步阻尼装置在国内工程均有采用，励磁阻尼控制装置受励磁控制系统限制效果有限，STATCOM型次同步阻尼装置、STATCOM型次同步阻尼装置效果较好，STATCOM型性能更优但受大功率IGBT器件的限制应用较晚，具体采用何种装置需研究确定。

SVC、STATCOM可接入发电机端，也可通过厂用高压变压器接入，也可接至联络变压器/启动备用变压器35kV侧或电厂高压配电装置母线，通过厂用高压变压器或其他变压器接入时需校核变压器短时过负荷能力。工程中是否装设阻尼装置需对机组轴系扭振频率、疲劳特性及振荡的收敛性、危害性等进行专项研究并进行仿真分析。

9. 各种电网扰动在汽轮发电机轴系产生扭转应力损坏危险率

各种电网扰动在汽轮发电机轴系产生扭转应力损坏危险率见表5-9。

表5-9　　　　　　　　扭振引起的汽轮发电机损坏危险率

事故与扰动典型		A 扰动次数	B 潜在损坏危险率最坏状况下发电机应力			C 最大拉力概率	最大应力参数	ABC 总损坏危险率
			轴疲劳（%）	联轴器	定子绕组			
1类单激励 机组端子短路	高压侧	不频繁	<0.1	低	中	高	跳闸瞬间	中
	低压侧	不频繁	<1	中	高	高		中
甩负荷、电路跳闸		频繁	<0.05	低	低	中	系统状况，相角，转差率	低
误同步		不频繁	<2.0	很高	很高	中		中
2类双激励 事故排除	二相事故	中	<0.1	中	中	低	事故距离，跳闸瞬间	低
	三相故障	不频率	<10	高	低	低		低
3类多激励 高速重合闸	一相对地事故	很频繁	<0.1	低	低	低	负载，电网状况，汽轮机控制	低
	二相事故	中	<10	高	中	很低		低
	三相事故	不频繁	高达100	很高	中	很低		②
三相事故后消极		很少	<20	高	中	中		低
4类其极激励 SSR	有保护措施	很少	<1	低/中	低	高	—	低
	无保护措施	频繁①	高达100	很高	中	高		很高
轴频率域电扭矩脉动分量发生共振	近似共振↓完全共振	不频繁↓频繁	<0.05↓高达100	很低	很低	高↓	脉动振幅共振接近度阻尼	低↓高

① 如果SSR激振有可能。

② 由于最大应力的概率很低且不常发生，总损坏危险率很低。然而，由于潜在危险率很高，必须避免这类扰动。

第二节 燃气轮发电机

1. 概述

燃气轮机发电机组有不同的轴系连接方式，常用的主要有单轴机组和分轴机组。单轴机组由压气机、燃气透平、燃烧室和发电机部分组成；分轴机组由压气机、燃烧室、高压透平、低压透平和发电机组成。分轴机组的压气机、燃烧室及高压透平的连接与单轴机组相同，即高压透平与压气机连在同一根轴上。压气机、燃烧室及高压透平称为燃气发生器。低压透平称为动力透平，它发出的功率拖动发电机组工作。分轴机组与单轴机组最大的差别是压气机轴与负载轴分开，高、低压透平之间只有气路连接，没有机械联系。发电用燃气轮机主要是单轴方案，发电机与燃气轮机总功率减去压气机消耗的功率相匹配。

燃气—蒸汽联合循环电站机组布置也可分为单轴和多轴。多轴布置的燃气轮机驱动一台发电机，排气进入余热锅炉，余热锅炉产生的蒸汽驱动另一台汽轮发电机，燃气轮机和一台发电机为一个轴系，蒸汽轮机和另一台发电机为一个轴系，两台发电机的功率分别对应于燃气轮机和蒸汽轮机，一般燃气轮机的功率比蒸汽轮机大 1 倍，E 级燃气轮机这种布置较多；单轴布置燃气轮机、蒸汽轮机和共用的一台发电机连接成一个轴系，发电机的功率为燃气轮机和蒸汽轮机功率之和，F 级燃气轮机单轴布置型式较多。

燃气轮发电机结构和冷却方式与蒸汽轮发电机相同，只是与燃气轮机的连接、容量定义、参数配合有所不同，进口的燃气轮发电机采用氢冷方式较多。燃气轮发电机容量与燃气轮机配合，与燃气轮机对应的有基本功率和峰值功率。燃气轮发电机额定容量以入口空气温度为 40℃ 确定，基本容量指根据满足 GB/T 7064—2008《隐极同步发电机技术要求》中按绝缘耐热等级规定的温升确定，峰值容量指温升与基本容量相比不超过 15K 的容量。燃气轮机 ISO 额定工况按入口空气温度 15℃ 确定，故两者若额定容量相同则输出不同。具体到工程中的选型，应由制造厂根据环境条件进行匹配选择。通用电气和西门子公司的主要机型见表 5-10 和表 5-11。

表 5-10　通用电气 50Hz 燃气轮机主要机型

简单循环		PG5371(PA)	PG6541(B)	PG6101(FA)	PG9171(E)	PG9231(EC)	PG9351(FA)	PG9391(G)
发电机功率（kW）	基本	26300	38340	70140	123400	169200	250400	282000
	尖峰	27830	41400	73570	133000	184700	258600	—
供电效率（%）	基本	28.47	31.37	34.2	33.77	34.92	36.49	39.49
	尖峰	28.49	31.66	34.44	33.86	35.16	36.49	—

表 5-11　西门子公司 50Hz 燃气轮机主要机型

简单循环		V64.3	V64.3A	V94.2	V94.3	V94.3A
发电机功率（kW）	基本	62500	70000	159000	222000	240000
	尖峰	66800	—	166000	—	—
供电效率（%）	基本	35.11	36.82	34.2	36.27	38.01
	尖峰	35.44	—	34.34	—	—

2. 燃气轮机的启动

燃气轮机燃烧室、压气机为同轴设备，故需要外部启动设备帮助启动。一般有三种启动方式：

（1）在有外部蒸汽源条件时，可以直接利用联合循环中的汽轮机作为启动机来启动整台机组。

（2）电动机或柴油机启动。由电动机或柴油机将燃气轮机拖到一定转速，然后通过离合器使启动机与燃气轮机脱开，必要时在柴油机与离合器之间设液力变扭器以提供足够的扭矩。由于有变扭、离合器，机械结构较复杂，目前主要用于中小型燃机。

（3）静止变频器（Static Frequency Convertor，SFC）启动。这种启动方式是将发电机作电动机用，给发电机通入交流电源通过发电机的电动运行驱动燃气轮机转子启动。但是，由于电动机转速无法调节，接入工频电源后升速很快，在高转速点火不易于点火成功，需要变频器来调节转速使其从低频逐步向工频过渡，SFC 变频启动应用越来越广。

由于燃气轮机启动力矩大，SFC 变频装置功率较大，功率变流元件采用不可自关断的晶闸管，需利用发电机定子感应电动势实现可靠换流，对于变频器来说相当于同步电动机启动，采用负载换相式变频器（LCI），启动时电机需加励磁。由于低转速下不能提供可靠的换相电动势，在低转速下采用脉冲步进的驱动方式。脉冲步进驱动方式按定子三相电流空间向量分布存在六个磁通势分布位置，变频装置对各相电流按馈电时序依次通电，转子位置监测很重要，故转子上需装设位置传感器，便于变频器电流产生使转子持续升速的磁场。

步进驱动方式定子馈电时序相量图如图 5-7 所示。

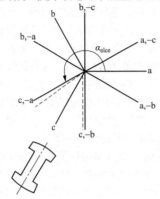

图 5-7　步进驱动方式定子馈电时序相量图

SFC 输入侧电源一般来自厂用高压段，需根据厂用高压段短路容量允许谐波含量确定是否装设滤波装置，输出侧由于 SFC 容量相对于发电机小得多，谐波发热一般在允许范围内。

第三节　发电机断路器选择

发电机断路器安装于发电机和升压主变压器之间，设发电机断路器后机组启动可由主变压器高压侧倒送，减少了机组启动过程中厂用工作电源与备用电源的切换；设发电机断路器后，主变压器或主变压器高压侧发生故障时可以快速跳开发电机断路器，缩短了发电机向主变压器提供短路电流的时间。

一、发电机断路器的选择条件

（1）额定电压。

（2）额定绝缘水平。

（3）额定频率。

（4）额定电流和温升。

（5）额定短时电流。

（6）额定峰值耐受电流。

（7）额定短路持续时间。

（8）合闸和分闸装置以及辅助回路的额定电源电压。

（9）合闸和分闸装置以及辅助回路的额定电源频率。

（10）操作、开断和绝缘用的压缩气源和/或液源的额定压力。

（11）预期短路开断电流。

（12）预期瞬态恢复电压。

（13）额定短路关合电流。

（14）额定失步关合、开断电流。

（15）额定负荷开、合电流。

（16）容性电流开合能力。

（17）励磁电流开合能力。

（18）额定操作顺序。

（19）额定时间参量。

二、主要参数选择

1. 额定电压及额定绝缘水平

发电机断路器额定电压及额定绝缘水平见表 5-12。

表 5-12　发电机断路器额定电压及额定绝缘水平

发电机断路器的额定电压（kV）		12	15	18	24	36
额定雷电冲击耐受电压（kV）	对地和极间	75	90	100	125	185
	断口间	85	102	115	145	210
额定短时工频耐受电压（kV）	对地和极间	42	50	53	65	95
	断口间	50	59	63	80	120

2. 额定短路开断电流

发电机断路器可能承受来自系统侧或发电机侧的短路电流，当短路点在断路器的主变压器侧时，断路器流经的是发电机源的短路电流；当短路点在断路器的发电机侧时，断路器流经的是系统侧的短路电流。由于一般系统侧阻抗小于发电机次同步电抗，所以系统源侧短路电流大于发电机源侧短路电流，额定短路分断电流是由系统源侧短路电流决定的。

（1）三相故障要求的对称开断能力。三相故障要求的对称开断能力依据额定短路电流选择，应大于系统源侧三相对称短路电流及发电机侧三相对称短路电流。

（2）三相故障要求的非对称开断能力。对于非对称开断能力要求，考虑高压系统及主变压器的时间常数，GB/T 14824—2008《高压交流发电机断路器》规定按 150ms 考虑，IEEE Std C37.013：1997《IEEE standard for AC high-voltage generator circuit breakers rated on a symmetrical current basis》规定按 133ms 考虑，具体工程可根据高压系统时间常数、主变压器阻抗综合考虑确定。开断时间取决于主触头分离时间，主触头分离时间考虑 1/2 周期保护动作时间加上发电机断路器最短分闸时间。分断时间 t_{cp} 时的直流分量由式（5-5）确定：

$$I_{dc} = I_{ac} \times e^{-t_{cp}/\tau} \qquad (5-5)$$

（3）要求的发电机源的对称开断能力。发电机源对称短路电流远小于系统源对称短路电流。发电机源短路电流交流分量会随着发电机的次暂态和暂态时间常数衰减，故断路器对称开断能力可以从主触头分离瞬间短路电流振幅的包络线上量取，如图 5-8 所示。

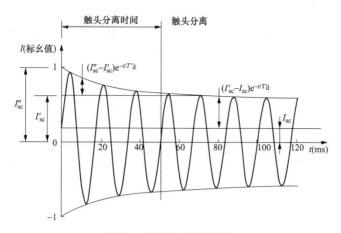

图 5-8 发电机源短路电流

I''_{sc}—发电机源短路电流的次暂态分量；I'_{sc}—发电机源短路电流的暂态分量；I_{sc}—发电机源短路电流的稳态分量；

T''_d—发电机次暂态时间常数；T'_d—发电机暂态时间常数

实际工程中可采用短路电流实用计算法计算，当有详细参数时也可采用式（5-6）计算发电机源短路电流 I_{gs}：

$$I_{gs} = \frac{P}{\sqrt{3}U_N}\left[\left(\frac{1}{X''_d}-\frac{1}{X'_d}\right)e^{-t/T''_d}+\left(\frac{1}{X'_d}-\frac{1}{X_d}\right)e^{-t/T'_d}+\frac{1}{X_d}\right]$$

$$(5\text{-}6)$$

式中　　　U_N——额定电压；

P——发电机额定功率；

X''_d、X'_d、X_d——次暂态电抗、暂态电抗、同步电抗；

T''_d、T'_d——次暂态时间常数、暂态时间常数。

（4）三相故障要求的发电机源非对称开断能力。当短路电流来自发电机源而未经变换时，短路电流的交流分量可能比直流分量衰减得快。交流分量的衰减受发电机的次暂态和暂态时间常数制约，直流分量的衰减受短路时间常数 $T_a=\dfrac{X''_d}{\omega R_a}$ 制约，其中 X''_d 是直轴次暂态电抗，R_a 代表电枢电阻。非对称短路条件下直流分量与交流分量的比值称为非对称度，通过对许多额定值不同的发电机的调查，在满负荷和最大发电机源对称开断短路电流情况下，非对称度可达到110%。

（5）相对于最大非对称要求的发电机源非对称开断能力。短路故障发生前，发电机在欠励状态下以超前功率因数运行时，会出现非对称性最大值。直流分量可能大于交流分量，交流分量以次暂态时间常数和暂态时间常数衰减，直流分量以短路时间常数 T_a 衰减，其中直轴次暂态时间常数为25～45ms，直轴暂态时间常数为 0.8～1.5s，T_a 为 150～400ms，故交流分量衰减可能比直流分量衰减得更快，从而导致出现延

迟电流零点。

通过对大量发电机进行分析，最大非对称度为实际短路电流的 130%，这种情况下对称分量仅为要求的发电机源对称开断电流的74%。

故障电弧电阻和断路器分断时触头电弧电阻与电枢电阻为串联关系，将降低直流分量时间常数，从而使电流出现过零点时间较未考虑电弧电阻时提前。空载状态下发电机源具有最大非对称度的那相的电流 I_{ga} 可由式（5-7）计算：

$$I_{ga} = \frac{\sqrt{2}P}{\sqrt{3}U_N}\left[\left(\frac{1}{X''_d}-\frac{1}{X'_d}\right)e^{-t/T'_d}+\left(\frac{1}{X'_d}-\frac{1}{X_d}\right)e^{-t/T'_d}+\frac{1}{X_d}\right]\cos\omega t$$
$$-\frac{P}{2\sqrt{3}U_N}\left[\left(\frac{1}{X''_d}+\frac{1}{X''_q}\right)e^{-t/T_a}-\left(\frac{1}{X''_d}-\frac{1}{X''_q}\right)e^{-t/T_a}\cos\omega t\right]$$

$$(5\text{-}7)$$

一般发电机可取 $X''_d=X''_q$，则上式可写为：

$$I_{ga} = \frac{\sqrt{2}P}{\sqrt{3}U_N}\left\{\left[\left(\frac{1}{X''_d}-\frac{1}{X'_d}\right)e^{-t/T'_d}+\left(\frac{1}{X'_d}-\frac{1}{X_d}\right)e^{-t/T'_d}+\frac{1}{X_d}\right]\right.$$
$$\left.\cos\omega t-\frac{1}{X''_d}e^{-t/T_a}\right\}$$

$$(5\text{-}8)$$

（6）要求的关合、扣锁和承载能力。发电机断路器的关合电流由系统源短路电流和发电机源短路电流中较大者确定，大多数情况下系统源短路电流大于发电机源短路电流。在 1/2 周期时，发电机断路器最大非对称短路电流峰值电流与额定开断电流比值由下式确定：

$$\frac{I_{peak}}{I_{sc}}=\sqrt{2}\times(e^{-t/150}+1)=2.74$$

式中 t=10ms。对发电机源短路电流大于系统源短路电流的罕见情况做特殊考虑，这时的峰值电流中的非对称短路电流可参照式（5-7）估算。

（7）额定短路开断电流计算示例。

1）计算用单线图如图 5-9 所示，计算用数据见表 5-13。

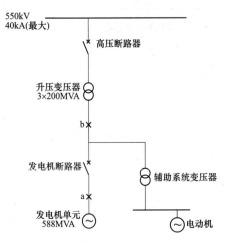

图 5-9 计算用单线图

表 5-13　计 算 数 据 表

项目	数据	项目	数据
发电机			
额定线电压（V）	21	暂态开路时间常数 T'_{do}（s）	5.63
额定频率（Hz）	60	暂态短路时间常数 T'_d（s）	0.84
额定功率（MV·A）	588	次暂态开路时间常数 T''_{do}（s）	0.034
额定电压（kV）	21	次暂态短路时间常数 T''_d（s）	0.025
同步直轴电抗饱和值 X_d	2.0	暂态交轴开路时间常数 T'_{qo}（s）	—
暂态直轴电抗饱和值 X'_d	0.31	暂态交轴短路时间常数 T'_q（s）	0.255
次暂态直轴电抗饱和值 X''_d	0.24	次暂态交轴开路时间常数 T''_{qo}（s）	—
同步交轴电抗饱和值 X_q	2.04	次暂态交轴短路时间常数 T''_q（s）	0.025
暂态交轴电抗饱和值 X'_q	0.5	电枢短路时间常数 T_a（s）	0.31
次暂态交轴电抗饱和值 X''_q	0.25	接地方式	高阻接地

续表

项目	数据	项目	数据
负序电抗 X_2	0.24	惯性常数 H [kW/（kV·A）]	—
零序电抗 X_0	0.1	电枢绕组对地电容（μF）	0.9
主变压器			
额定容量（MV·A）	3×200	高压侧分接开关的分接范围（分接级 1.25%）	−10%～+5%
额定电压（kV）	550/21	短路电抗的总变化	−5%～−2.5%
接线组别	YnD	时间常数 $X/\omega R$（ms）	160
额定电压下的短路电抗	0.14		
主变压器高压侧短路电流（kA）	40		
高压系统时间常数 $X/\omega R$（ms）	45		

2）计算。

a．系统侧对称三相短路电流。

由 40kA 计算从 21kV 侧看的高压系统电抗为：

$$X_{sys} = \frac{550}{40\sqrt{3}} \times \left(\frac{21}{550}\right)^2 = 11.57 \times 10^{-3}(\Omega)$$

主变压器短路电抗有名值为：

$$X_t = 0.14 \times \frac{21^2}{600} = 102.9 \times 10^{-3}(\Omega)$$

来自系统侧短路电流为：

$$I_{sym} = \frac{U_N}{\sqrt{3}(X_{sys}+X_t)} = \frac{21}{\sqrt{3 \times (11.57+102.9) \times 10^{-3}}}$$
$$= 105.9(kA)$$

按图 5-9 接线，需考虑电动机反馈电流。考虑额定容量为 60MV·A 的电动机通过两台 35MV·A 的厂用变压器 [短路电抗 0.08p.u.（标幺值），时间常数 106ms，X/R=40] 向发电机出口提供反馈电流，则电动机短路阻抗为：

$$Z_M = \frac{I_{rM}}{I_{lM}} \times \frac{U_r^2}{P_M} = 0.2 \times \frac{21^2}{60} \approx X_M = 1.47(\Omega)$$

厂用变压器综合阻抗为：

$$X_{at} = 0.08 \times \frac{21^2}{35 \times 2} = 0.504(\Omega)$$

电动机反馈电流有效值为：

$$I''_{as} = \frac{U_r}{\sqrt{3}X_{tot}} = \frac{21}{\sqrt{3 \times (1.47+0.504)}} = 6.14(kA)$$

考虑到在 40～80ms 断路器分断时间内短路电流衰减为初始值的 0.7～0.85，按 0.8 倍考虑则短路电流有效值为 4.9kA，则系统侧总电流为 105.9+4.9=110.8（kA），则断路器选择 120kA 的额定短路电流。

b. 系统侧非对称三相短路电流。

根据高压侧短路电抗求得电阻为：

$$R_{sys} = \frac{11.57 \times 10^{-3}}{2\pi \times 60 \times 45 \times 10^{-3}} = 0.681 \times 10^{-3}(\Omega)$$

主变压器电阻为：

$$R_t = \frac{102.9 \times 10^{-3}}{2\pi \times 60 \times 160 \times 10^{-3}} = 1.706 \times 10^{-3}(\Omega)$$

则主变压器总的电抗和电阻分别为：

$$X_{sys+t} = X_{sys} + X_t = 11.57 \times 10^{-3} + 102.9 \times 10^{-3} = 114.47 \times 10^{-3}(\Omega)$$

$$R_{sys+t} = R_{sys} + R_t = 0.681 \times 10^{-3} + 1.706 \times 10^{-3} = 2.387 \times 10^{-3}(\Omega)$$

主变压器侧直流分量衰减时间常数为：

$$\tau_{sys,tot} = \frac{114.47 \times 10^{-3}}{2\pi \times 60 \times 2.387 \times 10^{-3}} = 127.2(ms)$$

厂用高压变压器的电阻为：

$$R_{at} = \frac{0.504}{2\pi \times 60 \times 100 \times 10^{-3}} = 0.0133(\Omega)$$

对于额定功率大于 1MW 的电动机，电阻可取 X_M 的 0.1 倍，即为 0.147Ω。

故电动机反馈电流直流分量衰减时间常数为：

$$\tau_{aux,sys} = \frac{X_{at} + X_M}{\omega(R_{at} + R_t)} = \frac{0.504 + 1.47}{2\pi \times 60 \times (0.0133 + 0.147)}$$
$$= 32.7(ms)$$

断路器总分闸时间等于 50ms 的分闸时间加上 0.5 周期的脱扣延时，共为 58.3ms，其中主变压器侧直流分量为：

$$I_{dc,sys} = 105.9 \times \sqrt{2} \times e^{-58.3/127.2} = 94.5(kA)$$

电动机反馈电流直流分量为：

$$I_{dc,aux} = 6.14 \times \sqrt{2} \times e^{-58.3/32.7} = 1.46(kA)$$

总的直流分量为 $I_{dc,tot} = 94.5 + 1.46 = 95.96(kA)$

主弧触头分离时刻直流分量为总对称短路电流峰值的 0.616 倍，即：

$$\frac{I_{dc,tot}}{\sqrt{2}I_{sym,tot}} = \frac{95.96}{\sqrt{2} \times 110.8} = 0.616$$

c. 发电机侧对称三相短路电流。

断路器总分闸时间等于 50ms 的分闸时间加上 0.5 周期的脱扣延时，共为 58.3ms，发电机源对称短路电流为：

$$I_{gs} = \frac{P}{\sqrt{3}U_r}\left[\left(\frac{1}{X_d''} - \frac{1}{X_d'}\right)e^{-t/T_d''} + \left(\frac{1}{X_d'} - \frac{1}{X_d}\right)e^{-t/T_d'} + \frac{1}{X_d}\right]$$
$$= \frac{588}{\sqrt{3} \times 21}\left[\left(\frac{1}{0.24} - \frac{1}{0.31}\right)e^{-0.0583/0.025} + \left(\frac{1}{0.31} - \frac{1}{2}\right)e^{-0.0583/0.84} + \frac{1}{2}\right]$$
$$= 50.6(kA)$$

d. 发电机侧非对称三相短路电流。

$$I_{ga} = \frac{\sqrt{2}P}{\sqrt{3}U_r}\left\{\left[\left(\frac{1}{X_d''} - \frac{1}{X_d'}\right)e^{-t/T_d''} + \left(\frac{1}{X_d'} - \frac{1}{X_d}\right)e^{-t/T_d'} + \frac{1}{X_d}\right]\cos\omega t - \frac{1}{X_d''}e^{-t/T_a}\right\}$$
$$= \frac{\sqrt{2} \times 588}{\sqrt{3} \times 21} \times \left\{\left[\left(\frac{1}{0.24} - \frac{1}{0.31}\right)e^{-0.0583/0.025} + \left(\frac{1}{0.31} - \frac{1}{2}\right)e^{-0.0583/0.84} + \frac{1}{2}\right]\cos(2\pi \times 60 \times 0.0583) - \frac{1}{0.24} \times e^{-0.0583/0.31}\right\}$$
$$= -150.5(kA)$$

非对称度为：

$$\alpha = \frac{I_{dc}}{I_{ac}} = \frac{78.9}{71.5} \times 100\% = 110\%$$

3. 额定失步开断电流

失步状态通过发电机断路器的失步电流可按式（5-9）计算：

$$I_{oph} = \frac{\delta I_r}{X_d'' + X_t + X_s} \qquad (5-9)$$

式中　I_{oph}——最大失步电流；

　　　δ——失步角，为失步电压与额定电压之比（对于 90°失步角为 $\sqrt{2}$，对于 180°失步角为 2）；

　　　I_r——发电机额定电流；

　　　X_d''——发电机次暂态电抗，取标幺值；

　　　X_t——以发电机额定值为基础的主变压器电抗，取标幺值；

　　　X_s——系统电抗，为发电机额定功率与系统短路容量之比，取标幺值。

如果发电机在反相状态下与系统联络，失步电流一般超过发电机端短路电流，应避免这种情况发生，不要求发电机开断恢复电压为两倍额定电压的全反相电流，规定的失步开断电流不超过额定开断短路电流的 50%，相当于 90°的最大失步角。

4. 预期瞬态恢复电压规定值

断路器用以开断电流时，开断过程中出现的电弧可能在交流电流过零时自然熄灭。由于电弧一经形成，断口间的介质就会因电弧放电而强烈游离，因此在电流过零电弧自然熄灭后，断口间的绝缘不能立即恢复。当断口恢复电压高于介质强度时，电弧就会复燃。电流过零后断口绝缘性能即介质强度的恢复，以及在断口两端出现的外施电压即恢复电压是影响断路器开断性能的两个重要因素。

短路故障电路大多为电感电阻性电路，电流过零时电路中断，电源电压全部加在触点（弧隙）两端，弧隙上的电压恢复过程将是由电弧电压上升到电源电压的一个过渡过程。在实际电路中，弧隙间总有电容的存在，弧隙电压不可能突变，电压恢复过程将是带有周期性的振荡过程。电压恢复过程中，首先出现在弧隙两端的是具有瞬态特性的电压，称为瞬态恢复电压，瞬态恢复电压存在的时间很短，通常为几十微秒至几毫秒；瞬态恢复电压消失后，弧隙两端出现的是由工频电源决定的电压，即工频恢复电压。从灭弧角度看，瞬态恢复电压具有决定性的意义，其电压变化取决于：

（1）工频恢复电压的大小。

（2）电路中电感、电容和电阻的数值以及它们的分布情况。

（3）断路器的电弧特性，即断路器弧后的断口电阻。

瞬态恢复电压中含有高频振荡，其振荡频率取决于线路电感及电源侧对地电容，其电压幅值最大可达工频恢复电压的 1.4～1.5 倍。当断路器开断三相接地短路故障时，还必须考虑首开相系数的影响，非有效接地系统的首开相系数为 1.5。适用于三相短路故障对称开断的预期瞬态恢复电压峰值可按式（5-10）计算：

$$U_c = k_o \times k_T \times (\sqrt{2}/\sqrt{3}) \times U_N \qquad (5\text{-}10)$$

式中 k_o——振幅系数，取 1.5；

      k_T——首开极系数，取 1.5；

      U_c——三相短路故障对称开断的预期瞬态恢复电压峰值；

      U_N——断路器额定电压。

瞬态恢复电压上升率（RRRV）同样具有重要意义，当介质强度恢复速度低于瞬态恢复电压上升速率时，断路器断口就会发生复燃，尤其在发电机出口短路等场合开断时，RRRV 值可达 4.0kV/μs，若此时断路器断口介质恢复不能满足 RRRV 的要求，断路器就有可能发生高频重燃，以致产生危害极大的高频重燃过电压。额定电压一定时，RRRV 值取决于系统固有振荡频率。

发电机断路器开断端部短路时的预期瞬态恢复电压为系统源预期瞬态恢复电压，其规定值见表 5-14。当要验证仅由发电机供给短路电流时断路器的开断能力，如直配发电机主回路中的断路器和有延时电流零点的短路开断试验时，则应使用发电机源预期瞬态恢复电压，其规定值见表 5-15。失步开断的预期瞬态恢复电压规定值见表 5-16。负荷电流开断时的预期瞬态恢复电压规定值见表 5-17。

表 5-14   系统源的预期瞬态恢复电压规定值

断路器最高电压 U （kV）	变压器额定容量 （MV·A）	断路器额定短路开断电流[1] （kA）	首开极系数 K_T	峰值电压 u_c （kV）	参数时间 t_3 （μs）	时延 t_d （μs）	上升率 u_c/t_3 （kV/μs）	备用参数 振幅系数 K_o	备用参数 等值频率 f_o （kHz）
12	100 及以下	8～20	1.5	22	6.3	0.5 (2)	3.5	1.5	59.5
	101～200	31.5～40			5.5		4		68.2
	201～400	50～80			4.9		4.5		76.5
	401～600	100～125（135）			4.4		5		85.2
	601～1000	160～250（240）			4.0		5.5		93.8
	1001 及以上	250～315			3.7		6		101.3
18	100 及以下	8～16		33	9.4	0.5 (2)	3.5		39.7
	101～200	20～31.5			8.3		4		45.2
	201～400	40～63			7.4		4.5		50.7
	401～600	80			6.6		5		56.8
	601～1000	100～160			6.0		5.5		62.5
	1001 以上	160（180）～（315）			5.5		6		68.2

续表

断路器最高电压 U （kV）	变压器额定容量 （MV·A）	断路器额定短路开断电流[1] （kA）	首开极系数 K_T	峰值电压 u_c（kV）	参数时间 t_3 （μs）	时延 t_d （μs）	上升率 u_c/t_3 （kV/μs）	备用参数 振幅系数 K_o	等值频率 f_o（kHz）
24	100 及以下	8～10	1.5	44	12.6	0.5 (3)	3.5	1.5	29.8
	201～200	12.5～20			11.0		4		34.1
	201～400	31.5～40			9.8		4.5		38.3
	401～600	50～63			8.8		5		42.6
	601～1000	80～100			8.0		5.5		46.9
	1001 及以上	125～315			7.4		6		50.7
36	100 及以下	8		66	18.9	0.5 (4)	3.5		19.8
	101～200	10～16			16.5		4		22.7
	201～400	20～31.5			14.7		4.5		25.5
	401～600	40			13.2		5		28.4
	601～1000	50～80			12.0		5.5		31.3
	1001 及以上	100～315			11.0		6		34.1

注　$u_c = K_o \times K_T \times \sqrt{2/3}U$；$f_o = 075\dfrac{1}{2t_3}$。

[1]　断路器额定短路开断电流是按断路器最高电压和变压器额定容量换算而来的。这种换算是假定变压器的阻抗电压为15%，系统的额定短路容量与变压器额定容量之比不小于 20 倍，并以单机—单变接线方式为基础。

表 5-15　　　　　　　　　　　发电机源的预期瞬态恢复电压

断路器最高电压 U （kV）	发电机额定容量 （MV·A）	断路器应开断的由发电机源供给的短路电流[1] （kA）	首开极系数 K_T	峰值电压 u_c（kV）	参数时间 t_3 （μs）	时延 t_d （μs）	上升率 u_c/t_3 （kV/μs）	备用参数 振幅系数 K_o	等值频率 f_o（kHz）
12	100 及以下	6.3～16	1.5	22	14	0.5 (2)	1.6	1.5	27
	101～400	20～63			12		1.8		31
	401～800	80～125			11		2.0		34
	801 及以上	160～200			10		2.2		38
18	100 及以下	6.3～12.5		33	21	0.5 (2)	1.6		18
	101～400	16～50			18		1.8		21
	401～800	63～100			17		2.0		22
	801 及以下	125～200			15		2.2		25
24	100 及以下	6.3～8		44	28	0.5 (3)	1.6		13
	101～400	10～31.5			24		1.8		16
	401～800	40～63			22		2.0		17
	801 及以上	80～200			20		2.2		19

续表

断路器最高电压 U（kV）	发电机额定容量（MV·A）	断路器应开断的由发电机源供给的短路电流[1]（kA）	首开极系数 K_T	峰值电压 u_c（kV）	参数时间 t_3（μs）	时延 t_d（μs）	上升率 u_c/t_3（kV/μs）	备用参数	
								振幅系数 K_o	等值频率 f_o（kHz）
36	100 及以下	6.3			41		1.6		9
	101～400	8～25	1.5	66	37	0.5 (4)	2.8	1.5	10
	401～800	31.5～50			33		2.0		11
	801 及以上	63～200			30		2.2		13

[1] 断路器额定短路开断电流是按断路器最高电压和变压器额定容量换算而来的。这种换算是假定变压器的阻抗电压为15%，系统的额定短路容量与变压器额定容量之比不小于 20 倍，并以单机-单变接线方式为基础。

表 5-16　　　　　　　　　　　　失步开断的预期瞬态恢复电压规定值

断路器最高电压 U（kV）	发电机额定容量（MV·A）	断路器额定电流[1]（kA）	首开极工频恢复电压（有效值，kV）	峰值电压 u_c（kV）	参考时间 t_3（μs）	时延 t_d（μs）	上升率 u_c/t_3（kV/μs）	备用参数	
								振幅系数 K_o	等值频率 f_o（kHz）
12	100 及以下	1.6～4		30	9.1	1 (2)	3.3		39
	101～400	5～16			7.3		4.1		49
	401～800	20～31.5			6.4		4.7		55
	801 及以上	40～50			5.8		5.2		61
18	100 及以下	1.6～3.15	$\sqrt{2} \times 1.5 \times \dfrac{U}{\sqrt{3}}$	45	13.6	1 (2)	3.3	1.45	26
	101～400	4～12.5			11.0		4.1		32
	401～800	（14）～25			9.6		4.7		37
	801 及以上	31.5～50			8.7		5.2		41
24	100 及以下	1.6～2		60	18.2	1 (3)	3.3		20
	101～400	2.5～8			14.6		4.1		24
	401～800	10～16			12.8		4.7		28
	801 及以上	20～50			11.6		5.2		31
36	100 及以下	1.6		90	27.3	1 (4)	3.3		13
	101～400	2～6.3			21.9		4.1		16
	401～800	8～12.5			19.2		4.7		18
	801 及以上	（14）～50			17.3		5.2		20

注　$u_c = \sqrt{2} \times \sqrt{2} \times 1.5 \times K_o \times \dfrac{U}{\sqrt{3}}$；$f_o = 0.71\dfrac{1}{2t_3}$。

（1）u_c 规定值是以 90°失步角为基础的。

（2）时延栏括号内的数值是试验时允许的上限值。

[1] 断路器额定电流是按断路器最高电压和发电机额定容量换算而来的。这种换算是假定断路器和发电机的额定电流相等，并以单机-单变接线方式为基础。

表 5-17　　　　　　　　　　　　　负荷电流开断时的预期瞬态恢复电压规定值

断路器最高电压 U（kV）	发电机额定容量（MV·A）	断路器额定电流 [1]（kA）	首开极工频恢复电压（kV）	峰值电压 u_c（kV）	参考时间 t_3（μs）	时延 t_d（μs）	上升率 u_c/t_3（kV/μs）	备用参数	
								振幅系数 K_o	等值频率 f_o（kHz）
12	100 及以下	1.6～4		11	11	1（2）	1.0	1.5	34
	101～400	5～16			9		1.2		42
	401～800	20～31.5			8		1.4		47
	801 及以上	40～50			7		1.6		54
18	100 及以下	1.6～3.15	$0.5\times1.5\times\dfrac{U}{\sqrt{3}}$	16.5	16.5	1（2）	1.0		23
	101～400	4～12.5			14		1.2		27
	401～800	（14）～25			12		1.4		31
	801 及以上	31.5～50			10		1.6		36
24	100 及以下	1.6～2		22	22	1（3）	1.0		17
	101～400	2.5～8			18		1.2		21
	401～800	10～16			16		1.4		23
	801 及以上	20～50			14		1.6		27
36	100 及以下	1.6		33	33	1（4）	1.0		11
	100～400	2～6.3			27		1.2		14
	401～800	8～12.5			24		1.4		16
	801 及以上	（14）～50			21		1.6		18

注　$u_c = 0.5\times\sqrt{2}\times1.5\times K_o\times\dfrac{U}{\sqrt{3}}$；$f_o = 0.75\dfrac{1}{2t_3}$。

[1]　断路器额定电流是按断路器最高电压和发电机额定容量换算而来的。这种换算是假定断路器和发电机的额定电流相等，并以单机-单变接线方式为基础。

三、发电机断路器配置

发电机断路器除了断路器本身外，根据保护、测量等需要还附有电容、电压互感器、电流互感器、避雷器等，工程中常用的发电机断路器配置如图 5-10 所示。

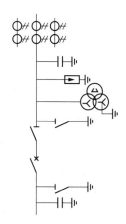

图 5-10　发电机断路器配置

其中隔离开关、接地开关主要用于断路器的检修，

隔离开关装设于主变压器侧，两组电流互感器用于断路器失灵保护，电压互感器用于变压器复合电压过电流及断路器断开后主变压器低压侧的接地零序保护，避雷器用于主变压器低压侧的感应过电压和传递过电压保护。变压器侧电容有助于瞬态恢复电压上升率的降低，每相加 0.1～0.2μF 的电容可将上升率从 6kV/μs 降低到 4kV/μs，同时电容也有助于主变压器低压侧传递过电压的降低。工程中具体配置可以根据需要与制造厂协商确定。

四、常用发电机断路器系列参数

1. ABB 发电机断路器系列

ABB 发电机断路器采用 SF_6 灭弧，主要系列见表 5-18。

表 5-18　　**ABB 发电机断路器主要系列**

型式	最大额定电压（kV）	最大额定电流（A）	短时耐受电流（kA）	断路器冷却系统
HVR-63XS	24	6300	63	
HVR-63S	24	8000	63	

续表

型式	最大额定电压（kV）	最大额定电流（A）	短时耐受电流（kA）	断路器冷却系统
HECS-100R	25.3	9000	100	
HECS-130R	25.3	9000	130	
HECS-80	23	10500	80	
HECS-100	25.3	14500	100	
HECS-130	25.3	14500	130	
HECPS-3S	25.3	13500	100	
HECPS-5S	25.3	13500	130	
HECPS-5SP	25.3	17500	130	
HEC-7A/8A	30	24000/28000	160	自然
HEC-7B/8B	27.5	24000/28000	190	自然
HEC-7C/8C	25.2	24000/28000	210	自然
HEC9L-250/HEC9XL-250	31.5	28500/33500	250	自然
HEC9-300/HEC9XL-300	31.5	28500/33500	300（2.5S）	自然

2. ALSTOM 发电机断路器系列

ALSTOM 发电机断路器有空气吹弧与 SF_6 灭弧两种系列，SF_6 系列采用弹簧操动机构，包含 FKG1 系列和 FKG2 系列，具体见表 5-19；空气吹弧为 PKG 系列，采用气动机构，强迫风冷，最大电压可达 36kV，最大电流 50000A，短时耐受电流 275kA，国内电力行业应用较少。

表 5-19　　ALSTOM SF_6 灭弧发电机
断路器主要系列

型式	最大额定电压（kV）	最大额定电流（A）	短时耐受电流（kA）	断路器冷却系统
FKG2S	24	9500/6800	63	
FKG2M	17.5	9500/8400	80	自然
FKG1N	27	10800/10800	120	
FKGA2	24	13500	120	自然
FKG1F	27	13500	120	自然
FKG1X	32.4	17000	160	自然
FKG1XP	32.4	21000	160	自然
FKG1XV	32.4	24000	160	强化对流冷却
FKG1XW	32.4	28000	160	强化对流冷却

3. 西开电气发电机断路器系列

西开电气 SF_6 灭弧发电机断路器主要系列见表 5-20。

表 5-20　西开电气 SF_6 灭弧发电机断路器主要系列

型式	最大额定电压（kV）	最大额定电流（A）	短时耐受电流（kA）
ZHA10-24/Y25000-130	24	25000	130
ZHA10-24/Y25000-160	24	25000	160

4. 北开电气发电机断路器系列

北开电气真空灭弧发电机断路器主要系列见表 5-21。

表 5-21　　北开电气真空灭弧发电机
断路器主要系列

型式	最大额定电压（kV）	最大额定电流（A）	短时耐受电流（kA）
ZN65A-12/T3150-40	12	3150	40
ZN65A-12/T4000-63	12	4000	63
ZN105-12/T5000-63	12	5000	63
ZN105-12/T6300-80	12	6300	80
ZN105-18/T5000-63	18	5000	63
ZN105-18/T6300-63	18	6300	63

5. 西门子发电机断路器系列

西门子可用作发电机断路器的真空断路器主要系列见表 5-22。

表 5-22　西门子可用作发电机断路器
的真空断路器主要系列

型式	最大额定电压（kV）	最大额定电流（A）	短时耐受电流（kA）
3AH3057	7.2	3150	50
3AH3078	7.2	4000	63
3AH1116	12	3150	40
3AH3117	12	3150	50
3AH3128	12	4000	63
3AH1166	15	3150	40
3AH3167	15	3150	50
3AH3178	15	4000	63
3AH1216	17.5	3150	40
3AH3217	17.5	3150	50
3AH3228	17.5	4000	63
3AH3266	24	2500	40
3AH3306	36	2599	40
3AH3837	17.5	12000	50
3AH3838	17.5	12000	63
3AH3830	17.5	12000	80

第六章

主变压器的选择

第一节　主变压器容量和台数的确定

一、发电厂主变压器的容量和台数的确定

变压器的额定容量是指输入到变压器的视在功率值（包括变压器本身吸收的有功功率和无功功率）。

选择变压器容量时，应根据变压器用途确定变压器负载特性，并参考相关标准中给定的正常周期负载图所推荐的变压器在正常寿命损失下变压器的容量，同时对于接于发电机母线的主变压器还应考虑负载发展。在条件允许时，大型变压器宜进行经济运行计算。

选择变压器容量时应充分考虑运行环境温度、负载对变压器使用寿命的影响。

电力变压器宜按国家标准中推荐的参数优先选择。

1. 单元接线的主变压器

主变压器容量的选择可采用以下 3 种方法：

（1）按 GB 50660—2011《大中型火力发电厂设计规范》规定的方法选择主变压器容量。

1）发电机与主变压器为单元连接时，主变压器的容量宜按发电机的最大连续容量扣除不能被高压厂用启动/备用变压器替代的高压厂用工作变压器计算负荷后进行选择。变压器在正常使用条件下连续输送额定容量时绕组的平均温升不应超过 65K。

2）当发电机出口装设发电机断路器且不设置专用的高压厂用备用变压器时，主变压器的容量即按发电机的最大连续容量扣除本机组的高压厂用工作变压器计算负荷确定。

3）变压器容量可根据发电机主变压器的负载特性及热特性参数进行验算。

（2）按运行寿命来选择主变压器容量。按 GB 1094.1《电力变压器　第 1 部分：总则》、GB 1094.2《电力变压器　第 2 部分：液浸式变压器的温升》和 GB/T 1094.7《电力变压器　第 7 部分：油浸式电力变压器负载导则》的运行寿命来选择变压器容量。

发电机与主变压器成单元连接时，变压器的容量按发电机的铭牌额定出力扣除高压厂用变压器中的机组单元厂用负荷，且在标准环境温度下，变压器绕组的平均温升不超过 65K 的条件进行选择，根据机组最大运行小时数，核算变压器寿命不小于 180000h。

考虑发电机组最大连续出力为按发电机组最大连续出力工况校验绕组热点温度不超过 120℃。

本方法中，绕组热点温升仅为进行主变压器容量选择时的估算，最终变压器的绕组热点温升应由制造厂提供。

（3）按总拥有费用（TOC）法选择主变压器容量，即选择变压器的初始费用与其寿命期内的损耗费用之和最小。

2. 具有发电机电压母线接线的主变压器

（1）发电机电压母线上的主变压器的容量、台数应根据发电厂的单机容量、台数、电气主接线及地区电力负荷的供电情况，经技术经济比较后确定。

（2）发电机电压母线的负荷最小时，应将发电机电压母线上的剩余功率送入电力系统。

（3）发电机电压母线的最大一台发电机停运或因供热机组热负荷变动而需要限制本厂出力时，应能从地区电力系统受电，以满足发电机电压母线最大负荷的需要。

（4）在电厂分期建设过程中，在事故断开最大一台发电机组的情况下，通过变压器向系统取得电能时，可考虑变压器的允许过负荷和限制非重要负荷。

（5）根据系统经济运行的要求而限制本厂输出功率时，能供给发电机电压母线的最大负荷。

（6）按（1）～（5）计算时，应考虑负荷曲线的变化和逐年负荷的发展。特别应注意发电厂初期运行，当发电机电压母线负荷不大时，能将发电机电压母线上的剩余容量送入系统。

（7）发电机电压母线与系统连接的变压器一般为两台。对主要向发电机电压供电的地方电厂，而系统电源仅作为备用，则允许只装设一台主变压器作为发

电厂与系统间的联络。对小型发电厂，接在发电机电压母线上的主变压器宜设置一台。对装设两台变压器的发电厂，当其中一台主变压器退出运行时，另一台变压器应能承担 70% 的容量。

3. 连接两种升高电压母线的主变压器

火力发电厂以两种升高电压向用户供电或者与电力系统连接时，应符合下列规定：

（1）125MW 级机组的主变压器宜采用三绕组变压器，每个绕组的通过功率应达到该变压器额定容量的 15% 以上。

（2）200MW 级及以上的机组不宜采用三绕组变压器，如高压和中压间需要联系时，宜在变电站进行联络。

（3）连接两种升高电压的三绕组变压器不宜超过2 台。

（4）若两种升高电压均为中性点直接接地系统，且技术经济合理时，可选用自耦变压器，主要潮流方向应为低压和中压向高压送电。

三绕组变压器的高、中、低压绕组容量分配，除应考虑各侧绕组所带实际负荷以外，还应尽可能选用国家标准中推荐的容量分配，即 100/100/100、100/100/50 和 100/50/100。对于 100/100/30 或 100/30/100 的容量分配不宜选用，其原因是这种容量变压器绕组机械强度及抗短路能力较差。

4. 连接两种升高电压母线的联络变压器

（1）满足两种电压网络在各种不同运行方式下，网络间的有功功率和无功功率的变换。

（2）其容量一般不小于接在两种电压母线上最大一台机组的容量，以保证最大一台机组故障或检修时，通过联络变压器来满足本侧负荷的要求；同时也可在线路检修或故障时，通过联络变压器将其剩余容量送入另一系统。

（3）为了布置和引接线的方便，联络变压器一般装设一台，最多不超过两台。

（4）当联络变压器采用自耦变压器时，在按上述原则选择容量时，要注意低压侧接有大量无功设备的情况，必须全面考虑有功功率和无功功率的交换，以免限制自耦变压器容量的充分利用。

5. 燃气—蒸汽联合循环电厂主变压器的容量和台数

燃气—蒸汽联合循环机组燃气轮机组和蒸汽轮机组与常规燃煤机组主要区别如下：

（1）燃气轮发电机根据其启动要求及电网要求，确定是否需要装设发电机出口断路器。

（2）由于运行特性及投运顺序要求，通常厂用高压电源会由燃气轮发电机出口引接，蒸汽轮发电机出口不引接厂用高压电源。

（3）燃气轮发电机采用多种燃料时，不同燃料的燃气轮机发电机最大连续输出容量不尽相同，对应不同燃料的高压厂用工作变压器计算负荷，以及蒸汽轮发电机组的最大连续输出容量也不尽相同。

基于以上特点，燃气—蒸汽联合循环机组主变压器容量计算主要原则如下：

（1）燃气轮发电机与主变压器为单元连接时，主变压器的容量宜按燃气轮发电机的最大连续输出容量扣除不能被高压厂用启动/备用变压器替代的对应燃料的高压厂用工作变压器计算负荷后进行选择。变压器在正常使用条件下连续输送额定容量时绕组的平均温升不应超过 65K。

（2）当燃气轮发电机出口装设发电机断路器且不设置专用的高压厂用备用变压器时，主变压器的容量即按燃气轮发电机的最大连续输出容量扣除本机组对应燃料的高压厂用工作变压器计算负荷确定。

（3）蒸汽轮发电机主变压器的容量按蒸汽轮发电机的最大连续输出容量确定。

（4）通常燃气轮发电机组和蒸汽轮发电机组分别经由双绕组变压器采用单元接线接至厂内升压站。

（5）燃气轮发电机组和蒸汽轮发电机组在机组容量相对较小、与电力系统电压不匹配时，可采用两台发电机与一台分裂绕组变压器做扩大单元连接，也可将两组发电机双绕组变压器共用一台高压侧断路器做联合单元连接。

二、油浸式变压器的过负载能力

1. 变压器超铭牌额定值负载效应

变压器超铭牌额定值负载的后果如下：

（1）绕组、线夹、引线、绝缘及油的温度将会升高，并且有可能达到不可接受的程度。

（2）铁芯外的漏磁通密度将增加，从而使与此漏磁通耦合的金属部件由于涡流效应而发热。

（3）随着温度变化，绝缘和油中的水分和气体含量将会发生变化。

（4）套管、分接开关、电缆终端接线装置和电流互感器等也将受到较高的热应力，从而使其结构和使用安全裕度受到影响。

主磁通与增加的漏磁通合在一起，会使铁芯过励磁能力受到限制。当施加的负载超过铭牌额定值时，应观察该变压器的两侧电压，只要其励磁侧的电压仍低于 5% 的过励磁时，就不必限制励磁。当某些地区的电网在急救状态下仍能保持正常运行时，则在急救条件下为保持负载电压而出现的过励磁将使铁芯中的磁密绝不会超过铁芯外部漏磁通的值（对于冷轧晶粒取向硅钢片，当其大于 1.9T 时，这种饱和效应便迅速开始出现）。由于漏磁通中含有高频分量，故此漏磁通也可能使铁芯表面和附近的金属件（如绕组夹紧件，甚至绕组内部）产生不可预计的高温，从而可能危及变压器。通常，在各种情况下，绕组短时过载时间非常短，因此，铁芯不能在这种过励磁下出现过热的现象，这是由于铁芯的热时间常数较大造成的。

2. 在高于额定电压和（或）频率不稳的情况下运行

直接连接到发电机的变压器，在发电机甩负载时，变压器与发电机相连的端子上，应能承受 1.4 倍的额定电压，历时 5s。

在设备最高电压（U_m）规定值内，当电压与频率之比超过额定电压与频率之比，但不超过 5%的"过励磁"时，变压器应能在额定容量下连续运行而不损坏。

空载时，变压器应能在电压与频率之比为 110%的额定电压与频率之比下连续运行。

在电流为额定电流的 K 倍（$0 \leqslant K \leqslant 1$）时，过励磁应按下式加以限制：

$$\frac{U}{U_T} \times \frac{f_T}{f} \times 100 \leqslant 110 - 5K(\%)$$

如果变压器将要运行在电压与频率之比值超过上述范围时，应另行说明。

3. 电流和温度限制

变压器当超铭牌额定值负载运行时，不应超过表6-1中规定的所有的限值。

表 6-1　　超铭牌额定值负载时的电流和温度限值

负　载　类　型		中型变压器	大型变压器
正常周期性负载	电流（标幺值）	1.5	1.3
	绕组热点温度和与纤维绝缘材料接触的金属部件的温度（℃）	120	120
	其他金属部件的热点温度（与油、芳族聚酰胺纸、玻璃纤维材料接触）（℃）	140	140
	顶层油温（℃）	105	105
长期急救负载	电流（标幺值）	1.5	1.3
	绕组热点温度和与纤维绝缘材料接触的金属部件的温度（℃）	140	140
	其他金属部件的热点温度（与油、芳族聚酰胺纸、玻璃纤维材料接触）（℃）	160	160
	顶层油温（℃）	115	115
短期急救负载	电流（标幺值）	1.8	1.5
	绕组热点温度和与纤维绝缘材料接触的金属部件的温度（℃）	160	160

续表

负　载　类　型		中型变压器	大型变压器
短期急救负载	其他金属部件的热点温度（与油、芳族聚酰胺纸、玻璃纤维材料接触）（℃）	180	180
	顶层油温（℃）	115	115

注　1. 温度和电流限值不同时适用。电流可以比表中的限值低一些，以满足温度限值的要求。相反的，温度可以比表中的限值低一些，以满足电流限值的要求。

2. 三相最大额定容量为 100MV·A，单相最大容量为 33.3MV·A 的电力变压器称为中型变压器；三相最大额定容量大于 100MV·A，单相最大容量大于 33.3MV·A 的电力变压器称为大型变压器。

负载电流、热点温度、顶层油温及除绕组和引线外的各种金属部件的温度，均不应超过表 6-1 规定的限值。此外，还应当注意，当热点温度超过 140℃时，可能产生气泡，可能使变压器的绝缘强度下降。

4. 大型电力变压器的特定限制

对于大型电力变压器，主要是重视与漏磁通有关的附件限制。

根据目前的技术状况，大型变压器最好采用比小型变压器更保守、更独特的负载方案，从故障的后果而言，对于大型变压器采用可靠度高的负载方案是非常重要的。

（1）漏磁通和铁芯柱或铁轭中主磁通相结合，使大型变压器较小型变压器更易受到因过励磁而引起的损坏，特别是当负载超过铭牌额定值时更是如此。漏磁通的增加，使其他金属部件因附加涡流而发热。

（2）绝缘材料因机械性能劣化（是温度和时间的函数）的后果，其中包括热膨胀造成的磨损，使大型电力变压器可能比小型变压器更加严重。

（3）由正常温升试验得不到绕组以外其他部分的热点温度，即使变压器在额定电流下的试验未出现异常现象，也不能得出在更大电流下的任何结论，因为这种外推法在设计阶段可能不会予以考虑。

（4）根据额定电流下的温升试验结果算出的超过额定电流的绕组热点温升值，对于大型变压器而言，其可靠性要比小型变压器低。

（5）电压限制：除了已知的对变磁通调压的其他限制外，应使所施加的电压不超过变压器任一绕组额定电压（主分接）或分接电压（其他分接）的 1.05 倍。

三、主变压器的温升限值及冷却方式

1. 变压器的使用条件

（1）变压器的正常使用条件如下：

1）海拔不超过 1000m。

2）环境温度。

最高气温：+40℃；

最低气温：−25℃；

最热月平均温度：+30℃；

最高年平均温度：+20℃。

当变压器使用条件与上述条件不同时，应当进行修正。

（2）热带气候防护类型及使用环境条件。热带产品的气候防护类型分为湿热型（TH）、干热型（TA）和干湿热合型（T）。对于湿热带工业污秽较严重及沿海地区户外的产品，应考虑潮湿、污秽及盐雾的影响，其所使用的绝缘子和瓷套管应选用加强绝缘型或防污秽型产品；由于湿热地区雷暴雨比较频繁，对产品结构应考虑加强防雷措施。三种气候防护类型热带产品使用环境条件见表 6-2。

表 6-2　　　　热带产品使用环境条件

环境参数		气候防护类型		
		湿热型（TH）	干热型（TA）	干湿热合型（T）
海拔（m）		1000 及以下	1000 及以下	1000 及以下
空气温度（℃）	年最高	40	50[a]	50[a]
	年最低	−5	−5	−5
	年平均	25	30	30
	月平均最高（最热月）	35	45	45
	日平均	35	40	40
	最大日温差		30	30
空气相对湿度（%）	最湿月平均最大相对湿度	95（25℃时）[b]	—	95（25℃时）[b]
	最干月平均最小相对湿度	—	10（40℃时）[c]	10（40℃时）[c]
露		有	有[d]	有
霉菌		有	—	有
含盐空气		有[e]	有[a]	有[de]
最大降雨强度（mm/min）		6	—	6
太阳辐射最大强度 [J/（cm²·min）]		5.86	6.7	6.7
阳光直射下黑色物体表面最高温度（℃）		80	90	90
冷却水最高温度（℃）		33	35	35
一米深土壤最高温度（℃）		32	32	32
最大风速（m/s）		35	40	40

续表

环境参数	气候防护类型		
	湿热型（TH）	干热型（TA）	干湿热合型（T）
沙尘	—	有	有
雷暴	频繁	—	频繁
有害动物	有	有	有

a　当需要适用于年最高温度 55℃ 的产品时，由供需双方协商确定。

b　指该月的月平均最低温度为 25℃。

c　指该月的月平均最高温度为 40℃。

d　在订货时提出作特殊考虑。

e　指沿海户外地区。

2．变压器温升限值

（1）温升限值要求。GB 1094.2—2013《电力变压器　第 2 部分：液浸式变压器的温升》和 IEC 60076-2Edition 3.0-2011-02《电力变压器　第 2 部分：液浸式变压器的温升》中，对变压器在正常工作条件下的温升限值要求见表 6-3。

对于空气冷却变压器，正常使用条件同本节三中第 1 条（1）中要求。

表 6-3　　　　温　升　限　值

要　　求	温升限值（K）
顶层油温升	60
绕组平均温升（用电阻法测量）（1）对 ON 或 OF 标志的变压器；（2）对 OD 标志的变压器	6570
绕组热点	78

对于铁芯、绕组外部的电气连接线或油箱中的结构件，不规定温升限值，但仍要求温升不能过高，以免使与其相邻的部件受到热损坏或使油过度老化。

IEEE Std C57.12.00™—2015《液浸式配电、电源和调压变压器的一般要求》中，对变压器在正常工作条件下的温升限值要求如下：

1）变压器正常使用条件为环境温度不高于 40℃，且 24h 中的平均气温不高于 30℃，海拔不应超过 1000m。

2）顶层油温升：65K。

3）顶层油温（运行中）不应低于：−20℃。

4）绕组平均温升（用电阻法测量）：65K。

5）绕组最热点温升：80K。

6）除绕组外的其他金属部件的温升：

a．与载流导线绝缘相接触的金属部件温升不应超过绕组最热点温升。

b．除上述外的其他金属部件，在最大额定负载下，不应有过高的温升。

（2）温升限值修正。

1）环境温度修正。如果安装场所的外部冷却介质的温度有一项或者多项超出本节三中第1条（1）给出的正常值，那么表 6-3 给出的所有温升限值应按照超出的数值予以修正，并应修约到最接近温度的整数值（K）。表 6-4 为推荐的环境温度参考值及相应的温升限值修正值。

表 6-4　特殊运行条件下推荐的温升限值修正值

环境温度（℃）			温升限值修正值 K^a
年平均	月平均	最高	
15	25	35	+5
20	30	40	0
25	35	45	−5
30	40	50	−10
35	45	55	−15

a　相对于表 6-3 温升限值中的数值。

注　1. 对于环境温度低于表 6-4 的情况没有给出规定，如用户无另行规定，则表 6-3 的温升限值适用。

　　2. 表 6-4 所列值可以用插值法求得。

2）海拔修正。如果安装场所的海拔高于 1000m，而试验场所的海拔低于 1000m 时，则试验允许的温升限值应按如下的规定降低：

a. 对于自冷式（冷却方式标志的后两位字母为 AN）变压器，顶层液体温升、绕组平均温升和绕组热点温升限值应按安装场所的海拔高于 1000m 的部分，每增加 400m 时降低 1K。

b. 对于风冷式（冷却方式标志的后两位字母为 AF）变压器，则应按安装场所的海拔高于 1000m 的部分，每增加 250m 时降低 1K。

如果实验场所的海拔高于 1000m，而安装场所的海拔低于 1000m 时，则应做相应的逆修正。

因海拔而做的温升修正值，均应修约到最接近温度的整数值。

3. 变压器的冷却方式标志

变压器应按其冷却方式进行标志。对于液浸式变压器，其冷却方式采用下面四个字母进行标志。

（1）第一个字母（代表内部冷却介质）：

1）O：矿物油或燃点不大于 300℃ 的合成绝缘液体。

2）K：燃点大于 300℃ 的绝缘液体。

3）L：燃点不可测出的绝缘液体。

（2）第二个字母（代表内部冷却介质的循环方式）：

1）N：流经冷却设备和绕组内部的液体流动是自

然的热对流循环。

2）F：冷却设备中的液体流动是强迫循环，流经绕组内部的液体流动是热对流循环。

3）D：冷却设备中的液体流动是强迫循环，且至少在主要绕组内部的液体流动是强迫导向循环。

（3）第三个字母（代表外部冷却介质）：

1）A：空气。

2）W：水。

（4）第四个字母（代表外部冷却介质的循环方式）：

1）N：自然对流。

2）F：强迫循环（风扇、泵等）。

注　1. 本部分中，K 类和 L 类绝缘液体的适用只是从环保和安全的角度来考虑的。

2. 在强迫导向液体循环（第二个字母为 D）变压器中，流经主要绕组的液体流量是由泵决定的，原则上不是由负载决定的。流经冷却设备的一部分液体流量，可以有控制地导向流过铁芯和主要绕组外的其他部分，以使其得到冷却。调节绕组和/或其他容量较小的绕组也可以采用非导向液体循环。

3. 在强迫非导向液体循环（第二个字母为 F）变压器中，流经所有绕组的液体流量是随负载变化的，与冷却设备的泵的流量没有直接关系。

变压器冷却方式代码对照表见表 6-5。

表 6-5　变压器冷却方式代码对照表

现用代码	曾用代码
ONAN	OA
ONAF	FA
ONAN/ONAF/ONAF	OA/FA/FA
ONAN/ONAF/OFAF	OA/FA/FOA
ONAN/OFAF	OA/FOA
ONAN/ODAF/ODAF	OA/FOA ^{a}/FOA ^{a}
OFAF	FOA
OFWF	FOW
ODAF	FOA^a
ODWF	FOW^a

a　表示出导向油循环，具体参见上文注 2。

4. 主变压器采用的冷却方式

主变压器一般采用的冷却方式有自然油循环自然对流空气冷却（ONAN）、自然油循环强迫空气循环冷却（ONAF）、强迫油循环强迫空气循环冷却（OFAF）、强迫导向油循环强迫空气循环冷却（ODAF）、强迫油循环强迫水循环冷却（OFWF）、强迫导向油循环强迫水循环冷却（ODWF）。

中型变压器一般采用 ONAN（75000kV·A 及以下）或 ONAF（180000kV·A 及以下）。

大型变压器一般采用 OFAF（90000kV·A 及以上）或 ODAF（120000kV·A 及以上）变压器。在发电厂水源充足的情况下，为了压缩占地面积，大容量变压器也可采用 OFWF（一般水力发电厂 75000kV·A 及以上）或 ODWF（一般水力发电厂 120000kV·A 及以上）。

ODWF、OFWF 是外部冷却介质采用水（water）来代替空气（air）；ODWF 是用油泵强迫油在冷却设备和绕组内循环，利用水冷却冷却器；OFWF 是用油泵强迫油在冷却设备中循环，利用水冷却冷却器。强迫油循环水冷却方式散热效率高，节约材料，减少变压器本体尺寸。其缺点是需要设置一套循环水系统，配置循环水泵、水管道等附属设备，系统较为复杂，且需要一定的水量；因此，该冷却方式一般应用在水力发电厂室内布置的大型变压器中，在火力发电厂中很少采用。

对于 750kV 及以上的特高压变压器，应考虑采取相应措施，防止油流带电问题。例如对于电压等级为 1000kV 的发电厂主变压器，经调研，变压器厂推荐选用的冷却方式为 OFAF、ODAF 或 OFWF，为防止油流带电现象产生，可将油流速度控制在 0.5m/s 以下。

一台变压器可规定有几种不同的冷却方式。此时，在说明书和铭牌上应给出不同冷却方式下的容量值，以便在采用某一冷却方式及所规定的容量下运行时，变压器温升不会超过限值。

在最大冷却能力下的容量值就是变压器（或多绕组变压器某个绕组）的额定容量，不同的冷却方式按冷却能力增大的次序排列。

举例如下：

（1）ONAN/ONAF：变压器装有一组风扇，在大负载时，风扇可投入运行。在这两种冷却方式下，液体流动均按热对流方式循环。

（2）ONAN/OFAF：变压器装有油泵和风扇类冷却设备，也规定了在自然冷却方式下（如辅助电源出现故障或容量不足的情况下）降低的容量。

采用 OFAF 冷却方式的大型变压器有时会要求在油泵停运、风机停运时的变压器容量，如 OFAF/ONAF/ONAN（容量 100%/80%/60%）。

四、主变压器容量选择计算步骤及算例

（一）采用 GB 50660—2011《大中型火力发电厂设计规范》的算例

采用 GB 50660—2011《大中型火力发电厂设计规范》规定的方法选择主变压器容量方法计算的单元制

接线主变压器容量选择算例如下。

1. 计算步骤

（1）计算发电机的最大连续输出容量。

发电机的最大连续输出容量按照式（6-1）计算：

$$S_{max} = \frac{P_{G,max}}{\cos\varphi_e} \quad (6-1)$$

式中　S_{max}——发电机的最大连续输出容量，MV·A；

　　　$P_{G,max}$——发电机组的最大连续出力，MW；

　　　$\cos\varphi_e$——发电机额定功率因数。

（2）计算主变压器最大负载容量。

1）当不设发电机断路器时，主变压器最大负载容量 S_L 按照式（6-2）计算：

$$S_L = S_{max} - (S_{AU} - S_{ST}) \quad (6-2)$$

式中　S_{AU}——厂用电负荷容量，kV·A；

　　　S_{ST}——能被高压厂用启动/备用变压器替代的高压厂用工作变压器计算负荷，kV·A。

2）当设发电机断路器，且只设置停机变压器时，主变压器最大负载容量 S_L 按照式（6-3）计算：

$$S_L = S_{max} - S_{AU} \quad (6-3)$$

3）计算厂用电负荷。为了简化计算，厂用电负荷计算可仅计算单元机组的厂用电负荷，如锅炉给水泵、凝结水泵、引风机、送风机、一次风机、磨煤机、电除尘器、脱硫和机组低压厂用变压器等，而不计可能由其他机组厂用电系统供电的公用负荷，厂用电负荷 S_{AU} 按照式（6-4）计算：

$$S_{AU} = \Sigma(KP) \quad (6-4)$$

式中　K——换算系数，可取表 6-6 数值；

　　　P——电动机的计算功率，kW。

表 6-6　　　　　换　算　系　数　表

负荷类别	换算系数 K 取值	
单元机组容量（MW）	≤125	≥200
给水泵及循环水泵电动机	1.0	1.0
凝结水泵电动机	0.8	1.0
其他高压电动机	0.8	0.85
其他低压电动机	0.8	0.7

电动机的计算功率 P 应按负荷特点确定。

a. 连续运行和不经常连续运行的电动机为：

$$P = P_e$$

式中　P_e——电动机的额定功率，kW。

b. 短时及断续运行的电动机为：

$$P = 0.5P_e$$

（3）确定主变压器额定容量。主变压器额定容量应大于等于其最大负载容量，取值应尽可能选用标准容量系列。

2. 算例

1000MW 级机组主变压器容量的计算如下。

（1）计算依据资料。

1）发电机主要技术参数。

a. 额定功率：1000MW。

b. 额定容量：1112MV·A。

c. 最大连续输出容量：1161MV·A。

d. 额定功率因数：0.9。

e. 额定电压：27kV。

2）电气主接线采用发电机—变压器组接入 500kV 系统，设置发电机断路器，设置 2 台额定容量 63/35-35MV·A 的低压分裂绕组型高压厂用变压器，两台机组的高压厂用母线互相连接，互为备用停机电源，不设高压停机变压器。

3）机组的厂用负荷统计中 1000MW 级机组单元厂用电负荷统计见表 6-7。

表 6-7　　1000MW 级机组单元厂用电负荷统计

序号	设备名称	功率（kW）	运行数量	换算系数	计算负荷（kV·A）
1	循环水泵	1700	4	1	6800
2	凝结水泵	2650	1	1	2650
3	闭式循环泵	220	1	0.85	187
4	引风机	9300	2	0.85	15810
5	一次风机	3200	2	0.85	5440
6	送风机	2500	2	0.85	4250
7	磨煤机	950	2	0.85	4037.5
8	脱硫循环浆泵	1120	2	0.85	7616
9	脱硫氧化风机	350	2	0.85	595
10	汽机低压变	1250	1	0.85	1062.5
11	锅炉低压变	2500	1	0.85	2125
12	除尘低压变	2500	4	0.85	8500
13	脱硫低压变	2000	1	0.85	1700
14	合计				60773

注　表 6-7 中负荷统计仅作为变压器运行负荷统计，而不适用于厂用变压器容量选择，工程中根据工艺专业适当调整。

（2）主变压器负载容量计算。根据式（6-3），发电机的最大连续容量和以上表 6-7 中的单元厂用计算负荷，计算出主变压器最大的负载容量，见表 6-8。

表 6-8　　　　主变压器最大负载容量

机组型式	额定容量（MV·A）	最大连续输出容量（MV·A）	厂用电负荷（MV·A）	主变压器负载容量（MV·A）
1000MW机组	1112	1161	60.773	1051/1100

（3）主变压器额定容量。主变压器额定容量应大于等于其最大负载容量，取值应尽可能选用标准容量系列。采用该等级的标准主变压器容量，主变压器容量选择为一台三相 1140MV·A 或者三台单相 380MV·A 变压器。

（二）采用 ANSI 标准计算主变压器容量

对于涉外项目，当合同中规定采用 ANSI 标准计算主变压器容量时，可按 IEEE Std C57.116[TM] —2014《与发电机直接相连的变压器指南》来选择变压器容量。发电机与主变压器成单元连接时，变压器的容量应满足发电机的各种运行工况（进相运行和滞相运行），并扣除机组最小持续运行单元厂用负荷。

（1）有功功率按发电机额定输出有功功率扣除机组最小持续运行单元厂用负荷（忽略主变压器有功损耗）估算。

（2）滞相运行，无功功率按发电机最大输出无功功率扣除机组最小持续运行单元厂用负荷和主变压器无功损耗估算。

（3）进相运行，无功功率按发电机最大吸收无功功率加机组最小持续运行单元厂用负荷和主变压器无功损耗估算；变压器的容量由两者（滞相运行和进相运行）中较大的计算容量确定。变压器的保守额定容量按发电机最大期望输出有功功率和对应的输出无功功率确定，忽略厂用负荷，并假定阻抗最大负允许偏差，由式（6-5）计算。

$$S_T \cong \sqrt{P_g^2 + [Q_g - kX_T S_T]^2} \qquad (6-5)$$

式中　S_T——变压器额定容量，MV·A；

P_g——发电机最大期望输出有功功率，MW；

Q_g——发电机输出无功功率，Mvar；

X_T——变压器电抗，%；

k——变压器阻抗最大负允许偏差，双绕组变取 0.925，三绕组变压器取 0.9。

五、300～1000MW 主变压器额定容量及其主要参数

1. 300MW 级机组主变压器额定容量及其主要参数

300MW 级机组三相主变压器的主要参数见表 6-9～表 6-12。

表 6-9 额定容量 360MV·A 主变压器的主要参数

参数	常州东芝	GB/T 6451—2015	
变压器型式	SFP-360000/220	SFP-360000/220	SFP-360000/330
额定容量（MV·A）	360	360	360
冷却方式	ODAF	ODAF	ODAF
电压比（kV）	（242±2×2.5%）/20	（242±2×2.5%）/20	（345±2×2.5%）/20 或（363-2×2.5%）/20
阻抗电压（%）	17.96	12～14	14～15
空载有功损耗（kW）	150.6	173	198
负载有功损耗（kW）	674.8	735	802
空载电流（%）	0.12	0.30	0.34
绕组平均温升（K）	60	65	65
运输质量（t）	210	—	—
总重（t）	275	—	—

表 6-10 额定容量 370MV·A 主变压器的主要参数

参数	保变	西变	重庆 ABB	沈变	GB/T 6451—2015		
变压器型式	SFP-370000/220	SFP10-370000/220	SFP-370000/500	SFP-370000/220	SFP-370000/220	SFP-370000/330	SFP-370000/500
额定容量（MV·A）	370	370	370	370	370	370	370
冷却方式	ODAF	ODAF	OFAF	ODAF	ODAF	ODAF	ODAF
电压比（kV）	（242±2×2.5%）/20	（242±2×2.5%）/20	（550±2×2.5%）/20	（242±2×2.5%）/20	（242±2×2.5%）/20	（345±2×2.5%）/20 或（363-2×2.5%）/20	（525±2×2.5%）/20 或（550-2×2.5%）/20
阻抗电压（%）	14±5%	14.37	13.97	14±7.5%	12～14	14～15	14
空载有功损耗（kW）	165	167.10	149.11	175	176	202	170
负载有功损耗（kW）	668	688.28	854.71	745	750	818	900
空载电流（%）	0.15	0.16	0.049	0.20	0.30	0.30	0.15
绕组平均温升（K）	60	51.0	61.8	60	65	65	65
运输质量（t）	176.5	—	—	190	—	—	—
总重（t）	252.9	—	—	250	—	—	—

表 6-11 额定容量 400MV·A 主变压器的主要参数

参数	保变	衡变	西变	GB/T 6451—2015		
变压器型式	SFP-400000/220	SFP10-400000/220	SFP-400000/330	SFP-400000/220	SFP-400000/330	SFP-400000/500
额定容量（MV·A）	400	400	400	400	400	400
冷却方式	ODAF	ODAF	ODAF	ODAF	ODAF	ODAF
电压比（kV）	（242±2×2.5%）/16	（242±2×2.5%）/20	（242±2×2.5%）/22	（242±2×2.5%）/20	（345±2×2.5%）/20 或（363-2×2.5%）/20	（525±2×2.5%）/20 或（550-2×2.5%）/20
阻抗电压（%）	17.96	18	20	12～14	14～15	14

参数	保变	衡变	西变	GB/T 6451—2015		
空载有功损耗（kW）	165.0	165	155	187	214	175
负载有功损耗（kW）	825.6	810	910	795	867	950
空载电流 （%）	0.2	0.1	0.3	0.28	0.30	0.15
绕组平均温升（K）	45.3	60	60	65	65	65
运输质量（t）	—	223.9	218	—	—	—
油重	—	54.7	约 54	—	—	—
总重（t）	—	276.8	281	—	—	—

表 6-12　　　　　　　　　　　　　　额定容量 420MV·A 主变压器的主要参数

参数	保变	西变	衡变	GB/T 6451—2015	
变压器型式	SFP-420000/220	SFP-420000/220	SFP10-420000/220	SFP-420000/220	SFP-420000/500
额定容量（MV·A）	420	420	420	420	420
冷却方式	ODAF	ODAF	ODAF	ODAF	ODAF
电压比（kV）	（242±2×2.5%）/20	（242±2×2.5%）/20	（242±2×2.5%）/20	（242±2×2.5%）/20	（525±2×2.5%）/20 或（550–2×2.5%）/20
阻抗电压（%）	18	14	18	12～14	14 或 16
空载有功损耗（kW）	168	175	135	193	185
负载有功损耗（kW）	850	775	830	824	955
空载电流（%）	0.2	0.2	0.11	0.28	0.15
绕组平均温升（K）	62.6	65	65	65	65
运输质量（t）	207.5	235	211.6	—	—
油重（t）	52.1	45	55.5	—	—
总重（t）	284.2	291	284.8	—	—

2. 600MW 级机组主变压器额定容量及其主要参数

（1）600MW 级机组三相主变压器的主要参数见表 6-13～表 6-15。

表 6-13　　　　　　　　　　　　　　额定容量 720MV·A 主变压器的主要参数

参数	保变	常州东芝		沈变	GB/T 6451—2015	
变压器型式	SFP-720000/500	SFP-720000/220	SFP-720000/500	SFP-720000/500	SFP-720000/330	SFP-720000/500
额定容量（MV·A）	720	720	720	720	720	720
冷却方式	ODAF	ODAF	ODAF	ODAF	ODAF	ODAF
电压比（kV）	（525±2×2.5%）/22	（242±2×2.5%）/20	（236±2×2.5%）/22	（550–2×2.5%）/22	（345±2×2.5%）/20 或（363±2×2.5%）/20	（525±2×2.5%）/20 或（550–2×2.5%）/20
阻抗电压（%）	15.6	18±5%	18±7.5%	20±7.5%	14～15	14 或 16
空载有功损耗（kW）	286.8	260.3	258	295	332	305
负载有功损耗（kW）	1357.6	1469.4	1540	1300	1347	1535
空载电流（%）	0.05	0.13	0.15	0.15	0.20	0.10

参数	保变	常州东芝		沈变	GB/T 6451—2015	
绕组平均温升（K）	61.7	47.4	62.6	60	65	65
运输质量（t）	—	285	约310	320	—	—
总重（t）	—	395	约420	438	—	—
运输尺寸（长×宽×高，m×m×m）	9.7×3.85×4.6	—	—	10.8×3.9×4.5	—	—

表 6-14　　　　　　　　　　　　额定容量 780MV·A 主变压器的主要参数

参数	西变	常州东芝	新疆特变	保变	GB/T 6451—2015
变压器型式	SFP-780000/500	SFP-780000/500	SFP-780000/500	SFP-750000/500	SFP-780000/500
额定容量（MV·A）	780	780	780	750	780
冷却方式	ODAF	ODAF	ODAF	ODAF	ODAF
电压比（kV）	（550±2×2.5%）/24	（550±2×2.5%）/24	（550±2×2.5%）/24	（550±2×2.5%）/24	（525±2×2.5%）/22 或（550−2×2.5%）/22
阻抗电压（%）	18	18	18	18	16 或 18
空载有功损耗(kW)	270	232.42	294	280	320
负载有功损耗(kW)	1580	1325	1370	1345	1630
空载电流（%）	0.2	0.25	0.07	0.15	0.10
绕组平均温升（K）	62.6	62.6	56.9	—	65
运输尺寸（长×宽×高，m×m×m）	10.5×3.82×4.9	11.2×5×5	10.5×5×5	9.8×3.9×4.6	—
运输质量（充氮，t）	364.2	380	370	331.1	—

表 6-15　　　　　　　　　　　　额定容量 800MV·A 主变压器的主要参数

参数	保变	常州东芝	衡变	重庆 ABB
变压器型式	SFP-800000/500	SFP-800000/500	SFP-810000/500	SFP-800000/500
额定容量（MV·A）	800	800	810	800
冷却方式	ODAF	ODAF	ODAF	OFAF
电压比（kV）	（550−2×2.5%）/20	（525±2×2.5%）/20	（550−2×2.5%）/20	（525±2×2.5%）/20
阻抗电压（%）	18±5	14±5.5	14.4	14.44
空载有功损耗(kW)	258	360	260.88	282.8
负载有功损耗(kW)	1540	1425	1479.45	1397
空载电流（%）	0.15	0.25	0.07	0.039
绕组平均温升（K）	—	62.6	56.9	60.8
运输质量（t）	—	390	—	—
油重（t）	—	101	—	—
总重（t）	—	530	—	—

（2）600MW 级机组单相主变压器的主要参数见表 6-16、表 6-17。

表 6-16　　　　　　　　　　　　　240MV·A 单相主变压器的主要参数

参数	保变	西变	沈变	GB/T 6451—2015
变压器型式	DFP-240000/500	DFP-240000/500	DFP-240000/220	DFP-240000/500
额定容量（MV·A）	240	240	240	240
冷却方式	ODAF	ODAF	ODAF	ODAF
电压比（kV）	$(550/\sqrt{3}-2\times2.5\%)/22$	$(550/\sqrt{3}-2\times2.5\%)/20$	$(550/\sqrt{3}-2\times2.5\%)/20$	$(525/\sqrt{3}\pm2\times2.5\%)/20$ 或 $(550/\sqrt{3}-2\times2.5\%)/20$
阻抗电压（%）	18±5%	14.15	14.26	14
空载有功损耗（kW）	92	112.25	84.32	131
负载有功损耗（kW）	493	368.14	402.33	435
空载电流（%）	0.15	0.12	0.06	0.15
绕组平均温升（K）	65	62.6	50.2	65
运输质量（t）	131.8	193.7	—	—
总重（t）	186.6	261.2	—	—
运输尺寸（长×宽×高，m×m×m）	5.3×3.78×4.6	5.73×4.04×4.34	—	—

表 6-17　　　　　　　　　　　　　260MV·A 单相主变压器的主要参数

参数	保变	西变	新疆特变	常州东芝	GB/T 6451—2015
变压器型式	DFP-260000/500	DFP-260000/500	DFP-260000/500	DFP-260000/500	DFP-260000/500
额定容量（MV·A）	260	260	260	260	260
冷却方式	ODAF	ODAF	ODAF	ODAF	ODAF
电压比（kV）	$(550/\sqrt{3}-2\times2.5\%)/24$	$(550/\sqrt{3}-2\times2.5\%)/24$	$(550/\sqrt{3}-2\times2.5\%)/24$	$(550/\sqrt{3}-2\times2.5\%)/24$	$(525/\sqrt{3}\pm2\times2.5\%)/20$ 或 $(550/\sqrt{3}-2\times2.5\%)/20$
阻抗电压（%）	14±5%	14±5%	18.19%	14	14
空载有功损耗（kW）	105	110	80.3	165	140
负载有功损耗（kW）	395	405	424.72	485	460
空载电流（%）	0.2	0.15	0.07	0.20	0.15
绕组平均温升（K）	60	65	53.9	65	65
运输尺寸（长×宽×高，m×m×m）	5.0×3.63×4.1	5.6×3.7×4.2	6.5×4×4.5	6×3.9×5	—
运输质量（充氮，t）	145	166	170	180	—

3. 1000MW 级机组主变压器额定容量及其主要参数

（1）1000MW 机组三相主变压器的主要参数见表 6-18。

表 6-18　　　　　　　　　　　　　1000MW 机组三相主变压器的主要参数

参数	保变	新疆特变	常州东芝	西变	GB/T 6451—2015
变压器型式	SFP-1140000/500	SFP-1140000/500	SFP-1140000/500	SFP-1170000/500	SFP-1140000/500
额定容量（MV·A）	1140	1140	1140	1170	1140
冷却方式	ODAF	ODAF	ODAF	ODAF	ODAF

参数	保变	新疆特变	常州东芝	西变	GB/T 6451—2015
变压器型式	SFP-1140000/500	SFP-1140000/500	SFP-1140000/500	SFP-1170000/500	SFP-1140000/500
电压比（kV）	（525±2×2.5%）/27	（525±2×2.5%）/27	（520±2×2.5%）/27	（525±2×2.5%）/27	（525±2×2.5%）/27 或（550−2×2.5%）/27
阻抗电压（%）	18.08	18.15	20.73	15.72	16 或 18
空载有功损耗（kW）	328.5	329.05	349.5	305.61	430
负载有功损耗（kW）	2002	2253.92	2264.3	1852.54	2165
空载电流（%）	0.034	0.037	0.06	0.03	0.10
绕组平均温升（K）	60.1	47.2	49.4	42.8	65
运输尺寸（长×宽×高，m×m×m）	11.6×3.5×5.8	12.8×4.4×4.5	14×4.8×4.65	10.1×3.6×5.6	—
运输质量（充氮，t）	474	468	455	429	

（2）额定容量 380MV·A 单相主变压器的主要参数见表 6-19。

表 6-19　　　　　　　　　　　额定容量 380MV·A 单相主变压器的主要参数

参数	保变	西变	常州东芝	衡变	重庆 ABB	新疆特变	GB/T 6451—2015
变压器型式	DFP-380000/500	DFP-380000/500	DFP-380000/500	DFP-380000/500	DFP-380000/500	DFP-380000/500	DFP-380000/500
容量（MV·A）	380	380	380	380	380	380	380
冷却方式	ODAF	ODAF	ODAF	ODAF	OFAF	OFAF	ODAF
电压比（kV）	（525/$\sqrt{3}$ ±2× 2.5%）/27	（525/$\sqrt{3}$ ±2× 2.5%）/27	（525/$\sqrt{3}$ ±2× 2.5%）/27	（525/$\sqrt{3}$ ±2× 2.5%）/27	（525/$\sqrt{3}$ ±2× 2.5%）/27	（520/$\sqrt{3}$ ±2× 2.5%）/27	（525/$\sqrt{3}$ ±2× 2.5%）/27 或（550/$\sqrt{3}$ −2×2.5%）/27
阻抗电压（%）	18±5%	20±5%	18±5%	20±5%	19.67	19.67	16 或 18
空载有功损耗（kW）	120	100.19	108	119	136.8	136.8	186
负载有功损耗（kW）	640	721.34	724	634	597.6	597.6	610
空载电流（%）	0.2	0.04	0.07	0.1	0.046	0.046	0.15
绕组平均温升（K）	65	47.1	65	65	49.2	49.2	65
运输尺寸（长×宽×高，m×m×m）	7.6×3.8×4.2	7.53×3.8×4.2	7.2 ×4.6×4.7	—	—	10.2×3.7×4.1	—
运输质量（充氮，t）	230	231	190			206	—

4. 国内外标准中变压器的额定容量定义

（1）GB 1094.1—2013《电力变压器　第 1 部分：总则》和 IEC 60076-1：2011《电力变压器　第 1 部分：总则》中的定义。变压器额定容量是某一个绕组的视在功率的指定值，与该绕组的额定电压一起决定其额定电流。

注：双绕组变压器的两个绕组有相同的额定容量，即是这台变压器的额定容量。

（2）GB/T 17468—2008《电力变压器选用导则》中的定义。变压器的额定容量是指输入到变压器的视

在功率值（包括变压器本身吸收的有功功率和无功功率）。选择容量时应按相应的标准（GB/T 6451《油浸式电力变压器技术参数和要求》）尽量采用 GB/T 321《优先数和优先系数》中的 R10 优先数系（…，100，125，160，200，250，315，400，500，630，800，1000，…）。

（3）IEEE Std C 57.12.00^{TM}—2015《液浸式配电、电源和调压变压器的一般要求》中的定义。变压器的额定容量是指在规定的运行时间、额定二次电压和额定频率以及在规定的试验条件下，同时在现行标准规定的限制条件下，其温升不超过标准规定限值时的输

出容量值。

单相和三相配电和电力变压器的额定容量优先数是以用电阻法测量的绕组平均温升 65K 为基础列出的，见表 6-20。

表 6-20　ANSI C57.12.00—2015 中
变压器额定容量优先数　　（kV·A）

单相变压器	三相变压器	单相变压器	三相变压器	单相变压器	三相变压器
5	15	333	1000	5000	15000
10	30	500	1500	6667	20000
15	45	—	2000	8333	25000
25	75	833	2500	10000	30000
37.5	112.5	1250	3750	12500	37500
50	150	1667	5000	16667	50000
75	225	2500	7500	20000	60000
100	300	3333	10000	25000	75000
167	500	—	12000	33333	100000
250	750	—	—	—	—

（4）根据 GB/T 17468—2008《电力变压器选用导则》，不同容量的变压器，在电压等级、短路阻抗、结构型式、设计原则、导线电流密度和铁芯磁密等相同的情况下，它们之间存在着以下近似关系：

1）变压器的容量正比于线性尺寸的 4 次方；

2）变压器有效材料质量正比于容量的 3/4 次方；

3）变压器单位容量消耗的有效材料正比于容量的 −1/4 次方；

4）当变压器的导线电流密度和铁芯磁通密度保持不变时，有效材料中的损耗与重量成正比，即变压器总损耗正比于容量的 3/4 次方；

5）变压器单位容量的损耗正比于容量的 −1/4 次方；

6）变压器的制造成本正比于容量的 3/4 次方。

由此，从经济角度看，在同样的负载条件下，选用单台大容量变压器比用数台小容量变压器经济得多。

第二节　主变压器型式的选择

一、相数的选择

1. 发电厂主变压器相数的选择

主变压器采用三相或是单相，主要考虑变压器的制造条件、可靠性要求及运输条件等因素。特别是大型变压器，尤其需要考查其运输可能性，保证运输尺寸不超过隧洞、涵洞、桥洞的允许通过限额，运输质量不超过桥梁、车辆、船舶等运输工具的允许承

载能力。有关变压器运输方面的技术资料，参见本章第四节。

选择主变压器的相数，需考虑如下原则：

（1）当不受运输条件限制时，在 330kV 及以下的发电厂，应选用三相变压器。

（2）当发电厂与系统连接的电压为 500kV 及以上时，宜经技术经济比较后，确定选用三相变压器或单相变压器组。对于单机容量为 300MW 并直接升压到 500kV 的，宜选用三相变压器。

（3）与容量 600MW 及以下机组单元连接的主变压器，若不受运输条件的限制，宜采用三相变压器；与容量为 1000MW 级机组单元连接的主变压器应综合考虑运输和制造条件，可采用单相或三相变压器。

2. 备用相设置原则

在发电厂选用单相变压器组时，可根据系统和设备情况，确定是否需要装设备用相。为节约投资，当发电厂之间距离较近，运输条件较方便，而且采用的变压器型式相同时，则可考虑两个发电厂或几个发电厂合用一台备用相。

二、绕组数量和连接方式的选择

1. 发电厂主变压器绕组的数量

（1）最大机组容量为 125MW 及以下的发电厂，当有两种升高电压向用户供电或与系统连接时，宜采用三绕组变压器，每个绕组的通过容量应达到该变压器额定容量的 15% 及以上。两种升高电压的三绕组变压器一般不超过两台。因为三绕组变压器比同容量双绕组变压器价格高 40%～50%，运行检修比较困难，台数过多时会造成中压侧短路容量过大，且屋外配电装置布置复杂，故对其使用要给予限制。

（2）对于 200MW 及以上的机组，其升压变压器一般不采用三绕组变压器，如高压和中压间需要联系时，宜在变电站进行联络。因为在发电机回路及厂用分支回路均采用分相封闭母线，供电可靠性很高，而大电流的隔离开关发热问题比较突出，特别是设置在封闭母线中的隔离开关问题更多；同时发电机回路断路器的价格较为昂贵，故在封闭母线回路里一般不设置断路器和隔离开关，以提高供电的可靠性和经济性。此外，三绕组变压器的中压侧，由于制造上的原因一般不希望出现分接头，往往只制造死接头，从而对高、中压侧调压及负荷分配不利。这样采用三绕组变压器就不如双绕组变压器加联络变压器灵活方便。

（3）联络变压器一般应选用三绕组变压器，其低压绕组可接高压厂用启动/备用变压器。

（4）若接入电力系统发电厂的机组容量相对较小，与电力系统不匹配，且技术经济合理时，可将两台发电机与一台双绕组变压器或分裂绕组变压器做扩

大单元连接，也可将两组发电机双绕组变压器共用一台高压侧断路器做联合单元连接。

（5）当燃机电厂调峰的发电机组采用发电机变压器组单元制接线时，宜采用双绕组变压器用一种升高电压与电力系统连接。

2. 绕组连接方式

电力系统采用的绕组连接方式只有 Y 和 △，高、中、低三侧绕组如何组合要根据具体工程来确定。

我国 110kV 及以上电压，变压器绕组都采用 Y0 连接；35kV 亦多采用 Y 连接，其中性点多通过消弧线圈或电阻接地。35kV 以下电压，变压器绕组多采用 △连接。

由于 35kV 采用 Y 连接方式，与 220、110kV 系统的线电压相角移为 0°（相位 12 点），这样当电压比为 220/110/35kV，高、中压为自耦连接时，变压器的第三绕组连接方式就不能用△连接，否则就不能与现有 35kV 系统并网，因而就出现所谓三个或两个绕组全星形接线的变压器。

选用全星形连接的主变压器时，应设立单独的三角形接线的稳定绕组。稳定绕组的额定容量一般不超过一次额定容量的 50%，其绝缘水平还应考虑其他绕组的传递过电压。

（1）三相变压器常用的连接组别如图 6-1～图 6-4 所示。

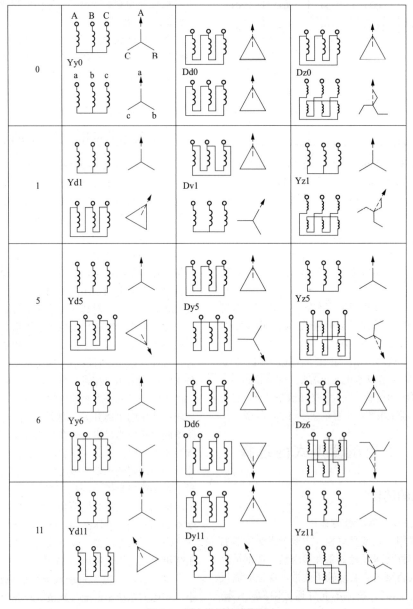

图 6-1　国内常用的连接组

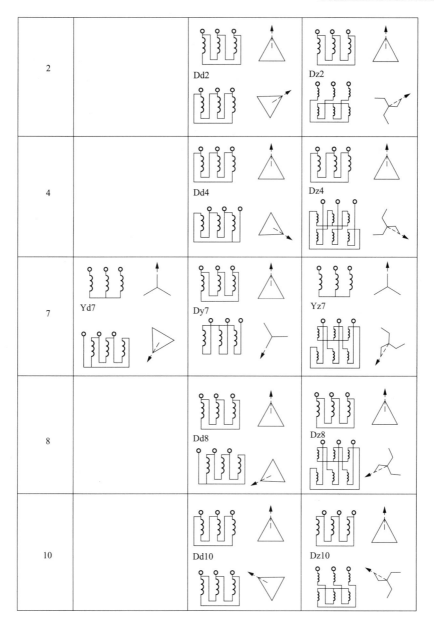

图 6-2 补充的连接组

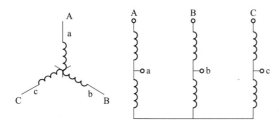

图 6-3 三相自耦变压器的连接组示例（连接组标号为 Ya0）

（2）三相系统中变压器的并联运行。并联运行是指并联的各变压器的两个绕组，采用同名端子对端子的直接连接方式下的运行，只考虑双绕组变压器。从逻辑上说，也适用于三台单相变压器组成的三相变压器组。

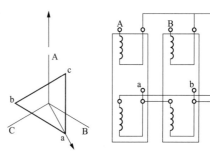

图 6-4 三台单相变压器组成的三相变压器组的连接组示例（连接组标号为 Yd5）

并联运行的条件如下：

1) 钟时序数要严格相等。对于具有特定钟时序数差的两台变压器，也可通过变换其中一台变压器任何一侧的接线实现并联运行，应根据具体工程来确定。

2) 电压和电压比要相同，允许偏差也相同（尽量满足电压比在允许偏差范围内），调压范围与每级电压要相同。

3) 短路阻抗相同，尽量控制在允许偏差范围 ±10%以内，还应注意极限正分接位置短路阻抗和极限负分接位置短路阻抗要分别相同。

4) 容量比在0.5～2之间。

5) 频率相同。

3. 全星形接线变压器使用中的问题

（1）三次谐波电流问题。

1) 三次谐波电流的产生：由于铁芯磁化曲线为一组非线性曲线，当外施电压为正弦波时，磁通实际上也将是正弦波，而励磁电流的无功分量却因磁化曲线的非线性则呈非正弦波。反之，如果励磁电流是正弦波，也因非线性关系而使相电压和磁通呈非正弦波（为平顶波）。只要是非正弦波就可用傅里叶级数分解出基波、三次谐波等一系列谐波分量。三次谐波电流和绕组接线组别有关，而三次谐波磁通和铁芯构造有关。

a. 当变压器铁芯为三相三柱时，有以下几种情况。

接线组别为Y/Y时，虽电源电压是正弦形的，但因相绕组并不直接接电源，相绕组上的端电压不一定是正弦形，而励磁电流为正弦形（因为三次谐波电流无通路）。这样三次谐波磁通只能经过铁芯、空气和外壳等部件而构成回路。由于回路磁阻很大，三次谐波磁通受到很大削弱，所以，即使三次谐波磁通势不小，但产生的三次谐波磁通以及三次谐波电动势却不大，可保持相电动势基本上是正弦形的。必须指出，就是这个较小的三次谐波磁通，会使铁轭夹件和油箱等铁磁物体产生附加的铁损耗，降低变压器的效率并引起局部过热。这种铁芯结构和绕组的连接方式的变压器容量不能做得太大，一般多用于1800kV·A以下。

如果在上述情况下，附加上一个△绕组（称△接线第三绕组），则情况就不同了，此时很小三次谐波磁通就要在△绕组内产生一个三次谐波电流，它所产生的三次谐波磁通就要抵消原来铁芯中的三次谐波磁通，从而使铁芯中的合成磁通基本呈正弦波。对磁路来说，它的作用与一次有三次谐波励磁电流的情况是一样的，磁通和相电压都接近于正弦形，附加损耗问题也不存在。所以，在大容量的变压器中，当需要一、二次都接成星形时，在铁芯柱上需加一个△绕组，其目的就是为三次谐波电流提供通路，从而保证主磁通和相电动势接近于正弦波，附加损耗和局部过热的情况也大为改善。

接线组别为Y/Y₀、Y₀/Y₀、Y₀自耦的变压器，由于

有中性线，三次谐波电流可以流通，这样励磁电流中就含有三次谐波电流成分，从而使相电动势和磁通保持正弦波。这与上述在铁芯柱上加一个△绕组的情况一样。因此，如无其他要求，具有这几种绕组接线组别的变压器，就可不再附加△绕组。

b. 当铁芯为三相五柱式或三个单相变压器组合式时，有以下几种情况。

接线组别为Y/Y时，同三相三柱式情况不同的是这种变压器三次谐波磁通有通道，三次谐波磁通没有被削弱，结果在相绕组里感应三次谐波电动势。如图6-5所示。基波和三次谐波磁通在相绕组里感应出电动势e_1、e_3，它们分别落后Φ_1、Φ_3 90°把e_1、e_3加起来就是相绕组电动势e，可以看出是尖顶波。由于e_3在三相绕组里都是同相位，不出现在线电动势里，从一、二次绕组来看，线电动势均为正弦波形。相电动势则不同，如果变压器设计时，铁芯磁通密度取得过高，则饱和程度严重，这种尖峰电压有可能比正常相电压超过较大数值，对相绕组绝缘产生很大威胁。特别是在大容量高电压的变压器里，威胁更大。所以大容量超高压变压器，一般不采用全星形接线组别，如要采用，则需增加一个△绕组。

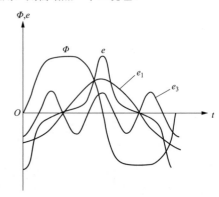

图6-5　平顶波磁通产生电势的波形

对于接线组别为Y/Y₀、Y₀/Y₀、Y₀接法的自耦变压器则和a中分析的一样，如无其他要求，也可不要附加△绕组。

2) 三次谐波电流的危害：从系统运行角度要求，电压波形尽量接近于正弦波，因此变压器的励磁电流中必须含有三次谐波电流。当流有三次谐波电流的输电线路与通信线并列且距离很长时，三次谐波电流对通信线路有严重的干扰作用。设计时要考虑通信线路尽量远离输电线路，更不要平行架设。采用了具有△绕组的自耦变压器，也可起到分流线路三次谐波电流的作用。

目前我国所用的全星形变压器全为自耦型，电压多为220/110/35kV、330/220/35kV、330/110/35kV。采用全星形接线组别，可便于35kV侧与电网并列运行。

由于 330、220、110kV 均为中性点直接接地系统，系统的零序阻抗较小，所以自耦变压器的△绕组对线路三次谐波的分流作用已不是很显著，从而更有可能采用全星形变压器。

（2）零序阻抗问题。采用三相三柱式全星形自耦变压器时，高、中压侧中性点又必须直接接地，单相短路零序电流很大，其零序磁通路径和三次谐波一样，只有通过铁芯、空气和外壳而构成回路。零序磁通在外壳中将感应产生涡流，这些涡流与三相绕组零序电流反向，外壳表现为一个附加△绕组的作用。由于零序磁阻大，从而使零序电抗比正序电抗小。

对于三柱式自耦 Y_0/Y_0-12-12 的变压器要得到准确的零序电抗值，只有依靠试验，因为制造厂一般不提供该数据。这给设计运行带来不便。三绕组自耦变压器的零序等值电路如图 6-6 所示。

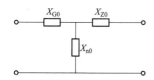

图 6-6　三绕组自耦变压器零序等值电路

图 6-6 中 X_{n0} 为包含有外壳△绕组作用的零序励磁电抗（如有低压△绕组则也包含在内）。为了获得高压零序电抗 X_{G0}、中压零序电抗 X_{Z0} 和低压零序电抗 X_{n0}，也是通过变压器的开路和短路试验来确定，下面简单介绍确定方法。

一般低压星形绕组是属非直接接地电网系统，所以只要在高压和中压之间做试验，即

1）高压侧加零序电压、中压侧开路（低压侧开路），得：

$$X_{G0}+X_{n0}=A \qquad (6-6)$$

2）中压侧加零序电压，高压侧开路（低压侧开路），得：

$$X_{Z0}+X_{n0}=B \qquad (6-7)$$

3）高压侧加零序电压、中压侧三相对中性点短路（低压侧开路），得：

$$X_{G0}+\frac{X_{Z0}X_{n0}}{X_{Z0}+X_{n0}}=C \qquad (6-8)$$

4）中压侧加零序电压、高压侧三相对中性点短路（低压侧开路），得：

$$X_{Z0}+\frac{X_{G0}X_{n0}}{X_{G0}+X_{n0}}=D \qquad (6-9)$$

根据上述四个实测数 A、B、C、D 可推出：

$$X_{n0}=\sqrt{B(A-C)} \qquad (6-10)$$

$$X_{G0}=A-X_{n0} \qquad (6-11)$$

$$X_{Z0}=B-X_{n0} \qquad (6-12)$$

最后乘以 $D=X_{Z0}+\dfrac{X_{G0}X_{n0}}{X_{G0}+X_{n0}}$ 计算值与实测 D 值校核其正确性。

顺便指出，对于有△接线第三绕组的 Y_0 自耦变压器，其零序电抗可直接按制造厂提供的零序短路电抗的 80% 来计算，不必再做试验。

（3）操作过电压问题。实测和模拟试验表明，接有全星形变压器的操作过电压，要比有△接线第三绕组的低。原因是无△绕组时，操作变压器相当于单相跳合闸操作，三相之间彼此影响较小；当有△绕组后，由于绕组内有电流通过，就会使一相的高压绕组与另两相的高压绕组产生耦合作用，所以操作过电压就高。

（4）继电保护问题。当采用全星形自耦变压器时，由于高、中压侧之间的零序电抗很小，而接地支路的零序电抗又比较大，往往会出现高、中压侧线路对侧的零序后备保护与主变压器高、中压侧零序保护不能配合。设计中必须考虑各种运行方式，采取措施，以免中压侧线路或高压侧线路发生单相接地时，造成高压侧对侧线路或中压侧对侧线路越级跳闸。

三、分裂绕组变压器和自耦变压器的选择

1. 分裂绕组变压器的一般使用条件

分裂绕组变压器一般使用在扩大单元接线中，而扩大单元接线多用于下列情况：

（1）当发电厂占地面积特别窄小，必须压缩配电装置间隔时，有时采用两台发电机接一台变压器的扩大单元接线。这种接线简单，减少主变压器及高压断路器台数，节约投资。由于两台发电机接于不同分裂绕组上，所以发电机回路和厂用分支短路容量小（与没有分裂绕组相比），故可选用轻型设备、投资省。

（2）单机容量只占系统容量的 1%～2%（或更小），而发电厂与系统的连接电压又较高，如 50MW 机组升压到 220kV、100MW 机组升压到 330kV、200MW 机组升压到 500kV，由于单机容量偏小，采用单元制接线在经济上不合算，这时也可考虑采用扩大单元制接线。

2. 自耦变压器的一般选用

自耦变压器与同容量的普通变压器相比具有很多优点。如消耗材料少，造价低；有功和无功损耗少，效率高；由于高中压绕组的自耦联系，阻抗小，对改善系统稳定性有一定作用；还可扩大变压器极限制造容量，便利运输和安装。

自耦变压器一般用于以下几种情况：

（1）单机容量在 125MW 及以下，且两级升高电压均为直接接地系统，其送电方向主要由低压送向高、中压侧，或从低压和中压送向高压侧，而无高压和低

压同时向中压侧送电要求者（为达此目的，可按中压侧负荷要求，适当增加接到中压侧机组容量），此时自耦变压器可作发电机升压之用。

（2）当单机容量在 200MW 及以上时，用来作高压和中压系统之间联络用的变压器。

3. 选用自耦变压器时应注意的问题

自耦变压器虽有上述许多优点，但也存在一些缺点，应用时要予以注意。

（1）效益问题。在普通变压器中全部容量是靠磁场从一次侧传输到二次侧的，而在自耦变压器中，有一部分能量是不经过变换而直接传输的，如图 6-7 所示。

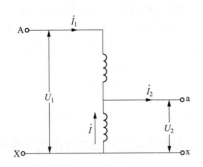

图 6-7　自耦变压器的原理接线

当不考虑自耦变压器的损耗和励磁电流时，可认为一次侧的通过容量和二次侧的通过容量相等，其有效值关系为：

$$U_1 I_1 = U_2 I_2 = U_2(I_1 + I) = U_2 I_1 + U_2 I \qquad (6-13)$$

式中　U_1——一次侧电压；

$\quad\quad U_2$——二次侧电压；

$\quad\quad I_1$——一次侧电流（串联绕组中电流）；

$\quad\quad I_2$——二次侧电流；

$\quad\quad I$——公共绕组中电流。

从式（6-13）看出，自耦变压器的二次侧容量由两部分组成，一部分是通过自耦变压器的串联绕组电路直接传输过来的，即公式的前一项 $U_2 I_1$，另一部分是通过公共绕组的电磁感应传输过来的，即公式中的后一项 $U_2 I$。

$U_1 I_1$ 或 $U_2 I_2$ 称为自耦变压器的通过容量，即所谓自耦变压器的额定容量。该容量标注在变压器的铭牌上。

$U_2 I$ 为自耦变压器公共绕组的容量，一般称为电磁容量或计算容量。自耦变压器的尺寸和材料消耗量仅决定于电磁容量。

假定 K_{12} 为自耦变压器一、二次的电压比，即：

$$K_{12} = U_1 / U_2 \qquad (6-14)$$

则由式（6-14）写出自耦变压器的电磁容量和通过容量的关系为：

$$U_2 I = U_2 I_2 \left(1 - \frac{1}{K_{12}}\right) = U_2 I_2 K_b \qquad (6-15)$$

$$K_b = \left(1 - \frac{1}{K_{12}}\right)$$

式中　K_b——自耦变压器的效益系数。

K_b 永远小于 1。K_{12} 越小，K_b 也就越小；K_{12} 增大，K_b 也增大。由此可见，当两个电网的电压等级越接近时，采用自耦变压器的经济效益是显著的，反之，若电压相差很大，其经济效果就不大。因此，实际应用的自耦变压器，其电压比一般都在 3:1 的范围内较合适。

例如一台 330/220/11kV、240MV·A 自耦变压器，其电磁容量为 80MV·A；同容量但电压比为 330/110/11kV 的自耦变压器其电磁容量为 160MV·A。如有第三绕组，则其最大容量分别为 80MV·A 和 160MV·A。因此，在选用自耦变压器时，应注意其经济效益的大小。

自耦变压器的第三绕组容量，从补偿三次谐波电流的角度考虑，不应小于电磁容量的 35%，而变压器设计时，因绕组机械强度的要求，往往要大于电磁容量的 35%，但最大值一般不超过其电磁容量。

（2）运行方式及过负荷保护。由于自耦变压器公共绕组的容量最大只能等于电磁容量，因此在某些运行方式下自耦变压器的传输容量不能充分利用，而在另外一些运行方式下又会出现过负荷，应注意自耦变压器（与普通变压器相比）在通过容量时的特殊性。

1）自耦变压器用作升压变压器时，由于送电方向主要是从低压送向高压和中压，故要求高低、中低压绕组之间阻抗小。自耦变压器采用升压型结构，低压绕组布置在公共绕组和串联绕组之间。当低压绕组停止运行时，由于自耦变压器高、中压之间漏磁增加而引起大量附加损耗，此时自耦变压器高、中压绕组相互间的通过容量要小于额定容量。为此升压型自耦变压器除了在高压、低压及公共绕组装设过负荷保护外，还应增设特殊的过负荷保护，以便在低压侧无电流时投入。

2）用作联络变压器时，如图 6-8 所示，联络变压器的高、中压侧功率交换很大，而且方向不定，其第三绕组一般接有启动/备用变压器，有的还接有低压并联电抗器。由于正常运行为高、中压侧的功率交换，要求高、中压绕组间的阻抗小，所以结构型式采用降压型。

这种自耦变压器承担系统联络任务，有各种不同的运行方式。

中压侧与低压侧的传输容量达到电磁容量时，高压侧便不能向中压送电。因此，低压侧所接负荷不宜太大。在低压侧负荷较大或经常出现都向中压侧送电的运行方式时，不宜采用自耦型，否则需另外增大公共绕组的容量（如由 120/120/60kV·A 改为 120/150/60kV·A）。

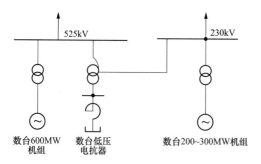

图 6-8　HD500kV 系统发电厂接线示意

图 6-8 中表示 HD 电厂在初期 230kV 母线上安装数台 200～300MW 机组，除供给 220kV 负荷外，还有部分电力通过联络变压器向 500kV 电网送电。而 500kV 初期输送功率较小，线路充电功率很大，故在第三绕组上安装数台低压电抗器，以吸收多余的无功。对这种联络变压器，在选择第三绕组容量时，为保险起见，以中压侧（230kV）同时向高压侧和低压侧送电作为校验条件，这种运行方式传输容量的大小往往受到公共绕组容量（即电磁容量）的限制。为了解决这个矛盾，如果投资增加不多，有时需适当增大公共绕组的容量，以满足系统的要求。联络用的自耦变压器一般在高压、低压和公共绕组均装设过负荷保护。

当这种自耦变压器第三绕组接有调相机和并联电容器组时，要注意第三绕组容量是否满足系统运行要求。运行方式是高、低压侧同时向中压侧送电，输送容量往往也要受到公共绕组（电磁容量）的限制，有时也可适当加大公共绕组容量来满足负荷的要求。

（3）调压及分接头选择。自耦变压器一般采用中性点带负荷调压，对高、中、低压都有牵连，特别是当高低绕组间的阻抗偏大时，会给运行带来一些麻烦，选用时应予以注意。

自耦变压器中性点的有载调压，从图 6-9 可以得出高、低压侧相关调压的概念，即调节高压侧匝数或电动势时，低压侧的匝数或电动势也同时发生变化。

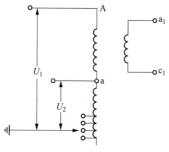

图 6-9　中性点调压示意图

普通变压器，当一次电压波动时，为了得到稳定的二次电压，一次绕组匝数做相应调整以维持每匝电动势不变，即维持铁芯磁通密度不变。如高压侧电压升高，则应增加高压绕组匝数；而中性点调压的自耦变压器则要减少匝数，以维持二次电压不变。这就导致每匝电动势增加，即导致铁芯更加饱和。在低压绕组接有无功设备和所用或厂用启动/备用变压器时，必须仔细核算在调压前后各侧的电压关系。

【例 6-1】 一台电压比为 345/230±6×1.67%/11kV 的自耦变压器，当高压侧电压升高到 355kV 时，要求中压侧仍维持 230kV。试确定分接头位置、调压后低压侧电压和铁芯磁通密度变化量。

解：设 W_1、W_2、W_3 分别为高、中、低绕组匝数，ΔW 为需调整的匝数。

则　　$W_1:W_2:W_3=U_1:U_2:U_3=345:230:11$

即可假定：$W_1=345$ 匝，$W_2=230$ 匝，$W_3=11$ 匝，

调整前后的中压侧电压应维持不变，其调整后的匝数比和电压比为：

$$\frac{W_1-\Delta W}{W_2-\Delta W}=\frac{355}{230}=1.54$$

$$0.54\Delta W=1.54W_2-W_1=355-345=10$$

$$\therefore \quad \Delta W=18.52（匝）$$

每挡抽头调整电压为 1.67%，则相应变化的匝数为：

$$230\times1.67\%=3.84（匝）$$

调整 ΔW 匝数，需调的抽头挡数为 18.52/3.84=4.82≈5。

分接头的位置应放到 −5×1.67% 位置上，这样实际调整减少的匝数 $\Delta W=3.84\times5=19.2$（匝）。再重新核算调整后中压侧的实际电压为：

$$U_2=355\times\frac{W_1-\Delta W}{W_2-\Delta W}=355\times\frac{210.8}{325.8}\approx229.7(kA)$$

每匝电动势为：$\dfrac{355}{W_1-\Delta W}=\dfrac{355}{325.8}\approx1.09$（kV/匝）

未调分接头时，每匝电动势为：$\dfrac{345}{345}=1$（kV/匝）

铁芯磁通密度的变化量为：$\dfrac{\Delta B}{B}=\dfrac{\Delta E_0}{E_0}=\dfrac{1.09-1}{1}=$

9%，即比调分接头前铁芯磁通密度增加 9%。

第三绕组电压 $U_3=11\times1.09=11.99$（kV）。

（4）阻抗问题。当低压绕组接有调相机（或电容器组）、并联电抗器，并向高压侧送出或吸收无功时，要注意自耦变压器高、低绕组间阻抗很大这一特点。有时因阻抗大，使调相无功发不出去，或在吸收大量无功时，低压侧母线电压偏低，从而使无功设备不能充分发挥作用。解决途径是减少阻抗或改变变压器

的变比，前者将使低压侧短路电流增大，造成设备选择较困难；后者则比较容易实现。

如某变电站有一台容量比为 240/240/40MV·A 的自耦变压器，第三绕组接有 30Mvar 调相机，原要求高低压绕组之间的阻抗为 36%（240MV·A 时），变比为 330±2×1%/242/11kV，后因变压器结构设计的要求，其高、低压绕组间阻抗达到 94.5%（240MV·A 时）。由于电容电流通过变压器阻抗后电压升高，从而使变压器端的电压高于调相机的最高工作电压，所以调相机不能向 330kV 送出无功功率。其等值电路如图 6-10 所示。

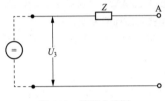

图 6-10　等值电路图

图 6-10 中，变压器低压侧空载电压 U_3 为 11kV；Z 为高低绕组间阻抗百分数，换算到调相机容量 30Mvar 时为 $94.5\% \times \dfrac{30}{240} = 11.8\%$。这就意味着调相机容量发足时，通过阻抗后电压升高 11.8%，即 A 点的电位为 $11 + 11 \times 11.8\% \approx 12.3$（kV），而调相机的最大工作电压只有 11.5kV，故无功送不出去。若将变比改为 330±2×1%/242/10.5kV，这样一点电位为 $10.5 + 10.5 \times 11.8\% \approx 11.74$（kV），虽略高于调相机最大工作电压，但可送出 25Mvar 无功容量。

此外，发电厂中的自耦型联络变压器第三绕组一般接有启动/备用变压器，往往因高、低压或中、低压绕组间阻抗偏大而无法保证自启动，所以要对自启动容量进行验算。解决办法：①要求制造厂改变绕组间的排列顺序以降低阻抗；②将参加自启动的负荷根据其重要性进行分类，按不同时限来参加自启动。

由于自耦变压器高、中压绕组间的自耦联系，其阻抗比普通变压器小，同时它的中性点要直接接地或经小电抗接地，所以使单相和三相短路电流急剧增加。有时单相短路电流会超过三相短路电流，造成选择高压电气设备的困难和对通信线路的危险干扰。当采用自耦变压器时，应计算三相和单相短路电流，以便提出限制短路电流的措施。此外，在计算短路电流时，要注意厂家给的短路阻抗百分数是以哪个容量作基准，以免弄错。

（5）中性点接地问题。在电力系统采用自耦变压器后，自耦变压器的中性点必须直接接地，或者经小电抗接地，以免高压网络发生单相接地时，自耦变压

器中压绕组出现过电压。

现分析当自耦变压器中性点不接地时，以下几种情况所产生的过电压。

1）系统中性点不接地的情况。如图 6-11 所示，正常情况下自耦变压器高、中压侧额定相电压分别为 U_{A1}、U_{B1}、U_{C1} 和 U_{A2}、U_{B2}、U_{C2}，K_{12} 为高、中压额定变压比。

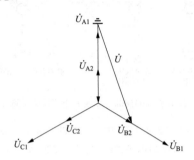

图 6-11　高压 A 相接地时自耦变压器高、中压相量图

当高压网络 A 相发生单相接地时，从图 6-12 可见，中性点发生位移，中压侧两个非故障相对地电压升高到 U，即：

$$U = \sqrt{U_{A1}^2 + U_{B2}^2 - 2U_{A1}U_{B1}\cos 120°} \tag{6-16}$$

若假定 U_1、U_2 为高、中压侧的线电压，则式（6-16）变成：

$$U = \frac{1}{\sqrt{3}}\sqrt{U_1^2 + U_2^2 - U_1 U_2} \tag{6-17}$$

如 U_1=220kV，U_2=110kV 代入式（6-17），则：

$$U = \frac{1}{\sqrt{3}}\sqrt{220^2 + 110^2 - 110 \times 220} = 168（kV） \tag{6-18}$$

而正常时，其值为 $\dfrac{110}{\sqrt{3}} = 65.3$kV；采用普通变压器时，其对地电压为 110kV。由此可见自耦变压器变比越大，则中压侧绕组过电压倍数越高。

2）系统中性点接地的情况。这是线路接地所引起的自耦变压器过电压最严重的情况。图 6-12 中这种运行方式相当于从中压侧给自耦变压器空载充电。从图中可以看出系统的相电压施加于自耦变压器的串联绕组上，结果使自耦变压器 A 相芯柱过饱和，其过饱和倍数就是公共绕组 a-0 与串联绕组 A-a 的匝数比，即 $\dfrac{U_1}{U_2 - U_1}$，从而在绕组中产生很高的过电压。从图 6-12（b）中可见，线端 a、b、c 间的电压不变，均等于 U_1。线端 A 电位等于地电位，并位于线电压三角形的中心，而端点 a、b、c 对地电位仍为相电压 $U_1/\sqrt{3}$。自耦变压器中性点 O 对地电位则升高到：

$$U_{OA} = \frac{U_1}{\sqrt{3}} \times \frac{U_2}{U_2 - U_1} \tag{6-19}$$

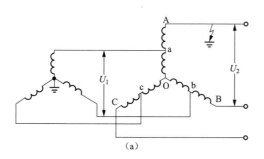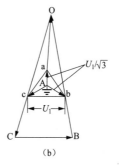

图 6-12 系统单相接地自耦变压器的过电压和相量图（中压侧充电）

（a）接线图；（b）相量图

自耦变压器 b、c 端对中性点 O 的电压为：

$$U_{bo} = U_{co} = \sqrt{U_{AO}^2 + \frac{U_1^2}{3} - \frac{2U_1 U_{AO} \cos 120°}{\sqrt{3}}}$$

$$= \sqrt{U_{AO}^2 + \frac{U_1^2}{3} + \frac{U_1 U_{AO}}{\sqrt{3}}} \qquad (6\text{-}20)$$

线端 B、C 对中性点 O 的电位为：

$$U_{BO} = U_{CO} = \frac{U_2}{U_1} \sqrt{U_{AO}^2 + \frac{U_1^2}{3} + \frac{U_1 U_{AO}}{\sqrt{3}}} \qquad (6\text{-}21)$$

线端 B、C 对地电位近似等于：

$$U_{BA} = U_{CA} \approx U_{Bb} + U_{bA} = U_{BO} \frac{U_2 - U_1}{U_2} + \frac{U_1}{\sqrt{3}}$$

$$= \frac{U_2 - U_1}{U_1} \sqrt{U_{AO}^2 + \frac{U_1^2}{3} + \frac{U_1 U_{AO}}{\sqrt{3}}} + \frac{U_1}{\sqrt{3}} \qquad (6\text{-}22)$$

公式中可以有量纲，也可用标幺值，且公式形式不变。

例如，U_2=330kV（标幺值为 1），U_1=220kV（标幺值为 0.667）。A 相接地时 A 相芯柱饱和倍数为 $\frac{U_1}{U_2 - U_1} = \frac{0.667}{1 - 0.667} = 2$，可以求得：

自耦变中性点 O 对地电压为：

$$U_{AO} = \frac{0.667}{\sqrt{3}} \times \frac{1}{1 - 0.667} \approx 1.156$$

即为高压线电压的 1.156 倍。

线端 B、C 对中性点 O 的电位为：

$$U_{BO} = U_{CO} = \frac{1}{0.667} \sqrt{1.156^2 + \frac{0.667^2}{3} + \frac{1.667 \times 1.156}{\sqrt{3}}}$$

$$\approx 2.08$$

即为额定线电压的 2.08 倍。这时 B、C 相芯柱饱和倍数为 $\sqrt{3} \times 2.08 = 3.6$，即为额定值的 3.6 倍。

线端 B、C 的对地电位为：

$$U_{BA} = U_{CA} \approx \frac{1 - 0.667}{0.667} \sqrt{1.156^2 + \frac{0.667^2}{3} + \frac{0.667 \times 1.156}{\sqrt{3}}}$$

$$+ \frac{0.667}{\sqrt{3}} \approx 1.08$$

即为高压线电压的 1.08 倍，或为额定相电压的 1.87 倍。中压侧线端各点都不承受过电压。如果这种运行方式发生在中压侧接地，则既不导致过电压，也不导致铁芯过饱和。

但如果由高压侧向自耦变压器空载充电，当中压侧发生单相接地时（如图 6-13 所示），又会出现与上述相似的过电压。

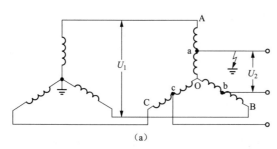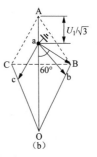

图 6-13 系统单相接地自耦变的过电压和相量图（高压侧充电）

（a）接线图；（b）相量图

从图 6-13 可见，系统的相电压施加到串联绕组 A-O 上，因此 A 相芯柱过饱和，其倍数为 $\frac{U_1}{U_1 - U_2}$。

中性点对地电位如图 6-13（b）所示。

$$U_{Oa} = \frac{U_1}{\sqrt{3}} \times \frac{U_2}{U_1 - U_2} \qquad (6\text{-}23)$$

B、C 端对中性点 O 的电位为：

$$U_{BO} = U_{CO} = \sqrt{U_{Oa}^2 + \frac{U_1^2}{3} - \frac{2U_{Oa}U_1}{\sqrt{3}}\cos 60°} \qquad (6-24)$$
$$= \sqrt{U_{Oa}^2 + \frac{U_1^2}{3} - \frac{U_{Oa}U_1}{\sqrt{3}}}$$

此时中压侧线端 b、c 对地电位受到高压侧线电压 U_{AB} 和 U_{AC} 的限制，其值在高、中压侧电压差很小的情况下，接近于线电压。

例如，U_1=330kV（标幺值为 1），U_2=220kV（标幺值为 0.667），接地相芯柱饱和倍数为 $\frac{1}{1-0.667}=3$，即为未饱和前额定值的 3 倍。同时可求得：

中性点对地电位为：

$$U_{Oa} = \frac{1}{\sqrt{3}} \times \frac{0.667}{1-0.667} \approx 1.156$$

即为高压线电压的 1.156 倍。

线端 B、C 对中性点的点位为：

$$U_{BO} = U_{CO} = \sqrt{1.156^2 + \frac{1}{3} - \frac{1.156}{\sqrt{3}}} \approx 1$$

此时 B 和 C 芯柱饱和倍数为 $1\times\sqrt{3}=1.732$，即为额定值的 1.732 倍。

另外，自耦变压器的中性点接地而系统的中性点绝缘，当中压或高压发生单相接地时，不难知道自耦变压器一相呈短接闭合回路，其电压降落到零。自耦变压器成为开口三角形连接，加到自耦变压器每一相上的是线电压。这与 Y/Y 连接的普通变压器相似，即健全相的电压由相电压升高到线电压（即为 $\sqrt{3}$ 倍），铁芯饱和也增大到同样的倍数。

综上所述，自耦变压器必须用于中性点直接接地系统，而自耦变压器的中性点也必须直接接地或经小电抗接地。

（6）继电保护问题。由于自耦变压器高压侧与中压侧有电的联系，有共同的接地中性点，并直接接地。为此自耦变压器零序保护的装设与普通变压器不同。自耦变压器高、中压两侧的零序电流保护，应接于各侧套管电流互感器组成的零序电流过滤器上，并根据选择性的要求装设方向元件。

另外，在某些情况下，自耦变压器低压侧发生接地故障、纵联差动保护灵敏度不能满足要求时，要根据具体情况装设零序电流差动保护。

（7）过电压问题。自耦变压器中的冲击过电压比普通变压器要严重得多。其原因是：①高、中压侧绕组有电的联系，高压侧出现的过电压波能直接传到中压侧；②从高压侧线路上进入的冲击波加在自耦变压器的串联绕组上，而串联绕组的匝数通常比公共绕组的匝数少得多，因此在公共绕组中感应出来的过电压大大超过

侵入波的幅值。

由图 6-14（b）可见，起始阶段过电压波作用于串联绕组上的。图 6-14（c）可见公共绕组将感应出电压，由于公共绕组的两端可认为是接地的，所以最高的感应电压将出现在绕组的中部。过电压保护规程规定，在自耦变压器的两个自耦绕组出线上应装设避雷器。当采用氧化锌避雷器时，高压与中压侧的避雷器额定电压尚应有必要的配合，选择方法详见第十四章。

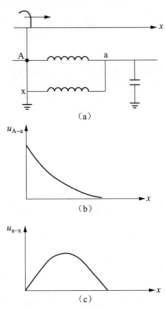

图 6-14　在中性点接地的自耦变压器中冲击电压的起始分布
（a）接线图；（b）在串联绕组内；（c）在公共绕组内

四、变压器直流偏磁抑制措施

1. 中性线路中的直流电流

变压器直流偏磁是变压器的一种非正常工作状态。中性点接地的变压器，可能会受到流过中性点的直流的影响。在高压直流输电系统中，当采用单极大地回线运行方式或双极不对称运行方式时，大地中回流的直流电流就会流入到中性点接地的变压器绕组。

当变压器受到中性点直流的影响时，会导致磁路直流偏磁，使励磁电流变得严重不对称，并含有高次谐波分量。还可能产生如下结果：振动加剧，会造成变压器内部紧固件的松动，对变压器的安全运行构成威胁；声级水平上升，噪声增大；造成保护继电器故障和误动作，SVC 过载跳闸等事故，对电网的安全运行构成严重威胁；杂散磁通导致过热，引起金属结构件和油箱过热，破坏绝缘，影响变压器的寿命；励磁电流明显增大，导致变压器消耗的无功增加，造成系统电压跌落、无功波动；空载损耗增加。

此现象取决于直流对铁芯的励磁能力及铁芯设

计，其影响的结果与直流电流的幅值、持续时间、铁芯结构及变压器的设计有关。

2. 变压器允许的直流电流

DL/T 437—2012《高压直流接地极技术导则》规定：交流变压器（包括给电气化铁道的供电变压器和机车牵引变压器）允许通过的直流电流值与其设计、材料、结构及制造工艺有关。制造厂商宜提供相关的技术要求。如制造厂商不能提供技术要求，变压器每相绕组的允许直流电流暂定为：单相变压器为额定电流的 0.3%，三相五柱式变压器为额定电流的 0.5%，三相三柱式变压器为额定电流的 0.7%。

按国家标准规定，电力变压器在超过 5% 的额定电压下也能长期运行，此时的励磁电流将较额定电压下的励磁电流大 50%。即流过变压器绕组的直流电流引起的励磁电流增量不大于额定值的 50% 是可以接受的。

对于变压器绕组允许通过的直流电流问题，通过部分国内外变压器厂家提供的资料进行分析，可以得出以下结论：

（1）与磁密取值有关。对于冷轧硅钢片，磁密在 1.65～1.7T 之间时，变压器绕组允许通过的直流为额定电流的 0.45%～0.55%。

（2）与变压器硅钢片磁导率特性有关。磁导率越高（优质冷轧硅钢片），允许通过的直流电流越小。对于热轧硅钢片（老式变压器），变压器绕组允许通过的直流电流较大，可达额定电流的 1%。

（3）与变压器类型有关。由于单相和三相五柱式变压器具有较低的直流磁阻抗，所以允许通过的直流电流较普通三相三柱式变压器稍小。

3. 直流偏磁抑制装置选型

从电力系统安全、稳定运行的角度出发，对于理想的直流偏磁补偿、削弱和消除设备来说，其应具备下面的特点：

（1）能够有效的补偿、削弱或消除直流偏磁现象；

（2）能够承受一定的直流电压；

（3）对于交流系统运行，能够提供一个有效的接地系统，特别是在产生中性点大电流的瞬变过程中；

（4）允许通过比较小的持续交流电流，例如中性点不平衡电流；

（5）在故障情况下，短时、高幅值交流中性点电流可以流过；

（6）对于变压器中性点对地电压，应能够保证在设备绝缘的允许范围内。

由此可见，对于电力系统可能出现的直流电流，除了应采取相应的补偿、削弱和消除措施外，还应该保证直流不对电力系统的可靠、安全运行产生影响。采取的相应策略是：当变压器中性点没有直流电流或直流电流在允许的范围内时，不投入补偿或消除设备

运行；若直流电流对电力变压器或电力系统其他设备的安全、稳定运行造成有害影响时，则投入该设备运行；在补偿或消除设备运行期间，当电力系统发生扰动时（例如可能引起较高的中性点电压或中性点电流），通过监控，提供一个高速旁路装置，这种高速旁路装置能够迅速将中性点电路中的有关组件（如补偿绕组、电阻或电容）瞬时从中性点到地旁路。此外，还应将监视系统安装在容易遭受直流攻击的场所，同时对变压器绕组和中性线中的电流进行测量，通过测得的直流、交流以及各次谐波的含量，自动判断变压器是否因不正常的直流入侵而饱和，通过适当的传感器和检测软件相配合，大量输入信息可同时被检测系统收集到，如记录温度、声音、地磁场、气相的变化以及系统中电抗器、电容器和滤波器电流的变化来预估直流偏磁的影响。

抑制变压器中性线直流电流的方法主要包括小电阻限流法、电容隔直法、注入反向电流法以及电位补偿法。

（1）小电阻限流法。

小电阻限流法是在变压器中性线串接一个小阻值的电阻，增加直流通路的阻力，抑制直流电流。其基本原理如图 6-15 所示。

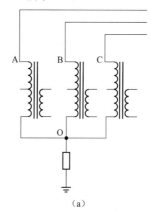

（a）

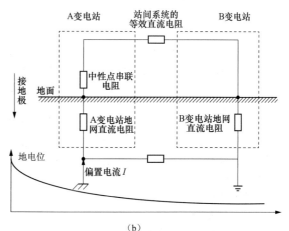

（b）

图 6-15　小电阻限流法原理图

（a）装置原理；（b）作用原理

理论上小电阻只要机械和电气参数满足要求，就能够长期使用不需任何保护，但是从经济、占地等各方面权衡，可以在小电阻两端并联保护间隙，用于释放当电网出现三相不平衡故障时零序大电流在小电阻上产生的高压，从而减少瞬时电流对小电阻的冲击。因此，小电阻限流法装置应具有如下特点：

1）阻值较小，利于制造，对系统影响小。

2）为减少短路时电阻温升过高的危险，电阻两端可配有保护装置（放电间隙）。

小电阻阻值的选取比较复杂，阻值的选取跟地下分布电阻及线路阻抗有关，如果电阻值过大，会造成中性点的过电压较高，对保护也有较大影响；而电阻值过小，则会影响直流抑制效果；而且当电网运行方式改变时电阻值需要根据运行方式调整。当设置保护间隙时，其放电受环境因素的影响比较大，放电误差也比较大，很难保证其动作的可靠性，对变压器的安全运行可能造成一定的风险。

采用电阻隔直，简单实用、经济性好，但不能保证变压器中性点的有效接地，且会影响系统的继电保护装置。除此之外，当系统故障时，串联电阻会使中性点电位升高，且针对不同电压等级的变压器需要考虑不同的绝缘水平，易受电网结构改变的影响。

（2）电容隔直法。电容隔直法是在变压器中性点串接一个电容器，利用其隔直通交的特点，直接阻断变压器的直流通路，从而彻底消除了变压器的直流偏磁。其基本原理如图 6-16 所示。

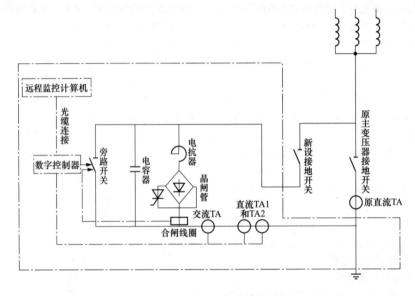

图 6-16 电容隔直法原理图

当电容器的容量足够大时（即交流容抗足够小时），不会对保护及安全自动装置的动作产生影响。

通常会与隔直电容支路并联一个接地开关支路和一个晶闸管控制的限流电抗器支路作为电容器的旁路系统，以切换变压器中性点的工作状态和保护电容器。当检测到变压器中性点直流偏磁电流超过限值时，接地开关打开，电容器接入变压器中性点，达到隔直的作用。当系统发生不对称短路故障，电容器两端电压超过限值时，晶闸管由于其动作时间短会先行导通并通过短路电流，同时给机械开关发出合闸指令，当机械开关合闸后短路电流经本支路流向大地。

串联电容法的优点是，可以彻底阻断直流电流的通路；缺点是，可能会增大其他变压器中性点的直流电流。因为在实际操作中发现，为了使某台变压器的直流偏磁消除，不得已断开接地，但其他变电站的变压器中性点直流电流会增大，从而引起了

直流偏磁现象。

（3）注入反向电流法。注入反向电流法是借助有源注入直流电流直接抵消大地电流窜入变压器中性点的直流电流，从而抑制变压器直流偏磁。其基本原理如图 6-17 所示。

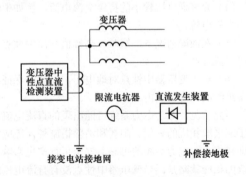

图 6-17 注入反向电流法原理图

该方法需要在发电厂（变电站）外择址另建辅助接地极，为中性线注入电流提供回路。注入电流中的一部分电流直接流入发电厂（变电站）内接地网，另一部分电流（通常是小部分）流入变压器中性线，抵消直流输电地中电流产生的中性线电流，并经交流电网中其他变压器中性点流回大地，与前一部分直接入地的电流汇合，从辅助接地极流回，形成回路。

该方法无须改变变压器中性点接地方式，运行起来较安全。但是需要在变压器周围敷设反向注入接地极，工程量较大，而且反向注入的电流效率很低，只有 20% 左右的注入电流流入变压器中性点，其他 80% 的注入电流则有可能对周围其他电气系统造成新的直流危害。此外电流源容量大，注入接地网的电流增加了电厂（变电站）地网的负担。

（4）电位补偿法。电位补偿法是利用串接在变压器中性点与地网之间由双向可变直流电流源和小电阻构成的电位补偿元件，部分或全额补偿地中电流引起的交流电网各接地极电位的差值，使交流电网变压器中性点电位相近或相同，从而有效抑制变压器中性点直流电流的一种方法。就其原理可以消减任何强度的大地电流对交流电网的冲击。其基本原理如图 6-18 所示。

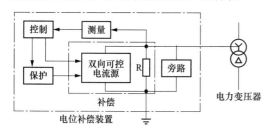

图 6-18 电位补偿法原理图

电位补偿法与其他限制变压器中性点直流电流的方法相比，在保持变压器中性点有效接地的前提下能抑制和消除变压器中性点的直流分量，对继电保护的可能影响以及雷击或电网短路故障时变压器中性点电位的变化也较小电阻限流法、电容隔直法小，需要电流源设备但无需另建辅助接地极，不存在辅助接地极寻址困难以及辅助接地极入地电流对周边环境的影响，适应电网结构和运行方式变化的能力强。

第三节 主变压器阻抗和电压调整方式的选择

一、主变压器阻抗的选择

1. 阻抗选择原则

变压器的阻抗实质就是绕组间的漏抗。阻抗的大小主要决定于变压器的结构和采用的材料。当变压器的电压比和结构、型式、材料确定之后，其阻抗大小一般和变压器容量关系不大。

从电力系统稳定和供电电压质量考虑，希望主变压器的阻抗越小越好；但阻抗偏小又会使系统短路电流增加，高、低电气设备选择遇到困难；另外阻抗的大小还要考虑变压器并联运行的要求。主变压器阻抗的选择要考虑以下原则：

（1）各侧阻抗值的选择必须从电力系统稳定、潮流方向、无功分配、继电保护、短路电流、系统内的调压手段和并联运行等方面进行综合考虑；并应以对工程起决定性作用的因素来确定。

（2）对双绕组普通变压器，一般按标准规定值选择。

（3）对三绕组的普通型和自耦型变压器，其最大阻抗是放在高、中压侧还是高、低压侧，必须按上述第（1）条原则来确定。目前国内生产的变压器有"升压型"和"降压型"两种结构："升压型"的绕组排列顺序为自铁芯向外依次为中、低、高，所以高、中压侧阻抗最大；"降压型"的绕组排列顺序为自铁芯向外依次为低、中、高，所以高、低压侧阻抗最大。

2. 分裂变压器阻抗计算

在电力系统中采用的分裂变压器，多为一个高压绕组、两个低压绕组，即两级电压、三个绕组（见图 6-19）。

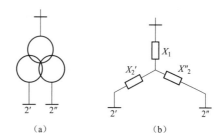

图 6-19 分裂变压器等值接线图

制造厂商通常给出分裂变压器的穿越电抗 X_{1-2}、半穿越电抗 $X_{1-2'}$ 和分裂系数 K_f 的数值。而在短路电流计算中，需要知道高压绕组的电抗 X_1 和两个分裂绕组的电抗 $X_{2'}$、$X_{2''}$，以便进行网络变换。

设两个分裂绕组的电抗 $X_{2'}$ 和 $X_{2''}$ 相等，它们之间的电抗称为分裂电抗 $X_{2'-2'}$，且有 $X_{2'-2'} = X_{2'} + X_{2''} = 2X_{2'}$。

穿越电抗 X_{1-2} 是高压绕组与总的低压绕组（两分裂绕组并联）间的穿越电抗，即 $X_{1-2} = X_1 + X_{2'} \| X_{2''} = X_1 + \frac{1}{2}X_{2'}$。

半穿越电抗 $X_{1-2'}$ 是高压绕组与一个低压绕组间

的穿越电抗，即为 $X_{1-2'} = X_1 + X_{2'}$。

分裂系数 K_f 是分裂绕组间的分裂电抗 $X_{2'-2'}$ 与穿越电抗 X_{1-2} 的比值，即 $K_f = \dfrac{X_{2'-2'}}{X_{1-2}}$，或 $X_{2'-2'} = K_f X_{1-2}$。

根据以上定义，可以直接写出：

$$X_{1-2} = X_1 + \frac{1}{2}\left(\frac{1}{2} X_{2'-2'}\right) = X_1 + \frac{1}{4} K_f X_{1-2}$$

或

$$X_1 = X_{1-2}\left(1 - \frac{1}{4} K_f\right)$$

$$X_{2'} = X_{2'} = \frac{1}{2} K_f X_{1-2}$$

具体的数值计算，可见第四章短路电流计算中的算例 1。

3. 双绕组变压器的电压降计算

变压器的额定电压是指端子间指定施加的电压或空载时感应出的电压，当施加在一个绕组上的电压为额定值时，在空载情况下，所有绕组同时出现各自的额定电压值。

变压器带负载后，内部漏抗产生电压降落。因此，负载条件下的最大输出电压为额定电压减去一个电压降。为了满足规定负载条件下的输出电压，就需要确定变压器的额定电压和电压降。

电压降为绕组的空载电压与同一绕组在规定负载及规定功率因数时，在其端子上产生的电压之间的算术差，此时另一绕组施加的电压等于：

——额定电压，此时变压器接到主分接头（绕组的空载电压等于额定电压）；

——分接电压，此时变压器接到其他分接头。

变压器空载时的二次电压为 U_{20}，连接负载后的二次端子电压为 U_2，二次端子额定电压为 U_{2N}，当采用主分接时 $U_{20} = U_{2N}$。此差值通常表示为百分数，即电压调整率 Δu。

$$\Delta u = \frac{U_{20} - U_2}{U_{2N}} \times 100\% = \frac{U_{1N} - U_2'}{U_{1N}} \times 100\%$$

式中，U_2' 是 U_2 折算到一次的电压。

电压调整率 Δu 与变压器短路阻抗和负载电流性质有关。在工程应用中，可采用变压器简化等效电路，电压调整率 Δu 可近似的采用下式进行计算。

$$\Delta u \approx \beta \times (u_{kr} \cos\varphi_2 + u_{kx} \sin\varphi_2) \times 100\%$$

式中 u_{kr}——短路电抗的电阻分量；

u_{kx}——短路电抗的电抗分量；

$\cos\varphi_2$——负载功率因数，$\sin\varphi_2$ 可由 $\cos\varphi_2$ 计算得出；

β——负载系数，实际负载与额定容量的比值

或实际负载电流与额定电流的比值。

二、主变压器电压调整方式的选择

1. 调压方式简介

变压器的电压调整是用分接开关切换变压器的分接头，从而改变变压器变比来实现的。切换方式有两种：不带电切换，称为无励磁调压，调整范围通常在 ±5% 以内；另一种是带负载切换，称为有载调压，调整范围可达 30%。

调压方式对变压器的可靠性、制造成本和运行成本影响非常大，在满足电网电压变动范围的情况下，应优先选用无调压方式。

（1）有载分接调压，可靠性差，制造成本和运行成本高，但调压灵活；

（2）无励磁调压，制造成本和运行成本较低；

（3）无调压结构，可靠性高，制造成本和运行成本低，但无法通过变压器自身进行调压，适用于升压变压器或电压较稳定的降压变压器。

2. 调压方式选用原则

变压器调压方式选用的一般原则如下：

（1）无调压变压器一般用于发电机升压变压器和电压变化较小且另有其他调压手段的场所。

（2）无励磁调压变压器一般用于电压波动范围较小，且电压变化较少的场所。

（3）有载调压变压器一般用于电压波动范围较大，且电压变化比较频繁的场所。

（4）在满足使用要求的前提下，能用无调压的尽量不用无励磁调压；能用无励磁调压的尽量不采用有载调压。无励磁分接开关应尽量减少分接数目，可根据电压变动范围只设最大、最小和额定分接。

（5）自耦变压器采用公共绕组中性点侧调压者，应验算第三绕组电压波动不致超出允许值。在调压范围大、第三绕组电压不允许波动范围大时，推荐采用中压侧线端调压。对于特高电压变压器可以采用低压补偿方式，补偿低压绕组电压。

（6）并联运行时，调压绕组分接区域及调压方式应相同。

3. 设置有载调压的原则

发电厂主变压器设置有载调压的原则如下：

（1）接于出力变化大的发电厂的主变压器，或接于时而为送端、时而为受端母线上的发电厂联络变压器，一般采用有载调压方式。

（2）发电机出口装设断路器时，主变压器可根据系统要求考虑采用有载调压方式。

4. 调压绕组的位置选择

自耦变压器有载调压方式，有公共绕组中性点侧调压、串联绕组末端调压及中压侧线端调压三种。

应根据变压器的电压、容量、运行方式要求等进行选择。

（1）中性点侧调压方式：中性点侧调压方式的优点是调压绕组及调压装置的工作电压低，绝缘水平要求较低。三相变压器可使用三相分接开关，分接抽头电流较小，因而造价低、可靠性高。但这种调压方式在调压时，第三绕组电压会出现电压偏移现象，当升高中压侧电压时，同时将降低低压侧的电压。另外，调压过程中，主绕组的感应电势亦随之变化，从而可能出现过励磁现象，如果第三绕组连接有电抗器、电容器或调相机等调相设备，会更加剧电压升高的数值，使运行特性变坏。在发电厂中，如用于联络变压器，低压绕组不接任何电源，将可减轻调压问题所造成的困难。

因此，中性点侧调压方式适用于容量较小、电压较高、变比较大的自耦变压器。

（2）中压侧线端调压方式：将有载分接开关直接接于中压侧出线端部的中压侧线端调压方式，其最大优点是在高压侧电压保持不变、中压侧电压变化时，可以按电压升高与降低相应地增加或减少匝数，保持每匝电势不变，从而保证自耦变压器铁芯磁通密度为一恒定数值，消除了过励磁现象，使第三绕组电压不致发生波动。如果高压侧电压变化时，变压器的励磁状态虽然也会发生变化，影响到低压侧的电压数值，但这种变化远较中性点调压方式为小，并不会大于电压变动范围。

这种调压方式在调压过程中，会引起变压器的电抗参数变化和效益系数的改变。在制造方面，当高压侧受到电压冲击时，对具有电气直接联系的中压侧调压绕组和切换装置，需要加强保护，其绝缘水平亦要求较高，造价也随之提高。

因此，中压侧线端调压适用于中压侧电压变化较大的情况。如果自耦变压器主要是将高压侧电能向中压侧传输，由于低压侧负荷较小，高压侧电压变化时所受影响不大，亦可考虑采用这种调压方式。

（3）串联绕组末端调压方式：在高压侧进行直接调压的串联绕组末端调压方式，也是一种保证铁芯磁通密度恒定的线端调压方式。它可以在中压侧电压不变、高压侧电压变化时，改变匝数，保证低压电压稳定。但是，随着可调电压的提高，对调压绕组和分接开关的绝缘水平要求更高，切换电流越大，结构更为复杂，在制造技术上会遇到更大的困难。对调压绕组的空间位置、连接方式以及和其他绕组的相互位置，都要进行最佳选择，以保证调压过程中的最少电抗偏离。

因此，串联绕组末端调压适用于大容量自耦变压器且其高压侧电压变化较大的情况。

第四节　变压器的运输

一、铁路运输

1. 运输外限尺寸

变压器运输的外限尺寸必须满足铁路运输的装载限制，我国规定的全国铁路标准运输外限如图6-20所示。

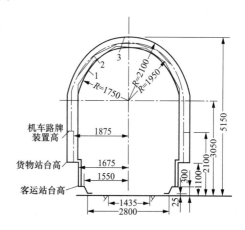

图6-20　全国铁路标准运输外限图（单位：mm）

图6-20中的折线1表示正常运输限界，超过此限界的零部件必须拆卸；折线2表示三级超限运输限界（此时运费要增加70%），超过此限界为超级超限，需经铁道部特殊许可；曲线3表示建筑限界。

图6-21为变压器制造厂提供的变压器运输尺寸图，$R=1950$mm表示大型变压器的运输限界。

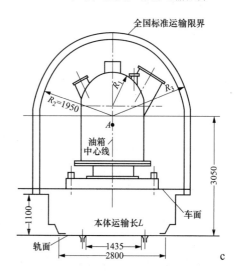

图6-21　变压器运输尺寸图（单位：mm）

A—重心，其高度为绕组高度中心线至台车平面

2. 超限运输的技术措施

当运输尺寸稍大于运输限界时，要征得铁路运输部门的同意并采取相关运行措施以后，可以实现运输。

据交通运输部有关规定，超限货物的运输要求如下：

（1）任何超限部位与建筑限界之间的距离（限界距离）在 100～150mm 之间时，车速不超过 15km/h；

（2）限界距离在 150～200mm 之间时，车速不超过 25km/h；

（3）限界距离不足 100mm 时，由铁路局根据实际情况确定。

同时超限货物在电气化区段运输时，根据交通运输部有关规定，超限货物的运输要求如下（海拔小于1000m）：

（1）顶部距接触网导线的垂直距离 $L \geq 350mm$ 时，可不停电运输；

（2）在 $100mm \leq L < 350mm$ 之间时，加盖绝缘软盖板后，可不停电运输；

（3）在 $50mm \leq L < 100mm$ 之间时，必须停电运输。

为了使运输尺寸符合运输限界，可降低变压器的运输高度和宽度。例如对大型变压器采取分节油箱的结构设计。运输时卸除上节油箱和箱盖，换上特制的梯形临时运输顶盖。也可降低运输车的装载面，如采用凹形车、框架车和分节平车。

3. 各种运输车的技术特点

（1）平车。运输质量在 60t 以下，装载面高、距轨道顶面达 1200mm 以上，通常只用来运输中、小型电力变压器。平车如图 6-22 所示。

（2）凹形车，又叫元宝车。装载面与轨道顶面的距离在 500～800mm 之间，运输质量达 200t，是应用最广泛的一种。凹形车如图 6-23 所示。

（3）框架车。把变压器油箱支持在框架的侧梁上，即把变压器挂起来运输，油箱底部距轨道顶面仅为200～300mm。这种车辆车身比较宽大，可用来运输大型变压器，而且要求加强变压器的油箱。框架车如图 6-24 所示。

（4）分节平车，又叫钳夹车。从结构上它是分开

的两个平车，变压器放在两平车之间，抬起来运输。为承受运输中产生的动荷重，油箱壁和油箱底部需要特别加强，油箱壁上焊接专用的起重板，通过它把油箱固定到平车的悬臂上。运输质量可达 300t 以上，油箱底部距轨道顶面只有 200～300mm，适宜运输特大变压器。分节平车如图 6-25 所示。

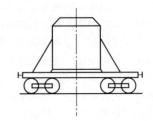

图 6-22　平车

图 6-23　凹形车

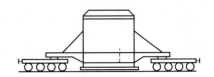

图 6-24　框架车

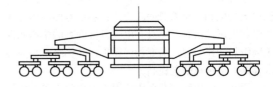

图 6-25　分节平车

4. 平车、凹形车和钳夹车的技术数据

准轨普通平车的技术数据见表 6-21，凹形车的技术数据见表 6-22，钳夹车技术数据见表 6-23。

表 6-21　　　　　　　　　　　　　　　准轨普通平车技术数据

型号	自身质量（t）	荷重（t）	地板面积（长×宽，mm×mm）	平车最大（宽×高，mm×mm）	地板面至轨面距离（mm）	地板面长/集中荷重（m/t）					特点
N_1	13.5	30	28.5m²（10370×2750）	3060×1935	1165	1/9	2/10	3/12	4/14	5/17	有活动墙板，侧板高450mm，端板高 230mm
						6/20	7/25	3/30			
N_4	20.0	40	35.9m²（12420×2770）	3122×1880	1175		2/20	3/30	4/35	5/37	
						6/40					
N_5	20.0	50	28.6m²（10370×2750）	2960×2070	1250	1/10	2/12	3/15	4/18	5/23	有活动墙板，侧板高470mm，端板高 305mm
						6/28	7/35	8/43	9/50		

型号	自身质量 （t）	荷重 （t）	地板面积（长×宽， mm×mm）	平车最大 （宽×高， mm×mm）	地板面 至轨面 距离 （mm）	地板面长/集中荷重 （m/t）					特点
N_6	21.5	60	39m² （12920×2900）	3192×2011	1163	1/25	2/30	3/40	4/45	5/50	平板式
						6/53	7/55	8/57	9/60		
N_8	13.5	40	31.1m² （12200×2550）	2740×2070	1150						
N_{10}	17.5	50	34.6m² （12380×2590）	3000×1980	1150 1300	1/20	2/25	3/29	4/31	5/33	
						6/35	7/38	8/41	9/45	10/50	
N_{12}	20.5	60	38.75m² （12500×3100）	3166×1840	1180	1/25	2/30	3/40	4/45	5/50	
						6/53	7/55	8/57	9/60		
N_{16}	18.4 19.7	65 60	39m² （13000×3000）	3192×2026	1210	1/25	2/27.5	3/30	4/32	5/35	平板式
						6/37.5	7/40.5	8/44	9/49	10/60	
N_{17}	I56Q：19.1 H512：20.3 I56a：19.8 I56b：20.2	60	38.7m² （13000×2980）	3176×1927	1209	1/20	2/30	3/40	4/45	5/50	由活动的端板，均为 木地板无网纹地板
						6/53	7/55	8/57	9/60		
NX_{17A}	23	60	38.7m² （13000×2980）	3180×1937	1211	1/25	2/30	3/40	4/45	5/50	有活动端板，木地板宽 2610mm，两侧为网纹地板
						6/53	7/55	8/57	9/60		
N_{60}	18.0	60	39m² （13000×3000）	3192×1921	1170	1/25	2/27.5	3/30	4/33	5/35	有活动侧、端板
						6/40	7/45	8/50	9/55	10/60	
NX_{70}	23.8	70	45.6m² （15400×2960）	3157×1418	1216	1/30	2/35	3/45	4/50	5/55	有活动端板
						6/57	7/60	8/63	9/65	10/70	

表 6-22　　　　　　　　　凹 形 车 技 术 数 据

型号	自身 质量 （t）	载重 （t）	承载 面积 （m²）	车体 （长×宽， mm×mm）	最大 （宽×高， mm×mm）	轴数 （个）	地板面至 轨面高 （mm）	地板面长/集中荷重 （m/t）					
D_2	166.8	210	25.02	23300×2780	2780×2187	16	950	1/175	2/178	3/180	4/183	5/187	
								6/190	7/196	8/200	9/210		
D_{2A}	136	210	24.84	24150×2760	2760×2533	16	930	1.5/172	3/178	4.5/183	6/189	7.5/197	9/210
D_{2G}	148.5	210	25.02	23800×2780	2780×2359	16	950	1.5/172	3/178	4.5/183	6/189	7.5/197	9/210
D_{9A}	36	90	27.72	10560×3080	3080×1602	6	685	3/76	4.5/80	6/84	7.5/87	9/90	
D_{9G}	176.6	230	23.901	28080×2570	3100×2890	20	1150	3/200	4.5/205	6/210	7.5/219	9.3/230	
D_{10}	36	90	30	19400×3000	3120×2196	6	777	1.5/71	3/72	4.5/74	6/77	7.5/81	9/87
								10/90					
D_{12}	46.7	120	27	17020×3000	3000×1962	8	850	1.5/95	3/100	4.5/105	6/109	7.5/113	9/120
D_{15}	48.9	150	24.3	17480×2700	2773×2031	8	900	1.5/129	3/131	4.5/134	6/137	7.5/142	9/150
D_{15B}	50	150	26.1	17450×2900	2900×2150	8	800	1.5/130	3/132	6/140	7.5/145	9/150	
D_{16G}	53.5	110	25.2	17850×2800	2800×2460	8	900	1.5/95	3/96	4.5/98	6/101	7.5/104	9/110
D_{18A}	135.1	180	25.2	23540×2800	2800×2259	16	930	1.5/165	3/166	4.5/168	6/171	7.5/175	9/180
D_{18G}	152.3	180	24.3	24800×2700	2700×2775	16	930	3/140	4.5/143	6/145	7.5/165	9/180	

型号	自身质量（t）	载重（t）	承载面积（m²）	车体（长×宽，mm×mm）	最大（宽×高，mm×mm）	轴数（个）	地板面至轨面高（mm）	地板面长/集中荷重（m/t）					
D₂₅A	142.3	250	25.774	26670×2630	2630×2563	16	1080	3/215	4.5/216	6/224	7/229	8/236	9/243
								9.8/250					
D₂₈	120	280	21.44	26300×2680	2714×2730	16	1160	3/250	4.5/260	6/270	7.5/275	8/280	
D₃₂	226	320	30	33800×3000	3000×4366	24	1150	7/300	9/315	10/320			
D₃₂A	240	320	30	61910×3000	3000×4280	24	1275	7/300	8/310	9/315	10/320		

表 6-23　　钳 夹 车 技 术 数 据

车型	自身质量（t）	荷重（t）	车体（长×宽，mm×mm）	最大（宽×高，mm×mm）	轴数（个）
D₃₀A	119	300	15800×3000	3000×3650	20
D₃₅	290	350	49230×3350	3350×4715	32
D₃₈	226	380	26250×2500	3000×4715	32

二、公路运输

1. 一般要求

用拖车从公路上运输电力变压器时，要求公路的宽度除满足拖车通行外，还不至于妨碍其他车辆通过。公路上至少要有若干处会车点，以解决超车和错车的问题。公路横断面的坡度不宜过大，纵向的坡度应小于变压器的允许最大倾角 15°。转弯处公路的宽度要满足拖车的最小弯曲半径（有时还要考虑包括牵引车在内的总转弯半径）。选择运输路径时，要查明桥梁的情况和需要跨越的河沟，铁路和隧道，立交桥的高度限制，以及公路下面的涵洞、管道等埋设物，构成运输的障碍情况，并与有关部门联系解决。

对于配备了专门的防振和自动调节轮胎负荷装置的运输车辆，行驶在路面不平的道路上时，可将颠簸限制在允许范围内，因此可以降低对道路平整度的要求。

2. 运输车的技术数据

运输车包括拖车和牵引车。它们之间有两种连接方式：一种是牵引车和拖车各自独立，用挂钩把两者连接起来；另一种是牵引车和拖车成为一个整体，拖车前部没有车轮，而是直接搭跨到牵引车的后部，连接处是活动的旋转盘，以便在行进中调节方向。运输变压器大多使用平板拖车和胶轮牵引车。对运输车的一般要求如下：

（1）拖车有合适的装载面积和装载高度。装载面的高度最好不大于 1.3m；

（2）额定装载时，平路上的行车速度为 5～10km/h，爬坡能力约 10%，增加一台同容量的牵引车以后，爬坡能力可达 15%；

（3）牵引车可以从拖车的前端或后端进行牵引；

（4）拖车和牵引车的转弯半径最好不超过 12m，转弯时占公路的宽度不大于 5.5m。

第七章

高压电器选择

第一节　高压电器选择的一般规定

一、一般原则

（1）应贯彻国家技术经济政策，考虑工程发展规划和分期建设的可能。力求技术先进，安全可靠，经济适用，符合国情。

（2）应满足正常运行、检修、短路和过电压情况下的要求，并考虑远景发展。

（3）应按当地环境条件校核。

（4）应与整个工程的建设标准协调一致。

（5）选择的同类电器规格品种不宜太多。

（6）在设计中要积极慎重地采用通过试验并经过工业试运行考验的新技术、新设备。

二、技术条件

选择的高压电器，应能在长期工作条件下保持正常运行，在发生过电压、过电流的情况下保证其功能。各种高压电器的一般技术条件见表 7-1。

表 7-1　　各种高压电器的一般技术条件

序号	电器名称	额定电压（kV）	额定电流（A）	额定容量（kV·A）	机械荷载（N）	额定开断电流（kA）	短路稳定性		绝缘水平
							热稳定	动稳定	
1	断路器	★	★		★	★	★	★	★
2	隔离开关	★	★		★		★	★	★
3	组合电器	★	★		★		★	★	★
4	电流互感器	★	★	★（V·A）	★		★	★	★
5	电压互感器	★			★				★
6	GIS（封闭电器）	★	★		★	★	★	★	★
7	电抗器	★	★	★（kvar）	★		★	★	★
8	避雷器	★			★				★
9	穿墙套管	★	★		★		★	★	★
10	绝缘子	★			★			★	★
11	消弧线圈	★	★	★	★				★
12	负荷开关	★	★		★		★	★	★
13	熔断器	★	★		★	★			★

（一）长期工作条件

1. 电压

选用电器的允许最高工作电压不应低于所在系统的系统最高运行电压值，电压值应按照 GB/T 156—2007《标准电压》的规定选取：

（1）3kV 及以上电压等级的交流三相系统的标称电压值及电气设备的最高电压值见表 7-2。

（2）开关电气设备的额定电压应选为电气设备的最高工作电压。

表 7-2　　3kV 及以上电压等级的交流
三相系统电气设备的最高电压值表　　（kV）

设备最高电压	系统标称电压	设备最高电压	系统标称电压
3.6	3（3.3）	126（123）	110
7.2	6	252（245）	220
12	10	363	330
24	20	550	500
40.5	35	800	750
72.5	66	1100	1000

注　1．本表引自 GB/T 156—2007《标准电压》。

2．表中数值为线电压。

3．圆括号中的数值为用户有要求时使用。

4．表中前两组数值不得用于公共配电系统。

5．交流发电机额定电压值可取为 115、230、400、690、3150、6300、10500、13800、15750、18000、20000、22000、24000、26000、27000V。与发电机出线端配套的电气设备额定电压可采用发电机的额定电压，并应在产品标准中加以具体规定；引进国外机组的额定电压不受上述规定的限制。

2．电流

对于断路器、隔离开关、组合电器、封闭式组合电器、金属封闭开关设备、负荷开关、高压接触器等长期工作制电器，在选择其额定电流 I_e 时，应满足各种可能运行方式下回路持续工作电流 I_g 的要求，即

$$I_e \geqslant I_g \qquad (7-1)$$

由于变压器短时过负荷能力很大，双回路出线的工作电流变化幅度也较大，故其计算工作电流应根据实际需要，在系统设计时确定。

高压电器没有明确的过载能力，所以在选择其额定电流时，应满足各种可能运行方式下回路持续工作电流 I_g 的要求。

不同回路的持续工作电流 I_g 可按表 7-3 中所列原则计算。

表 7-3　　回 路 持 续 工 作 电 流

回路名称		计算工作电流	说　　明
出线	带电抗器出线	电抗器额定电流	
	单回路	线路最大负荷电流	包括事故转移过来的负荷
	双回路	1.2～2 倍一回线的正常最大负荷电流	包括事故转移过来的负荷
	环型与 3/2 断路器接线回路	两个相邻回路正常负荷电流	考虑断路器事故或检修时，一个回路加另一回路负荷电流的可能
	桥型接线	最大元件负荷电流	桥回路应考虑穿越功率

续表

回路名称	计算工作电流	说　　明
变压器回路	1.05 倍变压器额定电流	
	1.3～2.0 倍变压器额定电流	若要求承担另一台变压器事故或检修时转移的负荷，则按第六章内容确定
母线联络回路	1 个最大电源元件的计算电流	
母线分段回路	分段电抗器额定电流	（1）考虑电源元件事故后仍能保证母线负荷；（2）分段电抗器一般发电厂为最大一台发电机的 50%～80%
旁路回路	需旁路的回路最大额定电流	
发电机回路	1.05 倍发电机额定电流	
电动机回路	电动机额定电流	

3．机械荷载

在正常运行和短路时，电器引线的最大作用力不应大于电器端子允许的荷载。各种电器的允许荷载见本章相应各节。

电器机械荷载的安全系数，由制造部门在产品标准中规定。

配电装置的套管、绝缘子和金具，应根据当地气象条件和不同受力状态进行力学计算，其安全系数不应小于表 7-4 所列数值。

表 7-4　　套管和绝缘子的安全系数

类　　别	载荷长期作用时	载荷短期作用时
套管、支持绝缘子及其金具	2.5	1.67
悬式绝缘子的配套金具	4	2.5
悬式绝缘子[①]	5.3	3.3

① 悬式绝缘子安全系数对应于机电破坏负荷。

注　本表摘自 DL/T 5222—2005《导体和电器选择技术规定》表 3.0.15。

（二）短路稳定条件

1．校验的一般原则

（1）电器动稳定、热稳定及电器开断电流所用的短路电流，应按系统最大运行方式下可能流经被校验导体和电器的最大短路电流进行计算。系统容量应按具体工程的设计规划容量计算，并考虑电力系统的远景发展规划。

（2）确定短路电流时，应按可能发生最大短路电流的正常运行方式进行，不应仅按在切换过程中可能并列运行的接线方式进行。

（3）用最大短路电流校验电器的动稳定和热稳定时，应选取被校验电器通过最大短路电流的短路点，选取短路点应遵循下列规定：

1）不带电抗器的回路，短路点应选在正常接线方式时短路电流为最大的地点。

2）带电抗器的 6～10kV 出线和厂用分支回路，校验母线与母线隔离开关之间隔板前的引线和套管时，短路点应选在电抗器前；校验其他导体和电器时，短路点宜选在电抗器之后。

（4）短路电流校验开关设备和高压熔断器的开断能力时，应选取使被校验开关设备和熔断器通过的最大短路电流的短路点。短路点应选在被校验开关设备和熔断器出线端子上。

（5）电器的动稳定、热稳定及电器的开断电流，应按最严重短路型式校验。

（6）仅用熔断器保护的导体和电器可不校验热稳定；除用有限流作用的熔断器保护者外，电器的动稳定仍应校验。

（7）用熔断器保护的电压互感器回路，可不校验动、热稳定。

（8）在校验开关设备开断能力时，短路开断电流计算时间宜采用开关设备实际开断时间（主保护动作时间加断路器开断时间）。

（9）校验跌落式高压熔断器开断能力和灵敏性时，不对称短路分断电流计算时间应取 0.01s。

（10）确定短路电流热效应计算时间时，对电器宜采用后备保护动作时间加相应断路器的开断时间。

2. 短路的热稳定条件

$$I_t^2 t \geqslant Q_{dt} \tag{7-2}$$

式中　I_t——时间 t 内设备允许通过的热稳定电流有效值，kA；

　　　t——设备允许通过的热稳定电流时间，s；

　　　Q_{dt}——在计算时间 t_{js} 内，短路电流的热效应，$kA^2 \cdot s$。

校验设备短路热稳定所用的计算时间 t_{js} 按下式计算：

$$t_{js} = t_b + t_d \tag{7-3}$$

式中　t_b——继电保护装置后备保护动作时间，s；

　　　t_d——断路器的全分闸时间，s。

3. 短路的动稳定条件

$$i_{ch} \leqslant i_{df} \tag{7-4}$$

$$I_{ch} \leqslant I_{df} \tag{7-5}$$

式中　i_{ch}——短路冲击电流峰值，kA；

　　　i_{df}——电器允许的极限通过电流峰值，kA；

　　　I_{ch}——短路全电流有效值，kA；

　　　I_{df}——电器允许的极限通过电流有效值，kA。

（三）绝缘水平

电器的绝缘水平，应按电网中出现的各种过电压和保护设备相应的保护水平来确定。在进行绝缘配合时，考虑所采用的过电压保护措施后，决定设备上可能的作用电压，并根据设备的绝缘特性及可能影响绝缘特性的因素，从安全运行和技术经济合理性两方面确定设备的绝缘水平。绝缘配合的计算方法及设备绝缘水平的选取见第十四章《过电压保护及绝缘配合》。

三、环境条件

选择电器时，应按当地环境条件校核。当气温、风速、湿度、污秽、海拔、地震、覆冰等环境条件超出一般电器的基本使用条件时，应通过技术经济比较分别采取下列措施：

（1）向制造部门提出补充要求，订制符合当地环境条件的产品；

（2）在设计或运行中采用相应的防护措施，如采用屋内配电装置、水冲洗、减振器等。

（一）温度

选择电器的环境温度宜采用表 7-5 所列数值。

表 7-5　选择电器的环境温度

类别	安装场所	环境温度	
		最　高	最　低
电器	屋外 SF₆ 绝缘设备	年最高温度	极端最低温度
	屋外其他	年最高温度	年最低温度
	屋内电抗器	该处通风设计最高排风温度	
	屋内其他	该处通风设计温度。当无资料时，可取最热月平均最高温度加 5℃	

注　1. 本表摘自 DL/T 5222—2005《导体和电器选择设计技术规定》表 4.0.3。

　　2. 年最高（最低）温度为一年中所测得的最高（或最低）温度的多年平均值。

　　3. 最热月平均最高温度为最热月每日最高温度的月平均值，取多年平均值。

一般电器允许的周围空气温度为：电器的正常使用环境温度一般不超过 40℃，且 24h 内测得的温度平均值不超过 35℃。屋外设备最低环境温度的优选值为 −10℃、−25℃、−30℃、−40℃；屋内设备低环境温度的优选值为 −5℃、−15℃、−25℃。

对于安装在周围空气温度可能超出上述中规定的正常使用条件范围处的设备，优先选用的最低和最高温度的范围规定为：

——对严寒气候，−50℃和+40℃；

——对酷热气候，−5℃和+55℃。

（二）日照

日照对屋外电器的影响，应由制造部门在产品设计中考虑，日照辐射强度以 0.1W/cm^2 为依据。当缺乏制造厂数据时，可按电器额定电流的80%选择设备。

（三）风速

选择电器所用的最大风速，330kV 以下电压等级的电器宜采用离地面10m高、30年一遇的10min平均最大风速；500～750kV 电器宜采用离地面10m高、50年一遇的10min平均最大风速；1000kV 电器宜采用离地面10m高、100年一遇的10min平均最大风速，并按实际安装高度对风速进行换算。正常使用风速不大于34m/s。当最大设计风速超过该风速时，应在屋外配电装置的布置设计中采取措施。风速的换算方法见式（7-6）。

$$v_Z = v_1 \left(\frac{Z}{Z_1} \right)^a \qquad (7\text{-}6)$$

式中 v_Z——高度为 Z 处的风速，m/s；

    v_1——高度为 Z_1 处的风速，m/s；

    Z——设计高度，m；

    Z_1——风速仪离地高度，m；

    a——地面粗糙度系数（在近海海面、海岛、海岸、湖岸及沙漠地区取0.12；田野、乡村，丛林、丘陵及房屋比较稀疏的中小城镇和大城市郊区取0.16；有密集建筑群的城市市区取0.22；有密集建筑群且房屋较高的大城市市区取0.30）。

阵风对屋外电器及电瓷产品的影响，应由制造部门在产品设计中考虑。

（四）冰雪

在积雪、覆冰严重地区，应尽量采取防止冰雪引起事故的措施。

隔离开关的破冰厚度一般为10mm；在重冰区（如云贵高原、青藏高原、东北部分地区等），所选取的隔离开关的破冰厚度应大于安装场所最大覆冰厚度。当覆冰厚度可能超过20mm时应与制造厂协商。

（五）湿度

选择电器的相对湿度，应采用该处实际相对湿度。当无资料时，相对湿度可比当地湿度最高月份的平均相对湿度高5%。

屋内电器一般允许在以下湿度条件使用：

——在24h内测得的相对湿度的平均值不超过95%；

——在24h内测得的水蒸气压力的平均值不超过2.2kPa；

——月相对湿度平均值不超过90%；

——月水蒸气压力平均值不超过1.8 kPa。

在这样的条件下偶尔会出现凝露，因此应采用按此条件设计和试验的屋内电器，或使用屋外型电器维持设备的正常运行，也可采用特殊设计的建筑物或小室、适当的通风和加热或使用去湿装置以防止凝露。

当环境湿度超过一般产品使用标准时，应选用湿热带型高压电器，其使用环境条件见表7-6。

表7-6   湿热带型高压电器使用环境条件

环境条件		单位	有气候防护场所	无气候防护场所
空气温度	年最高	℃	40	40
	年最低		−5	−5，−10[1]
	日平均		35	35
	变化率	℃/min	0.5	0.5
相对湿度≥95%时最高温度		℃	28	28[2]
气压		kPa	90	90
降雨强度		mm/min	—	6[3]，15
最大风速		m/s	—	34
太阳辐射最大强度		W/m²	700	1000
凝露			有	有
霉菌			有	有
盐雾条件[4]			有	有
雷暴			—	频繁
有害生物			活动频繁	活动频繁

注   本表摘自 JB/T 832—1998《湿热带型高压电器》表1。

1）国内湿热地区低温采用−10℃。

2）指年最大相对湿度不小于95%时出现的最高温度，国外湿热地区采用33℃。

3）国内湿热地区降雨强度采用6mm/min。

4）仅对有盐雾的地区。

（六）污秽

为保证空气污秽地区电气设备的安全运行，在工程设计中应根据污秽等级选择设备或采取相应的措施，如：

（1）增加电瓷外绝缘的有效爬电比距，选用有利于防污的材料或者电瓷造型。如采用硅橡胶，大小伞、大倾角、钟罩式等特制绝缘子。

（2）采用防污闪涂料，如 PRTV 涂料。

（3）采用 SF_6 气体绝缘全封闭开关设备（GIS）或屋内配电装置。

（4）对绝缘子直径的校正系数 K_{ad}

长棒形、支柱以及空心绝缘子对平均直径 D_a 的校正系数：

当 $D_a < 300\text{mm}$ 时，$K_{ad}=1$；

当 $D_a \geq 300\text{mm}$ 时，$K_{ad} = 0.0005 D_a + 0.85$。

K_{ad} 与绝缘子平均直径的关系如图7-1所示。

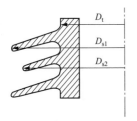

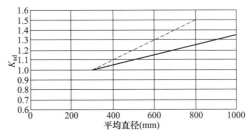

注：校正考虑到了大直径绝缘子耐受性能的降低和积污减少的综合影响。图中的虚线则表示在同样情况下不考虑积污影响时的校正，例如人工污秽实验时。

（a）

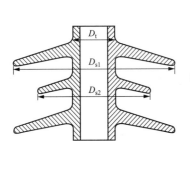

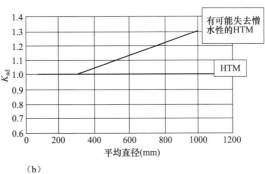

（b）

图 7-1　K_{ad} 与绝缘子平均直径的关系

（a）瓷和玻璃绝缘子；（b）复合绝缘子

平均直径 D_a 由制造厂直接提供，可根据下式核算：

$$D_a = \frac{\int_0^l D(x)\mathrm{d}x}{l} \tag{7-7}$$

式中　$D(x)$——离一端电极爬电距离为 x 处的直径值；

　　　l——绝缘子的总爬电距离。

式（7-7）一般可简化为近似关系式：

$$D_a = (2D_t + D_{S1} + D_{S2})/4 \tag{7-8}$$

（非交替伞，$D_{S1} = D_{S2}$）

对于复杂的伞的重复，每次分子上加上额外的直径时，分母上也要加上 2。在有矛盾或有疑问时，不应使用此近似关系式。

绝缘子长期裸露在外，环境中的污秽物质会渐渐沉积在绝缘子的外表面上，形成可导电的污秽，使绝缘子的绝缘性能降低，导致闪络的发生。因此，电气设备外绝缘爬电距离的要求与设备安装所处的环境条件密切相关。在工程中实际应用时，为便于区分环境条件，GB/T 26218《污秽条件下使用的高压绝缘子的选择和尺寸确定》系列标准将环境污秽程度定义为 a、b、c、d、e 共 5 个污秽等级。其中 a 级代表污秽很轻；b 级代表污秽轻；c 级代表污秽中等；d 级代表污秽重；e 级代表污秽很重。各污秽等级对应的参考统一爬电比距如图 7-2 所示，图中长方形代表每一等级统一爬电比距最低要求的优先选用值。

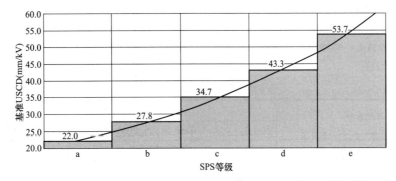

图 7-2　基准统一爬电比距（RUSCD）与污秽等级（SPS 等级）的关系图

注：基准统一爬电比距（RUSCD）指，对尺寸、外形和安装位置等按规程规定校正前，污秽现场的 USCD 的最初值。RUSCD= USCD×K_a×K_{ad}。

统一爬电比距（USCD）是指绝缘子的爬电距离与该绝缘子上承载的最高运行电压的方均根值之比。统一爬电比距的定义与使用了三相交流系统中设备的最高电压为线对线值的爬电比距（SCD）的定义不同。三相交流系统，对于线对地绝缘定义的统一爬电比距值是线对线绝缘定义的爬电比距值的 $\sqrt{3}$ 倍。

爬电比距和统一爬电比距的关系见表 7-7。

表 7-7   爬电比距和统一爬电
比距的关系   （mm/kV）

对于三相交流系统的爬电比距	统一爬电比距
12.7	22.0
16	27.8
20	34.7
25	43.3
31	53.7

在选用电气设备时，应根据设备运行所在地的环境条件综合确定污秽等级。对于某些严重污秽等级地区，应根据所在地电气设备长期运行经验及试验结果，按照 GB/T 26218《污秽条件下使用的高压绝缘子的选择和尺寸确定》系列标准中的规定，合理选择电气设备的外绝缘爬电比距。

（七）海拔

电器的一般使用条件为海拔不超过 1000m，其对应的标准参考大气条件为：

——温度 $t_0=20℃$；

——压力 $p_0=101.3\text{kPa}$；

——绝对湿度 $h_0=11\text{g/m}^2$。

一般标准规定的额定耐受电压均为相应于标准参考大气条件下的数值，且对于电器正常使用条件为周围环境最高空气温度不超过 40℃。

对安装在海拔超过 1000m 地区的电器外绝缘应予加强。当海拔在 1000m 以上、4000m 以下时，设备的外绝缘在标准参考大气条件下的绝缘水平是将使用场所要求的绝缘耐受电压乘以海拔修正系数 K_a，K_a 按图 7-3 选取。在任一海拔处，内绝缘的绝缘特性是相同的，不需采取特别措施。

海拔修正系数 K_a 可按式（7-9）计算：

$$K_a = e^{m(H-1000)/8150} \tag{7-9}$$

式中 H ——安装地点的海拔，m；

m ——修正指数（为简单起见，可取下述确定值：对于工频、雷电冲击和相间操作冲击电压，$m=1$；对于纵绝缘操作冲击电压，$m=0.9$；对于相对地操作冲击电压，$m=0.75$）。

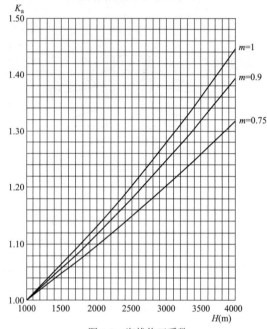

图 7-3   海拔修正系数

海拔超过 1000m 的地区，可选用高原型产品或选用外绝缘提高一级的产品。对环境空气温度高于 40℃ 的设备，其外绝缘在干燥状态下的试验电压应取其额定耐受电压乘以温度校正系数 K_t。

$$K_t = 1 + 0.0033(T - 40) \tag{7-10}$$

式中 T ——环境空气温度，℃。

海拔对电器允许温升也存在影响，当电器使用在海拔超过 1000m（但不超过 4000m）且最高周围空气温度为 40℃ 时，其规定的允许温升按每超过 100m（以海拔 1000m 为起点）降低 0.3% 考虑。

不同海拔电器使用的气候环境条件参数见表 7-8。

表 7-8   不同海拔电器使用的气候环境条件参数

序号	环境参数		海拔（m）					
			0	1000	2000	3000	4000	5000
1	气压（kPa）	年平均	101.3	90.0	79.5	70.1	61.7	54.0
		最低	97.0	87.2	77.5	68.0	60.0	52.5
2	空气温度（℃）	最高	45.40	45.40	35	30	25	20
		最高日平均	35.30	35.30	25	20	15	10

续表

序号	环境参数		海拔（m）					
			0	1000	2000	3000	4000	5000
2	空气温度（℃）	年平均	20	20	15	10	5	0
		最低	+5、−5、−15、−25、−40、−45					
	最大日温差（K）		15、25、30					
3	相对湿度（%）	最湿月月平均最大（平均最低气温）（℃）	95、90（25）	95、90（25）	90（20）	90（15）	90（10）	90（5）
		最干月月平均最小（平均最高气温）（℃）	20（15）	20（15）	15（15）	15（10）	15（5）	15（0）
4	绝对湿度（g/m³）	年平均	11.0	7.6	5.3	3.7	2.7	1.7
		年平均最小值	3.7	3.2	2.7	2.2	1.7	1.3
5	最大太阳直接辐射强度（W/m²）		1000	1000	1060	1120	1180	1250
6	最大风速（m/s）		25、30、35、40					
7	最大 10min 降水量（mm）		30					
8	1m 深土壤最高温度（℃）		30	25	20	20	15	15

注 1. 本表引自 GB/T 14597—2010《电工产品不同海拔的气候环境条件》。
2. 在最低空气温度、最大日温差、最大风速、最大 10min 降水量等几项中，可取所列数值之一。
3. 海拔超过 5000m 的气候环境条件参数正在研究中，应与制造商协调。

最低气温参数一般情况下为−40℃，在 1000m 以上不同地区使用分为+5、−5、−15、−25、−40、−45℃共 6 档。+5℃档适用于屋内；−5℃档适用于热带；−15℃档适用于云南、贵州、四川（川西除外）；−25℃档适用于甘肃、宁夏、山西、陕西、川西、青海东部、西藏东部、内蒙古西部、新疆南部；−40℃档适用于青海西部、内蒙古东部、新疆北部；−45℃档适用于寒冷地区。

气温最大日温差的环境条件值一般为 30K；产品技术条件有规定的按产品技术条件规定，如交流高压断路器等标准规定在一般情况下日温差为 15K，部分电工产品在 1000m 以内日温差为 25K。为便于使用，故将最大日温差定为 15K、25K、30K 三档。

最大风速与海拔没有明显的关系，最大风速的环境条件值一般为 35m/s。考虑我国的实际风速并参照有关标准，最大风速的环境条件值定为 25、30、35、40m/s 4 档。如我国湿热带环境条件，电力部门对台风经常侵袭的沿海地区的最大风速一般取 35m/s，对屋外山区架空输电线路一般取 30m/s，对平原地区一般取 25m/s。对 3～5km 的地面运输一般取 40m/s。

最大降雨量随海拔升高略有降低，最大 10min 降雨量一般情况下为 30mm，产品技术条件有规定的按产品技术条件规定。

（八）地震

地震对电器的影响主要是地震波的频率和地震振动的加速度。一般电器的固有振动频率与地震振动频率很接近，应设法防止共振的发生，并加大电器的阻尼比。地震振动的加速度与地震烈度和地基有关，通常用重力加速度 g 的倍数表示。

（1）选择电器时，应根据当地的地震烈度选用能够满足地震要求的产品。

（2）在安装时，应考虑支架对地震力的放大作用。电器的辅助设备应具有与主设备相同的抗震能力。

（3）抗震设防烈度为 7 度以下地区的电器可不另采取防震措施。重要电力设施中的电气设施，当抗震设防烈度为 7 度及以上时，应进行抗震设计。一般电力设施中的电气设施，当抗震设防烈度为 8 度及以上时，应进行抗震设计。

（4）在抗震设防烈度为 7 度及以上的地区，电器应能承受的地震力，可按表 7-9 所列加速度的值和电器的质量进行计算。

表 7-9　　　计算电器承受的地震力时用的加速度值

抗震设防烈度	6	7	7	8	8	9
设计基本地震加速度	0.05g	0.10g	0.15g	0.20g	0.30g	0.40g

注："g" 为重力加速度，即 9.8m/s²。

注　本表选自 GB 50260—2013《电力设施抗震设计规范》表 5.0.3-1。

在电器选定后，电气工程设计尚需采取的措施详见 GB 50260—2013《电力设施抗震设计规范》及本书

第十章。

四、环境保护

选用电器，尚应注意电器对周围环境的影响。根据周围环境的控制标准，对制造厂提出有关技术要求。

（一）电磁干扰

频率大于 10kHz 的无线电干扰主要来自电器的电流、电压突变和电晕放电。它会损坏或破坏电磁信号的正常接收及电器、电子设备的正常运行。因此，电器在 1.1 倍最高工作相电压下，晴天夜晚不应出现可见电晕，110kV 及以上电压等级的电器在屋外晴天的无线电干扰电压不宜大于 500μV，并应由制造部门在产品设计中考虑。

（二）噪声

为了减少噪声对工作场所和附近居民区的影响，电器噪声水平应满足环保标准要求。电器的连续噪声水平不应大于 85dB。断路器的非连续噪声水平，屋内不宜大于 90dB；屋外不应大于 110dB（测试位置距声源设备外沿垂直面的水平距离为 2m，离地高度 1～1.5m）。

第二节 高 压 断 路 器

一、基本分类

断路器的基本分类见表 7-10。

表 7-10   断 路 器 的 分 类

分类方式	内　容
安装场所	屋内型、屋外型
使用环境	普通型、防污型和湿热型
绝缘介质的类型	多油、少油、真空、SF_6
SF_6 灭弧室的结构型式	压气式、自能式和混合灭弧式
操动机构	电磁、弹簧、液压、气动、手动等
联动型式	三相机械联动、三相电气联动、单相操作（单相重合闸）

二、额定参数选择

断路器及其操动机构应按表 7-11 所列技术条件选择，并按表中使用环境条件校验。

表 7-11   断路器的额定参数选择

项目		额定参数
技术条件	正常工作条件	额定电压；额定电流；极数；额定频率；端子机械载荷；机械和电气寿命

续表

项目		额定参数
技术条件	短路稳定性	额定动稳定电流；额定热稳定电流
	额定绝缘水平	包括对地和断口间的绝缘水平、爬电距离和爬电比距
	操作性能	额定开断电流；额定短路关合电流；额定失步开断电流；额定近区故障特性；额定线路充电开断电流；额定电缆充电开断电流；额定单个电容器开断电流；额定背对背电容器组开断电流；额定电容器组关合涌流；额定小感性开断电流；额定异相接地开合试验；二次侧短路开断试验；额定操作循环、操作次数、操作相数；分、合闸时间及同期性；对过电压限制要求；操动机构型式、操作气压、操作电压，相数
环境条件	环境条件	环境温度；日温差；最大风速；相对湿度；污秽等级；海拔；地震烈度
	环境保护	电磁干扰；噪声水平

注　1. 当在屋内使用时，可不校验日温差、最大风速、污秽等级。

　　2. 当在屋外使用时，可不校验相对湿度。

表 7-13 中的一般项目按本章第一节的要求进行选择，并补充说明如下。

（1）额定值。

表 7-12 给出了断路器额定电压、额定短路开断电流和额定电流的数值，该表可供一般工程条件选用，特殊工程条件可对设备制造厂提出要求。

表 7-12   断 路 器 额 定 值 表

额定电压 U（kV）	额定短路开断电流 I_{sc}（kA）	额定电流 I_n（A）
7.2	8、12.5、16、20、25、31.5、40、50	400、630、1250、1600、2500、3150、4000、5000
12	6.3、8、12.5、16、20、25、31.5、40、50	400、630、1250、1600、2500、3150、4000、5000
24	8、12.5、16、25、31.5、40	400、630、1250、1600、2500、3150、4000
40.5	8、12.5、16、20、25、31.5、40、50	630、1250、1600、2500、3150、4000
72.5	16、20、25、31.5、40	800、1250、1600、2000、3150、4000
126	20、25、31.5、40、50	1250、1600、2000、2500、3150、4000
252	31.5、40、50、63	1250、1600、2000、3150、4000、5000
363	31.5、40、50、63	1600、2000、3150、4000、5000

续表

额定电压 U（kV）	额定短路开断电流 I_{sc} （kA）	额定电流 I_n（A）
550	40、50、63	2000、3150、4000、 5000、6300
800	40、50、63	2000、3150、4000、5000
1100	40、50、63	2000、3150、4000、6300

（2）频率要求主要针对进出口产品。

（3）断路器的额定电压应不低于系统的最高电压，额定电流应大于运行中可能出现的任何负荷电流。

（4）在校核断路器的断流能力时，宜取断路器实际开断时间（继电保护动作时间与断路器分闸时间之和）的短路电流作为校验条件。

（5）断路器的额定关合电流，不应小于短路电流最大冲击值（第一个大半波电流峰值）。当系统直流分量衰减的时间常数为标准值45ms时，冲击系数取2.5；当时间常数为特殊情况的数值 60ms、75ms 和 120ms 时，冲击系数取2.7。

（6）110kV 及以上电压等级的系统，当电力系统稳定要求快速切除故障时，应选用分闸时间不大于0.04s 的断路器；用于提高系统动稳定而装设的电气制动回路中的断路器，其合闸时间不宜大于0.04～0.06s。当采用单相重合闸或综合重合闸时，应选用能分相操作的断路器。装有直接过电流脱扣器的断路器不一定规定短路持续时间，如果断路器接到预期开断电流等于其额定短路开断电流的回路中，则当断路器的过电流脱扣器整定到最大延时时，该断路器应能按照额定操作顺序操作，且在与该延时相应的开断时间内，承载通过的电流。

（7）断路器的额定短时耐受电流等于额定短路开断电流，其额定短路持续时间为：550kV 及以上电压等级 2s、126～363kV 为 3s、72.5kV 及以下电压等级 4s。

（8）当断路器的两端为互不联系的电源时，设计中应按以下要求校验：

1）断路器断口间的绝缘水平满足另一侧出现工频反相电压的要求；

2）在失步下操作时的开断电流不超过断路器的额定反相开断性能；

3）断路器同极断口间的公称爬电比距与对地公称爬电比距之比一般取为 1.15～1.3。

4）当断路器起联络作用时，其断口的公称爬电比距与对地公称爬电比距之比，应选取较大的数值，一般不低于1.2。

当缺乏上述技术参数时，应要求制造部门进行补充试验。

（9）断路器尚应根据其使用条件校验下列开断性能：

1）近区故障条件下的开合性能；

2）异相接地条件下的开合性能；

3）失步条件下的开合性能；

4）小电感电流开合性能；

5）容性电流开合性能；

6）二次侧短路开断性能。

（10）对于 330kV 及以上电压等级的系统，在选择断路器时，其操作过电压倍数应满足 GB/T 50064《交流电气装置的过电压保护和绝缘配合设计规范》的要求。用于切合并联补偿电容器组的断路器，应校验操作时的过电压倍数，并采取相应的限制过电压措施。3～10kV 宜用真空断路器或 SF$_6$ 断路器。容量较小的电容器组，也可使用开断性能优良的少油断路器。35kV 及以上电压等级的电容器组，宜选用 SF$_6$ 断路器或真空断路器。

（11）用于串联电容补偿装置的断路器，其断口电压与补偿装置的容量有关，而对地绝缘则取决于线路的额定电压，220kV 及以上电压等级应根据所需断口数量特殊订货；110kV 及以下电压等级可选用同一电压等级的断路器。

（12）当系统单相短路电流计算值在一定条件下有可能大于三相短路电流值时，所选择断路器的额定开断电流值应不小于所计算的单相短路电流值。

三、型式选择

断路器型式的选择，除应满足各项技术条件和环境条件外，还应便于施工调试和运行维护，并经技术经济比较后确定，一般可按表 7-13 所列原则选型。

表 7-13　　　断　路　器　的　选　型

安装使用场所		可选择的断路器主要型式	断路器所配的操动机构型式	需注意的技术特点
配电装置	40.5kV 及以下	少油断路器 真空断路器 SF$_6$ 断路器	弹簧机构 电磁机构 手动机构	用量大，注意经济实用性，多用于屋内或成套开关柜内。电缆线路开断应无重燃
	72.5～ 126kV	真空断路器 SF$_6$ 断路器	弹簧机构	用量大，注意经济实用性，无重合闸要求
	252kV	SF$_6$ 断路器	弹簧机构 液压氮气机构 液压弹簧机构 气动机构	开断 220kV 空载长线时，过电压水平不应超过允许值，开断无重燃，有时断路器的两侧为互不联系的电源

续表

安装使用场所	可选择的断路器主要型式	断路器所配的操动机构型式	需注意的技术特点
配电装置	363kV及以上 SF₆断路器	弹簧机构 液压氮气机构 液压弹簧机构 气动机构	当采用单相重合闸或综合重合闸时,断路器应能分相操作,考虑适应多种开断的要求,断路器要能在一定程度上限制操作过电压,开断无重燃,分合闸时间要短
并联电容器组	真空断路器 SF₆断路器		操作较频繁,注意校验操作过电压倍数,开断无重燃
串联电容器组	与配电装置同型		断口额定电压与补偿装置容量有关
高压电动机	真空断路器		注意校验操作过电压倍数或采取其他降压措施

注 1. 少油断路器正逐步退出使用,被真空断路器和 SF₆断路器取代。

2. 40.5kV 及以下电压等级推荐采用真空断路器,SF₆断路器也可采用,少油断路器一般不采用。

3. 72.5kV 及以上电压等级一般采用 SF₆断路器。

四、关于断路器开断能力的几个问题

（一）校验开断能力的量

在校验断路器的断流能力时,应用开断电流校验。一般宜取断路器实际开断时间(继电保护动作时间与断路器分闸时间之和)的短路电流作为校验条件。

（二）额定短路开断电流

（1）断路器的额定短路开断电流由交流分量有效值和直流分量百分数两个值表征。如果直流分量不超过20%,额定短路开断电流仅由交流分量有效值来表征。直流分量百分数是额定短路开断电流的直流时间常数和短路电流起始瞬间的函数。如果直流分量超过20%,应与制造厂协商,并明确所要求的直流分量百分数。

下列规定适合于标准断路器:

1)电压低于或等于额定电压时,断路器应能开断其额定短路开断电流;

2)电压高于额定值时,短路开断电流不予保证,但特殊规定的范围除外。

（2）额定短路开断电流的交流分量标准值应从下列数值中选取(以下电流数值取自 R10 系列,根据具体情况也应从该数系中选取比所示的更大的数值):6.3,8,10,12.5,16,20,25,31.5,40,50,63,80,100kA。

（3）额定短路开断电流的直流分量。触头刚分瞬间的直流分量百分数的值由下式计算:

$$dc\% = 100 \times e^{\frac{-(T_{op}+T_r)}{\tau}} \quad (7-11)$$

式中 $dc\%$——触头刚分瞬间的直流分量百分数;

T_{op}——制造厂规定的断路器的最短分闸时间(不能大于产品实测的最短分闸时间);

T_r——继电保护时间,0.5 周期,如 50Hz 为 10ms(对于自脱扣断路器,T_r 应设定为 0ms);

τ——额定短路电流的直流时间常数(45、60、75ms 或 120ms)。

图 7-4 中给出的直流分量和时间的关系曲线基于:

1)标准时间常数为 45ms;

2)断路器特殊工况下的时间常数为 60、75、120ms。

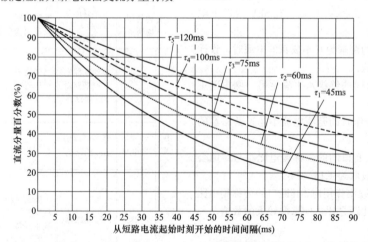

图 7-4 对于标准时间常数 τ_1 和特殊工况的时间常数 τ_2、τ_3、τ_4,直流分量的百分数与时间间隔 $(T_{op}+T_r)$ 的关系曲线

注：引自 DL/T 402—2016《高压交流断路器》图 9。

这些特殊工况下的时间常数值说明了标准时间常数在某些系统中是不足的。考虑到不同额定电压的特性，例如特定的系统结构、线路设计等，这些数值可作为特殊系统需要的值（图 7-4 不适用于靠近发电机的断路器）。

（三）首相开断系数（首开极系数）

三相断路器在开断短路故障时，由于动作的不同期性，首相开断的断口触头间所承受的工频恢复电压将要增高。增高的数值用首相开断系数来表征。在对三相断路器进行单相试验时，应将其工频恢复电压乘以此系数，以反映实际的开断情况。

开断三相对称电流时，首开极系数是指在其他极电流开断之前，首先开断极两端的工频电压与三极都开断后一极或所有极两端的工频电压之比。

在中性点直接接地或经小阻抗接地的系统中选择断路器时，首相开断系数应取 1.3；在 110kV 及以下电压等级的中性点非直接接地的系统中，则首相开断系数应取 1.5。

（四）重合闸

架空输电线路的短路故障，大多是瞬时性故障。当短路电流切断后，故障也随之消除。自动重合闸是断路器在故障跳闸以后，经过一定的时间间隔又自动进行再次关合。重合后，如果故障已消除，即恢复正常供电，自动重合成功。如果故障并未消除，则断路器必须再次开断故障电流，自动重合失败。

根据断路器是否有重合闸的需要对断路器可提出不同的额定操作顺序要求。断路器一般有以下两种可供选择的额定操作顺序：

（1）O—t—CO—t'—CO。

O 代表一次分闸操作；CO 代表一次合闸操作后立即（即无任何故意的时延）进行分闸操作；t、t' 是连续操作之间的时间间隔，以分钟或秒表示。

除非另有规定，否则：

1）t=3min，用于不快速自动重合闸的断路器；

2）t=0.3s，用于快速自动重合闸的断路器（无电流时间）；

3）t'=3min。

取代 t'=3min 的其他值：t'=15s 和 t'=1min 也可用于快速自动重合闸的断路器。

（2）CO—t''—CO。

t'' 是连续操作之间的时间间隔，以秒表示。t''=15s，对不用于快速自动重合闸的断路器。

如果无电流时间是可调的，则应规定调整的极限。一般 110kV 及以上电压等级为 0.3s，110kV 以下电压等级为 0.3～0.5s。

当断路器满足以上额定操作顺序要求时，则不必因为重合闸而降低其断流能力。

如要求断路器具备二次重合闸能力，则对其额定操作顺序的要求应与制造厂协商。

（五）特殊情况下的开断能力

1. 近区故障的额定特性

对设计用于额定电压 72.5kV 及以上，额定短路开断电流大于 12.5kA，直接与架空输电线路连接的三极断路器，要求具有近区故障性能。这些特性与中性点接地系统中单相接地故障的开断有关（其首开极系数等于 1.0）。其确定原则见 DL/T 402—2016《高压交流断路器》4.105 条。

2. 额定失步关合和开断电流

额定失步开断电流是断路器在标准规定的使用和性能条件下，在具有下述规定的恢复电压的回路中，断路器能够开断的最大失步电流。

额定失步开断电流的规定并不是强制性的，如果规定有额定失步开断电流，下述内容适用：

（1）工频恢复电压，对于中性点接地系统应为 $2.0/\sqrt{3}$ 倍的额定电压，对于其他系统应为 $2.5/\sqrt{3}$ 倍的额定电压。

（2）瞬态恢复电压应符合 DL/T 402—2016《高压交流断路器》中 4.102 条的要求。

（3）除非另有规定，额定失步开断电流应为额定短路开断电流的 25%，额定失步关合电流应为额定失步开断电流的峰值。

考虑到额定失步关合、开断电流，使用的标准条件如下：

1）分闸和合闸操作应与制造厂提供的断路器及其辅助设备操作使用的说明书一致；

2）电力系统中性点的接地条件应与断路器试验过的条件一致；

3）断路器的两侧均无故障。

3. 额定容性开合电流

容性开合电流可能包含了断路器的部分或全部操作职能，例如空载架空输电线路或电缆的充电电流、并联电容器的负载电流。

适用时，用于容性电流开合的断路器，其额定值应包括：

（1）额定线路充电开断电流；

（2）额定电缆充电开断电流；

（3）额定单个电容器组开断电流；

（4）额定背对背电容器组开断电流；

（5）额定单个电容器组关合涌流；

（6）额定背对背电容器组关合涌流。

表 7-14 中给出了额定容性开合电流的优选值。

容性电流开合的恢复电压取决于：

（1）系统的接地；

（2）容性负载的接地，如屏蔽电缆、电容器组、输电线路；

（3）容性负载相邻相的相互影响，如铠装电缆、敞开空气中的线路；

（4）多回线路中相邻架空线系统的相互影响；

（5）同一线路中相邻架空线系统的相互影响；

（6）存在单相或两相接地故障。

根据断路器的重击穿性能，可以把其分成两级：

（1）C1 级：容性电流开断过程中低的重击穿概率；

（2）C2 级：容性电流开断过程中非常低的重击穿概率。

一种断路器对于一种应用类型（例如中性点接地系统中）可以是 C2 级，而对恢复电压更严酷的另一种应用类型（例如中性点不接地系统中）可以是 C1 级。

表 7-14　　额定容性开合电流的优选值

额定电压 U_r (kV，有效值)	线路	电缆	单个电容器组	背对背电容器组		
	额定线路充电开断电流 I_1 (A，有效值)	额定电缆充电开断电流 I_c (A，有效值)	额定单个电容器组开断电流 I_{sb} (A，有效值)	额定背对背电容器组开断电流 I_{bb} (A，有效值)	额定背对背电容器组关合涌流 I_{bi} (kA，峰值)	涌流的频率 f_{bi} (Hz)
3.6	10	10	400	400	20	4250
7.2	10	10	400	400	20	4250
12	10	25	400	400	20	4250
24	10	31.5	400	400	20	4250
40.5	10	50	400	400	20	4250
72.5	10	125	400	400	20	4250
126	31.5	140	400	400	20	4250
252	125	250	400	400	20	4250
363	315	355	400	400	20	4250
550	500	500	400	400	20	4250
800	900	900				
1100	1200	1200				

注 1：选择本表中给出的数值是出于标准化的目的。

注 2：如果做了背对背电容器组开合试验，就不要求做单个电容器组开合试验。

注 3：取决于系统条件，涌流的频率和涌流的峰值可能会高于或低于本表中的优选值，例如，是否使用了限流电抗器。

注　引自 GB 1984—2014《交流高压断路器》表 9 和 DL/T 402—2016《高压交流断路器》表 9。

（1）额定线路充电开断电流。额定线路充电开断电流是指断路器在标准规定的使用和性能条件以及在其额定电压下所能开断的最大线路充电电流。额定线路充电开断电流的要求对于额定电压 72.5kV 及以上

电压等级的断路器是强制性的。

（2）额定电缆充电开断电流。额定电缆充电开断电流是指断路器在标准规定的使用和性能条件以及在其额定电压下所能开断的最大电缆充电电流。额定电缆充电开断电流的要求对于额定电压 40.5kV 及以下电压等级的断路器是强制性的。

（3）额定单个电容器组开断电流。额定单个电容器组开断电流是指断路器在标准规定的使用和性能条件以及在其额定电压下所能开断的最大电容器组电流。该开断电流是指在断路器的电源侧没有连接并联电容器组时一台并联电容器组的开合电流。

（4）额定背对背电容器组开断电流。额定背对背电容器组开断电流是指断路器在标准规定的使用和性能条件以及在其额定电压下所能开断的最大电容器组电流。

该开断电流是指断路器的电源侧接有一组或几组并联电容器，且它能提供的关合涌流等于额定背对背电容器组关合涌流时开合并联电容器组的开断电流。

（5）额定单个电容器组关合涌流。额定单个电容器组关合涌流（I_{si}）是断路器在其额定电压以及与使用条件相应的涌流频率下应能关合的电流峰值。

对于单个电容器组，与其相关的涌流不重要，没有规定额定关合涌流和涌流频率的优选值。

（6）额定背对背电容器组关合涌流。额定背对背电容器组关合涌流是断路器在其额定电压以及与使用条件相应的涌流频率下所能关合的电流峰值，其优选值见表 7-14。

4. 额定小电感开断电流

在某些工程条件下或用户要求下，应对断路器额定小电感开断性能提出要求，一般以在开断小电感电流（如空载变压器励磁电流、感应电动机空载电流、并联电抗器额定负载电流等）情况下不产生危险的过电压为原则，规定断路器的励磁电流和小电感电流开合试验要求。

励磁电流和小电感电流开合试验要求：

（1）额定电压 126kV 及以上断路器开合变压器励磁电流。经验表明，在稳态条件及电压不超过其额定值的情况下，开断空载变压器励磁电流时不会产生危险的过电压，因此不规定模拟这种开合条件的试验。

开合空载变压器励磁涌流不是正常运行条件，试验不作规定。

（2）额定电压 72.5kV 及以下断路器开合变压器励磁电流。用户有要求时，可在实际运行条件下在系统上做试验。如果不可能，则可以利用运行中被开合的真实变压器在试验室中进行三相试验。

对任一情况，在不超过额定瞬态恢复电压的条件下，电源回路的电容应尽可能的低。试验时可以接上

在运行中采用的任何电压限制装置。

（3）断路器在开断小电感电流后的表现。断路器按指定的操作顺序和容量开合感应电动机、空载变压器、并联电抗器后，断路器本身不得损坏，内、外绝缘均不得被击穿，不得引起相间闪络，由此产生的过电压应小于指定的水平。断路器本身应自备抑制过电压的保护措施，不得因操作过电压形成发展性故障；对油断路器不允许喷火，不允许带火喷油，不允许严重喷油，油位应可见。在试验过程中，断路器的外逸物不得影响周围设备的绝缘。

开合空载变压器的统计过电压水平：252kV 及以上电压等级不得超过 2 倍；72.5～126kV 不得超过 2.5 倍；40.5kV 及以下电压等级不得超过 3.0 倍。

5. 异相接地条件下的开合性能

对中性点直接接地系统使用的断路器应提出异相接地故障开断性能要求。一般应规定断路器异相接地故障的试验：试验电流值为额定短路电流的 86.6%，试验电压为额定电压，操作顺序为 "O—0.3s—CO—180s—CO"。

6. 二次侧短路开断性能

二次侧短路开断是指，在一个降压变压器高压侧设置的断路器应能开断其低压侧的短路故障（当低压侧的断路器拒动时）。某些情况下变压器一次侧的短路电流很小，甚至低于断路器额定电流。开断这种小感性电流常产生截流过电压，它的频率和幅值都较高，使开关设备上的瞬态恢复电压（TRV）及其在电流零点时的上升率（RRRV）均高于断路器标准中的规定值，致使开断失败。

此种开断情况下影响 TRV 值的因素有：

（1）变压器阻抗。阻抗增大时，使 TRV 幅值增加，频率减小。

（2）变压器的入口电容（包括套管，高压绕组对地，高、低压绕组之间，以及高压绕组的匝间等）。当入口电容增加时，TRV 的幅值与频率均下降。

（3）由断路器至变压器之间的母线（或电缆）电容。当此电容增大时，TRV 的幅值与频率均减小。

（4）二次侧短路故障点距变压器出口处的距离。当此距离增大时，TRV 幅值增加，频率减小。

（5）变压器和系统的接地情况。当有消弧线圈时，TRV 幅值增加，频率减小。

一般情况下，当采用 SF$_6$ 断路器作为高压侧开断装置时，由于其截流值较小，此类情况下的 "二次侧短路开断" 不存在什么困难。

当截流值增加而 TRV 有可能超限时，可装设避雷器或阻容支路限压装置。

对具体情况应进行计算；当使用的中压等级断路器开断小电感电流有困难时（自能式灭弧类）须特加注意。

五、关于降低断路器操作过电压的几个问题

（一）并联电阻

为限制过电压而需要在断路器的断口间装设并联电阻时，其装设原则见表 7-15。若选用标准产品，而工程对并联电阻阻值有特殊要求时，应与制造厂协商。合闸电阻的选择具体原则及阻值估算见第十四章第二节。

表 7-15　断路器的并联电阻

类别		作用	常用阻值	适用范围
分闸电阻		降低恢复电压的起始陡度和幅值，增大开断能力	<1kΩ[①]	各种电压等级的断路器，发电机专用断路器
		开断空载长线时，释放线路残余电荷	几千欧	220kV 及以上电压等级线路断路器
		限制开断小电感电流时产生的操作过电压	开断并联电抗几百到几千欧；开断空载变压器几千到几万欧	220kV 及以上电压等级断路器
		断口均压	>10kΩ[①]	多断口高压断路器
合闸电阻		限制合闸和重合闸过电压	200～1000Ω[②]	330kV 及以上电压等级断路器

① 一般由制造部门考虑。

② 最佳合闸电阻阻值视工程具体条件确定，一般取 1.5～2 倍波阻抗。

（二）开断空载线路

空载线路开断时，如断路器发生重击穿，将产生操作过电压。因此：

（1）对 252kV 及以上电压等级线路断路器，应要求在电源对地电压为 1.3p.u.（标幺值）条件下开断空载线路不发生重击穿。

（2）对 252kV 以下电压等级断路器，开断空载架空线路宜采用不重击穿的断路器，开断电缆线路应采用不重击穿的断路器。

（三）开断并联电容器组

操作并联电容补偿装置，应采用开断时不重击穿的断路器。开断电容器组的参考容量见表 7-16。

表 7-16　开断电容器组的参考容量

额定电压（kV）	额定开断电容电流（A）	开断电容器组的参考容量（kvar）
10	870	1000～10000
35	750	5000～30000
66	560	10000～40000

（四）切合小电感电流

切合小电感电流包括空载变压器励磁电流、感应电动机空载电流、并联电抗器额定负载电流等。由于现代断路器开断能力强，灭弧性能好，容易产生截流过电压，因此应对断路器额定小电感开断性能提出要求。以规定的小电感电流下断路器开断时不产生危险的过电压为原则。

六、关于低温环境 SF₆ 断路器的使用问题

六氟化硫（SF_6）气体是一种无色、无味、无毒、不可燃的惰性气体。由于这种气体的化学性能稳定，并具有优良的灭弧和绝缘性能，已被广泛应用于电力设备中。但是，SF_6 气体在低温下容易液化而无法正常工作，不适合在严寒地区使用。为了解决 SF_6 断路器在北方严寒地区的使用问题，国内外制造厂进行了大量的研究工作，有不同解决方案。

高压断路器用于低温环境时，在罐式断路器中可加入加热器；而瓷柱式断路器不便于使用加热器，为了能用于低温环境往往采用混合气体，如 SF_6+N_2 或 CF_4+CF_4。这种混合气体在保证一定开断能力下，在低温环境不液化。高压断路器充有纯 SF_6 气体、用于低温条件时，为保证开断和绝缘性能，需要有足够的压力；但压力越高，SF_6 气体越容易液化，故低温环境还需要压力足够低，以使其不被液化。因此，断路器设计的焦点在于使 SF_6 气体压力处于一个最佳的平衡点。目前，国内主要高压断路器制造商提供的解决方案如下：

（1）采用电加热器加热，主要用于罐式断路器中。

（2）采用混合气体作为灭弧介质解决 SF_6 气体液化问题。

（3）采用降低 SF_6 气体压力的方式。

七、机械荷载

选择断路器接线端子的机械荷载，应满足正常运行和短路情况下的要求。一般情况下断路器接线端子的机械荷载不应大于表 7-17 所列数值。

表 7-17　断路器接线端子允许的静态机械荷载

额定电压范围（kV）	额定电流范围（A）	静态水平拉力（N） 纵向	静态水平拉力（N） 横向	静态垂直力（N）（垂直轴向上和向下）
40.5～72.5	800～1250	750	400	500
	1600～2500	750	500	750
126	1250～2000	1000	750	750
	2500～4000	1250	750	1000
252～363	1600～4000	1500	1000	1250
550～800	2000～4000	2000	1500	1500
1100	4000～8000	4000	400	2500

注　1. 当机械荷载计算值大于表 7-17 所列数值时，应与制造厂商定。
　　2. 引自 DL/T 402—2016《高压交流断路器》表 14。

第三节　高压隔离开关

一、基本分类

隔离开关的分类见表 7-18，隔离开关结构型式及特点见表 7-19。

表 7-18　隔离开关的分类

分类方式	类别
装置地点	屋内；屋外
有无接地开关	无接地开关；单接地（每相上有一把接地开关）；双接地（每相进出端上各有一把接地开关）
操作方式	操作勾棒；手力式操动机构；电动式操动机构
用途	一般用；快速分闸用；变压器中性点接地用；快速接地用
结构型式	见表 7-19

表 7-19　　　　　　　　　　　　隔离开关结构型式及特点

序号	结构型式			简图	特点 相间距离	特点 分闸后隔离开关情况	特点 其他	产品举例
1	水平断口	双柱式	平开式（中央开断）		大	不占上部空间	瓷柱兼受较大弯矩和扭矩	A：GW4 B：GW5
2			立开式（中央开断）		小	占上部空间	每侧都有支持和操作瓷柱	进口产品

续表

序号	结构型式		简图	特点			产品举例
				相间距离	分闸后隔离开关情况	其他	
3	水平断口	三柱（双断口）式 平开式		较小	不占上部空间	纵向长度大、瓷柱分别受弯矩或扭矩，易于作组合电器	GW7
4		立开式	—	小	占上部空间	纵向长度大、闸刀传动结构复杂，易于作组合电器	进口产品
5		直臂式		小	占上部空间	B 适合于较低电压等级	A：GW2 B：GN19 GN13
6	水平断口	伸缩插入式 瓷柱转动（或拉动）		小	占上部空间	A 适合于较高电压等级；B 适用于屋内型	A：GW11 GW17 B：GN21
7		瓷柱摆动		小	占上部空间	瓷柱受较大弯矩，适合于较低电压等级	35kV 及以下电压等级产品，GN14
8		瓷柱移动	—	小	占用空间小	底座滚动，瓷柱受较大弯矩，引线移，摆幅大	进口产品
9	垂直断口	单柱伸缩式 单臂垂直伸缩（偏折式）		小	一侧占用空间	A 适合于架空硬母线；B 适合于架空软、硬母线	A：进口产品；B：GW10、GW16

序号	结构型式		简图	特点			产品举例
				相间距离	分闸后隔离开关情况	其他	
10	垂直断口	单柱伸缩式	双臂垂直伸缩（对折式）		小	二侧占用空间	触头钳夹范围大、闸刀分闸后的宽度 A>B；B 类闸刀关节多	A：GW6 B：进口产品

二、隔离开关的选择

（一）额定参数选择

隔离开关及其操动机构应按表 7-20 所列技术条件选择，并按表中使用的环境条件校验。

表 7-20　隔离开关的额定参数选择

项目		额　定　参　数
技术条件	正常工作条件	额定电压；额定电流；极数；额定频率；端子机械载荷；机械和电气寿命；单柱式隔离开关的接触区
	短路稳定性	额定动稳定电流；额定热稳定电流
	额定绝缘水平	对地和断口间的绝缘水平；爬电距离；爬电比距
	操作性能	额定短路关合电流（仅对接地开关）；接地开关开合感应电流的额定值；分合小电流、旁路电流；额定母线转移电流开合能力；操作相数；分、合闸装置及电磁闭锁装置操作电压；操动机构型式，气动机构的操作气压；手力操作时最大操作力额定值
环境条件	环境条件	环境温度；最大风速；覆冰厚度；相对湿度；污秽等级；海拔；地震烈度
	环境保护	电磁干扰；噪声水平

注　1. 当在屋内使用时，可不校验最大风速、覆冰厚度、污秽等级。

　　2. 当在屋外使用时，则不校验相对湿度。

表 7-20 中的项目按本章第一节的要求进行选择，并补充说明如下：

（1）频率要求主要针对进出口产品。

（2）隔离开关应根据负荷条件和故障条件所要求的各个额定值来选择，并应留有适当裕度，以满足电力系统未来发展的要求。

（3）隔离开关没有规定承受持续过电流的能力，当回路中有可能出现经常性断续过电流的情况时，应与制造厂商。

（4）当安装的 72.5kV 及以下电压等级隔离开关的相间距离小于产品规定的最小相间距离时，应要求制造厂根据使用条件进行动、热稳定性试验。原则上应进行三相试验，当试验条件不具备时，允许进行单相试验。

（5）单柱垂直开启式隔离开关在分闸状态下，动、静触头间的最小电气距离不应小于配电装置的最小安全净距 B 值。

（6）为保证电器和母线的检修安全，35kV 及以上电压等级每段母线上宜装设 1～2 组接地开关或接地器；72.5kV 及以上电压等级断路器两侧的隔离开关和线路隔离开关的线路侧，宜配置接地开关。

隔离开关的接地开关，应根据其安装处的短路电流进行动、热稳定校验。

（7）当接地开关与隔离开关组合在一起作为一个单元设备时：接地开关的额定短时耐受电流（除非另有规定外）至少应等于隔离开关的额定短时耐受电流；接地开关的额定峰值耐受电流（除非另有规定外）至少应等于隔离开关的额定峰值耐受电流；接地开关的额定短路持续时间可以为配用隔离开关相应数值的一半，但不得小于 2s。

（8）隔离开关的额定端子静态机械负荷见表 7-22。

（二）型式选择

对隔离开关的型式选择应根据配电装置的布置特点和使用要求等因素，进行综合技术经济比较后确定。

常见各型号隔离开关的特点及适用范围见表 7-21。

表 7-21   常见各型隔离开关的特点及适用范围

型号		简　图	特点	适用范围
屋内	GN1、GN5		单极，用钓钩操作	发电厂、变电站较少使用
	GN2		三极	屋内配电装置，成套开关柜
	GN6 GN19		三极，可前后连接，平装、立装、斜装	
	GN8		在 GN6 基础上，用绝缘管代替支柱绝缘子	
	GN10		单极、大电流 3000～13000A，可手动、电动操作	大电流回路、发电机回路
	GN11		三极，15kV，200～600A，手动操作	
	GN18 GN22		三极，10kV，大电流 2000～3000A，机械锁紧	
	GN14		单级插入式结构，带封闭罩，20kV，大电流 10000～13000A，电动操作	
屋外	GW1、GW9		单级，10kV，绝缘钩棒操作或手动操作	发电厂、变电站目前已较少使用
	GW2		三相，仿苏产品，110 kV 及以下电压等级，闸刀旋转破冰	
	GW4		220kV 及以下电压等级，双柱式，水平旋转分合结构，中间开启式；可高型布置，重量较轻	220kV 及以下电压等级配电装置常用
	GW5		35～110kV，双柱式，水平断口，中间 V 形开启式；可正装、斜装	常用于高型、硬母线布置及屋内配电装置；常用于 35kV 系统
	GW6		110～500kV，单柱式，单断口、双臂垂直伸缩式；仅可在动触头侧附装接地开关	多用于硬母线布置或作为母线隔离开关；多用于双母线接线配电装置

	型号	简　图	特点	适用范围
屋外	GW7		66～1000kV，三柱式，双断口水平开启式，中间水平转动	多用于 330kV 及以上电压等级配电装置；220kV 也可应用
	GW8		35～110kV，单柱式，垂直旋转分合结构，单侧开启式；单相布置	专用于变压器中性点
	GW10、GW16		110～500kV，单柱式，单臂垂直伸缩式；仅可在动触头侧附装接地开关	多用于硬母线布置或作为母线隔离开关；多用于双母线接线配电装置
	GW11、GW17		110～750kV，双柱式，水平伸缩结构；分相布置	多用于 330kV 及以上电压等级配电装置
	GW13		35～110kV，单柱式，旋转分合结构，中间开启式；单相布置	专用于变压器中性点
	GW45		750～1000kV，双柱垂直开启式，翻转式闸刀；单相布置	在变电站工程中应用较多

（三）操动机构选择

（1）隔离开关操动机构根据工程具体情况可采用手动、电动或液压机构，当有压缩空气系统时，也可采用气动机构。现阶段，各高压电气设备厂家为隔离开关、接地开关设备选配的操动机构绝大部分为手动型或电动型。

（2）屋外式252kV及以下电压等级隔离开关和接地开关一般采用手动操动机构；252kV高位布置的隔离开关及363kV及以上电压等级的隔离开关宜采用电动操动机构或液压操动机构。当工程需要时，252kV及以下电压等级隔离开关也可采用电动操动机构，接地开关一般宜采用手动操动机构。

（3）发电机回路用大电流隔离开关可采用手动或电动操动机构。

（四）机械荷载

（1）隔离开关的额定端子机械荷载分为额定端子静态机械荷载和额定端子动态机械荷载。在最不利的条件下，隔离开关的端子能够长期承受的最大端子静态机械荷载是其额定端子静态机械荷载，最大外部动态机械荷载是其额定端子动态机械荷载。

（2）机械荷载应考虑母线（或引下线）的自重、张力、风力和冰雪等施加于接线端的最大水平静拉力。当引下线采用软导线时，接线端机械荷载中不需再计入短路电流产生的电动力。但对采用硬导体或扩径空心导线的设备间连线，则应考虑短路电动力。隔离开关接线端的额定静态机械荷载见表7-22。

（3）如果静态机械荷载计算值超过表7-22规定的额定端子静态机械荷载时，应和制造厂协商确定。

（4）一次接线端子静拉力计算，静态安全系数不低于3.5，短时动态荷载作用下的安全系数不低于1.7。

（5）隔离开关绝缘子（柱）的抗弯曲强度应等于或大于2.75倍额定端子静态机械荷载和1.7倍额定端子动态机械荷载，即抗弯强度的安全系数应为静态≥2.75，动态≥1.7。

（6）接地开关的额定端子静态机械荷载与隔离开关的相同。

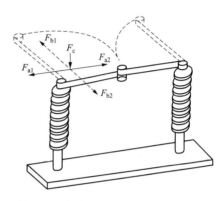

图7-5 双柱式和三柱式隔离开关施加额定端子机械荷载举例

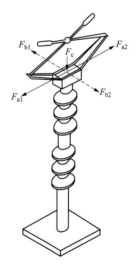

图7-6 单柱式隔离开关施加额定端子机械荷载举例
注：摺架的上方是静触头。

（五）关于开断小电流

（1）电感电流和电容电流。选用的隔离开关应具有切合电感、电容性小电流的能力，应使电压互感器、避雷器、励磁电流不超过2A的空载变压器及电容电流不超过2A的空载母线、空载线路等，在正常情况下操作时能可靠切断，并符合有关电力工业技术

表 7-22 隔离开关接线端子允许的静态机械荷载

额定电压（kV）	额定电流（A）	双柱式和三柱式隔离开关（见图7-5）		单柱式隔离开关（见图7-6）		垂直力 F_c（N）
		水平纵向荷载 F_{a1} 和 F_{a2}（N）	水平横向荷载 F_{b1} 和 F_{b2}（N）	水平纵向荷载 F_{a1} 和 F_{a2}（N）	水平横向荷载 F_{b1} 和 F_{b2}（N）	
12～24	—	500	250	—	—	300
40.5～72.5	≤2500	800	500	800	500	750
	>2500	1000	750	1000	750	750
126	≤2500	1000	750	1000	750	1000
	>2500	1250	750	1250	750	1000
252	≤2500	1250	750	1500	1000	1000
	>2500	1500	1000	2000	1500	1250
363	≤4000	2000	1500	2500	2000	1500
553	≤4000	3000	2000	4000	2000	2000
800	≤4000	3000	2000	4000	3000	2000
1100	≤4000	4000	3000	4000	3000	3000
	>4000	5000	4000	5000	4000	5000

注 引自DL/T 486—2010《高压交流隔离开关和接地开关》表3。

管理的规定。当隔离开关的技术性能不能满足上述要求时，应向制造部门提出，否则不得进行相应的操作。隔离开关尚应能可靠切断断路器的旁路电流及母线环流。

隔离开关开合电容电流和电感电流能力的额定值见表7-23。

表7-23 隔离开关的电容电流和电感电流额定值

额定电压（kV）	电感电流（A）	电容电流（A）
7.2、12	4.0	2.0
24、40.5	3.0	2.0
72.5	3.0	1.0
126	0.5	1.0
252	0.5	1.0
363	0.5	1.0
550～1100	1.0	2.0

注　部分引自 GB 1985—2014《高压交流隔离开关和接地开关》4.108、4.109。

（2）母线充电电流。72.5kV 及以上电压等级气体绝缘金属封闭开关设备中隔离开关应能够开合母线充电电流，其开合能力的额定值见表7-24。

表7-24 规定的母线充电电流

额定电压 U_N（有效值）（kV）	72.5	126	252	363	550	800	1100
母线充电电流（有效值）（A）	0.2	0.5	1.0	2.0	2.0	2.0	2.0

注：实用上，这些值一般是不会超过的，它们适用于 50Hz 和 60Hz，如果实用中需要更高的数值，则这些数值应由用户和制造厂的协议确定。

注　引自 GB 1985—2014《高压交流隔离开关和接地开关》表 F.2。

（3）额定母线转换电流。对于空气绝缘和气体绝缘的隔离开关，其额定母线转换电流值应是 80% 的额定电流。不论隔离开关的额定电流多大，额定母线转换电流通常不超过 1600A。

（4）额定母线转换电压。隔离开关的额定母线转换电压见表7-25。如不同于此，可向制造厂提出。

表7-25 隔离开关的额定母线转换电压

额定电压 U_N（kV）	空气绝缘的隔离开关（有效值）（V）	气体绝缘的隔离开关（有效值）（V）
40.5	100	10、30[a]
72.5		

续表

额定电压 U_N（kV）	空气绝缘的隔离开关（有效值）（V）	气体绝缘的隔离开关（有效值）（V）
126	100	10、30[a]
252	300	20、100[a]
363		
550	400	40、100[a]
800		
1000[b]	400	400

注：用气体绝缘的隔离开关开合空气绝缘母线的转换电流时，其额定母线转换电压应按照空气绝缘的隔离开关的额定母线转换电压。

a　适用于长母线的场合。

b　1100kV 隔离开关的额定母线转换电压取自 GB/Z 24837—2009《1100kV 高压交流隔离开关和接地开关技术规范》。

注　引自 GB 1985—2014《高压交流隔离开关和接地开关》表 B.1。

（六）额定接触区

对于静触头悬挂在母线上的单柱式隔离开关或接地开关，制造厂应规定接触区的额定值。表7-26和表 7-27 给出了静触头由悬挂式母线和支撑式母线支撑时推荐的接触区，表中的数值仅供参考，额定值应由制造厂提供。接触区也与静触头的角度偏移有关。

为适应隔离开关或接地开关的这种特殊功能，用户确定变电站的设计和绝缘子的支撑强度时，应确保在运行状态下静触头在这些限值的范围内。选择额定接触区时，用户应核实在下述附加约束条件下（若用），在其特定使用条件下不超过制造厂规定的额定接触区：

（1）由作用在与工作母线垂直连接的其他元件上的风力和由设备位移而产生的纵向、横向偏移。

（2）由悬挂在母线上的其他垂直荷载以及与母线连接的其他设备的操作所施加的操作荷载而产生的垂直偏移。

表7-26 静触头由悬挂式母线支撑时推荐的接触区

额定电压（kV）	x（mm）	y（mm）	z_1（mm）	z_2（mm）
72.5	100	300	200	300
126	100	350	200	300
252	200	500	250	450
363	200	500	300	450

续表

额定电压 （kV）	x （mm）	y （mm）	z_1 （mm）	z_2 （mm）
550	200	600	400	500

注　1. x 为支撑导线纵向位移的总幅度（温度的影响）；

　　　y 为水平横向总偏移（与支撑导线垂直方向的偏移，风的影响）；

　　　z 为垂直偏移（温度和冰的影响）。

　　2. 静触头由软导线固定时，z_1 值适用于短跨距，z_2 值适用于长跨距。

　　3. 引自 GB 1985—2014《高压交流隔离开关和接地开关》表 1。

表 7-27　　　静触头由支撑式母线支撑时推荐的接触区

额定电压（kV）	x（mm）	y（mm）	z（mm）
72.5～126	100	100	125
252～363	150	150	150
550	175	175	175

注　1. x 为支撑导线纵向位移的总幅度（温度的影响）；

　　　y 为水平横向总偏移（与支撑导线垂直方向的偏移，风的影响）；

　　　z 为垂直偏移（冰的影响）。

　　2. 引自 GB 1985—2014《高压交流隔离开关和接地开关》表 2。

三、接地开关的选择

（1）为保证电器和母线检修安全，每段母线上宜装设 1～2 组接地开关；72.5kV 及以上电压等级断路器两侧的隔离开关和线路隔离开关的线路侧，宜配置接地开关。应尽量选择一侧或两侧带接地开关的隔离开关。安装单柱式隔离开关时，一般在母线上需配置单独的接地开关。

（2）对于 42.5kV 及以上电压等级隔离开关的接地开关，应根据其安装处的短路电流进行动、热稳定校验。

（3）屋内用于安装在开关柜内的接地开关要求具有关合短路电流能力，屋外一般作为检修用途的接地开关一般不要求具有关合短路电流能力，只有快速接地开关要求具有关合短路电流能力。

（4）如指定接地开关具有关合短路电流能力，其额定值应等于其额定峰值耐受电流。

（5）接地开关按安装场所不同分为屋内式与屋外式接地开关；按操作方式不同分为钩棒式、手力式、电动式操动机构接地开关；按使用特性不同，分为一般检修接地用和快速接地开关；按安装方式分为与隔离开关组合一起或单独安装。工程中应根据工程情况选用不同的接地开关。

（6）常见各型号接地开关的特点及适用范围见表 7-28。

（7）接地开关开合感应电流。接地开关的电磁感应电流和静电感应电流应分别规定。额定感应电流是在额定感应电压下，接地开关能够开合的最大电流。具有开、合感应电流能力的接地开关按能力要求分为 A 类和 B 类开关，其电磁耦合、静电耦合的额定感应电流和额定感应电压值见表 7-29。

表 7-28　　　　　　　　　　　常见各型接地开关的特点及适用范围

	型式	简图	特点	适用范围
屋内	JN1		单极或三极联动，手动操动机构	屋内配电装置，10kV
屋外	JW、JW3A、JW6、JW8、JW10		导电闸刀为单柱立开式结构（单臂直抡式或直杆竖直插入式）。单极或三极联动，手动或电动操动机构	110～500kV 配电装置

续表

型式	简图	特点	适用范围
屋外	JW2	合闸时，导电闸刀先由水平位置向上回转一定角度（如80°），再上伸运动；分闸时，反向动作落到水平位置。单极或三极联动，手动或电动操动机构	110～330kV 配电装置
	JW4、JW4A、JW5A、JW9	导电闸刀为折叠式结构（垂直伸缩式）。单极或三极联动，手动或电动操动机构	330～1000kV 配电装置

表 7-29　　　　　　　　　　接地开关的额定感应电流和额定感应电压的标准值

额定电压（kV）	电磁耦合				静电耦合			
	额定感性电流（A，有效值）		额定感性电压（kV，有效值）		额定感性电流（A，有效值）		额定感性电压（kV，有效值）	
	A类	B类	A类	B类	A类	B类	A类	B类
72.5	50	100	0.5	4	0.4	2	3	6
126	50	100	0.5	6	0.4	5	3	6
252	80	160	1.4	15	1.25	10	5	15
363	80	200	2	22	1.25	18	5	22
550	80	200	2	25	1.6	25，50	8	25，50
800	80	200	2	25	3	25，50	12	32
1000	80	360	2	30	3	50	12	180

注　1. A类接地开关，用于耦合弱或比较短的平行线路；B类接地开关，用于耦合强或比较长的平行线路。

2. 应计算实际工程中的电磁耦合、静电耦合的感应电流值和感应电压值，依此来选择适合的接地开关。在某些情况下（接地线路很长一段与带电线路邻近，带电线路上的负荷很大，带电线路的运行电压比接地线路高等），感应电流和感应电压可能高于表中的值，额定值应由制造厂和用户协商确定。

3. 对单相和三相试验，额定感应电压均对应于线对地的值。

4. 接地开关应能承载及开合此额定感应电流。

5. 若实际工程计算后的电磁耦合、静电耦合的感应电流值和感应电压值超过表中的A、B类接地开关标准值，应与制造厂密切配合，选用参数能够满足要求的接地开关。

6. 部分引自 GB 1985—2014《高压交流隔离开关和接地开关》表 C.1。

四、敞开式组合电器

本章节的敞开式组合电器仅介绍以隔离开关（G）为主体，将电流互感器（L）、电压互感器（J）和电缆头（D）等元件组合在一起的组合电器。组合后各单元仍然保持原有产品的技术性能和结构特点。它可以减少占地面积和空间尺寸，但检修稍有不便，多用于布置上存在限制条件的情况和地势狭窄地区。

敞开式组合电器中各组合元件的技术、环境选择条件应按各自标准规定的参数进行选择和校验。敞开式组合电器一般涵盖 40.5～550kV 电压等级，常用 126kV、252kV、363kV、550kV 四种电压等级的组合方式见表7-30。

表 7-30　　敞开式组合电器的组合方式

型号	额定电压 （kV）	组合方式
ZH1-126	126	G-D，D-G-L，L-G-D-G-D
ZH1-252	252	GL，GJ，DG，DGL，DGJ，LGGL， GDGL，LGDGL，GDG，GG，GGL
ZH1-363	363	GL，GGL，LGGL，GG，GD
ZH1-550	550	GL，GGL，LGGL，GG，GD

第四节　电流互感器

一、基本分类

选择电流互感器应满足继电保护、自动装置和测量仪表的要求。

电流互感器一般按结构型式、结构特征及用途、绝缘介质分类，见表7-31。

表 7-31　　电流互感器的分类

类别	含义	代表字母
结构型式	套管式 支柱式 线圈式 贯穿式（复匝） 贯穿式（单匝） 母线式	R Z Q F D M
绕组绝缘介质	变压器油 空气（干式） 气体 瓷 浇注成型固体	— G Q C Z
结构特征及用途	带保护级 带暂态特性保护用 测量级	P TP —

二、额定参数选择

电流互感器按表7-32所列技术条件选择，并按表中的使用环境条件校验。

表 7-32　　电流互感器的额定参数选择

项目		额定参数
技术条件	正常工作条件	额定一次回路电压；额定一次回路电流；额定二次回路电流；额定二次回路负荷；额定温升；端子机械荷载
	短路稳定性	额定动稳定倍数；额定热稳定倍数
	额定绝缘水平	对地绝缘水平；爬距离；爬电比距
	测量和保护性能	准确度等级和暂态特性；继电保护及测量的要求；额定一次短路电流和额定一次时间常数（暂态特性的保护用电流互感器）；系统接地方式
环境条件	环境条件	环境温度；最大风速；相对湿度；污秽等级；海拔；地震烈度
	环境保护	电磁干扰；噪声水平

注　1. 当在屋内使用时，可不校验最大风速、污秽等级。
　　2. 当在屋外使用时，则不校验相对湿度。

表 7-32 的一般项目按本章第一节的要求进行选择，并补充说明如下。

（1）额定一次电流标准值。电流互感器额定一次电流应根据其所属一次设备额定电流或最大工作电流选择，额定一次电流标准值为 10A、12.5A、15A、20A、25A、30A、40A、50A、60A、75A 以及它们的十进位倍数或小数。有下划线者为优先值。多电流比互感器的额定一次电流最小值采用单电流比互感器所列标准值。

（2）额定二次电流标准值。额定二次电流标准值为1A 和5A。对于暂态特性保护用电流互感器，额定二次电流标准值为1A。

（3）额定连续热电流标准值。额定连续热电流标准值为额定一次电流。当规定的额定连续热电流大于额定一次电流时，其优先值为额定一次电流的120%、150%、200%。

（4）额定输出的标准值。额定输出的标准值为 $2.5V \cdot A$、$5.0V \cdot A$、$10V \cdot A$、$15V \cdot A$、$20V \cdot A$、$25V \cdot A$、$30V \cdot A$、$40V \cdot A$ 和 $50V \cdot A$。有特殊要求时，也可选择高于 $50V \cdot A$ 的输出值。对一台互感器来说，它的额定输出之一是标准值且符合一个标准的准确级，则在规定其余的额定输出时可以是非标准值，但要求符合另一个标准准确级。

（5）电流互感器耐受电压。电流互感器一次绕组的绝缘耐受电压由系统最高电压决定；二次绕组绝缘的额定工频耐受电压为3kV（方均根值）；当一次或二次绕组分成两段或多段时，段间绝缘的额定工频耐受电压为3kV（方均根值）；绕组匝间绝缘的额定耐受电压为 4.5kV（峰值），对某些型式的互感器，根据一定的试验程序，可允许采用较低的试验电压值；对设备最高电压 $U_m \geq 40.5$kV，且采用电容型绝缘结构的电流互感器，其地屏对地绝缘能承受额定短时工频耐受电压 5kV（方均根值）。

三、型式选择

电流互感器的型式按下列使用条件选择：

（1）3～35kV 电压等级屋内开关柜安装的电流互感器宜采用固体绝缘型式。35kV 屋外安装的电流互感器，根据安装使用条件及产品情况，采用固体或油浸式绝缘型式，也可采用其他绝缘型式。

（2）110（66）kV 及以上电压等级的电流互感器可采用 SF_6 气体绝缘型式或油浸式绝缘型式，220kV 及以下电压等级的电流互感器也可采用其他绝缘型式，如树脂浇注式或电子式电流互感器等。结构型式根据具体情况，可选用屋外独立式、罐式断路器套管式或 GIS 一次贯穿式电流互感器。

（3）电流互感器的二次绕组在设备的底部时，主绝缘在互感器的一次绕组上，为正立式；二次绕组在设备的上部时，主绝缘在互感器的二次绕组上，为倒立式。可根据需要选用正立式或倒立式电流互感器。

（4）火电厂的电流互感器选择还应符合 DL/T 5136《火力发电厂、变电站二次接线设计技术规程》、DL/T 866《电流互感器和电压互感器选择及计算导则》、GB 20840《互感器》系列标准的要求。

四、关于电流互感器选择的几个问题

（一）一次额定电流选择

（1）中性点零序电流互感器应按下列条件选择和校验：

1）对中性点非直接接地系统中的零序电流互感器，在发生单相接地短路故障时，通过的零序电流较中性点直接接地系统的小得多。为保证保护装置可靠动作，应按二次电流及保护灵敏度确定一次电流及变比。

2）对中性点直接接地或经电阻接地系统，由接地电流和电流互感器准确限值系数确定电流互感器额定一次电流，由二次负载和电流互感器的容量确定二次额定电流。

3）按电缆根数及外径选择电缆式零序电流互感器窗孔直径。

4）按一次额定电流选择母线式零序电流互感器母线截面。

（2）选择母线式电流互感器时，尚应校核窗孔允许穿过的母线尺寸。

（3）发电机横联差动保护用电流互感器的一次电流应按下列情况选择：

1）安装于各绕组出口处时，宜按定子绕组每个支路的电流选择。

2）安装于中性点连接线上时，按发电机允许的最大不平衡电流选择，一般可取发电机额定电流的 20%～30%。

（4）主变压器高压侧为直接接地系统时，其中性点零序电流互感器额定一次电流应按满足继电保护整定值选择，宜取变压器高压侧额定电流的 50%～100%，且应满足规定的误差限值。

（5）变压器中性点放电间隙零序电流互感器额定一次电流宜按 100A 选择。

（6）自耦变压器公共绕组回路过负荷保护和测量用的电流互感器，其额定一次电流应按公共绕组允许负荷电流选择。此电流通常发生在低压侧断开，高一中压侧传输自耦变压器的额定容量时。此时，公共绕组上的电流为中压侧和高压侧额定电流之差。

（7）自耦变压器零序差动保护用电流互感器，其各侧变比应一致，可按中压侧额定电流选择。

（8）线路电流互感器宜根据线路传输的最大负荷电流及电力系统的特殊要求选择额定一次电流。

（二）测量用电流互感器选择

（1）测量用电流互感器的准确级，以该准确级在额定电流下所规定的最大允许电流误差百分数来标称。标准的准确级为 0.1、0.2、0.5、1、3、5 级；供特殊用途的为 0.2S、0.5S 级。

（2）测量用电流互感器的类型，应根据电力系统测量和计量系统的实际需要合理选择。在工作电流变化范围较大情况下做准确测量时应采用 S 类电流互感器。为保证二次电流在合适的范围内，可采用变比可选的电流互感器。

（3）测量用电流互感器额定一次电流应接近但不低于一次回路正常最大负荷电流。对于指示仪表，为使仪表在正常运行和过负荷运行时能有适当指示，电流互感器额定一次电流不宜小于 1.25 倍一次设备的额定电流或线路最大负荷电流。

（三）保护用电流互感器选择

（1）P 类（P 意为保护）保护用电流互感器，分为 P、PR 和 PX 类型；该类电流互感器的准确限值是由一次电流为稳态对称电流时的复合误差或励磁特性拐点来确定的。准确级以其额定准确限值一次电流下的最大复合误差的百分比来标称，标准的准确级为 5P、10P、5PR、10PR、PX。

（2）TP 类（TP 意为暂态保护）保护用电流互感器，主要包括 TPS、TPX、TPY 和 TPZ 级。该类电流互感器的准确限值是考虑一次电流中同时具有周期分量和非周期分量，并按某种规定的暂态工作循环时的峰值误差来确定的，适用于考虑短路电流中非周期分

量暂态影响的情况。

五、机械荷载

对于额定电压 $U_m \geqslant 72.5kV$ 的互感器，表 7-33 列出了互感器应能承受的静荷载，这些数值包含风力和结冰引起的荷载。规定的试验荷载是指可施加于一次绕组端子任意方向的荷载。

表 7-33　电流互感器接线端子允许的静态机械荷载

设备最高电压 U_m（kV）	静态承受试验荷载 F_R（N）互感器的		
	电压端子	电流端子	
		Ⅰ类负荷	Ⅱ类负荷
72.5	500	1250	2500
126	1000	2000	3000
252～363	1250	2500	4000
≥550	1500	4000	5000

注 1：在常规运行条件下，作用荷载的总和不得超过规定承受试验荷载的 50%。
注 2：在某些应用情况中，互感器的电流端子应能承受很少出现的急剧动态荷载（例如短路），它不超过静态试验荷载的 1.4 倍。
注 3：对于某些应用情况，可能需要一次端子具有防转动的能力。试验时施加的力矩由制造方与用户商定。
注 4：如果互感器组装在其他设备（例如组合电器）内，相应设备的静态试验荷载不得因组装过程而降低。

注　引自 GB 20840.1—2014《互感器　第 1 部分：通用技术条件》表 8。

六、短路稳定校验

（一）外部动稳定校验

外部动稳定校验主要是校验电流互感器出线端受到的短路作用力不超过允许值。其校验公式与支持绝缘子相同，即：

$$F_{max} = 1.76 i_{ch}^2 \frac{l_M}{a} \times 10^{-1} \qquad (7\text{-}12)$$

$$l_M = \frac{l_1 + l_2}{2} \qquad (7\text{-}13)$$

式中　F_{max}——短路作用力，N；
　　　i_{ch}——短路冲击电流瞬时值，kA；
　　　l_M——计算长度，m；
　　　a——回路相间距离，m；
　　　l_1——电流互感器出线端部至最近一个母线支柱绝缘子的距离，m；
　　　l_2——电流互感器两端瓷帽的距离，m，当电流互感器为非母线式瓷绝缘时，$l_2=0$。

（二）额定短时热稳定电流

电流互感器额定短时热稳定电流短路持续时间标准值为 1s，额定短时热电流可从下列数值选取：3.15kA、6.3kA、8kA、10kA、12.5kA、16kA、20kA、25kA、31.5kA、40kA、50kA、63kA、80kA、100kA。

不同电压等级电流互感器短路持续时间宜满足以下规定：550kV 及以上电压等级为 2s，126～363kV电压等级为 3s，3.6～72.5kV 电压等级为 4s。

当电流互感器一次绕组可串联、并联切换时，应按其接线状态下的实际额定一次电流和系统短路电流进行额定短时热电流校验。

额定短时热电流倍数校验可按下式计算：

$$K_{th} \geqslant \frac{\sqrt{Q_d/t}}{I_{pr}} \qquad (7\text{-}14)$$

式中　K_{th}——额定短时热电流倍数；
　　　Q_d——短路电流引起的热效应，A^2s；
　　　t——短时热电流计算时间，s；
　　　I_{pr}——额定一次电流，A。

（三）额定动稳定电流

电流互感器额定动稳定电流应满足以下规定：

（1）对带有一次回路导体的电流互感器应进行额定动稳定电流校验；对于一次回路导体从窗口穿过且无固定板的电流互感器可不进行额定动稳定电流校验。

（2）对变比可选的电流互感器应按一次绕组串联方式确定互感器短路稳定性能。

（3）额定动稳定电流宜为额定短时热电流的 2.5 倍。

（4）动稳定电流校验可按下式计算：

$$I_{dyn} \geqslant i_{ch} \qquad (7\text{-}15)$$

或

$$K_d \geqslant \frac{i_{ch}}{\sqrt{2} I_{pr}} \times 10^3 \qquad (7\text{-}16)$$

式中　K_d——动稳定电流倍数；
　　　i_{ch}——短路冲击电流瞬时值，kA。

当动、热稳定不够时，例如有时由于回路工作电流较小，互感器工作电流选择后不能满足系统短路时的动、热稳定要求，则可选择额定电流较大的电流互感器，增大变流比。

七、新型互感器

（一）新型互感器分类

新型互感器包括光电流互感器、光电压互感器、独立式空芯线圈（罗戈夫斯基线圈）互感器等，统称这类互感器为电子式互感器。

光电流互感器、光电压互感器是适用于超高压系统的采用电-光变换或磁-光变换原理的光互感器。它们具有抗电磁干扰、不饱和、测量范围大、体积小、质量轻及便于数字传输等优点。

独立式空芯线圈（罗戈夫斯基线圈）电流互感器、带铁芯的低功率电流互感器、电阻分压或阻容分压的电压变送器等互感器，体积小、暂态响应和运行性能良好，可靠性高，适合在开关柜及 GIS 中应用。

电子式互感器可分为电子式电流互感器、电子式电压互感器及组合型电子式互感器。组合型电子式互感器是由电子式电流互感器与电子式电压互感器组合为一体，可对一次电流和电压同时检测。

电子式互感器分类见表 7-34。

表 7-34　　　电子式互感器的分类

类别	分类依据	互感器名称
电子式电流互感器	一次传感器原理	光学电流互感器（包含磁光玻璃法拉第效应电流互感器、全光纤 Sagnac 效应电流互感器等）
		独立式空芯线圈（罗戈夫斯基线圈）式电流互感器
		低功率线圈电流互感器
	一次传感器用途	测量用电子式电流互感器
		保护用电子式电流互感器
		测量保护共用电子式电流互感器

续表

类别	分类依据	互感器名称
电子式电流互感器	一次传感器取能方式	有源型电子式电流互感器
		无源型电子式电流互感器
电子式电压互感器	一次传感器原理	光学电压互感器（包含电光效应、逆压电效应、干涉等）
		阻容分压式电压互感器
	一次传感器用途	测量用电子式电压互感器
		保护用电子式电压互感器
		测量保护共用电子式电压互感器
	一次传感器取能方式	有源型电子式电压互感器
		无源型电子式电压互感器

（二）电子式互感器的结构和参数

（1）电子式互感器。包括一次传感器及转换器、传输系统、二次转换器及合并单元，其基本结构图如图 7-7 所示。完整标识一台电子式互感器宜对每个环节的构成、用途及安装方式做出明确规定。图中所有单元并不都是必需的，如光互感器即不需要一次电源。数字输出一般是经合并单元将多个传感器的采样量合并变为数字量输出。一个合并单元可输入多个电流传感器和多个电压传感器的采样量，供给测量仪表和继电保护的数字量一般分别输出。

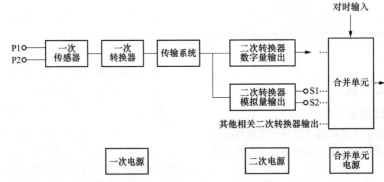

图 7-7　电子式互感器基本结构图

（2）电子式互感器的使用环境条件、绝缘耐压要求和一次回路参数等特性与常规互感器基本相同，但二次输出技术参数却有很大差异。二次输出分模拟量和数字量两类。

1）电子式互感器按表 7-35 所列技术条件选择，并按表中的使用环境条件校验。

表 7-35　　　电子式互感器的额定参数选择

项目		额定参数
技术条件	正常工作条件	额定一次回路电压；额定一次回路电流；额定温升；端子机械荷载；额定输出电压、电流；额定输出容量（阻抗）
	短路稳定性	额定动稳定电流；额定热稳定电流
	额定绝缘水平	—
	测量和保护性能	准确度等级和线性度；响应速度；通信接口要求
环境条件	环境条件	环境温度；最大风速；相对湿度；污秽等级；海拔；地震烈度
	环境保护	电磁干扰；噪声水平

注　1. 当在屋内使用时，可不校验最大风速、污秽等级。
　　2. 当在屋外使用时，则不校验相对湿度。

2）电子式电流互感器模拟量输出额定值以二次电压方均根值 U 表示为：22.5mV、（40mV）、（100mV）、150mV、225mV、（1V）、4V。括号内数值可用于现有设计。

3）电子式电流互感器额定负荷值以电阻表示为：2kΩ、20kΩ、2MΩ、5MΩ。总负荷须大于或等于额定负荷。

4）电子式电压互感器模拟量输出二次电压额定值以方均根值 U 表示为：三相有效接地系统 1.625V、2V、3.25V、4V、6.5V；三相非有效接地系统 1.625/3V、2/3V、3.25/3V、4/3V、6.5/3V；两相系统 1.625/2V、2/2V、3.25/2V、4/2V、6.5/2V。

5）电子式电压互感器输出容量以 VA 表示，额定输出标准值为 0.001V·A、0.01V·A、0.1V·A、0.5V·A、1V·A、2.5V·A、5V·A、10V·A、15V·A、25V·A、30V·A。二次电压小于或等于 10V 时，取 0.001V·A、0.01V·A、0.1V·A、0.5V·A；二次电压大于 10V 时，取 1V·A、2.5V·A、5V·A、10V·A、15V·A、25V·A、30V·A。

6）组合型电子式互感器的数字量输出由串行、单向、一发多收、点对点链路（serial unidirectional multidrop point-to-point link）送出。发信的是合并单元，收信的可能有保护、测量仪表、监控单元及过程总线等。通信接口基本技术与 IEC 60870-5-103 相似。

7）组合型电子式互感器的合并单元宜靠近电子式互感器的一次传感器就地安装，当运行环境条件不适宜时，也可安装在保护室内。

第五节　电压互感器

一、基本分类

电压互感器一般按用途、装置种类、绝缘介质、相数、绕组等分类，见表 7-36。

表 7-36　　电压互感器的分类

类别	含义	代表字母
相数	单相	D
	三相	S
绕组绝缘介质	变压器油	—
	空气（干式）	G
	浇注成型固体	Z
	气体	Q
结构特征及用途	带剩余（零序）电压绕组	X
	三柱带补偿绕组	B
	五柱三绕组	W
	串级式带剩余（零序）电压绕组	C
	测量和保护分开的二次绕组	F
油保护方式	带金属膨胀器	—
	不带金属膨胀器	N

二、额定参数选择

电压互感器按表 7-37 所列技术条件选择，并按表中使用的环境条件校验。

表 7-37　　电压互感器的额定参数选择

项目		额 定 参 数
技术条件	正常工作条件	额定一次回路电压；额定二次回路电压；额定二次回路负荷；额定温升；端子机械荷载
	短路稳定性	—
	额定绝缘水平	对地绝缘水平；爬电距离；爬电比距
	测量和保护性能	准确度等级；继电保护及测量的要求；兼用于载波通信时电容式电压互感器的高频特性；电压因数；系统接地方式
环境条件	环境条件	环境温度；最大风速；相对湿度；污秽等级；海拔；地震烈度
	环境保护	电磁干扰；噪声水平

注　1. 当在屋内使用时，可不校验最大风速、污秽等级。
　　2. 当在屋外使用时，则不校验相对湿度。

三、型式选择

（1）电压互感器的型式按下列使用条件选择：

1）3～35kV 屋内配电装置，宜采用固体绝缘的电磁式电压互感器。

2）35kV 屋外配电装置可采用固体绝缘或油浸绝缘的电磁式电压互感器。

3）66kV 屋外配电装置宜采用油浸绝缘的电磁式电压互感器。

4）220kV 及以上电压等级配电装置，宜采用电容式或电子式电压互感器。110kV 配电装置可采用电容式或电磁式电压互感器。

5）SF$_6$ 气体绝缘全封闭开关设备的电压互感器，宜采用电磁式或电子式电压互感器。

6）线路装有载波通信时，线路侧电容式电压互感器宜与耦合电容器结合。

（2）在满足二次电压和负荷要求的条件下，电压互感器宜采用简单接线，当需要零序电压时，3～20kV 宜采用三相五柱式电压互感器或三个单相式电压互感器。

（3）当发电机采用附加直流的定子绕组 100%接地保护装置而利用电压互感器向定子绕组注入直流时，接于发电机电压的电压互感器一次侧中性点都不得直接接地，如要求接地时，必须经过电容器接地以隔离直流。

（4）在中性点非直接接地系统中的电压互感器，为了防止铁磁谐振过电压，应采取消谐措施，并应选用全绝缘。

（5）当电容式电压互感器由于开口三角绕组的不平衡电压较高，而影响零序保护装置的灵敏度时，应要求制造部门装设高次谐波滤过器。

（6）电磁式电压互感器可以兼作并联电容器的泄能设备，但此电压互感器与电容器组之间，不应有开断点。

（7）火电厂的电压互感器选择还应符合 DL/T 5136《火力发电厂、变电站二次接线设计技术规程》、DL/T 866《电流互感器和电压互感器选择及计算导则》、GB 20840《互感器》系列标准的要求。

四、关于电压互感器选择的几个问题

（一）接线方式选择

在满足二次电压和负荷要求的条件下，电压互感器应尽量采用简单接线。电压互感器的各种接线方式及其适用范围见表 7-38。

（二）电压选择

1. 额定电压

电压互感器的额定一次电压、额定二次电压按表 7-39 选择。

表 7-38　　　　　　　　　　　　　　电压互感器的接线及使用范围

序号	接线图	采用的电压互感器	适用范围	备注
1	（接线图，A、B、C及a、b、c端子）	两个单相电压互感器接成 V-V 形	用于表计和继电器的线圈接入 a-b 和 c-b 两相间电压	
2	（接线图，A、B、C及a、b、c端子）	三个单相电压互感器接成 Y-Y。高压侧中性点不接地	用于表计和继电器的线圈接入相间电压和相电压。此种接线不能用来供电给绝缘监测电压表	
3	（接线图，A、B、C及a、b、c端子）	三个单相电压互感器接成 Y-Y。高压侧中性点接地	用于供电给要求相间电压的表计和继电器以及绝缘监测电压表。如果高压侧系统为中性点直接接地，则可接入要求相电压的测量表计；如果高压侧系统为中性点与地绝缘或经阻抗接地，则不允许接入要求相电压的表计	
4	（接线图，A、B、C及b、a、c端子）	一个三相三柱式电压互感器	用于表计和继电器的线圈接入相间电压和相电压。此种接线不能用于绝缘监测电压表	不允许将电压互感器高压侧中性点接地
5	（接线图，A、B、C及b、a、c端子）	一个三相五柱式电压互感器	主二次绕组连接成星形以供电给测量表计、继电器及绝缘监测电压表。对于要求相电压的测量表计，只有在系统中性点直接接地时才能接入。附加的二次绕组接成开口三角形，构成零序电压滤过器供电给保护继电器和接地信号（绝缘监测）继电器	应优先采用三相五柱式电压互感器，只有在要求容量较大情况下或 110kV 以上电压等级无三相式电压互感器时，才采用三个单相三线圈电压互感器

续表

序号	接 线 图	采用的电压互感器	适 用 范 围	备 注
6		三个单相三线圈电压互感器	主二次绕组连接成星形以供电给测量表计、继电器及绝缘监测电压表。对于要求相电压的测量表计，只有在系统中性点直接接地时才能接入。附加的二次绕组接成开口三角形，构成零序电压滤过器供电给保护继电器和接地信号（绝缘监测）继电器	应优先采用三相五柱式电压互感器，只有在要求容量较大情况下或 110kV 以上电压等级无三相式电压互感器时，才采用三个单相三线圈电压互感器

表 7-39　电压互感器的额定电压选择

型式	一次电压（V）		二次电压（V）	剩余绕组电压	
单相	接于一次线电压上（如 V-V 接法）	U_N	100	—	
	接于一次相电压上	$U_N/\sqrt{3}$	$100/\sqrt{3}$	中性点非直接接地系统	100/3
				中性点直接接地系统	100
三相		U_N	100	100/3	

注　U_N 为系统额定电压。

2. 额定电压因数

电压互感器的额定电压因数应根据系统最高运行电压决定，而后者又与系统及电压互感器一次绕组的接地条件有关。表 7-40 列出与各种接地条件相对应的额定电压标准值及在最高运行电压下的允许持续时间（即额定时间）。

表 7-40　额定电压因数标准值

额定电压因数	额定时间	一次绕组连接方式和系统接地方式
1.2	连续	任一电网的相间 任一电网中的变压器中性点与地之间
1.2	连续	中性点有效接地系统中的相与地之间
1.5	30s	
1.2	连续	带有自动切除对地故障装置的中性点非有效接地系统中的相与地之间
1.9	30s	
1.2	连续	无自动切除对地故障的中性点绝缘系统或无自动切除对地故障装置的共振接地系统中的相与地之间
1.9	8h	

注　1. 电压互感器的最高连续运行电压等于设备最高电压（对于接三相系统的相与地间的电压互感器，还须除以 $\sqrt{3}$）或额定一次电压乘以 1.2，两者中取较低者。

2. 按制造厂与用户协议，表中所列的额定时间允许缩短。

3. 引自 GB 20840.3—2013《互感器　第 3 部分：电磁式电压互感器的补充技术要求》表 303。

（三）准确级及二次负荷

1. 测量用电压互感器的准确级

测量用电压互感器的准确级，在额定电压和额定负荷下，以该准确级所规定的最大允许电压误差百分数来标称。标准准确级为 0.1、0.2、0.5、1.0、3.0。

2. 保护用电压互感器的准确级

保护用电压互感器的准确级，是以该准确级在 5% 额定电压到与额定电压因数相对应的电压范围内的最大允许电压误差的百分数标称，其后标以字母 P。标准准确级为 3P 和 6P。

3. 二次负荷

选择二次绕组额定输出时，应保证二次实接负荷在额定输出的 25%～100% 范围内，以保证互感器的准确度。

在功率因数为 0.8（滞后）时，额定输出的标准值为 10V·A、15V·A、25V·A、30V·A、50V·A、75V·A、100V·A、150V·A、200V·A、250V·A、300V·A、400V·A、500V·A。其中有下标横线者为优先值，大于 100V·A 的额定输出值可由制造方与用户协商确定。对于三相电压互感器而言，其额定输出值是指每相的额定输出。

五、铁磁谐振和防谐措施

（1）电容式电压互感器包括电容分压器和电磁单元。电磁单元中的电抗线圈在额定频率下的电抗值约等于分压器两个电容并联的电容值。在电磁单元二次短路突然消除时，一次侧电压突然变化的暂态过程可能使铁芯饱和，与并联的两部分分压电容发生铁磁谐振。制造部门应保证电容式电压互感器的性能满足以下要求：

1）在电压为 0.8、1.0、1.2 倍额定电压而负荷实际为零的情况下，互感器二次端子短路后又突然消除短路，其二次电压峰值应在 0.5s 之内恢复到与短路前正常值相差不大于 10%。

2）在电压为 1.5 倍额定电压（用于中性点有效接地系统）或 1.9 倍额定电压（用于中性点非有效接地系统）且负荷实际为零的情况下，互感器二次端子短路后又突然消除短路，其铁磁谐振持续的时间不应超过 2s，其二次电压峰值应在 2s 之内恢复到与短路前正常值相差不大于 10%。

（2）电磁式电压互感器的励磁特性为非线性特性，与电力网中的分布电容或杂散电容在一定条件下可能形成铁磁谐振。通常是电压互感器的感性电抗大于电容的容性电流，当电力系统操作或其他暂态过程引起互感器暂态饱和而感抗降低就可能出现铁磁谐振。这种谐振可能发生于不接地系统，也可能发生于直接接地系统。随着电容值的不同，谐振频率可以是工频和较高或较低的谐波。铁磁谐振产生的过电流和/或高电压可能造成互感器损坏，特别是低频谐振时，互感器相应的励磁阻抗大为降低而导致铁芯深度饱和，励磁电流急剧增大，高达额定值的数十倍至百倍以上，从而严重损坏互感器。

1）在中性点不接地系统中，电磁式电压互感器与母线或线路对地电容形成的回路，在一定激发条件下可能发生铁磁谐振而产生过电压及过电流，使电压互感器损坏，因此应采取消谐措施。这些措施有：在电压互感器开口三角或互感器中性点与地之间接专用的消谐器、采用电压因数为 2 倍内呈容性的电磁式电压互感器、在电压互感器一次侧加装避雷器、在电压互感器一次侧或二次侧加装熔断器、增加对地电容破坏谐振条件等。也可在开口三角端子上接入电阻或白炽灯，电阻 R 可按下式选取：

$$R \leqslant \frac{X}{K_{13}} \qquad (7\text{-}17)$$

式中　X——电压互感器感抗，当电网内有多台互感器时，应取并联值；

K_{13}——一次绕组对开口三角绕组的变比。

R 值为抑制谐振的总阻值。若分置于 n 台互感器时，每个电阻值应取 $n.R$。

若采用白炽灯消除谐振，35kV 电网的互感器可接入 220V、500W 灯泡，6～10kV 可接 220V、200W 灯泡。

2）在中性点直接接地系统中，电磁式电压互感器在断路器分闸或隔离开关合闸时可能与断路器并联均压电容或杂散电容形成铁磁谐振。由于电源系统和互感器中性点均接地，各相的谐振回路基本上是独立的。谐振可能在一相发生，也可能在两相或三相内同时发生。抑制这种谐振的方法不宜在零序回路（包括开口三角形回路）采取措施，可采用人为破坏谐振条件、改用电容式电压互感器、采用电压因数为 2 倍内呈容性的电磁式电压互感器等措施。

六、机械荷载

对于额定电压 $U_N \geqslant 72.5$kV 的电压互感器，表 7-33

列出了互感器应能承受的静荷载，这些数值包含风力和结冰引起的荷载。规定的试验荷载是指可施加于一次绕组端子任意方向的荷载。

七、新型互感器

电子式电压互感器相关内容见本章第四节。

第六节　气体绝缘金属封闭开关设备（GIS）

一、基本分类

（1）GIS 按结构型式分类见表 7-41。

表 7-41　　　GIS 结构型式分类

类别		结构特征	应用情况
圆筒型	单相一壳型	各相主回路有独立的圆筒外壳。构成同轴圆电极系统，电场较均匀，不会发生三相短路故障，制造方便；外壳数量多，密封环节多，损耗较大	各种电压等级的 GIS 广泛采用
	部分三相一壳型	一般仅三相主母线共用一个圆筒外壳。结构简化，走线方便，总体配置整齐、美观；分支回路中各元件仍保持单相-壳型特征	72.5～550kV GIS 应用较多
	全三相一壳型	三相导体呈三角形布置，共用一个圆筒外壳。外壳数量少，运输与安装方便，损耗小；有发生相间短路故障可能性，制造难度大	广泛用于110kV 及以下电压等级 GIS
	复合三相一壳型	若干相关元件的三相共用一个圆筒外壳。外壳数量更少，尺寸更小；内部电场均匀度较差，要考虑各元件相互影响，制造难度更大	72.5kV 及以下电压等级 GIS 应用较多
柜型	箱型	一个或几个功能单元共用一个柜型外壳。空间利用率高，安装与使用方便；柜体承受内压能力较差，柜内电场均匀性较差	各种电压等级的 GIS 广泛采用
	铠装型	一个或几个功能单元共用一个柜型外壳。元件间用金属板隔离，安装与使用方便；柜体结构较复杂，对制造工艺要求较高	各种电压等级的 GIS 广泛采用

（2）GIS 按绝缘介质可分为全 SF_6 气体绝缘型（简称 F-GIS）和部分 SF_6 气体绝缘型（简称 H-GIS）。

（3）GIS 按主接线可分为单母线、双母线、3/2 断路器接线、桥型接线和环型接线等多种形式。

二、额定参数选择

GIS 应按表 7-42 所列技术条件选择，并按表中的环境条件校验。

表 7-42　　GIS 的额定参数选择

项目		额 定 参 数
技术条件	正常工作条件	额定电压；额定电流；额定频率；机械荷载；机械和电气寿命；绝缘气体和灭弧室气体压力、密度；年漏气率；各组成元件（包括它们的操动机构和辅助设备）的额定值；接线方式
	短路稳定性	额定动稳定电流（主回路和接地回路）；额定热稳定电流（主回路和接地回路）
	额定绝缘水平	对地绝缘水平；爬电距离；爬电比距
	操作性能	额定开断电流；额定关合电流；操作顺序；分、合闸时间及同期性；操动机构型式
环境条件	环境条件	环境温度；日温差；最大风速；相对湿度；污秽等级；覆冰厚度；海拔；地震烈度
	环境保护	电磁干扰；噪声水平

注　1. 当在屋内使用时，可不校验日温差、最大风速、污秽等级、覆冰厚度。

　　2. 当在屋外使用时，则不校验相对湿度。

表 7-42 的一般项目按本章第一节的要求进行选择，并补充说明如下。

（1）在经济技术比较合理时，GIS 宜用于下列情况的 63kV 及以上电压等级系统：

1）城市内的变电站；

2）布置场所特别狭窄地区；

3）地下式配电装置；

4）重污秽地区；

5）高海拔地区；

6）高烈度地震区。

（2）GIS 的各元件按其工作特点尚应满足下列要求：

1）负荷开关元件。

a. 开断负荷电流；

b. 关合负荷电流；

c. 动稳定电流；

d. 热稳定电流；

e. 操作次数；

f. 分、合闸时间；

g. 允许切、合空载线路的长度和空载变压器的容量；

h. 允许关合短路电流；

i. 操动机构型式。

2）接地开关和快速接地开关元件。

a. 关合短路电流；

b. 关合时间；

c. 关合短路电流次数；

d. 切断感应电流能力；

e. 操动机构型式，操作气压，操作电压，相数。

注：如不能预先确定回路不带电，应采用关合能力等于相应的额定峰值耐受能力的接地开关；如能预先确定回路不带电，可采用不具有关合能力或关合能力低于相应的额定峰值耐受电流的接地开关。一般情况下不宜采用可移动的接地装置。

3）电缆终端与引线套管。

a. 动稳定电流；

b. 热稳定电流；

c. 安装时的允许倾角。

注：当 GIS 与电缆或变压器高压出线端直接连接时，如有必要，宜在两者接口的外壳上设置直流和/或交流试验用套管的安装孔，制造厂应根据用户的要求，提供试验用套管或给出套管安装的有关资料。

（3）GIS 内各元件应分成若干气隔。气隔的具体划分可根据布置条件和检修要求，在订货技术条款中由用户与制造厂商定。气体系统的压力，除断路器外，其余部分宜采用相同气压。长母线应分成几个隔室，以利于维修和气体管理。

（4）外壳的厚度，应以设计压力和在下述最小耐受时间内外壳不烧穿为依据：

1）电流等于或大于 40kA，0.1s；

2）电流小于 40kA，0.2s。

（5）GIS 应设置防止外壳破坏的保护措施，制造厂应提供关于所用的保护措施方面的充足资料。制造厂和用户可商定一个允许的内部故障电弧持续时间。在此时间内，当短路电流不超过某一数值时，将不发生电弧的外部效应。此时可不装设防爆膜或压力释放阀。

（6）GIS 外壳要求高度密封性。制造厂宜按 GB/T 11023《高压开关设备六氟化硫气体密封试验方法》确定每个气体隔室允许的相对年泄漏率。每个隔室的相对年泄漏率应不大于 0.5%。

（7）气体绝缘金属封闭开关设备中 SF_6 气体的质量标准应符合 GB/T 8905《六氟化硫电气设备中气体管理和检测导则》的规定。

（8）温升。

1）GIS 中包含的元件的温升按 GB/T 11022《高压开关设备和控制设备标准的共用技术要求》的规定；GB/T 11022 未涵盖的元件，其温升不得超过这些元件各自标准的规定。

2）对运行人员易接触的外壳，其温升不应超过 30K；对运行人员易接近，但正常操作时不需接触的外壳，其温升可提高为 40K；对运行人员不接触的外壳，其温升可提高至 65K，但应保证不损害周围的绝缘材料和密封材料，并需作出明显的高温标记。

（9）额定短路持续时间。GIS 的额定短路持续时间推荐：550kV 及以上电压等级为 2s；126～363kV 为 3s；72.5kV 为 4s。

（10）用作绝缘的气体的额定密度。GIS 在绝缘气体的额定密度下运行，该额定密度由制造厂选定。绝缘气体的最小运行密度由制造厂规定，低于此密度值，GIS 与此有关的额定值不能保证。GIS 中的绝缘气体，可以有几个额定密度及与其中相应的几个最小运行密度，各隔室之间可以不同。

（11）操动机构。

1）操动机构可以是液压、气动、弹簧等。应要求制造厂提供正常、最高、最低工作压力及 25h 压缩机或油泵最大启动次数（一般不超过 2 次）和不启动压缩机或油泵情况下允许操作次数。要求在压力降到自动重合闸闭锁压力前，还能进行 2 次 CO 或 O—0.3s—CO 操作顺序。

2）额定操作顺序应为 O—0.3s—CO—180s—CO。

3）操动机构用压缩空气源的额定压力。压缩空气源的压力为操作前储气罐内气体的压力，额定压力值一般从下列标准值选取：0.5、1、1.6、2、3、4MPa。

（12）室内或地下布置的 GIS、SF_6 开关设备室，应配置相应的 SF_6 气体泄漏检测报警、强力通风及氧含量检测系统。

（13）当 GIS 与变压器直接连接时，应计算当操作靠近变压器的 GIS 内隔离开关时产生的快速暂态过电压（VFTO），要求变压器高压绕组匝间绝缘应能承受上述 VFTO 的幅值和陡度，变压器的各段绕组的固有频率应避开 VFTO 中高能量的谐波频率。

（14）330kV 及以上电压等级 GIS 和 HGIS 应预测隔离开关开合管线产生的 VFTO。当 VFTO 会损坏绝缘时，宜避免引起危险的操作方式或在隔离开关加装阻尼电阻。

三、设计和结构

（1）一般要求。

1）GIS 应设计成能安全地进行下述各项工作：正常运行、检查和维修，连接电缆的接地，电缆故障的定位，与其他连接设备的绝缘试验，消除危险的静电电荷，安装或扩建后的相序校核、操作连锁、耐压试验等。

2）GIS 的设计应允许基础位移或热胀冷缩的热效应不影响其保证的性能。

3）GIS 设置伸缩节时，应考虑外壳位移时内部导体相对位移不应导致电接触能力的下降；GIS 的支架

应为可调式，以适应土建允许的基础的误差。

4）额定值及结构相同的所有可能要更换的元件应具有互换性。

（2）对 GIS 中绝缘气体的要求。

1）制造厂应规定 GIS 所用气体的类型、数量、质量和密度，且给用户提供更换气体并保持其要求的数量和质量所必需的指导性文件。

2）如果 GIS 是充 SF_6 气体的，新气的质量标准应符合 GB/T 12022《工业六氟化硫》的规定。

3）为了防止凝露，充入 GIS 的新气在额定密度下其露点不高于 −5℃。

4）GIS 中 SF_6 气体湿度 20℃时允许含量见表 7-43。如果有特殊情况，也可由用户和制造厂商定。

表 7-43　GIS 中 SF_6 气体湿度允许含量（20℃时）　　（μL/L）

隔室	有电弧分解物的隔室	无电弧分解物的隔室
交接验收值	≤150	≤250
运行值	≤300	≤500

注　引自 DL/T 617—2010《气体绝缘金属封闭开关设备技术条件》表 4。

（3）GIS 主回路接地。为保证维修工作的安全，主回路应能接地。另外，在外壳打开以后的维修期间，应能将主回路接到接地极。接地可以用以下方式实现：

1）如不能预先确定回路不带电，应采用关合能力等于相应的额定峰值耐受电流的接地开关。

2）如能预先确定回路不带电，可采用不具有关合能力或低于相应的额定峰值耐受电流的接地开关。

3）外壳打开后，在对回路元件维修期间，如无法通过接地开关接地，应采用可移动的接地装置。

（4）GIS 外壳接地。外壳应接地。凡不属于主回路或辅助回路的，且需要接地的所有金属部分都应接地。外壳、构架等的相互电气连接应用坚固连接（如螺栓连接或焊接），以保证电气上连通。

为保证接地回路的可靠连通，应考虑到可能通过的电流所产生的热和电的效应。

分相式的 GIS 外壳（特别是额定电流较大的 GIS 的套管处）应设三相短接线，其截面应能承受长期通过的最大感应电流和短时耐受电流。外壳接地应从短接线上引出与接地母线连接，其截面应满足短时耐受电流的要求。

外壳和支架上的感应电压，正常运行条件下不应大于 24V，故障条件下不应大于 100V。

（5）为防止因温度变化引起的伸缩，以及因基础不均匀下沉造成的 GIS 漏气与操动机构失灵，在设备的适当部位应加装伸缩节。

1）伸缩节主要用于装配调整（安装伸缩节），吸收基础间的相对位移或热胀冷缩（温度伸缩节）的伸缩量等。

2）在 GIS 分开的基础之间允许的相对位移（不均匀下沉）应由制造厂和用户协商确定。

（6）隔室划分。隔室划分应满足下列要求：

1）当间隔元件设备检修时，不应影响未检修间隔的正常运行；

2）应将内部故障限制在故障隔室内；

3）断路器宜设置单独隔室；

4）主母线隔室划分应考虑气体回收装置的容量和分期安装的方便；

5）连接在母线上的设备，如电压互感器、避雷器等应分隔；

6）与 GIS 外连的设备应分隔；

7）与气体绝缘母线（GIL）连接时，须将 GIL 和 GIS 的不同气室分隔开来。

（7）压力释放装置。

1）压力释放装置（如有时）的布置，应使得在受压气体或蒸汽逸出的情况下，对正在现场履行正常运行任务的人员的危险最小。压力释放装置包括：以开启压力和关闭压力表示其特征的压力释放阀；不能再关闭的压力释放装置，如防爆膜。

2）最大充气压力的限制。对于充气隔室，应在充气管路上安装压力释放阀以防止在外壳充气期间气体压力上升到高于设计压力的 10%以上。压力释放阀打开后，在压力降至设计压力的 75%之前应能重新闭合。选择充入压力时，应考虑到充气时的气体温度。

3）在内部故障情况下压力升高的限制。内部电弧故障后，由于损坏的外壳将要更换，故仅要求压力释放装置能用来限制电弧的外部效应。对于大容量隔室，推荐每个隔室都装设压力释放装置。压力释放装置应装设导流板来控制逸出的方向，使得在正常运行时可触及的位置工作的运行人员没有危险。为了避免正常运行条件下的压力释放动作，在设计压力和压力释放装置的动作压力之间应有足够的差值。而且，确定压力释放装置的动作压力时应考虑到运行期间出现的瞬时压力（如果适用，如断路器）。

四、GIS 各元件技术要求

（一）断路器

断路器的布置方式有水平布置和垂直布置两种。断路器元件的断口布置形式需根据场地情况及检修条件确定，当需降低高度时，宜选用水平布置；当需减少宽度时，可选用垂直布置。灭弧室宜选用单断式。

断路器的操动机构一般采用液压或弹簧操动机构，也可采用压缩空气操动机构。

（二）负荷开关

负荷开关具有切合负荷电流的能力，可用于操作频繁的回路，减少断路器的操作次数；也可用于终端变电站或城市环网供电系统中，代替断路器。

负荷开关应和断路器有同样的电气参数，以保证切合空线或空载变压器时产生的过电压不超过允许值。负荷开关元件在操作时应三相联动，其三相合闸不同期性不应大于 10ms，分闸不同期性不应大于 5ms。

（三）隔离开关和接地开关

与 GIS 配电装置连接并需单独检修的电气设备、母线和出线，均应配置接地开关。

一般情况下，出线回路的线路侧接地开关和母线接地开关采用具有关合动稳定电流能力的快速接地开关。在 GIS 停电回路的最先接地点（不能预先确定该回路不带电）或利用接地装置保护封闭电器外壳时，应选择快速接地开关；而在其他情况下则选用一般接地开关。接地开关或快速接地开关的导电杆应与外壳绝缘。

为便于试验和检修，GIS 的母线避雷器和电压互感器、电缆进线间隔的避雷器、线路电压互感器应设置独立的隔离开关或隔离断口。

隔离开关和接地开关应具有表示其分、合位置的可靠和便于巡视的指示装置，如该位置指示器足够可靠的话，可不设置观察触头位置的观察窗。

GIS 在同一回路的断路器、隔离开关、接地开关之间应设置联锁装置。线路侧的接地开关宜加装带电指示和闭锁装置。

如 GIS 将分期建设时，宜在将来的扩建接口处装设隔离开关和隔离气室，以便将来不停电扩建。

（四）电流互感器

电流互感器是套装在 GIS 母线管的上面，母线作为电流互感器的一次绕组，只有一匝。而在母线管的外面包着环型铁芯，与母线同心，二次绕组绕在铁芯的外面，用环氧树脂浇铸在一起。由于电流互感器一次侧只有一匝，故在小电流时，其准确度不高。

（五）电压互感器

GIS 设备中的电压互感器元件为电磁式，如需兼作现场工频实验变压器时，应在订货中予以说明。GIS 的母线电压互感器、线路电压互感器应设置独立的隔离开关或隔离断口；架空进线的 GIS 间隔的线路电压互感器宜采用外置结构。

（六）避雷器

在 GIS 母线上安装的避雷器宜选用 SF_6 气体作绝缘和灭弧介质的避雷器；架空进线的 GIS 间隔的避雷器宜选用外置、敞开式避雷器，其接地端应与 GIS 管道金属外壳连接。SF_6 避雷器应做成单独的气隔，并应装设防爆装置、监视压力的压力表（或密度继电器）和补气用的阀门。

（七）引线套管及电缆终端

与架空线连接，一般用充以 SF_6 气体的 SF_6/空气绝缘套管；与变压器连接，一般用油/SF_6 套管；与电缆进出线连接，一般用外部充以 SF_6 气体的 GIS 型电缆终端。

五、SF_6 气体绝缘母线（GIL）

SF_6 气体绝缘母线及其成套设备应按表 7-44 技术条件进行选择，并按表中环境条件进行校验。

表 7-44　SF_6 气体绝缘母线的额定参数选择

项目		额　定　参　数
技术条件	正常工作条件	额定电压；额定电流；额定频率；绝缘材料耐热等级；各部位的允许温度和温升；绝缘气体密度；年漏气率
	短路稳定性	动稳定电流；热稳定电流；额定短路持续时间
环境条件	环境条件	环境温度；日温差；最大风速；相对湿度；污秽等级；覆冰厚度；海拔；地震烈度
	环境保护	电磁干扰；噪声水平

注　1. 当在屋内使用时，可不校验日温差、最大风速、污秽等级、覆冰厚度。

2. 当在屋外使用时，则不校验相对湿度。

表 7-45 中的一般项目按本章第一节的要求进行选择，并补充说明如下：

（1）SF_6 气体绝缘母线的导体材质为电解铜或铝合金。铝合金母线的导电接触部位应镀银。

（2）外壳可以是钢板焊接、铝合金板焊接，并按压力容器有关标准设计、制造与检验。

（3）用于直埋的 GIL 外壳采用了防腐蚀措施，因此与 GIS 连接时需要绝缘措施和外壳隔离。

（4）SF_6 气体绝缘母线的其他相关内容见第九章《导体设计及选择》。

六、PASS（H-GIS）选择

PASS（H-GIS）为半封闭紧凑型气体绝缘开关设备，是介于 GIS 和常规敞开式开关设备（AIS）之间的具有二者优点的组合高压电器。其特点是主母线外露，采用空气绝缘；而设备组合，采用 SF_6 气体绝缘。因此，其设备选择条件与 GIS 完全相同。

PASS（H-GIS）继承了成熟 GIS 设备的全部高可靠性标准模块，主母线系统继承了敞开式空气绝缘母线的检修维护方便、成本较低等优点。

第七节　电　抗　器

一、分类与结构

电抗器是在电器中用于限流、稳流、无功补偿、移相等的一种电感元件。电抗器有空心式、铁芯式和饱和式电抗器三种基本结构类型，见表 7-45。

表 7-45　电抗器分类与结构

名称	用　途	特　点	结　构
空心式电抗器	接于交流电力系统中用于限制短路电流、补偿输电系统中容性电流	磁路的磁导小，电抗值也小，电感值为常数，无饱和现象，绝缘良好的包封绕组也可用于屋外	无铁芯，有磁屏蔽及带磁分路等形式，绕组有浸渍式、包封式和水泥浇注式等
铁芯式电抗器	用于补偿输电系统中容性电流、抵消一相接地故障时电容电流、降压启动、滤波、限流等	磁导大，电抗值也大，有饱和现象；体积较小	磁路有带有气隙的铁芯形成，有闭合式和带气隙式的区别
饱和式电抗器	用于调节负载电流和功率；调节整流装置的直流输出电压	磁路为一个闭合铁芯，利用磁性材料的非线性特点进行工作。实际上它是可变电感	

本章节仅介绍限流电抗器，限流电抗器一般分为普通限流电抗器和分裂限流电抗器。

二、额定参数选择

电抗器按表 7-46 所列技术条件进行选择，并按表中环境条件进行校验。

表 7-46　电抗器的额定参数选择

项目		额　定　参　数
技术条件	正常工作条件	额定电压；额定电流；额定频率；电抗百分数；电抗器额定容量
	短路稳定性	动稳定电流；热稳定电流
	绝缘水平	对地绝缘水平；爬电距离；泄漏比距
	安装条件	安装方式；进出线型式
环境条件	环境条件	环境温度；相对湿度；污秽等级；海拔；地震烈度
	环境保护	电磁干扰；噪声水平；电晕及无线电干扰水平

注　1. 当在屋内使用时，可不校验污秽等级。

2. 当在屋外使用时，则不校验相对湿度。

表 7-46 中的一般项目按本章第一节的要求进行选择，并补充说明如下。

（一）额定电流选择

（1）普通限流电抗器的额定电流按下列条件选择：

1）电抗器几乎没有过负荷能力，所以主变压器或馈线回路的电抗器，应按回路最大可能工作电流选择，而不能用正常持续工作电流选择。

2）发电厂母线分段回路的限流电抗器，应根据母线上事故切断最大一台发电机时，可能通过电抗器的电流选择，一般取该台发电机额定电流的 50%~80%。

3）变电站母线回路的限流电抗器应满足用户的一级负荷和大部分二级负荷的要求。

（2）分裂限流电抗器的额定电流按下列条件选择：

1）当用于发电厂的发电机或主变压器回路时，一般按发电机或主变压器额定电流的 70% 选择。

2）当用于变电站主变压器回路时，应按负荷电流大的一臂中通过的最大负荷电流选择。当无负荷资料时，可按主变压器额定电流的 70% 选择。

（二）电抗百分值选择

（1）普通限流电抗器的电抗百分值选择和校验。

1）将短路电流限制到要求值。此时所必需的电抗百分值（$X_k\%$）按下式计算：

$$X_k\% \geqslant \left(\frac{I_j}{I''} - X_{*j}\right)\frac{I_{ek}}{U_{ek}} \cdot \frac{U_j}{I_j} \times 100\% \qquad (7-18)$$

或

$$X_k\% \geqslant \left(\frac{S_j}{S''} - X_{*j}\right)\frac{U_j \cdot I_{ek}}{I_j \cdot U_{ek}} \times 100\% \qquad (7-19)$$

式中　I_j——基准电流，A；

　　　I''——被电抗器限制后所要求的短路次暂态电流，kA；

　　　X_{*j}——以 U_j、I_j 为基准，从网络计算至所选用电抗器前的电抗标幺值；

　　　I_{ek}——电抗器的额定电流，A；

　　　U_{ek}——电抗器的额定电压，kV；

　　　U_j——基准电压，kV；

　　　S_j——基准容量，MV·A；

　　　S''——被电抗器限制后所要求的零秒短路容量，MV·A。

2）正常工作时，电抗器的电压损失不得大于母线额定电压的 5%。

电抗器的电压损失可按下式计算：

$$\Delta U\% = X_k\% \cdot \frac{I_g}{I_{ek}} \cdot \sin\varphi \qquad (7-20)$$

式中　I_g——正常通过的工作电流，A；

　　　φ——负荷功率因数角（一般取 $\cos\varphi = 0.8$，则 $\sin\varphi = 0.6$）。

对于出线电抗器，尚应计及出线上的电压损失。

3）当出线电抗器未装设无时限继电保护装置时，应按电抗器后发生短路，母线剩余电压不低于额定值的 60%~70% 校验。若此电抗器接在 6kV 发电机主母线上，则母线剩余电压应尽量取上限值。其计算公式如下：

$$U_y\% \leqslant X_k\% \cdot \frac{I_n}{I''} \qquad (7-21)$$

式中　$U_y\%$——母线剩余电压百分数。

对于母线分段电抗器、带几回出线的电抗器及其他具有无时限继电保护的出线电抗器不必校验短路时的母线剩余电压。

（2）分裂限流电抗器的电抗百分值选择和校验。

1）应按将短路电流限制到要求值选择。$X_k\%$ 可按式（7-18）或式（7-19）计算。计算时需注意，分裂限流电抗器的额定电压 U_{ek} 等于电网的基准电压。

在作短路电流计算时，应根据分裂电抗器与电源的连接方式和所选择的短路点，确定等值电抗 $X_k\%$ 和一臂的自感电抗 $X_L\%$ 的关系。分裂限流电抗器的等值电路如图 7-8 所示，一般有下列四种情形：

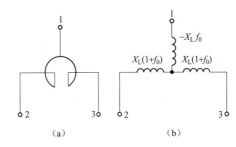

图 7-8　分裂限流电抗器的等值电路

（a）接线图；（b）等值电路图

a. 当 "1" 侧有电源，"2" 和 "3" 侧无电源，"2" 或 "3" 侧短路时：

$$U_k\% = X_L\% \qquad (7-22)$$

b. 当 "1" 侧无电源，"2"（或 "3"）侧有电源，"3"（或 "2"）侧短路时：

$$U_k\% = 2 \cdot (1 + f_0) \cdot X_L\% \qquad (7-23)$$

式中　f_0——分裂电抗器的互感系数（或称耦合系数），应由制造部门提供，当无制造部门资料时，一般取 0.5。

c. 当 "2" 和 "3" 侧有电源、"1" 侧短路或 "1" "2" "3" 侧均有电源，而 "1" 侧短路时：

$$U_k\% = \frac{1 - f_0}{2} \cdot X_L\% \qquad (7-24)$$

d. 当 "1" "2" "3" 侧均有电源、"2" 或 "3" 侧短路时，可先确定 $X_L\%$ 值，然后再按其他条件校验。

2）校验电压波动。

a. 正常工作时，分裂电抗器两臂母线电压波动不应大于母线额定电压的 5%，按下式计算：

$$\frac{U_1}{U_{ek}} \times 100\% = \frac{U}{U_{ek}} \times 100\% - X_L\% \cdot \left(\frac{I_1 \sin\varphi_1}{I_{ek}} - f_0 \cdot \frac{I_2 \sin\varphi_2}{I_{ek}} \right)$$
(7-25)

$$\frac{U_2}{U_{ek}} \times 100\% = \frac{U}{U_{ek}} \times 100\% - X_L\% \cdot \left(\frac{I_2 \sin\varphi_2}{I_{ek}} - f_0 \cdot \frac{I_1 \sin\varphi_1}{I_{ek}} \right)$$
(7-26)

式中 U_1、U_2——两臂端的电压；

U——电源侧的电压；

U_{ek}、I_{ek}——电抗器的额定电压和额定电流；

I_1、I_2——两臂中的负荷电流（当无两臂母线实际负荷资料时，则可取一臂为分裂电抗器额定电流的 30%，另一臂为分裂电抗器额定电流的 70%）。

为使二段母线上电压差别减少，应使二者的负荷分配尽量均匀。

b. 当一臂的母线馈线发生短路时，另一臂的母线电压升高校验。其升高值可按下式计算：

$$\frac{U_1}{U_e} \times 100\% = X_L\% \cdot (1 + f_0) \cdot \left(\frac{I''}{I_{ek}} - \frac{I_1 \sin\varphi_1}{I_{ek}} \right)$$
(7-27)

$$\frac{U_2}{U_e} \times 100\% = X_L\% \cdot (1 + f_0) \cdot \left(\frac{I''}{I_{ek}} - \frac{I_2 \sin\varphi_2}{I_{ek}} \right)$$
(7-28)

由式（7-27）、式（7-28）可见，在发生短路瞬间，正常工作臂母线电压可能比额定电压高很多。如当 $X_L\% = 10\%$、$f_0 = 0.5$、$\cos\varphi = 0.8$、$\dfrac{I''}{I_{ek}} = 9$，母线电压可升高达 $1.35U_e$。它会使电动机的无功电流增大，继电保护装置误动作。使用分裂电抗器时，应使感应电动机的继电保护整定避开此电流增值。

母线电压升高时，感应电动机无功电流增大为

$$I_1 \sin\varphi_1 = I_{1n} \sin\varphi_{1n} \left[1 - 3.09 \frac{U_1}{U_e} + 2.92 \left(\frac{U_1}{U_e} \right)^2 \right]$$
(7-29)

式中 $I_{1n} \sin\varphi_{1n}$——在额定电压下感应电动机的无功电流。

c. 分裂限流电抗器应分别按单臂流过短路电流和两臂同时流过反向短路电流两种情况进行动稳定校验。

第八节 高压绝缘子

一、基本分类

绝缘子按电压种类、电压等级、主绝缘材料、击穿可能性、用途、结构型式的分类见表 7-47。

表 7-47   绝缘子分类

分类方式	分类名称	说明
电压种类	交流绝缘子；直流绝缘子	
电压等级	高压绝缘子；低压绝缘子	1kV 以上电压等级；1kV 及以下电压等级
主绝缘材料	瓷绝缘子	电气机械性能、化学稳定性和耐候性好，原材料丰富、价廉，应用广
	玻璃绝缘子	生产周期短，绝缘子损坏易于发现，玻璃制造结构简单、尺寸较小的绝缘子
	有机材料绝缘子	主要是环氧浇注绝缘子，有机材料用于制造结构复杂、尺寸小、电场高，耐 SF_6 分解产物的绝缘子
	复合材料绝缘子	用于超高压线路
击穿可能性	A 型绝缘子 [δ/L_d] 1/2（环氧浇注绝缘子 >1/3）、B 型绝缘子（$\delta/L_d < 1/2$）其中，L_d 为绝缘子外部干闪络距离；δ 为固体绝缘内部最短击穿距离	
用途	线路绝缘子，电站、电器绝缘子	
结构型式	针式绝缘子、盘形悬式绝缘子、蝶式绝缘子、线路柱式绝缘子、长棒形绝缘子、横担绝缘子、隔板支柱绝缘子、针式支柱绝缘子、套管绝缘子、棒形支柱绝缘子、空心绝缘子	

二、绝缘子和穿墙套管的选择

绝缘子和穿墙套管应按表 7-48 所列技术条件选择，并按表中的环境条件校验。

表 7-48   绝缘子和穿墙套管的参数选择

项目		绝缘子的参数	穿墙套管的参数
技术条件	正常工作条件	额定电压；机械荷载	额定电压；额定电流；机械荷载
	短路稳定性	支柱绝缘子的动稳定电流	动稳定电流；热稳定电流及持续时间
	额定绝缘水平	对地绝缘水平；爬电距离和爬电比距	对地绝缘水平
环境条件	环境条件	环境温度；日温差；最大风速；相对湿度；污秽等级；海拔；地震烈度	
	环境保护	电磁干扰；噪声水平	

注 1. 悬式绝缘子不校验动稳定电流。

2. 当在屋内使用时，可不校验日温差、最大风速、污秽等级、覆冰厚度。

3. 当在屋外使用时，则不校验相对湿度。

表 7-48 中的一般项目按本章第一节的要求进行

选择，并补充说明如下：

（1）发电厂与变电站的3～20kV屋外支柱绝缘子和穿墙套管，当有冰雪时，宜采用高一级电压的产品，对3～6kV者，也可采用提高两级电压的产品。

（2）贯穿式母线型穿墙套管不按持续电流来选择，只需保证套管的型式与母线的尺寸相配合。

（3）当周围环境温度高于+40℃但不超过+60℃时，穿墙套管的持续允许电流 I_{xu} 应按下式修正：

$$I_{xu} = I_e \times \sqrt{\frac{85 - \theta}{45}} \qquad (7\text{-}30)$$

式中　I_e——持续允许额定电流，A；

　　　θ——周围实际环境温度，℃。

三、绝缘子的型式选择

（1）屋外支柱式绝缘子宜采用棒式支柱绝缘子。屋外支柱式绝缘子需倒装时，宜采用悬挂式支柱绝缘子。

（2）屋内支柱式绝缘子一般采用联合胶装的多棱式支柱式绝缘子。

（3）屋内配电装置宜采用铝导体穿墙套管，对铝有严重腐蚀地区如沿海地区可以例外。对于母线型穿墙套管应校核窗口允许穿过的母线尺寸。

（4）在污秽地区，应尽量采用防污盘式绝缘子，并与其他电器采用相同的防污措施。

四、动稳定校验

按短路动稳定校验支柱绝缘子和穿墙套管，要求：

$$P \leqslant 0.6 P_{xu} \qquad (7\text{-}31)$$

式中　P_{xu}——支柱绝缘子或穿墙套管的抗弯破坏负荷，N；

　　　P——在短路时作用在支柱绝缘子或穿墙套管的力，N，按表7-49所列公式计算，其中绝缘子上受力的折算系数 K_f 见表7-50。

在校验35kV及以上电压等级非垂直安装的支柱绝缘子的机械强度时，应计及绝缘子自重、母线质量和短路电动力的联合作用。由于自重和母线质量产生的弯矩，将使绝缘子的允许的机械强度减少，降低数值见表7-51。

校验支柱绝缘子机械强度时，应将作用在母线截面重心上的母线短路电动力换算到绝缘子顶部。支柱绝缘子在力的作用下，还将产生扭矩。在校验抗弯机械强度外，尚应校验抗扭机械强度。

表 7-49　　　　绝缘子和穿墙套管上所受的力

母线布置方式		计算跨中的力 F（N）	绝缘子上受力 P（N）		备　注
			垂直布置	水平布置	
三相同平面	矩形母线	$1.76 \times 10^{-1} \times \dfrac{i_{ch}^2 l_p}{a}$	$P=F$	$P=K_f F$	
直角三角形		$1.53 \times 10^{-1} \times \dfrac{a_3 l_p}{a_1 a_2} i_{ch}^2$	$P=F$	$P=K_f F$	l_p——当绝缘子两边不等跨时取平均值，对套管取 $l_p = \dfrac{l_1 + l_2}{2}$； K_f——见表7-50

表 7-50　　　　绝缘子上受力折算系数

母线排列方式	绝缘子电压（kV）			电动力着力点
	6～10	20	35	
立放	1.40	1.26	1.18	$H' = H + 18 + \dfrac{h}{2}$
四片平放（中间加宽为50mm）				
三至四片平放	1.24	1.15	1.1	$H' = H + 12 + \dfrac{h}{2}$
二片以下平放	1.0	1.0	1.0	
槽型[150及以上	1.0	1.45	1.3	

表 7-51　　　　绝缘子水平安装时
机械强度降低值

电压（kV）	35	63	110	154	220	330
降低数值（%）	1~2	3	6	13.7	15	30

注　35kV 以下电压等级产品，降低数值小于 1%，可不必考虑。

五、悬式绝缘子片数选择

每串绝缘子的片数按下列条件选择。

（一）按系统最高电压和泄漏比距选择

绝缘子串的有效爬电比距不得小于表 7-7 所列数值。片数 n 按下式计算：

$$n \geq \frac{\lambda \cdot U_e}{l_0} \tag{7-32}$$

式中　λ——爬电比距（见表 7-7），cm/kV；

U_e——额定电压，kV；

l_0——每片绝缘子的几何爬电距离，cm。

（二）按操作过电压选择

操作过电压要求的绝缘子串正极性操作冲击电压波 50%放电电压 $u_{s,i,s}$ 应符合下式的要求：

$$u_{s,i,s} \geq k_4 \cdot U_{s,p} \tag{7-33}$$

式中　k_4——绝缘子串操作过电压配合系数，取 1.27；

$U_{s,p}$——避雷器操作冲击保护水平，kV。

（三）按雷电过电压选择

雷电过电压要求的绝缘子串正极性雷电冲击电压波 50%放电电压 $u_{s,i,l}$ 应符合下式的要求，且不得低于配电装置电气设备中隔离开关和支柱绝缘子的相应值。

$$u_{s,i,l} \geq k_5 \cdot U_{l,p} \tag{7-34}$$

式中　k_5——绝缘子串雷电过电压配合系数，取 1.4；

$U_{l,p}$——避雷器雷电冲击保护水平，kV。

选择悬式绝缘子应考虑绝缘子的老化，每串绝缘子要预留的零值绝缘子为：35~220kV 时，耐张串 2 片，悬垂串 1 片；330kV 及以上电压等级时，耐张串 2~3 片，悬垂串 1~2 片。

（四）其他要求

（1）选择 V 形悬挂的绝缘子串片数时，应考虑临近效应对放电电压的影响。

（2）在海拔为 1000m 及以下的 a 级污秽地区，当采用 X-4.5 或 XP-6 型悬式绝缘子时，耐张绝缘子串的绝缘子片数不宜小于表 7-52 数值。

表 7-52　　X-4.5 或 XP-6 型绝缘子耐张串片数

电压（kV）	35	63	110	220	330	500
绝缘子片数	4	6	8	14	20	32

注　330kV 和 500kV 可用 XP-10 型绝缘子。

（3）在海拔为 1000~4000m 地区，当需要增加绝缘子数量来加强绝缘时，耐张绝缘子串的片数应按式（7-35）修正：

$$N_H = N \cdot [1 + 0.1(H - 1)] \tag{7-35}$$

式中　N_H——修正后的绝缘子片数；

N——海拔 1000m 及以下地区绝缘子片数；

H——海拔，km。

（4）在空气清洁无明显污秽的地区，悬垂绝缘子串的绝缘子片数可比耐张绝缘子串的同型绝缘子少一片。污秽地区的悬垂绝缘子串的绝缘子片数应与耐张绝缘子串相同。

（5）330kV 及以上电压等级电压的绝缘子串应装设均压和屏蔽装置，以改善绝缘子串的电压分布和防止连接金具发生电晕。悬垂串以翘椭圆铝均压环两侧加轮型屏蔽环效果较好，V 形串绝缘子以加重垂带鞍形均压环较好，而耐张绝缘子串，各种均压环的均压效果差别不大。

第九节　中性点接地设备

一、消弧线圈

（一）安装位置选择

消弧线圈的装设条件根据中性点接地方式确定。主变压器和发电机中性点装设消弧线圈的条件见第二章中"主变压器和发电机中性点接地方式"有关内容。厂用变压器中性点装设消弧线圈的条件见第三章中有关内容。

在选择消弧线圈的台数和容量时，应考虑消弧线圈的安装位置，并按下列原则进行：

（1）在任何运行方式下，大部分电网不得失去消弧线圈的补偿。不应将多台消弧线圈集中安装在一处，并应尽量避免在电网中仅安装一台消弧线圈。

（2）在发电厂中，发电机电压的消弧线圈可装在发电机中性点上，也可装在厂用变压器中性点上。当发电机与变压器为单元连接时，消弧线圈应安装在发电机中性点上。在变电站中，消弧线圈宜装在变压器中性点上，6~10kV 消弧线圈也可装在调相机的中性点上。

（3）发电机为双 Y 绕组且中性点分别引出时，仅在其中一个 Y 绕组的中性点上连接消弧线圈，而不能将消弧线圈同时连接在两个 Y 绕组的中性点上，否则会将两个中性点之间的电流互感器短路。对于双轴机组，同样，仅在其中一台机组的中性点连接消弧线圈已足够，因为同轴机组的线端已有电气联系。

（4）安装在 YNd 接线双绕组或 YNynd 接线三绕组变压器中性点上的消弧线圈容量，不应超过变压器三相总容量的 50%，并且不得大于三绕组变压器的任一绕组容量。

（5）安装在 YNyn 接线的内铁芯式变压器中性点上的消弧线圈容量，不应超过变压器三相总容量的 20%。

消弧线圈不应接于零序磁通经铁芯闭路 YNyn 接线变压器的中性点上（例如单相变压器组或外铁型变压器）。

（6）如变压器无中性点或中性点未引出，应装设容量相当的专用接地变压器，接地变压器可与消弧线圈采用相同的额定工作时间（例如 2h），而不是连续时间。接地变压器的特性要求是：零序阻抗低、空载阻抗高、损失小。采用曲折形接法的变压器，能满足这些要求。

（二）参数及型式选择

消弧线圈应按表 7-53 所列技术条件选择，并按表中使用环境条件校验。

消弧线圈宜选用油浸式。装设在屋内相对湿度小于 80% 场所的消弧线圈，也可选用干式。在电容电流变化较大的场所，宜选用自动跟踪动态补偿式消弧线圈。

表 7-53   消弧线圈的参数选择

项目		额定参数
技术条件	正常工作条件	额定电压、额定频率；额定容量、补偿度、电流分接头、中性点位移电压
	额定绝缘水平	对地绝缘水平、爬电距离、爬电比距
环境条件	环境条件	环境温度、日温差、相对湿度、污秽等级、海拔、地震烈度
	环境保护	电磁干扰、噪声水平

注 1. 当在屋内使用时，可不校验日温差、污秽等级。
    2. 当在屋外使用时，则不校验相对湿度。

（三）容量及分接头选择

（1）消弧线圈的补偿容量，可按下式计算：

$$Q = K \cdot I_C \cdot \frac{U_N}{\sqrt{3}} \qquad (7\text{-}36)$$

式中 Q ——补偿容量，kV·A；
      K ——系数，过补偿取 1.35，欠补偿按脱谐度确定；
      I_C ——电网或发电机回路的电容电流，A；
      U_N ——电网或发电机回路的额定线电压，kV。

（2）消弧线圈应尽量避免在谐振点运行。一般需将分接头调谐到接近谐振点的位置，以提高补偿成功率。为便于运行调谐，宜选用容量接近于计算值的消弧线圈。

（3）装在电网的变压器中性点的消弧线圈，以及

具有直配线的发电机中性点的消弧线圈应采用过补偿方式，防止运行方式改变时，电容电流减少，使消弧线圈处于谐振点运行。在正常情况下，脱谐度一般不大于 10%（脱谐度 $\nu = \dfrac{I_C - I_L}{I_C}$，其中 I_L 为消弧线圈的电感电流）。

（4）对于采用单元连接的发电机中性点的消弧线圈，为了限制电容耦合传递过电压以及频率变动等对发电机中性点位移电压的影响，宜采用欠补偿方式。考虑到限制传递电压等因素，在正常情况下，脱谐度一般不宜超过 30%。

（5）消弧线圈的分接头数量应满足调节脱谐度的要求，接于变压器的一般不低于 5 个，接于发电机的最好不低于 9 个。

（四）电容电流计算

电网的电容电流，应包括有电气连接的所有架空线路、电缆线路的电容电流，并计及厂、站母线和电器的影响。该电容电流应取最大运行方式下的电流。计算电网的电容电流时，应考虑电网 5～10 年的发展。

（1）架空线路的电容电流可按下式估算：

$$I_C = (2.7\sim3.3)U_N L \times 10^{-3} \qquad (7\text{-}37)$$

式中 I_C ——架空线路的电容电流，A；
      2.7 ——系数，适用于无架空地线的线路；
      3.3 ——系数，适用于有架空地线的线路；
      L ——线路的长度，km。

同杆双回线路的电容电流为单回路的 1.3～1.6 倍。

（2）电缆线路的电容电流可按下式估算：

$$I_C = 0.1 U_N L \qquad (7\text{-}38)$$

不同截面的电缆电容电流见第三章有关内容。

（3）对于配电装置增加的接地电容电流附加值见表 7-54。

表 7-54   配电装置增加的接地电容电流值附加值

额定电压（kV）	6	10	15	35	63	110
附加值（%）	18	16	15	13	12	10

（4）发电机电压回路的电容电流，应包括发电机、变压器和连接导体的电容电流，当回路装有直配线或电容器时，尚应计及这部分电容电流。对敞开式母线一般取（0.5～1）×10^{-3}A/m。变压器低压侧绕组的三相对地电容电流，一般可按 0.1～0.2A 估算。离相封闭母线单相对地电容分别按式（7-39）和式（7-40）估算：

$$C_0 = \frac{2\pi\varepsilon}{\ln\dfrac{D}{d}} \approx \frac{1}{18\ln\dfrac{D}{d}} \times 10^{-9} \qquad (7\text{-}39)$$

$$\varepsilon \approx \varepsilon_0 = \frac{10^{-9}}{36\pi} = 8.842 \times 10^{-6} \qquad (7-40)$$

式中　C_0——单相对地电容，F/m；

ε——空气的介电常数，F/m；

D——离相封闭母线外壳内径，m；

d——离相封闭母线导体的外径，m。

（5）汽轮发电机定子绕组单相接地电容电流，应向制造部门取得数据。当缺乏有关资料时，可参考下述方法估算。

1）中小型机组按式（7-41）、式（7-42）估算：

$$C_{0i} = \frac{2.5KS_{ef}\omega}{\sqrt{3}(1+0.08U_{ef})} \times 10^{-9} \qquad (7-41)$$

$$I_C = \sqrt{3}\omega C_{0f} U_{ef} \times 10^3 \qquad (7-42)$$

$$\omega = 2\pi f$$

式中　K——与绝缘材料有关的系数（当发电机温度为 15～20℃时，K=0.0187）；

S_{ef}——发电机视在功率，MV·A；

ω——角速度；

U_{ef}——发电机额定线电压，kV；

I_C——发电机定子绕组的电容电流，A；

C_{0f}——发电机定子绕组的电容，F；

f——频率，Hz。

I_C 的近似值见表 7-55。

表 7-55　中小型发电机定子绕组
单相接地电容电流

发电机视在功率（kV·A）	额定电压（kV）	定子绕组对地电容 C_{0f}（μF/相）	单相接地电容电流 I_C（A）
4375	6.3	0.05	0.17
7500	6.3	0.05	0.17
15000	6.3	0.1	0.34
15000	10.5	0.08	0.46
31250	6.3	0.2	0.69
31250	10.5	0.16	0.92
58900	10.5	0.25	1.43

2）200MW 及以上大型汽轮发电机组的单相接地电容电流可参照表 7-56 取用（作方案评价），在施工设计时应向制造部门取得。

表 7-56　200MW 及以上大型汽轮
发电机组的单相接地电容电流

汽轮发电机型式	U_N（kV）	C_{0f}（μF/相）	I_C（A）
哈尔滨电机厂 600MW 机组	20	(0.225～0.281)×10⁻⁶	2.46～3.06

续表

汽轮发电机型式	U_N（kV）	C_{0f}（μF/相）	I_C（A）
哈尔滨电机厂 TQSS-250-2 型机组	15.75	(0.232～0.29)×10⁻⁶	1.99～2.49
东方电机厂 200MW 机组	15.75	(0.237～0.296)×10⁻⁶	2.03～2.54
上海电机厂 QFS-300-2 型机组	18	0.2×10⁻⁶	1.96
哈尔滨电机厂 QFSN-300-2 型机组	20	0.232×10⁻⁶	
东方电机厂 QFSN-300-2-20B 型机组	20	0.225×10⁻⁶	
上海电机厂 QFSN-300-2 型机组	20	0.209×10⁻⁶	
北重 TA225-46 型机组	24	0.18×10⁻⁶	
东方电机厂 QFSN-600-2-22 型机组	22	0.2×10⁻⁶	
哈尔滨电机厂 QFSN-600-2YHG 型机组	20	0.22×10⁻⁶	
上海电机厂 600 MW 机组	20	0.213×10⁻⁶	
东方电机厂 1000MW 机组	27	0.198×10⁻⁶	
上海电机厂 1000MW 机组	27	0.284×10⁻⁶	
哈尔滨电机厂 1000MW 机组	27	0.327×10⁻⁶	

（五）中性点位移校验

（1）中性点经消弧线圈接地的电网，在正常情况下，长时间中性点位移电压不应超过额定相电压的 15%（15%×$\frac{U_N}{\sqrt{3}}$），脱谐度一般不大于10%（绝对值）。

中性点经消弧线圈接地的发电机，在正常情况下，长时间中性点位移电压不应超过额定相电压的 10%（10%×$\frac{U_N}{\sqrt{3}}$），考虑到限制传递过电压等因素，脱谐度不宜超过±30%。

（2）中性点位移电压可按式（7-43）、式（7-44）计算：

$$U_0 = \frac{U_{bd}}{\sqrt{d^2+v^2}} \qquad (7-43)$$

$$v = \frac{I_C - I_L}{I_C} \qquad (7-44)$$

式中　U_0——中性点位移电压，kV；

U_{bd}——消弧线圈投入前电网或发电机回路中性点不对称电压，可取 0.8%相电压，kV；

d——阻尼率，一般对 66～110kV 架空线路取

3%，35kV 及以下电压等级架空线路取 5%，电缆线路取 2%～4%；

v ——脱谐度；

I_C ——电网或发电机回路的电容电流，A；

I_L ——消弧线圈电感电流，A。

二、电阻接地和接地变压器

（一）接地电阻

（1）参数选择。接地电阻应按表 7-57 所列技术条件选择，并按表中使用环境条件校验。

表 7-57　接地电阻的参数选择

项目		额　定　参　数
技术条件	正常工作条件	额定电压；正常运行电流；电阻值；额定频率；中性点位移电压
	短路稳定性	短时耐受电流及耐受时间
	额定绝缘水平	对地绝缘水平；爬电距离和爬电比距
环境条件	环境条件	环境温度；日温差；相对湿度；污秽等级；海拔；地震烈度
	环境保护	电磁干扰；噪声水平

注　1. 当在屋内使用时，可不校验日温差、污秽等级。
　　2. 当在屋外使用时，则不校验相对湿度。

（2）中性点电阻材质可选用金属、非金属或金属氧化物线性电阻。

（3）系统中性点经电阻接地方式，可根据系统单相对地短路电容电流值来确定。当接地电容电流小于规定值时，可采用高电阻接地方式，当接地电容电流值大于规定值时，可采用低电阻接地方式。

（4）当中性点采用高电阻接地方式时，高电阻选择计算如下。

1）经高电阻直接接地。

电阻的额定电压：

$$U_R \geqslant 1.05 \times \frac{U_N}{\sqrt{3}} \qquad (7\text{-}45)$$

电阻值：

$$R = \frac{U_N}{I_R \sqrt{3}} \times 10^3 = \frac{U_N}{K I_C \sqrt{3}} \times 10^3 \qquad (7\text{-}46)$$

电阻消耗功率：

$$P_R = \frac{U_N}{\sqrt{3}} \times I_R \qquad (7\text{-}47)$$

式中　U_R ——电阻额定电压，kV；

　　　　U_N ——系统额定线电压，kV；

　　　　R ——中性点接地电阻值，Ω；

　　　　I_R ——电阻电流，A；

　　　　K ——单相对地短路时电阻电流与电容电流的比值，一般取 1.1；

　　　　I_C ——系统单相对地短路时电容电流，A；

　　　　P_R ——电阻消耗功率，kW。

2）经单相配电变压器接地。电阻的额定电压应不小于变压器二次侧电压，一般选用 110V 或 220V。电阻值：

$$R_{N2} = \frac{U_N \times 10^3}{1.1 \times \sqrt{3} I_C n_\varphi^2} \qquad (7\text{-}48)$$

接地电阻消耗功率：

$$P_R = I_{R2} \times U_{N2} \times 10^{-3} = \frac{U_N \times 10^3}{\sqrt{3} n_\varphi R_{N2}} \times \frac{U_N}{\sqrt{3} n_\varphi} = \frac{U_N^2}{3 n_\varphi^2 R_{N2}} \times 10^3 \qquad (7\text{-}49)$$

$$n_\varphi = \frac{U_N \times 10^3}{\sqrt{3} U_{N2}} \qquad (7\text{-}50)$$

式中　R_{N2} ——间接接入的电阻值，Ω；

　　　　n_φ ——降压变压器一、二次之间的变比；

　　　　I_{R2} ——二次电阻上流过的电流，A；

　　　　U_{N2} ——单相配电变压器的二次电压，V。

3）电阻的热容量还应校验长期和短时耐受电流：长期耐受电流应按电网正常运行时中性点最大偏移电压确定；短时耐受电流时间由接地故障切除时间确定，一般当电网不要求带单相接地故障运行的系统，单相接地保护最大切除时间在 3s 以内时，接地电阻短时耐受电流时间按 10s 考虑。

（5）当中性点采用低阻接地方式时，接地电阻选择计算如下。

电阻的额定电压：

$$U_R \geqslant 1.05 \times \frac{U_N}{\sqrt{3}} \qquad (7\text{-}51)$$

电阻值：

$$R_N = \frac{U_N}{\sqrt{3} I_d} \qquad (7\text{-}52)$$

接地电阻消耗功率：

$$P_R = I_d \times U_R \qquad (7\text{-}53)$$

式中　R_N ——中性点接地电阻值，Ω；

　　　　I_d ——选定的单相接地电流，A。

单相接地电流应按以下原则选定：

1）单相接地电流应大于电网单相接地电容电流，一般大于 1.1 倍以上，可按单相接地电容电流的 1.1～1.5 倍选择。

2）单相接地电流满足保护设备灵敏度的要求。

（二）接地变压器

（1）接地变压器应按表 7-58 所列技术条件选择，并按表中使用环境条件校验。

表 7-58   接地变压器的参数选择

项目		额 定 参 数
技术条件	正常工作条件	型式；额定容量；绕组电压；额定频率；额定电流；温升；过载能力
	额定绝缘水平	对地绝缘水平；爬电距离和爬电比距
环境条件	环境条件	环境温度；日温差；最大风速；相对湿度；污秽等级；海拔；地震烈度
	环境保护	电磁干扰；噪声水平

注 1. 当在屋内使用时，可不校验日温差、最大风速、污秽等级。

2. 当在屋外使用时，则不校验相对湿度。

（2）当系统中性点可以引出时宜选用单相接地变压器，系统中性点不能引出时应选用三相变压器。有条件时宜选用干式无励磁调压接地变压器。

（3）接地变压器参数选择。

1）接地变压器的额定电压。安装在发电机或变压器中性点的单相接地变压器额定一次电压为

$$U_{Nb} = U_N \qquad (7-54)$$

式中 U_N——发电机或变压器额定一次线电压，kV；

接于系统母线的三相接地变压器额定一次电压应与系统额定电压一致，接地变压器二次电压可根据负载特性确定。

2）接地变压器的绝缘水平应与连接系统绝缘水平相一致。

3）接地变压器的额定容量。单相接地变压器容量（kV·A）：

$$S_e \geqslant \frac{1}{K} U_2 I_2 = \frac{U_N}{\sqrt{3} K n_\varphi} I_2 \qquad (7-55)$$

式中 K——变压器的过负荷系数（由变压器制造厂提供）；

U_2——接地变压器二次侧电压，kV；

I_2——二次阻电流，A。

三相接地变压器，其额定容量应与消弧线圈或接地电阻容量相匹配。若带有二次绕组还应考虑二次负荷容量。

4）等效电阻。当高压厂用电系统中性点无法引出时，可采用将电阻器接于专用的三相接地变压器，宜采用间接接入方式，如图 7-9 所示。

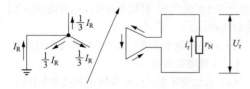

图 7-9 电阻器接于三相接地变压器

三相接地变压器采用 YNd 接线。一次侧中性点直接接地，二次侧开口三角形中接入电阻器，电阻为

$$r_N = \frac{9 R_N \times 10^3}{n^2} \qquad (7-56)$$

$$i_r = \frac{1}{3} n I_R \qquad (7-57)$$

$$S_e \geqslant \sqrt{3} U_e I_R \qquad (7-58)$$

$$n_\varphi = \frac{\sqrt{3} U_e \times 10^3}{U_r} = \frac{\sqrt{3} U_e \times 10^3}{3 \times U_{2\phi}} = \frac{U_e \times 10^3}{\sqrt{3} \times U_{2\phi}} = \frac{U_{1\phi} \times 10^3}{U_{2\phi}} \qquad (7-59)$$

式中 r_N——开口三角形中接入的电阻，Ω；

R_N——系统中性点的接地电阻，可由式（7-52）确定；

n——三相变压器的额定相电压比；

i_r——电阻器中流过的电流，A；

S_e——接地变压器额定容量，kV·A；

U_r——系统单相金属性接地时开口三角形二端的额定电压，V，其值为 3 $U_{2\phi}$；

$U_{2\phi}$——接地变压器二次侧三角形绕组额定相电压（等于相电压），宜取 33.33V；

$U_{1\phi}$——接地变压器星形绕组一次侧额定相电压（等于系统标称电压除以 $\sqrt{3}$），kV；

接地变压器"Y_N"接线的一次相绕组要按线电压设计。

三、避雷器和保护间隙

（一）中性点避雷器选择

（1）采用有串联间隙金属氧化物避雷器和碳化硅阀式避雷器的额定电压，在一般情况下应符合：对 3～20kV 和 35、66kV 系统，分别不低于 $0.64U_m$ 和 $0.58U_m$；对 3～20kV 发电机，不低于 0.64 倍发电机最高运行电压。

（2）采用无间隙金属氧化物避雷器作为雷电过电压保护装置时，避雷器的持续运行电压和额定电压应不低于表 7-59 所列数值。避雷器能承受所在系统作用的暂时过电压和操作过电压能量。

表 7-59   中性点用无间隙金属氧化物避雷器持续运行电压和额定电压

系统接地方式		持续运行电压（kV，中性点）	额定电压（kV，中性点）
有效接地	110kV	$0.27U_m / 0.46U_m$	$0.35U_m / 0.58U_m$
	220kV	$0.10U_m$ $(0.27U_m / 0.46U_m)$	$0.35U_m$ $(0.35U_m / 0.58U_m)$
	330～750kV	$0.10U_m$	$0.35U_m$

续表

系统接地方式		持续运行电压 （kV，中性点）	额定电压 （kV，中性点）
非有效接地	不接地	$0.64U_m$	$0.80U_m$
	谐振接地	$U_m/\sqrt{3}$	$0.72U_m$
	低电阻接地	$0.46U_m$	$U_m/\sqrt{3}$
	高电阻接地	$U_m/\sqrt{3}$	$U_m/\sqrt{3}$

注 1. 110、220kV 中性点斜线上的上、下方数据分别对应系统无和有失地的条件。
　　2. 220kV 括号外、内数据分别对应变压器中性点经接地电抗器接地和不接地。
　　3. 220kV 变压器中性点经接地电抗器接地和 330～750kV 变压器或高压并联电抗器中性点经接地电抗器接地，当接地电抗器的电抗与变压器或高压并联电抗器的零序电抗之比等于 n 时，$k = 3n/(1+3n)$。
　　4. 110、220kV 变压器中性点不接地且绝缘水平低于标准时，避雷器的参数需另行确定。

注 摘自 GB/T 50064—2014《交流电气装置的过电压保护和绝缘配合设计规范》表 4.4.3。

（3）选择原则。

1）变压器中性点避雷器标称放电电流选用 1.5kA，发电机中性点避雷器标称放电电流选用 1.5kA。

2）变压器中性点绝缘冲击试验电压与氧化锌避雷器 1.5kA 雷电冲击残压之间至少有 20%的裕度。

3）变压器中性点绝缘的工频试验电压乘以冲击系数后与氧化锌避雷器的操作冲击电流下的残压之间至少有 15%的裕度。

（二）中性点保护间隙选择

110～330kV 系统的变压器中性点一般采用经接地开关和保护间隙的接地方式。变压器中性点的放电间隙一般为球形或棒形，间隙距离应易于调整，保证间隙放电电压稳定。高压侧 110kV 系统的变压器中性点间隙调整距离一般为 90～140mm；高压侧 220kV 系统的变压器中性点间隙调整距离一般为 250～360mm；高压侧 330kV 系统的变压器中性点间隙调整距离一般为 170～250mm。

第十节　高压负荷开关和熔断器

一、高压负荷开关

（一）高压负荷开关定义

负荷开关是指能合关、开断及承载运行回路正常电流（包括规定的过载电流），并能关合和承载规定的异常电流（如短路电流）的开关设备，其一般用于 66kV 及以下交流电气回路，最高用于 110kV 系统。用于输配电系统的通用负荷开关的功能见表 7-60。

表 7-60　　　通用负荷开关的功能

序号	功　　能	试验电压	试验电流	试验次数	
				一般型	频繁型
1	"合-分"额定有功负载开断电流	U_e	I_e	10	100
2	"合-分"闭环开断电流	$0.2U_e$	I_e	10	10
3	"合-分"5%额定有功负载开断电流	U_e	$5\%I_e$	20	20
4	"合-分"额定电缆充电电流	U_e	I_e	10	20
5	关合额定短路关合电流	U_e	I_e	2	2

注 1. U_e、I_e、I_k 分别为负荷开关的额定电压、额定电流和额定关合电流。
　　2. I_e 对 3.3～40.5kV 为 10A，对 72.5kV 为 25A。

具有表 7-60 中部分功能但不是全部功能的负荷开关称为专用负荷开关。负荷开关可单独使用，作为主机控制（如发电机用负荷开关）和线路倒换（如环网柜）；也可与熔断器组合使用，作为变压器、电动机等设备的控制和保护。

（二）高压负荷开关的分类与特点

（1）负荷开关通常按灭弧介质和灭弧方式分类，其分类与特点见表 7-61。

表 7-61　　　负荷开关的分类与特点

类　别		适用电压范围（kV）	特　　点
空气中	产气式	6～35	结构简单、开断性能一般，有可见断口，参数偏低，电寿命短，成本低
	压气式	6～35	结构简单、开断性能好，有可见断口，参数偏低，电寿命中等，成本低
	SF_6	6～220	适用范围广，参数高，电寿命长，成本偏高
	真空	6～35	参数高，电寿命长，成本偏高
SF_6 气体绝缘开关设备中	SF_6	6～220	外形尺寸小，参数高，电寿命长，成本较高，只能用于 SF_6 气体中
	真空	6～35	

（2）负荷开关的特点。

1）可靠性高，但技术要求一般较断路器低。结构简单，机械可靠性较断路器高。

2）成本低。

3）组合性强。

（三）高压负荷开关的选择

高压负荷开关及其操动机构应按表 7-62 所列技术条件选择，并按表中使用环境条件校验。

表 7-62　高压负荷开关及其操动机构的参数选择

项目		额　定　参　数
技术条件	正常工作条件	额定电压；额定电流；额定频率；端子机械载荷；机械和电气寿命；开断电流；关合电流；过电压
	短路稳定性	额定动稳定电流；额定热稳定电流
	操作性能	操作次数；操动机构型式，操作电压、相数
环境条件	环境条件	环境温度；最大风速；相对湿度；覆冰厚度；污秽等级；海拔；地震烈度
	环境保护	电磁干扰；噪声水平

注　1. 当在屋内使用时，可不校验最大风速、覆冰厚度、污秽等级。
　　2. 当在屋外使用时，则不校验相对湿度。

表 7-62 中的一般项目，按本章第一节有关要求进行选择，并补充说明如下：

（1）当负荷开关与熔断器组合使用时，负荷开关应能关合组合电器中可能配用熔断器的最大截止电流。

（2）当负荷开关与熔断器组合使用时，负荷开关的开断电流应大于转移电流和交接电流。

（3）负荷开关的有功负荷开断能力和闭环电流开断能力应不小于回路的额定电流。

（4）选用的负荷开关应具有切合电感、电容性小电流的能力。应能开断不超过 10A（3～35kV）、25A（63kV）的电缆电容电流或限定长度的架空线充电电流，以及开断 1250kV·A（3～35kV）、5600kV·A（63kV）配电变压器的空载电流。

（5）当开断电流超过（4）的限额或开断其电容电流为额定电流 80% 以上的电容器组时，应与制造部门协商，选用专用的负荷开关。

（四）额定参数

通用型负荷开关额定参数优先按表 7-63 选取，也可以用其他额定参数。

表 7-63　负荷开关额定参数优先值

额定电压（kV）	额定短时耐受电流（kA，有效值）	额定电流（A）
3.6	1.6、3.15、8、12.5、16、25	100、200、400、630、1250
7.2	1.6、3.15、8、12.5、16、25	100、200、400、630、1250
12	3.15、8、12.5、16、25	100、200、400、630、1250
40.5	3.15、8、12.5、16、25	100、200、400、630、1250
72.5	8、12.5、16、25、31.5	200、400、630、1250

（五）机械荷载

负荷开关接线端子允许承受的水平静拉力见表 7-64。

表 7-64　负荷开关允许的水平静拉力

额定电压（kV）	12 及以下	40.5～72.5	126	252
水平静拉力（N）	250	500	750	1000

二、高压熔断器

（一）熔断器定义

熔断器是电力系统中过载和短路故障的保护设备，当通过的电流超过给定值一定时间，通过融化一个或几个特殊设计和配合的组件，用分断电流来切断电路的器件。

（二）高压熔断器的分类

高压熔断器的分类见表 7-65。

表 7-65　高压熔断器的分类

分类方式		分　类　名　称
性能		限流式、非限流式
保护范围		通用、后备、全范围
熄弧方式		角壮式（大气中熄弧）、石英砂填料式、喷射式、SF_6 悬弧式、真空
安装场所		屋内、屋外
保护对象		变压器、发电机、电动机、电压互感器、单台并联电容器、电容器组、供电线路、不指定对象
结构	型式	插入式、母线式、跌落式、非跌落式、开启式、混合式
	极数	单极、三极
	底座绝缘子	单柱、双柱

（三）熔断器选择

熔断器应按表 7-66 所列技术条件进行选择，并按表中使用条件进行校验。

表 7-66　高压熔断器参数选择

项目		额　定　参　数
技术条件	正常工作条件	额定电压；额定电流；额定频率
	保护特性	额定开断电流；最大开断电流；保护熔断特性；最小开断电流
环境条件	环境条件	环境温度；最大风速；污秽等级；海拔；地震烈度
	环境保护	电磁干扰；噪声水平

注　当在屋内使用时，可不校验最大风速、污秽等级。

表 7-66 中的一般项目，按本章第一节有关要求进行选择，并补充说明如下：

（1）高压熔断器的额定开断电流应大于回路中可能出现的最大预期短路电流周期分量有效值。

（2）限流式高压熔断器不宜使用在工作电压低于其额定电压的电网中，以免因过电压而使电网中的电器损坏。

（3）高压熔断器熔管的额定电流应大于或等于熔体的额定电流。熔体的额定电流应按高压熔断器的保护熔断特性选择。

（4）选择熔体时，应保证前后两极熔断器之间、熔断器与电源侧继电保护之间以及熔断器与负荷侧继电保护之间动作的选择性。

（5）高压熔断器熔体在满足可靠性和下一段保护选择性的前提下，当在本段保护范围内发生短路时，应能在最短的时间内切断故障，以防止熔断时间过长而加剧被保护电器的损坏。

（6）保护电压互感器的熔断器，只需按额定电压和开断电流选择。

（7）发电机出口电压互感器高压侧熔断器的额定电流应与发电机定子接地保护相配合，以免电压互感器二次侧故障引起发电机定子接地保护误动作。

（8）变压器回路熔断器的选择应符合下列规定：

1）熔断器应能承受变压器的容许过负荷电流及低压侧电动机成组启动所产生的过电流。

2）变压器突然投入时的励磁涌流不应损伤熔断器，变压器的励磁涌流通过熔断器产生的热效应可按 10～20 倍的变压器满载电流持续 0.1s 计算，当需要时可按 20～25 倍的变压器满载电流持续 0.01s 校验。

3）熔断器对变压器低压侧的短路故障进行保护，熔断器的最小开断电流应低于预期短路电流。

（9）保护电力电容器的高压熔断器选择，应符合 GB 50227《并联电容器装置设计规范》的规定。

（10）除保护防雷用电容器的熔断器外，当高压熔断器的断流容量不能满足被保护回路短路容量要求时，可采用在被保护回路中装设限流电阻等措施来限制短路电流。

（四）额定参数

限流熔断器的主要参数见表 7-67。

表 7-67　限流熔断器的主要参数

名称	单位	数值
额定电压	kV	3.6、7.2、12、40.5、72.5
熔断器底座额定电流	A	10、25、63、100、200、400、630、1000
熔断件额定电流	A	R10 数是 1、1.25、1.6、2、2.5、3.15、4、5、6.3、8 以及它们与 10 的乘积。R20 数是 1、1.12、1.25、1.4、1.6、1.8、2、2.24、2.5、2.8、3.15、3.55、4、4.5、5、5.6、6.3、7.1、8、9 以及它们与 10 的乘积
额定开断电流	kA	R10 数是 1、1.25、1.6、2、2.5、3.15、4、5、6.3、8 以及它们与 10 的乘积

注　1. 熔断件的额定电流应从 R10 数系中选取，特殊情况下，熔断件额定电流的附加数值可以从 R20 数系中选取。
　　2. 摘自 GB/T 15166.2—2008《高压交流熔断器　第 2 部分：限流熔断器》。

（五）跌落式高压熔断器

跌落式高压熔断器是指当电流超过规定值足够时间，熔断件熔体在载熔件灭弧管内熔断，产生电弧，使灭弧管产气材料产生高压力喷射气体而灭弧，载熔件自动跌落到一个位置，而提供隔离断口的熔断器。它是喷射式熔断器的一种。

跌落式熔断器的主要参数见表 7-68。

表 7-68　跌落式熔断器的主要参数

名称	单位	数值
额定电压	kV	3.6、7.2、12、40.5、72.5
熔断器底座额定电流	A	50、100、200
熔断件额定电流	A	1、2、3、6、8、10、12、15、20、25、30、40、50、65、80、100、150、200
额定开断电流	kA	1.6、3.15、6.3、8、10、12.5、16、20

注　摘自 DL/T 640—1997《户外交流高压跌落式熔断器及熔断件订货技术条件》。

跌落式熔断器作为负荷熔断器用时，应能开合额定电流及 1.3 与 0.05 倍的额定电流。

跌落式熔断器的断流容量应分别按上、下限值校验，开断电流应以短路全电流校验。

第八章

厂用电气设备选择

第一节　厂用变压器及
电抗器选择

一、负荷计算

（一）计算原则

选择厂用电源容量时，应对厂用电负荷进行统计，并按机组辅机可能出现的最大运行方式计算，计算原则应遵循以下要求：

（1）连续运行的设备应予计算。

（2）当机组运行时，不经常而连续运行的设备，如备用励磁机、备用电动给水泵等，因其连续运行或将导致变压器的温升达到稳定值，故应予计算。

（3）经常而短时及经常而断续运行的设备应予计算，计算时可以考虑其对变压器温升的实际效应而做适当折算。

（4）不经常而短时及不经常而断续运行的设备不予计算。但是，对于电抗器，由于过负荷能力较小，且发热时间常数也远小于变压器，短时运行 1~2h 就可以达到稳定温升，所以，由电抗器供电的此类负荷应全部计算。

（5）由同一厂用电源供电的互为备用的设备只计算运行的部分。

（6）互为备用而由不同厂用电源供电的设备应全部计算。

（7）对于分裂变压器，其高、低压绕组中通过的负荷应分别计算。当两个低压绕组接有互为备用的设备时，对高压绕组只计算运行的部分，对低压绕组应均全部计算。

（8）在统计单元机组高压厂用工作变压器的低压侧负荷时，可将单元机组暗备用低压厂用变压器容量之和乘以 0.5 后，再加上容量最大的 1 台低压厂用变压器的计算容量乘以 0.5，作为低压负荷的计算容量。

（9）分裂电抗器应分别计算每一臂中通过的负荷，其计算原则与普通电抗器相同。

（10）厂用负荷的运行方式见第三章第一节。

（二）计算方法

厂用电的负荷计算可采用"换算系数"法，也可采用"轴功率"法。

1. 换算系数法

（1）换算系数法的算式为：

$$S_c = \Sigma(KP) \qquad (8\text{-}1)$$

式中　S_c——计算负荷，kV·A；

　　　K——换算系数，可按表 8-1 取值；

　　　P——负荷的计算功率，kW。

表 8-1　　　换算系数表

负荷类别	换算系数 K 取值	
单元机组容量	≤125MW	≥200MW
给水泵电动机	1.0	1.0
循环水泵电动机	0.8	1.0
凝结水泵电动机	0.8	1.0
其他高压电动机	0.8	0.85
其他低压电动机	0.8	0.7
直接空冷机组空冷风机电动机（采用变频装置）	1.25	
静态负荷	加热器取 1.0，电子设备取 0.9	

电动机的计算功率 P 应按负荷特点确定：

1）连续运行（包括经常连续和不经常连续）的电动机为：

$$P = P_e \qquad (8\text{-}2)$$

式中　P_e——电动机的额定功率，kW。

2）短时及断续运行的电动机为：

$$P = 0.5P_e \qquad (8\text{-}3)$$

3）中央修配厂为：

$$P = 0.14\Sigma P + 0.4\Sigma_5 P \qquad (8\text{-}4)$$

式中　ΣP——全部电动机额定功率总和，kW；

　　　$\Sigma_5 P$——其中最大 5 台电动机的额定功率之和，kW。

4）煤场机械。

a. 中小型机械为：

$$P = 0.35\Sigma P + 0.6\Sigma_3 P \qquad (8\text{-}5)$$

式中　$\Sigma_3 P$——其中最大 3 台电动机的额定功率之和，kW。

b. 大型机械。

翻车机为：

$$P = 0.22\Sigma P + 0.5\Sigma_5 P \qquad (8\text{-}6)$$

悬臂式斗轮机为：

$$P = 0.13\Sigma P + 0.3\Sigma_5 P \qquad (8\text{-}7)$$

门式斗轮机为：

$$P = 0.10\Sigma P + 0.3\Sigma_5 P \qquad (8\text{-}8)$$

式中　$\Sigma_5 P$——其中最大 5 台电动机的额定功率之和，kW。

（2）电除尘器的计算负荷为：

$$S_c = K\Sigma P + \Sigma P_e \qquad (8\text{-}9)$$

式中　K——晶闸管整流设备的换算系数，取 0.45～0.75；

　　　ΣP——晶闸管高压整流设备额定功率之和，kW；

　　　ΣP_e——电加热设备额定功率之和，kW。

（3）照明负荷计算应满足以下要求：

$$S_c = \Sigma\left(K_t P_A \frac{1+\alpha}{\cos\varphi}\right) \qquad (8\text{-}10)$$

式中　K_t——照明负荷同时系数，见表 8-2；

　　　P_A——照明安装功率，kW；

　　　α——镇流器及其他附件损耗系数（白炽灯、卤钨灯取 $\alpha = 0$；气体放电灯取 $\alpha = 0.2$）；

　　　$\cos\varphi$——功率因数（白炽灯、卤钨灯取 $\cos\varphi = 1$；气体放电灯取 $\cos\varphi = 0.9$）。

表 8-2　　　　照明负荷同时系数

工作场所	K_t取值	
	正常照明	应急照明
汽机房	0.8	1.0
锅炉房	0.8	1.0
主控制楼	0.8	0.9
运煤系统	0.7	0.8
屋内配电装置	0.3	0.3
屋外配电装置	0.3	—
辅助生产建筑物	0.6	—
办公楼	0.7	—
道路及警卫照明	1.0	—
其他露天照明	0.8	—

2. 轴功率法

轴功率法的算式为：

$$S_c = K_t \Sigma\left(\frac{P_z}{\eta\cos\varphi}\right) \qquad (8\text{-}11)$$

式中　K_t——同时率，新建电厂取 0.9，扩建电厂取 0.95；

　　　P_z——最大运行轴功率，kW，对于机/炉辅机，一般对应 BMCR 工况；

　　　η——对应于轴功率的电动机效率；

　　　$\cos\varphi$——对应于轴功率的电动机功率因数。

当仅有少数几台电动机的功率较大（例如每台电动机功率大于变压器低压绕组额定容量的 20%）时，则可用简化算法，即对这几台电动机单独以式（8-12）计算，并与换算系数法相比较，取其大者作为计算负荷，而对其余负荷仍用换算系数法计算。

$$S_c = \frac{P_z}{\eta\cos\varphi} \qquad (8\text{-}12)$$

电动机变压器组的负荷计算应以轴功率法计算，其计算式见式（8-12）。

二、容量选择

（一）选择原则

（1）高压厂用工作变压器的容量宜按高压电动机厂用计算负荷与低压厂用电的计算负荷之和选择。

明备用的低压厂用工作变压器的容量宜留有 10% 的裕度。暗备用的低压厂用工作变压器在正常情况下只带额定容量一半以下的负荷，即使短时需要带满容量负荷，因变压器本身有一定的过负荷能力，可以接受满负荷或一段时间的过负荷运行，因此暗备用的低压厂用工作变压器的容量可以直接靠上档选择标准容量而不再设置裕度。

（2）厂用电抗器的容量选择除应符合 DL/T 5222《导体和电器选择设计技术规定》有关要求外，还宜留有适当裕度。当经济上合理时，可按计算负荷增大一级选择容量。

（3）厂用备用变压器（电抗器）或启动/备用变压器的容量应按下列要求选择。

1）当未装设发电机断路器或负荷开关时，高压厂用备用变压器（电抗器）或启动/备用变压器的容量不应小于最大一台（组）高压厂用工作变压器（电抗器）的容量。

2）当装设发电机断路器或负荷开关时，其容量应满足以下要求：

当设置了专用的高压厂用备用变压器，且其除具备事故停机功能外，还可以兼作高压厂用工作变压器的检修备用时，高压厂用备用变压器的容量宜按最大单台高压厂用变压器容量的 100% 设置；当其仅作为停机电源时，其容量可按最大单台高压厂用变压器容量的 60%进行设置。

当不设置高压厂用备用变压器时，应设置高压停机电源。高压停机电源容量应满足机组事故停机的需求，机组事故停机所需的容量应按工程具体情况核定。

（4）当低压变压器采用明备用方式时，低压厂用备用变压器的容量应与最大一台低压厂用工作变压器的容量相同。

（5）在选择集中接有变频器的专用低压厂用变压器容量时，变频器负荷的计算负荷统计采用的换算系数应取 1.25。如空冷岛专用低压变压器等，因谐波导致变压器温升急剧增加，运行方式又要求全部风机连续运行，在负荷统计和变压器容量选择时应保留足够的裕量，以利于变压器的稳定运行。

（二）计算公式

1. 高压厂用工作变压器

（1）双绕组变压器：

$$S_B \geq S_g + S_d \qquad (8\text{-}13)$$

（2）分裂绕组变压器。

分裂绕组：

$$S_{2B} \geq S_{2Bj} \qquad (8\text{-}14)$$

$$S_{2Bj} = S_g + S_d$$

高压绕组：

$$S_B \geq \sum S_{2Bj} - S_s \qquad (8\text{-}15)$$

式中 S_B——厂用变压器高压绕组额定容量，kV·A；

S_g——高压电动机厂用计算负荷之和，kV·A；

S_d——低压厂用电的计算负荷之和，kV·A；

S_{2B}——厂用变压器分裂绕组额定容量，kV·A；

S_{2Bj}——厂用变压器分裂绕组计算负荷，kV·A；

$\sum S_{2Bj}$——分裂绕组两分支计算负荷之和，kV·A；

S_s——两个分裂绕组重复计算负荷，kV·A。

2. 高压启动/备用变压器

分裂绕组：

$$S_{2B} \geq S_{2Bj} \qquad (8\text{-}16)$$

$$S_{2Bj} = S_{g01} + S_{g1}$$

高压绕组：

$$S_B \geq \sum S_{2Bj} - S_s \qquad (8\text{-}17)$$

式中 S_{g01}——启动/备用变压器本段负荷，kV·A；

S_{g1}——最大一台厂用工作变压器分支计算负荷，kV·A。

3. 低压厂用工作变压器

明备用方式时：

$$SK_t \geq 1.1S_d \qquad (8\text{-}18)$$

暗备用方式时：

$$SK_t \geq S_d \qquad (8\text{-}19)$$

式中 S——低压厂用工作变容量，kV·A；

K_t——温度修正系数（一般取 1，南方地区由主厂房进风时，安装在小间内的变压器需进行容量修正）。

4. 厂用电抗器

电抗器容量应满足最大运行负荷的需要，宜留有适当裕度，经济上合理时可放大一级，当周围环境温度超过允许值时，其容量应相应降低，算式如下：

$$I = I_e \sqrt{\frac{100 - \theta_{zd,k}}{100 - \theta_{ek}}} \qquad (8\text{-}20)$$

式中 I——电抗器允许的工作电流，A；

I_e——电抗器的额定电流，A；

100——电抗器绕组最高允许温度，℃；

$\theta_{zd,k}$——周围最高空气温度（即小室排风温度），℃；

θ_{ek}——电抗器允许的最高空气温度，℃。

（三）计算实例

6kV 厂用工作变压器负荷计算及容量选择实例见表 8-3。

380V 明备用动力中心负荷计算及变压器容量选择实例见表 8-4。

380V 暗备用动力中心负荷计算及变压器容量选择实例见表 8-5。

两个 380V 单电源进线电动机控制中心联合负荷计算实例见表 8-6。

普通 380V 电动机控制中心负荷计算实例见表 8-7。

三、电压调整

（一）一般要求

（1）在正常的电源电压变化和厂用负荷波动的情况下，厂用电各级母线电压的变化范围不宜超过额定电压的−5%～+5%。

（2）电源电压的波动范围应根据各电厂的具体情况确定。发电机出口电压的波动范围可按 5%考虑。

（3）当未装设发电机断路器或负荷开关时，为了提高单元机组的运行可靠性，发电机出口引接的高压厂用工作变压器不应采用有载调压变压器。

（4）当装设发电机断路器或负荷开关时，为了满足机组启动时厂用电各级母线的电压偏移要求，高压工作变压器或主变压器宜采用有载调压方式，如通过厂用母线电压计算及校验，满足（1）的要求时，也可采用无载调压方式。

（5）当电力系统对发电机有进相运行等要求导致发电机出口（高压厂用工作变压器电源引接点）的电压波动范围超出±10%时，高压厂用工作变压器可采用有载调压方式。

表8-3

6kV厂用工作变压器负荷计算及容量选择实例（2×350MW机组）

序号	设备名称	额定功率(kW)/额定容量(kV·A)	1号机安装数量	1号机工作数量	2号机安装数量	2号机工作数量	公用负荷安装数量	公用负荷工作数量	换算系数/负荷系数	1号机厂用高压工作变压器 1A段 安装数量	1A段 计算容量(kV·A)	1B段 安装数量	1B段 计算容量(kV·A)	1B段 重复容量(kV·A)	2号机厂用高压工作变压器 2A段 安装数量	2A段 计算容量(kV·A)	2B段 安装数量	2B段 计算容量(kV·A)	2B段 重复容量(kV·A)
1	凝结水泵	1120	2	1	2	1			1	1	1120	1	1120	1120	1	1120	1	1120	1120
2	循环水泵	1000	2	2	2	2			1	1	1000	1	1000	0	1	1000	1	1000	0
3	闭式循环冷却水泵	220	2	1	2	1			0.85	1	187	1	187	187	1	187	1	187	187
4	引风机	6200	1	1	1	1			0.85	1	5270	0	0	0	1	5270	0	0	0
5	送风机	1400	1	1	1	1			0.85	1	1190	0	0	0	1	1190	0	0	0
6	一次风机	2000	1	1	1	1			0.85	1	1700	0	0	0	1	1700	0	0	0
7	磨煤机	380	5	4	5	4			0.85	3	969	2	646	323	3	969	2	646	323
8	吸收循环泵A	560	1	1	1	1			0.85	1	476	0	0	0	1	476	0	0	0
9	吸收塔循环泵B	630	1	1	1	1			0.85	0	0	1	535.5	0	0	0	1	535.5	0
10	二级循环浆池循环泵A	710	1	1	1	1			0.85	1	603.5	0	0	0	1	603.5	0	0	0
11	二级循环浆池循环泵B	710	1	1	1	1			0.85	0	0	1	603.5	0	0	0	1	603.5	0
12	三级循环浆池循环泵C	800	1	1	1	1			0.85	0	0	1	680	0	0	0	1	680	0
13	吸收塔氧化风机	300	2	1	2	1			0.85	1	255	1	255	255	1	255	1	255	255
14	湿式球磨机	500					2	2	0.85	1	425	0	0	0	1	425	0	0	0
15	辅机冷却水泵	315					3	2	0.85	1	267.75	1	267.75	0	0	0	1	267.75	0
16	2号带式输送机	450					1	1	0.85	0	0	1	382.5	0	0	0	0	0	0
17	3号带式输送机	250					1	1	0.85	0	0	1	212.5	0	0	0	0	0	0

续表

序号	设备名称	额定功率(kW)/额定容量(kV·A)	1号机安装数量	1号机工作数量	2号机安装数量	2号机工作数量	公用负荷安装数量	公用负荷工作数量	换算系数/负荷系数	1号机厂用高压工作变压器					2号机厂用高压工作变压器				
										1A段		1B段			2A段		2B段		
										安装数量	计算容量(kV·A)	安装数量	计算容量(kV·A)	重复容量(kV·A)	安装数量	计算容量(kV·A)	安装数量	计算容量(kV·A)	重复容量(kV·A)
18	6号甲乙带式输送机	220					2	1	0.85	0	0	1	187	0	0	0	1	187	0
19	灰库高压离心风机	220					1	1	0.85	0	0	1	187	0	0	0	0	0	0
20	环式碎煤机	250					2	1	0.85	1	212.5	0	0	0	1	212.5	0	0	0
21	空气压缩机	250					7	5	0.85	2	425	2	425	0	2	425	1	212.5	0
22	热网循环水泵	1400					4	4	0.85	1	1190	1	1190	0	1	1190	1	1190	0
23	工作变压器	1727.5	2	2	2	1			0.5	1	863.75	1	863.75	0	1	863.75	1	863.75	0
24	电除尘变压器	2435	2	1	2	1			0.5	1	1217.5	1	1217.5	0	1	1217.5	1	1217.5	0
25	脱硫变压器	1890	2	1	2	1			0.5	1	945	1	945	0	1	945	1	945	0
26	公用变压器	1810					2	1	1	0	0	1	1810	0	0	0	1	1810	0
27	照明变压器	435					2	1	1	0	0	1	435	0	0	0	1	435	0
28	输煤变压器	2380					2	1	1	0	0	1	2380	0	0	0	1	2380	0
29	水处理变压器	1960					2	1	1	0	0	1	1960	0	0	0	1	1960	0
30	厂前区变压器	760					2	1	1	0	0	1	760	0	0	0	1	760	0
	最大一台变压器计算容量	2435							0.5	1	1217.5	1	1217.5	0	1	1217.5	1	1217.5	1885
	分裂(低压)绕组负荷 S_L (kV·A)										19534.5		19467.5	1885		19266.75		18473	1885
	高压绕组负荷 S_H(kV·A)										37117					35854.75			
	选择变压器容量 (kV·A)										40000/20000-20000					40000/20000-20000			

说明: 接两台机组公用负荷的成对低压变压器，本实例计算系数取1，具体工程可参照执行或适当进行调整。

表 8-4　380V 明备用动力中心负荷计算及变压器容量选择实例（2×660MW 机组）

序号	设备名称	额定功率(kW)	安装数量	工作数量	换算系数	运行方式系数	电除尘 PC A 段		电除尘 PC B 段	
							安装数量	计算容量(kV·A)	工作数量	计算容量(kV·A)
1	照明箱	10	2	2	0.7	1	1	7	1	7
2	检修箱	40	4	4	0.7	0	2	0	2	0
3	起吊设备	5.4	2	2	0.7	0	1	0	1	0
4	阳极振打电动机	0.37	30	30	1	1	15	5.6	15	5.6
5	阴极振打电动机	0.37	30	30	1	1	15	5.6	15	5.6
6	瓷套电加热器	1	60	60	1	1	30	30	30	30
7	瓷轴电加热器	1	60	60	1	1	30	30	30	30
8	灰斗电加热器	3	60	60	1	1	30	90	30	90
9	高压硅整流变压器	180	30	30	0.6	1	15	1620	15	1620
	本段总计计算负荷 ΣS_c（kV·A）							1788.1		1788.1
	计及备用有关系后 PC 段的计算容量 ΣS_{cP}（kV·A）							1788.1		1788.1
	$1.1\times\Sigma S_{cP}$（kV·A）							1966.9		1966.9
	选择变压器容量（kV·A）							2000		2000

表 8-5　380V 暗备用动力中心负荷计算及变压器容量选择实例（2×350MW 机组）

序号	设备名称	额定功率(kW)	安装数量	工作数量	换算系数	运行方式系数	工作 PC A 段		工作 PC B 段		重复容量(kV·A)
							安装数量	计算容量(kV·A)	安装数量	计算容量(kV·A)	
1	机械真空泵	110	2	1	0.7	1	1	77	1	77	77
2	空预器高压水泵	85	1	1	0.7	1	1	59.5	0	0	0
3	给煤机	5.4	5	4	0.7	1	3	11.3	2	7.5	3.8
4	密封风机	160	2	1	0.7	1	1	112	1	112	112
5	脱硝 SCR 区电源柜	80	2	1	0.7	1	1	56	1	56	56
6	脱硝加热器	500	1	1	0.7	1	1	350	0	0	0

续表

序号	设备名称	额定功率(kW)	安装数量	工作数量	换算系数	运行方式系数	工作PC A段 安装数量	工作PC A段 计算容量(kV·A)	工作PC B段 安装数量	工作PC B段 计算容量(kV·A)	重复容量(kV·A)
7	汽轮机MCC A/B段	165.8	2	1	0.7	1	1	116.0	1	116.0	116.0
8	汽轮机MCC C段	299.7	2	1	0.7	1	1	209.8	1	209.8	209.8
9	锅炉MCC I段	174.5	2	1	0.7	1	1	122.2	1	122.2	122.2
10	锅炉MCC II段	145.5	2	1	0.7	1	1	101.8	1	101.8	101.8
11	保安电源	283	2	2	0.7	1	1	198.1	1	198.1	0
12	锅炉电动门配电箱	40	2	2	0.7	1	1	28	1	28	0
13	汽轮机电动机门配电箱	80	1	1	0.7	1	0	0	1	56	0
	本段总计计算负荷ΣS$_c$ (kV·A)						2000	1441.7	2000	1084.4	798.5
	计及备用关系系后PC段的计算容量ΣS$_{cP}$ (kV·A)							1727.5			
	选择变压器容量 (kV·A)							2000		2000	

表8-6 两个380V单电源进线电动机控制中心联合负荷计算实例

序号	设备名称	额定功率(kW)	安装数量	工作数量	运行方式系数	汽轮机MCC A段 安装数量	汽轮机MCC A段 计算功率(kW)	汽轮机MCC B段 安装数量	汽轮机MCC B段 计算功率(kW)	重复功率(kW)
1	循环水水坑排污泵	7.5	2	1	0.5	1	3.75	1	3.75	3.75
2	凝结水泵电动机加热器	0.6	2	1	0.5	1	0.3	1	0.3	0.3
3	油烟净化装置	3	2	1	1	1	3	1	3	3
4	主变压器通风	40	2	1	1	1	40	1	40	40
5	厂用变压器通风	25	2	1	1	1	25	1	25	25
6	热控电源柜	15	2	1	1	1	15	1	15	15
7	给水泵汽轮机油箱排烟风机	2.2	2	1	1	1	2.2	1	2.2	2.2
8	轴封风机	18.5	2	1	1	1	18.5	1	18.5	18.5
9	发电机定子水加热器	6	6	6	1	3	18	3	18	0
10	发电机定子冷却泵	22	2	1	1	1	22	1	22	22
	本段总计计算功率						147.8		147.8	129.8
	计及重复功率后合成对MCC段的计算功率						165.8			

表 8-7　普通 380V 电动机控制中心负荷计算实例

序号	设备名称	额定功率（kW）	安装数量	工作数量	运行方式系数	汽轮机MCCC段设计算功率（kW）
1	主汽轮机润滑油箱电加热器	10	6	6	1	60
2	主汽轮机抗燃油输送泵	1.5	1	1	1	1.5
3	主汽轮机抗燃油加热泵	1.5	1	1	1	1.5
4	油箱启动油泵	45	1	1	1	45
5	吸附式氢气干燥器	3.5	1	1	1	3.5
6	循环风机	3.5	1	1	1	3.5
7	气体加热器	5	1	1	1	5
8	密封油再循环泵	5.5	1	1	1	5.5
9	真空泵	8.5	1	1	1	8.5
10	电动旋转滤网	2.2	1	1	1	2.2
11	油净化装置	108	1	1	1	108
12	储油箱润滑油输送泵	7.5	1	1	1	7.5
13	给水泵汽轮机油箱加热器	8	4	4	1	32
14	全厂闭路电视系统	6	1	1	1	6
15	励磁柜电源	20	1	1	0.5	10
	本段总计算功率					299.7

（6）当高压启动/备用变压器阻抗电压在 10.5% 以上时，或引接地点的电压波动超过 95%～105% 时，宜采用有载调压变压器。当通过厂用母线电压计算及校验，可以满足厂用电各级母线的电压偏移要求时，也可以采用无载调压方式。

（7）启动/备用变压器引接地点的电压波动应计及全厂机组停运时负荷潮流变化引起的电压变化。

（二）分接位置及调压开关选择

1. 选择原则

（1）按电源电压最高、负荷最小、母线电压不超过允许值，选择最高分接位置。

（2）按电源电压最低、负荷最大、母线电压不低于允许值，选择最低分接位置。

（3）根据最高、最低分接位置及制造厂产品选定调压开关。

2. 计算公式

$$n = \left(\frac{U_{g*} U'_{2e*}}{U_{m*} + S Z_{\phi*}} - 1 \right) \times \frac{100}{\delta_u \%} \tag{8-21}$$

$$U_{g*} = \frac{U_G}{U_{1e}}$$

$$U'_{2e*} = \frac{U_{2e}}{U_i}$$

$$Z_{\phi*} = R_{T*} \cos\varphi + X_{T*} \sin\varphi \tag{8-22}$$

$$R_{T*} = 1.1 \frac{P_t}{S_{2T}} \tag{8-23}$$

$$X_{T*} = 1.1 \frac{U_d \%}{100} \cdot \frac{S_{2T}}{S_T} \tag{8-24}$$

式中　n——分接位置，n 为整数，负分接时为负值；

U_{g*}——电源电压（标幺值）；

U'_{2e*}——变压器低压侧额定电压（标幺值）；

U_{m*}——厂用母线允许最高或最低电压（标幺值），一般最高取 1.05，最低取 0.95；

S_*——厂用负荷（标幺值，以低压绕组额定容量 S_{2T} 为基准）；

$Z_{\phi*}$——负荷压降阻抗（标幺值）；

$\delta_u \%$——分接开关的级电压，%；

U_G——电源电压，kV；

U_{1e}——变压器高压侧额定电压，kV；

U_{2e}——变压器低压侧额定电压，kV；

U_i——变压器低压侧母线的基准电压，kV，分别取 0.38、3、6、10kV；

R_{T*}——变压器的电阻（标幺值）；

$\cos\varphi$——负荷功率因数，一般取 0.8（相应 $\sin\varphi$ =0.6）；

X_{T*}——变压器的电抗（标幺值）；

P_t——对双绕组变压器为变压器的额定铜耗 P_{cu}，对分裂变压器为单侧通过电流，且低压侧分裂绕组为额定电流时的铜耗，kW；

S_{2T}——低压或分裂绕组的额定容量，kV·A；

$U_d \%$——对双绕组变压器为变压器的阻抗电压百分值，对分裂变压器为以变压器高压绕组额定容量为基准的阻抗电压百分值；

S_T——变压器的额定容量，kV·A。

（三）母线电压偏移计算

1. 以无励磁调压变压器为电源的厂用母线电压调整计算

应满足以下要求：

当电源电压和厂用负荷正常变动时，厂用母线电压可按下列条件及式（8-25）计算。算式中各标幺值的基准电压取 0.38、3、6kV 或 10kV；基准容量取变压器低压绕组的额定容量 S_{2T}。

（1）按电源电压最低、厂用负荷最大，计算厂用母线的最低电压 $U_{m,min}$，并宜满足 $U_{m,min} \geq 0.95$（标幺值）。

（2）按电源电压最高、厂用负荷最小，计算厂用母线的最高电压 $U_{m,min}$，并宜满足 $U_{m,max} \leqslant 1.05$（标幺值）。

厂用母线电压的算式如下：

$$U_{m*} = U_{0*} - SZ_{\phi*} \tag{8-25}$$

式中　U_{0*}——变压器低压侧的空载电压（标幺值）[其计算式见式（8-26），对连接于电压较稳定的电源上的变压器，最低电源电压取 0.975，U_{0*} 相应为 1.024；最高电源电压取 1.025，U_{0*} 相应为 1.08]。

$$U_{0*} = \frac{U_{g*}U'_{2e*}}{1 + n \times \dfrac{\delta_u\%}{100}} \tag{8-26}$$

其他符号同式（8-21）。

（3）当变压器阻抗电压不大于 10.5%（对分裂变压器是以 S_{2T} 为基准值的阻抗电压），且分接开关的参数符合下列要求时，选用无励磁调压变压器通常能满足电压调整的要求。

1）为适应近、远期电源电压的正常波动，分接开关的调整范围取 10%（从正分接到负分接）。

2）分接开关的级电压采用 2.5%。

3）额定分接位置宜在调压范围的中间。

2. 以有载调压变压器为电源的厂用母线电压调整计算

应满足以下要求：

母线电压的计算式见式（8-25），但应计及分接头位置可变的因素，即以与不同的电源电压和负荷相适应的分接头位置计算空载电压 U_0。

变压器阻抗电压大于 10.5% 时，如经过计算不满足电压调整的要求，可选用有载调压变压器，分接开关的选择应满足下列要求：

1）调压范围应采用 20%（从正分接到负分接）。

2）调压装置的级电压不宜过大，可采用 1.25%。

3）额定分接位置宜在调压范围的中间。

（四）计算实例

在实际工程中，一般要对高压厂用工作变压器和启动/备用变压器的调压开关选择进行计算。

对于高压厂用工作变压器的调压开关选择计算，当不装设发电机断路器时，最高电源电压应取发电机输出的最高允许电压，最低电源电压应取发电机输出的最低允许电压；当装设发电机断路器时，最高电源电压和最低电源电压应综合考虑系统电压和主变压器分接头两方面的影响。

对于启动/备用变压器的调压开关选择计算，最高电源电压应为系统最高电压，最低电源电压应为系统最低电压，算例如下。

1. 原始数据

母线基准电压　U_i=6kV

分裂变压器高压绕组额定容量　S_T=50000kV·A

分裂变压器低压绕组额定容量　S_{2T}=25000kV·A

分裂变压器单侧铜耗　P_T=165kW

分裂变压器以 S_T 为基准半穿越电抗　X_{1-2}=19%

电源电压最低值　U_{Gd}=32kV

电源电压最高值　U_{Gg}=40.5kV

分裂变压器高压侧额定电压　U_{1e}=37kV

分裂变压器低压侧额定电压　U_{2e}=6.3kV

分裂变压器分支计算负荷

最大　S_{max}=21525kV·A

最小　S_{min}=0

负荷功率因数　$\cos\varphi$=0.8

　　　　　　$\sin\varphi$=0.6

2. 数据计算

变压器低绕组额定电压（标幺值）：

$$U'_{2e*} = \frac{U_{2e}}{U_i} = \frac{6.3}{6} = 1.05$$

电源电压（标幺值）：

最低值　$U_{g*d} = \dfrac{U_{Gd}}{U_{1e}} = \dfrac{32}{37} = 0.865$

最高值　$U_{g*g} = \dfrac{U_{Gd}}{U_{1e}} = \dfrac{40.5}{37} = 1.095$

变压器的电抗（标幺值）：

$$X_{T*} = 1.1\frac{X_{1-2}}{100} \cdot \frac{S_{2T}}{S_T} = 1.1 \times \frac{19 \times 25000}{100 \times 50000} = 0.104$$

变压器的电阻（标幺值）：

$$R_{T*} = 1.1\frac{P_t}{S_{2T}} = 1.1 \times \frac{165}{25000} = 0.0072$$

变压器负荷压降阻抗（标幺值）：

$$Z_{\phi*} = R_{T*}\cos\varphi + X_{T*}\sin\varphi$$
$$= 0.0072 \times 0.8 + 0.104 \times 0.6 = 0.0681$$

厂用负荷（标幺值）：

最大值　$S'_{max} = \dfrac{21525}{25000} = 0.861$

最小值　$S'_{min} = \dfrac{0}{25000} = 0$

3. 选择分接位置及调压开关

（1）选最高分接位置。按电源电压最高、负荷最小、母线电压为最高允许值，选最高分接位置：

取 $U_{g*}=U_{g*g}=1.095$，$S_* = S'_{min} = 0$，$U_{m*}=1.05$，$\delta_u\% = 1.46\%$

$$n = \left(\frac{U_{g*}U'_{2e*}}{U_{m*} + S_*Z_{\phi*}} - 1 \right) \times \frac{100}{\delta_u\%}$$

$$= \left(\frac{1.095 \times 1.05}{1.05 + 0} - 1 \right) \times \frac{100}{1.46} = 6.51$$

n 取整数 7。

（2）选最低分接位置。按电源电压最低、负荷最大、母线电压为最低允许值，选最低分接位置：

取 $U_{g*}=U_{g*d}=0.865$，$S_*=S'_{max}=0.861$，$U_{m*}=0.95$，$\delta_u\%=1.46\%$

$$n=\left(\frac{U_{g*}U'_{2e*}}{U_{m*}+S_*Z_{\phi*}}-1\right)\times\frac{100}{\delta_u\%}$$
$$=\left(\frac{0.865\times1.05}{0.95+0.861\times0.0681}-1\right)\times\frac{100}{1.46}=-6.81$$

n 取负整数 -7。

（3）选用变压器调压开关。选用调压范围为 20% 的调压开关，其正、负分接头为：

$$37\pm7\times1.46\%/6.3-6.3kV$$

（4）确定额定运行电压分接位置。按电源电压为 37kV、负荷最大、母线为额定电压时计算。

取 $U_{g*}=1$，$S_*=S'_{max}=0.861$，$U_{m*}=1$

$$n=\left(\frac{U_{g*}U'_{2e*}}{U_{m*}+S_*Z_{\phi*}}-1\right)\times\frac{100}{\delta_u\%}$$
$$=\left(\frac{1\times1.05}{0.95+0.861\times0.0681}-1\right)\times\frac{100}{1.46}=-0.55$$

取 $n=-1$。

4. 计算母线电压偏移

（1）计算母线电压最高值。按电源电压最高、分接位置最高、负荷最小计算。

取 $U_{g*}=U_{g*g}=1.095$，$n=7$，$S_*=S'_{min}=0$

$$U_{m*}=\frac{U_{g*}U'_{2e*}}{1+n\frac{\delta\%}{100}}-S_*Z_{\phi*}=\frac{1.095\times1.05}{1+7\times\frac{1.46}{100}}-0=1.04$$

（2）计算母线电压最低值。按电源电压最低、分接位置最低、负荷最大计算。

取 $U_{g*}=U_{g*d}=0.865$，$n=-7$，$S_*=S'_{max}=0.861$

$$U_{m*}=\frac{U_{g*}U'_{2e*}}{1+n\frac{\delta\%}{100}}-S_*Z_{\phi*}$$
$$=\frac{0.865\times1.05}{1-7\times\frac{1.46}{100}}-0.861\times0.0681=0.953$$

实际电压偏移为 +4%～-4.7%。

（3）计算母线正常运行电压。按电源电压为 37kV、负荷最大、分接头为 -1 计算。

$$U_{m*}=\frac{1\times1.05}{1-1\times\frac{1.46}{100}}-0.861\times0.0681\approx1$$

四、电动机启动及自启动电压校验

（一）校验条件

1. 电动机正常启动时的电压校验

（1）最大容量的电动机正常启动时，厂用母线的电压不应低于额定电压的 80%。

（2）容易启动的电动机启动时，电动机的端电压不应低于额定电压 70%，对于启动特别困难的电动机，当制造厂有明确合理的启动电压要求时，应满足制造厂的要求。

（3）当电动机的功率（kW）为电源容量（kV·A）的 20% 以上时，应验算正常启动时的电压水平；但对 2000kW 及以下的 6kV/10kV 电动机可不必校验。

2. 成组电动机自启动时厂用母线电压的校验

（1）为了保证 I 类电动机的自启动，应对成组电动机自启动时的厂用母线电压进行校验。自启动时，厂用母线电压应不低于表 8-8 的规定。

表 8-8　自启动要求的最低母线电压

名　称	自启动方式	自启动电压（%）
高压厂用母线	—	65～70
低压厂用母线	低压母线单独自启动	60
	低压母线与高压母线串接自启动	55

对于高压厂用母线上规定的自启动电压，其范围为 65%～70%：考虑到空载或失压自启动的工况在运行中可能发生的概率较大，为了缩短自启动时间，尽快恢复正常运行，宜取上限值；带负荷自启动工况发生的概率极小的，宜取下限值。

（2）厂用工作电源可只考虑失压自启动，而厂用备用或启动/备用电源应满足以下三种启动方式。

1）空载自启动：备用电源空载状态自动投入失去电源的工作段时形成的自启动。

2）失压自启动：运行中突然出现事故低电压，当事故消除、电压恢复时形成的自启动。

3）带负荷自启动：备用电源已带一部分负荷，又自动投入失去电源的工作段时形成的自启动。

（3）低压厂用变压器应校验高、低压厂用母线串接自启动的工况。

（二）计算公式

1. 电动机正常启动时的电压计算

电动机正常启动时的母线电压按式（8-27）计算，式中各标幺值的基准电压取 0.38，3，6kV 或 10kV；对变压器基准容量取低压绕组的额定容量 S_{2T}（kV·A）。

$$U_{m*}=\frac{U_{0*}}{1+S_*X_*} \tag{8-27}$$

式中 U_{m*}——电动机正常启动时的母线电压（标幺值）;

U_{0*}——厂用母线上的空载电压（标幺值），对电抗取 1，对无励磁调压变压器取 1.05，对有载调压变压器取 1.1;

X_*——变压器或电抗器的电抗（标幺值），对变压器可按式（8-24）计算;

S_*——合成负荷（标幺值），可按式（8-28）计算。

$$S_* = S_{1*} + S_{q*} \qquad (8-28)$$

式中 S_{1*}——电动机启动前，厂用母线上的已有负荷（标幺值）;

S_{q*}——启动电动机的启动容量（标幺值）。

$$S_{q*} = \frac{K_q P_{e,d}}{S_{2T} \eta_d \cos \varphi_d} \qquad (8-29)$$

式中 K_q——电动机的启动电流倍数;

$P_{e,d}$——电动机的额定功率，kW;

η_d——电动机的额定效率;

$\cos \varphi_d$——电动机的额定功率因数。

2. 成组电动机自启动时厂用母线电压的计算

（1）电动机成组自启动时的厂用母线电压按式（8-30）计算，算式中各标幺值的基准电压取 0.38、3、6、10kV；对变压器基准容量应取低压绕组的额定容量 S_{2T}（kV·A）。

$$U_{m*} = \frac{U_{0*}}{1 + S_* X_*} \qquad (8-30)$$

式中 U_{m*}——电动机成组自启动时的厂用母线电压（标幺值），其最低允许值见表 8-8;

U_{0*}——厂用母线上的空载电压（标幺值），对电抗取 1，对无励磁调压变压器取 1.05，对有载调压变压器取 1.1;

X_*——变压器或电抗器的电抗（标幺值），对变压器可按式（8-24）计算;

S_*——合成负荷（标幺值），可按式（8-31）计算。

$$S_* = S_{1*} + S_{qz*} \qquad (8-31)$$

式中 S_{1*}——自启动前厂用电源已带的负荷（标幺值），失压自启动或空载自启动时，$S_{1*}=0$;

S_{qz*}——自启动容量（标幺值）。

$$S_{qz*} = \frac{K_{qz} \Sigma P_e}{S_{2T} \eta_d \cos \varphi_d} \qquad (8-32)$$

式中 K_{qz}——自启动电流倍数（备用电源为快速切换时取 2.5，慢速切换时取 5；此处慢速切换是指其备用电源自动切换过程的总时间大于 0.8s，快速切换是指切换过程总时间小于 0.8s）;

ΣP_e——参加自启动的电动机额定功率总和，kW;

$\eta_d \cos \varphi_d$——电动机的额定效率和额定功率因数的乘积，可取 0.8。

（2）高、低压厂用母线串接自启动时的厂用母线电压可分别按式（8-33）和式（8-34）计算。

高压厂用母线的电压为：

$$U_{gm*} = \frac{U_{0*}}{1 + S_{g*} X_{g*}} \qquad (8-33)$$

式中 U_{gm*}——自启动时，高压厂用母线电压（标幺值）;

S_{g*}——高压厂用母线上的合成负荷（标幺值）;

X_{g*}——高压厂用变压器或电抗器的电抗（标幺值），对变压器可按式（8-24）计算。

低压厂用母线的电压为：

$$U_{dm*} = \frac{U_{0*}}{1 + S_{d*} X_{d*}} \qquad (8-34)$$

式中 U_{dm*}——自启动时，低压厂用母线电压（标幺值），其最低允许值见表 8-8;

S_{d*}——低压厂用母线上的合成负荷（标幺值）;

X_{d*}——低压厂用变压器的电抗（标幺值），可按式（8-24）计算。

（三）计算实例

【例 8-1】 计算一台 5500kW 电动给水泵启动时母线电压 U_m（标幺值）。

1. 原始数据

母线基准电压 U_i=6kV

分裂变压器高压绕组额定容量 S_T=31500kV·A

分裂变压器低压绕组额定容量 S_{2T}=16000kV·A

以高压绕组额定容量为基准半穿越电抗 X_{1-2}=13.5%

母线的空载电压（标幺值） U_{0*}=1.05

给水泵启动前厂用母线已带负荷 S_D=8500kV·A

给水泵电动机参数：额定容量 $P_{e,d}$=5500kV·A

启动电流倍数 K_p=6

额定效率 η_d=0.963

额定功率因数 $\cos \varphi_d = 0.9$

2. 数据计算

（1）厂用负荷标幺值：

$$S_{1*} = \frac{S_D}{S_{2T}} = \frac{8500}{16000} = 0.53$$

（2）给水泵电动机启动容量标幺值：

$$S_{q*} = \frac{K_q P_{e,d}}{\eta_d \cos \varphi_d S_{2T}} = \frac{6 \times 5500}{0.963 \times 0.9 \times 16000} = 2.38$$

（3）合成负荷标幺值：

$$S_* = S_{1*} + S_{q*} = 0.53 + 2.38 = 2.91$$

（4）变压器电抗标幺值：

$$X_* = 1.1 \times \frac{X_{1-2}}{100} \times \frac{S_{2T}}{S_{gT}} = \frac{1.1 \times 13.5 \times 16000}{100 \times 31500} = 0.0754$$

3. 给水泵启动时母线电压标幺值

$$U_{m*} = \frac{U_{0*}}{1 + S_* X_*} = \frac{1.05}{1 + 2.91 \times 0.0754} = 0.861$$

【例 8-2】 计算高压备用变压器自投高、低压母线串接启动时，6kV 和 380V 母线电压标幺值 U_{dm*}。

1. 原始数据

母线基准电压　$U_i = 0.38kV$、$6kV$

备用变压器高压绕组额定容量　$S_{gT} = 50000kV \cdot A$

备用变压器低压绕组额定容量　$S_{2T} = 25000kV \cdot A$

备用变压器高压绕组为基准半穿越电抗　$X_{1-2} = 19\%$

高压母线空载电压标幺值（有载调压）　$U_{0*} = 1.1$

厂用低压变压器额定容量　$S_{dT} = 1000kV \cdot A$

厂用低压变压器阻抗电压　$U_d = 10\%$

高压备用变压器已带负荷　$P_1 = 6200kW$

高压母线上自启动电动机容量　$P_{gq} = 13363kW$

低压母线上自启动电动机容量　$P_{dq} = 500kW$

高、低压电动机额定效率与功率因数乘积 $\eta_d \cos\varphi_d = 0.8$

高、低压电动机启动电流倍数　$K_q = 5$

2. 数据计算

（1）高压备用变压器启动前已带负荷标幺值：

$$S_{g1*} = \frac{P_1}{\eta_d \cos\varphi_d S_{2T}} = \frac{6200}{0.8 \times 25000} = 0.31$$

（2）高压电动机自启动容量标幺值：

$$S_{gq*} = \frac{K_q P_{gq}}{\eta_d \cos\varphi_d S_{2T}} = \frac{5 \times 13363}{0.8 \times 25000} = 3.34$$

（3）高压母线合成负荷标幺值：

$$S_{g*} = S_{g1*} + S_{gq*} = 0.31 + 3.34 = 3.65$$

（4）厂用高压变电抗标幺值：

$$X_{g*} = 1.1 \times \frac{X_{1-2}}{100} \times \frac{S_{2T}}{S_{gT}} = 1.1 \times \frac{19 \times 25000}{100 \times 50000} = 0.104$$

（5）低压电动机自启动容量标幺值：

$$S_{d*} = \frac{K_q P_{dq}}{\eta_d \cos\varphi_d S_{dT}} = \frac{5 \times 500}{0.8 \times 100} = 3.125$$

（6）厂用低压变压器电抗标幺值：

$$X_{d*} = 1.1 \times \frac{U_0\%}{100} = \frac{1.1 \times 10}{100} = 0.11$$

3. 串接启动时高、低压母线电压

（1）高压母线电压标幺值：

$$U_{gm*} = \frac{U_{0*}}{1 + S_{g*} X_{g*}} = \frac{1.1}{1 + 3.65 \times 0.104} = 0.8$$

（2）串接启动低压母线电压标幺值：

$$U_{dm*} = \frac{U_{gm*}}{1 + S_{d*} X_{d*}} = \frac{0.8}{1 + 3.125 \times 0.11} = 0.595$$

五、阻抗选择

（1）高压厂用工作变压器、高压启动/备用变压器或高压厂用电抗器的阻抗选择应使厂用电系统能采用较低开断水平的开关设备，满足电动机正常启动和成组自启动时的电压水平。

（2）为了满足厂用电各级母线的电压偏移要求，高压厂用工作变压器的阻抗电压不宜大于 10.5%。

（3）高压厂用变压器或电抗器的阻抗选择还应考虑对电缆最小热稳定截面选择的影响。此外，对电抗器，尚应满足其本身的动、热稳定的要求。

（4）对于有进相运行要求的大容量发电机，厂用变压器的阻抗选择及调压方式应通过全面的技术经济比较后确定。

（5）低压厂用变压器的阻抗应按低压电器对短路电流的承受能力确定。在低压电器的分断能力足以开断短路电流的前提下，对应于不同容量的低压变压器可优先选用标准阻抗。

（6）最大容量的电动机正常启动时，厂用母线的电压不应低于额定电压的 80%，以此决定阻抗上限值，计算式见式（8-27）。

（7）成组自启动电压要求见表 8-8，当不能达到要求时，则应改为分批自启动。

（8）在正常的电源电压变化和厂用负荷波动的情况下，厂用电各级母线电压的变化范围不宜超过额定电压的 −5%～+5%，当高压启动/备用变压器阻抗电压在 10.5% 以上时，或引接地点的电压波动超过 95%～105% 时，宜采用有载调压变压器。当通过厂用母线电压计算及校验，可以满足厂用电各级母线的电压偏移要求时，也可以采用无载调压方式。

（9）在满足前述要求的前提下，有条件时阻抗宜在上、下限值内向上靠，以选用较小的电缆截面。

（10）变压器阻抗越小，厂用电系统的短路容量越大，根据式（8-100），谐波电流允许值越大。因此，在其他条件允许的情况下，降低变压器阻抗，可增大谐波电流允许值，使谐波分量的比重相对降低。

六、型式选择

（1）高压厂用变压器。高压厂用工作变压器和高压启动/备用变压器一般采用油浸式变压器，根据厂用电接线的不同，采用分裂绕组或双绕组，冷却方式一般为 ONAN/ONAF。

（2）低压厂用变压器。置于室内的低压厂用变压器一般采用干式变压器，置于室外的低压厂用变压器一般采用油浸式变压器或箱式变压器。低压厂用变压器一般采用双绕组，冷却方式一般为 AN/AF。

（3）电抗器。厂用限流电抗器一般采用干式空心电抗器。

第二节 电动机选择

厂用电动机包括高、低压交流电动机和直流电动机。

一、型式选择

（1）笼式电动机简单、耐用、可靠、易维护、特性硬，但启动和调速性能差，轻载时功率因数低，在无调速要求的生产设备上广泛采用，但在变频电源供电下可平滑调速。变极数多速电动机可分级变速调节，但体积大。绕线式电动机因有集电环比笼式电动机维护比较麻烦，但由于它启动转矩大，启动时功率因数高，且可进行小范围的速度调节，控制设备简单，广泛用于各种生产设备，尤其适用于电网容量小，启动次数多的设备。同步电动机功率因数可调节。

（2）直流电动机调速性能好，范围宽，能充分适应各种负载特性的需要，但维护复杂，且需直流电源，因此只在重要性高、交流电动机不能满足调速要求时才采用。串励电动机的特点是启动转矩大、过载能力大、特性软。复励电动机的启动转矩和过载能力比并励电动机大，但调速范围稍窄。接成自复励时，适用于启动转矩很大，负载具有强烈变化的设备。

（3）厂用电动机宜采用高效、节能的交流电动机。当厂用交流电源消失时仍要求连续工作的设备可采用直流电动机。

（4）厂用交流电动机宜采用笼式，启动力矩要求大的设备应采用深槽式或双笼式，对于重载启动的 I 类电动机，应与工艺专业协调电动机容量与轴功率之间的配合裕度，或采用特殊高启动转矩的电动机，以满足自启动的要求。对于反复、重载启动或需要在小范围内调速的机械，可采用绕线式电动机。重载启动的 I 类电动机是指直吹式制粉系统中的中速磨煤机等；反复、重载启动或需要在小范围内调速的机械是指吊车、抓斗机等。

（5）为了提高运行的经济性，对单机容量为 200MW 级及以上机组的大容量辅机，可采用双速电动机或变频调速等其他调速措施。为改善运行性能和节省厂用电能，引、送风机有的采用双速电动机拖动。这样，当锅炉低负荷运行时，可使电动机处于低速运动，一般可节省风机所消耗厂用电能的 40%～50%。特别是对初期投产的机组或负荷变化较频繁的机组，其运行的经济效益尤为显著。

（6）当工艺系统对辅机有变频调速要求时，应注意变频调速要求和不同变频调速原理的变频器对电动机的要求，如有必要，可选用变频调速专用电动机。

（7）电动机的外壳防护等级和冷却方式应与周围环境条件相适应。在潮湿、多灰尘的车间，外壳防护等级应达到 IP54 级要求，其他一般场所可采用不低于 IP44 级，对于有爆炸危险的场所应采用防爆型电动机。

（8）电动机用于高原、热带和户外等特殊环境时，应选用相应的专用电动机。

（9）对于采用变频器供电的高压电动机可不选用变频专用电动机，但对于采用变频器调速的低压电动机宜选用变频专用电动机。当变频专用电动机运行时温升不满足要求时，应增加强制冷风扇。

（10）Y 系列三相异步电动机是目前发电厂中使用最为广泛的一种电动机，其型号的含义如下：

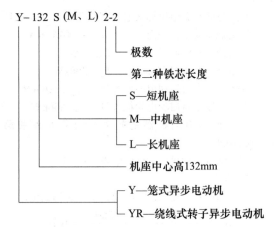

（11）在发电厂中，Y 系列三相异步电动机的主要类型和用途见表 8-9。

表 8-9　Y 系列三相异步电动机的主要类型和用途

名称	型号	型号意义	结构形式	用途
笼式异步电动机	Y	异	铸铁外壳，小机座上有散热筋，大机座采用管道通风，铸铝笼式转子，大机座采用双笼式转子，有防护式和封闭式之分	用于一般设备上，如水泵、风机等
绕线式转子异步电动机	YR	异绕	防护式，铸铁外壳，绕线转子型	用于电源容量不足以启动笼式电动机及要求启动电流小、启动转矩高等工况
多速异步电动机	YD	异多	同 Y 型	同 Y 型，使用于要求有 2～4 种转速的工况

续表

名称	型号	型号意义	结构形式	用途
高启动转矩异步电动机	YQ	异启	同 Y 型	用于启动静止负荷或惯性较大负荷的工况
电动阀门用异步电动机	YDF	异电阀	同 Y 型	用于启动转矩与最大转矩高的场合，如电动阀门
隔爆型异步电动机	YB	异爆	防爆式、钢板外壳，铸铝转子，小机座上有散热筋	用于有爆炸性气体的工况
高效率异步电动机	YX	异效	同 Y 型	用于对效率要求较高的工况

二、电压选择

选择电动机额定电压时，应综合考虑高压厂用工作变压器的容量、阻抗和高压厂用母线短路电流水平等因素，电动机额定电压的选择应遵循以下原则：

（1）当高压厂用电压为 6kV 级时，200kW 以上的电动机可采用 6kV，200kW 以下的电动机宜采用 380V，200kW 左右的电动机可按工程的具体情况确定。

（2）当高压厂用电压为 10kV 级时，250kW 以上的电动机可采用 10kV，200kW 以下的电动机宜采用 380V，200～250kW 的电动机可按工程的具体情况确定。

（3）当高压厂用电压为 10kV 或 6kV 级时，4000kW 以上的电动机宜采用 10kV，200～4000kW 的电动机宜采用 6kV，200kW 以下的电动机宜采用 380V，200kW 及 4000kW 左右的电动机可按工程的具体情况确定。

（4）当高压厂用电压为 10kV 或 3kV 级时，1800kW 以上的电动机宜采用 10kV，200～1800kW 的电动机宜采用 3kV，200kW 以下的电动机宜采用 380V，200kW 及 1800kW 左右的电动机可按工程的具体情况确定。

（5）容量处于上述各级电压分界点的电动机，在满足使各段高压厂用母线短路电流最小化并保证启动电压水平的前提下，宜优先选用较低一级电压。

（6）直流电动机一般采用 220V。

三、容量选择

电动机的容量一般由制造厂或工艺专业按机械所需的轴功率选择，只有在特殊情况下才需按照启动温度校验其容量。

按机械的轴功率选择，可按下式计算：

$$P_e \geq KK_tK_hP_z \qquad (8-35)$$

$$P_z = \frac{M_1n_N}{9550} \qquad (8-36)$$

式中　P_e——电动机额定容量，kW；

K——机械储备系数，见表 8-10；

K_t——温度修正系数，见表 8-11；

K_h——海拔修正系数；

P_z——机械所需轴功率，kW；

M_1——折算到电动机轴上的负荷转矩，Nm；

n_N——电动机的额定转速，r/min。

当电动机用于 1000～4000m 的高海拔地区时，使用地点的环境最高温度随海拔递减并满足式（8-37）时，则电动机的额定功率不变；若不能满足式（8-37）时，应按式（8-37）中不等号之前部分计算，其结果每超过 1℃，电动机的使用容量降低 1%，或与制造厂协商处理。

$$\frac{h-1000}{100}\Delta Q - (40-\theta) \leq 0 \qquad (8-37)$$

式中　h——使用地点的海拔，m；

ΔQ——海拔每升高 100m 影响电动机温升的递增值，℃，为电动机额定温升的 1%；

θ——使用地点的环境最高温度，℃，当无通风设计资料时，可取最热月平均最高温度加 5℃。

表 8-10　　各种机械的储备系数 K

机械名称	凝结水泵	引风机	送风机	排粉机	输煤皮带
储备系数	1.2	1.26	1.15	1.3	1.2

表 8-11　　电动机的温度修正系数 K_t

冷却空气温度（℃）	25	30	35	40	45	50
修正系数	1.1	1.08	1.05	1	0.95	0.875

四、容量校验

（一）校验条件

当使用条件与制造厂配套不符时，机械转动惯量大或重载启动的电动机应按启动条件校验其容量。机械转动惯量大或重载启动的电动机是指引风机、排粉机、中速磨煤机、输煤皮带等。

笼式电动机应按冷状态启动 2 次或热状态启动 1 次进行校验。

电动机在冷状态下启动 2 次或在热状态下启动 1 次以后，定子导体温度，B 级绝缘不应超过 250℃。如果计算温度超过以上数值，则应采取下列措施之一：

（1）加大电动机的容量；

（2）选用启动特性较好的电动机；

（3）与制造厂协商改进电动机的转矩特性曲线。

（二）启动时间及温升计算

1. 采用实用计算法计算电动机的启动时间

对于一般的风机和水泵，在启动过程中，电动机的剩余力矩变化不大（在机械阻力矩上升时，电动机的转矩也在上升），启动时间 t 可按式（8-38）近似计算：

$$t = \frac{T_a}{1.04U_*^2 M_{p*} - M_{av*}} \quad (8-38)$$

$$T_a = \frac{J^2 n_0^2}{356 P_e \times 10^3} \quad (8-39)$$

$$J^2 = J_d^2 + J_j^2 \left(\frac{n_j}{n_d}\right)^2 \quad (8-40)$$

$$M_{p*} = M_{Q*} + 0.2(M_{max*} - M_{Q*}) \quad (8-41)$$

式中　T_a——机组的机械时间常数，s；

U_*——启动时的起始电压（标幺值）；

M_{p*}——电动机的平均转矩（标幺值），一般电动机按式（8-41）取值；

M_{av*}——启动过程中机械的平均阻力矩（标幺值），对离心式风机取 0.23，对一般水泵取 0.21，对给水泵取 0.35；

J^2——机组的转动惯量，kg·m²；

n_0——电动机的同步转速，r/min；

P_e——电动机的额定容量，kW；

J_d^2——电动机的转动惯量，kg·m²；

J_j^2——机械的转动惯量，kg·m²；

n_j——机械的额定转速，r/min；

n_d——电动机的额定转速，r/min；

M_{Q*}——电动机的启动力矩（标幺值）；

M_{max*}——电动机的最大转矩（标幺值）。

2. 采用详细计算法计算电动机的启动时间

当电动机启动过程中的剩余力矩变化较大，启动时间需用图解法计算时，可按以下步骤进行：

（1）获取或计算电动机的转矩曲线。

1）有制造厂提供的电动机转矩曲线，或有相似型号电动机试验所得的转矩曲线，应以此为准进行计算。

2）无上述资料时，一般电动机的转矩特性曲线可按式（8-42）计算：

$$\frac{M_{d*}}{M_{max*}} = \frac{2(1+s_k)(1-b\sqrt{s_k})}{\frac{s_k}{s} + \frac{s}{s_k} + 2s_k} + b\sqrt{s} \quad (8-42)$$

$$b = \frac{M_{Q*} - M'_{Q*}}{M_{max*}} \quad (8-43)$$

$$M_{Q*} = \frac{2(1+s_k)M_{max*}}{s_k + \frac{1}{s_k} + 2s_k} \quad (8-44)$$

$$s_k = s_e \cdot \frac{M_{max*} + \sqrt{M_{max*}^2 - B}}{B} \quad (8-45)$$

$$B = 1 - 2s_e(M_{max*} - 1) \quad (8-46)$$

式中　M_d——电动机对应于不同转差率的转矩（标幺值）；

s_k——电动机的临界转差率；

s——电动机的转差率（$0 \leqslant s \leqslant 1$）；

s_e——电动机的额定转差率。

3）大容量二极电动机转矩特性的计算尚需计及转子导体形状的影响，此时需按制造厂的详细资料进行计算。

（2）计算机械阻力矩特性曲线。

1）风机和水泵的阻力矩特性曲线系由两段组成，后一段（$s=0.7$ 以后）为一上升的抛物线，方程式为

$$M_{z*} = K(1-s)^2 \quad (8-47)$$

式中　K——启动完毕时的负荷系数，对风机取 0.55，对离心式水泵取 0.5。

曲线的前一段为一下降的抛物线，起始点可取 $M_{z*}=0.21$。最低点对应 $s=0.7$，取 $M_{z*}=0.1$。将以上两段曲线圆滑相连，即得整个阻力矩曲线。

2）给水泵的阻力矩曲线较特殊，需按试验得出的特性曲线作图（在 $s=0.3$ 处，$M_{z*}=0.4\sim0.45$；在 $s=0.01$ 处，$M_{z*}=0.85\sim0.9$）。

3）磨煤机及碎煤机的阻力矩曲线接近恒定，但在启动时有所增大，可取：

$$M_z* = 1.2\frac{P_z}{P_e} \quad (8-48)$$

式中　P_z——电动机正常运行的轴功率，kW。

（3）用作图法求剩余力矩及启动时间。

1）取 $1.04U_*^2 M_{d*}$ 作为电动机启动过程的转矩特性曲线。

2）取 M_{z*} 为启动过程的阻力矩曲线。

3）将横坐标分为若干小段 Δs_1、Δs_2、…、Δs_n，在每一段的中间得出一个剩余力矩 M_{y1}、M_{y2}、…、M_{yn}（$M_y = 1.04U_*^2 M_{d*} - M_{z*}$）。

4）启动时间 t 按式（8-49）计算（见图 8-1）：

$$t = T_n \left(\frac{\Delta S_1}{M_{y1}} + \frac{\Delta S_2}{M_{y2}} + \cdots + \frac{\Delta S_n}{M_{yn}}\right) \quad (8-49)$$

式中　T_n——电动机的机械时间常数，s；

ΔS_n——第 n 段的转差率增量；

M_{yn}——对应于 ΔS_n 的平均剩余力矩（标幺值）。

3. 定子绕组启动温度计算

电动机在启动时，定子绕组的温升可近似地按绝

热过程计算，启动 1 次的温升 τ_d（℃）为

$$\tau_d = 0.85(UK_Q j_d)^2 t \cdot \frac{1000\rho K_R}{c\gamma} \tag{8-50}$$

式中 K_Q ——电动机启动电流倍数；

j_d ——电动机定子绕组的额定电流密度，A/mm²；

ρ ——导线电阻率，$\Omega \cdot mm^2/m$；

K_R ——交流电阻与直流电阻的比值；

c ——定子绕组的导体比热容，J/kg·℃；

γ ——定子绕组的导体密度，kg/m³。

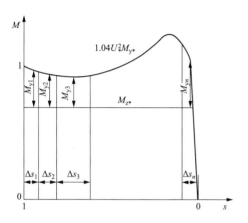

图 8-1 计算剩余力矩的图解法

对于铜线绕组，当温度为 75℃ 时，$\rho = \frac{1}{45}$，$c=390$ J/（kg·℃），$\gamma =8.9kg/m^3$，$K_R=1.05$，式（8-50）可简化为：

$$\tau_d = 0.85(UK_Q j_d)^2 t \times \frac{1}{150} \tag{8-51}$$

电动机在冷状态下启动两次时，定子绕组的温度 $\theta_d = 40 + 2\tau_d$。

电动机在热状态下启动一次时，定子绕组的温度 $\theta_d = \theta_{ed} + \tau_d$，其中定子绕组额定温度 θ_{ed}，对于 B 级绝缘取 120℃。

4. 常用厂用电动机特性曲线

（1）电动机的转矩特性曲线。常用的厂用电动机多数为双笼式或深槽式，其特性曲线如图 8-2～图 8-5 所示。但高速电动机（JKZ 型）则有所不同，主要是有的电动机在 80%～90% 额定转速范围内出现一个最低转矩（见图 8-2），对启动较为不利，如按平均力矩法计算将产生较大的误差，如要精确计算，则须按电动机设计资料中所载的双曲线函数法计算。

在计算转矩时所取得电压百分数 U，是按本章第一节中关于"电动机正常启动时电压计算"的方法计算的，该电压实际上是电动机起始的启动电压，而在

整个启动过程中，电流将逐步减小而电压将有所升高，按此计算较为保守。为此，可再乘以一个平均电压升高系数 1.02（由统计得出）。

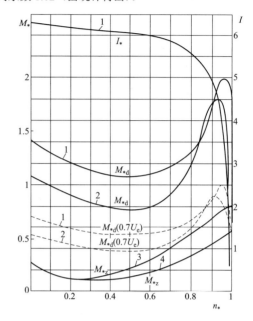

图 8-2 引送风机及电动机特性曲线

1—YLB-173/41 型；2—JSQ1512-8；3—自启动；4—正常启动

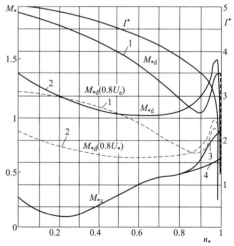

图 8-3 给水泵及电动机特性曲线

1—上海电动机厂 JKZ-2000；2—东方电动机厂 JKZ-4000；

3—自启动；4—正常启动

（2）机械的阻力矩曲线。

1）风机型机械：主要有引、送风机和排粉机等。试验表明，起始阻力矩多数大于 0.15，有的甚至高达 0.28。试验的阻力矩曲线与理论曲线虽接近，但并不相同，主要是在末尾阶段（70%n 以后）往往较高，估计是风机效率变化的影响（见图 8-2），在统计平均阻力矩时已考虑这一因素。

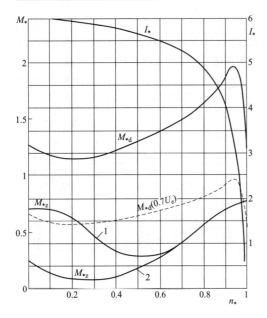

图 8-4　循环水泵及电动机（YL173/39-12 型）特性曲线

1—高水头自启动；2—正常启动

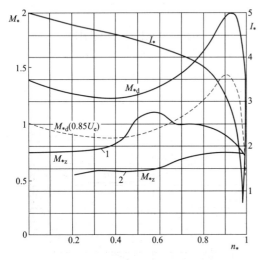

图 8-5　磨煤机及电动机（JSQ 型）特性曲线

1—正常启动；2—惰行

2）给水泵：给水泵的阻力矩特性与止回阀的开启时间有关，在止回阀开后其阻力矩急剧上升。同时由于在启动中已带上了"再循环"负荷，使得中段的阻力矩较一般的水泵为高。这种阻力矩特性尚无理论计算式，只能尽量利用试验结果或制造厂家的资料（见图 8-3）。

3）循环水泵：与试验结果对照，启动过程的阻力矩与理论曲线不同，即使将出口门全打开也不增加启动时间。经分析认为，有的是由于出口水压尚未建立，有的是由于水量还没有带上而叶轮就已经达到了额定转速，再加上水泵的转动惯量较小，一般启动时间都

不长。因此只要不致造成启动时的母线电压过低，就无须校验电动机的启动温升。但其自启动过程又有所不同，特别是高水头的水泵（如与冷却塔相连时），当止回阀损坏或当其出口至高位水渠之间无止回阀时，停电后出口水柱的压力将造成水泵迅速反转（一般 4～7s 开始反转，8～12s 可达一倍反向转速），此时阻力矩曲线比给水泵还高（见图 8-4）。因此，在停电超过 3～5s 应予以切除。

4）钢球磨煤机：试验表明，钢球磨煤机的阻力矩并不是一个定值，而在中段往往会出现一个"驼峰"（见图 8-5）。分析认为，可能是启动时因煤黏结而被带到滚筒的上半部，增加了一个偏心重力矩所致。因此，对电动机容量的选择应留有约 20%的裕度，以免启动困难。只要留有裕度，再加上启动时的母线电压不致过低，则其启动时间不会很长。因此，不须校验启动温升。

（3）电动机的允许启动电压。从试验结果分析得出各种厂用机械所需的电动机启动电压值如下：

1）一般水泵电动机只需要 $U \geqslant 60\%U_e$ 即能启动，包括克服最不利的起始阻力矩和末尾的最大阻力矩。

2）一般风机电动机在 $U \geqslant 60\%U_e$ 时也能启动，但为了保证启动时间不致过长，宜保持 $U \geqslant 70\%U_e$。

3）对钢球磨煤机电动机。为了保证其启动力矩留有一定裕度，宜保持 $U \geqslant 85\%U_e$。

4）给水泵电动机在 $U=（76\%～80\%）U_e$ 时即能启动，且时间不太长，故可取 $U \geqslant 80\%U_e$。

五、电动机加热器配置原则

高压厂用电动机（3、6、10kV）一般应配置电动机加热器，当电动机功率在 2300kW 及以下时，加热器的电源为交流 220V、单相；当电动机功率大于 2300kW 时，加热器的电源为交流 380V、三相。

低压厂用电动机（380V）根据具体工程的实际情况可配置电动机加热器，也可不配置电动机加热器，加热器的电源一般为交流 220V、单相。

第三节　厂用高压电气设备选择

厂用高压电气设备一般指发电厂中厂用高压成套开关柜及内部的高压电器，包括真空断路器、真空接触器、高压熔断器、避雷器等。

一、高压电器选择一般原则

（1）厂用配电装置应采用成套设备，在同一地点相同电压等级的厂用配电装置宜采用同一类型。高压成套开关柜应具备"五防"功能，即防止误分、误合断路器，防止带负荷拉合隔离开关，防止带电挂（合）

接地线（开关），防止带接地线关（合）断路器（隔离开关），防止误入带电间隔。

（2）高压成套开关柜宜采用手车式或中置式，也可采用固定式。单机容量为 200MW 级及以上的机组宜采用手车式或中置式。

（3）所有馈线回路均应配置接地开关，电源进线回路不应配置接地开关。

（4）海拔 1000m 及以下地区一般条件下电气设备的额定耐受电压应按表 8-12 的规定确定。

（5）电器噪声水平应满足环保标准要求，连续噪声水平不应大于 85dB。断路器的非连续噪声水平不宜大于 90dB（测量位置距声源设备外沿垂直面的水平距离为 2m、离地高度 1～1.5m 处）。

表 8-12　　　　　　厂用高压电器设备的额定耐受电压

系统标称电压（kV）	设备最高电压（kV）	设备类型	额定雷电冲击耐受电压（kV）				额定短时（1min）工频耐受电压（有效值）（kV）			
			相对地	相间	断口		相对地	相间	断口	
					断路器	隔离开关			断路器	隔离开关
6	7.2	变压器	60（40）	60（40）	—	—	25（20）	25（20）	—	—
		开关	60（40）	60（40）	60	70	30（20）	30（20）	30	34
10	12	变压器	75（60）	75（60）	—	—	35（28）	35（28）	—	—
		开关	75（60）	75（60）	75（60）	85（60）	42（28）	42（28）	42（28）	49（35）

注　括号内、外数据分别对应低电阻和非低电阻接地系统。

二、高压电器的选择及校验条件

1. 厂用高压系统计算工作电流

（1）厂用高压母线进线回路的计算工作电流应按厂用高压变压器低压侧额定容量进行计算：

$$I_g = \frac{1.05 \cdot S_L}{\sqrt{3}U_e} \qquad (8\text{-}52)$$

式中　S_L——厂用高压变压器低压侧的额定容量，kV·A；

　　　U_e——厂用高压母线的额定电压，kV。

（2）变压器回路的计算工作电流按下式进行计算：

$$I_g = \frac{1.05 \cdot S_e}{\sqrt{3}U_e} \qquad (8\text{-}53)$$

式中　S_e——变压器的额定容量，kV·A；

　　　U_e——变压器高压侧的额定电压，kV。

（3）电动机回路的计算工作电流按下式进行计算：

$$I_g = \frac{P_e}{\sqrt{3}U_e \cos\varphi_e \eta_e} \qquad (8\text{-}54)$$

式中　P_e——电动机的额定功率，kW；

　　　U_e——电动机的额定电压，kV；

　　　$\cos\varphi_e$——电动机的额定功率因数；

　　　η_e——电动机的额定效率。

（4）馈线回路的计算工作电流按下式进行计算：

$$I_g = \Sigma I_{g1} + K_0 \Sigma I_{gh} \qquad (8\text{-}55)$$

式中　ΣI_{g1}——由该馈线供给的所有连续工作回路的计算工作电流的总和，A；

　　　ΣI_{gh}——由该馈线供给的所有短时及断续工作回路的计算工作电流的总和，A；

　　　K_0——短时及断续工作的回路的同时率，通常采用 0.5。

2. 不同高压电器的选择及校验条件

不同高压电器的选择及校验条件见表 8-13。

表 8-13　　　　　　高压电器的选择及校验条件

高压电器设备类型	选择技术条件											使用环境校验条件				
	额定电压	额定电流	绝缘水平	额定热稳定电流	额定热稳定时间	额定动稳定电流	额定开断电流	极限开断电流	额定关合电流	保护熔断特性	温升	环境温度	相对湿度	海拔	地震烈度	日温差
真空断路器	√	√	√	√	√	√	√		√			√	√	√	√	
真空接触器	√	√	√	√	√	√	√	√	√			√	√	√		
高压熔断器	√	√	√					√		√						
高压开关柜	√	√	√	√	√	√	√				√	√	√	√		√

三、真空断路器选择

真空断路器的灭弧介质和灭弧后触头间隙的绝缘介质都是高真空，整个断路器主要由框架、真空灭弧室和操动机构三部分组成。操动机构一般分为弹簧操动机构、电磁操动机构和永磁操动机构三种。目前，弹簧操动机构使用最为广泛。

（1）真空断路器的选择和校验条件见表8-13。

（2）高压厂用断路器的额定热稳定电流等于额定开断电流，额定热稳定时间一般为4s。

（3）在中性点经电阻接地的厂用高压系统中，真空断路器的首相开断系数应取1.5。

四、真空接触器熔断器选择

（一）真空接触器的选择

（1）真空接触器的选择和校验条件见表8-13。

（2）真空接触器应具有很高的可靠性，能频繁操作，在使用中不应出现误分、误合和拒分、拒合。

（3）真空接触器应具有可靠的机械锁扣装置。

（4）真空接触器的额定电压应与厂用电系统的额定电压相匹配。

（5）电动机回路真空接触器的等级和型式，应按电动机的容量和工作方式选择。

（6）变压器回路真空接触器的额定电流应按大于变压器持续负荷电流选择。

（7）真空接触器应能承受和关合限流熔断器的切断电流。其动稳定电流应按不小于熔断器的最大限流电流峰值选择，其热稳定电流应按能耐受熔断器的开断能量及其本身的开断能量选择。

（8）真空接触器应具有优良的开断小感性电流的能力，以完成电动机和变压器的空载操作。

（二）高压熔断器的选择

1. 高压熔断器选择的一般要求

（1）高压熔断器的选择和校验条件见表8-13。

（2）用于F-C回路的熔断器应根据被保护设备的特性选择专用的高压限流型熔断器。

（3）高压限流熔断器的额定电压应按系统最高运行电压选择。当发电厂高压厂用电系统额定电压为3、6kV和10kV时，选用的高压限流熔断器的额定电压应分别为3.6、7.2kV和12kV。为避免熔断器熔断时产生的过电压超过系统过电压允许值，限流熔断器不宜降压使用。

（4）F-C回路中高压限流熔断器不宜并联使用。

（5）高压熔断器的额定开断电流应大于回路中可能出现的最大预期短路电流周期分量有效值。考虑到熔断器必须具有能充分开断设置地点的短路电流的断流容量，而熔断器的预期开断电流是指熔断器开断动

作时，电弧起始瞬间测定的电流的对称分量有效值，因此要求熔断器的额定开断电流应大于回路中可能出现的最大预期短路电流周期分量有效值。

（6）高压熔断器熔体在满足可靠性和下一段保护选择性的前提下，当在本段保护范围内发生短路时，应能在最短的时间内切断故障电流，以防止熔断时间过长而加剧被保护电器的损坏。

（7）熔断器额定电流的选择一般应考虑以下因素：

1）熔断器熔管的额定电流应大于或等于熔体的额定电流。熔体的额定电流应按高压熔断器的保护熔断特性选择。高压熔断器熔体额定电流的选择，与其熔断特性有关，应满足保护的可靠性、选择性和灵敏度的要求。当熔体额定电流选择过大时，将延长熔断时间，降低灵敏度；当选择过小时，则不能保证保护的可靠性和选择性。

2）熔断器熔管的额定电流通常高于正常使用电流，熔断器要能安全的通过回路正常和可能过载电流（包括持续谐波电流）。

3）由于事故切换产生的过负荷及回路关合过程中的暂态电流要在熔断器的短时允许特性以下。

4）熔断器应能承受反复变动的负荷，并留有足够的裕度。

5）熔断器的特性要与其他保护装置及回路的设备相配合：熔断器的开断特性及限流特性（通过电流的峰值及开断能量）要比被保护设备的短时允许值低；电源侧断路器保护继电器的动作特性要在熔断器的时间-电流特性的右侧，负荷侧设备的保护继电器的动作特性要在熔断器的短时允许特性左侧；在满足可靠性和下一段保护选择性的前提下，当在本段保护范围内发生短路时，应能在最短时间内切除故障，以防止熔断时间过长而加剧被保护电器的损坏；在弧前时间（即在实际熔断器刚好熔化之前）内，应能耐受低于最小开断电流的电流，而对自身无热损伤或它的周围环境无影响；在电流低于熔断器最小开断电流时，熔断器无损伤的电弧耐受时间应长于联用的真空接触器脱扣时间。

（8）环境温度高于+40℃时，应对高压限流熔断器的特性进行校验。

（9）当将熔断器装在封闭柜体内使用时，应按制造厂的产品说明降低额定电流使用，一般情况下可取0.9的降容系数。

（10）熔断器应带有撞击器或其他熔断指示联动装置；在F-C回路中，当熔断器分相或全相熔断时应能联动跳开真空接触器，且要求有较高的可靠性。

（11）在选择熔断器的型式时，还应考虑最省的投资，最小的占有空间和最低的维护量。

2. 电动机回路高压熔断器的选择原则

（1）熔断器应能安全通过电动机的允许过负荷

电流。

（2）电动机的启动电流应不损伤熔断器。

（3）电动机在频繁地投入、开断或反转时，其反复变化的电流不应损伤熔断器。

（4）熔断器应与本回路的真空接触器相配合，配合的原则如下：

1）电动机的满载电流应小于熔断器的额定电流。

2）真空接触器的额定开断电流应大于保护继电器的最小特性与熔断器全开断特性的交点电流。

3）熔断器最小开断电流以下的电流应由真空接触器断开。

4）电动机的堵转电流应在真空接触器的开断范围以内，熔断器不应开断。

5）启动电流或突然投入电流的时间特性应在保护继电器的最小动作特性以下。

6）真空接触器应能耐受熔断器的最大限流峰值，在热稳定方面应能耐受开断能量。

3. 变压器回路高压熔断器的选择原则

（1）熔断器应能承受变压器的容许过负荷电流及低压侧电动机成组启动所产生的过电流。

（2）变压器突然投入时的励磁涌流不应损伤熔断器，变压器的励磁涌流通过熔断器产生的热效应按10～20倍的变压器满载电流持续 0.1s 计算，当需要时可按 20～25 倍的变压器满载电流持续 0.01s 校验。

（3）熔断器对变压器低压侧的短路故障进行保护，熔断器的最小开断电流应低于预期短路电流。

（4）熔断器应与本回路的真空接触器相配合，配合的条件如下：

1）变压器的满载电流应小于熔断器的额定电流。

2）真空接触器的额定开断电流应大于保护继电器的最小特性与熔断器的全开断特性的交点电流。

3）熔断器最小开断电流以下的电流应由真空接触器断开。

4）当变压器低压侧或变压器内部发生故障由真空接触器动作时，熔断器宜能对变压器低压侧的短路故障进行保护，熔断器的最小开断电流宜低于预期短路电流。

4. 电动机回路限流熔断器额定电流的选择方法

（1）电动机回路熔断器规格的选择应基于短路保护由限流熔断器完成，过负荷等保护由真空接触器实现，为正确选择熔断器的额定电流，应考虑以下因素：

1）电动机的满载电流。

2）电动机的启动电流及持续时间。

3）电动机的启动频次。

4）熔断器的最小熔断时间—电流特性曲线。

5）综合保护装置的时间—电流特性曲线。

（2）限流熔断器额定电流的选择按如下方法：

1）确定选择限流熔断器用电流 I_y 值，I_y 按下式计算：

$$I_y = K_f K_w I_Q \qquad (8\text{-}56)$$

式中　I_y——选择熔断器用电流值，A；

　　　K_f——启动频次降容系数，一般可按表 8-14 选取；

　　　K_w——配合系数，即以时间轴为常数的熔断器允许误差，一般可取 1.07～1.10；

　　　I_Q——电动机启动电流。

表 8-14　　　启动频次降容系数表

启动频率（次/h）	2	4	8	16
降容系数 K_f	1.7	1.9	2.1	2.3

注　该表数值应由熔断器生产厂家确认或另行给出，如熔断器生产厂家有不同规定，按厂家规定执行。

2）确定限流熔断器额定电流。在限流熔断器时间—电流特性曲线上标出对应启动时间 T_Q 和熔断器选择电流 I_y 的点 P，P 点所对应的曲线或处于这一点右侧的最近一条曲线所对应的熔断器即是所用的熔断器。各类负荷的启动时间 T_Q 可参照表 8-15。

熔断器选择配合曲线示例如图 8-6 所示。图中 I_Q 是 F-C 回路中所接电动机的启动电流，I_e 是电动机的满载电流，I_Q 和 I_e 的交点 D 对应的时间 T_Q 是电动机的启动时间，从 D 点引一横线至 P 点，P 点的电流为确定选择限流熔断器用电流值 I_y，曲线 E 为综保装置时间—电流曲线；曲线 FB 为可选择的熔断器的时间—电流特性曲线。

表 8-15　　　电动机启动时间表

电动机类型	泵类电动机	研磨类电动机	输煤皮带电动机	风机类电动机
启动时间 T_Q（s）	6	15	45	60

注　本表为各类型电动机的典型启动时间，工程中应尽量取得各电动机的实际启动时间进行熔断器的选择。

5. 变压器回路限流熔断器额定电流的选择方法

（1）变压器回路熔断器规格的选择应基于变压器高压侧发生短路故障时短路保护由限流熔断器完成，变压器低压侧或变压器内部发生故障时将根据故障电流的大小分别由限流熔断器或真空接触器动作。为正确选择熔断器的额定电流，主要应考虑以下因素：

1）变压器的满载电流，即等于变压器的允许过载电流，该过载电流必须考虑到三相不平衡和分接切换等因素引起的电流增加。

2）变压器的励磁涌流。

3）低压侧电动机成组自启动产生的过电流。

4）熔断器的最小熔断时间—电流特性曲线。

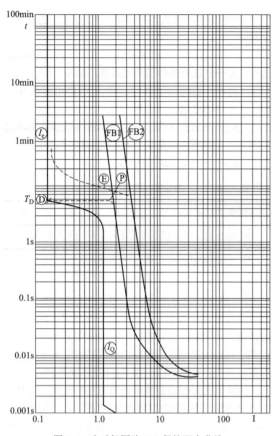

图 8-6　电动机回路 F-C 保护配合曲线

5）综保装置的时间—电流特性曲线。

（2）限流熔断器额定电流的时间电流曲线选择法。

1）在制造厂给出的熔断器时间—电流特性曲线上绘出由变压器满载电流（允许过载电流）、低压侧电动机成组自启动产生的过电流和变压器励磁涌流所组成的曲线，然后在其启动电流降至正常电流的拐点上再考虑 1.5～2.0 的安全系数，最近的右边的那条限流熔断器时间—电流曲线便是所选择的熔断器。

熔断器选择配合曲线示例如图 8-7 所示。图中 I_y 为变压器励磁涌流；曲线 E 为综保装置时间—电流曲线；曲线 FB 为可选择的熔断器的时间—电流特性曲线。其他曲线标记在上文已有定义。

2）选择的限流熔断器时间—电流特性曲线应同时满足以下条件：限流熔断器时间—电流特性曲线应位于本小节第 1）条所述变压器过电流—时间曲线的右侧；限流熔断器时间—电流特性曲线应位于真空接触器热稳定点的左侧，并应留有适当的裕度。

3）低压侧电动机成组自启动电流按下式计算，持续时间可选 3～4s：

$$I_t = K_k \times K_{ZQ} \times I_e \qquad (8\text{-}57)$$

式中　I_t——折算到高压侧的变压器低压侧电动机成组自启动电流值，A；

K_k——可靠系数，取 1.2；

K_{ZQ}——自启动过电流倍数；

I_e——变压器高压侧额定电流。

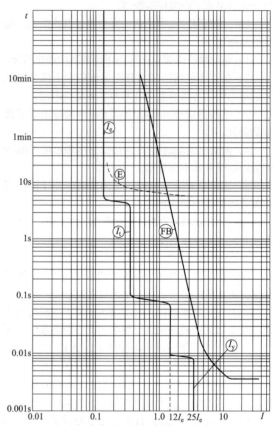

图 8-7　变压器回路 F-C 保护配合曲线

（3）限流熔断器额定电流的表格选择法。由于变压器容量规格有固定的序列，一般熔断器制造厂均按此序列配置的熔断器选择表格，工程中也可要求制造厂提供与变压器容量相对应的熔断器选择表，保护变压器的 F-C 回路限流熔断器按表格进行选择。

由于各熔断器制造厂选择熔断器时变压器励磁涌流和低压侧电动机自启动电流的选取标准不尽一致，按表格选择熔断器时应予注意，并根据实际情况做适当调整。

表 8-16 给出了某限流熔断器制造厂的推荐值示例。

表 8-16　某限流熔断器制造厂一般产品适用变压器容量表

变压器容量 （kV·A）	熔断器额定电压 （kV）	熔断器额定电流 （A）
200	7.2	31.5
250	7.2	40
315	7.2	50

续表

变压器容量 （kV·A）	熔断器额定电压 （kV）	熔断器额定电流 （A）
400	7.2	71
500	7.2	80
630	7.2	100
800	7.2	140
1000	7.2	160
1250	7.2	200
1600	7.2	225

五、避雷器选择

（1）避雷器应按下列技术条件选择：

1）避雷器额定电压（U_r）；

2）避雷器持续运行电压（U_c）；

3）工频放电电压；

4）冲击放电电压和残压；

5）通流容量；

6）额定频率；

7）机械载荷。

（2）避雷器应按下列使用环境条件校验：

1）环境温度；

2）海拔；

3）地震烈度。

（3）对于厂用高压系统中采用真空断路器的回路，宜根据被操作回路的负荷性质（容性或感性负荷），选用金属氧化物避雷器或阻容吸收器进行过电压保护。在开断高压感应电动机时，因断路器的截流、三相同时开断和高频重复重击穿等会产生过电压（后两种仅出现于真空断路器开断时）。过电压幅值与断路器吸弧性能、电动机和回路元件参数等有关。采用真空断路器或采用的少油断路器截流值较高时，宜在断路器与电动机之间装设旋转电动机金属氧化物避雷器。

（4）F-C 回路的过电压包括：真空接触器在开断感性小电流时会产生的危害设备绝缘的过电压；真空接触器触头分开瞬间，可能产生的高频电弧重燃过电压；高压限流熔断器的熔断电弧电压的标准限值高于高压电动机的绝缘水平，会危害高压电动机的绝缘等。对这些过电压应采取措施加以限制。因此，F-C 回路应采取措施限制过电压的幅值和陡度，以免造成设备损坏。

（5）F-C 回路可采用氧化锌阀片类过电压保护器或（和）阻容过电压吸收器作为过电压保护装置，限制过电压并保护设备绝缘。

（6）F-C 回路过电压保护装置通常布置在 F-C 回路柜内；如果过电压保护装置不能满足保护设备绝缘

的需要，则需要调整过电压保护装置的布置位置。为方便进行设备绝缘试验，过电压保护装置前宜设置可拆连接片。

（7）过电压保护装置可采用避雷器或阻容吸收装置，大部分采用避雷器。中性点不接地系统或高阻接地可选用带间隙氧化锌避雷器。中性点低阻接地系统宜选用无间隙氧化锌避雷器。

（8）避雷器应具有相间及相对地过电压保护功能。

（9）母线及所有负荷馈线回路均应配置避雷器。当进线电源为架空线路或架空共箱母线时，进线亦应装设避雷器。母线 TV 回路一般装设防止铁磁谐振的消谐装置。

（10）变压器回路用避雷器参数见表 8-17；电动机回路用避雷器参数见表 8-18；进线和馈线回路按变压器回路用避雷器选型。

表 8-17　变压器回路用避雷器参数　（kV）

避雷器额定电压（有效值）	接线方式	避雷器持续运行电压（有效值）	标称放电电流 5kA			
			变压器回路用避雷器			
			陡波冲击电流残压	雷电冲击电流残压	操作冲击电流残压	直流 1mA 参考电压不小于
			（峰值）不大于			
5	相-相 相-地	4.0	15.5	13.5	11.5	7.5 7.2
10	相-相 相-地	8.0	31.0	27.0	23.0	15.0 14.4
17	相-相 相-地	13.6	51.8	45.0	38.3	25.0 24.0
51	相-相 相-地	40.8	170.0 154.0	150.0 134.0	134.0 114.0	84.0 73.0

表 8-18　电动机回路用避雷器参数　（kV）

避雷器额定电压（有效值）	接线方式	避雷器持续运行电压（有效值）	标称放电电流 2.5kA			
			电动机回路用避雷器			
			陡波冲击电流残压	雷电冲击电流残压	操作冲击电流残压	直流 1mA 参考电压不小于
			（峰值）不大于			
4	相—相 相—地	3.2	13.0 10.7	11.6 9.5	9.4 7.6	7.0 5.7
8	相—相 相—地	6.3	26.2 21.0	23.3 18.7	18.7 15.0	14.0 11.2
13.5	相—相 相—地	10.5	43.3 34.7	38.7 31.0	31.0 25.0	23.2 18.6

六、回路方案选择

（1）高压回路可全采用真空断路器方案或采用真

空断路器与 F-C 混用方案。真空断器可靠性高，但相应设备、电缆造价也会提高。

（2）如采用真空断路器与 F-C 混用方案，可按照如下原则选择回路方案：

1）当高压厂用电系统额定电压为 6kV 时，原则确定容量为 1250kW 及以下的电动机和 1600kV·A 及以下的低压厂用变压器可选用 F-C 回路供电，其余回路采用真空断路器供电，并根据工程中采用的具体设备规范进行核算和调整。

2）当高压厂用电系统额定电压为 3kV 或 10kV 时，采用 F-C 回路供电的电动机和变压器的最大容量可按其额定电流与 6kV 系统确定的 1250kW 电动机和 1600kV·A 低压厂用变压器的额定电流相等的原则确定，再根据工程中采用的具体设备规范进行核算和调整。但是，火力发电厂中 2000kW 及以上电动机和 2000kV·A 及以上变压器不宜采用 F-C 回路供电，宜采用真空断路器回路供电。

（3）由于真空接触器的额定电流开断次数要比真空断路器多，因此，对启停频繁的高压厂用电回路一般采用 F-C 回路。

（4）对发电厂内的单台 I 类电动机一般不采用 F-C 回路。

（5）F-C 回路接线中高压熔断器应位于电源侧，真空接触器位于负荷侧。

（6）海拔超过 1000m 的地区，应选用适用于该海拔的 F-C 回路柜，其外绝缘的冲击和工频试验电压应符合高压电气设备绝缘试验电压的有关规定。

（7）在有爆炸危险的场所采用 F-C 回路必须与制造厂协商。

（8）在架空线路、变压器架空线路组和电容负载回路中，不宜采用 F-C 回路作为保护和操作设备。

七、高压开关柜选择

（一）高压开关柜分类

（1）按主要电器元件安装方式分为手车式和固定式。手车式高压开关柜的主要电器元件（如断路器）安装在可抽出的手车上，具有较好的互换性；固定式高压开关柜的所有电器元件均为固定式安装。

（2）按照柜体结构可分为金属封闭铠装式、金属封闭间隔式、金属封闭箱式和敞开式。

1）金属封闭铠装式开关柜的主要电器元件（如断路器、互感器、母线等）分别安装在接地的用金属隔板隔开的隔室中的金属封闭开关设备。

2）金属封闭间隔式开关柜与铠装式金属封闭铠装式开关柜类似，其主要电器元件也分别安装于单独的隔室内，但具有一个或多个符合一定防护等级的非金属隔板。

3）金属封闭箱式开关柜是开关柜外壳为金属的封闭开关设备。

4）敞开式开关柜为无保护等级要求，外壳有部分是敞开的开关设备。

（二）高压开关柜选择

（1）高压开关柜的选择和校验条件见表 8-13。

（2）高压开关柜防护等级即外壳以及适用时的隔板或活门提供的、防止接近危险部件、防止固体外物进入和/或防止水的浸入，并由标准试验方法验证过的保护程度。防护等级分类见表 8-19。

表 8-19　　　防护等级分类

防护等级	能防止物体接近带电部分和触及运动部分
IP2X	能阻挡手指或直径大于 12mm、长度不超过 80mm 的物体进入
IP3X	能阻挡直径或厚度大于 2.5mm 的工具、金属丝等物体进入
IP4X	能阻拦直径大于 1.0mm 的金属丝或厚度大于 1.0mm 的窄条物体进入
IP5X	能防止影响设备安全运行的大量尘埃进入，但不能完全防止一般的灰尘进入

高压开关柜的防护等级应根据环境条件按上面的要求选择防护等级，但如果所选择的防护等级超过 IP4X 时，应注意开关柜内部元件的降容使用问题。

（3）当周围空气温度高于 +40℃（但不高于 60℃）时，电器允许降低负荷长期工作。推荐周围空气温度每增高 1K，减少额定电流负荷的 1.8%；母线的允许电流可按下式计算：

$$I_t = I_{40}\sqrt{\frac{40}{t}} \qquad (8-58)$$

式中　　t——环境温度，℃；

I_t——环境温度 t 下的允许电流；

I_{40}——环境温度 40℃时的允许电流。

（4）沿所有高压开关柜的整个长度延伸方向应设有专用的接地导体，专用接地导体所承受的热稳定电流应为额定短路开断电流的 86.6%。如果是铜质的，其电流密度在规定的接地故障时不应超过 200A/mm^2，其最小截面不得小于 30mm^2，该接地导体应设有与接地网相连的固定的连接端子，并有明显的接地标志。如果接地导体不是铜质的，也应满足相同的热稳定要求。

（5）高压开关柜内装有电压互感器时，电压互感器高压侧应有防止内部故障的高压熔断器，其开断电流应与开关柜参数相匹配。

（6）高压开关柜中各组件及其支持绝缘件的外绝缘爬电比距（高压电器组件外绝缘的爬电距离与最高

电压之比）应符合如下规定：

1）凝露型的爬电比距。瓷质绝缘不小于 14/18mm/kV（Ⅰ/Ⅱ级污秽等级），有机绝缘不小于 16/20mm/kV（Ⅰ/Ⅱ级污秽等级）。

2）不凝露型的爬电比距。瓷质绝缘不小于 12mm/kV，有机绝缘不小于 14mm/kV。

（7）单纯以空气作为绝缘介质时，高压开关柜内各相导体的相间与对地净距必须符合表 8-20 的要求。

表 8-20　　高压开关柜内各相导体的相间与对地净距　　（mm）

序号	额定电压（kV）	7.2	12（11.5）	24	40.5
1	导体至接地见净距	100	125	180	300
2	不同相导体之间的净距	100	125	180	300
3	导体至无孔遮栏间净距	130	155	210	330
4	导体至网状遮栏间净距	200	225	280	400

注　海拔超过 1000m 时本表所列 1、2 项值按每升高 100m 增大 1%进行修正，3、4 项之值应分别增加 1 项或 2 项值的修正值。

（8）母线选择。母线可选用矩形导体或槽形导体，常用的规格见表 8-21。

表 8-21　　矩形铝导体长期允许载流量　　（A）

导体尺寸 h×b（mm×mm）	单条 平放	单条 竖放	双条 平放	双条 竖放	三条 平放	三条 竖放	四条 平放	四条 竖放
40×4	480	503						
40×5	542	562						
50×4	586	613						
50×5	661	692						
63×6.3	910	952	1409	1547	1866	2111		
63×8	1038	1085	1623	1777	2113	2379		
63×10	1168	1221	1825	1994	2381	2665		
80×8	1274	1330	1946	2131	2491	2809	2863	3817
80×10	1472	1490	2175	2373	2774	3114	3167	4222
100×8	1542	1609	2298	2516	2933	3311	3359	4479
100×10	1278	1803	2558	2796	3181	3578	3622	4829
125×8	1876	1955	2725	2982	3375	3813	3847	5129
125×10	2089	2177	3005	3282	3725	4194	4225	5633

注　1．表中导体尺寸中 h 为宽度，b 为厚度。

2．表中当导体为四条时，平放、竖放第 2、3 片间距离皆为 50mm。

3．同截面铜导体载流量为表中铝导体载流量的 1.27 倍。

第四节　厂用低压电气设备选择

厂用低压电气设备一般指发电厂中厂用低压成套开关柜及内部的低压电器，包括断路器、接触器、开关、隔离器、隔离开关以及熔断器组合电器、控制与保护开关（CPS）、转换开关电器（TSE）、热继电器等。

一、低压电器选择一般原则

（1）低压电器应满足正常持续运行，并适应生产过程中各项操作要求，事故时应保证安全迅速而有选择性地切除故障。

（2）断路器和熔断器的额定短路分断能力校验应满足以下要求：

1）断路器和熔断器安装地点的短路功率因数值不应低于断路器和熔断器的额定短路功率因数值。

2）断路器和熔断器安装地点的预期短路电流周期分量有效值不应大于允许的额定短路分断能力。当电源为下进线时，要考虑其对断路器分断能力的影响。断路器的分断能力校验还应符合以下规定：当利用断路器本身的瞬时过电流脱扣器作为短路保护时，应采用断路器的额定短路分断能力校验；当利用断路器本身的延时过电流脱扣器作为短路保护时，应采用断路器相应延时下的短路分断能力校验；当另装继电保护时，当其动作时间未超过该断路器延时脱扣器的最长延时时，则额定短路分断能力应采用延时脱扣下的短路分断能力。当另加继电保护的动作时间超过该断路器延时脱扣器的最长延时，则额定短路分断能力应按产品制造厂的规定。

3）安装地点的预期短路电流值是指分断瞬间一个周期内的周期性分量有效值。对于动作时间大于 4 个周期的断路器，可不计异步电动机的反馈电流。

4）当安装地点的短路功率因数低于断路器和熔断器的额定短路功率因数时，额定短路分断能力宜留有适当裕度。

（3）对于已满足额定短路分断能力的断路器，可不再校验其动、热稳定；当另装继电保护时，应校验断路器的热稳定。低压断路器一般都没有动稳定数据，因为低压断路器的固有分断时间都很短（为 0.01～0.02s），分断电流峰值与动稳定电流值是一致的，所以只要断路器的分断能力满足要求，必然也满足了动稳定要求。对于热稳定要求也是一样，只要使用断路器本身的瞬时及延时过电流脱扣器，满足了分断能力的要求也就自然满足了热稳定的要求。但是热稳定一般是提供数据的，以备用户不使用本身的过电流脱扣器，另加继电保护动作于分励脱扣器时校验热稳定用。

（4）断路器的瞬时或短延时脱扣器的整定电流应

按躲过电动机启动电流的条件选择，并按最小短路电流校验灵敏系数。

（5）熔断器的熔件应按通过正常短时最大电流不熔断的条件来校验。当为电动机回路的熔件时，则应按启动电流校验。

（6）隔离电器应满足承受短路电流动、热稳定的要求。隔离电器是指只能通过工作电流，不能切断电流的电器，在电路中实现隔离电路，达到安全检修的目的。它包括隔离开关、插头等，其安装位置靠近母线。当短路电流通过隔离电器因动热稳定不满足而发生损坏时，将直接造成母线故障，扩大事故的影响范围，故隔离电器应满足承受短路电流动、热稳定的要求尤为重要。

二、低压电器的选择及校验条件

发电厂和变电站中常用的低压电器主要有断路器、接触器、刀开关、隔离器、隔离开关以及熔断器组合电器、控制与保护开关（CPS）、转换开关电器（TSE）、热继电器等。常用低压电器选择及校验条件见表 8-22。

表 8-22　常用低压电器选择及校验条件

设备名称	按回路工作电压	按回路工作电流	按短路分断能力	按短路动热稳定	按回路启动电流	备注
刀开关、隔离器、隔离开关	$U_e \geq U_g$	$I_e \geq I_g$		$\geq i_{ch}$		i_{ch} 为短路电流峰值
熔断器及断路器	$U_e \geq U_g$	$I_e \geq I_g$	$\geq I_{z(0.01)}$ 或 $\geq i_{ch}$			见表 8-37　$I_{z(0.01)}$ 为计及反馈电流的 0.01s 短路电流周期分量有效值
动作时间不大于 4 个周期断路器	$U_e \geq U_g$	$I_e \geq I_g$	$\geq I_{z(t)}$			见表 8-37　$I_{z(t)}$ 为计及反馈电流的 ts 短路电流周期分量有效值
动作时间大于 4 个周期断路器	$U_e \geq U_g$	$I_e \geq I_g$	$\geq I''_B$			见表 8-37　I''_B 为不计及反馈电流的周期分量有效值
接触器	$U_e \geq U_g$	$I_e \geq I_g$				

注　1. 装于屏或抽屉内的设备应计及温升的影响，其额定电流应予修正，装于抽屉内的设备一般可按 0.7～0.9 进行修正。

2. 刀开关及组合开关与有限流功能的熔断器及断路器组合时，可按限流后的 I_{ch} 校验。

3. 限流及塑壳断路器制造厂提供额定分断能力的周期分量有效值，当回路功率因数较低需要校验 0.01s 的全电流最大有效值 I_{ch} 时，应根据其短路功率因数按表 8-23 换算成全电流最大有效值。

4. 低压变压器、PC 或 MCC 短路水平（开断水平及热稳定电流水平）见第四章。

表 8-23　低压电器分断能力的周期分量有效值与最大全电流的关系

回路数据					最大全电流有效值周期分量有效值	峰值电流周期分量有效值
$\cos\varphi$	$\sin\varphi$	$\tan\varphi$	T_a（s）	K_{ch}		
0.15	0.988	6.59	0.0209	1.62	1.32	2.29
0.2	0.975	4.87	0.0155	1.524	1.24	2.16
0.25	0.968	3.87	0.0123	1.443	1.17	2.04
0.3	0.955	3.18	0.0101	1.367	1.12	1.94
0.35	0.935	2.68	0.0085	1.308	1.09	1.85
0.4	0.917	2.3	0.0073	1.254	1.06	1.78
0.5	0.866	1.732	0.0055	1.164	1.026	1.65
0.6	0.8	1.33	0.00425	1.095	1.001	1.55
0.7	0.714	1.02	0.00325	1.040		1.475
0.8	0.6	0.75	0.0024	1.015		1.442
0.9	0.435	0.483	0.00154	1.0015		1.42

1. 低压断路器选择

低压断路器主要用于低压配电回路的短路、过载、失电压和欠电压等保护，也可用于不频繁启动电动机的操作，低压断路器按结构可分为框架断路器和塑壳断路器，二者的比较见表 8-24。

表 8-24　框架断路器和塑壳断路器的比较

类型	框架断路器	塑壳断路器
选择性	有短延时，可调，可满足选择性保护	大多无短延时，不能满足选择性保护
脱扣器种类	具有过电流脱扣器、欠电压脱扣器、失电压脱扣器、分励脱扣器、闭锁脱扣器等	具有过电流脱扣器、分励脱扣器等
短路分断能力	较强	较弱
额定电流	一般为 200～5000A，甚至更高	多数在 630A 以下，也有达 3000A 的
使用范围	宜作主断路器，多应用在动力中心上	宜作支路断路器，可保护电动机及小容量的配电线路，多应用在电动机控制中心上
飞弧距离	较大	较小
最大短时耐受电流及其峰值	较高	一般较低
重复操作次数	较多	因有外壳使电弧的离子气体不易发散，故重复操作次数少
保护方案	一般配电子脱扣器，有热、过电流、选择性保护	一般配热磁、电磁或电子脱扣器，有热、过电流保护等

（1）断路器的使用类别。断路器的使用类别是根据断路器在短路情况下是否通过人为短延时明确用在串联在负载侧的其他断路器的选择性保护而规定。

断路器的使用类别规定见表 8-25。

表 8-25　断路器的使用类别

使用类别	选择性的应用
A	在短路情况下，断路器无明确指明用作串联在负载侧的另一短路保护装置的选择性保护，即在短路情况下，没有用于选择性的人为短延时，因而无额定短时耐受电流。在电力工程中主要指塑壳断路器的应用
B	在短路情况下，断路器明确指明串联在负载侧的另一短路保护装置的选择性保护，即在短路情况下，具有一个用于选择性的人为短延时（可调节），这类断路器具有额定短时耐受电流。在电力工程中主要指框架断路器的应用。 选择性不必保证一直到断路器的极限短路分断能力（例如存在瞬时脱扣器动作时），但至少要保证表 8-29 规定值以下的选择性

发电厂中塑壳断路器的应用一般属于 A 使用类别，框架断路器的应用一般属于 B 使用类别。

（2）断路器参数选择。

1）额定短路接通能力（I_{cm}）。断路器的额定短路接通能力是在制造厂规定的额定工作电压、额定频率以及一定的功率因数（对于交流）或时间常数（对于直流）下断路器的短路接通能力值，用最大预期峰值电流表示。

对于交流，断路器的额定短路接通能力应不小于其额定极限短路分断能力乘以表 8-26 所列系数 n 乘积。

对于直流，断路器的额定短路接通能力应不小于其额定极限短路分断能力。

额定短路接通能力表示断路器在对应于额定工作电压的适当外施电压下能够接通电流的额定能力。

表 8-26　（交流断路器）短路接通和分断能力之间的比值——n 及相应的功率因数

短路分断能力 I（kA）（有效值）	功率因数	n 要求的最小值（n=短路接通能力/短路分断能力）
$4.5 \leqslant I \leqslant 6$	0.7	1.5
$6 < I \leqslant 10$	0.5	1.7
$10 < I \leqslant 20$	0.3	2.0
$20 < I \leqslant 50$	0.25	2.1
$50 < I$	0.2	2.2

2）额定短路分断能力。断路器的额定短路分断能力是制造厂在规定的条件及额定工作电压下对断路器规定的短路分断能力值。

额定短路分断能力要求断路器在对应于规定的试验电压的工频恢复电压下应能分断小于和等于相当于额定能力的任何电流值，且对于交流，功率因数不低于表 8-27 的规定；对于直流，时间常数不超过表 8-27 的规定。

对于交流，假定交流分量为常数，与固有的直流分量值无关，断路器应能分断相应于其额定短路分断能力及表 8-27 规定的功率因数的预期电流。

额定短路分断能力规定为额定极限短路分断能力和额定运行短路分断能力。

表 8-27　与试验电流相应的功率因数和时间常数

试验电流 I（kA）	功率因数 $\cos\varphi$			时间常数（ms）		
	短路	操作性能力	过载	短路	操作性能力	过载
$I \leqslant 3$	0.9			5		
$3 < I \leqslant 4.5$	0.8			5		
$4.5 < I \leqslant 6$	0.7	0.8	0.5	5	2	2.5
$6 < I \leqslant 10$	0.5			5		
$10 < I \leqslant 20$	0.3			10		
$20 < I \leqslant 50$	0.25			15		
$50 < I$	0.2			15		

3）额定极限短路分断能力（I_{cu}）。断路器的额定极限短路分断能力是制造厂按相应的额定工作电压规定断路器在国家标准规定的试验条件下应能分断的极限短路分断能力值，它用预期分断电流（kA）表示（在交流情况下用交流分量有效值表示）。

4）额定运行短路分断能力（I_{cs}）。断路器的额定运行短路分断能力是制造厂按相应的额定工作电压规定断路器在国家标准规定的试验条件下应能分断的运行短路分断能力值，它用预期分断电流（kA）表示，相当于额定极限短路分断能力规定的百分数中的一档并化整到最接近的整数。它可用 I_{cu} 的百分数表示（例如 $I_{cs}=25\%I_{cu}$）。

另外，当额定运行短路分断能力等于额定短时耐受电流时，只要它不小于表 8-28 中相应的最小值，都可以按额定短时耐受电流（kA）来规定。

如果使用类别 A 的 I_{cu} 超过 200kA，或使用类别 B 的 I_{cu} 超过 100kA，则制造厂可申明 I_{cs} 值为 50kA。

表 8-28　I_{cs} 和 I_{cu} 之间的标准比值

使用类别 A（I_{cu} 的百分数）	使用类别 B（I_{cu} 的百分数）
25	—
50	50

续表

使用类别 A（I_{cu} 的百分数）	使用类别 B（I_{cu} 的百分数）
75	75
100	100

5）额定短路耐受电流（I_{cw}）。断路器的额定短时耐受电流是制造厂按国家标准规定的试验条件下对断路器确定的短时耐受电流值。

对于交流，此电流为预期短路电流交流分量的有效值，并认为在短延时时间内是恒定的。

与额定短时耐受电流相应的短延时应不小于 0.05s，其优选值 0.05、0.1、0.25、0.5、1s。

额定短时耐受电流应不小于表 8-29 所示的相应值。

表 8-29　额定短时耐受电流最小值

额定电流 I_n（A）	额定短时耐受电流 I_{cw} 的最小值（kA）
$I_n \leqslant 2500$	$12I_n$ 或 5，取较大者
$I_n > 2500$	30

（3）脱扣器选择。熔断器熔件及断路器脱扣器选择公式见表 8-30。整定电流灵敏度按下式校验：

$$\frac{I_d^{(2)}}{I_z} \geqslant K_m^{(2)} \qquad (8\text{-}59)$$

$$\frac{I_d^{(1)}}{I_z} \geqslant K_m^{(1)} \qquad (8\text{-}60)$$

式中　$I_d^{(2)}$、$I_d^{(1)}$——电动机端部或车间盘母线上的两相和单相短路电流，A，可查第四章短路电流计算曲线；

I_z——脱扣器整定电流，A；

$K_m^{(2)}$、$K_m^{(1)}$——两相短路和单相短路时的灵敏度，一般取 1.5。

当不能满足式（8-59）和式（8-60）要求时，需另装继电保护装置。

表 8-30　断路器脱扣器选择整定公式

回路名称	单台电动机回路	馈电干线（其中最大一台启动）	馈电干线（成组自启动）
断路器	$I_z > KI_Q$	$I_z \geqslant 1.35 \left(I_{Q1} + \sum_2^n I_{qi}\right)$	$I_z \geqslant 1.35\Sigma I_Q$

表 8-30 中符号意义如下：

I_z——脱扣器整定电流，A；

K——可靠系数，动作时间大于 0.02s 的断路器一般取 1.35，动作时间不大于 0.02s 的断路器取 1.7～2；

I_Q——电动机启动电流，A；

I_{Q1}——最大一台电动机启动电流，A；

$\sum_2^n I_{qi}$——除最大一台电动机外，所有其他电动机计算工作电流之和，A。

ΣI_Q——由馈电干线供电的所有要求自启动的电动机启动电流之和，A；

低压断路器所配脱扣器的型式一般分为热磁（电磁）脱扣器和电子脱扣器，两种脱扣器所带保护功能如图 8-8 所示。

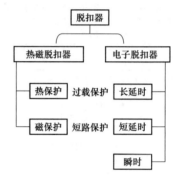

图 8-8　两种脱扣器的保护功能

1）热磁脱扣器。热磁脱扣器的热脱扣即过载保护脱扣，工作原理是随着过载电流的持续，双金属片受热弯曲，触发脱扣，如图 8-9（a）所示。

热磁脱扣器的磁脱扣即短路保护脱扣，工作原理是利用电磁铁原理触发脱扣，如图 8-9（b）所示。

热磁脱扣器的脱扣曲线如图 8-10 所示。

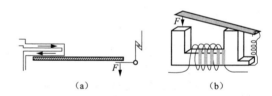

图 8-9　热磁脱扣器的工作原理
（a）热脱扣工作原理；（b）磁脱扣工作原理

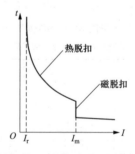

图 8-10　热磁脱扣器的脱扣曲线

2）电子脱扣器。电子脱扣器的工作原理如图 8-11 所示，脱扣曲线如图 8-12 所示。

3）热磁和电子脱扣器保护特性曲线之间的差异。热磁脱扣器保护特性曲线如图 8-13（a）所示；电子脱扣器保护特性曲线如图 8-13（b）所示。

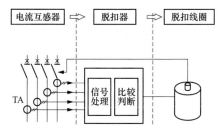

图 8-11　电子脱扣器的工作原理

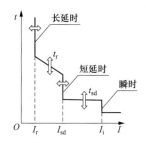

图 8-12　电子脱扣器的脱扣曲线

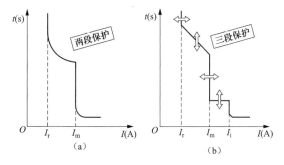

图 8-13　热磁和电子脱扣器保护特性曲线之间的差异

（a）热磁脱扣器保护特性曲线；（b）电子脱扣器保护特性曲线

I_r—过载（热或长延时）继电器脱扣电流设定值；I_m—短路（磁或短延时）继电器脱扣电流设定值；I_i—短路瞬动继电器脱扣电流设定值

2. 低压接触器和电动机启动器

（1）低压接触器和电动机启动器的使用类别。低压接触器和电动机启动器的使用类别具体见表 8-31。本节所涉及的启动器和（或）接触器一般不用于分断短路电流，主要作为操作电器。

表 8-31　低压接触器和电动机启动器的使用类别举例

电流种类	类别	典型用途
交流	AC-1	无感或微感负载、电阻炉
	AC-2	绕线式电动机：启动、分断
	AC-3	笼式电动机：启动、运转中分断
	AC-4	笼式电动机：启动、反接制动与反向运转、电动

续表

电流种类	类别	典型用途
交流	AC-5a	控制放电灯的通断
	AC-5b	白炽灯的通断
	AC-6a	变压器的通断
	AC-6b	电容组的通断
	AC-8a	具有手动复位过载脱扣器的密封制冷压缩机中的电动机控制
	AC-8b	具有电动复位过载脱扣器的密封制冷压缩机中的电动机控制
直流	DC-1	无感或微感负载、电阻炉
	DC-3	并励电动机的启动、反接制动或反向运转、点动、电动机的动态分断
	DC-5	串励电动机的启动、反接制动或反向运转、点动、电动机的动态分断
	DC-6	白炽灯的通断

发电厂中低压交流接触器的应用一般属于 AC-1、AC-2、AC-3 使用类别，低压直流接触器的应用一般属于 DC-3 和 DC-5 使用类别。

（2）接触器和电动机启动器的参数选择。接触器是仅有一个休止位置，能接通、承载和分断正常电路条件（包括过载运行条件）下电流的一种非手动操作的机械开关电器，接触器用于接通和分断电路，如果与适当的继电器组合，可以保护操作（运行）中可能发生过载的电路。启动器是启动和停止电动机所需的所有开关电器与适当的过载保护电器相结合的组合电器。

1）耐受通断电动机的过载电流能力。用于通断电动机的接触器应能耐受启动和加速电动机至正常转速产生的热应力和操作过载产生的热应力。

2）额定接通能力。接触器的额定接通能力是指在规定的接通条件下接触器能良好接通的电流值，该值由制造厂给定。应根据有关的产品标准规定且考虑额定工作电压和额定工作电流来确定电器的通断能力。

对于交流，额定接通能力用电流（假设为稳态）的对称分量有效值（r.m.s）表示。在电器的主触头闭合后第一个半波的电流峰值（峰值的大小取决于电路的功率因数和闭合瞬间的电压相位）可能明显大于接通能力中所用的稳态条件下的电流峰值。无论固有的直流分量多少，只要在有关产品标准规定的功率因数范围内，电器应能接通等于定义其额定接通能力的交流分量电流。

3）额定分断能力。接触器的额定分断能力是指在规定的分断条件下能良好分断的电流值，该值由制造厂规定。

应根据有关产品标准的规定及考虑额定工作电压和额定工作电流来确定额定分断能力。开关电器可能有多个分断能力，每一分断能力对应一个工作电压和一个使用类别。对于交流，额定分断能力用电流对称分量有效值（r.m.s）表示。

接触器或启动器应能接通和分断表 8-32 中与使用类别相对应的电流和次数；通电时间和间隔时间应不超过表 8-32 和表 8-33 的规定值。

表 8-32　不同使用类别的接通与分断能力的接通和分断条件

使用类别	接通和分断（通断）条件					
	I_c/I_e	U_r/U_e	$\cos\varphi$ 或 L/R（ms）	通电时间（s）	间隔时间（s）	操作循环次数
AC-1	1.5	1.05	0.8	0.05		50
AC-2	4.0	1.05	0.65	0.05		50
AC-3	8.0	1.05	注 1	0.05		50
AC-4	10.0	1.05	注 1	0.05		50
AC-5a	3.0	1.05	0.45	0.05		50
AC-5b	1.5	1.05		0.05	60	50
AC-6a	注 3					
AC-6b	注 2					
AC-8a	6.0	1.05	注 1	0.05		50
AC-8b	6.0	1.05	注 1	0.05		50
DC-1	1.5	1.05	1.0	0.05		50
DC-3	4.0	1.05	2.5	0.05		50
DC-5	4.0	1.05	15.0	0.05		50
DC-6	1.5	1.05		0.05	60	50

使用类别	接通条件					
	I/I_e	U/U_e	$\cos\varphi$	通电时间	间隔时间	操作循环次数
AC-3	10	1.05	注 1	0.05	10	50
AC-4	12	1.05	注 1	0.05	10	50

注　1. I—接通电流，接通电流用直流或交流对称有效值表示，但对交流而言，接通操作时实际的电流峰值可能会高于对称峰值；I_c—接通和分断电流，用直流或交流对称有效值表示；I_e—额定工作电流；U—外施电压；U_r—工频或直流恢复电压；U_e—额定工作电压；$\cos\varphi$—试验电路的功率因数；L/R—试验电路的时间常数。

　　2. $I_e \leqslant 100A$，$\cos\varphi=0.45$；$I_c>100A$，$\cos\varphi=0.35$。

　　3. 电容性的额定值可由通断电容器试验获得，或以实验或经验的基础加以确定。

　　4. 制造厂可通过用变压器进行试验确定使用类别 AC-6a 的额定值或根据相关标准中使用类别 AC-3 的值推算确定。

表 8-33　验证额定接通与分断能力时分断电流 I_c 和间隔时间的关系

分断电流 I_c（A）	间隔时间（s）
$I_c \leqslant 100$	10
$100 < I_c \leqslant 200$	20
$200 < I_c \leqslant 300$	30
$300 < I_c \leqslant 400$	40
$400 < I_c \leqslant 600$	60
$600 < I_c \leqslant 800$	80
$800 < I_c \leqslant 1000$	100
$1000 < I_c \leqslant 1300$	140
$1300 < I_c \leqslant 1600$	180
$1600 < I_c$	240

4）启动器的启动和停止特性。启动器的典型使用条件如下：

a. 一个旋转方向，断开在正常使用条件下运行的电动机（AC-2 和 AC-3 使用类别）；

b. 两个旋转方向，但仅当启动器已断开且电动机完全停转以后才能实现在第二个方向的运行（AC-2 和 AC-3 使用类别）；

c. 一个旋转方向，或如 b 条所述两个旋转方向，但具有不频繁电动的可能性，直接启动器通常用于这种使用条件（AC-3 使用类别）；

d. 一个旋转方向且有频繁电动的可能性，直接启动器通常用于这种使用条件（AC-4 使用类别）；

e. 一个或两个旋转方向，但具有不频繁的反接制动来停止电动机的可能性，反接制动（如果有的话）是用转子电阻制动来进行的（具有制动器的可逆启动器），转子变阻式启动器通常用于这种工作条件（AC-2 使用类别）；

f. 两个旋转方向，但当电动机在一个方向旋转时，为获得电动机在另一个方向的旋转，分断正常使用条件下电动机电源并反接电动机定子接线使其反转（反接制动与反向），直接可逆启动器通常用于这种工作条件（AC-4 使用类别）。

3. 开关、隔离器、隔离开关以及熔断器组合电器

（1）开关、隔离器、隔离开关以及熔断器组合电器的使用类别。

开关、隔离器、隔离开关以及熔断器组合电器的使用类别具体见表 8-34。

发电厂中交流的开关、隔离器、隔离开关以及熔断器组合电器的应用一般属于 AC-21、AC-22 和 AC-23 使用类别，直流的开关、隔离器、隔离开关以

及熔断器组合电器的应用一般属于 DC-21、DC-22 和 DC-23 使用类别。

表 8-34　开关、隔离器、隔离开关以及熔断器组合电器的使用类别

电流种类	使用类别		类型用途
	类别 A	类别 B	
交流	AC-20A	AC-20B	在空载条件下闭合和断开
	AC-21A	AC-21B	通断电阻性负载,包括适当的过负载
	AC-22A	AC-22B	通断电阻和电感混合负载,包括适当的过负载
	AC-23A	AC-23B	通断电动机负载或其他高电感负载
直流	DC-20A	DC-20B	在空载条件下闭合和断开
	DC-21A	DC-21B	通断电阻性负载,包括适当的过负载
	DC-22A	DC-22B	通断电阻和电感混合负载,包括适当的过负载(如并励电动机)
	DC-23A	DC-23B	通断高电感负载(如串励电动机)

（2）开关、隔离器、隔离开关以及熔断器组合电器的参数选择。

1）额定接通能力。电器的额定接通能力是指在规定的接通条件下电器能良好接通的电流值,该值由制造厂规定。

额定接通能力按照表 8-35,并参照额定工作电压、额定工作电流及其使用类别加以确定。本条不适合用于 AC-20 或 DC-20 电器。

2）额定分断能力。电器的额定分断能力是指在规定的分断条件下能良好分断的电流值,该值由制造厂规定。

额定分断能力按照表 8-35,并参照额定工作电压、额定工作电流及其使用类别加以确定。本条不适合用于 AC-20 或 DC-20 电器。

3）额定短时耐受电流（I_{cw}）。开关、隔离器或隔离开关的额定短时耐受电流是制造厂规定的,在相关规范规定的试验条件下,电器能够短时承受而不发生任何损坏的电流值。

短时耐受电流值不得小于 12 倍最大额定工作电流。除非制造厂另有规定,通电持续时间应为 1s。

对于交流,额定短时耐受电流值是指交流分量有效值,并且认为可能出现的最大峰值电流不会超过此有效值的 n 倍。系数 n 按照表 8-36 的规定值。

4）额定短路接通能力（I_{cm}）。开关或隔离开关的额定短路接通能力是制造厂规定的,在额定工作电压、额定频率（如果有的话）和规定的功率因数（或时间常数）下电器的短路接通能力值,该值用最大预期电流峰值来表示。

表 8-35　验证额定接通和分断能力——对应各种使用类别的接通和分断条件

使用类别	额定工作电流	接通			分断			操作循环次数
		I/I_e	U/U_e	$\cos\varphi$	I_c/I_e	U_r/U_e	$\cos\varphi$	
AC-20A　AC-20B	全部值	—	—	—	—	—	—	—
AC-21A　AC-21B	全部值	1.5	1.05	0.95	1.5	1.05	0.95	5
AC-22A　AC-22B	全部值	3	1.05	0.65	3	1.05	0.65	5
AC-23A　AC-23B	$0<I_e\leqslant100A$ $100A<I_e$	10 10	1.05 1.05	0.45 0.35	8 8	1.05 1.05	0.45 0.35	5 3

使用类别	额定工作电流	接通			分断			操作循环次数
		I/I_e	U/U_e	L/R（ms）	I_c/I_e	U_r/U_e	L/R（ms）	
DC-20A　DC-20B	全部值	—	—	—	—	—	—	—
DC-21A　DC-21B	全部值	1.5	1.05	1	1.5	1.05	1	5
DC-22A　DC-22B	全部值	4	1.05	2.5	4	1.05	2.5	5
DC-23A　DC-23B	全部值	4	1.05	15	4	1.05	15	5

注　I—接通电流；I_c—分断电流；I_e—额定工作电流；U—外施电压；U_e—额定工作电压；U_r—工频恢复电压或直流恢复电压。

表 8-36　对应于试验电流的功率因数、时间常数和电流峰值与有效值的比率 n

试验电流 I（A）	功率因数	时间常数（ms）	n
$I \leqslant 1500$	0.95	5	1.41
$1500 < I \leqslant 3000$	0.9	5	1.42
$3000 < I \leqslant 4500$	0.8	5	1.47
$4500 < I \leqslant 6000$	0.7	5	1.53
$6000 < I \leqslant 10000$	0.5	5	1.7
$10000 < I \leqslant 20000$	0.3	10	2.0
$20000 < I \leqslant 50000$	0.25	15	2.1
$50000 < I$	0.2	15	2.2

对于交流，功率因数、预期电流峰值与有效值间的关系应符合表 8-36 的规定。本条不适合用于 AC-20 或 DC-20 电器。

（3）熔断器熔件的选择。熔断器熔件选择公式见表 8-37。

表 8-37　熔断器熔件选择公式

回路名称	单台电动机回路	馈电干线（其中最大一台启动）	馈电干线（成组自启动）
熔断器	$I_e > \dfrac{I_Q}{\alpha_1}$	$I_e \geqslant \dfrac{I_{Q1}}{\alpha_1} + \sum\limits_2^n I_{qi}$	$I_e \geqslant \dfrac{\Sigma I_Q}{\alpha_2}$

注　表中符号意义如下：I_e—熔件额定电流，A；I_Q—电动机启动电流，A；I_{Q1}—最大一台电动机启动电流，A；ΣI_{qi}—除最大一台电动机外，所有其他电动机计算工作电流之和，A；ΣI_Q—由馈电干线供电的所有要求自启动的电动机启动电流之和，A；α_1—电动机回路熔件选择系数，对 RT_0 型熔断器取 2.5，对 NT 型熔断器取 3，对 I 类电动机或启动时间大于 6s 的电动机按计算确定的熔件相应增大一级；α_2—干线回路熔件选择系数，取 1.5。

4.　转换开关电器（TSE）

转换开关电器是由一个或多个开关设备构成的电器，该电器用于从一路电源断开负载电路并连接至另外一路电源上。

转换开关电器按照短路能力可分为 PC 级、CB 级和 CC 级三类。PC 级转换开关电器是能够接通和承载，但不用于分断短路电流的 TSE，如果能满足 PC 级的试验要求，接触器可用于 PC 级；CB 级转换开关电器是配备过电流脱扣器的 TSE，它的主触头能够接通并用于分断短路电流；CC 级转换开关电器能够接通和承载，但不用于分断短路电流的 TSE，该 TSE 主要由满足 GB 14048.4《低压开关设备和控制设备　第 4-1 部分：接触器和电动机启动器　机电式接触器和电

动机启动器（含电动机保护器）》要求的电器构成，CC 级转换开关电器受短路电流冲击后，主触头允许熔焊。

转换开关电器按照控制转换的方式可分为手动操作转换开关电器（MTSE）、遥控操作转换开关电器（RTSE）和自动转换开关电器（ATSE）。

（1）转换开关电器（TSE）的使用类别。TSE 可在一个或多个额定工作电压下规定一个或多个表 8-38 中的标准使用类别。

表 8-38　使　用　类　别

电流性质	使用类别 A 操作	使用类别 B 操作	典型用途
交流	AC-31A	AC-31B	无感或微感负载
	AC-32A	AC-32B	阻性和感性的混合负载，包括中度过载
	AC-33iA	AC-33iB	系统总负荷包含笼式电动机及阻性负载
	AC-33A	AC-33B	电动机负载或包含电动机、电阻负载和 30% 以下白炽灯负载的混合负载
	AC-35A	AC-35B	放电灯负载
	AC-36A	AC-36B	白炽灯负载
直流	DC-31A	DC-31B	电阻负载
	DC-33A	DC-33B	电动机负载或包含电动机的混合负载
	DC-36A	DC-36B	白炽灯负载

发电厂中交流转换开关电器（TSE）的应用一般属于 AC-32、AC-33i 和 AC-33 使用类别，直流转换开关电器（TSE）的应用一般属于 DC-31 和 DC-33 使用类别。

（2）转换开关电器（TSE）的参数选择。

1）额定接通能力与分断能力。额定接通能力与分断能力是由制造厂规定的，在规定条件下，TSE 能够良好地接通与分断的电流值。除非另有规定，额定接通能力与分断能力用稳态电流值表示。在接通操作过程，触头闭合时的电流峰值可能高于稳态电流幅值，这取决于试验电路（负载）的特性以及闭合瞬间的电压相位角。

额定接通能力与分断能力应参照额定工作电压、额定工作电流和表 8-39 中的使用类别加以规定。对于交流，额定接通能力与分断能力用电流的交流分量有效值表示。

2）额定短时耐受电流（I_{cw}）额定短时耐受电流是由制造厂规定的，在规定的试验条件下，电器能够承载的短时耐受电流。对于交流，额定短时耐受电流值用电流的交流分量有效值表示，且任何一相的最大峰值电流都不应小于该有效值的 n 倍，系数 n 在表 8-36 中给出。

表 8-39　验证接通与分断能力——对应于各种使用类别的接通和分断条件

使用类别		接通与分断试验条件			
		I/I_e	U_r/U_e	$\cos\varphi$	通电时间（s）
交流	AC-31A AC-31B	1.5	1.05	0.80	0.05
	AC-32A AC-32B	3.0	1.05	0.65	0.05
	AC-33iA AC-33iB	6.0	1.05	0.50	0.05
	AC-33A AC-33B	10.0	1.05	注2	0.05
	AC-35A AC-35B	3.0	1.05	0.50	0.05
	AC-36A AC-36B	1.5	1.05		0.05
		I/I_e	U_r/U_e	L/R（ms）	通电时间（s）
直流	DC-31A DC-31B	1.5	1.05		0.05
	DC-33A DC-33B	4.0	1.05	2.5	0.05
	DC-36A DC-36B	1.5	1.05		0.05

注　1. I—接通和分断电流。接通电流用直流或交流的对称有效值表示。但对于使用类别 AC-36A、AC-36B 和 DC-36A，DC-36B，接通操作中的实际峰值可以理解为是高于对称峰值的值。I_e—额定工作电流。U_r—工频恢复电压或直流恢复电压。U_e—额定工作电压。

　　2. 当 $I_e \leq 100A$ 时 $\cos\varphi = 0.45$，当 $I_e > 100A$ 时 $\cos\varphi = 0.35$。

表 8-40　接通与分断能力试验的操作循环次数和操作循环时间

额定工作电流 I_e（A）	操作循环次数			操作循环时间（min）
	A 操作	B 操作		
	AC-31A, AC-32A, AC-33iA, AC-33A, AC-35A, AC-36A, DC-31A, DC-33A, DC-36A	AC-31B, AC-35B, AC-36B, DC-31B, DC-36B	AC-32B, AC-33iB, AC-33B, DC-33B	
$0 < I_e \leq 300$	50	12	5	1
$300 < I_e \leq 400$	50	12	5	2
$400 < I_e \leq 630$	50	12	5	3
$630 < I_e \leq 800$	50	12	5	4
$800 < I_e \leq 1600$	50	12	5	5
$1600 < I_e \leq 2500$	25	6	5	5
$2500 < I_e$	3	3	3	5

　　3）额定短路接通能力（I_{cm}）。对于交流 CB 级的 TSE，额定短路接通能力应不小于短路分断能力有效

值乘以表 8-36 的系数 n 后的值，制造厂可规定一个更大的短路接通能力值。

对于直流，假设稳态短路电流值是恒定的，额定短路接通能力不小于额定短路分断能力。

额定短路接通能力是指 TSE 在外施电压小于等于 105% 额定工作电压时，应能接通相应于额定短路接通能力的电流。

　　4）额定短路分断能力（I_{cn}）。额定短路分断能力是指 CB 级 TSE 应能分断额定短路分断能力及以下的任何电流，用预期分断电流值（在交流情况下，用交流分量有效值）表示。

　　5）额定限制短路电流（I_q）。额定限制短路电流是制造厂规定的，在规定的试验条件下，被指定的短路保护电器（SCPD）保护的 TSE 在短路保护电器动作时间内足以能够承受的预期短路电流值。对于交流，额定限制短路电流用电流的交流分量有效值表示，短路保护电器可以作为 TSE 的组成部分，也可以是一个单独电器。制造厂应说明所规定的短路保护电器的详细情况，包括其型号、额定值、特性，对于限流电器，还应包括相应于预期电流值时的最大峰值电流和 I^2t。

　　5. 热继电器选择

　　（1）按额定电流选择，应使电动机额定电流在热继电器可调范围内。

　　（2）采用温度补偿易于调整整定电流的热继电器。

　　（3）采用电子式热继电器。

　　（4）根据热继电器的特性曲线校验，当回路过负荷 20% 时，应可靠动作，电动机启动时应不动作。

　　（5）3kW 及以上电动机一般选用带断相保护的热继电器。

　　6. 直流电动机保护及启动设备选择

　　（1）直流电动机的励磁方式。

　　1）他励直流电动机。励磁绕组与电枢绕组无连接关系，而由其他直流电源对励磁绕组供电的直流电动机称为他励直流电动机，永磁直流电动机也可看做他励直流电动机。

　　2）并励直流电动机。并励直流电动机的励磁绕组与电枢绕组相并联，励磁绕组与电枢共用同一电源，从性能上讲与他励直流电动机相同。

　　3）串励直流电动机。串励直流电动机的励磁绕组与电枢绕组串联后，再接于直流电源，这种直流电动机的励磁电流就是电枢电流。

　　4）复励直流电动机。复励直流电动机有并励和串励两个励磁绕组，若串励绕组产生的磁通势与并励绕组产生的磁通势方向相同称为积复励。若两个磁通势方向相反，则称为差复励。

　　（2）直流电动机的启动。直流电动机启动方式一

般有两种：一种是电枢绕组串接电阻分级切除方式来实现直流电动机的启动，另一种是利用电子式高频斩波控制柜来实现直流电动机的启动。

1）电枢绕组串接电阻分级切除方式。这种启动方式的启动过程为：在直流电动机的电枢回路中串入大功率电阻，当电动机启动时，通过电阻降压来限制电动机的启动电流，当电压上升到额定电压的一定百分比时，通过直流接触器将电阻旁路。

启动电阻 R_g 按以下选取：

5.5kW 及以下

$$R_g = \frac{U}{(2 \sim 2.5)I_e} \qquad (8-61)$$

7.5kW 及以上

$$R_g = \frac{U}{(2 \sim 2.5)I_e} \qquad (8-62)$$

式中　U——额定电压，V；

　　　I_e——额定电流，A。

启动电阻允许过载倍数按下式：

$$P_1 = \sqrt{T/t} \qquad (8-63)$$

式中　T——发热时间常数；

　　　t——启动所需时间，s。

电枢绕组串接电阻分级切除方式的电动机接线图见《火力发电厂电气二次设计》手册第六章第二节。

2）利用电子式高频斩波控制柜启动。这种启动方式实际上是电力电子器件降压启动，构成的调速系统由智能控制器产生控制信号，经驱动电路隔离放大后驱动大功率电力电子器件，如图 8-14 所示。

这种启动方式实现了直流电动机的平滑软启动，电流不突变，直流系统不受任何影响；采用了大功率电力电子器件，解决了直流接触器触点粘连的发生，可以有远控（DCS）和就近控制两种方式，可实现过热、过电流、过载、短路等多种保护，可以进行故障自诊断、励磁断线保护。电动机直接启动、串电阻启动和应用电子式高频斩波控制柜启动的启动电流波形的比较如图 8-15 所示。

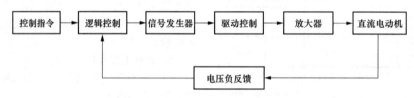

图 8-14　直流调速原理框图

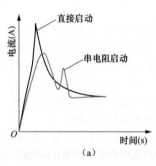

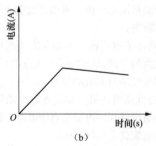

图 8-15　各启动方式下启动电流波形的比较

（a）直接启动和串电阻启动；（b）应用电子式
高频斩波控制柜启动

电子式高频斩波控制柜启动方式的接线示意图见《火力发电厂电气二次设计》手册第六章第二节。

三、低压回路及电器组合方案选择

1. 380V 供电回路持续工作电流计算

（1）电动机回路的持续工作电流可按下列公式计算：

3kW 以上

$$I_g = 2P_{e,d} \qquad (8-64)$$

3kW 及以下

$$I_g = 2.5P_{e,d} \qquad (8-65)$$

式中　I_g——持续工作电流，A；

　　　$P_{e,d}$——电动机的额定功率，kW。

（2）馈电干线的持续工作电流可按下式计算：

$$I_g = \Sigma I_{g,L} + K_t \Sigma I_{g,U} \qquad (8-66)$$

式中　$\Sigma I_{g,L}$——由该馈电线供电的所有连续工作负荷的计算工作电流的总和，A；

　　　K_t——短时及断续工作负荷的同时率，可取 0.5；

　　　$\Sigma I_{g,U}$——由该馈电线供电的所有短时及间断工作负荷的计算工作电流总和，A。

（3）中央修配厂或煤场机械的供电干线的计算工

作电流可按下式计算:

$$I_g = \frac{P \times 1000}{\sqrt{3}U_e \cos\varphi} \qquad (8\text{-}67)$$

式中　　P——电动机的计算功率,kW;

U_e——额定电压,为380V;

$\cos\varphi$——功率因数,对中央修配厂可取 0.5,对中小型煤场机械可取 0.65,对大型煤场机械根据设备特点确定。

2. 回路方案选择

(1)低压 PC 电源进线开关选择:低压 PC 电源进线开关一般应选用框架断路器(具有选择性保护或由变压器高压侧保护实现选择性保护,短延时分断能力满足变压器低压侧短路水平要求)。

(2)PC 上电动机馈线开关选择:根据有关设计规范,一般情况下 PC 上接的电动机应为 75kW 及以上电动机,但当低压变压器采用明备用方式时,PC 上所接电动机系按容量和重要等级决定的,有些容量小但重要的电动机也接在 PC 上。因此,对 PC 电动机馈线断路器选择也有所区别。

1)当为小容量电动机(75kW 以下时),可采用塑壳断路器+接触器(包括热继电器或电动机控制器)方式,此时塑壳断路器仅作为短路保护,由热继电器作过载保护;也可采用熔断器+接触器(包括热继电器或电动机控制器)方式,此时熔断器仅作为短路保护,由热继电器作过载保护;对于小容量电动机也可采用控制与保护开关,作为操作及保护电器。

2)当为大容量电动机(75kW 及以上时),可以采用框架断路器方式,此时断路器既作短路保护,也作过载保护;也可采用塑壳断路器+接触器(包括热继电器或电动机控制器)方式或熔断器+接触器(包括热继电器或电动机控制器)方式。

3)对 PC 上馈线断路器,当要求与下一级保护有选择性配合时,一般情况下应选用具有三段(瞬时+短延时+长延时保护)或两段(短延时+长延时)保护的框架断路器,此时断路器既作为短路保护,也作为电缆的过载保护。无保护配合要求时,可采用框架断路器或塑壳断路器。当具体工程由于投资限制时,对 PC 上馈线回路,当要求与下一级保护有选择性配合时,也可采用刀熔开关(即熔断器作为保护电器)。

(3)MCC 电源进线开关选择:MCC 上电源进线开关一般情况下仅作为隔离电器使用,因此可采用隔离开关、塑壳断路器(脱扣器不装)或隔离触头。

(4)电动机馈线开关选择:MCC 上电动机馈线开关一般采用塑壳断路器+接触器(包括热继电器或智能电动机控制器)方式,此时塑壳断路器仅作为短路保护,由热继电器或智能电动机控制器作过载保护;或熔断器+接触器(包括热继电器或电动机控制器)方式,此时熔断器仅作为短路保护,由热继电器作过载保护。

(5)MCC 上馈线开关选择:MCC 上馈线开关一般情况下如不要求与下一级保护选择性配合,可采用塑壳断路器或控制与保护开关;如需要配合时,可采用刀熔开关或具有短延时保护功能的塑壳断路器。此时,塑壳断路器既作短路保护,也作为电缆的过载保护。

(6)额定电流小于 6A 的、不重要且不易过负荷的电动机,可采用刀开关或组合开关作为操作电器。

3. 低压电器组合原则

(1)电动机的供电回路中宜装有隔离电器,保护电器及操作电器,以分别用于隔离电源、切断短路电流和正常接通/开断回路,也可采用隔离、保护和操作组合功能的电器。对于供电干线,可只装设隔离电器和保护电器。

(2)分立的隔离电器可采用隔离开关、插头等,分立的保护电器可采用熔断器、断路器等,分立的操作电器可采用接触器、磁力启动器、组合电器、断路器等。

(3)在发生短路故障时,重要供电回路中的各级保护电器应有选择性地动作,并满足以下要求:干线上的熔件应较支线上的熔件大一定级差,决定级差时应计及上下级熔件熔断特性的误差;当支线上采用断路器时,干线上的断路器应延时动作。

(4)低压电器和导体可不校验动稳定或热稳定的组合方式有:

1)用限流熔断器或额定电流为 60A 以下的熔断器保护的电器和导体可不校验热稳定。

2)当熔件的额定电流不大于电缆额定载流量的 2.5 倍,且供电回路末端的最小短路电流大于熔件额定电流的 5 倍时,可不校验电缆的热稳定。当中性点直接接地时,供电回路末端最小短路电流为单相短路电流,中性点非直接接地时,供电回路末端最小短路电流为两相短路电流。

3)当采用保护式磁力启动器或放在单独动力箱内的接触器时,可不校验动、热稳定。接触器或磁力启动器放在单独的操作箱或保护外壳内时,即使不满足短路时的动、热稳定的要求,也不致影响其他回路,故可以不校验动、热稳定。

4)用限流断路器保护的电器和导体可不校验热稳定。

(5)当电动机离低压厂用母线较远时,应按以下情况校验电缆或导体的电压损失:

1)对电动机回路,正常工作时允许的电压损失宜小于 5%。

2）对起吊设备，应按不经常运行工作制时的启动条件验算，允许的最大电压损失为 15%，其中应包括起吊设备内部的电压损失 2%。

（6）交流接触器与其协调配合的短路保护电器应符合制造厂推荐的保护方式，且该短路保护电器额定短路分断能力满足本节第二条的规定时，可装在动力中心上。短路保护装置与接触器的配合有"1"型协调配合、"2"型协调配合，"1"型协调配合、"2"型协调配合的主要区别在与"短路后是否继续使用"，"2"型协调配合要求更高，电力工程中短路保护电器对交流接触器的保护，只要求达到"1"型保护协调配合的要求，具体工程中可根据自身条件予以选择。

（7）用于控制Ⅰ类、Ⅱ类电动机的交流接触器不应将 2 台及以上不同回路的交流接触器装于同一个动力控制箱的单元内。由于Ⅰ类、Ⅱ类电动机一般是不能同时停电进行检修的，另外，当发生短路故障时，交流接触器可能发生严重的电弧而危及相邻回路，造成事故扩大，故不应将 2 台及以上不同回路的交流接触器装于同一个动力控制箱的单元内。

（8）当回路中装有限流作用的短路保护电器时，该回路的电器和导体可按限流后最大短路电流值校验。

限流短路保护电器后面的电器和导体按限流后的最大短路电流值校验，这是无可非议的。对于限流短路保护电器前面的电器和导体，照理不能按限流后的最大短路电流值校验，因为短路点可能发生在限流短路保护电器的前面。配电屏上的刀开关是为了回路检修时隔离电源用的，所以都装在保护电器的前面。考虑到刀开关与短路保护电器是紧靠布置的，刀开关与

短路保护电器之间的短路几率极低。因此，当短路保护电器具有限流作用时，整个馈线回路都允许按限流后最大短路电流值来校验。

（9）交流接触器和磁力启动器的等级和型号应按电动机的容量和工作方式选择。其吸持线圈的参数及辅助触头的数量应满足控制和联锁的要求。

（10）选择热继电器时，应使电动机的工作电流在其整定值的可调范围内，并应考虑电动机的启动时间和启动电流倍数对热继电器脱扣级别的相应要求。

（11）当隔离开关和组合电器需要切断负荷电流时，应校验其切断能力。

（12）起吊设备的电源回路宜增设就地安装的隔离电器。

（13）用熔断器和接触器组成的电动机供电回路应装设带断相保护的热继电器或采用带触点的熔断器作为断相保护。容量大于 3kW 的 380V 异步电动机，其绕组均为 "D" 接线，正常运行时，线电流为 $\sqrt{3}$ 倍相电流；断相运行时，若电动机轴上所带负载不变，线电流和相电流均增加，增加的大小随着电动机所带负载的多少而不同，负载越重，增加越多。如电动机负载为 58% 时，最严重一相绕组的电流增大到额定相电流的 $1.2 \sim 1.3$ 倍，绕组发热为 $1.3^2 = 1.69$ 倍，而线电流仅增加到额定值。此时，反映线电流变化的普通热继电器不会动作。因为线电流一相为零，而另两相仅为额定值，而电动机却处于一相绕组长期过载（$1.2 \sim 1.3$ 倍）下运行，最终必将烧坏。因此，用熔断器保护的 3kW 以上的异步电动机，需装设具有断相保护特性的热继电器，或另装设其他断相保护装置。

4. 380V 低压设备组合表

常用低压设备组合方式参照表 8-41 及表 8-42。

表 8-41　　　　　380V 明备用 PC 和 MCC 供电方式（固定分隔式低压开关柜）

明备用动力中心配置方案									
隔离电器	刀熔开关		隔离开关		刀熔开关		隔离开关/负荷开关		
短路保护电器	熔断器/熔丝		框架断路器		熔断器/熔丝		塑壳断路器		
操作电器	接触器								
过负荷或断相保护	热继电器，电动机型低压综合保护器	馈线型低压综合保护器	馈线型低压综合保护器	馈线型低压综合保护器	馈线型低压综合保护器	馈线型低压综合保护器	馈线型低压综合保护器	馈线型低压综合保护器	

（屏内设备）

续表

					双电源自动 转换开关		双电源自动 转换开关	
就地设备	操作电器	集控						
		就地	接触器	接触器		接触器		
	过负荷或 断相保护		热继电器，电动机型低压综合保护器	热继电器，电动机型低压综合保护器	热继电器， 电动机型低压 综合保护器		热继电器， 电动机型低压 综合保护器	
使用范围	电动机额定容量范围（kW）	Ⅰ类电动机	<100	<100	不限	不限			
		Ⅱ、Ⅲ类电动机	≥75 <100	≥75 <100	≥75	≥75	≤75	≤55	≤75
	控制方式		集中	就地或集中	集中	就地或集中	就地或集中	就地不易过负荷	就地或集中
	操作地点相对位置		离PC屏近	离电动机近	离PC屏近	离电动机近			

注　隔离电器可用隔离插头代替。如有 2 台互为备用的 5.5kW 及以下的Ⅰ类电动机，也可接在由 PC 屏不同母线段上供电的 MCC 盘上。

表 8-42　　　　　380V 暗备用 PC 和 MCC 供电方式（抽屉式和固定分隔式混装）

一次接线方案							
动力中心	隔离电器	刀熔开关	插头	插头	插头	刀熔开关	插头
	短路保护电器	熔断器/熔丝		框架断路器		熔断器/ 熔丝	塑壳断路器
	操作电器		接触器				
	过负荷及断相保护	馈线型低压综合保护器	热继电器，电动机型低压综合保护器	馈线型低压综合保护器	馈线型低压综合保护器	馈线型低压综合保护器	馈线型低压综合保护器

一次接线方案	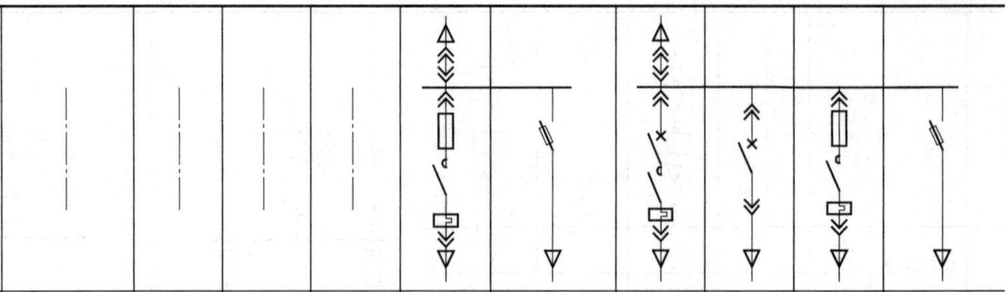									
隔离电器					插头	刀熔开关	插头	插头	插头	刀熔开关
短路保护电器					熔断器/熔丝		塑壳断路器		熔断器/熔丝	
操作电器					接触器		接触器		接触器	
过负荷及断相保护					热继电器,电动机型低压综合保护器	馈线型低压综合保护器	热继电器,电动机型低压综合保护器	馈线型低压综合保护器	热继电器,电动机型低压综合保护器	馈线型低压综合保护器
电动机额定功率（kW） 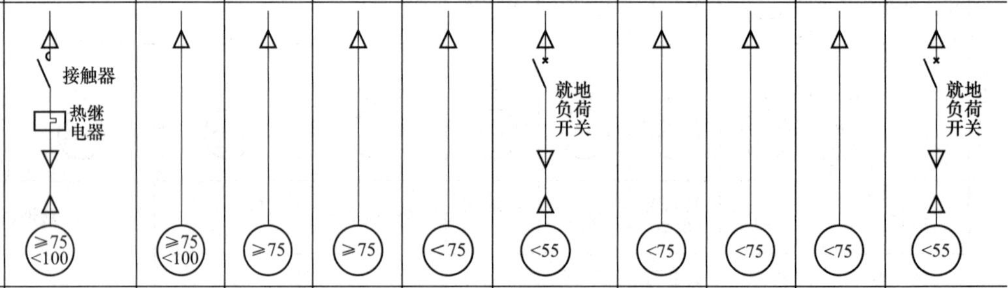	≥75<100	≥75<100	≥75	≥75	<75	<55	<75	<75	<75	<55
控制方式	就地	集中	集中	集中	集中	就地	集中	集中	集中	就地

（表中左侧标注：电动机控制中心）

四、低压电器保护配合

低压电器选择的保护配合一般指 PC-MCC（配电盘）的馈线断路器（熔断器）与 MCC（配电盘）上的馈线断路器（熔断器）的保护选择性配合。

1. 断路器与断路器配合

（1）上一级断路器短延时动作电流不小于下一级断路器整定值的 1.25 倍。

（2）上一级断路器延时时间比下一级断路器大 0.1～0.2s。

（3）如果上一级断路器带有瞬动电流脱扣器，则其整定值应大于下一级断路器出口最大预期短路电流的 1.15 倍。如无法做到，则下一级应选用限流断路器，将短路电流限制到上一级瞬动脱扣器整定电流以下。

（4）根据以上要求，一般 PC-MCC 馈线断路器应选用具有短路短延时功能的框架式断路器三段式——短路瞬时（其整定值应大于下一级 MCC 母线的短路电流值）、短路短延时、长延时。如选用带有三段式保护（电子脱扣器）的塑壳断路器，应注意校验：下一级 MCC（配电盘）母线上短路电流水平应小于上一级塑壳断路器的瞬动整定电流，并大于上一级塑壳断路器的短延时整定电流，由于塑壳断路器其热容量的限制，其

短延时开断能力较小，瞬动电流整定值一般最大只能在额定电流的 12～16 倍，因此只要 MCC 或配电盘距 PC 距离较近或馈线电缆截面较大，一般均超过其瞬动电流，在此情况下要求下一级 MCC（配电盘）断路器采用限流型塑壳断路器将其出口短路电流限制到上一级塑壳断路器瞬动电流以下，增加了 MCC 的投资。因此限制了塑壳断路器作为 PC-MCC 馈线断路器的使用。

2. 断路器与熔断器配合

（1）上级断路器与下级熔断器配合。

1）过载长延时部分不相交且有一定时间间隔。

2）短延时脱扣器动作时间应比相应电流下熔断器熔断时间大 0.1s。

3）若断路器带有瞬时脱扣器，则熔断器应将短路电流限制到断路器瞬时脱扣器动作电流之下。

（2）上级熔断器与下级断路器配合。

1）过载时熔断曲线与断路器长延时部分不相交，并留有一定时间间隔。

2）短路时，熔断器熔断时间应比断路器动作时间大 0.07s 以上。

3. 熔断器与熔断器配合原则

（1）计及上、下级熔断器正、负误差，并留 10% 配合裕度。

（2）NT 熔断器配合级差一般宜按上下级电流比为 2:1 选取。

（3）RT_0 熔断器一般上、下级级差为 2~5 级，与短路电流大小有关。

4. 单相接地保护的选择性配合

当 PC-MCC 馈线断路器采用框架断路器时，一般情况下可用断路器脱扣器本身所带的接地保护，由于一般框架断路器本身脱扣器所带单相接地保护的整定值最大只有 1200A，0.4s，因此应校验其与 MCC 馈线上最大回路塑壳断路器的保护配合。由于 MCC 馈线的单相接地保护只有靠塑壳断路器的过电流脱扣器，一般情况其整定值为 10~12 倍额定电流，因此当塑壳断路器脱扣器额定电流大于 100A 时，其整定电流将大于 1200A（电动机回路，馈线回路整定值应计算），超过了上一级框架断路器的单相接地保护整定电流，即不能配合。故当 MCC 馈线回路脱扣器过电流整定值大于 1200A 时，PC 上单相接地保护不能采用其框架断路器的脱扣器所带的保护（或采用时必须要求修改保护并取得制造厂同意）而应另加保护，或者当其过电流保护满足单相接地短路的灵敏度要求时，可取消断路器所带单相接地保护，利用其过电流保护作单相接地保护。对 PC 上电源开关回路，可用安装在 6kV 柜中的变压器中性点零序电流保护作为单相接地保护。某些框架断路器所配智能脱扣器的零序保护已经具有反时限特性曲线，可以满足零序保护的上下级配合要求，其脱扣器过电流保护所具有的反时限特性曲线可以与上一级中压系统采用 F-C 回路时熔断器的反时限特性得到很好的配合，提高保护的可靠性。

当 MCC 上各馈线采用熔断器作保护元件时，如上一级 PC-MCC 框架断路器带有单相接地保护，也应进行校验，即当短路电流为 1200A 时熔断器的熔断时间比断路器单相接地保护动作时间小 0.1s（对 NT 熔断器为 100A，对 RT_0 为 120A），即当 MCC 上最大馈线回路熔断器超过 100A（NT）或 120A（RT_0）则无法与上一级框架断路器本身所带的脱扣器的单相接地保护配合，此时应另加保护，或者当其过电流保护满足单相接地短路的灵敏度要求时，可取消断路器所带单相接地保护，利用其过电流保护作单相接地保护。

5. 熔断器的级差配合

RT_0 型熔断器配合级差表和 NT 型熔断器配合公式为典型配合，实际工程中可作为参考。

（1）RT_0 型熔断器配合级差见表 8-43。

表 8-43 是按上下级熔件最大误差为 ±50%，并考虑 10% 的配合裕度确定的。当按表 8-43 确定熔件有困难时，可按熔件误差为 ±30% 确定的式（8-68）来校验熔件的选择性配合。

表 8-43   **RT_0 型熔断器配合级差表**

熔断器电流（A）	熔件额定电流（A）	短路电流（周期分量有效值，kA）				
		1	2	4	6	10~50
100	30					
	40					
	50					
	60					
	80					
	100					
200	120					
	150					
	200					
400	250					
	300					
	350					
	400					
600	450					
	500					
	550					
	600					

$$t_1=2.08t_2 \qquad (8\text{-}68)$$

式中　t_1——由上一级熔件流过下一级最大短路电流时的熔断时间，s，由制造厂提供的熔断特性曲线（A-s 特性曲线）查取；

　　　t_2——下一级熔件流过最大短路电流时的熔断时间，s。

（2）NT 型熔断器的上下级选择性配合可按式（8-69）来校验。

$$I_{e1}>2I_{e2} \qquad (8\text{-}69)$$

式中　I_{e1}——上一级熔件额定电流，A；

　　　I_{e2}——下一级熔件额定电流，A。

五、低压开关柜选择

（一）低压开关柜分类

低压开关柜按结构形式分为固定式开关柜和抽屉式开关柜两类。

固定式开关柜按元件安装方式分为可抽出元件和元件固定安装的开关柜，按回路是否分隔分为固定分隔式和非分隔固定式开关柜。

低压动力中心及电动机控制中心的低压开关柜可采用抽屉式，也可采用固定分隔式。

1. 固定分隔式开关柜

固定分隔式开关柜将供电回路设计成纵横分隔的结构，将设备分别置于单独的小室内，使主母线系统、配电母线系统、功能单元、电缆连接空间相互隔离。

2. 抽屉式开关柜

抽屉式开关柜的电器元件都安装在可抽出的抽屉中，构成能完成某种供电任务的功能单元，柜内分成不同的小室，一般可分为功能单元小室、母线小室和电缆小室，各小室之间以及各功能单元之间都应用隔板进行隔离，满足以下要求：

（1）防止触及邻近单元的带电部件。

（2）限制故障电弧的蔓延。

（3）防止外界物体从装置的一个单元进到另一个单元。

（4）隔室之间的开孔应确保熔断器、断路器、接触器在分断时产生的电弧和气体不影响相邻隔室的功能单元的正常工作。

（5）只有当主回路不带电时，才能拆卸功能单元。

（6）当功能单元取下后，其所在隔室应能防止人接触到带电体。

（7）相同的功能单元应具有互换性。

（二）低压开关柜选择

（1）低压开关柜应按下列技术条件选择：

1）电压；

2）电流；

3）频率；

4）绝缘水平；

5）额定峰值耐受电流；

6）额定短时耐受电流；

7）额定短路持续时间；

8）额定温升；

9）对过电压限制要求；

10）操动机构型式和辅助回路电压；

11）系统接地方式；

12）防护等级。

（2）低压开关柜尚应按下列使用环境条件校验：

1）环境温度；

2）相对湿度；

3）海拔；

4）地震烈度；

5）电磁干扰及噪声。

（3）额定短路持续时间为 1s。

（4）电气间隙应足以达到能承受宣称的电路的额定冲击耐受电压（U_{imp}）。电气间隙应为表 8-44 的规定值。

表 8-44　　　空气中的最小电气间隙

额定冲击耐受电压 U_{imp}（kV）	最小的电气间隙（mm）
≤2.5	1.5
4.0	3.0
6.0	5.5
8.0	8.0
12.0	14.0

注　根据非均匀电场环境和污染等级 3 决定。

（5）低压开关柜内的保护元件应能分断预期短路电流，此预期短路电流值应不低于水平母线的短时耐受电流值。

（6）联锁。为了确保操作程序及维修时的人身安全，应设置联锁机构：

1）当装置有两个及以上进线单元时，根据运行要求应提供进线单元的主开关操作的相互联锁，联锁可以是机械的，也可以是电气的。

2）当功能单元设计成主电路带电也可以取出和安装时，单元的门与主开关必须相互联锁。如先不打开主开关，门就打不开。

3）当需要时，可设置一个解锁机构，以便当主开关处在接通位置时，也将门打开。

（7）短路保护和短路强度。

1）在额定的电气参数范围内，装置应能可靠分断其短路电流，装置的结构应能耐受设计规定的额定短路电流产生的热应力和电动应力。

2）短路电流峰值和有效值之间的关系。用于决定电动力强度的短路电流峰值（即包括直流量在内的短路电流的第一峰值），应利用短路电流有效值乘系数 n 获得，系数 n 和相应的功率因数 $\cos\varphi$ 见表8-36。

（8）外壳防护等级。开关柜外壳防护等级应根据开关柜安装环境确定，一般可按表8-45选择。

表8-45　低压开关柜外壳防护等级推荐选择表

开关柜安装地点	外壳防护等级	备注
独立配电室	不低于 IP3X	X 表示不要求
汽轮机房内各层、一般辅助厂房	不低于 IP43	
锅炉房内、输煤、除灰等多灰尘场所	不低于 IP54	
户外	户外型，不低于 IP55	

注　当采用 IP54 及以上防护等级时，开关柜元件要考虑降容问题，降容系数一般应按照制造厂要求。如无制造厂资料，可按 80%估算。

第五节　柴油发电机组选择

一、柴油发电机组型式选择

柴油发电机组由内燃发动机、交流发电机、控制和开关装置三大部件组成。

发电厂中作为交流事故保安电源的柴油发电机组的型式选择应满足以下要求。

（1）柴油发电机组应采用快速自启动的应急型，失电后第一次自启动恢复供电的时间可取 15～20s；机组应具有时刻准备自启动投入工作并能最多连续自启动 3 次成功投入的性能。

（2）柴油机宜采用高速及废气涡轮增压型。柴油发动机的进气方式分为自然吸气、增压进气和增压中冷进气三种。自然吸气是指大气中的空气通过过滤器，直接经进气道进入气缸；增压进气是指大气中的空气通过过滤器、经压气机压缩后，再经进气道进入气缸；增压中冷进气是指大气中的空气通过过滤器、经压气机压缩及中间冷却器冷却后，再经进气道进入气缸。

相对自然吸气，增压型柴油发动机由于进入气缸前的空气经过压缩、提高空气密度，同时增加喷油量，提高了制动平均有效压力，从而增加了加载功率、降低了油耗、减小了质量，即提高了柴油发动机的经济性。

机械增压是通过柴油发动机曲轮直接驱动压缩

机，由于驱动压缩机要消耗曲轮输出，因此，这种方式效率较差，目前应用较少。而废气涡轮增压是用柴油发动机排出的废气冲动涡轮来驱动压缩机，从而提高了柴油发动机的效率。

为了提高柴油发动机组加载功率、提高柴油发电机组的效率、减小机组尺寸，柴油发动机组宜采用四冲程往复式废气涡轮增压型；为减小噪声可采用共轨喷燃技术，此项技术也是提高机组效率的有效方案。

（3）柴油机的启动方式宜采用电启动。当采用压缩空气启动时，宜只设置独立空气瓶，而由热机专业的空气压缩站补气。

（4）柴油机的冷却方式应采用闭式循环水冷却方式。冷却方式分为自然风冷方式、开式循环水冷方式和闭式水循环风冷方式。自然风冷方式的机组维护保养简单，但其噪声较大、油耗偏大，一般中、小型柴油发动机采用自然风冷方式；开式循环水冷却方式的机组设备简单、投资省，但用水量大，容量越大用水量也越多，且排出的水必须经过油处理；闭式循环水风冷方式的机组采用表面式风冷散热器，冷却水的热量由风扇吹动的空气带走，设备投资较大，但用水量较小。事故保安电源的柴油发电机组的冷却方式应采用闭式循环水风冷方式。

（5）为了保证电压特性，柴油发电机宜采用快速反应的励磁方式。发电机的接线采用星形连接，中性点应能引出。

（6）柴油发电机组额定转速宜选择 1500r/min。柴油发电机组转速有高速（3000r/min、1500r/min）、中速（1000r/min）和低速（750r/min 及以下）三种，高速柴油发动机的高转速热扭矩小，汽缸体积小，具有单位功率质量轻、尺寸较小的优点，但也具有磨损较大、噪声大、平均故障间隔时间较短等缺点；而中低速柴油发动机则与之相反。

柴油发电机组的平均故障间隔时间见表8-46。

表8-46　柴油发电机组的平均故障间隔时间

额定转速（r/min）	平均故障间隔时间（h）
3000	250
1500	500
1000	800
750、600、500	1000

事故保安的柴油发电机组运行时间短，目前电厂发生厂用电源停电事故的概率较小，主要是每周维护试运，即使发生厂用电源停电事故，最极端情况也不会超过 5～7 天，因此，柴油发电机组转速宜选择高转速，额定转速为 1500r/min。

（7）性能等级宜选用 G3 级。性能等级分为四级，分别为 G1、G2、G3 和 G4 级。G1 级要求适用于只需规定其电压和频率的基本参数的连接负载，例如一般用途的照明和其他简单的电气负载；G2 级要求适用于对其电压特性与公用电力系统有相同要求的负载，当负载变化时，可有暂时的然而是允许的电压和频率的偏差，例如，照明系统；泵、风机和卷扬机；G3 级要求适用于对频率、电压和波形特性有严格要求的连接设备，如无线电通信和硅可控整流器控制的负载；G4 级要求适用于对频率、电压和波形特性有特别严格要求的负载，如数据处理设备或计算机系统。

由于机组的 DCS 等计算机均有交流不停电电源（UPS）供电，柴油发电机组负责向交流不停电电源（UPS）、蓄电池的充电器等 G3 级负载供电。因此，事故保安柴油发电机组的性能等级宜选用 G3 级。在订货时，关于整流器和硅可控整流器控制的负载对发电机波形的影响都需特别考虑。

（8）低负荷长期运行会影响柴油发电机的可靠性和寿命，因此，柴油发电机组宜选择合适的容量，并不是越大越好。黑启动柴油发电机不宜兼作保安电源用柴油发电机。

二、柴油发电机组运行工况

（一）柴油发电机组的启动特性

1. 启动时间

启动时间是指从开始要求供电瞬时起，至获得供电瞬时止的时间。启动时间通常规定在几秒内。柴油发电机组按照启动时间分为不规定启动时间的发电机组和规定启动时间的发电机组，规定启动时间的发电机组可分为长时间断电发电机组、短时间断电发电机组和不断电发电机组。

事故保安电源的柴油发电机组平常并不运行，只有失去厂用电源以后，为了保证汽轮发电机组安全停机才启动，并向机组事故保安负荷供电，因此，柴油发动机组应采用自动启动、规定启动时间的长时断电发电机组，启动时间取 15～20s。

2. 启动系统

柴油发动机的启动都是依靠外部机械的能源带动，由静止开始旋转，只有当转速增加到着火转速时，使气缸中的空气温度达到喷油的燃点，柴油启火燃烧，推动活塞做功，这以后，柴油发动机就自动增速，直到达到额定空载转速。大中型柴油发动机启动系统主要有电动启动、压缩空气启动两种。

电动启动是使用 12V 或 24V 蓄电池给启动电动机供电，由启动电动机拖动柴油发电机组旋转，其配置简单、体积小、操作方便、启动迅速，但启动电流很大（达到数百安培），蓄电池应靠近电动机布置，以减小电压降，保证启动电动机的输出转矩和机组启动加速度。

压缩空气启动是利用配套空气瓶中的压缩空气通过发动机气缸上的启动阀进入气缸而启动柴油发电机组，其启动功率大、受环境影响小，但启动装置复杂。由于热机专业已设置了可靠的压缩空气站，柴油发电机组不需要单独配套空压机。

柴油机的启动方式宜采用电启动，并能最多连续自启动 3 次。

3. 启动特性

柴油发电机组的启动特性决定于若干因素，如空气温度、往复式内燃（RIC）机的温度、启动空气压力、启动蓄电池状况、润滑油黏度、发电机组的总惯性、燃料品质和启动设备的状态。这些均需和制造厂商定。启动特性曲线如图 8-16 所示。

（二）柴油发电机组的运行性能

1. 负载接受

当负载突加于柴油发电机组时，将会出现电压和频率的瞬时偏差，这些偏差的数值将取决于相对于总有效容量的有功功率（kW）和无功功率（kvar）的变化数值以及柴油发电机组的动态特性。

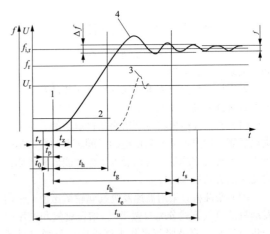

图 8-16 启动特性

t—时间；f—频率；U—电压；

1—启动脉冲；2—着火转速；3—电压曲线；4—频率曲线

（1）非涡轮增压。对非涡轮增压的情况，最大允许的 1 次加载量等于使用功率。

（2）涡轮增压。对涡轮增压的情况，可能加于发动机的 1 次加载量随与使用功率相对应的制动平均有效压力（P_{me}）改变。

（3）往复式内燃（RIC）发动机 1 次加载量计算。往复式内燃（RIC）发动机的气缸的制动平均有效压力（P_{me}）按式（8-70）计算：

$$P_{me} = \frac{KP}{V_{st}n_r} \qquad (8-70)$$

式中 K——系数，四冲程发动机 $K=1.2\times10^5$，二冲程发动机 $K=0.6\times10^5$；

P——柴油发电机的使用功率，kW

V_{st}——发动机工作容积，dm^3，V_{st}=气缸面积×活塞行程×汽缸数；

n_r——额定转速，r/min。

往复式内燃（RIC）发动机按使用功率时的气缸的制动平均有效压力（P_{me}）确定的对于突加分级负载的指导值如图 8-17 和图 8-18 所示。

由图 8-17（适用于四冲程发动机）可以看出，当 $P_{me}=(13.5\sim18.5)\times10^2$kPa 时，首次加载量为 50%～60%标定功率。按国外的几个制造厂的柴油发电机资料计算的 P_{me} 值，大致都在这一范围内。可见，要求制造厂保证发动机首次加载能力，应不低于额定功率的 50%是合适的。

2. 低负载运行

在低负载下持续运行可能影响 RIC 发动机的可靠性和寿命。RIC 发动机制造厂有责任向发电机组制造厂提供 RIC 发动机能长期承受而不至损坏的最低负载值。若发电机组要在低于该最低负载下运行，RIC 发动机制造厂有责任规定并在必要时建议应采取的措施和/或使用制止的方法。可见，柴油发电机组宜选择合适的容量，并不是越大越好。

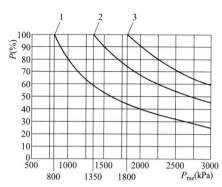

图 8-17 作为标定功率下平均有效压力 P_{me} 函数的最大可能突加功率的指导值（4 冲程发动机）

P_{me}—标定功率平均有效压力；P—现场条件下相对于标定功率的功率增加；1—第 1 功率级；2—第 2 功率级；3—第 3 功率级

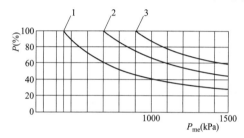

图 8-18 作为标定功率下平均有效压力 P_{me} 函数的最大可能突加功率的指导值（2 冲程发动机）

3. 性能等级的运行极限值

关于性能等级的运行极限值见表 8-47。

表 8-47　　　　　　　　　　　　　　性能等级的运行限值

参　　数		符号	单位	运行限值			
				性能等级			
				G1	G2	G3	G4
频率降		δf_{at}	%	≤8	≤5	≤3	AMC
稳态频率带		β_f	%	≤2.5	≤1.5	≤0.5	AMC
相对的频率整定下降范围		$\delta f_{a,do}$	%	>（2.5+δf_{at}）			AMC
相对的频率整定上升范围		$\delta f_{a,up}$	%	>2.5			AMC
频率整定变化速率		Y_f	%/s	0.2～1			AMC
（对初始频率的）瞬态频率偏差	100%突减功率	δf_d	%	≤+18	≤+12	≤+10	AMC
	突加功率			≤−（15+δf_{at}）	≤−（10+δf_{at}）	≤−（7+δf_{at}）	
（对额定频率的）瞬态频率偏差	100%突减功率	δf_{dyn}	%	≤+18	≤+12	≤+10	AMC
	突加功率			≤−15	≤−10	≤−7	
				≤−25	≤−20	≤−15	
频率恢复时间		$t_{f,in}$	s	≤10	≤5	≤3	AMC
		$t_{f,de}$		≤10	≤5	≤3	AMC
相对的频率容差带		a_f	%	3.5	2	2	AMC

参　　　数		符号	单位	运行限值			
				性能等级			
				G1	G2	G3	G4
稳态电压偏差		δU_{at}	%	$\leq\pm5$	$\leq\pm2.5$	$\leq\pm1$	AMC
				$\leq\pm10$	$\leq\pm5$		
电压不平衡度		$\delta U_{2,0}$	%	1	1	1	1
相对的电压整定范围		δU_B	%	$\leq\pm5$			AMC
电压整定变化速率		ν_n	%/s	$0.2\sim1$			AMC
瞬态电压偏差	100%突减功率	$\delta U_{dyn}+$	%	$\leq+35$	$\leq+25$	$\leq+10$	AMC
	突加功率	$\delta U_{dyn}-$		≤-25	≤-20	≤-15	
电压恢复时间		$t_{U,in}$	s	≤10	≤6	≤4	AMC
		$t_{U,de}$		≤10	≤6	≤4	
电压调制		$\hat{U}_{mod,s}$	%	AMC	0.3	0.3	AMC
有功功率分配	80%和100%标定定额之间	ΔP	%	—	$\leq+5$	$\leq+5$	AMC
	20%和80%标定定额之间				$\leq+10$	$\leq+10$	
无功功率分配	20%和100%标定定额之间	ΔQ	%		$\leq+10$	$\leq+10$	AMC

三、柴油发电机组容量选择

（一）柴油发电机组的运行条件

1. 标准基准条件

对于往复式内燃（RIC）发动机的额定功率，应采用下列标准基准条件：

1）总大气压力 $P_r=100kPa$；

2）环境空气温度 $T_r=298K$（25℃）；

3）相对湿度 $\phi_r=30\%$。

2. 运行条件下的功率修正

为了确定合适的发电机组功率定额，用户应按下列要求规定常见的现场运行环境条件：

（1）大气压力（最高和最低值，若无压力数据，可用海拔）。

（2）年最热月的最高和最低气温的月平均值。

（3）发动机周围的最高和最低环境空气温度。

（4）在最高温度条件时的相对湿度（或者是水蒸气压力，湿、干球温度）。

（5）可用冷却水的最高和最低温度。

为了确定发电机组的现场额定功率，当现场的运行条件不同于标准基准条件时，应对发电机组的功率进行必要的调整。

（二）柴油发电机组及发动机的功率定额

1. 发电机组的功率

发电机组的功率是指发电机组端子处为用户负载输出的功率，不包括基本独立辅助设备所吸收的电功率。除非另有规定，柴油发电机组的功率定额是指在额定频率、额定功率因数（$cos\varphi$）为 0.8 时用千瓦（kW）表示的功率。

火力发电厂交流保安负荷属于恒定负荷持续运行，柴油发电机组额定功率应按持续功率（COP）选择。持续功率（COP）定义为：在商定的运行条件下并按制造厂规定的维修间隔和方法实施维护保养，发电机组每年运行时间不受限制地为恒定负载持续供电的最大功率。

2. 发动机的功率

确定往复式内燃（RIC）机联轴器上的输出功率 P_r 时，应计及：

（1）用户设备需要的电功率；

（2）基本独立辅助设备需要的电功率；

（3）交流发电机的功率损耗。

除要求的稳定功率外，还应考虑由附加负载（例如电动机启动）引起功率的突然变化。

（三）交流事故保安负荷的分类及运行特性

交流事故保安负荷特性按上海电气集团（简称上电）、东方电气集团（简称东电）、哈尔滨电气集团（简称哈电）不同特点分别叙述。

1. 汽轮发电机的交流事故保安负荷

（1）交流润滑油泵。对于上电的超超临界汽轮发电机，润滑油系统一般设置 2 台 100%容量的交流电动主润滑油泵，一用一备。机组正常运行时，交流电动主润滑油泵投运。

对于哈电、东电的汽轮发电机，润滑油系统一般设置 1 台轴拖主润滑油泵和 1 台 100%容量的交流电动润滑油泵。机组正常运行时，一般交流电动润滑油泵不运行。

在失去正常厂用电源且事故停机时，首先直流事故油泵投入运行，当保安柴油发电机组提供电源时，交流电动润滑油泵启动，以保证长时间润滑油系统正常运行，直到汽轮发电机盘车停运后，才可停止。

对于柴油发电机组，为了不造成柴油发电机组首次加载负荷困难，交流润滑油泵作为第二批加载负荷，并且连续运行 2～5 天以上。

润滑油系统的主油箱上设置 2 台全容量用交流电动机驱动的抽油烟机，考虑到防爆要求及润滑油系统须连续运行 2～5 天以上，抽油烟机一般由保安电源供电。

（2）顶轴油泵。汽轮发电机的顶轴系统向每个轴承注入高压润滑油，支承转子，使轴承润滑油形成油膜。

对于上电的汽轮发电机，顶轴系统一般设置 3 台 50%容量交流电动顶轴油泵；对于哈电、东电的汽轮发电机，顶轴系统一般设置 2 台 100%容量交流电动顶轴油泵。

汽轮发电机停机惰走，转速下降到一定值时，顶轴油泵启动，直到汽轮发电机盘车停运后，才可停止。

上电的汽轮发电机不破坏真空惰走时间约 90min，破坏真空惰走时间约 60min；哈电的汽轮发电机不破坏真空惰走时间约 68min，破坏真空惰走时间约 36min；东电的汽轮发电机不破坏真空惰走时间约 80min，破坏真空惰走时间约 60min。因此，顶轴油泵对于柴油发电机组首次加载能力没有影响。

（3）盘车装置。为了防止汽轮发电机停机时汽缸内的温差而损害汽轮机转轴，在汽轮机转子惰走停止前，启动盘车装置带动转子旋转，直到汽缸内达到制造要求的安全温度，才允许盘车装置停止。

对于上电的汽轮发电机，盘车装置一般采用液压电动机，并提供手动盘车装置。在汽轮发电机转速降至零转速之前，即自动啮合进行盘车，盘车转速约为 60r/min，当汽缸最高温度下降到 150℃时，允许盘车装置停止。

对于哈电的汽轮发电机，盘车装置一般采用交流电动机驱动。在汽轮发电机转速降至盘车转速时，即自动啮合进行盘车，盘车转速为 1.8 r/min，当汽缸最高温度下降到 250℃时，允许盘车装置停止。

对于东电的汽轮发电机，盘车装置一般采用交流电动机驱动。在汽轮发电机转速降至盘车转速时，即自动啮合进行盘车，盘车转速为 1.5r/min，当汽缸最高温度下降到 180℃时，允许盘车装置停止。

根据运行经验，汽缸最高温度下降到 250℃ 一般需要 2～3 天，汽缸最高温度下降到 200℃一般需要 3～4 天，汽缸最高温度下降到 150℃一般需要 4～5 天。

盘车装置对于柴油发电机组首次加载能力没有影响。

（4）发电机交流氢密封油泵。密封油系统专用于向发电机密封瓦供油，且使油压高于发电机内氢压（气压）一定数量值，以防止发电机内氢气沿转轴与密封瓦之间的间隙向外泄漏，保证发电机安全运行。

上电、哈电、东电的 1000MW 级发电机均采用单流环密封油系统，但系统配置稍有差异。上电的 1000MW 级发电机的密封油系统一般设置 2×100%容量的交流密封油泵、1 台直流事故密封油泵、1 台真空泵、2×100%容量排烟风机；哈电、东电的 1000MW 级发电机的密封油系统均一般设置 2×100%容量的交流密封油泵、1 台直流事故密封油泵、1 台真空泵、1 台再循环泵、1 台排烟风机。

在失去正常厂用电源且事故停机时，首先直流事故密封油泵投入运行，当保安柴油发电机组提供电源时，交流氢密封油泵启动，直到盘车停止后，发电机内置换为合格空气后，才可停止交流氢密封油系统。

对于柴油发电机组，为了不造成柴油发电机组首次加载负荷困难，交流氢密封油泵作为第二批加载负荷，并且连续运行 2～5 天以上。

虽然真空泵停止，即使密封油未经真空处理，发电机仍可继续运行，过了约 20h 后，发电机内氢气纯度降低，为了维持发电机内氢气纯度，须补充一定数量的新鲜氢气，但考虑到防爆要求及密封油系统须运行 2～5 天以上，并且真空泵功率很小，真空泵一般由保安电源供电。同样，排烟风机也由保安电源供电。

2. 锅炉的交流事故保安负荷

（1）回转式空气预热器。

上电 1000MW 超超临界机组的锅炉一般配备两台 50%容量的回转式三分仓空气预热器，每台空气预热器除配备主驱动装置和备用驱动装置外，还应配有盘车装置。

哈电 1000MW 超超临界机组的锅炉一般配备两台半模式、双密封、三分仓、回转式空气预热器。空气预热器采用中心驱动方式，运行平稳、可靠。每台空气预热器配有一套中心传动装置，包括主、备电动机，空气电动机和手动盘车装置，电动机配备变频调速启动装置，实现软启动、无级变速。当主传动电动机发生故障时，能自动切换备用电动机投入运行，确保预热器不停转。

东电 1000MW 超超临界机组的锅炉一般配备两台容克式空气预热器，立式布置，由置于推力轴承下部的中心驱动装置传动，空气预热器转动速度为 0.957r/min。锅炉灭火后，炉烟温度仍很高，为了防止空气预热器停止时较大的温差而损害，空气预热器应继续维持运行，当其入口烟温小于 200℃且延时 2h 停运。

对于柴油发电机组，空气预热器属于首次加载负荷，并且连续运行数小时。

（2）火焰监测器冷却风机。

上电的锅炉火焰监测系统包括透镜管及透镜管护套、气动伸缩机械及支架并附气源处理装置、冷却风系统、摄像机、监视器、就地控制柜及遥控器等。火焰检测系统设置有自动保护功能，当摄像机环境温度过高或冷却风系统失效等情况下，以备用的储气罐气源自动将透镜管从炉膛内退出。

哈电的锅炉采用火焰检测器和冷却风机系统的配置方案，油燃烧器、煤燃烧器的各火嘴采用"一对一"的火焰检测。煤燃烧器火检设备由外导管组件、内导管组件、火检扫描器和火检放大器等组成，外导管组件固定在二次风箱内，内导管组件在使用时插入外导管组件中，火检内导管组件采用多种隔热措施，内导管组件极端耐高温达 400℃。冷却风机系统配置两台专用的风机和风机控制箱，通常一台风机运行，另一台风机备用。在冷却风系统正常运行的情况下，火检内导管组件温度为 50℃，二次风温一般低于 350℃，因此内导管组件的使用寿命得到保证。火焰检测系统一般由两路交流 220V、50Hz 的单相电源供电，这两路电源中的一路来自不间断电源（UPS），另一路来自厂用保安电源。

东电的锅炉采用内窥式炉膛火焰监视探头，探头采用自行研制的耐高温晶体材料制造的摄像镜头（可耐 2000℃高温），可在少量的吹扫空气下，长期稳定地运行。针对现场吹扫气源的波动性，专门设计了断气和超温自动保护功能，即火焰监视探头配置了电动执行机构，可确保异常情况下，摄像机组件安全从炉膛退出。火焰检测系统电源约为 AC 220V、200V·A，电气控制柜电源约为 AC 380V、500V·A。

在失去正常厂用电源且事故停机时，锅炉火焰已熄灭，监测系统可以退出运行。对于柴油发电机组，上电、东电的锅炉火焰监测系统没有交流事故保安负荷，哈电的锅炉火焰监测器冷却风机由保安电源供电，停炉 24h 后方可停止火焰监测器冷却风机。

3. 汽动给水泵组的交流事故保安负荷

（1）盘车装置。为了防止汽动给水泵汽轮机停机时汽缸内的温差而损害汽轮机转轴，在给水泵汽轮机转子惰转停止前，启动交流电动盘车装置带动转子旋转，直到汽缸内达到制造要求的安全温度，才允许盘车装置停止。

在给水泵汽轮机转速降至盘车转速时，即自动啮合进行盘车，盘车转速约为 40r/min，当汽缸最高温度

下降到 200℃时，允许盘车装置停止。汽动给水泵组惰走时间约 10min，因此，盘车装置对于柴油发电机组首次加载能力没有影响。

（2）交流辅助油泵。润滑油系统设置 1 台轴拖主油泵、1 台 100%容量的交流电动辅助油泵和 1 台直流事故油泵。机组正常运行时，一般交流电动润滑油泵不运行。

在失去正常厂用电源且事故停机时，首先直流事故油泵投入运行，当保安柴油发电机组提供电源时，交流电动润滑油泵启动，以保证长时间润滑油系统正常运行，直到汽动给水泵组盘车停运后，才可停止。

对于柴油发电机组，为了不造成柴油发电机组首次加载负荷困难，交流润滑油泵作为第二批加载负荷，并且连续运行约 1 天。

4. 电动给水泵组的交流事故保安负荷

电动给水泵组的液力耦合器的油系统包括工作油系统和润滑油系统，设置 1 台轴拖工作油泵、1 台轴拖润滑油泵和 1 台交流电动辅助油泵。在电动给水泵组启动、停运和轴拖润滑油泵故障时，交流电动辅助油泵自动启动，以提供润滑油，交流电动辅助油泵由保安电源供电。

相对汽动给水泵组，由于电动给水泵组的交流事故保安负荷功率小得多，因此，计算柴油发电机组容量时，不再计入电动给水泵组的交流事故保安负荷。

5. 磨煤机的交流事故保安负荷

对于中速磨煤机，只有交流润滑油泵由保安电源供电，磨煤机停止后，润滑油系统延时数分钟后停止；对于双进双出球磨，还有顶轴油泵需由保安电源供电，磨煤机停止后，顶轴油系统延时 24h 后停止。

磨煤机的润滑油系统一般设置 2 台交流润滑油泵，通常一台工作、另一台备用。对于柴油发电机组，交流润滑油泵属于首次加载负荷，短时运行约数分钟。

6. 风机（送风机、一次风机、引风机）的交流事故保安负荷

风机（送风机、一次风机、引风机）的交流润滑油泵由保安电源供电。润滑油系统一般设置 2 台交流润滑油泵，通常一台工作、另一台备用。风机转速小于约 10r/min 后，润滑油系统停止。对于柴油发电机组，交流润滑油泵属于首次加载负荷，短时运行约 30min。

7. 脱硫系统的交流事故保安负荷

脱硫除雾器冲洗水泵、搅拌器等负荷由保安电源供电，具体见第三章第一节。

8. 电动阀门

接入众多电动阀门的汽轮机、除氧器、锅炉热力配电箱均分别由两路交流 380V 电源供电，其中一路来自汽轮机（或锅炉）动力中心（PC），另一路来自

事故保安电源，但机组事故停机时，作为事故保安负荷的电动阀门并不多。

（1）汽轮机事故保安阀门。汽轮机高、中压主汽阀在限定的汽轮机转速时完全打开，在正常运行时保持完全开启状态，高、中压调节阀通过汽轮机数字电液控制系统（DEH）控制开度，调节汽轮机的进汽量；在正常停机或事故停机时，高、中压主汽阀和调节阀将在汽轮机事故跳闸系统（ETS）的控制下同时关闭，防止积累在再热器的蒸汽进入汽轮机。

高、中压主汽阀和调节阀均由液压操作，汽轮机控制用液压油系统设置两台 100%容量的交流供油泵、抗燃油再生装置、2 只皮囊式蓄能器。当两台交流供油泵瞬间失去电源（小于 5s）时，不会使汽轮机跳闸。当运行泵发生故障或油压低时，备用泵能自启动。

机组事故停机、汽轮机跳闸时，汽轮机高压缸排汽止回阀、各抽汽止回阀关闭。上电、哈电、东电的汽轮机的排汽止回阀、各级抽汽止回阀均采用气动执行结构。

汽轮机各阀门关闭时间表见表 8-48。

表 8-48　汽轮机各阀门关闭时间表

阀门名称	上电		哈电		东电	
	延迟时间（s）	关闭时间（s）	延迟时间（s）	关闭时间（s）	延迟时间（s）	关闭时间（s）
高压主汽阀	0.1	0.2	0.06	0.20	0.2	<0.1
高压调节汽阀	0.1	0.2	0.06	0.15	0.2	<0.1
中压主汽阀	0.1	0.2	0.06	0.20	0.2	<0.1
中压调节汽阀	0.1	0.2	0.06	0.15	0.2	<0.1
高压缸排汽止回阀	—	≤1	0.3	0.7	≤0.5	—
各级抽汽止回阀	—	≤1	0.3	0.7	≤0.5	—

由表 8-48 可知，从紧急保安动作到主汽阀和再热中压汽阀完全关闭的时间小于 0.3s，各抽汽止回阀的紧急关闭时间小于 1s。

柴油发电机组启动时间为 10～15s，在失去正常厂用电源且事故停机时，汽轮机高、中压主汽阀和调节阀，高压缸排汽止回阀，各抽汽止回阀关闭都在柴油发电机组首次加载前已完成，因此，汽轮机控制用液压油系统的交流供油泵和汽轮机主汽阀、调节阀、高压缸排汽止回阀、各抽汽止回阀对柴油发电机组没有影响。

汽轮机高、中压主汽阀和调节阀的控制执行机构一般由不停电电源（UPS）供电，控制用液压油系统的交流供油泵、抗燃油再生装置由汽轮电动机控制中心供电。

（2）锅炉事故保安阀门。锅炉跳闸指令通过跳闸一次风机、所有的磨煤机、给煤机和关闭所有的油喷嘴阀（必要时还关闭暖炉油跳闸阀）等来切除进入炉膛的所有燃料。锅炉跳闸指令将建立一个"主燃料跳闸"（MFT）记忆信号，同时将发出"MFT"信号送至其他有关的系统（如 CCS、DAS 等）、跳闸给煤机、跳闸磨煤机、关闭所有的油喷嘴阀（必要时还关闭暖炉油跳闸阀）、跳闸一次风机、跳闸除尘器、跳闸吹灰器、开启所有的燃料风挡板、开启所有的辅助风挡板。

锅炉跳闸将关闭高、低压旁路，关闭过、再热器喷水调节阀及隔离阀。

可见，锅炉事故保安阀门应包括制粉系统的风门、挡板，高、低压旁路，油喷嘴阀，过、再热器喷水调节阀及隔离阀等。各电动阀门操作分散性较大，同时率较低，且阀门动作时间短暂。

9. 机组监控系统电源

机组分散控制系统（DCS）、数据采集系统（DAS）、汽轮机监视仪表（TSI）、汽轮机事故跳闸系统（ETS）、汽轮机数字电液控制系统（DEH）、旁路控制系统（BPS）、汽轮机及辅机（给水泵汽轮机、汽动给水泵、电动给水泵等）振动数据采集和故障诊断系统（TDM）的电子装置机柜均由两路交流 220V、50Hz 的单相电源供电，其中一路来自不停电电源（UPS），另一路来自事故保安电源。

炉膛安全监控系统（FSSS）、吹灰程控装置、动力排放阀（PCV）控制装置、炉膛温度测量装置、炉膛火焰工业电视系统也分别由两路交流 220V、50Hz 的单相电源供电，其中一路来自不停电电源（UPS），另一路来自事故保安电源。

机组监控系统负荷计入不停电电源（UPS），在计算柴油发电机组容量时，不再重复统计。

10. 交流不停电电源装置（UPS）

机组的交流不停电电源装置（UPS）向机组的要求不能中断供电的保护、控制、测量装置及少数执行机构等提供不间断的 220V 交流电源。对于大型火力发电机组，交流不停电电源装置（UPS）采用两台主机并联+一个旁路系统方案。正常运行时，每台主机各带 50%负荷，一台主机故障，另一台主机自动带全负荷，对负荷无扰动，大大提高了交流不停电电源（UPS）的可靠性。

交流不停电电源装置（UPS）输入的正常电源、旁路电源均来自事故保安电源，其直流输入电源来自单元 220V 直流系统。

为了避免柴油发电机组首次加载负荷过大，并且直流系统能保证不停电电源装置（UPS）的供电要求，不停电电源装置（UPS）延时向柴油发电机组加载，并将连续运行数天。

11. 蓄电池浮充电装置

对于大型火力发电机组，每台机组设两组 110V 直流系统和一组 220V 直流系统。直流系统包括蓄电池组、蓄电池充电器、直流配电屏等，蓄电池正常以浮充电方式运行。两组 110V 直流系统设两组主充电装置和一组相同容量的备用充电装置，220V 直流系统设一组浮充电装置和一台满足一组蓄电池组均衡充电要求的主充电设备。

机组蓄电池浮充电装置由事故保安电源供电，为了避免柴油发电机组首次加载负荷过大，并且，当充电装置停止运行时，蓄电池容量能保证在允许的电压波动范围内，提供重要负荷 1h 供电的需要。因此，浮充电装置延时向柴油发电机组加载，并将连续运行数天。

12. 应急照明、航空障碍照明

主厂房照明包括正常照明、应急交流照明、应急直流照明。应急交流照明位于主厂房关键场所，在电厂的正常运行方式期间提供照明，在失去正常电源期间，作为事故操作和/或维修以及保证人身安全需要的照明。应急交流照明系统的电源来自事故保安系统。

烟囱、冷却塔的航空障碍照明由事故保安电源供电。

对于柴油发电机组，应急交流照明、航空障碍照明属于首次加载负荷，并将连续运行直到正常电源恢复。

13. 电梯

在机组停电时，为了保证人员安全疏散和迅速处理事故的方便，主厂房电梯由事故保安电源供电。对于柴油发电机组，电梯属于首次加载、经常短时运行负荷。

14. 柴油发电机组自用电

为了保证柴油发电机组正常、连续运行，柴油发电机组自用电应由事故保安电源供电。

对于柴油发电机组，柴油发电机组自用电属于首次加载负荷，并将随柴油发电机组一起连续运行，直到柴油发电机组停止。

（四）交流事故保安负荷统计计算

柴油发电机组的负荷计算方法采用换算系数法。负荷的计算原则与厂用变压器的负荷计算相同，但应考虑保安负荷的投运规律。对于在时间上能错开运行的保安负荷不应全部计算，可以分阶段统计同时运行的保安负荷，取其大者作为计算功率。

以 1000MW 级典型机组为例，说明大中型火力发电厂交流事故保安负荷的统计计算。

1000MW 级典型机组交流事故保安负荷的统计计算（上海电机厂有限公司）见表 8-49；1000MW 级典型机组交流事故保安负荷的统计计算（东方汽轮机有限公司）见表 8-50；1000MW 级典型机组交流事故保安负荷的统计计算（哈尔滨电机厂有限责任公司）见表 8-51。

表 8-49　　　　1000MW 级典型机组交流事故保安负荷的统计计算（上海电机厂有限公司）

负荷名称	成组启动的电动机和静止负荷					单独启动的电动机				备注
	连续运行 P_{LX}		短时运行 P_{DS}			容量 P_{DG}（kW）		投入时间	运行状态	投入批次
	连接容量（kW）	运行容量（kW）	连接容量（kW）	运行容量（kW）	运行时间	连接容量	运行容量			
汽轮发电机组交流润滑油泵	2×90	90								2
汽轮发电机组顶轴油泵						3×55	110	20min 后	断续	
汽轮机盘车						—	—	—	—	
发电机密封油氢侧交流泵	2×15	15								2
氢密封油真空泵	1×0.37	0.37								2
氢密封油排烟风机	2×1.5	1.5								2
主油箱排烟风机	2×1.1	1.1								2
汽动给水泵交流润滑油泵	4×45	90								2
汽动给水泵盘车						2×11	22	10min 后	连续	
汽动给水泵顶轴油泵						2×30	60	10min 后	断续	
空气预热器	4×18.5	37								1
送风机油泵	4×5.5	11								1
一次风机油泵	4×5.5	11								1

续表

负荷名称	成组启动的电动机和静止负荷					单独启动的电动机				备注
	连续运行 P_{LX}		短时运行 P_{DS}			容量 P_{DG} (kW)		投入时间	运行状态	投入批次
	连接容量（kW）	运行容量（kW）	连接容量（kW）	运行容量（kW）	运行时间	连接容量	运行容量			
引风机油泵	4×10	20								1
磨煤机油泵	12×11	66								1
锅炉房电梯			1×30	30						1
火检冷却风机	2×11	11								1
脱硫除雾器冲洗水泵	2×75	75								1
机组 110V 1 号充电器	1×40	40								2
机组 110V 2 号充电器	1×40	40								2
机组 220V 浮充电器	1×87	87								2
机组 UPS 电源	1×100	100								2
气体消防电源	1×15	15								1
热控配电箱电源	2×255	127.5								1
烟囱航空障碍灯	1×12	12								1
水塔航空障碍灯	1×8	8								1
交流事故照明	1×20	20								1
脱硫 UPS 电源	2×20	20								2
柴油发电机组自用电	1×50	50								1
连续运行的电动机额定功率之和∑P_D		428.97								
连续运行的静止负荷之和∑P_J		519.5								
∑P_{DS}				30						
∑P_{DG}							192			
第一批成组启动时∑P_{D1}		231								
第一批成组启动时∑P_{J1}		232.5								
第二批成组启动时∑P_{D2}		197.97								
第二批成组启动时∑P_{J2}		287								
第三批成组启动时∑P_{D3}		0								
可能同时运行的保安负荷的额定功率之和∑P		948.47								

表 8-50　1000MW 级典型机组交流事故保安负荷的统计计算（东方汽轮机有限公司）

负荷名称	成组启动的电动机和静止负荷					单独启动的电动机				备注
	连续运行 P_{LX}		短时运行 P_{DS}			容量 P_{DG} (kW)		投入时间	运行状态	投入批次
	连接容量（kW）	运行容量（kW）	连接容量（kW）	运行容量（kW）	运行时间	连接容量	运行容量			
汽轮发电机组交流润滑油泵	1×90	90								2
汽轮发电机组顶轴油泵						2×37	37	20min 后	断续	
汽轮机盘车						1×30	30	20min 后	连续	
发电机密封油氢侧交流泵	2×7.5	7.5								2

负 荷 名 称	成组启动的电动机和静止负荷					单独启动的电动机				备注
	连续运行 P_{LX}		短时运行 P_{DS}			容量 P_{DG}（kW）		投入时间	运行状态	投入批次
	连接容量（kW）	运行容量（kW）	连接容量（kW）	运行容量（kW）	运行时间	连接容量	运行容量			
氢密封油真空泵	1×2.2	2.2								2
氢密封油排烟风机	2×1.5	1.5								2
主油箱排烟风机	2×1.1	1.1								2
汽动给水泵交流润滑油泵	4×45	90								2
汽动给水泵盘车						2×11	22	10min 后	连续	
汽动给水泵顶轴油泵						2×30	60	10min 后	断续	
空气预热器	4×18.5	37								1
送风机油泵	4×5.5	11								1
一次风机油泵	4×5.5	11								1
引风机油泵	4×10	20								1
磨煤机油泵	12×11	66								1
锅炉房电梯			1×30	30						
火检冷却风机	2×11	11								1
脱硫除雾器冲洗水泵	2×75	75								1
机组 110V 1 号充电器	1×40	40								2
机组 110V 2 号充电器	1×40	40								2
机组 220V 浮充电器	1×87	87								2
机组 UPS 电源	1×100	100								2
气体消防电源	1×15	15								1
热控配电箱电源	2×255	127.5								1
烟囱航空障碍灯	1×12	12								1
水塔航空障碍灯	1×8	8								1
交流事故照明	1×20	20								1
脱硫 UPS 电源	2×20	20								2
柴油发电机组自用电	1×50	50								1
连续运行的电动机额定功率之和ΣP_D	423.3									
连续运行的静止负荷之和ΣP_J	519.5									
ΣP_{DS}				30						
ΣP_{DG}							149			
第一批成组启动时ΣP_{D1}	231									
第一批成组启动时ΣP_{J1}	232.5									
第二批成组启动时ΣP_{D2}	192.3									
第二批成组启动时ΣP_{J2}	287									
第三批成组启动时ΣP_{D3}	0									
可能同时运行的保安负荷的额定功率之和ΣP	942.8									

表 8-51　　　　　　　　　1000MW 级典型机组交流事故保安负荷的统计计算（哈尔滨电机厂有限责任公司）

负 荷 名 称	成组启动的电动机和静止负荷					单独启动的电动机				备注
	连续运行 P_{LX}		短时运行 P_{DS}			容量 P_{DG}（kW）		投入时间	运行状态	投入批次
	连接容量（kW）	运行容量（kW）	连接容量（kW）	运行容量（kW）	运行时间	连接容量	运行容量			
汽轮发电机组交流润滑油泵	1×110	110								2
汽轮发电机组顶轴油泵						2×30	30	20min 后	断续	
汽轮机盘车						1×15	15	20min 后	连续	
发电机密封油氢侧交流泵	2×15	15								2
氢密封油真空泵	1×0.37	0.37								2
氢密封油排烟风机	2×1.5	1.5								2
主油箱排烟风机	2×1.1	1.1								2
汽动给水泵交流润滑油泵	4×45	90								2
汽动给水泵盘车						2×11	22	10min 后	连续	
汽动给水泵顶轴油泵						2×30	60	10min 后	断续	
空气预热器	4×18.5	37								1
送风机油泵	4×5.5	11								1
一次风机油泵	4×5.5	11								1
引风机油泵	4×10	20								1
磨煤机油泵	12×11	66								1
锅炉房电梯			1×30	30						1
火检冷却风机	2×11	11								1
脱硫除雾器冲洗水泵	2×75	75								1
机组 110V 1 号充电器	1×40	40								2
机组 110V 2 号充电器	1×40	40								2
机组 220V 浮充电器	1×87	87								2
机组 UPS 电源	1×100	100								2
气体消防电源	1×15	15								1
热控配电箱电源	2×255	127.5								1
烟囱航空障碍灯	1×12	12								1
水塔航空障碍灯	1×8	8								1
交流事故照明	1×20	20								1
脱硫 UPS 电源	2×20	20								2
柴油发电机组自用电	1×50	50								1
连续运行的电动机额定功率之和 ΣP_D		448.97								
连续运行的静止负荷之和 ΣP_J		519.5								
ΣP_{DS}				30						
ΣP_{DG}							127			
第一批成组启动时 ΣP_{D1}		231								

负 荷 名 称	成组启动的电动机和静止负荷					单独启动的电动机		投入时间	运行状态	备注
	连续运行 P_{LX}		短时运行 P_{DS}			容量 P_{DG} (kW)				投入批次
	连接容量 (kW)	运行容量 (kW)	连接容量 (kW)	运行容量 (kW)	运行时间	连接容量	运行容量			
第一批成组启动时 ΣP_{J1}	232.5									
第二批成组启动时 ΣP_{D2}	217.97									
第二批成组启动时 ΣP_{J2}	287									
第三批成组启动时 ΣP_{D3}	0									
可能同时运行的保安负荷的额定功率之和 ΣP	968.47									

（五）柴油发电机组容量选择计算

1. 柴油发电机组的计算负荷可按下列公式计算：

$$S_c = K\Sigma P \tag{8-71}$$

$$P_c = S_c \cos\varphi_c \tag{8-72}$$

式中　S_c——计算负荷，kV·A；

　　　K——换算系数，取 0.8；

　　　ΣP——每个单元机组事故停机时，可能同时运行的保安负荷（包括旋转和静止的负荷）的额定功率之和，kW；

　　　P_c——计算负荷的有功功率，kW；

　　$\cos\varphi_c$——计算负荷的功率因数，可取 0.86。

2. 发电机的容量选择应满足以下要求：

（1）发电机连续输出容量应大于最大计算负荷：

$$S_e \geq nS_c \tag{8-73}$$

式中　S_e——发电机的额定容量，kV·A；

　　　n——每个单元机组配置一台柴油发电机组时 $n=1$，二个单元机组配置一台柴油发电机组时 $n=2$。

（2）发电机带负荷启动一台最大容量的电动机时短时，过负荷能力应按以下要求校验：

$$S_e \geq \frac{nS_c + (1.25K_q - K)P_{Dm}}{K_{OL}} \tag{8-74}$$

式中　K_q——最大电动机的启动电流倍数；

　　　P_{Dm}——最大电动机的额定功率，kW；

　　　K_{OL}——柴油发电机短时过负荷系数（一般情况下，发电机在热状态下，能承受 $150\% S_e$，时间为 15s，则可取 1.5，当制造厂有明确数据时，可按实际情况选用）。

当式（8-74）不能满足时，首先应将发电机的运行负荷与启动负荷按相量和的方法进行复校，或采用"软启动"，以降低 K_q 值；若再不能满足，应向产品制造厂

索取电动机实际启动时间内发电机允许的过负荷能力。

3. 柴油机输出功率的复核

（1）实际使用地点的环境条件不同于标准使用条件时，对柴油机输出功率应按下式修正：

$$P_x = \alpha P_r \tag{8-75}$$

式中　P_x——实际输出功率，kW；

　　　P_r——标准使用条件（海拔 0m，空气温度 20℃）下的输出功率，kW；

　　　α——海拔和空气温度综合修正系数，由产品制造厂提供。

（2）持续 1h 运行状态下输出功率应按以下要求校验：设计考虑在全厂停电 1h 内，柴油发电机组要具有承担最大保安负荷的能力。柴油机 1h 允许承受的负载能力为 $1.1P_x$。

$$P_x \geq \frac{\alpha' P_c}{1.1\eta_G} \tag{8-76}$$

式中　P_c——计算负荷的有功功率，kW；

　　　η_G——发电机的效率；

　　　α'——柴油发电机组的功率配合系数，取 1.10～1.15。

（3）柴油机的首次加载能力应按以下要求校验：制造厂保证的柴油发电机组首次加载能力不低于额定功率的 50%。为此，要求柴油机的实际输出功率，不小于 2 倍初始投入的启动有功功率。

$$P_x \geq 2.5K_Q\Sigma P''_{eD} \cdot \cos\varphi_Q \tag{8-77}$$

式中　$\Sigma P''_{eD}$——初始投入的保安负荷额定功率之和，kW；

　　　K_Q——启动负荷的电流倍数，宜取 5；

　　$\cos\varphi_Q$——启动负荷的功率因数，宜取 0.4。

（4）最大电动机启动时母线的电压水平校验应满足以下要求：最大电动机启动时，为使保安母线段上的运行电动机少受影响，以保持不低于额定电压的

75%为宜。由于发电机空载启动电动机所引起的母线电压降低比有载启动更为严重，因此取空载启动作为校验工况。电动机启动时的母线电压可按下式计算：

$$U_m = \frac{S_e}{S_e + 1.25 K_q P_{Dm} X''_{d*}} \qquad (8\text{-}78)$$

式中　X''_{d*}——发电机的暂态电抗（标幺值）。

（六）柴油发电机组容量选择实例

以表 8-49～表 8-51 所列的保安负荷为例，分别计算上海电机厂有限公司（简称"上海"）、东方汽轮机有限公司（简称"东方"）、哈尔滨电机厂有限责任公司（简称"哈尔滨"）1000MW 级典型机组所需柴油发电机组的容量。

1. 所用参数
换算系数　$K=0.8$
计算负荷的功率因数　$\cos\varphi_c=0.86$
配置系数　$n=1$
最大电动机的启动电流倍数　$K_q=6.6$
海拔和空气温度综合修正系数　$\alpha=0.76$
标准使用条件下的输出功率　$P_r=1800\text{kW}$
发电机的功率因数　$\cos\varphi_G=0.8$
发电机的效率　$\eta_G=0.95$
柴油发电机组的功率配合系数　$\alpha'=1.15$
启动负荷的电流倍数　$K_Q=5$
启动负荷的功率因数　$\cos\varphi_Q=0.4$
发电机的暂态电抗　$X'_{d*}=0.16$

2. 上海电机厂有限公司 1000MW 级典型机组所需柴油发电机组的容量选择及校验计算

根据表 8-49，可能同时运行的保安负荷的额定功率之和：

$$\Sigma P = 948.47\text{kW}$$

最大电动机的额定功率：

$$P_{Dm} = 90\text{kW}$$

初始投入的保安负荷额定功率之和：

$$\Sigma P''_{ed} = 231\text{kW}$$

数据计算如下：
计算负荷：

$$S_c = K\Sigma P = 0.8 \times 948.47 = 758.78 \text{（kV·A）}$$

计算负荷的有功功率：

$$P_c = S_c\cos\varphi_c = 758.78 \times 0.86 = 652.55 \text{（kW）}$$

发电机连续输出容量应大于最大计算负荷：

$$S_e \geqslant nS_c = 1 \times 758.78 = 758.78 \text{（kV·A）}$$

发电机带负荷启动一台最大容量的电动机时短时过负荷能力校验：

$$S_e \geqslant \frac{nS_c + (1.25K_q - K)P_{Dm}}{K_{OL}}$$
$$= \frac{1 \times 758.78 + (1.25 \times 6.6 - 0.8) \times 90}{1.5} = 952.85\text{(kV·A)}$$

实际输出功率：

$$P_x = \alpha P_r = 0.76 \times 1800 = 1364.21 \text{（kW）}$$

持续 1h 运行状态下输出功率校验：

$$P_x \geqslant \frac{\alpha' P_c}{1.1\eta_G} = \frac{1.15 \times 652.55}{1.1 \times 0.95} = 718.11 \text{（kW）}$$

柴油机的首次加载能力校验：

$$P_x \geqslant 2.5 K_Q \Sigma P''_{eD} \cdot \cos\varphi_Q = 2.5 \times 5 \times 231 \times 0.4 = 1155\text{（kW）}$$

发电机容量：

$$S_e = \frac{P_r}{\cos\varphi_G} = \frac{1800}{0.8} = 2250 \text{（kV·A）}$$

电动机启动时的母线电压（标幺值）：

$$U_{m*} = \frac{S_e}{S_e + 1.25 K_q P_{Dm} X''_{d*}}$$
$$= \frac{2250}{2250 + 1.25 \times 6.6 \times 90 \times 0.16} = 0.95$$

3. 东方汽轮机有限公司 1000MW 级典型机组所需柴油发电机组的容量选择及校验计算

根据表 8-50，可能同时运行的保安负荷的额定功率之和：

$$\Sigma P = 942.8\text{kW}$$

最大电动机的额定功率：

$$P_{Dm} = 90\text{kW}$$

初始投入的保安负荷额定功率之和：

$$\Sigma P''_{ed} = 231\text{kW}$$

数据计算如下：
计算负荷：

$$S_c = K\Sigma P = 0.8 \times 942.8 = 754.24 \text{（kV·A）}$$

计算负荷的有功功率：

$$P_c = S_c\cos\varphi_c = 754.24 \times 0.86 = 648.65 \text{（kW）}$$

发电机连续输出容量应大于最大计算负荷：

$$S_e \geqslant nS_c = 1 \times 754.24 = 754.24 \text{（kV·A）}$$

发电机带负荷启动一台最大容量的电动机时短时过负荷能力校验：

$$S_e \geqslant \frac{nS_c + (1.25K_q - K)P_{Dm}}{K_{OL}}$$
$$= \frac{1 \times 754.24 + (1.25 \times 6.6 - 0.8) \times 90}{1.5} = 949.83\text{(kV·A)}$$

实际输出功率：

$$P_x = \alpha P_r = 0.76 \times 1800 = 1364.21 \text{（kW）}$$

持续 1h 运行状态下输出功率校验：

$$P_x \geqslant \frac{\alpha' P_c}{1.1\eta_G} = \frac{1.15 \times 648.65}{1.1 \times 0.95} = 713.82 \text{（kW）}$$

柴油机的首次加载能力校验：

$$P_x \geqslant 2.5 K_Q \Sigma P''_{eD} \cdot \cos\varphi_Q = 2.5 \times 5 \times 231 \times 0.4 = 1155\text{（kW）}$$

发电机容量：

$$S_e = \frac{P_r}{\cos\varphi_G} = \frac{1800}{0.8} = 2250 \ (\text{kV} \cdot \text{A})$$

电动机启动时的母线电压（标幺值）：

$$U_{m*} = \frac{S_e}{S_e + 1.25 K_q P_{Dm} X''_{d*}}$$

$$= \frac{2250}{2250 + 1.25 \times 6.6 \times 90 \times 0.16} = 0.95$$

4. 哈尔滨电机厂有限责任公司 1000MW 级典型机组所需柴油发电机组的容量选择及校验计算

根据表 8-51，可能同时运行的保安负荷的额定功率之和：

$$\Sigma P = 968.47 \text{kW}$$

最大电动机的额定功率：

$$P_{Dm} = 110 \text{kW}$$

初始投入的保安负荷额定功率之和：

$$\Sigma P''_{ed} = 231 \text{kW}$$

数据计算如下：

计算负荷

$$S_c = K\Sigma P = 0.8 \times 968.47 = 774.78 \ (\text{kV} \cdot \text{A})$$

计算负荷的有功功率：

$$P_c = S_c \cos\varphi_c = 774.78 \times 0.86 = 666.31 \ (\text{kW})$$

发电机连续输出容量应大于最大计算负荷：

$$S_e \geq nS_c = 1 \times 774.78 = 774.78 \ (\text{kV} \cdot \text{A})$$

发电机带负荷启动一台最大容量的电动机时短时过负荷能力校验：

$$S_e \geq \frac{nS_c + (1.25 K_q - K)P_{Dm}}{K_{OL}}$$

$$= \frac{1 \times 774.78 + (1.25 \times 6.6 - 0.8) \times 110}{1.5}$$

$$= 1062.85 (\text{kV} \cdot \text{A})$$

实际输出功率：

$$P_x = \alpha P_r = 0.76 \times 1800 = 1364.21 \ (\text{kW})$$

持续 1h 运行状态下输出功率校验：

$$P_x \geq \frac{\alpha' P_c}{1.1\eta_G} = \frac{1.15 \times 666.31}{1.1 \times 0.95} = 733.26 \ (\text{kW})$$

柴油机的首次加载能力校验：

$$P_x \geq 2.5 K_Q \Sigma P''_{eD} \cdot \cos\varphi_Q = 2.5 \times 5 \times 231 \times 0.4 = 1155 (\text{kW})$$

发电机容量：

$$S_e = \frac{P_r}{\cos\varphi_G} = \frac{1800}{0.8} = 2250 \ (\text{kV} \cdot \text{A})$$

电动机启动时的母线电压（标幺值）：

$$U_{m*} = \frac{S_e}{S_e + 1.25 K_q P_{Dm} X''_d}$$

$$= \frac{2250}{2250 + 1.25 \times 6.6 \times 110 \times 0.16}$$

$$= 0.94$$

第六节　电动机启动及调速设备选择

一、电动机启动设备选择

（一）交流电动机的各种启动方式

笼式异步电动机和同步电动机的启动方式一般有全压启动、降压启动和变频启动三种。其中降压启动又分为：

（1）星形—三角形降压启动；

（2）延边三角形降压启动；

（3）电阻降压启动；

（4）电抗器降压启动；

（5）自耦变压器降压启动；

（6）晶闸管降压软启动。

在发电厂中，电动机的常规启动方式为全压启动，当不能满足全压启动条件时可采用降压启动或变频启动。降压启动的适用电动机类型见表 8-53，同步电动机和高压笼式电动机如要采用降压启动，一般只采用电抗器降压启动和自耦变压器降压启动两种方式。变频启动一般适用于大容量电动机的启动。频敏变阻器启动和电阻分级启动一般适用于绕线式异步电动机。

（二）全压启动

笼式异步电动机和同步电动机应优先采用全压启动。全压启动时应满足下列条件：

（1）启动时电压降不得超过允许值。一般经常启动的电动机其电压降不得超过 10%；不经常启动的电动机其电压将不得超过 15%；在保证生产设备所需要的启动转矩，而又不影响其他用电设备的正常运行时，启动时电压降可允许为 20%或更大一些。

（2）启动容量供电变压器的过负荷能力。笼式电动机允许全压启动的功率与电源容量之间的关系见表 8-52。

表 8-52　按电源容量允许全压启动的笼式电动机功率

电源	允许全压启动的笼式电动机功率
6（10）/0.4kV 变压器	经常启动时，不大于变压器额定容量的 20%；不经常启动时，不大于变压器额定容量的 30%
高压线路	不超过电动机供电线路上的短路容量的 3%

（3）启动时，应保证电动机及其启动设备的动稳定和热稳定。对于同步电动机还应考虑阻尼笼条的温度不超过制造厂的规定。

（三）降压启动

各种降压启动方式的比较见表 8-53（晶闸管降压软启动方式的启动性能可调，未列入表中）。

表8-53　　**各种降压启动方式的比较**

启动方式	笼式电动机					同步电动机	
	电阻降压启动	星形-三角形降压启动	延边三角形降压启动 抽头比 $K=a/b$ (3:1 / 2:1 / 1:1 / 1:2 / 1:3)			自耦变压器降压启动	自耦变压器降压启动 / 电抗器降压启动
接线方式	（启动时，KM1闭合；启动后，KM1和KM2闭合）	（启动时，KM1、KM3闭合，KM2断开；启动后，KM1、KM2闭合，KM3断开）	（启动时，KM1、KSC闭合，KM2断开；启动后，KM1、KM2闭合，KSC断开）			（启动时，KM1、KM2闭合，KM2断开；启动后，KM2闭合，KSC1、KM1、KM2闭合，KM2断开）	自耦：（启动时，KM1、KSC1、KSC2闭合，KM2断开；启动后，KM1、KM2闭合，KSC1、KSC2断开）；电抗器：（启动时，QF1闭合；启动后，QF1和QF2闭合）
启动性能 — 启动电压/额定电压	a	$\dfrac{1}{\sqrt{3}}$	0.62 / 0.64 / 0.68 / 0.75 / 0.8			a	自耦 a ；电抗器 a
启动性能 — 启动电流/全压启动电流	a	$\dfrac{1}{3}$	0.4 / 0.43 / 0.5 / 0.6 / 0.67			a^2	自耦 a^2 ；电抗器 a
启动性能 — 启动转矩/全压启动转矩	a^2	$\dfrac{1}{3}$	0.4 / 0.43 / 0.5 / 0.6 / 0.67			a^2	自耦 a^2 ；电抗器 a^2
适用的电动机类型	低压电动机	具有6个出线头的低压电动机，正常运行接线为三角形接线	具有9个出线头的低压电动机			高压、低压电动机	高压电动机
启动特点	启动电流较大，启动转矩小，启动时电阻消耗能量较大	启动电流小，启动转矩较小	启动电流小，启动转矩较大，兼有自耦变压器和星形三角形两种降压启动方式的优点			启动电流大，启动转矩大	启动电流较大，启动转矩较小

（1）降压启动时电动机的端电压应保证其启动转矩大于生产设备的静阻转矩，即

$$U_{*qd} \geqslant \sqrt{\frac{1 \cdot 1 M_{*j}}{M_{*qd}}} \qquad (8-79)$$

式中　U_{*qd}——启动时电动机端电压的标幺值；

　　　M_{*j}——生产设备静阻转矩的标幺值；

　　　M_{*qd}——电动机启动转矩的标幺值。

生产设备所需的静阻转矩应由工艺专业提供。

（2）大容量电动机降压启动时，其端电压除应保证电动机的启动转矩大于生产设备的静阻转矩外，还应符合制造厂对电动机最低端电压的要求。

（四）频敏变阻器启动

频敏变阻器是一种铁芯由铸铁片或钢板叠成，外面套有线圈的三相电抗器。其等效阻抗由线圈电抗和铁芯损耗（主要是涡流损耗）决定。阻抗值随电流频率变化而变化。

绕线型电动机在启动过程中转子电流频率随转差率变化而变化。在转子回路中接入频敏变阻器，其等效阻抗随转差率减小（转速增高）而相应减小，从而达到限值启动电流，并且获得启动转矩近似恒定的启动特性，如图8-19所示。它具有不需要改变外接阻抗而可以很容易地实现电动机反接制动的特点。

采用频敏电阻器启动，其优点是可以省去庞大的启动电阻器，线路简单，维护方便。缺点是功率因数低（一般为 0.5～0.75），启动转矩小。对要求在低转速下运转和启动转矩大的场合不宜采用。

（五）电阻分级启动

电阻分级启动用于绕线式电动机。某些大功率传

动装置要求重载启动，而某些小功率传动装置要求频繁启、制动。为减小启动损耗和启动电流，并满足某些生产设备对加、减速度的特定要求，可采用分级启动，其启动特性见表8-54。

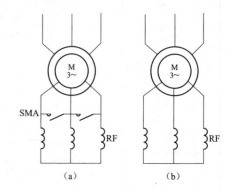

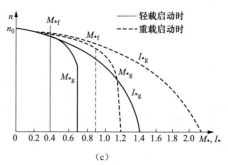

图8-19　绕线型电动机采用频敏变阻器启动

（a）启动后切除频敏变阻器；（b）转子常接频敏变阻器；

（c）启动特性

M_{*f}—负载转矩标幺值；M_{*g}—启动转矩标幺值；

I_{*g}—启动电流标幺值

表8-54　　　　　　　　　　　　　　电阻分级启动的特性

接线方式	启动特性	电动机功率和启动级数	
		电动机功率（kW）	级数
		0.75～7.5	1
		10～20	2
		20～35	2～3
		35～55	3
		60～95	4～5
		100～200	4～5

（六）晶闸管降压软启动

晶闸管降压软启动装置是一种采用晶闸管的无触点强电电路开关。通过控制晶闸管的导通角，调节交流电动机的端电压，以实现电动机的软启动和软停止。这种启动方式的启动电流可调，对电网无限大的电流

冲击，在供电系统容量一定时，可以增大启动电动机的单机容量（与全压启动情况比较），并能获得平滑、稳定的启动特性。但由于系统为降压启动，其启动转矩较小，因此只适用于轻载启动的场所，如水泵、空气压缩机等。软启动和电动机综合保护装置原理框图

如图 8-20 所示。

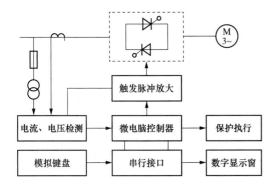

图 8-20 软启动和电动机综合保护装置原理框图

（七）变频启动

对大功率同步电动机和异步电动机可采用静止变频装置实现平滑启动，其特点是：

（1）启动平稳，对电网冲击小。

（2）启动装置功率适度，泵类、风机类一般会达到 30% 或 35%，视负载启动特性定。

（3）多台电动机可共用一套启动装置，较为经济。

（4）便于维护。

图 8-21 为采用晶闸管变频装置启动大功率同步电动机的原理简图。该系统采用交-直-交变频电路，通过电流控制实现恒加速度启动。当电动机接近同步转速时，进行同步协调控制，直至达到同步转速后，通过开关切换使电动机直接投入电网运行。用此方法可启动功率达数千至数万千瓦的同步电动机。

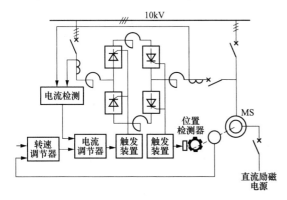

图 8-21 用晶闸管变频装置启动同步电动机原理简图

二、电动机调速设备

（一）电动机调速要求及方式

交流电动机的转速为

$$n = n_0(1-s) = \frac{60f_1}{p}(1-s) \qquad (8-80)$$

式中　n ——电动机转速，r/min；
　　　n_0 ——电动机同步转速，r/min；

　　　s ——转差率；
　　　f_1 ——电源频率，Hz；
　　　p ——电动机极对数。

从式中可以看出，调节电动机转速的方式有调节电源频率从而调节同步转速、改变极对数、调节转差三种方式。调节电源频率的调速方式即为变频调速，改变极对数方式即为变极调速，转差调速有液力耦合器调速、永磁联轴器调速、降压调速、绕线式电动机的串级调速。变频调速、变极调速属于转差功率不变型，电动机处于效率高点；串级调速属于转差回馈型，转差部分消耗部分回馈；其他几种属于转差消耗型，转差功率被消耗在转子中发热。对于风机、泵类负载，压力（扬程）与转速平方成正比，风量（流量）与转速成正比，转速降低时转差率加大、效率降低，但由于输入电功率随着压力、风量降低，故转差功率值总体仍是降低的。

（二）串级调速

串级调速是在转子回路中串入与转子电动势同频率的附加电动势，通过改变附加电动势的幅值和相位实现调速。当附加电动势与转子电动势反相时，转子电流下降引起电磁转矩下降，从而使转速下降。图 8-22 为串级调速接线图，工程上获取与转子感应电动势反相位同频率且频率随转子频率变化的交流变频电源比较困难，所以在次同步串级调速系统中采用整流器 UR 将转子电动势整流为直流电动势，再与转子回路中串入的直流附加电动势进行比较，直流附加电势由逆变器 UI 产生，改变逆变角就相当于改变了直流附加电动势。

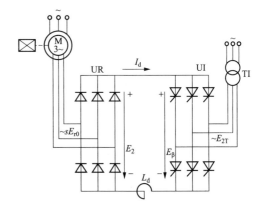

图 8-22 串级调速接线图

（三）变频调速

变频调速通过改变电源频率，转差不变从而调节工作转速。忽略定子压降的影响，异步电动机的定子电压满足下面的关系式：

$$U_1 \approx E_1 = K_e f_1 \phi_m \qquad (8-81)$$

电动机的电磁转矩 M（Nm）、最大转矩 M_m（Nm）

及电磁功率 P（kW）为

$$M = K_m \phi_m I_2 \cos\varphi_2 \qquad (8\text{-}82)$$

$$M_m = \frac{pm_1 U_1^2}{4\pi f_1(r_1 + \sqrt{r_1^2 + X_k^2})} \qquad (8\text{-}83)$$

$$p = \frac{Mn}{9550} \qquad (8\text{-}84)$$

式中　E_1——定子感应电动势，V；

$\quad\quad K_e$——电动势常数；

$\quad\quad f_1$——定子电源频率，Hz。

$\quad\quad \Phi_m$——主磁通的最大值；

$\quad\quad K_m$——电动机的转矩常数；

$\quad\quad I_2$——转子电流，A；

$\quad\quad \cos\varphi_2$——转子功率因数；

$\quad\quad p$——定子的极对数；

$\quad\quad m_1$——定子的相数；

$\quad\quad r_1$——定子绕组的电阻，Ω；

$\quad\quad X_k$——电动机短路阻抗，Ω；

$\quad\quad n$——电动机转速，r/min。

异步电动机变频调速，当频率较高时，由于 $X_k \gg r_1$，故式（8-83）中 r_1 的影响可忽略，电动机电源电压 U_1、定子电源频率 f_1 与最大转矩 M_m 的变化满足下面的关系式：

$$\frac{U_1}{f_1\sqrt{M_m}} = 常数 \qquad (8\text{-}85)$$

当频率较低时，$r_1 \gg X_k$，忽略 X_k 的影响，则由式（8-83）可得：

$$\frac{U_1^2}{f_1\sqrt{M_m}} = 常数 \qquad (8\text{-}86)$$

异步电动机从基速向下调速时，为了不使磁通增加，通常采用 U/f=常数的控制方式。当式（8-81）可知，在调速过程中电动机磁通可基本保持不变，考虑到定子电阻压降的影响，低频时电动机磁通实际将略有减小，由式（8-85）、式（8-86）可知，最大转矩 M_m 也将随频率的降低而减小，异步电动机采用压频比为常数控制时的机械特性如图 8-23 所示。

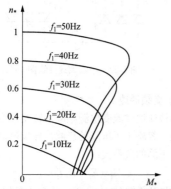

图 8-23　U_1/f_1=常数时变频调速机械特性

为了能在低速时输出最大转矩不变，应采用 E_1/f_1=常数的协调控制。由式（8-81）可知，这时电动机磁通保持恒定，因此异步电动机的效率、功率因数、最大转矩倍数均保持不变。恒磁通是风机、泵类负载常用调速方式。图 8-24 为带电压补偿的恒转矩变频调速特性曲线。

电动机在额定转速以上运转时，定子频率将大于额定频率，但由于电动机绕组本身不允许耐受过高的电压，电动机电压必须限制在允许值范围内，这样就不能再升高电压采用 U_1/f_1 或 E_1/f_1 协调控制方式了。在这种情况下可以采取恒功率变频调速。由式（8-81）和式（8-84）可得

$$\frac{U_1}{\sqrt{f_1 P}} = 常数 \qquad (8\text{-}87)$$

如果要求恒功率调速运行，必须使 $U_1/\sqrt{f_1}$=常数，即在频率升高时，要求电压升高相对少些。实际上在额定转速以上调速时，由于电动机定子电压受额定电压的限制，因此升高频率时，磁通减少，转矩也减少，可以得到近似恒功率调速。

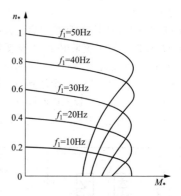

图 8-24　补偿后的恒 M_m 变频调速的机械特性

异步电动机在不同频率时的调速特征曲线如图 8-25 所示。

（四）永磁调速

永磁调速技术是利用磁力驱动负载旋转，实现电动机与负载之间非接触性的扭力传递。电动机驱动的主动转子旋转，在从动转子产生的磁场中切割磁力线，从而产生感应磁场，通过磁场之间的相互作用力，驱动负载转动，实现扭力的传递。主动转子与从动转子之间的气隙越小，永磁传动传递的扭力越大，负载转速越高；主动转子与从动转子之间的气隙越大，永磁传动传递的扭力越小，负载转速越低。因此，通过调整气隙的大小，可以对负载进行无级调速。永磁调速装置的基本结构如图 8-26 所示。

永磁调速技术有如下特点：

（1）永磁调速装置为纯机械构造连接，无需外部

电源。

（2）永磁调速器在 80%以上转速范围调节时效率较高。

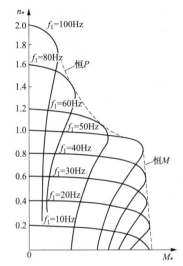

图 8-25　异步电动机在不同频率时的调速特性曲线

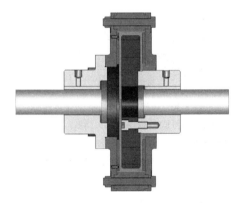

图 8-26　永磁调速装置的基本结构

（3）可实现软启动，电动机接近空载启动，减低启动过程中的空载电流。

（4）永磁调速装置因为采用气隙而不采用硬机械连接来传递扭矩，因而对电动机和负载设备的安装精度要求降低，由连接精度所造成的机械振动和噪声降低。

（5）永磁调速装置只是一个简单的机械装置，可适用于各种恶劣环境，不会产生谐波，不影响其他电气设备，不影响电能质量，无电磁波干扰问题。

（五）双速调速

一般的电动机只有一种转速，但在某些特殊工况下，需要得到较宽的调速范围，就采用双速电动机来传动，甚至采用三速和四速电动机。

双速电动机是采用改变极对数来改变电动机的转速。典型双速电动机定子绕组的接线方法如图 8-27

所示。

图 8-27 中电动机的三相定子绕组接成三角形，三个绕组的三个连接点接成三个出线端 A1、B1、C1，每相绕组的中点各接一个出线端 A2、B2、C2 共有六个出线端。改变这六个出线端与电源的连接方法就可以得到两种不同的转速。要使电动机低速工作时，只需将三相电源接至电动机定子绕组三角形连接顶点的出线端 A1、B1、C1 上，其余三个出线端 A2、B2、C2 空着不接，此时电动机定子绕组接成△，如图 8-27（a）所示，极数为 4 极，同步转速为 1500r/min。

若要电动机高速工作时，把电动机定子绕组的三个出线端 A1、B1、C1 连接在一起，电源接到 A2、B2、C2 三个出线端上，这时电动机定子绕组接成 YY 联结，如图 8-27（b）所示。此时极数为 2 极，同步转速为 3000r/min。

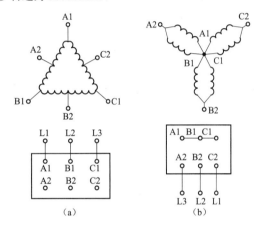

图 8-27　双速电动机定子绕组接线图
（a）△联结；（b）YY 联结

双速电动机的控制、信号及测量见《电力工程电气设计手册　火力发电厂电气二次设计》第六章第二节。

（六）调速的节能应用

（1）风机的节能。

风扇、鼓风机典型的风量—压力特性如图 8-28 所示。通常调节风量和压力的方法有两种：

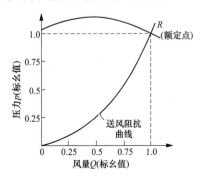

图 8-28　风机的风量-压力特性

1）控制输入或输出端的风门。采用调节风门时，当风量下降，由于风门遮挡使风压上升的原理。

2）控制转速。用调速方法节能的原理是基于风量、压力、转速、转矩之间的关系，这些关系是：

$$Q \propto n \tag{8-88}$$

$$p \propto T \propto n^2 \tag{8-89}$$

$$p \propto Tn \propto n^3 \tag{8-90}$$

式中　Q——风量；

　　　n——转速；

　　　p——压力；

　　　T——转矩；

　　　P——轴功率。

即风机的风量与转速的 1 次方成正比，压力与转速的 2 次方成正比，而轴功率与转速的 3 次方成正比。通过调节转速调节压力、风量，压力、风量都降低了，从而轴功率明显降低。

图 8-29（a）为采用第 1 种方法时的特性。控制挡板门风量减少，但相应管路的节流阻力增加，电动机机械特性不变。图 8-29（b）示出了采用变频调速情况下风机的运行特性，当调节转速控制风量时，管道阻力特性不变，电动机机械特性平行下移，两者交点就是运行点。

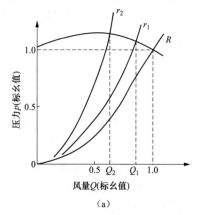

（a）

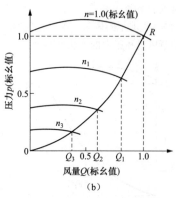

（b）

图 8-29　调节风机工作点的方法

（a）风门控制时的特性；（b）调速控制时的特性

R—管路阻抗；r—节流阻抗

图 8-30 所示为采用不同的调节方法时电动机的输入功率、轴输出功率（即风机轴功率）与风量的关系曲线，采用风门控制与采用转速调节轴输出功率不同，但不同的转速调节方式轴输出功率基本相同。采用不同的调节方法，电动机的输入功率（即电源应提供的功率）也不同，不同的转速调节方法其输入功率不同，主要区别在于转差功率消耗的大小，变频调速转差不变效率最高。图中比较了输出端风门控制、输入端风门控制、转差调速电动机调速控制和采用变频调速控制的电动机的输入功率（即电源提供的功率）与风量之间的相互关系。最下面一条曲线为调速控制时风机所需轴输入功率。其中输出端风门控制因其耗能大，通常很少采用，风门控制一般均在输入端进行。

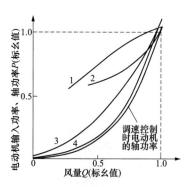

图 8-30　风机的输入功率-风量特性

1—输出端风门控制时电动机的输入功率；2—输入端风门控制时电动机的输入功率；3—转差功率调速控制（采用液力耦合器等转差调速）时电动机的输入功率；4—变频器调速控制时变频器的输入功率

图 8-31 表示输入端风门控制、转差调速电动机调速控制以及变频调速控制方式下将风量调至 0.5（标幺值）时的节电情况。图中画斜线部分的面积表示风量调节到 0.5（标幺值）时的节电量。变频调速的情况下，所需电源功率仅为全风量的 12.5%。当然，这是理想情况下得到的结果。

（2）泵的节能。泵类所输送的是液态物质，与风机输送同属流体，其节能原理与风机类似。

图 8-32 所示为在 50%流量时的运行特性。排出管路阀门控制的情况下工作点为 A，转速控制情况下工作点为 B（采用管端压一定的控制方式）。与全流量（工作点 C）情况相比较，在 50%流量时，工作点 A 和 B 所需轴功率都减小了，但工作点 B（调速控制）所需轴功率更小。可见采用调速的方式节能效果好。

图 8-33 为采用不同的调节方式时，电动机输入功率（即电源提供的功率）与轴输出功率（泵的轴功率）与流量之间的关系曲线。由图可见，变频器调速控制

时，节能效果最好。

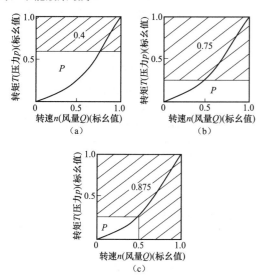

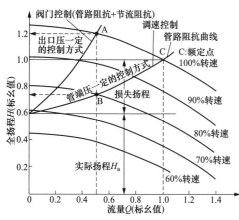

图 8-31 风量为 50%时可节约的电能

（a）输入端风门控制；（b）电磁转差调速电动机调速控制；

（c）变频调速控制

正方形面积—全风量时的电动机轴功率

图 8-32 水泵的全扬程—流量特性

[以实际扬程 H_a=0.6（标幺值）为例]

风机、泵是一种减转矩负载，随着转速的降低，负载转矩与转速的平方成比例地减小。对于这种节能调速运行，变频器的 U/f 曲线的图形（模式）应采用图 8-34 所示的专用模式。这种模式与恒转矩负载所采用的 E/f 模式有所不同，这是因为电动机在低转速时负载转矩变小，采用这种模式有利于节能。采用不同 U/f 模式时变频器和电动机总效率的差别如图 8-35 所示。

三、变频器选择及谐波抑制

（一）变频器选择

1. 静止变频器的分类

静止变频可分为交—直—交变频和交—交变频

两大类，交—直—交变频又可分为电压型和电流型两大类。交—交变频多为电压型，也有少量采用电流型的。

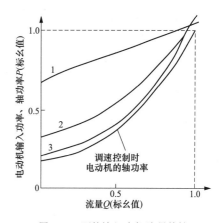

图 8-33 泵的输入功率-流量特性

1—排出管路阀门控制时电动机输入功率；2—转差功率调速控制（采用转差电动机、液力耦合器）时电动机的输入功率；3—变频器调速控制时电动机的输入功率

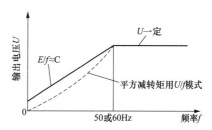

图 8-34 风机、泵类节能用 U/f 模式

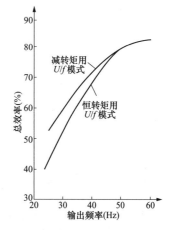

图 8-35 U/f 不同模式时总效率的差别

（对于风机负载）

交—交变频器和交—直—交变频器的主要特性比较见表 8-55；电压型与电流型交—直—交变频器的主要特性比较见表 8-56。

表 8-55　交—交变频器与交—直—交变频器的主要特点比较

比较内容	变频器类型	
	交—交变频器（电压型）	交—直—交变频器
换能方式	一次换能，效率较高	二次换能，效率略低
换流方式	电源电压换流	强迫换流或负载换流
元件数量	较多	较少
元件利用率	较低	较高
调频范围	输出最高频率为电源频率的1/3～1/2[①]	频率调节范围宽
电源功率因数	较低	如用可控整流桥调压，则低频低压时功率因数较低，如用斩波器或是 PWM 方式调压，则功率因数高
适用场合	低速大功率传动	各种传动装置，稳频稳压电源和不间断电源

① 指一般的采用电源电压换流的交-交变频器。

表 8-56　电流型与电压型交—直—交变频器主要特点比较

比较内容	变频器类型	
	电流型	电压型
直流滤波环节	电抗器	电容器
输出电压波形[①]	取决于负载，当为异步电动机时，近似正弦形	矩形
输出电流波形[①]	矩形	取决于逆变器电压与负载电动机电动势，有较大的谐波分量
输出动态阻抗	大	小
再生制动	方便，主回路不需附加设备	需要在电源侧设置反并联逆变器
其他	（1）可用普通晶闸管，但对耐压要求较高。（2）有电流环控制，即使负载短路，仍可运行。能适应电动机堵转工作状态	（1）需要快速晶闸管或自关断器件，关断时间短，电压变化率高，但对耐压要求较低。（2）输出过载或短路时，保护随之动作，停止运行
使用范围	单机，不频繁切换的多机传动	多机传动，稳频稳压电源及不间断电源

① 均指简单的三相桥式逆变器，既不用 PWM，也不用多重叠加。

2. 变频器容量的计算

（1）连续恒载运转时所需的变频器容量（kV·A）的计算式：

$$P_{CN} \geq \frac{kP_M}{\eta \cos\varphi} \tag{8-91}$$

$$P_{CN} \geq k \times \sqrt{3}U_M I_M \times 10^{-3} \tag{8-92}$$

$$I_{CN} \geq kI_M \tag{8-93}$$

式中　P_{CN}——变频器的额定容量，kV·A；

k——电流波形的修正系数（PWM 方式时取 1.05～1.0）；

P_M——负载所要求的电动机的轴输出功率；

η——电动机的效率；

$\cos\varphi$——电动机的功率因数；

U_M——电动机电压，V；

I_M——电动机电流，A，工频电源时的电流；

I_{CN}——变频器的额定电流，A。

（2）一台变频器传动多台电动机并联运行，即成组传动时，变频器容量的计算。

当变频器短时过载能力为 150%、1min 时，如果电动机加速时间在 1min 以内，则：

$$1.5P_{CN} \geq \frac{kP_M}{\eta \cos\varphi}[n_T + n_s(K_s - 1)]$$
$$= P_{CN1}\left[1 + \frac{n_s}{n_T}(K_s - 1)\right] \tag{8-94}$$

其中　　　　$P_{CN1} = kP_M n_T / \eta \cos\varphi$

即　　$$P_{CN} \geq \frac{2}{3}\frac{kP_M}{\eta \cos\varphi}[n_T + n_s(K_s - 1)]$$
$$= \frac{2}{3}P_{CN1}\left[1 + \frac{n_s}{n_T}(K_s - 1)\right] \tag{8-95}$$

$$I_{CN} \geq \frac{2}{3}n_T I_M\left[1 + \frac{n_s}{n_T}(K_s - 1)\right] \tag{8-96}$$

当电动机加速时间在 1min 以上时：

$$P_{CN} \geq \frac{kP_M}{\eta \cos\varphi}[n_T + n_s(K_s - 1)]$$
$$= P_{CN1}\left[1 + \frac{n_s}{n_T}(K_s - 1)\right] \tag{8-97}$$

$$I_{CN} \geq n_T I_M\left[1 + \frac{n_s}{n_T}(K_s - 1)\right] \tag{8-98}$$

式中　P_{CN}——变频器容量，kV·A；

k——电流波形的修正系数（PWM 方式时取 1.05～1.1）；

P_M——负载所要求的电动机的轴输出功率；

η——电动机效率；

$\cos\varphi$——电动机功率因数；

n_T——并联电动机的台数；

n_s——同时启动的台数；

K_s——电动机启动电流与电动机额定电流之比；

P_{CN1}——连续容量，$kV \cdot A$；

I_{CN}——变频器额定电流，A；

I_M——电动机额定电流，A。

（3）大惯性负载启动时变频器容量的计算：

$$P_{CN} \geq \frac{kn_M}{9550\eta \cos\varphi}\left(T_L + \frac{J^2 n_M}{375tA}\right) \quad (8-99)$$

式中　P_{CN}——变频器容量，$kV \cdot A$；

k——电流波形的修正系数（PWM 方式时取 $1.05 \sim 1.10$）；

n_M——电动机额定转速，r/min；

η——电动机效率；

$\cos\varphi$——电动机功率因数；

T_L——负载转矩，$N \cdot m$；

J^2——换算到电动机轴上的总转动惯量，$N \cdot m^2$；

t_A——电动机加速时间，s，据负载要求确定。

变频器与异步电动机组成不同的调速系统时，变频器容量的计算方法也不同。本小节第（1）款所列，适用于单台变频器为单台电动机供电连续运行的情况。式（8-91）、式（8-92）和式（8-93）三者是统一的，选择变频器容量时应同时满足三个算式的关系。尤其变频器电流是一个较关键的量。本小节第（2）款所列，适用于一台变频器为多台并联电动机供电且各电动机不同时启动的情况。选择逆变器容量，无论电动机加速时间在 1min 以内或以上，都应同时满足容量计算式和电流计算式。本小节第（3）款，是针对大惯性负载的情况，负载折算到电动机轴上的等效转动惯量比电动机转子的转动惯量大得很多。这种情况下则应按式（8-99）选择变频器的容量。

3. 变频调速装置拓扑结构

电压源型 PWM 逆变器（VSI）是常用变频装置中应用最为广泛的拓扑结构，主要分为两电平和多电平拓扑结构。

（1）两电平拓扑结构。图 8-36 为两电平拓扑结构简图，其基本结构中输入采用不控整流桥，不具备能量回馈能力，再生能量通过制动单元和制动电阻消耗。在基本结构上对整流回路进行修改，使之成为具有回馈再生能力的"四象限"变频装置，也就是可四象限运行的两电平拓扑结构，如图 8-37 所示。

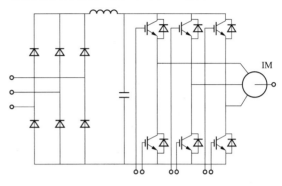

图 8-36　不控整流两电平拓扑结构

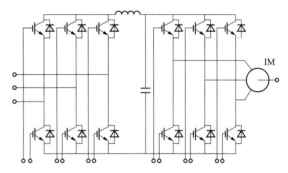

图 8-37　四象限两电平拓扑结构

（2）多电平拓扑结构。多电平 VSI 主要有三种类型的拓扑结构：二极管钳位结构、H 桥级联机构和悬浮电容结构。

二极管钳位式三电平拓扑结构是最为实用的一种二极管钳位式拓扑结构，然而，当电平数超过 3 时，二极管钳位拓扑结构的直流电容电压将得不到完全控制。图 8-38 是二极管钳位式三电平拓扑结构。

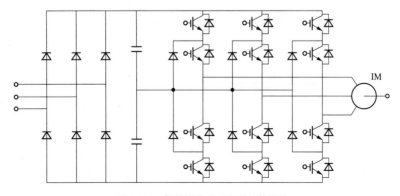

图 8-38　二极管钳位式三电平拓扑结构

H 桥级联多电平拓扑结构是目前应用最为广泛的一种拓扑结构，这种拓扑结构不需要大量钳位二极管和飞跨电容，但每个单元都需要用一个独立的直流电源来实现钳位功能，一般可通过多输出绕组变压器经整流后实现。H 桥级联多电平拓扑结构如图 8-39 所示。

悬浮电容拓扑结构采用多个电容对多个功率开关进行钳位，同时利用不同的开关状态组合得到不同的输出电压电平数。优点是电路结构简单，输出 6kV 及以上电压时避免了功率开关的串联运行，缺点是需要的电容数量多、控制技术复杂、需要电容预充电电路。

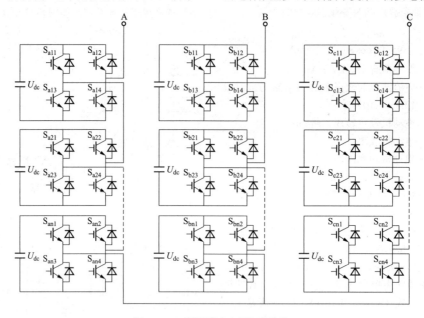

图 8-39　H 桥级联多电平拓扑结构

（二）谐波抑制

当变频器工作时，从电源引入了非正弦的电流，谐波是在变频器的输入整流器把电源的交流电压和电流转换为直流电压和电流时产生的。

谐波电压和电流对与变频器相连的其他电气装置是不利的，因为这些附加的电流流入电源变压器和电缆中会导致过热，谐波电压也会增加电源的峰值电压，增加对电气绝缘的压力，因此，会使装置的寿命缩短。

1. 谐波电压和谐波电流允许值

谐波电压限值见表 8-57。谐波电流限值见表 8-58。

表 8-57　　谐　波　电　压　限　值

标称电压（kV）	电压总谐波畸变率（%）	各次谐波电压含有量	
		奇次	偶次
0.38	5.0	4.0	2.0
6，10	4.0	3.2	1.6

注　1. 第 h 次谐波电压含有率 $HRU_h = \dfrac{U_h}{U_1} \times 100\%$。

式中　U_h——第 h 次谐波电压（方均根值）；

　　　　U_1——基波电压（方均根值）。

2. 谐波电压含量 $U_H = \sqrt{\sum_{h=2}^{\infty} U_h^2}$。

3. 电压总畸变率 $THD_U = \dfrac{U_H}{U_1} \times 100\%$。

表 8-58　　　　谐波电流允许值

标称电压（kV）	基准短路容量（MV·A）	谐波次数及谐波电流允许值（A）							
		2	3	4	5	6	7	8	9
0.38	10	78	62	39	62	26	44	19	21
6	100	43	34	21	34	14	24	11	11
10	100	26	20	13	20	8.5	15	6.4	6.8

标称电压（kV）	基准短路容量（MV·A）	谐波次数及谐波电流允许值（A）							
		10	11	12	13	14	15	16	17
0.38	10	16	28	13	24	11	12	9.7	18
6	100	8.5	16	7.1	13	6.1	6.8	5.3	10
10	100	5.1	9.3	4.3	7.9	3.7	4.1	3.2	6.0

标称电压（kV）	基准短路容量（MV·A）	谐波次数及谐波电流允许值（A）							
		18	19	20	21	22	23	24	25
0.38	10	8.6	16	7.8	8.9	7.1	14	6.5	12
6	100	4.7	9.0	4.3	4.9	3.9	7.4	3.6	6.8
10	100	2.8	5.4	2.6	2.9	2.3	4.5	2.1	4.1

当最小短路容量不同于基准短路容量时，可按下式修正表 8-58 中的谐波电流允许值：

$$I_h = \frac{S_{K1}}{S_{K2}} I_{hP} \qquad (8\text{-}100)$$

式中　I_h——短路容量为 S_{K1} 时的第 h 次谐波电流允许值，A；

S_{K1}——最小短路容量，MV·A；

S_{K2}——基准短路容量，MV·A；

I_{hP}——表 8-58 中的第 h 次谐波电流允许值，A。

2. 谐波影响抑制措施

（1）变频器内配置滤波器来抑制谐波。通过使用无源滤波器能有效地减小谐波，一般地，无源滤波器由电容器和电抗器串联而成，并调谐在某个特定谐波频率。滤波器对其多调谐的谐波来说是一个低阻抗的"陷阱"。理论上，滤波器在其调谐频率处阻抗为零，因此可吸收掉要滤除的谐波。典型的谐波滤波器如图 8-40 所示。

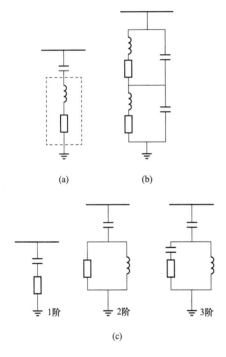

图 8-40　典型的谐波滤波器

（a）串联调谐；（b）双带通；（c）1 阶、2 阶和 3 阶阻尼

1）串联调谐滤波器。串联调谐滤波器由电容器和电抗器串联而成，被调谐于较低的谐波频率处。在调谐的谐波频率处，电容器和电抗器具有相等的电抗值，滤波器的阻抗是纯电阻性的。滤波器阻抗对较低的滤波频率是容性的，而对较高的谐波频率是感性的，这样的结果就使低于最低调谐频率时的阻抗特性变坏。

2）双带通滤波器。双带通滤波器由一个主电容器、一个主电抗器和一个调谐装置串联组成，调谐装置由一个调谐电容器和一个调谐电抗器并联组成。这种滤波器的阻抗在两个调谐频率处达到低值。

3）阻尼滤波器。阻尼滤波器可以是 1 阶、2 阶和 3 阶的，但是最常用的是 2 阶的。一个 2 阶阻尼滤波器由一个电容器与一个电抗器和一个电阻器的并联组合串联而成，它在一个较宽的频率范围内呈现为低阻抗。

当用来消除高次谐波（17 次以上）时，阻尼滤波器被称为高通滤波器，即在高频率时呈现为低阻抗，而在低频率时呈现为高阻抗，因而低频分量不能通过。

阻尼滤波器具有低品质因数，$0.5 < Q < 5$，通常调谐于 $h_n < h_r$，即 10.7，16.5，…

（2）空冷风机采用变频调速时空冷 PC 段上的谐波抑制措施。空冷风机采用变频调速时空冷 PC 段上的谐波抑制措施主要有四种。

1）采用 12 脉动或更高脉动变频器。6 脉动变频器的进线侧谐波电流为 30%～40%，12 脉动变频器的进线侧谐波电流为 10%～18%，18 脉动变频器的进线侧谐波电流为 3%～8%，变频器的脉动数越高，变频器产生谐波越小，采用高脉动数的变频器，直接从源头减少变频器的输出谐波，是最有效的谐波抑制措施。高脉动变频器缺点是需要配置专门变压器，设备布置需要更多空间。

2）在 PC 段上加装滤波器。滤波器分为有源滤波器和无源滤波器两类。

无源滤波器（又称 LC 滤波器）是利用 LC 谐振原理，人为地造成一条串联谐振支路，为要滤除的主要谐波提供阻抗极低的通道，使之不注入电网。无源滤波器仅对固有频率的谐波有较好的补偿效果，需要根据系统计算谐波次数和容量，对不同次数的谐波设计不同的 LC 滤波器，因此需要配置的 LC 滤波器数量大。同时空冷变频器运行是一个比较宽的范围而不是一个固定点，变频器的输出谐波也随着输出频率的改变而变化。在特定频率下，电网阻抗和 LC 滤波器之间可能会发生并联谐振或者串联谐振。

有源滤波器是一种向系统注入补偿谐波电流，以抵消非线性负荷所产生的谐波电流的能动式滤波装置。滤波器可检测变频器谐波电流的幅值和相位，并产生与谐波电流幅值相同、相位相反的电流，从而有效地吸收和消除谐波电流，防止谐波电流流入配电系统造成谐波污染。与无源滤波器相比，有源滤波器具有高度可控制和快速响应特性，并且能跟踪补偿各次谐波，同时自动产生所需变化的无功功率，其特性不受系统影响，无谐波放大危险，因而已成为电力谐波抑制和无功补偿的重要手段。有源滤波器还可以防止系统谐振，预防电气设备故障，提高设备运行安全性，降低设备损耗保证供电安全。

3）空冷 PC 段只接空冷变频器负荷，变频器谐波的影响限制在 PC 段的设备。空冷 PC 段仅接空冷变频器负荷，空冷系统的其他负荷均不由空冷 PC 供电，而是由主厂房 PC 提供电源，以减少空冷变频器谐波对其他负荷的直接影响，同时在选取空冷变压器，空冷 PC 进线断路器等相关设备容量时应考虑空冷谐波的影响，加大设备容量，使空冷 PC 上的电气设备均能承受变频器谐波的影响。

4）空冷变压器选择联结组别为 Dy11d12 的分裂变压器或者选择联结组别为 Dy11、Yy12d 的两台空冷变压器，并且在变压器的 2 个低压侧所接负荷尽量平衡，变频器的 5、7 次等谐波电流在高压厂用母线上能有效抵消，仅保留 $h=12k\pm1$ 次谐波分量，构成 12 脉动整流器。叠加之后的谐波电流对高压厂用母线及外部电网及继电保护装置影响甚微，高压厂用电母线上的谐波能满足要求，高压母线上所带的设备都可正常运行。

（3）电气设备谐波抑制措施。

1）变频电动机。对于采用变频器供电的高压电动机，由于高压变频器一般采用单元串联型结构，其输出侧谐波很小，能满足对谐波的要求，因此变频器出线侧的高压电动机可以不选用变频专用电动机。

但是，对于采用变频器调速的低压电动机宜选用变频专用电动机。这是因为低压变频器普遍采用 6 脉冲结构的逆变器，它的输出含有丰富的谐波，即使采用了滤波电抗器或正弦波滤波器后，其谐波也仍然比普通工频运行的电动机的谐波要大得多。

当变频专用电动机运行时温升不满足要求时，应增加强制冷风扇。

2）电缆。由于普通变频器输出波形中含有高次谐波成分，集肤效应使线路等效阻抗增加，同时，在逆变器输出低频时，输出电压也随之降低，线路压降占输出电压的相对比例增加，因此输出电缆的截面积应当比普通接线时放大一级。同样，变频器的输入电缆也应该比普通工频运行时放大一级。

3）变压器。对给变频器供电的变压器，一方面应有足够的容量裕度，以便降低由于谐波产生的额外发热，另一方面，还应该把一部分由变频器产生的谐波在磁路中尽量抵消，以降低反馈到高压母线的谐波分量，必要时，应给电源变压器设置强迫冷却风机，以便在夏季运行时能把变压器温升保持在较低的程度。

如果有可能，应向变压器制造厂提供各次谐波的比例，以便在变压器制造时考虑适当的裕度。当然，这种谐波比例应在所有变频器可能的工作范围内（根据调速要求从最低输出频率到最高输出频率之间）取最大值。

变压器的高、低压绕组之间应有屏蔽层，屏蔽层应单点引出并可靠接地。一般来说，屏蔽层应采用铜箔或铜板卷绕，材料越厚，屏蔽效果越好。

对 Y/Y 接法的变压器，为降低三次谐波等对中压系统的影响，应设置附加的 d 绕组并将其单点引出并接地。d 绕组应具有一定容量，以免由于电流过大而发热。变压器的绝缘应充分考虑变频器所产生的谐波及共模电压影响，因此其绝缘水平应比普通电力变压器要高。此外，由于一般低压变频器内部没有设置输入变压器，因此向变频器供电的变压器低压侧中性点不应接地，以减轻共模电压对电动机的影响。

（4）空间电磁干扰抑制措施。变频器在运行中产生大量的高次谐波，对周围的继电保护设备、通信设备等电子设备会空间电磁干扰，电磁干扰的传播途径主要分为电磁辐射和感应耦合。

1）电磁辐射。通过空间以辐射的形式来传输，称为辐射干扰。其辐射场强取决于干扰源的电流强度、装置的等效辐射阻抗以及干扰源的发射频率。

2）感应耦合。耦合传播包括静电耦合、电磁耦合、阻抗耦合。当两根导线平行地放置在一定距离时，该两根导线之间的电容就构成电容性耦合，其作用相当于一根导线在另一根导线的静电场中，必然受到这个电场的影响，这是电压干扰信号的主要方式，称为静电耦合；由于载流导线周围产生磁场，这些磁场耦合到周围导线产生干扰，这是电流干扰的主要形式，称为电磁耦合。电路各部分公共导线电阻、公共接地电阻和电源内阻压降，相互耦合形成干扰，称为阻抗耦合。

为了减少变频器高次谐波对电子设备的空间电磁干扰（包括电磁辐射干扰和感应耦合干扰），应采用以下电磁抗干扰措施：

1）电子设备及控制通信电缆远离干扰源。变频器和电力电缆对电子设备的干扰与距离的平方成反比，即随着相互之间距离的增大，干扰衰减非常快。所以，电子设备远离谐波源设备，控制通信电缆与动力电缆分层桥架布置，都能起到很好的防止干扰作用。同时尽可能避免平行敷设，使控制通信电缆与动力电缆之间垂直敷设。远离干扰源，是防止辐射干扰的重要措施。

2）屏蔽干扰源是抑制干扰的非常有效的方法。变频器间、配电间墙体铺设五面金属屏蔽网，变频器输出电缆使用屏蔽型对称多芯电缆，控制通信电缆采用对绞对屏加总屏电缆，以最大限度实现屏蔽电磁干扰源。

3）良好的接地是抗电磁干扰的重要方法。电气设备均要求安全可靠接地，接地的目的：①保护操作人员和设备的安全，即"保护地"；②为了抑制电磁干扰，提供电子测量中的电位基准，即"工作地"。保护接地点与工作接地点要求分开设置，以防止安全接地点对工作接地点的干扰和影响。空冷变压器的中性点，变压器、开关柜、变频器、电动机等电气设备的底座和外壳，电力电缆接线盒，电缆外皮，穿线钢管和电缆桥架等，均应接至电气接地网，变频专用电缆的 3 根中心线及屏蔽层应两端接地，电缆屏蔽层接地时，应沿圆周 360°搭接接地，能有效屏蔽高频电磁波，改善电磁兼容性能。通信控制设备一般采用屏蔽电缆的屏蔽层单端接地方式，能较好地抑制电位差，达到消除电磁干扰目的。

第七节　电焊、起重回路电器及导体选择

一、电焊回路

1. 计算工作电流

（1）单相单台电焊设备回路计算电流：

$$I_g = \frac{S_e}{U_e}\sqrt{ZZ}\times 10^3 = I_e\sqrt{ZZ} = I_{100} \quad (8\text{-}101)$$

或

$$I_g = \frac{P_e}{U_e\cos\varphi}\sqrt{ZZ}\times 10^3 \quad (8\text{-}102)$$

式中　S_e——额定容量，kV·A；

U_e——额定电压，V；

ZZ——暂载率，为焊接时间与工作周期之比，国产电焊机的额定暂载率 ZZ_e 通常等于 65%；

I_e、I_{100}——分别为 ZZ=65%（额定暂载率）及 100% 时电焊机初级电流，A；

P_e——额定有功功率，kW。

（2）多台电焊机接于单相回路时的工作电流：

$$I_g = K_x\Sigma\frac{S_e\sqrt{ZZ}}{U_e}\times 10^3 = K_x\Sigma I_e\sqrt{ZZ} = K_x I_f \quad (8\text{-}103)$$

式中　K_x——需要系数，两台焊机时取 0.65，三台及以上焊机时取 0.35；

I_f——尖峰电流，A。

若按公式所得电流小于其中最大一台焊机的负荷电流时，则以最大一台焊机负荷电流作为回路计算工作电流。

（3）三相供电回路的两相或三相上分别连接单相电焊设备馈电干线的计算工作电流。

1）三相负荷平衡时：

$$I_g = \frac{K_x\Sigma S_e\sqrt{ZZ}}{\sqrt{3}U_e}\times 10^3 = \frac{K_x\Sigma P_e\sqrt{ZZ}}{\sqrt{3}\cos\varphi U_e}\times 10^3$$

$$= \frac{K_x\Sigma I_e\sqrt{ZZ}}{\sqrt{3}} \quad (8\text{-}104)$$

式中　K_x——需要系数，每相接两台焊机时为 0.65，每相接三台焊机时为 0.35；

ΣS_e——接于三相的总额定容量，kV·A；

ΣP_e——接于三相的总额定有功功率，kW；

$\cos\varphi$——电焊机功率因数，一般可取 0.5；

ΣI_e——各电焊机额定负荷电流之和，A。

2）当三相负荷不平衡时，则按其中最大一相的电流作为计算电流，各相电流分别为

$$I_A = K_{XA}\sqrt{I_A^2 + I_{CA}^2 + I_{AB}I_{CA}} = K_{XA}I_{fA} \quad (8\text{-}105)$$

$$I_B = K_{XB}\sqrt{I_{AB}^2 + I_{BC}^2 + I_{AB}I_{BC}} = K_{XB}I_{fB} \quad (8\text{-}106)$$

$$I_C = K_{XC}\sqrt{I_{CA}^2 + I_{BC}^2 + I_{CA}I_{BC}} = K_{XC}I_{fC} \quad (8\text{-}107)$$

式中　K_{XA}、K_{XB}、K_{XC}——各相电流的需要系数，当一相接一台焊机时 K_X=1，接两台电焊机时 K_X=0.65，接三台电焊机时 K_X=0.35；

I_{AB}、I_{BC}、I_{CA}——跨接于 AB、BC、CA 相间的电焊机负荷电流之和，A；

I_{fA}、I_{fB}、I_{fC}——各相负荷的尖峰电流，A。

（4）对直流电焊变流机组，其持续工作电流等于交流电动机额定电流。

高温高压的主蒸气管道热处理用电，一般由两台 BA-500 型焊机并联供给，一次侧电流为 2×67=134（A），当大于焊机负荷时，应以此作为计算负荷。

2. 熔断器选择

（1）单台电焊变压器回路：

$$I_{eR} \geq K_A K_f I_g \quad (8\text{-}108)$$

式中　I_{eR}——熔件的额定电流，A；

K_A——安全系数，取 1.1；

K_f——负荷的尖峰系数，取 1.1；

I_g——计算工作电流，A。

（2）供给多台电焊变压器回路：

$$I_{eR} \geq \frac{I_f}{2} \quad (8\text{-}109)$$

式中　I_f——回路尖峰电流，A，见式（8-103）。

3. 电缆选择

（1）按发热要求：

$$I_g \leq I_{Xu} \quad (8\text{-}110)$$

式中　I_g——计算工作电流，A；

I_{Xu}——电缆允许载流量，A。

（2）按电压降校验。电焊回路电压降不超过 10%。单相回路电压降计算：

$$\Delta U\% = \frac{2XI_g L}{U_e}(R\cos\varphi + X\sin\varphi)\times 100\% \quad (8\text{-}111)$$

三相回路电压降计算：

$$\Delta U\% = \frac{\sqrt{3}I_g L}{U_e} - (R\cos\varphi + X\sin\varphi)\times 100\% \quad (8\text{-}112)$$

式中　L——线路长度，m；

　　　R——线路单位长度电阻，Ω/m；

　　　$\cos\varphi$——电焊机功率因数；

　　　X——线路单位长度电抗，Ω/m。

二、起重回路

1. 计算工作电流及尖峰电流

对 1～3 台吊车组可用综合系数法。单台电动葫芦及梁式吊车，可直接用主钩电动机功率及电流作为计算值。

（1）计算电流的确定：

$$I_g = \frac{K_z P_\Sigma \times 10^3}{\sqrt{3}U_e \cos\varphi} \quad (8\text{-}113)$$

式中　I_g——回路计算电流，A；

　　　K_z——综合系数，见表 8-59；

　　　P_Σ——对应于额定暂载率的电动机总功率（双钩吊车副钩功率不计算），kW；

　　　U_e——回路额定电压，V；

　　　$\cos\varphi$——起重机功率因数，绕线式电动机取 0.65，笼式电动机取 0.5。

表 8-59　　　综合系数 K_z 值

吊车额定暂载率	吊车台数	综合系数 K_z 值
25%	1	0.4
	2	0.3
	3	0.25
40%	1	0.5
	2	0.38
	3	0.32

（2）尖峰电流计算：

$$I_{jf} = I_g + (K - K_z)I_{e1} \quad (8\text{-}114)$$

式中　I_g——计算电流，A，见式（8-113）；

　　　K——最大一台电动机启动电流倍数，对绕线式电动机取 2～2.5 倍；

　　　I_{e1}——最大一台电动机额定电流，A。

2. 保护设备选择

（1）熔断器选择

$$I_e \geq \frac{I_{jf}}{1.6} \quad (8\text{-}115)$$

（2）自动空气开关瞬时脱扣器选择：

$$I_z \geq 1.35 I_{jf} \quad (8\text{-}116)$$

式中　I_z——瞬时脱扣器整定电流，A；

　　　I_{jf}——尖峰电流，A。

3. 导线及滑线选择

导线及滑线应根据机械强度、允许载流量及电压降选择，一般选用四极滑线。

滑线一般采用安全滑触线，有爆炸、火灾危险场所及严重腐蚀性厂房不应采用裸滑线，而应采用移动橡套电缆（YC、YWC 型），其中腐蚀性厂房也可采用封闭式安全滑触线。

（1）按机械强度选择：导线及电缆铝芯截面积不宜小于 4mm²，铜芯不宜小于 2.5mm²。

角钢滑线一般选用∠40×4～∠75×8，当用电压降校核超过允许压降时，可另加辅助线，辅助线一般用铝排或绝缘线、电缆等，其截面积和位置由计算确定。

安全滑触线一般按制造厂提供的计算公式计算，强度核算也按制造厂要求。

（2）按允许载流量选择：

$$I_{Xu} \geq I_g \quad (8\text{-}117)$$

式中　I_{Xu}——导体（或安全滑线，由制造厂提供）允许载流量，电缆见第四章，滑线如表 8-60 所示；

　　　I_g——回路计算电流，A，见式（8-113）。

（3）按允许压降选择：起重回路总的电压降不应超过 15%（其中滑线可占 6%～8%；电缆可占 5%～7%；滑线至起重设备内部可占 2%～3%）。

$$\Delta U\% = \frac{\sqrt{3}\times 10^2}{U_e} I_{jf} L(R_j\cos\varphi + X_n\sin\varphi) \quad (8\text{-}118)$$

式中　$\Delta U\%$——导线或滑线的电压降，%；

　　　U_e——额定线电压，V；

　　　I_{jf}——按式（8-114）计算的尖峰电流，A；

　　　L——导线或滑线的长度，（单台吊车按最远端计算；两台吊车按滑线长度的 80% 计算），km；

　　　R_j、X_n——交流电阻及电抗，Ω/km，电缆见第四章，滑线见表 8-61；

　　　$\cos\varphi$——功率因数，绕线式电动机取 0.65，笼式电动机为 0.5；

　　　$\sin\varphi$——绕线式电动机取 0.76，笼式电动机为 0.87。

滑线的单位长度电压损失也可直接查表 8-62。

表 8-60　　　用作滑线的型钢技术数据

滑线型式	主要尺寸（mm）	截面积（mm²）	每米质量（kg）	+25℃时长期允许负荷电流（A）交流 50Hz	直流	电阻（Ω/km）
扁钢	30×8	240	1.88	152	280	0.60
	50×8	400	3.14	247	450	0.36

续表

滑线型式	主要尺寸（mm）	截面积（mm²）	每米质量（kg）	+25℃时长期允许负荷电流（A） 交流50Hz	+25℃时长期允许负荷电流（A） 直流	电阻（Ω/km）
角钢	24×25×4	186	1.46	147	222	0.78
	30×30×4	227	1.78	184	306	0.64
	40×40×4	308	2.42	247	410	0.47
	45×45×4	429	3.37	296	510	0.38
	50×50×5	480	3.77	328	566	0.30
	60×60×6	601	5.42	396	740	0.21
	65×65×8	987	7.75	450	922	0.147
角钢	75×75×8	1150	9.03	518	1085	0.126
	75×75×10	1410	11.1	542	1180	0.103

注　1. 发电厂中裸滑线一般采用角钢，截面积小于 50mm×50mm×5mm 的由于强度不够而不采用，截面积大于 75mm×75mm×10mm 的由于质量过大，使固定结构复杂，亦不采用。

　　2. 表中所列长期允许负荷电流系指周围空气温度为 +25℃、最高发热温度达+70℃而言。

表 8-61　用作滑线的型钢的有效电阻和内感抗　（Ω/km）

电流密度（A/mm²）	扁钢（mm） 30×8 R_j	扁钢（mm） 30×8 X_n	扁钢（mm） 50×8 R_j	扁钢（mm） 50×8 X_n
0.15	3.9	2.2	2.5	1.4
0.20	3.7	2.1	2.4	1.35
0.25	3.6	2.04	2.2	1.25
0.30	3.4	1.9	2.1	1.2
0.35	3.2	1.8	2.0	1.1
0.40	3.1	1.75	1.9	1.1

电流密度（A/mm²）	角钢（mm） 25×25×4 R_j	角钢（mm） 25×25×4 X_n	角钢（mm） 30×30×4 R_j	角钢（mm） 30×30×4 X_n	角钢（mm） 40×40×4 R_j	角钢（mm） 40×40×4 X_n
0.08						
0.1						
0.15						
0.20			2.67	1.57	2.0	1.13
0.25	3.35	1.90	2.6	1.47	1.92	1.08
0.3	3.28	1.86	2.5	1.41	1.85	1.05
0.4	3.15	1.78	2.35	1.33	1.74	0.97
0.5	3.0	1.70	2.2	1.24	1.64	0.91
0.6	2.88	1.63	2.08	1.18	1.55	0.86

续表

电流密度（A/mm²）	角钢（mm） 25×25×4 R_j	角钢（mm） 25×25×4 X_n	角钢（mm） 30×30×4 R_j	角钢（mm） 30×30×4 X_n	角钢（mm） 40×40×4 R_j	角钢（mm） 40×40×4 X_n
0.8	2.65	1.50	1.90	1.07	1.43	0.79
1.0	2.48	1.40	1.77	1.0	1.32	0.73
1.2	2.35	1.33	1.66	0.92	1.24	0.69
1.4	2.25	1.27	1.58	0.88	1.19	0.66
1.6	2.15	1.22	1.53	0.85	1.15	0.64
1.8	2.08	1.18	1.50	0.83		
2.0	2.0	1.13				

电流密度（A/mm²）	角钢（mm） 45×45×5 R_j	角钢（mm） 45×45×5 X_n	角钢（mm） 50×50×5 R_j	角钢（mm） 50×50×5 X_n	角钢（mm） 60×60×6 R_j	角钢（mm） 60×60×6 X_n
0.08						
0.1					1.3	0.72
0.15	1.73	0.96	1.57	0.87	1.23	0.66
0.20	1.65	0.92	1.5	0.83	1.17	0.65
0.25	1.58	0.88	1.43	0.79	1.12	0.62
0.3	1.52	0.84	1.36	0.75	1.06	0.59
0.4	1.41	0.78	1.26	0.70	0.97	0.55
0.5	1.32	0.73	1.17	0.65	0.90	0.51
0.6	1.24	0.69	1.11	0.62	0.85	0.48
0.8	1.13	0.63	1.00	0.57	0.76	0.43
1.0	1.05	0.58	0.92	0.52	0.70	0.40
1.2	0.98	0.55	0.86	0.49	0.65	0.37
1.4	0.94	0.53	0.84	0.47		
1.6						
1.8						
2.0						

电流密度（A/mm²）	角钢（mm） 65×65×8 R_j	角钢（mm） 65×65×8 X_n	角钢（mm） 75×75×8 R_j	角钢（mm） 75×75×8 X_n	角钢（mm） 75×75×10 R_j	角钢（mm） 75×75×10 X_n
0.08					0.96	0.54
0.1	1.13	0.63	0.98	0.55	0.93	0.52
0.15	1.05	0.58	0.91	0.51	0.85	0.48
0.20	0.98	0.55	0.84	0.47	0.78	0.44
0.25	0.92	0.52	0.79	0.45	0.72	0.41
0.3	0.87	0.49	0.74	0.42	0.68	0.38
0.4	0.78	0.44	0.67	0.38	0.6	0.34
0.5	0.72	0.41	0.62	0.35	0.56	0.32
0.6	0.67	0.38	0.58	0.33	0.53	0.3

续表

电流密度 (A/mm²)	角钢（mm）					
	65×65×8		75×75×8		75×75×10	
	R_j	X_n	R_j	X_n	R_j	X_n
0.8	0.60	0.34	0.53	0.30	0.48	0.27
1.0	0.56	0.32	0.49	0.28	0.45	0.25
1.2						
1.4						
1.6						
1.8						
2.0						

表 8-62　用作滑线的型钢在三相交流时的电压损失　（V/km）

电流 (A)	扁钢（mm）			
	30×8		50×8	
	功率因数			
	0.5	0.65	0.5	0.65
10	50	54	39	42
20	127	139	73	80
30	204	224	120	131
40	252	287	178	195
50	309	359	218	240
60	373	408	253	277
70	406	445	294	322
80	440	480	329	358
90			354	386
100			379	405
120			431	473
140			480	525
160			524	572

电流 (A)	角钢（mm）					
	25×25×4		30×30×4		40×40×4	
	功率因数					
	0.5	0.65	0.5	0.65	0.5	0.65
100	474	515				
125	550	600	460	500		
150	625	690	520	570	420	458
175	700	760	575	630	470	512
200	770	835	630	690	520	566
250	900	975	735	809	616	670
300	1020	1100	835	905	686	748
350			930	1005	752	820
400			1020	1100	824	900
500					980	1070

电流 (A)	角钢（mm）					
	25×25×4		30×30×4		40×40×4	
	功率因数					
	0.5	0.65	0.5	0.65	0.5	0.65
600						
750						
900						
1100						

电流 (A)	角钢（mm）					
	45×45×5		50×50×5		60×60×6	
	功率因数					
	0.5	0.65	0.5	0.65	0.5	0.65
100						
125						
150						
175	418	456	390	425		
200	460	502	425	465		
250	540	592	495	540	428	468
300	608	665	556	608	482	525
350	672	732	610	665	538	585
400	740	802	670	730	588	642
500	858	935	770	890	682	745
600	968	1060	885	960	760	828
750			1025	1120	870	950
900					990	1080
1100						

电流 (A)	角钢（mm）					
	65×65×8		75×75×8		75×75×10	
	功率因数					
	0.5	0.65	0.5	0.65	0.5	0.65
100						
125						
150						
175						
200						
250	394	430				
300	442	482	400	436	390	424
350	490	535	442	480	430	470
400	534	585	478	520	464	506
500	618	675	550	600	525	572
600	695	760	620	675	600	655
750	800	875	722	786	710	755
900	895	980	818	894	805	880
1100			942	1030	900	980

第九章

导体设计及选择

第一节　导体载流量计算

一、敞露式硬导体的载流量

（一）辐射散热

单根导体单位长度外表面的辐射散热 W_{R1} 可按式（9-1）计算：

$$W_{R1} = 5.7\varepsilon(T_M^4 - T_0^4) \times 10^{-12} \qquad (9-1)$$

导体三相布置在同一平面时，其计算式为

中相：$W_{R1} = 5.7\varepsilon[(T_M^4 - T_0^4) \times 10^{-12}] \times (1-\varphi_{12})$ （9-2）

边相：$W_{R1} = 5.7\varepsilon[(T_M^4 - T_0^4) \times 10^{-12}] \times \left(1 - \dfrac{\varphi_{12}}{2}\right)$ （9-3）

$$T_M = 273 + t_m$$
$$T_0 = 273 + t_0$$

式中　W_{R1}——面积为 1cm^2 的导体外表面辐射散热系数，W/cm^2；

$\quad$ 5.7——辐射散热常数；

$\quad \varepsilon$——辐射表面的黑度系数，见表 9-1；

$\quad T_M$——导体长期允许工作温度，以绝对温度表示，K；

$\quad T_0$——环境温度，以绝对温度表示，K；

$\quad \varphi_{12}$——平均辐射角系数，计算见式（9-4）；

$\quad t_m$——导体工作时发热温度，℃；

$\quad t_0$——环境温度，℃。

$$\varphi_{12} = \frac{D\tan\alpha + \left(\dfrac{\pi}{2}-\alpha\right)D - S}{\pi D/2} \qquad (9-4)$$

对于圆管导体：

$$\tan\alpha = \sqrt{\left(\frac{S}{D}\right)^2 - 1} \qquad (9-5)$$

$$\alpha = \frac{\pi}{180}\arctan\sqrt{\left(\frac{S}{D}\right)^2 - 1} \qquad (9-6)$$

对于方管和双槽导体：

$$\alpha = \sqrt{1 + \left(\frac{S'}{H}\right)^2} - \frac{S'}{H} \qquad (9-7)$$

以上各式中符号定义如图 9-1 所示。

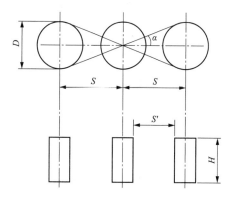

图 9-1　辐射角系数符号示例

D—直径；S—两根导体之间的中心距；

S'—两根导体之间的净距；H—导体长度

表 9-1　　　　导体材料的黑度系数 ε

导体材料及表面状况	黑度系数 ε	导体材料及表面状况	黑度系数 ε
绝对黑体	1.00	磨光的铝	0.04
氧化了的钢	0.8	有光泽的黑漆	0.82
氧化了的铜	0.6～0.7	无光泽的黑漆	0.91
氧化了的铝	0.2～0.3	各种颜色的油漆、涂料	0.92～0.96

双槽形导体和片间距离等于导体厚度的矩形导体，其导体内表面辐射散热量 W_{R2} 为：

$$W_{R2} = 5.13(T_M^4 - T_0^4) \times 10^{-12} \qquad (9-8)$$

式中　W_{R2}——面积为 1cm^2 的导体内表面辐射散热系数，W/cm^2。

（二）对流散热

一般情况下，敞露式导体的对流散热可按大空间湍流状态考虑，导体单位长度的自然对流散热量 W_{c1}、W_{c2} 为：

$$W_{c1} = 4.3\Delta t^{1.25}P^{0.5}H^{-0.25} \times 10^{-4} \qquad (9-9)$$

$$W_{c2} = \frac{W_{c1}}{2} \quad \text{（导体竖放时）} \qquad (9\text{-}10)$$

$$W_{c2} = \frac{W_{c1}}{4} \quad \text{（导体平放时）} \qquad (9\text{-}11)$$

$$\Delta t = t_m - t_0 \qquad (9\text{-}12)$$

当导体片间距离如图 9-2 布置时，其对流散热 W'_{c2} 可按下式计算：

$$W'_{c2} = 3.3\Delta t^{1.25} P^{0.5} H^{-0.25} \times 10^{-4} \qquad (9\text{-}13)$$

式中　W_{c1}——面积为 1cm^2 的导体外表面对流散热系数，W/cm^2；

Δt——导体温升，℃；

P——大气压力，Pa；

H——导体的等价高度，圆管导体 H 等于导体外径 D，cm；

W_{c2}——面积为 1cm^2 的导体内表面对流散热系数，W/cm^2；

W'_{c2}——当导体片间距离如图 9-2 布置时，单位长度内表面对流散热系数，W/cm^2。

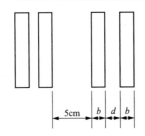

图 9-2　导体片间距离布置示例图
b—导体宽度；d—净距

（三）单位长度导体总的散热量及允许载流量

单位长度导体总的散热量 W 为：

$$W = A(W_{R1} + W_{c1}) + BW_{R2} + CW_{c2} \qquad (9\text{-}14)$$

导体片间距离如图 9-2 布置时，W 为：

$$W = A(W_{R1} + W_{c1}) + BW_{R2} + CW_{c2} + CW'_c \qquad (9\text{-}15)$$

导体的允许载流量 I 为：

$$I = \sqrt{\frac{W}{R}} \qquad (9\text{-}16)$$

$$R = k_s k_f \rho_{20} [1 + \alpha_n (t_m - 20)]/ Hb \times 10^4$$

式中　W——长度为 1cm 的导体总的散热量，W；

A——长度为 1cm 的导体外表面散热面积，cm^2；

B——长度为 1cm 的导体片间缝隙的外表面积，cm^2；

C——长度为 1cm 的导体内表面散热面积，cm^2；

C'——导体片间距离等于 5cm 时，长度为 1cm 的导体内表面对流散热面积，cm^2；

W'_c——截面积为 1cm^2 的导体对流散热系数；

R——在 t_m 温度时，导体的交流电阻，Ω/cm；

k_s——导体相间邻近效应系数，一般计算取 1；

k_f——在 t_m 温度时，导体的集肤效应系数，见表 9-6、表 9-7 和表 9-17；

ρ_{20}——导体材料在 20℃时的电阻率，$\Omega \cdot \text{mm}^2/\text{m}$；

α_n——导体材料的电阻温度系数，1/℃；

t_m——导体工作时的温度，℃；

H、b——导体的高度和宽度，cm。

A、B、C、C' 和 H 的值见表 9-2。

表 9-2　　　　　　　　　　　　　　　　　A、B、C、C' 和 H 的值

导体形式及布置	A、B、C、C'值	H 值	备注
	$A = 2(h+nb)$ $B = (n-1) \times 2h(1-\varphi)$ $C = (n-1) \times 2h$	$H = h$	$\varphi = \sqrt{1 + \left(\dfrac{d}{h}\right)^2} - \dfrac{d}{h}$ n 为本相导体叠加的片数
	$A = 2(h+nb)$ $B = 2d(n-1)$ $C = 2h(n-1)$	$H = 2h$	$\varphi = \sqrt{1 + \left(\dfrac{d}{h}\right)^2} - \dfrac{d}{h}$ n 为本相导体叠加的片数
	$A = 2(h+nb)$ $B = B_1 + B_2$ $B_1 = 4h(1-\varphi)$ $B_1 = 2h(1-\varphi_1)$ $C = 4h$ $C' = 2h$	$H = h$	$\varphi = \sqrt{1 + \left(\dfrac{d}{h}\right)^2} - \dfrac{d}{h}$ $\varphi_1 = \sqrt{1 + \left(\dfrac{5}{h}\right)^2} - \dfrac{5}{h}$ n 为本相导体叠加的片数

二、软导体载流量计算

有风且考虑日照影响时，导体长期允许载流量按以下方法计算。

（一）辐射散热

$$Q_f = \pi D \varepsilon \sigma (T_M^4 - T_0^4) \qquad (9\text{-}17)$$

$$T_M = 273 + t_m$$

$$T_0 = 273 + t_0$$

式中　Q_f——单位长度导体的辐射散热量，W/m；

D——导体直径，m；

ε——导体表面的黑度系数，见表9-1；

σ——斯蒂芬-包尔兹曼常数，$\sigma = 5.67 \times 10^{-8}$ W/m^2；

T_M——导体长期允许工作温度，以绝对温度表示，K；

T_0——环境温度，以绝对温度表示，K；

t_m——导体工作时发热温度，℃；

t_0——环境温度，℃。

（二）对流散热

$$Q_d = \pi \lambda_f \Delta t [A + B(\sin\varphi)^n] \cdot C \left(\frac{v \cdot d}{v_f}\right)^P \qquad (9\text{-}18)$$

$$\lambda_f = 2.42 \times 10^{-2} + 7 \times 10^{-5}\left(t_0 + \frac{1}{2}\Delta t\right)$$

$$V_f = 1.32 \times 10^{-5} + 9.6 \times 10^{-8}\left(t_0 + \frac{1}{2}\Delta t\right)$$

$$\Delta t = t_m - t_0$$

$$\frac{v \cdot D}{v_f} = Re$$

式中　Q_d——单位长度导体的对流散热量，W/m；

λ_f——导体表面空气膜的热传导率，W/(m·℃)；

Δt——导体的温升，℃；

A、B、n——常数（当 $0° < \varphi < 24°$ 时，$A=0.42$，$B=0.68$，$n=1.08$；当 $24° \leq \varphi \leq 90°$ 时 $A=0.42$，$B=0.58$，$n=0.9$）；

φ——风袭角；

C、P——常数，见表9-3；

v——风速，m/s；

v_f——导体表面空气膜的动态黏度，m^2/s；

t_0——导体的初始温度，℃；

Re——雷诺数，见表9-3。

表9-3　垂直风吹的热传递方程系数表

热传递表面	表面粗糙度 $d/2D$	雷诺数范围（Re）	C	P
单根光滑圆柱体	无	100～5000 5000～50000	0.55 0.13	0.485 0.65

续表

热传递表面	表面粗糙度 $d/2D$	雷诺数范围（Re）	C	P
单根或迎风，绞线或细密导线	≤0.1	100～3000 3000～50000	0.57 0.094	0.485 0.71
单根或迎风，绞线	>0.1	100～3000 3000～50000	0.57 0.051	0.485 0.79
背风，绞线或细密导线	≤0.1	100～3000 3000～50000	0.57 0.042	0.5 0.825

计算时设 $\varphi = 90°$，$A=0.42$，$B=0.58$，$n=0.9$，则取 $C=0.57$、$P=0.485$，式（9-18）变为：

$$Q_d = 0.57 \pi \lambda_f \Delta t \left(\frac{v \cdot d}{v_f}\right)^{0.485} \qquad (9\text{-}19)$$

（三）日照时导体吸收的热量及导体允许载流量

日照时导体吸收的热量为：

$$Q_s = \alpha_s D q_s \qquad (9\text{-}20)$$

导体允许载流量为：

$$I = \sqrt{\frac{Q_f + Q_d - Q_s}{R}} \qquad (9\text{-}21)$$

$$R = (1+k)R_\theta \qquad (9\text{-}22)$$

$$R_\theta = R_{20}[1 + \alpha_m(t_m - 20)] \qquad (9\text{-}23)$$

式中　Q_s——日照时导体吸收的热量，W/m；

α_s——导体表面的吸热系数，一般取值与辐射系数相等；

D——导体外径，m；

q_s——日照强度，取 $q_s = 1000$W/m^2；

I——不同温度时导体长期允许的载流量，A；

R——导体在 t_m 温度时的交流电阻，Ω/m；

k——集肤效应系数（当导体截面为 400mm^2 及以下时，取 $k=0.0025$，当导体截面大于400mm^2 时，取 $k=0.001$）；

R_θ——导体在 t_m 温度时的直流电阻，Ω/m；

R_{20}——导体材料在20℃时的电阻，Ω/m。

附录F中所列铝绞线及钢芯铝绞线长期允许载流量是按以下计算条件得到的：基准环境温度25℃，风速0.5m/s，辐射系数及吸热系数为0.5，海拔1000m，未考虑日照影响时导体最高允许温度为+70℃，考虑0.1W/cm^2 日照强度影响时导体最高允许温度为+80℃。

第二节　硬　导　体

一、导体选型

（一）导体材料的基本特性

导体通常由铜、铝、铝合金及钢材料制成，几种常用导体材料的基本特性见表 9-4。

载流导体一般选用铝、铝合金或铜材料。钢母线只在额定电流小而短路电动力大或不重要的场合下使用。纯铝的成形导体一般为矩形、槽形和管形。由于纯铝的管形导体强度较低，因此配电装置敞开式布置时不宜采用。

表 9-4　　　　　　　　　　　　　　　　导体材料的基本特性

基本特性	材料名称					
	铜	铝	铝锰合金	铝镁合金	铝镁硅合金	钢
20℃时电阻率（Ω·m）	0.0179	0.290	0.0379	0.0458	0.030	0.1390
20℃时电阻温度系数（1/℃）	0.00385	0.00403	0.0042	0.0042	0.0041	0.00455
密度（g/cm³）	8.89	2.71	2.73	2.68	2.71	7.85
熔点（℃）	1083	653				1536
比热容（J/g·℃）	0.3843	0.9295				0.4522
导热系数［（J/（cm·s·℃）］	3.8644	2.1771				0.8038
温度线膨胀系数（1/℃）	$16.42×10^{-6}$	$24×10^{-6}$	$23.2×10^{-6}$	$23.8×10^{-6}$		$12×10^{-6}$
抗拉强度（N/mm²）	210～250	＞120	160	300	＞250	＞280
伸长率（%）	＞3	＞3	10	24	＞7	＞25
最大允许应力（N/mm²）	140	70	90	170	110	160
弹性模数（N/mm²）	100000	70000	71000	70000	69000	200000
允许最高加热温度（℃）	300	200	200	200	200	600

铝合金导体有铝锰合金和铝镁合金两种，形状均为管形。铝锰合金导体载流量大，但强度较差，采用一定的补强措施后可广泛使用；铝镁合金导体机械强度大，但载流量小，主要缺点是焊接困难，因此使用受到限制。

铜导体强度大，载流量大，耐腐蚀的性能好，但其自身密度大导致导体的质量较大，且价格较高，故目前一般在下列情况中使用：

（1）位于化工厂（其排出大量腐蚀性气体对铝质材料有影响）附近的屋外配电装置。

（2）发电机出线端子处位置特别狭窄以及铝排截面太大穿过套管困难时。

（3）持续工作电流在 4000A 以上的矩形导体，由于安装有要求且采用其他型式的导体困难时。

其他场合中，当技术经济合理时也可以选用铜导体。

（二）导体型式及适用范围

导体除满足工作电流、机械强度和电晕要求外，导体形状还应满足下列要求：

（1）电流分布均匀（即集肤效应系数尽可能低）。

（2）机械强度高。

（3）散热良好（与导体放置方式和形状有关）。

（4）有利于提高电晕起始电压。

（5）安装、检修简单，连接方便。

我国目前常用的硬导体形式有矩形、槽形和管形等。

1. 矩形导体

单片矩形导体具有集肤效应系数小、散热条件好、安装简单、连接方便等优点，一般适用于工作电流 $I≤2000A$ 的回路中。

多片矩形导体集肤效应系数比单片导体的大，所以附加损耗增大。因此载流量不是随导体片数增加而成倍增加的，尤其是每相超过 3 片以上时，导体的集肤效应系数显著增大。在工程实际中多片矩形导体适用于工作电流 $I≤4000A$ 的回路。当工作电流为 4000A 以上时，则应选用有利于交流电流分布的槽形或管形导体。

2. 槽形导体

槽形导体的电流分布比较均匀，与同截面的矩形导体相比，其优点是散热条件好、机械强度高、安装比较方便。尤其是在垂直方向开有通风孔的双槽形导体比不开孔的方管形导体的载流能力大 9%～10%；比同截面的矩形导体载流能力约大 35%。因此在回路持续工作电流为 4000～8000A 时，一般可选用双槽形导体，大于上述电流时，由于会引起钢构件严重发热，故使用时应采取相应的措施以减小对钢构件的影响或选用其他形式的导体。

3. 管形导体

管形导体是空芯导体，集肤效应系数小，且有利于提高电晕的起始电压。户外配电装置使用管形导体，具有占地面积小、构架简明、布置清晰等优点。但导体与设备端子连接较复杂，用于户外时易产生微风振动。110～330kV 高压配电装置，当其母线采用硬导体时，宜选用铝合金管形导体，固定方式可采用支持式或悬吊式。500kV 高压配电装置，当其母线采用硬导体时，可采用单根大直径圆管或多根小直径圆管组成的分裂结构，固定方式一般采用悬吊式。目前，750kV 及以上高压配电装置中，其母线材料一般不选用硬导体。

二、导体截面的选择和校验

（一）一般要求

裸导体应根据具体情况，按下述技术条件分别进行选择和校验：

（1）工作电流。

（2）经济电流密度。

（3）电晕。

（4）动稳定或机械强度。

（5）热稳定。

（6）允许电压降。

注：当选择的导体为非裸导体时，可不校验第（3）项。

其中动稳定、热稳定校验时所用的短路电流，应按系统最大运行方式下可能流经被校验导体的最大短路电流。系统容量应按具体工程的设计规划容量计算，并考虑电力系统的远景发展规划（宜按该工程投产后 5～10 年规划）。

用最大短路电流校验导体动稳定和热稳定时，应选取被校验导体通过最大短路电流的短路点，选取短路点应遵守下列规定：

（1）对不带电抗器的回路，短路点应选在正常接线方式时短路电流为最大的地点。

（2）对带电抗器的 3～10kV 出线和厂用分支回路，校验母线与母线隔离开关之间隔板前的引线时，短路点应选在电抗器前，校验其他导体时，短路点宜选在电抗器之后。

裸导体尚应按下列使用环境条件校验：

（1）环境温度。

（2）日照。

（3）风速。

（4）海拔。

（5）污秽。

注：当在屋内使用时，可不校验日照、风速、污秽。

对于屋外裸导体按照最热月平均最高温度选择。屋内裸导体按照安装地点的通风设计温度选择，当无

资料时，可取最热月平均最高温度加 5℃。软导体的选择也可按照此要求执行。

选择屋外导体时，应考虑日照的影响。但对于按经济电流密度选择的屋外导体，如发电机引出线的封闭母线等，可不校验日照的影响。

选择导体所用的最大风速：330kV 以下的导体宜采用离地面 10m 高、30 年一遇的 10min 平均最大风速；500～750kV 导体宜采用离地面 10m 高、50 年一遇的 10min 平均最大风速；1000kV 导体宜采用离地面 10m 高、100 年一遇的 10min 平均最大风速，并按实际安装高度对风速进行换算。正常使用风速不大于 34m/s。当最大设计风速超过该风速时，应在屋外配电装置的布置设计中采取措施。风速的换算方法见式（9-24）。

$$v_z = v_1 \left(\frac{Z}{Z_1} \right)^a \qquad (9\text{-}24)$$

式中 v_z ——高度为 Z 处的风速，m/s；

$\quad v_1$ ——高度为 Z_1 处的风速，m/s；

$\quad Z$ ——设计高度，m；

$\quad Z_1$ ——风速仪离地高度，m；

$\quad a$ ——地面粗糙度系数（在近海海面、海岛、海岸、湖岸及沙漠地区取 0.12；田野、乡村、丛林、丘陵及房屋比较稀疏的中小城镇和大城市郊区取 0.16；有密集建筑群的城市市区取 0.22；有密集建筑群且房屋较高的大城市市区取 0.30）。

高压和超高压配电装置中选用的管形导体，由于跨距和短路容量的增大，其导体截面除应满足载流量和机械强度要求外，其形状还应有利于提高电晕起始电压和避免微风振动。

（二）按回路持续工作电流选择

选用导体的长期允许电流不得小于该回路的持续工作电流，即

$$I_{xu} \geqslant I_g \qquad (9\text{-}25)$$

式中 I_g ——导体回路的持续工作电流，A，按表 7-3 确定；

$\quad I_{xu}$ ——相应于导体在某一运行温度、环境条件及安装方式下长期允许的载流量，A，其值见表 9-5～表 9-10（其中载流量是按导体允许工作温度 70℃、环境温度 25℃、导体表面涂漆、无日照、海拔 1000m 及以下条件计算的，其他情况需按表中所列载流量乘以相应的校正系数，见表 9-11）。

表 9-5   **矩形铝导体长期允许载流量**   （A）

导体尺寸 $h×b$ (mm×mm)	单条		双条		三条		四条	
	平放	竖放	平放	竖放	平放	竖放	平放	竖放
40×4	480	503						
40×5	542	562						
50×4	586	613						
50×5	661	692						
63×6.3	910	952	1409	1547	1866	2111		
63×8	1038	1085	1623	1777	2113	2379		
63×10	1168	1221	1825	1994	2381	2665		
80×6.3	1128	1178	1724	1892	2211	2505	2558	3411
80×8	1274	1330	1946	2131	2491	2809	2863	3817
80×10	1472	1490	2175	2373	2774	3114	3167	4222
100×6.3	1371	1430	2054	2253	2633	2985	3032	4043
100×8	1542	1609	2298	2516	2933	3311	3359	4479
100×10	1278	1803	2558	2796	3181	3578	3622	4829
125×6.3	1674	1744	2446	2680	2079	3490	3525	4700
125×8	1876	1955	2725	2982	3375	3813	3847	5129
125×10	2089	2177	3005	3282	3725	4194	4225	5633

注 1. 载流量是按最高允许温度+70℃、基准环境温度+25℃、无风、无日照条件计算的。

2. 导体尺寸中，h 为宽度，b 为厚度。

3. 当导体为四条时，平放、竖放第 2、3 片间距离皆为 50mm。

4. 同截面铜导体载流量为表中铝导体载流量的 1.27 倍。

表 9-6   **槽形导体长期允许载流量及计算用数据**   （A）

截面尺寸 (mm)				双槽导体截面 (mm^2)	集肤效应系数 K_r	导体截流量 (A)	导体的布置方式						双槽焊成整体时				共振最大允许距离（cm）	
							[] [] []			⊐ ⊐ ⊐							双槽实连时绝缘子间距	双槽不实连时绝缘子间距
H	b	t	r				截面系数 W_y (cm^3)	截面惯性矩 I_y (cm^4)	惯性半径 r_y (cm)	截面系数 W_x (cm^3)	截面惯性矩 I_x (cm^4)	惯性半径 r_x (cm)	截面系数 W_{y0} (cm^3)	截面惯性矩 I_{y0} (cm^4)	惯性半径 r_{y0} (cm)	静力矩 S_{y0} (cm^3)		
75	35	4	6	1040	1.012	2280	2.52	6.2	1.09	10.1	41.6	2.83	23.7	89	2.93	141		
75	35	55	6	1390	1.025	2620	3.17	7.6	1.05	14.1	53.1	2.76	30.1	113	2.85	184	178	114
100	45	45	8	1550	1.02	2740	4.51	14.5	1.33	22.2	111	3.78	48.6	243	3.96	288	205	125
100	45	6	8	2020	1.038	3590	5.9	18.5	1.37	27	135	3.7	58	290	3.85	36	203	123
125	55	65	10	2740	1.05	4620	9.5	37	1.65	50	290	4.7	100	620	4.8	63	228	139
150	65	7	10	3570	1.075	5650	14.7	68	1.97	74	560	5.65	167	1260	6.0	98	252	150
175	80	8	12	4880	1.103	6600	25	144	2.4	122	1070	6.05	250	2300	6.9	156	263	147
200	90	10	14	6870	1.175	7550	40	254	2.75	193	1930	7.65	422	4220	7.9	252	285	157

续表

截面尺寸（mm）				双槽导体截面（mm²）	集肤效应系数 K_r	导体截流量（A）	导体的布置方式						双槽焊成整体时				共振最大允许距离（cm）	
							[ ] [ ] [ ]			□□□								
H	b	t	r				截面系数 W_y（cm³）	截面惯性矩 I_y（cm⁴）	惯性半径 r_y（cm）	截面系数 W_x（cm³）	截面惯性矩 I_x（cm⁴）	惯性半径 r_x（cm）	截面系数 W_{y0}（cm³）	截面惯性矩 I_{y0}（cm⁴）	惯性半径 r_{y0}（cm）	静力矩 S_{y0}（cm³）	双槽实连时绝缘子间距	双槽不实连时绝缘子间距
200	90	12	16	8080	1237	8800	46.5	294	2.7	225	2250	7.6	490	4900	7.9	290	283	157
220	105	12.5	16	9760	1285	10150	66.5	490	3.2	307	3450	8.5	654	7240	8.7	390	299	163
250	115	12.5	16	10900	1313	11200	81	660	3.52	360	4500	9.2	824	10300	9.84	495	321	200

注 1. 载流量是按最高允许温度+70℃、基准环境温度+25℃、无风、无日照条件计算的。

　　2. 单槽形导体的形状模型如下图所示。截面尺寸中，h 为槽形铝导体高度、b 为宽度、t 为壁厚、r 为弯曲半径。

　　3. 双槽导体的形状模型见下图。

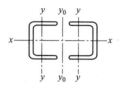

表 9-7　　　　　　　　　　圆管形铝导体长期允许载流量及计算用数据　　　　　　　　　　（A）

截面尺寸（mm）				导体截面 S（mm²）	惯性矩（cm⁴）		断面系数（cm⁴）		集肤效应系数 k_j	允许电流 I（A）		导体共振绝缘子最大允许跨距（cm）
D	d [①]	t [②]	δ		J_x	J_y	W_x	W_y		涂漆	不涂漆	
140	120	10	15	3800	739.4	866.4	105.6	123.8	1.02	5720	4890	223
140	110	15	15	5450	989.0	1165.2	141.2	166.4	1.11	6500	5520	219
210	190	10	15	5950	2869.8	3169.4	273	302	1.02	8630	7380	279
210	180	15	15	8700	3991.2	4419.2	380	421	1.11	9940	8380	276
280	260	10	25	7900	6787.6	7697.4	485	550	1.02	11230	9450	322
280	250	15	25	11730	9618.6	10936.1	678	781	1.12	13120	11000	320
350	330	10	25	10200	14005.6	15447.4	800	883	1.02	14150	11800	363
350	320	15	25	15000	19990.6	22096.4	1142	1261	1.12	16300	13600	369
420	400	10	40	12070	23619.4	26969.3	1125	1283	2.025	16600	13800	397
420	390	15	40	17900	34327.3	39234	1633	1866	1.120	19250	16000	394
490	470	10	40	14100	37591.4	42189.3	1534	1716	1.025	19300	15950	430
490	460	15	40	21100	56017.8	62784.0	2563	2563	1.120	22500	18550	427

注　圆管形铝导体模型如下图所示。

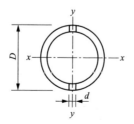

① d 为内径。

② t 为壁厚。

表 9-8　　铝锰合金管形导体长期允许

载流量及计算用数据　　（A）

导体尺寸 D_1/D_2（mm）	导体截面（mm^2）	导体最高允许温度为下值时的载流量（A）		截面系数 W（cm^2）	惯性半径 r_1（cm）	惯性矩 I（cm^4）
		+70℃	+80℃			
ϕ30/25	216	572	565	1.37	0.976	2.06
ϕ40/35	294	770	712	2.60	1.33	5.20
ϕ50/45	273	970	850	4.22	1.68	10.6
ϕ60/54	539	1240	1072	7.29	2.02	21.9
ϕ70/54	631	1413	1211	10.2	2.37	35.5
ϕ60/72	954	1900	1545	17.3	2.69	69.2
ϕ100/90	1491	2350	2054	33.8	2.36	169
ϕ110/100	1649	2569	2217	41.4	3.72	228
ϕ120/110	1806	2782	2377	49.9	4.07	299
ϕ130/116	2705	3511	2976	79.0	4.36	513
ϕ150/136	3145		3140			

注　1. 最高允许温度+70℃的载流量，是按基准环境温度+25℃、无风、无日照、辐射散热与吸热系数为0.5、不涂漆条件计算的。

2. 最高允许温度+80℃的载流量，是按基准环境温度+25℃、日照 0.1W/cm^2、风度 0.5m/s、海拔 1000m、辐射散热系数与吸热系数为0.5、不涂漆条件计算的。

3. 导体尺寸中，D_1 为外径，D_2 为内径。

表 9-9　　铝镁硅系（6063）管形母线长期允许

载流量及计算用数据　　（A）

导体尺寸 D/d（mm）	导体截面（mm^2）	导体最高允许温度为下值时的载流量（A）		截面系数 W（cm^3）	惯性半径 r_1（cm）	截面惯性矩 I（cm^4）
		+70℃	+80℃			
ϕ30/25	216	578	624	1.37	0.976	2.06
ϕ40/35	294	735	804	2.60	1.33	5.20
ϕ50/45	373	925	977	4.22	1.68	10.6
ϕ60/54	539	1218	1251	7.29	2.02	21.9
ϕ70/64	631	1410	1428	10.2	2.37	35.5
ϕ80/72	954	1888	1841	17.3	2.69	69.2
ϕ100/90	1491	2652	2485	33.8	3.36	169
ϕ110/100	1649	2940	2693	41.4	3.72	228
ϕ120/110	1806	3166	2915	49.9	4.07	299
ϕ130/116	2705	3974	3661	79.0	4.36	513
ϕ150/136	3145	4719	4159	107	5.06	806
ϕ170/154	4072	5696	4952	158	5.73	1339

导体尺寸 D/d（mm）	导体截面（mm^2）	导体最高允许温度为下值时的载流量（A）		截面系数 W（cm^3）	惯性半径 r_1（cm）	截面惯性矩 I（cm^4）
		+70℃	+80℃			
ϕ200/184	4825	6674	5687	223	6.79	2227
ϕ250/230	7540	9139	7635	435	8.49	5438

注　1. 最高允许温度+70℃的载流量，是按基准环境温度+25℃、无风、无日照、辐射散热系数与吸热系数为0.5、不涂漆条件计算的。

2. 最高允许温度+80℃的载流量，是按基准环境温度+25℃、日照 0.1W/cm^2、风速 0.5m/s 且与管形导体垂直、海拔 1000m、辐射散热系数与吸热系数为0.5、不涂漆条件计算的。

3. 导体尺寸中，D 为外径，d 为内径。

表 9-10　　铝镁系（LDRE）管形母线长期允许

载流量及计算用数据　　（A）

导体尺寸 D/d（mm）	导体截面（mm^2）	导体最高允许温度为下值时的载流量（A）		截面系数 W（cm^3）	惯性半径 r_1（cm）	截面惯性矩 I（cm^4）
		+70℃	+80℃			
ϕ30/25	216	491	561	1.37	0.976	2.06
ϕ40/35	294	662	724	2.60	1.33	5.20
ϕ50/45	373	834	877	4.22	1.68	10.6
ϕ60/54	539	1094	1125	7.29	2.02	21.9
ϕ70/64	631	1281	1284	10.2	2.37	35.5
ϕ80/72	954	1700	1654	17.3	2.69	69.2
ϕ100/90	1491	2360	2234	33.8	3.36	169
ϕ110/100	1649	2585	2463	41.4	3.72	228
ϕ120/110	1806	2831	2663	49.9	4.07	299
ϕ130/116	2705	3655	3274	79.0	4.36	513
ϕ150/136	3145	4269	3720	107	5.06	806
ϕ170/154	4072	5052	4491	158	5.73	1339
ϕ200/184	4825	5969	5144	223	6.79	2227
ϕ250/230	7540	8342	6914	435	8.49	5438

注　1. 最高允许温度+70℃的载流量，是按基准环境温度+25℃、无风、无日照、辐射散热系数与吸热系数为0.5、不涂漆条件计算的。

2. 最高允许温度+80℃的载流量，是按基准环境温度+25℃、日照 0.1W/cm^2、风速 0.5m/s 且与管形导体垂直、海拔 1000m、辐射散热系数与吸热系数为0.5、不涂漆条件计算的。

3. 导体尺寸中，D 为外径，d 为内径。

表 9-11　　　　　　　　　　　裸导体载流量在不同海拔及环境温度下的综合校正系数

导体最高允许温度（℃）	适用范围	海拔（m）	实际环境温度（℃）						
			+20	+25	+30	+35	+40	+40	+50
+70	屋内矩形、槽形、管形导体和不计日照的屋外软导线		10.5	1.00	0.94	0.88	0.81	0.74	0.67
+80	计及日照时屋外软导线	1000 及以下	1.05	1.00	0.94	0.89	0.83	0.76	0.69
		2000	1.01	0.96	0.91	0.85	0.79		
		3000	0.97	0.92	0.81	0.87	0.75		
		4000	0.93	0.89	0.84	0.77	0.71		
	计及日照时屋外管形导体	1000 及以下	1.05	1.00	0.94	0.87	0.80	0.72	0.63
		2000	1.00	0.94	0.88	0.81	0.74		
		3000	0.95	0.90	0.84	0.76	0.69		
		4000	0.91	0.86	0.80	0.72	0.65		

（三）按经济电流密度选择

除配电装置的汇流母线以外，对于全年负荷利用小时数较大，母线较长（长度超过 20m），传输容量较大的回路（如发电机至主变压器和发电机至主配电装置的回路），均应按经济电流密度选择导体截面，并按下式计算：

$$S_{j} = \frac{I_{g}}{J} \qquad (9\text{-}26)$$

式中　S_j——经济截面，mm^2；

　　　I_g——回路的持续工作电流，A；

　　　J——经济电流密度，A/mm^2。

导体的经济电流密度主要受最大负荷利用时间、导体成本、导体安装成本、电价等多种因素的影响。现行的经济电流密度如图 9-3 所示，其中，图 9-3（a）～（f）适用于单一制电价，图 9-3（g）～（1）适用于两部制电价［D 值取 424 元/（kW·a）］。各图中曲线 1 适用于共箱铝母线；曲线 2 适用于钢芯铝绞线、铝绞线、铝锰合金管母线、槽形铝母线、矩形铝母线；曲线 3 适用于扩径钢芯铝绞线、铝钢扩径空芯导线；曲线 4 适用于矩形铜母线；曲线 5 适用于共箱铜母线。

当无合适规格的导体时，导体截面可按经济电流密度计算截面的相邻下一档选取。

需要说明的是，经济电流密度是寻求在寿命周期内具有最佳经济性的截面积，在选择导体时只作为参考。在大电流和年运行小时数大的回路中，选择铜导体比铝导体更能同时满足经济性最佳和技术性合理的双重要求。

发电厂的最大负荷利用小时数各工程有所差别。一般情况下，火力发电厂的最大负荷利用小时数 t 平均可取 5000h；水力发电厂平均可取 3200h；变电站应根据负荷性质确定。其他行业的取值可参照表 9-12。

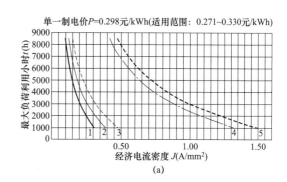

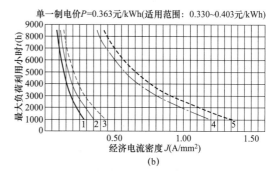

图 9-3　铜、铝母线经济电流密度（一）

（a）单一制电价 P=0.298 元/kWh；（b）单一制

电价 P=0.363 元/kWh

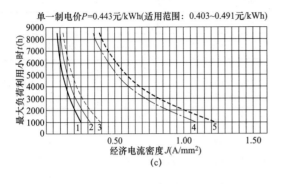

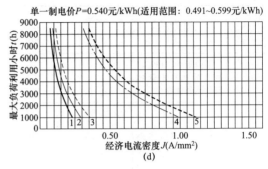

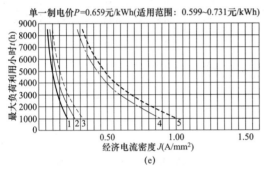

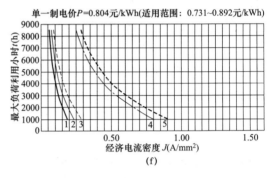

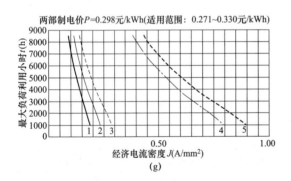

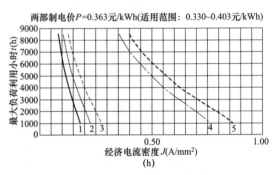

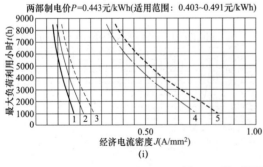

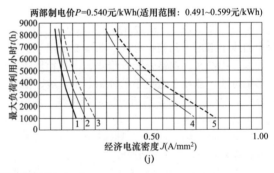

图 9-3　铜、铝母线经济电流密度（二）

（c）单一制电价 P=0.443 元/kWh；（d）单一制电价 P=0.540 元/kWh；（e）单一制电价 P=0.659 元/kWh；

（f）单一制电价 P=0.804 元/kWh；（g）两部制电价 P=0.298 元/kWh；（h）两部制电价 P=0.363 元/kWh；

（i）两部制电价 P=0.443 元/kWh；（j）两部制电价 P=0.540 元/kWh

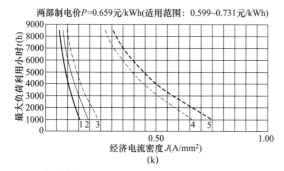

两部制电价P=0.659元/kWh(适用范围：0.599~0.731元/kWh)

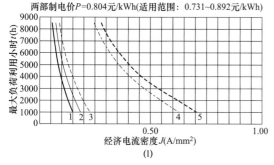

两部制电价P=0.804元/kWh(适用范围：0.731~0.892元/kWh)

图 9-3 铜、铝母线经济电流密度（三）

（k）两部制电价 P=0.659 元/kWh；

（l）两部制电价 P=0.804 元/kWh

表 9-12 不同负荷的年利用时间 t （h）

负荷性质	t 值	负荷性质	t 值	负荷性质	t 值
煤炭工业	6000	城市生活用水	2500	纺织工业	6000
黑色金属工业	6500	农业排灌	2800	电气化铁路	6000
有色金属采选业	5800	农村照明	1500	上下水道	5500
电铝工业	7500	石油工业	7000	农村工业	3500
化学工业	7300	铁合金工业	7700	原子能工业	7800
造纸工业	6500	有色金属冶炼	7500	其他工业	4000
食品工业	4500	机械制造工业	5000		
交通运输	3000	建筑材料工业	6500		

（四）导体截面的校验

1. 按电晕条件校验

对 110kV 及以上电压的母线应按电晕电压校验，见第九章第四节。

2. 按短路热稳定校验

$$S \geq \frac{\sqrt{Q_d}}{C} \qquad (9-27)$$

式中 S——导体的载流截面，mm²；

Q_d——短路电流的热效应，A²·s；

C——与导体材料及发热温度有关的系数，其值见表 9-13。

表 9-13 短路前导体温度为+70℃时的热稳定系数 C 值

导体材料	短路时导体最高允许温度（℃）	C
铜	300	169
铝及铝镁（锰）合金	200	89
钢（不和电器直接连接时）	400	67
钢（和电器直接连接时）	300	60

若导体短路前的温度不是 70℃时，C 值可按式（9-28）计算或由表 9-14 查得。

$$C = \sqrt{K \ln \frac{\tau + t_2}{\tau + t_1} \times 10^{-4}} \qquad (9-28)$$

式中 K——常数，W·S/（Ω·cm⁴），铜为 509×10^6，铝为 219×10^6；

τ——常数，℃，铜为 234.5，铝为 228；

t_1——导体短路前的发热温度，℃；

t_2——短路时导体最高允许温度，℃，铝及铝镁（锰）合金可取 200℃，铜导体取 300℃。

表 9-14 不同工作温度下 C 值

工作温度（℃）	50	55	60	65	70	75
硬铝及铝锰合金	97	95	93	91	89	87
硬铜	179	177	174	172	169	167
工作温度（℃）	80	85	90	95	100	105
硬铝及铝锰合金	85	83	81	79	76	74
硬铜	164	162	159	157	154	152

3. 按短路动稳定校验

（1）一般要求。导体短路时产生的机械应力一般按三相短路验算。若在发电机出口的两相短路或中性点直接接地系统中自耦变压器回路中的单相或两相接地短路较三相短路严重时，则应按严重情况校验，其验算结果应满足：

$$\sigma_{xu} > \sigma \qquad (9-29)$$

$$\sigma = \sigma_{x-x} + \sigma_x \qquad (9-30)$$

式中 σ——短路时导体产生的总机械应力，N/cm²；

σ_{x-x}——短路时导体相间产生的最大机械应力，N/cm²；

σ_x——短路时同相导体片间相互作用产生的机械应力，N/cm²

σ_{xu}——导体材料允许的应力，其值见表 9-15，MPa。

表 9-15　　　　硬导体最大允许应力　　　（MPa）

项目	导体材料及牌号和状态							
	铜/硬铜	铝及铝合金						
		1060 H112	IR35 H112	1035 H112	3A21 B18	6063 T6	6060 T6	6R05 T6
最大允许应力	120/170	30	30	35	100	120	115	125

注　表内所列数值为计及安全系数后的最大允许应力。安全系数一般取 1.7（对应于材料破坏应力）或 1.4（对应于屈服点应力）。

（2）导体短路电动力计算。当三相导体位于同一平面时，短路电动力计算式为

$$F = 1.02 \times 10^{-2} \frac{2l}{\alpha} (\sqrt{2}I'')^2$$
$$\left[N_1 + N_2 e^{-\frac{2t}{T_f}} + N_3 e^{-\frac{t}{T_f}} \cos\omega t + N_4 \cos 2\omega t \right]$$
$$= 6.037 \times 10^{-2} \frac{l}{a} i_{ch}^2 N_5$$

$$(9-31)$$

式中　　　　F——短路电动力，N；

　　　　l——导体长度；

　　　　a——相间距离；

　　　　I''——短路电流周期分量起始值；

　　　　i_{ch}——短路冲击电流，kA；

N_1、N_2、N_3、N_4、N_5——与短路类型有关的系数，见表 9-16；

　　　　t——短路持续时间；

　　　　T_f——短路电流衰减时间常数。

表 9-16　　　　与短路类型有关的系数

短路类型	固定分力 N_1	非周期分力 N_2	周期分力（50Hz）N_3	周期分力（100Hz）N_4	当 $T_i=0.05$ $t=0.01$ 时 N_5
两相短路	0.375	0.75	−1.5	0.375	2.47
三相短路、边相导线	0.375	0.808	−1.616	0.433	2.67
三相短路、中相导线	0	0.866	−1.732	0.866	2.86

因为 $I''^{(2)} < I''^{(3)}$，一般情况下，$I''^{(2)} = \frac{\sqrt{3}}{2} I''^{(3)}$，故两相短路电动力小于三相短路电动力，因此动稳定一般均应按三相短路计算，三相短路电动力计算式为

$$F = 17.248 \times \frac{l}{a} i_{ch}^2 \beta \times 10^{-2}$$

$$(9-32)$$

（3）导体短路时的机械应力计算。

1）单片矩形导体的机械应力。矩形导体机械应力计算用数据见表 9-17 和表 9-18。各种形式导体的机械应力计算均应计及动负荷作用下的振动系数 β。

对于三相导体水平布置在同一平面的矩形导体，相间应力 σ_{x-x} 按下式计算：

$$\sigma_{X-X} = 17.248 \times 10^{-3} \times \frac{L^2}{\alpha \times W} \times i_{ch}^2 \times \beta$$

$$(9-33)$$

式中　　L——绝缘子间跨距，cm；

　　　　α——相间距离，cm；

　　　　W——导体的截面系数，cm^3，见表 9-17 及表 9-18；

　　　　β——振动系数，见本节机械共振条件校验部分。

绝缘子的最大允许跨距 L_{max} 为

$$l_{max} = \frac{7.614}{i_{ch}} \times \sqrt{\alpha W \delta_{xu}}$$

$$(9-34)$$

简化式　　　　$l_{max} = K' \frac{\sqrt{\alpha}}{i_{ch}}$

$$(9-35)$$

式中　　K'——随导体材料与截面而定的系数，三相导体水平排列时可由表 9-17 查得。

对于三相矩形导体按直角三角形布置时，如图 9-4 所示，短路时导体相间最大的机械应力为

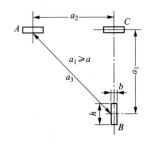

图 9-4　三相矩形导体直角三角形布置

$$\sigma_{x-x} = 9.8 K_z \frac{l^2}{\alpha_1 W} i_{ch}^2 \times 10^{-3} \beta$$

$$(9-36)$$

$$W = 0.167 bh^2$$

$$(9-37)$$

式中　　K_z——系数，由图 9-5 查得；

　　　　b——导体的厚度，如图 9-4 所示；

　　　　h——导体的宽度，如图 9-4 所示。

2）多片矩形导体的机械应力

$$\sigma = \sigma_{x-x} + \sigma_x$$

$$(9-38)$$

$$\sigma_x = \frac{F_x^2 l_c^2}{hb^2}$$

$$(9-39)$$

式中　　σ_{x-x}——相间作用应力，N/cm^2，计算公式同单片导体；

　　　　σ_x——同相导体片间相互作用力的应力，N/cm^2；

表9-17

矩形铝导体机械计算用数据

导体尺寸 $h \times b$ (mm×mm)	导体截面 S (mm²)	集肤效应系数 k_f	机械强度要求最大跨距 (cm) 竖放	机械强度要求最大跨距 (cm) 平放	机械共振允许最大跨距 (cm) 竖放	机械共振允许最大跨距 (cm) 片间	机械共振允许最大跨距 (cm) 平放	片间临界跨距 l_{ej} (cm)	片间作用应力 σ_f (N/cm²)	竖放 截面系数 w_y (cm³)	竖放 惯性半径 r_{ty} (cm)	平放 截面系数 w_x (cm³)	平放 惯性半径 r_{tx} (cm)
63×6.3	397	1.02	$406\sqrt{a}/i_{ch}$	$1285\sqrt{a}/i_{ch}$	45		143			0.4170	0.182	4.17	1.1821
63×8	504	1.03	$516\sqrt{a}/i_{ch}$	$1448\sqrt{a}/i_{ch}$	51		143			0.672	0.231	5.29	1.1821
63×10	630	1.04	$645\sqrt{a}/i_{ch}$	$1620\sqrt{a}/i_{ch}$	57		143			1.05	0.289	6.62	1.821
80×6.3	504	1.03	$458\sqrt{a}/i_{ch}$	$1632\sqrt{a}/i_{ch}$	45		161			0.529	0.182	6.72	2.312
80×8	640	1.04	$581\sqrt{a}/i_{ch}$	$1838\sqrt{a}/i_{ch}$	51		161			0.853	0.231	8.53	2.312
80×10	800	1.05	$727\sqrt{a}/i_{ch}$	$2056\sqrt{a}/i_{ch}$	57		161			1.333	0.289	10.67	2.312
100×6.3	630	1.04	$512\sqrt{a}/i_{ch}$	$2040\sqrt{a}/i_{ch}$	45		180			0.662	0.182	10.5	2.89
100×8	800	1.05	$650\sqrt{a}/i_{ch}$	$2303\sqrt{a}/i_{ch}$	51		180			1.067	0.231	13.38	2.89
100×10	1000	1.08	$813\sqrt{a}/i_{ch}$	$2570\sqrt{a}/i_{ch}$	57		180			1.667	0.289	16.67	2.89
125×6.3	788	1.05	$573\sqrt{a}/i_{ch}$	$2550\sqrt{a}/i_{ch}$	45		201			0.827	0.182	16.41	3.613
125×8	1000	1.08	$727\sqrt{a}/i_{ch}$	$2873\sqrt{a}/i_{ch}$	51		201			1.333	0.231	20.83	3.613
125×10	1250	1.12	$908\sqrt{a}/i_{ch}$	$3212\sqrt{a}/i_{ch}$	57		201			2.083	0.289	26.04	3.613
2(80×6.3)	1008	1.18	$16.25\sqrt{a \cdot \sigma_{x-x}}/i_{ch}$	$27.86\sqrt{a \cdot \sigma_{x-x}}/i_{ch}$	86	48	161	$307.61\sqrt{i_{ch}}$	$23.9\times10^{-4}i_{ch}^2 \cdot l_e^2$	4.572	0.655	13.44	2.312
2(80×8)	1280	1.27	$20.64\sqrt{a \cdot \sigma_{x-x}}/i_{ch}$	$31.4\sqrt{a \cdot \sigma_{x-x}}/i_{ch}$	97	54.5	161	$3991/\sqrt{i_{ch}}$	$12.7\times10^{-4}i_{ch}^2 \cdot l_e^2$	7.373	0.832	17.07	2.312
2(80×10)	1600	1.30	$25.8\sqrt{a \cdot \sigma_{x-x}}/i_{ch}$	$35.1\sqrt{a \cdot \sigma_{x-x}}/i_{ch}$	108	61	161	$489.51\sqrt{i_{ch}}$	$7.94\times10^{-4}i_{ch}^2 \cdot l_e^2$	11.52	1.04	21.33	2.312

续表

导体尺寸 $h\times b$ (mm×mm)	导体截面 S (mm²)	集肤效应系数 k_f	机械强度要求最大跨距 (cm) 竖放	机械强度要求最大跨距 (cm) 平放	机械共振允许最大跨距 (cm) 竖放	机械共振允许最大跨距 (cm) 片间	机械共振允许最大跨距 (cm) 平放	片间临界跨距 l_{ej} (cm³)	片间作用应力 σ_c (N/cm²)	竖放 截面系数 w_y (cm³)	竖放 惯性半径 r_{by} (cm)	平放 截面系数 w_x (cm³)	平放 惯性半径 r_{ix} (cm)
2 (100×6.3)	1260	1.26	$18.17\sqrt{a\cdot\sigma_{x-x}}/i_{ch}$	$34.83\sqrt{a\cdot\sigma_{x-x}}/i_{ch}$	86	48	180	$332l\sqrt{i_{ch}}$	$15.3\times10^{-4}i_{ch}^2\cdot L_e^2$	5.715	0.655	21.00	2.89
2 (100×8)	1600	1.30	$23.07\sqrt{a\cdot\sigma_{x-x}}/i_{ch}$	$39.24\sqrt{a\cdot\sigma_{x-x}}/i_{ch}$	97	54	180	$438l\sqrt{i_{ch}}$	$8.92\times10^{-4}i_{ch}^2\cdot L_e^2$	9.216	0.832	26.66	2.89
2 (100×10)	2000	1.42	$28.84\sqrt{a\cdot\sigma_{x-x}}/i_{ch}$	$43.88\sqrt{a\cdot\sigma_{x-x}}/i_{ch}$	108	61	180	$558l\sqrt{i_{ch}}$	$5.3\times10^{-4}i_{ch}^2\cdot L_e^2$	14.4	1.04	33.33	2.89
2 (125×6.3)	1575	1.28	$20.31\sqrt{a\cdot\sigma_{x-x}}/i_{ch}$	$43.53\sqrt{a\cdot\sigma_{x-x}}/i_{ch}$	86	48	201	$360l\sqrt{i_{ct}}$	$11.37\times10^{-4}i_{ch}^2\cdot L_e^2$	7.144	0.655	32.81	3.613
2 (125×8)	2000	1.40	$25.68\sqrt{a\cdot\sigma_{x-x}}/i_{ch}$	$49\sqrt{a\cdot\sigma_{x-x}}/i_{ch}$	97	54	201	$474l\sqrt{i_{ct}}$	$6.6\times10^{-4}i_{ch}^2\cdot L_e^2$	11.52	0.832	41.67	3.613
2 (125×10)	2500	1.45	$32.24\sqrt{a\cdot\sigma_{x-x}}/i_{ch}$	$54.85\sqrt{a\cdot\sigma_{x-x}}/i_{ch}$	108	61	201	$609l\sqrt{i_{ct}}$	$3.53\times10^{-4}i_{ch}^2\cdot L_e^2$	18.00	1.04	52.08	3.613
3 (80×8)	1920	1.44	$31.24\sqrt{a\cdot\sigma_{x-x}}/i_{ch}$	$38.45\sqrt{a\cdot\sigma_{x-x}}/i_{ch}$	122	54	161	$512l\sqrt{i_{ca}}$	$9.8\times10^{-4}i_{ch}^2\cdot L_e^2$	16.9	1.328	25.6	2.312
3 (80×10)	2400	1.60	$39.05\sqrt{a\cdot\sigma_{x-x}}/i_{ch}$	$43\sqrt{a\cdot\sigma_{x-x}}/i_{ch}$	136	61	161	$657l\sqrt{i_{ca}}$	$5.88\times10^{-4}i_{ch}^2\cdot L_e^2$	26.4	1.66	32.0	2.312
3 (100×8)	2400	1.50	$34.92\sqrt{a\cdot\sigma_{x-x}}/i_{ch}$	$48\sqrt{a\cdot\sigma_{x-x}}/i_{ch}$	122	54	180	$550l\sqrt{i_{cl}}$	$7.154\times10^{-4}i_{ch}^2\cdot L_e^2$	21.12	1.328	39.99	2.89
3 (100×10)	3000	1.70	$43.66\sqrt{a\cdot\sigma_{x-x}}/i_{ch}$	$53.74\sqrt{a\cdot\sigma_{x-x}}/i_{ch}$	136	61	180	$715l\sqrt{i_{cl}}$	$4.116\times10^{-4}i_{ch}^2\cdot L_e^2$	33.00	1.66	50.0	2.89
3 (125×8)	3000	1.60	$39.05\sqrt{a\cdot\sigma_{x-x}}/i_{ch}$	$60\sqrt{a\cdot\sigma_{x-x}}/i_{ch}$	122	54	201	$614l\sqrt{i_{ch}}$	$4.708\times10^{-4}i_{ch}^2\cdot L_e^2$	26.4	1.328	62.5	3.613
3 (125×10)	3750	1.80	$48.81\sqrt{a\cdot\sigma_{x-x}}/i_{ch}$	$67.2\sqrt{a\cdot\sigma_{x-x}}/i_{ch}$	136	61	201	$980l\sqrt{i_{ch}}$	$2.893\times10^{-4}i_{ch}^2\cdot L_e^2$	41.25	1.66	78.13	3.613
4 (100×10)	4000	2.00	$84.63\sqrt{a\cdot\sigma_{x-x}}/i_{ch}$	$62\sqrt{a\cdot\sigma_{x-x}}/i_{ch}$	215	61	180			124.0	4.13	66.66	2.89
4 (125×10)	5000	2.20	$94.62\sqrt{a\cdot\sigma_{x-x}}/i_{ch}$	$77.6\sqrt{a\cdot\sigma_{x-x}}/i_{ch}$	215	61	201			155.0	4.13	104.17	3.613

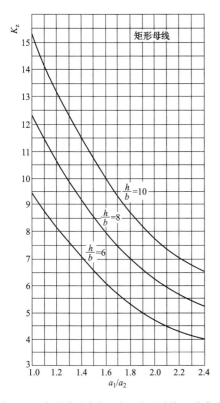

图 9-5　三相导体成直角三角形布置时的 K_z 值曲线

F_x——导体片间电动力，N/cm²，F_x 按式（9-40）、式（9-41）计算；

L_c——每相导体片间间隔垫的距离。

每相两片时：

$$F_x = 2.55 k_{12} \frac{i_{ch}^2}{b} \times 10^{-2} \qquad (9-40)$$

每相三片时：

$$F_x = 0.8(k_{12} + k_{13}) \frac{i_{ch}^2}{b} \times 10^{-2} \qquad (9-41)$$

式中　k_{12}、k_{13}——第 1 与第 2 片导体、第 1 与第 3 片导体的形状系数，可由图 9-6（a）曲线查得。

对于片间距离等于导体厚度，每相由 2～3 片矩形导体组成，式（9-40）和式（9-41）可简化为：

$$F_x = 9.8 k_x \frac{i_{ch}^2}{b} \times 10^{-2}$$

式中　k_x——形状系数，由图 9-6（b）曲线查得。

3）导体片间的临界跨距为：

$$l_{ef} = 1.77 \lambda b \sqrt[4]{\frac{h}{F_x}} \qquad (9-42)$$

式中　λ——系数（每相两片时，铝为 57，铜为 65；每相三片时，铝为 68，铜为 77）；

l_{ef}——片间临界跨距，cm。

每相导体片间间隔垫的距离 l_e 必须小于片间临界跨距 l_{ef}。

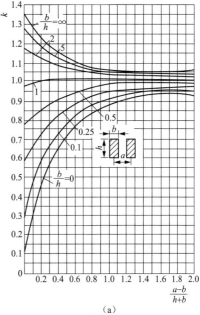

（a）

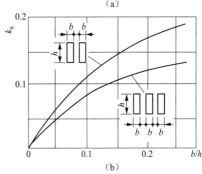

（b）

图 9-6　矩形导体形状系数曲线

（a）形状系数 k 曲线；（b）形状系数 k_x 曲线

4）槽形导体短路时的机械应力。

a. 槽形导体短路时相间应力 σ_{x-x} 计算公式与单片矩形导体相同，见式（9-33）。其中，W 为槽形导体的截面系数，cm³。

当导体按 □ □ □ 布置时，$W = 2W_x$，W_x 见表 9-6；

当导体按 ［ ］［ ］［ ］布置时，$W = 2W_y$，W_y 见表 9-18；

当导体按 ［ ］［ ］［ ］布置时，并在两槽间加垫片实连时，$W = W_{y0}$，W_{y0} 见表 9-18。

各种尺寸的槽形导体机械应力计算用数据见表 9-6。

b. 槽形导体短路时片间应力 σ_x 按下式计算：

$$\sigma_x = \frac{F_x l_c^2}{12 W_y} \qquad (9-43)$$

表 9-18　　不同形状和布置的母线的截面系数及惯性半径

母线布置草图及其截面形状	截面系数 W	惯性半径 r_i
	$0.167bh^2$	$0.289h$
	$0.167hb^2$	$0.289b$
	$0.333bh^2$	$0.289h$
	$1.44hb^2$	$1.04b$
	$0.5bh^2$	$0.289h$
	$3.3hb^2$	$1.66b$
	$0.667bh^2$	$0.289h$
	$12.4hb^2$	$4.13h$
	$\sim 0.1d^3$	$0.25d$
	$\sim 0.1\dfrac{D^4-d^4}{D}$	$\dfrac{\sqrt{D^2+d^2}}{4}$

注　b、h、d 及 D 单位为 cm。

$$F_x = 5\times10^{-2}\frac{l_c}{h}i_{ch}^2 \tag{9-44}$$

式中　l_c——导体垫片中心线间距离，（对于垫片用螺栓固定时取 l'_c，焊接固定时取 l_c，$l_c=l'_c-b_c$，如图 9-7 所示），cm；

　　　F_x——短路时导体片间相互作用力，N/cm；

　　　h——槽形导体高度，cm。

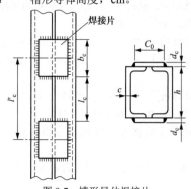

图 9-7　槽形导体焊接片

允许片间应力最大值为：

$$\sigma_x = \sigma_{xu} - \sigma_{x-x} \tag{9-45}$$

允许垫片间临界距离为：

$$l_{af} = \sqrt{\frac{12W_y(\sigma_{xu}-\sigma_{x-x})}{F_x}} \tag{9-46}$$

c. 短路时导体垫板所承受的剪应力 τ 的计算。

为了加大槽形导体截面系数，将两个槽组成一个整体时，一般是每隔一段距离 l'_c 焊一平板，如图 9-7 所示，此焊接平板同时也起着垫片的作用。短路时要焊接平板所承受的剪力 τ 必须小于焊缝的允许剪力 τ_{xu}，即 $\tau \leqslant \tau_{xu}$，对于铝 $\tau_{xu}=3920$，N/cm²，对于铜 $\tau_{xu}=7840$，N/cm²。

τ 一般由弯曲力矩应力 σ_{jm}、纵向力的切线应力 σ_{m1}、导体片间相互作用的应力 σ_{m2} 组成。

$$\sigma_{jm} = \frac{0.36F_{x-x}S_{y0}l'_c}{I_{y0}l_m d_c} \tag{9-47}$$

$$\sigma_{m1} = \frac{1.07F_{x-x}S_{y0}l'_c C_c}{I_{y0}l_m d_c} \tag{9-48}$$

$$\sigma_{m2} = 0.71\frac{F_x l'_c}{l_m d_c} \tag{9-49}$$

平板焊缝承受的总应力为：

$$\tau = \sqrt{(\sigma_{m1}+\sigma_{m2})^2 + \sigma_{jm}^2}$$

或

$$\tau = 0.36\frac{l'_c}{(b_c-1)d_c}F_{x-x}\frac{S_{y0}}{I_{y0}}\times\sqrt{1+\left(3\frac{C_c}{b_c-1}+2\frac{f_x}{F_{x-x}\frac{S_{y0}}{I_{y0}}}\right)^2} \tag{9-50}$$

式中　F_{x-x}——短路时一个跨距内相间作用力，N；

　　　S_{y0}——导体截面静力距，cm³；

　　　l'_c——两焊接片的中心距，如图 9-7 所示；

　　　I_{y0}——导体截面惯性矩，cm⁴；

　　　l_m——焊缝的计算长度，cm，一般取 $l_m=b_c-1$；

　　　d_c——焊接板厚，cm，一般取 $0.05h$；

　　　C_c——焊接板宽，cm，一般取 5~8cm；

　　　F_x——短路时导体片间相互作用力，N/cm²；

　　　f_x——短路时片间所承受的力，N/cm；

　　　b_c——焊接板长，cm，一般取 0.5~0.75cm。

4. 按机械共振条件校验

重要回路（如发电机、主变压器回路及配电装置汇流母线等）的硬导体应力计算，还应考虑共振的影响。

为了避免母线危险的共振，并使作用于母线上的电动作用力减小，应使母线的自振频率避开产生共振的频率范围。

对于单条母线和母线组中的各单条母线，其共振频率范围为 35～135Hz；对于多条母线组及有引下线的单条母线，其共振频率范围为 35～155Hz；对于槽形和管形母线，其共振频率范围为 30～160Hz。在以上频率范围内，振动系数 β 大于 1。

在上述情况下，母线自振频率可直接按下列公式计算。

对于三相母线布置在同一平面，母线的自振频率为

$$f_m = 112 \times \frac{r_i}{l^2} \times \varepsilon \tag{9-51}$$

式中　f_m——母线的自振频率，Hz；

r_i——母线的惯性半径，cm，见表 9-6、表 9-8、表 9-17 或表 9-18；

l——跨距长度，cm；

ε——材料系数（铜：1.14×10^4，铝：1.55×10^4；钢：1.64×10^4）。

对于三相母线不在同一平面布置者，母线的自振频率在 x 轴和 y 轴均需按式（9-51）校验，式中 r_i 分别以 r_x 和 r_y 代入。

当母线自振频率无法限制在共振频率范围以外时，母线受力必须乘以振动系数 β。

在单频振动系统中，假设母线具有集中质量，系统固有频率 f_0 等于母线的固有频率 f_m。当绝缘子的固有频率大大超过导体的固有频率时，可将绝缘子看成绝对刚体，共振计算可按只有导体振动的单频振动系统计算。当绝缘子的刚度和固有频率未知时，也可近似按单频振动系统计算。此时 $\beta = 0.35N_m$，N_m 可由图 9-8 查得。

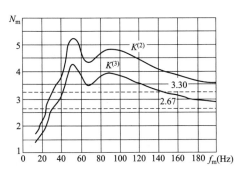

图 9-8　单频振动系统 N_m 与 f_m 的关系

$K^{(3)}$——二相短路的边相；$K^{(2)}$——两相短路

（1）单频振动系统固有频率计算。

$$f_0 = \frac{1}{2\pi} \sqrt{\frac{W_m}{m_m}} \tag{9-52}$$

$$W_m = \frac{384EJ}{l^3} \tag{9-53}$$

$$m_m = \frac{384}{\alpha^4} m_1 l \tag{9-54}$$

$$m_1 = \frac{S\gamma}{g} \tag{9-55}$$

式中　W_m——导体固定支撑时的刚度，kg/cm；

m_m——导体振动的等效质量，kg·s²/cm；

E——导体材料的弹性模量，N/cm²，计算 f_0 时可将单位换算为 kg/cm²；

J——垂直于弯曲方向的惯性矩，cm⁴。

α——与母线支撑方式有关的系数，见表 9-19；

m_1——单位长度导体振动的等效质量，kg·s²/cm²；

l——支持绝缘子间跨距，cm；

S——导体截面，cm²；

γ——密度，kg/cm³

g——重力加速度，cm/s² 取 $g = 981$ cm/s²；

将 W_m，m_m，值代入式（9-52）得：

$$f_0 = \frac{\alpha^2}{2\pi l^2} \sqrt{\frac{EJ}{m_1}} \tag{9-56}$$

$$f_m = \frac{\alpha^2}{2\pi l^2} \sqrt{\frac{EJ}{m_1}} \quad \text{或} \quad f_m = \frac{N_f}{l^2} \sqrt{\frac{EJ}{m_1}} \tag{9-57}$$

按表 9-19 中的 α 值，计算的导体不同固定方式下的一阶和二阶频率系数 N_f 值也列于表中。

表 9-19　导体不同固定方式下的 α 值和 N_f 值

跨数及支撑方式	一　阶		二　阶	
	α 值	N_f 值	α 值	N_f 值
单跨、两端简支	3.142	1.57	6.283	6.28
单跨、一端固定、一端简支两等跨、简支	3.927	2.45	7.069	7.95
单跨、两端固定多等跨简支	4.73	3.56	7.854	9.82
单跨、一端固定、一端活动	1.875	0.56	4.73	3.51

（2）双频振动系统固有频率计算。

双频振动系统，即母线、绝缘子均参加振动，母线、绝缘子为两个自由度的振动系统，具有两个自由振动频率 f_1 和 f_2。此时 $\beta = 0.35N_m$，N_m 可由图 9-9 查得。双频振动系统的固有频率按下式计算：

$$f_1 = \frac{1}{2\pi} \sqrt{\frac{h - \sqrt{h^2 - 4k}}{2k}} \tag{9-58}$$

$$f_2 = \frac{1}{2\pi}\sqrt{\frac{h+\sqrt{h^2-4k}}{2k}} \qquad (9\text{-}59)$$

$$h = \frac{m_m}{W_m} + \frac{m_{fu}}{W_{fu}} + \frac{m_m}{W_{fu}} \qquad (9\text{-}60)$$

$$k = \frac{m_m m_{fu}}{W_m W_{fu}} \qquad (9\text{-}61)$$

$$m_{fu} = \frac{W_{fu}}{4\pi^2 f_{fu}^2} \qquad (9\text{-}62)$$

式中　m_{fu}——绝缘子的等效质量，$kg \cdot s^2/cm$；

　　　W_{fu}——绝缘子刚度，kg/cm；

　　　f_{fu}——绝缘子的固有频率。

m_{fu}、W_{fu} 和 f_{fu} 数据由制造厂提供，缺乏数据时可参照表 9-20 数据。

表 9-20　　支柱绝缘子的机械特性

绝缘等级	m_{fu}	W_{fu}	f_{fu}
标准级	2.47×10^{-3}	1250	113
加强级	3.77×10^{-3}	2500	130

按照计算所得的 f_1 和 f_2，可从图 9-9 查得 N_m。

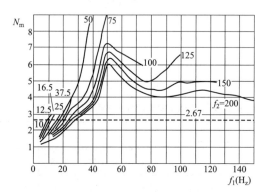

图 9-9　双频振动系统 N_m 与 f_1、f_2 的关系

三、管形母线导体设计的特殊问题

高压配电装置中的管形导体，由于跨度大，且多为 2～4 跨的连续梁。其一阶自振频率很低，一般为 2.5Hz 以下，显示出低频特性。因此相间电动力内的工频和 2 倍工频分量都很小，致使整个相间电动力比静态法计算值低很多。所以在设计中需引入一个小于 1 的振动系数 β。β 实测值见表 9-21。为了安全，工程计算一般取 $\beta = 0.58$。

表 9-21　　管形母线震动系数 β 实测值

母线一阶自振频率	<2	3	4	5
β 值	0.47	0.49	0.52	0.55

（一）管形导体的机械计算

1. 导体的荷载组合条件

户外管形导体的荷载组合条件见表 9-22。

根据荷载组合条件及各种状态所取用的安全系数（见表 9-23）进行导体的机械强度校验，要求在任何状态时 $\sigma < \sigma_{xu}$。

表 9-22　　荷载组合条件

状态	风速	自重	引下线重	覆冰质量	短路电动力	地震力
正常时	有冰时的风速	√	√	√		
	最大风速	√	√			
短路时	50%最大风速且不小于 15m/s	√	√		√	
地震时	25%最大风速	√	√			相应震级的地震力

注　1. √为计算时应采用的荷载条件。

　　2. 选择导体所用的最大风速，330kV 以下的导体宜用离地面 10m 高、30 年一遇的 10min 平均最大风速；500～750kV 导体宜采用离地面 10m 高、50 年一遇的 10min 平均最大风速；1000kV 导体宜采用离地面 10m 高、100 年一遇的 10min 平均最大风速，并按实际安装高度对风速进行换算。正常使用风速不大于 34m/s。当最大设计风速超过该风速时，应在屋外配电装置的布置设计中采取措施。

表 9-23　　导体的安全系数

校验条件	安全系数	
	对应于破坏应力	对应于屈服点应力
正常时	2.0	1.6
短路及地震时	1.7	1.4

2. 各种荷载组合条件下母线产生的弯矩和应力计算

管形母线的机械应力与母线梁的支撑方式及连续的跨数等因素有关。一般 110～500kV 配电装置中使用的铝管母线，其支撑方式多数为简支。但有时为了节约材料和减少挠度也可以采用长托架结构，此时虽是连续梁，但由于托架（托架长度一般大于或等于 4m）的存在，跨与跨之间已不能传递弯矩，对此结构可作为两端固定的单跨梁计算。对于多跨无托架结构的母线，可根据具体工程母线梁的连续跨数，按照多跨连续梁的内力系数（见表 9-24），求出母线的弯矩和挠度。

（1）正常时母线所受的最大弯矩 M_{max} 和应力 σ_{max} 按下式计算：

$$M_{max} = \sqrt{(M_{cz} + M_{cf})^2 + M_{sf}^2} \qquad (9\text{-}63)$$

表 9-24 　　　　　　　　　　　　　　　　　　1～5 跨等跨连续梁内力系数

跨数	负荷	支座弯矩							跨中挠度				
		跨中			M_B	M_C	M_D	M_E	y_1	y_2	y_3	y_4	y_5
1	均布 集中	0.125 0.250											
2	均布 集中	0.703 0.156			−0.125 −0.188				0.521 0.911	0.521 0.911			
3	均布 集中	0.08 0.175		0.025 0.1	−0.100 −0.150	−0.100 −0.150			0.677 1.146	0.052 0.208	0.677 1.146		
4	均布 集中	0.077 0.169		0.036 0.116	−0.107 −0.161	−0.071 −0.107	−0.107 −0.161		0.632 1.079	0.186 0.409	0.186 0.409	0.632 1.079	
5	均布 集中	0.078 0.171	0.033 0.112	0.046 0.132	−0.105 −0.158	−0.079 −0.118	−0.709 −0.118	−0.105 −0.158	0.644 1.097	0.151 0.356	0.315 0.603	0.151 0.356	0.644 1.097

注　1. 均布荷载弯矩＝表中系数 $9.8ql^2$，N·m。

2. 均布荷载挠度＝表中系数 $\times \dfrac{qi^4}{100EJ}$，N·cm。

3. 集中荷载弯矩＝表中系数 $\times 9.8ql$，N·cm。

4. 集中荷载挠度＝表中系数 $\times \dfrac{qi^4}{100EJ}$，cm。

5. q 为均布荷载（包括自重、风荷载、冰荷载、短路电动力、地震力）。

6. P 为集中荷载（包括引下线、单柱式隔离开关静触头）。

7. 计算挠度时需将 E 单位由（N/cm²）化为（kg/cm²）。

8. 本表中 q 表示母线自重，单位为 kg/m；l 表示计算跨距，单位为 m；E 表示弹性模数，单位为 N/cm²。

$$\sigma_{\max} = 100\frac{M_{\max}}{W} \qquad (9\text{-}64)$$

式中　M_{cz}——母线自重产生的垂直弯矩，N·m；

M_{cf}——母线上的集中荷载产生的最大弯矩，N·m；

M_{sf}——最大风速产生的水平弯矩，N·m；

W——管母线的截面系数，cm³。

（2）短路时母线所受的最大弯矩 M_d 和应力 σ_d 为：

$$M_d = \sqrt{(M_{cz}+M_{cf})^2 + (M_{sd}+M'_{sf})^2} \qquad (9\text{-}65)$$

$$\sigma_d = 100\frac{M_d}{W} \qquad (9\text{-}66)$$

式中　M_{sd}——短路电动力产生的母线弯矩，N·m；

M'_{sf}——内过电压风速下产生的水平弯矩，N·m。

（3）地震时母线所受的最大弯矩 M_{dz} 和应力 σ_{dz} 为：

$$M_{dz} = \sqrt{(M_{cz}+M_{cf})^2 + (M_{dx}+M''_{sf})^2} \qquad (9\text{-}67)$$

$$\sigma_{dz} = 100\frac{M_{dz}}{W} \qquad (9\text{-}68)$$

式中　M_{dz}——地震力产生的水平弯矩，N·m；

M''_{sf}——地震时计算风速所产生的水平弯矩，N·m。

（4）母线挠度计算。在运行中挠度主要影响铝管母线在伸缩金具中的工作状态，挠度太大，正常热胀冷缩时铝管在滑动金具中会被顶住，引起滑动金具工作失常。根据工程中的运行经验，无冰无风时铝管母线自重产生的跨中挠度允许值（当有滑动支撑金具时）为：

$$y_{xu} \leqslant (0.5\sim1.0)D \qquad (9\text{-}69)$$

式中　y_{xu}——母线跨中挠度允许值；

D——母线外径，cm，如有异形管母线，则 D 取母线高度。

大容量或重要配电装置，跨中挠度允许值以采用 $y_{xu} \leqslant 0.5D$ 为宜。

3. 管形母线计算示例

（1）计算条件。

1）气象条件：最大风速 $v_{\max}=25$m/s，内过电压风速 $v_n=15$m/s，最高气温+40℃、最低气温−30℃。

2）三相短路电流峰值：$i_{ch}=53.4$kA。

3）结构尺寸：跨距 $l=12$m。支持金具长 0.5m，计算跨距 $l_{js}=12$m−0.5m=11.5m。相间距离 $a=3$m。GW6-220 型隔离开关静触头加金具重 15kg，装于母线跨距中央。考虑合适的伸缩量，母线结构采用每两跨装设一个伸缩接头。因此可按照两跨梁进行计算。

4）地震力：按 9 度地震烈度校验。

5）导体型号及技术特性：导体选用 LF-21Y 型 $\phi100/90\mathrm{mm}$ 铝锰合金管，导体材料的温度线膨胀系数 $\alpha_x=23.2\times10^{-6}1/℃$，弹性模数 $E=71\times10^{-5}\mathrm{N/cm^2}=7.1\times10^{-5}\mathrm{kg/cm^2}$，惯性矩 $J=169\mathrm{cm^4}$，导体密度 $\rho=2.73\mathrm{g/cm^3}$，导体截面 $S=1491\mathrm{mm^2}$，自重 $q_1=4.08\mathrm{kg/m}$ 导体截面系数 $W=33.8\mathrm{cm^3}$。

（2）最大弯矩和弯曲应力的计算。采用计算系数法进行机械计算。在表 9-24 中列出 1～5 跨连续梁的内力系数，对所需进行计算的母线只需按连续跨数和支撑方式求出，将最大支座处及跨中的内力系数代入统一的公式即可进行计算。

1）正常状态时母线所受的最大弯矩 M_{max} 和应力 σ_{max} 的计算。正常状态时母线所受的最大弯矩由母线自重产生的垂直弯矩、集中荷载（即引下线）产生的垂直弯矩及最大风速产生的水平弯矩组成。其计算公式如下：

a. 母线自重产生的垂直弯矩 M_{cz}。从表 9-24 查得均布荷载最大弯矩系数为 0.125。则弯矩为：

$$M_{cz}=0.125q_1l_{js}^2\times9.8=0.125\times4.08\times11.5^2\times9.8$$
$$=660.98(\mathrm{N·m})$$

b. 集中荷载产生的垂直弯矩 M_{cj}。从表 9-24 查得集中荷载最大弯矩系数为 0.188。则弯距为：

$$M_{cj}=0.188Pl_{js}\times9.8=0.188\times15\times11.5\times9.8$$
$$=317.8(\mathrm{N·m})$$

c. 最大风速产生的水平弯矩 M_{sf}。取风速不均匀系数 $\alpha_v=1$，取空气动力系数 $K_v=1.2$，最大风速为 $v_{max}=25\mathrm{m/s}$，则风压为：

$$f_v=\alpha_vK_vD_1\frac{v_{max}^2}{16}=1\times1.2\times0.1\times\frac{25^2}{16}=4.69(\mathrm{kg/m})$$
$$M_{sf}=0.125f_vl_{js}^2\times9.8=0.125\times4.69\times11.5^2\times9.8$$
$$=759.8(\mathrm{N·m})$$

正常状态时母线所承受的最大弯矩及应力为：

$$M_{max}=\sqrt{(M_{cz}+M_{cf})^2+M_{sf}^2}=\sqrt{(660.98+317.8)^2+759.8^2}$$
$$=1239.075(\mathrm{N·m})$$

$$\sigma_{max}=100\frac{M_{max}}{W}=100\frac{1239.075}{33.8}=3669(\mathrm{N/cm^2})$$

此值小于材料的允许应力 $8820\mathrm{N/cm^2}$，故满足要求。

2）短路状态时母线所受的最大弯矩 M_d 和应力 σ_d 的计算。短路状态时母线所受的最大弯矩由导体自重、集中荷载、短路电动力及对应于内过电压情况下的风速所产生的最大弯矩组成。

a. 短路电动力产生的水平弯矩 M_{sd} 及短路电动力 f_d 为：

$$f_d=1.76\frac{i_{ch}^2}{a}\beta=1.76\times\frac{53.4^2}{300}\times0.58=9.7（\mathrm{kg/m}）$$

$$M_{sd}=0.125\times f_al_{js}^2\times98=0.125\times9.7\times11.5^2\times9.8$$
$$=1571.5(\mathrm{N·m})$$

b. 在内闪过电压情况下的风速产生的水平弯矩 M_{sf}' 及风压 f_v' 为：

$$f_v'=d_vk_vD_1\frac{v_2^2}{16}=1\times1.2\times0.1\times\frac{15^2}{16}=169（\mathrm{kg/m}）$$

$$M_{sf}'=0.125\times f_v'l_{js}^2\times9.8=0.125\times1.69\times11.5^2\times9.8$$
$$=273.8(\mathrm{N·m})$$

短路状态时母线所承受的最大弯矩及应力为：

$$M_d=\sqrt{(M_{sd}+M_{sf}')^2+(M_{cz}+M_{cj})^2}$$
$$=\sqrt{(1.571.5+273.8)^2+(660.98+317.8)^2}$$
$$=2089（\mathrm{N·m}）$$

$$\sigma_d=100\frac{M_d}{W}100\times\frac{2089}{33.8}=6180.5（\mathrm{N/cm^2}）$$

此值小于材料短路时允许应力 $8820\mathrm{N/cm^2}$，故满足要求。

3）地震时母线所受的最大弯矩 M_{dz} 和应力 σ_{dz} 的计算。地震时母线所受的最大弯矩由导体自重、集中荷重、地震力及地震时的计算风速所产生的最大弯矩组成。

a. 地震力产生的水平弯矩 M_{dx} 为：

$$M_{dx}=0.125\times0.5\times4.08\times11.5^2\times9.8=330.49(\mathrm{N·m})$$

b. 地震时计算风速所产生的弯矩 M_{sf}'' 及风压 f_v''：

$$f_v''=a_vk_vD_1\frac{v_d^2}{16}=1\times1.2\times0.1\times\frac{6.25^2}{16}=0.293（\mathrm{kg/m}）$$

$$M_{sf}''=0.125\times f_v''l_{js}^2\times9.8=0.125\times0.293\times11.5^2\times9.8$$
$$=47.5(\mathrm{N·m})$$

地震时母线所承受的最大弯矩及应力为：

$$M_{dz}=\sqrt{(M_{dx}+M_{sf}'')^2+(M_{cz}+M_{cj})^2}$$
$$=\sqrt{(330.49+47.5)^2+(660.98+317.8)^2}$$
$$=1049.23（\mathrm{N·m}）$$

$$\sigma_{dz}=100\frac{M_{dz}}{W}=100\times\frac{1049.23}{33.8}=3150.85（\mathrm{N/cm^2}）$$

此值小于材料地震时允许应力 $8820\mathrm{N/cm^2}$，故满足要求。

4）挠度的校验。

a. 母线自重产生的挠度，由单跨梁力学计算公式得知，在 $x=0.4215l_{js}$ 处有最大挠度。

从表 9-24 查得均布荷重挠度计算系数 0.521。按表注 2 公式，可求得：

$$y_1=0.521\frac{q_1l_{js}^4}{100.EJ}=0.521\times\frac{4.08\times11.5^4\times10^6}{100\times7.1\times10^5\times169}=3.1（\mathrm{cm}）$$

b. 集中荷载产生的挠度，由单跨梁力学计算公式得知：在 $x=0.4472l_{js}$ 处有最大挠度。

从表 9-24 查得均布荷重挠度计算系数为 0.911。则

$$y_2 = 0.521 \frac{Pl_{js}^3}{100EJ} = 0.911 \times \frac{15 \times 11.5^3 \times 10^6}{100 \times 7.1 \times 10^5 \times 169}$$
$$= 1.73 \text{(cm)}$$

c. 合成挠度，由以上计算可知，跨中产生的挠度 y_1 与 y_2 的位置不同，但相差不远，故仍按两者位置相同的严重情况考虑。即

$$y = y_1 + y_2 = 3.1 + 1.73 = 4.83 \text{（cm）}$$

此值小于 $0.5D_1 = 5$cm，故满足要求。

（二）管形导体的微风振动

1. 微风振动的产生

母线受横向稳定的均匀风作用时，在其母线的背风面上会产生上下两侧交替按一定频率变化的卡曼漩涡，造成流体对圆柱两侧的压力发生交替的变化，形成对圆柱体周期性的干扰力。当干扰力的周期与圆柱体结构的自振频率的周期相近或一致时，就产生共振，引起横向振动。

2. 管母线的自振频率

管母线的自振频率及振型是由管母线振动系统的固有特性决定的。对于多跨弹性支撑的母线梁，应计及隔离开关静触头的质量。用电子计算机求解梁的运动方程，图 9-10 中曲线为 1～4 跨的计算结果。隔离开关静触头分别置于跨中或距支座 1/4 的跨距内。图

中横坐标 $\mu = M/m$ 为质量比（M 为梁的总质量，m 为一个静触头的质量），纵坐标 $r = k_g L_s$，k_g 为系数。

$$M = \rho L_s$$

$$k_g = \sqrt[4]{\frac{\rho W^2}{EJ}}$$

式中 ρ——单位长度母线梁的质量，kg/cm；

L_s——伸缩节之间梁的长度，cm。

铝管母线的自振频率计算公式为：

$$f_g = \frac{r^2}{2\pi L} \sqrt{\frac{EJ}{\rho}} \qquad (9\text{-}70)$$

工程计算中，根据设计的母线梁跨数及所选定的 μ 值，从相应的曲线查得各阶的 r 值，代入式（9-70）即可求得各阶固有的自振频率 f_g。

当不考虑集中荷载时，铝管母线第 i 阶的自振频率 f_g' 的计算如下：

$$f_g' = \frac{\pi b_i}{2L^2} \sqrt{\frac{EJ}{\rho}}$$

式中 L——跨距，m；

b_i——频率系数，见表 9-25。

计算时先按式（9-70）求出一阶的自振频率，再乘以表 9-25 中的相应的系数，即得各阶的自振频率。

表 9-25 多跨简支铝管母线各阶自振频率系数

阶数	跨 数									
	1	2	3	4	5	6	7	8	9	10
f_1	1	1.000	1.000	1.000	1.000	1.000	1.000	1.000	1.000	1.000
f_2	4	1.563	1.277	1.167	1.103	1.08	1.061	1.041	1.014	1.041
f_3	9	4.000	1.877	1.563	1.393	1.277	1.210	1.167	1.124	1.103
f_4	16	5.063	4.000	2.014	1.743	1.563	1.440	1.346	1.277	1.235
f_5	25	9.000	4.538	4.000	2.103	1.877	1.690	1.563	1.464	1.393
f_6	36	10.560	5.590	4.345	4.000	2.128	1.954	1.788	1.662	1.563
f_7	49	16.000	9.000	5.063	4.240	4.000	2.179	2.179	1.877	1.734
f_8	64	18.150	9.790	5.850	4.770	4.145	4.000	2.188	2.060	1.934
f_9	81	25.000	11.310	9.000	5.385	4.538	4.115	4.000	2.216	2.103
f_{10}	100	27.500	16.000	9.510	5.970	5.063	4.438	4.095	4.000	2.222
f_{11}	121	36.000	16.800	10.580	9.0000	5.590	4.840	4.345	4.080	4.000
f_{12}	144	40.100	18.700	11.680	9.360	6.020	5.285	4.668	4.270	4.055
f_{13}	169	49.000	25.000	16.000	10.140	9.000	5.730	5.063	4.538	4.230

3. 微风振动频率计算

管形母线在外界微风作用下产生共振的频率等于管母线结构的各阶固有自振频率，微风震动的频率与风速成正比，与柱体迎风面的高度成反比。即

$$f = \frac{\upsilon_{fs} A}{h} \qquad (9\text{-}71)$$

式中 υ_{fs}——管形母线产生微风振动的计算风速，m/s；

A——频率系数，圆管母线可取 0.214；

h——母线迎风面的高度，m，对圆管为外径 D_1；

f——母线 n 阶固有频率。

当计算风速小于 6m/s 时，可采用下述措施消除微风振动。

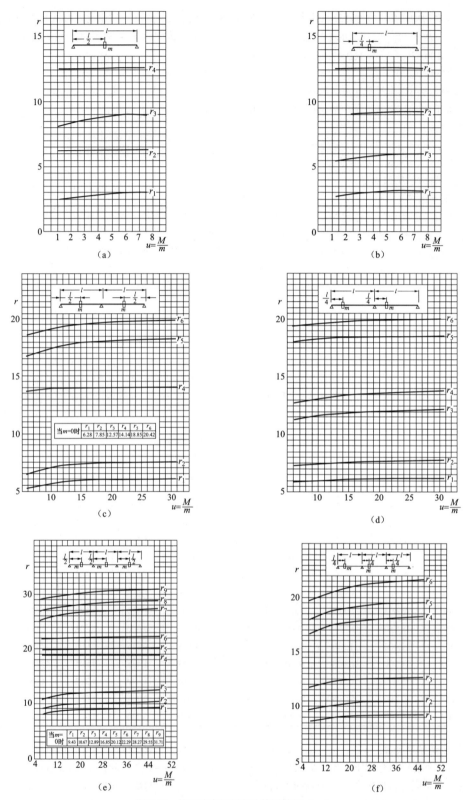

图 9-10　管母线自振频率计算用数据（一）

（a）单跨，静触头居中；（b）单跨，静触头在一侧；（c）两跨，静触头居中；（d）两跨，静触头在一侧；

（e）三跨，静触头居中；（f）三跨，静触头在一侧

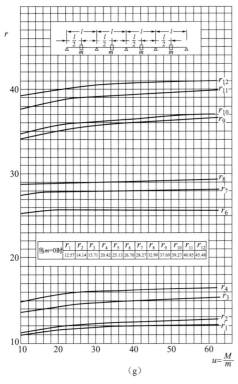

图 9-10　管母线自振频率计算用数据（二）

（g）四跨，静触头居中

4. 消减微风振动的措施

（1）破坏卡曼漩涡风的形成，即选择不易产生微风振动的异形管或加筋板的双管形铝合金母线。使所选择的母线形状既能避免微风振动，又有利于提高电晕的起始电压，减少导体表面电场强度的集中，降低无线电干扰水平，为了便于设计时选用，表 9-26 列出某变电站管形母线选择结果，供参考。

（2）在管内加装阻尼线，此法比较简单、经济。阻尼线的选用可按铝管母线单位质量的 10%～15% 考虑，阻尼线的材料可用现场废旧多股钢芯铝绞线。此法缺点是增加了母线的挠度。

（3）加装动力消振器，消振器是由一个集中质量和弹簧组成，它固定在铝管母线上，当合理调整消振器的参数时，能达到良好的消振效果。如对一阶振动幅值可以减少到未加消振器的最大振幅 1% 左右，对二阶振幅可减少到原来最大振幅的 1%～5% 或更低。当消振器自身固有频率调整到差不多等于被消除振动系统的某一固有频率时，对该阶的消振作用最明显。

从消振器的质量上看，质量大的比质量小的消振效果好。

动力消振器分单环和双环两种，其消振效果两种基本相同，但单环动力消振器和铝管母线只有一个连接点，安装方式不稳定，容易左右扭转。短路时可能对剪刀式隔离开关的动触头有一个水平斥力，使动触头滑脱。此外，当出现安装误差时，可使动触头偏向圆环的一边，此时电流只能从一个方向流向动触头，这样动触头截面要按隔离开关的全电流来选择。

表 9-26　　管形母线结构形式选择

管形	$d=9cm$ $D=10cm$	$H=12cm$	$H=12cm$ $D=8cm$ $d=7.1cm$
项目	参数		
单位长度质量（kg/m）	4.1	2.7	3
惯性矩（cm⁴）	$J_X=J_Y=168$	$J_X=161$	$J_X=161$
挠度	$<\frac{1}{2}D$	$<\frac{1}{2}H$	$<\frac{1}{2}H$
长期工作电流（A）	1400～1930	1350～1600	1400～1710
避免微风振动的情况	不能	能	能
造价（元/t）	7000	16500	7000
施工情况	方便	较方便	不方便
制造情况	方便	较方便	只能生产半成品
运行维护	方便	方便	有积灰、鸟害的可能
备注	一般	能提高电晕起始电压	不利提高电晕起始电压

双环形动力消振器的特点在于与单柱式隔离开关的静触头的悬吊方式结合起来，这样既能起到消振作用，又解决了静触头与管母线的连接问题。从结构上讲，双环消振器有两个悬挂点，在大风和短路电动力作用下，比单环消振器的摇晃程度小，且单柱式隔离开关的静触头与铝管母线连接处的导电性能好。另外由于双环消振器是套在铝管母线上，与单环消振器相比可降低母线构架高度。所以，在工程设计时推荐采用双环型动力消振器，如图9-11所示。

动力消振器圆环所采用的导线截面可按照隔离开关的额定电流选择。圆环的最小直径必须大于导线直径的25倍。

由于圆环消振器与单柱式隔离开关静触头的悬挂方式相结合，因此，消振器在管母线上的设置位置应由单柱式隔离开关的位置而定。在220kV及以上配电装置中，一般B相只能装在跨中，A、C相只能装在1/4跨距的地方。

（4）采用长托架的支持方式，可以减少母线的自由跨距，提高母线的自振频率，使母线在垂直方向形成一高频系统，以避免微风振动和减少跨中挠度。

5. 消减微风振动措施的具体选用

在选用消减微风振动的具体措施时，需根据铝管母线的通流容量、电压等级、配电装置的具体布置方式和规模大小等因素确定。要求达到消振效果好，经济省材的目的。

一般在母线通过电流较小、采用轻型铝锰合金管时，可选用长托架的支持方式，它能同时减小母线的挠度；而在母线通过电流较大，要求采用较大尺寸铝锰合金管，且又采用了单柱式隔离开关时，常选用双环消振器，并有利于隔离开关静触头与铝管母线的连接。

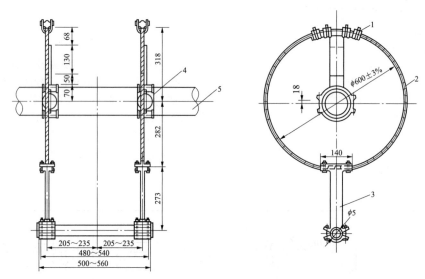

图9-11 220kV ϕ 120管母线双环动力消振器结构图

1—500A，T形线夹；2—圆环 ϕ 600，LGJ-150；3—静触头，重9kg；

4—导流线夹 ϕ 120，500A；5—铝管母线 LF$_{21}$-Y， ϕ 120/110

（三）管形导体的端部效应

1. 端部效应的产生

管母线在伸出支柱绝缘子顶部不长时，其电场强度很不均匀，从而导致端部工频电晕电压起始值降低，特别在雷电作用下，终端绝缘子顶部附近将产生强烈的游离，使终端绝缘子易于放电。因此母线端部将成为整条母线绝缘水平最薄弱的环节，如不采取任何措施，则放电将集中在端部。

2. 消除端部效应的方法

（1）端部加装屏蔽电极。加装屏蔽电极，可以提高母线终端的起始电晕电压。管线屏蔽电极可用圆球，其最小半径按下式确定：

$$r_{min} = \frac{U_{xg}}{E_{max}} \qquad (9-72)$$

式中 U_{xg} ——最高运行相电压，kV；

E_{max} ——球面最大允许电场强度，取20kV/cm。

考虑雨雾等气候条件的影响，圆球半径还可适当取大些。对异形管，可取椭圆球，其最小弯曲半径不小于式（9-72）所确定的值。

屏蔽电极可采用铝合金圆球，焊在管母线端部，可作为端部的密封，并可防止雨雪、灰尘及小动物进入管内。

（2）适当延长母线端部。适当延长母线端部可改善电场分布，从而提高了终端支柱绝缘子的放电电压。

一般以延长 1m 左右为宜。

实验表明：端部加长的效果比加屏蔽电极的效果好。工程设计时在布置条件允许的情况下，母线端部可适当延长，或者将端部适当延长和加屏蔽电极同时考虑。一般延长母线端部后屏蔽电极的直径可取小一些。

四、导体接头的设计和伸缩节的选择

导体接头一般分为焊接接头、螺栓连接接头和伸缩接头。一个好的母线接头，对节省有色金属、降低母线造价，安全可靠运行具有很重要的意义。无镀层接头接触面的电流密度，不应超过表 9-27 数值。矩形导体接头的搭接长度不应小于导体的宽度。

表 9-27　无镀层接头的电流密度　（A/mm²）

工作电流（A）	J_{cu}（铜-铜）	J_{Al}（铝-铝）
<200	0.31	
200～2000	$0.31-1.05(I-200)\times10^{-4}$	$J_{Al}=0.78J_{cu}$
>2000	0.12	

注　I 为回路工作电流。

（一）焊接接头

焊接接头主要用于矩形、槽形和管形母线段之间的实连部分，具体要求为：

（1）母线焊接时所用的填充材料。其物理性能与化学成分与原母线段材料一致。

（2）焊接接头的直流电阻值不得超过同长度母线段的电阻值。

（3）为了避免焊接时由于发热而造成的强度降低，应在焊接部位采取补强措施，如加补强板或管、增加补强焊点等。管形母线宜采用氩弧焊，并可视具体情况决定是否采用衬管或其他补强措施。

（4）对口焊接的导体，当厚度大于 7mm 时，在焊接部位宜采取 35°～40°的坡口、1.5～2mm 的钝边。

（5）焊接时焊缝的部位应满足：

1）离支持绝缘子、母线金具边沿不得小于 50mm。

2）同一片母线宜减小对接焊缝，两焊缝之间的距离应不小于 200mm。

3）同相母线直线段上不同片的对接焊缝应错开 50mm。

（6）搭接焊接的焊缝断面一般为导体横断面的 1.2～1.5 倍，矩形导体引下线采用搭接焊接时，其焊缝的加强度应不小于引下线导线的厚度。

（二）螺栓连接接头

螺栓连接主要用于在导体与设备端子以及母线段的可拆卸部分。要求做到接触面的接触电阻及发热温度尽可能低。

螺栓连接接头的接触电阻与接头发热温度、接触面的形式、接触压力等因素有关，难以得出确切的计算数值，实用设计和安装时，为了防止接触面过热，一般应满足下列要求：

（1）螺栓连接时导体接头的发热温度及允许温升应满足表 9-28 的要求。

表 9-28　螺栓连接接头长期允许最高发热温度与温升

接头处理方法	长期允许最高发热温度（℃）	环境40℃时的温升（℃）
铝-铝	80	40
铜-铜		
铝镀锡-铝镀锡	90	50
铜镀锡-铜镀锡		
铜镀银-铜镀银	105	65
铜镀银银层厚度大于50μm 或镀银片	120	80

（2）导体与导体、导体与电气设备接线端的螺栓连接，应根据不同材料按表 9-29 规定进行。

表 9-29　常用导体的螺栓连接接头

类型	图例	序号	导体尺寸（mm）	a_1	b_1	c_1	e	a_2	b_2	c_2	螺孔直径（mm）	扳手最小的力距×9.8（N·cm）
直线连接		1	125 与 125	125	63	31		125	63	31	19	1000～1300
		2	100 与 100	100	50	25		100	50	25	17	700～800
		3	80 与 80	80	40	20		80	40	20	17	700～800

类型	图例	序号	导体尺寸（mm）	连接尺寸（mm）							螺孔直径（mm）	扳手最小的力距×9.8（N·cm）
				a_1	b_1	c_1	e	a_2	b_2	c_2		
直线连接		4	63与63	63	27	18		95	63	16	13（钢17）	300～400
		5	50与50	50	22	14		75	50	12.5	13（钢17）	300～400
		6	40与40	40				80	40	20	13（钢17）	300～400
		7	25与25	25				50	25	12.5	11（钢13）	167～223
垂直连接		8	125与125	125	63	31		125	63	31	19	1000～1300
		9	125与100	125	63	31		100	50	25	17	700～800
		10	125与80	125	63	31		80	40	20	17	700～800
		11	100与100	100	50	25		100	50	25	17	700～800
		12	100与80	100	50	25		80	40	20	17	700～800
		13	80与80	80	40	20		80	40	20	17	700～800
垂直连接		14	125与63、50、40	125	63	31	125	63、50、40			13（钢17）	300～400
		15	100与63、50、40	100	50	25	100	63、50、40			13（钢17）	300～400
		16	80与63、50、40	80	40	20	80	63、50、40			13（钢17）	300～400
		17	63与50、40、25	63	31	16	63	50、40、25			11	167～223
		18	50与40、25	50	25	12.5	50	40、25			11	167～223
		19	125与25	125	30	15	60	25			11	167～223
		20	100与25	100	25	25	50	25			11	167～223
		21	80与25	80	25	12.5	50	25			11	167～223
		22	63与63	63	27	18		63	27	18	13（钢17）	300～400
		23	50与50	50	22	14		50	22	14	13	300～400
		24	40与40、25	40				40、25				300～400
		25	25与25	25				25				167～223

（3）螺栓连接时导体接头的处理。

1）为了降低接头的接触电阻，接头组装前必须对接触面进行适当的处理，我国最常用的处理方法是涂中性凡士林。

2）清除接触表面的氧化膜。清除氧化膜的方法包括锉、轻便的机械加工或强力的钢丝刷在中性油脂下进行刷，加工好的接头表面积不应小于原母线段等长度截面积的97%。

3）为了提高母线的允许运行温度，母线接头需经过镀银或镀锡处理。

常用的导体材料中，以银的性能为最好，它的电阻率和硬度都小，低温下不易氧化，高温下银的化合物又很容易还原成金属银，银的氧化物电阻率也低。但由于银的价格太贵，所以只能用于镀层。

锡的优点是硬度小，氧化膜的机械性能也很低，尤其是在大电流导体需要工作温度较高的情况下，在铜、铝接头上镀银和镀锡都具有现实的意义。其连接原则如下。

a. 铜-铜：在干燥的屋内直接连接；屋外、高温且潮湿的屋内或对导体有腐蚀性气体的屋内，接触面必须涂锡。

b. 铝-铝：在任何条件下可直接连接，有条件时宜镀锡。

c. 钢-钢：在任何情况下接触面必须镀锡或镀锌。

d. 钢-铝：在任何情况下钢的接触面必须镀锡。

e. 离相封闭母线接触面应镀锡。

4）为了防止接头的电镀腐蚀作用，对于暴露在高湿度气体中的导体接头必须使用保护润滑剂，对于在沿海露天以及电化腐蚀严重的其他腐蚀性较强的大气中，除了涂润滑剂以外，还应涂抗氧化漆。

（三）伸缩接头

伸缩接头主要用于补偿导体在运行中由于温度变化，支持基础的不均匀下沉以及地震力作用所引起的母线内应力增加。为了消除这一现象，需在母线段上适当位置装设具有伸缩能力的补偿装置（即伸缩接头），一般在硬母线与发电机端子、主变压器端子以及主厂房 A 排墙的穿墙套管处必须装设伸缩接头。对于其他电器，由于端子不能承受大的应力，是否装设伸缩接头，决定于电器端子前母线有无卡死的固定点以及电器端子允许承受的拉力。当无卡死的固定点时，由于母线可以自由活动，而可不装设伸缩接头。在地震基本烈度超过 7 度的地区，屋外配电装置的电气设备之间宜用绞线或伸缩接头连接。

在有可能发生不同沉陷和振动的场所，硬导体和电器连接处，应装设伸缩接头或采取防振措施。为了消除由于温度变化引起的危险应力，矩形硬铝导体的直线段一般每隔 20m 左右安装一个伸缩接头。对滑动支持式铝管母线一般每隔 30～40m 安装一个伸缩接头；对滚动支持式铝管母线应根据计算确定。

配电装置中的硬母线，根据母线材料伸缩量的计算结果，伸缩节安装跨数推荐采用的数值见表 9-30。

表 9-30　不同电压母线伸缩节安装跨度

电压（kV）	35	110	220	330	500
伸缩节安装跨数	7～8	5	3	2	1

在布置上每一伸缩母线中间应予以固定，以便向两边膨胀。伸缩节与母线两端的连接可采用焊接或螺栓连接。

伸缩节的选择应满足有足够的伸缩量，即

$$\Delta l = \alpha_x \Delta t l \qquad (9\text{-}73)$$

式中　Δl ——导体材料在一定温度范围内的伸缩量，m；

　　　α_x ——导体材料的线膨胀系数，1/℃；

　　　Δt ——运行母线的温度变化范围，℃；

　　　l ——母线长度，m。

一般一个伸缩节的伸缩量可控制在 ±5cm 为宜。

伸缩节应尽量采用薄铜片或薄铝片，其材料软连接部分的截面应不小于所连接母线截面的 1.2 倍，也可采用定型伸缩接头产品。

高压配电装置中管形母线选用的伸缩节可用伸缩金具代替，该伸缩金具的结构型式要有利于提高电晕的初始电压和减少微风振动，具体设计时伸缩节和伸缩金具的选择可根据金具样本选用。

五、敞露式大电流母线附近的热效应及改善措施

（一）钢构发热现象及允许的温度

大电流母线的周围空间存在强大的交变磁场，位于其中的钢铁构件，如导体、绝缘子的金具、支持母线结构的钢梁、金属管道、防护遮栏的钢柱以及混凝土中的钢筋等，将因涡流和磁滞损耗而发热。对于由钢构组成的闭合回路，如母线支持结构和防护遮栏的钢框、混凝土中的钢筋及接地网等，其中还可能感应产生环流而发热。钢构中的损耗和发热随着母线工作电流增加急剧增大。一般当母线工作电流大于 1500A 时就要考虑钢构发热。不应使每相导体的支持钢构及导体支持夹板的零件构成闭合磁路。对于工作电流大于 4000A 时，则钢构损耗可能接近或超过导体本身的损耗，引起钢构发热，危及人身安全和电器的正常工作，影响装置的安全经济运行。因此，对于大电流母线附近的钢构发热应采取措施。宜将钢构最热点温度控制在表 9-31 规定值以下。

表 9-31　钢构允许温度

钢构位置	允许温度（℃）
人可触及的钢构	70
人不可触及的钢构	100
钢筋混凝土中的钢构	80

（二）改善钢构发热的措施

1. 一般措施

（1）合理的加大钢构与母线的距离，根据环境温度为 40℃，空气中钢构最高允许温度为 70℃，钢筋混凝土中的钢筋允许温度为 80℃这些要求，一般母线中

心至横越钢构中心的距离（mm）为母线电流（A）的
0.7倍及以上，混凝土内钢筋的距离与母线电流数相当
时，就可以不采取措施。

（2）合理的选择钢构与母线间的相对位置，使钢
构与母线垂直，以便不产生感应电势和环流。与母线
平行的较长的钢构，应避免沿钢构长度方向有一条以
上的接地线，以免产生环流。两边与母线平行的矩形
框架，应改变其宽度和位置，使其环流为最小。大面
积钢筋混凝土中的钢筋结构，应将钢筋结构分割成为
不连续的小尺寸或在纵横钢筋交叉点采用包扎绝缘的
方法，以减少环流。

（3）断开闭合回路，钢构回路宜用绝缘板或绝缘
垫断开。设计中必须避免大电流母线附近的钢构件形
成包围一相或两相的闭合回路，必要时用黄铜焊缝或
绝缘板隔断磁路。

（4）采用非磁性材料代替钢构件。一般有：

1）塑料、石棉水泥板、酚醛布板、玻璃钢等非
金属材料在交变磁场中不会产生损耗，可以用作护网
或遮栏。但这些材料的机械、耐热和老化性能较差，
价格较高，对散热和运行巡视有一定的影响，故只能
局部采用。

2）采用非磁性的金属材料，如黄铜、铝和铝合
金等，这些材料同样存在着价格较贵的特点，故只能
在局部采用。

2. 电磁屏蔽

电磁屏蔽是用高导电率材料制成的环、栅或板放
置在钢构附近适当部位，利用导体中感应电流的去磁
作用削弱附近的磁场。

（1）屏蔽板（栅）。屏蔽板（栅）用铝或钢制成，
放置在母线与钢构之间，两端短接，若屏蔽板沿纵向
足够长，则板中电流基本上是纵向的。电流密度与纵
向电势成比例。由于三相母线磁场分布是不均匀的，
故为节省材料、便于安装和散热，可用屏蔽栅代替屏
蔽板。

如钢构闭合回路中的电流超过允许的数值，而回
路又不易断开，则采用屏蔽栅可以得到良好的效果。
屏蔽栅母线条的截面积一般可按母线电流的 25%～
30%选择，并按允许电流、发热温度或经济电流密度
校验。当长度大于 20m 时，屏蔽栅应装设膨胀补偿器
（即伸缩节）。

（2）加装屏蔽环。屏蔽环又称短路环（或去磁
环），一般由低电阻材料制成，它的作用是可以减少
钢构上的发热损耗。实践证明，套在钢杆上损耗发热
最严重部位上的屏蔽环（一般是正对母线），它的屏蔽
效果可使损耗减少到无环时的 1/4～1/2，温升可降至
无环时的 1/3～2/3。屏蔽环中电流的大小决定于钢构
表面的磁场强度，钢构中电流取值一般为 $I_c=$（10%～

15%）I_m，所以屏蔽环的截面可按 I_c 和经济电流密度
来选择。即

$$S_c = I_c / I_j \qquad (9\text{-}74)$$

式中　S_c——屏蔽环截面，mm^2；

　　　I_c——钢构中的电流，A；

　　　I_j——经济电流密度，A/mm^2，根据图 9-3 可
查得。

如果短路环截面太大，给安装带来困难时，可以
用两个小截面的并装，而不应只将短路环截面减小。
试验证明如果把环的截面减小一半，钢构中电流 I_c 减
少不多，而环中的损耗接近增大 4 倍。这将使经济性
能降低并使短路环过热。

（3）采用封闭母线。为了防止导体附近的钢构发
热，大电流导体应采用全连型离相封闭母线。离相封
闭母线由于外壳的屏蔽作用，可降低母线周围的钢构
发热，壳外磁场约减到敞露时的 10%以下，钢构损耗
发热极其微小。但必须指出，在全连型离相封闭母线
端部的短路板、母线转弯或分支处，由于外壳环流
的分布和方向改变等原因，母线磁场没有得到很好
屏蔽，因此这些部位还需采取防止钢构发热的其他
措施。

3. 其他措施

母线金具损耗的处理，过去母线金具设计主要从
强度和结构上考虑，而对损耗很少注意。由于金具经
常处在强磁场中，虽然不使钢件构成包围母线的闭合
磁路，但损耗仍旧很大，有时可达到母线损耗的一半
左右。一般情况下由于金具中产生的热量通过母线和
绝缘子传递，本体温度不致很高，但由于金具数量多，
其总的损耗也是很可观的数值，为了减少金具中的损
耗，建议金具材料采用非磁性的。

（三）钢构的热损耗计算

钢构的热损耗计算见附录A。

第三节　离相封闭母线、共箱母线、电缆母线和气体绝缘输电线路（GIL）

离相封闭母线、共箱母线、电缆母线和气体绝缘
输电线路（GIL）主要用于大中型发电机组。

一、离相封闭母线

（1）离相封闭母线及其成套设备应按下列技术条
件选择：

1）电压；

2）电流；

3）频率；

4）绝缘水平；

5）动稳定电流；

6）热稳定电流和持续时间；

7）各部位的允许温度和温升；

8）绝缘材料耐热等级；

9）冷却方式。

（2）离相封闭母线尚应按下列环境条件校验：

1）环境温度；

2）海拔；

3）相对湿度；

4）地震烈度；

5）风压；

6）覆冰厚度；

7）日照强度。

（一）特点和使用范围

1. 简述

发电机引出线回路中采用离相封闭母线的目的是：

（1）减少接地故障，避免相间短路。大容量发电机出口的短路电流很大，给断路器的制造带来极大困难，发电机也承受不了出口短路的冲击。封闭母线因有外壳保护，可基本消除外界潮气、灰尘以及外物引起的接的故障，提高发电机运行的连续性。母线采用分相封闭，也杜绝相间短路的发生。

（2）消除钢构发热。敞露的大电流母线使得周围钢构和钢筋在电磁感应下产生涡流和环流，发热温度高、损耗大、降低构筑物强度。封闭母线采用外壳屏蔽可从根本上解决钢构感应发热问题。

（3）减少相间短路电动力。当发生短路很大的短路电流流过母线时，由于外壳的屏蔽作用，使相间导体所受的短路电动力大为降低。

（4）母线封闭后，便有可能采用微正压运行方式，防止绝缘子结露，提高运行安全可靠性，也为母线采用通风冷却方式创造了条件。

（5）封闭母线由工厂成套生产，质量较有保证，运行维护工作量小、施工安装简便，而且不需设置网栏，简化了安装结构，也简化了对土建结构的要求。

离相封闭母线主要由母线导体、支持绝缘子和防护屏蔽外壳三部分组成。导体和外壳均采用铝管结构。离相封闭母线结构如图 9-12 所示。

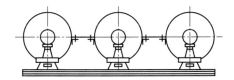

图 9-12　离相封闭母线结构示意图

2. 按外壳连接方式分类

离相封闭母线按外壳电气连接方式的不同，可分为分段绝缘式、全连式和带限流电抗器的全连式共三种。其中第三种在国内尚未采用。

（1）分段绝缘式封闭母线的特点是：沿母线长度方向的外壳各段之间也彼此绝缘，且规定每段外壳只在一点接地，以避免产生环流（见图 9-13）。分段绝缘式离相封闭母线的主要优点是：可使现场焊接工作量减到最小，能实现快速安装。但主要缺点是因外壳只有涡流屏蔽而无环流屏蔽，壳外磁场强度降低有限，以致周围钢构发热比敞露母线只减少 15%～20%；母线导体短路电动力虽可降低 60%～70%，但外壳上的短路电动力却要增加为没有外壳时的导体电动力的 1.5～2.5 倍。因此这种分段绝缘式封闭母线国内已不采用。

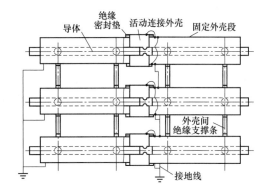

图 9-13　分段绝缘式封闭母线

（2）全连式封闭母线的特点是沿母线长度方向上的外壳，在同一相内（包括各分支回路）从头到尾全部连通。在封闭母线的各个终端通过短路板，将各相的外壳连接成完整的电气通路（见图 9-14）。

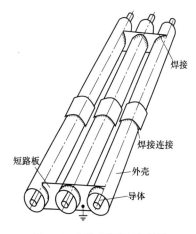

图 9-14　全连式离相封闭母线

有的工程从方便安装等原因出发，在以上全连式基础上再将由发电机与变压器之间的封闭母线分为2~3段,在每段两端装设短路板,称为分段全连式。

3. 使用范围

离相封闭母线在大中型发电厂中的使用范围为:从发电机出线端子开始到主变压器低压侧引出端子的主回路母线,自主回路母线引出至厂用高压变压器和电压互感器、避雷器等设备的各分支线。如图9-15电气主接线中虚线框内所示。

4. 全连式离相封闭母线的优越性

全连式离相封闭母线,以母线导体为一次侧,母线外壳为二次侧,恰似一台变比为1:1的空心变压器。当导体通电时,外壳上产生一个方向相反而其数值几乎与母线导体上流过的电流相等的感应电流,使得壳外剩余磁场大为降低(只有敞露母线的百分之几),因而与分段绝缘的连接方式相比,优越性有:

(1)周围钢结构或混凝土钢筋中几乎不存在热损耗或温升。

(2)大大削弱母线相间短路电动力,从而可采用

较轻型的支持结构。

(3)外壳基本处于等电位。接地方式大为简化。

由于全连式离相封闭母线可用于母线电流很大的情况,且具有以上优越性,目前被广泛采用于火力发电厂的发电机引出回路中。

(二)全连式离相封闭母线的结构

1. 母线导体的支撑装置

母线导体用支柱绝缘子支撑,一般有单个、两个、三个和四个四种方案,如图9-16所示。

三个绝缘子支持方案较之其他方案具有结构简单、受力好、安装检修方便,且可采用轻型绝缘子等优点。国内设计的封闭母线几乎都采用三绝缘子支持方案。三绝缘子方案在空间以彼此相差120°的位置安装,将绝缘子的主要受拉力作用变为受压力作用。支撑装置由支柱式绝缘子、橡胶弹力块和蘑菇形铸铝合金金具二部分组成,可分别对母线导体实施活动支持和固定支持。当用作活动支持时,母线导体不需做任何加工,只夹在三个绝缘子的金具之间;当用于对母线导体作

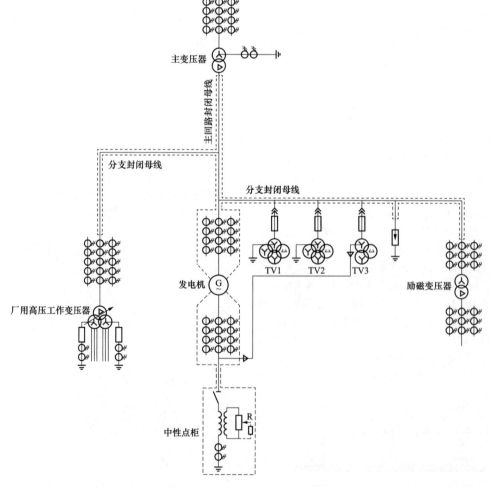

图 9-15 离相封闭母线的使用范围

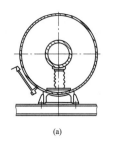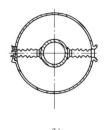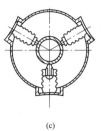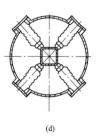

图 9-16　离相封闭母线导体支撑结构示意图

（a）单个绝缘子支撑；（b）两个绝缘子支撑；（c）三个绝缘子支撑；（d）四个绝缘子支撑

固定支持时，需在导体上钻孔亦改用顶部设有球状突起的蘑菇形金具，将该突起部分伸入钻孔内，实现对母线导体的固定支持，如图 9-17 所示。

三绝缘子支持方案中的绝缘子底座法兰与安装检修孔的可拆盖板合二为一，绝缘子可以直接插入或抽出。便于安装、检修和更换，这是该方案的又一优点。为减少故障概率，可适当提高绝缘子的耐压等级。

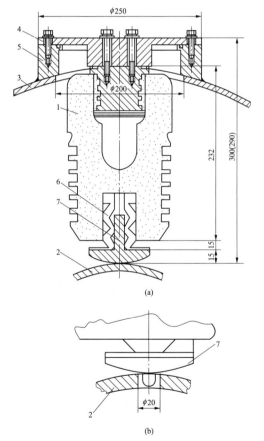

图 9-17　母线导体的支撑装置图

（a）活动支持方式；（b）固定支持方式

1—支持绝缘子；2—母线导体；3—母线外壳；

4—绝缘子支持板；5—绝缘子底座；

6—橡胶弹力块；7—蘑菇头金具

2. 外壳的支撑装置

外壳的支撑装置要求能够承受住封闭母线的静荷载、短路时的动荷载，能够适应外壳在温度变化时的相对位移，以及便于安装时的调整。国内多采用"包箍加支座"式支撑装置。该装置是用槽铝弯成两个半圆环，套在外壳上。两环之间分别于两处用螺栓上紧，亦在其中一个套环上装设两个既能支也能吊的支座（见图 9-18），再将三相共六个支座焊接在统一的钢梁（一般为槽钢，见图 9-18 中 5）上。此种结构安装时可以进行调整。待封闭母线安全安装就位后将包箍点焊在外壳上；钢梁焊装在支架（或吊架上）。

为使外壳在温度变化时能够沿轴向发生相对移动，还需在适当地点的外壳支持（或悬吊）结构中，设置一定数量的滑动式支座（见图 9-19）。为防护地震的破坏，一些进口的封闭母线中，在与其支撑或悬吊的基础结构连接部分还隔以装有弹性橡胶垫的减震器，以减少外部震动对封闭母线的影响。

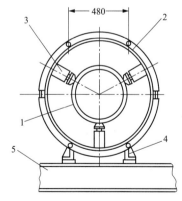

图 9-18　外壳支撑装置图

1—母线导体；2—外壳及支持包箍；3—绝缘子；

4—支座；5—三相支持槽钢

3. 伸缩装置

伸缩装置的作用主要是补偿由于温度变化、震动和基础不同沉降引起的危险应力。伸缩装置串接在封闭母线的回路中，其接头有可拆卸和不可拆卸的两种。每一套伸缩装置都包括母线软导体部分和母线外壳部分。

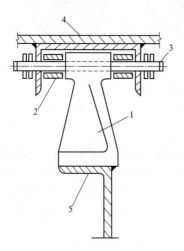

图 9-19　外壳支撑装置支座详图
1—支座；2—套筒（滑动型无此套筒）；3—轴；
4—母线外壳；5—三相支持槽钢

伸缩装置中软导线的载流量应大于或等于母线导体的载流量。接头装上后，其带电部分与外壳之间的间隙应满足相对地安全净距要求，接头取下后导体之间或导体与设备端子间的间隙，应保证足够的相对地安全净距要求。

当伸缩装置用于可拆接头时，其母线导体部分一般采用韧性或柔软性较好的铜编织线。其连接板与导体接触面双方（导体一方可为铜铝过渡接头）均为铜上镀银，用非导磁性螺栓连接。当将伸缩装置用于不可拆接头时，其导体部分一般由多片铝薄板组成，并将其焊接在两侧母线导体上。

伸缩装置的外壳部分有三种结构形式：

（1）铝波纹管结构。此种结构散热好、能导电，任何方向具有±25mm 的伸缩性，不存在老化和更换问题，安装在主回路和分支回路的中间部位。铝波纹管一般都直接焊接在两侧母线外壳上，和不可拆的具有伸缩性的导体部分配合使用。若需做成可拆的外壳伸缩装置，可以改为橡胶波纹管，并通过金属压环和螺栓与母线外壳连接。

（2）橡胶波纹管结构。此种结构不能导电、散热性能较差且又存在老化更换问题。故一般仅用于主回路和具有可拆卸性能的分支回路末端部位。

（3）铝质合抱式可拆套筒。此种结构接头可以开启、伸缩。为便于开启和密封，套筒采用螺栓连接，衬以密封垫，并于套筒两端装设可以实现伸缩的橡胶密封圈。

外壳为铝波纹管，导体为铝薄板组成的软导体的伸缩装置，一般均由厂家在工厂内事先将整套装置组装在所在处的封闭母线组装段上。

为了随时掌握可拆接头连接处的运行温度，一般应在该连接处装设测温装置，并在相应的外壳上开设密封观察窗。

4. 配套

制造厂可提供全连式离相封闭母线各种角度（如90°、45°等）的转角段、T 接段（"三通"段）和直线段，以满足布置上的需要。制造长度一般控制在 6m 以内。根据设计订货要求，由制造厂在厂内先将母线导体和外壳装配在一起发货。

（三）布置和安装

1. 布置设计

（1）水平布置及走径。离相封闭母线的价格较贵、体积较大、转弯不便，要求其走径短而直。因此，其布置设计应与发电机出线端位置和主变压器、厂用高压变压器的位置布置统筹考虑。在火力发电厂中，主变压器和厂用高压变压器一般布置在主厂房 A 列墙外，封闭母线的布置位置应尽量与发电机出线的位置对齐。此时，离相封闭母线的走径一般为：从发电机引出端子开始，紧贴运转层下的平台（有的工程尚需通过同标高的专设引桥）穿过 A 列墙，经门形支架（或 A 列墙外侧上的专设墙托），过变压器防火墙和支架，引至主变压器和高压厂用变压器。

（2）分支回路的设备布置。回路中的其他设备应布置在主母线的附近，以使封闭母线的分支引接比较方便。高压厂用变压器只有一台时，一般布置在 A 列墙与主变压器之间的主母线下方，其 B 相高压套管与封闭母线主回路的 B 相中心线重合。如果位置狭小，也可将高压厂用变压器布置在主回路的侧面。

电压互感器柜、避雷器（电容器）柜、中性点接地柜一般就近布置在运转层平台以下的楼板上，也可布置在更下一层，或者布置在发电机出线小室内。柜中各设备之间、各相之间均应分别封闭。电压互感器、发电机中性点接地变压器（消弧线圈）应选用干式绝缘。

（3）竖向布置及固定方式。封闭母线的标高主要取决于汽轮机房内下列设备和管道的安装：发电机出线套管的高度，发电机出口断路器接口高度要求，热机系统的油、气管路标高，电缆桥架标高等。一般布置在汽机运转层以下，尽量避免水平方向和垂直方向上的转弯。

封闭母线在户内部分，一般可采用钢支架与钢吊架共用的固定支撑方式；而在户外，通过 A 列墙上的托架（或墙外支架）、变压器防火墙和支架固定。当无防火墙时，则可根据具体情况采用各种型钢（如槽钢各角钢）组成的大型组合支架来解决封闭母线的固定问题（见图9-19）。

（4）伸缩装置的选择。

1）主回路、各分支回路末端与各设备相连接处，选用可拆接头的伸缩装置。如主变压器、高压厂用变压器的引出端，电压互感器和避雷器柜的连接处。

2）当封闭母线由发电机基座过渡到厂房的其他构筑物，选用不可拆接头的伸缩装置。

3）封闭母线直线段部分，每超过20m选用一个不可拆接头的伸缩装置。

4）封闭母线穿过A列墙时，应选用母线导体部分为可拆接头、外壳部分为铝波纹管的伸缩装置，以考虑不同沉降和穿墙密封装置的检修（密封装置的检修可通过设于接头顶端外壳上的检修孔进行）。

2. 安装设计需注意的问题

（1）连接与接头。为了实现全连式连接，无论母线导体和外壳，在整个封闭母线路径上（包括安装于其上的各种连接装置）都应成为畅通无阻的电气通路。外壳上的伸缩接头（如A列墙处的伸缩接头等）亦采用能导电的铝波纹管。为充分利用导体有色金属，导体可拆接头处的最高运行温度为105℃。因此，要求母线间及导体于设备间的可拆接头双方接触面均需为铜上镀银，其接触面电流密度不大于0.1A/mm²。

（2）相间距离。封闭母线的相间距离随工作电流大小和制造厂不同，有850、900、950、1000、1050、1200、1250、1300、1400、1550、1800、1950、2000mm等多种。在设备订货时，应尽量要求发电机、主变压器、厂用变压器等的出线端子相间距离与封闭母线的相间距离相等，以简化连接方式。当无法一致时，可在发电机出线端装设相距变换箱，或在厂用分支改变引线的相间距离。为便于现场焊接和安装调试，离相封闭母线间的外壳净距一般不小于230mm，边相外壳边缘距墙一般不小于500mm。当回路中装有发电机出口断路器时，上列尺寸还应根据断路器外形尺寸相协调。

（3）电流互感器的安装位置。为了减少封闭母线的断口以增强密封性能，应尽量将电流互感器装设在发电机、主变压器和厂用变压器等设备的出线套管之中，而不要设置在封闭母线回路上。特别是为差动保护而在厂用变压器高压侧装设的电流互感器，当要求制造厂装设在高压侧套管内时，还可避免保护死区的出现。

（4）与设备的连接。为了防止环流进入发电机或变压器本体，在设备的端子连接处，设备壳体与封闭母线外壳之间，必须采用一套绝缘的连接装置。为了在停电检修或在试验时能方便地将封闭母线的电容电流释放，可要求制造厂在封闭母线外壳的适当位置（如供发电机做短路试验用装置处）装设专用的检修接地开关。

（5）排氢装置。对于氢冷却的发电机，为了防止氢气从发电机出线套管处泄漏到母线内，宜在与发电机连接处加设密封绝缘隔板。对于氢压强较大的发电机尚需在隔板上端、发电机出线套管电流互感器的下部与封闭母线连接处，再装设一个通风罩环。环的四周开满通风孔（其有效的通风面积一般应由发电机厂提供）。环的上端与发电机套管处的绝缘通风罩相通，以形成经常性的空气自然对流而将泄出的氢气及时排除。

对于强制风冷的封闭母线装置，可装设氢检测装置。该装置通过铜管与发电机出线侧三个相的出线罩箱和中性点侧的出线罩箱连接。当检测出一定量的氢和空气的混合物时，该装置即自动开启有关的挡板，让来自风机系统的冷空气将氢气排除并发出警报信号。

（6）外壳的接地。封闭母线的导体和外壳之间，以及外壳与地之间的电容，带电时便产生一定的电位差。带电导体发生单相接地时，更会使外壳对地电位升高。为使保护及时动作、故障人身安全，封闭母线外壳应接地。

外壳接地方式有一点接地和多点接地两种。一点接地可以避免外壳与地之间形成感应电流。但一点接地要求每一外壳支座都加装绝缘部件，结构较为复杂。多点接地除在每个短路板处接地外，在封闭母线各个支持点或悬挂点与其支吊钢构间都不要求加装绝缘部件。运行实践证明，多点接地时由壳外磁场产生的接地地中电流很小。因此，一般情况全连式封闭母线都可采用结构简单、安装方便的多点接地方式。

当母线通过短路电流时，外壳的感应电压应不超过24V。

（7）当离相封闭母线采用垂直方式布置时，应对导体和外壳支持强度进行详细的力学计算、校验，确定支架、支柱绝缘子、母线、外壳的强度，并应考虑热胀冷缩对固定方式的影响。当垂直段较长时，还应要求厂家进行热平衡计算，计算时应计及垂直段对温升的影响，且整个垂直段部分的最高温度点与最低温度之差不得超过5℃。

（8）对于实行状态检修的电厂，可选用在线巡回检测温度报警装置。且在离相封闭母线与发电机连接处、与主变压器和厂用高压变压器连接处、与发电机出口断路器和隔离开关连接处设置温度传感器。

3. 制造设计需注意的问题

（1）密封问题。为了保证母线外壳内绝缘子安全可靠运行，减少绝缘故障，应要求制造厂提高焊接质量、加强密封，同时还需注意：

1）主回路上和分子回路上的电流互感器不宜装设在封闭母线中，而应装设在发电机两侧出线套管上和高压厂用变压器高压侧套管内。

2）尽量避免或减少在封闭母线外壳径向开设可以开启的孔口。所有孔口都应设置在密封性能良好的密封装置。

3）在封闭母线各回路的末端装设专门的密封绝缘装置（或者能够起到密封绝缘作用的其他装置）。特别是对于氢气冷却发电机要在封闭母线的发电机端装设隔氢装置。

4）对 A 列墙处装设密封绝缘装置，以杜绝户内外冷热空气对流，避免绝缘子结露。

5）在外壳适当位置处（一般在 A 列墙内侧和外侧）装设具有吸湿功能的装置，如防潮硅胶呼吸器。

6）装设满足密封要求的泄水器。自冷式封闭母线在负荷或温度变化时产生的呼吸现象，会使壳内存有水分。因此，需在封闭母线各个最低位置处装设既能及时泄水，又能防止外部空气进入壳内的具有"密封"性能的泄水器。

（2）支撑装置。制造厂应提供将三个单相封闭母线组装成为一个整体的支持横梁和经供需双方协议规定的全套支撑装置。这些装置可包括户内部分的单相、两相、三相支架和吊架，户外部分各种类型的钢构支架。

包括上述三相封闭母线组装在一起的支持横梁在内的整个支持结构，应满足既能支持也能悬吊的安装要求。

（3）表面处理。封闭母线外壳外表面，和母线导体外表面应进行涂漆处理，以利于整个封闭母线的散热。当在外壳外表面涂黑漆时，黑度约增加到 0.9，以易于散热，但对太阳辐射热的吸收却大大增加。若将户外部分外表面磨光而不涂漆，虽减小了对太阳辐射热的吸收，但有大大降低辐射散热的能力。因此，较适宜的表面处理是：母线导体外表面和外壳内表面涂无光泽黑漆；外壳外表面涂无光泽浅灰色或浅蓝色漆。

（四）封闭母线发展中的几个问题

1. 强制风冷的冷却方式

国内目前 1000MW 及以下发电机的封闭母线一般均采用自然冷却方式。当机组容量大到一定程度后，可考虑采用强制风冷的冷却方式。

采用强制风冷，母线导体载流量可增加 0.5～1 倍。母线导体和外壳、外径等大为减小，从而节省大量有色金属和方便施工安装。但由于增加了风机、冷却器，增加了运行费用和维护工作量。具体工程中是否采用强制风冷方式，应根据母线长度、回路工作电流大小等条件，进行综合技术经济论证。国外的情况是：加拿大认为额定电流为 8000A 以上可考虑强制风冷方式；日本自冷方式一般不超过 16000A，长度不超过20～25m，电流超过 12000A、长度超过 25m 后是否需要风冷，可针对具体情况进行论证；德国到 25000A 才考虑；美国是从 600MW 机开始考虑，但也有 750MW 机采用自冷方式的情况。

当采用强制风冷时，冷空气进入封闭母线的方式一般有两种：一种是"B 相进，A、C 相出"（见图9-20）；另一种是"A、C 相进，B 相出"。两种都是闭式循环。还可考虑采用一种"单相双风"的冷却方式，冷却介质进入每相母线导体（圆管形母线导体端部是开启的），到达终端后经导体和外壳之间的环形通道而返回，热空气经热交换冷却后，重新进入母线导体，相间不设联箱。

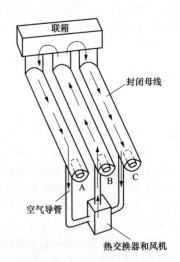

图 9-20 强制风冷气流示意图

图 9-21 为一种强制风冷式离相封闭母线总体布置图。

我国的一般工程，当离相封闭母线的额定电流小于 25kA 时，宜采用空气自然冷却方式，当离相封闭母线的额定电流大于 25kA 时，可采用强制通风冷却方式。在国内火电厂中，一般对于 1000MW 级及以下发电机组，普遍采用空气自然冷却方式封闭母线，大于 1000MW 的发电机组中则可结合具体工程情况，采用强制通风冷却方式封闭母线。

2. 快速拆装可拆连接装置

为了取代主回路上的隔离开关，常采用一种"快速拆装"可拆连接装置。它没有一般可拆装置由于连接螺栓太多带来的拆装困难、费工费时、易损伤软连接部分等缺点。

快速拆装连接装置使用一种"具有弹跳性能的"钟罩形垫圈（见图 9-22）。该装置只允许使用较少量螺栓，且可在不需要取下螺栓的情况下，便可将连接片拆除（"拔出"）或插上。

3. 微正压装置

为杜绝外部污秽、潮湿的空气进入封闭母线内部，避免绝缘子结露闪络，可向壳内空气加压，即在封闭母线适当位置处（一般在 A 列墙的内侧），装设保持微正压的装置，专门向壳内提供一定量的干燥而清洁的空气。特别是在日环境温度变化比较大的场所宜采用微正压装置。

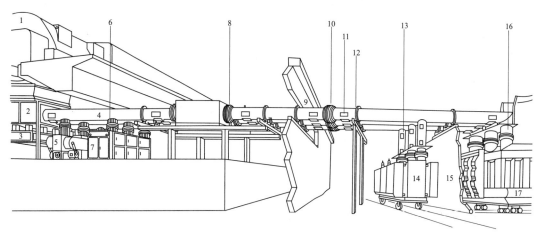

图 9-21　强制风冷式离相封闭母线总布置示意图

1—发电机；2—发电机出线箱；3—发电机出线套管处的强制风冷装置；4—离相封闭母线主回路；5—离相封闭母线上的
强制风冷装置；6—电压互感器分支回路；7—电压互感器柜；8—与断路器、隔离开关或负荷开关相连的伸缩装置；
9—穿墙段；10—外壳伸缩接头；11—主持绝缘子观察（检修）窗；12—封闭母线支撑装置；13—厂用变压器
分支回路；14—厂用变压器；15—防火墙；16—主变压器连接装置；17—主变压器

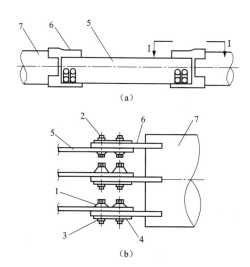

图 9-22　快速拆装连接装置示意图

（a）正面图；（b）1-1 断面

1—钟罩形弹跳垫圈；2—螺栓；3—螺母；4—垫板；
5—可拆连接板；6—母线导体过渡板；7—母线导体

微正压装置一般由两部分组成：一部分是不加热

的再生式空气干燥器；另一部分是包括传感器（或压力开关）在内的自动加压系统（有时还包括离心式空气滤清器）。它可使系统中的压缩空气露点降到-45℃以下，由它来实现封闭母线中空气的恒压。目前有些微正压装置产品中还加入了加热器，可以向母线内部提供加热后的干燥清洁空气，利用热风清除可能存在于封闭母线中的潮湿空气。

微正压装置中所需压缩空气可以独立配置压缩机制取，也可取自发电厂空压站，并经过过滤后使之无尘、无油后使用。

4. 外壳上装设限流电抗器

全连式封闭母线的外壳上感生的环流，与母线导体上流过的工作电流方向相反，数值基本相等，全年的电能损耗很大。国外在较大容量的封闭母线上有装设限流电抗器以削弱外壳环流的实例。连接方法是：外壳的一端短路另一端于每相外壳上各串联一只速饱和电抗器并相互连成星形接地（见图 9-23）。

饱和电抗器在正常时工作在饱和点以下，并将外壳环流限制到某一额定值（例如额定电流的 1/3）。当发生短路时，电流突增电抗器进入饱和区工作状态，限流作用大为减小，从而仍可大大削弱短路时的电动力。

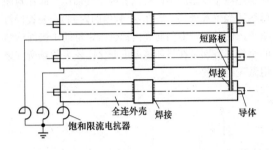

图9-23 带限流电抗器的全连式封闭母线示意图

如果限制外壳环流串联限流电抗器造成附近钢构严重发热时，可将"外壳上串联电抗器"只用于附近无钢构的户外部分，特别是当封闭母线户外部分的长度较大时。

二、共箱母线

（1）共箱封闭母线及其成套装置应按下列技术条件选择：

1）电压；

2）电流；

3）频率；

4）绝缘水平；

5）动稳定电流；

6）热稳定电流；

7）绝缘材料耐热等级；

8）各部位的允许温度和温升。

（2）共箱封闭母线尚应按下列环境条件校验：

1）环境温度；

2）海拔；

3）相对湿度；

4）地震烈度；

5）风压；

6）覆冰厚度；

7）日照强度。

（一）特点和使用范围

共箱母线是将每相多片标准型铝（或铜）母线装设在支柱绝缘子或绝缘板上，外用金属（一般是铝）薄板制成罩箱来保护多相导体的一种电力传输装置。

共箱母线内的导体有支持式和悬吊式两种固定方式，如图9-24所示（图中尺寸仅为参考）。目前常用支持式的固定方式，悬吊式固定导体的方式已不常见。

共箱母线主要用于单机容量为 200MW 及以上的

发电厂的厂用回路和励磁回路。

用于厂用回路时，主要是用于高压厂用变压器低压侧到厂用高压配电装置之间的连接线。这是因为厂用高压配电装置高压侧分支上一般不设断路器，需要防止由于外界因素造成低压侧引出线上的短路故障；同时又要求能够经济可靠地输送较大的厂用电功率。

用于励磁回路时，主要是用于交流主励磁机或励磁变压器副边出线端子至整流器柜的交流母线和励磁开关柜至发电机转子集电环的直流母线。电压约为400V，电流可达到2000A及以上。交流和直流用励磁母线的母线导体每相一般采用（2～3片铝或铜）母线，罩箱由厚度为 2mm 的钢板做成，户内安装。罩箱顶盖和底板都可有通风百叶窗。母线用上下两块胶木板夹紧固定在罩箱两侧角钢上，如图9-25所示（图中尺寸仅供参考）。

单位：mm

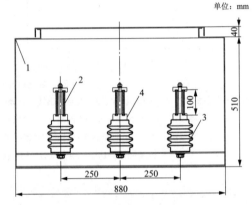

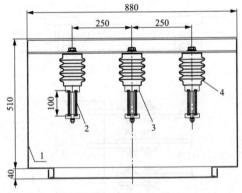

图9-24 厂用共箱母线装置（悬吊式）断面图

1—外壳；2—导体；3—金具；4—绝缘子

母线穿过机座预留孔时需包绝缘，其余部分裸露。根据具体情况，共箱母线也可直接由励磁机出线端子处引接。

中小容量的发电机引出线也可选用共箱隔相式封闭母线以提高发电机回路的可靠性。

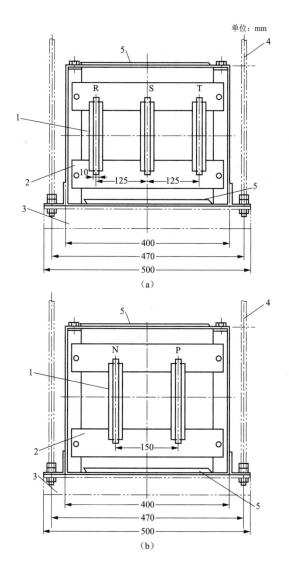

单位：mm

图 9-25　励磁共箱母线装置断面图

（a）交流励磁母线；（b）直流励磁母线

1—母线；2—绝缘支持板；3—吊架；4—悬吊螺栓；

5—通风百叶窗

（二）布置和安装

厂用高压电源用共箱母线的布置从高压厂用变压器低压侧出线端子开始，通过装设于低压套管底部的三相升高座上的矩形法兰到厂用高压配电装置电源进线柜顶矩形法兰，固定在开关柜上。法兰间（包括共箱母线路径上的法兰间）需装设橡胶密封圈。

根据实际工程的具体需要，厂用电源共箱母线的安装可采用支撑式和悬吊式，或两者兼有（一般进入户内后为悬吊式）。支撑式和悬吊式的安装方式分别参阅图 9-26 和图 9-27。

当采用支撑安装时，横梁上母线下的支持槽钢安装位置一般为与母线内绝缘子支持槽钢的安装位置对应，悬吊式安装则通过吊杆及连接件固定在顶部预设的钢构上。

检修孔一般安装在罩箱底部或顶部，孔口的大小、形状和数量以能对每一个绝缘子进行检修、安装为原则。共箱母线检修孔与周围构筑物或设备之间的距离应满足制造厂提出的要求，当无法满足净空要求时，可与制造厂协商，将局部的检修口设置在母线侧面。为便于对可拆接头处进行温度监视，应在对应位置处设置测温装置和密封式观察窗。

厂用共箱母线在配电装置穿墙处，一般需装设户外型铝（或铜）导体穿墙套管及密封隔板。在与设备相连处、土建结构出现不同沉降的地方及超 20m 长的直线母线段处（如在进入厂用配电装置的隔墙处，对于励磁共箱母线则在机座过渡到厂房其他结构处）应设置热胀冷缩或基础沉降的补偿装置，该补偿装置处母线导体间常用铜编织线伸缩节连接，罩箱常用橡胶伸缩套连接。

励磁母线因全部在户内安装，可采用悬吊式与沿墙敷设相结合。当交流励磁母线和直流励磁母线都采用共箱母线时，还可视情况采用重叠布置的安装方式。

共箱封闭母线宜在适当部位设置防结露装置。

共箱母线设计包括：路径选择；与变压器出线端子间连接方式和与开关柜间连接方式的落实；向土建专业提出户外部分支撑或悬吊装置的结构要求、荷重计算和布置资料；户内部分支吊架结构设计，并向土建提出预埋件（包括荷重）；向制造厂提出订货时的各种计算资料［详见"（三）选择计算示例"］；与有关单位一起和厂家签订订货技术协议，直至施工安装完成等。

（三）选择计算示例

1. 原始条件

（1）高压厂用变压器型号和参数：SFFP-31500/20 型、31500/16000/16000kVA、20±2×2.5%/6.3/6.3kV。

（2）短路时通过共箱母线上的冲击电流 i_{ch}=55.8kA。

（3）母线安装时为竖放，环境温度按 40℃ 考虑。

2. 按持续工作电流选择母线

$$I_g = 1.05 \times \frac{16000}{\sqrt{3} \times 6.3} = 1541.4(A)$$

因母线安装在密封罩箱内散热条件较差，铝母线载流量一般按 70% 考虑。取共箱母线的持续工作电流为

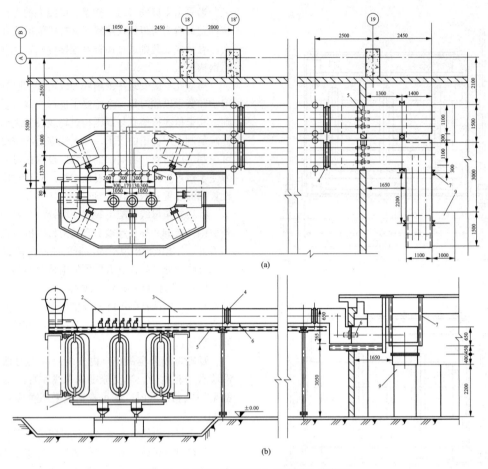

图 9-26　厂用共箱母线装置（支撑式）安装图

（a）平面布置图；（b）Ⅰ—Ⅰ断面图

1—高压厂用变压器；2—变压器端子箱；3—厂用共箱母线；4—母线罩箱伸缩接头；5—穿墙套管；

6—支持槽钢；7—吊架；8—支持横梁；9—高压开关柜；10—母线伸缩节

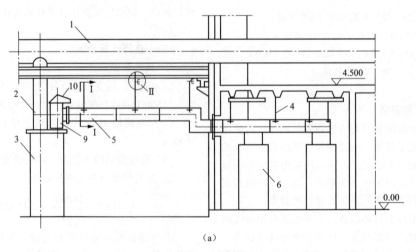

图 9-27　厂用共箱母线装置（悬吊式）安装图（一）

（a）断面布置图

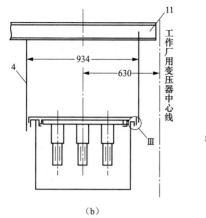
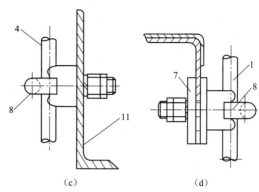

图 9-27 厂用共箱母线装置（悬吊式）安装图（二）

（b）Ⅰ—Ⅰ断面；（c）Ⅱ详图；（d）Ⅲ详图

1—封闭母线主回路；2—封闭母线厂用分支回路；3—厂用变压器；4—悬吊螺杆；5—厂用共箱母线；6—高压开关柜；
7—吊装夹板；8—U型螺栓；9—变压器端子箱；10—端子箱盖；11—吊杆固定横梁

$$I = 1541.4/0.7 = 2202(\text{A})$$

在 40℃环境温度及母线竖放条件下选 LMY-2（100×10）型母线。

3. 按短路动稳定校验

（1）满足机械强度要求时母线的最大允许跨距。

根据表 9-17 得知，当选用 LMY-2（100×10）型母线、竖放安装时，为满足母线机械强度要求，最大的允许跨距不应超过：

$$l_{\text{m}} = 28.75 \times \sqrt{\alpha \sigma_{\text{x-x}}} / i_{\text{ch}}$$

片间衬垫的临界跨距为：

$$l_{\text{lj}} = 558/\sqrt{i_{\text{ch}}}$$

在满足不超过 l_{lj} 条件下的片间机械力为：

$$\sigma_{\text{x}} = 5.29 \times 10^{-4} \times i_{\text{ch}}^2 l_1^2$$

将 i_{ch}=55.8kA 代入得：

$$l_{\text{lj}} = 558/\sqrt{55.8} = 74.7(\text{cm})$$

取小于 l_{lj} 的片间衬垫间距 l_1=50cm 并代入算式：

$$\sigma_{\text{x}} = 5.29 \times 10^{-4} \times 55.8^2 \times 50^2 = 4118(\text{N/cm}^2)$$

短路时多片矩形母线受到的机械应力为：

$$\sigma = \sigma_{\text{x}} + \sigma_{\text{x-x}}$$

当将 σ 限制在铝母线的允许应力 σ_{xu}=6860N/cm² 时，$\sigma_{\text{x-x}}$ 只能等于或小于：

$$\sigma_{\text{x-x}} = \sigma - \sigma_{\text{x}} = 6860 - 4118 = 2742 \ (\text{N/cm}^2)$$

设母线相间距离为 α=30cm，即可求得满足母线机械强度条件下母线得最大允许跨距：

$$l_{\text{m}} = 28.75 \times \sqrt{30 \times 2742}/55.8 = 147.7 \ (\text{cm})$$

（2）满足避免发生机械共振和满足机械强度要求下的跨距 l。

根据已选的 LMY-2（100×10）母线，在母线竖放安装条件下，由表 9-17 可查得当要求该母线装置避免发生机械共振时所能允许的最大跨距 l_{g}=108cm，片间衬垫跨距 l_{d}=61cm。故取 l_{g} 和 l_{d} 中较小而接近 l_{g} 的跨距 l，即可视为即满足避免机械共振又满足机械强度要求的跨距。现试取 l=90～100cm。

（3）校验母线装置的自振频率。

由于三相母线布置在同一平面，自振频率用式（9-51）：

$$f_{\text{m}} = 112 \times \frac{r_{\text{i}}}{l^2} \varepsilon$$

将 l=100cm 及 r_{i}、ε 各值代入算式：

$$f_{\text{m}} = 112 \times \frac{1.04}{100^2} \times 1.55 \times 10^4 = 180.5 \ (\text{Hz})$$

短路时为了避免母线在电动力作用下产生机械共振，对于每相多片矩形母线，母线的自振频率应排除在 35～155Hz 范围以外。计算结果表明：所选母线可以避免发生机械共振。同样，若取 l=90cm 时，也能够满足要求。

（4）校验已选共箱母线装置在短路时所能承受的机械应力。

1）母线相间机械应力。由式（9-33）：

$$\sigma_{\text{x-x}} = 17.248 \times 10^{-3} \times \frac{l^2}{\alpha W} i_{\text{ch}}^2 \beta$$

查数据表 9-18，W=14.4cm²；因本共箱母线装置的自振频率已排除在 35～155Hz 范围以外，取 β=1。

将各值代入算式：

$$\sigma_{\text{x-x}} = 17.248 \times 10^{-3} \times \frac{100^2}{30 \times 14.4} \times 55.8^2 \times 1 = 1243 \ (\text{N/cm}^2)$$

以上为 l=100cm 时 $\sigma_{\text{x-x}}$ 的值，当取 l=90cm 时 $\sigma_{\text{x-x}}$ 的值应比 1243N/cm² 小。

2）已选共箱母线所受的机械应力。

由前已知，当片间衬垫间距为 50cm 时，片间母线机械应力 $\sigma_x = 4118 \text{N/cm}^2$。据 σ_{x-x} 和 σ_x 值，可得已选共箱母线短路时所受机械总应力为

$$\sigma = \sigma_x + \sigma_{x-x} = 4118 + 1243 = 5361 \text{N/cm}^2 < 6860 \text{N/cm}^2$$

当取 $l = 90\text{cm}$ 时 σ 值小于 6860N/cm^2。

4. 小结

已选出的共箱母线装置既满足正常情况下持续工作电流要求，也符合短路时各项动稳定计算校验要求。归纳已选共箱母线各项计算结果如下：

（1）母线选 LMY-2（100×10）；

（2）每相 2 片铝母线间衬垫中心距离 $l_1 = 50\text{mm}$；

（3）母线相间距离 $a = 300\text{mm}$；

（4）母线支柱绝缘子间距离 $l = 90 \sim 100\text{cm}$。

可将以上四个技术参数和其他技术参数一起，编入订货时的有关技术协议之中。

三、电缆母线

（1）电缆母线及其成套装置应按下列技术条件选择：

1）电压；

2）电流；

3）频率；

4）绝缘水平；

5）动稳定电流；

6）热稳定电流。

（2）电缆母线尚应按下列环境条件校验：

1）环境温度；

2）海拔；

3）相对湿度；

4）地震烈度；

5）风压；

6）覆冰厚度；

7）日照强度。

（一）特点和使用范围

电缆母线的每相由一至数根单芯电缆组成，每根电缆之间保持一定间距，彼此间相互平行、直线式地全部装在罩箱内。整套装置均由工厂成套供货，现场架空安装。

电缆母线装置布置示意图如图 9-28 所示。

电缆母线装置的作用与共箱母线相同，但它比共箱母线具有以下优点：

（1）安全可靠。共箱母线中导体使用的是长度有限的铝母线，接头个数随母线总长度的增加而增加；而电缆母线装置中的导线采用长度基本不受限制的铜芯电缆，一般不允许有中间接头。由于电缆芯线绝缘，也根除了人员触电的危险。

（2）装置内部布置紧凑。其横断面相对较小，占用空间也小，易于布置。

（3）有较好的"柔软"性，敷设时能因地制宜充分利用现有空间，路径选择可以比较容易地越过"障碍物"。

（4）适应性较强。只要需要，便可通过一定的连接装置比较方便地和现有的或将来的设备或别的电缆母线连接，也可通过一定的连接装置（如 T 形接头）从电缆母线线路中间部位分支。

（5）一经投入运行，基本无需进行维护、检修。

但和共箱母线相比，电缆母线装置的第一次投资较大，布置上直角转弯较难，母线较长时还需要换相换位。这些不足之处限制了电缆母线的大范围应用。

电缆母线主要用于厂用高压电源母线，技术经济合理时可取代共箱母线，在国外还有应用于发电厂中发电机至主变压器之间的主回路（额定电流为 7000～18000A）和厂用分支回路，代替离相封闭母线的案例。

（二）电缆母线的结构

1. 电缆的支撑

为了保证每根单芯电缆上下左右事先规定好的间距，在电缆母线装置内采用带电缆槽孔和通风孔的支撑块板，将每根电缆固定在一定的位置上。该支撑块板是用强化玻璃聚酯做成的模制件（见图 9-29）。这种材料表面光滑、吸水性小；牵引电缆时遇到的阻力小；机械强度好，固定电缆安全可靠；外形和尺寸不受温度变化影响。

为了便于现场安装，最下面的支撑块板应由工厂事先装配在罩箱上。现场安装时敷设一层电缆装一块支撑板。板间需用非导磁性不锈钢螺栓拴接。支撑板每两根电缆孔之间应开设附加孔，便于通风冷却。

2. 罩箱

罩箱用于保护和固定电缆。

罩箱由盖板、底板和槽形侧板组成。侧板主要用于承重，要求强度高，可用 1 号或 2 号锻铝（LD1 型或 LD2 型铝）制成；盖板和底板可用 2 号防锈铝（LF2）制成。

3. 穿墙密封装置

当电缆母线由户外进入户内时，一般采用特制的穿墙密封装置。该装置一般由穿墙架板（铝合金板）、隔板、压板（环氧玻璃板）、密封垫、密封圈（氯丁橡胶）等部分组成，如图 9-30 所示。

4. 各种连接段

电缆母线装置的直线部分通常由直线段组成，另外还有水平方向和垂直方向的各种转角段（一般为 90°、60°、45°和 30°四种）和以下其他各种特殊段。

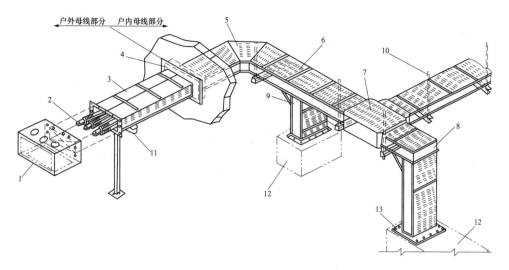

图 9-28 电缆母线装置布置示意图

1—变压器的端子箱；2—电缆终端装置；3—户外部分（盖顶为整块板侧壁和底板百页窗）；4—穿墙密封装置；

5—水平转角段；6—户内部分（顶端底板百页窗）；7—水平 T 接段；8—垂直 90°转弯；

9—垂直 T 接段；10—吊架；11—支架；12—开关柜；13—终端法兰

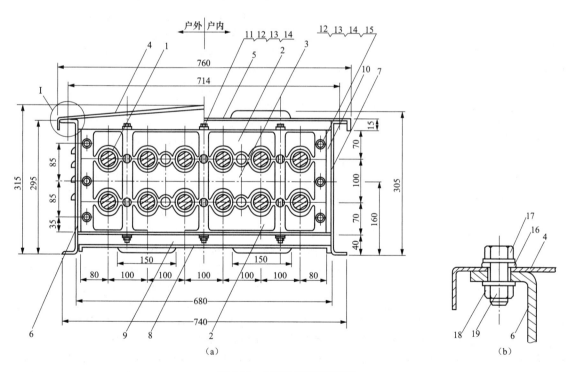

图 9-29 电缆母线装置断面图

（a）断面图；（b）Ⅰ放大图

1—电缆；2—上下支撑块板；3—中间支撑块板；4—罩箱盖板（户外型）；5—罩箱盖板（户内型有通风窗）；6—罩箱侧板

（户外型有通风窗）；7—罩箱侧板（户内型）；8—罩箱底板（有通风窗）；9—角梁；10—角板；11—不锈钢螺母；

12—不锈钢螺母；13—黄铜镀锌垫圈；14—弹簧垫圈；15—不锈钢螺栓；16—密封垫圈（氯丁橡胶）；

17—螺栓（A3 镀锌）；18—垫圈（A3 镀锌）；19—螺母（A3 镀锌）

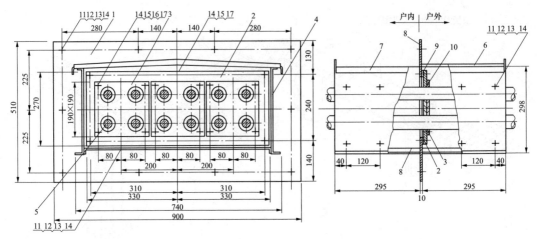

图 9-30　电缆母线穿墙密封装置图

1—穿墙架板；2—隔板；3—压板；4—罩箱侧板（户外型）；5—电缆；6—罩箱盖板（户外型）；7—罩箱盖板（户内型）；

8—罩箱底板；9—密封垫；10—密封圈；11—螺栓（A3镀锌）；12—螺母（A3镀锌）；13—垫圈；

14—弹簧垫圈；15—不锈钢螺栓；16—不锈钢螺母；17—不锈钢垫圈

（1）伸缩段。伸缩段是一种长约 1m 的直线段，内装挠性连接导线，外壳为可伸缩的折叠式罩箱。伸缩段主要用于与设备（如变压器）相连处和可能产生不同沉降的其他结构之间。

（2）温度补偿段。当电缆母线直线部分长度超过 15～20m 处，应装设长约 1m 的温度补偿段，以补偿由于温度变化引起的母线伸长和收缩。

（3）可调段。可调段用来补偿安装误差。轴向调节范围约±25mm，当该可调段调节好后，该段的母线和罩箱又成为一个刚性整体。

（4）水平（垂直）T 形接头段。该接头段是一种双直角转角段。每当母线通过在一个水平面（垂直面）的两个方向上构成两个 90°转角时，便需装设此种水平（垂直）T 形接头段。

（5）换位段。换位段是一种长约 1m 的直线段。两边相（A、C 相）母线在本段内相互换位。用于柜面朝向相同的两列开关柜（此时柜中母线相序相同）之间作母线桥连接。

（6）防火屏障。为了防止当发生火灾事故时烟火由这一侧窜向另一侧，需在关键位置（例如在靠近开关柜的电缆终端处或母线穿过楼板处等）于电缆母线罩箱内设置防火屏障，还应在施工图纸中标明阻火分区。

（三）电缆母线的选择

（1）电缆母线的电缆芯材可选用铜材或铝材。在大容量火力发电厂中，电缆母线常用于厂用高压电源母线，输送功率大、可靠性要求高，敷设电缆时需要强力牵引，因而宜优先采用铜芯。

（2）电缆的芯数以选用单芯为宜，三芯电缆的载流量小、绝缘层厚。在高电压、大电流的情况下，选用单芯电缆较为经济，敷设安装也较方便。每相电缆的根数可根据负荷电流大小、电缆间距（邻近效应）确定。较小截面的单芯电缆集肤效应小、散热条件好、施工转弯方便。因此通常每相电缆选择多根单芯电缆组成。

（3）电缆的总截面，除按允许电流、经济电流密度选择外，尚需校验允许电压降和热稳定。从变压器端子到受电设备间的电压降不应大于 5%。在短路时，电缆的交联聚乙烯绝缘的短时允许温度可取 250℃。

（4）电缆的绝缘材料宜选用塑料绝缘材料，它具有紧密性和可塑性好、火灾危险性小的优点。

电缆的塑料绝缘材料宜选用交联聚乙烯。这是一种很难压碎、压紧的热固性绝缘材料。它不受气候影响，具有较强的抗化学腐蚀性能。

（5）电力电缆的护套材料应具有机械强度高、不延燃、耐油、耐酸、耐碱以及方便加工，成本低廉等特点。通常使用的材料有聚乙烯和聚氯乙烯。在人员密集的公共设施，以及有低毒阻燃性防火要求的场所，可选用聚乙烯等不含卤素的外护套。

（6）电缆的屏蔽层一般采用半导电材料做成。3kV 以上交联聚乙烯电力电缆要求具备导体屏蔽和绝缘屏蔽（或称内屏蔽和外屏蔽）。

导体屏蔽层紧贴导体外表面，使导体电场均匀，改善对绝缘层的电场分布；绝缘屏蔽层则紧贴在绝缘层的外表，由半导电层和金属层组合而成，即在半导电层外覆盖以铜带或铜编织带，以便于接地。

（7）电缆的换位包括同一相并联电缆的换位和不

同相电缆的换位两种型式,以保证各条电缆内电流分布均匀、对称并降低电缆母线的电抗值。

有关电缆的换位方法和方式,一般均由制造厂根据具体工程情况提供,但在签订技术协议时要予以提出。

(8)电缆罩箱的尺寸应根据每根电缆上下左右所应保持的间距和电缆安装层数确定。电缆间的距离应有利于散热,还应考虑邻近效应问题。

支撑块板在母线长度方向上的距离选择,应考虑短路时由导体传递到支撑块板和罩箱上的机械力的作用,水平敷设时一般不大于1m,垂直敷设时一般不大于0.5m。

(四)电缆母线的接地

电缆绝缘破坏时将威胁设备和人员安全。因此,电缆母线的屏蔽层应予接地。

单芯电缆屏蔽层可一点接地或多点接地。由于多根单芯电缆之间屏蔽层金属带上产生环流。环流大小取决于电缆间互感量、单芯电缆中工作电流和屏蔽层金属带中电阻的大小。环流会使绝缘层加热并影响导线的载流量。

为了免除环流,可采用一点接地。但当电缆较长时,电缆外皮上的感应电压较高。因此单芯电缆绝缘屏蔽层采用一点还是多点接地(或将电缆间多点或两点连接后接地),应视电缆路径的长短和缆芯荷载裕度大小而定。

电缆罩箱应多点接地,并作为承担主要接地电流的导体。因此,在订货时应要求罩箱段间采用高压强型螺栓可靠接地,或者将段间连接板与两侧罩箱间做焊接处理,使从头到尾整个罩箱构成可靠的电气通路。

(五)电缆母线装置的布置和安装

(1)电缆母线装置的路径应尽量短。布置时允许采用多回路并行和上下多层重叠布置的安装方式。

选择电缆母线路径时,要尽量避免与地下和地上设施交叉和互相影响。

电缆母线路径布置的参考图如图9-31所示。

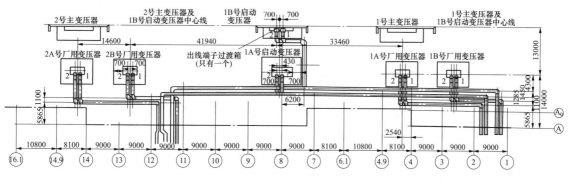

图9-31 电缆母线路径布置图

(2)户外一般采用水平支持式安装,高度不低于2.5m,跨距根据需要确定,可采用数米或数十米。

母线装置固定在横梁上,横梁由支架支撑。较大的跨距需注意母线的挠度不宜太大。在特大跨距(如36~37m)或某些特殊情况下也可采用钢索悬吊桥架的方式,钢索固定在两端的塔架上。

户外也可沿墙水平安装或垂直安装。

户内一般均采用悬吊安装方式。

(3)母线装置固定在支持横梁上的方法有两种。

1)固定连接。为使母线装置能与其支撑物间构成牢固的结合,需采用一套包括压板和螺栓在内的连接件。

2)滑动连接。考虑到电缆母线装置在长度方向上的热胀冷缩,除装设"温度补偿段"之外,母线装置应能在支撑装置上沿轴线方向滑动。

(4)导体间的连接应可靠。要求铜-铜连接件的两侧接触面镀银;铝-铝连接件的两侧接触面采用防氧化措施。铜-铜和铝-铝接触面的电流密度分别不超过0.1A/mm²和0.07A/mm²。连接螺栓要求采用自动锁紧的、装有弹簧的高压强型螺栓。

(5)罩箱与设备外壳连接时,应能固定整套电缆母线的终端;还应将设备上的出线套管和接线端子等纳入连接装置的保护范围中。罩箱和设备通过法兰连接。在必要的情况下,为免使外界污物、尘埃或风雨进入连接装置,在接口处尚需采用密封装置。

四、气体绝缘输电线路(GIL)

(1)气体绝缘输电线路(GIL)及其成套装置应按下列技术条件选择:

1)额定电压和相数;

2)额定电流(主回路)、温升和短时过载能力;

3)额定频率;

4)额定绝缘水平;

5）额定短时耐受电流（主回路和接地回路）；

6）额定峰值耐受电流（主回路和接地回路）；

7）额定短时持续时间；

8）绝缘气体的额定充入压力；

9）年漏气率；

10）可靠性指标；

11）外壳正常感应电压。

（2）气体绝缘输电线路（GIL）及其成套装置尚应按下列环境条件校验：

1）环境温度；

2）相对湿度；

3）地震烈度；

4）海拔；

5）最大风速；

6）覆冰厚度；

7）日温差。

当在屋内使用时，可不校验海拔、最大风速、覆冰厚度、日温差。

（一）特点和使用范围

气体绝缘输电线路（GIL）是一种采用气体绝缘、导体与外壳同轴布置的高电压、大电流、全封闭的电能传输导体。其结构与封闭母线类似，导体由绝缘子固定在外壳内，外壳将所有导体全部封闭在一起，内部分为多个气体隔室，并充有绝缘气体。

气体绝缘输电线路（GIL）的导体常采用高电导率的铝合金材料，材料应满足强度和温升的要求，并要经过精加工，表面光滑。导体间可采用插接式或焊接式的连接方式，但在插接式连接的导体接触部位应镀银。导体连接件的电气性能、机械和电气强度均应与所连接的导体相同。导体和其外壳的直径应求得最佳配合，在任何运行工况下均应保证不发生内部放电，转弯处和导体端部应采取防止发生电晕的措施。导体接头处应考虑导体的热胀冷缩、操作晃动、制造误差、各设备安装误差带来的伸缩和错位。

气体绝缘输电线路（GIL）的外壳采用铝合金材料。外壳间的连接可采用法兰或焊接，但对于较长水平敷设的 GIL，其外壳的连接宜采用焊接。外壳应固定接地并能够承受在运行中出现的正常压力和瞬态压力。外壳的壁厚应能够承受 40kA 以上短路电流持续 0.1s 或 40kA 以下短路电流持续 0.2s 不烧穿，为避免外壳烧穿，应对故障电流的大小和持续时间、外壳设计和气室尺寸进行配合，最小的气室容积应保证在上述时间内压力释放装置不动作。外壳还应能够承受内部过压力引起的机械负荷外的机械负荷，如热膨胀产生的力、外部振动、直埋方式的土壤负荷、其他外部负荷（如地震、风、冰、雪）等。

气体绝缘输电线路（GIL）中的绝缘介质一般都是 SF_6 气体，近年来，在 500kV 以下电压等级中，也有将 SF_6 与氮气（N_2）混合气体作为绝缘介质的更经济的方案。当采用 SF_6 与氮气（N_2）混合气体作为绝缘介质时，制造厂应规定混合气体的百分比数、露点值和充气压力。

气体绝缘输电线路（GIL）中的绝缘件有两种，一种是用来支持一个或多个导体的内部绝缘子（支持绝缘子）；另一种是用来分隔相邻隔室的绝缘子（隔板）。绝缘子应具有良好的耐绝缘气体分解物腐蚀的能力，并具有防潮性、气密性和均匀性。不同气室间的隔板，应能承受充气期间、正常运行期间和检修试验期间隔板两侧的全部压力差，以及叠加的负荷和震动，并保证充有绝缘气体的隔室和充有液体的相邻隔室（如充油电缆终端或变压器）间的隔板不应出现任何影响两种介质绝缘材料性能的泄漏。

气体绝缘输电线路（GIL）尚应配备压力释放装置，包括具有开放压力和关闭压力特性的压力释放阀和不能重新关闭的压力释放装置，例如爆破片。隔室的容积取决于短路电流值及持续时间，若故障引起的压力上升不超过外壳出厂试验的压力值时，可不设压力释放装置。对小气室容积和安装在隧道里的 GIL，可考虑安装压力释放装置。压力释放装置和保护罩的位置，应确保在气体在压力下逸出时，不危及执行运行任务的运行人员的安全。如果压力释放装置设置在人可以到达的狭窄区域，应针对压力释放时的人身安全采取预防措施。当爆破片用在压力释放装置中时，应考虑它的动作压力与外壳设计压力之间的关系，以降低误爆破的概率。压力释放装置的动作压力与外壳的设计压力相配合，不发生拒动和误动。压力释放装置的防爆膜应保证在使用年限内不老化开裂。制造厂应提供压力释放阀的压力释放曲线。GIL 的每个隔室应安装密度监视装置，GIL 单个隔室最大年漏气率应不大于 0.5%，整套装置的最大年漏气率应不大于 0.1%。

气体绝缘输电线路（GIL）的外壳多点屏蔽接地，因而没有触电危险，电晕损耗、无线电干扰和静电感应影响可降低到最小程度。GIL 由工厂成套制造试验，现场组装，设计和施工安装工作都将减少，从而缩短建设工期，加快建设速度。建成后维护工作量小，检修周期长，运行安全，可靠性高。基于以上优势，GIL 已经大量应用于核电站和水电站中，但其造价仍然较高，故在火力发电厂中选用不多，一般当火力发电厂出线场地特别狭窄或与其他出线回路交叉布置困难时选用。

（二）布置和安装

火力发电厂中，气体绝缘输电线路主要用于主变压器高压侧至高压配电装置之间的电能输送。气体绝缘输电线路（GIL）布置设计时，应根据工程整体布置要求，结合以下原则确定布置和安装方式。

气体绝缘输电线路（GIL）布置设计应便于与其他设备连接；应便于 GIL 及其辅助设备的安装、巡视、维护、检修、补气、操作和起吊等，特别是在垂直竖井或斜井中；应满足现场试验方案及试验场所要求，特别是耐压试验；应考虑设备安装程序及安装的特殊要求；应根据土建设计要求，如结构缝和施工误差，提出 GIL 安装基础误差要求和调整措施，并根据安装特点提出起吊装置的技术要求。

在气体绝缘输电线路（GIL）布置设计中还应考虑尽可能多的采用标准单元，标准单元包括标准直线段、标准连接和标准弯头（如 90°、45°）等结构，以及方便现场安装及维护的备用单元等。如采用特殊单元结构应与制造厂协商。在长竖井或斜井安装的 GIL，应考虑电梯、安装维护平台、通风、安装和检修起吊设备、补气装置布置、通风设计和电缆通道等对 GIL 布置影响。直埋安装 GIL 的埋设深度应和制造厂协商确定。

由于气体绝缘输电线路（GIL）是刚性结构，为便于现场安装、装配和调整，吸收 GIL 运行中设备基础间的相对位移或热胀冷缩带来的伸缩量，伸缩节是 GIL 布置中不可缺少的附属设施。制造厂应根据使用的目的、允许的位移量来选定伸缩节的结构。伸缩节的设置应根据工程具体情况和 GIL 结构特点确定，且在下列位置宜设置伸缩节：如 GIL 与其他设备连接处、较长的竖井或斜井、较长的水平段、分开的基础间和基础连接缝处，以及穿越铁路或存在外部振动的场所。

GIL 支撑件主要结构型式有两种：一种是可滑动的柔性支撑结构，用于支撑 GIL 在热胀冷缩时产生位移的情况；另一种是固定支撑结构，用于固定 GIL 并能承受因外壳和伸缩节热膨胀引起的力、导体补偿装置的热膨胀以及内部气体压力。固定支撑结构设置位置和数量应结合 GIL 的敷设方式和受力分析确定。支撑件设计中应考虑 GIL 本身的荷载、支架件的横梁表面和 GIL 底部间的摩擦力以及短路电流作用力等内部作用力和荷载；还应考虑地震作用力、风荷载（户外）、冰雪荷载（户外）、温差引起的作用力等外部荷载。支撑件的设计应避免形成闭合回路，并提供措施避免支架内产生涡流的措施。所有的支撑件（除不锈钢外）应采用热镀锌。支撑件基础宜采用膨胀螺栓固定。户外架空敷设的 GIL，支撑件宜设置爬梯，且在适当的位置装设维护平台，便于运行维护和检修。

第四节　软　导　线

一、一般要求

（1）配电装置中的软导线的选择，应根据环境条件（环境温度、日照、风速、污秽、海拔）和回路负荷电流、电晕、无线电干扰等条件，确定导线的截面和导线的结构型式。

（2）在空气中含盐量较大的沿海地区或周围气体对铝有明显腐蚀的场所，应尽量选用防腐型铝绞线或铜绞线。

（3）当负荷电流较大时，应根据负荷电流选择较大截面的导线。当电压较高时，未保持导线表面的电场强度，导线最小截面必须满足电晕的要求，可增加导线外径或增加每相导线的根数。

（4）对于 220kV 及以下的配电装置，电晕对选择导线截面一般不起决定作用，故可根据负荷电流选择导线截面。导线的结构型式可采用单根钢芯铝绞线或由钢芯铝绞线组成的复导线。

（5）对于 330kV 的配电装置，电晕和无线电干扰则是选择导线截面及导线结构型式的控制条件。空芯扩径导线具有单位质量轻、电流分布均匀、结构安装上不需要间隔棒、金具连接方便等优点，而且没有分裂导线在短路时引起的附加张力。故 330kV 配电装置中的导线宜采用空芯扩径导线。

（6）对于 500kV 以上的配电装置，单根空芯扩径导线已不能满足电晕等条件的要求，而分裂导线虽然具有导线拉力大、金具结构复杂、安装麻烦等缺点，但因它能提高导线的自然功率和有限降低导线表面的电场强度，所以 500kV 配电装置宜采用空芯扩径导线或特轻型导线组成的分裂导线。750kV 配电装置可选用双分裂空芯扩径导线，也可选用四分裂特轻型导线或四分裂空芯扩径导线。1000kV 配电装置宜选用四分裂空芯扩径导线。

二、导体截面的选择和校验

屋外配电装置中的软导线可按下列条件分别进行选择和校验：

1. 按回路持续工作电流选择

$$I_{xu} \geqslant I_g$$

式中　I_g——导体回路持续工作电流，A，按表 7-3 要求确定；

I_{xu}——相应于导体在某一运行温度、环境条件下长期允许工作电流，其值见附录 F。

若导体所处环境条件与表中载流量计算条件不同时，载流量应乘以相应的修正系数，见表9-11。分裂导线载流量计算见式（9-79）。

2. 按经济电流密度选择

$$S_j \geq I_g / J$$

式中　S_j——按经济电流密度计算的导体截面，mm^2；

　　　J——经济电流密度，A/mm^2，见图9-3。

3. 按短路热稳定校验

短路热稳定要求的导线最小截面计算方法同式（9-27）。

组合导线一般按经济电流密度选择，其热稳定亦能满足要求，所以，一般不做此项校验。

4. 按电晕电压校验

110kV及以上电压的线路、发电厂或变电站母线均应以当地气象条件下晴天不出现全面电晕为控制条件，使导线安装处的最高工作电压小于临界电晕电压。即

$$\left.\begin{array}{l} U_g \leq U_0 \\[2mm] U_0 = 8.4 m_1 m_2 k \delta^{\frac{2}{3}} \dfrac{n r_0}{k_0}\left(1 + \dfrac{0.301}{\sqrt{r_0 \delta}}\right) \times \lg \dfrac{\alpha_{jj}}{r_d} \\[3mm] \delta = \dfrac{2.895 p}{273 + t} \times 10^{-3} \\[3mm] k_0 = 1 + \dfrac{r_0}{d} 2(n-1)\sin\dfrac{\pi}{n} \\[3mm] t = 25 - 0.005 H \end{array}\right\} \quad (9\text{-}75)$$

$$r_d = n\sqrt{r_0 n \left(\dfrac{\alpha}{2\sin\dfrac{\pi}{n}}\right)^{n-1}}$$

式中　U_g——回路工作电压，kV；

　　　U_0——电晕临界电压（线电压有效值），kV；

　　　m_1——导线表面粗糙系数，一般取0.9；

　　　m_2——天气系数，晴天取1.0，雨天取0.85；

　　　k——三相导体水平排列时，考虑中间导体电容比平均电容大的不均匀系数，一般取0.96；

　　　δ——相对空气密度；

　　　n——每相分裂导线根数，对单根导线 $n=1$；

　　　r_0——导线半径，cm；

　　　k_0——次导线电场强度附加影响系数，见表9-32；

　　　α_{jj}——导线间几何均距，三相导线水平排列时 $\alpha_{jj}=1.26\alpha$（α为相间距离，cm）；

　　　r_d——分裂导线的等效半径，cm，单根导线 $r_d=r_0$；

　　　p——大气压力，Pa；

　　　t——空气湿度，℃；

　　　d——分裂间距，cm；

　　　H——海拔，m。

海拔不超过1000m，在常用相间距离情况下，如导线外径不小于表9-33所列数值时，可不进行电晕校验。

表9-32　　　　　分裂导线不同排列方式时的 k_0、r_d 值

排列方式	双分裂水平排列	三分裂正三角形排列	三分裂水平排列	四分裂正四边形排列	八分裂正八边形排列
k_0	$1 + \dfrac{2r_0}{d}$	$1 + \dfrac{3.46r_0}{d}$	$1 + \dfrac{3r_0}{d}$	$1 + \dfrac{4.24r_0}{d}$	$1 + \dfrac{5.35r_0}{d}$
r_d	$\sqrt{r_0 d}$	$\sqrt[3]{r_0 d^2}$	$\sqrt[3]{r_0 d^2}$	$\sqrt[4]{r_0 \sqrt{2} d^3}$	$\sqrt[8]{r_0 8\left(\dfrac{1}{2\sin 22.5°}\right)d^7}$

表9-33　　　　　可不进行电晕校验的最小导体型号及外径

电压（kV）	110	220	330	500	750	1000
导线外径（mm）	10.26	23.26	38.42 2×24.8	2×39.14 3×28.2	2×64.26 4×36.9	4×56.34
软导线型号	JL/G1A65/10	JL/G1A315/22	JL/G1A800/100 或 JLK/G1A630 或 2×JL/G1A315/50	2×JL/G1A900/40 或 3×JL/G1A400/95 或 3×JLK/G1A400	2×JLHN58K-1600 或 3×JLHN58K-1600 或 4×JLK/G1A630/45	4×JLHN58K-1600
管形导体外径（mm）	$\phi 20$	$\phi 30$	$\phi 40$	$\phi 60$	$\phi 130$	$\phi 200$

5. 按电晕对无线电干扰校验

变电站无线电干扰主要是由电晕和火花放电产生的，干扰对象主要是收音机和收讯台，对电力载波也有影响。但因载波通信设计时就已考虑到电晕干扰引起的高频杂音，自身有效信号较强，不会成为变电站无线电干扰的控制条件。

按无线电干扰水平校验导线，当三相水平排列、干扰频率为1MHz时，变电站围墙外20m处（非出线

方向）无线电干扰值应不大于 50dB。各种电气设备的综合干扰水平，距围墙 20m 处不应大于导线的干扰水平，干扰电压不宜大于 500μV。

对于分裂导线，无线电干扰的计算公式采用与标准线路相比较的对比法，标准线路导线最大表面场强为 12.2kV/cm，对于 500kV 配电装置三相导线均采用水平布置，其中相导线的电晕无线电干扰计算公式为

$$N = (3.7E - 12.2) \pm 3 + 40 \lg \frac{d}{2.53} + 40 \lg \frac{h}{D} \quad (9-76)$$

$$E = \frac{18CU_m k}{nr_0\sqrt{3}} \quad (9-77)$$

$$C = 1.07C_{pj} = 1.07\frac{0.024}{\lg\dfrac{1.26D}{r_d}} \quad (9-78)$$

$$D = \sqrt{X^2 + h^2}$$

式中　　N——分贝数，dB；

E——导线最大表面场强，kV/cm；

12.2——标准线路导线最大表面场强，kV/cm；

± 3——标准偏差；

$40\lg\dfrac{d}{2.53}$——次导线直径不同时干扰值的修正量；

d——次导线直径，cm；

h——导线最低点对地高度，cm；

D——测点至导线斜距，cm；

C——导线电容，取中相值，μF/km；

U_m——最高线电压，kV；

k——中相导线场强比平均场强大的系数；

n——每相分裂导体根数，对单根导线 $n=1$；

C_{pj}——导线电容的平均值，μF/km；

X——计算点至边相导线水平距离，cm。

三、分裂导线的选择

（一）分裂导线的特点

在超高压配电装置中，如果单根软导线或扩径导线满足不了大的负荷电流及电晕、无线电干扰要求，则采用分裂导线比较经济，而且比采用硬管母线的抗震能力强。分裂导线材料可选用普通的钢芯铝绞线、耐热铝合金绞线、空芯扩径导线和其他型号的软导线。

分裂导线的分裂形式可根据负荷电流的大小和电压高低分为水平双分裂、水平三分裂、正三角形分裂、四分裂等。水平三分裂导线比正三角形排列的载流量约低 6.5%，而导线表面最大电场强度约高 4.5%，只是金具连接较简单。因此有些 500kV 配电装置只在载流量相对较小、T 接引下线较多的进出线回路中采用三分裂水平排列的方式，对于载流量较大的主母线采

用三分裂正三角形排列的方式。目前 750kV 配电装置常用双分裂导线，而 1000kV 配电装置则常用四分裂导线。

不同排列方式的分裂导线，由于存在邻近热效应，故分裂导线载流量应考虑其导线排列方式、分裂根数、分裂间距等因素的影响，导线实际载流量应按照 n 根单导线的载流量和乘以相应的邻近效应系数 B 计算。

$$I = nI_{xu}\frac{1}{\sqrt{B}} \quad (9-79)$$

其中　$B = \left\{1 - \left[1 + \left(1 + \dfrac{1}{4}Z^2\right)^{-\frac{1}{4}} + \dfrac{10}{20Z^2}\right] \times \dfrac{Z^2 d_0}{(16+Z^2)d}\right\}^{-\frac{1}{2}}$

$$\quad (9-80)$$

及　　　$Z = 4\pi\left(\dfrac{d_0}{2}\right)^2 \lambda \dfrac{s}{\left(\dfrac{d_0}{2}\right)^2(\rho+1)} \quad (9-81)$

式中　n——每相导线分裂根数；

I_{xu}——单根导线长期允许工作电流，A；

B——邻近效应系数；

d_0——次导线外径，cm；

d——分裂导线的分裂间距，cm。

λ——次导线 $1cm^3$ 的电导，铝 $\lambda=3.7\times10^{-4}$；

s——次导线计算截面，mm^2；

ρ——绞合率，一般取 0.8。

分裂导线短路张力具有其特殊性，当分裂导线受到大的短路电流作用时，同相次导线间由于电磁吸引力作用，使导线产生大的张力和偏移。在严重情况下，其张力值可达到故障前促使张力（即静态张力）的几倍甚至十几倍。所以，设计分裂导线时，需考虑该附加张力的影响。这一附加张力带有冲击性质，作用时间不超过 1s，还会受到金具的阻尼作用，况且，构架还允许有一定的挠度，这些都会大大减轻附加张力对构架的作用。在最后向土建专业提供荷载资料时，应该考虑这些因素。

（二）分裂间距和次导线的最小直径

分裂导线的分裂间距主要根据电晕校验结果确定。220kV 及以下双分裂导线的分裂间距可取 100～200mm，330～750kV 双分裂导线的分裂间距可取 200～400mm，1000kV 四分裂导线的间距宜取 600mm。其中，500kV 配电装置如采用双分裂导线或正三角形排列的三分裂导线，其分裂间距一般取 $d=400mm$，如采用水平三分裂导线，其分裂间距一般取 $d=200mm$。

次导线最小直径应根据电晕、无线电干扰条件确定。根据计算，三分裂正三角形排列和双分裂水平排

列，在分裂间距为 400mm 的条件下，500kV 配电装置次导线最小直径分别为 2.95cm 和 4.4cm。考虑到我国导线生产规格及一定的安全裕度，三分裂和双分裂的次导线最小直径宜分别取 3.02cm 和 5.1cm。

（三）次档距长度的确定

次档距长度指间隔棒安装的距离。在确定分裂导线间隔棒的间距时应考虑短路动态拉力的大小和时间对构架和电器接线端子的影响，避开动态拉力最大值的临界点。对架空导线，间隔棒的间距可取较大的数值，对设备间的连接导线，间距可取较小的数值。它与下列四个因素有关。

1. 短路张力

双分裂导线在发生短路时与单导线受力情况不同。单导线只有相间的斥力；分裂导线不但有相间的斥力，而且有同相次导线间的电磁吸引力，使次导线受到拉伸，产生弹性拉力。这种力即为分裂导线的第一最大张力。

第一最大张力是在分裂导线发生短路的瞬间产生的。它对导线、绝缘子及构架受力影响很大。分裂导线在一个次档距内的第一最大张力主要与次档距长度、短路电流大小、分裂间距及短路前导线的初始张力有关。其次是相间的斥力，这种力称为分裂导线的第二最大张力。由于这两个力的最大值产生的时间不一样，因此它们对母线系统和构架受力不必叠加。工程设计时，应以第一最大张力作为估算导线短路张力的依据。

2. 短路电流大小

由于导线在短路时引起的动态张力与短路电流的平方成正比，所以确定次档距长度和校验动态张力时，应考虑电力系统的发展，按最大可能出现的短路电流值确定次档距长度。

3. 短路时次导线允许的接触状态

短路时，一般在发变电工程中对于由扩径导线组成的分裂导线不允许次导线发生短路碰撞。对于由其他导线组成的分裂导线，原则上允许短路碰撞，以减少间隔棒数量。但在母线引下线的连接金具处还应设置间隔棒，以防止金具对相邻导线的撞击损伤。对于电气设备连接线，由于其连接线一般较短，为使第一最大张力限制在支柱绝缘子或电气设备端子的允许拉力范围内，设备连接线宜采取间隔棒密布的方式，使短路时次导线处于非接触区。

4. 对构架受力的限制

图 9-32 示出了双导线在短路时第一最大张力 T 和次档距长度的关系曲线。

曲线尖峰对应于次导线临界接触状态，尖峰左边为不接触区，尖峰右边为接触区。由此可知，在一定的分裂间距下可有两条途径降低最大张力，其

一是缩短次档距长度，使导线处于非接触区；其二是增大次档距长度，使导线处于接触区。工程设计时需根据所选用的导线型号、跨距及短路电流等验算最大张力和次档距长度的曲线合理的限制构架受力，然后决定次档距长度。如 ZHX 工程为使每相导线在短路时对构架的拉力不大于 $8T$，次导线按非接触的原则，确定当短路电流为 40kA 时，导线的次档距长度为 6m，引下线为 4m，设备间的连接线采用 0.8m。

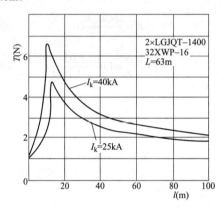

图 9-32 第一最大张力和次档距长度关系曲线

（四）分裂导线短路时动态张力计算示例

1. 计算条件

（1）假定分裂导线短路时在电磁力作用下两间隔棒之间的线段形状如图 9-33 所示。x 轴位于两次导线的中心线。

（2）计算用导线参数及原始数据见表 9-34。

表 9-34 分裂导线（2×LGJQT-1400）计算用参数

原始数据		导线参数	
母线跨距	I=63（m）	导线半径	r_a=25.5（mm）
次导线初始张力	$\dfrac{T_U}{2}$=11210（N）	导线截面	S=1533.9（mm²）
次导线分裂间距	d=40（cm）	温度线膨胀系数	a_x=20.4×10⁻⁵（1/℃）
三相短路电流	I_k=25（kA）	弹性模量	E=57300（N/mm²）
次导线中短路电流	I=12.5（kA）	单位质量	q_1=4.962（kg/m）

2. 计算步骤及方法

（1）非接触状态。假定间隔棒安装距离 l_0=10m，在两间隔棒之间次导线被电磁吸引相吸后成抛物线形状，如图 9-33（a）所示。

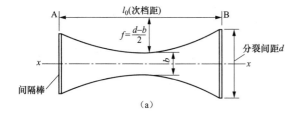

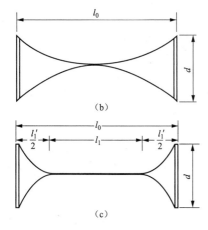

图 9-33　分裂导线在第一最大张力作用下的形状状态

（a）不接触状态；（b）临界接触状态；（c）接触状态

首先，设在电磁吸引力作用下两次导线最接近点的距离 b 值，然后利用力学计算公式及电磁学计算公式分别进行电动力和导线张力计算，如果两者计算结构 $F_m=F'_m$，表示假设的 b 值正确。反之则需重新架设一个 b 值再进行计算，直到两种计算公式计算出的电磁力相等为止，其计算方法如下：

1）设短路时两次导线最接近点的距离 $b=0.2973$m。

2）利用力学公式计算所需电磁力 F_m。

导线在正常状态长度为直线长度 l_{AB}，短路后在电磁吸引力作用下伸长变为弧线长度 $\overline{l_{AB}}$，导线变形长度可根据以下公式进行计算。

$$\overline{l_{AB}} = l_0 + \frac{8f^2}{3l_0}$$

根据图 9-33（a）可知

$$f = \frac{d-b}{2} = \frac{0.4-0.2973}{2} = 0.05135\text{(m)}$$

则：$\overline{l_{AB}} = 10 + \frac{8}{3} \times \frac{0.05135^2}{10} = 10.000703\text{(m)}$

该次档距导线在电磁吸力作用下的伸长率 ε 为：

$$\varepsilon = \frac{\overline{l_{AB}} - l_{AB}}{l_{AB}} = \frac{10.000703-10}{10} = 0.000070315$$

导线伸长变形后产生的附加张力 F_E 为：

$$F_E = E_{se} = 57300 \times 1533.9 \times 0.000070315$$
$$= 6180.159\text{(N)}$$

短路后每根次导线的实际张力 T 为：

$$T = \frac{T_0}{2} + F_E = 11210 + 6180.159 = 17390.159\text{(N)}$$

为了产生上述张力次导线间必须存在以下电动力 F_m

$$F_m = \frac{8fT}{l_0} = \frac{8 \times 0.05135 \times 17390.159}{10} = 714.4\text{(N)}$$

3）利用以下电动力公式计算次导线间电磁吸引力 F'_m，并核算 F'_m 与 F_m 是否相等。

$$F'_m = 0.1504I^2l_0\sqrt{\frac{1}{b(d-b)}}\arctan\sqrt{\frac{d-b}{b}}$$

$$= 0.1504 \times 12.5^2 \times 10 \times \sqrt{\frac{1}{0.2973 \times (0.4-0.2973)}}$$

$$\times \arctan\sqrt{\frac{0.4-0.2973}{0.2973}}$$

$$= 714.5\text{(N)}$$

计算结果 $F_m=F'_m$，说明架设的吸引距离 $b=0.2973$ 是正确的，则对应的短路张力也是正确的。

（2）临界接触状态。如图 9-33（b）所示，求解临界接触状态的最大张力和电动力时，需根据临界接触时次导线最小的中心距离 $b=2r_d$ 不变的原则，假设临界接触状态时次档距长度为 l_0，然后分别进行电动力和导线张力计算。如果计算结果 $F_m=F'_m$，表示假设的次档距长度正确。反之则需要重新假设一个次档距长度再进行计算，直到 $F_m=F'_m$ 为止，代入表 9-34 中导线参数计算如下：

1）临界接触状态时 $b=0.051$m，假设的次档距长度 $l_0=16.018$m。

2）利用力学公式计算所需的电磁力 F_m。

短路后导线弧线长度 $\overline{l_{AB}}$ 为：

$$\overline{l_{AB}} = l_0 + \frac{8}{3}\frac{f^2}{l_0}$$

$$f = \frac{d-2r_d}{2} = \frac{0.4-0.051}{2} = 0.1745\text{(m)}$$

$$\overline{l_{AB}} = 16.018 + \frac{8}{3}\frac{0.1745^2}{16.018} = 16.023069\text{(m)}$$

该次档距内导线在电磁力作用下的伸长率 ε 为：

$$\varepsilon = \frac{\overline{l_{AB}} - l_{AB}}{l_{AB}} = \frac{16.023069-16.018}{16.018} = 0.000316477$$

导线伸长变形后产生的附加张力 F_E 为：

$$F_E = ES\varepsilon = 57300 \times 1533.9 \times 0.000316477$$
$$= 27815.953\text{(N)}$$

短路后每根次导线的实际张力 T 为：

$$T = \frac{T_0}{2} + F_E = 11210 + 27815.953 = 39025.953\text{(N)}$$

为了产生上述张力次导线间必须存在以下电动力 F_m

$$F_m = \frac{8fT}{l_0} = \frac{8 \times 0.1745 \times 39025.953}{16.018} = 3401.2(N)$$

3）利用电动力公式计算次导线间电磁吸引力 F'_m，并核算 F'_m 与 F_m 是否相等。

$$F'_m = 0.1504 I^2 l_0 \sqrt{\frac{1}{b(d-b)}} \arctan\sqrt{\frac{d-b}{b}}$$

$$= 0.1504 \times 12.5^2 \times 16.018 \times \sqrt{\frac{1}{0.051 \times (0.4-0.051)}}$$

$$\times \arctan\sqrt{\frac{0.4-0.051}{0.051}}$$

$$= 3401.5(N)$$

计算结果 $F_m = F'_m$，说明假设的临界接触状态时次档距长度是正确的，则对应的短路张力也是正确的。

（3）接触状态。如图9-33（c）所示，求解接触状态时的最大张力和电动力时，需根据导线最小的中心距离 $b = 2r_d$ 不变的原则，假设导线接触部分的长度 l_1，即不接触状态导线长度 $l'_1 = l_0 - l_1$，然后分别进行电动力和导线张力计算，如果计算结果 $F_m = F'_m$，表示假设的导线接触部分长度是正确的反之则需要重新假设一个次档距长度再进行计算，直到 $F_m = F'_m$ 为止，代入表9-34中导线参数计算如下：

1）当导线次档距长度 $l_0 = 25m$，假设导线解除部分长度 $l_1 = 10.688m$，则导线不接触部分的长度 $l'_1 = 25 - 10.688 = 14.312$（m），$2r_d = 0.051m$。

2）利用力学公式计算所需电磁力 F_m。

$$f = \frac{d - 2r_d}{2} = \frac{0.4 - 0.051}{2} = 0.1745(m)$$

导线在电磁力作用下的绝对伸长 $\Delta l'_1$ 为：

$$\Delta l'_1 = \frac{8}{3} \times \frac{f^2}{l'_1} = \frac{8 \times 0.1745^2}{3 \times 14.312} = 0.0056736(m)$$

该次档距内导线的相对伸长 Δl 为：

$$\Delta l = \frac{\Delta l'_1}{l_0} = \frac{0.0056736}{25} = 0.000226944$$

该次档距内导线产生的附加力 F_E 为：

$$F_E = E \cdot S \cdot \Delta l'_1 = 57300 \times 1533.9 \times 0.000226944$$
$$= 19946.694(N)$$

短路后每根次导线的实际张力 T 为：

$$T = \frac{T_0}{2} + F_E = 11210 + 19946.694 = 31156.694(N)$$

为了产生上述张力次导线间必须存在以下电动力 F_m

$$F_m = \frac{8fT}{l'_1} = \frac{8 \times 0.1745 \times 31156.694}{14.312} = 3039(N)$$

3）利用电动力公式计算次导线间电磁吸引力 F'_m，并核算 F'_m 与 F_m 是否相等。

$$F'_m = 0.1504 I^2 l'_1 \sqrt{\frac{1}{b(d-b)}} \arctan\sqrt{\frac{d-b}{b}}$$

$$= 0.1504 \times 12.5^2 \times 14.312 \times \sqrt{\frac{1}{0.051(0.4-0.051)}}$$

$$\times \arctan\sqrt{\frac{0.4-0.051}{0.051}}$$

$$= 3039.4(N)$$

计算结果 $F_m = F'_m$，说明假设的临界接触状态时次档距长度是正确的。

3. 计算结果

本例 $2 \times$ LGJQT-1400 双分裂导线短路张力计算结果列入表9-35，所对应的次档距长度和次导线第一最大张力关系曲线如图9-34所示。

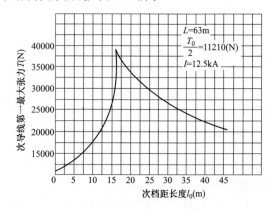

图9-34 次档距长度和次导线第一最大张力关系曲线

表9-35 $2 \times$ LGJQT-1400 分裂导线动态张力计算结果

次档距长度 l_0（m）	导线最小中心距离 b（m）	接触部分长度 l_1（m）	不接触部分长度 l'_1（m）	次导线初始张力 $\frac{T_0}{2}$（N）	短路后每根导线张力 T（N）	备注
2	0.39487			11210	11595.5	
4	0.3808			11210	12560	
6	0.3593			11210	13906	非接触区
8	0.3315			11210	15506	
10	0.2973			11210	17390	
12	0.2559			11210	19659.4	
15	0.1697			11210	25022.3	
16.018	0.051			11210	39026	临界接触区

续表

次档距长度 l_0 (m)	导线最小中心距离 b (m)	接触部分长度 l_1 (m)	不接触部分长度 l_1' (m)	次导线初始张力 $\frac{T_0}{2}$ (N)	短路后每根导线张力 T (N)	备注
25	0.051	10.688	14.312	11210	31156.9	接触区
30	0.051	16.295	13.705	11210	28566.5	
40	0.051	27.155	12.845	11210	25100.5	

第五节 导线实用力学计算[❶]

导线力学计算的目的主要是向土建专业提供架构设计资料，向施工单位提供导线弧度和拉力数据，并对导线、绝缘子、金具的强度校验提供依据。

一、原始资料及计算条件

1. 基本假定

（1）屋外配电装置导线的弧垂与跨度之比一般为 $\frac{1}{15} \sim \frac{1}{30}$，计算时可忽略导线的刚性，而认为是一抛物线。在这种情况下，当等高悬挂或高差角 $\gamma < 15°$ 时，

导线荷载可假定沿水平轴线均布；当高差角 $\gamma > 15°$ 时，导线荷载可假定沿支点连线均布，将其投影到水平轴线上，按相同水平跨距的等高悬挂计算。

（2）考虑绝缘子串及引下线的影响，将绝缘子串当作柔线的一部分，其区别只是单位质量的不同。引下线和组合导线的横联装置按集中荷重考虑。

（3）不考虑状态改变所引起的绝缘子偏角及集中荷载位置的水平位移。架构挠度在一般情况下亦不考虑。

2. 气象条件

设计时计算所采用的气象条件，应根据当地气象资料确定，在缺乏资料时可参考表9-36。

3. 导线安装检修条件

（1）安装检修时的荷重，见表9-37。

（2）安装检修方法按以下原则考虑：

1）附加集中荷重及单相作业荷重应考虑其架构设计的最不利位置，否则，应对安装方法提出限制。

2）当带电检修或更换绝缘子串及耐张线夹时，绝缘子串要上人，但以靠近档距中间的引下线处上人为最重。不计绝缘绳梯质量，连人带工具330kV及以下按150kgf考虑，550kV按350kgf考虑。

表 9-36 导线设计时的气象条件

计算条件编号	工作状态	气象条件及附加荷重	气象区								
			1	2	3	4	5	6	7	8	9
1	最高、最低温度	温度（℃）	−5, +40	−10, +40	−10, +40	−20, +40	−10, +40	−20, +40	−40, +40	−20, +40	−20, +40
		风速（m/s）	0	0	0	0	0	0	0	0	0
		覆冰厚度（mm）	0	0	0	0	0	0	0	0	0
		导线工作情况	正常工作，无附加荷重								
6	最大风速	温度（℃）	+10	+10	−5	−5	+10	−5	−5	−5	−5
		风速（m/s）	35	30	25	25	30	25	30	30	30
		覆冰厚度（mm）	0	0	0	0	0	0	0	0	0
		导线工作情况	正常工作，无附加荷重								
7	有冰有风	温度（℃）	−5	−5	−5	−5	−5	−5	−5	−5	−5
		风速（m/s）	10	10	10	10	10	10	10	15	15
		覆冰厚度（mm）	0	5	5	5	10	10	10	15	20
		导线工作情况	正常工作，无附加荷重								
6′	安装检修	温度（℃）	0	0	−5	−10	−5	−10	−15	−10	−10
		风速（m/s）	10	10	10	10	10	10	10	10	10
		覆冰厚度（mm）	0	0	0	0	0	0	0	0	0
		导线工作情况	见表9-37								

---

❶ 考虑到计算中常用的原始数据，本节计算公式中力（荷重）的单位采用 kgf 和 N 并用但计算结果均以 N 为单位，1kfg=9.8N。

表 9-37　　　　　　　　　　　　　导线安装检修荷重（kgf）

荷重名称	计算荷重		
	安装紧线时 （导线上无人）	停电检修或安装引下线时 （三相导线同时上人）	带电检修引下线时 （单相导线上人）
横梁上增加的集中荷重	按单相考虑（见图 9-35） $200+Q_{1i}+T\sin\alpha$ 或 $200+Q_{1i}+T\cos\beta$	$200+W_{\gamma}\dfrac{(L-b_i)}{L}$	$200+\dfrac{W_{\gamma}(L-b_i)}{L}$
导线上增加的集中荷重		330kV 及以下取 100 500kV 每相取 200	330kV 及以下取 150 500kV 取 350

注　表中计算式中，Q_{1i}—绝缘子串自重（kgf）；$T=(1.1\sim1.2)H$，$1.1\sim1.2$ 为滑轮摩擦系数，H 为导线张力；W_{γ}—导线上增加的集中荷重（kgf）；L—跨距（m）；b_i—集中荷重至横梁支点距离（m）。

3）检修时对导线跨中有引下线的 110kV 及以上电压的架构，应考虑导线上人，并分别验算单相作业和三相作业的受力状态。当导线中部无引下线时，因为没有上导线作业项目，故不考虑用导线上人到档距中央检修荷重。但仍应考虑三相同时上人到达绝缘子串根部，其每相为 100kgf 的荷重。

4）为协助导线上人检修，同时考虑架构横梁的中间作用 200kgf 的集中荷重。本项是考虑用绝缘绳梯带电作业，当用绝缘立杆或检修专用车带电作业时，此项等于零。

5）导线挂线时，应对施工方法提出要求，并限制其过牵引值。过牵引张力大小与荷重、弧垂有关，但主要取决于施工时的滑轮位置。试验证明，采用上滑轮挂线方案，可减少过牵引张力。所以只要施工方法恰当，一般过牵引力不会成为架构结构的控制条件。

6）安装紧线时，不考虑导线上人，但应考虑安装引起的附加垂直荷载和横梁上人 200kgf 的集中荷载。常用紧线方法如图 9-35 所示。

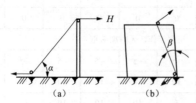

图 9-35　安装紧线图

（a）导线安装正面紧线方式；

（b）导线安装侧面转向紧线方式

4. 计算条件

（1）根据表 9-36 所列荷载组合情况及设计所取最高和最低气温、最大风速、有冰有风及安装检修等条件进行计算。要求在任何情况下最大弧垂 f_{max} 不大于允许弧垂 f_{XU}。f_{XU} 值见表 9-38。

表 9-38　　　允许弧垂 f_{XU} 值（m）

电压（kV）		35	110	220	330	500
弧垂	母线	1.0	0.9～1.1	2.0	3.0	3.5
	进出线	0.7	0.9～1.1	2.0	3.0	3.5

（2）导线的最大弧垂除了发生在最高温度和最大荷载两种状态时，还有可能出现在最大风速时，但此时弧垂的垂直投影小于前两种状态，故可不考虑最大风速的作用。

（3）导线的最大应力可能发生在导线上人时、最大荷载时（即有冰有风时）、最大风速时及最低温度时等四种情况。

二、导线、绝缘子串的机械特性及荷重计算

（一）导线各种状态下的单位荷重

1. 导线所受的风压力

$$P_f = a_f k_d A_f \frac{v_f^2}{16} \tag{9-82}$$

式中　P_f——导线上所受的风压力，kgf；

a_f——风速不均匀系数，取 $a_f=1$；

k_d——空气动力系数，取 $k_d=1.2$；

A_f——导线受风方向的投影面积，m^2，计算分裂导线时不考虑屏蔽影响；

v_f——风速，m/s。

2. 导线的单位荷重

（1）导线自重 q_1（kgf/m）；

（2）导线冰重 q_2（kgf/m）；

$$q_2 = 0.00283b(d+b) \tag{9-83}$$

（3）导线自重及冰重 q_3（kgf/m）：

$$q_3 = q_1 + q_2 \tag{9-84}$$

（4）导线所受风压 q_4（kgf/m）：

$$q_4 = 0.075U_f^2 d \times 10^{-3} \qquad (9-85)$$

（5）导线覆冰时所受风压 q_5（kgf/m）：

$$q_5 = 0.075U_f^2(d+2b) \times 10^{-3} \qquad (9-86)$$

（6）导线无冰时自重与风压的合成荷重 q_6（kgf/m）：

$$q_6 = \sqrt{q_1^2 + q_4^2} \qquad (9-87)$$

（7）导线覆冰时自重、冰重与风压的合成荷重 q_7（kgf/m）：

$$q_7 = \sqrt{q_3^2 + q_5^2} \qquad (9-88)$$

（8）导线各状态时的比载 g_i（kgf/m·mm^2）：

$$g_i = \frac{q_i}{S} \qquad (9-89)$$

以上各式中　S——导线截面，mm；

d——导线直径，mm；

b——覆冰厚度，mm。

各种导线的机械特性及单位荷重见附录 F。

（二）绝缘子串上的机械荷重

1. 绝缘子串上受的风压力（kgf）

$$P_i = a_{fi}k_{di}A_{fi}\frac{v_f^2}{16} \qquad (9-90)$$

式中　a_{fi}——风速不均匀系数，取 $a_{fi}=1$；

k_{di}——空气动力系数，取 $k_{di}=0.6s$；

A_{fi}——绝缘子受风方向的投影面积，m^2，各种不同型号和状态下单片绝缘子及连接金具的受风面积见表 9-39，双串绝缘子受风面积为单串绝缘子的 1.6 倍。

表 9-39　　单片绝缘子及连接
金具受风面积（m^4）

型号	无冰时	覆冰时		
		$b=5$mm	$b=10$mm	$b=15$mm
XP100、XWP2-100、XHP-100	0.020	0.03	0.034	0.038
单串绝缘子连接金具	0.0142			

2. 单串绝缘子的机械荷重

（1）绝缘子串自重 Q_{1i}（kgf）：

$$Q_{1i} = nq_i + q_0 \qquad (9-91)$$

（2）绝缘子串冰重 Q_{2i}（kgf）：

$$Q_{2i} = nq_i' + q_0' \qquad (9-92)$$

（3）绝缘子串自重及冰重 Q_{3i}（kgf）：

$$Q_{3i} = Q_{1i} + Q_{2i} \qquad (9-93)$$

（4）绝缘子串所受风压 Q_{4i}（kgf）：

$$Q_{4i} = a_{fi}K_{di}K_{fi}(nA_i + A_0)\frac{v_f^2}{16} \qquad (9-94)$$
$$= 0.0375K_{fi}(nA_i + A_0)v_f^2$$

（5）绝缘子串覆冰时所受风压 Q_{5i}（kgf）：

$$Q_{5i} = 0.0375K_{fi}(nA_i' + A_0)v_f^2 \qquad (9-95)$$

（6）绝缘子串无冰时自重与风压的合成荷重 Q_{6i}（kgf）：

$$Q_{6i} = \sqrt{Q_{1i}^2 + Q_{4i}^2} \qquad$$

（7）绝缘子串覆冰时，自重、冰重及风压的合成荷重 Q_{7i}（kgf）：

$$Q_{7i} = \sqrt{Q_{3i}^2 + Q_{5i}^2} \qquad (9-96)$$

以上各式中　q_i——每片绝缘子自重，kgf；

q_i'——每片绝缘子覆冰重，kgf，各种不同型号单片绝缘子及连接金具的冰重见表 9-40；

q_0——金具自重，kgf；

q_0'——金具覆冰重，kgf；

A_i——无冰时单片绝缘子受风面积，m^2；

A_i'——单片绝缘子覆冰后的受风面积，m^2；

A_0——金具受风面积，m^2；

n——每串绝缘子片数；

K_{fi}——绝缘子串风压增加系数，考虑耐张串受风后产生一定偏角，同时在安装时每片绝缘子间不是很水平的，以及绝缘子面积的偏差而引起的风压增加，取 $K_{fi}=1.1$。

表 9-40　　单片绝缘子及连接金具
的冰重（kgf）

型号	$b=5$mm	$b=10$mm	$b=15$mm
XP100、XWP2-100、XHP-100	0.80	1.8	2.6
35～220kV 单串耐张绝缘子连接金具	0.38	0.84	1.2

3. 绝缘子串的组合及荷重

计算绝缘子串机械荷重时，应考虑单串绝缘子的双根导线或双串绝缘子串的单、双根导线所使用的联板在各状态下的荷重。各种绝缘子串的组合及荷重见附录 F。

三、计算方法及步骤

1. 列出原始资料

由表查出或计算出各状态时的导线、绝缘子串荷重，并按下式计算作用于导线上的集中荷重。

$$P_n = Pl_i + q_g \qquad (9-97)$$

式中 P_n——集中荷重，kgf；

　　　　P_i——引下线单位荷重，kgf/m；

　　　　l_i——引下线长度，m；

　　　　q_g——线夹重，kgf。

2. 求支点（座）反力

导线在垂直荷重作用下的简支梁 A、B 两支点的反力（见图 9-36 及图 9-37）可根据所有力对悬挂点 A、B 力矩平衡条件得出。

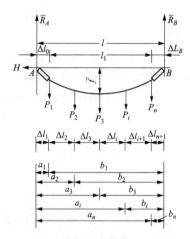

图 9-36　等高悬挂导线支点反力示意图

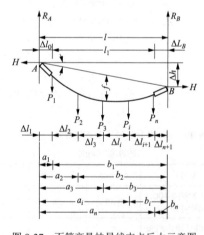

图 9-37　不等高悬挂导线支点反力示意图

$$R_A = \overline{R}_A + H\tan\gamma \qquad (9\text{-}98)$$

$$R_B = \overline{R}_B - H\tan\gamma \qquad (9\text{-}99)$$

$$\overline{R}_A = Q_{ni} + \frac{q_n l_1}{2\cos\gamma} + \Sigma\frac{P_i b_i}{l} \qquad (9\text{-}100)$$

$$\overline{R}_B = Q_{ni} + \frac{q_n l_1}{2\cos\gamma} + \Sigma\frac{P_i a_i}{l} \qquad (9\text{-}101)$$

当等高悬挂时，$\gamma=0$，则 $R_A = \overline{R}_A$，$R_B = \overline{R}_B$，式（9-98）～式（9-101）便简化成：

$$R_A = \overline{R}_A = Q_{ni} + \frac{q_n l_1}{2} + \Sigma\frac{P_i a_i}{l} \qquad (9\text{-}102)$$

$$R_B = \overline{R}_B = Q_{ni} + \frac{q_n l_1}{2} + \Sigma\frac{P_i a_i}{l} \qquad (9\text{-}103)$$

式（9-98）～式（9-103）中

　　Q_{ni}——状态 n 时的绝缘子串荷重，kgf；

　　q_n——状态 n 时的导线单位荷重，kgf/m；

　　H——导线水平张力，kgf；

　　P_i——i 点的集中荷重（包括引下线及线夹），kgf；

　　a_i——集中荷重 P_i 距支点 A 的水平距离，m；

　　b_i——集中荷重 P_i 距支点 B 的水平距离，m；

　　γ——悬挂点连线与 A 点引出的水平线间夹角。

$$\gamma = \arctan\frac{\Delta h}{l}$$

一般只计算出 R_A 即可求解，如为了对剪力计算进行校验，也可将 R_B 求出。

在图 9-36 和图 9-37 中，l 为跨距，Δl_0 为绝缘子串长度（m），不等高化为等高计算时以 $\Delta l_0\cos\gamma$ 代替。在计算中把绝缘子串的质量 Q_{ni} 视为沿 Δl_0 长度内的均布荷重，即 $q_{ni}=\dfrac{Q_{ni}}{\Delta l_0}$，$l_1 = l - 2\Delta l_0$。

3. 求各段剪力

依照左右二侧剪力之差 $Q_z - Q_y = q_n\Delta l$ 的规律，自左至右计算各段（荷载变化处）的剪力。

根据右侧绝缘子区段内求出的 $Q_{(n+1)y} = R_B$ 的关系可作剪力计算的校核。当荷载对称时，剪力零值点应位于跨距正中；当荷载不对称时，剪力零值点位于剪力改变正负号的区段内，即位于 Q_z（+）（左侧剪力正值）与 Q_y（-）（右侧剪力负值）之间，至 Q_z（+）距离为 l_{z0} 处。

$$l_{z0} = \frac{Q_z(+)}{q_n} \qquad (9\text{-}104)$$

最大弧垂发生在剪力 $Q = 0$ 处。

4. 求各点力矩

对于受均布及集中荷载的简支梁有：

$$\Delta M = \frac{\Delta l}{2}(Q_z + Q_y) \qquad (9\text{-}105)$$

求得剪力零值点的位置后，其最大力矩可由下式求得：

$$M_{\max} = \Sigma\Delta M(+) = \Sigma\Delta M(-)$$

式中　$\Sigma\Delta M(+)$、$\Sigma\Delta M(-)$——左侧和右侧各段力矩增量的总和。

对于简支梁，各段力矩增量的总和为零（即 $\Sigma\Delta M = 0$）；或者说剪力零值点位置之左或右的力矩总和相等［即 $\Sigma\Delta M(+) = \Sigma\Delta M(-)$］，利用这个原则做中间校核。

导线各小段弧垂：

$$\Delta f = \frac{\Delta M}{H} \qquad (9\text{-}106)$$

导线最大弧垂：

$$f_{\max} = \frac{M_{\max}}{H} \qquad (9\text{-}107)$$

5. 求荷载因数

各段的荷载因数

$$\Delta D = \frac{\Delta M^2}{\Delta l} + \frac{1}{12}(q\Delta l)^2 \Delta l \qquad (9\text{-}108)$$

总荷载因数

$$D = \Sigma \Delta D \qquad (9\text{-}109)$$

对于剪力符号相反的区段内，求得零值点位置后，应分为两个区段求 D。

6. 求解导线状态方程式

利用导线状态方程式计算导线在各状态时的水平应力、水平张力和导线的弧垂。

导线的状态方程式为：

$$\sigma_n - \frac{\xi D_n \cos^2 \gamma}{\sigma^2}$$
$$= \sigma_n - \frac{D_n \cos^2 \gamma}{\sigma_n^2} - a_x E(\theta_m - \theta_n)\cos\gamma \qquad (9\text{-}110)$$

对悬挂点等高的导线，$\cos\gamma = 1$，则有：

$$\sigma_m - \frac{\xi D_m}{\sigma_m^2} = \sigma_n - \frac{\xi D_n}{\sigma_n^2} - \sigma_x E(\theta_m - \theta_n) \qquad (9\text{-}111)$$

式中　σ_m——在条件 m 时的导线应力，N/mm²；

σ_n——在条件 n 时的导线应力，N/mm²；

D_m——在条件 m 时的导线荷载因数，N²·m；

D_n——在条件 n 时的导线荷载因数，N²·m；

θ_m——在条件 m 时的导线温度，℃；

θ_n——在条件 n 时的导线温度，℃；

a_x——导线的温度线膨胀系数，1/℃；

E——导线材料的弹性模量，N/mm²；

ξ——导线的特性系数，N/m·mm⁶；

对于不等高悬挂：$\xi = \dfrac{E\cos\gamma}{2S^2 l_1}$

对于等高悬挂：$\xi = \dfrac{E}{2S^2 l_1}$

S——导线截面，mm²。

求解时，假定最大弧垂 $f_{\max}$ 发生在某状态（最高温度或最大荷载），由式（9-107）及式（9-112）求出此状态时的水平拉力 H 和应力 σ，作为已知条件。然后由状态方程式求解另一状态时的 H、σ 及弧垂 f。

$$\sigma = \frac{H}{S} \qquad (9\text{-}112)$$

若解得其他状态（最大风速状态除外）的弧垂均小于 $f_{\max}$，则假定正确。否则需重新假定另一

状态的 $f_{\max}$，并进行相同的计算，直至假定正确为止。

状态方程式中令

$$C_m = \xi D_m \cos^2 \gamma$$
$$C_n = \xi D_n \cos^2 \gamma$$
$$A = \sigma_n - \frac{C_n}{\sigma_n^2} - a_x E(\theta_m - \theta_n)\cos\gamma$$

则状态方程式可简化为：

$$\sigma_m^2(\sigma_m - A) = C_m \qquad (9\text{-}113)$$

实用计算时，式（9-113）可用计算器试凑求解。

试凑的 σ_m 初值取 $\sqrt{\dfrac{C_m}{-A}}$（A 小于零）计算 $\sigma_m^2(\sigma_m - A) - C_m$ 值，如该值小于零，则逐渐增加 σ_m 值，直至接近零或等于零为止。

例如，$A = -93.546$，$C_m = 34.83$，σ_m 初值则为

$\sqrt{\dfrac{34.83}{93.546}} \approx 0.6$，代入式（9-108）

$$0.6^2(0.6 + 93.546) - 34.83 = -0.93 < 0$$

再凑，得：

$$\sigma_m = 0.6 + 0.01 = 0.61$$
$$0.61^2(0.61 + 93.546) - 34.83 = 0.205 > 0$$

用内插法则求得 $\sigma_m = 0.608$。

四、计算实例

（一）支柱等高

1. 原始资料

导线布置与计算用数据见图 9-38、表 9-41、表 9-42。

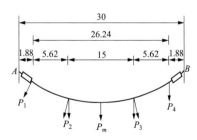

图 9-38　导线布置和集中荷重位置（支柱等高）

2. 力矩 M 及荷载因数 D 的计算见表 9-43～表 9-49）

3. 状态方程求解

假定正常状态最大弧垂发生在最大荷载时，即

$f_m = 2\text{m}$，$H = \dfrac{M}{f} = \dfrac{6014.686}{2} = 3007.343$（N），$\sigma = \dfrac{H}{S}$

$= \dfrac{3007.343}{333.31} = 9.0227$（N/mm²），得到表 9-49 的计算结果（计算过程中已将表 9-40～表 9-48 中力的单位换算为 N）。

表 9-41   气象条件、导线与绝缘子串荷重

气象条件	导线特性	导线荷重（kgf/m）	绝缘子串荷重（kgf）（片数 10；型号 XWP2-100，长度 l=2.244m）
最高气温+40℃	导线型号 LGJ-300/25	q_1=1.058	Q_{1i}=90.21
最低气温−40℃	外径 a=23.76（mm）	q_4=1.6038	Q_{4i}=7.952
覆冰厚度 10mm	截面 S=333.31（mm^2）	q_4'=0.178	Q_{4i}'=0.884
最大风速 30m/s	温度线膨胀系数 a_x=20.5×10^{-6}（1/℃）	q_5=0.328	Q_{5i}=13.15
安装检修时风速 10m/s	弹性模量 E=65000（N/mm^2）	q_6=1.9213	Q_{6i}=90.56
覆冰时风速 10m/s	$\zeta = \dfrac{E}{2S^2L_1} = 0.01115(\text{N}/\text{m} \cdot \text{mm}^6)$	q_6'=1.0729	Q_{6i}'=90.214
	$a_x \cdot E$=1.3325（N/mm^2 · ℃）	q_7=2.04	Q_{7i}=101.267

表 9-42   集 中 荷 重 表

编号	引下线型号	引下线长度（m）	不同气象条件下引下线单位荷重（kgf/m）				夹线重（kgf）	不同气象条件下集中荷重（kgf）			
			状态 1	状态 6	状态 6'	状态 7		状态 1	状态 6	状态 6'	状态 7
P_1	LGJ-300/25	5	1.058	1.9213	1.0729	2.04	2.49	7.78	12.0965	7.8545	12.69
P_2	LGJ-300/25	2×8	1.058	1.9213	1.0729	2.04	2×1.6	20.128	33.9408	20.3664	35.84
P_3	LGJ-300/25	2×8	1.058	1.9213	1.0729	2.04	2×1.6	20.128	33.0408	20.3664	35.84
P_4	LGJ-300/25	5	1.058	1.9213	1.0729	2.04	2.49	7.78	12.0965	7.8545	12.69
P_m	检修荷重								100 150		

表 9-43   状态 1（无冰无风）时的 M、D 计算

支点反力（kgf）	$\bar{R}_A = 90.21 + \dfrac{1.058 \times 26.24}{2} + \dfrac{7.78 \times 28.12 + 20.128 \times 22.5 + 20.128 \times 7.5 + 7.78 \times 1.88}{30}$ $= 90.21 + 13.881 + 27.908 = 131.999$					
荷载图 ΔL（m）	1.88	5.62	7.5	7.5	5.62	1.88
$q\Delta L$（kgf）	90.21	5.946	7.935	7.935	5.946	90.21
P（kgf）	7.78	20.128		20.128	7.78	
剪力图 Q_z（kgf）	131.999	34.009	7.935	0	−28.063	−41.789
Q_Y（kgf）	41.789	28.063	0	−7.935	−34.009	−131.999
$\Delta M = \dfrac{\Delta L}{2}(Q_z + Q_Y)$（kgf·m）	163.361	174.422	29.756	−29.756	−174.422	−163.361
$M = \Sigma \Delta M$（kgf·m）	M=367.539 校验 $\Sigma\Delta M$=0					
荷载因数 $\dfrac{\Delta M^2}{\Delta L}$（kgf^2·m）	14195.05	5413.364	118.058	118.056	5413.364	14195.05
$\dfrac{1}{12} = (q\Delta L)^2 \Delta L$（kgf^2·m）	1274.929	16.558	39.3526	39.3526	16.558	1274.929
$\Delta D = \dfrac{\Delta M^2}{\Delta L} + \dfrac{(q\Delta L)^2 \Delta L}{12}$（kgf^2·m）	15469.98	5429.922	157.4086	157.4086	5429.922	15469.98
$D = \Sigma \Delta D$（kgf^2·m）	42114.63					

表 9-44 　　　　　　　　　　　状态 6（最大风速）时的 *M*、*D* 计算

支点反力（kgf）	$\bar{R}_A = 90.56 + \dfrac{1.9213 \times 26.24}{2} + \dfrac{12.0965 \times 28.12 + 33.9408 \times 22.5 + 33.9408 \times 7.5 + 12.0965 \times 1.88}{30}$ $= 161.805$					

荷载图	ΔL（m）	1.88	5.62	7.5	7.5	5.62	1.88
	$q\Delta L$（kgf）	90.56	10.798	14.41	14.41	10.798	90.56
	P（kgf）	12.0955	33.9408		33.9408	12.0965	

剪力图	Q_z（kgf）	161.805	59.148	14.41	0	−48.3505	−71.245
	Q_Y（kgf）	71.245	48.3505	0	−14.41	−59.148	−161.805

$\Delta M = \dfrac{\Delta L}{2}(Q_z + Q_Y)$（kgf·m）	219.066	302.072	54.037	−54.037	−302.072	−219.066

$M = \Sigma\Delta M$（kgf·m）	*M*= 575.175　校验 $\Sigma\Delta M = 0$

荷载因数	$\dfrac{\Delta M^2}{\Delta L}$（kgf²·m）	25526.64	16236.17	389.34	389.34	16236.17	25526.64
	$\dfrac{1}{12} = (q\Delta L)^2\Delta L$（kgf²·m）	1284.836	54.603	129.78	129.78	54.603	1284.836
	$\Delta D = \dfrac{\Delta M^2}{\Delta L} + \dfrac{(q\Delta L)^2\Delta L}{12}$（kgf²·m）	26811.47	16290.17	519.12	519.12	16290.77	26811.47
	$D = \Sigma\Delta D$（kgf²·m）	87242.7					

表 9-45 　　　　　　　　　　状态 6'（导线上人检修 100kg）时 *M*、*D* 计算

支点反力（kgf）	$\bar{R}_A = 90.214 + \dfrac{1.0729 \times 26.24}{2} + \dfrac{7.8545 \times 28.12 + 120.3664 \times 22.5 + 20.3664 \times 7.5 + 7.8545 \times 1.88}{30}$ $= 207.512$				

荷载图	ΔL（m）	1.88	5.62	15	5.62	1.88
	$q\Delta L$（kgf）	90.214	6.0297	16.0935	6.0297	90.214
	P（kgf）	7.8545	120.3664		20.3664	7.8545

剪力图	Q_z（kgf）	207.512	98.243	−16.0935	−42.4896	−73.335
	Q_Y（kgf）	117.297	92.214	−32.187	−48.5193	−163.55

$\Delta M = \dfrac{\Delta M}{2}(Q_z + Q_Y)$（kgf·m）	305.321	535.183	−362.104	−255.735	−222.672

$M = \Sigma\Delta M$（kgf·m）	*M*=840.504　校验 $\Sigma\Delta M = -0.007$

荷载因数	$\dfrac{\Delta M^2}{\Delta L}$（kgf²·m）	49585.42	50964.63	8741.275	11637.08	26373.82
	$\dfrac{1}{12}(q\Delta L)^2\Delta L$（kgf²·m）	1275.051	17.027	323.7509	17.027	1275.051
	$\Delta D = \dfrac{\Delta M^2}{\Delta L} + \dfrac{(q\Delta L)^2\Delta L}{12}$（kgf²·m）	50860.47	50981.66	9065.026	11654.11	27648.87
	$D = \Sigma\Delta D$（kgf²·m）	150210.1				

表 9-46　　　　　　　　　状态 6'（导线上人检修 150kg）时 M、D 计算

支点反力（kgf）	
	$\bar{R}_A = 90.214 + \dfrac{1.0729 \times 26.24}{2} + \dfrac{7.8545 \times 28.12 + 170.3664 \times 22.5 + 20.3664 \times 7.5 + 7.8545 \times 1.88}{30}$ $= 245.012$

		列1	列2	列3	列4	列5
荷载图	ΔL（m）	1.88	5.62	15	5.62	1.88
	$q\Delta L$（kgf）	90.214	6.0297	16.0935	6.0297	90.214
	P（kgf）	7.8545	170.3664		20.3664	7.8545
剪力图	Q_z（kgf）	245.012	148.243	−29.4535	−69.382	−73.317
	Q_Y（kgf）	154.797	142.214	−45.547	−75.412	−163.532
$\Delta M = \dfrac{\Delta L}{2}(Q_z + Q_Y)$（kgf·m）		375.821	816.184	−562.504	−406.871	−222.638
$M = \Sigma\Delta M$（kgf·m）		M=1192.004　　　校验 $\Sigma\Delta M = -0.008$				
荷载因数	$\dfrac{\Delta M^2}{\Delta L}$（kgf²·m）	75128.21	118533	21094.031	29456.17	26365.76
	$\dfrac{1}{12}(q\Delta L)^2\Delta L$（kgf²·m）	1275.051	17.027	323.7509	17.027	1275.051
	$\Delta D = \dfrac{\Delta M^2}{\Delta L} + \dfrac{(q\Delta L)^2\Delta L}{12}$（kgf²·m）	76403.26	118550	21417.782	29473.2	27640.81
$D = \Sigma\Delta D$（kgf²·m）		273485				

表 9-47　　　　　　　　　状态 6'（导线安装）时的 M、D 计算

支点反力	
	$\bar{R}_A = 90.214 + \dfrac{1.0729 \times 26.24}{2} + \dfrac{7.8545 \times 28.12 + 20.3664 \times 22.5 + 20.3664 \times 7.5 + 7.8545 \times 1.88}{30}$ $= 132.512$

		列1	列2	列3	列4	列5	列6
荷载图	ΔL（m）	1.88	5.62	7.5	7.5	5.62	1.88
	$q\Delta L$（kgf）	90.214	6.0297	8.047	8.047	6.0297	90.214
	P（kgf）	7.8545	20.3664		20.3664	7.8545	
剪力图	Q_z（kgf）	132.512	34.443	8.047	0	−28.4131	−42.297
	Q_Y（kgf）	42.297	28.4134	0	−8.047	−34.443	−132.512
$\Delta M = \dfrac{\Delta L}{2}(Q_z + Q_Y)$（kgf·m）		164.321	176.625	30.176	−30.176	−176.625	−164.321
$M = \Sigma\Delta M$（kgf·m）		M = 371.121　　　校验 $\Sigma\Delta M = 0$					
荷载因数	$\dfrac{\Delta M^2}{\Delta L}$（kgf²·m）	14362.35	5550.98	121.41	121.41	5550.98	14362.35
	$\dfrac{1}{12}=(q\Delta L)^2\Delta L$（kgf²·m）	1275.051	17.027	40.47	10.47	17.027	1275.051
	$\Delta D = \dfrac{\Delta M^2}{\Delta L} + \dfrac{(q\Delta L)^2\Delta L}{12}$（kgf²·m）	15637.4	5568.01	161.88	161.88	5568.01	15637.4
$D = \Sigma\Delta D$（kgf²·m）		42734.57					

表 9-48　　　　　　　　　　状态7（有冰有风）时的 *M*、*D* 计算

支点反力（kgf）		$\overline{R}_A = 101.267 + \dfrac{2.04 \times 26.24}{2} + \dfrac{12.69 \times 28.12 + 35.84 \times 22.5 + 35.84 \times 7.5 + 12.59 \times 1.88}{30} = 176.562$						
荷载图	ΔL（m）	1.88	5.62	7.5	7.5	5.62	1.88	
	$q\Delta L$（kgf）	101.267	11.465	15.3	15.3	11.465	101.267	
	P（kgf）	12.69	35.84		35.84	12.69		
剪力图	Q_z（kgf）	176.562	62.605	15.3	0	−51.14	−75.295	
	Q_Y（kgf）	75.295	51.14	0	−15.3	−62.605	−176.562	
$\Delta M = \dfrac{\Delta L}{2}(Q_z + Q_Y)$(kgf·m)		236.746	319.623	57.375	−57.375	−319.623	−236.746	
$M = \Sigma \Delta M$(kgf·m)		*M*=613.74　　　　校验 $\Sigma \Delta M = 0$						
荷载因数	$\dfrac{\Delta M^2}{\Delta L}$(kgf²·m)	29813.01	18177.72	438.919	438.919	18177.72	29813.01	
	$\dfrac{1}{12}(q\Delta L)^2 \Delta L$(kgf²·m)	1606.63	61.559	146.306	146.306	61.559	1606.63	
	$\Delta D = \dfrac{\Delta M^2}{\Delta L} + \dfrac{(q\Delta L)^2 \Delta L}{12}$(kgf²·m)	31419.64	18239.28	585.225	585.225	18239.28	31419.64	
$D = \Sigma \Delta D$(kgf²·m)		100488.3						

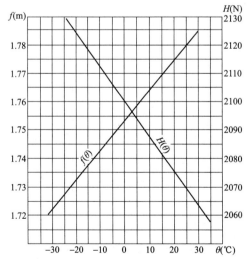

图 9-39　安装曲线（支柱等高）

（二）支柱不等高

1. 原始资料

导线布置及计算用数据见图 9-40、表 9-50、表 9-51。

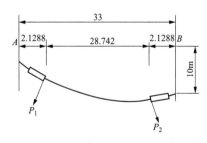

图 9-40　支柱不等高时导线布置和集中荷重位置

2. 力矩 *M* 及荷载因数

D 的计算见表 9-52～表 9-58。

3. 状态方程求解

假定正常状态最大弧垂发生在最大荷载时，即

$f_m = 2\text{m}$，$H = \dfrac{M}{f} = \dfrac{4736.252}{2} = 2368.126$（N），$\sigma = \dfrac{H}{S} = \dfrac{2368.126}{451.55} = 5.244$（N/mm²）得到表 9-58 的计算结果（计算过程中已将表 9-50～表 9-57 中力的单位换算为 N）。

表 9-49

各种状态时的应力 σ_m、拉力 H 和弧垂 f 值

状态条件	最高温度	最大荷载	最大风速	停电检修（三相各以100kgf）		带电检修（单相以150kgf）		施工安装								
原始资料																
M (N·m)	3601.883	6014.686	5636.711	8236.937	8236.937	11681.64	11681.64	3636.987	3636.987	3636.987	3636.987	3636.987	3636.987	3636.987	3636.987	3636.987
$C_m=D\xi$ (N³/mm⁶)	45098.28	107607.5	93423.49	160851.9	160851.9	292860.4	292860.4	45762.15	45762.15	45762.15	45762.15	45762.15	45762.15	45762.15	45762.15	45762.15
a_nE (N³/mm²·℃)	1.3325	1.3325	1.3325	1.3325	1.3325	1.3325	1.3325	1.3325	1.3325	1.3325	1.3325	1.3325	1.3325	1.3325	1.3325	1.3325
C_n (N³/mm⁶)	107607.5	45098.28	45098.28	45098.28	45098.28	45098.28	45098.28	45098.28	45098.28	45098.28	45098.28	45098.28	45098.28	45098.28	45098.28	45098.28
a_n (N/mm⁶)	9.023		5.513	5.513	5.513	5.513	5.513	5.513	5.513	5.513	5.513	5.513	5.513	5.513	5.513	5.513
θ_n (℃)	-5	-5	70	70	70	70	70	70	70	70	70	70	70	70	70	70
θ_m (℃)	70	-5	-5	30	-15	30	-15	0	5	10	20	30	-5	-15	-20	-30
状态方程求解																
$\Delta\theta=\theta_m-\theta_n$ (℃)	75		-75	-40	-85	-40	-85	-70	-65	-60	-50	-40	-75	-85	-90	-100
$B=a_zE\Delta\theta$ (N/mm²)	99.9375		-99.9375	-53.3	-113.26	-53.3	-113.26	-93.275	-86.61	-79.95	-66.625	-53.3	-99.9375	-113.26	-119.925	-133.25
$A=a_n-\dfrac{C_n}{\sigma_n^3}-B$ (N/mm²)	-1412.74		-1378.12	-1424.76	-1364.8	-1424.76	-1364.8	-1384.79	-1391.45	-1398.11	-1411.44	-1424.76	-1378.12	-1364.8	-1358.14	-1344.81
δ_m (N/mm²)	5.639	9.023	8.209	10.586	10.813	14.266	14.571	5.737	5.723	5.709	5.683	5.656	5.75	5.778	5.792	5.821
$H=s\sigma_m$ (N)	1879.535	3007.343	2736.142	3528.42	3604.081	4754.55	4856.66	1912.199	1907.533	1902.867	1894.201	1885.201	1916.533	1925.865	1930.532	1940.198
$f=\dfrac{M}{H}$ (m)	1.916	2	2.060	2.334	2.285	2.457	2.405	1.902	1.907	1.911	1.920	1.929	1.898	1.888	1.884	1.875

注：1. 本表计算过程中已将表 9-38～表 9-48 中力的单位换算为 N。

2. 假定正常状态最大弧垂发生在最大荷载时，$f_m=2_m$，$H=\dfrac{6014.686}{2}=3007.343$，$\delta=\dfrac{H}{S}=\dfrac{3007.343}{333.31}=9.023$（N/mm²）。

3. σ_m 是 $\sigma_m^2(\sigma_m-A)=C_m$ 的根。

表 9-50 气象条件、导线与绝缘子串的荷重

气象条件	导线特性	导线单位荷重（kgf/m）	绝缘子串荷重（kgf）（片数10；型号 XWP$_2$-100，长度 l=1.88m，$\cos\gamma$=1.80m）
最高气温+40℃	导线型号 LGJ-400/50	$\dfrac{q_1}{\cos\gamma}=1.5785$	Q_{1i}=90.21
最低气温-40℃	d=27.63mm	$\dfrac{q'_4}{\cos\gamma}=1.9484$	Q_{4i}=7.952
覆冰厚度 10mm	S=451.55mm^2	$\dfrac{q'_4}{\cos\gamma}=0.2165$	Q'_{4i}=0.884
最大风速 30m/s	a_z=19.3×16^{-6} 1/℃	$\dfrac{q_5}{\cos\gamma}=0.3732$	Q_{5i}=13.15
安装检修时风速 10m/s	E=69000N/mm^2	$\dfrac{q_6}{\cos\gamma}=2.5073$	Q_{6i}=90.56
覆冰时风速 10m/s	$\xi=\dfrac{E\cos\gamma}{Zs^2L_1}=0.00574\text{N/m}\cdot\text{mm}^6$	$\dfrac{q'_6}{\cos\gamma}=1.5933$	Q_{6i}=90.214
	$a_x\cdot E$=1.3317 N/mm$^2\cdot$℃	$\dfrac{q_7}{\cos\gamma}=2.7162$	Q_{7i}=101.267

表 9-51 集中荷重表

编号	引下线型号	引下线长度（m）	不同气象条件下引下线单位荷重（kgf/m）				夹线重（kgf）	不同气象条件下集中荷重（kgf/m）			
			状态 1	状态 6	状态 6′	状态 7		状态 1	状态 6	状态 6′	状态 7
P_1	LGJ-400/50	4.7	1.511	2.4	1.525	2.6	3.87	10.972	15.15	11.038	16.09
P_2	LGJ-400/50	3.8	1.511	2.4	1.525	2.6	3.87	9.612	12.99	9.665	13.75
P_m										100 150	

表 9-52 状态 1（无冰无风）时的 M、D 计算

支点反力（kgf）	$\overline{R}_A=90.21+\dfrac{1.5785\times29.4}{2}+\dfrac{10.972\times31.2+9.612\times1.8}{33}=124.312$			
荷载图	ΔL（m）	1.8	14.65	14.75	1.8

荷载图	$q\Delta L$（kgf）	90.21	23.131 10.972	23.289 9.612	90.21
	P（kgf）				
剪力图	Q_z（kgf）	124.312	23.131	0	−32.901
	Q_Y（kgf）	34.103	0	−23.289	−123.111
$\Delta M=\dfrac{\Delta L}{2}(Q_z+Q_Y)$(kgf·m)		142.574	169.433	−171.754	−140.41
$M=\Sigma\Delta M$(kgf·m)		M=312.007		校验 $\Sigma\Delta M$=0.157	
荷载因数	$\dfrac{\Delta M^2}{\Delta L}$(kgf^2·m)	11292.97	1959.557	1999.959	10952.79
	$\dfrac{1}{12}(q\Delta L)^2\Delta L$(kgf^2·m)	1220.677	653.186	666.653	1220.677
	$\Delta D=\dfrac{\Delta M^2}{\Delta L}+\dfrac{(q\Delta L)^2\Delta L}{12}$(kgf^2·m)	12513.65	2612.743	2666.612	12173.47
	$D=\Sigma\Delta D$(kgf^2·m)	29966.47			

表 9-53　　　　　　　　　　　状态 6（最大风速）时的 M、D 计算

支点反力（kgf）	$\bar{R}_A = 90.56 + \dfrac{2.5073 \times 29.4}{2} + \dfrac{15.15 \times 31.2 + 12.99 \times 1.8}{33} = 142.449$			

荷载图	ΔL（m）	1.8	14.65	14.75	1.8
	$q\Delta L$（kgf）				
	P（kgf）	90.56	36.74　　15.15	36.99　　12.99	90.56
剪力图	Q_z（kgf）	142.45	36.74	0	−49.981
	Q_Y（kgf）	51.89	0	−36.991	−140.54
$\Delta M = \dfrac{\Delta L}{2}(Q_z + Q_Y)$(kgf·m)		174.906	269.119	−272.806	−171.469
$M = \Sigma\Delta M$(kgf·m)		M=444.025　　　　校验 $\Sigma\Delta M = -0.25$			
荷载因数	$\dfrac{\Delta M^2}{\Delta L}$(kgf²·m)	16995.52	4943.693	5045.622	16334.22
	$\dfrac{1}{12}(q\Delta L)^2\Delta L$(kgf²·m)	1230.162	1647.898	1681.874	1230.162
	$\Delta D = \dfrac{\Delta M^2}{\Delta L} + \dfrac{(q\Delta L)^2\Delta L}{12}$(kgf²·m)	18225.68	6591.591	6727.495	17564.38
$D = \Sigma\Delta D$		49109.14			

表 9-54　　　　　　　　　状态 6′（导线上人检修 100kg）时的 M、D 计算

支点反力（kgf）	$\bar{R}_A = 90.214 + \dfrac{1.5933 \times 29.4}{2} + \dfrac{111.038 \times 31.2 + 9.665 \times 1.8}{33} = 219.144$			

荷载图	ΔL（m）	1.8	11.23	18.17	1.8
	$q\Delta L$（kgf）				
	P（kgf）	90.214	17.895　　111.038	28.954　　9.665	90.214
剪力图	Q_z（kgf）	219.148	17.895	0	−38.619
	Q_Y（kgf）	128.933	0	−28.954	−128.834
$\Delta M = \dfrac{\Delta L}{2}(Q_z + Q_Y)$(kgf·m)		313.273	100.482	−263.05	−150.708
$M = \Sigma\Delta M$(kgf·m)		M=413.755　　　　校验 $\Sigma\Delta M = -0.003$			
荷载因数	$\dfrac{\Delta M^2}{\Delta L}$(kgf²·m)	54522.12	899.073	3808.207	12618.21
	$\dfrac{1}{12}(q\Delta L)^2\Delta L$(kgf²·m)	1220.794	299.691	1269.402	1220.794
	$\Delta D = \dfrac{\Delta M^2}{\Delta L} + \dfrac{(q\Delta L)^2\Delta L}{12}$(kgf²·m)	55742.91	1198.764	5077.61	13839.01
$D = \Sigma\Delta D$		75858.29			

表 9-55　　　　　　　　　　状态 6′（导线上人检修 150kg）时的 *M*、*D* 计算

支点反力（kgf）		$\bar{R}_A = 90.214 + \dfrac{1.5933 \times 29.4}{2} + \dfrac{161.038 \times 31.2 + 9.665 \times 1.8}{33} = 266.417$			
荷载图	ΔL（m）	1.8	9.52	19.88	1.8
	$q\Delta L$（kgf）				
	P（kgf）	90.214	15.17	31.679	90.214
			161.038	9.665	
剪力图	Q_z（kgf）	266.423	15.17	0	−41.344
	Q_Y（kgf）	176.208	0	−31.679	−131.559
$\Delta M = \dfrac{\Delta L}{2}(Q_z + Q_Y)(\text{kgf} \cdot \text{m})$		398.368	72.211	−314.891	−155.612
$M = \Sigma \Delta M(\text{kgf} \cdot \text{m})$		*M*=470.579　　　　校验 $\Sigma \Delta M = 0.075$			
荷载因数	$\dfrac{\Delta M^2}{\Delta L}(\text{kgf}^2 \cdot \text{m})$	88164.98	547.73	4987.753	13452.91
	$\dfrac{1}{12}(q\Delta L)^2 \Delta L(\text{kgf}^2 \cdot \text{m})$	1220.794	182.577	1662.584	1220.794
	$\Delta D = \dfrac{\Delta M^2}{\Delta L} + \dfrac{(q\Delta L)^2 \Delta L}{12}(\text{kgf}^2 \cdot \text{m})$	89385.77	730.307	6650.338	14673.7
$D = \Sigma \Delta D$（$\text{kgf}^2 \cdot \text{m}$）		111440.1			

表 9-56　　　　　　　　　　状态 6′（导线安装）时的 *M*、*D* 计算

支点反力（kgf）		$\bar{R}_A = 90.214 + \dfrac{1.5933 \times 29.4}{2} + \dfrac{11.038 \times 31.2 + 9.665 \times 1.8}{33} = 124.599$			
荷载图	ΔL（m）	1.8	14.65	14.75	1.8
	$q\Delta L$（kgf）				
	P（kgf）	90.214	23.345	23.504	90.214
			11.038	9.665	
剪力图	Q_z（kgf）	124.597	23.345	0	−33.169
	Q_Y（kgf）	34.383	0	−23.504	−123.384
$\Delta M = \dfrac{\Delta L}{2}(Q_z + Q_Y)(\text{kgf} \cdot \text{m})$		143.083	171.003	−173.345	−140.898
$M = \Sigma \Delta M(\text{kgf} \cdot \text{m})$		*M*=314.085　　　　校验 $\Sigma \Delta M = -0.158$			
荷载因数	$\dfrac{\Delta M^2}{\Delta L}(\text{kgf}^2 \cdot \text{m})$	11373.66	1996.037	2037.192	11029.01
	$\dfrac{1}{12}(q\Delta L)^2 \Delta L(\text{kgf}^2 \cdot \text{m})$	1220.794	665.346	679.064	1220.794
	$\Delta D = \dfrac{\Delta M^2}{\Delta L} + \dfrac{(q\Delta L)^2 \Delta L}{12}(\text{kgf}^2 \cdot \text{m})$	12594.45	2661.383	2716.255	12249.8
$D = \Sigma \Delta D(\text{kgf}^2 \cdot \text{m})$		30221.89			

表 9-57 　　　　　　　状态 7（有冰有风）时的 M、D 计算

支点反力（kgf）		$\bar{R}_A = 101.267 + \dfrac{2.7162 \times 29.4}{2} + \dfrac{16.09 \times 31.2 + 13.75 \times 1.8}{33} = 157.158$			
荷载图	ΔL（m）	1.8	14.65	14.75	1.8
	$q\Delta L$（kgf）				
	P（kgf）	101.267	39.801 16.09	40.073 13.75	101.267
剪力图	Q_z（kgf）	157.159	39.801	0	−53.823
	Q_Y（kgf）	55.891	0	−40.073	−155.091
$\Delta M = \dfrac{\Delta L}{2}(Q_z + Q_Y)$（kgf·m）		191.745	291.546	−295.539	−188.022
$M = \Sigma\Delta M$（kgf·m）			M=483.291	校验 $\Sigma\Delta M = -0.271$	
荷载因数	$\dfrac{\Delta M^2}{\Delta L}$（kgf²·m）	20425.69	5081.923	5921.598	19640.21
	$\dfrac{1}{12}(q\Delta L)^2 \Delta L$（kgf²·m）	1538.262	1933.991	1973.866	1538.262
	$\Delta D = \dfrac{\Delta M^2}{\Delta L} + \dfrac{(q\Delta L)^2 \Delta L}{12}$（kgf²·m）	21963.96	7735.964	7895.463	21178.48
$D = \Sigma\Delta D$（kgf²·m）			58773.86		

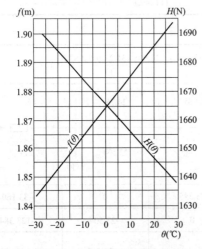

图 9-41　支柱下等高时安装曲线

五、架构土建资料

配电装置架构土建资料包括以下三方面内容。

（一）架构负荷图

以简图表示出架构高度、宽度、导线悬挂点高度（双层架构为各层导线悬挂点离地高度）、悬挂点间距离、导线偏角及架构受力情况（双侧受力还是单侧受力），并注明架构在平面布置中的位置。

（二）架构预埋件

架构预埋件指挂环、爬梯等，具体设置地点依配电装置布置要求提供。

（三）架构荷载

架构受力情况填入表 9-59。

（1）表中 R_A、R_B 是指架构左右两档导线作用于该架构的反力，组合导线、双分裂导线 H、R_A、R_B 应按计算结果的 2 倍提供。

（2）侧向风压仅求取最大风速时的数值，其他状态可忽略不计，按下式计算；

$$P_i \approx 2Q_{i1} + \frac{1}{2}q_1\left(l_{1z} + l_{1y} + \frac{1}{2}\Sigma l_1\right) \qquad (9\text{-}114)$$

式中　P_i——最大风速时的侧向风压（kgf）；

l_{1z}——左面一档导线长（m）；

l_{1y}——右面一档导线长（m）；

Σl_1——左面两档所有引下线长（m）。

（3）在架构上如挂有悬垂绝缘子串或高频阻波器设备时，对架构所增加的垂直荷重和侧向风压值还应另加。

（4）安装检修时横梁上所增加的集中荷重见表 9-37。

（5）屋外配电装置中，架构应根据最严重的实际受力情况分别按终端架构和中间架构设计。对于因扩建需要或因接线变化而将来可能成为终端架构的中间架构，应按终端架构设计。中间架构可按一侧架线、另一侧未架线的情况进行计算。若满足此条件有困难时，可考虑在安装时采取临时打拉线的措施，临时拉线与地面夹角取 60°，临时拉线所平衡掉的张力可考虑为架构安装水平张力的 30%～50%。

表 9-58

各种状态时的应力 σ_n 拉力 H 和弧垂 f 值

	状态条件	最高温度	最大荷载	最大风速	停电检修（三相各上人100kg）		带电检修（单相上人150kg）		施工安装								
原始数据	M (N·m)	3057.668	4736.252	4351.441	4054.794		4611.67		3078.035								
	$C_m = D \cdot \xi^5$ (N³/mm⁶)	16519.6	32400.24	27072.38	41818.37		61433.55		16660.41								
	$a_x E$ (N/mm²·℃)	1.3317	1.3317	1.3317	1.3317		1.3317		1.3317								
	C_n (N³/mm⁶)	32400.24		16519.6	16519.6		16519.6		16519.6								
	a_n (N/mm²)	5.244		3.455	3.455		3.455		3.455								
	θ_n (℃)	−5	−5	70	70		70		70								
状态方程求解	θ_m (℃)	70	−5	−5	−15	30	−15	30	30	20	10	5	0	−5	−15	−20	−30
	$\Delta\theta = \theta_m - \theta_n$ (℃)	75		−75	−85	−40	−85	−40	−40	−50	−60	−65	−70	−75	−85	−90	−100
	$B = a_x \cdot E \cdot \Delta\theta$ (N/mm²)	99.878		−99.878	−113.195	−53.3	−113.195	−53.3	−53.3	−66.6	−79.9	−86.56	−93.22	−99.878	−113.195	−119.853	−133.17
	$A = a_n - \dfrac{C_n}{\sigma_n^2} - B$ (N/mm²)	−1272.65		−1280.69	−1267.37	−1327.3	−1267.37	−1327.3	−1327.3	−1313.98	−1300.66	−1294.01	−1287.35	−1280.69	1267.37	−1260.71	−1274.4
	θ_m (N/mm²)	3.597	5.244	4.589	5.731	5.601	6.943	6.786	3.538	3.556	3.574	3.583	3.592	3.602	3.621	3.63	3.649
	$H = s \cdot \sigma_m$ (N)	1624.225	2368.126	2072.163	2587.833	2529.132	3135.112	3064.218	1597.584	1605.712	1613.84	1617.904	1621.968	1626.483	1635.063	1639.127	1647.706
	$f = \dfrac{M}{H}$ (m)	1.883	2	2.1	1.567	1.603	1.471	1.505	1.927	1.917	1.907	1.902	1.898	1.892	1.883	1.878	1.868

表 9-59 架 构 受 力 情 况

状　　　态			荷载			
			水平拉力	侧向风压	垂直荷重	
			H	P_f	R_A	R_B
正常状态		有冰有风	√		√	√
		最大风速	√	√	√	√
		最低温度	√		√	√
安装状态			√		√	√
检修状态	三相上人	330kV 及以下每相取 100kgf	√		√	√
		500kV 每相取 200kgf				
	单相上人	330kV 及以下取 150kgf	√		√	√
		500kV 取 350kgf				

第十章

高压配电装置

第一节　设计原则与要求

一、总原则

高压配电装置的设计必须认真贯彻国家的技术经济政策，遵循上级颁发的有关规程、规范及技术规定，并根据电力系统条件、自然环境特点和运行、检修、施工方面的要求，合理制定布置方案和选用设备，积极慎重地采用新技术、新设备、新材料、新结构，使配电装置设计不断创新，做到技术先进、经济合理、运行可靠、维护方便。

火力发电厂的配电装置型式选择，应考虑所在地区的地理情况及环境条件，因地制宜，节约用地，并结合运行、检修和安装要求，通过技术经济比较予以确定。在确定配电装置型式时，必须满足下列四点要求。

（一）节约用地

配电装置少占地，不占粮田和避免大量开挖土石方，是一条必须遵循的重要原则。

各型配电装置占地面积的比较（供参考）：

以屋外普通中型　　　　100%；
屋外分相中型　　　　　70%～80%；
屋外半高型　　　　　　50%～60%；
屋外高型　　　　　　　40%～50%；
混合型气体绝缘组合电器（HGIS）30%～40%；
屋内型　　　　　　　　25%～30%；
全封闭组合电器（GIS）　15%～30%。

（二）运行安全和操作巡视方便

配电装置布置要整齐、清晰，并能在运行中满足对人身和设备的安全要求，如保证各种电气安全净距，装设防误操作的闭锁装置，采取防火、防爆和储油、排油措施，考虑设备防冻、防阵风、抗震、耐污等性能，使配电装置一旦发生事故，能将事故限制到最小范围和最低程度，并使运行人员在正常操作和处理事故的过程中不致发生意外情况，以及在检修维护过程中不致损害设备。此外，还应重视运行维护时的方便条件，

如合理确定电气设备的操作位置，设置操作巡视走道，方便与主（网络）控制室（继电器室）联系等。

（三）便于检修和安装

对于各种型式的配电装置，都要妥善考虑检修和安装条件，如为高型及半高型布置时，要对上层母线和上层隔离开关的检修、试验采取适当措施；目前已有不少地区开展带电检修作业，在布置与架构荷载方面需为此创造条件；要考虑构件的标准化和工厂化，减少架构类型；设置设备搬运道路、起吊设施和良好的照明条件等。此外，配电装置的设计还必须考虑分期建设和扩建过度的便利。

（四）节约材料，降低造价

配电装置的设计还应采取有效措施，减少材料消耗，努力降低造价。

二、基本分类

高压配电装置包括 3～1000kV 配电装置。

根据配电装置布置位置条件，可分为屋外配电装置和屋内配电装置。

根据电气设备和母线布置的高度，可分为中型配电装置、半高型配电装置和高型配电装置。

根据配电装置绝缘介质，可分为敞开式配电装置（AIS）和 SF_6 全封闭组合电器（GIS）。母线不装于 SF_6 气室的 GIS，介于 GIS 和 AIS 之间的高压开关设备为 HGIS。

HGIS 是英文 Hybrid gas insulated switchgear 的缩写，它是采用了 GIS 主要设备，按特定主接线要求，结合敞开式开关设备的特点布置出的混合型 GIS 产品，其主要特点是采用 GIS 形式的断路器、隔离开关、电流互感器等主要元件分相组合在金属壳体内，由出线套管通过软导线连接敞开式母线以及敞开式电压互感器、避雷器，属混合型配电装置。

目前，3～35kV 配电装置多采用成套开关柜，一般均为屋内布置，其设计及布置要求见本书第十一章。本章主要介绍 35kV 及以上电压等级配电装置（不含成套开关柜）。

三、设计要求

（一）满足安全净距的要求

屋外配电装置的安全净距不应小于表 10-1、表 10-2 所列数值，并按图 10-1～图 10-3 进行校验。

屋外电气设备外绝缘体最低部位距地小于 2.5m 时，应装设固定遮栏。

屋外配电装置使用软导线时，带电部分至接地部分和不同相的带电部分之间的最小电气距离，应根据下列三种条件进行校验，并采用其中最大数值：

表 10-1　　　　　　　　　　　　　　3～500kV 屋外配电装置的安全净距　　　　　　　　　　　　　　（mm）

符号	适用范围	图号	额定电压（kV）								
			3～10	15～20	35	63	110J	110	220J	330J	500J
A_1	1. 带电部分至接地部分之间； 2. 网状遮栏向上延伸线距地 2.5m 处与遮栏上方带电部分之间	图 10-1 图 10-2	200	300	400	650	900	1000	1800	2500	3800
A_2	1. 不同相的带电部分之间； 2. 断路器和隔离开关的断口两侧引线带电部分之间	图 10-1 图 10-3	200	300	400	650	1000	1100	2000	2800	4300
B_1	1. 设备运输时其外廓至无遮栏带电部分之间； 2. 交叉的不同时停电检修的无遮栏带电部分之间； 3. 栅状遮栏至绝缘体和带电部分之间[1]； 4. 带电作业时的带电部分至接地部分之间	图 10-1 图 10-2 图 10-3	950	1050	1150	1400	1650[2]	1750[2]	2550[2]	3250[2]	4550[2]
B_2	网状遮栏至带电部分之间	图 10-2	300	400	500	750	1000	1100	1900	2600	3900
C	1. 无遮栏裸导体至地面之间； 2. 无遮栏裸导体至建筑物构筑物的边沿部分之间	图 10-2 图 10-3	2700	2800	2900	3100	3400	3500	4300	5000	7500
D	1. 平行的不同时停电检修的无遮栏带电部分之间； 2. 带电部分与建筑物构筑物的边沿部分之间	图 10-1 图 10-2	2200	2300	2400	2600	2900	3000	3800	4500	5800

注　1. 110J、220J、330J、500J 是指中性点直接接地电网。

　　2. 500kV 的 A_1 值，双分裂软导线至接地部分之间可取 3500mm。

　　3. 海拔超过 1000m 时，A 值应按图 10-88 进行修正。

　　4. 本表所列各值不适用于制造厂生产的成套配电装置。

[1]　对于 220kV 及以上电压，可按绝缘体电位的实际分布，采用相应的 B_1 值进行校验。此时，允许网状遮栏与绝缘体的距离小于 B_1 值。当无给定的分布电位时，可按线性分布计算。校验 500kV 相间通道的安全净距，也可用此原则。

[2]　带电作业时，不同相或交叉的不同回路带电部分之间，其 B_1 值可取 A_2+750mm。

表 10-2　　　　　　　　　　　　　　750kV、1000kV 屋外配电装置的安全净距　　　　　　　　　　　　　　（mm）

符号		适用范围	额定电压（kV）	
			750J	1000J
A	A_1'	带电导体至接地架构	4800	6800（4 分裂导线对地、管形导体对地）
	A_1''	带电设备至接地架构	5500	7500（均压环对地）
	A_2	带电导体相间	7200	9200（4 分裂导线对 4 分裂导线） 10100（均压环对均压环） 11300（管形导体对管形导体）
B_1		1. 带电导体至栅栏； 2. 运输设备外轮廓线至带电导体； 3. 不同时停电检修的垂直交叉导体之间	6250	8250
B_2		网状遮栏至带电部分之间	5600	7600

续表

符号	适用范围	额定电压（kV）	
		750J	1000J
C	带电导体至地面	12000	17500（单根管形导体） 19500（分裂架空导线）
D	1. 不同时停电检修的两平行回路之间水平距离； 2. 带电导体至围墙顶部； 3. 带电导体至建筑物边缘	7500	9500

注 1. B_1 值可按绝缘体电位的实际分布进行校验。即允许绝缘体至栅栏的距离小于表 10-2 的 B_1 值。当无给定的分布电位时，可按线性分布计算。校验相间通道的安全净距，也可按此原则。

2. 当考虑带电作业时，人体活动半径取 0.75m。

3. 交叉导体之间应同时满足 A_2 和 B_1 的要求。

4. 平行导体之间应同时满足 A_2 和 D 的要求。

5. 750kV 单柱垂直开启式隔离开关在分闸状态下，动、静触头间最小安全电气距离取值分两种情况：当考虑带电检修母线或隔离开关动触头时，取 B_1 值；当不考虑带电检修母线或隔离开关动触头时，取 A_1 值。

6. 考虑到 1000kV 配电装置 C 值较大，如因抗震设计等原因，带电导体至地面距离难以满足表中数值要求，可根据地面场强实际计算结果确定 C 值（距地面 1.5m 处空间场强不宜超过 10kV/m，但少部分地区可按不大于 15kV/m 考核）。

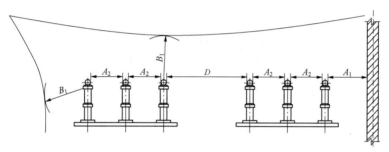

图 10-1 屋外 A_1、A_2、B_1、D 值校验图

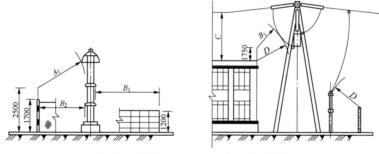

图 10-2 屋外 A_1、B_1、B_2、C、D 值校验图

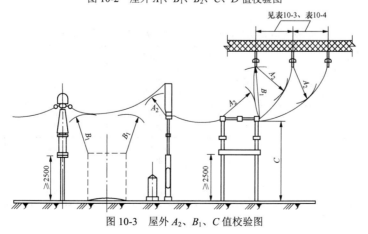

图 10-3 屋外 A_2、B_1、C 值校验图

（1）雷电过电压和风偏；

（2）操作过电压和风偏；

（3）最大工作电压、短路摇摆和风偏。

不同条件下的安全净距和计算风速见表10-3、表10-4。

屋内配电装置的安全净距不应小于表 10-6 所列数值，并按图10-4、图10-5进行校验。

表 10-3　　　　35～500kV 不同条件下的计算风速和安全净距　　　　（mm）

条件	校验条件	计算风速 (m/s)	A 值	额定电压（kV）						
				35	66	110J	110	220J[②]	330J[②]	500J[②]
雷电电压	雷电过电压和风偏	10[①]	A_1	400	650	900	1000	1800	2400	3200
			A_2	400	650	1000	1100	2000	2600	3600
操作电压	操作过电压和风偏	设计最大风速的 50%	A_1	400	650	900	1000	1800	2500	3500
			A_2	400	650	1000	1100	2000	2800	4300
工频电压	1. 最大工作电压、短路和风偏（取 10m/s 风速）；2. 最大工作电压和风偏（取最大设计风速）	10 或最大设计风速	A_1	150	300	300	450	600	1100	1600
			A_2	150	300	500	500	900	1700	2400

① 在气象条件恶劣的地区（如最大设计风速为 35m/s 及以上，以及雷暴时风速较大的地区）用 15m/s。

② 当 220J、330J、500J 采用降低绝缘水平的设备时，其相应的 A 值可采用表 10-5 所列数值。

表 10-4　　　　750kV、1000kV 不同条件下的计算风速和安全净距　　　　（mm）

条件	校验条件	计算风速 (m/s)	A 值	额定电压（kV）	
				750J[①]	1000J[②]
雷电电压	雷电过电压和风偏	10	A_1	4300	5000
			A_2	4800	5500
操作电压	操作过电压和风偏	设计最大风速的 50%	A_1	4800	6800（分裂导线或管形导体至接地部分）7500（均压环至接地部分之间）
			A_2	6500	9200（分裂导线至分裂导线）10100（均压环至均压环）11300（管形导体至管形导体）
工频电压	1. 最大工作电压、短路和风偏（取 10m/s 风速）；2.最大工作电压和风偏（取最大设计风速）	10 或最大设计风速	A_1	2200	4200
			A_2	3750	6800

① 用于使用软导线时，海拔不高于 1000m 的不同条件下，带电部分至接地部分和不同相带电部分之间的最小安全净距。

② 用于使用软导线或管形导体时，海拔不高于 1000m 的不同条件下，带电部分至接地部分和不同相带电部分之间的最小安全净距。

表 10-5　　　　采用降低绝缘水平的设备时，配电装置的安全距离（参考）　　　　（mm）

额定电压（kV）		220J	330J	500J
设备绝缘水平（kV）	雷电冲击绝缘水平 BIL　操作冲击绝缘水平 SIL	850　360（工频）	1050　850	1425　1050
外过电压	A_1　A_2	1600　1800	2000　2200	3000　3300
内过电压	A_1　A_2	1500　1800	2000　2200	3500[①]　4000
最大工作电压	A_1　A_2	600　900	1100　1700	1600　2400

① 双分裂软导线至接地部分之间可取 3200mm。

表 10-6 　　　　　　　　　　　　屋内配电装置的安全距离 　　　　　　　　　　　　（mm）

符号	适用范围	图号	额定电压（kV）									
			3	6	10	15	20	35	63	110J[①]	110	220J[①]
A_1	1. 带电部分至接地部分之间； 2. 网状和板状遮栏向上延伸距地 2.3m 处，与遮栏上方带电部分之间	图 10-4	75	100	125	150	180	300	550	850	950	1800
A_2	1. 不同相的带电部分之间； 2. 断路器和隔离开关的断口两侧带电部分之间	图 10-4	75	100	125	150	180	300	550	900	1000	2000
B_1	1. 栅状遮栏至带电部分之间； 2. 交叉的不同时停电检修的无遮栏带电部分之间	图 10-4 图 10-5	825	850	875	900	930	1050	1300	1600	1700	2550
B_2	网状遮栏至带电部分之间[②]	图 10-4	175	200	225	250	280	400	650	950	1050	1900
C	无遮栏裸导体至地（楼）面之间	图 10-4	2375	2400	2425	2450	2480	2600	2850	3150	3250	4100
D	平行的不同时停电检修的无遮栏裸导体之间	图 10-4	1875	1900	1925	1950	1980	2100	2350	2650	2750	3600
E	通向屋外的出线套管至屋外通道的路面[③]	图 10-5	4000	4000	4000	4000	4000	4000	4500	5000	5000	5500

注 　当 220J 采用降低绝缘水平时，其相应的 A 值可采用表 10-3 所列数值。海拔超过 1000m 时，A 值应按图 10-88 进行修正。

① 　110J、220J 是指中性点直接接地电网。

② 　当为板状遮栏时，其 B_2 值可取 A_1+30mm。

③ 　当出线套管外侧为屋外配电装置时，其至屋外地面的距离，不应小于表 10-1 中所列屋外部分之 C 值。

　　屋内电气设备外绝缘体最低部位距地小于 2.3m 时，应装设固定遮栏。

　　配电装置中相邻带电部分的额定电压不同时，应按较高的额定电压确定其安全净距。

　　屋外配电装置带电部分的上面或下面，不应有照明、通信和信号线路架空跨越或穿过；屋内配电装置带电部分的上面不应有明敷的照明或动力线路跨越。

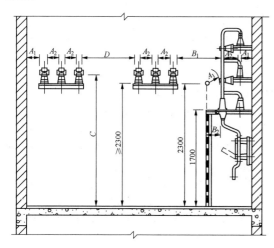

图 10-4　屋内 A_1、A_2、B_1、B_2、C、D 值校验图

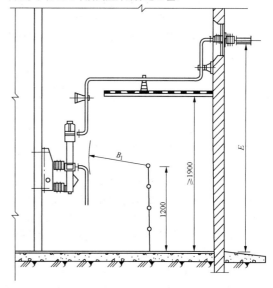

图 10-5　屋内 B_1、E 值校验图

（二）屋外配电装置 B、C、D 值的确定

1. B_1 值

$$B_1 = A_1 + 750 \qquad (10\text{-}1)$$

　　B_1 值主要指带电部分对栅栏的距离和运输设备的外廓至无遮栏带电部分之间的安全净距，单位为毫米

（mm）。一般运行人员手臂误入栅栏时的臂长不大于750mm，设备运输时的摆动也在 750mm 范围内。此外，导线垂直交叉且要求不同时停电检修时，检修人员在导线上下的活动范围也不超过750mm。

2. B_2 值

$$B_2 = A_1 + 70 + 30 \qquad (10\text{-}2)$$

B_2 值指带电部分对网栏的净距，单位为毫米（mm）。一般运行人员手指误入网栏时的指长不大于70mm，另考虑30mm 的施工误差。

3. C 值

$$C = A_1 + 2300 + 200 \qquad (10\text{-}3)$$

C 值是无遮栏裸导体至地面之间的安全净距。即当人举手时，手与带电裸导体之间的净距不小于 A_1 值（单位为 mm），一般运行人员举手后的总高度不超过2300mm，另考虑屋外配电装置场地的误差200mm。在积雪严重地区，还应考虑积雪的影响，该距离可适当加大。

对于 500kV 及以上电压等级配电装置，C 值按静电感应的场强水平确定。为将配电装置内大部分地区的地面场强限制在 10kV/m 以下，C 值 500kV 宜取7.5m，750kV 宜取 12m，1000kV 宜取 17.5m 或 19.5m。

4. D 值

$$D = A_1 + 1800 + 200 \qquad (10\text{-}4)$$

D 值是两组平行母线之间的安全净距，单位为毫米（mm）。当一组母线带电，另一组母线停电检修时，在停电母线上进行作业的检修人员与相邻带电母线之间的净距不应小于 A_1 值，一般检修人员和工具的活动范围不超过 1800mm，因屋外条件较差，再加 200mm 的裕度。此外，要求带电部分至围墙顶部和建筑物边沿部分之间的净距不小于 D 值，这也是考虑当有人爬到上述（构）筑物顶部时不致触电。

（三）施工、运行和检修的要求

1. 施工要求

（1）配电装置的结构在满足安全运行的前提下应该尽量予以简化，并考虑构件的标准化和工厂化，减少架构类型，以达到节省材料、缩短工期的目的。

（2）配电装置的设计要考虑安装检修时设备搬运及起吊的便利。

屋外配电装置宜设置环形道路或具备回车条件的道路，500kV 及以上电压等级屋外敞开式配电装置宜设置相间搬运道路。主环形道路路面的宽度应满足消防规范，道路净宽度和净空高度均不小于4.0m，转弯半径满足运输车辆及检修机械在电气设备带电状态下通行，通常不小于7m。对大型配电装置中的主干道部分（大门至主控制楼、主变压器之间）道路净宽度和净空高度可以适当放宽，如 220kV 及 330kV 配电装置可为 4～5m，500kV 及以上电压等级配电装置可为

5.5～6m，其转弯半径可根据主变压器等大型设备的搬运方式确定。相间运输检修道路时，其道路宽度不宜小于 3m。

大容量变压器应设置固定滑车用的地锚，以便于使用卷扬机搬运设备。

变压器在安装检修过程中若需进行吊罩检查，一般就地采用汽车起重机吊罩，而不考虑利用主变压器架构作为检修吊架。采用汽车起重机起吊主变压器钟罩时，应该在设计中综合考虑主变压器架构高度及主变压器周围的检修场。

为了便于安装检修，在屋外高型配电装置上层两端设置简易的起吊设施，用以起吊上层隔离开关等设备；在屋内配电装置楼板下的适当位置设置吊环，并在楼板引线孔或安装孔的两侧留出挑耳，作为搁置起吊轻型设备的横梁用。

屋内配电装置应考虑设备搬运的方便，如在墙上或楼板上设搬运孔等，搬运孔尺寸一般按设备外形加0.3m 考虑。搬运设备通道的宽度，一般可比最大设备的宽度多 0.4m，对于电抗器多 0.5m。

（3）工艺布置设计应考虑土建施工误差，确保电气安全距离的要求，不宜选用规程规定的最小值，而应留有适当裕度（约 50mm），这在屋内配电装置的设计中更要引起重视。

（4）配电装置的设计必须考虑分期建设和扩建过渡的便利。各种型式配电装置对分期过渡有不同的适应性，应从主接线特点、进出线布置和分期过度情况进行综合考虑，提出相应措施，尽量做到过渡时少停电或不停电，为施工安全与方便提供有利条件。

2. 运行要求

（1）各级电压配电装置之间，以及它们和各种建（构）筑物之间的距离和相对位置，应按最终规模统筹规划，充分考虑运行的安全和便利。

配电装置的方位应由下列因素综合考虑确定：

1）进出线方向；

2）避免或减少各级电压架空出线的交叉；

3）缩短主变压器各侧引线的长度，避免交叉，并注意平面布置的整体性。

（2）配电装置的布置应该做到整齐、清晰，各个间隔之间要有明显的界限，对同一用途的同类设备，尽可能布置在同一中心线上（指屋外），或处于同一标高（指屋内）。

（3）架空出线间隔的排列应根据出线走廊规划的要求，尽量避免线路交叉，并与终端塔的位置相配合。当配电装置为单列布置时，应考虑尽可能不在两个以上相邻间隔同时引出架空线。

（4）各级电压配电装置各回路的相序排列应尽量一致。一般为面对出线方向自左至右、由远到近、从

上到下按 A、B、C 相顺序排列。对硬导体应涂色，色别为 A 相黄色、B 相绿色、C 相红色。对绞线一般只标明相别。

（5）配电装置内应设有供操作、巡视用的通道。

屋外配电装置的通道宽度可取 0.8～1.0m，也可利用电缆沟盖板作为部分巡视小道。

屋内配电装置各种通道的最小宽度（净距），不宜小于表 10-7 所列数值。

表 10-7　屋内配电装置各种通道的
最小宽度（净空）　　（mm）

布置方式	通道分类		
	维护通道	操作通道	通往防爆间隔的通道
一面有开关设备时	800	1500	1200
两面有开关设备时	1000	2000	1200

（6）发电厂的屋外配电装置周围宜设高度不低于 1.5m 的围栏，以防止外人任意进入。

（7）配电装置中电气设备的栅栏高度不应低于 1.2m，栅栏最低栏杆至地面的净距不应大于 200mm。配电装置中电气设备的遮栏高度不应低于 1.7m，遮栏网孔不应大于 40mm×40mm。围栏门应装锁。

（8）高型布置的屋外配电装置，应设高层通道和必要的围栏，通道宽度对于 220kV 电压等级可采用 3～3.6m，对于 110kV 电压等级可采用 2m。通道两侧宜设置 100mm 高的护沿。在配电装置两侧应分别设置楼梯，其宽度不应小于 800mm（一般为 1.0～1.2m），坡度不大于 45°，最好采用钢筋混凝土结构，且楼梯表面应有防滑措施。

（9）当相邻两高型配电装置之间或高层配电装置的上层通道与控制楼之间的距离较近时（一般不超过 20m）时，宜设置露天天桥，其宽度可为 0.8～1.0m。屋内配电装置楼与控制楼距离较近时，也宜设置天桥。

（10）当屋内配电装置长度超过 60m 时，应在两侧操作通道之间设置联络通道，以便于运行人员巡视和处理事故。联络通道的位置可结合配电装置室的中部出口及伸缩缝一并考虑。对两层配电装置，尚需在中部设置楼梯。

（11）屋内外配电装置均应设置闭锁装置及联锁装置，以防止带负荷拉合隔离开关、带接地合闸、带电挂接地线、误拉合断路器、误入屋内有电间隔等电气误操作事故。

（12）根据运行实践，屋内配电装置的间隔隔墙从结构强度考虑，对 20kV 及以下电压等级，采用 2～3mm 厚的钢板、120mm 厚的砖墙或混凝土板均能承受相应电压等级电气设备爆炸时所产生的冲击波及碎片；而 35kV 及以上电压等级采用 240mm 厚的水泥砂浆承重砖墙，同样足以承受冲击波及碎片。因此，35kV 及以下的屋内式断路器、油浸式电流互感器及电压互感器，宜安装在两侧有隔墙（板）的间隔内。

对于油浸式电流、电压互感器，可提请制造厂增设泄压阀或加装压力表，以防止互感器的爆炸。

（13）10kV、35kV 屋内油浸电力变压器，油量超过 100kg 时，宜安装在单独的防爆间隔内，并应有灭火设施。

（14）屋内单台电气设备油量在 100kg 以上时，应设置储油设施或挡油设施。挡油设施的容积宜按容纳 20%油量设计，并应有将事故油排至安全处的设施，否则应设置能容纳 100%油量的储油设施。

（15）屋外充油电气设备单台油量在 1000kg 以上时，应设置储油设施或挡油设施。当设置有容纳 20%油量的储油设施或挡油设施时，应有将油排到安全处所的设施，且不应引起污染危害。当不能满足上述要求时，应设置能容纳 100%油量的储油设施或挡油设施。当设置有总事故储油池时，其容量宜按油量最大的一台设备确定，总事故储油池应设有油水分离设施。

（16）储油池和挡油槛内沿的长、宽尺寸，一般应比设备外形尺寸每边各大 1m。储油池内一般铺设厚度不小于 250mm 的卵石层（卵石直径为 50～80mm）。

储油池（20%的设备油量）深度 h 可参考下式计算：

$$h \geq \frac{0.2G}{0.25 \times 0.9 \times (S_1 - S_2)} = \frac{0.89G}{S_1 - S_2} \left.\begin{array}{l}\\ \\ a \times b = S_1\end{array}\right\} \quad (10\text{-}5)$$

式中　h——储油池的深度，m；

0.2——卵石层间隙所吸收 20%的设备充油量；

G——设备油重，t（10^3kg）；

0.25——卵石层间隙率；

0.9——油的平均比重，g/cm³；

S_1——储油池面积，m²；

S_2——储油池中的设备基础面积，m²；

a——储油池长度，m；

b——储油池宽度，m。

为防止下雨时泥水流入储油池内，油池四壁宜高出地面 50～100mm，并以水泥抹面。排油管的内径不应小于 150mm，管口应加装铁栅滤网。

（17）油量为 2500kg 及以上的屋外油浸变压器之间的最小间距应符合表 10-8 的规定。

表 10-8　屋外油浸变压器之间的最小间距

电压等级	最小间距（m）
35kV 及以下	5

续表

电压等级	最小间距（m）
66kV	6
110kV	8
220kV 及 330kV	10
500kV 及以上	15

高压并联电抗器同属大型油浸设备，故也应采用上述防火净距。油量在 2500kg 以上的变压器或电抗器，同油量为 600kg 以上的本回路充油电气设备之间，其防火净距不应小于 5m。

（18）当油量在 2500kg 及以上的屋外油浸变压器之间的防火间距不满足表 10-8 的要求时，应设置防火墙。防火墙的耐火极限不宜小于 3h。防火墙的高度应高于变压器储油柜，其长度应大于变压器储油池两侧各 1m。

考虑到变压器散热、运行维护方便及事故时的消防灭火需要，防火墙离变压器外廓距离以不小于 2m 为宜。

当防火墙上设有隔火水幕时，防火墙的高度应比变压器顶盖高出 0.5m，长度则不应小于变压器储油池的宽度加 0.5m。

（19）单台容量为 90MVA 及以上的油浸变压器、220kV 及以上独立变电站单台容量为 125MVA 及以上的油浸变压器，应设置水喷雾灭火系统、合成泡沫喷淋系统、排油充氮系统或其他灭火装置。水喷雾、泡沫喷淋系统应具备定期试喷的条件。对缺水或严寒地区，当采用水喷雾、泡沫喷淋系统有困难时，也可采用其他固定灭火设施。灭火设施通常由负责水消防的专业设置与配备。

（20）配电装置周围环境温度低于电气设备、仪表和继电器的最低允许温度时，应在操作箱内或配电装置室内装设加热装置。对于屋外充油电器（如少油断路器），由于现场难以加装加热装置，可在订货时提请制造厂予以考虑。

在积雪、覆冰严重地区，对屋外电气设备和绝缘子应采取防止由于冰雪而引起事故的措施，如采用高 1～2 级电压的绝缘子，加长外绝缘的爬电距离，避免设备落地安装等。

（21）设计配电装置时的最大风速，对 330kV 及以下电压等级可采用离地 10m 高、30 年一遇、10min 平均最大风速，对 500kV、750kV 电压等级宜采用离地 10m 高、50 年一遇、10min 平均最大风速，对 1000kV 电压等级采用离地 10m 高、100 年一遇、10min 平均最大风速，应按设备实际安装高度对风速进行折算。最大设计风速超过 35m/s 的地区，在屋外配电装置的布置中，宜降低电气设备的安装高度，并加强其与基础的固定等。同时，对于对风载特别敏感的 110kV 及以上棒式支持绝缘子、隔离开关及其他细高电瓷产品，可在订货时要求制造部门在产品设计中考虑阵风的影响。

3．检修要求

（1）电压为 110kV 及以上的屋外配电装置，应视其在系统中的地位、接线方式、配电装置型式以及该地区的检修经验等情况，考虑带电作业的要求。

带电作业的内容一般有：清扫、测试及更换绝缘子，拆换金具及线夹，断接引线，检修母线隔离开关，更换阻波器等。带电作业需注意校验电气距离及架构荷载。

在靠近带电部分作业时，作业人员应戴静电报警安全帽，作业时的正常活动范围与带电设备的安全距离应不小于表 10-9 的规定。

表 10-9　工作人员工作时的正常活动范围与带电设备的安全距离

设备电压（kV）	距离（m）	设备电压（kV）	距离（m）
10 及以下	0.35	330	4.00
20、35	0.60	500	5.00
66、110	1.50	750	8.00
220	3.00	1000	9.50

注　1．表中未列电压等级按高一档电压等级安全距离。
　　2．13.8kV 执行 10kV 的安全距离。
　　3．750kV 数据按海拔 2000m 校正，其他电压等级数据按海拔 1000m 校正。
　　4．本表摘自 DL 5009.1—2014《电力建设安全工作规程　第 1 部分：火力发电》表 7.4.4。

带电作业的操作方法包括用绝缘操作杆、等电位、水冲洗等，目前一般采用等电位法。

等电位作业一般采用导线上挂绝缘软梯的办法，所挂导线的截面积对于钢芯铝绞线不应小于 120mm^2，对于钢绞线不应小于 70mm^2。

由于管形母线的机械强度差，不能直接上人，且其相间距离较软母线为小，难以保证安全作业；同时，500kV 及以上电压等级母线通常在 30m 以上，且为分裂导线，悬挂绝缘软梯比较困难。在上述情况下，一般采用液压升降的绝缘高架斗臂车进行带电作业。

（2）为保证检修人员在检修电器及母线时的安全，电压为 66kV 及以上电压等级的配电装置，对断路器两侧的隔离开关和线路隔离开关的线路侧，宜配置接地开关；每段母线上宜装设接地开关或接地器。其装设数量主要按作用在母线上的电磁感应电压确定，在一般情况下，每段母线上宜装设两组接地开关或接地器，其中包括母线电压互感器隔离开关的接地开关在内。

关于母线电磁感应电压和接地开关或接地器安装间距的计算现分述如下：

1）母线电磁感应电压的计算。

作用在停电检修母线上的电磁感应电压可分为长期工作电磁感应电压和瞬时电磁感应电压两类。前者由工作母线通过正常工作电流产生作用，是长期的；后者是当工作母线发生三相或单相接地短路故障造成的，作用是瞬时的。

假设有两组平行母线如图 10-6 所示。其中，母线 Ⅰ 运行，母线 Ⅱ 停电检修，三相母线分别为 A1、B1、C1 和 A2、B2、C2。由于电磁耦合效应，在母线 Ⅱ 上将出现电磁感应电压。当母线 Ⅰ 过三相电流时，在 A2 相母线上产生的电磁感应电压最大，其值为：

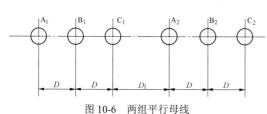

图 10-6　两组平行母线

$$U_{A_2} = I\left(X_{A_2C_2} - 1/2X_{A_2A_1} - 1/2X_{A_2B_1}\right)$$

$$X_{A_2C_1}\left(X_{A_2A_1},\ X_{A_2B_1}\right) = 0.628 \times 10^{-4}\left(\ln\frac{2L}{D_1} - 1\right) \quad (10\text{-}6)$$

式中　U_{A_2} —— A2 相母线的电磁感应电压，V/m；

I —— 母线 Ⅰ 中的三相工作电流或三相短路电流，A；

$X_{A_2C_1}$ —— 母线 Ⅱ 中 A2 相对母线 Ⅰ 中 C1 相单位长度的平均互感抗，Ω/m，$X_{A_2A_1}$，$X_{A_2B_1}$ 的意义依次类推；

L —— 母线长度，m；

D_1 —— 两组母线间距，m。

在直接接地系统中，当母线 Ⅰ 中 C1 相发生单相接地短路时，A2 相上的感应电压最严重，其值为

$$U_{A_2(K_1)} = I_{KC_1} X_{A_2C_1} \quad (10\text{-}7)$$

式中　$U_{A_2(K_1)}$ —— A2 相的感应电压，V/m；

I_{KC_1} —— 母线 Ⅰ C1 相的单相接地短路电流，A。

2）母线接地开关或接地器安装间距按下述原则确定。

a. 按长期电磁感应电压计算。

两接地开关或接地器间的距离 L_{j1} 为

$$L_{j1} = 24/U_{A_2} \quad (10\text{-}8)$$

接地开关或接地器至母线端部的距离 L'_{j1} 为

$$L'_{j1} = 12/U_{A_2} \quad (10\text{-}9)$$

b. 按瞬时电磁感应电压计算。

两接地开关或接地器间的距离 L_{j2} 为

$$\left.\begin{array}{l} L_{j2} = 2U_{j0}/U_{A_{2(k)}} \\ U_{j0} = 145/\sqrt{t} \end{array}\right\} \quad (10\text{-}10)$$

接地开关或接地器至母线端部的距离 L'_{j2} 为

$$L'_{j2} = U_{j0}/U_{A_{2(k)}} \quad (10\text{-}11)$$

式中　U_{j0} —— 允许的母线瞬时电磁感应电压，V；

t —— 电击时间，为切除三相、单相短路所需的时间，s；

$U_{A_{2(k)}}$ —— 当母线 Ⅰ 发生三相或单相短路时，A2 相母线的瞬时电磁感应电压，V/m。

接地开关或接地器的间距，按以上计算结果，对 L_{j1}、L'_{j1}、L_{j2}、L'_{j2} 进行比较，取其小者，单位为米（m）。

（四）噪声的允许标准及限制措施

配电装置设计应重视对噪声的控制，降低有关运行场所的连续噪声级。配电装置中的主要噪声源是变压器、电抗器及电晕放电，其中以前者为最严重，故设计时必须注意主变压器与主（网）控楼（室）、通信楼（室）、继电器室及办公室等的相对位置和距离，尽量避免平行相对布置，以便使发电厂内各建筑物的室内连续噪声级不超过表 10-10 所列的最高允许连续噪声级。

表 10-10　各类工作场所噪声限值

工　作　场　所	噪声限值 [dB（A）]
生产车间	85
车间内值班室、观察室、休息室、办公室、实验室、设计室室内背景噪声级	70
正常工作状态下精密装配线、精密加工车间、计算机房	70
主控制室、集中控制室、通信室、电话总机室、消防值班室、一般办公室、会议室、设计室、实验室室内背景噪声级	60
医务室、教室、值班宿舍室内背景噪声级	55

注　1. 生产车间噪声限值为每周工作 5d，每天工作 8h 等效声级；对于每周工作 5d，每天工作时间不是 8h，需计算 8h 等效声级；对于每周工作日不是 5d，需计算 40h 等效声级。

2. 室内背景噪声级指室外传入室内的噪声级。

3. 本表摘自 GB/T 50087—2013《工业企业噪声控制设计规范》表 3.0.1。

配电装置布置要尽量远离职工宿舍或居民区等对噪声敏感的建筑物。中国科学院声学研究所认为：睡眠时噪声的理想值是 35dB（A），极大值是 50dB（A）。我国 GB 3096—2008《声环境质量标准》中规定：以工业生产、仓储物流为主要功能，需要防止工业噪声

对周围环境产生影响的区域，在噪声敏感建筑物外，距墙壁或窗户 1m 处，距地面高度 1.2m 以上，环境噪声限值，昼间不大于 65dB（A），夜间不大于 55dB（A）。因此，当邻近配电装置的环境有防噪声要求时，噪声源不应靠围墙布置，并保持足够的间距，以满足职工宿舍或居民区对噪声的要求。

此外，对产生噪声的设备应优先选用低噪声产品，或向制造厂提出降低噪声的要求。

对 500kV 及以上电压等级电气设备，距外壳 2m 处的噪声水平要求不超过表 10-11 中的数值。

表 10-11　距外壳 2m 处的噪声水平要求

断路器	连续性噪声水平		85dB（A）
	非连续噪声水平	屋内	85dB（A）
		屋外	90dB（A）
			110dB（A）（750kV、1000kV）
电抗器			80dB（A）
变压器等其他设备			85dB（A）

（五）静电感应的场强水平和限制措施

在高压输电线路或配电装置的母线下和电气设备附近有对地绝缘的导电物体时，由于电容耦合感应而产生电压。当上述被感应物体接地时，就产生感应电流，这种感应通称为静电感应。

鉴于感应电压和感应电流与空间场强的密切关系，故实际中常以空间场强来衡量某处的静电感应水平。所谓空间场强，是指离地面 1.5m 处的空间电场强度。

（1）220～500kV 配电装置的静电感应场强水平大量的实测及模拟试验工作表明：对于 220kV 配电装置，测得其空间场强一般不超过 5kV/m，因此，认为静电感应问题并不突出。对于 330～500kV 配电装置，实测结果是：大部分测点的空间场强在 10kV/m 以内，空间场强为 10～15kV/m 的测点不超过 2.5%，各电气设备周围的最大空间场强为 3.4～13kV/m。

DL/T 5352—2006《高压配电装置设计技术规程》规定，电压为 330kV 及以上电压等级的配电装置内，其设备遮栏外的静电感应场强水平（离地 1.5m 空间场强）不宜超过 10kV/m，少部分地区允许达到 15kV/m。

场强分布具有一定的规律性：对于母线，在中相下场强较低，边相外侧场强较高，邻跨的同名相导线对场强有增强作用，两组三相导线交叉时，同名相导线交叉脚下场强较大；对于设备，在隔离开关及其引线处，以及断路器、电流互感器旁的场强较大，且落地布置的设备附近的场强较装在支架上者为高。

配电装置围墙外侧处（非出线方向，围墙外为居民区时）的静电感应水平，通常以不影响居民生活为原则。根据 GB 8702—2014《电磁环境控制限值》，100kV 以下电压等级的交流输变电设施属电磁环境保护管理豁免范围，100kV 及以上的工频（50Hz）电场，公众曝露控制限值为 200/f，即 $f = 50Hz$，电场强度限值为 4kV/m。公众曝露指公众所受的全部电场、磁场、电磁场照射，不包括职业照射和医疗照射，故环境评价以 4kV/m 作为配电装置（站）外居民点工频电场强度限制。架空输电线路线下的耕地、园地、牧草地、畜禽饲养地、养殖水面、道路等场所，其频率为 50Hz 的电场强度控制限值为 10kV/m，且应给出警示和防护指示标志。

（2）关于静电感应的限制措施，在设计配电装置时可作如下考虑：

1）尽量不要在电气设备上方设置软导线。由于上面没有带电导线，静电感应场强较小，便于进行设备检修。我国设计的 3/2 断路器接线配电装置，当为三列式布置时，中间联络断路器上方没有导线；当为平环式布置时，所有出线回路断路器和中间联络断路器上方都没有导线，因此对设备的检修有利。

2）对平行跨导线的相序排列要避免或减少同相布置，尽量减少同相导线交叉与同相转角布置。因为同相区附近电场直接叠加，场强增大。当两邻跨的边相异相（ABC—ABC）时，跨间场强较低，靠外侧的边相下场强较高。当两邻跨的边相相同（ABC—CBA）时，C 相跨间场强明显增大。

3）当技术经济合理时，可适当提高电气设备及引线的安装高度。如 500kV 配电装置，为了限制静电感应，将 C 值（导体对地面净距）由内过电压所要求的 6.3m 提高到 7.5m，这样就可使配电装置的绝大部分场强低于 10kV/m，大部分低于 8kV/m。同时，模拟试验表明，在提高 500kV 设备支架高度以后，设备附近的电场强度显著下降，如将某型 SF$_6$ 断路器的支架高度从 1.5m 提高到 2m（提高了 33.3%），其电场强度从 12.5kV/m 下降到 10.9kV/m（下降了 12.8%）；将某型单柱式隔离开关的支架高度从 3.7m 提高到 4.5m（提高了 21.6%），其电场强度从 8.1kV/m 下降到 7.3kV/m（下降了 9.9%）。此外，均压环直径较大的电气设备，提高设备支架高度所降低的电场强度比均压环直径较小的电气设备来得显著。

4）控制箱等操作设备应尽量布置在较低场强区。由于高电场强度下静电感应的感觉界限与低电压下电击的感觉界限不同，即使感应电流仅 100～200μA，未完全接触时已有放电，接触的瞬间会有明显的针刺感。因此，控制箱、断路器端子箱、检修电源箱、设备的放油阀门及分接开关等处的场强不宜太高，以便于运行和检修人员接近。

5）在电场强度大于 10kV/m 且人员经常活动的地方，必要时可增设屏蔽线或设备屏蔽环等。如隔离开关引下线场强较高，在单柱式隔离开关的底座间加入少量屏蔽线后，引线下的最大场强可显著降低。又如对电流互感器，通过加装向上的环形屏蔽，其附近地面场强即可得到有效改善。同时，由于电流互感器的一次绕组从瓷套顶部中伸到近底部，高压部分离地较近，从而使附近地面场强提高，可通过在瓷套内部装接地屏蔽，以降低场强。

（六）电晕无线电干扰的特性和控制

1. 干扰特性

在超高压配电装置内的设备、母线和设备间连接线，由于电晕产生的电晕电流具有高次谐波分量，形成向空间辐射的高频电磁波，从而对无线电通信、广播和电视产生干扰。

电晕无线电干扰的基本特性包括横向分布特性和频谱特性两方面。横向分布特性是指随着垂直于输电线路走向距离或高压配电装置距离的增加而使电晕无线电干扰值衰减的特性。对某 220kV 铝管母线配电装置的实测表明，不管是铝管母线单独产生的，还是铝管母线和设备共同产生的干扰值，其下降均较缓慢。特别是铝管母线和设备电晕共同产生的无线电干扰的横向分布具有跳跃、衰减的性质。频谱特性是指电晕放电时所发射的各种频率干扰幅值的大小，以便确定对各类无线电通信信号的影响程度。试验表明，电晕放电的频谱很窄，从无线电广播到电视的频率 0.15～330MHz 中，仅 0.15～5MHz 受电晕放电的干扰影响。所以，电晕放电一般对中波段广播的接收影响较大，对短波的影响较小，而对超短波的电视信号儿乎没有影响。

通过对若干 110～1000kV 变电站、发电厂高压配电装置、输变电工程的实测，测得的综合干扰值如下：

（1）变电站（配电装置）围墙外 20m 处、0.5MHz的综合无线电干扰值，110kV 为 32.7～42.5dB（μV/m）；220kV 为 33.7～46.6dB（μV/m）；330kV 为 41.57～45.68dB（μV/m）；500kV 为 34.1～46dB（μV/m）；750kV 为 39.1～54.4dB（μV/m）；1000kV 为 38.8～52.5dB（μV/m），一般在围墙外 150～200m 处趋于稳定。

（2）变电站内以及一次设备周围的干扰值最高。以 330kV 变电站实测为例，离设备边相中心线 4.5m处、1MHz 的无线电干扰值为 75～90dB（A），大多数在 80dB（A）以上（主变压器的无线电干扰值较小，为 50～70dB（A），但随距离的增加，衰减很快。如对 ZT 变电站的 330kV 空气断路器测试时，离断路器 4.2m 处，测得 1MHz 的无线电干扰值 86dB（A），而离断路器 11.2m 处则为 48dB（A），即距离增加 7m，

干扰值衰减 38dB（A）。

高压配电装置应重视对无线电干扰的控制，在选择导线及电气设备时，应考虑到降低整个配电装置的无线电干扰水平。

2. 干扰的控制

高压配电装置无线电干扰的控制可以从综合干扰和设备干扰两方面考虑。

（1）高压配电装置中的导线及电气设备所产生的综合干扰水平，一般都以离配电装置围墙一定距离的干扰值作为标准。GB/T 15707—1995《高压交流架空送电线 无线电干扰限值》提出：晴天，干扰频率为0.5MHz 时，距边导线投影 20m 处，500kV 电压等级及以下的无线电干扰限值见表 10-12。考虑到出线走廊范围内不可能设有无线电收信设备，变电站无线电干扰评价条件为变电站围墙外 20m（非出线方向）地面处，高压配电装置设计可参考执行。

表 10-12 无线电干扰限值
（距边导线投影 20m 处）

电压（kV）	110	220～330	500	750	1000
无线电干扰限值 dB（μV/m）	46	53	55	55	55

注 本表部分摘自 GB/T 15707—1995《高压交流架空送电线 无线电干扰限值》表 1。

为了增加载流量及限制电晕无线电干扰，超高压配电装置的导线采用扩径空芯导线、多分裂导线、大直径铝管或组合式铝管。

（2）为了防止超高压电气设备所产生的电晕干扰影响无线电通信和接收装置的正常工作，应在设备的高压导电部件上设置不同形状和数量的均压环或罩，以改善电场分布，并将导体和瓷件表面的场强限制在一定数值内，使它们在一定电压下基本上不发生电晕放电，同时对设备的无线电干扰允许值做出规定。

对于高压电气设备及绝缘子串所产生的无线电干扰，世界各国几乎都以无线电干扰电压来表示，其单位为微伏（μv）。DL/T 5222—2005《导体和电器选择设计技术规定》提出：对 110kV 及以上的高压电气设备，在 1.1 倍最高工作相电压下，屋外晴天夜晚应无可见电晕，无线电干扰电压不应大于 500μV，并应由制造部门在产品设计中考虑。

四、布置及安装设计的具体要求

（一）屋内配电装置部分

（1）相邻间隔为架空出线时，必须考虑当一回带电、另一回检修时的安全措施，如将出线悬挂点偏移、两回出线间加隔板等。

（2）双母线系统隔离开关操动机构在间隔正面的

布置，一般按左工（工作母线）右备（备用母线）的原则考虑。

（3）对于间隔内带油位指示器的电气设备，在布置时要考虑观察油位的便利，如设置窥视窗；当设备正反面均带油位指示器时，尽可能在其两侧分别设置巡视通道，若无条件时，可装设反光镜或采取其他措施。

（4）充油套管的储油器（或称油封）应装设在便于监视油位和运行中加油的地方（一般安装在楼层通道内）。

（5）充油套管应有取油样的设施，取样阀门一般装设在底层离地 1.2m 处，并应防止漏油。

（6）隔离开关操动机构的安装高度，摇式一般为 0.9m，上下板式一般为 1.05m。

（7）隔离开关传动系统的设计，必须防止出现操作死点。同时，设计中应留有裕度，以适应施工误差所引起的变化。

（8）安装带放油阀的油浸式电压互感器的基础，要求高出地面不小于 0.1m，以便于放油取样。

（9）三相电抗器采用垂直布置时，电抗器基础的动荷载，除应考虑电抗器本身质量外，尚应计算 5000N 的电动作用力。

（10）电抗器垂直布置时，B 相必须放在中间，品字形（及两相垂直一相水平）布置时，不得将 A、C 相叠在一起。

（11）电抗器垂直布置时，应考虑吊装高度。若高度不够时，其上方应设吊装孔。电抗器基础上固定绝缘子的铁件及其接地线，不应做成闭合的环路。

（12）矩形母线的布置应尽量减少母线的弯曲，尤其是多片母线的立弯。建议采取以下一些措施：

1）同一回路内相间距离的变化尽量减少；

2）同一回路内设备、绝缘子的中心线错开次数尽量减少；

3）当前后两中心线错开很多，中间又必须加一个绝缘子时，则中间绝缘子设在两个立弯的直线段上，此时其固定金具与母线呈一个夹角；

4）母线穿过母线式套管或电流互感器时，在其前后应只有一个大弯曲，如在布置中不能避免出现两个大弯曲时，则应采取措施（如母线用螺栓连接），以免母线配好后穿不进套管。

（13）矩形母线弯曲处至最近绝缘子的母线固定金具边缘的距离应不小于 50mm，但至最近的绝缘子中心线的距离应不大于该当母线跨距的 $\frac{1}{4}$。

（14）母线与母线、引下线或设备端子连接时，一般按通过电流及所连接的金具材料的电流密度计算所需的接触面积，以免接头过热。

导体无镀层接头接触面的电流密度，不应超过表 10-13 所列数值。

矩形导体接头的搭接长度不应小于导体的宽度。当设备端子的接触面积不够时，可加设过渡端子。当母线和螺杆端子连接时，应用特殊加大的螺帽。

表 10-13　　无镀层接头的电流密度　　（A/mm²）

接触面材料	工作电流 I（A）		
	＜200	200～2000	＞2000
铜-铜 J_{Cu}	0.31	$0.31-1.05(I-200)\times10^{-4}$	0.12
铝-铝 J_{Al}	$J_{Al}=0.78J_{Cu}$		

（15）在有可能发生不同沉陷和振动的场所，硬母线与电器连接处，应装设母线伸缩节或采取防振措施。

由于温度变化引起的硬母线伸缩，将产生危险应力。为此，在母线较长时，应加装母线伸缩节。伸缩节的总截面应尽量不小于所接母线截面的 1.25 倍。伸缩节的数量按母线长度确定，见表 10-14。

表 10-14　　母线伸缩节数量及母线长度

母线材料	1 个伸缩节	2 个伸缩节	3 个伸缩节
	母线长度（m）		
铝	20～30	30～50	50～75
铜	30～50	50～80	80～100

（16）当母线为铜铝连接时，为保持所需的接触压力，连接处的螺栓数量与允许电流应符合表 10-15 的要求。

表 10-15　　铜铝连接处的螺栓数量与允许电流

螺栓数量	允许电流（A）	
	M_{10}	M_{12}
1	300	400
2	500	800
4	1000	2000

（17）当母线工作电流大于 1500A 时，母线的支持钢构及母线固定金具的零件（如套管板、双头螺栓、连接片、垫圈等）应不使其成为包围一相母线的闭合磁路。对钢制套管板，一般采用相间开槽的办法；对于混凝土预制套管板，其板内钢筋交叉处应予绝缘以免形成闭合磁路。

（18）对于工作电流大于 4000A 的大电流母线，要采取防止附近钢构发热的措施，如加大钢构与母线的间距、设置短路环等。

（19）对于母线型电流互感器及穿墙套管，应校核其母线夹板允许穿过的母线尺寸，如所选母线无法穿过时，可局部改用铜母线或在订货时向制造厂要求提供所需尺寸的母线夹板。

（20）当汇流母线采用管形母线时，其至设备的引下线以采用软线为宜。

（21）屋外穿墙套管的上部是否设置雨篷，可按当地运行习惯结合地震、降雨等情况予以确定。

（22）配电装置的辅助措施：

1）配电装置内照明灯具的安装位置，除须保证间隔及通道内的规定照度外，还应考虑换灯泡等维护工作的安全、方便。

2）配电装置内各层应设有调度电话分机，以便在操作过程中及检修、试验时与控制室进行联系。当配电装置较长时，每层可设两台共线电话分机。

3）配电装置内各层每隔1～2个间隔须设置一个临时接地端子。

4）配电装置内应考虑每隔2～3个间隔设置一个试验及检修用的交流电源插座。

（二）屋外配电装置部分

（1）35～1000kV 中型配电装置通常采用的有关尺寸见表 10-16。选用出线架构宽度时，应使出线对架构横梁垂直线的偏角 φ 不大于下列数值：35kV—5°；110kV—20°；220kV—10°；330kV—10°；500kV—10°；750kV—10°；1000kV—10°。如出线偏角大于上列数值，则须采取出线悬挂点偏移等措施。

工程设计中，如有特殊情况需要改变典型布置的间距尺寸时，须按本章第二节的要求重新进行计算。

表 10-16 　　　　　　　　中型配电装置的有关尺寸　　　　　　　　　　（m）

名称		电压等级（kV）							
		35	66	110	220	330	500	750	1000
弧垂	母线	1.0	1.1	0.9～1.1	2.0	2.0	3.0～3.5[①]	5.0	6.7
	进出线	0.7	0.8	0.9～1.1	2.0	2.0	3.0～4.2		
线间距离	Π型母线架	1.8	2.6	3.0	5.5	—			
	门型母线架	—	1.6	2.2	4.0	5.0	6.5～8.0	10.5～11	15
	进出线架	1.3	1.6	2.2	4.0	5.0	7.5～8.0	11.5	14.5～15
架构高度	母线架	5.5	7.0	7.3	10.0～10.5	13.0	16.5～18.0	27	38
	进出线架	7.3	9.0	10.0	14.0～14.5	18.0	25.0～27.0	41.5	54～55
	双层架	—	12.5	13.0	21.0～21.5	—	—	—	—
架构宽度	Π型母线架	3.2	5.2	6.0	11.0				
	门型母线架	—	6.0	8.0	14.0～15.0	20.0	24.0～28.0	40～41	61～62（HGIS）
	进出线架	5.0	6.0	8.0	14.0～15.0	20.0	28.0～30.0	41～42	54

① 部分工程的母线弧垂采用 1.2～1.8m。

（2）当电厂具有二级升高电压配电装置时，一般要预留安装第二台三绕组变压器的位置和引线走廊。

（3）当发电厂具有中性点非直接接地系统的电压级时，设计中要考虑预留消弧线圈、电抗器等设备的安装位置及其引接方式。

（4）为避免由于配电装置场地不均匀沉陷等因素影响三相联动设备及敞开式组合电器的正常运行，必要时可要求土建对上述设备采用整体基础。

（5）断路器和避雷器等设备采用低位布置时，围栏内宜做成高 100mm 的水泥地坪，以便于排水和防止长草。

（6）端子箱、操作箱的基础高度一般不低于 200～250mm。

（7）对高位布置的断路器操作箱，为便于检修调试，宜设置带踏步的砖砌检修平台。

（8）35～110kV 隔离开关的操动机构宜布置在边相，220～330kV 隔离开关的操动机构（当三相联动时）宜布置在中相。操动机构的安装高度一般为 1m。

（9）高频阻波器一般为悬挂安装，如因风偏过大，不能满足安全净距时，可采用 V 形绝缘子串悬吊或直接固定在相应的耦合电容器上。对 500kV 及以上电压等级配电装置，也可采用棒型支柱绝缘子支持安装的方式。

（10）隔离开关引线对地安全净距 C 值的校验，应考虑电缆沟凸出地面的尺寸。

（11）配电装置中央门型架构连续长度超过 100m 时，需按土建专业要求考虑设置中间伸缩空隙。

（12）为便于上人检修，对钢筋混凝土架构要设置脚钉或爬梯，其位置对于单独架构可在一个支柱上设置，对于连续排架可在两相邻间隔的中间支柱上设置；同时，必须对上人时检修人员与周围带电导体及设备的安全净距进行校验。

（13）为了消除铝管母线热胀冷缩产生的内力，铝管母线必须安装伸缩节。当最大运行温差为 100℃ 时，各级电压铝锰合金管型母线伸缩节的安装跨数见表 10-17。

表 10-17　　管型母线伸缩节的安装跨数

电压（kV）	35	110	220	330	500
跨数	7～8	5	3	2	1

（14）对跨越主母线的预留主变压器进线回路，其跨越部分引线应在一期工程中同时架设；此外，对备用间隔内母线引下线用的 T 形线夹，也应一次施工，以免扩建时长时间停电过渡，给施工造成不便。

（15）当主变压器靠发电厂主厂房布置时，需注意避免排汽管排汽时对变压器安全运行的影响，应使两者保持一定的距离。同时，也应注意排汽对组合导线用耐张绝缘子串的影响。

（16）对屋外母线桥，为防止从厂房顶上掉落金属物体或鸟害等导致母线短路，应根据具体情况采取防护措施，如在母线桥上部加设钢板护罩等，至于其他各侧是否需要装设护网，可根据工程具体情况确定。

（17）建设在林区的配电装置，应在设备周围留有 20m 宽度的空地。

（18）配电装置的照明、通信、接地、检修电源等辅助设施应根据工程具体情况通盘考虑，并参照对屋内配电装置相应设施的要求分别予以设置。

第二节　屋外中型配电装置的尺寸校验

屋外中型配电装置的尺寸校验包括架构宽度、架构高度和纵向尺寸三个方面，现分述如下。

一、架构宽度

架构宽度由导线相间距离和跳线或引下线对地距离等来确定。导线相间和相对地之间的距离，是按跨距内绝缘子串和导线在风力与短路电动力作用下产生摇摆时，导线相间和导线与接地部分间能满足绝缘配合要求的最小电气距离等考虑的。校验中导线的摇摆（包括绝缘子串的摇摆）按三相导线不同步摇摆考虑。

（一）相间距离的确定

1. 进出线跨（门型架构）导线相间距离校验

进出线跨（门型架构）导线相间距离校验计算（见图 10-7）如下。

（1）在大气过电压、风偏条件下，D_2' 为：

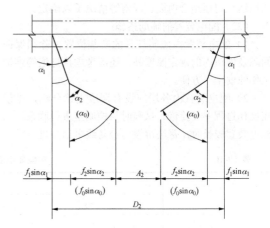

图 10-7　门型架导线相间距离校验图

$$D_2' \geqslant A_2' + 2(f_1'\sin\alpha_1' + f_2'\sin\alpha_2') + d\cos\alpha_2' + 2r \quad (10\text{-}12)$$

（2）在内部过电压、风偏条件下，D_2'' 为：

$$D_2'' \geqslant A_2'' + 2(f_1''\sin\alpha_1'' + f_2''\sin\alpha_2'') + d\cos\alpha_2'' + 2r \quad (10\text{-}13)$$

（3）在最大工作电压、短路摇摆、风偏条件下，D_2''' 为：

$$D_2''' \geqslant A_2''' + 2(f_1'''\sin\alpha_1''' + f_2'''\sin\alpha_2''') + d\cos\alpha_2''' + 2r$$

$$(10\text{-}14)$$

式中　D_2'、D_2''、D_2'''——分别为大气过电压、内部过电压、最大工作电压所要求的最小相间距离，cm；

A_2'、A_2''、A_2'''——分别为各种状态下不同相带电部分之间的最小电气距离，cm，见表 11-3、表 10-4；

f_1'、f_1''、f_1'''——对应于各种状态时的绝缘子串弧垂，cm；

f_2'、f_2''、f_2'''——对应于各种状态时的导线弧垂，cm；

α_1'、α_1''、α_1'''——对应于各种状态时的绝缘子串的风偏摇摆角；

α_2'、α_2''——分别为大气过电压、内部过电压时导线的风偏摇摆角；

α_2'''——最大工作电压时在风力和短路电动力作用下导线的摇摆角，其计算方法见本章第十一节七的相关内容；

d——导线分裂间距，cm；

r——导线半径，cm。

f_1 及 f_2 的计算公式为：

$$f_1 = fE \quad (10\text{-}15)$$

$$f_2 = f - f_1 \quad (10\text{-}16)$$

$$E = \frac{e}{1+e} \quad (10\text{-}17)$$

$$e = 2\left(\frac{l-l_1}{l_1}\right) + \frac{Q_i}{q_i}\left(\frac{l-l_1}{l_1}\right)^2 \quad (10\text{-}18)$$

式中　f_1——跨距中绝缘子串的总弧垂，m；

f——跨距中绝缘子串和导线的总弧垂，m；

E——系数；

f_2——跨距中导线的总弧垂，m；

l——跨距水平投影长度，m；

l_1——跨距内导线水平投影长度，m；

Q_i——各种状态时的绝缘子串单位长度质量，kg/m；

q_i——各种状态时的导线单位长度质量，kg/m。

绝缘子串风偏角 α_1 的计算公式为：

$$\alpha_1 = \arctan\frac{0.1(l_1q_4 + 2Q_4)}{l_1q_1 + 2Q_1} \quad (10\text{-}19)$$

式中　q_4——导线单位长度所承受的风压，N/m；

Q_4——绝缘子串承受的风压，N；

q_1——导线单位长度的质量，kg/m；

Q_1——绝缘子串的质量，kg。

导线风偏角 α_2 的计算公式为：

$$\alpha_2 = \arctan\frac{0.1q_4}{q_1} \quad (10\text{-}20)$$

2. 母线相间距离校验

母线相间距离校验按如下计算。

（1）用于∏型架构（见图10-8）。

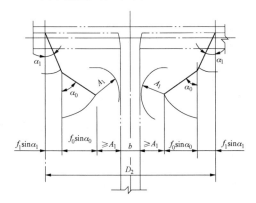

图 10-8　∏型架相间距离校验图

1）大气过电压、风偏条件下，D_2' 为：

$$D_2' \geqslant 2(A_1' + f_1'\sin\alpha_1' + f_0'\sin\alpha_0') + d\cos\alpha_0' + 2r + b \quad (10\text{-}21)$$

2）内部过电压、风偏条件下，D_2'' 为：

$$D_2'' \geqslant 2(A_1'' + f_1''\sin\alpha_1'' + f_0''\sin\alpha_0'') + d\cos\alpha_0'' + 2r + b \quad (10\text{-}22)$$

3）最大工作电压、短路摇摆、风偏条件下，D_2''' 为：

$$D_2''' \geqslant 2(A_1''' + f_1'''\sin\alpha_1''' + f_0'''\sin\alpha_0''') + d\cos\alpha_0''' 2r + b \quad (10\text{-}23)$$

式中　A_1'、A_1''、A_1'''——分别为大气过电压、内部过电压、最大工作电压时带电部分至接地部分之间的最小电气距离，cm，见表10-3、表10-4；

f_0'、f_0''、f_0'''——对应于各种状态时跳线的导线弧垂，cm，其计算方法见式（10-31）；

α_0'、α_0''、α_0'''——对应于各种状态时跳线的风偏摇摆角，按式（10-30）计算；

b——架构立柱直径，cm。

（2）用于门型架构（见图10-7）。

1）在大气过电压、风偏条件下，D_2' 为：

$$D_2' \geqslant A_2 + 2(f_1'\sin\alpha_1' + f_0'\sin\alpha_0') + d\cos\alpha_0' + 2r \quad (10\text{-}24)$$

2）在内部过电压、风偏条件下，D_2'' 为：

$$D_2'' \geqslant A_2'' + 2(f_1''\sin\alpha_1'' + f_0''\sin\alpha_0'') + d\cos\alpha_0'' + 2r \quad (10\text{-}25)$$

3）最大工作电压、短路摇摆、风偏条件下，D_2''' 为：

$$D_2''' \geqslant A_2''' + 2(f_1'''\sin\alpha_1''' + f_0'''\sin\alpha_0''') + d\cos\alpha_0''' + 2r \quad (10\text{-}26)$$

3. 跳线相间距离校验

为了确定跳线的相间距离，需先求得跳线的弧垂，再求算各种状态下的跳线风偏摇摆角及其水平位移。跳线摇摆示意图如图10-9所示。

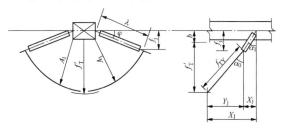

图 10-9　跳线摇摆示意图

（1）跳线弧垂的确定。

跳线在无风时弧垂 f_T' 要求大于跳线最低点对横梁下沿的距离且不小于最小电气距离 A_1 值；同时，跳线在各种状态时的风偏摇摆弧垂 f_{TY} 要求大于相应的 A_1'、A_2'、A_1'' 值。

跳线导线的摇摆弧垂 f_{TY} 按下式计算：

$$f_{TY} = \frac{f_T' + b - f_j}{\cos\alpha_0} \quad (10\text{-}27)$$

$$f_j = \lambda\sin\varphi \quad (10\text{-}28)$$

$$\varphi = \arctan \frac{l_1 q_1 + Q_1}{0.2H} \quad (10\text{-}29)$$

$$\alpha_0 = \beta \arctan \frac{0.1 q_4}{q_1} \quad (10\text{-}30)$$

式中 f_T' ——跳线在无风时的垂直弧垂，cm；

　　　b ——横梁高度的一半，cm；

　　　f_j ——绝缘子串悬挂点至绝缘子串端部耐张线夹处的垂直距离，cm；

　　　λ ——绝缘子串的长度，cm；

　　　φ ——绝缘子串的倾斜角；

　　　H ——导线拉力，N；

　　　β ——阻尼系数，见表 10-18。

表 10-18　Ⅰ、Ⅶ类气象区的计算风速 v 和阻尼系数 β

校验状态	Ⅰ类		Ⅶ类	
	v（m/s）	β	v（m/s）	β
大气过电压	15	0.49	10	0.43
内部过电压	18	0.54	15	0.49
最大工作电压	35	0.71	30	0.64

由式（10-27）求得各种状态时的跳线摇摆弧垂 f_{TY}，取其最大者并考虑施工误差及留有一定裕度，于是得到跳线摇摆弧垂的推荐值 f_{TY}'：

$$f_{TY}' = 1.1 f_{TY} \quad (10\text{-}31)$$

（2）跳线的风偏水平位移。

绝缘子串风偏水平位移 X_j 按下式计算：

$$X_j = \lambda \cos\varphi \tan\alpha_1 \quad (10\text{-}32)$$

跳线导线风偏水平位移 Y_j 按下式计算：

$$Y_j = f_{TY}' \sin\alpha_0 \quad (10\text{-}33)$$

（3）跳线查间距离校验按下式计算：

$$D_2 = 2(X_j + Y_j) + A_2 \quad (10\text{-}34)$$

根据以上求得的在大气过电压、内部过电压、最大工作电压时跳线绝缘子串及导线的风偏水平位移，可分别求算在各种状态下跳线的最小相间距离。

（4）晴天不出现可见电晕所要求的相间距离，可根据所选导线，按第九章式（9-75）进行校验。

4. 阻波器非同期摇摆所要求的相间距离

（1）阻波器的风偏水平位移 x_1 按下式计算：

$$x_1 = h\sin\alpha_1 + \frac{B}{2}\cos\alpha_1 \quad (10\text{-}35)$$

$$\alpha_1 = \arctan\frac{0.1 P_1}{Q_1} \quad (10\text{-}36)$$

$$P_1 = \frac{10 S v^2}{16} \quad (10\text{-}37)$$

式中 h ——阻波器悬挂点到阻波器底部的高度，cm；

　　　α_1 ——阻波器的风偏摇摆角；

　　　B ——阻波器宽度或直径，cm；

　　　P_1 ——阻波器所承受的风压，N；

　　　Q_1 ——阻波器的质量，kg；

　　　S ——阻波器受风方向的投影面积，m²；

　　　v ——风速，m/s。

（2）悬挂阻波器的绝缘子串的风偏水平位移 x_2 按下式计算：

$$x_2 = \lambda \sin\alpha_2 \quad (10\text{-}38)$$

$$\alpha_2 = \arctan\frac{0.1(P_1 + P_2)}{Q_1 + Q_2} \quad (10\text{-}39)$$

式中 λ ——绝缘子串长度，cm；

　　　α_2 ——绝缘子串的风偏摇摆角；

　　　P_2 ——绝缘子串所承受的风压，N；

　　　Q_2 ——绝缘子串的质量，kg。

（3）阻波器要求的相间距离按下式计算：

$$D_2 = 2(x_1 + x_2) + A_2 \quad (10\text{-}40)$$

式中 x_1 ——阻波器风偏水平位移，cm；

　　　x_2 ——悬挂阻波器的绝缘子串的风偏水平位移，cm；

　　　A_2 ——不同相带电部分之间的最小电气距离，cm。

5. 设备对相间距离的要求

根据制造厂提供的配电装置内各主要设备所要求的相间距离，取其最大者即起控制作用的作为设备对相间距离的要求值。

6. 相间距离的推荐值

根据以上导线及跳线在各种状态下的风偏与短路摇摆、电晕、阻波器非同期摇摆、设备本体等所要求的相间距离，取其中最大值作为进出线相间距离的推荐值。对于母线来说，则需按用于Ⅱ型架构或门型架构，分别提出其相间距离的推荐值。

（二）相地距离的确定

1. 进出线引下线与架构支柱间的相地距离校验（见图 10-10）

（1）在大气过电压、风偏条件下，D_1' 为：

$$D_1' \geq \overline{OC} + f_Y \sin\alpha' + A_1' + \frac{d}{2}\cos\alpha' + r + \frac{b}{2} \quad (10\text{-}41)$$

（2）在内部过电压、风偏条件下，D_1'' 为：

$$D_1'' \geq \overline{OC} + f_Y \sin\alpha'' + A_1'' + \frac{d}{2}\cos\alpha'' + r + \frac{b}{2} \quad (10\text{-}42)$$

（3）在最大工作电压、短路摇摆、风偏条件下，D_1''' 为：

$$D_1''' \geq \overline{OC} + f_Y \sin\alpha''' + A_1''' + \frac{d}{2}\cos\alpha''' + r + \frac{b}{2} \quad (10\text{-}43)$$

式中 D_1'、D_1''、D_1''' ——分别为大气过电压、内部过电压、最大工作电压所要求的最小相地距离，cm；

$\overline{OC}$ ——由出线偏角引起的引下线水平位移，cm；

f_Y ——引下线的弧垂，cm；

α'、α''、α''' ——对应于各种状态时引下线的风偏摇摆角；

A_1'、A_1''、A_1''' ——分别为各种状态下带电部分至接地部分之间的最小安全净距，cm，见表 10-3、表 10-4；

d ——导线分裂间距，cm；

r ——导线半径，cm；

b ——架构立柱直径，cm。

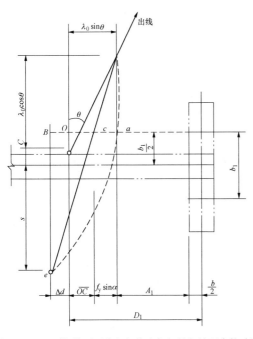

图 10-10 门型架构引下线与架构支柱间的相地距离校验图

$\overline{OC}$ 的计算公式为：

$$\overline{OC} = \frac{\left(s + \dfrac{b_1}{2}\right)(\Delta d + \lambda_0 \sin\theta)}{s + c + \lambda_0 \cos\theta} - \Delta d \qquad (10\text{-}44)$$

式中 s ——隔离开关接线端子与门型架构中心线之间的距离，cm；

b_1 ——引下线摇摆后距架构立柱最近点处的人字柱宽度，cm；

Δd ——隔离开关接线端子与出线悬挂点之间水平投影的横向距离，cm；

λ_0 ——绝缘子串的长度（不包括耐张线夹），cm；

θ ——出线对门型架构横梁垂直线的偏角；

c ——门型架构中心线至出线悬挂点之间的距离，cm。

α 的计算公式为：

$$\alpha = \beta \arctan \frac{0.1q_4}{q_1 \cos\gamma} \qquad (10\text{-}45)$$

$$\gamma = \arctan \frac{\Delta h}{\Delta l} \qquad (10\text{-}46)$$

式中 γ ——引下线的高差角；

Δh ——隔离开关接线端子与出线引下线夹之间的垂直高度，cm；

Δl ——隔离开关接线端子与出线引下线夹之间的水平距离，cm。

2. 边相线跳与架构支柱间的相地校验

$$D_1 \geqslant x_1 + A_1 \frac{d}{2} \cos\alpha_0 + r + \frac{b}{2} \qquad (10\text{-}47)$$

式中 x_1 ——跳线的风偏水平位移，cm，由绝缘子串风偏水平位移 X_f 和跳线导线风偏水平位移 Y_f 组成，分别按式（10-32）及式（10-33）求算；

α_0 ——跳线的风偏摇摆角，按式（10-30）求算。

阻波器风偏要求的相地距离按下式计算：

$$D_1 \geqslant x_1 + x_2 + A_1 + \frac{b}{2} \qquad (10\text{-}48)$$

式中 x_1 ——阻波器的风偏水平位移，cm，按式（10-35）求算；

x_2 ——悬挂阻波器的绝缘子串的风偏水平位移，cm，按式（10-38）求算。

3. 架构上人与带电体保持 B_1 值所要求的相地距离

$$D_1 \geqslant B_1 + \frac{b_R}{2} + \frac{d}{2} \cos\alpha + r + s \qquad (10\text{-}49)$$

式中 B_1 ——带电作业时带电部分至接地部分之间的最小电气距离，cm，见表 10-1、表 10-2；

b_R ——人体宽度，取 $b_R = 41.3$cm；

d ——导线分裂间距，cm；

α ——带电体的风偏摇摆角，计算方法见式（10-45）；

r ——带电体（引下线、跳线或阻波器）的半径，cm；

s ——带电体在架构上人时的风偏水平位移值，cm。

4. 相地距离的推荐值

根据以上引下线及跳线在各种状态下的风偏摇摆、阻波器的风偏摇摆、架构上人与带电体保持 B_1 值等所要求的相地距离，取其中的最大值作为母线及进出线相地距离的推荐值。

（三）架构宽度的确定

1. 母线及进出线门型架构的宽度

$$S = 2(D_2 + D_1) \qquad (10\text{-}50)$$

式中　D_2——相间距离的推荐值，cm；

　　　　D_1——相地距离的推荐值，cm。

2. 母线∏型架构的宽度

$$S = 2D_2 \qquad (10\text{-}51)$$

二、架构高度

（一）母线架构高度

$$H_m \geqslant H_z + H_g + f_m + r + \Delta h \qquad (10\text{-}52)$$

式中　H_z——母线隔离开关支架高度，cm；

　　　　H_g——母线隔离开关本体（至端子）高度，cm；

　　　　f_m——母线最大弧垂，cm；

　　　　r——母线半径，cm；

　　　　Δh——母线隔离开关端子与母线间垂直距离，cm。

Δh 值由以下两个基本条件确定（见图10-11）：

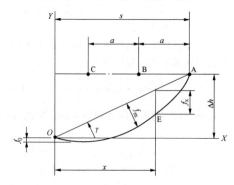

图10-11　母线引下线各点的弧垂

（1）母线引下线最低点离地距离不小于 C 值。其校验式为：

$$H_1 + H_g - f_0 \geqslant C \qquad (10\text{-}53)$$

式中　f_0——母线隔离开关端子以下的母线引下线弧垂，cm。

（2）在不同气象条件下，母线引下线与 B 相母线之间的净距不小于各种状态时的 A_2 值。其校验式为：

$$a\sin\gamma + f_x\cos\gamma\cos\alpha - r - r \geqslant A_2 \qquad (10\text{-}54)$$

$$r = \arctan\frac{\Delta h}{s} \qquad (10\text{-}55)$$

式中　a——母线相间距离，cm；

　　　　γ——母线引下线两固定端连接的倾角；

　　　　f_x——距离 B 相母线最近点 E 处的母线引下线弧垂，cm；

　　　　α——母线引下线的风偏角；

　　　　r_1——母线引下线半径，cm；

　　　　s——母线隔离开关端子与母线间水平距离，cm。

通过计算直接求取母线隔离开关端子与母线间的垂直距离 Δh 是困难的，一般可先假设一个垂直距离

Δh，并在选取了恰当的母线隔离开关与母线间水平距离的情况下，对两个基本条件进行校验计算，从而推出垂直距离值来确定架构高度。

（二）进出线架构高度

进出线架构高度 H_c 由下列条件确定，并取其大者。

（1）母线及进出线架构导线均带电，进出线上人检修引下线夹，人跨越母线上方，此时，人的脚对母线的净距不得小于 B_1 值，如图10-12所示。

$$H_{c1} \geqslant H_m - f_{ml} + B_1 + H_{R1} + f_{c1} + r \qquad (10\text{-}56)$$

式中　H_m——母线架构高度，cm；

　　　　f_{ml}——进出线下方母线弧垂，cm；

　　　　H_{R1}——人体下半身的高度，取 $H_{R1} = 100$cm；

　　　　f_{c1}——母线上方进出线上人后的弧垂，cm；

　　　　r——母线半径，cm。

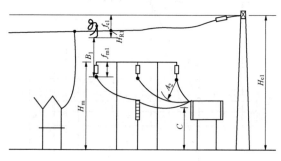

图10-12　上人检修线夹时进出线架高度的校验

（2）母线及进出线架构导线均带电，母线架构上人检修耐张线夹，人与出线架构导线间的净距不得小于 B_1 值，如图10-13所示。

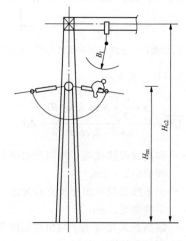

图10-13　人上母线检修线夹时出线架高度的校验

$$H_{c2} \geqslant H_m - f_{m2} + B_2 + H_{R2} + f_{c2} + r_2 \qquad (10\text{-}57)$$

式中　f_{m2}——出线架构导线下方母线上人检修耐张线夹时的弧垂，cm；

H_{R2}——人体上半身的高度，取 $H_{R2}=100$ cm；

f_{c2}——母线上方门型架构导线弧垂，cm；

r_2——门型架构导线半径，cm。

（3）正常运行时门型架构导线与下方母线保持交叉的不同时停电检修的无遮栏带电部分之间的安全净距 B_1 值。

$$H_{c3} \geqslant H_m - f_{m3} + B_1 + f_{c3} + r + r_1 \qquad (10\text{-}58)$$

式中 f_{m3}——出线架构边相导线下方的母线弧垂，cm；

f_{c3}——门型架构导线的弧垂，cm。

（4）考虑变压器搬运和电气设备检修起吊时，变压器和起吊设施顶端至进出线导线的净距不得小于

B_1 值，如图 10-14、图 10-15 所示。

$$H_{c4} \geqslant H + B_1 + f_{c4} + r_1 \qquad (10\text{-}59)$$

式中 H——变压器搬运总高度或起吊设施（扒杆、起重机）顶端高度，cm；

f_{c4}——进出线最大弧垂，cm。

（5）母线架构上人伸手时，手对出线架构导线的距离不得小于 A_1 值，如图 10-16 所示。

（三）双层架构的上层横梁对地高度

双层架构两层横梁中心线之间的距离，由下层架构上人，人对上层架构导线的跳线保持 A_1 值确定，如图 10-17 所示。

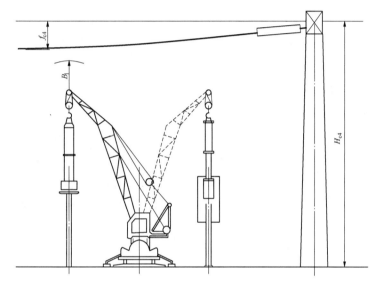

图 10-14 汽车起重机起吊时架构高度的校验

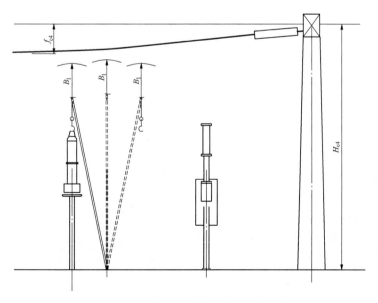

图 10-15 扒杆起吊汽车运输时架构高度的校验

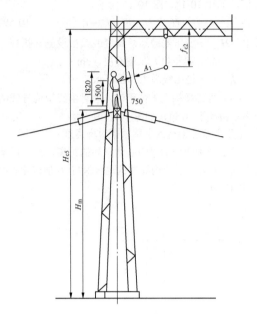

图 10-16　母线架构上人时出线架高度的校验图

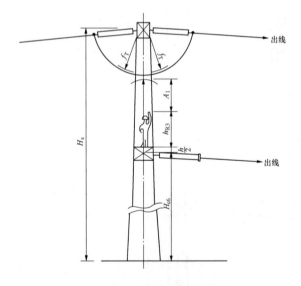

图 10-17　双层架构高度的校验图

$$H_s \geqslant H_{c6} + \frac{h}{2} + H_{R3} + A_1 + f_T + r_3 \qquad (10\text{-}60)$$

式中　H_s——双层架构的总高度，cm；

$\quad\quad H_{c6}$——下层架构高度，cm；

$\quad\quad h$——下层架构横梁高度，cm；

$\quad\quad H_{R3}$——人体举手高度，取 $H_{R3}=230$cm；

$\quad\quad f_T$——上层导线的跳线弧垂，cm；

$\quad\quad r_3$——跳线半径，cm。

（四）架空地线支柱高度

架空地线的支柱高度可由下式求得：

$$h_d = h - h_0 \geqslant \frac{D}{4p} \qquad (10\text{-}61)$$

式中　h——架空地线的悬挂高度，cm；

$\quad\quad h_0$——被保护导线的悬挂高度，cm；

$\quad\quad D$——两架空地线的间距，cm；

$\quad\quad p$——高度影响系数，$h \leqslant 30$m，$p=1$；$30 < h \leqslant$

$\quad\quad\quad 120$m，$p = \dfrac{5.5}{\sqrt{h}}$。

三、纵向尺寸

纵向尺寸是指每个间隔内的设备、道路、沟道、架构等相互间的距离，该距离除需保证安全运行外，还应满足巡视、操作、维护、检修、测试、运输等方面的要求，此外，还要考虑到配电装置扩建的方便。

（一）影响纵向尺寸的因素

（1）配电装置安全净距的要求。在确定纵向尺寸时，必须满足安装、检修人员及电气设备与带电部分之间的安全净距的要求，其数值见表 10-1、表 10-2。

（2）运行方面的要求。运行中要对电气设备做定期巡视并进行各项倒闸操作，必要时尚需进行消除缺陷等维护工作。为使上述工作顺利进行，考虑人体活动及携带工具所需的空间，通道的宽度最小值取 0.8～1.0m。

（3）设备运输的要求。在配电装置内运输设备一般采用汽车运输和滚杠运输。

汽车运输所需的道路宽度一般为 3.5m。考虑车轮紧靠道路边缘行驶时，车厢比车轮的轮胎边缘每侧宽20cm 左右。因此，汽车运输时，其车厢所要求的最小间距为 4m。

滚杠运输过程中要向前传递滚杠及垫木，同时还在两侧不断调整搬运方向，所以在设备两侧要保持传递、调整的操作空间，一般以每侧保持 0.7～1.0m 的空间为宜。

（4）设备检修起吊的要求。一般的起吊工具有履带式起重机、汽车起重机、三脚架、人字扒杆、单扒杆等，其中常用的是汽车起重机和扒杆。

表 10-19 列出一些汽车起重机的主要特性供确定纵向尺寸时参考。

对于 500kV 配电装置，因在相间设置维护道路，设备的起吊考虑在相间作业，故可不再为此增加纵向距离。

表 10-19　　汽车起重机的主要特性

型号	外形尺寸（长×宽×高）（mm）	最大起重能力（t）	起升高度（m）	幅度（m）	最大起升高度时的起重能力		最小转弯半径（m）
					起升高度（m）	起重量（t）	
QY5	8740×2300×3100	5	7	3.1	11.18	3.2	9.2
QY8	9117×2490×3135	8	7.5	3.2	12.53	3.35	9.2
QY12	10350×2400×3300	1	8.4	3.6	12.8	5	9.5
QY16	11300×2600×3395	16	8.3	4	19.4	5.3	10

采用扒杆打拉线起吊设备时，应考虑设备之间立扒杆、起吊后设备旋转的地方以及检修人员的活动场地。拉线一般系于距杆顶 0.4～0.8m 处，复式滑轮组的最小长度为 0.6～1.0m，拉线与地面的夹角在 40°左右。当采用人字扒杆时，用两根拉线；当采用单扒杆时，用四根拉线，拉线与拉线间的水平投影夹角以不大于 130°为宜。在校验尺寸时应考虑利用架构、设备支架或设备基础来代替拉线地锚。扒杆的长度除需保证对母线及其跳线在最大弧垂时的安全净距不小于 B_1 值外，还要满足设备起吊高度的要求；同时，考虑到扒杆的倾斜，再留出适当的裕度。

（二）纵向尺寸的校验

（1）三柱水平转动的 GW7 型隔离开关打开后，动触头对接地部分的距离按图 10-18 检验，要求 S 值不得小于隔离开关一个断口的距离 L 值。

（2）GW4 型双柱隔离开关打开后动触头对架构支柱的安全净距不得小于 A_1 值，如图 10-19 所示。

（3）两组母线隔离开关之间的距离，要考虑其中任何一组在检修状态时，对另一组带电的隔离开关保持 B_1 值的要求。

（4）隔离开关与电流互感器之间的距离 L_1，按用扒杆将电流互感器从基础上吊下来并能运出去进行校验，如图 10-20 所示，图中 L_1 值参见表 10-20。如果两者之间有电缆沟，则尚需加上电缆沟的宽度，一般为 0.8～1.0m。

（5）电流互感器与断路器之间的距离 L_2，主要取决于断路器搭检修架所需的距离，检修架与电流互感器之间距离一般取 500mm 左右，如图 10-21 所示，图中 L_2 值参见表 10-21。

当运输道路设在电流互感器与断路器之间时，其上部连线对汽车装运电流互感器顶端的安全净距 A_1 值校验，两侧考虑运输时的晃动按 B_1 值校验，如图 10-22 所示。

（6）断路器与隔离开关之间的距离 L_3，也按断路器搭检修架所需的距离考虑，检修架与隔离开关之间一般取 500mm 左右，如图 10-21 所示，图中 L_3 值参见表 10-22。

（7）在配电装置内的道路上行驶汽车起重机时，其校验图如图 10-23 所示。校验宽度如前述 4m 考虑（道路宽度为 3.5m）；校验高度按 QY16 汽车起重机考虑，取 3.55m。

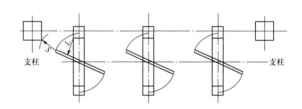

图 10-18　GW7 型隔离开关打开后
动触头对地距离校验图

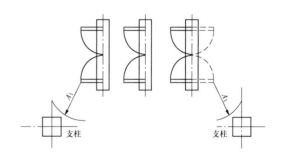

图 10-19　GW4 型隔离开关打开后
动触头对地距离校验图

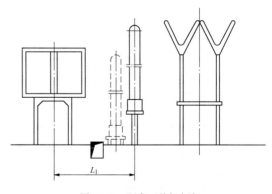

图 10-20　隔离开关与电流
互感器之间的距离

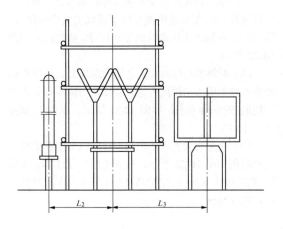

图 10-21　电流互感器、断路器及隔离
开关之间的距离校验

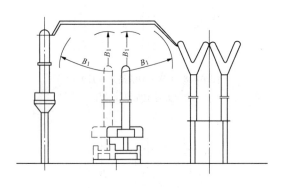

图 10-22　运输道路设在断路器与
电流互感器之间的校验图

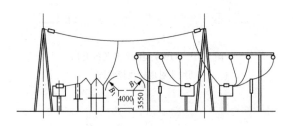

图 10-23　配电装置内道路行驶
汽车起重机的校验图

表 10-20		隔离开关与电流互感器之间的距离 L_1				（mm）
电压等级 （kV）	35	63	110	220	330	500
L_1	2000	2800	2800	4000	6000	8000

表 10-21		电流互感器与断路器之间的距离 L_2				（mm）
电压等级 （kV）	35	63	110	220	330	500
L_2	1800	2300	2500～ 3000	4500	6500（柱式 断路器）	7000（柱式 断路器）

表 10-22		断路器与隔离开关之间的距离 L_3					（mm）
电压等 级（kV）	35	63	110	220	330	500	750
L_3	2000	2500	3500	6000	9000	11000 （柱式断 路器）	14500 （罐式断 路器）

第三节　35kV 配电装置

一、35kV 屋外配电装置

在现有 35kV 屋外配电装置中，其布置型式多为中型，虽有采用高型、半高型及低型的，但为数甚少，故此处仅介绍中型布置一种。

图 10-24 示出单母线分段断路器双列布置 35kV 配电装置典型设计布置图。

图 10-25 示出双母线断路器双列布置 35kV 屋外配电装置断面布置图。

二、35kV 屋内配电装置

35kV 屋内配电装置有成套开关柜和屋内敞开式两种布置型式，成套开关柜见第十一章，屋内敞开式配电装置因接线方式、断路器型式及配电装置层数的不同而有多种布置方式。近年来，随着 35kV 成套开关柜设备、35kV GIS 等设备的普及，35kV 屋内敞开式配电装置应用渐少。

三、型式选择

35kV 屋内敞开配电装置与屋外配电装置比较，在经济上两者总投资基本接近，屋内敞开式配电装置总投资稍高于屋外配电装置；但屋内配电装置具有节约用地、便于运行维护、防污性能好等优点。而屋内成套开关柜虽然比屋内敞开式配电装置投资有所增加，但占地面积、运行维护等均优于屋外配电装置和屋内敞开式配电装置，因此，当采用单母线或单母线分段时，一般采用屋内成套开关柜配电装置，当采用双母线接线时可考虑采用敞开式配电装置。

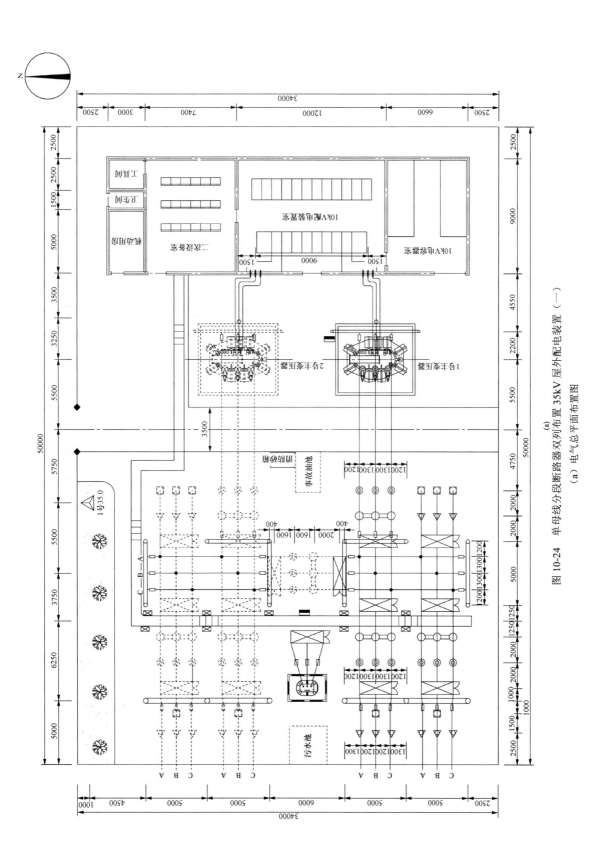

图 10-24 单母线分段断路器双列布置 35kV 屋外配电装置（一）

（a）电气总平面布置图

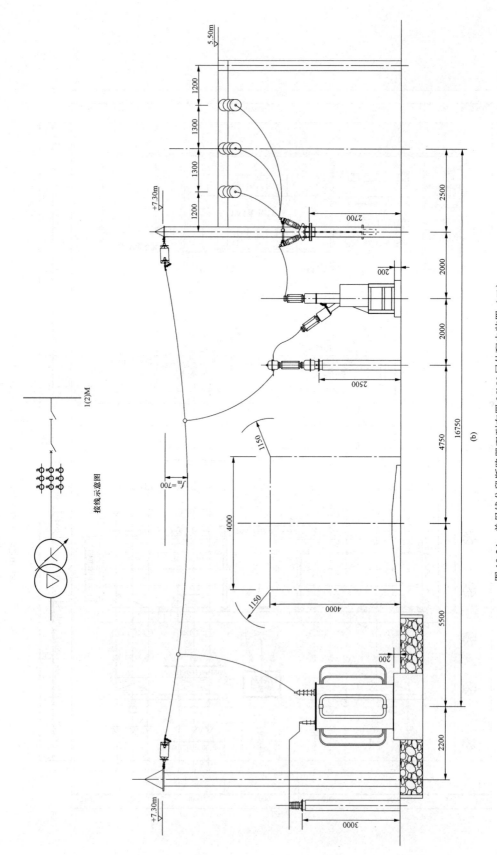

图 10-24　单母线分段断路器双列布置 35kV 屋外配电装置（二）

（b）主变压器进线间隔断面布置图

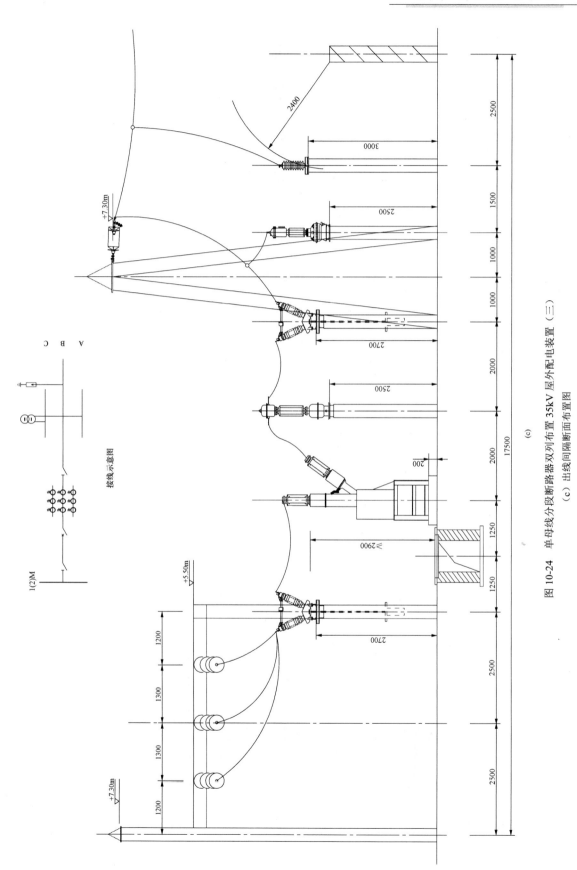

图 10-24　单母线分段断路器双列布置 35kV 屋外配电装置（三）

（c）出线间隔断面布置图

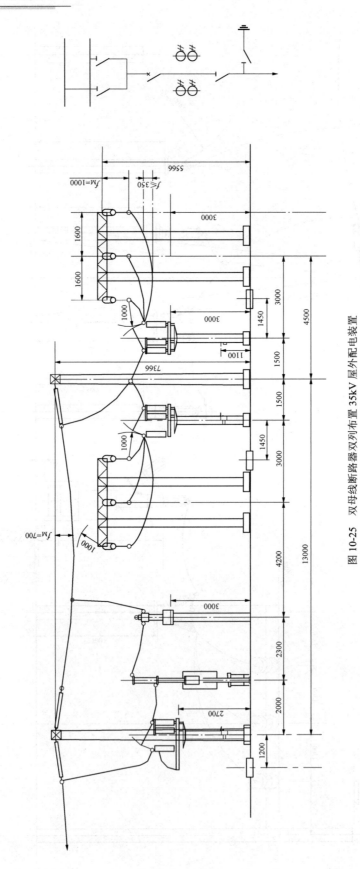

图 10-25 双母线断路器双列布置 35kV 屋外配电装置

第四节 110kV 配电装置

一、110kV 屋外配电装置

（一）110kV 普通中型配电装置

普通中型配电装置是将所有电气设备都安装在地面设备支架上，母线下不布置任何电气设备。采用软母线的该型配电装置在我国已有多年的运行历史，所以各地电力企业无论在运行维护还是安装检修方面都积累了比较丰富的经验。但因其占地面积较多，当进出线为6~8回时需占地7~8.5亩，所以目前在设计中须经技术经济比较后确定。

图10-26示出单母线分段断路器双列布置110kV屋外普通中型配电装置典型设计布置图，其进出线间隔宽度为8m，母线分段间隔宽度约为8.3m，断路器双列布置。

图10-27示出双母线单分段断路器单列布置110kV屋外普通中型配电装置典型设计布置图，其进出线间隔宽度为8m，母线分段间隔宽度为11m，两组母线中心间距8.8m，断路器单列布置。为了节约用地及减少架构用材，有些工程将主母线架构与中央门型架构合并，从而缩小了配电装置的纵向尺寸。

自20世纪60年代中期开始，我国有少数工程采用了110kV管形母线配电装置，之后逐渐增多。图10-28示出支撑管形双母线断路器单列布置110kV屋外分相中型配电装置典型设计布置图，其进出线间隔宽度为8m，两组母线中心间距6.5m，断路器单列布置。管形母线配电装置主要特点如下：

（1）母线采用铝锰合金管，以棒型支柱绝缘子支撑，其弧垂很小，没有电动力和风力引起的摇摆，可以压缩相间和相对地的距离，同时又采用了合并架构，从而减小了占地面积，与同规模的110kV中型软母线配电装置相比，可节约用地14%。

（2）铝管母线对架构不产生拉力荷载，因此可简化土建结构，节省材料，降低土建造价。

（3）铝管母线基本成一直线，布置比较清晰，且能降低母线高度，给巡视维护带来方便。

（4）由于110kV铝管母线的相间距离较小，带电检修铝管母线的安全距离难以满足要求，无法进行带电作业。

（二）110kV 半高型配电装置

半高型配电装置是将母线及母线隔离开关抬高，将断路器、电流互感器等电气设备布置在母线的下面。该型配电装置具有布置紧凑清晰、占地少、钢材消耗与普通中型接近等特点，且除设备上方有带电母线外，其余布置情况均与中型布置相似，能适应运行检修人

员的习惯与要求。因此，自20世纪60年代开始出现以来，各地区采用较多，并在工程中提出了多种布置方式，使半高型配电装置的设计日趋完善，且具备了一定的运行检修经验。

1. 布置型式

双母线带旁路母线的半高型配电装置有田字形、品字形及管形母线三种布置。近年来，随着高压配电装置广泛采用SF$_6$断路器，国产断路器、隔离开关的质量逐步提高，同时系统备用容量增加、电网结构趋于合理与联系紧密、保护的完善以及设备检修逐步由计划检修向状态检修过渡，为简化接线，旁路设施已逐步取消。原双母线带旁路母线的半高型配电装置布置型式，取消旁路母线依然可作为半高型配电装置布置参照使用。以下主要介绍田字形和管形母线布置两种布置型式。

（1）田字形布置。该布置将两组主母线及母线隔离开关均分别抬高至同一高度，电气设备布置在一组主母线下面，另一组主母线下面设置设备搬运道路。图10-29示出田字形半高型配电装置典型设计布置图，其间隔宽度为8m，断路器单列布置。主母线隔离开关的安装横梁上设有1m宽的圆钢格栅检修平台，并利用纵梁作行走通道（一般每两个间隔设一走道）。主变压器进线悬挂于架构15.5m高的横梁上，跨越两组主母线后引入。该布置占地面积仅为普通中型的49.2%左右，耗钢量约为普通中型的113%。

（2）管形母线布置。管形母线半高型配电装置具有半高型配电装置和普通中型管形母线配电装置的主要特点，且布置紧凑、巡视路线短，能更进一步节省占地；土建结构简单，便于施工。但不能带电作业，抗震性能较差。

图10-30示出双母线110kV屋外铝管母线半高型配电装置布置图。

2. 设计提示

关于110kV半高型配电装置的设计，有以下技术问题需要考虑。

（1）高位隔离开关的安装高度。当前多数工程的安装高度均为7~7.5m，实践表明，该高度是合适的。因为：

1）在保证安装和调整质量的情况下，隔离开关可以正常操作，并不感到费力。由于垂直连杆较长，为提高其刚性，可将连杆适当加粗（一般由ϕ38加大到ϕ50），在支撑部位安装滚珠轴承，增设轴套或护环，并在拐臂处使用万向接头。

2）运行人员在地面能看清隔离开关合闸时的接触情况。

3）能满足底层电气设备在检修调试时对上层带电部分安全距离的要求。

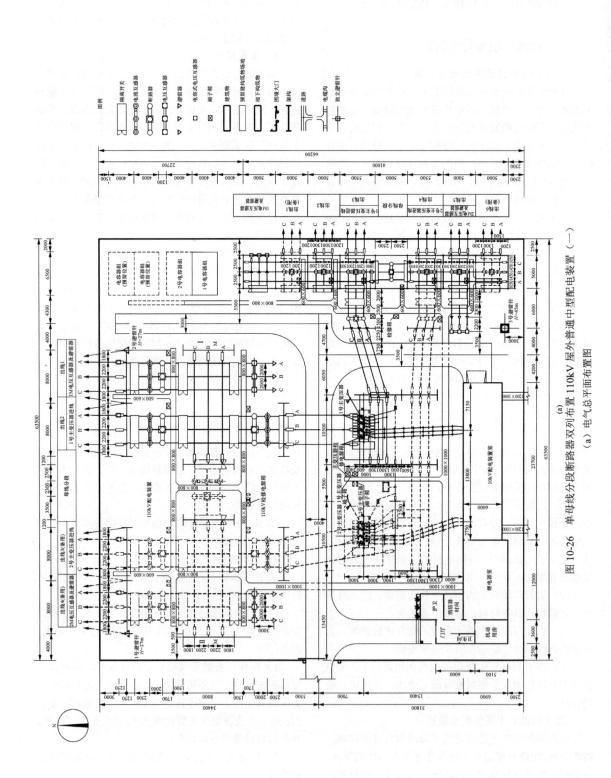

图 10-26　单母线分段断路器双列布置 110kV 屋外普通中型配电装置（一）

（a）电气总平面布置图

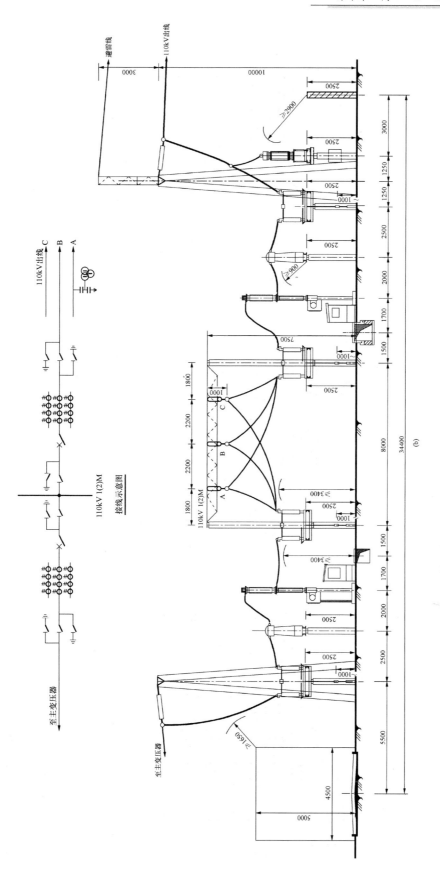

图 10-26 单母线分段断路器双列布置 110kV 屋外普通中型配电装置（二）

（b）出线—主变压器进线间隔断面布置图

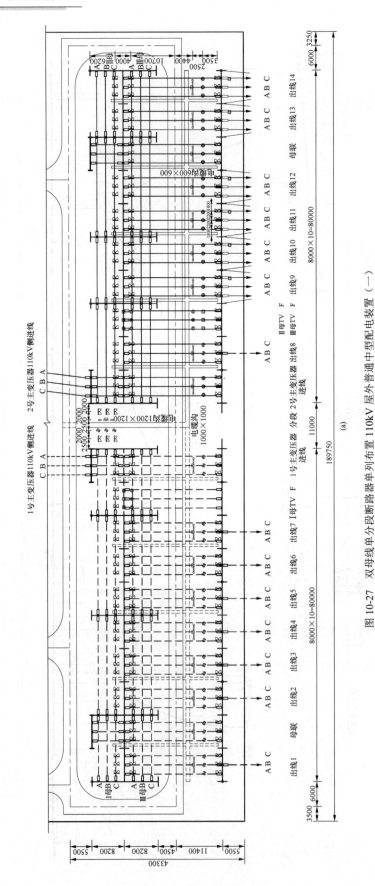

图 10-27 双母线单分段断路器单列布置 110kV 屋外普通中型配电装置（一）

（a）平面布置图

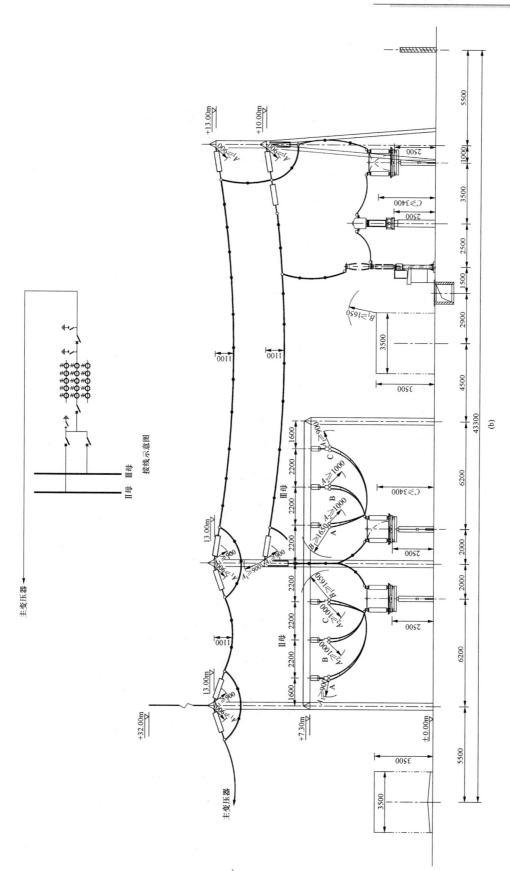

图 10-27 双母线单分段断路器单列布置 110kV 屋外普通中型配电装置（二）
(b) 主变压器进线间隔断面布置图

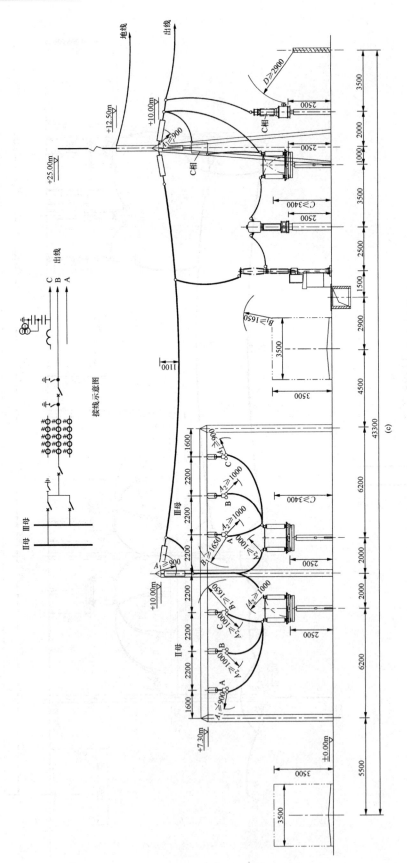

图 10-27　双母线单分段断路器单列布置 110kV 屋外普通中型配电装置（三）

(c) 出线间隔断面布置图

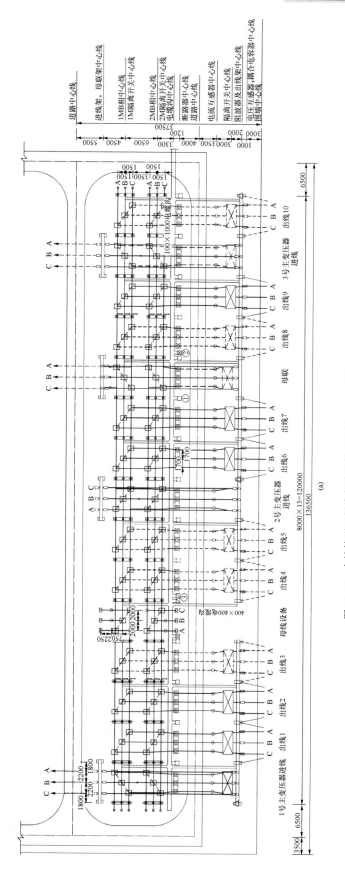

图 10-28 支持管形双母线断路器单列布置 110kV 屋外分相中型配电装置（一）

（a）平面布置图

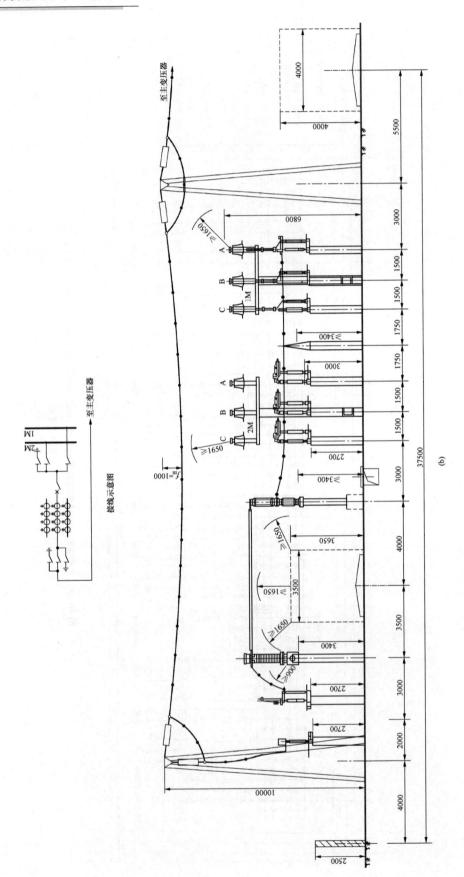

图 10-28　支持管形双母线断路器单列布置 110kV 屋外分相中型配电装置 （二）

（b）进线间隔断面布置图

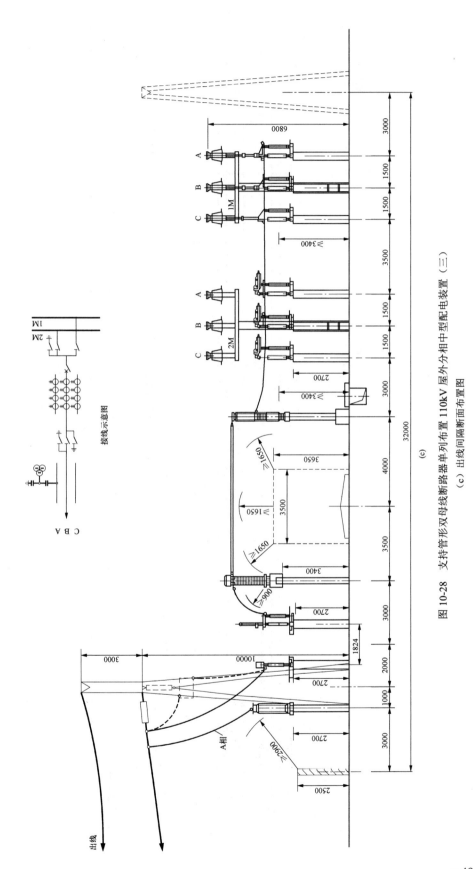

图 10-28 支持管形双母线断路器单列布置 110kV 屋外分相中型配电装置（三）

（c）出线间隔断面布置图

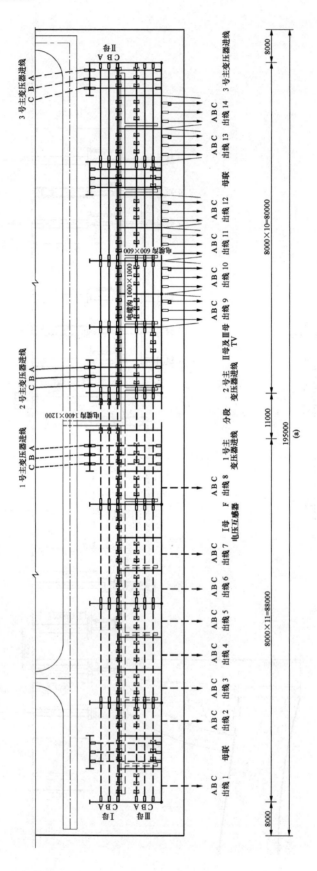

图 10-29 双母线 110kV 屋外田字形半高型配电装置（一）

（a）平面布置图

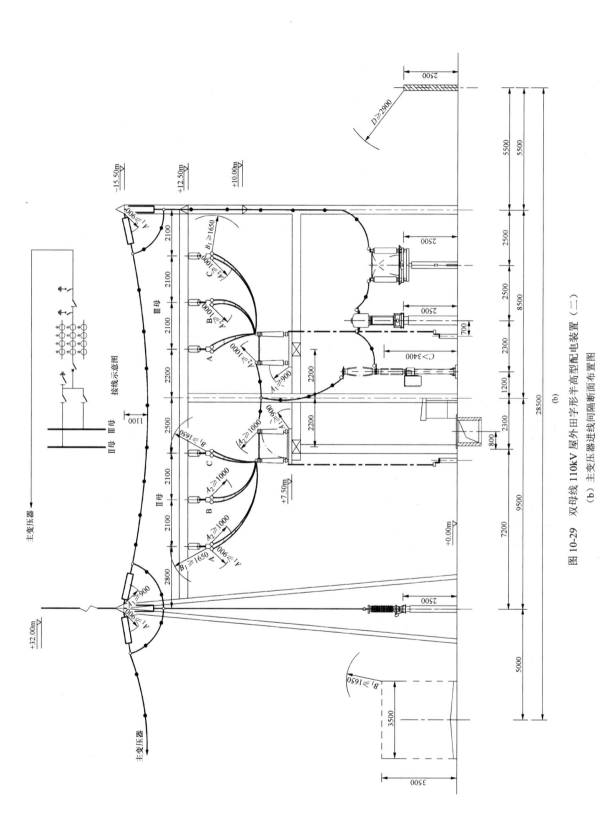

图10-29 双母线110kV屋外田字形半高型配电装置（二）

（b）主变压器进线间隔断面布置图

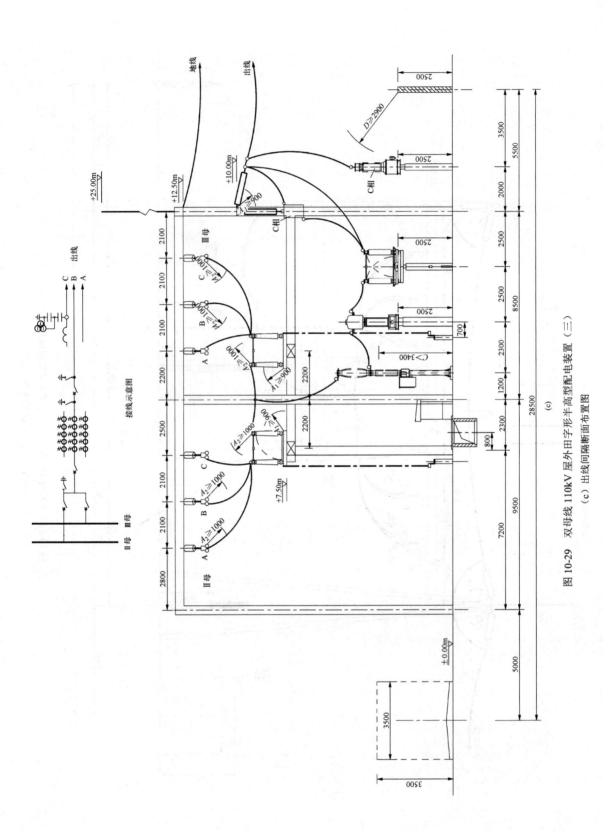

图 10-29　双母线 110kV 屋外田字形半高型配电装置（三）

（c）出线间隔断面布置图

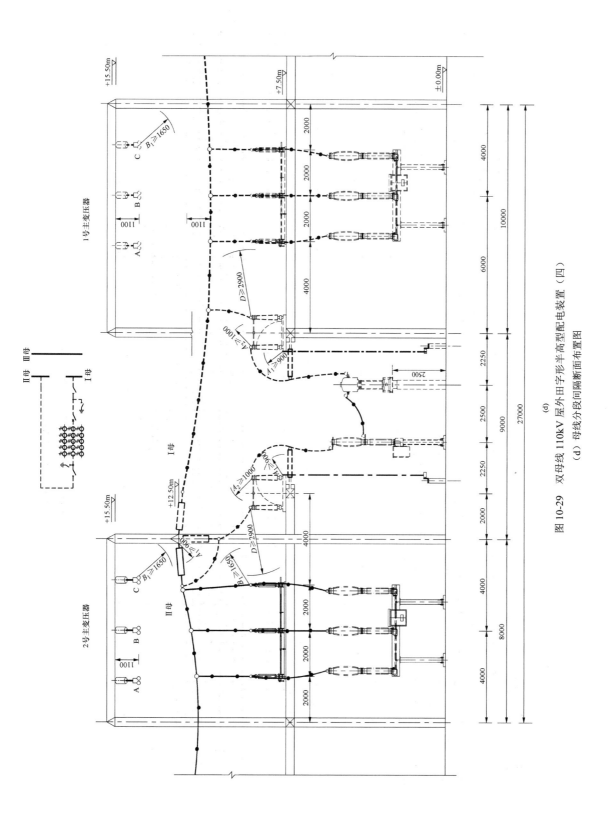

图 10-29 双母线 110kV 屋外田字形半高型配电装置（四）

(d) 母线分段间隔断面布置图

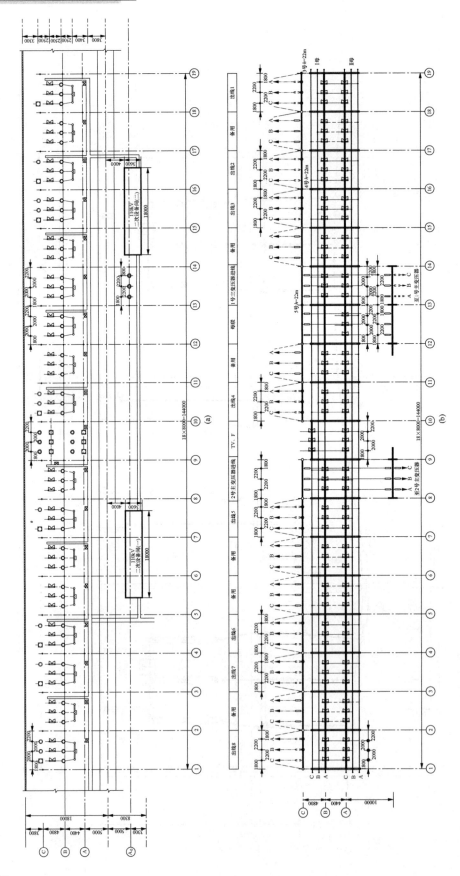

图 10-30　双母线 110kV 屋外铝管母线半高型配电装置（一）

(a) ±0.00m 层平面布置图；(b) +7.50m、+10.00m 层平面布置图

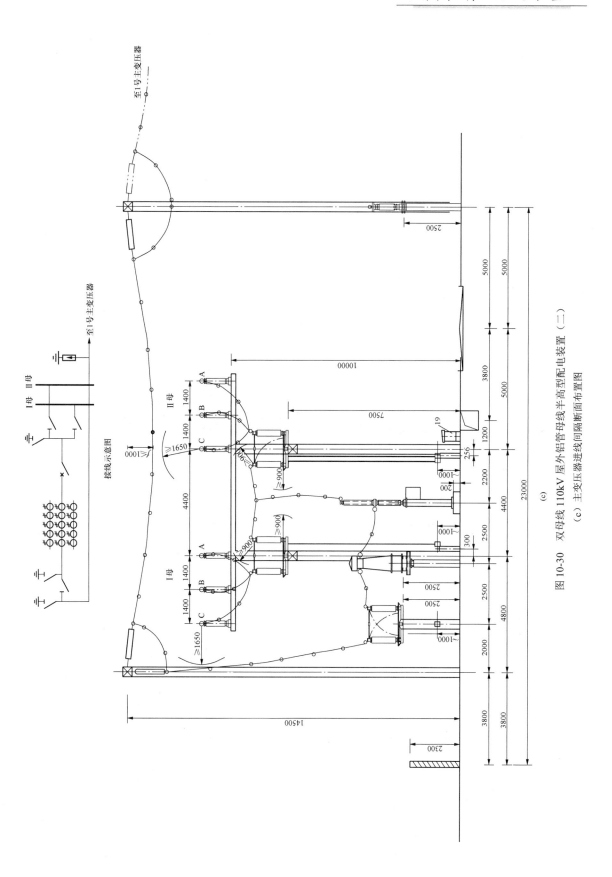

图 10-30 双母线 110kV 屋外铝管母线半高型配电装置 (二)

(c) 主变压器进线间隔断面布置图

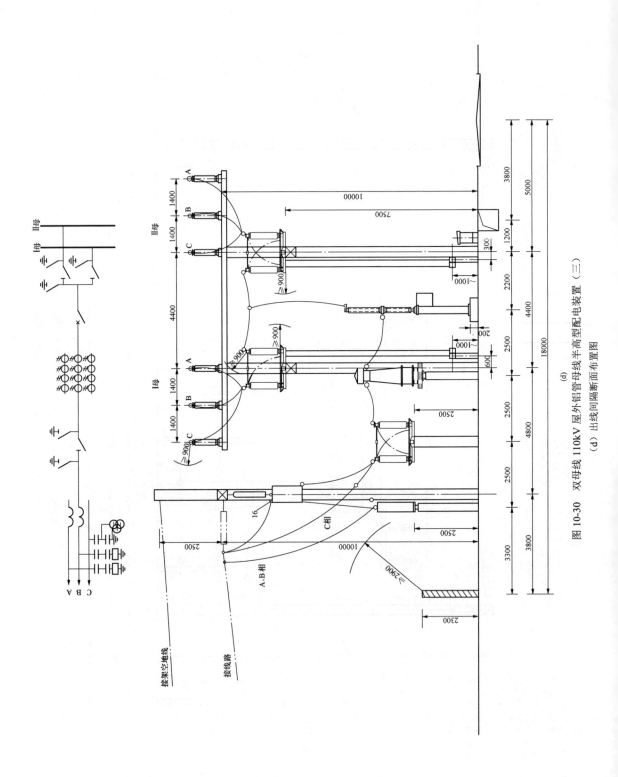

图 10-30 双母线 110kV 屋外铝管母线半高型配电装置（三）

(d) 出线间隔断面布置图

（2）高位隔离开关的引线方式。高位隔离开关的引线方式有以下几种：

1）托架引线。如图 10-31（a）所示，为了保证隔离开关引下线对其底座的安全净距，在隔离开关的端子上附加一托架，使引下线向水平方向伸出一定距离。由于托架较长，所受弯矩较大，易于变形，且当操作隔离开关时托架随之转动，造成引下线摆动，若引线较长，可能影响带电距离，一般情况下不宜采用。

2）悬垂引线。如图 10-31（b）所示，再架构上设横梁，用悬垂绝缘子串吊挂引接。这种方式使架构复杂，耗钢量大，且当引线较长时，摆动大，增加了隔离开关端子受力，不宜采用。

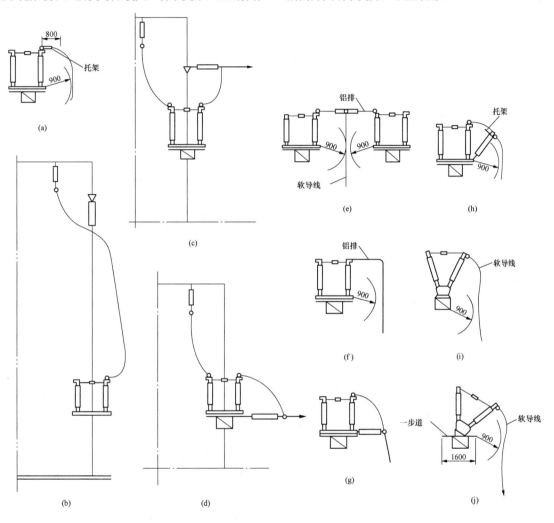

图 10-31　高位隔离开关引接方式

（a）托架引线；（b）悬垂引线；（c）（d）耐张引线；（e）利用连线对引线加以固定；（f）铝排引线；
（g）（h）支撑引线；（i）（j）以软导线直接引线

3）耐张引线。如图 10-31（c）（d）所示，在隔离开关上部或支座处设耐张绝缘子串引接。后者因引线长，导线自重引起左右偏斜，为保证安全净距，尚需用撑管或托架予以支持；相对来讲，前者的引接方式比较合理。耐张引线消耗材料较多，但耐震性强，可以结合整体布置予以考虑，最好不要专为解决引线问题而设置耐张绝缘子串，否则很不经济。

4）双母线利用两组母线隔离开关之间的连线对引线加以固定，如图 10-31（e）所示。田字形半高型配电装置典型设计就是采用这种方式。隔离开关之间的连线一般采用厚度为 8～10mm 的铝排。但当其中一组隔离开关检修时，该铝排只能将一端拆除，拆除后无处固定。

5）铝排引线。如图 10-31（f）所示。一般采用 80mm×10mm 铝排直接引下，比较简单，但根据计算和模拟实验，当引下线较长时，在短路情况下变形较大，所以当引下线较短和短路电流较小时才予考虑，一般不推荐采用。

6）支撑引线。如图 10-31（g）（h）所示，用棒型支柱绝缘子侧装或斜装以支持引线。侧装方式绝缘子所受弯矩较大，擦拭困难，且不易保证引线的安全净距。斜装方式将绝缘子与水平线成 60°安装，所受弯矩较小，槽钢托架加工简单，故推荐采用。采用支撑引线时，要注意防止因导线上人等使引下线受力而拉断绝缘子。

7）GW5-110 以软导线直接引线。将 GW5-110 正装［见图 10-31（i）］或倾斜 25°安装［见图 10-31（j）］，以软导线直接引至断路器。由于 GW5-110 为 V 形结构，底座小，故便于向下引线，设计中在隔离开关选型时，可考虑这一因素。

（3）断路器和电流互感器的检修要求。对于半高型配电装置，断路器和电流互感器之间的距离，可由 2.5m 增大到 3m，以便检修、吊装和搬运设备。

（三）110kV 高型配电装置

高型配电装置的特点是将母线和隔离开关上下重叠布置，母线下面没有电气设备。该型配电装置的断路器为双列布置，两个回路合用一个间隔，因此可大大缩小占地面积，但其钢材消耗量较大，土建投资较多，安装检修及运行维护条件均较差，故在 110kV 电压等级中采用较少。

图 10-32 示出双母线 110kV 屋外高型配电装置断面布置图。

二、110kV 屋内配电装置

屋内配电装置的特点是将母线、隔离开关、断路器等电气设备上下重叠布置在屋内，这样可以改善运行和检修条件。同时，由于屋内配电装置布置紧凑，可以大大缩小占地面积。近年来，各设计单位在配电装置的设备选型，电气布置和建筑结构等方面采取了一些改进措施，从而使 110kV 屋内配电装置的造价有所降低。随着 GIS 设备的国产化，110kV 屋内配电装置采用 GIS 设备日渐普遍。

（一）布置实例

目前我国各地发电厂、变电站中所采取的 110kV 屋内配电装置型式较多，各具特点。布置形式分为断路器单列式和断路器双列式。接线方式有单母线接线、单母线分段接线、双母线接线、双母线分段接线等。

下面对一些有代表性的 110kV 屋内配电装置进行简介。

图 10-33 示出单母线接线断路器单列布置 110kV 屋内配电装置典型设计布置图。配电装置的间隔宽度 6.5m；跨距为 9m，出线间隔跨距为 18m；每个电气间隔的占地面积仅为 58.5m²，出线间隔的占地面积为 117m²。

图 10-34 示出 JB 变电站双母线接线断路器单列布置 110kV 屋内配电装置间隔断面布置图。配电装置的跨距为 12.5m，间隔宽度 7m。每个电气间隔的占地面积仅为 87.5m²。

（二）设计提示

关于 110kV 屋内配电装置的设计，有以下一些技术问题要着重考虑。

1. 主设备的选型

我国现有 110kV 屋内配电装置所采用的断路器以瓷柱式 SF_6 为最多。瓷柱式 SF_6 断路器检修周期长、运行维护方便，工程中已广泛采用。

对于隔离开关宜选用 GW5-110 型，因其底座较小，且适用于正装、斜装等各种安装方式，在屋内布置时可使空间得到充分利用。

对于电流互感器，在满足表计准确度要求和二次负荷允许范围内，可在穿墙套管或电缆终端盒上设套管式电流互感器。

2. 母线和引下线的选用

以往设计的 110kV 屋内配电装置，其中有些工程的母线及引下线均用铝管，由于它们的固定和连接比较复杂，安装检修均感不便，且铝管引下线因温度变化和操作时产生的应力，会使隔离开关棒式绝缘子的端部晃动甚至断裂，故引下线宜选用钢芯铝绞线。当母线采用铝管时，由于挠度的要求，所选铝管母线的断面会有所增大，比采用钢芯铝绞线的铝材消耗量约增加 30%。

3. 母线的相间距离

目前我国 110kV 屋内配电装置所采用的母线相间距离有 1.2～1.5m 不等，其中以 1.25m 为最多，各工程的运行情况均良好。考虑到引下线选用钢芯铝绞线，铝管母线的相间距离以采用 1.25m 为宜。当母线采用钢芯铝绞线，母线最大弧垂不超过 0.18m，导线最大水平张力在 2400N 以内时（考虑 110kV 棒式支柱绝缘子的允许抗弯破坏负荷为 4000N，计及安全系数后为 2400N），母线相间距离也可采用 1.25m。如果导线最大水平张力大于 2400N，但在支持绝缘子上的导线不卡死的话，母线相间距离仍可采用 1.25m。否则，可将母线最大弧垂放大到 0.2m，使导线的水平张力不大于 2400N，此时母线相间距离需放大为 1.3m。

4. 间隔宽度

我国 110kV 屋内配电装置的间隔宽度为 6.0～8.5m，其中大部分为 6.0～6.6m。间隔宽度除满足设备带电部分对各侧保持一定的安全净距以及操作、检修等要求外，主要决定于电气设备的选型。

早年生产的各型少油断路器和现在生产的瓷柱式 SF_6 断路器厂家都可供应垂直布置的操动机构，当配用 GW5 型隔离开关时，最小间隔宽度可为 6m。但是

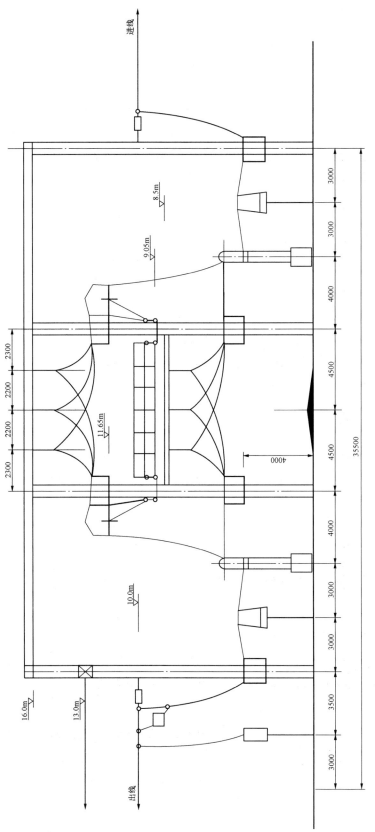

图 10-32 双母线 110kV 屋外高型配电装置断面布置图

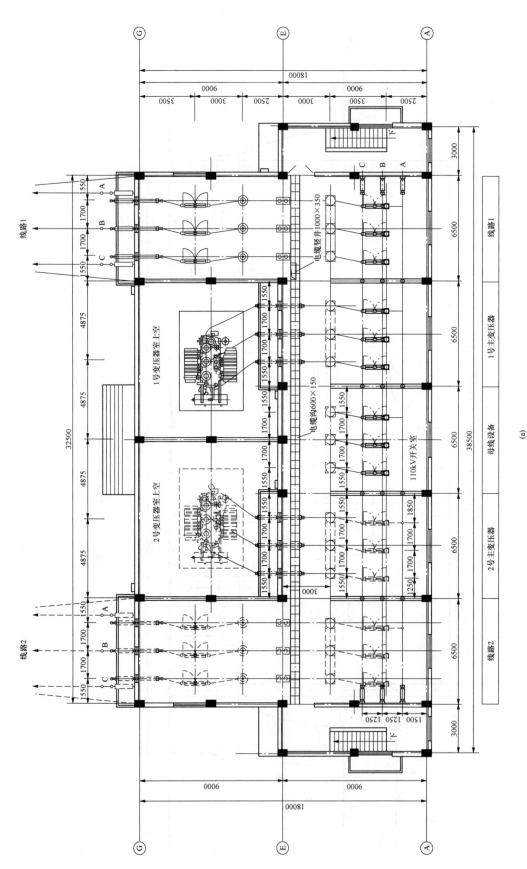

图 10-33 单母线接线断路器单列布置 110kV 屋内配电装置 (一)

(a) 平面布置图

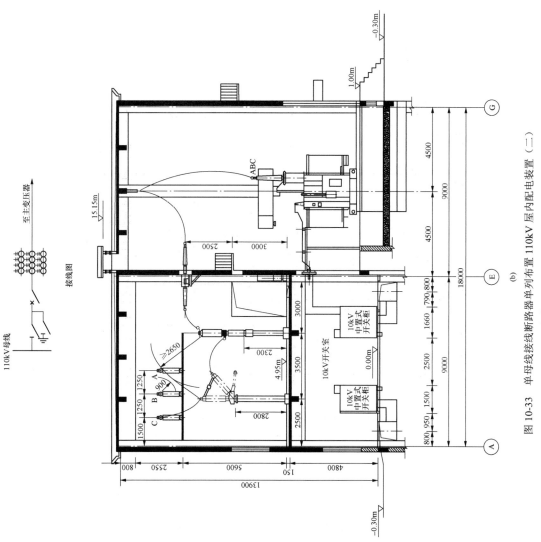

接线图

图 10-33 单母线接线断路器单列布置 110kV 屋内配电装置（二）
(b) 主变压器间隔断面布置图

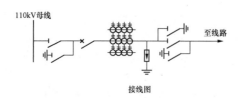

接线图

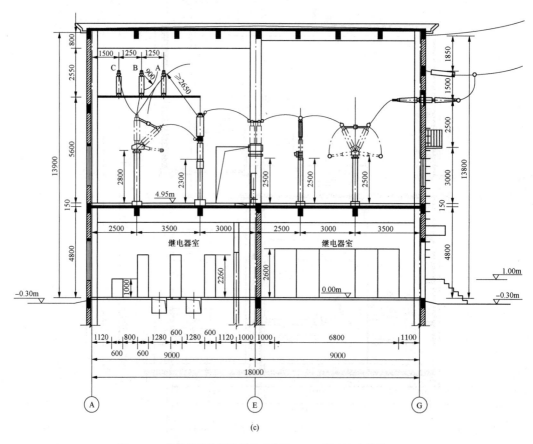

(c)

图 10-33　单母线接线断路器单列布置 110kV 屋内配电装置（三）

（c）线路间隔断面布置图

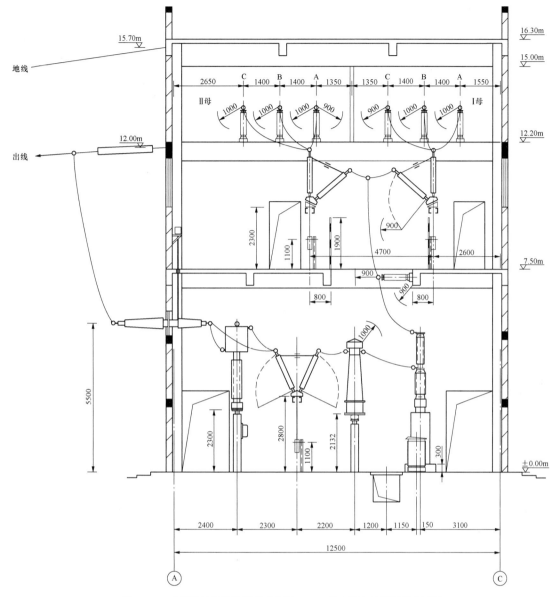

图 10-34 双母线接线断路器单列布置 110kV 屋内配电装置断面布置图

6m 的间隔宽度比较紧张，从工程实践看，在隔离开关闸刀打开的方向边相距离墙中心尺寸为 1.65m 的情况下，经常打开的隔离开关闸刀所面对的墙上，有明显的一片发黑迹象；也有的工程因土建施工发生误差，使带电的安全净距不能保证，故应适当放宽。

根据上述情况，并考虑建筑统一模式，建议间隔宽度不小于 6.3m。

5. 配电装置跨度

对于两层结构的 110kV 屋内配电装置，当上层设有巡视走道时，其跨度一般取决于上层母线设备的布置。在二层单列式布置中，接线为双母线时，其跨度一般可采用 10.5～12m，如为电缆出线时，则可视具

体情况做适当调整。

对于单层结构的 110kV 屋内配电装置，跨度一般可采用 9m。

6. 配电装置的层高

现有 110kV 屋内配电装置的楼层标高为 5～7.5m，主要视所选用的断路器型式而定。目前大多数工程采用瓷柱式 SF_6 断路器，其楼层标高一般为 6～6.9m。为保证带电体的安全净距，并考虑检修和起吊的方便，楼层净高不宜小于 6.5m。

110kV 屋内配电装置第二层的空间净高，主要决定于隔离开关的安装方式。对于双母线的接线，母线隔离开关普遍安装在第二层的楼板上，这对压缩第二

层的净高是有利的，当配电装置的跨度为 10.5m 时，第二层的净高可取 6m。

7. 母线隔离开关的安装与操作

母线隔离开关的安装方式大致有三种：①水平安装，与屋外中型布置的安装方式相同；②GW5 型隔离开关倾斜 25°安装，这种安装方式可以充分利用空间；③GW5 型隔离开关侧装，在安装时应将带罩子的触头至于下侧，并在操动机构上装设闭锁装置，以免发生自动闭合情况，同时，再设计中要考虑侧装时棒式绝缘子自重的影响，其端子允许拉力应适当减少。

布置在楼层的隔离开关，其操作地点有就地和在底层两种，这主要取决于隔离开关的安装方式。对水平安装的隔离开关，一般直接安装在楼板上，故其操动机构都设在底层。对倾斜 25°安装的 GW5 型隔离开关，一般固定在离楼板 2.3m 以上的支架梁上，这于屋外中型布置的操作条件相同，一般为就地操作。对于侧装的隔离开关，若采用就地操作，为保证在发生误操作时对运行人员的安全，其安装操动机构的面板应采用钢板，如有可能，宜在底层进行操作。

8. 穿墙套管的辅助设施

我国北方雨水较少，积聚在穿墙套管上的污秽物不易冲刷，遇上小雨或雾天就易发生闪络，所以一般应设置雨篷。但在南方因降水量较大，且较频繁，污秽物不会积聚很多，运行情况较好，则认为设置雨篷的必要性不大。是否需要设置，需根据具体气象条件和污秽物质情况确定。

穿墙套管的储油器（或称油封）应装设在便于监视油位及运行中加油方便的地方，当为两层布置时，一般安装在楼层通道内。

穿墙套管应设有取油样的设备，取样阀门一般装设在底层离地 1.2m 处，并应防止漏油。

9. 检修要求

110kV 屋内配电装置的设备多为就地检修。在安装或大修时，主要是在间隔内搭临时脚手架。为便于设备的起吊，应在楼板下适当位置设置吊环。同时，在楼板引线孔洞两侧要留出调耳，以便在安装检修时铺设挑板，并用以搁置起吊轻型设备的横梁。

对穿墙套管可在屋檐或雨篷下设置吊环以利安装和检修。

为便于楼层隔离开关的检修，设计时在每组隔离开关靠引下线空洞侧要留出足够的宽度，使之能竖立靠梯上人。

10. 土建结构

土建结构有钢筋混凝土框架结构、砖混结构和砖结构等不同形式，其中普遍采用的是砖混结构，在Ⅶ～Ⅷ度地震区增加构造柱。砖混结构一般采用砖墙承重，钢筋混凝土楼板，大型屋面板或空心板，钢筋混凝土

圈梁。设备支承梁有多种型式，当间隔宽度为 6.3～3.5m 时，可采用 2[18～2[20 钢梁，其宽度取 400mm，以便上人检修设备。

11. 通风和采光

配电装置要具备良好的通风和采光设施，以改善运行检修条件。

配电装置的通风一般采用自然通风和事故通风。自然通风多采用百叶窗。事故通风采用排风机，为保证发生事故时可靠工作，该风机应能在配电装置外合闸操作。

屋内配电装置尽量考虑自然采光，一般采用固定窗，并以细孔钢丝网进行保护。所设窗户还可作为断路器等设备故障爆炸时泄压用。

配电装置的门窗缝隙应密封，通风孔应设防护网，以免因雨雪、风沙、污秽或小动物进入而造成污染或引起事故。

三、110kV 全封闭组合电器（GIS/HGIS）配电装置

气体绝缘金属封闭开关设备（gas insulated switchgear, GIS），是一种全封闭式成套设备，将断路器、隔离开关、电流及电压互感器、母线、避雷器、电缆终端盒、接地开关等元件，按电气接线的要求，依次连接，组合成一个整体，并且全部封闭于接地的金属外壳中，壳内充以 SF_6 气体，作为绝缘和灭弧介质。

早在 20 世纪 60 年代中期，美国生产出第一台 GIS 以来，高压电气设备发生了质的飞跃，也给配电装置带来了一次革命，引起世界电力部门的普遍重视。我国 GIS 的研究工作起步于 20 世纪 60 年代，与世界其他国家基本同步，1971 年我国首次试制成功 110kV GIS，并投入运行。截至 2015 年，110kV GIS 配电装置在火电厂、核电站、水电站、变电站投入运行的间隔已不计其数。其布置方式随接线形式不同而有多种。

按照使用条件 GIS 配电装置分为屋内型和屋外型，屋外型 GIS 不需设置厂房，可减少建设投资，但长期受到日照雨淋，夏季温升增高，冬季（特别严寒地区）SF_6 气体可能液化，故对屋外 GIS 应考虑日照辐射以及屋外环境对设备的影响。而屋内型 GIS 运行条件优越，但由于增加了厂房、吊车、排风等设施，建设费用较高。

（一）GIS 配电装置特点

1. 占用面积和空间小

GIS 与常用的各级电压中型布置配电装置的面积之比约为 25/(U_e+25)，其空间之比约为 10/U_e（U_e 为额定电压，kV）。

2. 运行可靠性高

暴露的外绝缘少，因而外绝缘事故少；内部结构

简单，机械故障机会减少；外壳接地，无触电危险；SF_6 为非燃性气体，无火灾危险，气压低，爆炸危险性也小。

3. 运行维护工作量小

平时不需冲洗绝缘子；设备检修周期长，与常规电器比较为（5~10):1，几乎在使用寿命内不需要解体检修。

4. 环境保护好

无静电感应和电晕干扰，噪声水平低。

5. 适应性强

因为重心低、脆性元件少，所以抗震性能好；因为是全封闭，不受外界环境影响，还可用于高海拔地区和污秽地区。

6. 安装调试容易

因为制造厂在厂内经过组装密封，又是单元整体运输，所以现场只需整装调试，安装方便。

7. 缺点

造价较高，与架空出线尺寸较难配合，不便于扩建。

（二）GIS 配电装置适用条件

在技术经济比较合理时，宜用于下列情况的 110kV 及以上电网：

（1）布置场所特别狭窄地区；

（2）地下式配电装置；

（3）重污秽地区；

（4）高海拔地区；

（5）高烈度地震区。

（三）HGIS 配电装置

GIS 设备具有运行可靠性高、环境适应能力强、耐地震能力强以及占地面积和占有空间小等优点，但存在造价昂贵、与架空出线较难配合及不便于扩建等问题。一直以来，出于经济考虑，在工程建设中更侧重控制一次性投资，对采用 GIS 有一定限制，使用范围多限于严重污秽地区或场地受限制等特殊场所。在这种政策的指导下，在已建成的发电厂变电站工程，尤其是超高压配电装置中，采用空气绝缘的敞开式开关设备（AIS）的占多数。这样虽然节约了大量的投资，但也造成了工程占地偏大，土方开挖量大，对环境破坏较严重，运行可靠性相对较低等一系列问题。

HGIS 是介于 GIS 和常规 AIS 之间的具有两者优点的组合高压电器，是 hybrid gas insulated switchgear 的缩写。它是采用了 GIS 主要设备，按主接线要求，结合敞开式开关设备的特点布置出的混合型 GIS 产品，其主要特点是采用 GIS 形式的断路器、隔离开关、电流互感器等主要元件分相组合在金属壳体内，由出线套管通过软导线连接敞开式母线以及敞开式电压互

感器、避雷器，布置成的混合型配电装置。HGIS 采用成熟 GIS 设备的标准模块，主母线系统则继承了 AIS 空气绝缘主母线的可靠性高、检修维护方便、成本较低等优点，成为兼顾运行可靠性与节省占地等要求条件可采用的一种配电装置型式。同类型的产品还有 MITS、PASS，其中 MITS 与 HGIS 基本相同，与他们之间的主要区别是，MITS 采用的是光电流互感器，而 HGIS 采用的是常规电流互感器；HGIS 与 PASS 之间的区别较大，PASS 是由金属壳密封，把气体绝缘的断路器、隔离开关、电流及电压传感器与套管全部组合在一个共用的气室内，而 HGIS 各主要设备分别分隔在不同气室内。

（四）GIS 配电装置布置

1. 布置特点

GIS 由各个独立的标准元件组成，各元件间都可以通过法兰连接起来，故具有积木式的特点。因此，对于不同电气主接线，可以用各种元件组合成不同形式的装置。但在一般情况下，断路器和母线筒的结构型式对布置影响最大。例如屋内式 GIS，若选用水平布置的断路器，一般将母线筒布置在下面，断路器布置在最上面；若断路器选用垂直端口时，则断路器一般落地布置在侧面。屋外式 GIS，断路器一般布置在下部，母线筒布置在上部，用支架托起。

2. 布置方式

GIS 安装在屋外，需设置加热和防雨装置，检修时还必须运入检修间或采取临时措施；而装于屋内则安装、检修和运行不受环境条件影响，电压等级较低的 GIS 占用面积和空间小，厂房面积及高度均小，厂房投资占总投资比例也很小，故 220kV 及以下电压等级的 GIS 有很多屋内式案例。GIS 屋内布置时，需考虑检修起吊空间的预留，并配置通风及起吊设施。

3. 主要尺寸的确定

GIS 的进出线端部带电体通常暴露于空气中，其最小安全净距应按敞开式的规定。其余带电体均密封于金属壳体内，各元件间的距离主要是根据安装、检修、试验和运行维护等的需要而确定，一般按下列几方面进行校验：

（1）同一间隔内相间外壳距离应满足各元件之间拆、装法兰螺栓的距离（由拆、装断路器法兰螺栓控制），一般需要 5~25cm，相间不需有维护通道。

（2）不同间隔相间外壳距离应设有能进行维护的通道，一般可取 50~60cm。若有操动机构时，尚应满足组装、操作的距离。

（3）在同一间隔内，若上、下均布置有元件时，元件外壳之间的距离应满足检修元件操动机构的要求，其尺寸按操动机构可拆零件的大小决定，一般由

制造厂提供。

（4）GIS 的维护通道应满足搬运气体回收小车或试验设备的宽度，一般取 200～300cm。

（5）GIS 的元件，在吊运过程中与其他运行元件或停电检修中的盆式绝缘子、导电杆之间应保持一定的安全距离，一般可取 10～20cm。

（6）GIS 采用屋内布置时，应在一端设置安装间，其长度一般取 1.5～2 个间隔宽度。

（五）布置实例

图 10-35 示出内桥式接线 110kV 屋外 GIS 配电装置典型设计布置图。

图 10-36 示出双母线接线 110kV 屋外 GIS 配电装置典型设计布置图。该 GIS 配电装置共有 12 个间隔，3 回进线采用架空，出线采用电缆与架空混合方式。

图 10-37 示出单母线分段接线 110kV 屋内 GIS 配电装置布置图。图中共有 7 个间隔，中间为母线分段间隔和母线电压互感器间隔，每段母线上布置有 1 回出线，1 回主变压器进线，进、出线均采用架空线。配电装置长度为 14.5m，配电装置室宽度 10m，GIS 设备净高约 3.7m，吊钩对地 5.2m，相间距离 1.5m。

图 10-38 示出双母线接线 110kV 屋内 GIS 配电装置接线及布置图。该 GIS 配电装置共有 13 个间隔，进出线全部采用电缆。配电装置长度为 19.1m，配电装置室宽度为 9.5m，GIS 设备净高约 3.2m，吊钩距地面最小值为 5.2m，相间距离 1.5m。

（六）设计提示

110kV GIS 配电装置设计时，有以下技术问题要着重考虑。

1. 伸缩节的配置

GIS 是由断路器、隔离开关、互感器和母线互相连接起来的，这些元件的材料不同，膨胀系数不同，当温度变化时若干个元件不能自由伸长和缩短，由于温度应力的原因，势必损坏元件。为此在 GIS 的母线管要配置伸缩节头，其配置原则如下：①土建结构有伸缩缝的地方；②会产生震动的地方，如 GIS 与主变压器相连接的地方；③母线过长的地方，每两个伸缩节间的母线筒长度不宜超过 40m。此外，伸缩节头还能补偿 GIS 加工而造成的误差，因为 GIS 的各个元件都是刚性结构，加工时稍有误差，就安装不上。而伸缩节一般是用厚度为 1mm 以下的铝合金薄板做成的，若干片铝带组合在一起，成为一个伸缩节头。当温度变化时，节头可以伸长和缩短，弥补因温度变化而产生的温度应力而破坏元件。

2. GIS 与外部的连接

GIS 与架空线连接，GIS 出线套管的内部分成两个气室，它们之间用环氧树脂盆型绝缘子分隔。套管的下部与 GIS 元件相连通，并充以高压 SF$_6$ 气体，其压力与运行压力相同。套管的上部充以比大气压力略高一点的 SF$_6$ 气体。因在出线套管外还接有避雷器、耦合电容器等高压设备。这些设备都是以空气作为绝缘介质，处于不均匀电场下的常规设备，它们与 GIS 出线套管的绝缘距离应按常规设备考虑。

GIS 与主变压器的连接方式有两种，一种是直接与主变压器套管相连，主变压器套管外侧是 SF$_6$ 气体，内侧是变压器油，称为油气套管。套管外面用金属罩保护，分上、下两节，分别由变压器厂和 GIS 厂制造供货，为此两个厂要密切配合。另一种是 GIS 设备出线套管端子直接与架空线相连，这种连接方式可避免 GIS 基础与主变压器基础不均匀下沉时对硬连接的受力。

GIS 用电缆终端与高压电缆的连接，目前 110kV 电缆进出线时，大多采用干式电缆，GIS 母线与高压电缆终端间加以密封圈，密封圈的一侧为 SF$_6$ 气体，另一侧为电缆终端。

3. 屋内 GIS 配电装置对建筑的要求

GIS 配电室的门窗要求：在满足防火规程要求的前提下，可采用铝合金窗，下部固定百叶铝合金窗，门可采用钢质防火门。

当配电装置室的 GIS 故障时，有 SF$_6$ 气体和其分解物泄漏，其分解物多有毒性，危害人员的健康。因此在 GIS 配电室中必须装设气体监测及通风设备，其通风量和换气次数应满足有关规程规范要求。

四、型式选择

各型敞开式 110kV 配电装置中，屋外半高型能大幅度节约用地，满足施工、运行和检修的要求，并有多年使用经验。因此，在设计 110kV 配电装置时，除污秽地区、市区和抗震设防烈度为 8 度及以上地区外，一般宜优先选用屋外半高型配电装置。采用管形母线的半高型布置虽能更多的节省占地面积，经济指标与软母线半高型也相近，但因相间距离小，不能带电作业，安装工艺要求较高，所以可在检修机具更新落实的条件下，结合工程具体情况酌情使用。

由于屋内配电装置防污效果较好，又能大量节约用地，故采用屋内配电装置是一项有效的防污措施。此外，大、中城市市区的土地费用昂贵，征地困难，线路走廊也受到限制，故市区内的 110kV 配电装置也宜选用屋内型。

110kV 屋外高型配电装置由于钢材耗量大，土建费用多，安装检修和运行维护条件较差，所以一般不采用。同时，在抗震设防烈度较高的地区，也不宜采用高型布置。

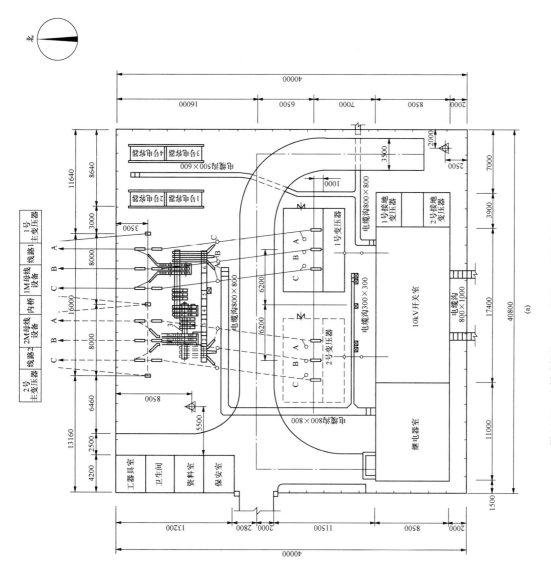

图 10-35 内桥式接线 110kV 屋外 GIS 配电装置（一）
(a) 平面布置图

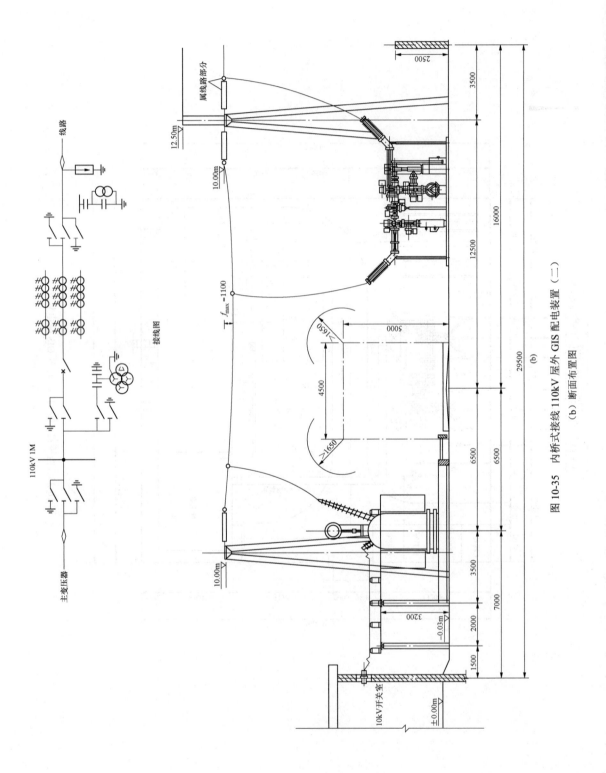

图 10-35　内桥式接线 110kV 屋外 GIS 配电装置（二）

(b) 断面布置图

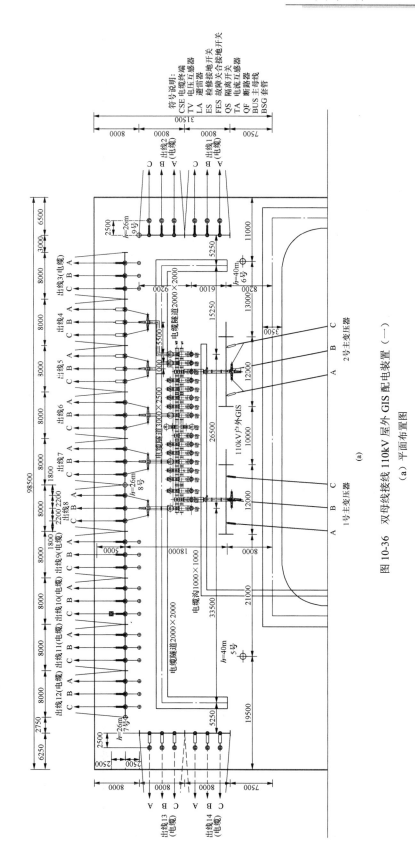

图 10-36 双母线接线 110kV 屋外 GIS 配电装置（一）

（a）平面布置图

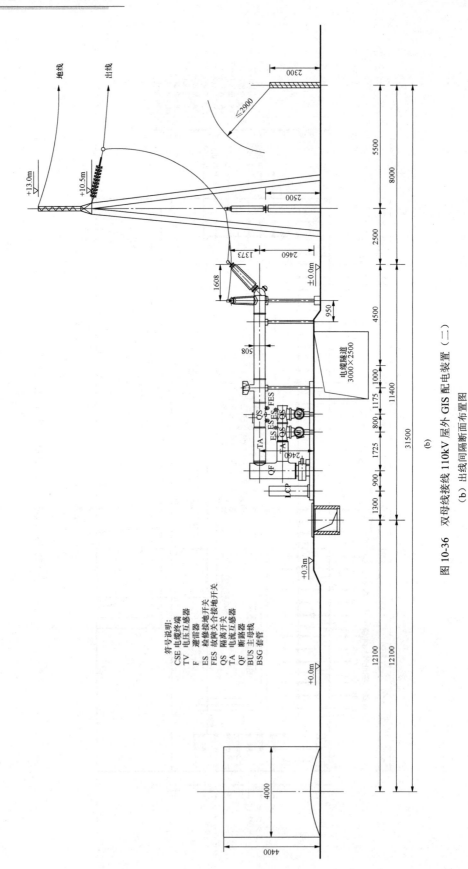

符号说明：
CSE 电缆终端
TV 电压互感器
F 避雷器
ES 检修关合接地开关
FES 故障关合接地开关
QS 隔离开关
TA 电流互感器
QF 断路器
BUS 主母线
BSG 套管

图 10-36 双母线接线 110kV 屋外 GIS 配电装置（二）

（b）出线间隔断面布置图

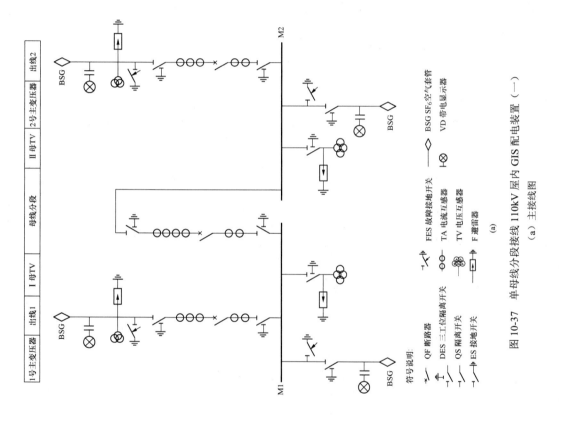

符号说明：

QF 断路器
DES 三工位隔离开关
QS 隔离开关
ES 接地开关

FES 故障接地开关
TA 电流互感器
TV 电压互感器
F 避雷器

BSG SF₆空气套管
VD 带电显示器

1号主变压器　出线1　I 母TV　母线分段　II 母TV　2号主变压器　出线2

图 10-37　单母线分段接线 110kV 屋内 GIS 配电装置（一）

（a）主接线图

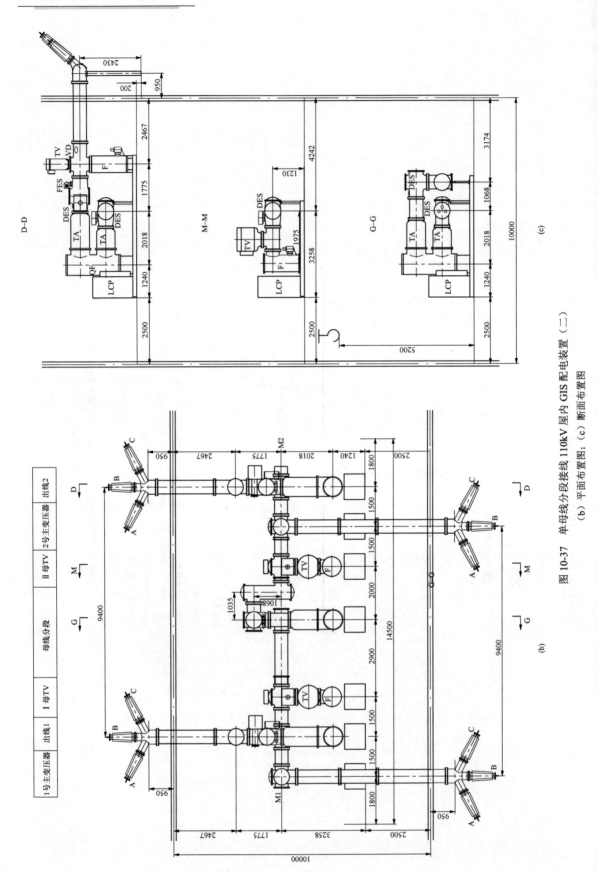

图 10-37　单母线分段接线 110kV 屋内 GIS 配电装置（二）

(b) 平面布置图；(c) 断面布置图

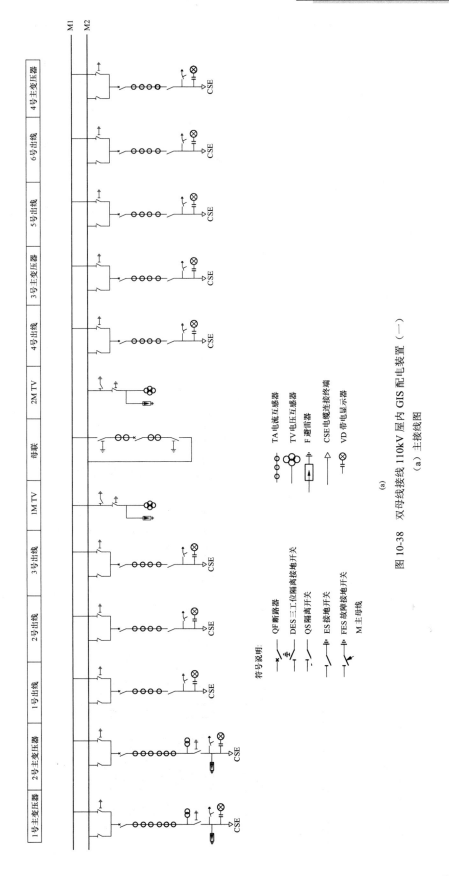

图 10-38 双母线接线 110kV 屋内 GIS 配电装置 (一)

(a) 主接线图

符号说明:

QF 断路器
DES 三工位隔离接地开关
QS 隔离开关
ES 接地开关
FES 故障接地开关
M 主母线

TA 电流互感器
TV 电压互感器
F 避雷器
CSE 电缆连接终端
VD 带电显示器

(a)

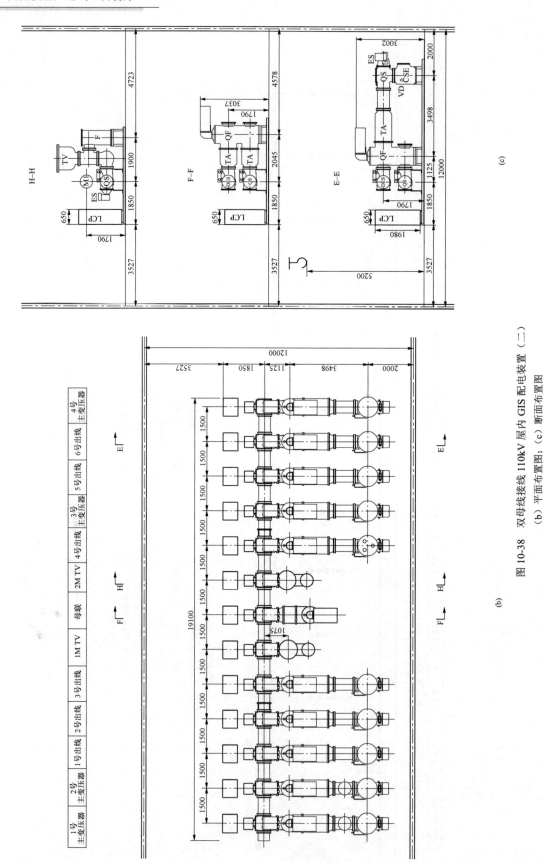

图 10-38 双母线接线 110kV 屋内 GIS 配电装置 (二)
(b) 平面布置图; (c) 断面布置图

110kV 屋外中型配电装置在我国建设数量最多，具有丰富的施工、运行和检修经验。但因占地面积过多，故不优先推荐采用，在抗震设防烈度为 8 度及以上地区或土地贫瘠地区，可考虑采用。

近年由于国产 GIS 的技术及生产工艺已成熟，国产 110kV GIS 价格大幅下降，在空气污秽地区，盐雾地区，土地昂贵地区，土石方开挖工程量大，抗震设防烈度高的地区，110kV 配电装置多采用 GIS 配电装置。

第五节　220kV 配电装置

一、220kV 屋外配电装置

220kV 系统常见接线为双母线接线，本节主要以双母线接线为例对 220kV 配电装置进行介绍。

（一）220kV 中型配电装置

现有 220kV 配电装置分普通中型布置和分相中型布置两种。对于普通中型布置其母线下不布置任何电气设备；而分相中型布置的特点是将母线隔离开关直接安装在各相母线的下面。

1. 普通中型配电装置

该型配电装置的特点和使用情况与 110kV 电压级类同，其电气设备都安装在地面支架上，施工、运行和检修都比较方便，所以使用广泛，各方面的经验都比较丰富，但占地面积较大。随着配电装置布置的不断革新，经过技术经济比较，在占地受限或经济允许的条件下，普通中型布置被其他各型占地较少的配电装置取代，其使用范围缩小。

图 10-39 示出 SD 电厂双母线接线断路器双列布置 220kV 屋外普通中型配电装置图。该型布置以 7 个间隔计，占地面积为 16.55 亩。

从 20 世纪 70 年代开始，采用铝管母线的配电装置日益增多，图 10-40 示出铝管母线断路器单列布置 220kV 屋外普通中型配电装置图，采用双母线接线，间隔宽度为 12.5m。其布置方式与采用软母线单列布置的普通中型配电装置相似，但因铝管母线弧垂很小，架构高度可以降低，且母线相间距离缩小为 3m；同时，两组母线隔离开关选用了敞开式组合电器，从而压缩了配电装置的纵向尺寸。

2. 分相中型配电装置

分相中型配电装置是将母线隔离开关直接布置在各相母线的下方，有的仅一组母线隔离开关采用分相布置，有的所有母线隔离开关采用分相布置。隔离开关的型式有 GW4、GW11 型双柱式，GW7 型三柱式或 GW6、GW10、GW22 等型单柱式。母线型式有软母线与管形母线两种。分相中型布置可以节约

用地，简化架构，节省材料，故已基本上取代普通中型布置。

图 10-41 示出 ZN 电厂分相中型配电装置布置图。采用一组 GW22 型母线隔离开关分相布置，将两组母线电压互感器及避雷器合并布置在一个间隔内，以减少配电装置的占地面积。在隔离开关采用分相布置后，为保证两组母线隔离开关与断路器之间的连线对架构的安全净距，间隔宽度须采用 15m；同时，为了留有一定的裕度，将断路器的相间距离由 4m 改为 3.5m。该布置因引线少，比较清晰，悬垂绝缘子串的数量比普通中型布置少 1/3，且简化了架构，从而减少了检修及维护的工作量。

分相中型配电装置除上述软母线布置外，还有管形母线布置方式，管形母线的安装方式又分为支持型和悬吊型。

图 10-42 示出支持型管形双母线垂直伸缩式隔离开关 220kV 屋外分相中型配电装置布置图，管形母线安装方式为支持式，断路器单列布置。其间隔宽度均为 13m，进出线相间距离为 4m，边相至架构支柱中心线距离为 2.5m。设备的相间距离为 3.5m，母线的相间距离为 3m。管形母线采用棒式支柱绝缘子和支持托架的安装方式，托架长为 3m，用以加强铝管的刚度和防止母线产生微风震动。设备搬运道路设在断路器和电流互感器之间，两者连线采用铝管。

图 10-43 示出悬吊型管形双母线垂直伸缩式隔离开关 220kV 屋外分相中型配电装置典型设计布置图，管形母线安装方式为 V 形绝缘子串悬吊型，断路器单列布置。间隔尺寸与支持型管形母线基本相同。

3. 设计提示

关于 220kV 中型配电装置的设计，有以下一些技术问题要着重考虑。

（1）相间距离和间隔宽度。我国已运行的发电厂和变电站中，220kV 配电装置的相间距离和间隔宽度种类很多，解放初期设计的普通中型配电装置间隔宽度为 16m，以后多为 14m 或 15m。在 1974 年编制的 220kV 屋外配电装置典型设计中，对普通中型布置推荐相间距离为 4m，边相对架构支柱中心线距离为 3m，间隔宽度为 14m；对采用 GW4 型、GW7 型隔离开关的分相中型布置，间隔宽度选用 15m，即边相对架构中心线的距离由 3m 改为 3.5m。为了节省占地面积，部分工程将间隔宽度压缩到 12～13m，其设备相间距离取 3m，进出线相间距离取 4m 或 3.75m。

随着电力系统的发展，220kV 配电装置的母线穿越功率增大，铝管母线的直径由原设计的 $\phi100/\phi90$ 加大为 $\phi130/\phi116$ 或 $\phi130/\phi104$。同时，220kV 电网短路电流增大至 50～63kA，污秽等级提高至 e 级。为适应

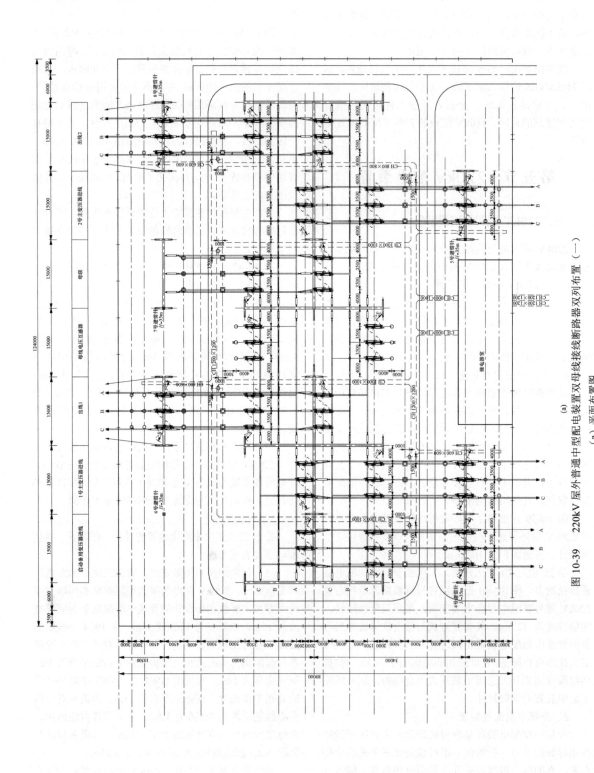

图 10-39　220kV 屋外普通中型配电装置双母线接线断路器双列布置（一）

(a) 平面布置图

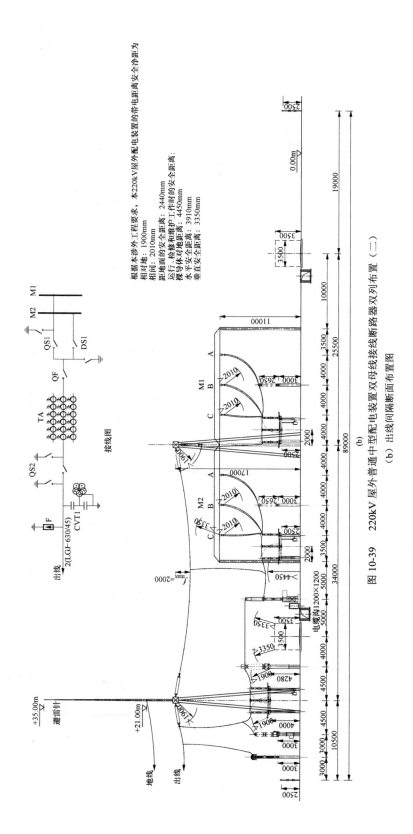

图 10-39 220kV 屋外普通中型配电装置双母线接线断路器双列布置（二）

（b）出线间隔断面布置图

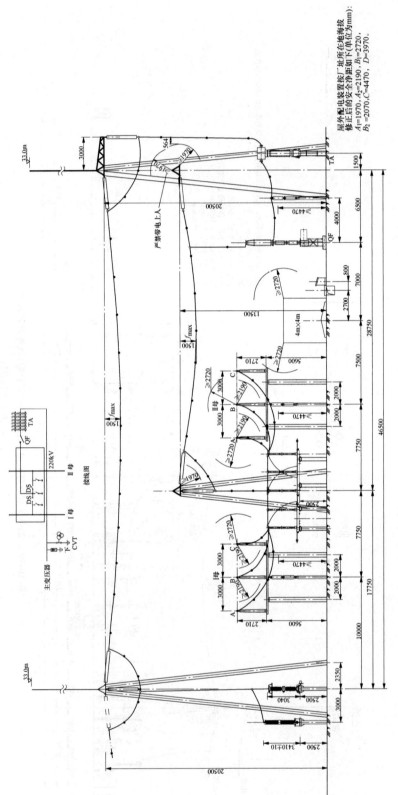

图 10-40 支持铝管双母线断路器单列布置 220kV 屋外普通中型配电装置断面布置图

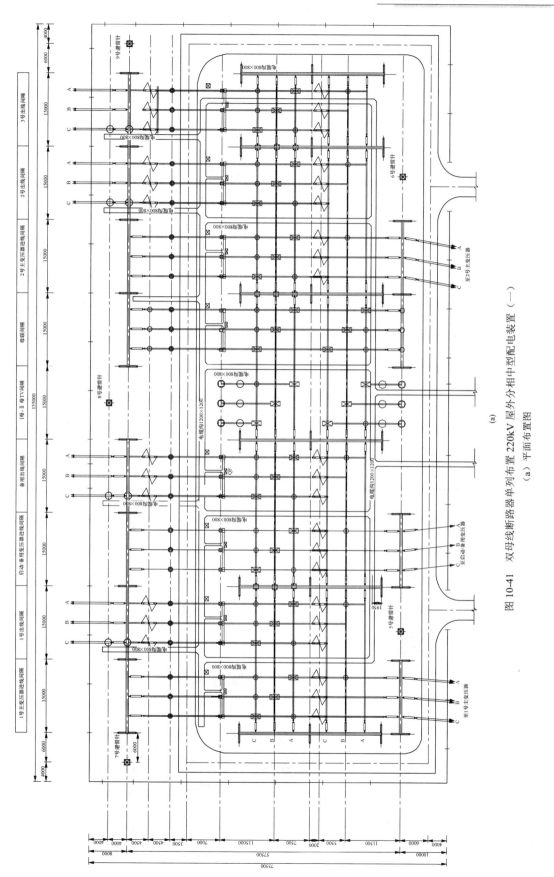

图 10-41 双母线断路器单列布置 220kV 屋外分相中型配电装置（一）

（a）平面布置图

(a)

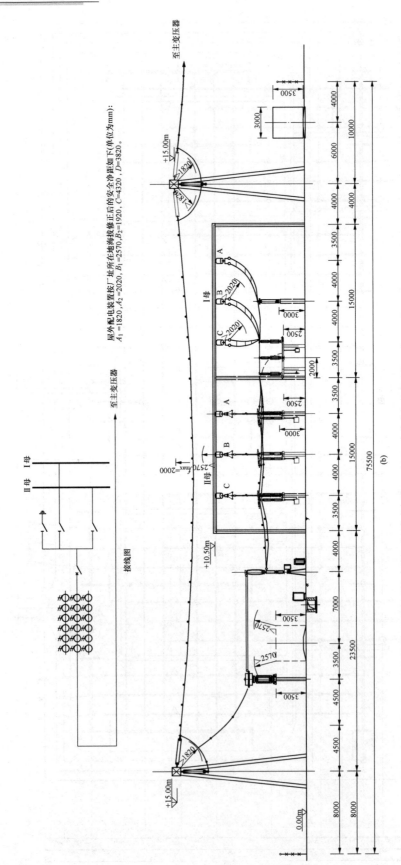

图 10-41　双母线断路器单列布置 220kV 屋外分相中型配电装置（二）

（b）主变压器进线间隔断面布置图

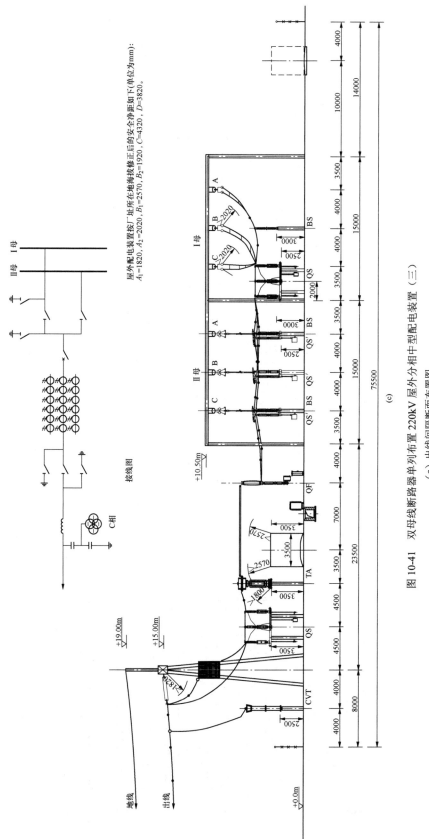

图 10-41 双母线断路器单列布置 220kV 屋外分相中型配电装置（三）

(c) 出线间隔断面布置图

屋外配电装置按厂址所在地海拔修正后的安全净距如下（单位为mm）：
$A_1=1820$，$A_2=2020$，$B_1=2570$，$B_2=1920$，$C=4320$，$D=3820$。

接线图

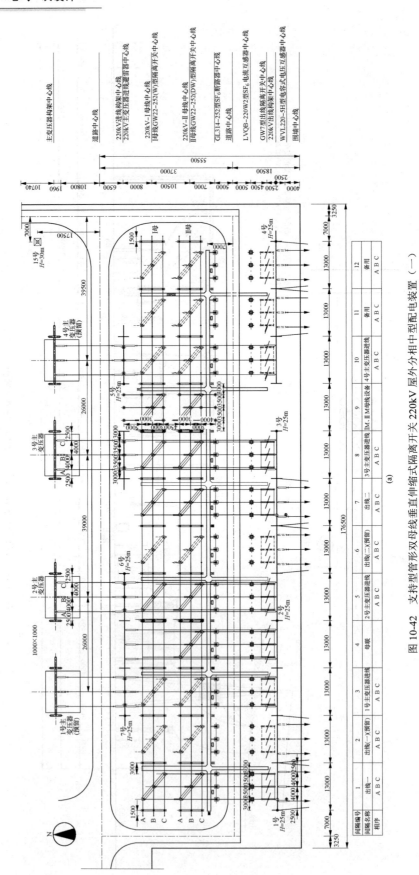

图 10-42 支持型管形双母线垂直伸缩式隔离开关 220kV 屋外分相中型配电装置（一）

（a）平面布置图

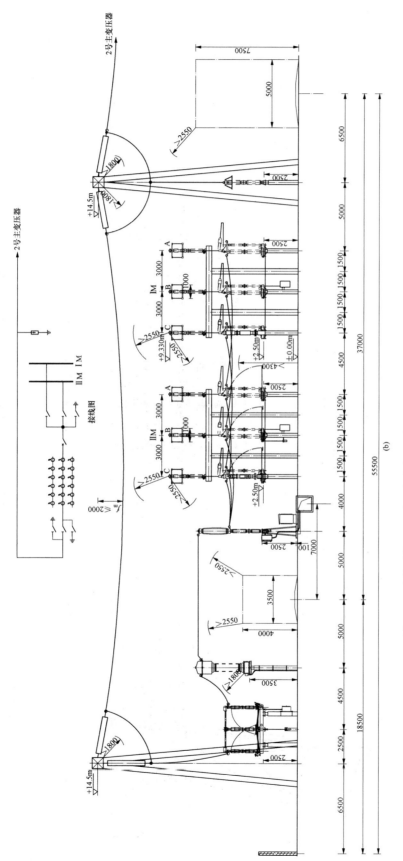

图 10-42 支持型管形双母线垂直伸缩式隔离开关 220kV 屋外分相中型配电装置（二）

(b) 主变压器进线间隔断面布置图

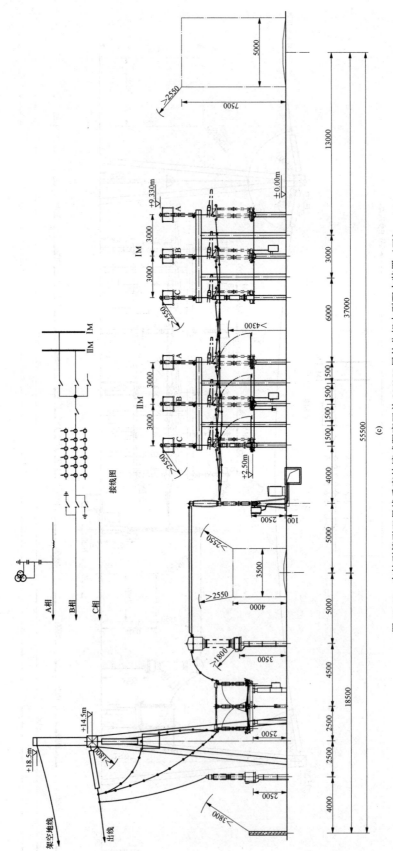

图 10-42 支持型管形双母线垂直伸缩式隔离开关 220kV 屋外分相中型配电装置（三）

(c) 出线间隔断面布置图

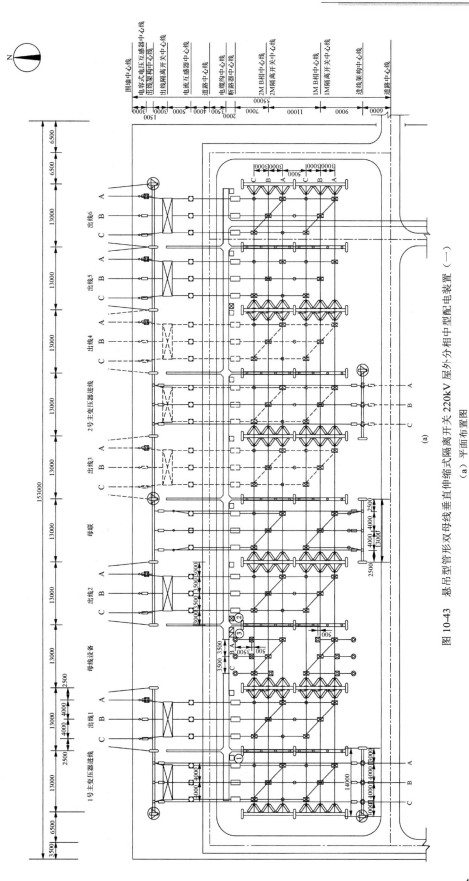

图 10-43 悬吊型管形双母线重直伸缩式隔离开关 220kV 屋外分相中型配电装置（一）

（a）平面布置图

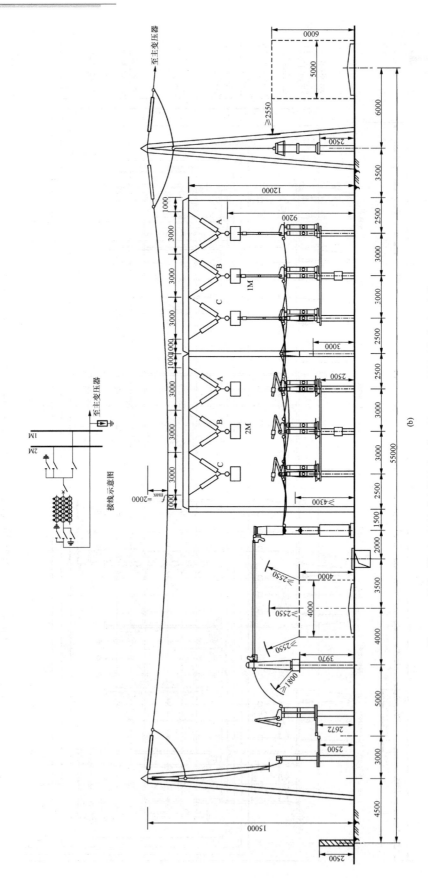

图 10-43 悬吊型管形双母线垂直伸缩式隔离开关 220kV 屋外相中型配电装置（二）

（b）主变压器进线间隔断面布置图

上述变化，配电装置尺寸适当放宽，间隔宽度可采用 15m，即进出线相间距离为 4m，边相至架构支柱中心线距离为 3.5m。V 形绝缘子串悬吊式管形母线相间距离为 4m，设备相间距离采用 3.5～3.8m。

以往工程中 220kV 分相中型布置曾采用的相间及相对地的距离见表 10-23。

表 10-23 分相中型布置曾采用的相间及相对地距离 （m）

间隔宽度	设备采用的距离		进出线采用的距离	
	相间	相对地	相间	相对地
12	3.0	3.0	3.75	2.25
12.5	3	3.25	3.75	2.5
13	3	3.5	4	2.5
13	3	3.5	4.25	2.25
14	4	3	4	3
15	3.5	4	4	3.5
15	3.8	3.7	4	3.5

现列举 14m 及 12～13m 两种间隔宽度的确定如下。

1）14m 间隔宽度的确定。1974 年编制的 220kV 普通中型配电装置典型设计推荐的间隔宽度为 14m。间隔宽度由相间距离及边相对架构支柱中心线之间的距离所决定。

a. 相间距离要满足下列要求：

（a）进出线对相间距离的要求见表 10-24。该表按导线跨距为 40m，计算短路电流为 21kA，导线最大弧垂为 2m 考虑。

表 10-24 进出线对相间距离的要求 （m）

导线型号	雷电过电压、风偏	操作过电压、风偏	最大工作电压、风偏
LGJQ-300	2.2	2.4	4.0
LJGQ-400	2.2	2.3	3.8

（b）设备对相间距离的要求见表 10-25。

表 10-25 设备对相间距离的要求 （m）

220kV 设备类型	要求相间距离
SF$_6$ 断路器 单柱式隔离开关 三柱式隔离开关	3
双柱式隔离开关	4

（c）电晕对相间距离的要求见表 10-26。

根据以上三点综合考虑，相间距离取 4m 即可满足要求。

表 10-26 电晕对相间距离的要求 （m）

导线型号	海拔为 1000m 时要求的相间距离	
	U_{xg}=133kV	U_{xg}=147kV
LGJQ-300	3.5	4.0
LGJQ-400	2.0	3.4

b. 边相对架构中心线之间的距离要求要满足下列要求：

（a）边相引下线对架构中心线之间的距离要求见表 10-27。

表 10-27 边相引下线对架构中心线之间距离的要求（出线偏角≤10°） （m）

导线型号	雷电过电压、风偏	操作过电压、风偏	最大工作电压、风偏
LGJQ-300 LGJQ-400	2.4 2.4	2.3 2.2	1.9 1.9

（b）边相跳线对架构中心线之间的距离要求见表 10-28。

表 10-28 边相跳线对架构中心线之间距离的要求 （m）

导线型号	雷电过电压、风偏	操作过电压、风偏	最大工作电压、风偏
LGJQ-300 LGJQ-400	2.2 2.1	2.0 2.0	1.9 1.8

（c）边相阻波器对架构中心线之间的距离要求为 2.8～3.0m。

（d）带电作业人登杆时，边相对架构中心线之间距离的要求为：

1.8m（A 值）+0.75m（人的活动范围）+0.1m（导线风偏位移）=2.65m

按上述各项要求取其最大数值，边相对架构中心线之间的距离确定为 3m。

根据以上分析，采用软导线的 220kV 普通中型配电装置的相间距离为 4m，边相对架构中心线之间的距离为 3m，故间隔宽度为 14m。

2）12～13m 间隔宽度的确定。为将间隔宽度由 14m 压缩到 12～13m，设计中采取了下列措施：

a. 隔离开关选用 GW6 型单柱式或 GW7 型三柱式，这两种隔离开关所要求的相间距离较小，可使设备相间距离缩减为 3m。

b. 减少进出线的弧垂。当间隔宽度采用 12m 时，进出线相间距离需由 4m 压缩为 3.75m。该值小于表 10-23 所列的计算值，为安全起见，要将进出线的弧垂由 2.0m 减少为 1.9m，此时导线风偏摇摆所要求的相间距离为 3.69m。

c. 跳线及引下线加装悬垂绝缘子串。当有跳线时，为保证跳线风偏摇摆的安全距离，需在横梁上加装悬垂绝缘子串，悬垂串的相间距离和边相对架构中心线之间的距离均不得小于 3m。进出线隔离开关引下线应根据布置情况校验其风偏摇摆值。若计算结果不能保证对架构的安全距离时，也应采用加装悬垂绝缘子串的形式，如图 10-44 所示。

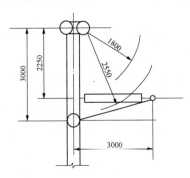

图 10-44　加装悬垂串引接跳线或引下线

d. 限制出线偏角。当间隔宽度采用 12m 时，即使在距架构中心线 3m 处有悬垂绝缘子串悬吊引下线，出线偏角也不能大于 5°，否则引下线就不能保证对架构边缘大于 B 值的要求。若有两回出线相邻时，必须采用双回路的线路终端塔，立在两出线架构中间，这样出线偏角都向内，对配电装置有利。

e. 用 V 形绝缘子串悬挂阻波器。为缩小间隔宽度，阻波器的安装方式有支持式、悬臂梁悬挂式、V 形绝缘子串悬挂式等多种，其中以 V 形绝缘子串悬挂式较为简便。阻波器用 V 形绝缘子串悬挂式后，绝缘子串基本上不会再发生风偏位移，仅需考虑阻波器本身的风偏位移。以 GZ2-800-1 型阻波器为例，将其受风面视为平板，在最大风速为 35m/s 时，该阻波器的接线板最外端偏移到距悬挂点中心线 0.82m 处，按两相同时向内侧摇摆，则最大工作电压时所要求的相间距离为：2×0.82+0.9=2.54（m）；在内部过电压时，取计算风速为最大风速的 50%（按 16m/s 考虑），此时要求的相间距离不小于 3m，是能够保证安全的。如一相悬挂两个阻波器，只要相邻相不再出现同样情况，则也可以满足安全距离的要求。图 10-45 示出 12m 或 13m 间隔的阻波器布置，括号内数字为 13m 间隔的数值。

（2）双层架构引下线方式。在普通中型配电装置断路器单列布置方案中，主变压器进线间隔和母联间隔的门型架采用双层架构，其引下线的方案很多，但使用较多的是悬臂梁和双串绝缘子方式，其示意图如图 10-46 所示。

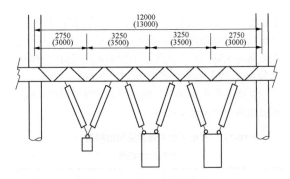

图 10-45　12m（13m）间隔的阻波器布置

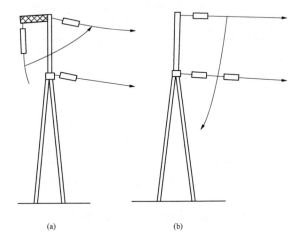

（a）　　　　　　　　（b）

图 10-46　双层架构引下线方式
（a）悬臂梁方案；（b）双串绝缘子方案

双串绝缘子方式虽能使架构简化，但里侧（距架构远的）一串绝缘子无法带电测试，且清扫和更换也比较困难，同时，采用双串绝缘子后使下层导线的拉力增加 50%以上；而悬臂梁方式虽然增加了土建架构的复杂性，但电气性能较好，有利于长期运行，且可减少架构所受的拉力，故推荐采用悬臂梁方式。

（3）导线的跨距和弧垂。普通中型配电装置典型设计所采用的导线跨距多为 40～60m，母线和进出线的弧垂为 2m。采用该弧垂的原因是当母线弧垂由 1.5m 增大为 2m 时（以常用的 2×LGJQ-300 主母线为例），由于导线拉力减少，每个母线架构的钢材消耗量由 1990kg 降为 1665kg，减少 325kg；如弧垂由 2m 再增大为 2.5m 时，钢材消耗量由 1665kg 降为 1640kg，仅减少 25kg。但弧垂增大后，除母线架要加高外，相应的出线架构也要加高，而出线架构每加高 1m，钢材消耗量将增加 65～75kg。因此，从钢材消耗量来说，母线弧垂以采用 2m 为宜。此外，当母线弧垂为 1.5m 时，导线拉力达 13700N，超出了单串 XWP-4.5 型或单串 XWP-7 型绝缘子允许的机械荷载范围。从选用绝缘子的角度来看，母线弧垂也以采用

2m 为宜。

在分相中型配电装置中，进出线弧垂一般仍采用 2m。但是母线的跨距和弧垂需考虑单柱式隔离开关再出现最大温差和大风的情况下能可靠合闸，一般将母线跨距限制为 2～3 个间隔，即 30～40m，对母线弧垂限制为 1.0～1.6m。表 10-29 列举软母线跨距为 28～42m 时的弧垂、拉力及弧垂变化值。

表 10-29　软母线跨距为 28～42m 时
的弧垂、拉力及弧垂变化值

母线跨距（m）	导线型号	70℃时弧垂（m）	−30℃时弧垂（m）	有冰有风时导线拉力（N）	弧垂变化值（m）
28	LGJQ-400	1.1	0.963	5370	0.137
28	2×LGJQ-300	1.1	0.985	9160	0.115
28	2×LGJQ-300	1.3	1.204	7570	0.096
42	LGJQ-400	1.3	0.900	10380	0.400
42	2×LGJQ-400	1.3	0.979	15530	0.321
42	2×LGJQ-400	1.6	1.348	11810	0.252

（4）搬运道路的设置。220kV 油浸式电流互感器重达 1000kg，且不能拆卸运输，还有断路器等其他电气设备都要考虑搬运，故 220kV 配电装置一般均设有环形搬运道，其宽度为 3～3.5m。普通中型布置的搬运道路多设在断路器和主母线之间，而分相中型布置则多设在断路器和电流互感器之间。在后一种方式中为了保证导线对地高度和设备搬运时的带电距离，需将电流互感器的支架高度抬高到 3.5m，断路器和电流互感器之间的连线采用铝管母线。同时，为使所搬运的设备与两侧带电设备保持足够的安全距离，并考虑到不超过设备端子的允许水平拉力，断路器和电流互感器之间的连接导线长度应不大于 10m。

（5）220kV 断路器的安装。20 世纪 90 年代中期 SF$_6$ 断路器在 220kV 配电装置中被广泛采用，断路器结构形式有单柱单断口三相分装式结构，配分相液压操动机构；单柱双断口，配三相联动或分相操作液压机构；单柱单断口，配弹簧和液压弹簧机构等。液压弹簧机构具有碟簧储能件不受温度影响、操作时间恢复精度高、结构紧凑、机械寿命长等特点。SF$_6$ 断路器的安装方式非常简单，如图 10-47 所示。

（6）GW-220 型单柱式隔离开关的使用。采用单柱式隔离开关是配电装置节约用地的一项重要措施，我国于 1965 年试制成功 GW6-220 型单柱式隔离开关，首先应用于 FCJ 水电厂的 220kV 配电装置，通过试点运行取得经验并做了改进，现已在 220kV、330kV 及 500kV 配电装置中推广使用。

单柱式隔离开关有长触头型和短触头型两种。长触头型隔离开关是专供配合软母线使用的，其动触头长度为 500mm，并装有触角，以保证在因母线弧垂变化或风偏摇摆引起静触头位置变化时能够正常合闸，其运动轨迹如图 10-48 所示。从图中可以看出，必须使静触头的变化值在 500mm 以内，风偏摇摆的水平弧度虽弧垂变化在 840～1200mm 的范围内（当静触头处于动触头最上部时，允许向任一侧偏移 530mm；位于最下部时，允许向任一侧偏移 600mm）才能保证正常合闸。所以在设计时要考虑母线的弧垂变化值和母线及静触头的风偏摇摆值。由此可见，单柱式隔离开关与软母线配合使用时，导线的跨距、弧垂以及静触头引下线的长度宜适当缩小，以减少静触头上下左右的位移范围，保证隔离开关可靠合闸。

GW6-220 短触头型隔离开关是专供与管形母线配合使用的。其动触头长度为 250mm，无触角。该型隔离开关允许静触头上下方向变化范围为 250mm，水平摇摆的幅度为 100～280mm，即允许静触头向任一侧的偏移值在动触头上部时为 50mm，在中部时为 110mm，在下部时为 140mm。因为管形母线的弧垂小，静触头引下线又短，受外界条件（如风力、覆冰、温度、短路电动力）的影响而上下位移或左右偏移的变化范围比软母线小得多，因此在配合上没有问题，能保证隔离开关可靠合闸。

（二）220kV 半高型配电装置

220kV 半高型配电装置的特点与 110kV 电压级相似。双母线带旁路母线的半高型配电装置有田字形、品字形及管形母线三种布置。旁路设施取消后，原双母线带旁路母线的半高型配电装置布置形式取消旁路母线依然可作为半高型配电装置布置参照使用。

图 10-49 示出双母线接线断路器单列 220kV 屋外改进半高型配电装置布置图，由双母线带旁路母线品字半高型配电装置改进而来，仅将一组母线抬高，母线隔离开关不抬高，将断路器、电流互感器等电气设备布置在母线的下面。该型配电装置具有布置紧凑清晰、占地少、钢材消耗与普通中型接近等特点，且除设备上方有带电母线外，其余布置情况均与中型布置相似，能适应运行检修人员的习惯与要求。该布置形式中的母线采用双分裂软导线，此布置同样适用于管形母线。

（三）220kV 高型配电装置

1. 设计实例

220kV 高型配电装置的特点与 110kV 电压级相似。它的主要优点是节约用地的效果显著，其占地面积仅为普通中型的 50%左右；同时，由于布置紧凑也可节省较多的电缆，钢芯铝绞线及绝缘子串。但高型布置消耗钢材多，有的工程甚至高达普通中型的 300%，其上层母线及母线隔离开关的检修比较困难。

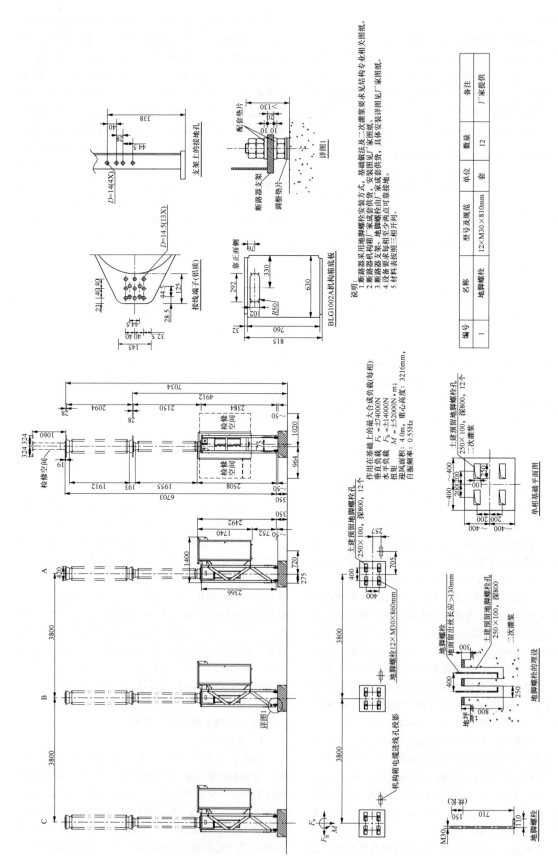

图 10-47　252kV 瓷柱式 SF$_6$ 断路器安装图

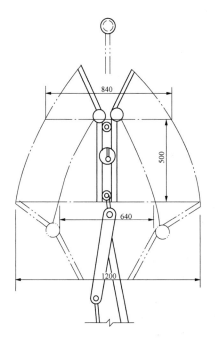

图 10-48　GW6-220 型单柱式隔离开关的运动轨迹

通过多年实践和改进,这些问题已得到合理妥善解决,如耗钢量已下降到接近普通中型布置上层设施的检修条件有了较大改善;同时在运行维护等方面也做了较多考虑。因此,220kV 高型配电装置 20 世纪 70 年代在地少人多的地区及场地面积受限制的工程中得到应用。

双母线带旁路母线的高型配电装置主体结构,可分为单框架、双框架和三框架三类,旁路设施取消后,原双母线带旁路母线的高型配电装置布置形式取消旁路母线依然可作为高型配电装置布置参照使用。

图 10-50 示出 HY 电厂 220kV 屋外单框架高型配电装置断面布置图,将两组主母线及其隔离开关上下重叠布置在同一框架内,断路器、电流互感器等设备布置在母线侧面。该布置形式中的母线采用双分裂软导线,此布置同样适用于管形母线。

2. 设计提示

关于 220kV 高型配电装置的设计,有以下一些技术问题要着重考虑。

(1) 上层母线的检修。上层母线的检修工作主要包括:

1) 处理由于 T 型线夹松动,接触不良而造成的发热;

2) 带电搭拆母线引下线,使母线隔离开关能停电检修;

3) 带电清扫、测试和更换绝缘子;

4) 更换母线。

以往曾为此采取过在上下母线之间设楼板或钢筋隔网,以及在 V 相母线下设检修走道等措施。实践证明,这些措施不仅大量耗用钢材,而且也给运行维护带来很大不方便。如楼板使下母线绝缘子得不到雨水冲洗,容易脏污,绝缘强度下降,且地面因无日照,雨后长时积水;钢筋隔网作用不大,且给除锈带来很大困难;检修走道的设置使结构复杂化和重型化,同时由于每一间隔都需要横向支持梁,迫使母线按间隔分段,增加了绝缘子和导线断续点,从而使母线故障概率增大。

不少运行单位认为上下母线之间可以不采取隔离措施或设置检修走道。此外,有些单位自行制作了带电作业的高空作业车,这为带电进行上层母线的检修工作创造了更好的条件。

(2) 上层隔离开关的操作与检修。为了便于对上层隔离开关的操作、巡视及检修,宜在隔离开关下部设操作巡视走道。走道宽度可比隔离开关本体两侧再各增加 0.5m,即总宽 3.6m,这样可以取消隔离开关的检修平台,即节省了钢材,也有利于保证检修人员的安全。设此走道后,隔离开关可直接在走道上操作,操动机构的安装简单可靠,消除了在地面操作由于连杆长、拐点多而引起的一些问题;同时,该走道可作为检修上母线的起落点。操作走道可采用钢筋混凝土上弦与钢复杆混合架结构,上铺预应力多孔板。走道两侧栏杆高度可采用 1.2m,并分为三档;护沿高出走道 100mm,用以挡水并防止物件滚落。

上层隔离开关以采用电动操动机构为宜,除就地操作外,还要考虑能在地面或主控制室进行远方操作。

(3) 上层隔离开关的引线方式。上层隔离开关的引线方式有悬垂、耐张、托架、支撑等方式,与前述 110kV 半高型配电装置中高位隔离开关的引线方式基本相同,可直接引用其结论。

(4) 隔离开关型式和间隔宽度。由于半数隔离开关安装在上层走道梁上,要求其质量轻,体积小,操作轻便,故推荐采用 GW4 型双柱式隔离开关。至于 GW7 型三柱式隔离开关,虽然相间距离允许减少至 3m,但其质量和每相瓷柱距均较双柱式为大,操作走道的荷载和宽度将相应增加。双柱式和三柱式隔离开关的主要差别见表 10-30。

表 10-30　双柱式和三柱式隔离开关差别

隔离开关型式	质量 (kg)	每相瓷柱距 离（mm）	允许相间 距离（mm）	操作 情况
GW4 型双柱式	1800	2650	4000	较轻
GW7 型三柱式	2400	3200	3000	稍重

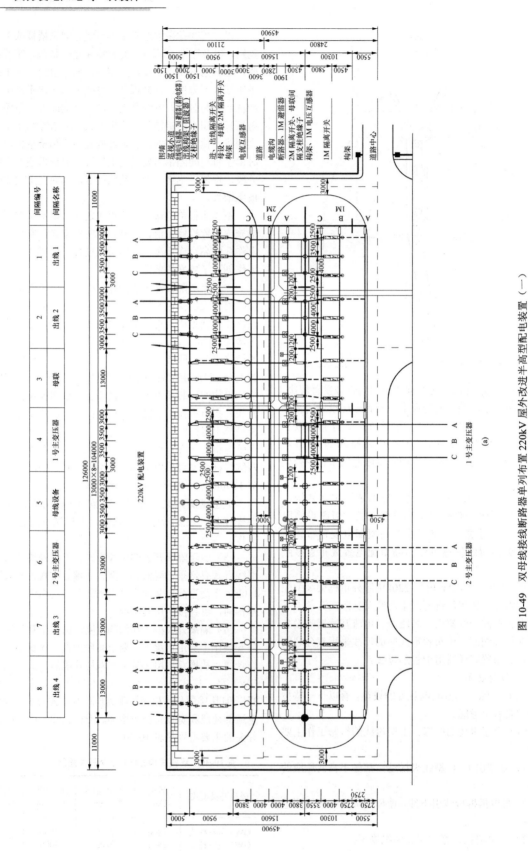

间隔编号	1	2	3	4	5	6	7	8
间隔名称	出线 1	出线 2	母联	1 号主变压器	母线设备	2 号主变压器	出线 3	出线 4

图 10-49　双母线接线断路器单列布置 220kV 屋外改进半高型配电装置（一）

（a）平面布置图

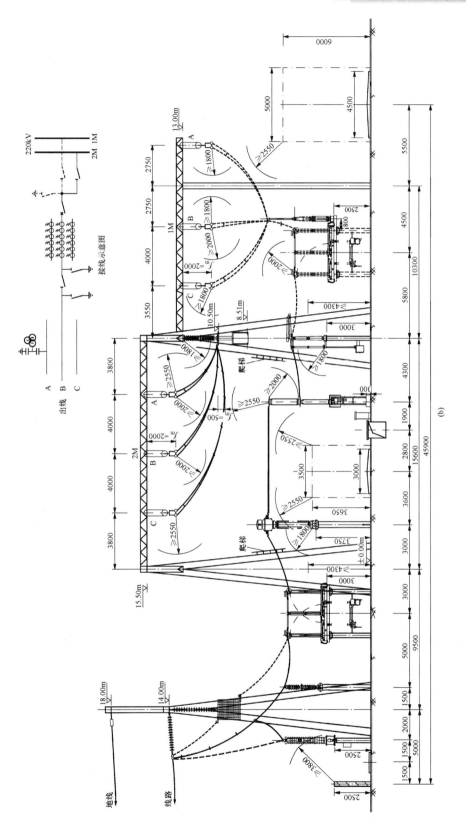

图 10-49 双母线接线断路器单列布置 220kV 屋外改进半高型配电装置（二）

（b）出线间隔断面布置图

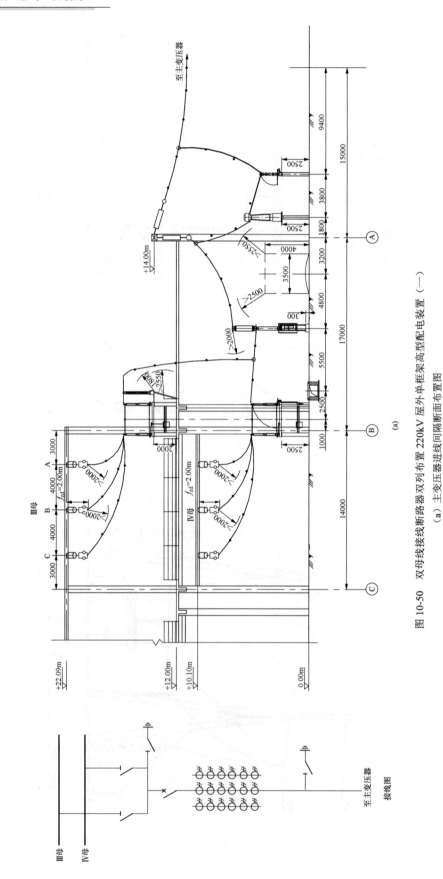

图 10-50 双母线接线断路器双列式布置 220kV 屋外单框架高型配电装置（一）

（a）主变压器进线间隔断面布置图

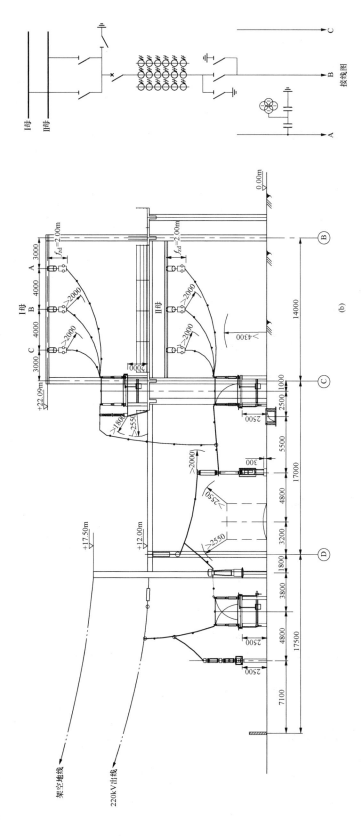

图 10-50 双母线接线断路器双列布置 220kV 屋外单框架高型配电装置（二）

(b) 出线间隔断面布置图

考虑电器距离并为便于结构处理和土建施工，间隔宽度采用15m，按3.5m-4m-4m-3.5m尺寸对称分布。

（5）阻波器安装方式。在现有工程中采用将阻波器悬挂在线路上、悬挂在出线架构横梁下或安装在耦合电容器顶端等方式。

（6）改善运行检修条件的一些措施。

1）扶梯和天桥。配电装置的两端应设置扶梯，其宽度以1.0～1.2m为宜，坡度不大于45°。扶梯尽量采用钢筋混凝土结构，以防雨雪冰冻时打滑及防止锈蚀。

当高型配电装置距控制室为15～20m时，为便于迅速处理事故和经常的巡视操作，一般设置露天天桥，使控制室与配电装置的上层操作走道直接连通。此时可以将配电装置两端的扶梯省去一个。天桥的宽度可为0.8～1.0m。

2）起吊设备。为了便于检修和安装，在配电装置上层两端应设置简易的起吊设备，以便挂临时起吊葫芦之用，起吊能力可按1t考虑。

3）照明。高型配电装置的上下两层设备重叠布置，且架构林立，钢梁纵横，如采用投光灯或有氖灯等集中照明方式会产生阴影，效果不好，影响巡视和操作，一般以采用高压水银灯分散照明方式为宜。为便于检修灯具及更换灯泡，可将灯具弯管做成可以旋转的形式。

4）电话。为便于与主控制室的联系，除需在下层设电话外，还宜在上层主母线隔离开关的操作走道上各设一台电话。

二、220kV 屋内配电装置

由于我国目前尚未生产专用于屋内的220kV电气设备，而是采用屋外设备，其体积较大，需要建造庞大的配电装置楼，致使建筑费用及材料消耗增加很多，所以新中国成立以来仅个别工程采用了220kV屋内配电装置。

2000年以后，由于SF_6断路器的普遍采用，双母线220kV屋内配电装置多数采用两层布置，母线及母线隔离开关上下层重叠布置，断路器、电流互感器和出线隔离开关等布置在下层，并设置巡视操作走道和起吊设施，以便于安装检修。图10-51示出SZS电厂双母线接线断路器双列220kV屋内配电装置布置图。

三、220kV 全封闭组合电器（GIS/HGIS）配电装置

220kV GIS/HGIS 配电装置的特点及设计需注意的问题与110kV 电压等级类似。

220kV GIS 配电装置常见布置方式如图10-52、图10-53 所示。

四、型式选择

各型220kV配电装置中，GIS配电装置占地面积最小，造价则最高。除GIS配电装置外，屋外高型在缩小占地面积，提高土地利用率方面有较显著的效果，其造价与屋外其他型式也基本接近，通过结构改革，在耗钢量大幅度下降的情况下，也能满足运行安全、检修方便的要求。因此，当220kV配电装置地处农作物高产地区，人多地少地区或场地面积受到限制时，宜采用高型布置，但在抗震设防烈度为8度及以上的地区则不宜采用。

220kV 屋外半高型配电装置也能大幅度节约用地，各项经济指标较好，运行检修条件与高型布置相似，故在工程中可根据具体情况选用半高型或高型布置方式。当发电厂采用半高型配电装置时，因其横向尺寸一般由主厂房的长度所控制，故为节约用地以压缩配电装置的纵向尺寸较有利，一般采用单列式布置。至于半高型配电装置采用单杆打拉线结构，虽然可以节省钢材和水泥，减少施工安装和运输工作量，但不能反向受力，安装调整困难，运行维护也不方便，且对导线上人检修、气温变化的架构受力情况等还有待进一步积累经验，故暂不宜推广使用。至于采用管形母线的半高型配电装置，虽能较软母线方式进一步节约用地，但其抗震性能差，且需配备专用的检修机具，所以只能在抗震设防烈度较低的地区酌情使用。

对污秽地区配装置的选型，我国制造部门目前已能够生产供应统一爬电比距（爬电比距）为53.7mm/kV（31mm/kV）用于e级污秽区的电气设备，在重污秽地区，除采用加强绝缘的电气设备外，还必须注意定期清扫、涂硅油、水冲洗等经常性的维护工作，其工作量很大，仍难以避免污闪事故的发生。因此，对于d级及以上污秽区的220kV配电装置，当技术经济合理时，可考虑采用屋内型。此外，对于建在大、中城市市区的220kV配电装置，为了节约用地，在具体工程中可通过全面技术经济比较，认为合理时也可采用屋内型。

通用的屋外普通中型布置型式，虽然便于运行、检修和安装，抗震性能好，但占地过多，选用时需经技术经济比较。至于屋外分相中型配电装置在占地、投资、材料消耗等方面均较普通中型优越，且布置清晰，架构简化，有利于施工、运行和检修，故适用于在非高产和地多人少的地区采用。当用于抗震设防烈度较高的地区时，应将因设置道路而抬高的电流互感器予以降低，而将道路改设在配电装置外围。如采用软母线或管形母线配单柱式隔离开关分相布置时，其占地可较普通中型减少20%～30%，因此，除抗震设防烈度为8度及以上的地区外，均可采用。

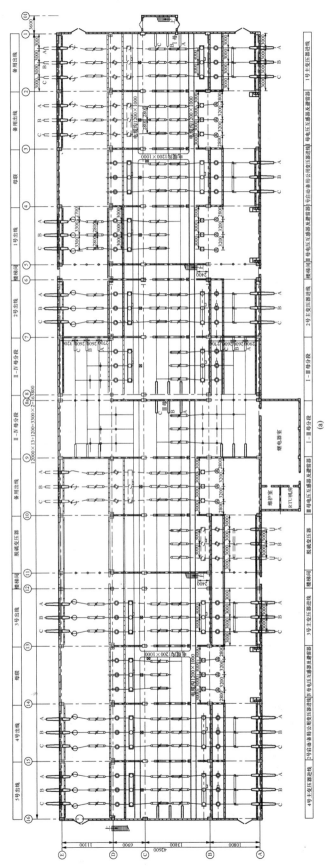

图 10-51 双母线接线断路器双列布置 220kV 屋内配电装置（一）

（a）±0.00m 层平面布置图

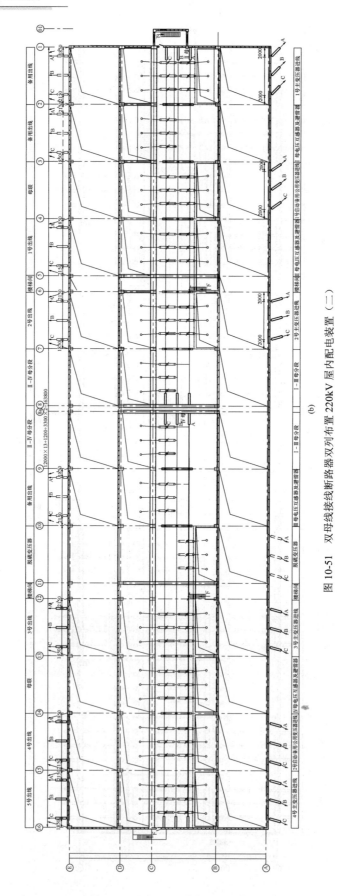

图 10-51 双母线接线断路器双列布置 220kV 屋内配电装置（二）

(b) +12.15m层平面布置图

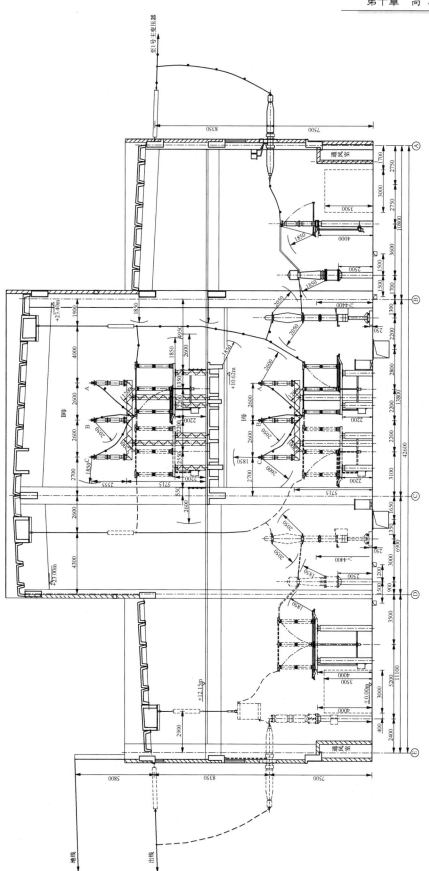

屋外配电装置按厂址所在地海拔修正后的安全净距如下(单位为mm):
A_1=1850,A_2=2050,B_1=2600,B_2=1950,C=4400,C=3900。

图 10-51　双母线接线断路器双列布置 220kV 屋内配电装置 (三)

(c) 主变压器进线-备用出线间隔断面布置图

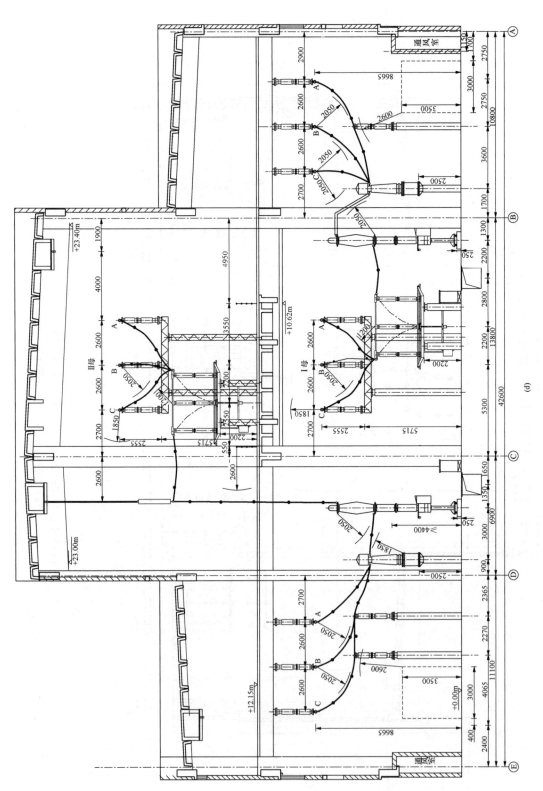

图 10-51 双母线接线断路器双列布置 220kV 屋内配电装置（四）

(d) 母线分段间隔断面布置图

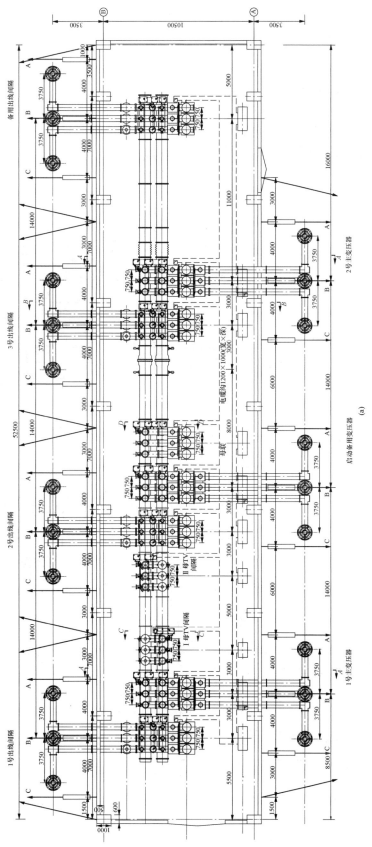

图 10-52 220kV 屋内 GIS 配电装置双母线接线（一）

（a）平面布置图

(a)

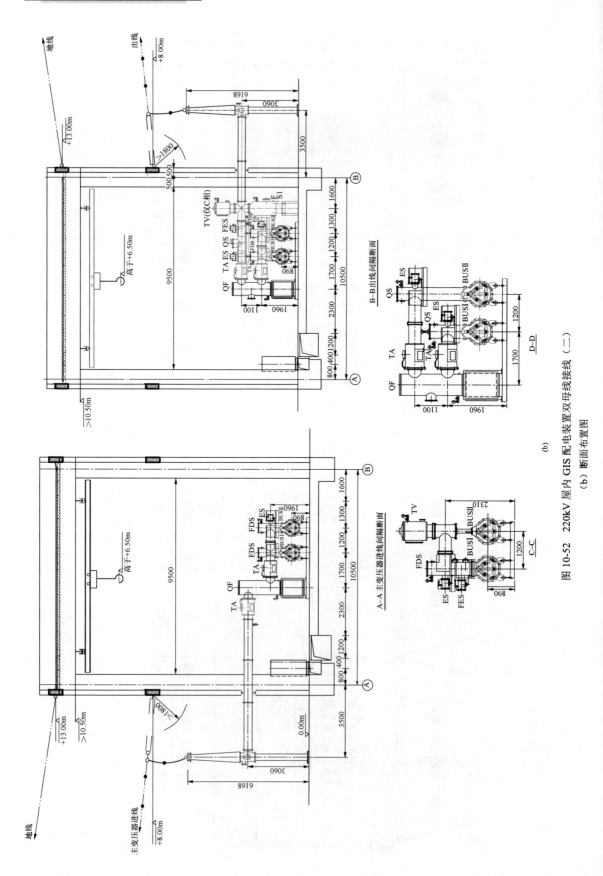

图 10-52　220kV 屋内 GIS 配电装置双母线接线（二）

（b）断面布置图

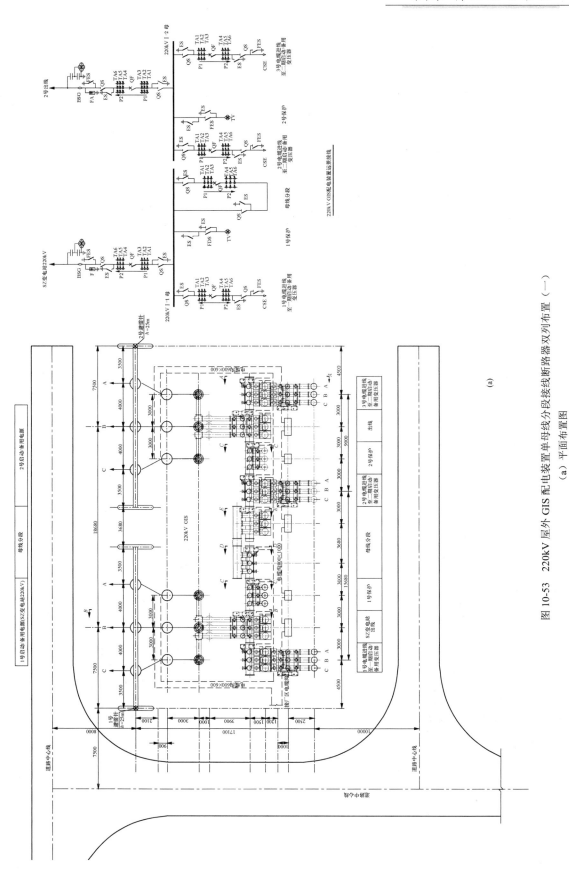

图 10-53 220kV 屋外 GIS 配电装置单母线分段接线断路器双列布置（一）

（a）平面布置图

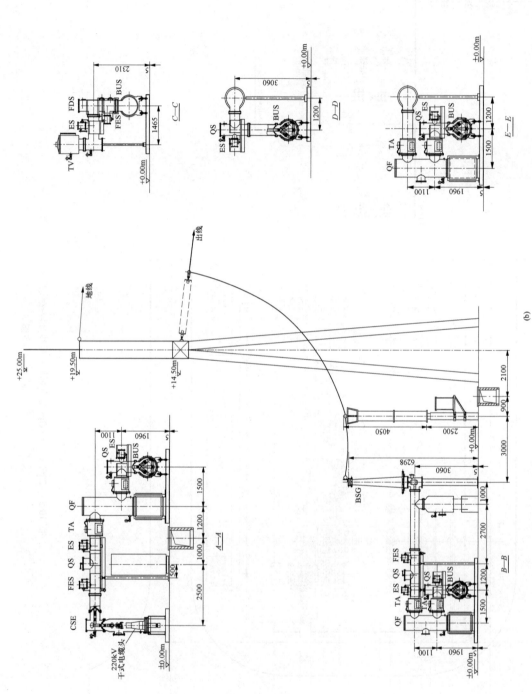

图 10-53 220kV 屋外 GIS 配电装置单母线分段接线断路器双列布置（二）

（b）断面布置图

近年国产 GIS 的技术及生产工艺已成熟，国产 220kV GIS 价格大幅下降，在空气污秽地区，盐雾地区，土地昂贵地区，土石方开挖工程量大、抗震设防烈度高的地区，220kV 配电装置采用 GIS 也较常见。

第六节　330kV 配电装置

一、超高压配电装置的特点及要求

330～750kV 超高压配电装置由于电压高、外绝缘距离大，电气设备的外形尺寸也高大，使得配电装置的占地面积甚为庞大。此外，在超高压配电装置中，静电感应、电晕及无线电干扰和噪声等问题也更加突出。330～750kV 配电装置的这些共同特点，使得它们的布置可以相互借鉴。

根据上述特点，对超高压配电装置的设计提出如下要求：

（1）按绝缘配合的要求，合理选择配电装置的绝缘水平和过电压保护设备，并以此作为设计配电装置的基础。

（2）为节约用地，要重视占地面积为整个配电装置总面积 50%～60% 的母线及隔离开关的选型及布置方式。我国在 330～500kV 配电装置中采用了铝管母线配单柱式隔离开关分相布置方式，对压缩配电装置的纵向尺寸有显著效果，一般可节约用地 20%～30%。此外，采用敞开式 SF_6 断路器、双柱屈臂式或单柱屈臂式隔离开关等都能起到节约用地的作用。至于 GIS，虽可大幅度压缩占地面积，但价格较高，故多用于重污秽、高海拔、强地震等环境条件恶劣以及场地狭窄的地区。

（3）超高压配电装置中导线和母线的载流量很大。如 330kV 配电装置一般回路的工作电流为 500～800A，母线工作电流为 800～1200A；500kV 配电装置一般回路的工作电流为 1500～2500A，母线工作电流为 2000～5000A，750kV 配电装置一般回路工作电流为 1200～1760A，母线工作电流为 1500～3500A。为了达到这样大的载流量，同时又要满足电晕及无线电干扰的要求，在工程中普遍采用扩径空芯导线、多分裂导线和大直径或组合式铝管。

（4）超高压配电装置中的电气设备都比较高大和笨重，如 330kV 设备顶部安装高度为 6～7.5m，500kV 高达 8～12m，750kV 高达 12.5～14.5m；设备起吊单件最大质量：330kV 为 3t，500kV 为 5.3t，750kV（罐式断路器）约为 15t。因此，设备的安装起吊和检修搬运已不能以人工操作为主要方式，而必须采用机械化的安装搬运措施，如设置液压升降检修车、配备吊车、

汽车等施工检修机械。为了使这些检修和搬运机械能顺利到达设备附近并进行作业，在配电装置中除设有横向环形道路外，还在每间隔内的设备相间设置纵向环形道路。横向环形道路是按道路两侧设备及导线带电时进行运输的原则设置的，而相间纵向环形道路则可以按本间隔回路带电或停电进行运输的方式，具体工程采用哪种方式，主要按是否需要带电检修设备的要求确定。当回路停电运输时，间隔内的设备支架高度只需按保证 C 值考虑；而若为回路带电运输，则需保证运输及检修机械对断路器等带电部分的安全净距。如 YM 电厂 500kV 配电装置的相间运输道路是按后一种方式考虑的，其设备支架高度在 C 值基础上又增加了 0.7～0.9m。

（5）超高压配电装置中的静电感应、电晕、无线电干扰和噪声等方面有一些特殊要求和限制措施，详见本章第一节有关内容。

二、330kV 屋外配电装置

我国初期建设的 330kV 配电装置因电网比较简单，进出线回路数少，故多采用角形接线、双母线带旁路接线以及变压器线路组接线等。随着 330kV 电网的发展扩大，西北地区发电厂及变电站 330kV 配电装置多采用 3/2 断路器接线。

配电装置的布置也由初期的角形立环式布置、双母线带旁路布置，到目前采用 3/2 断路器中型三列式布置和中型平环式布置。母线的选型也由初期的支持式扩径导线、软母线，到目前采用的悬吊式软导线和悬吊式管形母线。

（一）3/2 断路器接线布置方式

1. 3/2 断路器接线，柱式断路器三列式布置

这种配电装置断路器采用三列式布置，母线采用悬吊式管形母线，配单柱双臂垂直断口式母线隔离开关，采用 SF_6 瓷柱式断路器，配独立式电流互感器，1 号主变压器进线采用软导线高架横穿，垂直进串；2 号主变压器进线采用软导线低架横穿、斜拉式进串，可双方向出线。阻波器可悬挂在出线架构上。

母线架构高 15m，进出线门型架构高 18m，高架进线架构高 23.5m，低架进线架构高 13m；出线架构宽 20m，母线架构宽 19.4m。由于进线采用高架横穿和低架横穿，其架构宽度比较特殊，高架进线架与中间架联合，其宽度为 21m；低架进线架与中间架和母架联合，其架构宽度为 31.1m。图 10-54 示出 330kV 配电装置 3/2 断路器接线柱式断路器三列式典型设计的布置图。

2. 3/2 断路器接线，罐式断路器三列式布置

这种配电装置断路器也是采用三列式布置方式，

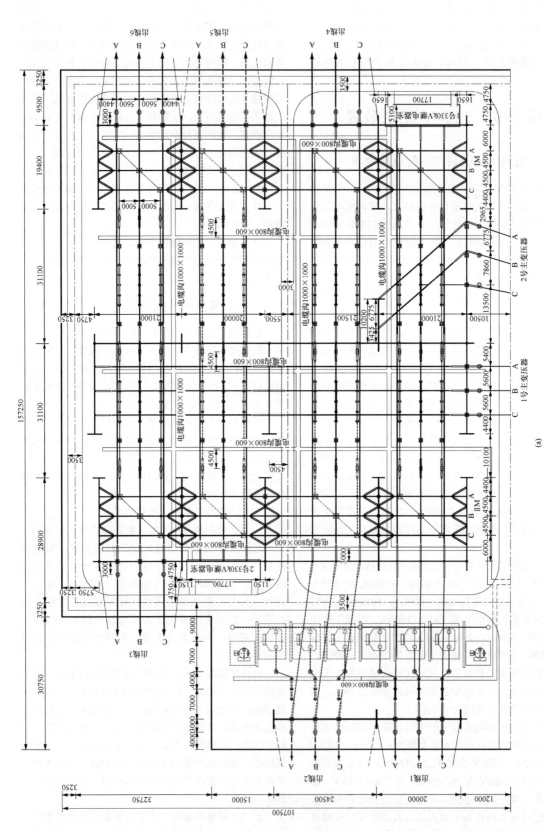

图 10-54 330kV 屋外配电装置 3/2 断路器接线式断路器三列式布置（一）

(a) 平面布置图

(a)

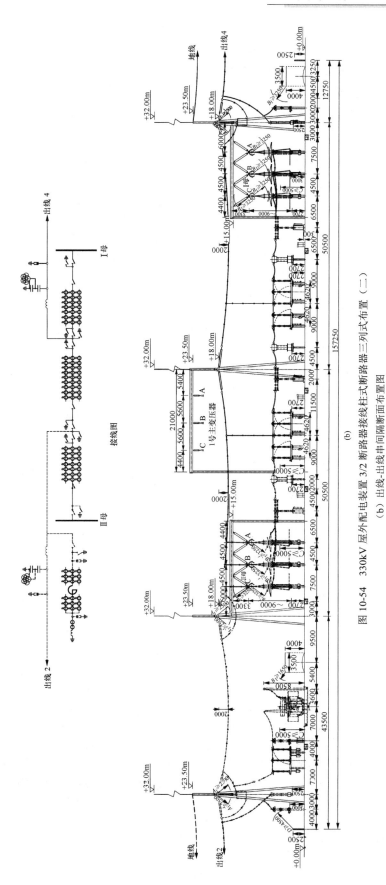

图 10-54　330kV 屋外配电装置 3/2 断路器接线柱式断路器三列式布置（二）

（b）出线-出线串间隔断面布置图

330kV 母线采用悬挂式软导线并配置水平断口式母线隔离开关；罐式断路器附套管式电流互感器，省去独立电流互感器，降低了采用独立电流互感器的故障率；此外，罐式断路器重心较低，抗震性能相对较强。但采用套管式电流互感器后，增加了断路器内绝缘故障的可能性。1 号主变压器进线采用软导线高架横穿，垂直进入 330kV 配电装置，下引至下层跨线进串；2 号主变压器进线采用软导线低架横穿、斜拉式进线，引至串中隔离开关进入 330kV 配电装置；阻波器悬挂在出线架构上。

母线高13m，进出线门型架构高18m，高架进线架构高 23.5m，低架进线高 13m。经尺寸校验计算间隔宽 20m。由于进线采用低架横穿，主变压器侧架构与配电装置中间架构及母线架构联合，架构宽度为31m。由于进线采用高架横穿，主变压器高架进线架构与配电装置中间架构联合，架构宽度为 21m。图 10-55 示出 330kV 配电装置 3/2 断路器接线罐式断路器三列式典型设计的布置图。

三列式布置的主要特点有：

（1）配电装置多为两侧出线，断路器按进出线方向成三列式布置，两组母线分别布置在两侧，进出线架构共 3 排。以上述两种布置方案为例，柱式断路器三列式布置纵向尺寸为 126.5m，罐式断路器三列式布置纵向尺寸为 117m。由于出线间隔紧挨在一起，线路终端塔要采用双回路塔。

（2）配电装置周围设有环形道路，并在第二串与第三串之间设有纵向通道，可以满足各串设备运输时车辆通行及安装检修的需要。同时，中间道路的设置也满足了母线接地开关闸刀打开后对相邻间隔设备带电距离的要求。

（3）为提高供电可靠性，防止同名回路同时停电，将其中 1 台主变压器进线和一回出线做交替布置，这样要增加一个间隔，但在该两间隔内的空余位置可以布置母线电压互感器及避雷器。

3. 3/2 断路器接线，平环式布置

这种配电装置通常使用在发电厂，一般与电厂总平面和主厂房布置协调，满足进出线偏角要求。断路器平环式布置，330kV 母线采用悬挂式软导线并配置水平断口式母线隔离开关，采用 SF_6 瓷柱式断路器，配独立式电流互感器，进出线配对成串，每串占 3 个间隔。

母线架构高13m，进出线门型架构高18m，经尺寸校验计算，间隔宽 20m。图 10-56 示出 LW 电厂 330kV 配电装置 3/2 断路器接线柱式断路器平环式布置图。

4. 3/2 断路器接线，一字形布置

3/2 断路器接线经演变，对应至设备布置，可得到一个纵向尺寸很小而横向拉长的"一字形配电装置"布置，如图 10-57 所示。

一字形布置特点：

（1）能够容易地满足不同回路交叉接线的要求，一跨导线横跨在设备上方，左右可以随意出线，增加了进出线配置的灵活性，提高了运行可靠性。

（2）总体布置适应性好，特别是对发电厂。图 10-60 示出 PL 电厂 330kV 屋外配电装置 3/2 断路器接线柱式断路器一字形布置图，4 个半串总长与 4×300MW 机组主厂房长度相当，进线偏角不大，为做好电厂总布置创造条件。

（3）占地少。表 10-31 为几种典型布置的占地面积比较，规模为 4 进线 4 出线，共 4 串。

表 10-31　　典型布置占地面积比较

项目	三列顺序式布置	双列平环式布置	单列斜拉式布置	一字形布置
纵向（m）	175（145）	148（128）	140（110）	86（56）
横向（m）	114	230	320	300
面积（m^2）	19950（16530）	34040（29440）	44800（25200）	25800（16800）
面积（%）	100	171（178）	225（152）	129（102）

注　括号内数字为出线不带并联电抗器的情况。

在各布置方式中，三列顺序布置占地面积最小，一字形布置次之，无出线电抗器时，两方案占地面积差不多。

（4）设备布置整齐，所有设备一字形排列，整齐集中，进出线隔离开关分别列于进出线架构两侧，位置清楚。运输道路布置在主设备两翼，且构成多个环形，安装运输和运行维护均较方便。

（5）设备材料消耗少。设备布置紧凑，导线电缆用量大为减少，断路器可选用瓷柱式或罐式，串内隔离开关选用组合电器。

（6）串间隔明晰度较差。设备一字形排列，4 串设备总长约 300m，每个间隔均为 20m，各串设备相同，运维人员进入配电装置不易判断位置，也不易判断开关设备属于哪一串、哪一个回路，容易引起误操作。通常通过设置二次闭锁及不同串采用不同颜色标记帮助定位。

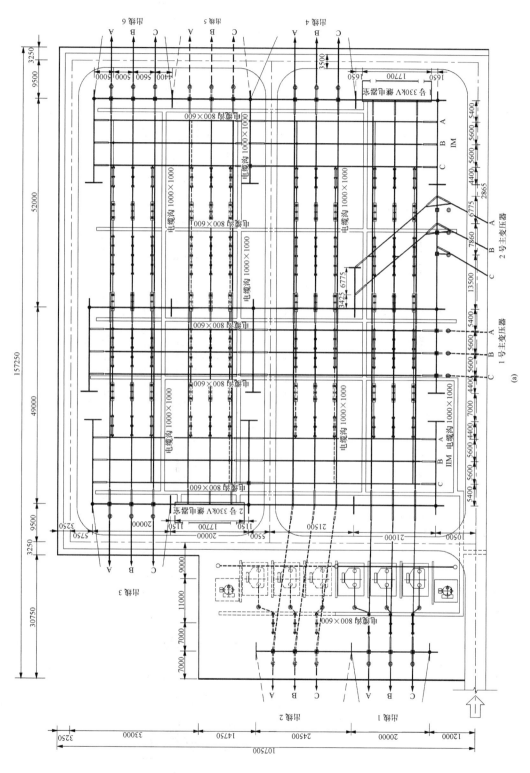

图 10-55 330kV 屋外配电装置 3/2 断路器接线罐式断路器三列式布置（一）

（a）平面布置图

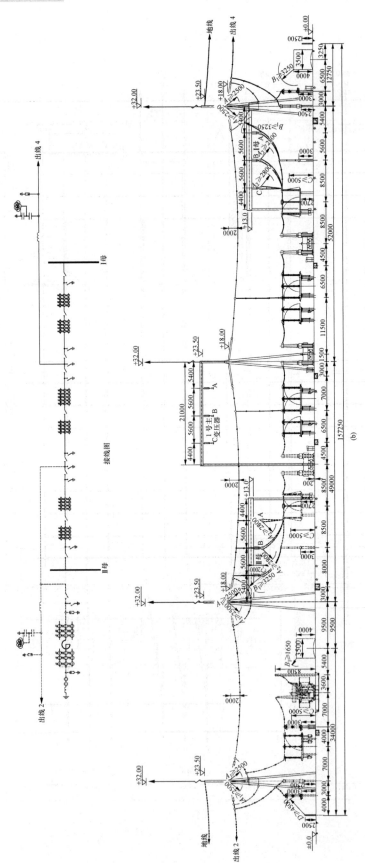

图 10-55 330kV 屋外配电装置 3/2 断路器接线罐式断路器三列式布置（二）

(b) 出线-出线串间隔断面布置图

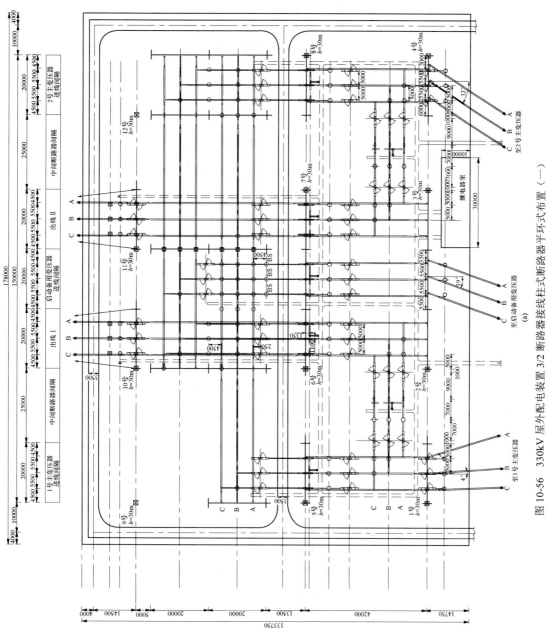

图 10-56 330kV 屋外配电装置 3/2 断路器接线柱式断路器平环式布置（一）

（a）平面布置图

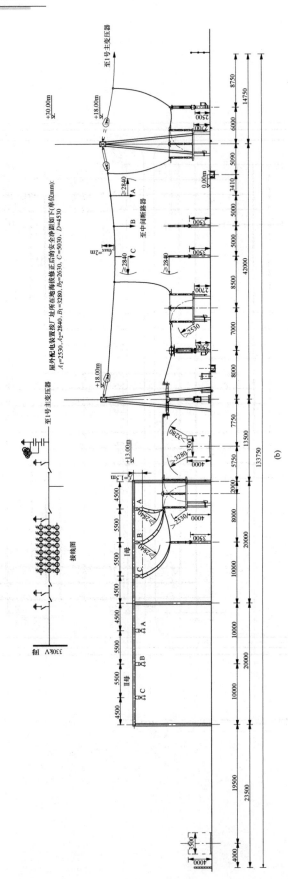

图 10-56　330kV 屋外配电装置 3/2 断路器接线柱式断路器平环式布置（二）

（b）主变压器进线间隔断面布置图

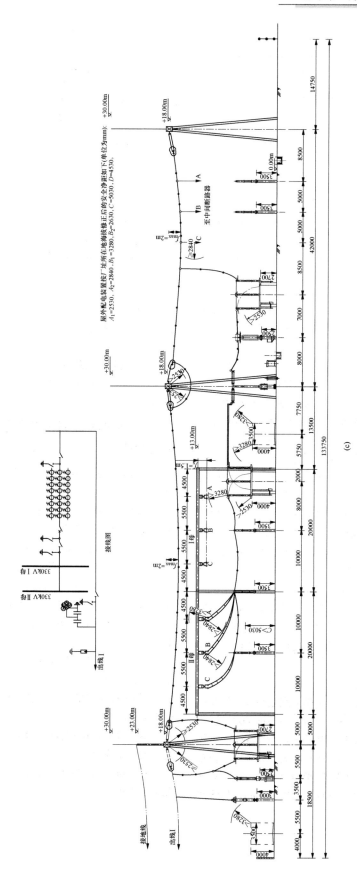

图 10-56 330kV 屋外配电装置 3/2 断路器接线柱式断路器平环式布置（三）

(c) 出线间隔断面布置图

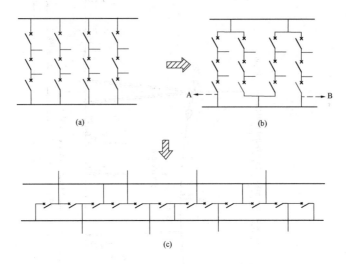

图 10-57 3/2 断路器接线一字形演变

（a）原接线；（b）一次变换接线；（c）一字形接线

（二）角形接线立环式布置

这种接线和布置方式适用于场地纵向尺寸小、横向尺寸大且进出线方向不受限制的场所。布置特点：断路器按一字形长条布置，环形母线架设在所有设备的上方，布置比较清晰、直观，设置连线较短，占地面积小。进出线从条形布置的母线两侧引接，不受进出线回路数是否一致和进出线方向限制，并且可以随意向左右两侧扩建，所以这种布置方式较为灵活、方便、紧凑。近年来常用的 330kV SF$_6$ 瓷柱式断路器配独立式电流互感器，同样适用于此类配电装置布置。图 10-59 示出 QA 变电站 330kV 屋外配电装置四角形接线与布置，该配电装置采用立环式布置，并设有 330kV 串联电容补偿装置。

图 10-60 示出 HC 电厂 330kV 屋外配电装置五角形接线断面布置图，该布置也为立环式。占地面积仅 13 亩。采用这种布置解决了 HC 电厂地处山沟、面积狭窄的困难。

（三）双母线接线布置

图 10-61 示出 LZR 电厂 330kV 配电装置双母线接线布置。该配电装置出线采用 2×（LGJK-800）型扩径空芯导线；母线采用管形母线，配 GW16 型和 GW27A 型隔离开关，GW16 型隔离开关采用分相布置方式。为节省占地，GW16 型隔离开关与电流互感器组合成组合电器。进出线间隔宽度为 20m，母线间

隔宽度为 18m。进出线相间距离为 5.5m、相地距离均为 4.5m。除分相隔离开关外，母线及设备相间距离均为 5m。

三、330kV 全封闭组合电器（GIS/HGIS）配电装置

330kV GIS/HGIS 配电装置的特点与 110kV 电压级类似。

330kV GIS 一般采用分相型，GIS 中各相电器单独安装在分相的金属外壳内，外壳材料多，涡流损耗大。但分相结构简单，绝缘问题较易解决。

近年由于国产 GIS 的技术及生产工艺日益成熟，国产 330kV GIS 价格较稳定，故除在空气污秽地区、盐雾地区、土地昂贵地区、场地比较狭窄的地方采用外，在技术经济比较合理时，也可采用 GIS 配电装置。

图 10-62 示出 3/2 断路器接线 330kV 屋外 GIS 配电装置布置图。

图 10-63 示出 TC 电厂双母线接线 330kV 屋外 GIS 配电装置布置图。

图 10-64 示出双母线三分段接线 330kV 屋内 GIS 配电装置布置图。

图 10-65 示出 3/2 断路器接线 330kV 屋外 HGIS 配电装置布置图。

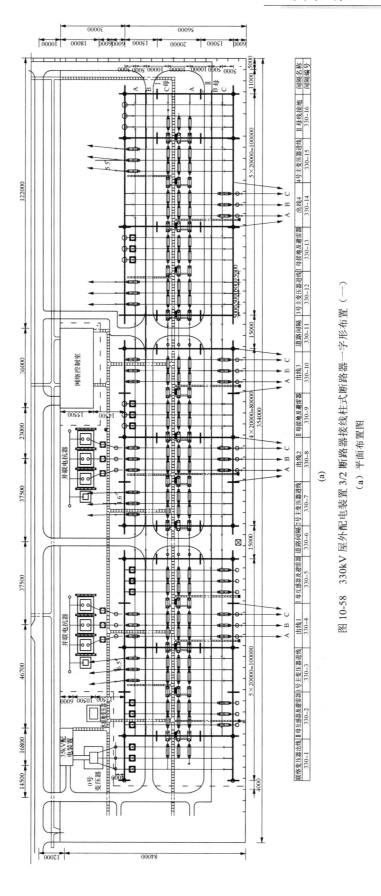

图 10-58 330kV 屋外配电装置 3/2 断路器接线柱式断路器一字形布置（一）

（a）平面布置图

间隔编号	330-1	330-2	330-3	330-4	330-5	330-6	330-7	330-8	330-9	330-10	330-11	330-12	330-13	330-14	330-15	330-16
间隔名称	联络变压器出线	Ⅱ母互感器及避雷器	1号主变压器进线	出线1	Ⅱ母互感器及避雷器	道路间隔	2号主变压器进线	出线2	Ⅱ母接地及避雷器	出线3	道路间隔	3号主变压器进线	Ⅱ母接地及避雷器	出线4	4号主变压器进线	Ⅱ母线接地

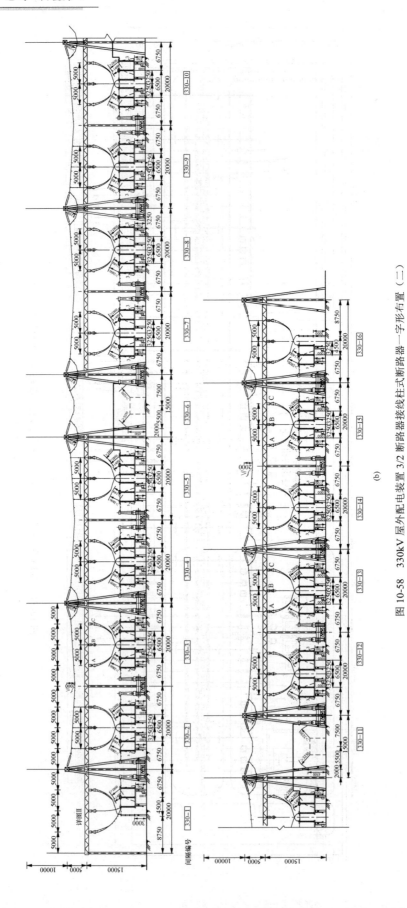

图 10-58 330kV 屋外配电装置 3/2 断路器接线柱式断路器一字形布置（二）

(b) 断面布置图

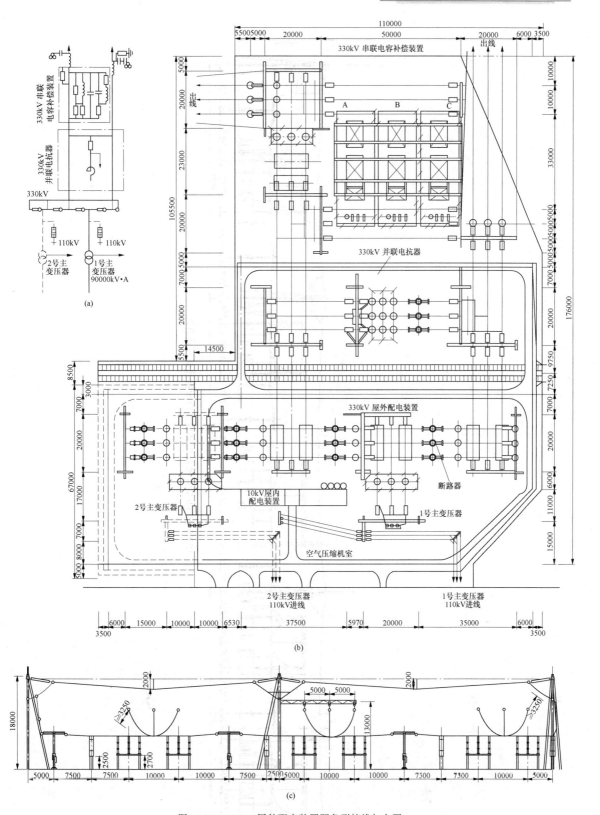

图 10-59　330kV 屋外配电装置四角形接线与布置

（a）接线图；（b）平面布置图；（c）断面布置图

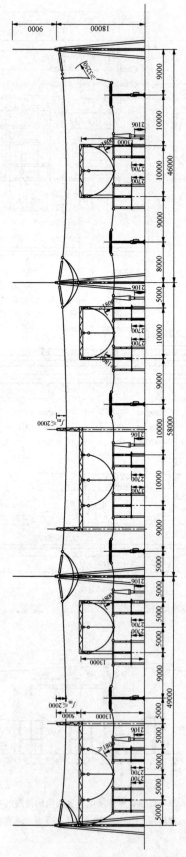

图 10-60　330kV 屋外配电装置五角形接线断面布置图

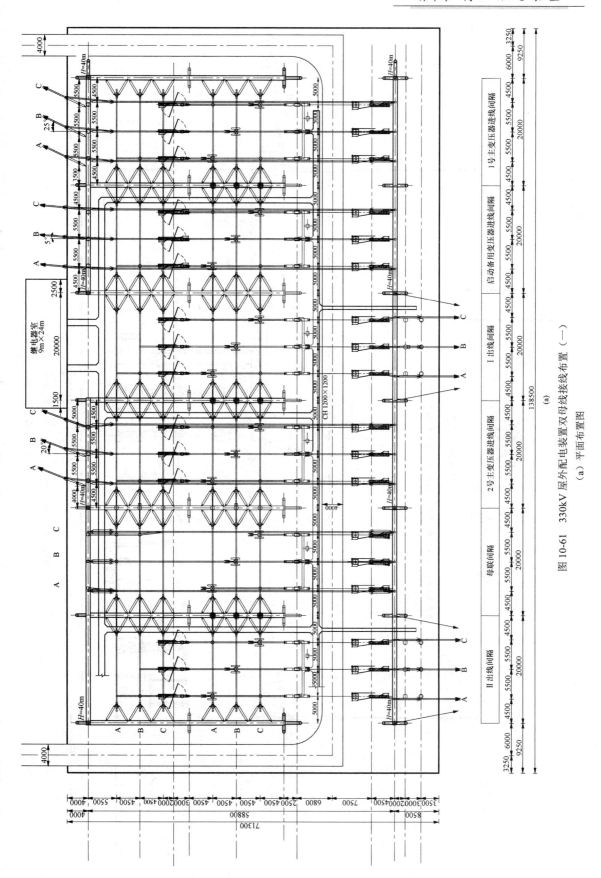

图 10-61 330kV 屋外配电装置双母线接线布置（一）

（a）平面布置图

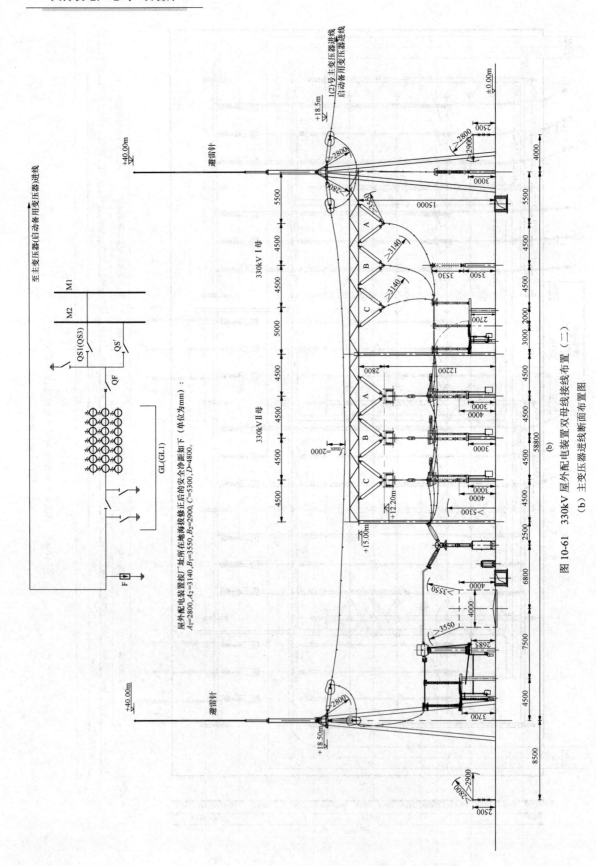

图 10-61　330kV 屋外配电装置双母线装置双母线接线布置（二）

（b）主变压器进线断面布置图

屋外配电装置按厂址所在地海拔修正后的安全净距如下（单位为mm）：
A_1=2800，A_2=3140，B_1=3550，B_2=2900，C=5300，D=4800。

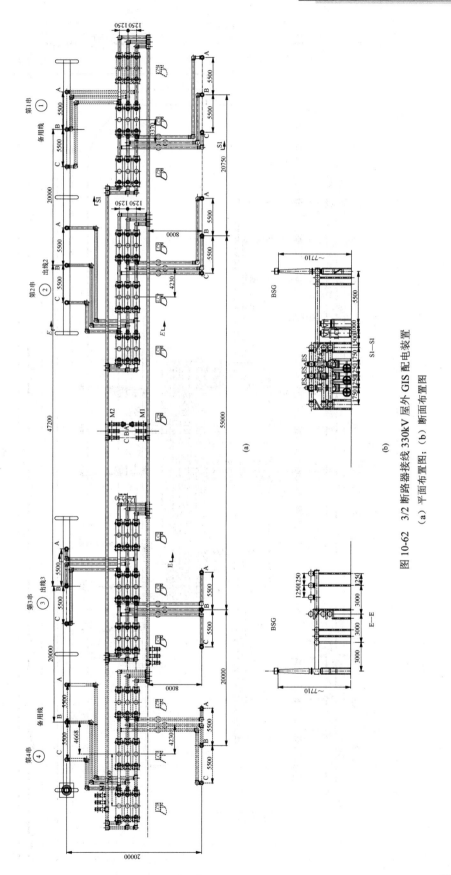

图 10-62 3/2 断路器路接线 330kV 屋外 GIS 配电装置
(a) 平面布置图；(b) 断面布置图

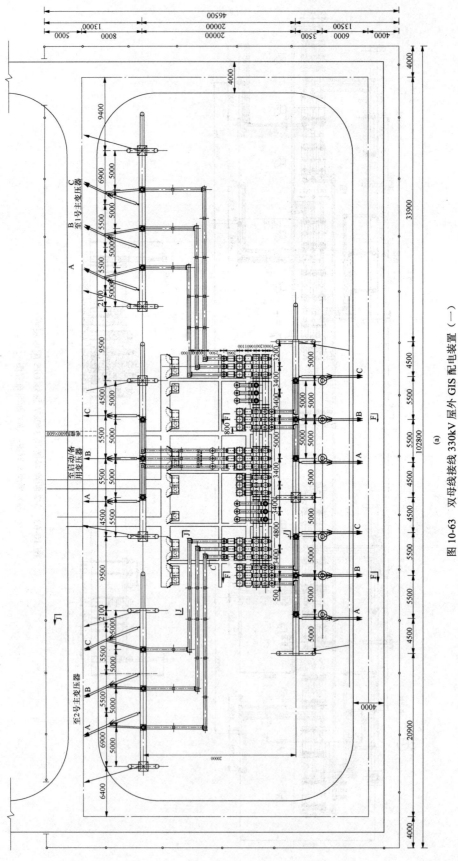

图 10-63 双母线接线 330kV 屋外 GIS 配电装置（一）

（a）平面布置图

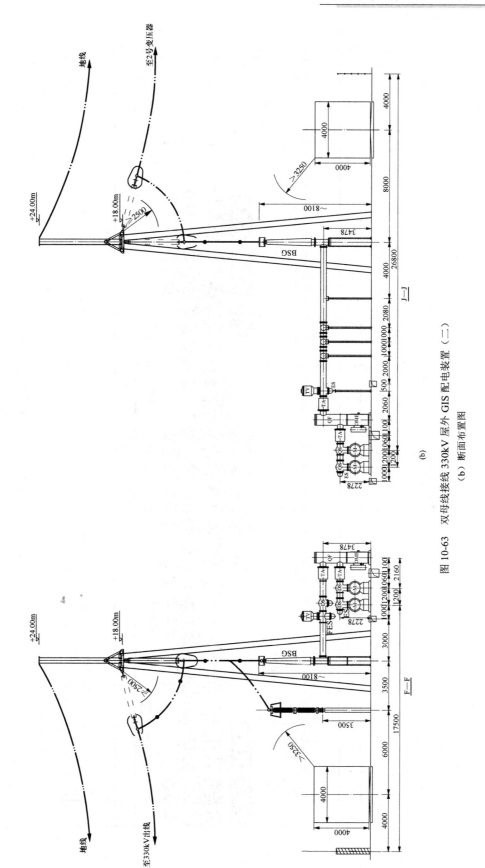

图 10-63 双母线接线 330kV 屋外 GIS 配电装置 (二)

(b) 断面布置图

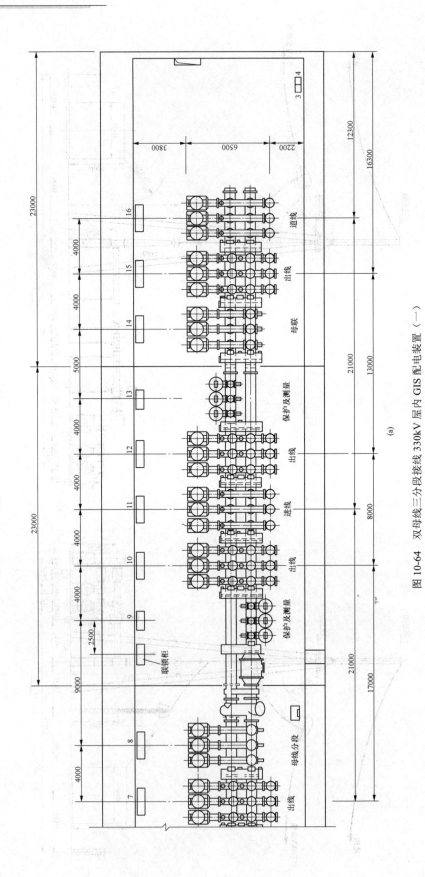

图 10-64 双母线三分段接线 330kV 屋内 GIS 配电装置 （一）

（a）平面布置图

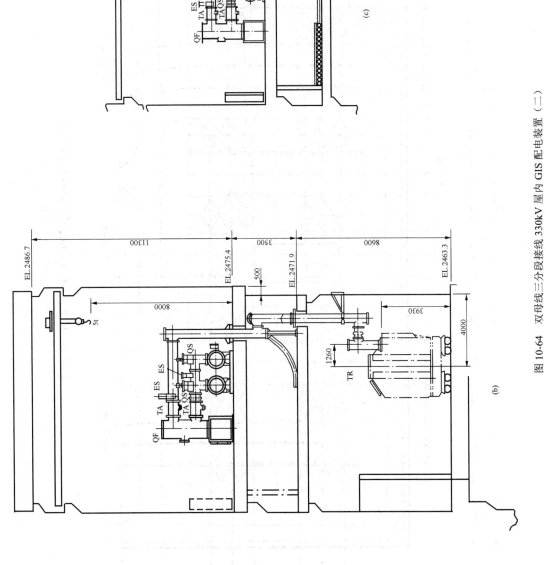

图 10-64 双母线三分段接线 330kV 屋内 GIS 配电装置（二）

(b) 进线间隔断面布置图；(c) 电缆出线间隔断面布置图

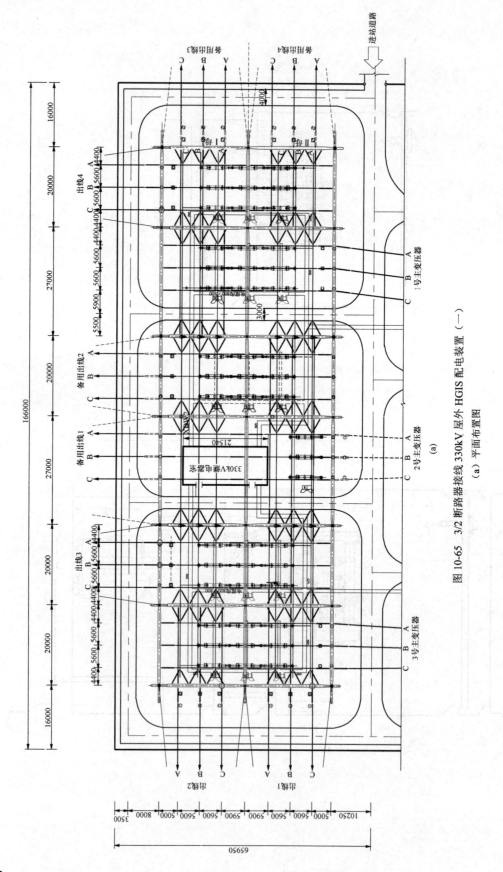

图 10-65　3/2 断路器接线 330kV 屋外 HGIS 配电装置（一）

(a) 平面布置图

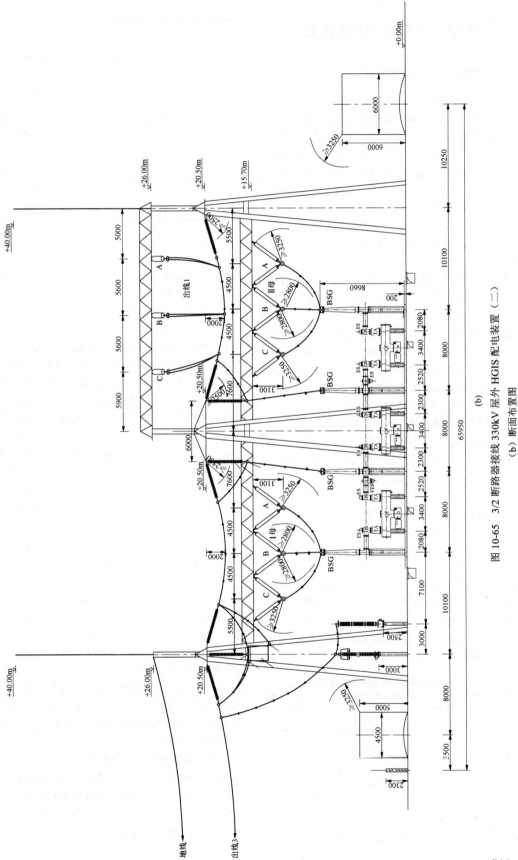

图 10-65 3/2 断路器接线 330kV 屋外 HGIS 配电装置（二）

(b) 断面布置图

第七节 500kV 配电装置

一、500kV 屋外配电装置

（一）3/2 断路器接线，三列式布置

图 10-66 示出的 500kV 配电装置，采用罐式断路器、管形母线配垂直伸缩式隔离开关的典型设计布置图，共有 12 回进出线顺序连接，接成 6 串，2 组变压器进线采用高跨方式越过出线回路引入串内。配电装置的横向尺寸为 190m，纵向尺寸为 185m（含出线电抗器）。该布置简单清晰，占地面积较小，约为 46.035 亩。

配电装置进出线间隔宽度为 28m，即相间距离为 8m，相地距离为 6m。母线架构宽度为 26m，相间距离为 6.5m，相地距离为 5.5m 和 7.5m。

图 10-67 示出 500kV 配电装置布置，采用柱式断路器、软母线配双柱伸缩式隔离开关的典型设计布置图，共有 12 回进出线顺序连接，接成 6 串，占用 6 个间隔。配电装置的横向尺寸为 190m，纵向尺寸为 184.5m（含出线电抗器），占地面积与图 10-66 相当。

配电装置进出线间隔宽度为 28m，即相间距离为 8m，相地距离为 6m；母线架构宽度为 26.5m，相间距离为 6.5m，相地距离为 5.5m 和 8m。

（二）3/2 断路器接线，平环式布置

图 10-68 示出 FS 变电站 500kV 配电装置布置。由于变电站站址地形条件限制，500kV 出线均为同一方向，要求配电装置的纵向尺寸较小，以利于站址地形相配合。通过对断路器三列式、平环式和单列式三种布置方案的比较，虽然三列式布置方案占地面积最少，但其纵向尺寸较长，不利于地形配合，填方工程量很大；而单列式布置方案占地面积最多，且配电装置上方有斜连线，使结构复杂，静电感应影响很大，不利于运行和设备检修。因此，比较结果决定采用平环式布置方式。图 10-69 布置方案中，断路器换为柱式断路器同样适用。表 10-32 示 FS 变电站 500kV 配电装置布置方案比较，规模为 3/2 断路器接线，6 回出线、2 组主变压器、2 组高压并联电抗器。

表 10-32　FS 变电站 500kV 配电装置布置方案比较

布置方案		断路器三列布置	断路器平环布置	断路器单列布置
占地	纵向长度（m）	302	222.5	221.5
	横向长度（m）	256	396	426
	占地面积（m²）	77312	88110	94359

续表

布置方案	断路器三列布置	断路器平环布置	断路器单列布置
布置及结构特点	（1）两组母线布置在两端，中间三个断路器排成三列；（2）部分断路器上方没有架空软导线，设备检修较有利；（3）线路与断路器不对应，分区性差	（1）两组母线相邻布置，中间联络断路器横位布置，形成一个"环"；（2）所有断路器上方没有架空软导线，设备检修条件最好；（3）配电装置结构简单，分区明显	（1）两组母线分开布置，利用上层斜拉导线将三个布置在一列的断路器连接成串；（2）所有断路器上方都有架空软导线，设备检修条件最差；（3）配电装置结构最复杂

配电装置采用 V 形绝缘子串悬吊式铝管母线配单柱式隔离开关的布置方式。母线选用 $\phi150/\phi136$mm 铝合金管，绝缘子串采用 35 片 XP-10 型悬垂绝缘子串。该悬吊式铝管母线的平断面如图 10-69 所示。这种母线的抗震性能较强，能够满足该变电站 8 度抗震设防烈度的要求；同时，铝管母线对架构的水平拉力很小，在考虑风力和相间短路电动力共同作用的最严重情况下，每相母线的拉力仅为 13.2kN，为软母线对架构水平拉力的 1/3 左右；再者，铝管母线的位移较小，在 30m/s 最大风或者 15m/s 风加上 40kA 短路电流电动力作用下，V 形绝缘子串悬吊点的水平位移为 0.2853m，铝管母线跨中最大水平位移为 0.4902m，最大垂直位移为 0.169m，均能与单柱式隔离开关触头的允许钳夹范围相配合，使用安全可靠；此外，通过对悬吊式铝管母线的试验表明，铝管没有发生微风振动。

高压并联电抗器采用垂直于出线回路的布置方式这样可以压缩配电装置的纵向尺寸，与地形配合较好，同时它占据了出线间隔旁边中间联络断路器外侧的空位，有效地利用了场地，使配电装置的布置比较紧凑，节省了占地面积。

中间联络断路器回路与出线回路垂直布置，并与母线侧断路器处于同一水平面，为避免其连线形成静电感应较大的同相区，设计将中间联络断路器同上层的出线回路相连接，由于这两者并不处于同一平面，即中间联络断路器回路布置在下层，而出线回路布置在上层，它们之间的连线可以从下面交叉地接入出线回路，使两个相邻平行跨导线的相序相同，这样就可以避免在中间联络断路器回路处出现同相区，从而减少静电感应的影响。

（三）环形母线多分段布置

环形母线分段布置的特点是，每段母线接一台发电机和一回出线，发电机与出线容量相配合，并按发电机—变压器—线路单元接线，各单元之间以设有分段断路器的环形母线相连接。

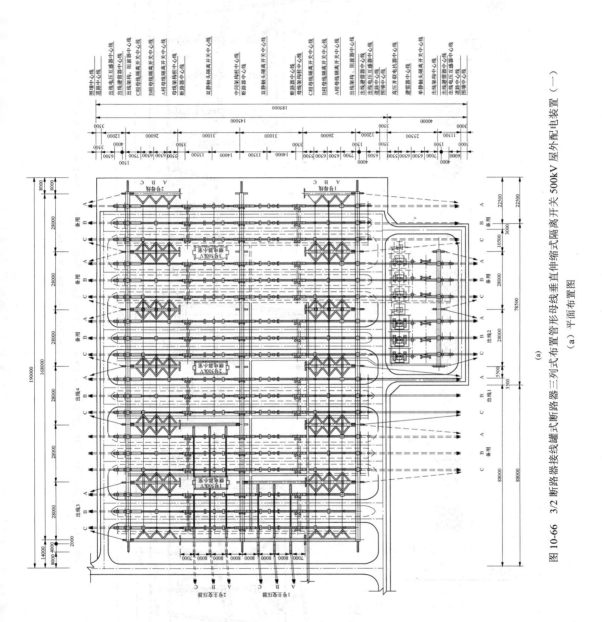

图 10-66 3/2 断路器接线罐式断路器三列式布置管形母线垂直伸缩式隔离开关 500kV 屋外配电装置（一）

（a）平面布置图

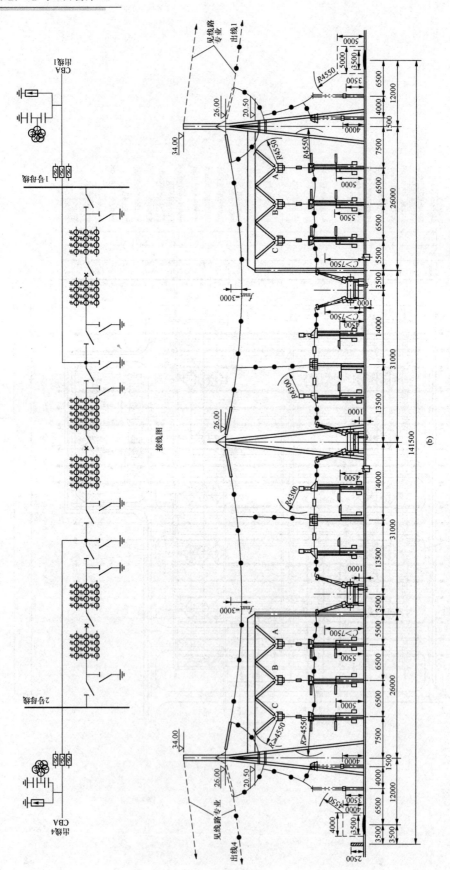

图 10-66 3/2 断路器罐式断路器三列式布置管形母线垂直伸缩式隔离开关 500kV 屋外配电装置（二）

(b) 出线 出线串间隔断断面布置图（不带电抗器）

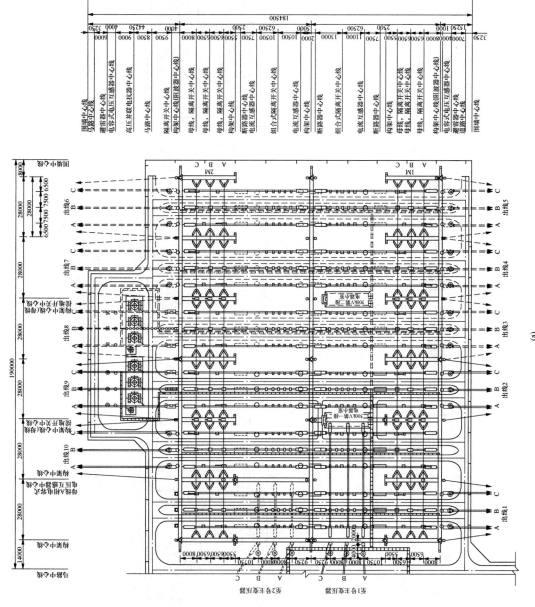

图 10-67 3/2 断路器接线柱式断路器三列式布置 500kV 屋外配电装置（一）

（a）平面布置图

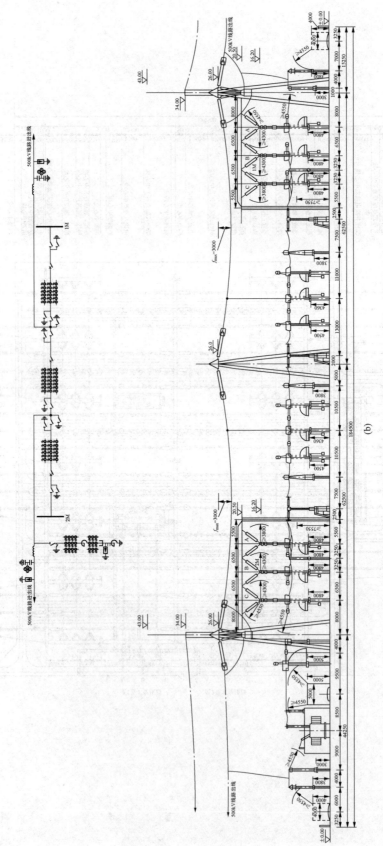

图 10-67　3/2 断路器接线柱式断路器三列式布置 500kV 屋外配电装置（二）

（b）出线-出线串同隔断断面布置图（带电抗器）

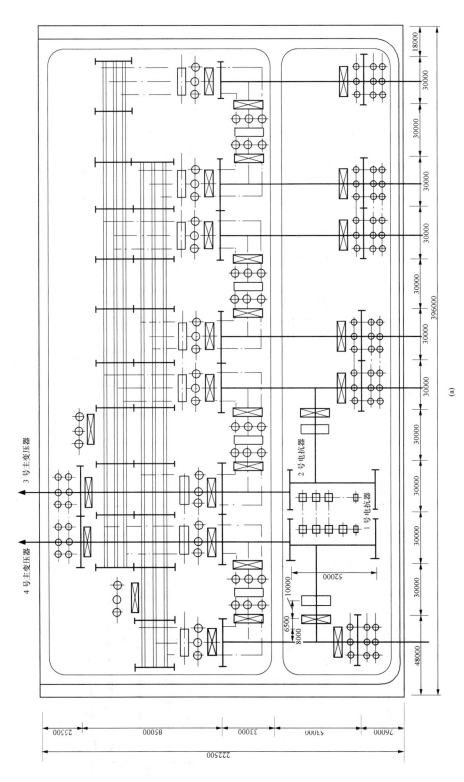

图 10-68 3/2 断路器接线、断路器平环式布置，500kV 屋外配电装置（一）

（a）平面布置图

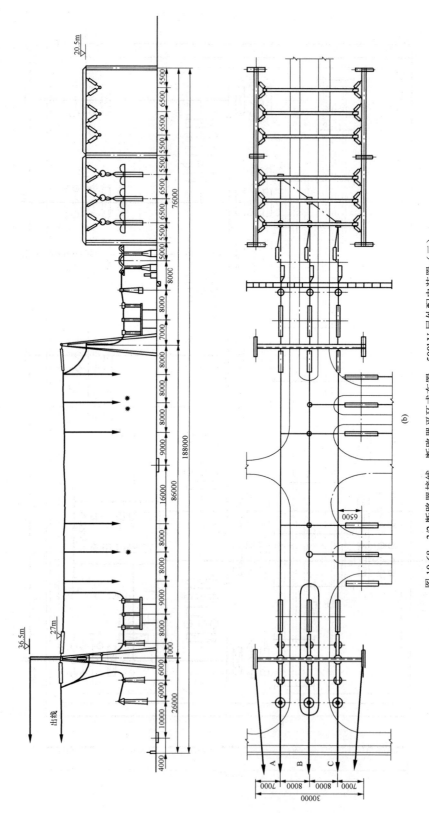

图 10-68　3/2 断路器接线，断路器平环式布置，500kV 屋外配电装置（二）

（b）出线间隔平、断面布置图

*—至高压并联电抗器回路；**—至中间联络断路器回路

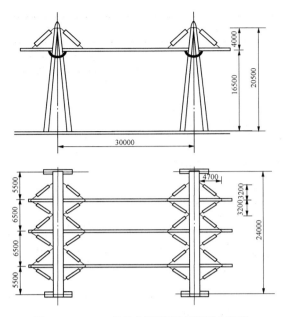

图 10-69　500kV 悬吊式铝管母线平断面布置图

图 10-70 示出 ZX 电厂 500kV 配电装置采用环形母线多分段的布置方案。该布置方案采用软母线配双柱伸缩式隔离开关的布置方式，共有 9 回进出线，按 5 个分段连接，配电装置总宽度为 316m。环形母线按一字形长条布置，采用立环式，进出线分别从条形布置的母线两侧引接，断路器双列布置，高压并联电抗器装设在出线回路引线的下方。配电装置的纵向尺寸为 162m，占地面积为 76.8 亩。

二、500kV 全封闭组合电器（GIS/HGIS）配电装置

500kV GIS 采用分相型，多为屋外布置。图 10-71 示出 3/2 断路器接线 500kV 屋外 GIS 配电装置典型设计布置图。

图 10-72 示出 TC 电厂双母线接线 500kV 屋内 GIS 配电装置布置图。

HGIS 与 GIS 配电装置的区别仅在于主母线形式，HGIS 主母线为敞开式布置，采用悬吊式管形母线，间隔宽度 28m，配电装置内 HGIS 设备外缘设置环形道路，取消了间隔内设备相间的运输道路。从施工安

装角度看，500kV 配电装置内设备及支架安装时相间道路均未施工，而且 HGIS 采用预安装技术，现场仅进行模块拼接，安装工作量小，目前的施工机械均可在环道上吊装内侧的设备；从运行角度来看，对于 HGIS 设备，值班操作人员只要观察低位布置的开关设备状态显示窗（开/合）和气体密度压力表或操作低位布置的按钮，相间道路完全可以用巡视小道替代；从维护角度看，HGIS 设备可靠性高，属于免（少）维护产品，设备本身不需要维护，而且由于设备的操动机构均采用低位布置，维护人员不需要携带大型工具设备到机构下工作，因此取消设备相间道路是可行的。

500kV 管形母线的相间距离主要取决于最大短路情况下，相邻管导体的跨中彼此产生的电动力牵引而产生变形，此时母线相间净距最小值应不小于规程中最大工作电压、短路及 10m/s 风速情况下的相间要求净距。根据上述要求进行计算，同时考虑配电装置设计方案应充分与 500kV 电网的规划发展相适应，为避免产生瓶颈效应，500kV 管形母线的相间距离取 6.5m。

500kV 配电装置的纵向尺寸主要取决于主母线、跳线和架构之间的电气距离，同时兼顾主要电气设备吊装就位过程中的摆动和调整时搭设脚手架的可能性，而 HGIS 设备外形尺寸并不是主要控制因素。因此配电装置主要架构尺寸见表 10-33。

表 10-33　　500kV HGIS 配电装置主要架构尺寸

架构	相间距离（m）	相-地距离（m）	宽度×高度（m×m）
纵向跨线架构	8	6	28×26
母线架构	6.5	7.5、10、11	30×20、32×20
横向高跨线架构	7.5	7.5、8、8.5	30×33、32×33

图 10-75 示出 3/2 断路器接线 500kV 屋外 HGIS 配电装置典型设计布置图。

HGIS 与 GIS 配电装置及常规敞开式配电装置的技术比较见表 10-34。方案比较是以采用 3/2 断路器接线，5 回进出线的 500kV 配电装置为基础。

表 10-34　　　　　　　500kV 敞开式、HGIS、GIS 配电装置技术经济比较

方案		敞开式配电装置	HGIS 配电装置	全封闭组合电器 GIS
占地面积	占地面积（m²）	170×183=31110	170×76=12920	80×16.5=1320
	占比（%）	100	41.5	4.2

续表

方案	敞开式配电装置	HGIS 配电装置	全封闭组合电器 GIS
进出线方式	配架空进出线，经济、可靠	配架空进出线，经济、可靠	宜配合电缆出线或气体绝缘高压套管型母线出线；如配架空出线，需额外增加母线长度
生产制造情况	产品可标准化，SF$_6$断路器可批量生产	与全封闭电器比，由于减少了封闭母线、减少了三通元件、减少了组合型式，因此，制造简单，加工量少，便于标准化；由于混合式安装在户外，尚需解决防腐、防冻、防潮、防晒、防漏气等问题	制造较复杂，加工工作量大、方案组合型式多，不易标准化
配电装置性能	受气候条件（风、雨、雾、雪、日照）及环境污染的影响，有噪声，需解决静电感应和无线电干扰问题，抗震性能差。在污秽和高海拔地区，需采取一定的措施	封闭部分不受气候条件和环境污染的影响，敞开式母线虽然受到外界环境影响，但局部问题容易解决，无线电干扰和静电感应问题也容易解决，抗震性能较好。封闭部分有防污染能力，不受高海拔影响	不受气候条件和环境污染的影响，无噪声、无触电危险，无静电感应和无线电干扰问题，抗震性能好。有防污能力，不受高海拔影响
配电装置的安装及运行维护	由于设备高大，安装、检修一般需用 10t 及以上的吊车，这对道路的设计要求高，道路弯曲半径大。安装、维护工作量大，设备检修间隔周期短。设备的互换性和灵活性高	设备由制造厂成组生产，到现场安装工作量小，设备检修采用更换元件的办法，既简单、又方便，小设备高度大为降低，安装、检修用 5t 吊车即可，道路弯曲半径减小，设备检修间隔周期长。敞开式母线检修、维护工作量不大	除母线检修、维护工作量更小外，其余同 HGIS 配电装置，但全封闭组合电器配电装置的母线和设备组合成为复合整体，互换性和灵活性差

从上述比较结果看，500kV 采用 HGIS 在技术上有较明显优点，价格与占地面积均在敞开式与 GIS 之间，便于架空出线，在超高压配电装置中适用。

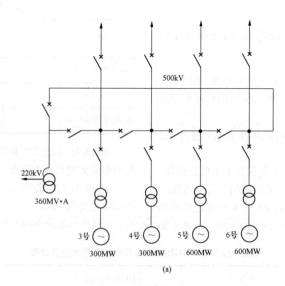

(a)

图 10-70 ZX 电厂环形母线多分段接线 500kV 屋外配电装置（一）
（a）接线图

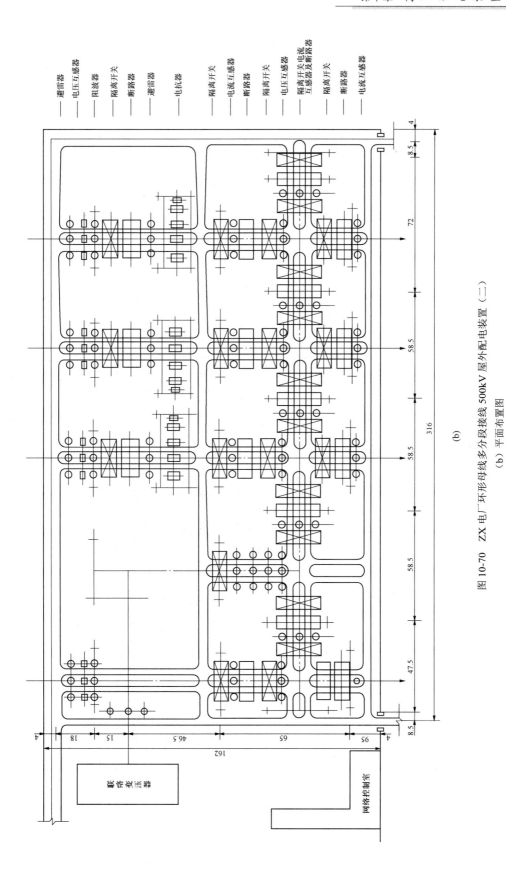

图 10-70 ZX 电厂环形母线多分段接线 500kV 屋外配电装置（二）

（b）平面布置图

（b）

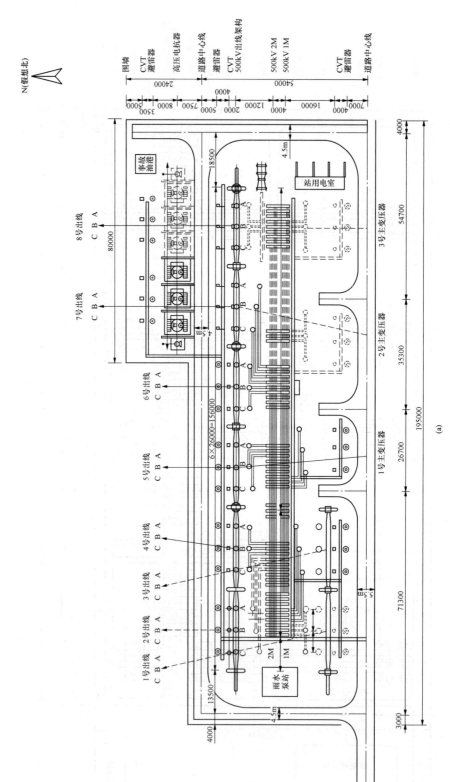

图 10-71 3/2 断路器接线 500kV 屋外 GIS 配电装置布置图 (一)

(a) 平面布置图

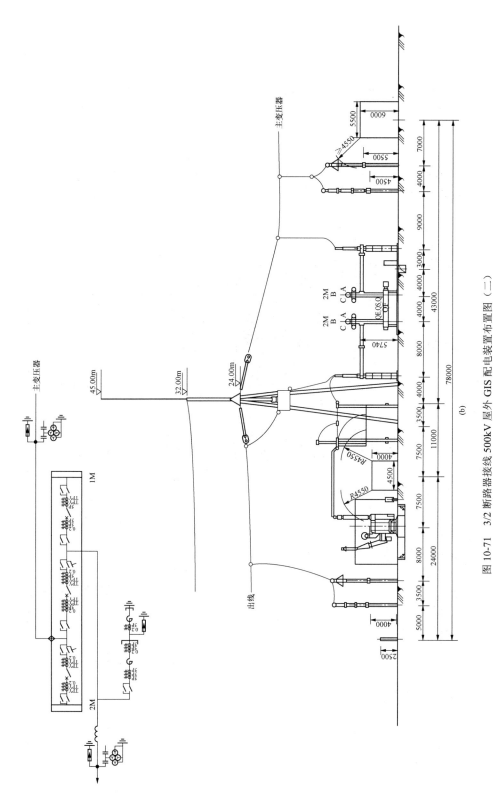

图 10-71 3/2 断路器接线 500kV 屋外 GIS 配电装置布置图（二）

(b) 主变压器进线-出线（带高压电抗器）间隔断面布置图

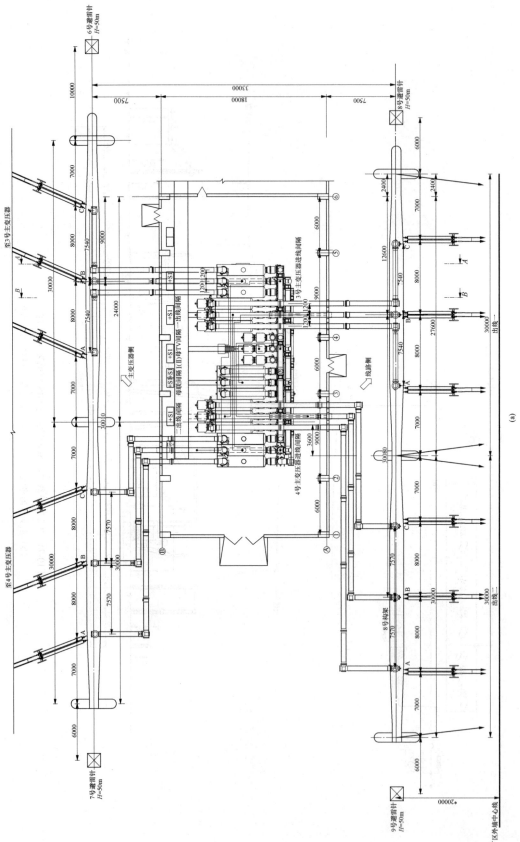

图 10-72 双母线接线 500kV 屋内 GIS 配电装置（一）

（a）平面布置图

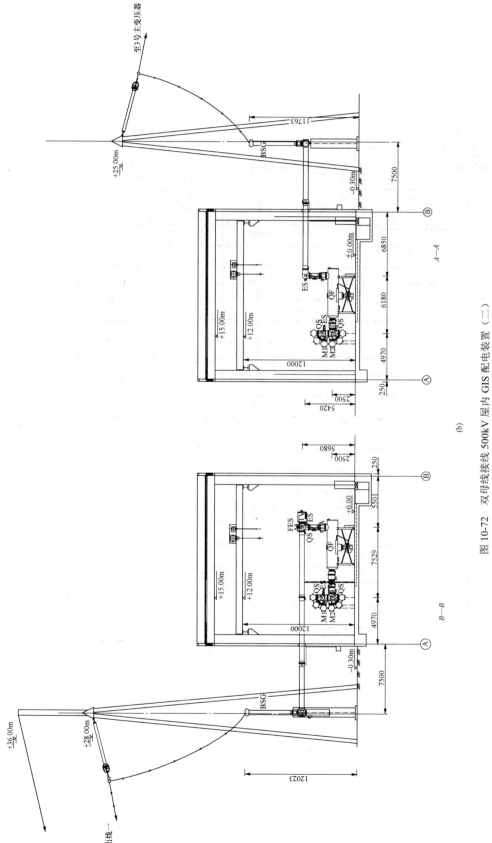

图 10-72 双母线接线 500kV 屋内 GIS 配电装置（二）

（b）断面布置图

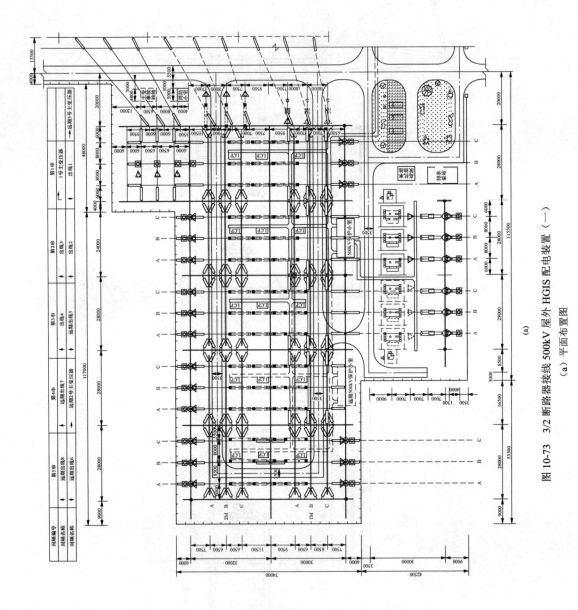

图 10-73 3/2 断路器接线 500kV 屋外 HGIS 配电装置 (一)

(a) 平面布置图

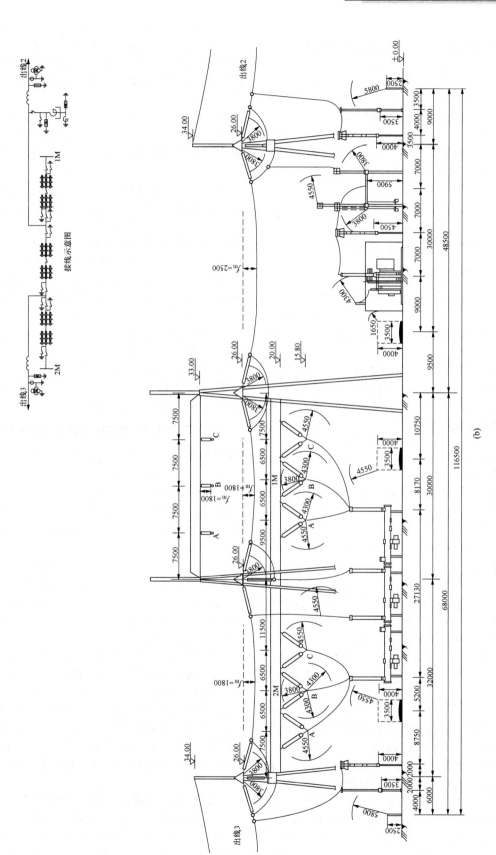

图 10-73 3/2 断路器接线 500kV 屋外 HGIS 配电装置（二）

（b）出线-出线串间隔断面布置图

第八节　750kV 配电装置

西北地区 750kV 网架从 2003 年开始建设以来，在近十几年中相继已有 20 多座变电站投入运行，主体网架已形成，网架中的电源点逐渐增多。

一般情况下，西北地区大型电网汇集站、枢纽变电站和大型火力发电厂采用 750kV 电压等级，接线型式多采用 3/2 断路器接线。750kV 3/2 断路器接线的配电装置一般采用以下布置方式：

（1）屋外敞开式中型、断路器三列式布置；

（2）屋外 GIS，断路器一字型布置；

（3）屋外 HGIS，断路器三列式布置。

一、750kV 屋外配电装置

（一）屋外敞开式中型、断路器三列式布置

图 10-74 示出 LW 发电厂 750kV 配电装置采用屋外敞开式中型、断路器三列式布置。该配电装置两回进线采用交叉进线方式，分别接入 750kV Ⅰ、Ⅱ母，两回出线至 YCD 变电站，另预留两回机组进线间隔和母线电抗器间隔。该配电装置采用罐式断路器、三柱水平旋转式隔离开关、铝管支撑耐热扩径导线，配电装置纵向尺寸为 240m，横向尺寸为 246m，占地面积为 88.56 亩。这种布置方案的占地特点是纵向尺寸大，宽度相对较小。

该配电装置内设置宽 5m 的消防环形通道，设备相间设 3m 设备巡视道路。750kV 进、出线和中间架构宽 42m，导线挂线高度 41.5m，避雷线挂线高度 56m；母线架构宽 41m，导线挂线高度 27m。750kV 屋外配电装置设备相间距离为 11.5m，相与架构距离为 9.5m。

（二）其他布置

除常见的 3/2 断路器接线敞开式布置外，还有 4/3 断路器接线布置、3/2 断路器接线平环布置、双断路器接线布置等，但尚无成熟投运经验，多在规划设计阶段布置方案比选时，作为参比方案出现。

4/3 断路器接线可适用于发电厂 4 回变压器进线、2 回出线的接线形式，其布置型式一般采用断路器双列式布置。

3/2 断路器接线平环式布置方案的主要特点是两组汇流母线布置在出线侧，变压器进线侧断路器与出线侧断路器分别布置在中间架构下方，中间断路器布置在进线架构与中间架构之间，呈 C 字环形布置。两组相邻的汇流母线重合距离长，母线感应电压大，两组母线间距需根据感应电压计算结果进行调整，且需在两组母线上分别增加接地开关。这种布置方案，整个配电装置的宽度尺寸大，纵向尺寸较三列式稍小，配电装置整体占地面积大。

双断路器接线可适用于 2 回进线、2 回出线的接线形式，其布置型式采用双列式布置。此布置方案，整个配电装置的宽度尺寸大，而纵向尺寸相对较小。因此接线形式断路器数量多，超高压断路器价格昂贵，采用极少。

另外，在 750kV 配电装置中，由于 750kV 线路一般较长，线路两端通常需考虑设置电抗器，以限制工频过电压。在考虑 750kV 电抗器布置时应注意以下两个方面的因素：

（1）由于 750kV 电抗器规划容量大，数量多，且电抗器回路还有隔离开关、避雷器及中性点设备等，应使同名设备位于同一条线上，以便运行检修。750kV 线路电抗器通常布置在线路侧，出线架空线路下方，以节约占地，使整个配电装置的布置显得紧凑合理。

（2）750kV 电抗器属于大型设备，其运输问题应当重点考虑。750kV 屋外敞开式配电装置设置了相间运输道路，但设备支架高度主要由 C 值控制，在考虑带电运输方案时，运输车外形按运输 CVT、避雷器及开关等设备考虑；而运输电抗器时，校验安全净距用的车辆外形则应按运输电抗器考虑，故设计时应尽量让电抗器布置于环路边，沿途运输车辆上方不应有设备连线，以满足带电运输的要求。

二、750kV 全封闭组合电器（GIS/HGIS）配电装置

（一）750kV GIS，断路器一字形布置

GIS 一字形布置具有纵向尺寸小的特点，由于 750kV 进、出线间隔宽度较宽，一字形布置并不增加配电装置的横向尺寸，因此 750kV GIS 一般采用一字形布置方案。

图 10-75 示出 BC 发电厂 750kV 配电装置采用屋外 GIS、一字形布置。该配电装置两回进线采用交叉进线方式，分别接入 750kV Ⅰ、Ⅱ母，两回出线至 QX 变电站。该配电装置纵向尺寸为 96m，横向尺寸为 193m，占地面积为 27.79 亩。

该配电装置采用屋外 GIS 母线外置式一字形布置型式，750kV 线路高压并联电抗器一字形排开平行布置于 750kV 出线架构下方，各单相电抗器及中性点小电抗器与邻近的单相电抗器之间均设防火墙。750kV GIS 与主变压器采用油气套管直接连接方式。750kV 出线架构宽度为 43.21m，导线挂线高度为 34m，750kV 设备相间距离为 11.5m。配电装置内设置宽 4m 的消防环形通道。

（二）750kV HGIS，断路器三列式布置

3/2 断路器接线，750kV HGIS 设备的布置型式可参考常规屋外敞开式、3/2 断路器接线的布置思路，断路器三列式布置方式。HGIS 配电装置包括 3CB

方案（三台断路器为一整体）和 2CB+1CB 方案（两台断路器连接为一整体，另一台断路器为一个独立单元）。为了方便后续扩建，配电装置在布置上通常要求能够适应 3CB 方案和 2CB+1CB 的方案。配电装置外侧设有环行道路，间隔中相间设纵向通道，以满足各间隔内设备及母线运输、安装和检修方便的要求。

图 10-76 示出 TS 变电站 750kV 配电装置断面布置图（不含电抗器），采用 HGIS 设备，户外悬吊管母、断路器三列式中型布置。

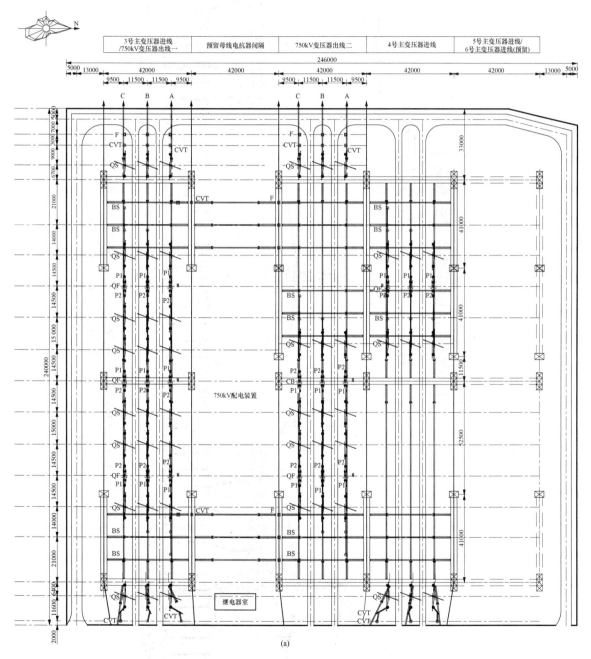

图 10-74 3/2 断路器接线，罐式断路器三列式布置，750kV 屋外配电装置（一）

（a）平面布置图

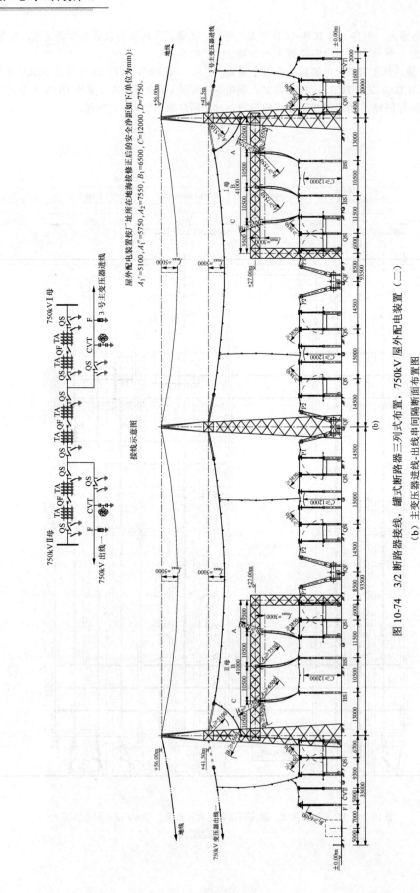

图 10-74　3/2 断路器接线、罐式断路器三列式布置、750kV 屋外配电装置（二）

（b）主变压器进线-出线串间隔断面布置图

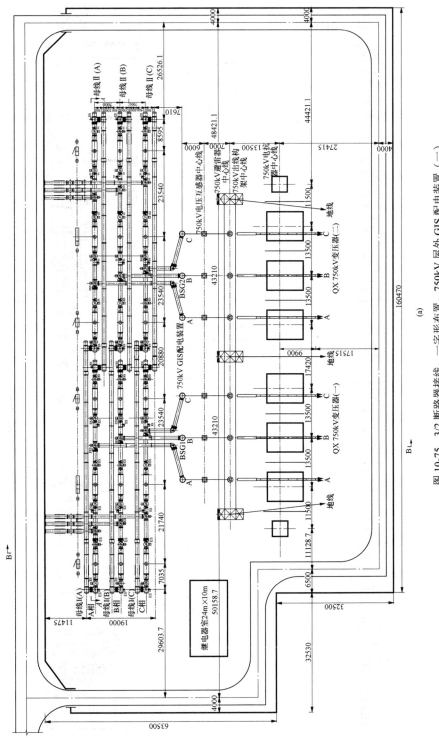

注： QF 断路器
    QS 隔离开关
    ES 接地开关
    FES 快速接地开关
    TA 电流互感器
    TV 电压互感器
    F 避雷器
    BSG 充气套管
    LCP 就地控制柜
    M 母线
    Ⓐ 电流互感器线端子箱
    Ⓥ 电压互感器线端子箱

图 10-75 3/2 断路器接线、一字形布置、750kV 屋外 GIS 配电装置（一）

（a）平面布置图

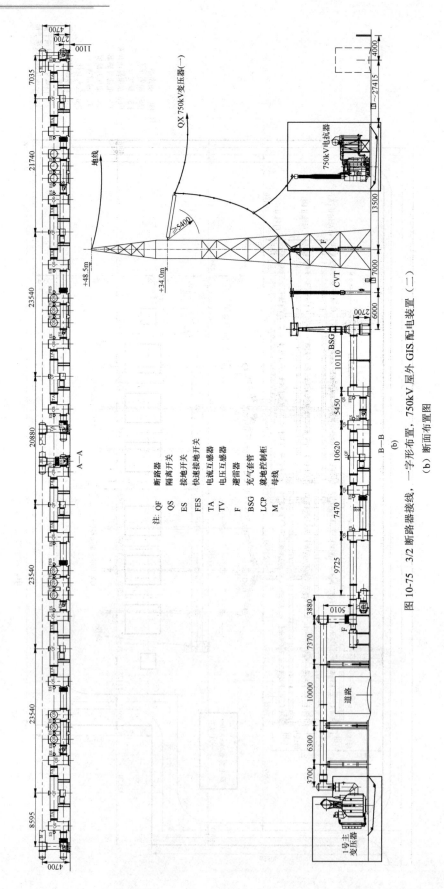

注: QF 断路器
QS 隔离开关
ES 接地开关
FES 快速接地开关
TA 电流互感器
TV 电压互感器
F 避雷器
BSG 充气套管
LCP 就地控制柜
M 母线

图 10-75 3/2 断路器接线、一字形布置、750kV 屋外 GIS 配电装置（二）

（b）断面布置图

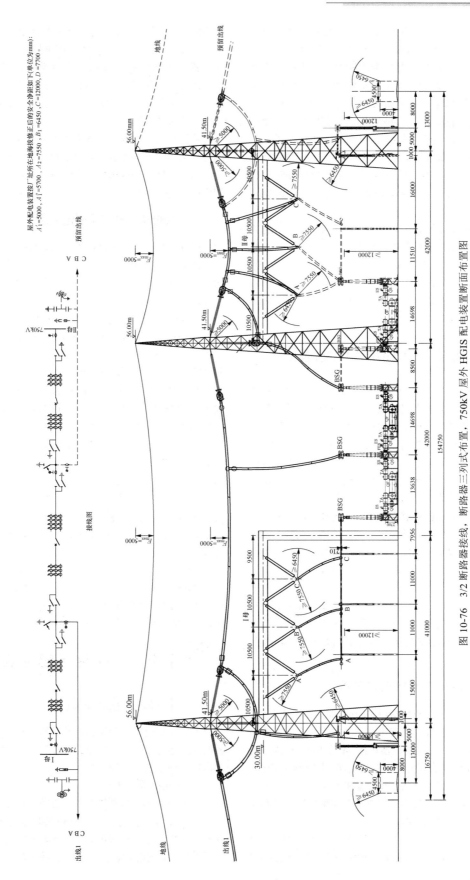

图 10-76 3/2 断路器接线，断路器三列式布置，750kV 屋外 HGIS 配电装置断面布置图

该配电装置本期 1 台主变压器进线，4 回出线，远期 2 台主变压器进线，8 回出线。750kV 线路东西方向出线，1 号主变压器从配电装置串中低架横穿进第 2 串，2 号主变压器从配电装置东侧低架进第 1 串。750kV 并联电抗器布置在出线架构外侧，隔离开关、避雷器及 750kV 电抗器沿出线方向依次布置，电抗器与围墙间设有 4.5m 宽的运输道路。750kV HGIS 设备南北方向运输道路设在 750kV 两段母线外侧，宽 4m，与高压并联电抗器外侧道路构成消防环形通道。750kV HGIS 设备相间设 3m 宽巡视道路。

750kV 配电装置出线架构宽度为 42m，出线挂点高度为 41.5m，出线地线高度为 56m，导体相间、相地距离分别为 11.5、9.5m，设备相间、相地距离分别为 11、10m。母线架构宽度为 41（Ⅰ母）、42（Ⅱ母）m，母线挂点高度为 30m，导体相间距离为 10.5m，相地距离为 9.5m。

第九节　1000kV 配电装置

1000kV 特高压配电装置由于电压高，外绝缘距离大，电气设备的外形尺寸也高大，使得配电装置的占地面积甚为庞大，很难布置在室内。同时，根据占地面积大这一特点，特高压配电装置还要求在特高压设备上（高压并联电抗器、断路器和避雷器等）采取有效措施限制过电压水平。其绝缘配合的要求，是以安装在变电站的避雷器的保护水平为基础，选取一定的裕度，保证足够的可靠性，合理地选择配电装置的绝缘水平，以此作为设计配电装置的基础。此外，在特高压配电装置中，静电感应、工频电场强度、电晕、无线电干扰和噪声等问题比 750、500kV 超高压更加突出。

从 2006 年 8 月，我国正式核准建设 1000kV 晋东南—南阳—荆门特高压交流试验示范工程开始，国内特高压工程 1000kV 配电装置主要有 GIS 和 HGIS 两种型式。

一、1000kV GIS 配电装置

图 10-77 示出 WN 变电站 1000kV GIS 配电装置、断路器一字形布置。该变电站电气主接线为 3/2 断路器接线，本期 1 回主变压器进线、4 回 1000kV 线路出线，完整接线共 3 回主变压器进线、8 回 1000kV 出线。远期 8 线 3 变压器，按 5 个完整串和 1 个不完整串规划；本期 4 线 1 变压器，组成 1 个完整串和 3 个不完整串，安装 9 台断路器。

1000kV 进出线架构间距为 57m；主变压器进、出线架构宽度均为 53m，相间和相地距离分别为 15m 和 11.5m，架构挂点高度分别为 43m 和 45m。

图 10-78 示出 PW 发电厂 1000kVGIS 配电装置、断路器一字形布置。该电厂电气主接线采用三角形接线，远期扩建为 3/2 断路器接线，厂内不设置线路并联电抗器，本期 2 回主变压器进线，1 回 1000kV 线路出线，安装 3 台断路器。

该配电装置出线架构宽度为 53m，相间和相地距离分别为 14.5m 和 12m，架构的导线、地线挂点高度分别为 43、70m。1000kV 配电装置区域设置环形道路和围栅，道路宽度为 4m。

二、1000kV HGIS 配电装置

图 10-79 示出 3/2 断路器接线，断路器三列式布置，1000kV HGIS 配电装置典型设计布置图。电气主接线为 3/2 断路器接线，本期 2 回主变压器进线、4 回 1000kV 线路出线、设 2 组出线并联电抗器，完整接线共 4 回主变压器进线、8 回 1000kV 出线、4 组出线并联电抗器。远期 4 回变压器 8 回线路，组成 6 个完整串；本期 2 回变压器 4 回线路，组成 2 个完整串和 2 个不完整串，安装 10 台断路器。

1000kV 母线设备、1000kV 高压并联电抗器回路设备、1000kV 出线及主变压器 1000kV 侧的避雷器和电压互感器均采用敞开式设备。

1000kV 出线间隔宽度为 53m，母线间隔宽度为 62m。架构采用联合架构，共分两层，进出线架挂点高度为 55m，母线架挂点高度为 38m。进出线相间距离为 14.5m，相地中心距离为 12m；母线相间距离为 15m，相地中心距离为 16m。主变压器通过低架横穿从配电装置的端部进线，横穿架构挂点高度为 38m。

1000kV 电抗器采用一字形布置在架空出线的下方，1000kV 配电装置外侧设有环行道路，宽 4.5m，间隔中设 3.5m 宽相间道路，可以满足各间隔内设备及 HGIS 运输、安装和检修方便的要求。

第十节　特殊地区配电装置

一、污秽地区配电装置

为了保证处于工业污秽、盐雾等污秽地区电气设备的安全运行，在进行配电装置设计时，必须采取有效措施，防止发生污闪事故。

（一）污染源

导致配电装置内电气设备污染的污染源主要有：

（1）火力发电厂：火力发电厂燃煤锅炉的烟囱，每天排放出大量的煤烟灰尘，特别是设有湿冷塔的发电厂，其水雾使粉尘浸湿，更易造成污闪事故。

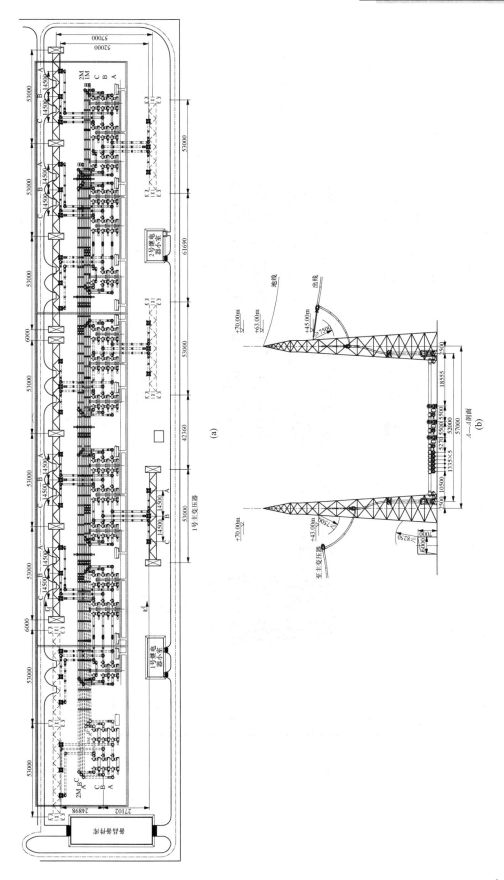

图 10-77 3/2 断路器接线、断路器一字形布置，1000kV GIS 配电装置

(a) 平面布置图；(b) 断面布置图

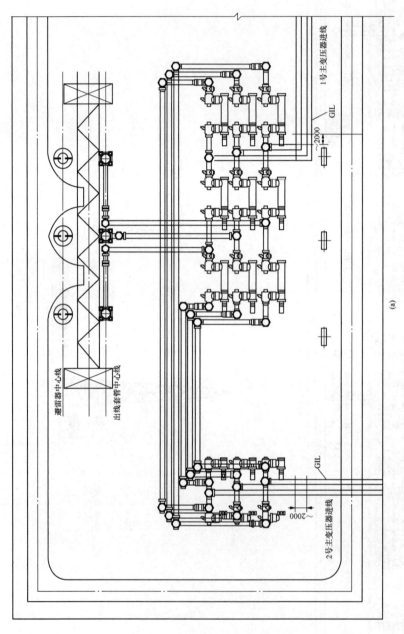

图 10-78 三角形接线、断路器一字形布置，1000kV GIS 配电装置（一）

（a）平面布置图

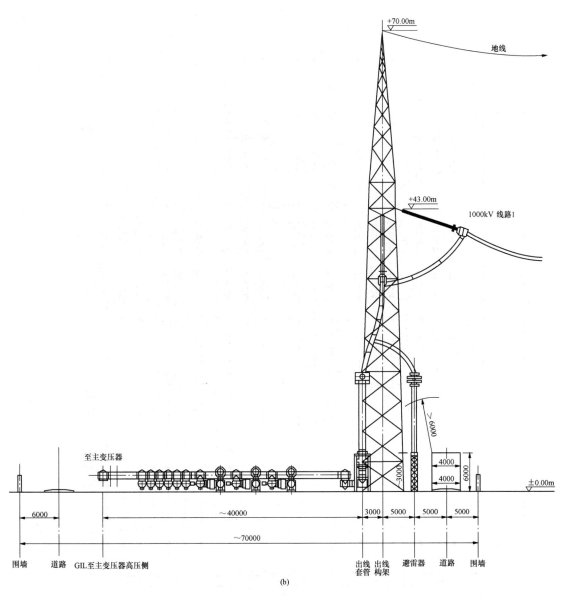

图 10-78 三角形接线、断路器一字形布置，1000kV GIS 配电装置（二）

（b）断面布置图

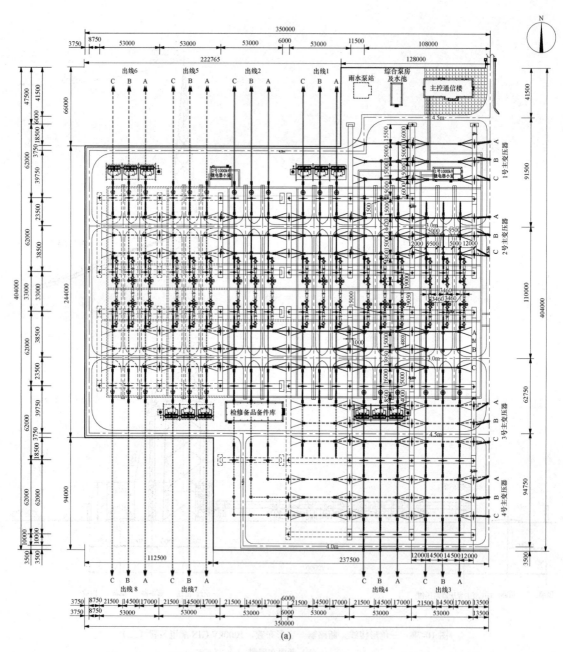

图 10-79　3/2 断路器接线、断路器三列式布置，1000kV HGIS 配电装置（一）

（a）平面布置图

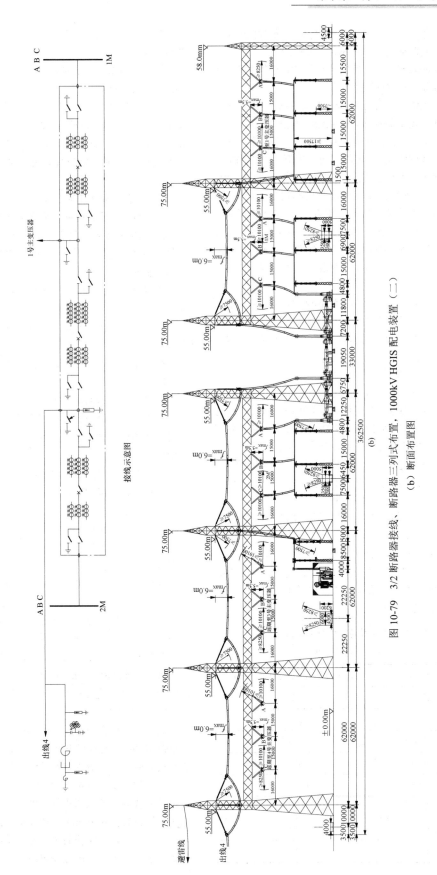

图 10-79 3/2 断路器接线、断路器三列式布置，1000kV HGIS 配电装置（二）

（b）断面布置图

（2）化工厂：化工厂的污秽影响一般比较严重，因其排出的多种气体（如 SO_2、NH_3、NO_3、Cl_2 等）遇雾形成酸碱溶液，附着在绝缘子和瓷套管表面，形成导电薄膜，使绝缘强度下降。

（3）水泥厂：水泥厂排出的水泥粉尘具有吸水性，遇水结垢不易清除，对瓷绝缘有很大危害。

（4）冶炼厂：冶炼厂包括钢铁厂、铜、锌、铅、镍冶炼厂及电解铝厂、铝氧厂等。冶炼厂排出的污物对电气设备外绝缘危害很大。如铝氧厂排出的氧化钠、氧化钙，不仅量大，且具有较大的黏附性，呈碱性，遇水便凝结成水泥状物质；电解铝厂排出的氟化氢和金属粉尘具有较高的导电性，且对瓷绝缘子和瓷套管的釉具有强烈的腐蚀作用；钢铁厂及铜、锌、铅、镍冶炼厂排出 SO_2 气体，在潮湿气候下也会造成污闪事故。

（5）盐雾地区：在距海岸 10km 以内地区，随着海风吹来的盐雾，在电气设备瓷绝缘表面。盐污吸水性强，在有雾或毛毛细雨情况下，使盐污受潮，极易造成污闪事故。

（二）污秽等级

污秽等级主要由污染源特征、等值附盐密度，并结合运行经验确定。在工程实际应用时，为便于区分环境条件，GB/T 26218《污秽条件下使用的高压绝缘子的选择和尺寸确定》系列标准将环境污秽程度定义为 a、b、c、d、e 共 5 个污秽等级。其中 a 级代表污秽很轻；b 级代表污秽轻；c 级代表污秽中等；d 级代表污秽重；e 级代表污秽很重。

（三）污秽地区配电装置的要求及防污闪措施

1. 尽量远离污染源

发电厂配电装置的位置，在条件许可的情况下，应尽量远离污染源，并且应使配电装置在潮湿季节处于污染源的上风向。表 10-35 为屋外配电装置和各类污染源之间的最小距离。

表 10-35　屋外配电装置与各类污染源
之间的最小距离

污染源类别	与污染源之间的最小距离（km）
制铝厂	2
化肥厂	1～2
化工厂和冶金厂	1.5
化工厂和一般厂	0.8
冶金厂和钢厂	0.6～1.0
一般厂	0.5
冶金厂	0.6
水泥厂	0.5

2. 尽量减少火力发电厂烟囱及湿冷塔对配电装置的污染

新建火力发电厂的烟囱，应装除尘设备，烟囱的高度及排放量必须符合国家环境保护的相关要求。对有湿冷塔的发电厂，必须根据湿冷塔的高度、容量和气象条件等合理确定配电装置的位置，保持必要的距离，并尽量将配电装置布置在湿冷塔冬季主导风向的上风侧。湿冷塔应装除水器，尽量减少水汽污染。

3. 合理选择配电装置型式

6～35kV 配电装置多采用开关柜或屋内配电装置；6～110kV 配电装置处于 d 级及以上污秽区时，宜采用屋内型；当技术经济合理时，220kV 配电装置也可采用屋内型。

在重污秽地区，经过技术经济比较，也可采用 SF_6 全封闭组合电器。

4. 增大电瓷外绝缘的有效爬电距离或选用防污型产品

污秽地区电瓷外绝缘的有效爬电距离应满足图 7-2 的要求。

电瓷尽量选用防污型产品。防污型产品除有效爬电距离较大外，其表面材料或造型也有利于防污。如采用半导体釉、大小伞、大倾角、钟罩式等特制瓷套和绝缘子。

污秽地区配电装置的悬垂绝缘子串的绝缘子片数应与耐张绝缘子串相同。

5. 采用防污涂料

对于污秽严重地区，在绝缘瓷件表面敷防污油脂涂料也是有效的防污措施之一，可采用的有防污涂料和有机硅涂料两类。

地蜡是矿脂涂料的一种，其性能稳定，有较长的使用寿命，一般可达 3～5 年，价格便宜，但地蜡涂料只能浸涂，多用于悬式绝缘子。另外，地蜡对金属粉尘和水泥污秽的使用效果不好。

有机硅涂料使用效果较好，硅油的有效期一般为 3～6 个月；硅脂的有效期可达 1 年。有机硅涂料的价格较贵，多用于重污秽地区的配电装置。

6. 加强运行维护

加强运行维护是防止污闪事故的重要环节。除运行单位定期进行停电清扫外，在进行重污秽地区配电装置设计时，可考虑带电水冲洗。

采用的带电水冲洗装置多为移动式。采用固定式带电水冲洗装置的效果更好，但需在设备瓷套管或绝缘子四周设置固定的管道系统和必要的喷头，投资较大。由于带电水冲洗投资大，操作难度大，对水的电阻率要求高，因此一般较少采用。

二、高烈度地震区配电装置

我国地震区分布较广泛,震源浅、烈度高。大地震使配电装置和电气设备遭受严重破坏,造成大面积、长时间停电,不仅给国民经济造成巨大损失,而且直接影响抗震救灾工作及恢复生产。因此,在进行高烈度地震区的配电装置设计时,必须进行抗震计算和采取有效的抗震措施,保证配电装置及电气设备在遭受到抗震设防烈度及以下的地震袭击时能安全供电。

(一)抗震设防烈度

抗震设防烈度是指,按国家规定的权限批准作为一个地区抗震设防依据的地震烈度,一般情况下,取50年内超越概率10%的地震烈度。

地震烈度是表示地震引起的地面震动及其影响的强弱程度。地震烈度不仅与震级有关,还与震源深度、距震中的距离以及地震波通过的介质条件(如岩石或土层的结构、性质)等多种因素有关。目前国际上普遍采用的是划分为12等级的烈度表,日本采用的是划分为 8 等级的烈度表。我国现采用的GB/T 17742—2008《中国地震烈度表》划分为 12 等级的烈度表。将 12 等级烈度表的判据简缩后,列于表10-36 中。

表 10-36
中 国 地 震 烈 度 表

烈度	在地面上人的感觉	房屋震害程度		其他震害现象	水平向地面运动	
		震害现象	平均震害指数		峰值加速度(m/s^2)	峰值速度(m/s)
I	无感					
II	室内个别静止中人有感觉					
III	室内少数静止中人有感觉	门、窗轻微作响		悬挂物微动		
IV	室内多数人、室外少数人有感觉,少数人梦中惊醒	门、窗作响		悬挂物明显摆动,器皿作响		
V	室内普通、室外多数人有感觉,多数人梦中惊醒	门窗、屋顶、屋架颤动作响、灰土掉落、抹灰出现微细裂缝,有檐瓦掉落,个别屋顶烟囱掉砖		不稳定器物摇动或翻倒	0.31 (0.22~0.44)	0.03 (0.02~0.04)
VI	多数人站立不稳,少数人惊逃户外	损坏—墙体出线裂缝,檐瓦掉落,少数屋顶烟囱裂缝、掉落	0~0.10	河岸和松软土出线裂缝,饱和砂层出现喷砂冒水;有的独立砖烟囱轻度裂缝	0.63 (0.45~0.89)	0.06 (0.05~0.09)
VII	大多数人惊逃户外,骑自行车的人有感觉,行驶中的汽车驾乘人员有感觉	轻度破坏—局部破坏,开裂,小修或不需要修理可继续使用	0.11~0.30	河岸出现坍方;饱和砂层常见喷砂冒水,松软土地上地裂缝较多;大多数独立砖烟囱中等破坏	1.25 (0.90~1.77)	0.13 (0.10~0.18)
VIII	多数人摇晃颠簸,行走困难	中等破坏—结构破坏,需要修复才能使用	0.31~0.50	干硬土上亦出现裂缝;大多数独立砖烟囱严重破坏;树梢折断;房屋破坏导致人畜伤亡	2.5 (1.78~3.53)	0.25 (0.19~0.35)
IX	行动的人摔倒	严重破坏—结构严重破坏,局部倒塌,修复困难	0.51~0.70	干硬土上出现地方有裂缝;基岩可能出现裂缝、错动;滑坡坍方常见;独立砖烟囱倒塌	5 (3.54~7.07)	0.5 (0.36~0.71)
X	骑自行车的人会摔倒,处不稳状态的人会摔离原地,有抛起感	大多数倒塌	0.71~0.90	山崩和地震断裂出现;基岩上拱桥破坏;大多数独立砖烟囱从根部破坏或倒毁	10 (7.08~4.14)	1 (0.72~1.41)
XI		普遍倒塌	0.91~1.00	地震断裂延续很长;大量山崩滑坡		
XII				地面剧烈变化、山河改观		

注 1. 表中的数量词:"个别"为 10%以下;"少数"为 10%~50%;"多数"为 50%~70%";"大多数"为 70%~90%;"普遍"为 90%以上。

2. 本表选自 GB/T 17742—2008《中国地震烈度表》。

在进行电气抗震设计时，电力设施的抗震设防烈度应根据 GB 18306《中国地震动参数区划图》的有关规定确定。地震动参数是表征抗震设防要求的地震动物理参数，包括地震动峰值加速度和地震动加速度反应谱特征周期等。GB 50260—2013《电力设施抗震设计规范》中规定，单机容量为 300MW 及以上或规划容量为 800MW 及以上的火力发电厂、停电会造成重要设备严重破坏或危及人身安全的工矿企业的自备电厂等属重要电力设施。重要电力设施中的电气设施，当抗震设防烈度为 7 度及以上时，应进行抗震设计，可按抗震设防烈度提高 1 度设防，但抗震设防烈度为 9 度及以上时不再提高。

抗震设防烈度与设计基本地震加速度对照表见表 10-37。其中，设计基本地震加速度是 50 年设计基准期超越概率 10%的地震加速度值，为一般建设工程抗震设计地震加速度取值。

表 10-37 抗震设防烈度与设计基本地震加速度对照表

抗震设防烈度	6	7	7	8	8	9
设计基本地震加速度	0.05g	0.10g	0.15g	0.20g	0.30g	0.40g

注 1. 表中"g"为重力加速度，即 9.8m/s^2。
   2. 本表选自 GB 50260—2013《电力设施抗震设计规范》表 5.0.3-1。

（二）高烈度地震区配电装置选型

合理地选择配电装置型式是电气抗震设计的重要内容之一。在抗震设防烈度较高的地区，必须综合考虑工程在电力系统的重要程度、建设费用、场地条件以及环境条件（如污秽等级）等的影响，进行技术经济分析，选择抗震性能较好的配电装置型式。高烈度地震区配电装置的选型，应考虑以下几点：

（1）抗震设防烈度为 8 度及以上的地震区，35kV 及以上电压等级的配电装置，宜优先选用屋外式配电装置。

根据海城和唐山地震的震害教训，许多屋内配电装置的电气设备，不是由于地震直接造成的损坏，而是由于房屋倒塌砸坏电气设备而造成的次生灾害。且屋内配电装置房屋损坏后修复困难，恢复供电的周期长；而屋外配电装置的震害比屋内配电装置轻，恢复供电的速度也较快。

（2）屋外配电装置的中型布置方案比高型、半高型布置方案的抗震性能好。高型、半高型配电装置的架构较高，部分电气设备安装在较高的架构横梁上，其动力反应加大，更容易破坏。同时，由于部分设备上下重叠布置，如上层设备损坏后跌落下来会打坏下层设备。再者，由于高型、半高型配电装置的部分引

下线或设备间连线较长，导线拉力较大，地震时导线摇摆也较大，易拉坏设备。

（3）抗震设防烈度为 8 度及以上的地震区，220kV 及以上电压等级的配电装置宜优先采用分相布置的中型配电装置；对于场地特别狭窄和城市中心地区的 110kV 及以上电压等级的配电装置可采用 GIS 或 HGIS 配电装置。

（4）抗震设防烈度为 8 度及以上的地震区，110kV 及以上电压等级的配电装置不宜采用棒式支柱绝缘子支持的管形母线配电装置。当采用管形母线配电装置时，铝管母线宜采用悬吊式。

棒式支柱绝缘子的抗震性能较差，用棒式支柱绝缘子支持的管形母线在地震力作用下，将使绝缘子的内用力增加；同时，由于管形母线在地震时容易与地震波发生共振，故棒式绝缘子容易折断并造成母线损坏。唐山地震时，LJT 变电站 220kV 管形母线有一组因 3 只棒式支柱折断而造成母线落地损坏就是一例。

（5）抗震设防烈度为 8 度及以上的地震区，干式空芯电抗器不宜采用三相垂直布置。110kV 及以上电压等级的电容补偿装置的电容器平台宜采用悬挂式结构。

（三）电气设施抗震计算

电气抗震计算是电气抗震设计的重要环节之一，必须根据电气设备的结构型式、安装方式、安装地区的抗震设防烈度，合理地确定电气抗震计算内容和计算方法。

1. 电气设施抗震计算的主要内容

（1）电气设备体系（即电气设备本体及其基础、支架等组成的体系）的自振频率和振型等固有特性的计算。

（2）地震作用即作用在电气设备体系上的地震力计算。

（3）地震时，与地震作用同时作用在电气设备体系上的其他外力如导线拉力、风荷载等的计算。

（4）在地震作用及与地震作用组合的其他荷载同时作用下，电气设备体系各质点的位移、速度、加速度等动力反应计算。

（5）在地震作用及其他组合荷载同时作用下，电气设备各质点的弯矩和应力计算。重点是电气设备根部及其他危险断面处产生的弯矩和应力的计算。

（6）电气设备抗震强度的验算。重点是电气设备在各种安装状态下，设备根部和其他危险断面处产生的弯矩和应力是否小于制造厂提供许用弯矩和应力值以及是否满足安全系数的要求。

2. 电气设施抗震计算的荷载组合

（1）地震作用。

（2）恒荷载：包括设备自重、导线拉力等。

（3）风荷载：在进行电气设备抗震计算时，取当地最大风速的25%作为抗震设计风速，计算其作用在电气设备及其体系上的风荷载。

大地震发生率较低，且地震力的作用时间很短，一般为几秒到十几秒，在发生大地震时，最大地震力作用在电气设备上的同时发生短路故障的概率更小，故可不考虑短路电动力与地震作用的重叠。

3. 电气设施抗震计算步骤

电气设施抗震计算应符合 GB 50260《电力设施抗震设计规范》要求。电气设施抗震计算步骤如图 10-80 所示。

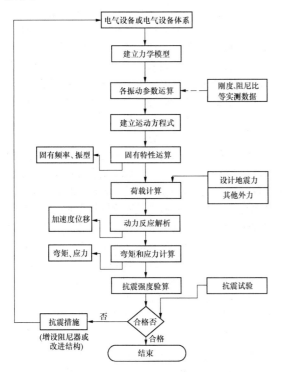

图 10-80 电气设施抗震计算步骤方框图

4. 电气设备抗震强度的安全系数

以棒式支柱绝缘子或瓷套管为绝缘支柱的电气设备，其机械强度的分散性较大，同时，电瓷为脆性材料，本身没有塑性变形阶段，当外加荷载或发生应力超过允许值时，立即断裂。为了保证电瓷产品在地震时安全运行，其抗震强度必须有一定的裕度。

电瓷产品以弯曲破坏为主，在进行电气设施抗震设计时，其安全系数应不小于 1.67。

（四）安装设计采取的抗震措施

1. 选择抗震性能较好的电气设备

电气设备的选型是进行电气设备抗震设计的前提。目前我国尚无定型的抗震型电气设备，而现已定型的电气设备大部分抗震性能较差。为了避免或减少电气设备在地震时受到破坏，应慎重进行设备选型。

（1）设备选型应根据其安装地点地基的场地土类型，尽可能选用设备的自振频率与当地场地土的地震卓越频率相距较远的电气设备，以便避免在发生地震时，设备与地震波发生共振。

（2）选用具有较高阻尼比的电气设备，以降低设备对地震作用的动力反应放大系数。

（3）选用以高强度支柱绝缘子和绝缘套管为绝缘支柱的电气设备。

（4）选用设备重心低、顶部质量轻等有利于抗震的结构型式的电气设备，如储气罐式 SF_6 断路器等。

（5）对新试制或引进国外的电气设备，在签订设备技术协议时，应提出抗震性能的要求。表征抗震设防要求的地震动物理参数，包括地震动峰值加速度和地震动加速度反应谱特征周期等，可向制造厂提出设备安装所在地区的地震动峰值加速度和地震动加速度反应谱特征周期参数，要求制造厂考虑设备本身的抗震性能。

根据设备安装所在地区的地震烈度，一般以发生地震时，设备承受的地面输入最大加速度值为基准提出要求。作用在设备上的加速度值，还应考虑设备基础和设备支架的动力反应放大系数。一般取设备基础、支架的动力放大系数为 1.2。

导线在地震作用下摇摆，也会造成对电气设备的影响，一般取导体连接方式的影响等不定因素的影响系数为 1.1。因此，输入到设备底部的最大加速度值比地面输入的最大加速度值放大了 1.2×1.1=1.32 倍。不同地震烈度下，地面输入的基本加速度值和输入到设备底部的最大加速度值见表 10-38。

表 10-38　地面输入基本加速度值

地震烈度	Ⅶ	Ⅷ	Ⅸ
地面最大水平加速度值	0.125g	0.25g	0.5g
设备底部最大水平加速度值	0.165g	0.33g	0.66g

注　本表地面最大水平加速度值摘自 GB/T 17742—2008《中国地震烈度表》。

2. 装设减震阻尼装置

现已定型的电气设备，在不改变产品结构的情况下，在电气设备的底座与设备支架（或设备基础）之间，装设阻尼器等减震阻尼装置，是提高电气设备抗震能力的有效措施之一。法国、日本等国家的部分电气设备也是采用减震、阻尼装置作为抗震措施之一。如法国 FA4-550 型 SF_6 断路器只能受 0.2g 的水平加速度，加装阻尼器后，可耐受 0.4g 的水平加速度，抗震能力提高一倍。减震阻尼装置的作用主要是改变本体的自振频率，使电气设备体系的自振频率避开安装地点场地土的地震波卓越频率，避免或减少共振。同时，还能够加大体系的阻尼比，减少设备体系动力反应放大系数，降低设备根部的应力，从而达到提高抗震能力的目的。

减震阻尼装置只相当于电气设备的一个配件，不需要改变产品的结构型式。同时，阻尼器结构简单、安装使用方便，特别是对已投放运行的电气设备，采用阻尼器来提高设备抗震能力更为方便。

例如，用于 110～500kV 棒式支柱绝缘子的 QS78-195 型阻尼垫。该阻尼垫在基本上不改变体系自振频率的前提下，增大体系的阻尼比，达到减震的作用。通过对 ZS-220 型棒式支柱绝缘子的地震模拟试验，加装 QS78-195 型阻尼垫后，体系的阻尼比可由原 2%提高到 8%～10%，绝缘子顶部的动力放大倍数由原来的 20.8 倍降为 5.08 倍，从而使根部应力达到能抗Ⅸ度地震袭击的能力。QS78-195 型阻尼垫的最佳压缩量为 4mm，故在安装时需加一个 3.6mm 的钢垫圈，控制其压缩量。

QS78-195 型阻尼垫还用于由棒式支柱绝缘为绝缘支柱的电气设备，如高压隔离开关等设备的底座上。其结构及安装图如图 10-81 和图 10-82 所示。

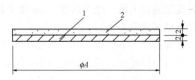

图 10-81　QS78-195 型阻尼垫结构图

1—钢板；2—阻尼胶（J 基胶）；ϕA—阻尼垫直径，由绝缘子底座安装尺寸确定

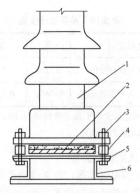

图 10-82　QS78-195 型阻尼垫安装示意图

1—棒式支柱绝缘子；2—阻尼垫；3—垫圈（厚 3.6mm）

4—安装螺栓；5—垫板（钢板）；6—安装槽钢

上述减震阻尼装置已通过技术鉴定，并都投入电力系统试运行，其减震、阻尼装置运行良好，性能稳定，在遭受到Ⅸ度及以上的地震袭击时，能保证设备不损坏。

减震阻尼装置在不需要改变设备基础和设备支架

的情况下，即可较方便的安装。作为电气设备的抗震加固措施，更显示出其优越性，可推广使用。

3. 在布置条件允许时，适当加大设备间的距离

在地震时，有的震害是因某一个设备损坏倾倒导致砸坏与其相邻的设备而形成的次生灾害。如 LJT 变电站的断路器的瓷套管在地震时折断倾倒后，打坏同回路的 220kV 电流互感器，使震害扩大。为了减少此类次生灾害，在布置条件允许的情况下，宜适当加大断路器、电流互感器等重要设备之间以及重要设备与其他设备之间的距离。

4. 减少设备端子的拉力

减少电气设备端子承受的拉力，也是减少震害的措施之一。为此，设备间的连线或引下线不宜过长。当采用硬母线连接时，应有软导线或伸缩接头。对于软导线连接或引下线过长时，应增设固定支点或增设减震装置。如唐山发电厂在 110kV 配电装置的母线与隔离开关的引线上加装弹簧装置后起到消震作用，从而减少了引下线摇摆时所引起拉力。

5. 降低设备安装高度

由于设备支架对地面输入的地震加速度有放大作用，且支架越高，动力反应放大系数就越大，作用在设备上的地震力也就越大，故安装设计时应尽量降低设备的安装高度。在抗震设防烈度较高的地区，对于抗震性能较差、容易损坏的设备，在布置条件许可的情况下，宜采用低式布置即落地安装方式。如断路器可考虑采用重心较低的罐式断路器。

6. 重视设备基础与设备支架的抗震设计

设备基础与设备支架的抗震设计，是电气设备抗震设计的重要环节之一，在提供土建设计资料时，必须注意以下几点：

（1）在进行电气设备的支架设计时，要使基础和支架的自振频率与设备本体的自振频率分开，支架的自振频率应为设备自振频率的三倍以上，避免设备支架与电气设备发生共振。

（2）设备基础和设备支架的自振频率应避开地震波的频率范围 0.5～10Hz，且距离越远越好，一般应使设备基础和支架的自振频率大于 15Hz，防止因基础、支架与地震发生共振而产生较大的动力反应。

（3）在进行设备基础和设备支架设计时，应进行动荷载计算，以保证支架的强度，防止发生因基础不均匀下沉和设备支架倾倒和损坏而造成电气设备损坏的次生灾害。

7. 设备安装应牢固可靠

在进行设备安装设计时，一定要认真验算地震荷载和其他组合荷载所引起的作用在设备及其体系上的外力。安装设计中设备的固定应牢固可靠，螺栓连接或焊接的强度要高，防止地震力和其他组合外力同时作用时剪断固定螺栓或拉裂焊而造成电气设备倾倒或摔坏。

8. 电气设备一定要有良好的接地

电气设备一定要良好的接地，接地引线和接地干线应可靠焊接，并尽量降低接地电阻值。

地震时往往造成电力系统短路并接地，如海城、唐山地震均有因接地不良而造成烧坏电缆和电气设备的现象，因此，必须注意电气设备的接地设计，以减少地震的次生灾害。

9. 充油式电气设备的事故排油设施应齐全

充油式电气设备的安装设计，应注意事故排油设计，排油管道和事故储油设施应齐全，事故排油管道应畅通，防止地震时发生火灾和使火灾事故扩大。

10. 消防设施应健全

大地震中常常会引起火灾事故，电气设计除符合有关规程的防火要求外，消防设施应健全，以防止发生火灾和及时扑灭火灾事故；消防用水的水源应可靠、水管道应畅通，消防龙头可靠；同时应具备足够的化学灭火设置，防止地震时因水源或水管道损坏而使火灾事故扩大。

（五）几种主要电气设备的具体抗震措施

1. 电力变压器、消弧线圈、并联电抗器的抗震措施

（1）在抗震设防烈度为 7 度以上地震区，宜取消电力变压器等设备的滚轮和钢轨。将变压器等设备安装在基础台上，并采取螺栓连接或焊接措施，防止位移。同时，电力变压器、并联电抗器等设备的基础台应适当加宽，其宽度一般不小于 800mm。

（2）变压器套管的引线宜采用软导线，且不宜过长。当低压侧采用硬母线时，应有软导线过渡或有足够伸缩长度的伸缩接头，防止拉坏瓷套管。对 110kV 及以上的套管，其瓷套与法兰的连接部位可增设卡固措施，防止套管错位或漏油。

（3）为防止变压器、并联电抗器本体上的冷却器、潜油泵、连接管道等附件的损坏，潜油泵及连接管道与基础台间应保持一定的距离，其最小净距为 200mm。对于集中布置的冷却器与本体的连接管道，在靠近变压器处应增设柔性接头，并在靠近变压器侧设置阀门，以便在冷却器或连接管道破裂漏油时关闭阀门，切断油路。

电力变压器安装设计的抗震措施如图 10-83 和图 10-84 所示。

（4）对于柱上安装的配电变压器，除支柱的强度应满足要求外，还应将变压器牢固的固定在支柱上，在变压器的上部还应加以固定，以防止倾倒和摔坏。图 10-87 是柱上变压器安装抗震措施示意图。

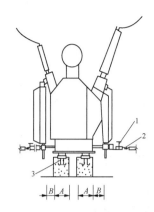

图 10-83 电力变压器安装抗震措施示意图（一）

A—基础宽，A≥800mm；B—附件距本体净距，

B≥200mm；1—管道阀门；2—柔性接头

（波纹管）；3—预埋铁件

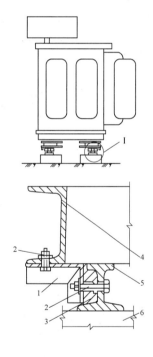

图 10-84 电力变压器安装抗震措施示意图（二）

1—槽钢；2—螺栓带螺母及垫圈；

3—钢轨用鱼尾板，与钢轨对立；

4—变压器底座；5—变压器轨道；

6—变压器基础

2. 电瓷绝缘电气设备的抗震措施

断路器、隔离开关、电流互感器、电压互感器、避雷器、支柱绝缘子、电缆头、穿墙套管等电气设备的绝缘支柱均是以电瓷材料制成的。电气设备的瓷件在地震中损坏较多，其主要原因是：

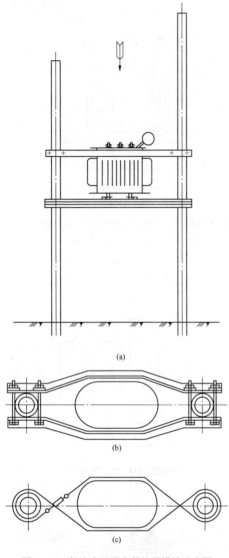

(a)

(b)

(c)

图 10-85　柱上变压器安装抗震措施示意图

（a）断面示意图；（b）*A* 向视图（一），变压器上部用角钢
或偏钢固定方案；（c）*A* 向视图（二），变压器上部用
钢绞线固定方案，并设花篮螺栓进行调节

（1）瓷质材料属脆性材料，抗弯或抗剪强度低，脆性材料无塑性变形阶段，故容易破损、折断。

（2）高压电器和电瓷产品的本体及体系的自振频率为 1～10Hz，在地震波的卓越频率范围内，地震时，与地震波发生共振的概率较高，且这些由瓷件组成的电气设备，其阻尼比又较小，一发生共振，动力反应放大系数就很大，使作用在设备上的地震荷载增加。这是电瓷绝缘的电气设备在地震时易遭受到损坏的主要原因。

（3）接线端子的允许拉力较小，地震力将引起设备连接线或引下线摇摆，使导线拉力增加，以致造成

设备本体破坏或拉坏设备端子。

（4）部分设备本体结构又细又高，顶部质量大，造成头重脚轻，重心提高，不利于抗震。

（5）设备支架对地面输入的加速度值有放大作用，使作用在设备上的地震力加大。

在进行电瓷绝缘电气设备的设计时，应针对上述震害的主要原因，采取有效的抗震措施。选择抗震性能较好的电气设备、加装阻尼器、减少设备端子拉力、降低设备安装高度、重视设备支架的抗震设计等安装设计的抗震措施，都是针对电瓷绝缘电气设备震害原因提出的，是非常重要而有效的措施，必须认真。此外，对于带有滚轮的电压互感器等设备，应将滚轮去掉后固定在支架上或采用卡具使其牢固的固定。

对于断路器的操作电源或操作气源应安全可靠，以防止因失去电源、气源造成断路器不能跳闸而使事故扩大。

3. 蓄电池和电力电容器的抗震措施

（1）对于大、中型发电厂、枢纽变电站和重要的小型发电厂和变电站宜采用抗震性能较好的 GGF、GGM 型防酸隔爆蓄电池（简称密封式蓄电池）；对于一般性小型发电厂和中、小型变电站，在高烈度地震区可取消蓄电池组，采用镉镍电池柜、硅整流电容储能装置或其他直流装置。

（2）密封式蓄电池安装在抗震设防烈度小于 8 度的地区，可将蓄电池直接放在铺有耐酸橡胶垫的基础台上，基础台应设有护沿；对于抗震设防烈度为 7 度及以上地区安装的 K 型玻璃缸式蓄电池和抗震设防烈度为 8 度及以上地震区安装的密封式蓄电池应设栅栏进行防护。

（3）为防止蓄电池间的边线在地震时被震断和对蓄电池产生附加外力，避免一只蓄电池位移影响相邻蓄电池，蓄电池间最好采用软连接方式，其端电池的引出线宜采用电缆引出。

（4）电力电容器应牢固地固定在支架上，防止地震时发生位移和倾倒。

4. 电力系统通信设备的抗震措施

重要的发电厂、变电站对总调度所和地区调度所至少要具备两套各自独立的通信设施，通信电源必须可靠。大型发电厂枢纽变电站、枢纽通信站等，除应保证蓄电池可靠，以便当交流消失后由电源逆变器或变流机组供电外，还应设置柴油发电机作为通信设备的备用电源。当变电站内未设置作为操作电源用的蓄电池时，应装设小型的通信用的蓄电池。

载波机、微波机、电话总机、调度电话交换机、通信电源屏等通信设备，均应采用固定措施，防止地震时被震倒和摔坏。

5. 高压开关柜等屏、盘的抗震措施

高压开关柜、低压配电屏、控制及保护屏等设备，应采用焊接或螺栓连接的固定方式，使其牢固地固定在基础上。对于抗震设防烈度高于 8 度的地震区，还应将几块柜（屏）的上部连成一个整体，增加其稳定性。柜（屏）上的表计一定要固定牢，防止地震时表计摔出。

三、高海拔地区配电装置

当海拔超过 1000m 时，由于空气稀薄、气压低，使电气设备外绝缘和空气间隙的放电电压降低。因此，在进行高海拔地区配电装置设计时，应加强电气设备的外绝缘和放大空气间隙。

1. 外绝缘补偿

（1）对于安装在海拔超过 1000m 地区的电气设备外绝缘一般应予加强。当海拔在 4000m 以下时，其工频和冲击试验电压值应为电气设备在海拔 1000m 的外绝缘要求耐受电压值乘以系数 K_a。系数 K_a 的计算公式如下：

$$K_a = e^{m(H-1000)/8150} \qquad (10\text{-}62)$$

式中　m——修正指数（为简单起见，m 取下列确定值：对于工频、雷电冲击和相间操作冲击电压，$m=1$；对于纵绝缘操作冲击电压，$m=0.9$；对于相对地操作冲击电压，$m=0.75$）；

　　　H——安装地点的海拔，m。

（2）当海拔超过 1000m 时，500kV 及以下电压等级配电装置的 A 值应按图 10-86 进行修正。

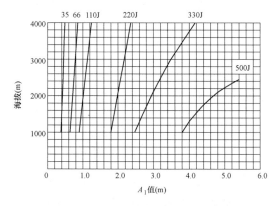

图 10-86　海拔大于 1000m 时，A 值的修正

注：A_2 值和屋内的 A_1、A_2 值可按本图之比例递增

2. 高海拔地区配电装置设计所采用的措施

（1）海拔超过 1000m 的地区，电气设备应采用高原型产品或选用外绝缘提高一级的产品。

（2）由于现有 110kV 及以下电压等级的大多数电气设备如变压器、断路器、隔离开关、互感器等的外绝缘有一定的裕度，故可使用在海拔不超过 2000m 的地区。

（3）海拔超过 1000m 的高压配电装置的空气间隙，A 值按图 10-86 进行修正后，其 B、C、D 值分别增加 A_1 值的修正差值。

（4）采用 GIS，可避免高海拔对外绝缘的影响。

（5）海拔为 1000～4000m 地区的屋外配电装置，当需要增加悬式绝缘子片数来加强绝缘时，耐张绝缘子串和悬垂绝缘子串的片数，按下式进行修正。

$$N_H = N[1 + 0.1 \times (H-1)] \qquad (10\text{-}63)$$

式中　N_H——修正后的绝缘子片数；

　　　N——海拔为 1000m 及以下地区的绝缘子片数；

　　　H——海拔，km。

（6）随着海拔升高，裸导体的载流量降低，裸导体的载流量在不同海拔及环境温度下，应乘以综合修正系数。

3. 高海拔地区的绝缘保护

为了解决高海拔问题，除了采取上述"外绝缘补偿"的办法外，还可采取对绝缘加强保护的办法。220kV 及以下电气设备的绝缘都是根据避雷器的保护性能进行配合的。采用氧化锌避雷器之后，优良的保护性能可以降低过电压水平。这样，高海拔地区的外绝缘强度即使有所下降，在某一高程之下，仍然可以保证绝缘和过电压之间必要的配合。

对于 330kV 及以上的超高压、特高压设备，只要避雷器的参数选择适当，亦可用在海拔 1000m 以上的地区。采用加强保护的办法，电器可用通用产品，无需加强绝缘，工程设计亦可采用典型布置型式，空气间隙亦不必放大。可以方便制造、设计，还可节约工程投资。

采用加强保护的办法，应按第十四章介绍的方法，进行绝缘配合计算，计算时需注意电器外绝缘和空气间隙，在海拔超过 1000m 的地区，绝缘强度随海拔的增加而降低。

第十一节　配电装置设计的配合资料

一、屋内配电装置土建资料

（1）布置资料：包括配电装置的平断面尺寸及标高；对土建结构的要求；门的位置、尺寸和门的开启方向及防火要求；对开设窗户的意见；对地（楼）面材料的意见；对操作、维护及搬运通道的要求；穿墙套管的平断面位置及对设置雨篷的要求；悬挂在墙上的导线偏角、拉环位置等。

（2）荷载资料：包括电气设备及附件（如操动机

构）的净荷载和操作荷载，受力点和受力方向；母线短路时，支持绝缘子作用在结构上的力；各层楼（地）板及通道的运输荷载、起吊荷载、安装检修的附加荷载；架空进出线及地线的拉力、偏角、安装检修荷载等。

（3）留孔及埋件资料：包括配电装置各层的各间隔和楼（地）板上的留孔、预埋铁件；配电装置各层外墙上留孔、预埋铁件；电气设备的基础、支吊架、油槽等。

（4）网门资料：包括各间隔网门栅栏的尺寸及开启方向，网孔大小，网门上的留孔位置及大小；操动机构和二次设备的安装要求与操作荷重。当网门由电气专业自行设计时可以不提供网门资料。

（5）通风资料：包括配电装置内的母线发热功率（kW），对事故通风、SF_6气体检测的要求等。

二、屋外配电装置土建资料

（1）布置资料：包括配电装置的平断面尺寸；各型架构的布置位置；电气设备及附件（如操动机构、端子箱等）的布置位置。对设备运输道路及操作小道的设置要求等。

（2）架构资料：包括各型架构的结构型式、高度、宽度，导、地线悬挂点高度、间距、导线偏角，正常和安装检修状态下的荷载（包括水平拉力、垂直荷载及侧向风压）；对挂环、吊钩、爬梯、接地螺栓等埋件的要求。

（3）设备支架及基础资料：包括各类支架及基础的结构型式、高度，设备的相间距离，对设备安装孔或预埋件以及接地螺栓等的要求；设备及其附件的净荷载，所受最大风压，操作荷载，安装检修时附加荷载，受力点和受力方向；低位布置的设备要提出对设置围栏的要求；对于有储油设施的设备基础，还应提出设备油量、储油池或挡油槛的尺寸、卵（碎）石层厚度、排油管管径等。

三、对建筑物及构筑物的要求

1. 对屋内配电装置建筑的要求

（1）长度大于 7m 的配电装置室，应有两个出口。长度大于 60m 时，宜在配电装置中部增添一个出口。当配电装置室有楼层时，一个出口可设以通往屋外楼梯的平台处。

（2）装配式配电装置的母线分段处，宜设置有门洞的隔墙。

（3）充油电气设备间的门若开向不属配电装置范围的建筑物内时，其门应为非燃烧体或难燃烧体的实体门。

（4）配电装置室的门应为向外开的防火门，应装

弹簧锁，严禁用门闩，相邻配电装置室之间如有门时，应能向两个方向开启。

（5）配电装置室可开窗，但应采取防止雨、雪、小动物、风沙及污秽尘埃进入的措施。在污秽严重或风沙大的地区，不宜设置可开启的窗，并采用镶嵌铁丝网的玻璃或以铁丝网保护。

（6）配电装置的耐火等级，不应低于二级。配电装置室的顶棚和内墙面，应作涂料处理。地面宜采用水磨石地面。特别是采用 SF_6 全封闭电器时，应采用水磨石地面，以防止起尘。

（7）配电装置室有楼层时，其楼层应有防水措施。

（8）配电装置室应按事故排烟要求，装设足够的事故通风装置。通风机电动机应能在配电装置室外合闸操作。

（9）配电装置室内通道应保证畅通无阻，不得设置门槛，且不应有与配电装置无关的管道通过。

2. 屋外配电装置架构荷载条件

（1）计算用气象条件应按当地的气象资料确定。

（2）考虑到架构的预制、组装、就位的方便和架构的标准化及扩、改建等问题，对独立架构应按终端架设计；对于连续架构，可根据实际受力条件，并预计到将来的发展，因地制宜地确定按中间或终端架构设计。架构设计不考虑断线。

（3）架构设计应考虑正常运行、安装及检修情况的各种荷载组合。

1) 正常运行情况：取设计最大风速、最低气温、最厚覆冰三种状态中的最严重者。

2) 安装情况：紧线时不考虑导线上人，但应考虑安装引起的附加垂直荷载和横梁上人（带工具）的 2000N 集中荷载。导线挂线时，应对施工方法提出要求，宜采用上滑轮挂线方案，可不考虑过牵引力的影响。

3) 检修情况：对导线跨中有引下的线 110kV 及以上电压和架构，应考虑导线上人，并分别验算单相带电作业和三相同时停电作业的受力状态。导线的集中荷载见第九章中导线力学计算部分。

上人跨及未上人的相邻跨的导线张力差，可考虑挠度不同所带来的有利影响。

（4）高型和半高型配电装置的平台、走道及天桥，应考虑 $1500N/m^2$ 等效均布活荷载。架构横梁应考虑高位布置的隔离开关及支柱绝缘子等的起吊荷载。

四、屋内配电装置等建筑物的计算荷载

屋内配电装置等建筑物通道及楼（地）板的计算荷载应按施工、安装、运行时的实际情况考虑确定。

当缺乏上述资料时，可取表 10-39 所列计算荷载。

表 10-39 通道及楼地（板）的计算荷载 （N/m²）

序号	名称	计算荷载	备注
1	维护通道或操作通道	2500	不包括质量超过 250kg 设备的搬运荷载
2	主控制室、通信机房楼板	4000	
3	电缆半层楼板	3500	

五、油浸变压器土建资料

屋内或屋外布置的油浸变压器，其储油设施或挡油设施按本章第一节中"施工、运行和检修要求"设置。

油浸变压器储油池土建资料一般做法如图 10-87 所示。

图 10-87 所示储油池四壁高出地面 100mm，油池底部设排油管，排油管内径不小于 150mm，排油管入口设滤网，滤网网格不大于 20mm×20mm。油池净深通常不小于 450mm（油池底部最高处距地坪深度）。储油池内设活动钢格栅（检修时能取下），格栅板上铺 250mm 厚度的鹅卵石，卵石直径为 50～80mm，格栅板在变压器基础处断开。

储油池（20%的设备油量，油池底部不设活动钢格栅）深度计算参考公式见式（10-5）。当采用上述油池底部设活动钢格栅做法时，储油体积可按卵石层与格栅下储油空间之和考虑，即

$$(h-0.35) \times (S_1 - S_2) + 0.25 \times 0.25 \times (S_1 - S_2) \geqslant \frac{0.2G}{0.9}$$

$$S_1 = a \times b$$

式中 h ——储油池的深度，m；

0.35 —— 钢格栅至地坪高度，m；

S_1 ——储油池面积，m²；

S_2 ——储油池中的设备基础面积，m²；

0.25 ——卵石层间隙率；

0.25 ——卵石层间隙厚度，m；

0.2 ——卵石层间隙所吸收 20%的设备充油量；

G ——设备油重，t；

0.9 ——油的平均密度，g/cm³；

a ——储油池长度，m；

b ——储油池宽度，m。

储油池深度计算方法可参考式 10-64。

$$h \geqslant \frac{0.2G}{0.9(S_1 - S_2)} + 0.29 \qquad (10-64)$$

六、断路器的操作荷载

各型断路器及其操动机构的操作荷载应以制造厂所提供的数据为准。当工程设计中缺乏所需的资料时，可按表 10-40 所列数据参照使用。

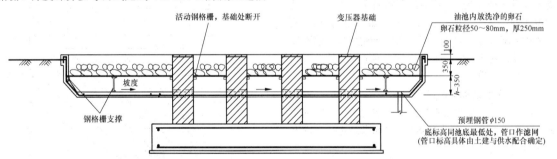

图 10-87 油浸变压器储油池断面示意图

注：上图钢格栅支撑仅为示意，具体做法由土建专业确定

表 10-40 断 路 器 的 操 作 荷 载

断路器型式	操作荷载（kN）			扭矩（kN·m）	备注
	向上	向下	水平力		
HPL72.5B1 50kA，66kV	74	74	14	52	三相，水平荷载 14kN；扭矩 52kN·m
LTB72.5D1/B 66kV	12	12	1		三相双柱支撑，每个支柱水平操作动力负荷 1kN
HPL170B1 50kA，110kV	74	74	14	52	三相，水平荷载 14kN；扭矩 52kN·m
LTB145D1/B 110kV	12	12	1		三相双柱支撑，每个支柱水平操作动力负荷 1kN

续表

断路器型式	操作荷载（kN）			扭矩（kN·m）	备注
	向上	向下	水平力		
LTB170E1 110kV	70	70	14	55	三相，水平荷载 14kN；扭矩 55kN·m
HPL245B1 220kV	74	74	14	52	三相，水平荷载 14kN；扭矩 52kN·m
LTB245E1 220kV	70	70	14	55	三相，水平荷载 14kN；扭矩 55kN·m
LW55-252 罐式	30				单相，断路器合闸操作力 36kN（向右），分闸操作力 17kN（向左）；单极所受重力 30kN（向下）
HPL420B2 330kV	111	111	21	78	三相，水平荷载 21kN；扭矩 78kN·m
LTB420E2 330kV	70	70	14	55	三相，水平荷载 14kN；扭矩 55kN·m
HPL550B2 550kV	111	111	21	78	三相，水平荷载 21kN；扭矩 78kN·m
LW55B-550 罐式	120	180			三相，单根对基础的总重力 72kN
LW55-800 罐式	100	150			三相，单根对基础的总重力 70kN；每相断路器质量 12000kg；机构输出轴距最大 1000Nm

七、软导线和组合导线短路摇摆计算

当电力系统发生短路时，交变的短路电动力将使导线发生摇摆。摇摆的最大偏角和相应的水平位移距离按以下两种方法：①综合速断短路法；②速断、持续短路分别计算法。一般来说，对于组合导线和 P（侧向风压）/G（导线自重）≤2 的软导线用综合速断短路法计算；对于 $P/G>2$ 的软导线用速断、持续短路分别计算法计算。

（一）综合速断短路法

组合导线或软导线在短路电流作用下相应的偏角和水平位移距离可由图 10-88 的曲线来确定。下面介绍曲线的使用方法。

（1）由两相或三相暂态电流有效值 $I''_{(2)}$ 或 $I''_{(3)}$ 确定短路电流作用力：

$$p=\frac{2.04I''^2_{(2)}10^{-1}}{d}=\frac{1.53I''^2_{(3)}10^{-1}}{d} \quad （10-65）$$

式中　$I''_{(2)}$、$I''_{(3)}$——分别为两相、三相短路电流的有效值，kA；

　　　　d——相间距离，m。

（2）由已知的电动作用力 p（N）、速断保护等值时间 t（s）、组合导线或软导线的单位质量 q（kg/m）和最大弧垂 f（m），求得参数 p/q 和 $\sqrt{f}/t$。

发电机变压器回路：$t=t_{\mathrm{e}}+0.55$（s）；

快速及中速动作的断路器：$t_{\mathrm{e}}=0.06$（s）；

低速动作的断路器：$t_{\mathrm{e}}=0.2$（s）。

（3）根据上面计算所得的参数，从图 10-88 中查

得短路时的 b/f 值和偏角 a。

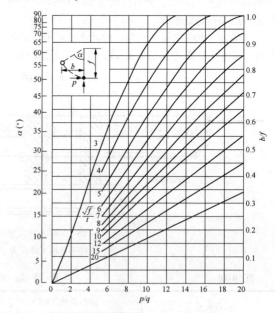

图 10-88　确定组合导线和软导线
在短路电流作用下的偏转值曲线

（二）速断、持续短路分别计算法

（1）短路电动力的冲量：

$$J_3=2.04\times0.81\times10^{-7}\frac{1}{d}I^2_{\infty(3)}\times(t_{\mathrm{jz}}+t_{\mathrm{jf}}) \quad （10-66）$$

（2）二相短路电动力的冲量：

$$J_2=1.53\times10^{-7}\frac{1}{d}I^2_{\infty(2)}\times(t_{\mathrm{jz}}+t_{\mathrm{jf}}) \quad （10-67）$$

上两式中　J_3, J_2——单位为 N·s/cm；

$\qquad d$ ——相间距离，cm；

$\qquad t_{jz}$ ——周期分量假想时间，s（可由图 10-89 查出，图中 $\beta'' = \dfrac{I''}{I_\infty}$；$t$ 为短路速断时间，s，对于其他回路，$t = 0.5$s）；

$\qquad t_{jf}$ ——非周期分量假想时间，s，$t_{jf} = 0.05\beta''^2$。

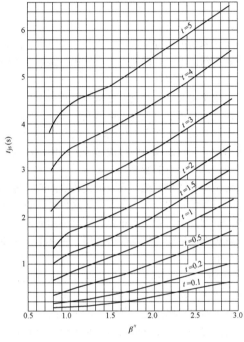

图 10-89　具有自动电压调整器的发电机
短路电流周期分量假想时间曲线

（3）等效力：

$$F_0 = \frac{J}{t} \qquad (10\text{-}68)$$

式中　J——取 J_3 和 J_2 中大者。

（4）线距增大的影响系数：

$$K = f\left(\frac{F_0}{q}\right) \qquad (10\text{-}69)$$

式中　q——导线单位长度质量，kg/cm。

K 可由图 10-90 查得。当 $\dfrac{F_0}{q} \to \infty$ 时，$K = 0.883$。

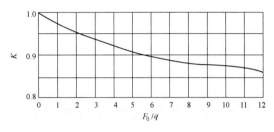

图 10-90　持续短路时 K 的平均数

（5）校正后的力：

$$F = KF_0 \qquad (10\text{-}70)$$

（6）速断时的导线摇摆角：

$$\alpha_1 = \arccos\left(\cos\alpha - \frac{v^2}{2000f}\right) \qquad (10\text{-}71)$$

$$\alpha = \frac{360vt}{4\pi f} = 28.6\frac{vt}{f} \qquad (10\text{-}72)$$

$$v = \frac{980Ft}{10q} \qquad (10\text{-}73)$$

式中　α ——未考虑导线惯性的摇摆角；

$\qquad v$ ——导线运动速度，cm/s；

$\qquad f$ ——导线弧垂，cm。

（7）持续短路时的导线摇摆角：

$$\alpha_2 = 2\arctan\frac{F}{10q} \qquad (10\text{-}74)$$

（8）导线摇摆时的水平位移：

$$b = f\sin\alpha \qquad (10\text{-}75)$$

式中　α ——取 α_1 和 α_2 中大者。

第十一章

厂用电设备布置

第一节　厂用电设备布置原则

厂用电设备布置时，应遵守下列基本原则：

（1）厂用配电装置的布置位置应结合主厂房及车间的布置来确定，应尽量避开潮湿、高温和多灰尘的场所。

（2）厂用电设备的布置应符合电力生产工艺流程的要求，做到设备布局和空间利用合理。

（3）为发电厂的安全运行和操作、维护创造良好的工作环境，使巡回检查道路畅通，设备的布置应满足安全净距要求。

（4）配电装置的布置，应便于设备的操作、搬运、检修和试验，设备的检修和搬运应不影响运行设备的安全。

（5）配电装置的布置应符合防火、防爆、防潮、防冻和防尘等要求。

（6）应考虑扩建的可能性，且应考虑扩建过渡的方便。

（7）应根据设备结构特点考虑安装施工条件。

（8）为方便运行，配电柜的排列应尽量具有规律性或对应性，并且引线方便，尽量减少电缆的交叉和电缆用量。

（9）为了保持配电装置及就地配电柜的布置与工艺设备的布置顺序的一致性，配电装置及就地配电柜的编号及布置顺序应与工艺设备的编号及布置顺序一致，电气设备的编号及布置宜采用从固定端到扩建端、从主厂房A排到锅炉房的顺序。

第二节　厂用配电装置的布置

一、厂用配电装置的布置位置

厂用电是发电厂的自身用电，它是为各工艺系统提供电力、保证各工艺系统正常运行的系统。因此，发电厂厂用配电装置的布置位置由它的服务对象特点

和各工艺系统的情况来决定，主要取决于机组的容量大小和机组的形式，同时也与汽轮机、锅炉及主要辅机的布置方式等因素有关。

厂用配电装置的布置应尽量靠近负荷中心，大容量机组还应尽可能靠近高压厂用变压器，以便减少互联电缆、共箱母线或电缆母线的长度和电能损耗，也相应减少共箱母线或电缆母线布置上的困难，且应尽量避免水汽和煤粉的影响。

对于中小容量机组，我国过去传统的汽机房内汽轮发电机组的布置为岛式布置。在这种类型的工程设计中，厂用配电装置一般布置在汽机房和锅炉房之间的除氧煤仓间框架的底层或运转层。图11-1为这种类型工程的一个实例。

由于中小容量机组的主厂房跨度不大，屋架较低，增加一跨主厂房造价不太高，而且汽机房侧多出的空间可作为汽机检修场地。锅炉一侧多出的空间即可布置厂用配电装置，图11-2所示即某工程厂用配电装置布置于锅炉房固定端。

也有的工程将厂用配电装置布置在汽机房A排柱外侧披间内。

从电厂反馈的一些信息来看，布置在除氧间的厂用配电装置发生漏水、进汽的情况比较多，影响厂用电的安全运行，有时甚至波及机组的安全运行；布置在锅炉房的厂用配电装置则有煤粉污染和夏季温度偏高等问题。因此，布置在这里时应注意建筑物的密封防水、防汽，并注意通风降温等问题。

容量为200MW及以上的机组，其厂用配电装置宜布置在汽机房内。如汽机房内的布置场地受到限制，部分厂用配电装置也可布置在集中控制楼、锅炉房0m层或其他合适的场所。

随着机组容量的增大，运转层平台也越来越高。300MW机组的运转层平台标高已达12m或12.6m以上，汽机房内汽轮发电机组再采用岛式布置所造成的空间利用率不高的缺点越来越明显。因此在GB 50660—2011《大中型火力发电厂设计规范》中也明

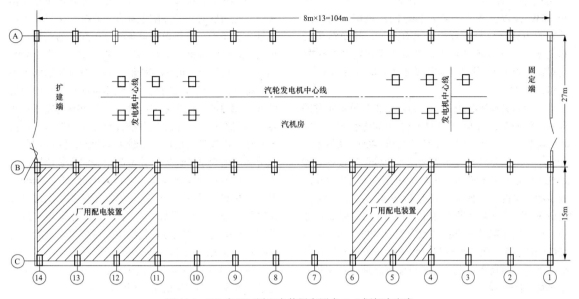

图 11-1 LK 电厂厂用配电装置布置在 B-C 框架内方案

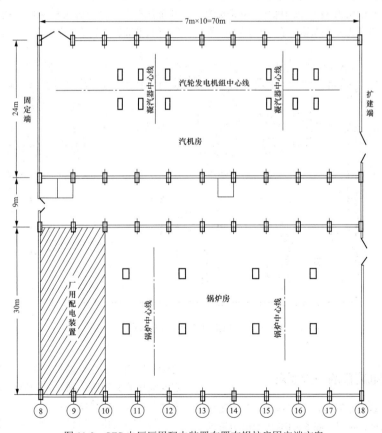

图 11-2 SZS 电厂厂用配电装置布置在锅炉房固定端方案

确汽机房的布置，300MW 级以下机组宜采用岛式布置；300MW 级及以上机组的汽机房运转层宜采用大平台布置形式。汽机房共分三层布置，底层及中间层布置机组的辅机设备，这两层靠发电机一侧布置厂用配电装置和干式厂用变压器。目前国内、外300MW 及以上中大型容量机组的汽机房多采用这种布置方式。这种布置方式具有靠近厂用负荷中心和高压厂用变压器的优点，节省高压电缆或共箱封闭母线，并且厂用配电装置基本上可以不受水汽、煤粉的影响。

在实际具体工程设计中，由于受工艺设备布置的限制，将 6kV 或 10kV 厂用配电装置布置在汽机房中间层配电室内，而把主厂房汽机用的 400V 动力中心（PC）、干式低压厂用变压器及高压变频器等设备布置到汽机房中间层 6kV 或 10kV 配电室正下方的 0m 层低压配电室内。其他主厂房的 400V 动力中心（PC）配电室可集中布置到集控楼中，如未单独设置集控楼的工程，则在锅炉房 0m 层设置相应 400V 动力中心（PC）配电室。电动机控制中心（MCC）的布置，会根据其所接负荷的情况，以就近原则就地布置在负荷相对集中的位置。

在目前的工程中，对辅机设备节能要求不断提高，高压变频器的使用越来越广泛。由于每套高压变频器的设备尺寸较大且其电压为 6kV 或 10kV，在其布置时需考虑设置独立的高压变频器室。在主厂房内，受

工艺设备布置的限制，独立设置高压变频器室较为困难时，也可将其与厂用配电室合并布置。按目前工程设计方案来看，汽机房内设备的高压变频器布置在汽机房 0m 层的 400V 动力中心（PC）配电室内，受配电室尺寸的限制，400V PC 柜与高压变频器之间可不设置隔墙；汽机房内的高压变频器也可布置在中间层的 6kV 或 10kV 配电室内；锅炉房内设备的高压变频器会布置在锅炉房 0m 层单独设置高压变频器室。由于高压变频器装置的散热量较大，需与暖通专业配合，充分考虑通风散热问题，并考虑空调的安装位置。

对于发电机引出线采用离相封闭母线的 200MW 及以上机组，其高压厂用变压器低压侧的引出线多采用共箱母线或电缆母线，这时在高压厂用配电装置布置时，如条件允许应尽量使高压厂用配电装置靠近高压厂用变压器，以缩短其间距离。

图 11-3 为汽机房采用满铺式大平台方式，厂用配电装置布置于中间层的某工程布置图。

另外在一些工程中，高压厂用段采用了 3kV、6kV 或 3kV、10kV 2 级电压方案，两级电压的高压开关柜可布置在一个高压开关柜配电室内。图 11-4 为高压厂用配电装置布置于中间层的某工程布置图。

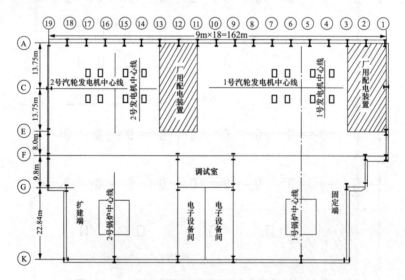

图 11-3 SH 电厂厂用配电装置布置在汽机房中间层方案

二、厂用配电装置的一般要求

（1）厂用配电装置布置时，除按本节有关厂用配电装置的相关要求外，尚应参照 6～10kV 配电装置的要求进行设计。

（2）厂用高压开关柜的型式，一般采用中置式，也可以采用固定式，但单机容量 200MW 及以上的机组宜采用中置式。当采用中置式高压开关柜时，同一

机炉的厂用母线段可以布置在一个房间内；当采用固定式高压开关柜时，同一机炉的两段厂用母线宜设隔墙分开，以方便检修。

（3）当高压备用母线段可与高压工作母线段布置在同一房间内时应将高压备用母线段与高压工作母线段隔开，以便保证其中任何一段母线带电时，另一段母线能安全地进行检修工作。

（4）当采用中置式高压开关柜时，每段工作母

线一般设置一台备用断路器和一台备用 F-C 回路、两台检修小车及一台移动式母线接地装置，柜后应留有通道。

（5）高压厂用配电装置在设计布置时宜留有改造或扩建用的备用位置，当条件许可时也可留出适当位置，以便检修及放置专用工具和备品备件，并可在调试阶段放置试验设备，对配电装置进行试验。在配电室布置时还应考虑通信管理机柜及直流分屏的布置位置。另外在配电装置布置时，需统一考虑其电缆通道的布置，考虑电缆通道不能穿过蓄电池室。

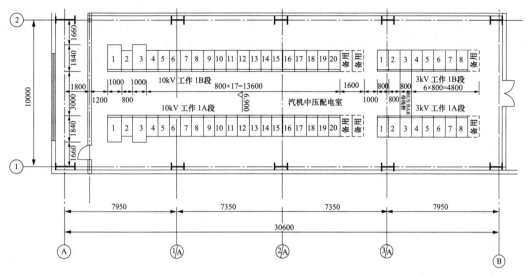

图 11-4 某电厂两级电压厂用配电装置布置在汽机房中间层方案

（6）高压开关柜应有"五防"措施，在同一地点相同电压等级的厂用配电装置宜采用统一类型开关柜。

（7）低压厂用配电屏可采用抽屉式，也可采用固定分隔式。

（8）低压厂用配电装置，除应留有备用抽屉（备用回路）外，一般每段母线应留有 1～2 个备用屏位置。

（9）厂用配电装置（包括厂用变压器室）凡有通向电缆隧道或通向邻室的孔洞（人孔除外），应以耐火材料封堵，以防止火灾蔓延和小动物进入。

（10）在一个房间内设置两个及以上低压厂用母线段的配电装置时，如在同一列，彼此之间须留出最小 0.8m 的通道，以作为维护检修之用。

（11）厂用配电装置室不应有与配电装置无关的管道或电缆通过。

（12）厂用配电装置室不应装设水暖设备。

（13）厂用配电装置室内应设置通信设备和检修电源等设施。

（14）低压厂用配电装置的长度大于 6m 时，其屏后应设两个通向本室或其他房间的出口，如两个出口之间的距离超过 15m 时尚应增加出口。

（15）厂用配电装置的抗震设计应满足 GB 50260《电力设施抗震设计规范》的要求。经抗震设计的电气设施，当遭受到相当于设防烈度及以下的地震影响时，应不受损坏，仍可继续使用；当遭受到高于设防烈度预估的罕见地震影响时，不至严重损坏，经修理后即可恢复使用。

1）厂用配电装置在抗震设防烈度 8 度及以上区域布置时，应考虑装置的抗震措施。

2）厂用配电装置布置在屋内二层及以上和屋外高架平台上，当抗震设防烈度 7 度以上时，应考虑装置的抗震措施。

3）厂用配电装置应根据抗震设防烈度进行选择，当不能满足抗震要求时，可采取装设减震阻尼装置或其他措施。

4）当抗震设防烈度为 9 度时，主要的厂用配电装置之间以及厂用配电装置与其他设备及设施间的距离宜适当加大。

5）当抗震设防烈度为 7 度及以上时，厂用配电装置的引线和厂用配电装置间宜采用软导线，其长度应留有裕量。当采用硬母线时，应由软导线或伸缩接头过渡。

6）当抗震设防烈度为 7 度及以上时，厂用配电装置的安装必须牢固可靠。开关柜、控制保护屏等，应采用焊接的固定方式。设备和装置的焊接强度必须满足抗震要求。当抗震设防烈度为 8 度时，可将几个柜（屏）在重心位置以上连成整体。柜（屏）

上的表计应组装牢固。

三、厂用配电装置的布置尺寸

（一）间隔距离

（1）3～10kV 的厂用配电装置最小安全净距见表 11-1、图 11-5、图 11-6。

表 11-1　　室内配电装置的安全净距　　（mm）

符号	适应范围	参见图号	额定电压（kV）		
			3	6	10
A_1	（1）带电部分至接地部分之间； （2）网状和板状遮栏向上延伸线距地 2.3m 处，与遮栏上方带电部分之间	11-5	75	100	125
A_2	（1）不同相的带电部分之间； （2）断路器和隔离开关的断口两侧带电部分之间	11-5	75	100	125
B_1	（1）栅状遮栏至带电部分之间； （2）交叉的不同时停电检修的无遮栏带电部分之间	11-5 11-6	825	850	875
B_2	网状遮栏至带电部分之间	11-5	175	200	225
C	无遮栏裸导体至地（楼）面之间	11-5	2375	2400	2425
D	平行的不同时停电检修的无遮栏裸导体之间	11-5	1875	1900	1927
E	通向屋外的出现套管至屋外通道的路面	11-6	4000	4000	4000

注　1．海拔超过 1000m 时，A 值应进行修正。

　　2．当为板状遮栏时，其 B_2 值可取 A_1+30mm。

　　3．当出线套管外侧为屋外配电装置时，其至屋外地面的距离，不应小于本表中所列屋外部分之 C 值。

（2）220V～380V 电压等级的间隔净距不应小于表 11-2 所列数值。

表 11-2　　220～380V 电压等级的配电装置允许净距　　（mm）

不同相的导体间及带电部分至接地部分空间直线净距	15
沿绝缘表面的距离	30
带电部分至无孔遮栏	50
带电部分至网状遮栏	100
带电部分至栅状遮栏	850
无遮栏裸导体至地面高度	2200
需要不同时停电检修的无遮栏裸导体间	1500

（二）厂用配电装置的布置尺寸

（1）厂用高低压配电装置操作，维护走廊及离墙尺寸见表 11-3 及表 11-4。

（2）配电室内裸导电部分的高度低于 2.3m 时应加遮护，遮护后通道高度不应低于 1.9m；遮护后的通道宽度应符合表 11-4 的要求。跨越屏前通道裸导电部分的高度不应低于 2.5m，当低于 2.5m 时应加遮护，遮护后的护网高度不应低于 2.2m。

（3）厂用配电装置搬运设备通道的尺寸，除按表 11-3、表 11-4 所列数值考虑外，当扩建有可能增加新开关柜时，尚应考虑开关柜体就位转弯的要求，通道尺寸要留有适当裕度。

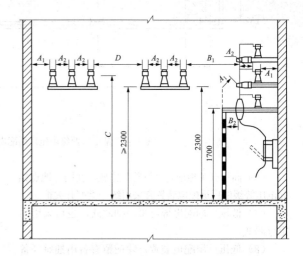

图 11-5　室内 A_1、A_2、B_1、B_2、C、D 值校验图

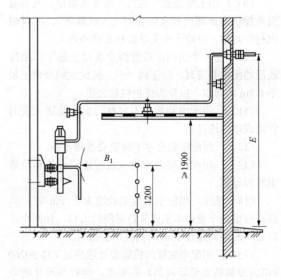

图 11-6　室内 B_1、E 值校验图

表 11-3　　　　　　　　　　　　　　　　高压厂用配电室的通道尺寸　　　　　　　　　　　　　　　　（mm）

配电装置型式	操作通道				背面维护通道		侧面维护通道		靠墙布置时离墙常用距离	
	设备单列布置		设备双列布置							
	最小	常用	最小	常用	最小	常用	最小	常用	背面	侧面
固定式高压开关柜	1500	1800	2000	2300			800	1000	50	200
手车式高压开关柜	2000	2300	2500	3000	600	800	800	1000		
中置式高压开关柜	1600	2000	2000	2500	600	800	800	1000		

注　1. 表中尺寸系从常用的开关柜屏面算起（即突出部分已经包括在表中尺寸内）。

　　2. 表中所列操作及维护通道的尺寸，在建筑物的个别突出处允许缩小 200mm。

表 11-4　　　　　　　　　　　　　　　　低压配电屏前后的通道最小宽度　　　　　　　　　　　　　　　　（mm）

配电屏类型		单排布置			双排面对面布置			双排背对背布置			多排同向布置		
		屏前	屏后		屏前	屏后		屏前	屏后		屏间	前、后排屏距墙	
			维护	操作		维护	操作		维护	操作		维护	操作
固定分隔式	不受限制时	1500	1000	1200	2000	1000	1200	1500	1500	2000	2000	1500	1000
	受限制时	1300	800	1200	1800	800	1200	1300	1300	2000	2000	1300	800
抽屉式	不受限制时	1800	1000	1200	2300	1000	1200	1800	1000	2000	2300	1800	1000
	受限制时	1600	800	1200	2000	800	1200	1600	800	2000	2000	1600	800

注　1. 受限制时是指受到建筑平面的限制、通道内有柱等局部突出物的限制。

　　2. 控制屏、柜前后的通道最小宽度可按本表的规定执行或适当缩小。

　　3. 屏后操作通道是指需要在屏后操作运行中的开关设备的通道。

　　4. 当盘柜的电缆接线在盘柜正面进行，盘柜靠墙布置时，盘后宜留 200mm 以上空间，进线方式宜为下进线。

四、厂用配电装置对建筑的要求

（1）厂用配电装置室，长度大于 7m 时，应有两个出口，且宜布置在配电装置室的两端；长度大于 60m 时，宜增添一个出口；但配电装置室有楼层时，至少有一个出口应通向该层走廊或室外的安全出口。

（2）配电室的建筑装修应采用不起灰的材料，顶棚不应抹灰。

（3）配电装置室内宜采用固定窗，并应采用钢丝网乳白（或其他不易破碎能避免阳光直射）玻璃。如采用开启窗户时，应采取防止雨、雪、小动物、风沙及污秽物进入的措施。

（4）对配电装置室内的通风措施（如门上有通风百叶）应加装防小动物、防灰的细孔防腐蚀的网格。

（5）配电装置室的门应为向外开启的防火门，并装有内侧不用钥匙可开启的锁，如弹簧锁。相邻两配电室之间的门，应能双向开启，且不应装锁。配电室门的宽度应按搬运设备的最大外形尺寸再加 200～400mm，且不小于 900mm，门的高度不低于 2100mm。

维护门的尺寸不应小于 750mm×1900mm。电气专业只是向土建专业设计人员提出门尺寸的最小要求，而土建设计人员选用标准门。土建采用的电厂建筑用标准门尺寸见表 11-5。

表 11-5　　电厂建筑用标准门尺寸　　（mm）

门洞尺寸高×宽	型钢钢门，外开式	铁皮包木板双面弹簧门	型钢钢门，外开式
2100×750	单　开	—	
2100×900	单　开	—	单　开
2100×1200	双　开	—	双　开

续表

门洞尺寸 高×宽	型钢钢门， 外开式	铁皮包木板 双面弹簧门	型钢钢门， 外开式
2100×1500	双 开	双 开	双 开
2100×1800	双 开	—	—
2400×750	单 开	—	—
2400×900	单 开	—	—
2400×1200	双 开	—	—
2400×1500	双 开	双 开	双 开
2400×1800	双 开	—	—
2400×1000	—	单 开	—
2700×1500	—	双 开	—
2700×1800	—	—	双 开
3000×1800	—	—	双 开

（6）厂用配电装置室应考虑防尘，地面可考虑采用不起灰并有一定硬度的光滑地面（如水磨石等）。

（7）厂用配电装置室内不应有与配电装置无关的管道或电缆通过。

（8）厂用配电装置室的顶板必须做到防水、防渗，并应有排水坡度。

（9）配电装置室的地面标高应比屋外地面高出150～300mm，为方便设备搬运可设置斜坡衔接。配电装置室内通道应畅通无阻，不得设立门槛。按照GB 50074—2014《石油库设计规范》规范要求，石油库区的"变配电间的地坪应高于油泵房室外地坪至少0.6m"。

五、厂用配电装置室通风的要求

（1）变压器、电抗器及高压变频器室的通风，应使温度满足设备技术条件的要求。

（2）厂用配电装置室的事故排风机可兼作正常降温的通风机。进出风口应有避免灰、水、汽进入厂用配电装置室的措施。

（3）油浸变压器室的通风系统应与邻近厂用配电装置的通风系统分开，各油浸变压器室的通风系统不应合并。变压器室可采用机械通风装置，如能满足要求，也可采用自然通风。

（4）布置在其他辅助车间的变压器室，进、出风口尽可能通往室外，如进、出风口设在室内时，不允许与灰尘多、温度高或有可能引起火灾的车间连通。

（5）通风管道应采用不燃烧材料制作。

（6）变压器室的排风温度不宜超过40℃。

六、厂用配电装置室防火的要求

（1）配电装置室的建筑物耐火等级不应低于二级；变压器室的耐火等级不应低于一级。

（2）厂用配电装置（包括厂用变压器室）凡有通向电缆隧道或通向其他室沟道的孔洞（人孔除外），应以耐燃材料封堵，以防止火灾蔓延和小动物进入。

（3）总油量超过100kg的屋内油浸厂用变压器，应设置单独的变压器室。

（4）汽机房、屋内配电装置楼、主控制器楼及网络控制楼与油浸高压厂用变压器的间距不宜小于10m；当其间距小于10m时，前述之建筑物面向油浸厂高压变压器的外墙不应开设门窗、洞口或采取其他防火措施。

（5）屋内配电装置室、变压器室、电缆夹层应设置移动式灭火设施。

（6）配电装置室应设防火门，并应向室外开启。

七、厂用配电装置的布置示例

（一）135MW以下的小机组的厂用配电装置布置方案

厂用配电装置的布置应服从于主厂房的布置，在小容量机组的设计中，厂用配电装置一般布置在B-C框架以内，如图11-7所示。

（二）300MW以上机组的厂用配电装置布置方案

300～600MW机组的厂用配电装置往往根据负荷的分布，分段布置在负荷比较集中的区域。一般中压配电装置往往布置在汽机房6.3m（或7.8m）层靠近发电机出线端子旁边的一跨内，以便于由厂用高压变压器及启动/备用变压器至6kV（或10kV）开关柜的共箱母线的引接，并最大可能地减少它们之间的连接母线，降低工程造价。图11-8是WCW 600MW机组的汽机房内配电装置布置图。图11-9是WCW 600MW机组的集控楼内厂用配电装置布置图。

（三）1000MW机组的厂用配电装置布置方案

图11-10为HF工程1000MW机组的10kV厂用配电装置的布置图，10kV厂用配电装置布置在汽机房中部5.2m层，检修场地两侧，汽机房低压厂用配电装置布置在汽机房10kV厂用配电装置下的0.0m层。

图11-11为QB工程1000MW机组的6kV厂用配电装置的布置图，本工程每台机组设置3段6kV工作段，6kV厂用A/B段布置在汽机房的4.9m层，6kV厂用C段布置在汽机房的11.5m，汽机房低压厂用配电装置布置在汽机房6kV厂用配电装置下的0.0m层。

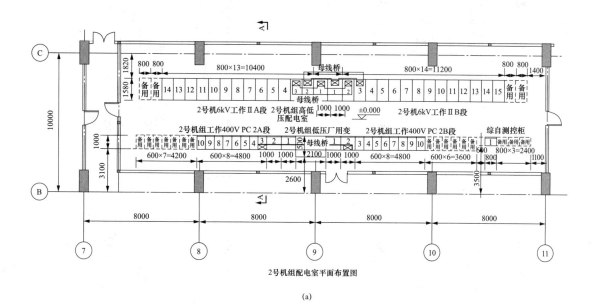

2号机组配电室平面布置图

(a)

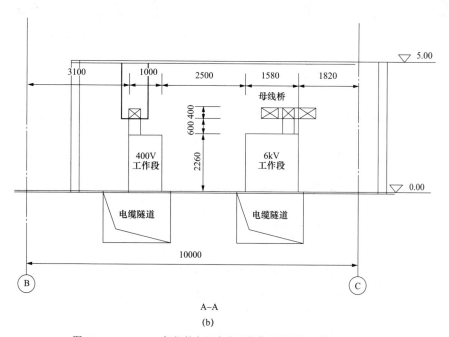

A—A

(b)

图 11-7 MJ 60MW 机组的主厂房内配电装置布置图（单位：mm）

（a）2 号机组配电室平面布置图；（b）A—A 断面

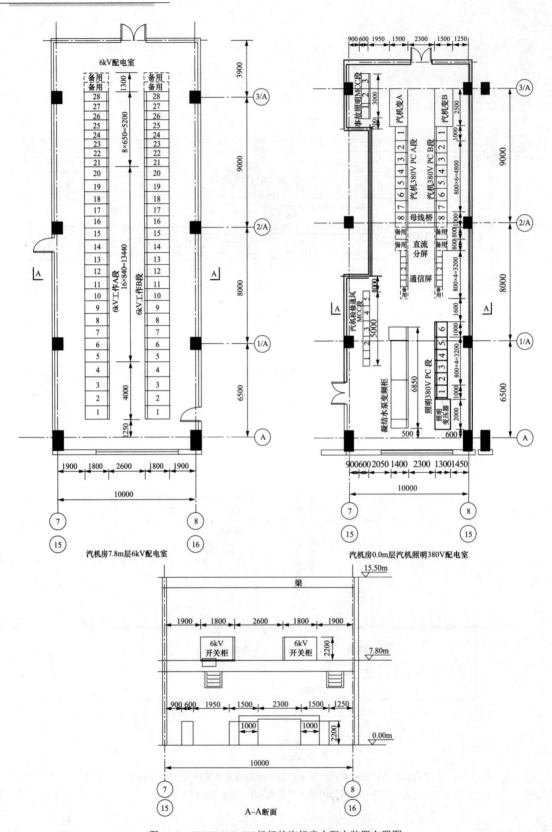

图 11-8　WCW 600MW 机组的汽机房内配电装置布置图

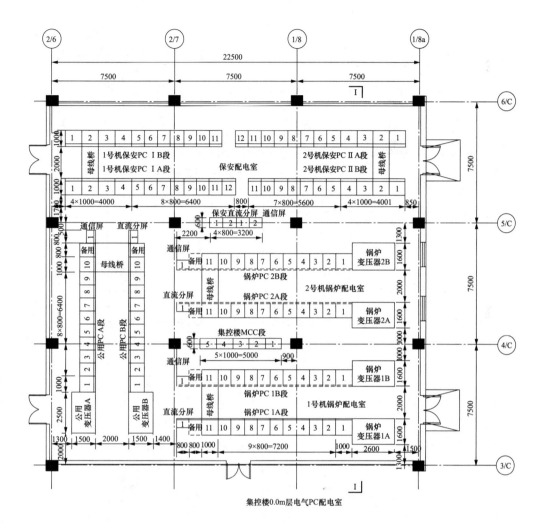

集控楼0.0m层电气PC配电室

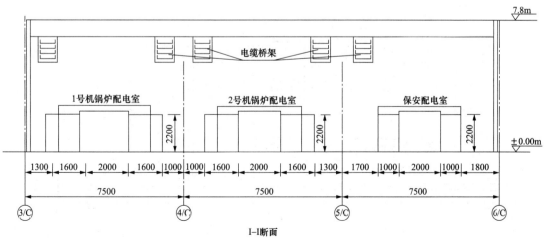

I–I断面

图 11-9 WCW 600MW 机组的集控楼内配电装置布置图

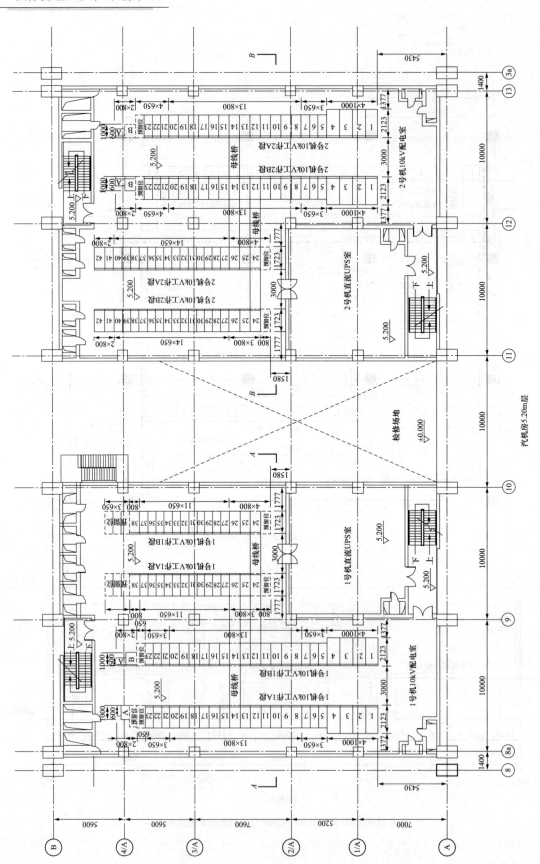

图 11-10 HF 工程 1000MW 机组的 10kV 厂用配电装置的布置图

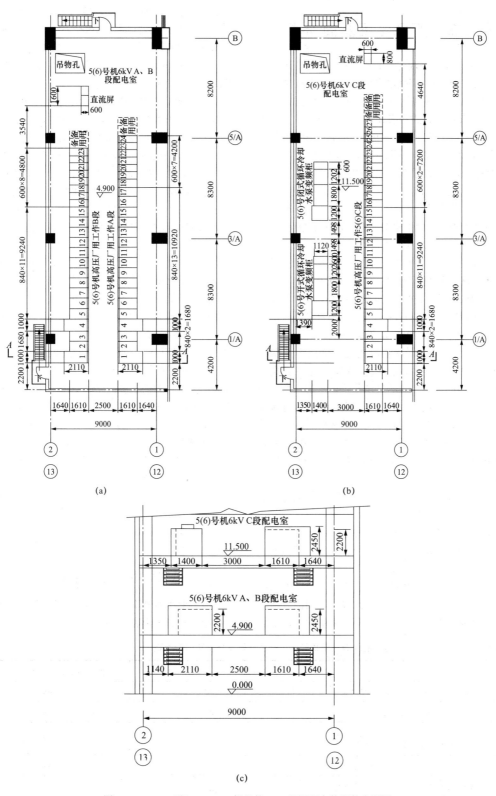

图 11-11 QB 工程 1000MW 机组的 6kV 厂用配电装置的布置图

（a）主厂房 4.900m 层平面图；（b）主厂房 11.500m 层平面图；（c）A—A 断面

第三节 厂用变压器的布置

厂用变压器分为油浸式和干式变压器（简称干式变），油浸式变压器（简称油浸变）的安装分安装在屋内（厂低变）及安装在屋外（厂高变）两种方式。干式变压器安装分封闭式和敞开式。近年来随着无油化管理的要求，国内工程的厂用低压变压器绝大多数使用干式变压器。在具体工程中，选用油浸式变压器还是干式变压器，必须根据工程具体情况决定。

一、一般要求

（1）200MW 及以上机组，主厂房及网控楼内的低压厂用变压器宜采用干式变压器，可以布置在低压厂用配电装置室内，与开关柜成一列布置，但应有防护及通风设施。一般干式变压器的防护等级不低于 IP2X，干式变可配有通风风机。干式变应随动力中心（PC）根据负荷分布和工程具体情况布置在零米或布置在其他层。

（2）辅助车间和 125MW 及以下机组的主厂房内的低压厂用变压器可采用油浸式变压器或干式变压器。低压厂用变压器如为油浸变压器，一般布置在零米层的单独小间内，并应尽量设置防止水进入变压器油坑的措施或排水设施。其变压器室布置宜尽量靠近低压配电装置，以便于用硬母线或母线桥引接。低压厂用变压器如为干式变压器，通常布置在 400V 动力中心（PC）配电室内，与 400V 动力中心（PC）柜并柜安装，母排贯穿。

（3）独立变电站宜单层布置，当采用双层布置时，油浸变应设在底层，干式变可随配电装置布置。

（4）油浸变压器在设计布置时，应考虑在带电时对变压器油位、油温等观察的方便和安全，并易于抽取油样。

（5）布置在主厂房内的油量在 100kg 及以上的低压厂用变压器，应设置储油或挡油设施，挡油设施的容积宜按容纳 20%油量设计，并应有将事故油排至安全处的设施。当不能满足要求时，应设置能容纳 100%油量的储油设施。排油管的内径不小于 150mm，管口应加装铁栅滤网。

（6）在防火要求较高的场所，有条件时宜选用不燃或难燃的变压器。

（7）对于安装在辅助厂房的油量在 100kg 以上的低压厂用变压器，当门开向建筑物时，应设置能容纳100%油量的储油设施或设置能容纳 20%油量的挡油设施，但后者应有将事故油排至安全处的设施，排油管内径的选择应能尽快将油排出，但不应小于 100mm；当门开向建筑物外时，应设置容纳 100%油量的挡油设施。

（8）高压厂用变压器是给布置于主厂房内的厂用配电装置馈电的，因此其布置位置靠近主厂房是经济合理的。这一优点对 200MW 及以上容量的大型机组，发电机主回路和厂用分支回路采用分相封闭母线、高压厂用变电器低压侧采用共箱封闭母线或电缆母线的工程尤为明显。因此绝大多数电厂高压厂用变电器均布置于 A 排柱外。也有少数小型机组，A 排外管道走廊拥挤，升压站距主厂房较近，为了布置和管理的方便，将高压厂用变压器布置于升压站。

（9）对于启动/备用变压器，其布置位置应视为电源的引接方式和低压侧回路的引出方式进行技术经济比较，确定布置在升压站或 A 排柱外。一般中、小机组多布置于升压站，200MW 及以上的大型机组多布置于 A 排柱外。

（10）当高压厂用变压器靠近主厂房布置时，对于小机组，在母线桥的上面应有无孔遮盖，以防落物。

（11）关于厂用变压器布置时对防火的要求和对抗震设计的要求可见本章第二节"六、厂用配电装置时防火的要求"和"二、厂用配电装置的一般要求"的相关内容。

二、低压厂用变压器的布置

（1）变压器外廓（防护外壳）与变压器室墙壁和门的净距不应小于表 11-6 所列。

表 11-6　　　　　　变压器外廓（防护外壳）与变压器室墙壁和门的净距　　　　　　（mm）

项　　目	变压器容量 1000kVA 及以下	变压器容量 1250kVA 及以上
油浸变压器外廓与后壁、侧壁净距	600	800
油浸变压器外廓与门净距	800	1000
干变压器带有 IP2X 及以上防护等级金属外壳与后壁、侧壁净距	600	800
干变压器有金属网状遮栏与后壁、侧壁净距	600	800
干变压器带有 IP2X 及以上防护等级金属外壳与门净距	800	1000
干式变压器有金属网状遮栏与门净距	800	1000

注　表中各值不适用于制造厂的成套产品。

（2）对于就地检修的变压器，室内高度可按吊芯所需的最小高度再加700mm；室内宽度，对1000kVA及以下的变压器可按变压器两侧各加800mm确定，对1250kVA及以上的变压器，按变压器两侧各加1000mm确定。

（3）布置应考虑留有搬运通道。变压器室应有检修搬运的门或可拆墙。为了运行检修的方便，一般另设维护小门。变压器储油柜一般布置在维护入口侧。

搬运变压器的门或可拆墙，其宽度应按变压器的宽度至少再加400mm；高度按比变压器的高度至少再加300mm来确定。对于1000kVA及以上的油浸变压器，在搬运时，可考虑将储枕及防爆管拆下。

（4）在变压器室内不宜装设刀开关。但如果备用变压器采用硬母线出线而有必要在室内装设刀开关时，应该将刀开关操动机构装设在室外，或装在变压器室内近门口处，此时应加遮栏，以保证操作人员的安全。

（5）低压厂用变压器高、低压套管侧一般加设网状遮栏。

（6）低压厂用变压器用380V硬母线穿墙时，可用胶木或其他绝缘板代替穿墙套管，但在潮湿地区选用绝缘板时应进行防潮处理。

（7）布置在辅助车间的变压器，当距离主厂房较远且搬运设备不便时，可按就地检修的条件设计。考虑变压器室面积时，应有放置套管、检修工具及滤油

设备（对油浸变压器）的地方。

（8）不同容量低压厂用油浸变压器室推荐净空尺寸见表11-7。

表11-7　S系列低损耗变压器室推荐净空尺寸

变压器容量（kVA）	净空推荐尺寸（mm）		
	高①	长	宽
315	（4300）	3200（3600）	2400（2800）
400	（4500）	3300（3700）	2700（3100）
500	（4500）	3400（3800）	2700（3100）
630	（4800）	3400（3800）	3000（3400）
800	（5200）	3800（4200）	3200（3600）
1000	（5700）	3900（4300）	3200（3600）
1250	（5800）	4600（5000）	3900（4300）
1600	（6400）	4600（5000）	4100（4500）

注　无括号数字为非就地检修变压器室的尺寸；括号内数字为就地检修变压器室的尺寸。

①　非就地检修变压器室高度与出线方式有关，应根据具体工程决定。

（9）以S型低损耗低压油浸变压器为例，安装图见图11-12（右侧架空出线）和图11-13（电缆出线）。

（10）所用变压器安装图见图11-14（高压侧电缆、低压侧架空出线）。

单位：mm

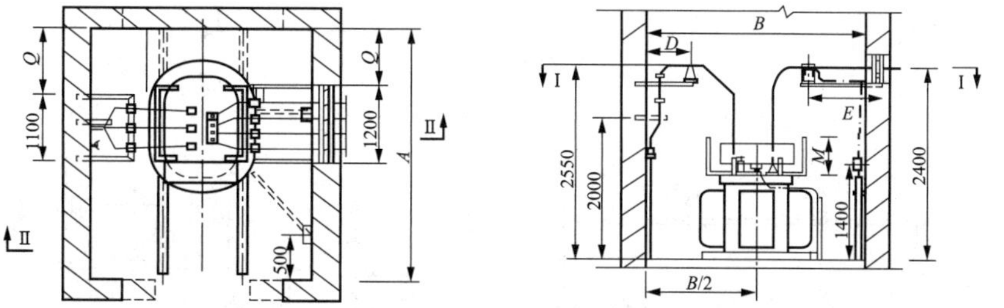

I－I平面图　　　　II－II断面图

尺寸表　　　　（单位：mm）

容量	S10-1600 1600kVA	S10-1250 1250kVA	S10-1000 1000kVA	S10-800 800kVA	S10-630 630kVA	S10-500 500kVA	S10-400 400kVA	S10-315 315kVA
A	4600 / 5000	4600 / 5000	3900 / 4300	3900 / 4300	3400 / 3800	3400 / 3800	3400 / 3800	3200 / 3600
B	4100 / 4500	3900 / 4300	3200 / 3600	3200 / 3600	3000 / 3400	2700 / 3100	2700 / 3100	2400 / 2800
Q	1500 / 1700	1500 / 1700	1300 / 1500	1300 / 1500	1000 / 1200	1000 / 1200	1000 / 1200	1000 / 1200
D	700 / 800	700 / 800	500 / 700	500 / 700	500 / 700	500 / 600	500 / 600	500 / 600
E	800 / 900	800 / 900	700 / 800	700 / 800	700 / 700	700 / 700	700 / 700	700 / 700
M	0 / 0	300 / 300	300 / 300	600 / 600	600 / 600	600 / 600	600 / 600	600 / 600

注　横线下方数字适用于就地检修变压器室。

图11-12　低压厂用油浸变压器安装图（右侧架空出线）

单位：mm

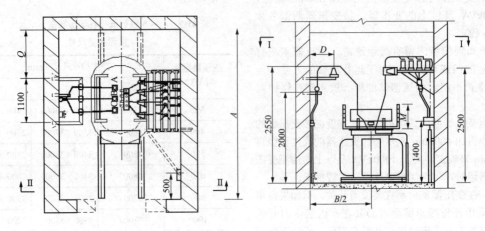

Ⅰ-Ⅰ平面图 　　　　　　　　　　　　Ⅱ-Ⅱ断面图

尺寸表 　　　　　　　　　（单位：mm）

容量	S10-1600 1600kVA	S10-1250 1250kVA	S10-1000 1000kVA	S10-800 800kVA	S10-630 630kVA	S10-500 500kVA	S10-400 400kVA	S10-315 315kVA
A	4600 5000	4600 5000	3900 4300	3900 4300	3400 3800	3400 3800	3400 3800	3200 3600
B	4100 4500	3900 4300	3200 3600	3200 3600	3000 3400	2700 3100	2700 3100	2400 2800
Q	1500 1700	1500 1700	1300 1500	1300 1500	1000 1200	1000 1200	1000 1200	1000 1200
D	700 800	700 800	500 700	500 700	500 700	500 600	500 600	500 600
M	0 0	300 300	300 300	600 600	600 600	600 600	600 600	600 600

注　横线下方数字适用于就地检修变压器室。

图 11-13　低压厂用油浸变压器安装图（左侧电缆出线）

单位：mm

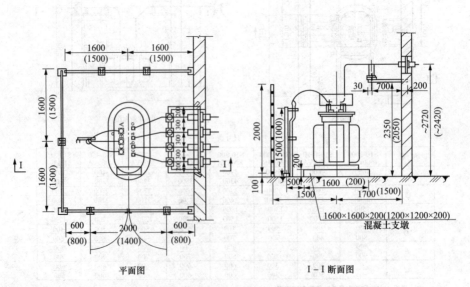

平面图 　　　　　　　　　　　　Ⅰ-Ⅰ断面图

图 11-14　所用变压器安装图（高压侧电缆、低压侧架空出线）

注：括号内数字适用于就地检修变压器室。

（11）干式变压器安装图见图 11-15（以 SC 型变压器电缆出线为例）。

（12）封闭式干式变压器图见图 11-16。

（13）多台干式变压器布置在同一房间内时示意图及变压器防护外壳间的最小净距见图 11-17。

单位：mm

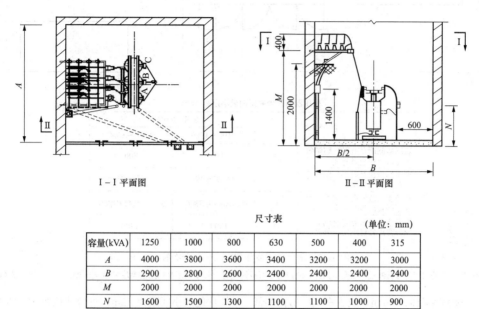

I-I 平面图   II-II 平面图

尺寸表

（单位：mm）

容量(kVA)	1250	1000	800	630	500	400	315
A	4000	3800	3600	3400	3200	3200	3000
B	2900	2800	2600	2400	2400	2400	2400
M	2000	2000	2000	2000	2000	2000	2000
N	1600	1500	1300	1100	1100	1000	900

图 11-15　SC 型干式变压器安装图　（不带外壳电缆出线）

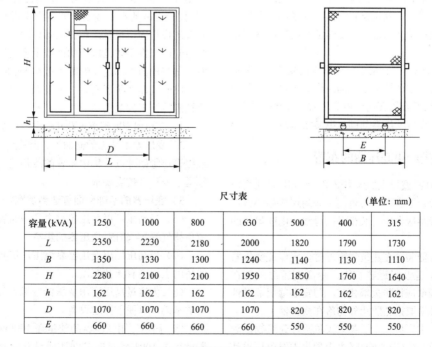

尺寸表

（单位：mm）

容量(kVA)	1250	1000	800	630	500	400	315
L	2350	2230	2180	2000	1820	1790	1730
B	1350	1330	1300	1240	1140	1130	1110
H	2280	2100	2100	1950	1850	1760	1640
h	162	162	162	162	162	162	162
D	1070	1070	1070	1070	820	820	820
E	660	660	660	660	550	550	550

图 11-16　SC 型封闭干式变压器安装图

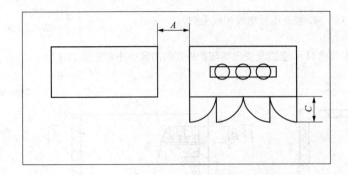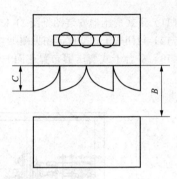

变压器防护外壳间的最小净距（mm）

项目		容量（kVA）	
		100～1000	1250～1600
变压器侧面具有IP2×防护等级及以上的金属外壳	A	600	800
变压器侧面具有IP4×防护等级及以上的金属外壳	A	可贴邻布置	可贴邻布置
考虑变压器外壳之间有一台变压器拉出防护外壳	B	变压器宽度B加600	变压器宽度B加600
不考虑变压器外壳之间有一台变压器拉出防护外壳	B	1000	1200

图 11-17　多台干式变压器在同一房间布置示意图

注：变压器外壳的门应为可拆卸式，当变压器外壳的门为不可拆卸式时，其 B 值应是门扇的宽度 C 加变压器宽度之和再加 300mm。

（14）300MW 及以上机组，设置在主厂房内的低压厂用变压器宜采用干式变压器，这时变压器可以布置在低压厂用配电室内，但应有防护和通风设施。辅助车间和 200MW 及以下机组的主厂房内的低压厂用变压器除采用干式变压器外也可采用油浸变压器，当采用油浸变压器时，变压器宜布置在零米层的单独小间内，并应设置防止水进入变压器油坑的措施或有排水设施。

（15）在火电厂中有用于隔离升压的变压器，多用于与厂外灰场、水源地架空线隔离升压变压器，多采用箱式变压器，通常布置在电厂内靠近架空线出线位置，按照设备资料设置变压器基础及电缆进出线沟道。

三、高压厂用变压器的布置

（1）200MW 及以上的大型机组，其高压厂用变压器高压侧套管管距应考虑与封闭母线的连接相协调；低压侧套管管距应考虑与共箱封闭母线或电缆母线的连接相协调。

（2）变压器装设在建筑物附近时，应保证变压器发生事故时不危及附近建筑物。距离变压器外廓在 10m 以内的墙壁应按防火墙建筑，门窗必须用非燃性材料制成，并采取措施防止外物落在变压器上。

（3）由于主厂房属于丁类火灾危险性建筑物，耐火等级为二级，按 GB 50660《大中型火力发电厂设计技术规范》规定，每台油量小于 10t 的变压器，与主厂房的最小间距为 12m；每台油量在 10t 到 50t 的变压器，与主厂房的最小间距为 15m；每台油量大于 50t 的变压器，与主厂房的最小间距为 20m。

（4）屋外布置油浸变压器时，其最小间距不宜小于 10m；当外墙上在变压器外廓两侧各 3m，变压器总高度以上 3m 的水平线以下的范围内设有甲级防火门和非燃烧性固定窗时，与变压器外廓之间的距离可为 5～10m，当在上述范围内的外墙上无门窗或无通风洞时，与变压器外廓之间的距离可在 5m 以内。

（5）抗震设防烈度为 7 度及以上时，变压器安装设计应符合下列要求：

1）变压器应取消滚轮及其轨道，并固定在基础上。

2）变压器本体上的储油柜、潜油泵、冷却器及其连接管道等附件以及集中布置的冷却器与本体间连接管道，应符合抗震要求。

3）变压器的基础台面宜适当加宽。

（6）当高压厂用变压器靠主厂房布置时，须注意避免排气管排气时对变压器的影响。

（7）当高压厂用变压器靠近主厂房布置时，在母线桥的上面应有无孔遮盖。

（8）大容量高压厂用变压器应考虑装设固定滑车用的基础，以便于搬运设备。

（9）高压厂用变压器的油量在 1000kg 以上，应置能容纳 100%油量的贮油池或设置能容纳 20%油量的挡油墙。

设有容纳 20%油量的贮油或挡油设施时，应设有将事故油排至安全处所的设施，且不应引起污染危害。事故油一律不考虑回收。

（10）油量在 2500kg 以上的屋外油浸高压厂用变压器与油量为 600kg 以上的本回路充油设备之间，其防火近距不应小于 5m。

（11）贮油池和挡油墙的长、宽尺寸，一般较设备外廓尺寸每边相应大 1m。

当无排油设施时，应在贮油池上装设网栏罩盖，网栏上铺设不小于 250mm 的卵石层，卵石直径为 50～80mm，卵石层的表面底于变压器进风口 75mm，油面低于网栏 50mm。

（12）高压厂用变压器的基础高度，应由变压器的运输方式来确定。若变压器用专用铁轨搬运时，则变压器基础上的轨顶标高需与搬运轨顶标高一致。此外变压器基础须高出卵石层 100mm 以上。

（13）高压厂用变压器的绝缘子最低瓷裙距地面高度小于 2.5m 时，应设固定式围栏。网状遮栏向上延伸线距地面 2.5m 处与遮栏上方带电部分之间的安全净距，设备额定电压为 3～10kV 时不应小于 200mm，设备额定电压 35kV 时，不应小于 400mm（海拔超过1000m 时，安全净距值应进行修正）。

（14）由于主厂房 A 排柱外地下设施复杂，又有较大的循环水管道通过，所以在布置高压厂用变压器时，应与有关专业密切配合方能取得满意设计。

第四节　交流事故保安电源的布置

交流事故保安电源系统是当发生事故致使厂用电长时间停电时，为机组提供安全停机所必需的交流用电系统。

一、概述

根据事故保安电源的定义可知，它是一个独立于本厂厂用电之外的交流供电系统。当然可以从本厂之外的独立电源取得，但未必经济方便。因此 GB 50660—2011《大中型火力发电厂设计规范》规定：容量为 200MW 及以上的机组应设置交流保安电源。交流保安电源应采用快速启动的柴油发电机组。其保安电源的电压等级，对于火力发电厂采用交流 380V 即可满足要求。

柴油发电机组的电源接入保安 PC 段、保安 PC 配电柜，应布置于配电室内，根据所选择的保安系统接线方案，宜考虑靠近柴油发电机室及保安变压器，以缩短供电电缆或母线槽长度。保安 MCC 配电柜与主厂房其他 MCC 布置方式相同，可布置于车间就地或配电室内，靠近负荷中心。

柴油发电机组可采用室内安装或室外安装布置方式。柴油发电机室的设计应按 GB 50229《火力发电厂与变电站设计防火规范》的有关规定执行。柴油发电机室应布置在通风较好，并尽量接近保安负荷中心地区。当采用室外布置方式时，应根据当地环境气候条件，考虑必要的防护及消声措施，并考虑机组运行时产生的噪声、振动、热辐射、废气和电磁干扰等对运行值班、维修人员的影响。故在布置上应考虑上述问题，如应与需要安静清洁的集控室保持一定的距离。

在实际工程的总体布置中，为便于维护管理，柴油发电机组宜设置在一个单独的柴油发电机室。具体位置在火电厂多设在集控楼的后侧或锅炉房后。

二、一般要求

柴油发电机组是由生产厂家提供的较完整的成套单元设备。在电厂正常运行时并不使用，处于备用状态，平时无人值班。

柴油发电机组为保持其独立性，机组的主辅机设备和电气动力配电屏，控制保护屏均与主机配置在一起。不单设单独的房间。

（1）根据 GB 50260—2013《电力设施抗震设计规范》中，对于抗震设防烈度 7 度及以上的电气设施的安装设计抗震要求如下：

1）设备引线和设备间连线宜采用软导线，其长度应留有余量。当采用硬母线时，应有软导线或伸缩接头过度。

2）电气设备、电气装置的安装必须牢固可靠。设备和装置的焊接强度必须满足抗震要求。

3）做安装设计时，柴油发电机附近应设置补偿装置。

4）开关柜（屏）、控制保护屏、通信设备等，应采用焊接的固定方式。当抗震设防烈度为 8 度或 9 度时，可将几个柜（屏）在重心位置以上连成整体。

5）柜（屏）的表计应组装牢固。

（2）根据防火规范的要求，在安装设计时要求如下：

1）按发电厂建筑物的火灾危险性分类及其耐火等级，柴油发电机室火灾危险分类为丙类，其耐火等级为二级，建筑物应符合这项规定。

2）柴油发电机室建筑物和设备应设感烟型和感温型组合类型的火灾探测器，自动报警、自动灭火的报警控制方式，自动喷水的灭火系统。

3）柴油发电机室应设置固定的通风排气装置。

4）根据消防照明要求，柴油发电机室及其配电室应设可继续工作用的应急照明。

5）严禁将带有易燃、易爆、有毒、有害介质的一次仪表（如油压表）装入控制室。

6）柴油发电机的油箱不应设在柴油机的上方。

7）盛装过易燃、易爆的液体、气体的容器（如油箱），未经彻底清洗，排除危险性之前，不得焊割。

三、柴油发电机室的布置

对于火力发电厂，柴油发电机组一般布置在锅炉房的一个独立的建筑物中，除柴油发电机组主机外，辅机设备和电气动力配电，控制、保护屏均放置在一起，不再另设单独的房间。柴油发电机室内布置时，布置面积一般可参考表 11-8 所列。

表 11-8　柴油发电机室布置面积参考

序号	柴油发电机额定功率（kW）	柴油发电机房布置面积参考（长×宽×高，mm×mm×mm）	备　注
1	500～700	a: 7×7×6.3　SY 电厂 b: 7.5×7×5.8　ZY 电厂 c: 9×7×5.8　SH 电厂 d: 9×6.6×5.8　MD 电厂	包含储油间布置，层高考虑就地起吊高度
2	1000～1250	a: 14×6×6.9　BJ 电厂 b: 9×8×6.9　HC 电厂 c: 8×8×6.9　SHZ 电厂	包含储油间布置，层高考虑就地起吊高度
3	1600～1800	a: 9.4×9×7.8　HF 电厂 b: 9×8.5×8.6　LW 电厂三期 c: 9×8.5×8.6　ZX 电厂四期 d: 7.5×8×8.2　TL 电厂	包含储油间布置，层高考虑就地起吊高度

工程中柴油发电机组容量的大小，是根据工程的保安负荷容量统计计算出来的，再根据柴油机生产制造决定，目前大致配电情况如下：

1）200MW 机组，一台机组配一组 250kW 或两台机组配一组 500kW 柴油发电机组；

2）300MW 机组，一台机组配一组 500kW 柴油发电机组；

3）600MW 机组，根据机型不同，辅机对保安电源要求不同，一台机组配一组 800～1200kW 柴油发电机组；

4）1000MW 及以上机组，参考最近的几个百万容量工程，一台机组配一组 1800kW 柴油发电机组。由于工程实例不多，且在实际工程中，根据保安负荷的具体容量不难统计计算以确定柴油发电机组的容量，

故不再细述。

5）125MW 及以下机组可不设事故保安电源柴油发电机组。

（一）容量为 250kW 的柴油发电机室的布置

250kW 这种容量类型的柴油发电机组，采用 24V 电压启动方式，采用带风扇散热水箱冷却水闭式循环的冷却方式。

与柴油发电机组配套供应的附属设备，一般有补给水箱、日用燃油箱、储油箱、供油泵，可调试进风道和排风道以及蓄电池充电器。此外，还有柴油机组的电控柜或开关柜等。

图 11-18 为 250kW 柴油发电机室布置示意图。

单位：mm

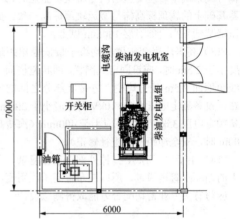

图 11-18　250kW 柴油发电机室布置示意图

（二）容量为 500kW 的柴油发电机室的布置

目前工程，500kW 柴油发电机组基本上采用电动启动方式，也有个别工程采用压缩空气启动的方式。

当采用电启动方式时，机组附属设备有电气控制屏、台，其中包括控制台，仪表屏台，自启动控制屏、台，机组控制屏，冷却水箱，燃油供油泵和燃油箱等。还配套一组 24V 蓄电池，以备机组的自动控制，伺服电动机，电磁阀，预供油泵和发电机充磁等的用电所需。

500kW 柴油发电机室的布置示意图如图 11-19 所示。

（三）容量为 1800kW 的柴油发电机室的布置

由于主机的保安负荷各工程不尽相同，而使柴油发电机容量不同，而各柴油发电机的制造厂商不同，其所配辅机等也各异，这里只举一个例子。

1800kW 柴油发电机室布置示意图如图 11-20 所示。

单位：mm

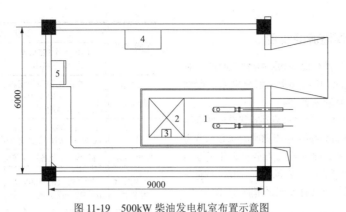

图 11-19 500kW 柴油发电机室布置示意图

1—柴油发电机；2—发电机；3—控制保护箱；4—日用油箱；5—馈线屏

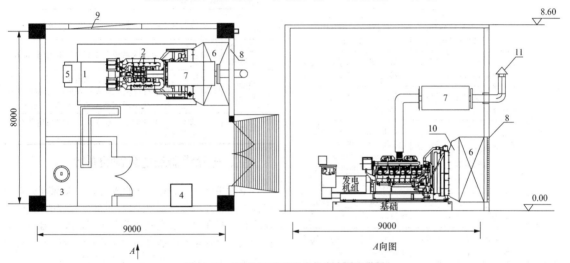

图 11-20 1800kW 柴油发电机室布置示意图

1—发电机；2—柴油机；3—油箱；4—出线柜；5—控制箱；6—消声器；7——次消声器；8—排风罩；
9—进风百叶窗；10—软连接；11—防雨罩

第五节 其他厂用电设备布置

布置在电气专用房间以外的厂用电气设备应满足环境条件对外壳防护等级的要求。当布置在锅炉房和输煤系统和煤场时，应达到国际电工委员会的 IP54 防护等级，其他场所可用 IP30 级；当达不到上述防护等级要求时，可将电气设备布置在独立的密闭小室内。

一、车间配电箱和就地操作的动力控制箱、启动设备的布置

（1）车间配电箱宜布置在需其供电的负荷中心，以节省电缆，并尽量减少电缆的交叉。配电箱尽量避免布置在有漏水可能的管道、阀门附近，避免布置到有腐蚀性环境内，尽量避免布置到多粉尘区域。

（2）就地操作的动力控制箱和启动设备，应靠近被控制的电动机布置，以便于操作时掌握被控电动机

的起、停和运行情况。

（3）就地动力控制箱有落地式和悬挂式两种，在工程中采用何种形式，需视工程中具体的环境条件，一般最好靠墙和柱子布置。

（4）无特殊要求，同类型的启动控制设备应力求安装在同一高度，以便维护运行方便。

（5）在选择安装位置时，应保证照明箱、配电箱、控制箱及电焊箱等的门能充分开启。

（6）尽量避免将启动控制设备安装在振动的结构上，否则应采取防震措施。

（7）启动控制设备与各种热管道之间应有一定距离，侧面的手柄（如铁壳开关的手柄）与建筑物间至少应有 150mm 的净距。

（8）对于布置在多灰、周围设备有水冲洗的环境中的配电箱，当采用上进线时，应有防止冲洗水沿进线电缆进入配电箱的措施。如配电箱为落地安装时，其基础应高出地面 50～100mm，以防止冲洗水流入配

电箱底部，引起事故。

二、检修、电焊电源的布置

（1）检修电源应布置在检修相对频繁的地点，对检修电源要求比较多的场所应装设检修配电箱，检修配电箱的装设地点及数量见表 11-9。

（2）对检修电源要求比较少的场所应装设检修插座箱或插座，检修生产车间内插座箱或插座的安装高度为1.3m，配电室或控制室内插座箱或插座的安装高度为0.3m，车间内插座箱或插座的安装高度为 1.2m。对有灰尘及有淋水的场合，插座箱或插座应采用防水、防尘式。

表 11-9　检修配电箱装设地点及数量

车间名称	装设地点及数量	
	单机容量 125MW 及以下机组	单机容量 200MW 及以上机组
锅炉房	底层每 2 台炉的炉前及炉后各装设 1 只	底层每台炉的炉前及炉后各装设 1～2 只
	运转层每 2 台炉的炉前及炉后各装 1 只	运转层每台炉的炉前及炉后各装 1 只
	炉顶装有引风机时，在炉顶处装设 1 只	运转层以上的主要平台包括炉顶共装设 2 只。1000MW 机组运转层以上的每层平台的检修人孔处应装设 1 只
汽机房	底层靠配电装置侧，每两台机装 1 只	底层每台机的 A 排柱和 B 排柱侧各装 1～2 只
	运转层靠管道层侧，每 2 台机装 1 只	运转层每台机的 A 排和 B 排各装 1～2 只

续表

车间名称	装设地点及数量	
	单机容量 125MW 及以下机组	单机容量 200MW 及以上机组
主厂房煤仓间	一般在煤仓间两端各装 1 只，当煤仓间很长时，可适当增加	每炉装 1～2 只
引风机室	一般每室装 1 只，当引风机室很长时，可适当增加	每炉装 1 只
输煤部分	碎煤机室及各输煤转运站内，均单独装设 1～2 只	
厂用配电装置	每台机组的 380V 厂用配电装置室装设 1 只	每台机组的 380V、6/10kV 厂用配电装置室各装设 1 只
屋内配电装置	35kV 及上屋内配电装置 1～2 只，兼做一次设备耐压试验电源	
屋外配电装置	按照面积的大小装设 1～2 只户外检修配电箱	
A 排外变压器区域	每台机组变压器区域设置 1 只户外检修配电箱	
脱硫系统	增压机房、浆液循环泵房、脱硫电控楼、石灰石浆液制备车间、石膏脱水及废水处里等应装设检修配电箱，检修配电箱的数量可视具体情况确定	
其他	控制室、化水处理室、水泵房、灰浆泵房等车间应装设配电检修箱	

三、电除尘器配电装置的布置

电除尘变压器、PC 开关柜及电除尘器配套提供的电控柜布置在电除尘配电室内。电除尘程控的上位机、操作台、打印机、安全联锁箱等布置在除尘器控制室内。通常电除尘配电装置布置在除灰综合楼上。典型的电除尘配电装置间布置图如图 11-21 所示。

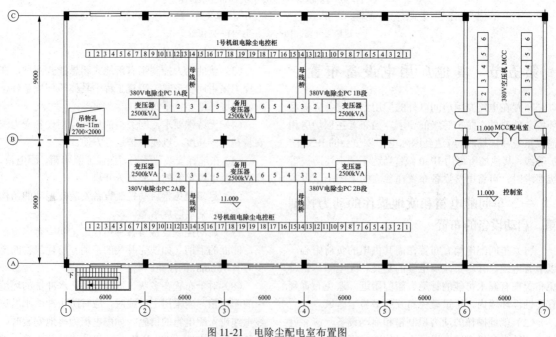

图 11-21　电除尘配电室布置图

第六节 厂用电设备布置
设计土建资料

在厂用电施工图设计中，提供给土建专业的资料应准确详尽。在考虑电气设备的安装方式时，须做到既能满足电气设备本身和工艺要求，也能使土建设计和施工方便。

一、高、低压开关柜及厂用配电室土建资料

（1）高压开关柜（真空柜和充气柜）与低压配电柜应安装在预埋的基础槽钢上，槽钢的水平误差不应大于千分之一，全厂误差不应大于5mm。槽钢避免由小段拼成。槽钢焊接在预埋铁件上，预埋铁件每隔2m左右设置1块。KYN28A高压开关柜土建资料详见图11-22。

（2）手车式开关柜的基础槽钢与室内地坪高度应基本相同，以便于手车的进出。

（3）对于高、低压开关柜的基础槽钢，如厂家没有特殊要求时，一般采取卧放的方式。由于土建施工精度不能满足电气设备安装精度的要求，故土建专业施工人员只预埋铁件，由电气专业施工人员安装基础槽钢。焊接时通过调整垫铁厚度，使基础槽钢取得较好的水平度，基础槽钢安装后，高出地坪5mm。MNS型低压开关柜土建资料见图11-23。

（4）布置于除氧间底层的厂用配电室不开窗户。

（5）布置于汽机房外墙侧或单独设置的厂用配电室（可以开窗），并根据环境条件（如空气的温度、湿度、含尘量等）可选用开启的或不能开启的。能够开启的窗户内侧应有纱窗或铁丝网（网孔不大于20×20mm²）。

（6）配电室的地坪可采用水磨石地面、瓷砖或绝缘地坪。

（7）开关柜的安装采用焊接式固定在基础槽钢上。当考虑要迁移开关柜时，可采用螺栓固定方式。

（8）在配电室内，尽量在开关柜后开设电缆沟，电缆沟不应开在开关柜下方。为方便引出电缆，可在开关柜下设置分支电缆沟与主沟相连，深度与主沟一致。

（9）当开关柜布置在电缆隧道或楼板上时，应在隧道顶板或楼板预留孔洞，孔洞位置应与开关柜底板电缆出线孔位置相对应。布置开关柜时，应选择合适的位置，使电缆孔不被楼板的梁遮住。由于高压开关柜的二次孔尺寸较小，经常会被楼板的次梁遮挡，可通过调整开关柜布置，躲开楼板次梁的位置，或与土建专业协商，调整楼板次梁位置。也可与开关柜厂家联系，调整开关柜二次孔的位置。通常可在开关柜两侧预留二次电缆孔，当电缆安装完毕后采用防火封堵材料对多余孔洞进行封堵。

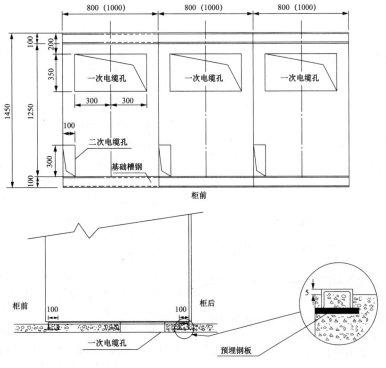

图 11-22 KYN28A 高压开关柜土建资料

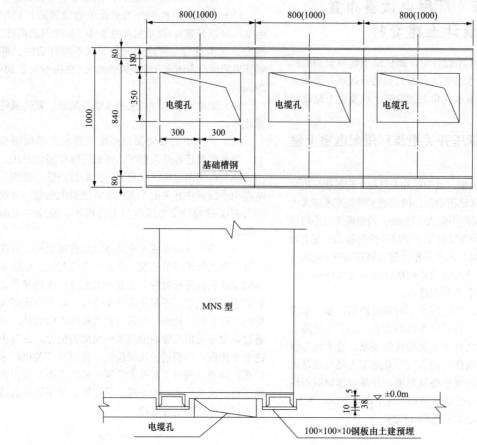

图 11-23 MNS 型低压开关柜土建资料

二、车间配电箱土建资料

车间配电箱通常采用壁挂安装方式。由于车间配电箱的布置较分散，一般无单独的房间，因此在布置配电箱时尽量避开管道及阀门处。

如车间配电箱采用落地安装方式，当布置在煤仓间、输煤转运站等粉尘较大的区域时，不宜将配电箱下部电缆孔开得过大，以便于封堵。也可采用按回路数预埋镀锌钢管的方式。

三、厂用变压器室土建资料

油浸变压器应设单独变压器室，对变压器室有如下要求：

（1）变压器室的墙壁和门等应按一级耐火建筑物考虑，门应为防爆门。

（2）就地检修的变压器，在变压器室屋顶应预留起吊设施（吊钩或吊环），吊钩位置设在变压器室中心楼板上，吊钩承重按最大起吊重量的两倍考虑。

（3）变压器如布置在特别潮湿或有积水的房间下面，应有严密的防水措施，如可将楼板用整块混凝土浇成。

（4）变压器的事故油坑应有防止地下水渗入的措施。当油坑是布置在变压器室外侧时，应有防止地面水进入的措施。

当设置储油坑困难时，可以考虑用管子把事故油排到厂房外部安全的场所（排油管内径不得小于100mm），但不能利用电缆沟道排油。

（5）当变压器下部有电缆隧道时，其地坪、油坑与隧道应严密隔开，以杜绝变压器油流入隧道。不能利用电缆隧道作为通风道。

（6）变压器室均不开窗，其门应向外开启。

变压器土建资料一般做法示意图如图 11-24 所示。图中 A、B、C、F、S、W 值见表 11-10。变压器室门的尺寸见表 11-11。考虑贮油设施时，变压器油量及总质量见表 11-12，考虑变压器土建资料时变压器总质量及干式变压器外形尺寸见表 11-13。

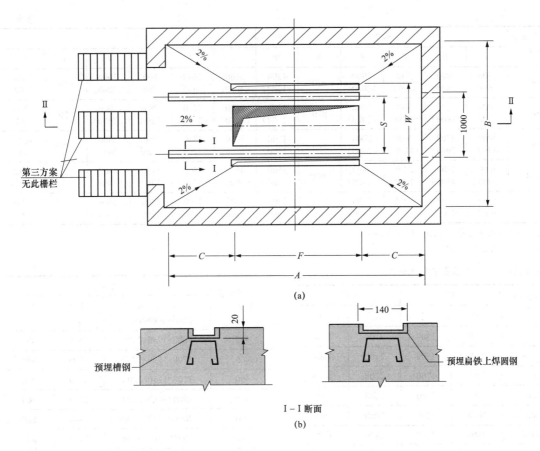

(a)

(b)

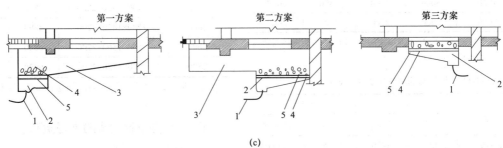

(c)

图 11-24　变压器室土建资料示意图

（a）变压器室基础平面图；（b）油坑断面示意图；（c）方案示意图

1—排油管；2—油坑；3—风道；4—软石层；5—网状罩盖

表 11-10　　　　　　　　　　　　　变压器室土建资料有关尺寸　　　　　　　　　　　　　（mm）

变压器容量 (kVA)	SL7						SJL1					
	A	B	C	F	S	W	A	B	C	F	S	W
315	3200 (3600)	2400 (2800)	600 (800)	2000 (2000)	600*	1200 (1200)	3100 (3500)	2400 (2800)	550 (750)	2000 (2000)	550	1200 (1200)
400	3300 (3700)	2700 (3100)	650 (850)	2000 (2000)	660	1200 (1200)	3300 (3700)	2400 (2800)	650 (850)	2000 (2000)	660	1200 (1200)
500	3400 (3800)	2700 (3100)	700 (900)	2000 (2000)	660	1200 (1200)	3400 (3800)	2400 (2800)	700 (900)	2000 (2000)	660	1200 (1200)

续表

变压器容量(kVA)	SL7						SJL1					
	A	B	C	F	S	W	A	B	C	F	S	W
630	3400(3800)	3000(3400)	700(900)	2000(2000)	820	1200(1200)	3600(4000)	2600(3000)	800(1000)	2000(2000)	660	1200(1200)
800	3800(4200)	3200(3600)	900(1100)	2000(2000)	820	1200(1200)	3800(4200)	2700(3100)	900(1100)	2000(2000)	820	1200(1200)
1000	3900(4300)	3200(3600)	950(1150)	2000(2000)	820	1200(1200)	3900(4300)	2800(3200)	950(1150)	2000(2000)	820	1200(1200)
1250	4600(5000)	3900(4300)	1100(1300)	2400(2400)	1070	1500(1500)	4600(5000)	3500(3900)	1100(1300)	2400(2400)	820	1500(1500)
1600	4600(5000)	4100(4500)	1100(1300)	2400(2400)	1070	1500(1500)	4700(5100)	3500(3900)	1100(1300)	2400(2400)	820	1500(1500)

注　括号中数字适用于就地检修变压器室。

*　有些厂家此值为550。

表 11-11　变压器室门的尺寸　　（mm）

变压器容量(kVA)	SL7		SJL1	
	高①	宽	高①	宽
315	2100	1300	2100	1400
400	2300	1700	2100	1400
500	2400	1700	2200	1400
630	2700	2000	2200	1600
800	3000	2200	2800	1600
1000	3000	2200	2800	1800
1250	3000	2500	2800	2000
1600	3000	2500	2800	2000

注　① 对于 1000kVA 及以上的变压器，考虑将油枕及防爆管拆下后进门。

表 11-12　变压器油量及总质量（kg）

变压器容量(kVA)	SL7		SJL1	
	油量	总质量	油量	总质量
315	360	1470	255	1300
400	450	1790	280	1515
500	495	2050	320	1815
630	713	2760	350	2020
800	815	3200	645	2920
1000	1048	3980	750	3440
1250	1147	4650	900	3995
1600	1332	5620	1225	5200

表 11-13　干式变压器参数

续表

变压器容量(kVA)	SCB11		
	长×宽×高(mm×mm×mm)	质量(kg)	轨距(mm)
250	1500×1200×2200	1315	550
315	1600×1250×2200	1550	660
400	1700×1250×2200	2050	660
500	1700×1250×2200	2310	660
630	1900×1350×2200	2470	660
800	2000×1350×2200	2800	820
1000	2000×1350×2200	3370	820
1250	2100×1450×2200	3835	820
1600	2200×1450×2200	4890	820
2000	2400×1500×2200	6080	820
2500	2500×1550×2200	6920	820

注　本表参考某厂家样本参数，可进行参考，具体工程需根据具体厂家资料进行设计。

四、启动控制设备的土建资料

启动控制设备不能用电焊固定于支持物上，应用螺栓固定。

靠水泥柱安装的动力控制箱、启动器与照明电焊箱等，由于柱上留孔有困难，多采用预埋铁件方式。

对于磁力启动器，当安装地方宽敞时，一般将启动器及其按钮并排安装，且启动器下边与按钮下边对齐。按钮中心对地高度为 1.3m。

当宽度方向受到限制时，则将按钮放到启动器的上面，按钮中心对地高度仍为 1.3m。

安装照明箱的孔洞应与电缆管及配电管配合一致。

在混凝土墙（柱子）上安装悬挂式启动控制设备时，一般应采用预埋扁钢或角钢的方式安装。工程中预埋件种类应尽量减少。一般两条扁钢（角钢）的中心距离与位置不一定要对准所装设备的安装孔，因为在安装设备时还须再焊接角钢支架。这样同种规格的预埋铁件可适用于较多种类的设备（如磁力启动器、配电箱、控制箱、照明箱及电焊箱）的安装。这给电气和土建专业的设计都带来方便。

在砖墙上安装设备时，设备孔（如嵌入式照明箱）也应预留好，尽量减少现场打孔工作。地脚螺栓孔一般可于现场打孔，以用于地脚螺栓安装。

安装在混凝土或砖墙上的电气设备受力不大时，亦可用冲击钻打孔膨胀螺栓固定的方式。

五、桥式起重机电源滑线的土建资料

汽机房桥式起重机电源滑线的土建资料，主要是指用来固定滑线支架的土建预埋件，通常有如下做法：

（1）在桥式起重机轨道梁上每间隔一定距离预埋一块铁件，滑线支撑架与之焊接。

（2）在桥式起重机轨道梁上每间隔一定距离预埋一根钢管，其长度与轨道梁厚度相同，安装时用一穿心螺栓穿过钢管将滑线支撑架固定在轨道梁上。

（3）现阶段桥式起重机轨道梁采用 H 型钢，电气专业向土建专业提供资料，在 H 型钢轨道梁上每间隔一定距离预留螺栓孔，将滑线支撑架利用螺栓固定在轨道梁上。

工程实践证明，第（1）种方法便于安装，第（2）种方法施工时钢管头难寻找，螺栓难穿，工程中慎用。目前第（3）种方法普遍采用。

六、柴油机发电机室土建资料

火力发电厂中的柴油发电机室，在工程设计时需向工艺及土建专业配合柴油发电机室的布置位置及尺寸大小。通常需考虑如下：

（1）根据柴油发电机组、控制屏柜、开关柜等大件设备尺寸，考虑运输、安装、检修等入口、通道和门孔。

（2）在柴油发电机室内考虑检修起吊设施，尽量考虑采用手动起吊设备。

（3）柴油发电机室内考虑地下电缆沟道，便于发电机出线与控制屏柜及开关柜的连接。

第十二章

发电机引出线及高压厂用电源引线布置

第一节 设计原则及要求

一、设计范围

发电机引出线装置按照发电机引出线装置接线形式的不同，可分为发电机电压母线接线与发电机单元接线。两种不同接线形式的发电机引出线装置分别包括发电机引出线端子至发电机电压屋内配电装置；发电机引出线端子至发电机单元制连接的主变压器低压侧套管和高压厂用变压器高压套管（或至高压厂用分支电抗器的接线端子板）等之间所连接的电气设备和导体。它们部分布置在屋内（如发电机出线小室和屋内母线桥、封闭母线等），部分布置在屋外（如屋外母线桥、封闭母线等），是配电装置的一种特殊型式。因此，对于屋内、外配电装置的有关规程和规定，以及一般设计原则和基本要求等，也适用于发电机引出线装置。

发电机引出线装置主要包含发电机出线及中性点侧电流互感器、电压互感器、避雷器、发电机断路器（可能设置）、发电机中性点接地装置、励磁变压器（按照励磁方式的不同，可能设置）、励磁装置、高压厂用分支断路器及高压厂用分支电抗器（可能设置）等。

二、设计原则

（1）发电机引出线装置的接线和设备配置应与电气主接线保持一致。

（2）布置清晰，运行安全可靠。

（3）巡视操作和维修方便。

（4）施工安装简便。

（5）因地制宜，技术经济合理。

三、设计要求

（1）发电机引出线小室一般布置在发电机机座的端部（简称机端）及其相对应的汽机房 A 排柱墙外。在布置中尽量利用周围的梁、柱、墙等构筑物。对于

中小容量发电机组，电抗器及断路器等设备，应尽可能布置在小室的底层，以便简化土建结构、减少投资、便于搬运安装等。对于大容量发电机组，一般无须设置单独的引出线小室，但为了运行检修方便，应尽可能将需运出检修的设备布置在底层，以便于搬运安装；如布置于中间层楼板上，上方应预留吊物孔。

（2）引出线小室可根据设备的多少等情况，设计成单层或双层布置。当采用双层布置时，应设置上、下层间及至运转层的交通楼梯。对于中大容量发电机机组，宜尽量根据主厂房结构布置发电机引出线装置各设备，以便简化土建结构。机端引出线小室与 A 排柱处小室或 A 排柱之间，应设置维护通道。

（3）带电体和设备布置的各种尺寸，应满足配电装置规程规定的安全净距要求。

（4）小室顶部楼板应采取防止污水渗漏措施，以确保电气设备的安全运行。

（5）励磁回路（根据励磁方式的不同，励磁系统设备不同）的励磁变压器、励磁灭磁屏、灭磁电阻、整流屏、励磁母线（当采用母线时）及励磁回路电缆等，一般作为发电机引出线小室的设备统一布置，并注意留出屏后检修位置。端子箱、通风空调设备和电缆通道（小室内的桥架或竖井）亦需统一考虑布置。

（6）油浸式电抗器应布置在单独的防火小间内。油浸式（干式）电抗器距离地面、墙、楼板等的尺寸以及起吊高度应满足制造厂的要求。电抗器小间应考虑起吊和通风设施。当小间满足起吊高度有困难时，可在电抗器中心顶部楼板上开一个 $\phi 500 \sim 600$ 的起吊孔解决（该孔在平时用盖板盖住）。电抗器可根据具体布置的需要向制造厂订购 90° 或 180° 引接线端子。三相重叠垂直布置的电抗器，中间相（即 B 相）不能与上、下两相调换位置。为了防止在带电的情况下，因开门观察而误入电抗器室，电抗器室门应设置可拆卸式栅栏或网栏，并在网栏门上设置电磁锁。

（7）在布置中尽可能使主回路母线走径短捷、减少弯曲。母线立弯、平弯和支持点离弯曲处的距离等，应满足 GB 50149《电气装置安装工程母线装置施工及

验收规范》、GB 50147《电气装置安装工程高压电器施工及验收规范》、GB 50148《电气装置安装工程电力变压器、油浸电抗器、互感器施工及验收规范》的有关规定。在穿越母线式电流互感器和穿墙套管处，应考虑这些设备拆装更换的方便，设置适当的拆装点。

（8）敞露式大电流母线应考虑防止钢构损耗发热措施。详见本书第九章导体设计及选择有关内容。

（9）对于空气冷却的发电机，为了保持进入风室内的空气清洁，母线穿越风室墙的穿墙套管或电流互感器应采用封闭式的。进入风室的门应采用密封向外开启的防火门。补充空气的进风口，应装设滤尘设施。

（10）引出线小室的门应采用向外开启的防火门，其尺寸应满足设备搬运的要求。

（11）发电机引出线当采用敞露式母线时，由于母线和设备比较集中的场所（发电机引出小室）一般损耗发热比较大，温度比其他场所高，因此宜适当考虑通风措施。当发电机引出线采用全连式离相封闭母线时，不设置单独的引出小室，因此只需在励磁小室内适当考虑通风措施。

（12）对于汽轮机采用直接空冷的机组，布置在主厂房外的发电机引出线部分应根据空冷柱网的布置位置，布置主变压器及相应发电机引出线。在尽量缩短发电机引出线长度、降低工程初投资的基础上，还应考虑空冷平台下布置变压器时的消防问题。

（13）对于发电机引出线采用全连式离相封闭母线的中大容量发电机组，全连式离相封闭母线及其他附属发电机引出线设备的布置要求详见本章第四节相关内容。

第二节　直接与发电机电压配电装置母线连接的发电机引出线装置布置

直接与发电机电压配电装置连接的发电机引出线装置，由于没有厂用分支回路和发电机回路的断路器等设备（这些设备均装设在发电机电压屋内配电装置内），因此，这种引出线装置内的设备比较少，布置比较简单，一般只需在发电机机端设一个单层或两层的小室既可满足要求或者将发电机引出线设备布置于发电机电压屋内配电装置内。采用这种接线方式的发电机容量一般不超过60MW，额定电流不大，发热不严重，为了保证运行安全可靠，引出线小室一般设计成封闭式。由于机型、机组在厂房中的布置形式（纵向还是横向）以及设备多少等的不同，因而小室的布置亦各不相同。现选取一些具有代表性的发电机引出线装置布置介绍如下，供设计参考。

一、6MW 发电机引出线装置

图 12-1 为 6MW 发电机引出线装置布置示例。其特点是：机组为横向布置，厂房柱距为 6m，小室为单层的封闭式的小间，与发电机冷却风室间设有防火密封门。发电机主回路经电流互感器和零序电流互感器由小室的侧面经穿墙套管与母线桥连接，并通过母线桥至 A 排柱墙处经穿墙套管到屋外。发电机出口处装有电压互感器，中性点装有避雷器。为了便于检修布置位置较高的设备，在 2.45m 标高处设有栅格平台，并设有至平台的爬梯。母线桥仅 2m 长，故未设走廊。

二、12MW 发电机引出线装置

图 12-2 为 4H55674/2 型（12MW，6.3kV）的发电机引出线装置布置示例。机组为横向布置，厂房柱距为 7m，小室为单层封闭式的小间。其布置特点基本上与上述的 6MW 发电机小室相似，主要不同点是发电机主回路上电流互感器和零序电流互感器之间加装了可拆连接片，并在发电机出口处装设有避雷器，但无电压互感器（装在发电机电压配电装置处），而且发电机出口处和中性点装设的避雷器均安装在底层地面上，至组合导线的引出线经由小室正面墙上的穿墙套管穿出。

三、25MW 发电机引出线装置

（1）图 12-3 为 TQ-25-2 型（25MW，6.3kV）发电机引出线装置布置示例。其特点是：机组为纵向布置，厂房柱距为 6.5m，小室为两层布置的封闭式小间。发电机为双绕组，在中性点侧引出并联支路，并在两并联支路的连接线上装设有横差保护用的电流互感器。发电机出口处除装设零序电流互感器和隔离开关外，未装设电流互感器、电压互感器和避雷器（因距发电机电压配电装置较近而安装在该配电装置内，并且发电机电压无架空直配线）等设备，底层布置励磁灭磁屏和灭磁电阻等。上、下层之间和上层与运转层之间均设有楼梯，而且上层与母线桥的维护走廊之间亦相通，运行维护比较方便。

（2）图 12-4 为 QF-25-2 型（25MW，6.3kV）发电机引出线装置布置示例。与图 12-3 相比较，最主要的特点是发电机为单绕组，出口处不装设避雷器，以及中性点接有消弧线圈。消弧线圈可以切换到另一台发电机的中性点上，在发电机停电检修时仍能充分发挥该消弧线圈的作用。消弧线圈布置在底层与其他电气设备相互隔离的防火防爆小间内。消弧线圈小间设有观察窗。其他部分大致与图 12-3 相似。

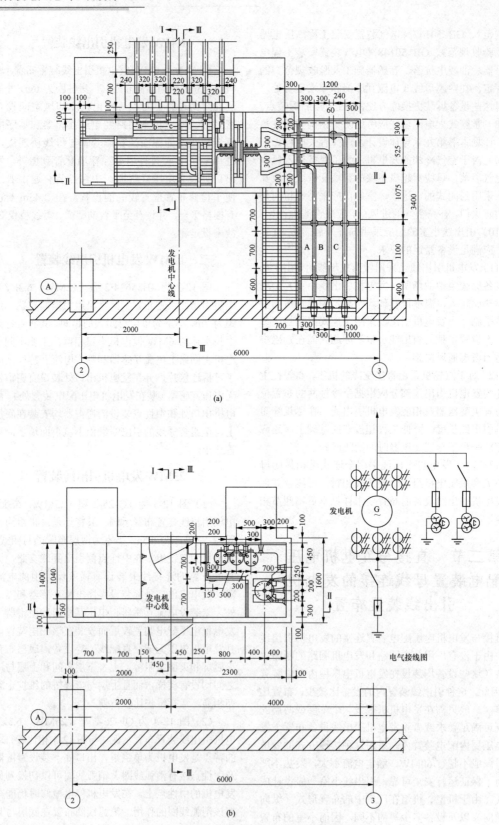

图 12-1 6MW（6.3kV）发电机引出线装置布置（一）

（a）2.45m 层平面图；（b）0.00m 层平面图

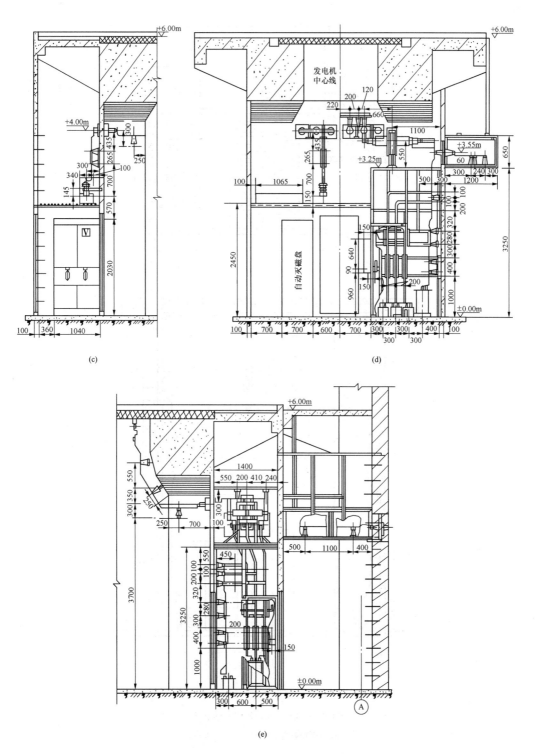

图 12-1 6MW（6.3kV）发电机引出线装置布置（二）

（c）Ⅰ—Ⅰ断面；（d）Ⅱ—Ⅱ断面；（e）Ⅲ—Ⅲ断面

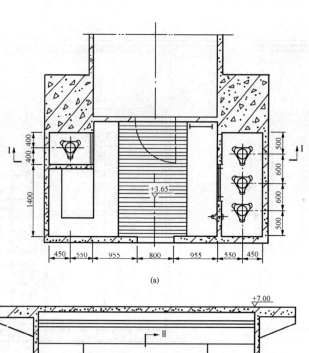

(a)

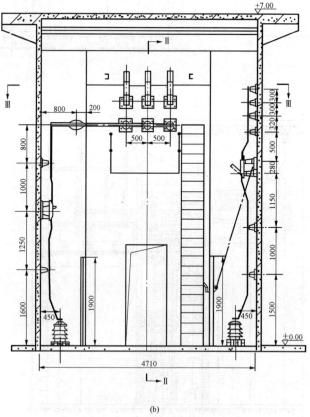

(b)

图 12-2　12MW（6.3kV）发电机引出线装置布置（一）

（a）0.00m 层平面；（b）Ⅰ—Ⅰ断面

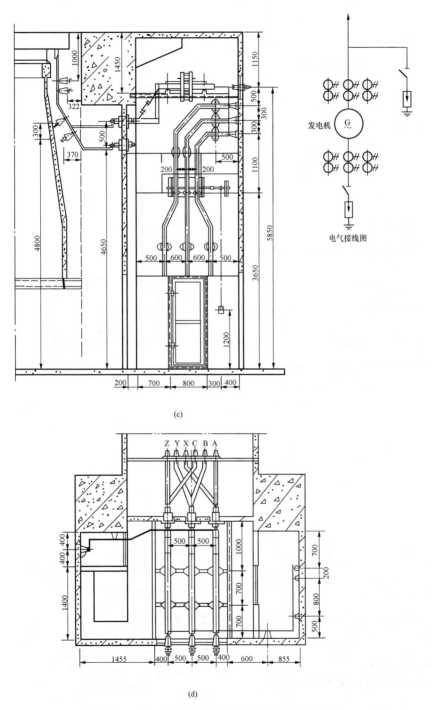

图 12-2　12MW（6.3kV）发电机引出线装置布置（二）

（c）Ⅱ—Ⅱ断面；（d）Ⅲ—Ⅲ断面

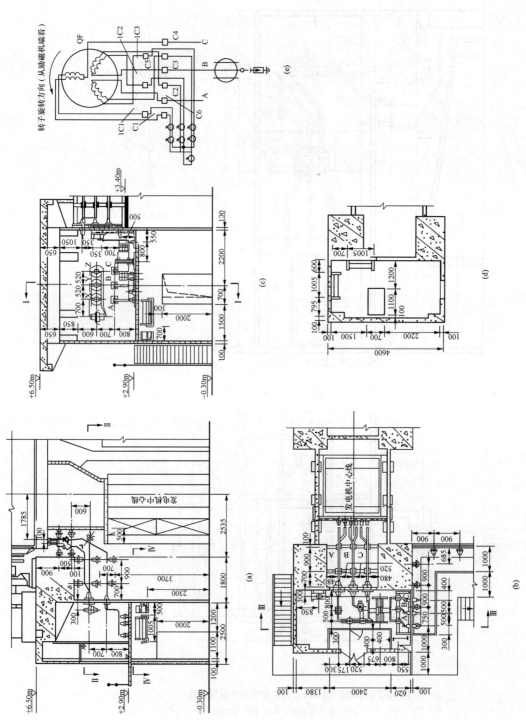

图 12-3 TQ-25-2 型（25MW，6.3kV）发电机引出线装置布置（单位：mm）

(a) I—I 断面；(b) II—II 断面；(c) III—III；(d) IV—IV；(e) 电气主接线图

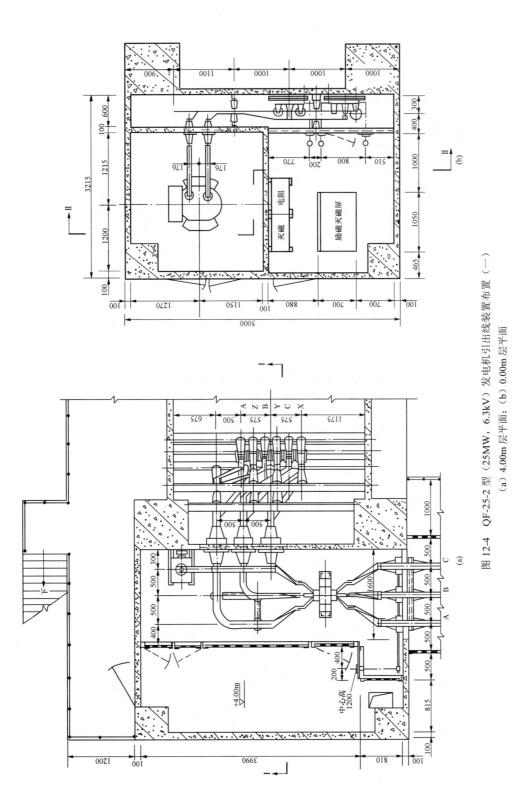

图 12-4　QF-25-2 型（25MW，6.3kV）发电机引出线装置布置（一）

（a）4.00m 层平面；（b）0.00m 层平面

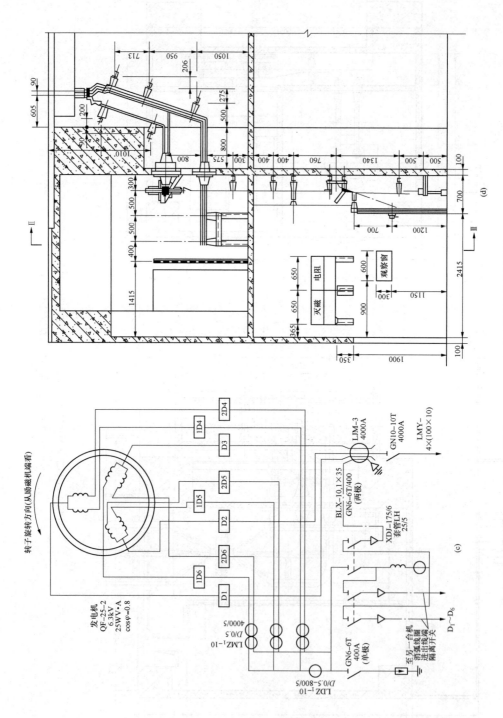

图 12-4 QF-25-2 型（25MW，6.3kV）发电机引出线装置布置（二）

(c) 电气接线；(d) Ⅰ—Ⅰ断面

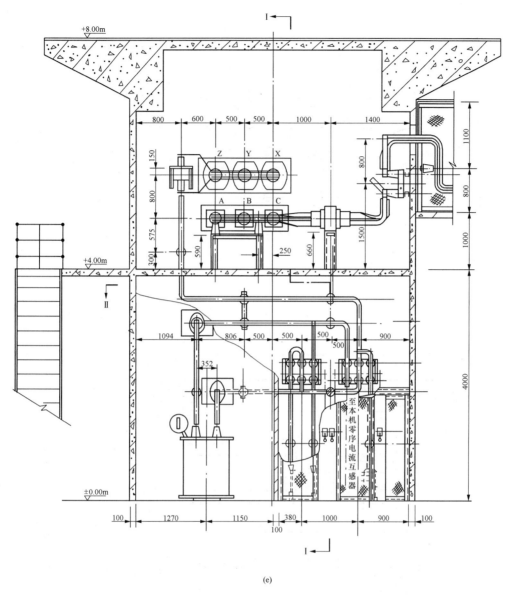

(e)

图 12-4　QF-25-2 型（25MW，6.3kV）发电机引出线装置布置（三）

（e）Ⅱ—Ⅱ断面

四、50～60MW 发电机引出线装置

图 12-5 为 QFS-60-2 型（60MW，10.5kV）发电机引出线小室布置示例。其特点是：机组为纵向布置，厂房柱距为 6m，小室为两层封闭式小间。发电在中性点接有消弧线圈，出口处无电流互感器、电压互感器和避雷器等设备。消弧线圈及励磁灭磁屏和灭磁电阻等设备布置在底层，其中消弧线圈单独布置在与其他设备隔离的防火防爆小间内，并且设有事故集油坑。励磁灭磁屏靠墙布置，为检修的需要，在屏后的墙上设有防火门。

五、其他形式发电机引出线装置布置

图 12-6 为 1.5MW，10.5kV 发电机引出线装置布置示例。其特点是：机组为纵向布置，不单独设置发电机引出线小室。发电机中性点直接接地，发电机出口设置电流互感器、电压互感器和避雷器等设备。设置发电机附属设备柜（柜内安装发电机引出线装置主要设备：电压互感器、励磁变压器、电流互感器、避雷器、连接母排、出线端子等），励磁柜紧邻发电机附属设备柜布置。由于发电机为低位布置，励磁柜及发电机附属设备柜布置在零米层。发电机引出线采用电缆连接。

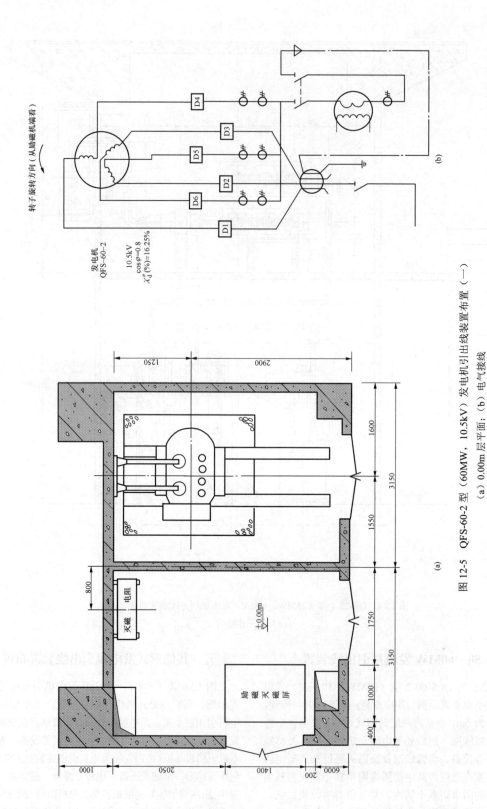

转子旋转方向（从励磁机端看）

发电机
QFS-60-2

10.5kV
$\cos\varphi=0.8$
$X''_d(\%)=16.25\%$

D4
D3
D5
D2
D6
D1

(b)

800

电阻

灭磁

±0.00m

励磁灭磁屏

1000 2050 1400 200 6000

1250 2900

1600 3150 1550 1750 3150 1000 400

(a)

图 12-5 QFS-60-2 型（60MW，10.5kV）发电机引出线装置布置（一）

(a) 0.00m 层平面；(b) 电气接线

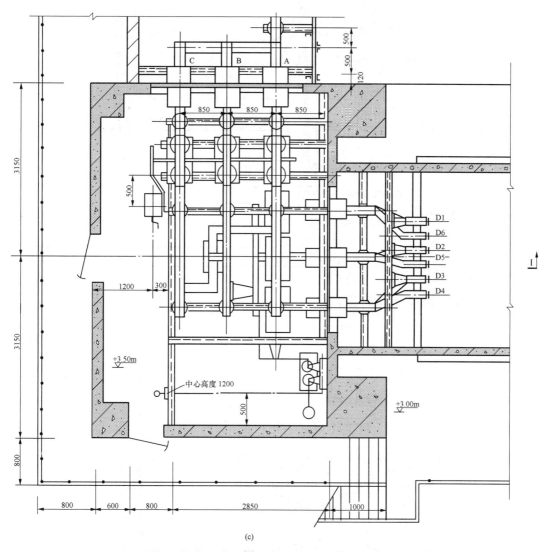

(c)

图 12-5 QFS-60-2 型（60MW，10.5kV）发电机引出线装置布置（二）

（c）3.50m 层平面

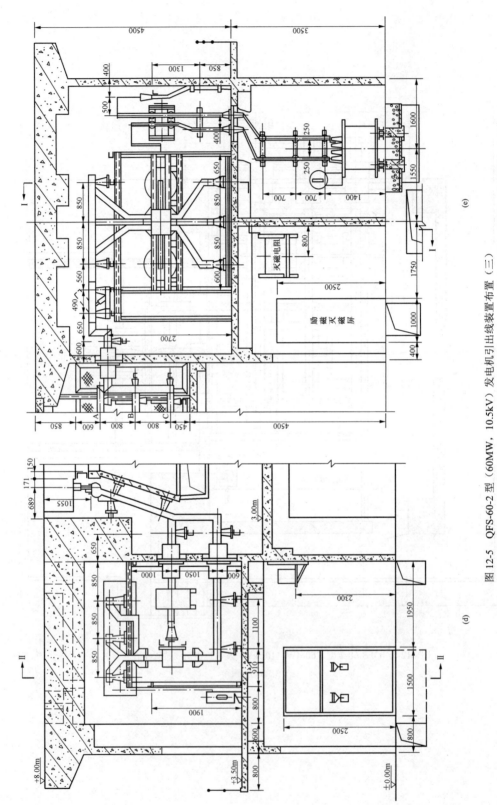

图 12-5　QFS-60-2 型（60MW, 10.5kV）发电机引出线装置布置（三）
(d) I—I 断面；(e) II—II 断面

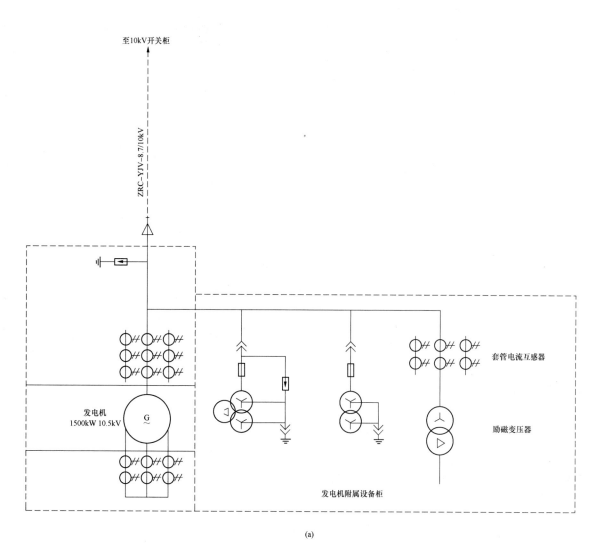

(a)

图 12-6 1.5MW，10.5kV 发电机引出线装置布置（单位：mm）（一）

（a）电气接线

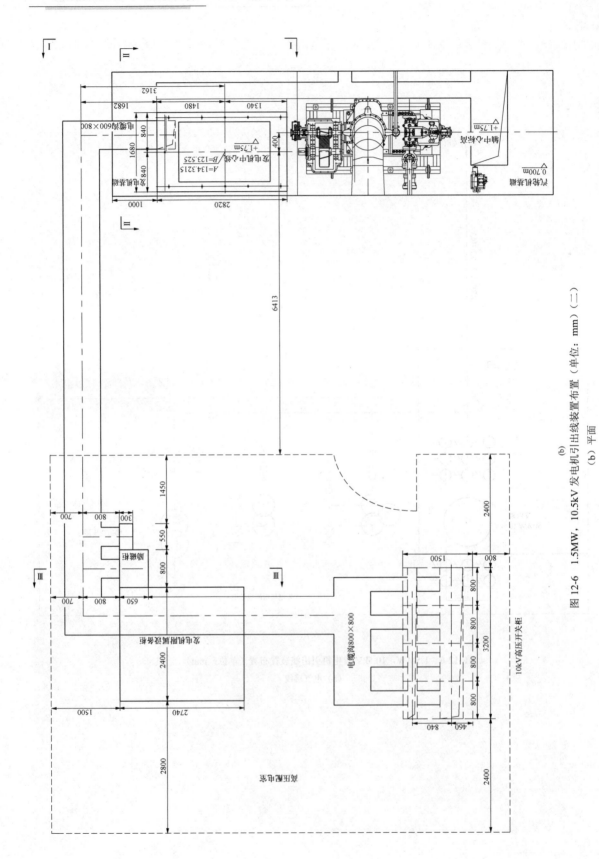

图 12-6 1.5MW, 10.5kV 发电机引出线装置布置 (单位: mm) (二)

(b) 平面

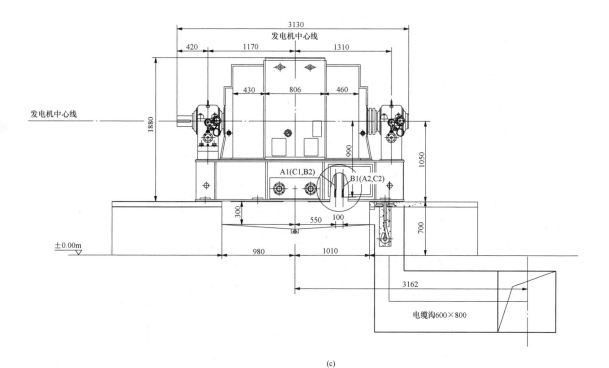

(c)

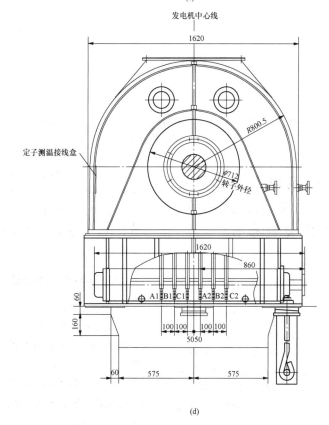

(d)

图 12-6 1.5MW，10.5kV 发电机引出线装置布置（单位：mm）（三）

（c）Ⅰ—Ⅰ断面；（d）Ⅱ—Ⅱ断面

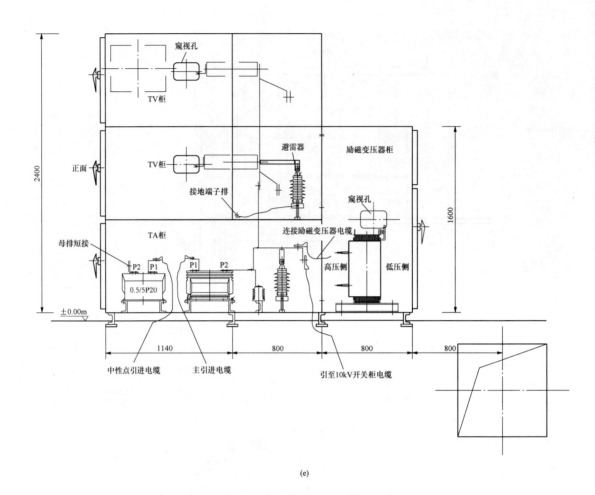

(e)

图 12-6　1.5MW，10.5kV 发电机引出线装置布置（单位：mm）（四）

（e）Ⅲ—Ⅲ断面

第三节　125MW 及以下小容量发电机与变压器组成单元接线的发电机引出线装置布置

发电机-变压器单元接线的发电机引出线装置，除了布置发电机主回路的设备外，一般还有厂用分支回路设备，设备比较多。因此，布置比较复杂，发电机出线小室多为两层结构。由于机端小室位置有限，为了布置方便，将小室分成两个部分（即分成两个小室）。一个小室布置在机端，另一个布置在 A 排柱墙处，必要时还将小室凸出 A 排柱墙外布置。同时厂用分支回路的设备，可根据具体厂房布置情况设单独的厂用分支设备小室或与发电机出线设备一同布置在发电机出线小室内。此外，由于机组在厂房中的布置形式（纵向或横向）的不同，机型和机组容量的不同，接线的不同（是与双绕组变压器还是三绕组变压器组成单元接线，以及厂用分支是接电抗器还是接厂用变压器等），使得具体的布置形式各式各样，需根据各工程的具体情况做出合理的布置设计。现选编几个发电机出线小室布置，供设计参考。

一、12MW 发电机出线小室

图 12-7 为 4H5674/2 型（12MW，6.3kV）发电机出线小室布置示例。其特点是：机组为横向布置，厂房柱距为 7m，小室布置在机端，为两层结构的封闭式小室。发电机与三绕组变压器组成单元制接线，并在发电机与变压器之间接有厂用分支电抗器回路。断路器、电抗器、励磁灭磁屏和灭磁电阻等布置在底层，其中电抗器布置在防火小间内，其余设备布置在上层。由于设备比较多，总高度只有 7m，每层只有 3m 多，因而略感拥挤，电抗器起吊困难。

二、25MW 发电机出线小室

（1）图 12-8 为 QF-25-2 型（25MW，6.3kV）发电机出线小室布置示例之一。其特点是：机组为横向布置，厂房柱距为 6m，出线小室占据机端至 A 排柱间的整个空间（仅在底层的机端侧留出维护通道），小室为两层布置的封闭式小室。发电机与双绕组变压器组成单元接线，主回路无断路器，并在其间支接厂用分支电抗器回路。电抗器布置在底层与电压互感器、励磁灭磁屏和灭磁电阻相隔离的防火小间内。电抗器顶部的楼板留有起吊电抗器的检修孔（平时用盖板盖住），电抗器回路前的断路器布置在上层防爆小间隔内，比较安全。

（2）图 12-9 为 QF-25-2 型（25MW，6.3kV）发电机出线小室布置示例之二。其特点是：机组为纵向布置，厂房柱距为 6m，出线小室分成两个小室布置，一个在机端处，另一个布置在与机端相对应的 A 排柱墙处，均为两层结构的封闭式小室，两小室间用母线桥相连。发电机与三绕组变压器组成单元接线，主回路上装有断路器，并在断路器与变压器之间支接有厂用分支电抗器回路。机端小室布置发电机中性点设备和出口回路的电流互感器、电压互感器以及励磁灭磁屏、灭磁电阻等设备。A 排柱墙处的小室布置发电机主回路断路器、隔离开关、变压器低压侧电压互感器以及厂用分支电抗器回路设备。

三、50MW 发电机出线小室

图 12-10 为 TQQ-50-2 型（50MW，10.5kV）发电机出线小室布置示例。其特点是：机组为横向布置，厂房柱距为 6.5m，出线小室占据机端至 A 排柱墙处运转层下的整个空间，因为地方狭小，未留出通道，为两层布置的封闭式小室。发电机与三绕组变压器组成单元接线，主回路装有断路器，并在断路器与变压器之间接有厂用分支变压器回路。主回路断路器布置在上层，厂用分支回路断路器及厂变压器低压侧电缆终端盒布置在底层，厂用变压器布置在 A 排柱墙外附近，小室与厂用变压器之间用屋外母线桥连接。

四、100～125MW 发电机出线小室

（1）图 12-11 为 SQF-100-2 型（100MW，10.5kV）发电机出线小室布置示例。其特点是：机组为横向布置，厂房柱距为 8m，出线小室分成两个小室布置，一个在机端，另一个布置在与机端小室相对应的 A 排柱墙处，两小室之间用母线桥相连。两个小室均为两层结构。其中机端处的小室底层为封闭式结构，布置发电机出口电压互感器和发电机励磁回路的设备（励磁灭磁屏、灭磁电阻和硅整流屏等）；上层布置发电机出

线两侧的电流互感器和母线等，为了减少母线及其附近钢构件损耗发热引起的温度升高，采用了半敞开式结构，以加强自然通风冷却。A 排柱墙处的小室为封闭结构，布置主回路断路器、隔离开关和厂用分支回路的设备。

（2）图 12-12 为 QFS-125-2 型（125MW，13.8kV）发电机出线小室布置示例。其特点是：机组为横向布置，厂房柱距为 8m，小室占据运转层下机端与 A 排柱间的整个空间，并且凸出 A 排柱墙 3.3m 左右，为两层结构的封闭式小室。小室底层机座与 A 排柱之间留有维护通道。发电机与三绕组变压器组成单元接线，并支接有厂用分支变压器回路。小室上层布置发电机中性点电流互感器、电压互感器、主回路和厂用分支回路的隔离开关以及主变压器低压侧的电压互感器和避雷器等设备。励磁回路的硅整流屏、励磁灭磁屏和励磁调节屏等，亦布置在上层。为了提高安全可靠性和维护方便，硅整流屏下面设有封闭式电缆槽沟。励磁机和发电机的励磁主回路采用裸母线连接。其余设备布置在小室的底层。与一般小室不同的还有：发电机励磁调压设备，亦布置在小室底层；此外，厂用变压器低压侧用母线桥引入小室后，装设了两块安装电流互感器和电缆头的 GG-1A 型高压开关柜。

五、其他布置形式

以上选编的几种容量的发电机出线小室均是发电机出线采用裸母线的方案。近几年，随着封闭母线的广泛应用，为了避免相间短路、提高运行的安全可靠性和减少母线电流对邻近钢构的感应损耗发热，很多 125MW 以下小容量的发电机组也采用了封闭母线（共箱封闭母线或全连式离相封闭母线）。由于小容量发电机组的主厂房空间有限，采用全连式离相封闭母线布置上存在问题，同时机组容量较小，母线额定电流较小，为了节约投资，有些小容量发电机出线可采用共箱封闭母线。反之，为提高机组运行的安全可靠性，应尽量采用全连式离相封闭母线布置。关于封闭母线与敞露母线的选型、布置和安装，详见第九章相关内容。下面介绍几个采用封闭母线形式的 125MW 以下小容量机组的发电机引出线布置供设计参考。

（1）图 12-13 为 QFS-50-2 型（50MW，6.3kV）发电机出线小室布置示例。其特点是：机组为纵向布置，厂房柱距为 7m，小室占据运转层下机端与 18 轴、发电机中心线与 A 排柱间，0m 层与 4.2m 层（小室各层标高与主厂房楼板标高一致）的整个空间。发电机与双绕组变压器组成单元接线，并支接有厂用分支回路。小室上层布置发电机中性点电流互感器及厂用分支回路的真空断路器柜；小室下层布置 TV/LA 柜、励磁变压器、厂用分支回路的电抗器及励磁回路的硅整

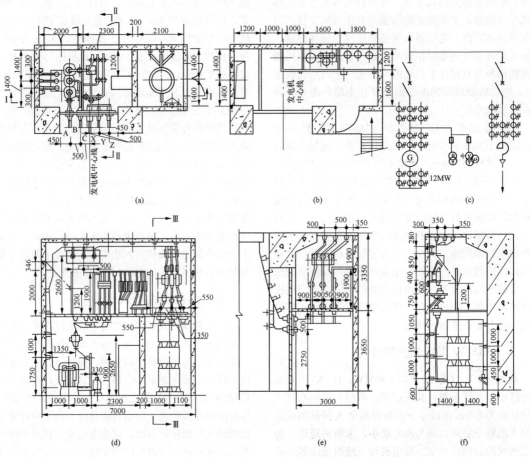

图 12-7 4H5674/2 型（12MW，6.3kV）发电机出线小室布置

（a）0.00m 层平面；（b）3.50m 层平面；（c）电气接线；（d）Ⅰ—Ⅰ断面；（e）Ⅱ—Ⅱ断面；（f）Ⅲ—Ⅲ断面

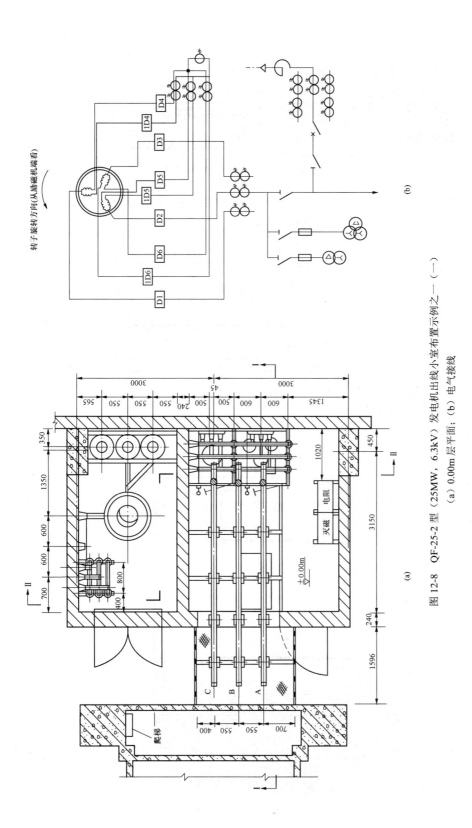

图 12-8 QF-25-2 型 (25MW, 6.3kV) 发电机出线小室布置示例之一 (一)

(a) 0.00m 层平面; (b) 电气接线

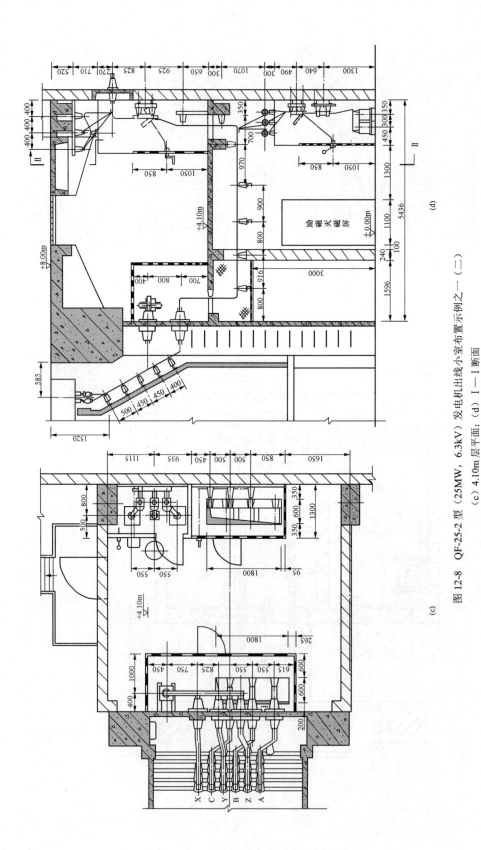

图 12-8 QF-25-2 型 (25MW, 6.3kV) 发电机出线小室布置示例之一 (二)
(c) 4.10m 层平面; (d) Ⅰ—Ⅰ 断面

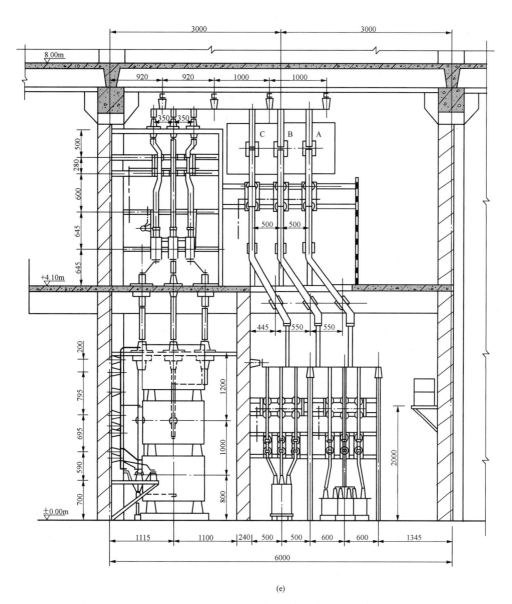

(e)

图 12-8　QF-25-2 型（25MW，6.3kV）发电机出线小室布置示例之一（三）

（e）Ⅱ—Ⅱ断面

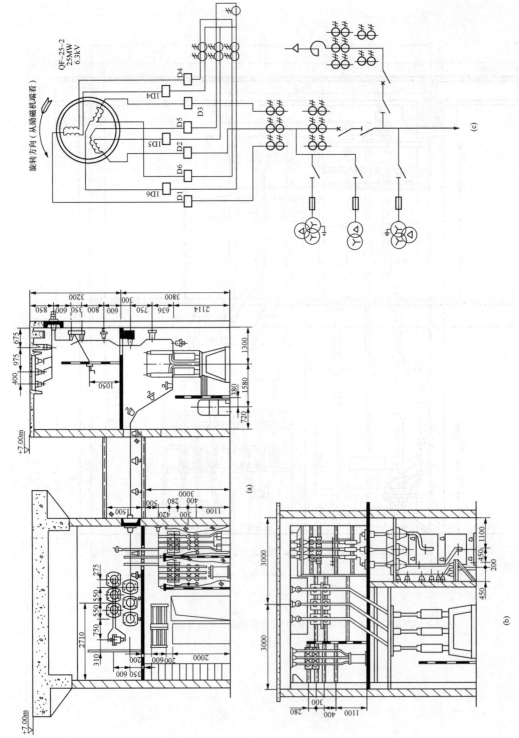

图 12-9 QF-25-2 型（12MW，6.3kV）发电机出线小室布置示例之二（一）

(a) Ⅲ—Ⅲ断面；(b) Ⅰ—Ⅰ断面；(c) 电气接线

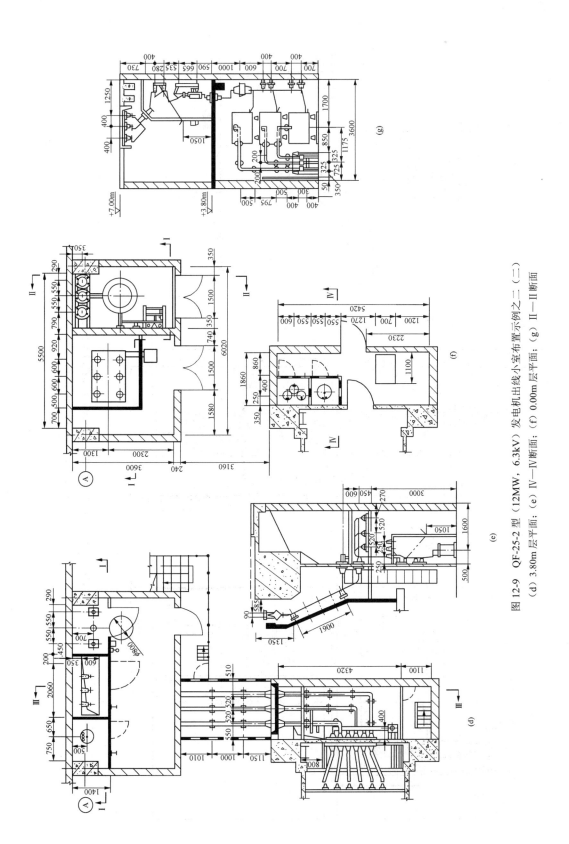

图 12-9 QF-25-2 型（12MW, 6.3kV）发电机出线小室布置示例之二（二）
(d) 3.80m 层平面；(e) 0.00m 层平面；(f) Ⅳ—Ⅳ断面；(g) Ⅱ—Ⅱ断面

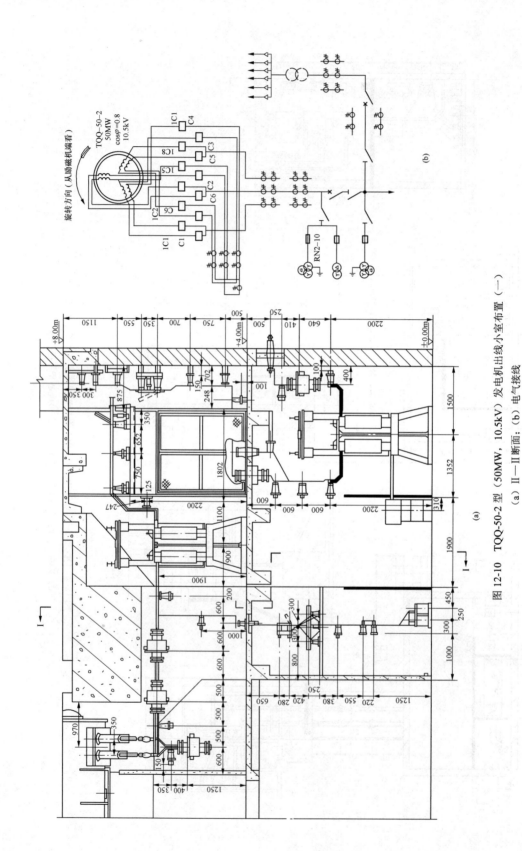

图 12-10 TQQ-50-2 型（50MW, 10.5kV）发电机出线小室布置（一）

(a) Ⅱ—Ⅱ断面；(b) 电气接线

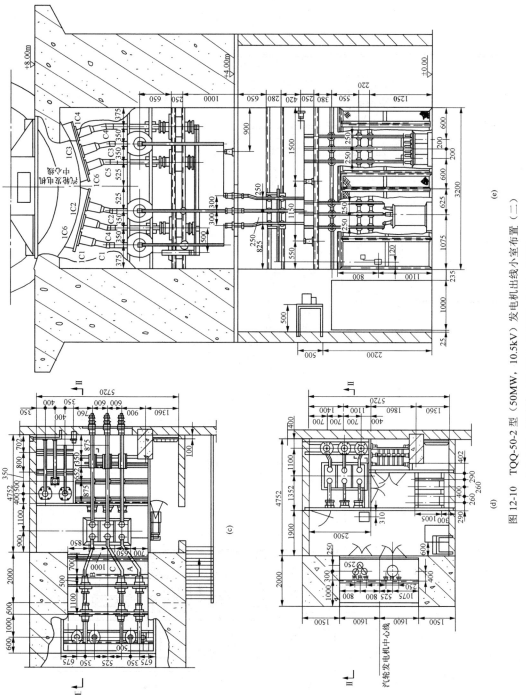

图 12-10　TQQ-50-2 型（50MW，10.5kV）发电机出线小室布置（二）

（c）4.00m 层平面；（d）0.00m 层平面；（e）I—I 断面

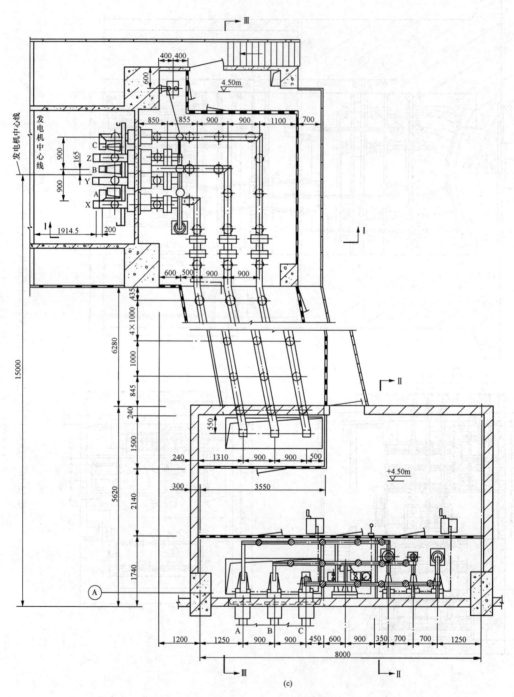

图 12-11　SQF-100-2 型（100MW，10.5kV）发电机出线小室布置（一）

(a) 0.00m 层平面；(b) 电气接线

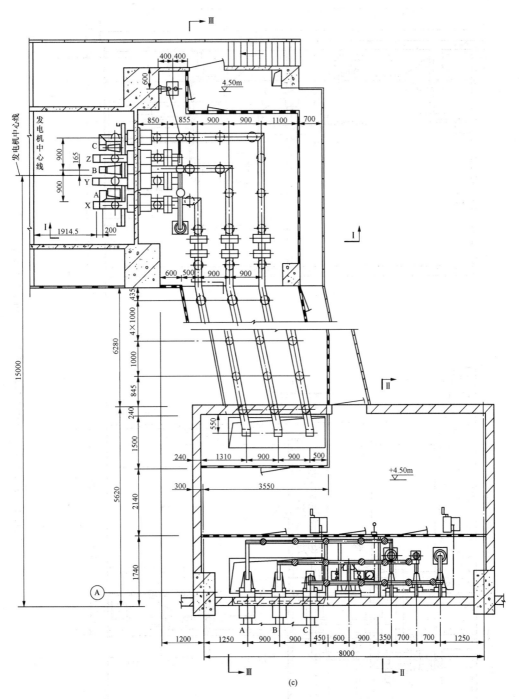

图 12 11　SQF 100 2 型（100MW，10.5kV）发电机山线小室布置（二）

（c）4.50m 层平面

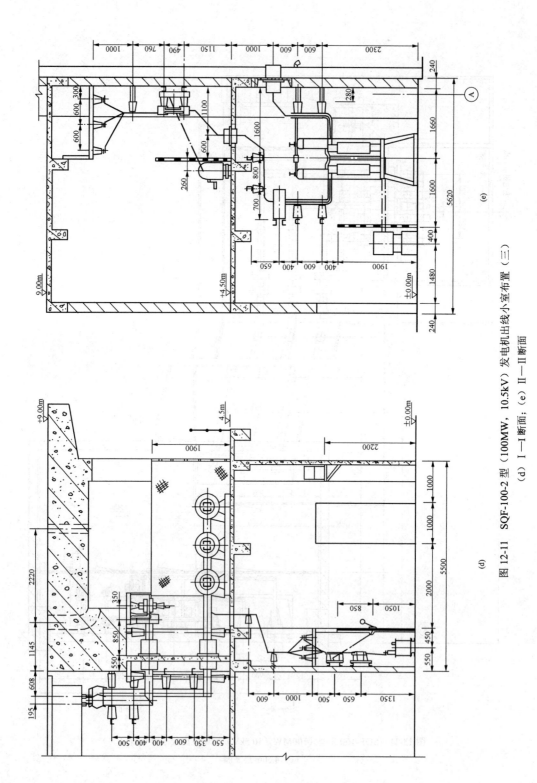

图 12-11 SQF-100-2 型（100MW，10.5kV）发电机出线小室布置（三）

(d) Ⅰ—Ⅰ断面；(e) Ⅱ—Ⅱ断面

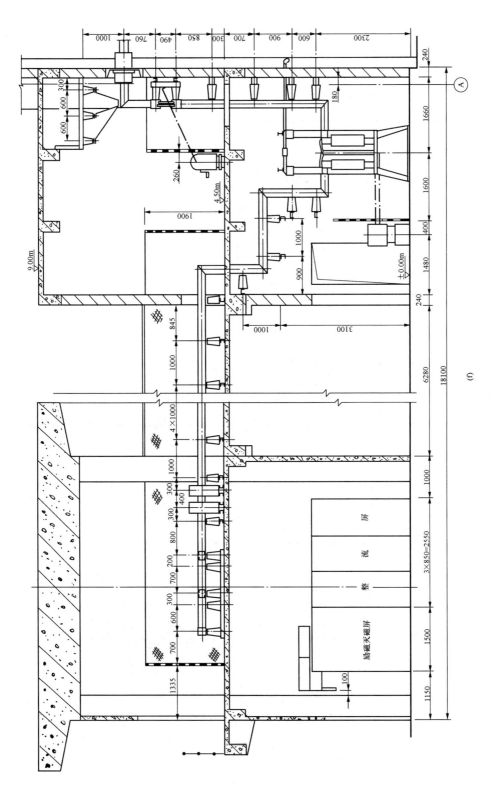

图 12-11 SQF-100-2 型（100MW，10.5kV）发电机出线小室布置（四）

(f) Ⅲ—Ⅲ断面

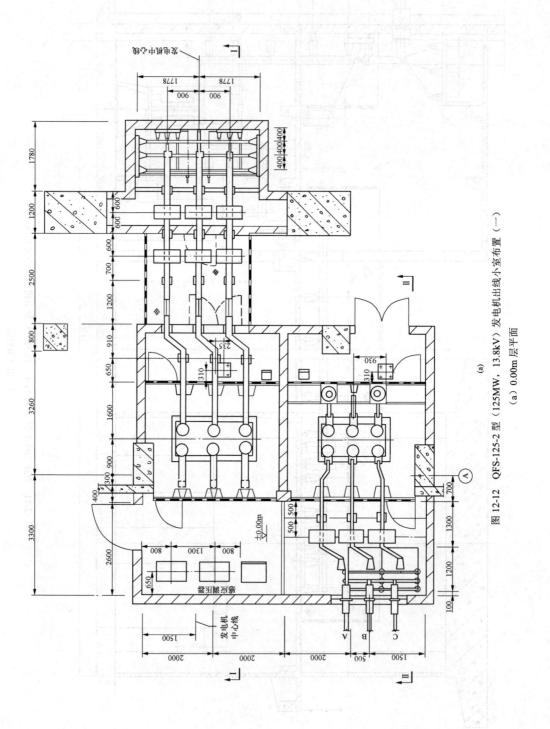

图 12-12　QFS-125-2 型（125MW，13.8kV）发电机出线小室布置（一）

(a) 0.00m 层平面

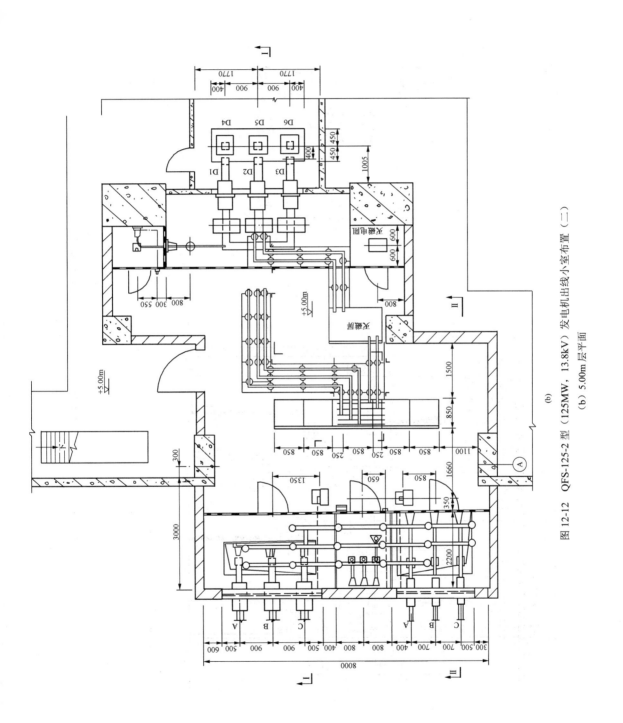

图 12-12 QFS-125-2 型（125MW，13.8kV）发电机出线小室布置（二）

(b) 5.00m 层平面

(b)

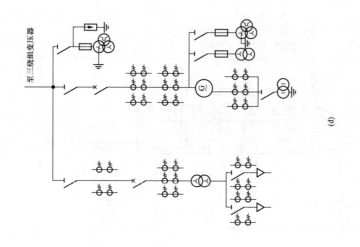

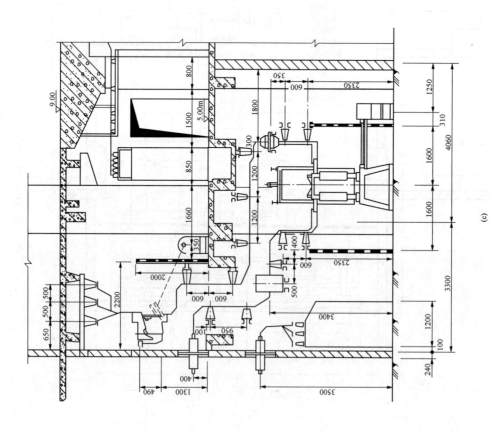

图 12-12　QFS-125-2 型（125MW, 13.8kV）发电机出线小室布置（三）

(c) Ⅱ—Ⅱ断面；(d) 电气接线

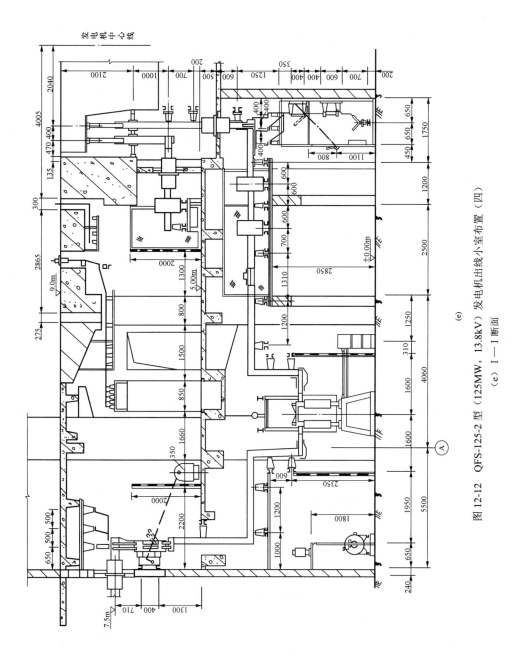

图12-12　QFS-125-2型（125MW，13.8kV）发电机出线小室布置（四）

（e）I—I断面

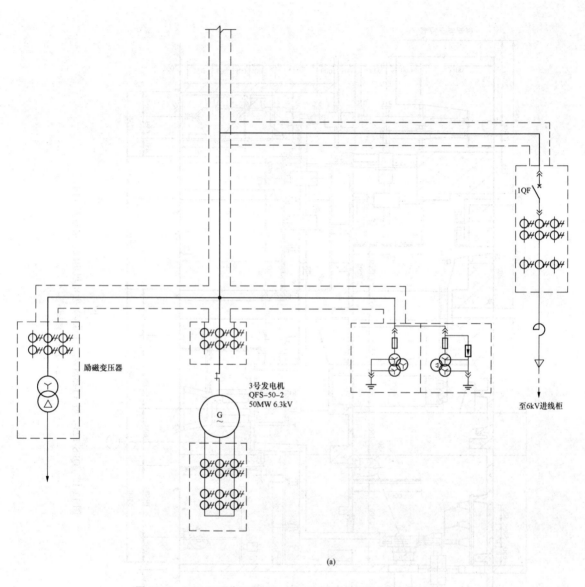

(a)

图 12-13　QFS-50-2 型（50MW，6.3kV）发电机出线小室布置（一）

(a) 电气接线

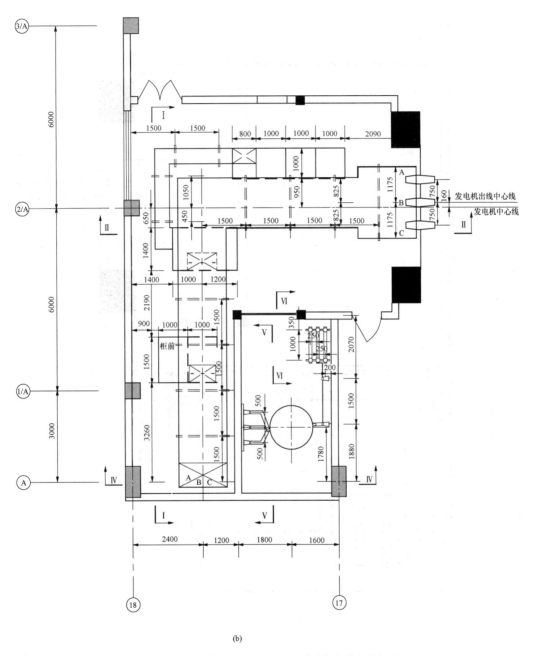

(b)

图 12-13 QFS-50-2 型（50MW，6.3kV）发电机出线小室布置（二）

（b）0.00m 层平面

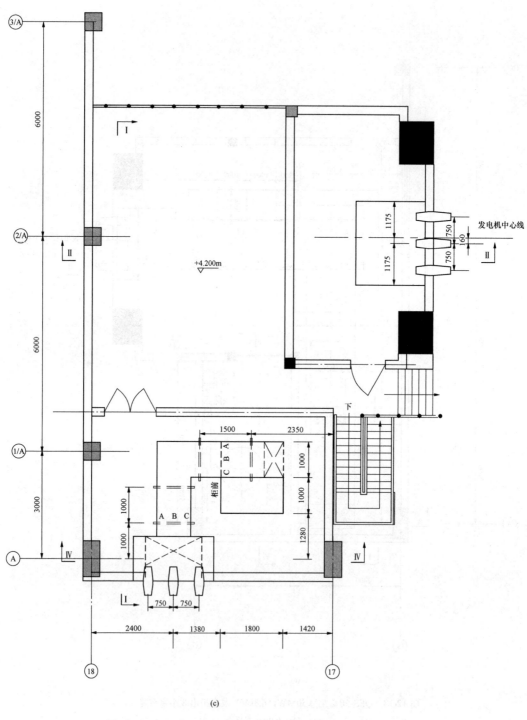

(c)

图 12-13　QFS-50-2 型（50MW，6.3kV）发电机出线小室布置（三）

（c）4.20m 层平面

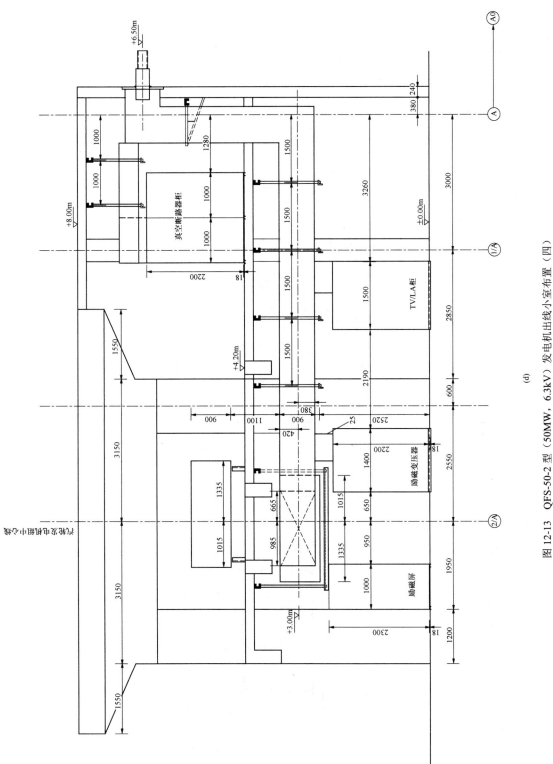

图 12-13　QFS-50-2 型（50MW，6.3kV）发电机出线小室布置（四）

(d) I—I 断面

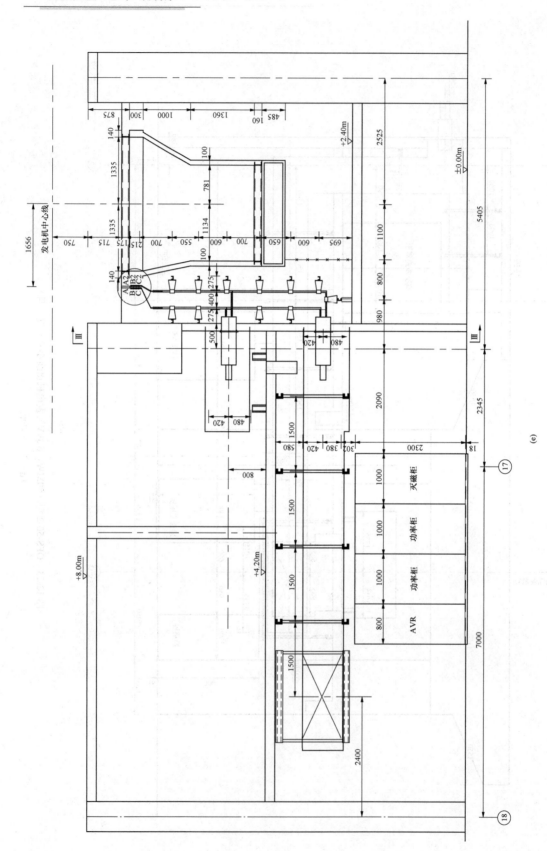

图 12-13　QFS-50-2 型（50MW，6.3kV）发电机出线小室布置（五）

(e) Ⅱ—Ⅱ断面

(e)

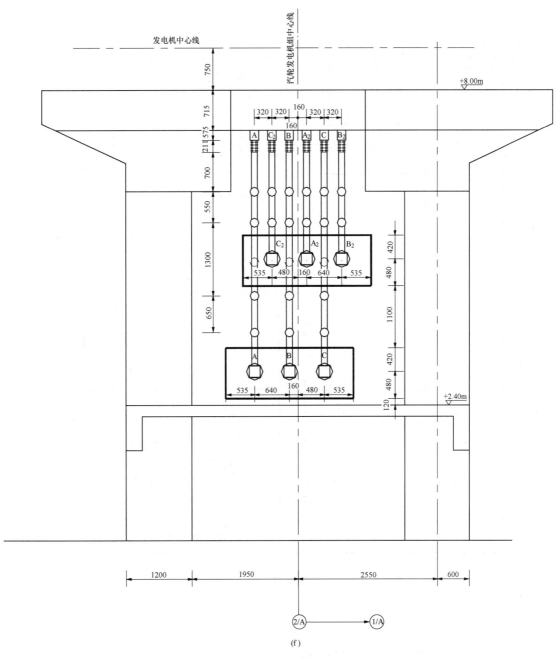

图 12-13 QFS-50-2 型（50MW，6.3kV）发电机出线小室布置（六）

（f）Ⅲ—Ⅲ断面

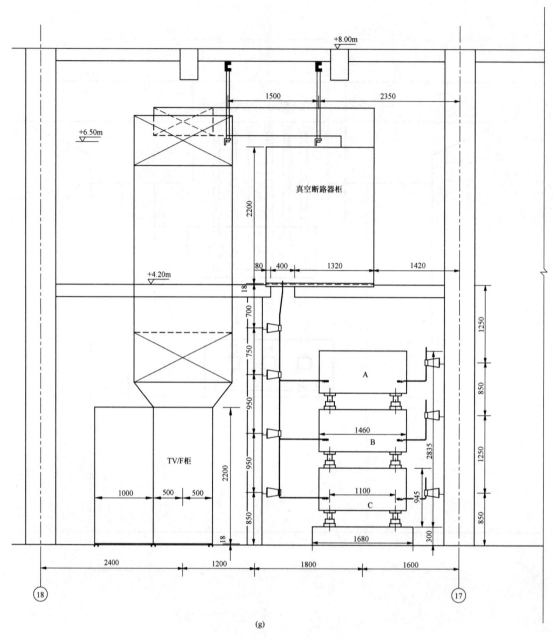

图 12-13　QFS-50-2 型（50MW，6.3kV）发电机出线小室布置（七）

（g）IV—IV 断面

流屏、励磁灭磁屏和励磁调节屏等，且厂用分支的电抗器在小室下层又单独隔出小间。主回路及各分支回路均采用了共箱封闭母线，而厂用分支共箱封闭母线经过真空断路器柜后采用裸母线穿过楼板接入下层电抗器小室。

（2）图 12-14 为 WX18Z-047　LLT 型（50MW，10.5kV）发电机出线小室布置示例。其特点是：机组

为横向布置，厂房柱距为 7m，出线小室占据发电机机端至 A 排柱墙处运转层下的整个空间，为两层布置的封闭式小室。发电机与三绕组变压器组成单元接线，发电机与主变压器之间接有高压厂用变压器回路。TV/TA 柜、励磁变压器布置于底层；发电机主回路及中性点回路引出线联箱布置在 4m 层，厂用变压器布置在 A 排柱墙外附近主回路封闭母线下方。

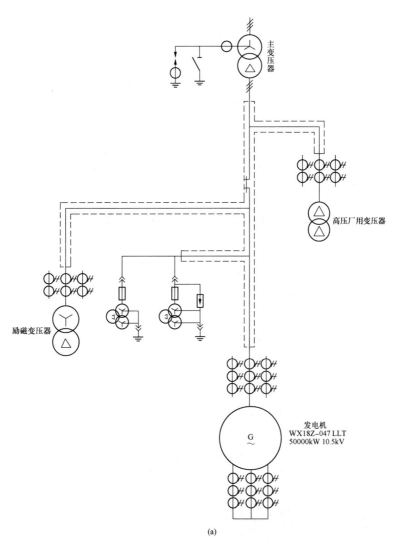

主变压器

高压厂用变压器

励磁变压器

发电机
WX18Z–047 LLT
50000kW 10.5kV

(a)

图 12-14 WX18Z-047 LLT 型（50MW，10.5kV）发电机出线小室布置（一）

（a）电气接线

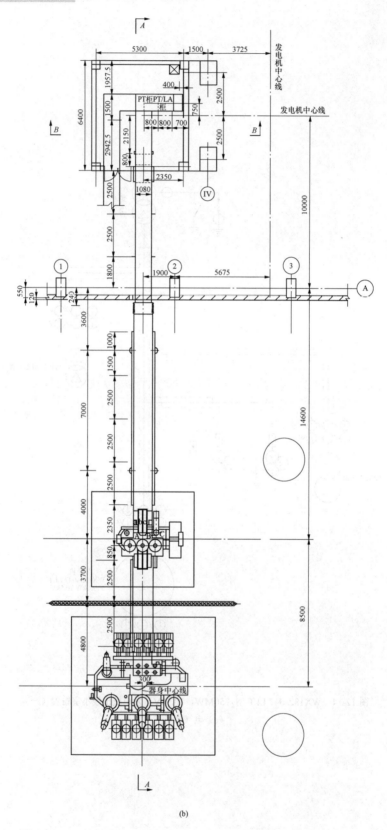

(b)

图 12-14 WX18Z-047 LLT 型（50MW，10.5kV）发电机出线小室布置（二）

(b) 0.00m 层平面布置图

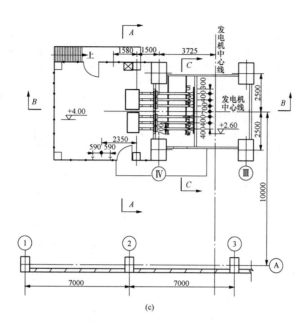

(c)

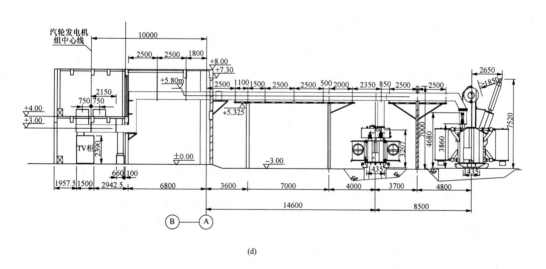

(d)

图 12-14　WX18Z-047 LLT 型（50MW，10.5kV）发电机出线小室布置（三）

（c）4.00m 层平面布置图；（d）A—A 断面

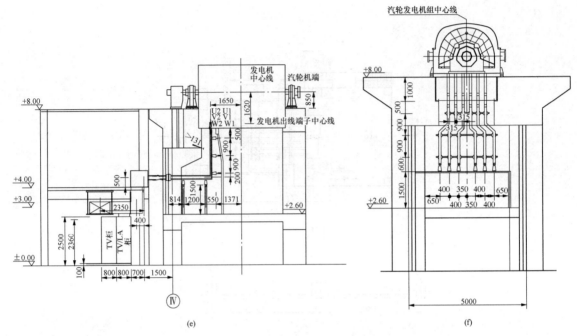

图 12-14　WX18Z-047 LLT 型（50MW，10.5kV）发电机出线小室布置（四）

(e) B—B 断面；(f) C—C 断面

第四节　125MW 以上中大容量发电机与变压器组成单元接线的发电机引出线装置布置

125MW 以上中大容量发电机引出线母线、高压厂用分支母线和电压互感器分支母线等，为了避免相间短路、提高运行的安全可靠性和减少母线电流对邻近钢构的感应损耗发热，一般采用全连式离相封闭母线。发电机引出线装置中的电压互感器、避雷器等，分别装在分相封闭式的金属柜内，一般为抽屉式的。发电机中性点设备（电压互感器、消弧线圈或接地配电变压器和接地电阻等）亦装设在单独的封闭金属柜内。因此，这种具有离相封闭母线的发电机引出线装置的布置与一般中小型发电机采用敞露母线的引出线装置有很大的区别。

首先，由于离相封闭母线及其配套设备的带电部分均被封闭在金属保护外壳内，而金属外壳是接地的，不会引起人员触电的危险。因而一般都是敞开布置，取消了复杂的发电机出线小室（一些工程存在小室完全是为安装励磁回路设备而设置的，和一般中小机组的出线小室性质和内容均不同，可改称为励磁设备小室），简化了土建结构和便于施工安装，也改善了运行条件。

其次，由于离相封闭母线及其配套设备是由封闭母线制造厂成套加工制造，再由现场组装连接起来的，因此，易于保证质量，提高了长期运行的安全可靠性，减少运行维护工作量，而且也大大地减少了现场的施工安装工作量，加快了施工进度。

在进行具体的布置设计中，一般需注意以下几点：

（1）各电机厂生产的机型不同，其引出线套管处的尺寸和结构也不同，对引出线母线的布置有较大的影响。例如：上海电机厂生产的 QFS-300-2 型发电机，出线套管相间距离只有 850mm，前后排套管之间的中心距离只有 500mm，无法与离相封闭母线相连。因此，在风室内只能采用敞露式母线，套管上也不能装设套管式电流互感器，只得单独装设母线式电流互感器。为了安全起见，有些工程对此段敞露母线包绝缘层或在支持绝缘子处局部采取加强绝缘的措施。为防止钢构发热，采取了在钢构上加铝屏蔽环和在钢筋混凝土板面、柱面上加铝屏蔽栅等措施。

同样是上海电机厂的产品，按引进美国西屋公司技术生产的 300MW 发电机（即 XH 工程采用的发电机），则可直接将离相封闭母线封到发电机引出线套管处，而且在该处转为横方向引出。各引出线套管上装有 3 个套管式电流互感器，无须单独装设母线式电流互感器。可见两者相差甚大。

东方电机厂和哈尔滨电机厂生产的 200MW、300MW 发电机，亦有一定的差别。因此，设计时，必须注意不同的机型情况。

（2）各封闭母线制造厂配套生产的离相封闭母线尺寸和连接结构略有不同，设计时需注意布置尺寸的相互配合，其主要参数见表 12-1。

表 12-1　　离相封闭母线参考尺寸　　（mm）

机组容量	项目名称		规范		
			某设备厂（一）	某设备厂（二）	某设备厂（三）
125（135）MW（15.75kV）	主回路	导体	$\phi 350 \times 12$	$\phi 350 \times 12$	$\phi 350 \times 12$
		外壳	$\phi 800 \times 7$	$\phi 850 \times 7$	$\phi 850 \times 7$
		相间距离	≥ 1050	1100	1100
	厂用分支	导体	$\phi 130 \times 10$	$\phi 130 \times 10$	$\phi 130 \times 10$
		外壳	$\phi 600 \times 5$	$\phi 600 \times 5$	$\phi 550 \times 5$
		相间距离	≥ 900	850～900	900
200MW（15.75kV）	主回路	导体	$\phi 380 \times 12$	$\phi 400 \times 12$	$\phi 400 \times 12$
		外壳	$\phi 900 \times 7$	$\phi 850 \times 7$	$\phi 900 \times 7$
		相间距离	≥ 1150	1200	1300
	厂用分支	导体	$\phi 150 \times 10$	$\phi 150 \times 10$	$\phi 100 \times 10$
		外壳	$\phi 650 \times 5$	$\phi 600 \times 5$	$\phi 550 \times 5$
		相间距离	≥ 900	850～900	1000
300MW（18～20kV）	主回路	导体	$\phi 500 \times 12$	$\phi 500 \times 12$（18～20kV）	$\phi 500 \times 12$
		外壳	$\phi 1050 \times 8$	$\phi 1050 \times 8$	$\phi 1050 \times 8$
		相间距离	≥ 1300	1250～1400	1400
	厂用分支	导体	$\phi 150 \times 10$	$\phi 150 \times 10$	$\phi 150 \times 10$
		外壳	$\phi 650 \times 5$	$\phi 700 \times 5$	$\phi 700 \times 5$
		相间距离	≥ 900	900～1000	1000
600MW（20～22kV）	主回路	导体	$\phi 900 \times 15$	$\phi 900 \times 15$（20～22kV）	$\phi 900 \times 15$
		外壳	$\phi 1450 \times 10$	$\phi 1450 \times 10$	$\phi 1450 \times 10$
		相间距离	≥ 1700	1800	1800
	厂用分支	导体	$\phi 200 \times 10$	$\phi 150 \times 10$	$\phi 150 \times 5$
		外壳	$\phi 750 \times 7$	$\phi 700 \times 5$	$\phi 700 \times 10$
		相间距离	≥ 1000	1200～1400	1100
1000MW（27kV）	主回路	导体	$\phi 1000 \times 18$	$\phi 1000 \times 18$	$\phi 950 \times 17$
		外壳	$\phi 1700 \times 10$	$\phi 1700 \times 10$	$\phi 1580 \times 10$
		相间距离	≥ 1950	2000	2000
	厂用分支	导体	$\phi 200 \times 10$	$\phi 200 \times 10$	$\phi 150 \times 12$
		外壳	$\phi 900 \times 7$	$\phi 900 \times 7$	$\phi 780 \times 5$
		相间距离	≥ 1150	≥ 1150	1100

此外，与设备连接的可拆性伸缩节的连接，某封闭母线厂采用两半抱箍式外壳组成的连接方式，而另一封闭母线厂伸缩节外壳采用氯磺化聚乙烯橡胶波纹管的连接方式等等。总之，各母线厂的产品是有差异的，设计时必须注意。

（3）为了缩短离相封闭母线的长度，从而降低投资,一般主变压器和厂用工作变压器均布置在 A 排柱房外,靠近主厂房侧。两变压器宜前后布置(根据防火要求,考虑两者之间是否增设防火隔墙),使厂用变压器直接布置在主回路的封闭母线之下。但对于直接空冷机组,由于主厂房外空冷柱网的限制,应根据各工程具体实际情况,确定主变压器及厂用工作变压器的布置,以期达到技术经济合理的目的。另外,直接空冷机组空冷平台的进汽管一般外径较大,且温度较高(有的工程排汽管外可能有保温层),布置变压器及离相封闭母线时要尤其注意。

(4)由于离相封闭母线不便于交叉换位,因此必须注意发电机与变压器之间的相序配合。

(5)自然冷却式离相封闭母线在 A 排柱墙处,应装设绝缘隔板或套管隔离(对装设有微正压充气装置的离相封闭母线除外),并宜在两侧装设硅胶吸潮器,还应考虑检修拆装隔板或套管的可能性。

(6)应考虑变压器检修拆装套管和起吊钟罩外壳的可能性。

(7)在变压器套管升高座最低处,宜设置泄水管和泄水阀。

(8)离相封闭母线除了与设备连接采用可拆性伸缩节外,并宜在下列位置设置伸缩节。

1)不同沉降部分的分界处;

2)直线段长度超过 20m 时。

(9)为便于监视导体接头温度,宜在主回路上的可拆性连接接头处外壳上设置观察孔,采用便携式测温装置或在线测温装置监测母线外壳和导体的温度。

(10)在发电机主回路出口电流互感器外侧,宜设置短路试验装置。短路试验装置应根据具体工程封闭母线的布置情况,合理设置。特别是 600MW 机组,由于短路试验装置重量较大,不能采用母线本体进行固定。因此要考虑将其布置在发电机基座梁下,以便将短路试验装置支撑于楼板上或吊装于基座梁下。

(11)全连式离相封闭母线的各个端部(包括分支部分在内),三相外壳均应设置短路板。

(12)为了安装焊接和检修的方便,离相封闭母线相间的外壳净距一般不小于 230mm,边相外壳边缘距墙一般不小于 500mm。当回路装有断路器时,上述尺寸还应与断路器外形尺寸相协调。

由于机型的不同、机组在厂房中的布置方式不同,以及引出线设备配置的不同等因素,致使离相封闭母线的布置型式也是多样的,现选编几个不同布置示例供设计参考。

一、135MW 发电机引出线装置

(1)图 12-15 为 WX21Z-073LLT 型(135MW,13.8kV)发电机出线小室布置示例。其特点是:机组

为横向布置,厂房柱距为 8m,引出线装置占据运转层下机端与 A 排柱间,0m 层与 3m 层的整个空间,不单独设置出线小室,只设置了安装励磁回路设备的小室即励磁设备小室。发电机与双绕组变压器组成单元接线,并支接有高压厂用工作变压器回路。由于 WX21Z-073LLT 型发电机出线及中性点端子均封闭在风室内,且相间距仅 480mm,出线端子与中性点端子间距仅440mm,因此全连式离相封闭母线无法直接与发电机出线端子相连,需要在风室内采用裸导线(一般为槽铜母线)将出线端子及中性点端子引出风室外与全连式离相封闭母线相连,发电机出线电流互感器选择套管式电流互感器安装于封闭母线内。励磁变压器布置在主回路封闭母线下方,并在运转层上设置吊物孔,以便将来励磁变压器拉出检修。

(2)图 12-16 为 QF-135-2 型(135MW,13.8kV)发电机出线小室布置示例。其特点是:机组为纵向布置,厂房柱距为 8m,引出线装置占据运转层下机端与12a(18)轴、发电机中心线与 A 排柱间,0m 层与 4m层的整个空间。不单独设置出线小室,只在 0m 层设置了励磁设备小室。发电机与三绕组变压器组成单元接线,并支接有厂用工作变压器回路。发电机出口装设了发电机断路器,该断路器采用了国产设备,将发电机断路器分别用断路器、隔离开关、电流互感器、电压互感器及避雷器组装而成,因此发电机引出线设备除了常规的励磁变压器、TV/LA 柜、中性点柜的设备外,还增加了断路器隔离开关组合、接地开关及TV/LA 柜等设备,使发电机出线布置复杂。同时由于QF-135-2 型发电机出线及中性点端子均封闭在风室内,且相间距仅 480mm,出线端子与中性点端子间距仅 500mm,因此全连式离相封闭母线无法直接与发电机出线端子相连,需要在风室内采用裸导线将出线端子及中性点端子引出风室外与全连式离相封闭母线相连,发电机出线电流互感器选择套管式电流互感器安装于封闭母线内。由于发电机出线设备较多,因此将励磁变压器及 TV/LA 柜布置在 0m 层主回路封闭母线下方,以便将来励磁变压器拉出检修。同时将增加的 TV/LA 柜布置于零米层励磁设备小室内。

(3)图 12-17 为 QF-135-2 型(135MW,13.8kV)发电机出线小室布置示例。其特点是:机组为纵向布置,厂房柱距为 8m,引出线装置占据运转层下机端与1(7)轴、发电机中心线与 A 排柱间,0m 层与 4.5m层的整个空间。不单独设置出线小室,只在零米层设置了励磁设备小室。发电机采用自并励静止励磁系统,励磁变压器、TV/LA 柜布置在零米层,中性点柜布置在发电机风室内中性点出线端子正下方。同时由于QF-135-2 型发电机出线及中性点端子均封闭在风室内,且相间距仅 475mm,出线端子与中性点端子间距

仅为 440mm，因此全连式离相封闭母线无法直接与发电机出线端子相连，需要在风室内采用裸导线将出线端子及中性点端子引出风室外与全连式离相封闭母线相连，发电机出线电流互感器选择套管式电流互感器安装于封闭母线内。

零米励磁设备小室内除了布置有励磁设备外，还设置了高压厂用电缆头柜。

由于该工程为直接空冷机组，主厂房外布置有空冷柱网及空冷器平台。因此主厂房外变压器及离相封闭母线的布置与常规机组有所不同，不仅要考虑到变压器的安装、运行检修等问题，还需考虑在离相封闭母线与空冷平台的进汽管（外径 3m，温度较高）间留有适当间距。

二、200MW 发电机引出线装置

（1）图 12-18 为 QFQS-200-2 型（200MW，15.75kV）发电机引出线装置示例之一。其特点是：机组为横向布置，厂房柱距为 9m。引出线装置分两层布置，上层布置主回路离相封闭母线，下层布置电压互感器柜、避雷器柜和励磁回路的整流屏、励磁灭磁屏和灭磁电阻等，其中励磁回路的设备布置在封闭的小间内。厂用变压器直接布置在主回路离相封闭母线下面，厂用分支离相封闭母线很短。主变压器低压侧引出线套管为水平方向引出，检修起吊钟罩比较方便。

（2）图 12-19 为 QFQS-200-2 型（200MW，15.75kV）发电机引出线装置布置示例之二。其特点是：机组为纵向布置，厂房柱距为 12m。引出线装置分两层布置。主回路上装有与离相封闭母线配套的隔离开关，主变压器低压侧引出线套管垂直方向引出，起吊钟罩时变压器需外移一定距离。

三、250MW 发电机引出线装置

图 12-20 为 TFLQQ-KD 型（250MW，15kV）发电机引出线装置布置示例。该发电机和整套离相封闭母线及其配套设备，均从日本引进。其布置特点是：机组为纵向布置，厂房柱距为 7m。整套引出线装置布置在 5m 标高层，主回路离相封闭母线从发电机引出线套管处横向引出。电压互感器柜、电容器和避雷器柜布置在主回路离相封闭母线侧面，其分支由主回路的顶部引出转接至柜顶引入。厂用变压器布置在主变压器的侧面与主变压器同一中心线上，因而厂用分支母线较长。主变压器低压套管从顶部斜方向引出。由于励磁回路设备布置在运转层上，因而运转层下的引出线装置处无励磁回路设备。

四、300～350MW 发电机引出线装置

（1）图 12-21 为 300MW（20kV）发电机引出线

装置布置示例。其特点是：机组为纵向布置，厂房为钢结构。发电机是上海电机厂引进美国西屋公司技术制造的，每个引出线套管上装有 3 个套管式电流互感器，离相封闭母线只能从发电机引出线套管下转至横方向引出。厂用工作变压器有两台。其中一台布置在主回路离相封闭母线下面，另一台布置在其侧面。屋外部分离相封闭母线采用钢结构螺栓连接支架支持，支点过密，显得比较复杂。

（2）图 12-22 为 QSFN-300-2 型（300MW，20kV）发电机引出线装置示例。其特点是：机组为纵向布置。发电机是哈尔滨电机厂有限责任公司制造的，主回路封闭母线与中间层间距较小，因此 TV/LA 柜无法布置在主回路正下方，而是布置在主回路侧面，采用向上 T 接的方式引接；并且为了巡视检修的方便在主回路上方设有跨梯。励磁方式是交流励磁机-静止整流器励磁系统，不设励磁变压器，仅设励磁小室放置整流屏等设备。

（3）图 12-23 为 THAR-2-376470 型（320MW，20kV）发电机引出线装置布置示例。发电机和整套引出线装置设备均由意大利引进。其特点是：机组为横向布置，厂房柱距 12m。厂用工作变压器有两台，在 A 排柱外分别对称布置于主回路离相封闭母线的两侧，布置清晰，连接方便。主变压器与厂用变压器之间、厂用变压器与厂用变压器之间，以及厂用变压器与主厂房之间均用防火墙隔开。电压互感器柜、避雷器柜直接布置在出线箱下面，励磁回路采用交流励磁变压器经整流后供给，励磁变压器布置在机座两柱之间，敞开式布置。整流屏、励磁调节屏等布置在机座相对应的 A 排柱的两柱之间，用大玻璃封闭。励磁变压器与整流屏之间采用共箱母线连接。

（4）图 12-24 为 QFSN-330-2 型（330MW，20kV）发电机引出线装置布置示例。发电机由北京北重汽轮电机有限责任公司生产。其特点是：机组为纵向布置，厂房柱距 9m。引出线装置处中间层标高 4m，与主厂房其他位置中间层标高不同（其他位置为 6m）。发电机出线箱吊装于发电机基座梁底，主回路与中间层间距较大，可以将 TV/LA 柜及励磁变压器放在主回路正下方，所有发电机引出线设备仅占了一层空间。励磁回路采用交流励磁变压器经整流后供给，设置励磁设备小室，布置于发电机励端 6m 层楼板上。交、直流励磁回路采用共箱母线连接。

（5）图 12-25 为 QFN-350-2 型（350MW，21kV）发电机引出线装置布置示例，发电机由哈尔滨电机厂有限责任公司生产。其特点是：机组为纵向布置，厂房柱距 10m。发电机定子出线端子与中性点出线端子相对于发电机中心线（13.667m 标高）对称布置，使得中性点引出线装置布置难度加大，为了尽量不将中

性点柜布置于运转层上，采用电缆将中性点出线引接至中间层上的中性点柜。主回路封闭母线在穿出基座梁后抬高，使得 TV/LA 柜可以布置在主回路正下方，励磁变压器布置在主回路侧面采用向上 T 接的方式引接。励磁设备小室布置于中间层发电机励端。交、直流励磁回路采用共箱母线连接。

主变压器由于采用了 3 台单相变压器，因此需要利用封闭母线将 3 台单相变压器低压侧连接成三角形接线，使得主厂房外母线布置复杂。主回路封闭母线与主变压器低压侧三角形连接用封闭母线采用不同的规格。

（6）图 12-26 为 QFSN-300-2 型（300MW，20kV）发电机引出线装置布置示例。其特点是：机组为纵向布置，厂房为钢结构，柱距 9m。封闭母线在主厂房内的布置与上述几种布置形式具有相似之处。但主厂房外的布置由于空冷柱网及空冷平台的存在，略有不同。

主厂房外变压器布置间距拉大，使得封闭母线较普通湿冷机组长。

五、600～660MW 发电机引出线装置

（1）图 12-27 为 T-264-640 型（620MW，20kV）发电机出线装置布置示例。其特点是：机组为纵向布置，厂房柱距为 10m。发电机和引出线离相封闭母线及其配套设备均为法国产品。主厂房内的离相封闭母线、电压互感器柜、避雷器柜以及出线箱等，根据实际需要布置在不同的标高层上。出线箱处设有局部通风装置。离相封闭母线设有微正压充气装置。发电机与由 3 台单相变压器组成的双绕组变压器组成单元连接，主回路离相封闭母线与主变压器低压侧三角形连接的离相封闭母线采用不同的规格。厂用工作变压器采用一台较大容量（60MVA）的双分裂绕组变压器，直接布置在 A 排柱外主回路离相封闭母线下面。

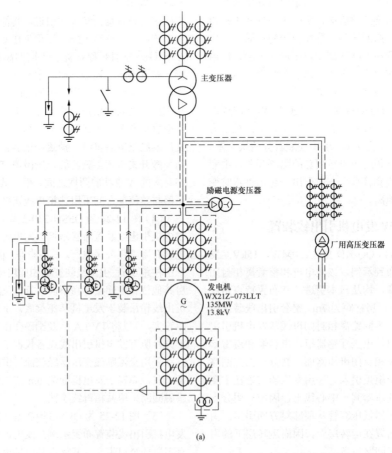

(a)

图 12-15　WX21Z-073LLT 型（135MW，13.8kV）发电机引出线装置（一）

(a) 电气接线

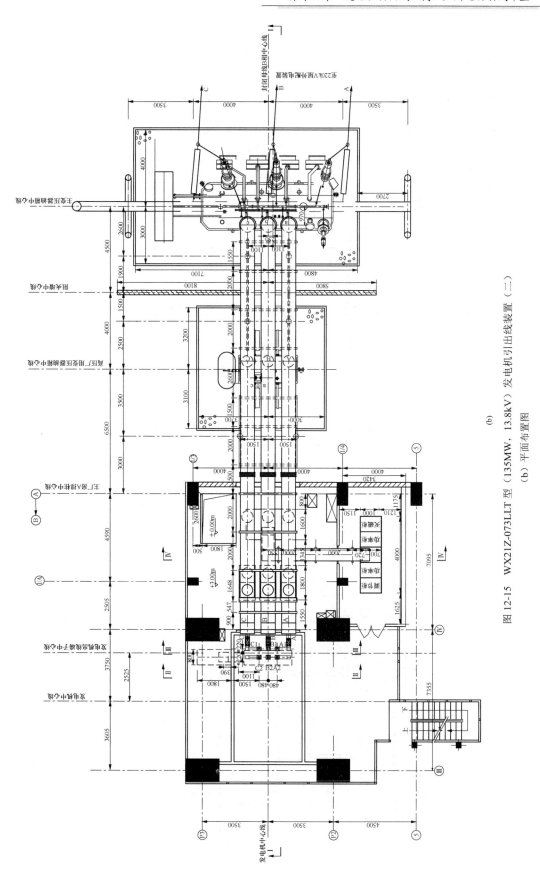

图 12-15 WX2IZ-073LLT 型（135MW，13.8kV）发电机引出线装置（二）

(b) 平面布置图

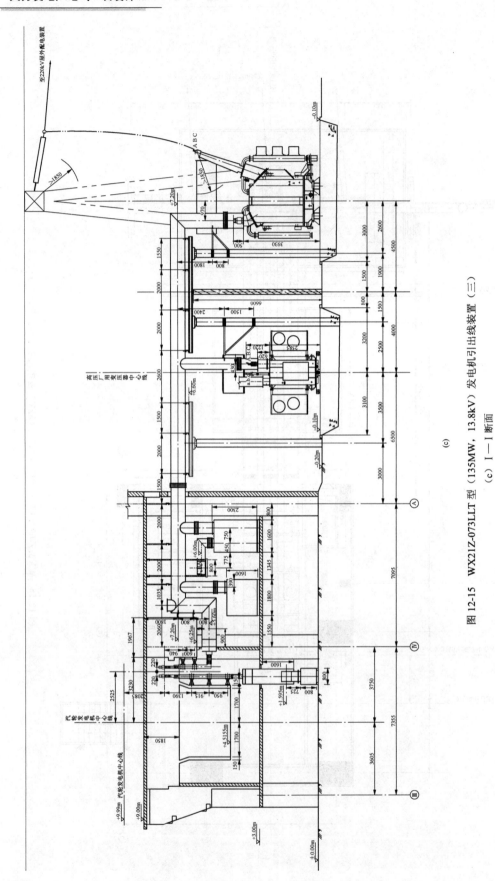

图 12-15　WX21Z-073LLT 型（135MW，13.8kV）发电机引出线装置（三）

(c) I—I 断面

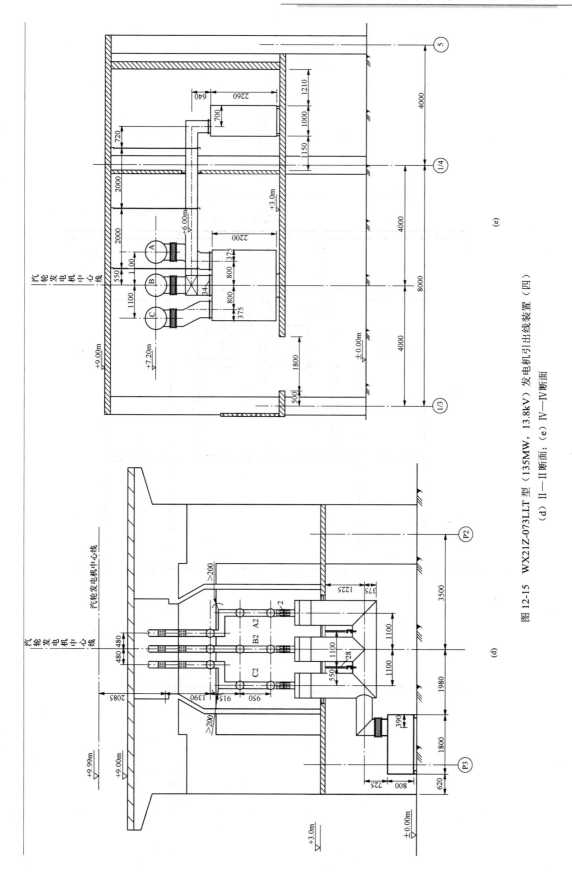

图 12-15　WX21Z-073LLT 型 (135MW, 13.8kV) 发电机引出线装置 (四)

(d) Ⅱ—Ⅱ断面; (e) Ⅳ—Ⅳ断面

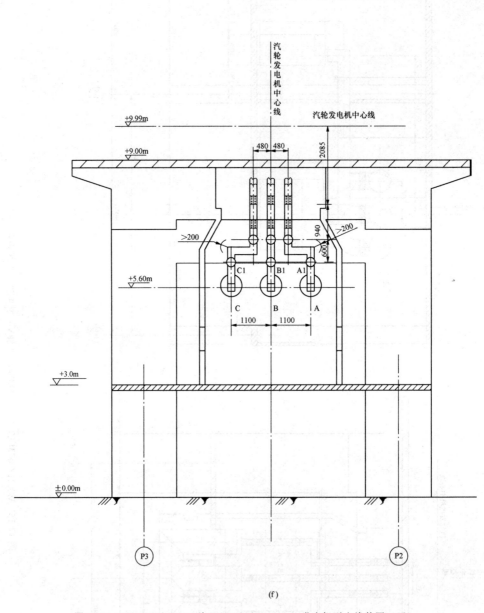

(f)

图 12-15　WX21Z-073LLT 型（135MW，13.8kV）发电机引出线装置（五）

(f) Ⅲ—Ⅲ断面

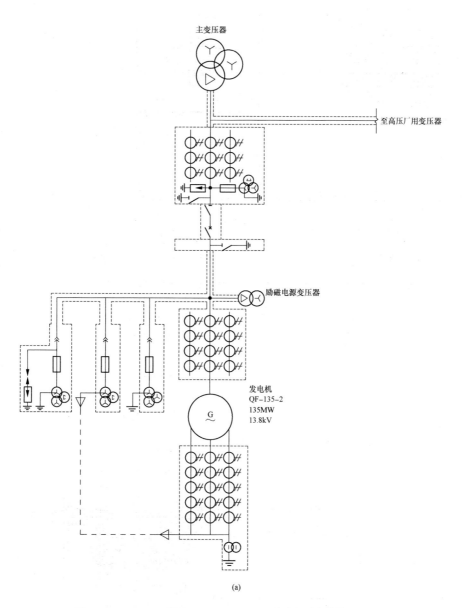

图 12-16 QF-135-2 型（135MW，13.8kV）发电机引出线装置（一）

（a）电气接线

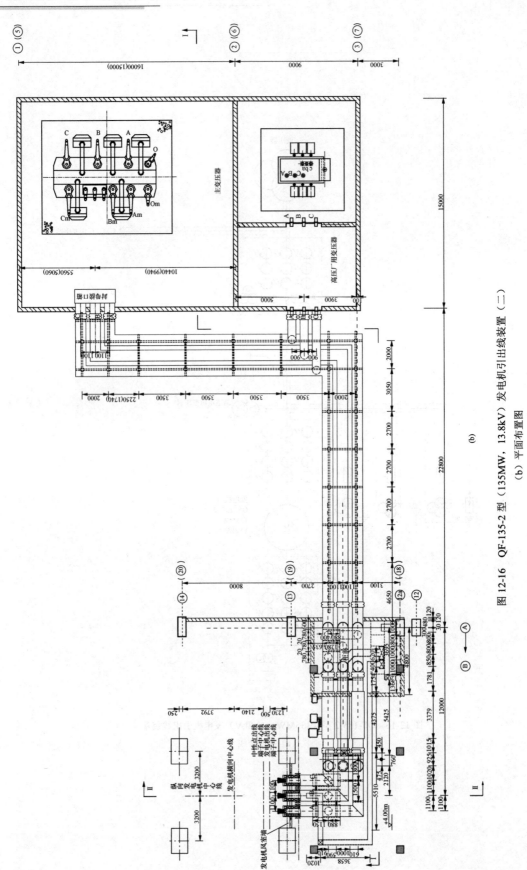

图 12-16 QF-135-2 型（135MW，13.8kV）发电机引出线装置（二）

(b) 平面布置图

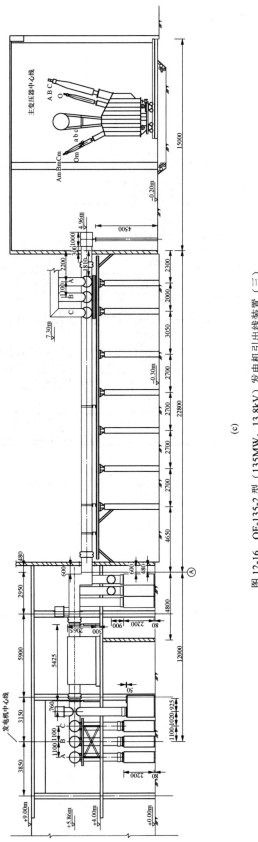

图 12-16　QF-135-2 型（135MW，13.8kV）发电机引出线装置（三）

(c) I—I 断面

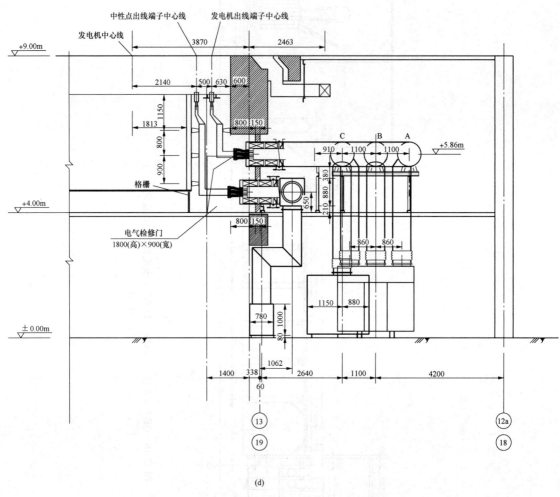

图 12-16 QF-135-2 型（135MW，13.8kV）发电机引出线装置（四）

（d）Ⅱ—Ⅱ断面

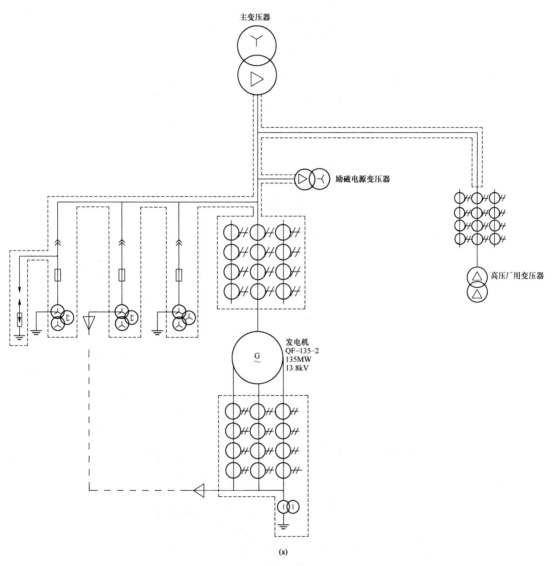

图 12-17　QF-135-2 型（135MW，13.8kV）发电机引出线装置（一）

（a）电气接线

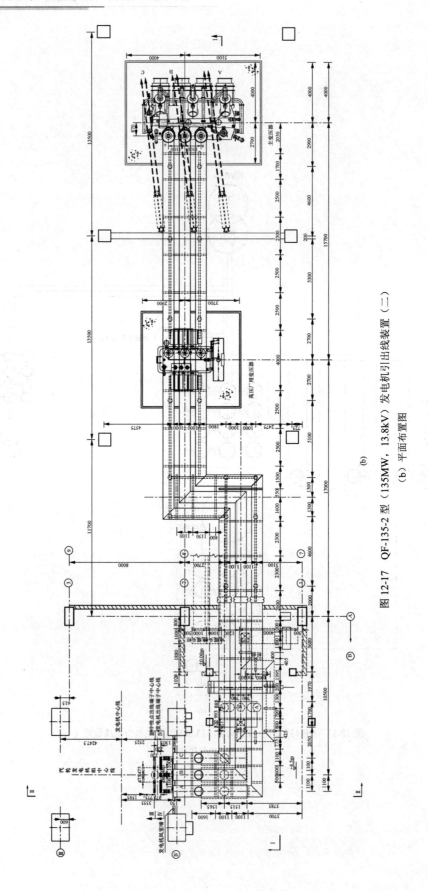

图 12-17　QF-135-2 型（135MW，13.8kV）发电机引出线装置（二）

(b) 平面布置图

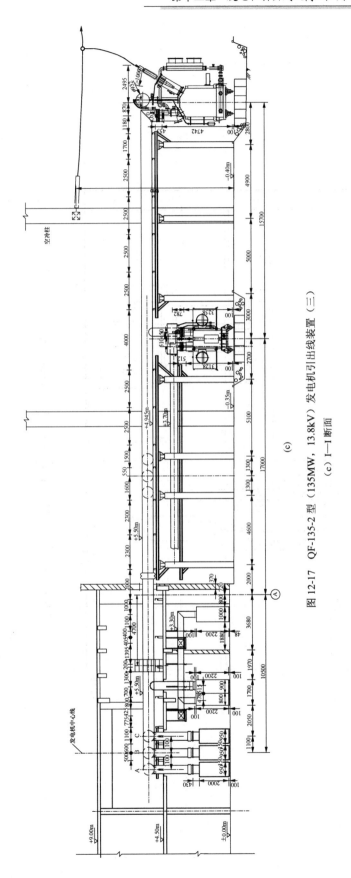

图 12-17　QF-135-2 型（135MW，13.8kV）发电机引出线装置（三）

(c) I—I 断面

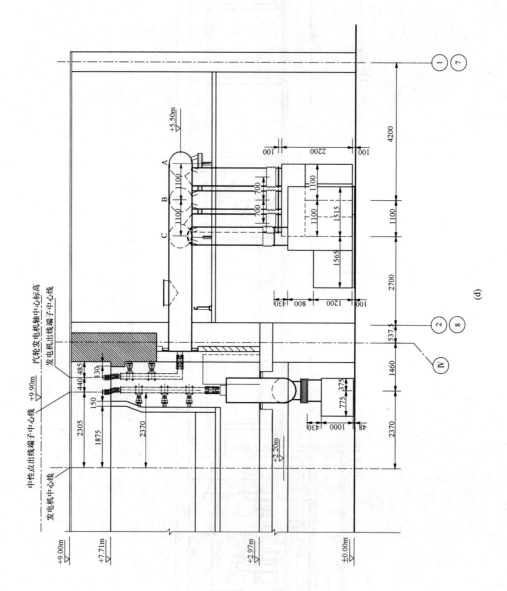

图 12-17 QF-135-2 型（135MW，13.8kV）发电机引出线装置（四）

（d）Ⅱ—Ⅱ断面

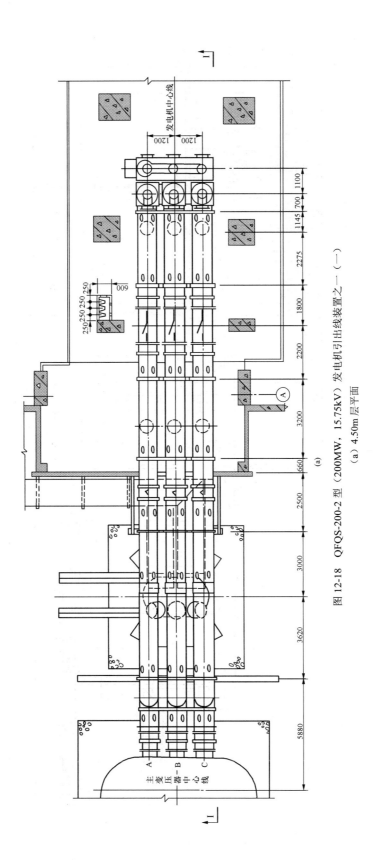

图12-18　QFQS-200-2型（200MW，15.75kV）发电机引出线装置之一（一）

(a) 4.50m层平面

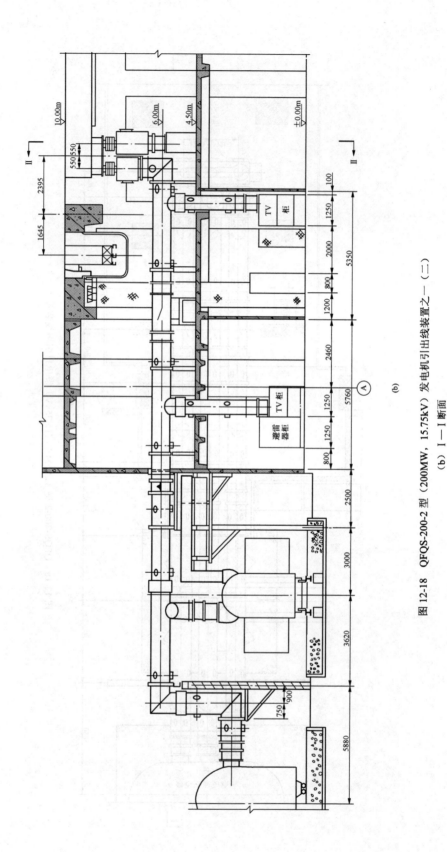

图 12-18　QFQS-200-2 型（200MW，15.75kV）发电机引出线装置之一（二）

(b)　I—I 断面

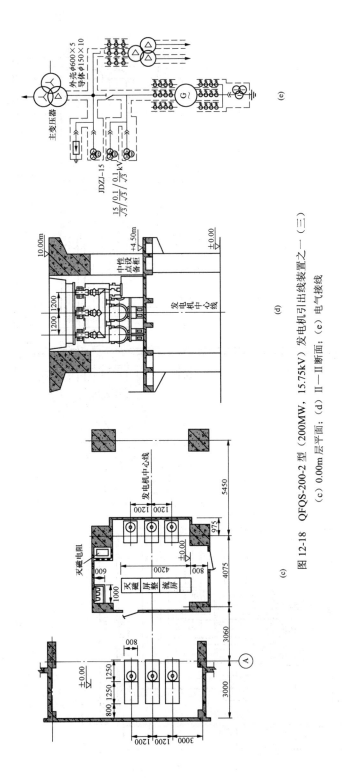

图 12-18　QFQS-200-2 型（200MW，15.75kV）发电机引出线装置之一（三）

(c) 0.00m层平面；(d) Ⅱ—Ⅱ断面；(e) 电气接线

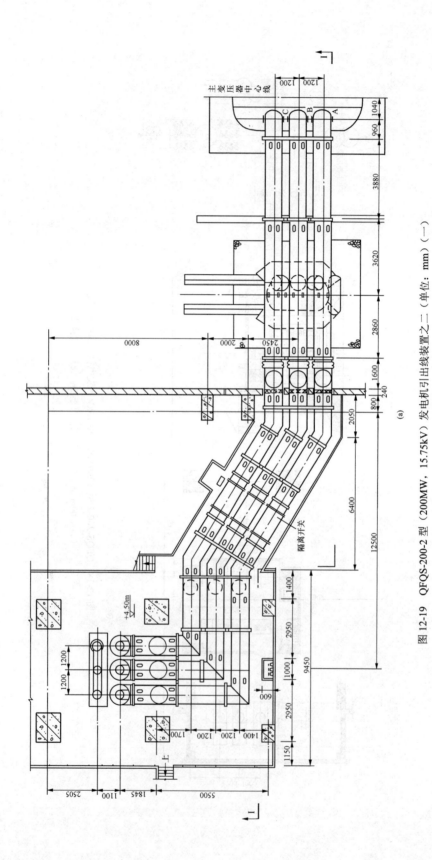

图 12-19　QFQS-200-2 型（200MW，15.75kV）发电机引出线装置之二（单位：mm）（一）

（a）4.50m 层平面

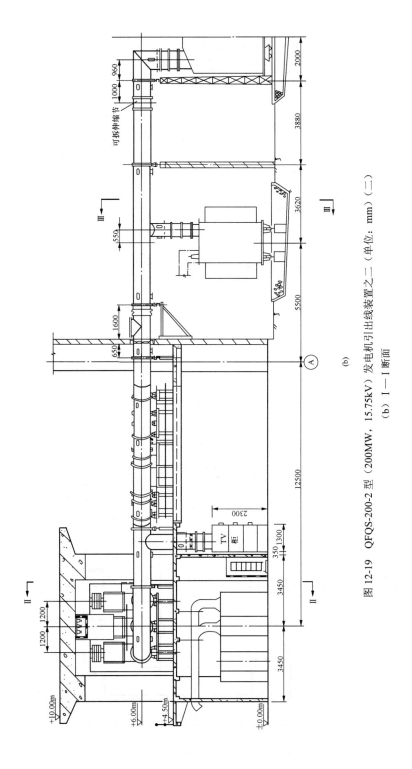

图 12-19 QFQS-200-2 型（200MW，15.75kV）发电机引出线装置之二（单位：mm）（二）

(b) I—I 断面

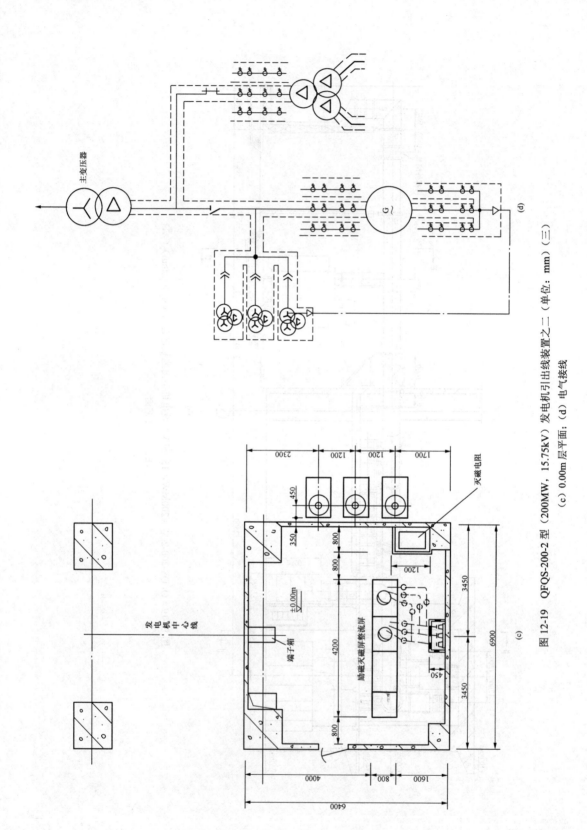

图 12-19　QFQS-200-2 型（200MW，15.75kV）发电机引出线装置之二（单位：mm）（三）
(c) 0.00m 层平面；(d) 电气接线

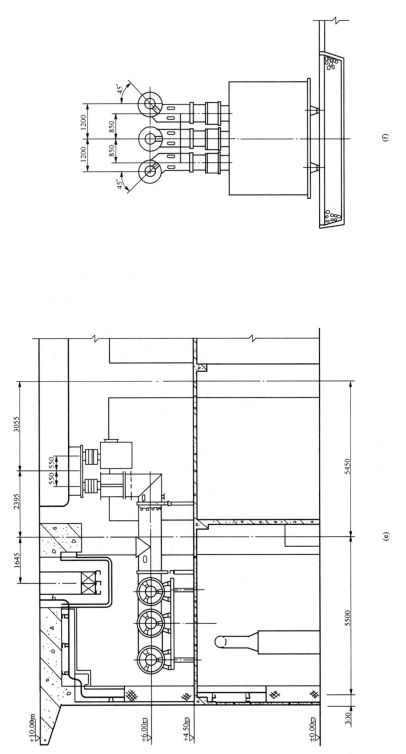

图 12-19　QFQS-200-2 型（200MW，15.75kV）发电机引出线装置之二（单位：mm）（四）

(e) Ⅱ—Ⅱ断面；(f) Ⅲ—Ⅲ断面

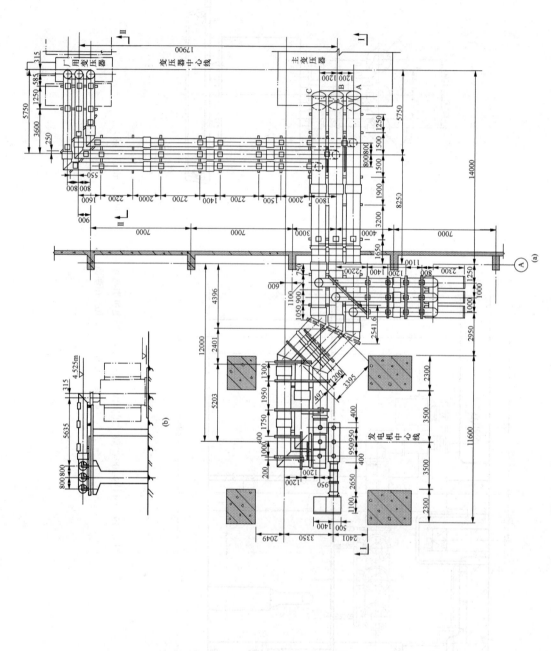

图 12-20 TFLQQ-KD 型（250MW，15kV）发电机引出线装置示例（一）
(a) 5.00m 层平面；(b) II—II 断面

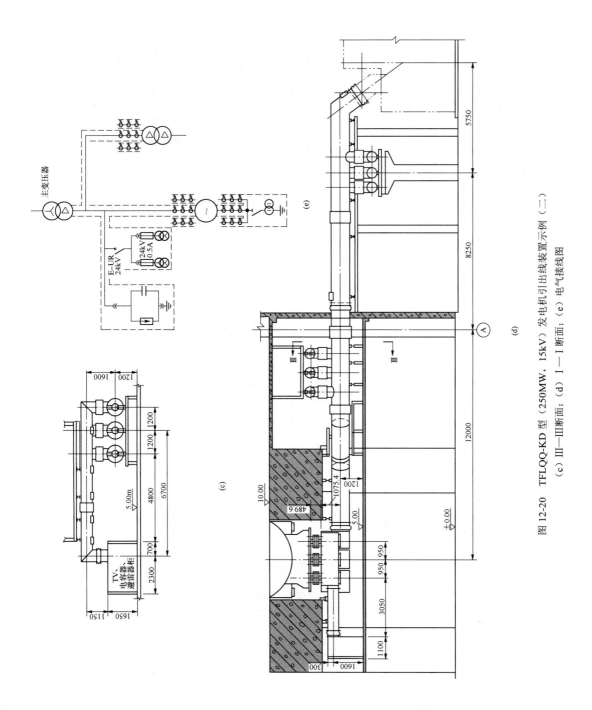

图 12-20　TFLQQ-KD 型（250MW，15kV）发电机引出线装置示例（二）

(c) Ⅲ—Ⅲ断面；(d) Ⅰ—Ⅰ断面；(e) 电气接线图

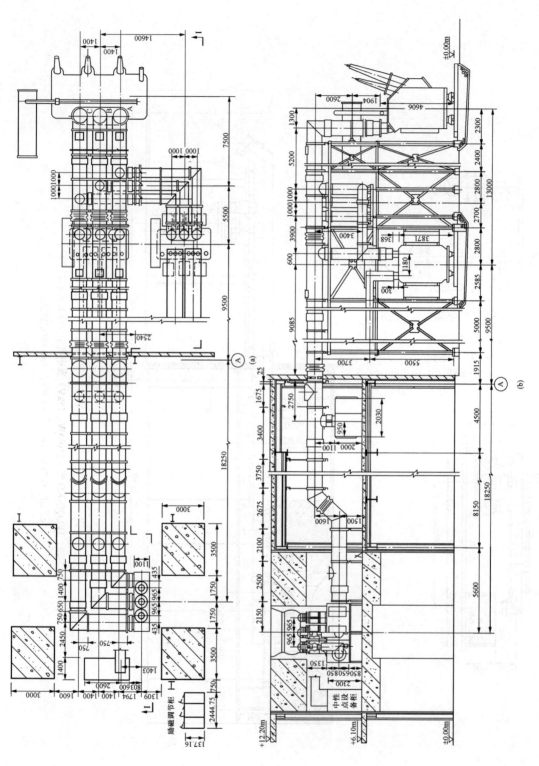

图 12-21 300MW（20kV）发电机引出线装置（一）

(a) 6.10m层平面; (b) I—I 断面

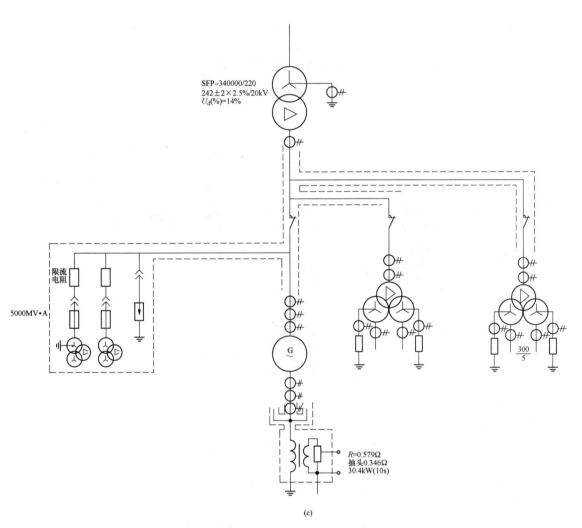

图 12-21　300MW（20kV）发电机引出线装置（二）

（c）电气接线

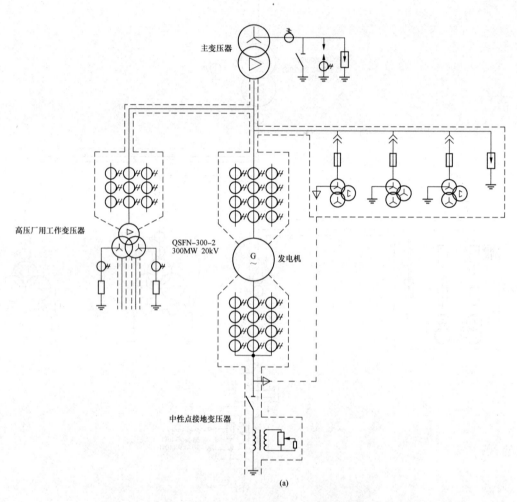

主变压器

高压厂用工作变压器

QSFN-300-2
300MW 20kV

G ∼ 发电机

中性点接地变压器

(a)

图 12-22　QSFN-300-2 型（300MW，20kV）发电机引出线装置（一）

（a）电气接线

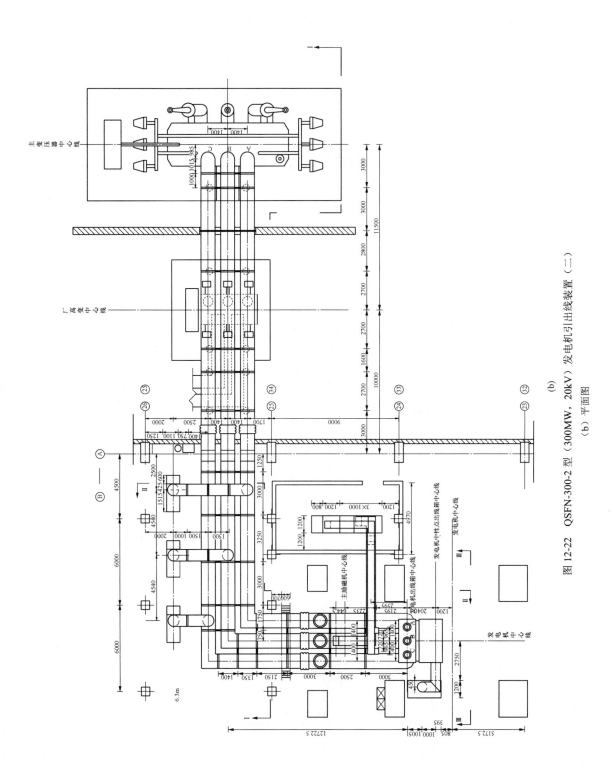

图12-22 QSFN-300-2型（300MW，20kV）发电机引出线装置（二）

(b) 平面图

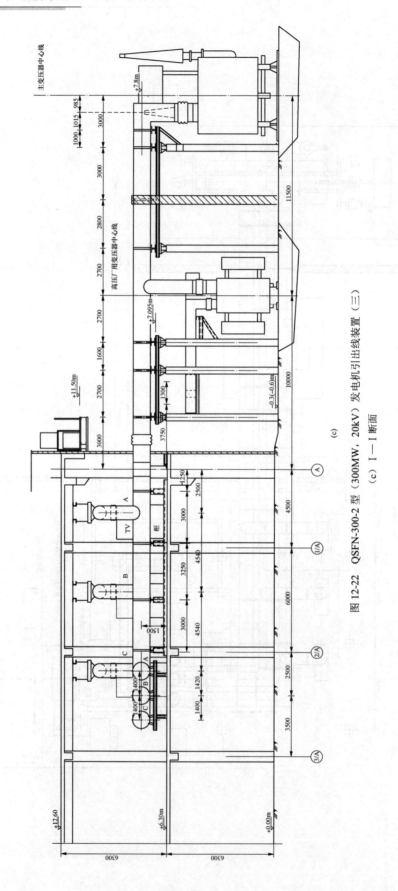

图 12-22　QSFN-300-2 型（300MW，20kV）发电机引出线装置（三）

(c) Ⅰ—Ⅰ 断面

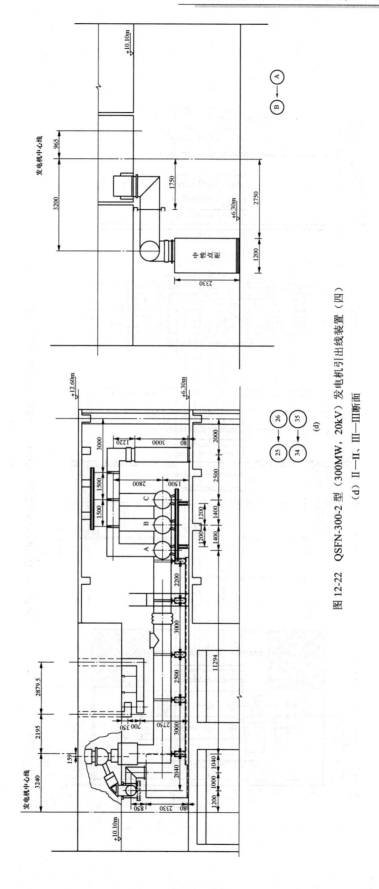

图 12-22 QSFN-300-2 型（300MW，20kV）发电机引出线装置（四）

(d) Ⅱ—Ⅱ，Ⅲ—Ⅲ断面

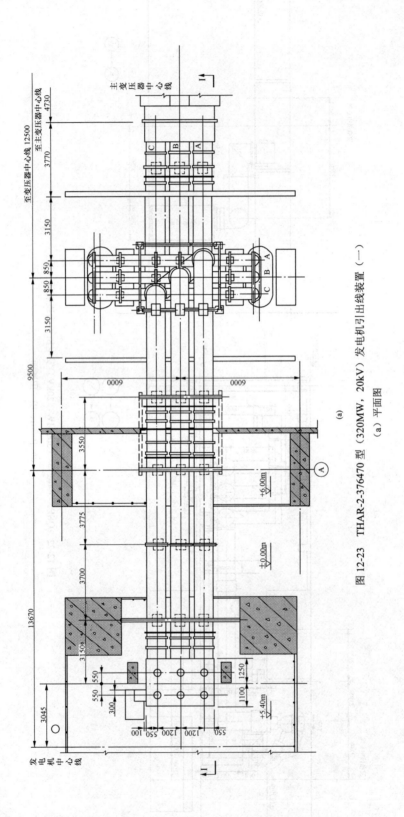

图 12-23 THAR-2-376470 型（320MW，20kV）发电机引出线装置（一）

(a) 平面图

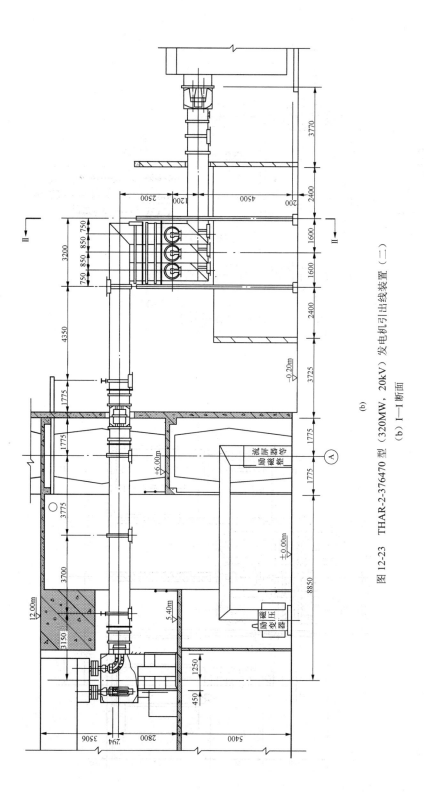

图 12-23　THAR-2-376470 型（320MW，20kV）发电机引出线装置（二）

(b) I—I 断面

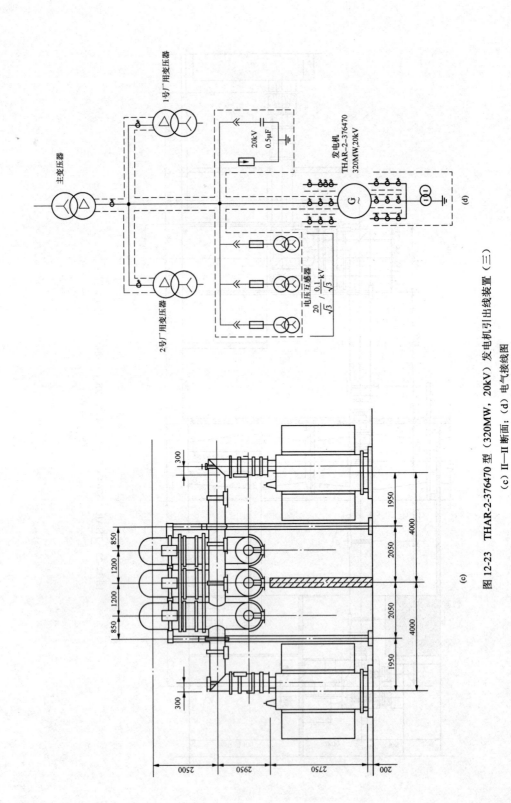

图 12-23 THAR-2-376470 型（320MW，20kV）发电机引出线装置（三）

(c) II—II 断面；(d) 电气接线图

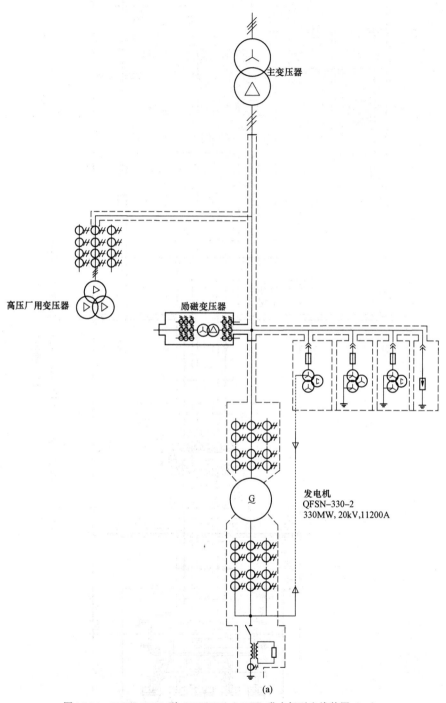

图 12-24　QFSN-330-2 型（330MW，20kV）发电机引出线装置（一）

（a）电气接线

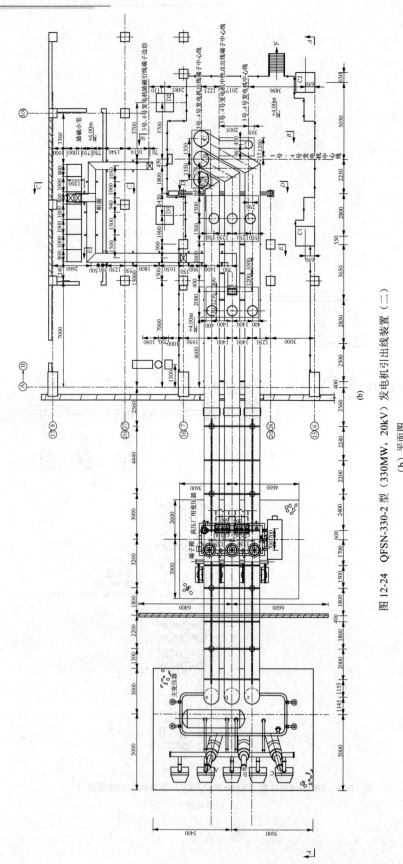

图 12-24　QFSN-330-2 型（330MW，20kV）发电机引出线装置（二）

(b) 平面图

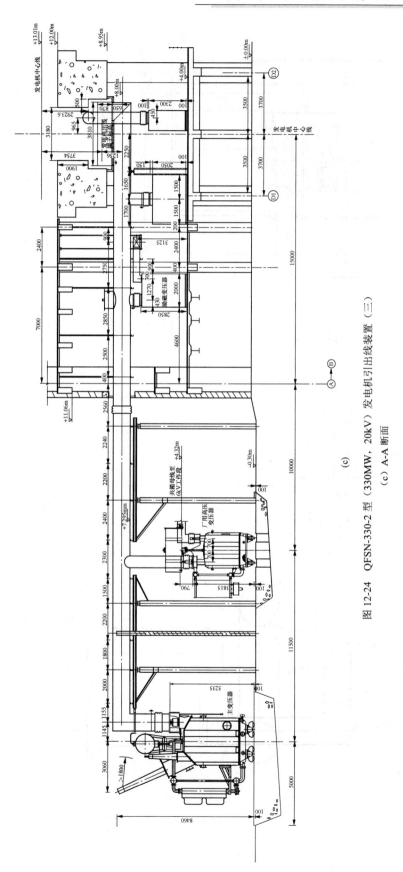

图 12-24　QFSN-330-2 型（330MW，20kV）发电机引出线装置（三）

(c) A-A 断面

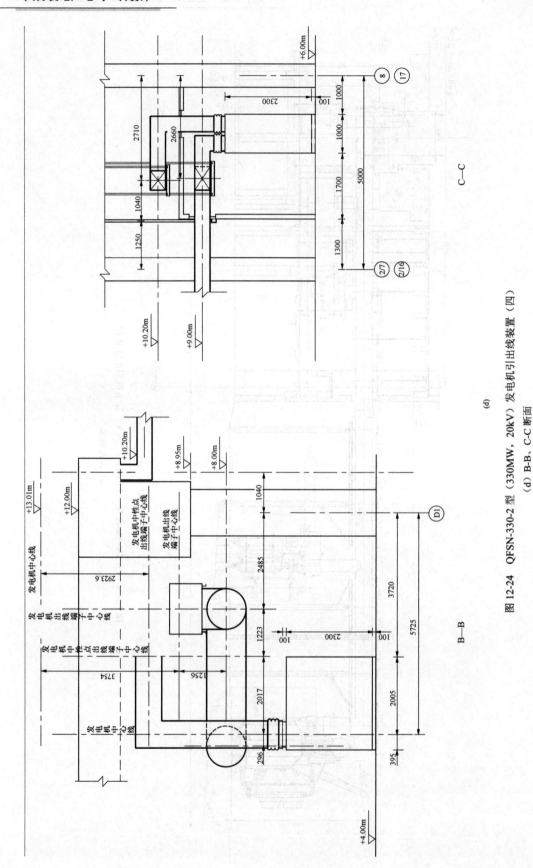

图 12-24 QFSN-330-2 型 (330MW, 20kV) 发电机引出线装置 (四)

(d) B-B、C-C 断面

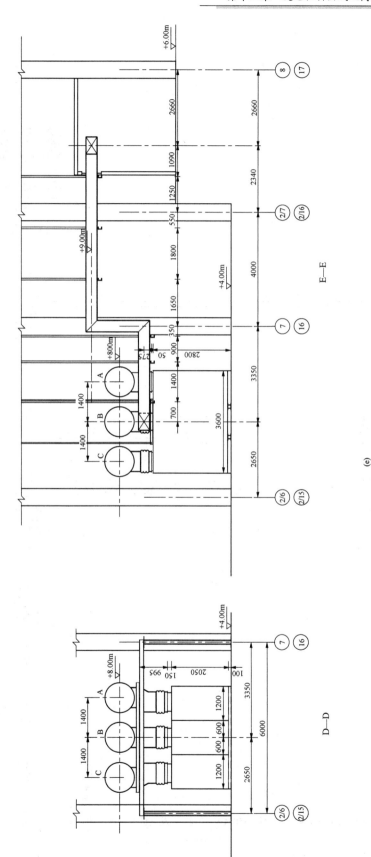

图 12-24 QFSN-330-2 型（330MW, 20kV）发电机引出线装置（五）

(e) D-D、E-E 断面

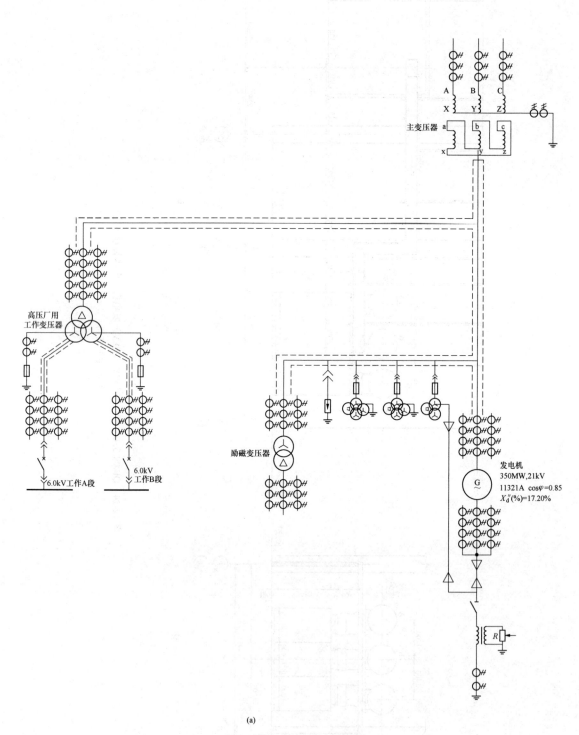

(a)

图 12-25 QFN-350-2 型（350MW，21kV）发电机引出线装置（一）

（a）电气接线

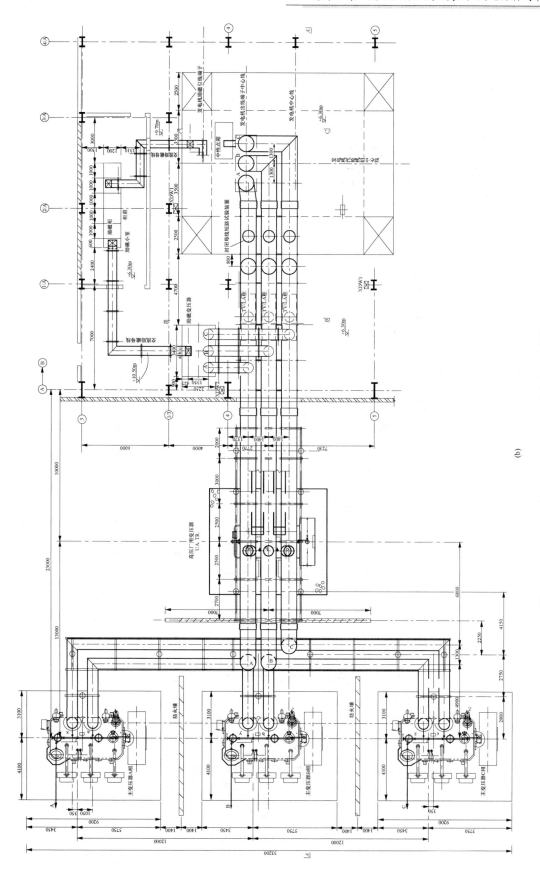

(b)

图 12-25　QFN-350-2 型（350MW，21kV）发电机引出线装置（二）

(b) 平面图

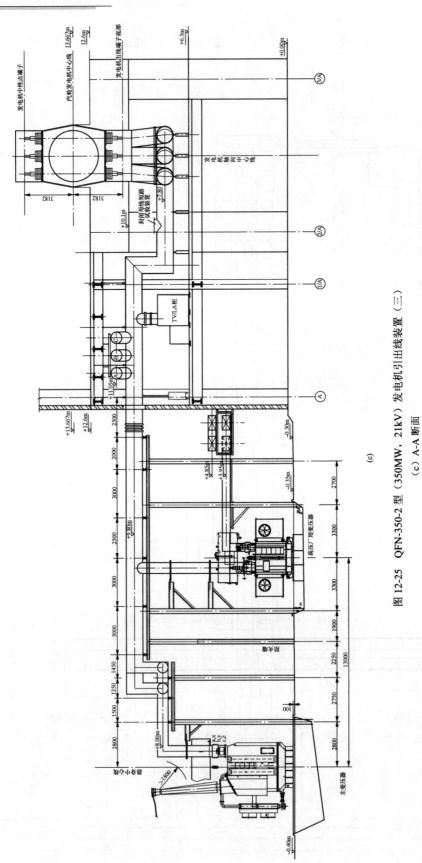

图12-25 QFN-350-2型（350MW，21kV）发电机引出线装置（三）

(c) A-A 断面

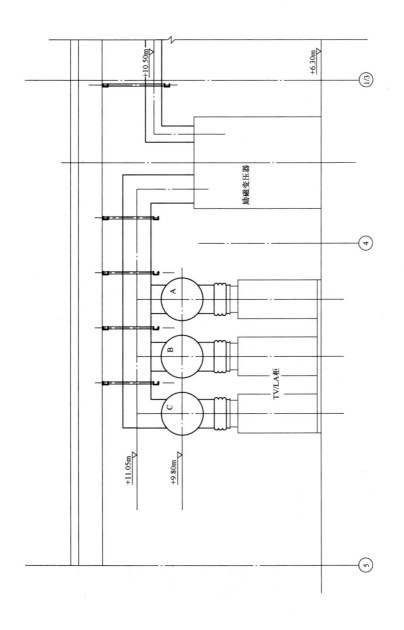

图 12-25 QFN-350-2 型（350MW，21kV）发电机引出线装置（四）

（d）B-B 断面

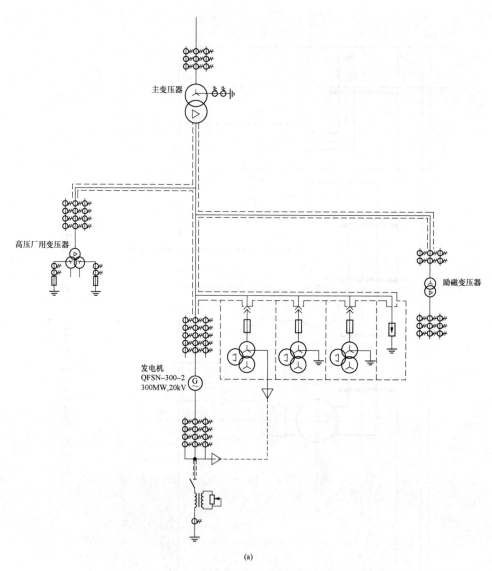

主变压器

高压厂用变压器

励磁变压器

发电机
QFSN–300–2
300MW,20kV

(a)

图 12-26 QFSN-300-2 型（300MW，20kV）发电机引出线装置（一）

（a）电气接线

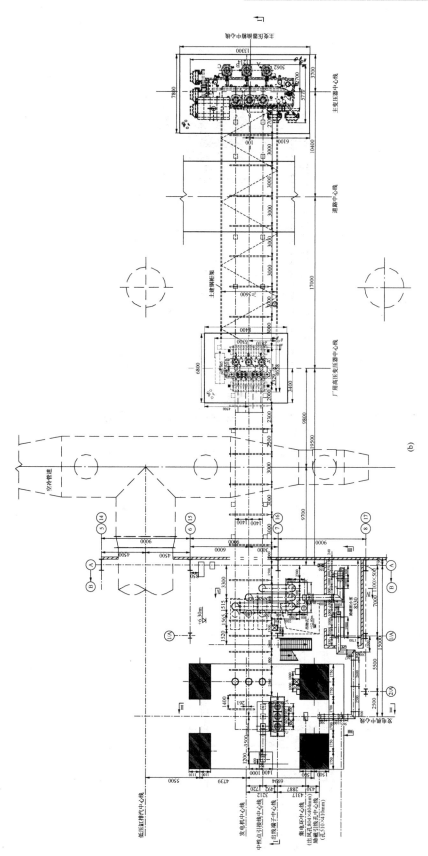

图 12-26 QFSN-300-2 型（300MW, 20kV）发电机引出线装置（二）

(b) 平面图

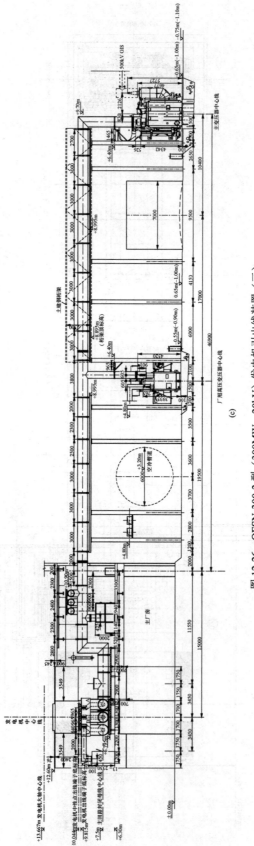

图 12-26 QFSN-300-2 型（300MW，20kV）发电机引出线装置（三）

(c) I-I 断面

（2）图 12-28 为 QFSN-600-2-22 型（600MW，22kV）发电机出线装置布置示例。其特点是：机组为纵向布置，厂房为钢结构，柱距为 9m。发电机出口装设了发电机断路器，由于发电机基座与主厂房 A 排墙的间距较小，因此主回路封闭母线侧面布置了 TV/LA 柜及 TV 分支母线后，发电机断路器已经无法布置在 A 排墙以内，只好在 A 排墙外做出毗间放置发电机断路器，同时励磁变压器布置在该毗间零米。将其他励磁设备放置在 13.7m 层上，无须设置单独的房间，也有些工程将 13.7m 层上的励磁设备用大玻璃封闭。采用交、直流励磁共箱母线连接励磁系统设备。

（3）图 12-29 为 QFSN-600-2YHG 型（600MW，20kV）发电机出线装置布置示例。其特点是：机组为纵向布置，厂房柱距为 10m。TV/LA 柜布置在 6.9m 层主回路封闭母线侧面，采用向上 T 接的方式与主回路相连；励磁设备小室布置在 6.9m 层，励磁变压器布置在零米励磁设备小室的正下方。厂用工作变压器由一台分裂变压器及一台双绕组变压器组成，其中一台布置在主回路封闭母线正下方，一台布置在主回路封闭母线侧面。

（4）图 12-30 为 QFSN-600-2 型（600MW，20kV）发电机出线装置布置示例。其特点是：机组为纵向布置，厂房柱距为 10m。TV/LA 柜布置在 6.9m 层主回路封闭母线侧面，采用向上 T 接的方式与主回路相连；励磁变压器布置在零米，励磁设备布置在 13.7m 层。主回路封闭母线为了不与主厂房外空冷柱网发生碰撞，在主厂房外拐弯后与主变压器相连。厂用工作变压器由一台分裂变压器及一台双绕组变压器组成，其中一台布置在主回路封闭母线正下方，一台布置在主回路封闭母线侧面。励磁母线采用交、直流励磁共箱母线。

（5）图 12-31 为 QFSN-660-2 型（600MW，20kV）发电机出线装置布置示例。其特点是：机组为纵向布置，厂房柱距为 10m。TV/LA 柜布置在 6.9m 层主回路封闭母线侧面，采用向上 T 接的方式与主回路相连；励磁变压器布置在零米，励磁设备布置在 13.7m 层。主回路封闭母线为了不与主厂房外空冷柱网发生碰撞，在主厂房外拐弯后与主变压器相连。主变压器采用 3 台单相变压器，低压侧采用封闭母线将 3 台单相变压器连接成三角形接线。厂用工作变压器由 1 台分裂变压器及 1 台双绕组变压器组成，其中 1 台布置在主回路封闭母线正下方，1 台布置在主回路封闭母线侧面。励磁母线采用交、直流励磁共箱母线。

六、1000MW 发电机引出线装置

（1）图 12-32 为 TFLQQ-KD 型（1000MW，27kV）发电机出线装置布置示例。其特点是：机组为纵向布置，厂房柱距为 12m。TV/LA 柜及励磁变压器布置在 8.6m 层主回路封闭母线两侧，采用向上 T 接的方式与主回路相连；励磁设备小室布置在 8.6m 层发电机励端。主变压器采用 3 台单相变压器，低压侧采用封闭母线将 3 台单相变压器连接成三角形接线。厂用工作变压器由两台分裂变压器组成，两台均布置在主回路封闭母线侧面。励磁母线采用交、直流励磁共箱母线。

（2）图 12-33 为 1000MW 发电机出线装置布置示例。其特点是：机组为纵向布置，厂房柱距为 10m。TV/LA 柜及励磁变压器布置在 8.2m 层主回路封闭母线下方，与主回路 T 接；励磁设备小室布置在 8.2m 层发电机基座与 A 排柱之间。主变压器采用三相变压器。设一台高压厂用工作变压器，一台高压厂用公用变压器。励磁母线采用交、直流励磁共箱母线。

第五节　高压厂用电源引线布置

一、设计范围

当发电机引出线装置接线形式为发电机单元接线时，高压厂用电源引线装置包括厂用高压变压器（厂用分支限流电抗器）、厂用电压侧套管（接线端子板）至厂用配电装置进线接线端子板之间所连接的电气设备和导体。它们部分布置在屋内（如厂用配电装置、厂用分支限流电抗器、封闭母线等），部分布置在屋外（如封闭母线、厂用高压变压器等），是配电装置的特殊型式。因此，对屋内、外配电装置的有关规程和规定，以及一般设计原则和基本要求等，也适用于高压厂用电源引线装置。

二、设计原则

（1）高压厂用电源引线的接线和设备配置应符合电气主接线及厂用电原理接线的要求。

（2）布置清晰，运行安全可靠。

（3）巡视操作和维修方便。

（4）施工安装简便。

（5）因地制宜，技术经济合理。

三、设计要求

高压厂用电源引线户外部分一般布置在主厂房 A 排外，布置时应合理规划 A 排外母线路径、布置形式，在布置中尽量利用周围的梁、柱、墙等构筑物。对于 125MW 以下小容量发电机组，如设置厂用分支限流电抗器或高压厂用配电装置电缆转接柜等设备，应尽可能将该部分设备靠近主厂房 A 排底层布置，以便简化土建结构、减少投资和便于搬运安装等；如布置于中间层楼板上，上方应预留吊物孔。对于 125MW 及以上大容量发电机组（除主变压器选用三绕组变压器

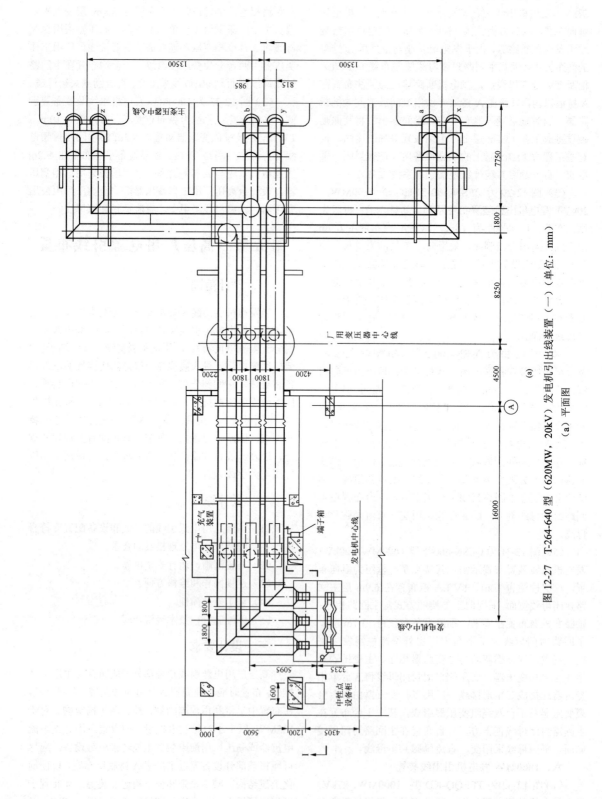

图 12-27 T-264-640 型（620MW，20kV）发电机引出线装置（一）（单位：mm）

(a) 平面图

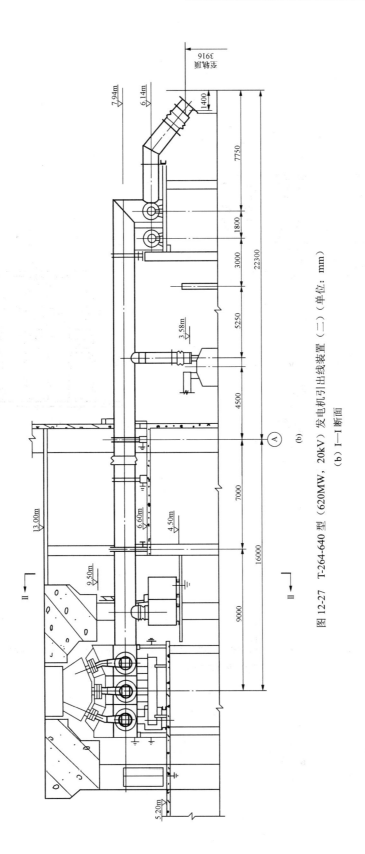

图 12-27　T-264-640 型（620MW，20kV）发电机引出线装置（二）（单位：mm）

（b）I—I 断面

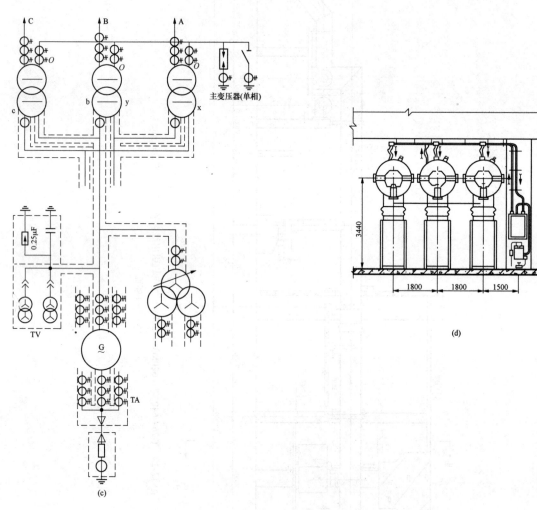

图 12-27　T-264-640 型（620MW，20kV）发电机引出线装置（三）（单位：mm）

（c）电气接线图；（d）Ⅱ-Ⅱ 断面

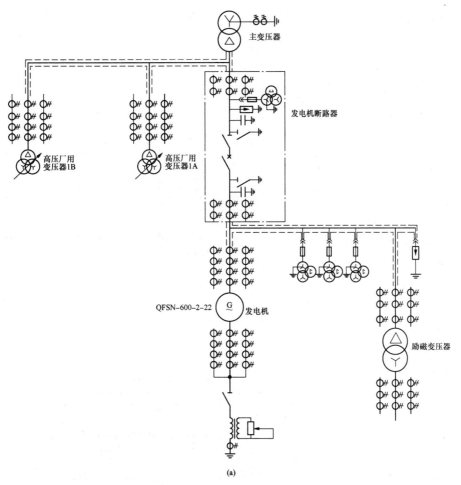

(a)

图 12-28 QFSN-600-2-22 型（600MW，22kV）发电机引出线装置（一）

（a）电气接线图

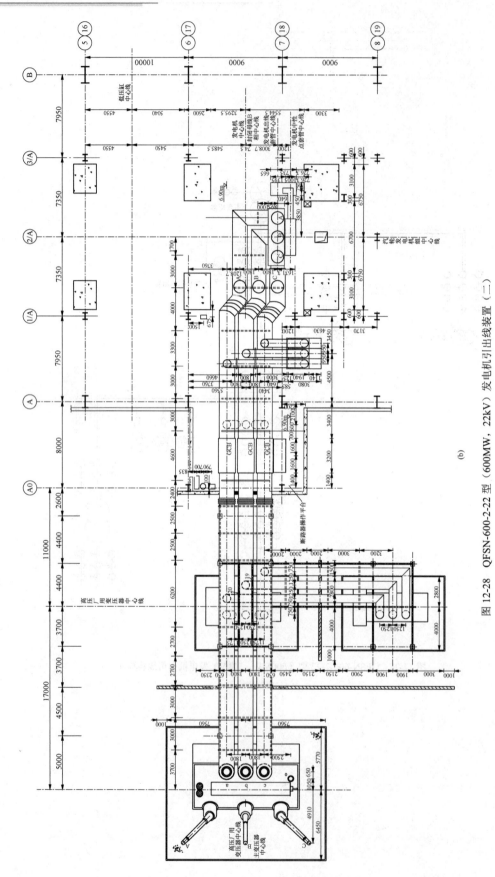

(b)

图 12-28　QFSN-600-2-22 型（600MW，22kV）发电机引出线装置（二）

(b) 平面图

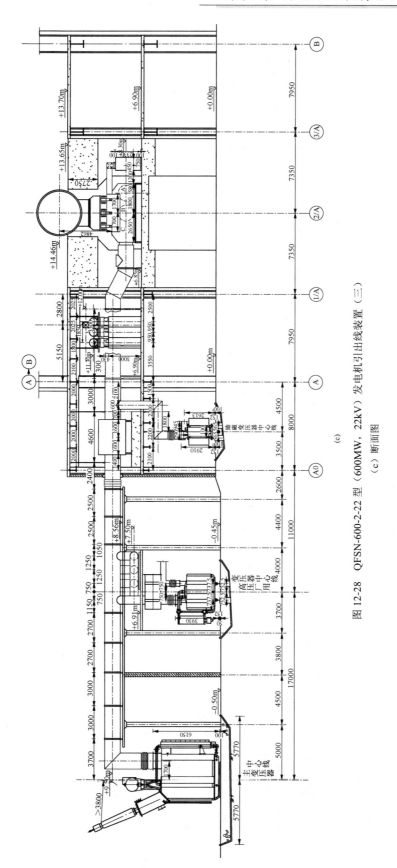

图 12-28　QFSN-600-2-22 型（600MW，22kV）发电机引出线装置（三）

(c) 断面图

(c)

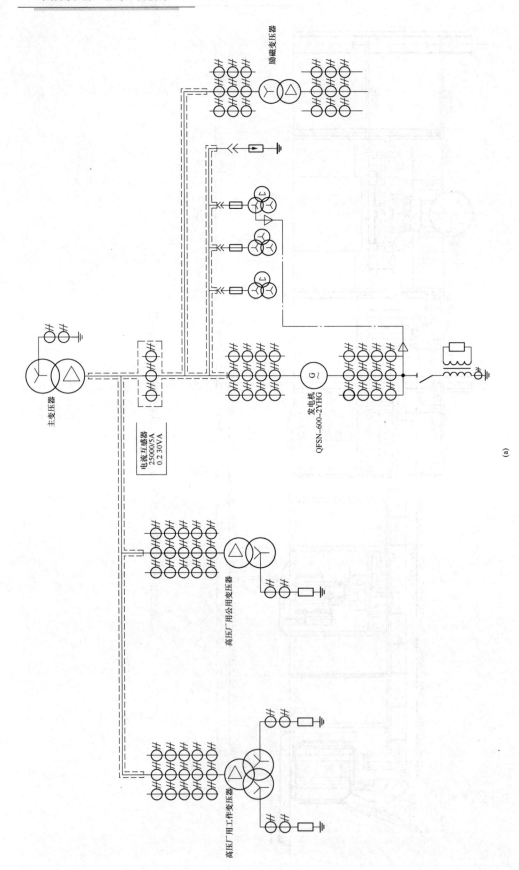

图 12-29　QFSN-600-2YHG 型（600MW，20kV）发电机引出线装置（一）

（a）电气接线图

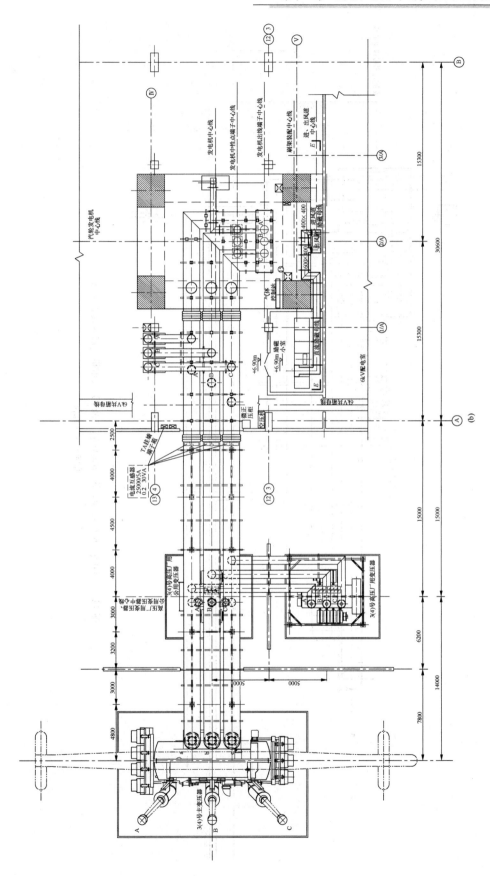

图 12-29　QFSN-600-2YHG 型（600MW，20kV）发电机引出线装置（二）

(b) 6.90m 层平面图

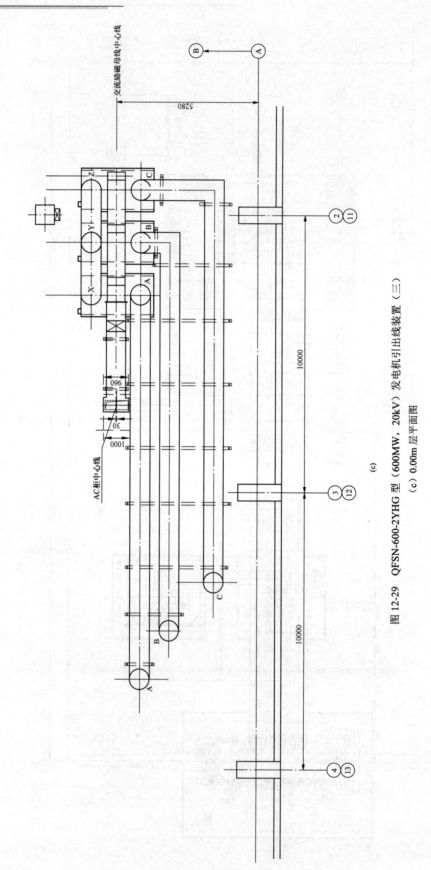

图 12-29 QFSN-600-2YHG 型（600MW，20kV）发电机引出线装置（三）

(c) 0.00m 层平面图

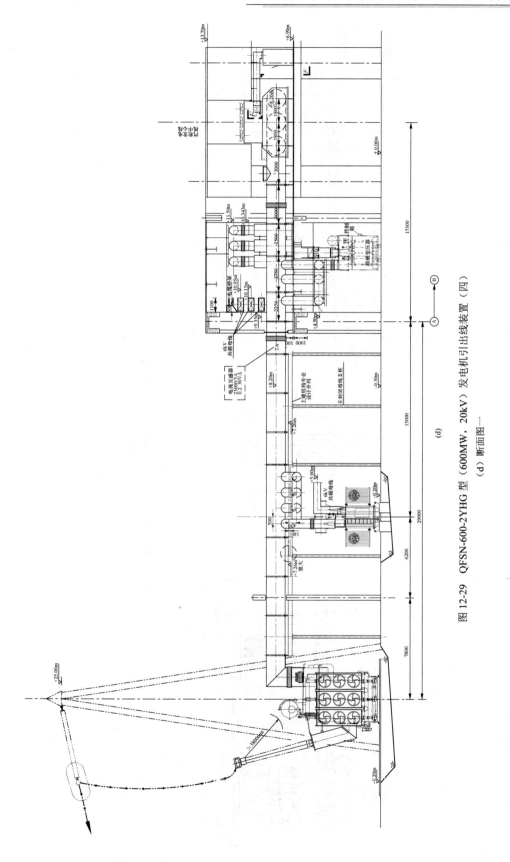

图 12-29 QFSN-600-2YHG 型（600MW，20kV）发电机引出线装置（四）

(d) 断面图一

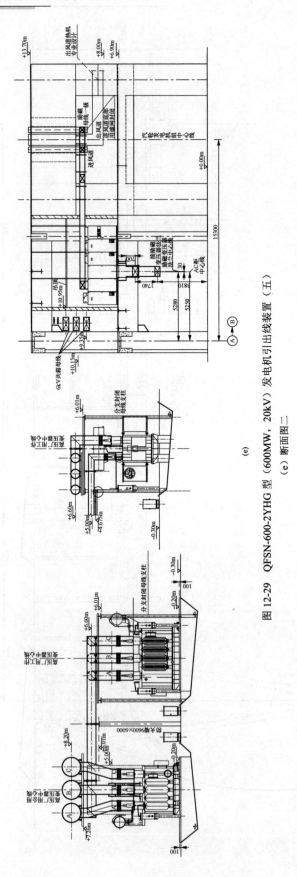

图 12-29 QFSN-600-2YHG 型（600MW，20kV）发电机引出线装置（五）

(e) 断面图二

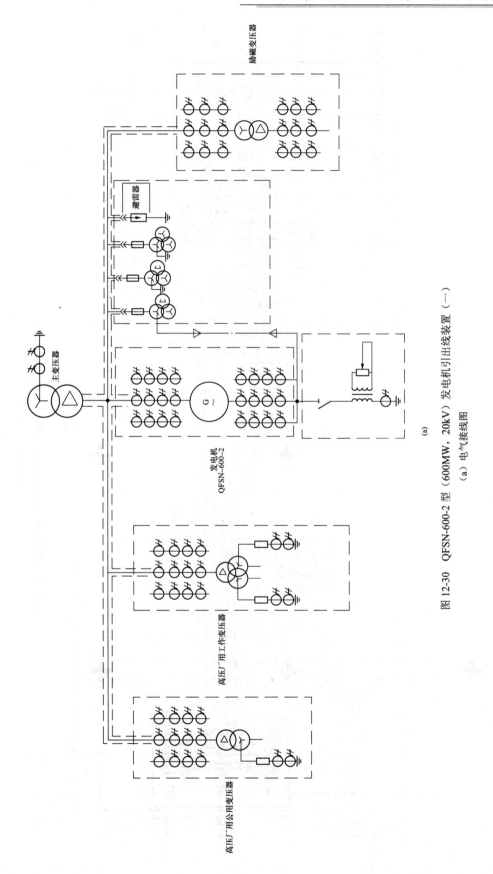

图 12-30　QFSN-600-2 型（600MW，20kV）发电机引出线装置（一）

（a）电气接线图

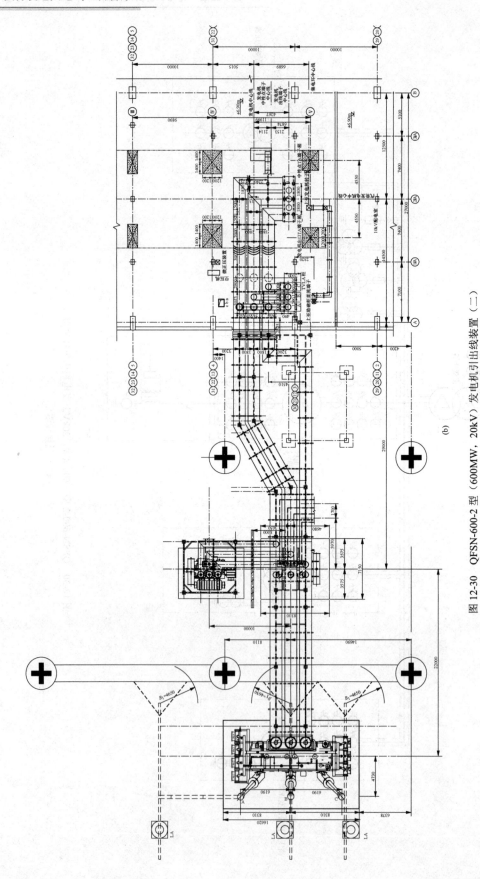

图 12-30 QFSN-600-2 型（600MW，20kV）发电机引出线装置（二）

（b）6.90m 层平面图

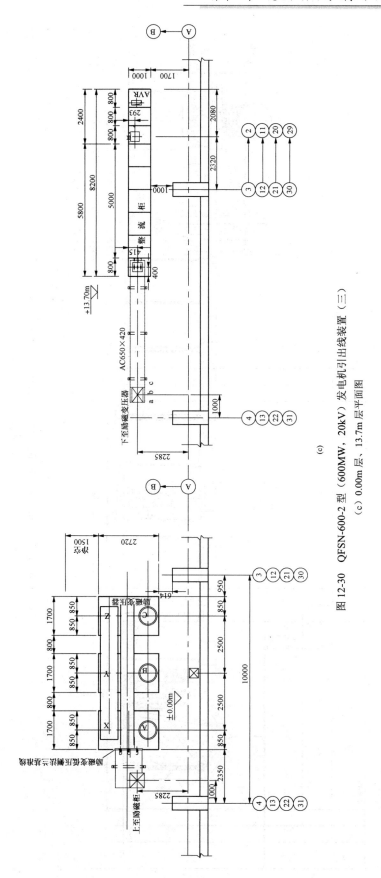

图 12-30　QFSN-600-2 型（600MW，20kV）发电机引出线装置（三）

（c）0.00m 层、13.7m 层平面图

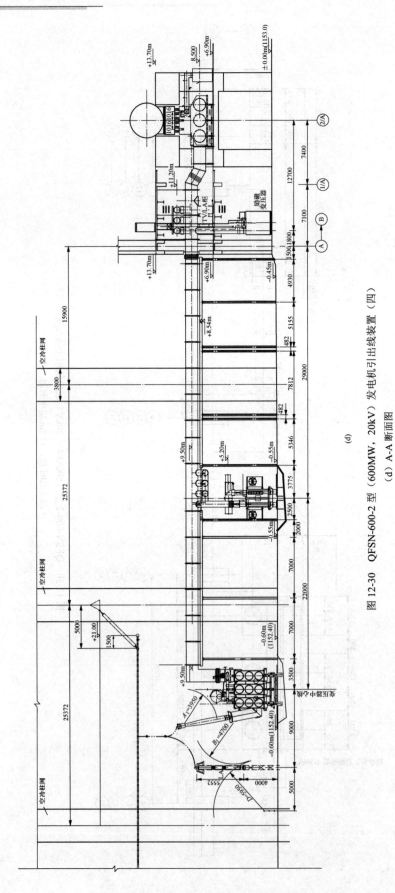

图 12-30　QFSN-600-2 型（600MW，20kV）发电机引出线装置（四）

(d) A-A 断面图

(d)

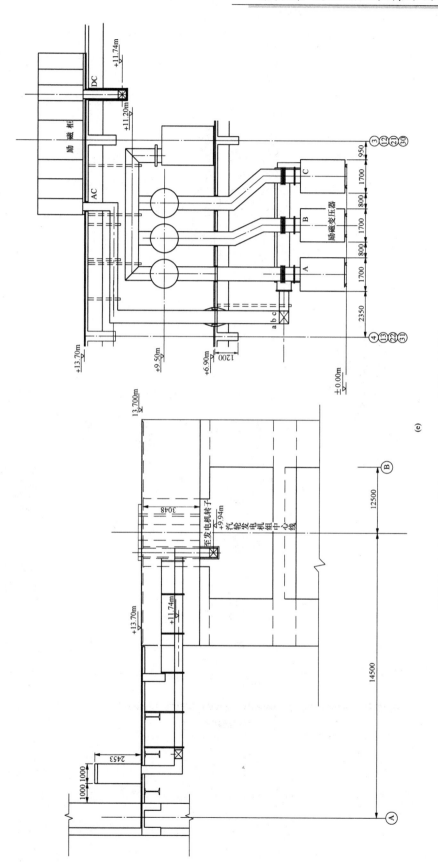

图 12-30　QFSN-600-2 型（600MW，20kV）发电机引出线装置（五）

(e) B-B、C-C 断面图

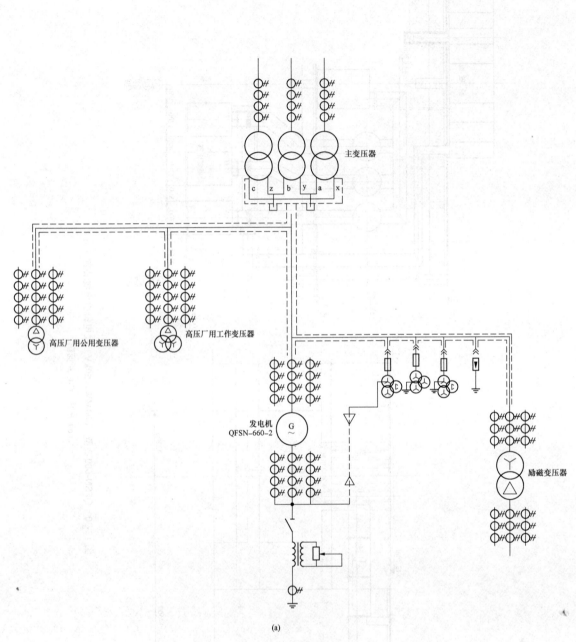

主变压器

高压厂用公用变压器

高压厂用工作变压器

发电机
QFSN-660-2

励磁变压器

(a)

图 12-31 QFSN-660-2 型（660MW，20kV）发电机引出线装置（一）

（a）电气接线图

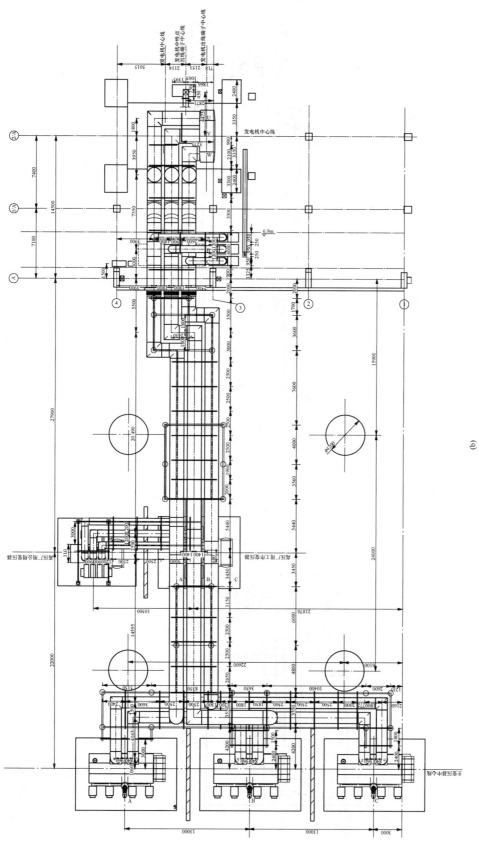

(b)

图 12-31　QFSN-660-2 型（660MW，20kV）发电机引出线装置（二）

(b) 平面图

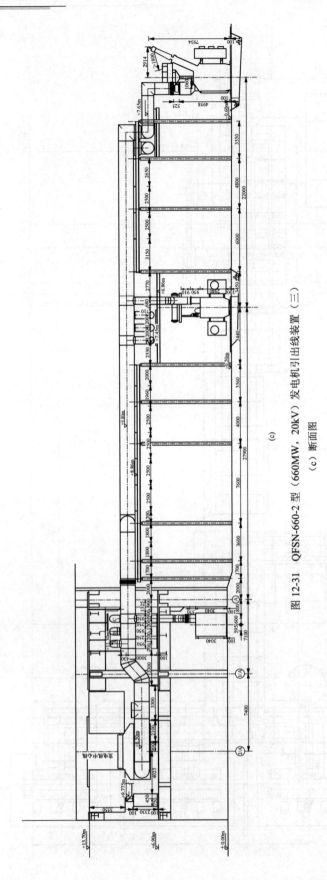

(c)

图 12-31　QFSN-660-2 型（660MW，20kV）发电机引出线装置（三）

(c) 断面图

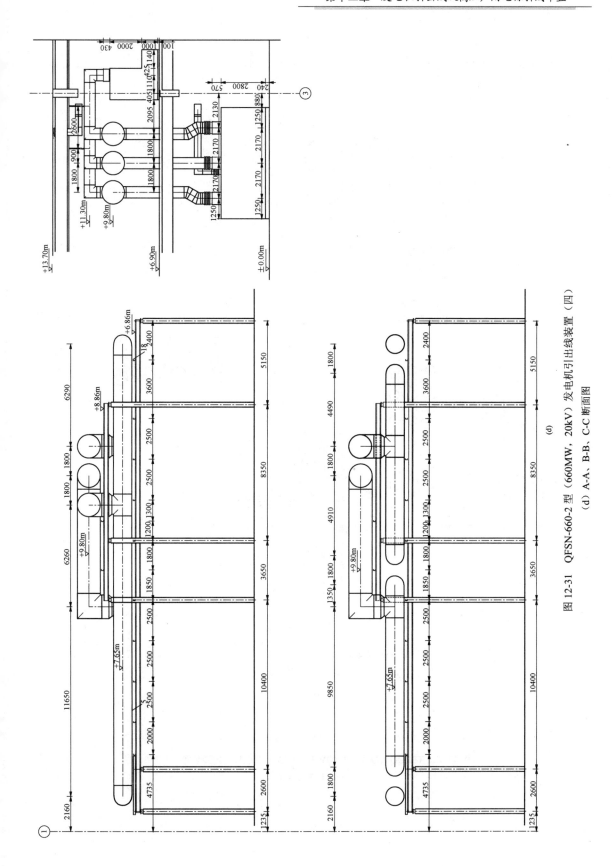

图 12-31　QFSN-660-2 型（660MW，20kV）发电机引出线装置（四）

(d) A-A、B-B、C-C 断面图

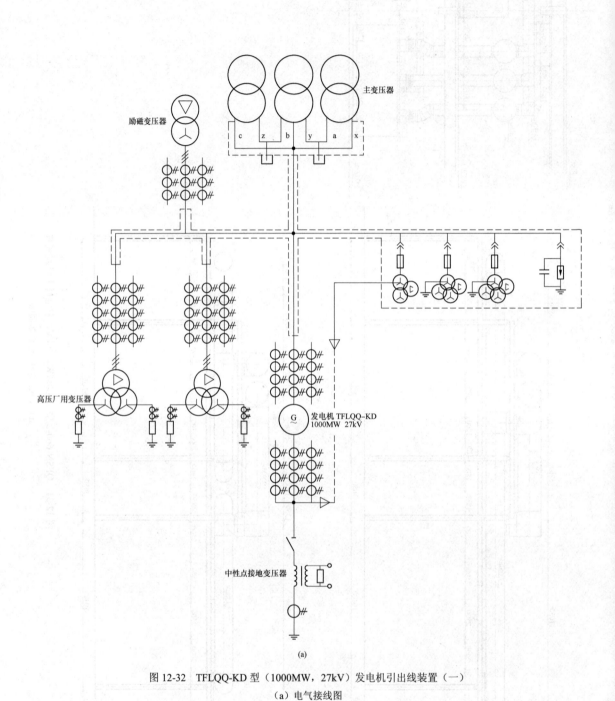

图 12-32 TFLQQ-KD 型（1000MW，27kV）发电机引出线装置（一）

（a）电气接线图

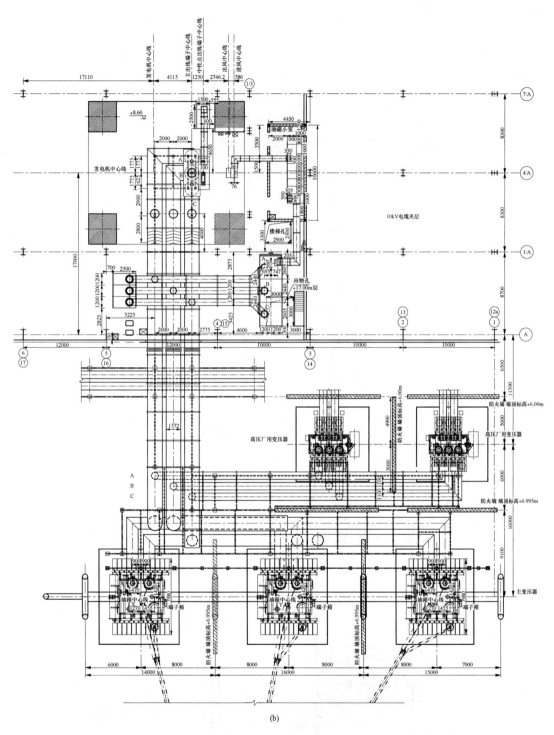

图 12-32 TFLQQ-KD 型（1000MW，27kV）发电机引出线装置（二）

（b）平面图

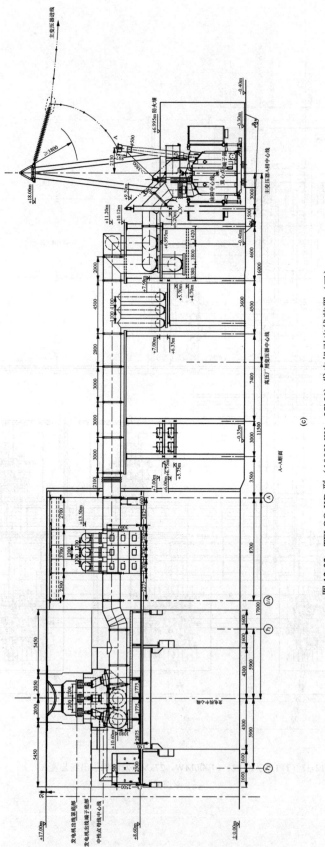

图 12-32 TFLQQ-KD 型（1000MW，27kV）发电机引出线装置（三）

(c) A-A 断面图

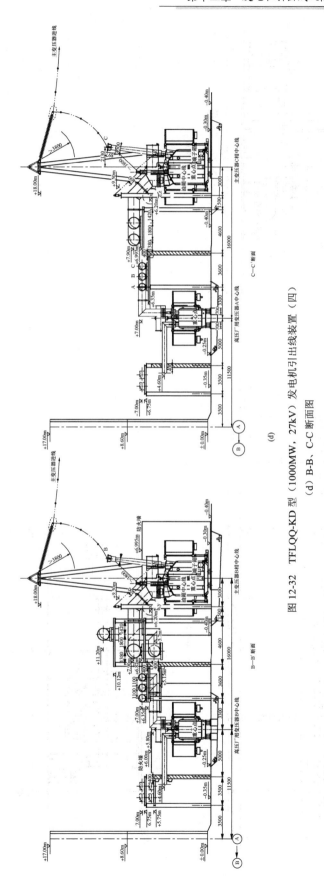

图 12-32 TFLQQ-KD 型（1000MW、27kV）发电机引出线装置（四）

(d) B-B、C-C 断面图

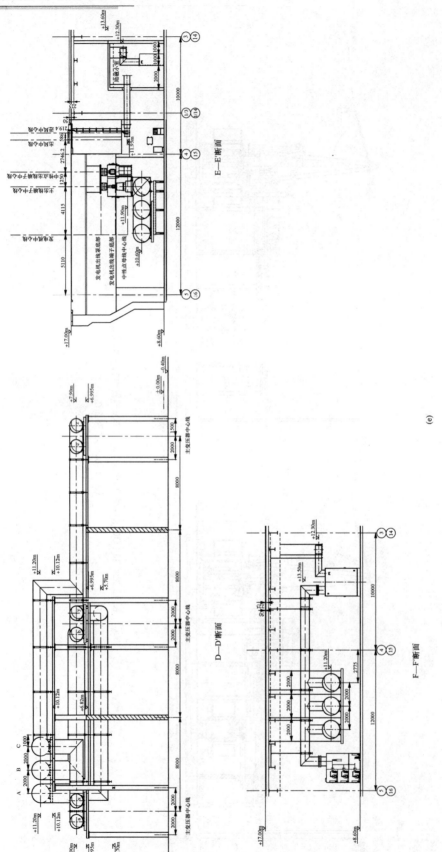

图 12-32　TFLQQ-KD 型（1000MW，27kV）发电机引出线装置（五）

(e) D-D′、E-E′、F-F′断面图

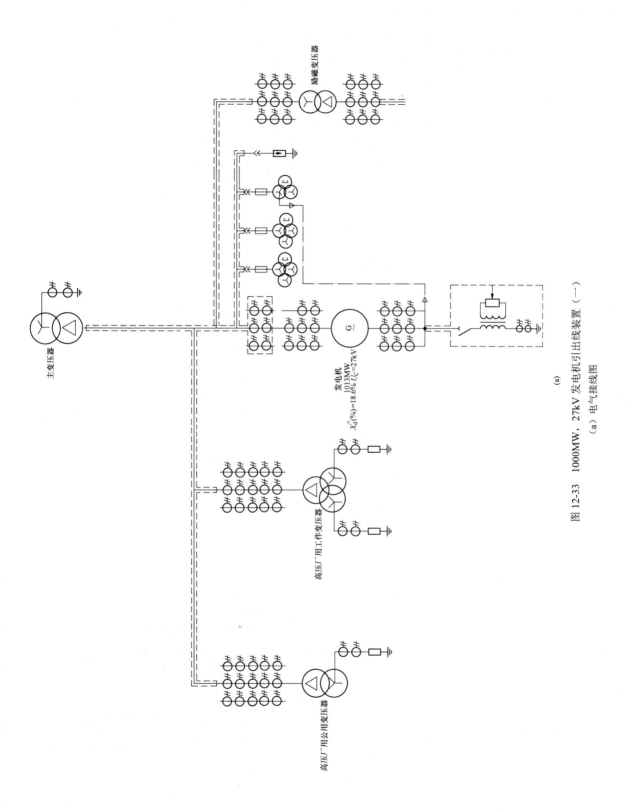

图 12-33 1000MW，27kV 发电机引出线装置（一）

（a）电气接线图

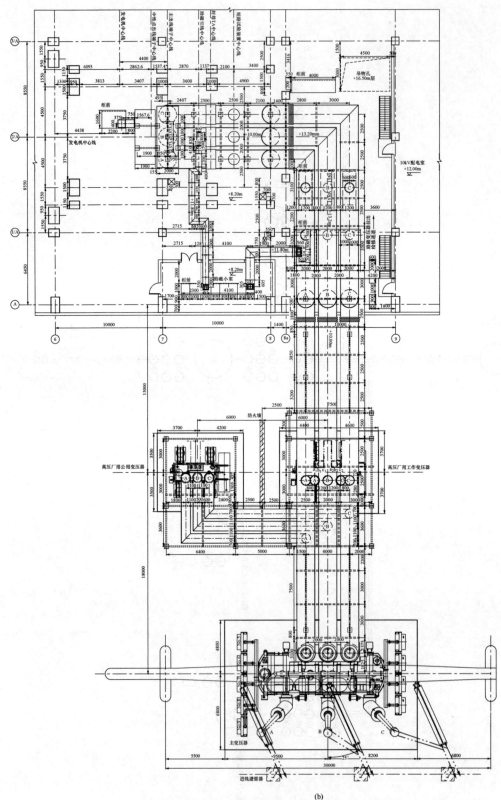

图 12-33　1000MW，27kV 发电机引出线装置（二）

(b) 平面图

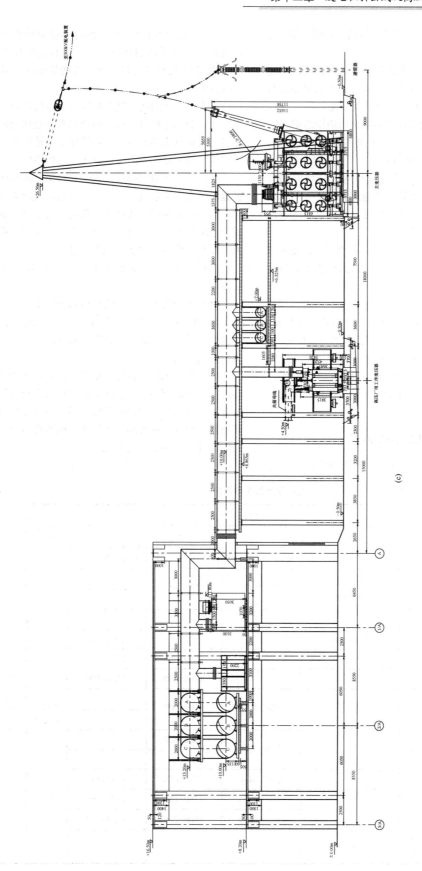

图 12-33　1000MW，27kV 发电机引出线装置（三）

(c) 断面图

工程外），高压厂用电源母线布置较简单，无须布置其他的电气设备。

高压厂用电源引线可根据厂用电原理接线、母线分支的数量，设计成单层或多层布置。当采用多层布置时，应考虑各层母线检修空间满足要求。

布置在主厂房内的母线应尽量利用周围的梁、柱、墙等构筑物，并应考虑与主厂房内电缆桥架、结构梁、柱、牛腿的位置关系，避免碰撞。

贯通各台机之间的，布置于主厂房 A 排墙内（外）的高压厂用电源引线应设置维护通道。

带电体和设备布置的各种尺寸，应满足配电装置规程规定的安全净距要求。

在布置中尽可能使主回路母线走径短捷、减少弯曲。母线立弯、平弯和支持点离弯曲处的距离等，应满足 GB 50149《电气装置安装工程母线装置施工及验收规范》、GB 50147《电气装置安装工程高压电器施工及验收规范》、GB 50148《电气装置安装工程电力变压器、油浸电抗器、互感器施工及验收规范》的有关规定。

对于汽轮机采用直接空冷的机组，布置在主厂房外的发电机引出线部分应根据空冷柱网的布置位置，布置高压厂用变压器，并尽量缩短高压厂用母线的长度，以降低工程初始投资。

四、高压厂用电源引线布置

高压厂用电源引线为了避免相间短路、提高运行

的安全可靠性和减少母线电流对邻近钢构的感应损耗发热，一般采用封闭母线。采用封闭母线的高压厂用电源引线布置与采用敞露母线的引线布置有很大的区别。

首先，由于封闭母线及其配套设备的带电部分均被封闭在金属保护外壳内，而金属外壳是接地的，不会引起人员触电的危险。因而简化了土建结构、节省了空间、便于施工安装，也改善了运行条件。

其次，由于封闭母线及其配套设备是由封闭母线制造厂成套加工制造，再由现场组装连接起来的，因此，易于保证质量，提高了长期运行的安全可靠性，减少了运行维护工作量，而且也大大地减少了现场的施工安装工作量，加快了施工进度。

在进行具体的布置设计中，一般需注意以下几点：

（1）各变压器厂生产的变压器外形不同，其引出线套管处的尺寸和结构也不同，对引出线母线的布置有较大的影响。因此，设计时，必须注意不同的变压器引出线情况。

（2）各封闭母线制造厂配套生产的封闭母线尺寸和连接结构略有不同，设计时需注意布置尺寸的相互配合。目前高压厂用电源引线主要有下列几种型式：共箱封闭母线，小离相封闭母线，电缆母线等。共箱封闭母线主要参数见表 12-2。

表 12-2　　共箱封闭母线参考尺寸　　（mm）

额定电压范围（kV）	额定电流范围（A）	外形尺寸（外壳）				母线型式	生产厂家
		铜导体	铝导体				
		矩形（宽×高）	矩形（宽×高）	管形（宽×高）	槽形（宽×高）		
≤10	≤2000	800×500	800×500	900×500		共箱封闭母线	某设备厂（一）
	2500						
	3150		880×500	1000×500			
	4000	880×500			1060×500		
	5000	1050×500		1050×500	1150×550		
	6300			1200×600	1250×570		
15*	≤2000	1000×550	1000×550	1100×600			
	2500						
	3150		1080×550	1200×600			
	3500						
	4000		1080×600	1200×600	1260×600		
	5000			1250×600	1350×650		
	6300			1400×700	1450×670		
3.15	1000、1600、2000、2500、3150	800×450					

续表

额定电压范围（kV）	额定电流范围（A）	铜导体 矩形（宽×高）	铝导体 矩形（宽×高）	铝导体 管形（宽×高）	铝导体 槽形（宽×高）	母线型式	生产厂家
3.15	3500			1100×560		共箱封闭母线	某设备厂（一）
	4000、4500				1000×560		
6.3、10.5	1000、1600、2000、2500、3150	900×560				共箱封闭母线	某设备厂（二）
	3500			1200×560			
	4000、4500				1100×560		
15*	1000、1600、2000、2500、3150	1100×640				共箱封闭母线	某设备厂（二）
	3500			1300×680			
	4000、4500				1200×680		
	5000、5500				1300×680		
	6300、7000				1400×680		
3.15	1000～3000	750×400 母线竖放；850×350 母线横放				共箱封闭母线	某设备厂（三）
	3500	750×440 母线竖放；850×480 母线横放					
	4000	850×440 绝缘母线；750×440 母线竖放；850×480 母线横放					
	4500	980×480 绝缘母线；750×440 母线竖放					
	5000	1040×500 绝缘母线；1350×500 母线竖放					
	6300	1350×500 母线竖放					
6.3	1000～3000	900×560 母线竖放；1060×460 母线横放					
	3500	900×560 母线竖放；1060×460 母线横放					
	4000	1060×440 绝缘母线；900×560 母线竖放；1060×460 母线横放					
	4500	1180×480 绝缘母线；1000×560 母线竖放					
	5000	1240×500 绝缘母线；1500×600 母线竖放					
	6300	1500×600 母线竖放					
10.5	1000～3000	900×560 母线竖放；1060×460 母线横放					
	3500	900×560 母线竖放；1060×460 母线横放					
	4000	1060×440 绝缘母线；900×560 母线竖放；1060×460 母线横放					

额定电压范围（kV）	额定电流范围（A）	外形尺寸（外壳）				母线型式	生产厂家
		铜导体	铝导体				
		矩形（宽×高）	矩形（宽×高）	管形（宽×高）	槽形（宽×高）		
10.5	4500	1180×480 绝缘母线； 1000×560 母线竖放				共箱封闭母线	某设备厂（三）
	5000	1240×500 绝缘母线； 1500×600 母线竖放					
	6300	1500×600 母线竖放					

注　表中尺寸仅供设计参考，设计者应根据实际工程进行核实。

* 可作为本章第三节发电机引出线。

（3）为了缩短高压厂用电源引线母线（包括主回路封闭母线）的长度，从而降低投资，一般高压厂用变压器均布置在 A 排柱外，靠近主厂房侧。但对于直接空冷机组，由于主厂房外空冷柱网的限制，应根据各工程具体实际情况，确定主变压器及高压厂用变压器的布置，以期达到技术经济合理的目的。另外，空冷机组空冷平台的进汽管一般外径较大，且温度较高（有的工程排汽管外可能有保温层），布置变压器及高压厂用电源引线母线时要尤其注意。

（4）母线在穿墙（或楼板）处，应装设穿墙（楼板）结构。

（5）为防止母线结露，宜在母线内装设伴热电缆。

（6）应考虑变压器检修拆装套管和起吊钟罩外壳的可能性。

（7）在变压器套管升高座最低处，宜设置泄水管和泄水阀。

（8）母线除了与设备连接采用可拆性伸缩节外，并宜在下列位置设置伸缩节：

1）不同沉降部分的分界处；

2）直线段长度超过 20m 时。

（9）为便于监视导体接头温度，宜在主回路上的可拆性连接接头处外壳上设置观察孔，采用便携式测温装置或在线测温装置监测母线外壳和导体的温度。

（10）为了安装焊接和检修的方便，母线外壳至周围的构筑物间距不宜小于 200mm，至下面的楼板面不宜小于 500mm。

（11）设计时应严格按照厂用电原理接线完成高压厂用电源引线的布置，并注意高压厂用变压器低压侧相序应与高压厂用配电装置进线开关柜接口相序保持一致。

（12）母线在穿越防火隔墙或楼板处，其壳外应设防火隔板或用防火材料封堵，防止烟火蔓延。

（13）母线在跨越道路、主厂房大门时，母线高度应满足相应规范要求。

由于机组型式的不同、主厂房布置的不同、厂用电原理接线的不同，A 排外电工构筑物布置的不同等

因素，致使高压厂用电源引线的布置型式也是多样的，现选编几个不同布置供设计参考。

（1）图 12-34 为某 135MW 机组高压厂用电源引线布置示例。其特点是：高压厂用配电装置布置在主厂房 B-C 框架间，主厂房 A-B 框架纵向柱距 33m，B-C 框架纵向柱距 12.5m。距离布置于主厂房 A 排外的高压厂用工作变压器、高压厂用备用变压器较远，每台机设置一台双绕组变压器作为高压厂用工作变压器，两台机设置一台双绕组变压器作为高压厂用备用变压器，每台机设两段高压厂用工作段。如果高压厂用电源引线全部采用封闭母线，母线长度较长；且主厂房 A-B 框架间布置的设备、工艺管道、电缆桥架较多，没有封闭母线的布置空间。该工程设置了高压厂用配电装置进线电缆终端柜，布置于主厂房内靠近 A 排处，该电缆终端柜与高压厂用工作/备用变压器间采用封闭母线连接，电缆终端柜与高压厂用配电装置采用电缆连接。

（2）图 12-35 为某 300MW 级机组高压厂用电源引线布置示例。其特点是：高压厂用配电装置布置在主厂房 A-B 框架间，主厂房横向柱距 12m。每台机设置一台双分裂变压器作为高压厂用工作变压器，两台机设置一台双分裂变压器作为高压厂用备用变压器，每台机设两段高压厂用工作段。高压厂用工作变压器就近布置在高压厂用配电室外侧，高压厂用备用变压器布置在两台机中间位置。高压厂用工作电源引线较短，高压厂用备用电源引线沿主厂房 A 排墙，布置在主厂房外母线支架上。

（3）图 12-36 为某 600MW 级直接空冷机组高压厂用电源引线布置示例。其特点是：高压厂用配电装置布置在主厂房 A-B 框架间，主厂房横向柱距 10m。每台机组设置一台双分裂变压器作为高压厂用工作变压器，设置一台双绕组变压器作为高压厂用公用变压器，两台机组设置一台双分裂变压器作为高压厂用备用变压器，每台机设两段高压厂用工作段，两台机组设置两段高压厂用公用段，每台机高压厂用工作配电

室分别位于每台机组发电机端，高压厂用公用配电室位于其中一台机工作配电室隔壁位置。高压厂用工作（公用）变压器就近布置在高压厂用配电室外侧，高压厂用备用变压器布置在两台机中间位置。高压厂用工作电源引线较短，高压厂用备用电源引线布置在主厂房外空冷平台下母线支架上。

（4）图 12-37 为某 600MW 级机组高压厂用电源引线布置示例。其特点是：高压厂用配电装置布置在主厂房 A-B 框架间，主厂房横向柱距 10m。每台机设置一台双分裂变压器作为高压厂用工作变压器，设置一台双绕组变压器作为高压厂用公用变压器，两台机设置一台双分裂变压器作为高压厂用备用变压器，每台机设两段高压厂用工作段，两台机设置两段高压厂用公用段，高压厂用接线形式与图 12-36 相同。两段高压厂用公用段分别布置在每台机高压厂用工作配电室内。高压厂用工作（公用）变压器就近布置在高压厂用配电室外侧，高压厂用备用变压器布置在两台机中间位置。高压厂用工作电源引线较短，高压厂用备用电源引线沿主厂房 A 排墙布置在主厂房内母线吊架上。

（5）图 12-38 为某 1000MW 级机组高压厂用电源引线布置示例。其特点是：高压厂用配电装置布置在主厂房 A-B 框架间，分上下两层布置。主厂房横向柱距 10m。每台机设置一台双分裂变压器作为高压厂用工作变压器，设置一台双绕组变压器作为高压厂用公用变压器，两台机设置一台双分裂变压器作为高压厂用备用变压器，每台机设两段高压厂用工作段，两台机设置两段高压厂用公用段，两段高压厂用公用段分别布置在每台机高压厂用工作配电室上层配电室内。高压厂用工作（公用）变压器就近布置在高压厂用配电室外侧，高压厂用备用变压器布置在两台机中间位置。高压厂用工作（公用）电源引线较短，高压厂用备用电源引线沿主厂房 A 排墙布置在主厂房外母线支架上。

（6）图 12-39 为某 1000MW 级机组高压厂用电源引线布置示例。其特点是：高压厂用配电装置布置在主厂房 A-B 框架间，单层布置。主厂房横向柱距 10m。每台机设置一台双分裂变压器作为高压厂用工作变压器，两台机设置一台双分裂变压器作为高压厂用备用变压器，每台机设两段高压厂用工作段。高压厂用电源引线采用小离相封闭母线，高压厂用工作变压器就近布置在高压厂用配电室外侧，高压厂用备用变压器布置在两台机中间位置。高压厂用工作电源引线较短，高压厂用备用电源引线沿主厂房 A 排墙布置在主厂房外母线支架上。

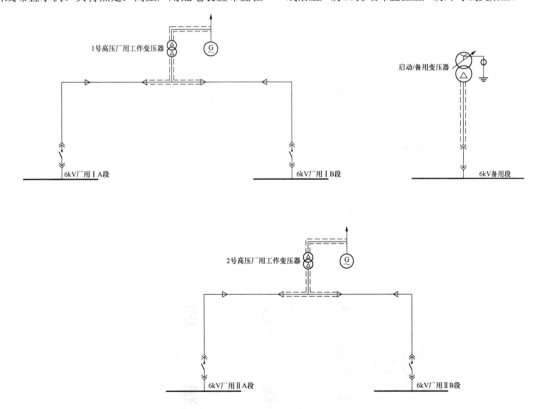

(a)

图 12-34　135MW 机组高压厂用电源引线布置（一）

（a）厂用电原理接线

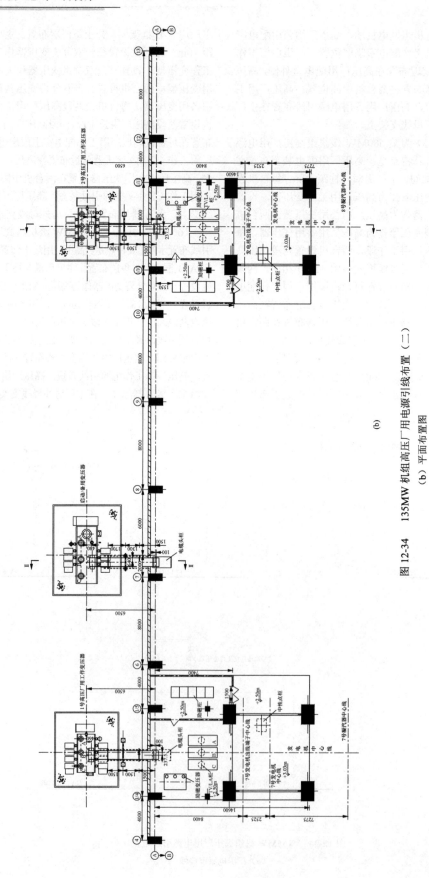

(b)

图 12-34　135MW 机组高压厂用电源引线布置（二）

(b) 平面布置图

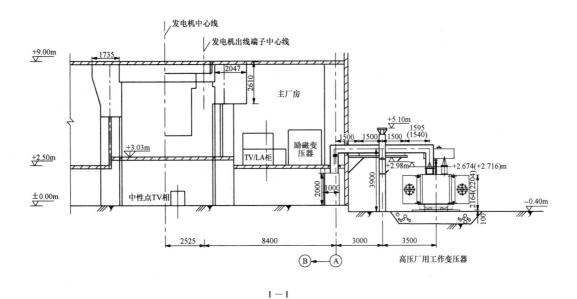

I － I

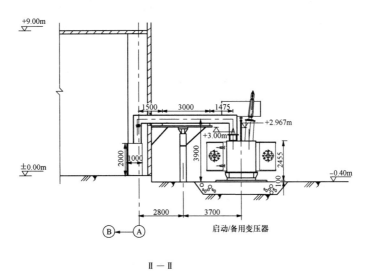

II － II

(c)

图 12-34　135MW 机组高压厂用电源引线布置（三）

（c）断面布置图

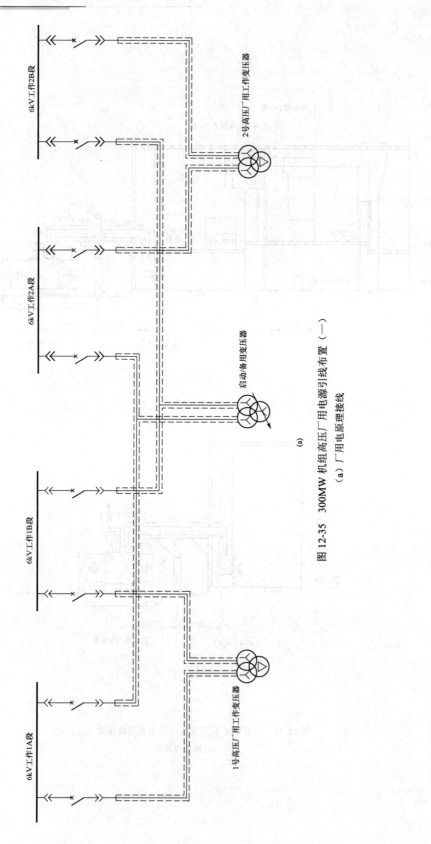

图 12-35 300MW 机组高压厂用电源引线布置（一）

（a）厂用电原理接线

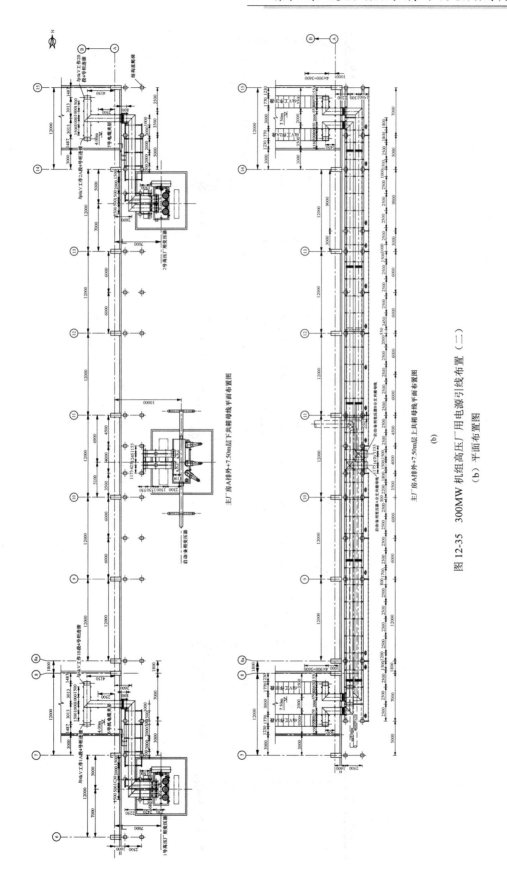

(b)

图 12-35　300MW 机组高压厂用电源引线布置（二）

（b）平面布置图

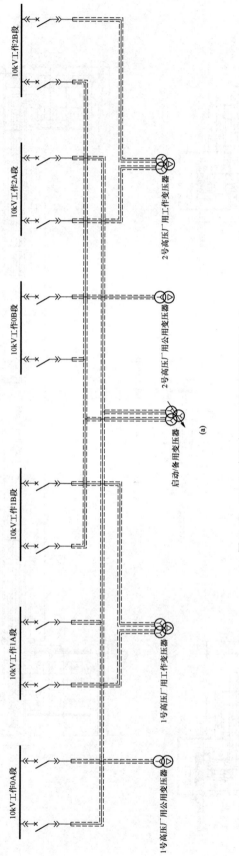

图 12-36　600MW 机组高压厂用电源引线布置（一）

（a）厂用电原理接线

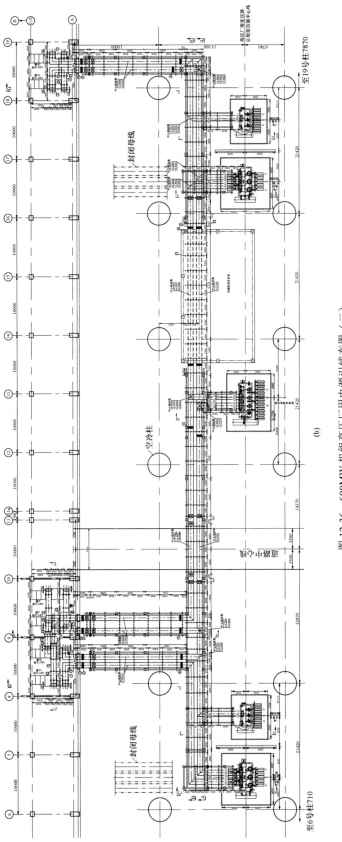

图 12-36　600MW 机组高压厂用电源引线布置（二）

（b）平面布置图

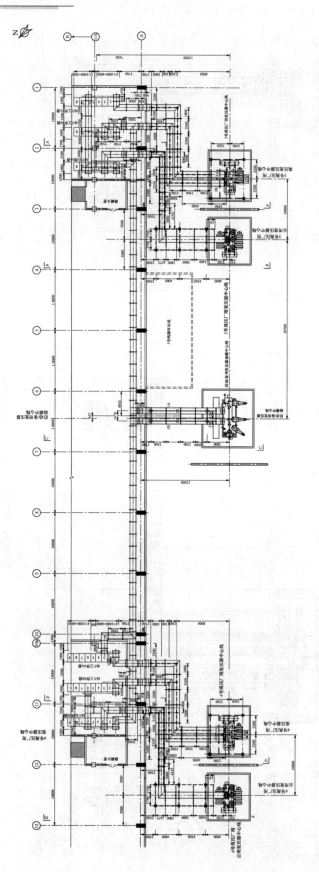

图 12-37　600MW 机组高压厂用电源引线布置

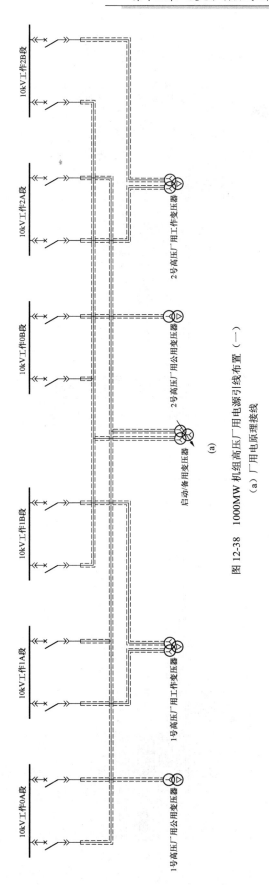

图 12-38　1000MW 机组高压厂用电源引线布置（一）

（a）厂用电原理接线

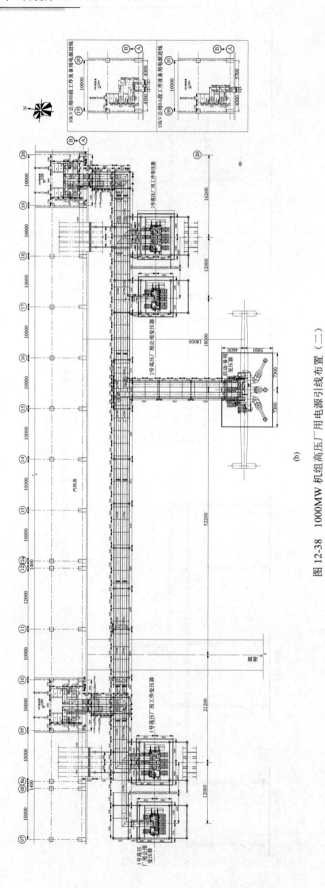

(b)

图 12-38 1000MW 机组高压厂用电源引线布置（二）

(b) 平面布置图

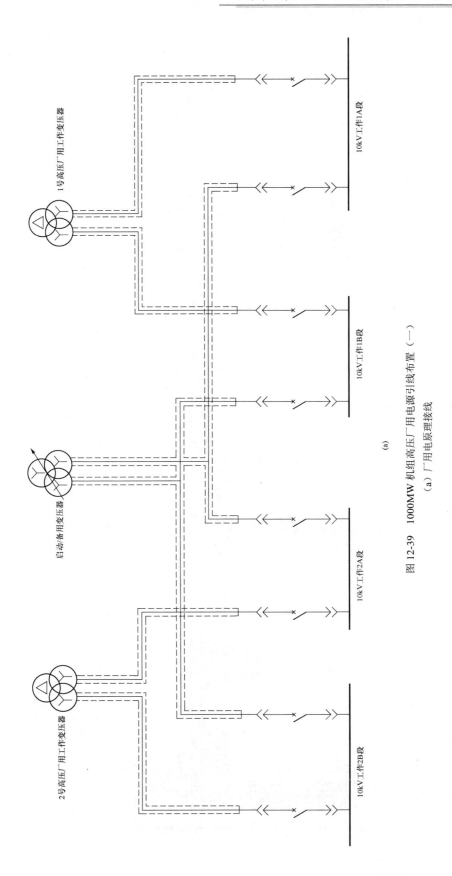

图 12-39 1000MW 机组高压厂用电源引线布置（一）

（a）厂用电原理接线

(a)

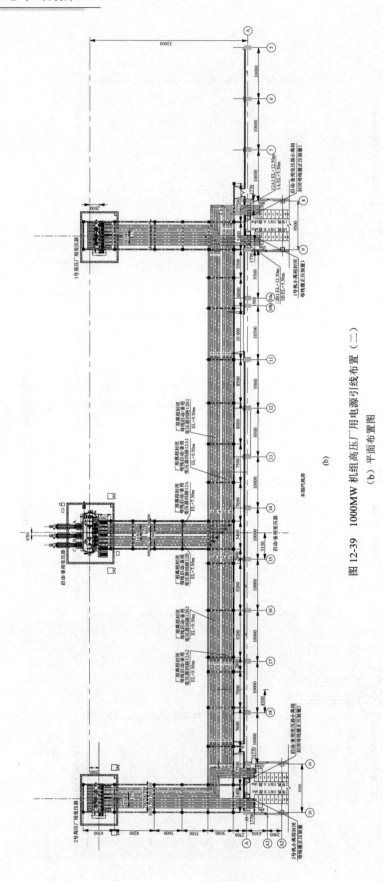

图 12-39　1000MW 机组高压厂用电源引线布置（二）

（b）平面布置图

第十三章

电气建（构）筑物

发电厂的总布置设计要为安全生产、方便管理、节约投资、节约用地创造各种条件，并注意建（构）筑群体的协调，从整体出发，美化环境。好的总体布置，能够在生产过程中，充分发挥先进工艺设备的作用，达到较高的经济效益。

电气建（构）筑物（包括控制楼、屋内配电装置楼、继电器室、屋外构架、变压器基础及支架等）总布置设计是在拟定的厂址和总体规划的基础上，根据电气生产工艺流程和使用的要求，结合当地各种自然条件进行的。要全面处理好总平面布置、竖向布置以及道路交通等问题。

第一节　电气建（构）筑物总平面布置

一、电气建（构）筑物总平面布置的基本原则

（一）满足电气生产工艺流程要求

电气建（构）筑物总平面布置首先要满足电气主接线的要求，力求导线、电缆和交通运输线短捷、通顺，避免迂回，尽可能减少交叉。

在电气建（构）筑物总平面布置中要特别注意解决好以下两个环节：

首先，要把占地面积大的高压配电装置的方位确定好。其方位确定好坏直接影响到高压进出线的布置，关系到整个发电厂的有利条件能否得到充分利用并涉及主要和辅助建（构）筑物的布置是否合理。

其次，要为发电厂电气设备的控制中心——集控楼、主控楼或网络控制楼选择良好的位置，有利于运行人员监视、控制，保证电气设备的安全运行。

（二）兼顾远期规模，妥善处理好分期建设

应根据主接线的远期规模，确定配电装置的最终规模。最终规模包括进出线回路数、主变压器、高压厂用变压器、启动/备用变压器、高压并联电抗器等的数量和容量。最终规模偏大或偏小都会导致总平面布置的不合理，偏大造成浪费，偏小则布置拥挤混乱，影响安全运行。

电气建（构）筑物的布置设计应根据工程特点、规模和发展规划，做到远近结合，并应以近期为主，同时应适当留有扩建的余地。

初期建设的电气建（构）筑物要尽量集中布置，以便分期占地并利于扩建。要减少前后期工程施工与运行方面的互相干扰，为后期工程建设创造较好的施工条件。

（三）布置紧凑合理，尽量节约用地

总平面布置要尽可能减少占地面积，充分利用荒地、劣地、坡地，少占或不占良田，还应注意少拆迁房屋建筑，减少人口迁移。为此：

（1）布置要紧凑合理，在满足运行、检修和防火、防污等要求的前提下，尽量压缩电气建（构）筑物的间距。

（2）按照工程不同特点，分别采用分相中型、高型、半高型、屋内型等节约用地的配电装置和组合式电气设备。

（3）推广多层联合布置。屋内配电装置楼、继电器室、空冷配电室等功能相近或互有联系的电气建（构）筑物宜为多层联合布置。

（四）结合地形地质，因地制宜布置

（1）注意场地的不同自然地形，选择相应的布置方式。

1）尽量使主要建（构）筑物的长轴沿自然等高线布置，以减少基础埋置深度并便于场地排水。

2）因地制宜地选用不同的配电装置布置型式，避开不利地形。

3）位于山区的发电厂电气建（构）筑物不宜紧靠山坡，否则应有防止塌方、危及电气设备和建（构）筑物的措施。

4）对于直接空冷机组，可以结合电压等级和直接空冷的柱距，将直接空冷柱作为构架。

（2）按照各建（构）筑物对工程和水文地质的要求，选择场地内地质构造相对有利的地段。

1）屋内配电装置、主变压器、高压并联电抗器、继电器室等大型电气设备和主要电气建（构）筑物应布置在土质均匀、地基承载力较大的地段。

2）电气建（构）筑物区应避开断层、滑坡、滚石、洞穴、冲沟、岸边冲刷区及塌陷区等不良地质构造的地段。

3）在地震地区，电气建（构）筑物应布置在对抗震有利的地段，如稳定的岩石、坚实的土质和平坦的地形。

（五）符合防火规定，防止火灾事故

为保障电气建（构）筑物的安全运行，总布置要根据 GB 50229《火力发电厂与变电站设计防火规范》的要求，结合各电气建（构）筑物在生产或贮存物品过程中的火灾危险类别及其要求的耐火等级，按照规定的电气建（构）筑物的防火间距进行设计。为了防止储存大量绝缘油的变压器等充油电气设备的火灾和爆炸事故蔓延和扩大，除应校核防火间距外，并应设置贮油设施、挡油设施和总事故贮油池。

主厂房区周围应设置环形消防车道，配电装置区域周围宜设置环形消防车道，以便消防车能迅速到达火灾地点，及时扑灭火灾。消防车道可以用交通道路。

（六）注意风向朝向，以利环境保护

我国大部分地区属于季风气候区，夏季盛行偏南风，冬季盛行偏北风，两者风频相近。当布置总平面时，应具体分析当地的风向玫瑰图，按照建（构）筑物布置的不同要求及相互间的不利影响，分别按季风或常年的盛行风向或最小频率风向（指盛行风向对应轴两侧频率最小的风向）考虑布置位置。

（1）烟囱排污常年都有害。屋外配电装置宜布置在烟囱常年最小风频的下风侧，或盛行风向的上风侧。

（2）湿冷却塔散发的水汽，在冬季危害比较大。屋外配电装置宜布置在湿冷却塔冬季盛行风向的上风侧。

（3）为了防止火灾蔓延，制氢站和储存燃气和燃油装置等易燃易爆设施应单独布置，应布置在明火设备或散发火花设施最小风频的下风侧。

（4）发电厂位于封闭盆地时，因四周有群山屏蔽，静风频率较高，大气中有害物质不易被风带走或扩散，所以布置时要使污秽源相对集中，与电气建（构）筑物尽量保持较大的距离。

（七）控制噪声

发电厂的电气建（构）筑物布置设计应重视控制噪声，降低运行场所的连续噪声级。在满足工艺要求的前提下，宜使主要工作和生活场所避开噪声源，以减轻噪声对人身健康的危害。当电气建（构）筑物紧邻居民区时，其围墙外侧的噪声标准应符合国家相关标准。

电气建（构）筑物中主要噪声源是主变压器、电抗器及电晕放电，其中以前者为最严重，因此，在设计时必须注意主变压器与继电器室的相对布置位置及距离。

发电厂内各类场所的噪声限值，见表 13-1。

表 13-1　　　工业企业噪声控制标准

工 作 场 所	噪声限值 [dB（A）]
生产车间	85
车间内值班室、观察室、办公室、实验室室内背景噪声级	70
计算机房	70
主控市、集中控制室、通信室、电话总机市、消防值班室、一般办公室、会议室、实验室室内背景噪声级	60
值班宿舍室内背景噪声级	55

注　1. 生产车间噪声限值为每周工作 5d、每天工作 8h 等效声级；对于每周工作 5d，每天工作不是 8h，需计算 8h 等效声级；对于每周工作不是 5d，需 10h 等效声级。

　　2. 室内背景噪声级指室外传入室内的噪声级。

　　3. 本表中的数据引自 GB/T 50087—2013《工业企业噪声控制设计规范》。

厂界噪声限值见表 13-2。

表 13-2　　　厂 界 噪 声 限 值　　　dB（A）

厂界外声环境功能区类别	时 段	
	昼夜	夜间
指康复疗养区等特别需要安静的区域	50	40
指以居民区、医疗卫生、文化教育、科研设计、行政办公为主要功能，需要保持安静的区域	55	45
指以商业金融、集市贸易；或者居住、商业、工业混杂，需要维护住宅安静的区域	60	50
指以工业生产、仓储物流为主要功能，需要防止工业噪声对周围环境产生严重影响的区域	65	55
指交通干线两侧一定距离之内，需要防止交通噪声对周围环境严重影响的区域，包括高速公路、一级公路、二级公路、城市快速路、城市主干路、城市次干路、城市轨道交通（地面段）、内河航道两侧区域、铁路干线两侧区域	70	55

注　本表中的数据引自 GB 12348—2008《工业企业厂界环境噪声排放标准》和 GB 3096—2008《声环境质量标准》。

发电厂的主厂房内汽轮机、锅炉及其附属设备的噪声比较严重，工艺等相关专业应考虑限制其噪声影响，确保位于机炉中心的单元集控室安静。对于发电厂的主控制室和网络控制楼，则除 6MW 及以下小机组外，均应布置在高压配电装置场地内（离开主厂房），以避开其噪声影响。

控制电气建（构）筑物的噪声，首先要选用低噪声设备，并在总平面布置中遵循下列布置原则：

（1）主变压器、高压电抗器、空气压缩机和冷却塔等噪声源不宜与控制室、通信室、办公室等要求安静的建筑物平行相对布置，必要时可以采用一列式布置，使端墙起到良好的隔声作用，以避免噪声的直接影响。

（2）改善门窗布置位置，以减轻噪声的传播影响。

（3）在可能的条件下，把噪声源集中布置在对安静区域影响较小的地段，如常年盛行风向的下风侧或最小风频的上风侧。

（4）当电气建（构）筑物附近有居民区时，噪声源不宜靠围墙布置。

（5）当采取上述措施不能满足防噪声要求时，则应加大噪声源与要求安静建筑物的距离。对于变压器和电抗器等，噪声衰减值 ΔL（与离噪声设备外壳 1m 处相比），可采用以下方法计算：

当 $r=1\sim5m$ 时，$\Delta L=0.3-6.1\lg r$　（dB）　　(13-1)

当 $r>5m$ 时，$\Delta L=7.1-16\lg r$　（dB）　　(13-2)

式中　r——离噪声设备外壳的距离，m。

（八）有利于交通运输及检修活动

交通运输是总布置设计的一个重要部分。初期和最终的全厂总平面布置要充分适应电气建（构）筑物和设备的交通运输，以及消防和巡检的使用要求，做到安全方便和经济合理。在总平面布置上还要为变压器等电气设备留有必要的就地检修场地。

（九）电气建（构）筑物与外部条件相适应

1. 注意山区与平原地区布置的不同特点

电气建（构）筑物布置在平原地区时，具有交通方便、进出线顺畅、土方量少、布置灵活不受地形限制、有良好的扩建条件、容易获得较佳设计及运行效果等优点。但建设在山区时则与此相反，往往紧邻山坡、场地狭窄、高差较大、相应需要设排洪沟、设置防止滑坡措施、压缩配电装置占地及做阶梯布置等。

2. 电气建（构）筑物与城镇和工业区规划相适应

电气建（构）筑物布置在城镇或工业区时，要符合城镇或工业区规划的要求。面临城镇街道、公路或旅游区时，建筑面的体形和立面应与周围环境相协调。位于工业污秽及沿海盐雾地区时，应采用合理的配电装置型式，并采用相应的防污秽措施。

3. 合理安排架空出线走廊

发电厂的高压进出线，往往要占有出线走廊，集中并统一出线，应须注意：

（1）高压配电装置的布置要适应高压出线走廊方位。出线间隔的排列顺序，要避免出线交叉。

（2）配电装置的出线门型架与线路终端塔间的水平转角和距离，应根据门型架宽度和结构，校验受力状况和安全净距。

（3）高压电缆线路的费用较贵，当架空出线走廊狭窄，或难以取得在经济上合理时，可以采用电缆。

二、电气建（构）筑物的间距

（一）防火间距

防火间距按建（构）筑物的火灾危险性类别和最低耐火等级确定。

1. 电气建（构）筑物的火灾危险性类别

建（构）筑物的火灾危险性类别分为甲、乙、丙、丁、戊五类。甲类危险性最大，发电厂电气及其附属建（构）筑物，除制氢站属于甲类外，其他都属于丙、丁、戊类。

2. 电气建（构）筑物的耐火等级

建（构）筑物的耐火等级是由建筑构件（梁、柱、楼板、墙等）的燃烧性能和耐火极限决定的，可分为一、二、三、四级。

一级耐火等级建筑是钢筋混凝土结构或砖墙与钢混凝土结构组成的混合结构。

二级耐火等级建筑是钢结构屋架、钢筋混凝土柱或砖墙组成的混合结构。

三级耐火等级建筑物是木屋顶和砖墙组成的砖木结构。

四级耐火等级是木屋顶、难燃烧体墙壁组成的可燃结构。

一、二级耐火极限的建（构）筑物防火条件好，其层数不限。发电厂电气及其附属建（构）筑物的耐火极限，除吸收塔、灰库和冷却塔外，都属于一、二级耐火等级。

电气建（构）筑物的火灾危险性类别及其耐火等级见表 13-3。

3. 电气建（构）筑物防火间距

发电厂电气建（构）筑物防火间距见表 13-4。

表 13-3　　　　　电气建（构）筑物的火灾危险性分类及其耐火等级

建（构）筑物名称	火灾危险性分类	耐火等级	建（构）筑物名称	火灾危险性分类	耐火等级
主厂房（汽机房、除氧间、集中控制楼、煤仓间、锅炉房）	丁	二级	除尘构筑物	丁	二级
吸风机室	丁	二级	烟囱	丁	二级

续表

建（构）筑物名称	火灾危险性分类	耐火等级	建（构）筑物名称	火灾危险性分类	耐火等级
空冷平台	戊	二级	冷却塔	戊	三级
脱硫工艺楼、石灰石制浆楼、石灰石制粉楼、石膏库	戊	二级	化学水处理室、循环水处理室	戊	二级
脱硫控制楼	丁	二级	供氢站、制氢站	甲	二级
吸收塔	戊	三级	启动锅炉房	丁	二级
增压风机室	戊	二级	空气压缩机室（无润滑油或不喷油螺杆式）	戊	二级
屋内卸煤装置	丙	二级	空气压缩机室（有润滑油）	丁	二级
碎煤机室、运煤转运站及配煤楼	丙	二级	热工、电气、金属试验室	丁	二级
封闭式运煤栈桥、运煤隧道	丙	二级	天桥	戊	二级
筒仓、干煤棚、解冻室、室内贮煤场	丙	二级	变压器检修间	丙	二级
输送不燃烧材料的转运站	戊	二级	雨水、污（废）水泵房	戊	二级
输送不燃烧材料的栈桥	戊	二级	检修车间	戊	二级
供、卸油泵房及栈台（柴油、重油、渣油）	丙	二级	污（废）水处理构筑物	戊	二级
油处理室	丙	二级	给水处理构筑物	戊	二级
主控制楼、网络控制楼、微波楼、继电器室	丁	二级	电缆隧道	丙	二级
屋内配电装置楼（内有每台充油量大于 60kg 的设备）	丙	二级	柴油发电机房	丙	二级
屋内配电装置楼（内有每台充油量小于等于 60kg 的设备）	丁	二级	尿素制备及储存间	丙	二级
油浸变压器室	丙	一级	氨区控制室	丁	二级
岸边水泵房、循环水泵房	戊	二级	卸氨压缩机室	乙	二级
灰浆、灰渣泵房	戊	二级	氨气化间	乙	二级
灰库	戊	三级	特种材料库	丙	二级
生活、消防水泵房、综合水泵房	戊	二级	一般材料库	戊	二级
稳定剂室、加药设备室	戊	二级	材料棚库	戊	二级
取水建（构）筑物	戊	二级	推煤机库	丁	二级

注　本表引自 GB 50229—2006《火力发电厂与变电站设计防火规范》。

表 13-4　　　　　　　　　发电厂电气建（构）筑物防火间距　　　　　　　　　（m）

建（构）筑物、设备名称		乙类建筑 耐火等级 一、二级	丙、丁、戊类建筑 耐火等级 一、二级	丙、丁、戊类建筑 耐火等级 三级	屋外配电装置	露天卸煤装置或贮煤场	氢气站或供氢站	氢气罐	点火油罐区储油罐 罐区总容量 $V(m^3)$ $V \leqslant 1000$	点火油罐区储油罐 $1000 < V \leqslant 5000$	办公、生活建筑（单层或多层）耐火等级 一、二级	办公、生活建筑 三级	铁路中心线 厂外	铁路中心线 厂内	厂外道路（路边）	厂内道路（路边）主要	厂内道路（路边）次要
乙类建筑	耐火等级 一、二级	10	10	12	25	8	12	12	15(20)	20(25)	25	25	—				
丙、丁、戊类建筑	耐火等级 一、二级	10	10	12	10	8	12	12	15(20)	20(25)	10	12	—				
丙、丁、戊类建筑	耐火等级 三级	12	12	14	12	10	14	15	20(25)	25(30)	12	14	—				
屋外配电装置		25	10	12	—	15（褐煤）	25	25	25	25	10	12	—	—			

续表

建（构）筑物、设备名称			乙类建筑 耐火等级 一、二级	丙、丁、戊类建筑 耐火等级 一、二级	三级	屋外配电装置	露天卸煤装置或贮煤场	氢气站或供氢站	氢气罐	点火油罐区储油罐 罐区总容量 V(m³) V≤1000	1000<V≤5000	办公、生活建筑（单层或多层）耐火等级 一、二级	三级	铁路中心线 厂外	厂内	厂外道路（路边）	厂内道路（路边）主要	次要
主变压器或屋外厂用变压器	单台油量 m(t)	5≤m≤10	25	12	15	—	15（25褐煤）	25	25	40		15	20	—	—	—	—	—
		10<m≤50		15	20							20	25					
		m>50		20	25							25	30					
露天卸煤装置或贮煤场			8	8	10	15 / 25（褐煤）	—	15	15	15 / 25（褐煤）		8	10	—	—	—	—	—
氢气站或供氢站			12	12	14	25	25（褐煤）	—	15	25		25		30	20	15	10	5
氢气罐			12	12	15	25	25（褐煤）	15	—	25		25		30	20	15	10	5
点火油罐区储油罐	罐区总容量 V(m³)	V≤1000	15(20)	15(20)	20(25)	25	25（褐煤）	25	25	—		20(25)	25(32)	30(35)	20(25)	15(20)	10(15)	5(10)
		1000<V≤5000	20(25)	20(25)	25(30)	25		25	25	—		25(32)	32(38)	30(35)	20(25)	15(20)	15	10
液氨罐总容积 V₁(m³)	单罐容积 V₂(m³)	V₁≤50 / V₂≤20	13	13	16	34	30	24	24(30)	30		25	20	25	20	20	15	10
50<V₁≤200	V₂≤50		15	15	19	37	34	26	26(34)	34								
200<V₁≤500	V₂≤100		16	16	20	41	37	30	30(37)	37		30	25	30	25			
500<V₁≤1000	V₂≤200		19	19	22	45	41	34	34(41)	41		35	30	35	30			
办公、生活建筑（单层或多层）	耐火等级	一、二级	25	10	12	10	8	25	25	20(25)	25(32)	6	7	—	—	—	—	—
		三级	25	12	14	12	10	25	25	25(32)	32(38)	7	8	—	—	—	—	—

注　本表引自 GB 50229《火力发电厂与变电站设计防火规范》。

4. 变压器等充油电气设备间的防火间距

变压器等充油电气设备的内部贮有大量绝缘油，是闪点不低于 135℃ 的可燃油。其防火间距为：

（1）油量均在 2500kg 以上的屋外油浸变压器或油浸高压并联电抗器之间的防火间距，不得小于下列数据：

35kV 及以下，	5m;
63kV，	6m;
110kV，	8m;
220kV 及 330kV，	10m;
500kV 及以上，	15m。

（2）油量为 2500kg 及以上的屋外油浸变压器或高压电抗器，与油量为 600kg 以上且 2500kg 以下的带油电气设备之间的防火间距不应小于 5m。

（3）当不能满足上述防火间距时，应设置不小于 4h 耐火极限的防火隔墙。

（二）电气建（构）筑物与冷却设施的间距

发电厂用水量大，冷却塔一般均装除水器以减轻水雾污染。发电厂电气建（构）筑物与冷却设施的间距见表 13-5。

表 13-5　发电厂电气建（构）筑物与冷却设施的间距　　（m）

冷却设施名称	屋外配电装置和主变压器	一、二、三级耐火等级建筑物
自然通风冷却塔	25~40[*]	30
机力通风冷却塔	40~60[**]	35

注 1. 本表引自 DL/T 5032—2005《火力发电厂总图运输设计技术规程》;

[*]　为冷却塔零米（水面）外壁至屋外配电装置构架边净距。当冷却塔位于屋外配电装置冬季盛行风向的上风侧时为 40m，位于冬季盛行风向的下风侧时为 25m。

[**]　在非严寒地区采用 40m，严寒地区采取有效措施后可小于 60m。

（三）电气建（构）筑物与露天卸煤装置或贮煤场的间距

为了防止由于煤尘污染引起闪络事故和减少屋外配电装置清洗次数，屋外配电装置和变压器与露天卸煤装置或贮煤场的最小间距为50m。此外，丙、丁、戊类生产建筑（一、二、三级耐火等级）与露天卸煤装置或贮煤场的最小间距为15m。

（四）电气建（构）筑物与发电厂内道路路边的间距

电气建（构）筑物与发电厂内道路路边的间距见表13-6。

表13-6　电气建（构）筑物与发电厂内道路路边的间距　（m）

电气建（构）筑物名称	发电厂内道路	
	主要	次要
丙、丁、戊类生产建筑一、二、三级耐火等级	无出口时取1.5，有出口时取3有出口有引路时取7～9	
屋外配电装置	15	
制氢站、贮氢罐	10	5
总事故贮油池	3	

第二节　电气建（构）筑物的竖向布置及道路

一、竖向布置

在总平面布置中要考虑竖向布置的合理性，而在竖向布置中往往又需要对总平面布置进行局部修正，统筹处理好两者之间的关系是搞好总布置的重要环节。

竖向布置任务是善于利用和改变建设场地的自然地形，以满足生产和交通运输的需要，便于场地排水，为建构筑物基础埋设深度创造合适条件，并且力求土石方工程量和人工支挡构筑物的工程为最少，挖填方基本平衡。

电气建（构）筑物的竖向布置，要处理好以下两个方面的问题。

（一）合理确定电气建（构）筑物各部分的场地标高

首先，发电厂地址标高应高于百年一遇的高水位，否则应有可靠的防洪设施。位于山区和内涝地区时，应有防排山洪和内涝措施。

（1）高压配电装置占地面积大，对发电厂配电装置的竖向布置起决定性的作用，首先应结合地形、交通道路、排水和土石方平衡等因素，综合确定屋外配电装置的设计标高。

（2）发电厂内场地标高应高于或局部高于发电厂外地面。电气建（构）筑物场地设计坡度一般为0.5%～2%，在困难地段，局部不应小于0.3%，以利于场地排水，局部最大坡度不宜超过6%，必要时宜由防冲刷措施。主要生产建筑物的室内地坪标高应高出室外0.3m以上，辅助建筑物的室内地坪标高应高出室外0.15m以上。在湿陷性黄土地区，多层建筑的室内地坪应高出室外地坪0.45m。

（3）建（构）筑物的长轴宜平行于自然等高线布置，以节约土石方，减少基础工程量并便于场地排水。屋外配电装置平行于母线方向的坡度一般不大于1%，两段架构标高差不宜超过1～1.5m，当采用硬管母线时，还要适当减少。同一配电装置的纵向和横向坡度不能同时太大，以免隔离开关操作困难，应尽量采用单向放坡。

（4）发电厂区自然地形坡度在3%及以上时，宜采用阶梯式布置。台阶宜按生产区域进行划分，应满足建（构）筑物和设备布置的要求，例如各级电压配电装置、主控制楼、主变压器可分别作为一个台阶，以便于运行检修、设备运输和管线敷设，台阶数量应尽量减少。台阶位置的确定应注意滑坡、危岩等不良地质的影响。相邻台阶的连接有放坡和设置挡土墙两种形式，可按实际情况确定，也可两种形式结合使用。

（二）场地排水要畅通

（1）电气建（构）筑物的场地，一般采用地面散流和明沟排水，有条件时也可采用雨水下水系统排水。采用地面散流排水时，要通过围墙下部的排水孔将水排出；采用明沟排水时，明沟宜沿道路布置，并尽量减少与道路交叉。

（2）屋外配电装置内，被地面电缆沟拦截场地的雨水，宜在电缆沟上设置渡槽或采用雨水下水道方式排除。为防止雨水夹带泥流入电缆沟内，沟壁一般高出地面0.1～0.15m。

（3）当电气建（构）筑物区无法采用自流排水时，应设机械排水设施。

二、道路

发电厂配电装置内交通运输是否方便，取决于道路设计是否合理。道路分三级：

Ⅰ级，主要道路。由大门至主厂房、继电器室、主变压器的道路，需行驶大型平板车。

Ⅱ级，次要道路。除主要道路外，需要行驶汽车的道路。

Ⅲ级，巡视及人行小道。

（一）布置原则

（1）道路应结合发电厂配电装置区域的划分进行

布置，充分适应各电气建（构）筑物交通运输、消防、巡视和设备检修的使用要求，并且也作为各建（构）筑物间的分界标志。

（2）道路布置要力求规划，与主要建（构）筑物平行，宜环形贯通。

（3）道路设计标高及纵坡应与场地的竖向布置相适应，一般应与场地排水坡向保持一致，便于运输和排水。当采用阶梯布置时，要结合地形设置道路，通过道路把各个阶梯连成整体。

（4）主要道路与高压线，一般要处于不同方向，或相互错开，尽可能避免穿越高压线。

（5）穿越道路的电缆隧道或沟应有足够强度，以保证行车安全。

（二）路面设计

（1）发电厂配电装置内主要环形消防道路路面宽度宜为 4m。

（2）发电厂配电装置内道路路面宽度一般为 3.5m，以行驶 40t 以下吊车及消防车；220～1000kV 电气建（构）筑物区的主要道路，考虑大型平板车的通行，可放宽至 4～5m；巡视小路一般宽度为 0.6～1m；屋外配电装置内需要进行巡视、操作和检修的设备四周，应铺砌宽度为 0.8～1m 的小岛式混凝土地坪。

（3）发电厂内道路的转弯半径应根据行车要求和行车组织要求确定，一般不应小于 7m。

（4）发电厂内道路宜采用混凝土路面，当具备施工条件和维护条件时也可采用沥青混凝土路面。

第三节 发电厂电气建（构）筑物的总布置

一、发电厂主要电气建（构）筑物的布置方式

（一）高压出线及高压配电装置布置

我国大多数发电厂的高压配电装置均布置在主厂房前，向主厂房前方出线，主厂房方位的选择要考虑高压输电线出线的方便。

（1）当发电厂位于城镇或工业园区时，主厂房方位应使高压出线走廊符合城镇或工业园区规划的要求。

（2）厂址紧邻江、河、湖、海时，高压输电线不宜面向水面方向出线，否则应留有侧向出线走廊。

（3）当厂房紧邻陡峻高山时，应避免使汽机房面向高坡，以利于高压输电线出线。

发电厂高压配电装置根据不同情况，结合主厂房及水工建构筑物的布置，可分为多种形式，详见本节之"三、发电厂电气建（构）筑物总布置的各

种形式"。

（二）变压器（包括主变压器、厂用高压变压器和启动/备用变压器）布置

1. 变压器布置在汽机房前

我国大多数发电厂的汽机房采用纵向布置方式，主变压器、厂用高压变压器和启动/备用变压器均布置在汽机房前。

（1）变压器（包括主变压器、厂用高压变压器和启动/备用变压器）紧靠汽机房 A 排柱布置时（见图 13-1），可以缩短发电机至主变压器、厂用高压变压器和启动/备用变压器至厂用配电装置的距离。

（2）主变压器布置在高压配电装置场地内时，避开了汽机房前的管线走廊，可以缩短循环水管长度。

1）单机容量 200MW 及以上发电机组的电流较大，采用结构复杂、造价较高的离相封闭母线，宜把主变压器紧靠 A 排柱布置，以缩短离相封闭母线的长度。但是，部分采用 750kV 或者 1000kV 高压配电装置的大型发电厂，在厂区纵向尺寸受限的情况下，需要采用 GIS 配电装置，且主变压器高压侧与高压配电装置采用直接连接方式。由于 750kV 或者 1000kV 气体绝缘管形母线（GIL）比离相封闭母线价格高，上述情况下，可以将主变压器布置在高压配电装置场地内（见图 13-2），以减小 GIL 的长度。厂用高压变压器和高压停机变压器紧靠 A 排柱布置。

2）单机容量 100～125MW 发电机组的主变压器，一般紧靠汽机房 A 排柱布置，但也可布置在高压配电装置场地内。

3）单机容量 12～60MW 发电机组的电流较小，主变压器一般布置在高压配电装置场地内，发电机采用架空组合导线跨越管线走廊接至主变压器或发电机电压配电装置。

（3）变压器（包括主变压器、厂用高压变压器和启动/备用变压器）布置在空冷平台下时（见图 13-9），可避开空冷柱网布置，有效利用空冷平台下空间。

2. 变压器布置在汽机房固定端

对于部分汽机房采用横向布置方式的发电厂，变压器（包括主变压器、厂用高压变压器和启动/备用变压器）可布置在汽机房固定端（见图 13-3）。

3. 变压器布置在汽机房内

对于部分厂区面积受限的发电厂，可将变压器（包括主变压器、厂用高压变压器和启动/备用变压器）布置在汽机房内，如图 13-4 所示。

（三）主控制楼和网络控制楼布置

控制楼的布置方式，按照发电厂单机容量的大小而不同。

（1）单机容量为 6MW 及以下的小型发电厂，其主控制楼（室）毗连主厂房布置。

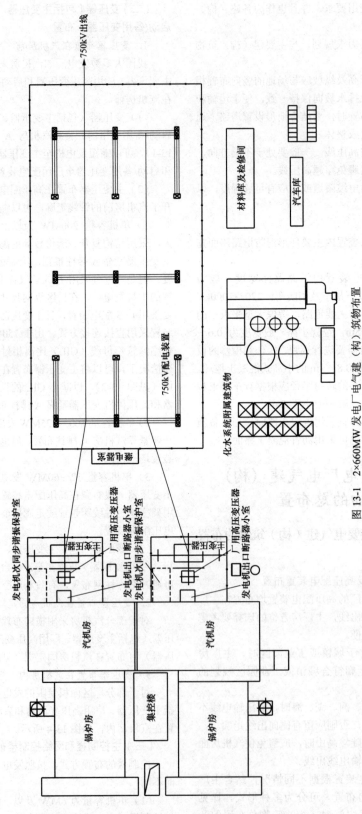

图 13-1 2×660MW 发电厂电气建（构）筑物布置
（变压器、发电机次同步振荡保护室和发电机出口断路器小室布置在主厂房前）

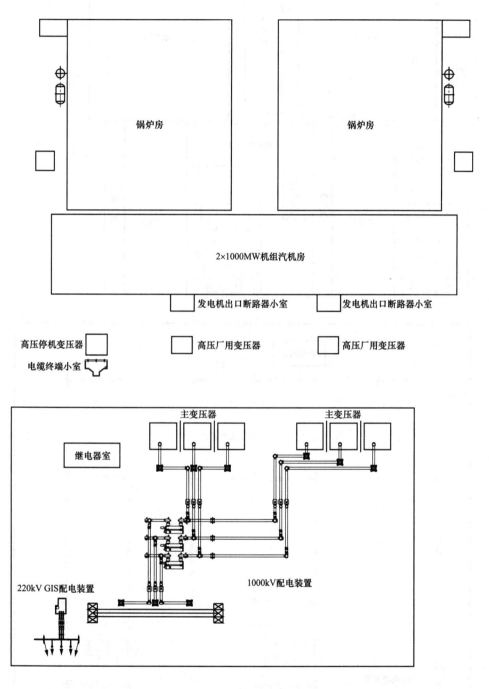

图 13-2 2×1000MW 发电厂电气建（构）筑物布置

（主变压器布置在高压配电装置场地内）

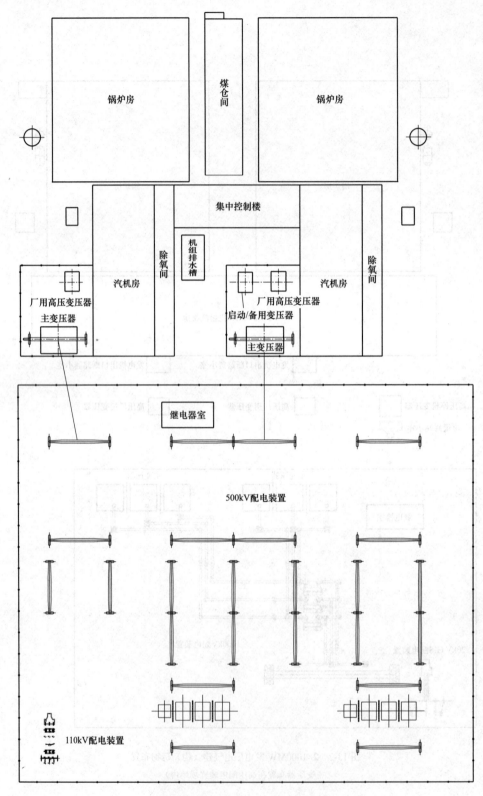

图 13-3 2×1000MW 发电厂电气建（构）筑物布置

（汽机房横向布置，变压器布置在汽机房固定端）

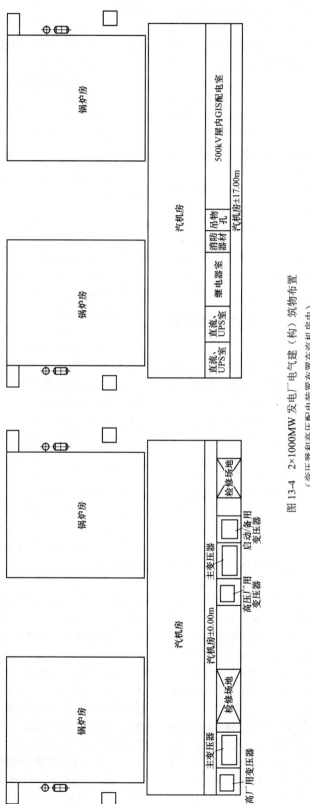

图 13-4 2×1000MW 发电厂电气建（构）筑物布置

（变压器和高压配电装置布置在汽机房内）

（2）单机容量为 12～125MW 的中、小型发电厂，一般把主控制楼布置在高压配电装置场地内，使控制电缆的长度较短，以利于对高压配电装置的运行管理，并与主厂房有天桥相连。主控制楼与主厂房分开布置还可不受主厂房振动和噪声影响，而且通风采光条件好。

（3）单机容量为 200MW 及以上的大型发电厂采用机炉电单元控制室（单机容量为 100～125MW 的机组视具体情况，也可采用机炉电单元控制室），布置在主厂房内。当主接线比较简单，远景规划明确，出线回路数少时，可将出线部分的控制设置在单元控制室内；当主接线较复杂，出线回路数多时，可另设网络控制室，专职控制高压配电装置的出线。一般将网络控制室布置在高压配电装置场地内。当场地纵向尺寸受限时，也可将网络控制室布置在高压配电装置场地侧面，或与其他建筑物合并布置；当发电厂采用 3/2 断路器接线时，可按串就地布置网络控制室。当 220kV 配电装置为高型布置时，与网络控制楼之间可设天桥连接。

二、发电厂电气建（构）筑物总布置的特点

（一）发电厂的中心是主厂房，居于主导地位，电气建（构）筑物须要围绕主厂房进行布置。发电厂总布置中有主厂房等五个生产区和一个厂前区

（1）主厂房区，包括汽机房、除氧间、煤仓间、锅炉房以及附属的除尘器、引风机、烟道及烟囱。

（2）电气建（构）筑物（升压站）区，包括出线及高压配电装置、变压器（包括主变压器、厂用高压变压器和启动/备用变压器）及主控制楼或网络控制楼。

（3）水工建构筑物区。

（4）输煤及其储存区。

（5）辅助和附属建筑区。

厂前区包括行政管理及生活设施区。一般将厂前区布置在发电厂主要入口处，位于主厂房固定端一侧。

主厂房布置在厂区中央，成为全厂生产活动中心，而电工、水工、输煤、辅助、厂前区等建（构）筑物则围绕主厂房布置，以取得良好的经济效果。主厂房宜选择在相对地势较高、地质良好的地段，但其具体方位的确定，则又受冷却水源、铁路或水路运煤和高压出线走廊等因素的制约。因此，整体布局应以统筹兼顾、全面安排为原则。

（二）重点处理好与水工建（构）筑物布置的矛盾

主厂房中的汽机房要尽量靠近江、河、湖、海或冷却塔，以利于汽轮机进出循环冷却水。但高压配电装置也要靠近汽机房，以利于发电机出线接至高压配电装置。因此，要按各发电厂的不同情况，通过技术经济比较，处理好与水工建（构）筑物布置的矛盾。

（三）高压配电装置的位置与高压出线走廊方位相适应

发电厂高压配电装置的位置，还需要与高压出线走廊方位相适应，以便于出线，因而它是一个综合性问题，需与有关专业共同协商，合理布置。

（四）不设调相机等无功补偿装置

升压站不设调相机、静止补偿装置、串联补偿装置等无功补偿装置，仅大型发电厂升压站可能装设并联电抗器；高压配电装置大多平行于主厂房前，为一列式布置。因此，升压站内部布置较变电站简单。

三、发电厂电气建（构）筑物总布置的各种形式

发电厂电气建（构）筑物的总布置，按照其主体建（构）筑物—高压配电装置的布置，结合主厂房及水工建（构）筑物的布置，可分为多种形式。高压配电装置的位置，要根据发电厂全厂总布置的总体规划和全面技术经济比较才能确定。

通常，为了便于与发电机连接，高压配电装置平行布置于主厂房前。

在确定高压配电装置平行于主厂房前的位置时，应注意以下问题：

（1）按电气主接线的要求，使发电机引出线的连接在初期和最终时都较为方便。为了合理安排每台发电机引出线的位置，使出线偏角不致过大，甚至有时需要改变配电装置本体的布置型式。

（2）要避开管线走廊。因为汽机房 A 排柱外侧是发电厂管线最集中的地方，有循环水进出水管沟、上下水管沟、事故排油管、热网管架、暖气沟等。高压配电装置与汽机房间应按最终规模留出足够的管线走廊。

高压配电装置布置在主厂房前，有以下几种形式。

（一）有 6～10kV 发电机电压配电装置及升高电压配电装置

发电机母线自汽机房引出后，以架空组合导线跨过管线走廊接至 6～10kV 发电机电压配电装置，然后经过主变压器接至高压配电装置。图 13-5 示意机组容量为 2×25MW＋1×50MW 热电厂的总布置。

（二）高压配电装置面向水源

当高压配电装置面向水源时，高压输电线不能跨越江、河、湖、海，因而要有侧向出线走廊。图 13-6 示意机组容量为 2×125MW＋2×250MW 发电厂的总布置，高压输电线从高压配电装置引出，利用水库边缘地区作为侧向出线走廊。

（三）高压配电装置两侧都布置冷却塔

高压配电装置与冷却塔间的位置要符合规程关于风向和距离的要求，减少水雾对高压配电装置的影响。图 13-7 示意机组容量为 4×660MW 发电厂的总布置。

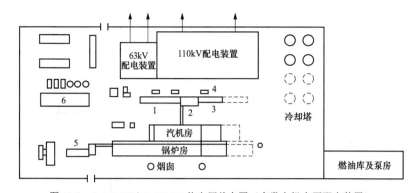

图 13-5 2×25MW＋1×50MW 热电厂总布置（有发电机电压配电装置）

1—6kV 配电装置；2—控制楼；3—10kV 配电装置；4—主变压器；5—生产办公楼；6—化学水处理室

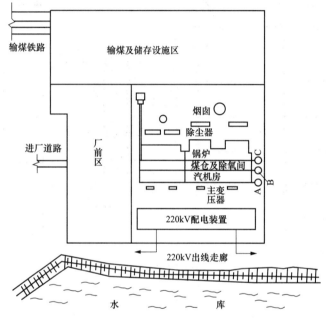

图 13-6 2×125MW＋2×250MW 发电厂总布置

（高压配电装置面向水源）

500kV 高压配电装置布置在两座冷却塔之间，冷却塔塔身边缘与高压配电装置的距离满足规程要求。

（四）高压配电装置和冷却塔同时布置在主厂房前

大型发电厂所需冷却水量大，循环水的进排水管径大、根数多、造价高。为缩短进排水管长度，节省投资，把冷却塔直接布置在汽机房前，高压配电装置则布置在冷却塔前而距汽机房较远。图 13-8 示意机组容量为2×1000MW 发电厂的总布置。此时，发电机母线自汽机房引出后，先接至紧靠汽机房的主变压器，然后以高压架空线或高压电缆穿过冷却塔接至高压配电装置。

（五）高压配电装置和直接空冷平台同时布置在主厂房前

当大型发电厂主机排汽采用直接空冷系统时，需要在主厂房前布置空冷平台，高压配电装置与空冷平台间的位置要符合距离的要求。根据高压配电装置型

式的不同，可将高压配电装置和直接空冷平台的布置分为以下几种形式。

（1）高压配电装置采用敞开式（AIS）布置方式或气体绝缘全封闭组合电器（GIS）布置方式，可将其布置在空冷平台前。图 13-9 示意机组容量为2×1000MW 发电厂主厂房外电气建（构）筑物的总布置。此时，发电机母线自汽机房引出后，先接至空冷平台下布置的主变压器，然后利用空冷柱网之间的钢梁作为高压架空线的挂线点，引接至 750kV 屋外 AIS 配电装置。图 13-10 示意机组容量为 2×660MW 发电厂主厂房外电气建（构）筑物总布置。此时，发电机母线自汽机房引出后，先接至空冷平台下布置的主变压器，然后利用气体绝缘管形母线（GIL）引接至 750kV 屋外 GIS 配电装置，主变压器与 750kV 屋外 GIS 配电装置采用直接连接方式。

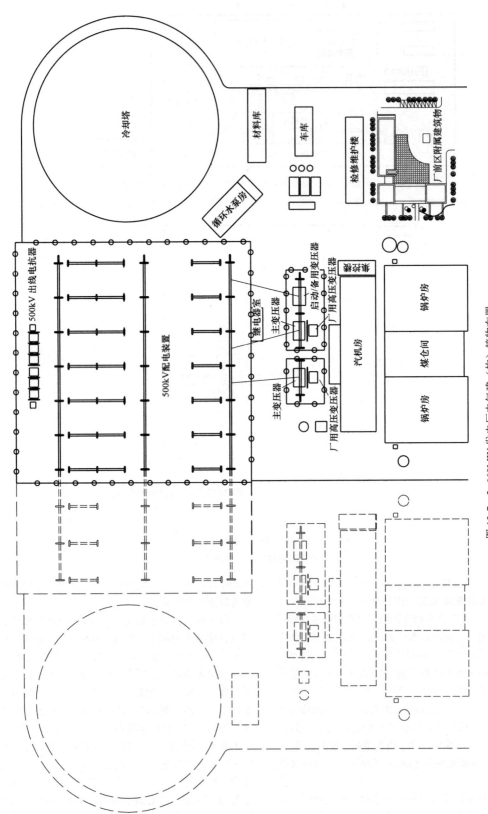

图 13-7 2×660MW 发电厂电气建（构）筑物布置
（高压配电装置两侧都布置冷却塔）

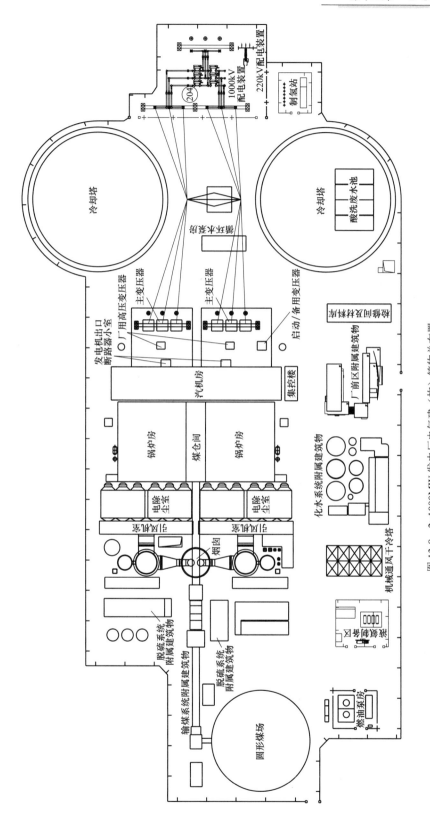

图 13-8　2×1000MW 发电厂电气建（构）筑物总布置
（高压配电装置和冷却塔同时布置在主厂房前）

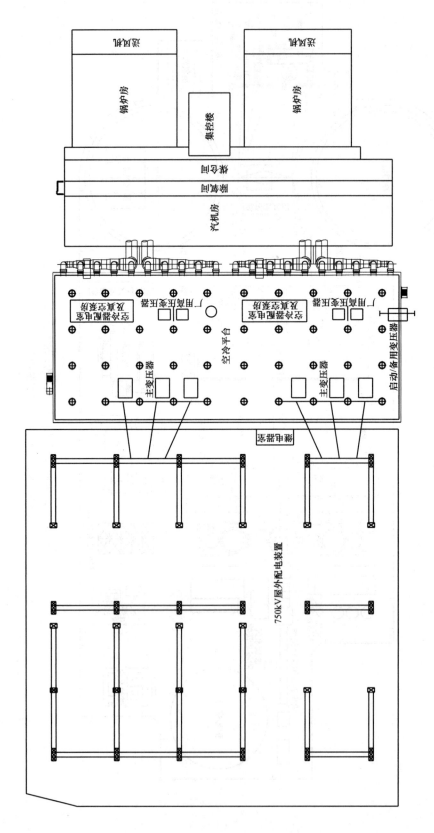

图 13-9　2×1000MW 发电厂主厂房外电气建（构）筑物总布置
（高压 AIS 配电装置和直接空冷平台合同时布置在主厂房前）

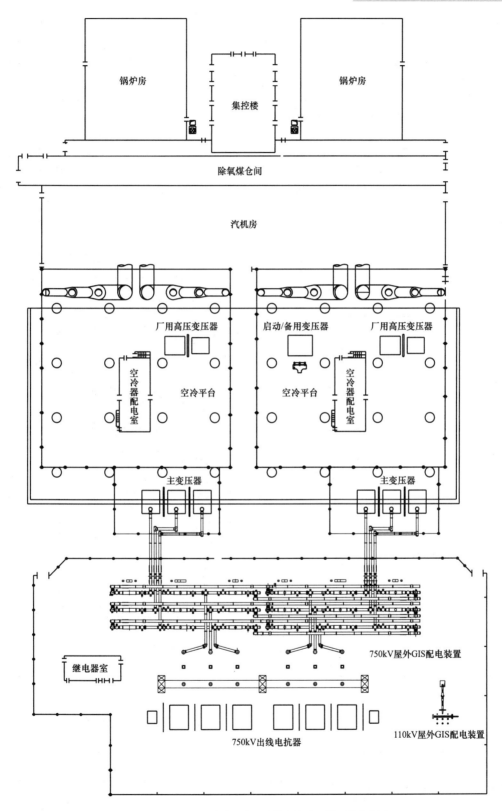

图 13-10　2×660MW 发电厂主厂房外电气建（构）筑物布置
（高压 GIS 配电装置和直接空冷平台同时布置在主厂房前）

（2）高压配电装置采用气体绝缘全封闭组合电器（GIS）布置方式，可将其布置在空冷平台下。图 13-11 示意机组容量为 2×660MW 发电厂主厂房外电气建（构）筑物总布置。此时，发电机母线自汽机房引出后，先后接至空冷平台下布置主变压器和 330kV 屋外 GIS 配电装置，主变压器与 330kV 屋外 GIS 配电装置采用直接连接方式。

（六）高压配电装置布置在变压器上方

高压配电装置采用气体绝缘全封闭组合电器（GIS）布置方式，当发电厂主厂房前面积受限时，可考虑将高压配电装置布置在变压器上方的形式。高压配电装置与变压器的距离要满足最小安全净距的要求。图 13-12 示意机组容量为 2×660MW 发电厂主厂房外电气建（构）筑物总布置。此时，发电机母线自汽机房引出后，先接至主变压器，然后利用 GIL 引接至主变压器上方的 330kV 屋内 GIS 配电装置。

（七）高压配电装置和线路转角塔同时布置在主厂房前

当发电厂主厂房前面积受限时，可考虑将线路转角塔布置在主变压器前，利用线路转角塔连接高压配电装置。图 13-13 示意机组容量为 2×1000MW 发电厂主厂房外电气建（构）筑物的总布置。此时，发电机母线自汽机房引出后，先接至主变压器，然后利用主变压器前的线路转角塔，引接至 500kV 屋外 GIS 配电装置。

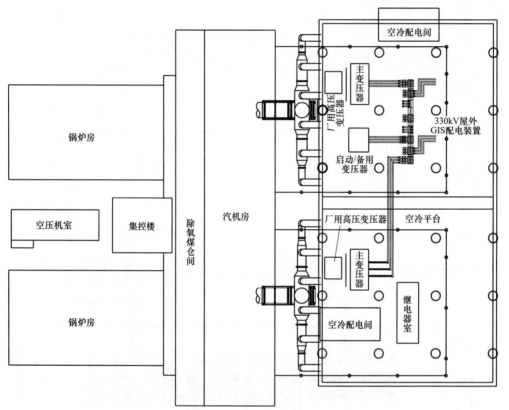

图 13-11　2×660MW 发电厂电气建（构）筑物布置
（高压 GIS 配电装置布置在空冷平台下）

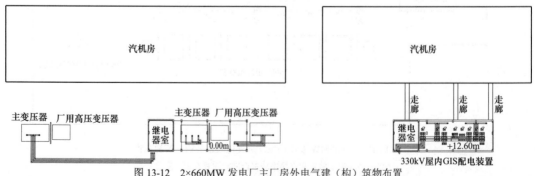

图 13-12　2×660MW 发电厂主厂房外电气建（构）筑物布置
（高压 GIS 配电装置布置在变压器上）

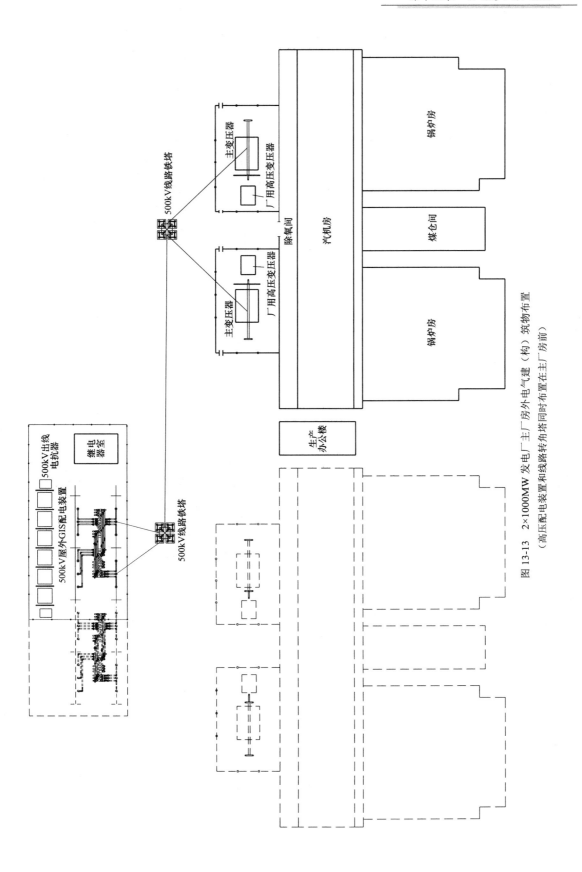

图13-13　2×1000MW发电厂主厂房外电气建（构）筑物布置
（高压配电装置和线路转角铁塔同时布置在主厂房前）

（八）主厂房采用横向布置，高压配电装置布置在主厂房前

图13-13示意机组容量为2×1000MW发电厂主厂房外电气建（构）筑物的总布置。此时，主厂房采用横向布置方案，高压配电装置布置在主厂房前。

（九）燃气—蒸汽联合循环机组高压配电装置的布置

图13-14示意机组容量为190MW联合循环电站工程主厂房外电气建（构）筑物的总布置。

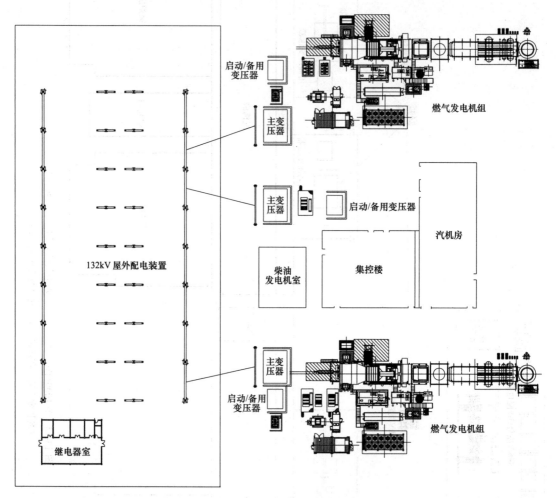

图13-14　190MW联合循环电站工程主厂房外电气建（构）筑物总布置
（燃气—蒸汽联合循环机组高压配电装置的布置）

第十四章

过电压保护及绝缘配合

第一节　综　　述

一、电力系统过电压

（一）电力系统过电压的定义与分类

交流电力系统标称电压和最高电压见表 14-1。

表 14-1　交流电力系统标称电压和最高电压　　（kV）

标称电压	3	6	10	20	35	66	110	220	330	500	750	1000
最高电压	3.6	7.2	12	24	40.5	72.5	126	252	363	550	800	1100

考虑到电压质量和线路压降，送端电压要有所提高，即在标称电压的基础上增加 5%～15%的裕度，称之为系统的最高运行电压。例如：750kV 的最高运行电压为 800kV，最高运行的相电压为 $800/\sqrt{3}$ kV$=461.9$kV（有效值），峰值为 653.2kV。在 750kV 系统中，超过峰值的称为过电压。因此，不同的电压等级，过电压有不同的基准值。

过电压的三要素包括幅值（过电压的倍数）、波形（与绝缘耐受能力有关的特性）、过电压出现的概率（过电压具有随机性）。

在电力系统内部，由于断路器的操作、故障或其他原因，使系统参数发生变化，引起电网内部电磁能量的转化或传递，产生电压升高，统称为内部过电压。

通常由雷电在电力系统中引起的过电压，称为雷电过电压。雷电放电时使系统设备上出现的过电压，其能量来源于电力系统外部，有时也称为外部过电压。

电力系统中的雷电过电压与内部过电压的产生，都伴随着复杂的暂态过程。有时又将暂态过程分为两大类：一类是暂态过程变化相对缓慢，称为机电暂态，如发电机机电过程；另一类是暂态过程变化很快，称为电磁暂态，如波沿线路上的传播过程。

由于电磁暂态过程变化很快，一般需要分析计算

持续时间在毫秒级，甚至微秒级以内的电压、电流瞬时值的变化情况。因此，在分析中需要考虑元件间的电磁耦合，计及分布参数元件（如输电线路）所引起的波过程，有时甚至要考虑线路三相结构的不对称、参数的频率特性以及电晕等因素的影响。

过电压可分为如下几类，如图 14-1 所示。

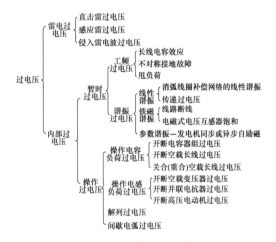

图 14-1　过电压的分类

（二）电力系统过电压的研究方法

目前研究电力系统过电压的手段有暂态网络分析仪、计算机的数值计算和系统的现场实测三种。

暂态网络分析仪是电力系统的一种模拟装置，属于"数学物理"模拟。所谓"数学"模拟，即是将一个高电压、大电流、大体积的电力系统，通过一定的比例尺转化为一个低电压、小电流、体积比较小的试验台；所谓"物理"模拟，即在模拟台中出现的电磁暂态现象，电压、电流的波形与它模拟的电力系统是一样的，只是存在着比例尺上的差异。

运用计算机研究电力系统暂态问题已有 40 多年的历史。从电力系统的元件特性来分，大体分为两类：第一类其参数本质上是集中的，如发电机、变压器、电抗器等；第二类是输电线路及地下电缆，其参数具有分布的特性。对于这些元件，不同的计算方法有不

同的处理方式。用行波法求解大体上可分为两种：一种是将系统中的集中参数化为等值线段，使系统除电源、开关外，其余所有元件都是线段，计算流动波在节点的折射、反射的基础上，把每一个时刻在节点上的折射、反射波按到达时间的先后叠加起来，就可以得到节点电压随时间变化的波形，从而建立了网络法；另一种方法是将系统中所有的集中参数，采用梯形积分法则，将电感、电容支路变为一个等效电阻与一个历史电流源的并联支路，对分布参数通过特征线化为等效电阻与历史电流源来描述，这样系统中的所有元件，除电源（包含历史电流源）、开关外，都称为阻性元件，使系统的暂态过程都在阻性电路中求解。如近 40 年来编制的 EMTP（Electro-Magnetic Transient Program），在世界范围内获得了广泛的使用。

随着电力系统电磁暂态数字仿真技术的发展，计算方法、计算机技术的进步，编制了 PSCAD/EMTDC（ElectroMagnetic Transients including DC，包含直流的电磁暂态程序），在世界范围内也获得了成功的使用。EMTDC 出现在 EMTP 之后，总的来说，它的功能和使用的方便性要优于 EMTP。

随着技术的进步，又出现了另一种可以用来研究电磁暂态的装置，叫作实时数字模拟台（Real Time Digital Simulation，RTDS），它可以和实际的电力系统直接相连，相互交换信息。随着微处理器和现代数字信号处理技术的进步，加之并行处理技术和电力系统并行算法的发展，RTDS 仿真计算速度大大加快。

现在国内外一些专家正在用电子系统来模拟真实的电力系统，它几乎不受系统的大小、电源数以及节点与支路数的限制，借助电子回路的功能，能准确反映电力系统中各类设备的暂态特性。传统的机电暂态或电磁暂态程序只能对特定的现象和范围进行仿真分析，面对快速发展的现代电力系统，一些新现象和新问题经常难以描绘和分析。数字混合仿真技术也许在一定程度上可以弥补传统方法的不足，并拓宽了电力系统数字仿真技术的研究范围，所以它成为该领域的热点和前端问题之一。

数字混合仿真程序能够分别进行机电暂态和电磁暂态过程的分析和计算，对网络分块并建立不同的模型，可以在机电暂态和电磁暂态之间通过合适的接口进行数据的交互和转换。

研究电力系统过电压，实测值非常重要，它一方面可以验证暂态网络分析仪及数字计算的准确性，为系统安全运行提供依据；另一方面可以全面研究系统各类元件的参数特性，为暂态网络分析仪及数值计算提供更精确的原始数据。考虑系统的安全运行、设备的可靠性以及经济性等因素，现场实测的次数应受到严格的限制。

一般来说，如果用上述三种工具研究同一个问题，

计算机计算的过电压数值会高于暂态网络分析仪，而暂态网络分析仪得到的数值会高于现场实测的结果，但它们之间的差异不会很大。国内外学者进行了多次对比研究后认为，这三种方法都是可靠的。

二、电力系统绝缘配合

绝缘配合就是综合考虑电气设备在电力系统中可能承受的各种电压（工作电压及过电压）、保护装置的特性和设备绝缘对各种作用电压的耐受特性，合理地确定设备必要的绝缘水平，以使设备的造价、维修费用和设备绝缘故障引起的事故损失降低，达到在经济上和安全运行上总体效益最高的目的。也就是说，在技术上要处理好各种作用电压、限压措施及设备绝缘耐受能力三者之间的相互配合关系，在经济上要协调好投资费用、维护费用及事故损失费用三者的关系。这样，既不会由于绝缘水平过高，使设备尺寸过大及造价太高，造成不必要的浪费；也不会由于绝缘水平过低，使设备在运行中的事故率增加，导致停电损失和维修费用增加，最终造成经济上的损失。绝缘配合的最终目的就是确定电气设备的绝缘水平，即电气设备能承受的试验电压值。

考虑到设备在运行时要承受运行电压、工频过电压和操作过电压的作用，对电气设备绝缘规定了短时工频试验电压，对外绝缘还规定了干状态和湿状态下的工频放电电压；考虑到在长期工作电压和工频过电压作用下内绝缘的老化和外绝缘的抗污秽性能，规定了一些设备的长时间工频试验电压；考虑到雷电过电压对绝缘的作用，规定了雷电冲击试验电压等，在技术上力求做到作用电压与绝缘强度的全伏秒特性配合。

三、系统中性点接地方式和电气装置绝缘上作用的电压

（一）系统中性点接地方式

交流电力设备中性点接地方式是指电力设备的中性点（通常是变压器或发电机的中性线或中性点）与地连接的方式。

目前，电力设备中性点接地方式有：

（1）中性点直接接地。

（2）中性点不接地，即除了用于保护或测量目的而经高阻抗接地外，中性点无与地连接。

（3）中性点经阻抗或电阻接地，即为了限制故障电流，中性点通过阻抗或电阻接地。

（4）谐振（中性点经消弧线圈）接地，即一个或多个中性点通过电抗器接地。

由于接地故障电流的大小与系统阻抗有关，因此，对于交流电力系统，中性点接地方式一般以系统的零序电抗 X_0 与正序电抗 X_1 之比 X_0/X_1 作为划分标准，将

中性点接地方式归纳为以下两大类：

（1）中性点有效接地方式，即系统在各种条件下系统的零序电抗与正序电抗之比 X_0/X_1 应为正值并且不应大于 3，而其零序电阻与正序电抗之比 R_0/X_1 不应大于 1。有效接地方式可分为中性点直接接地或经低阻抗接地。

（2）中性点非有效接地方式，即不属于中性点有效接地方式范围的接地方式。中性点非有效接地方式可分为中性点不接地方式、中性点低电阻接地方式、中性点高电阻接地方式和中性点谐振接地方式。

各种接地方式的适用范围及应符合的规定如下。

1. 中性点有效接地方式

中性点有效接地方式应符合下列规定：

（1）110～1000kV 系统中性点应采用有效接地方式。

（2）110kV 及 220kV 系统中变压器中性点可直接接地，部分变压器中性点也可采用不接地方式。

（3）330kV 及以上系统变压器中性点应直接接地或经低阻抗接地。

2. 中性点非有效接地方式

（1）中性点不接地方式的适用范围及应符合下列规定：

1）35、66kV 系统和不直接连接发电机、由钢筋混凝土杆或金属杆塔的架空线路构成的 6～20kV 系统，当单相接地故障电容电流不大于 10A 时，可采用中性点不接地方式；当大于 10A 又需在接地故障条件下运行时，应采用中性点谐振接地方式。

2）不直接连接发电机、由电缆线路构成的 6～20kV 系统，当单相接地故障电容电流不大于 10A 时，可采用中性点不接地方式；当大于 10A 又需在接地故障条件下运行时，宜采用中性点谐振接地方式。

3）发电机额定电压 6.3kV 及以上的系统，当发电机内部发生单相接地故障不要求瞬时切机，采用中性点不接地方式时，发电机单相接地故障电容电流最高允许值应按表 14-2 确定；大于该值时，应采用中性点谐振接地方式，消弧装置可装载厂用变压器中性点上或发电机中性点上。

表 14-2　发电机单相接地故障电容电流最高允许值

发电机额定电压（kV）	发电机额定容量（MW）	电流允许值（A）	发电机额定电压（kV）	发电机额定容量（MW）	电流允许值（A）
6.3	≤50	4	13.8～15.75	125～200	2
10.5	50～100	3	≥18	≥300	1

注　对额定电压为 13.8～15.75kV 的氢冷发电机，电流允许值为 2.5A。

4）发电机额定电压 6.3kV 及以上的系统，当发电机内部发生单相接地故障要求瞬时切机时，宜采用中性点电阻接地方式，电阻器可接在发电机中性点变压器的二次绕组上。

（2）中性点低电阻接地方式的适用范围及应符合下列规定：6～35kV 主要由电缆线路构成的配电系统、发电厂厂用电系统、风力发电场集电系统和除矿井的工业企业供电系统，当单相接地故障电容电流较大时，可采用中性点低电阻接地方式。变压器中性点电阻器的电阻，在满足单相接地继电保护可靠性和过电压绝缘配合的前提下宜选较大值。

（3）中性点高电阻接地方式的适用范围及应符合下列规定：6kV 和 10kV 配电系统以及发电厂厂用电系统，当单相接地故障电容电流不大于 7A 时，可采用中性点高电阻接地方式，故障总电流不应大于 10A。

（4）中性点谐振接地方式的适用范围及应符合下列规定：在我国中性点不接地的 6～66kV 系统中，由于雷击等原因引起的单相闪络故障比重较大。在单相接地电容电流较小（如 10A 以下）时，实验证明单相接地电弧能够自动熄灭；如果单相接地电容电流超过 10A（具有发电机的电网单相接地电流大于 5A）时，单相接地电弧可能不能自动熄灭，容易发生相间短路，有时还可能发生间歇性弧光接地过电压和谐振过电压。为了避免中性点不接地系统中产生的上述危害，可以采用谐振接地方式，在电网中性点和地之间接入消弧装置，以补偿接地故障的电容电流。

6～66kV 系统采用中性点谐振接地方式时，消弧装置的适用范围应符合下列要求：

1）谐振接地宜采用具有自动跟踪补偿功能的消弧装置。

2）正常运行时，自动跟踪补偿消弧装置应确保中性点的长时间电压位移不超过系统标称相电压的 15%。

3）采用自动跟踪补偿消弧装置时，系统接地故障残余电流不应大于 10A。

4）自动跟踪补偿消弧装置消弧部分的容量应根据系统远景年的发展规划确定，并应按下式计算：

$$W = 1.35 I_C \frac{U_n}{\sqrt{3}} \qquad (14\text{-}1)$$

式中　W——自动跟踪补偿消弧装置消弧部分的容量，$kV \cdot A$；

I_C——接地电容电流，A；

U_n——系统标称电压，kV。

5）自动跟踪补偿消弧装置装设地点应符合下列要求：

a. 系统在任何运行方式下，断开一、二回线路时，应保证不失去补偿。

b. 多套自动跟踪补偿消弧装置不宜集中安装在系统中的同一位置。

6）自动跟踪补偿消弧装置装设的消弧部分应符合下列要求：

a. 消弧部分宜接于 YNd 或 YNynd 接线的变压器中性点上，也可接在 ZNyn 接线变压器中性点上，不应接于零序磁通经铁芯闭路的 YNyn 接线变压器。

b. 当消弧部分接于 YNd 接线的双绕组变压器中性点时，消弧部分容量不应超过变压器三相总容量的 50%。

c. 当消弧部分接于 YNynd 接线的三绕组变压器中性点时，消弧部分容量不应超过变压器三相总容量的 50%，并不得大于三绕组变压器的任一绕组的容量。

d. 当消弧部分接于零序磁通经未经铁芯闭路的 YNyn 接线的变压器中性点时，消弧部分容量不应超过变压器三相总容量的 20%。

7）当电源变压器无中性点或中性点未引出时，应装设专用接地变压器以连接自动跟踪补偿消弧装置，接地变压器容量应与消弧部分的容量相配合。对新建发电厂，接地变压器可根据站用电的需要兼作站用变压器。

（二）电气装置绝缘上作用的电压

1. 交流电气装置绝缘上作用的电压

（1）持续运行电压，其值不超过系统最高电压，持续时间等于设备设计寿命。

（2）暂时过电压，包括工频过电压和谐振过电压。

（3）操作过电压。

（4）雷电过电压。

（5）特快速瞬态过电压（VFTO）。

2. 相对地暂时过电压和操作过电压标幺值的基准电压规定

（1）当系统最高电压有效值为 U_m 时，工频过电压的基准电压（1.0 标幺值）应为 $U_m/\sqrt{3}$。

（2）谐振过电压、操作过电压和 VFTO 的基准电压（1.0 标幺值）应为 $2U_m/\sqrt{3}$。

3. 按照系统最高电压的范围分类

（1）范围 I，$7.2\text{kV} \leqslant U_m \leqslant 252\text{kV}$。

（2）范围 II，$U_m > 252\text{kV}$。

第二节　内部过电压保护

在电力系统内部，由于断路器的操作或系统故障，使系统运行参数、设备的运行状态发生变化，从而引起的电力系统内部能量转化或传递，在系统中产生过电压，即内部过电压。

系统参数变化的原因是多种多样的，因此，内部过电压的幅值、振荡频率、持续时间以及出现的频度不尽相同。通常按照产生原因和过电压的特点将内部过电压分为暂时过电压和操作过电压。

暂时过电压包括工频电压升高和谐振过电压，持续时间相对较长。工频电压升高又称为工频过电压，其产生原因主要是空载长线路的电容效应、不对称接地故障、负荷突变。对因系统的电感、电容参数配合不当，出现的各类持续时间长、波形周期性重复的谐振过程中的过电压，称为谐振过电压。暂时过电压对正常运行的电气设备危害取决于其幅值和持续的时间。

操作过电压是开关操作引发的电磁暂态过程中出现的过电压。所谓"操作"，即包括开关的正常操作，如分、合闸空载线路或空载变压器、电抗器等，也包括切除各类故障，如切除接地故障、断线故障等。由于"操作"，使系统的运行状态发生突然变化，导致系统内部电感元件和电容元件之间电磁能量的相互转换，这个转换往往是强阻尼的、振荡性的过渡过程。因此，操作过电压具有幅值高、存在高频振荡、强阻尼以及持续时间短（0.1s 以内）等特点。

一、工频过电压

（一）工频过电压的特性

工频过电压常发生在故障引起的长线切合过程中。在发电机暂态电动势 E'_d 为常数时，工频过电压处于暂态状态，持续时间不超过 1s。由于在 0.1～1s 以内，工频过电压仅变化 2%～3%，一般多取 0.1s 左右的暂态数值作为参考值。此后，发电机自动电压调整器发生作用，E'_d 变化，在 2～3s 以后，系统进入稳定状态。此时的工频过电压称为工频稳态过电压。合空载线路时工频过电压的变化过程如图 14-2 所示。

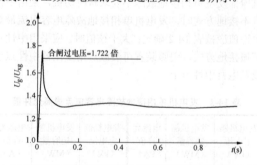

图 14-2　合空载线路时工频过电压的变化过程

一般而言，工频过电压对 220kV 及以下电网的电气设备没有危险，但对 330kV 及以上的超高压、特高压电网影响很大，需要采取措施予以限制。原因有以下几点：

（1）工频暂态过电压是操作过电压的强制分量。它的幅值越高，对应的操作过电压也越高。

（2）工频暂时过电压决定了避雷器的额定电压或灭弧电压，因而影响避雷器的工作条件和保护效果，影响电气设备和配电装置的绝缘水平。

（3）工频暂态过电压会提高断路器开断时的恢复电压，恶化开断条件。

（4）工频稳态过电压持续时间较长，对电气设备绝缘及运行性能有影响。例如：油纸绝缘内部游离，污秽绝缘子闪络、铁芯过热、振动及其噪声、电晕及其干扰等。

对范围Ⅱ系统的工频过电压，在设计时应结合工程条件加以预测，预测系统工频过电压宜符合下列要求：

（1）正常输电状态下甩负荷和在线路受端有单相接地故障情况下甩负荷宜作为主要预测工况。

（2）对同塔双回输电线路宜预测双回运行和一回停运的工况。除预测单相接地故障外，可预测双回路同名或异名两相接地故障情况下甩负荷的工况。

（二）工频过电压的允许水平

工频过电压的允许水平应结合电网实际，通过技术经济比较合理地确定。允许水平如果定得太低，就需要增加过多的并联补偿容量；定得太高，又会提高电网的绝缘水平，增加设备制造成本。因此应权衡过电压水平、绝缘水平、保护设备性能、设备制造成本等因素，做出最佳选择。

范围Ⅰ系统的工频过电压应符合下列要求：

（1）不接地系统，工频过电压不应大于 $1.1\sqrt{3}$ 标幺值。

（2）中性点谐振接地、低电阻接地和高电阻接地系统，工频过电压不应大于 $\sqrt{3}$ 标幺值。

（3）110kV 和 220kV 系统，工频过电压不应大于 1.3 标幺值。

（4）发电厂内中性点不接地的 35kV 和 66kV 并联电容补偿装置系统，工频过电压不应超过 $\sqrt{3}$ 标幺值。

范围Ⅱ系统的工频过电压应符合下列要求：

（1）线路断路器的变电站侧的工频过电压不宜超过 1.3 标幺值。

（2）线路断路器的线路侧的工频过电压不宜超过 1.4 标幺值，其持续时间不应大于 0.5s。

当超过上述要求时，在线路上宜安装高压并联电抗器加以限制。

1. 工频暂态过电压的允许水平

电网的工频暂态过电压水平一般不超过表 14-3 所列数值。

表 14-3　工频过电压的允许水平（标幺值）

最高电压范围	范围Ⅰ			范围Ⅱ
系统标称电压（kV）	3～10	35～66	110、220	330、500、750、1000
线路断路器的变电站侧	$1.1\sqrt{3}$	$\sqrt{3}$	1.3	1.3
线路断路器的线路侧				1.4

1000kV 特高压线路的最大工频暂时过电压（TOV）在变电站侧时小于 1.3 标幺值，在线路侧时小于 1.4 标幺值。根据传统的选择金属氧化物避雷器（MOA）额定电压方法，变电站侧 MOA 的额定电压应选为 828kV，线路侧 MOA 的额定电压应选为 889kV，分别相当于 1.3 标幺值和 1.4 标幺值。但是 MOA 不同于磁吹避雷器，它有优良的耐受短时工频暂态过电压的能力。根据制造厂提供的额定电压为 828kV（相当于 1.3 标幺值）的 MOA 耐受短时 TOV 的能力，它可耐受 1.4 标幺值的 TOV 持续时间达 9.37s，而特高压线路实际的 TOV 最大持续时间小于 0.5s。因此，特高压线路的线路侧 MOA 和变电站侧 MOA 的额定电压一样，选用 828kV。

2. 工频稳态过电压的允许水平

工频稳态过电压在同期并列时间（15～20min）内，应小于电气设备在相应时间内的允许过电压倍数。

电气设备耐受工频过电压标幺值及允许时间可参考表 14-4 和表 14-5 选取。

表 14-4　电气设备耐受工频过电压标幺值及允许时间

允许时间	连续	8h	2h	30min	1min	30s
变压器	1.1	—	—	1.2	1.3	—
电容式电压互感器	1.1	1.2	1.3	—	—	1.5
耦合电容器	—	—	1.3	—	—	1.5

注　变压器耐受电压以相应分接头下额定电压为 1.0 标幺值；余以最高工作相电压为 1.0 标幺值。

表 14-5　并联电抗器耐受过电压标幺值及允许时间

允许时间	120min	60min	40min	20min	10min	3min	1min	20s	3s
备用状态下投入	1.15	—	1.2	1.25	1.3	—	1.4	1.5	—
运行状态	—	1.15		1.2	1.25	1.3		1.4	1.5

表 14-6 所示为苏联国家标准 1516.3—1996《交流电压 1～750kV 电气设备绝缘强度要求》的规定，可供设计参考。

表 14-6　苏联国家标准 1516.3—1996 对电气设备耐受工频过电压、谐振过电压（标幺值）的要求

允许时间	20min		20s		1s		0.1s	
部位	相间	相对地	相间	相对地	相间	相对地	相间	相对地
变压器 （包括自耦变压器）	1.1	1.1	1.25	1.25	1.5	1.9	1.58	2.0
并联电抗器	1.15	1.15	1.35	1.35	1.5	2.0	1.58	2.08
电器、电容式电压互感器、电流互感器、耦合电容器、母线支柱绝缘子	1.15	1.15	1.6	1.6	1.7	2.2	1.8	2.4

（三）工频过电压的计算

产生工频过电压的主要原因，是空载长线路的电容效应、不对称接地故障、发电机突然甩负荷等。对它们分别计算的结果，通常可与在内过电压模拟台上模拟的结果较好吻合，并且接近系统调试验证的结果。

在确定计算或模拟条件时，应考虑系统的运行方式和故障形态，并进行多种情况的组合比较。一般应以正常方式为基础，加上一种非正常运行方式及一种故障形式。

正常运行方式包括过渡年发电厂单机运行、网络解环运行等。非正常运行方式包括联络变压器退出运行、中间变电站的一台主变压器退出运行、故障时局部系统解列等，但单相变压器组有备用相时，可不考虑该变压器组退出运行。故障形式可取线路一侧发生单相接地三相开断或仅发生无故障三相开断两种情况。

最大工频暂态过电压常常发生在电源侧开机数量最少、系统等值电抗较大、无限制措施且因接地故障而甩大容量负荷后的线路末端。

1. 空载长线电容效应引起的工频过电压

空载长线上将流过线路的电容电流，并在线路感抗上引起工频电压升高。有源电源与空载长线相连的电压升高值可按式（14-2）进行计算：

$$U = \frac{E'_d}{\cos\alpha l - \frac{X_s}{Z_c}\sin\alpha l} \qquad (14\text{-}2)$$

式中　U ——空载线路末端工频暂态电压，kV；

E'_d ——送端系统的等值暂态电动势，kV；

X_s ——送端系统的等值电抗，Ω；

Z_c ——线路波阻抗，330kV，Z_c =310Ω；500kV，Z_c =280Ω；750kV，Z_c ≈256Ω；1000kV，Z_c ≈250Ω；

α ——相移系数，一般 α ≈0.06°/km；

l ——输电线路长度，km。

2. 不对称接地故障引起的工频过电压

当空载线路上出现单相或两相接地短路故障时，健全相上工频过电压不仅由长线的电容效应所致，还有由短路电流的零序分量引起的电压升高。单相接地是常见的故障形式，而且健全相上出现较高工频过电压的概率也较大，因此，通常以单相接地短路引起的工频过电压值作为确定避雷器额定电压和灭弧电压的依据。

单相接地短路时，故障点三相的电压、电流是不对称的，应用对称分量法对序网图进行分析。对于较大电源容量的系统，由故障点看进去的正序阻抗约等于负序阻抗，并且忽略各序阻抗中的电阻分量，则对于当 A 相接地时，健全相上的工频过电压可按式（14-3）计算：

$$\left. \begin{aligned} U_{B,C} &= K^{(1)}U_A \\ K^{(1)} &= \sqrt{3}\,\frac{\sqrt{\left(\dfrac{X_0}{X_1}\right)^2 + \dfrac{X_0}{X_1} + 1}}{\dfrac{X_0}{X_1} + 2} \end{aligned} \right\} \qquad (14\text{-}3)$$

式中　$U_{B,C}$ ——健全相（B 相或 C 相）的相对地电压有效值，kV；

U_A ——故障相（A 相）在故障前的相对地电压有效值，kV；

$K^{(1)}$ ——单相接地系数；

X_0 ——系统零序电抗；

X_1 ——系统正序电抗。

图 14-3 表示在不同的 $\dfrac{X_0}{X_1}$ 值下，健全相上的工频过电压的变化。

同样地，两相短路接地因数 $K^{(1,1)}$ 可按式（14-4）计算：

$$K^{(1,1)} = \frac{3}{\dfrac{X_0}{X_1} + 2} \qquad (14\text{-}4)$$

对单相接地而言，当 $\dfrac{X_0}{X_1}=-2$ 时，由式（14-3）可知 $K^{(1)}$ 趋向于无穷大，在系统设计时应避免出现这种情形。

系统中的正序电抗 X_1，包括发电机的次暂态同步电抗、变压器漏抗及线路感抗等，一般是电感性的；而系统零序电抗 X_0，则因系统中性点接地方式的不同有较大的差别。

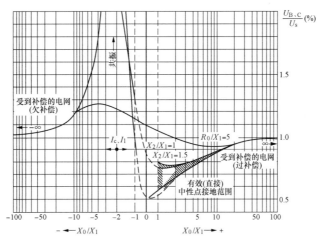

图 14-3　中性点接地方式与健全相工频电压的关系
I_c —电容性电流；I_1 —电感性电流；R_0 —系统零序电阻

对于中性点不接地系统，X_0 由线路容抗决定，其值较大且为负值；而 X_1 是正值，一般 $\dfrac{X_0}{X_1}$ 的值在 $(-\infty \sim -20)$ 范围内变化，单相接地系数 $K^{(1)} \leqslant 1.1$，即健全相最大工频电压升高可达 1.1 倍的系统额定电压。因此，在选择避雷器时其额定电压或灭弧电压不小于系统最大运行相电压的 1.1 倍，称为 110% 避雷器。

对于中性点经消弧线圈接地系统，按补偿度可分为两种情况。欠补偿方式时，X_0 为很大的容抗，$\dfrac{X_0}{X_1} \to -\infty$；过补偿方式时，$X_0$ 为很大的感抗，$\dfrac{X_0}{X_1} \to +\infty$，单相接地故障时，$K^{(1)}$ 趋向于 $\sqrt{3}$，即健全相最大工频电压升高接近系统额定电压。因此，在选择避雷器时其额定电压或灭弧电压不小于系统最大运

行相电压，称为 100% 避雷器。

对于中性点直接接地系统中，X_0 为不大的正值。为使断路器开断电流不受单相接地短路电流的限制，在三相短路电流接近断路器开断电流时，要求单相短路电流不超过三相短路电流，即 $\dfrac{X_0}{X_1} \geqslant 1$。由于继电保护、系统稳定等方面的要求，需要对不对称短路电流加以限制，故而选用 $1 \leqslant \dfrac{X_0}{X_1} \leqslant 3$，单相接地系数 $K^{(1)} \leqslant 1.4$，即健全相最大工频电压升高不大于 0.8 倍的系统额定电压，称为 80% 避雷器。中性点接地方式与单相短路电流的关系如图 14-4 所示。

只限制大气过电压的避雷器，其灭弧电压一般按接地系数选择。不同电网的 $\dfrac{X_0}{X_1}$ 所对应的电网情况见表 14-7。

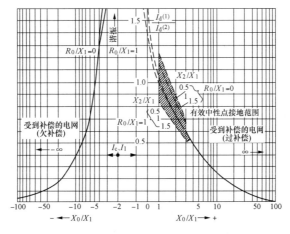

图 14-4　中性点接地方式与单相短路电流的关系

表 14-7 对应于不同 $\dfrac{X_0}{X_1}$ 的电网情况

$\dfrac{X_0}{X_1}$	对应电网的大致情况	灭弧电压占线电压的百分数	备 注
$-\infty$ 以内附近	消弧线圈接地，欠补偿	105%~110%	包括电机
$-\infty \sim -20$	中性点不接地	100%~110%	
$-20 \sim -1$	中性点不接地；但三相对地接有大电容，或中性点经大电容接地	>110%	一般系统不易碰见，需按具体情况确定
$0 \sim 1$	中性点直接接地的电机	58%	中性点不接地的电机应采用 110% 的避雷器
$1 \sim 2.5$	中性点直接接地的变压器占电网总容量的 1/2 以上，且接地的变压器有△绕组	75%	
$2.5 \sim 3.5$	中性点直接接地的变压器占电网总容量的 1/2~1/3，且接地的变压器有△绕组	80%	
$3.5 \sim +\infty$	中性点直接接地的变压器占电网总容量的 1/3 以下	100%	如用 80% 的避雷器，易引起爆炸
$+\infty$ 以内附近	消弧线圈接地，过补偿	100%	包括电机

3. 甩负荷引起的工频过电压

影响甩负荷过电压的因素较多，主要有跳闸前负荷的大小、空载线路的电容效应、发电机励磁系统及电压调整器的特性、原动机调速器特性以及制动设备的惰性等。

甩负荷瞬间，根据磁链不变原理，开断瞬间暂态电动势 E_d' 保持原有数值不变。E_d' 的大小由甩负荷前的运行状态决定，可按式（14-5）估算：

$$E_d' = U\sqrt{\left(1 + \frac{Q}{S}X_s^*\right)^2 + \left(\frac{P}{S}X_s^*\right)^2} \qquad (14\text{-}5)$$
$$= \sqrt{(1 + X_s^*\sin\varphi)^2 + (X_s^*\cos\varphi)^2}$$

式中 E_d'——甩负荷前的发电机暂态电动势，kV；

$\quad\quad U$——母线相电压，kV；

$\quad\quad S$——传输的视在功率，kV·A；

$\quad\quad Q$——传输的无功功率，kV·A；

$\quad\quad P$——传输的有功功率，kW；

$\quad\quad X_s^*$——送端系统以 S 及 U 定义的等值电抗标幺值；

$\quad\quad \varphi$——功率因数角。

将式（14-5）代入式（14-2）可以得到甩负荷后线路末端的工频暂态过电压。

发电机在甩负荷后，还会由于发电机超速运转，使系统频率 f 增至原来的 n 倍。随着 f 的增加，电动势 E_d'、相移系数 α 及送端系统等值电抗 X_s 均会成比例地上升，一般在 1~2s 时达到最大值，从而影响工频过电压的稳态值。若不计电压调整器的作用，工频过电压 U 可按式（14-6）进行计算：

$$U = \frac{nE_d'}{\cos(n\alpha l) - \dfrac{nX_s}{Z_c}\sin(n\alpha l)} \qquad (14\text{-}6)$$

从机械暂态过程来看，由于机械惯性远滞后于电磁惯性，发电机突然甩掉一部分有功负荷，而原动机的调速器惯性使这段时间内输入给原动机的机械功率（汽轮机与蒸汽流量有关）来不及减少，主轴上的剩余功率使发电机转速增加。转速增加时，电源频率上升，不但发电机的电动势随转速的增加而增加，而且加剧了线路的电容效应。

对汽轮发电机来说，由于转子机械强度的限制，转子转速不允许超高，通常允许超速 10%~15%。

（四）工频过电压的限制措施

限制工频过电压是一个系统问题。所采取的各项措施应与系统专业和继电保护专业配合，权衡比较，综合考虑。设计时应避免 110kV 及 220kV 有效接地系统中偶然形成局部不接地系统产生较高的工频过电压，其措施应符合下列要求：

（1）当形成局部不接地系统，且继电保护装置不能在一定时间内切除 110kV 或 220kV 变压器的低、中压电源时，不接地的变压器中性点应装设间隙。当因接地故障形成局部不接地系统时，该间隙应动作；当以有效接地系统运行发生单相接地故障时，该间隙不应动作。间隙距离还应兼顾雷电过电压下保护变压器中性点标准分级绝缘的要求。

（2）当形成局部不接地系统，且继电保护装置设有失地保护可在一定时间内切除 110kV 及 220kV 变压器的三次、二次绕组电源时，不接地的中性点可装设 MOA，应验算其吸收能量。该避雷器还应符合雷电过电压下保护变压器中性点标准分级绝缘的要求。

范围Ⅰ系统一般不考虑限制措施，范围Ⅱ系统一般可以采取的措施有：

1. 装设并联电抗器

在线路的适当位置安装超高压、特高压并联电抗器，以减少发电机充电功率、削弱电容效应。补偿度一般为60%～80%。

装置并联电抗器，除作为降低工频过电压的一种措施外，尚对系统轻负荷时无功平衡、调相调压、系统并车、加速潜供电弧的熄灭等有一定作用。并联电抗器的选择详见第七章。

如果有条件利用电抗器的铁芯饱和，则可在工频过电压较高时增加电抗器的补偿度，增大补偿效果。这时需要将电抗器伏安特性中的拐点取得较低，例如取1.25标幺值至1.3标幺值。但采用此措施时，需注意避免非线性谐振的发生或辅以抑制谐振的措施。

对并联电抗器施以强行补偿，充分利用电抗器的短时过载能力，也会使电抗器的补偿容量临时有较大增加，提高补偿效益。

2. 利用静止补偿装置（SVC）

由于并联电抗器长期接入电网，在出现工频过电压时，它将起到限制作用。但正常运行时，需消耗系统大量的无功功率，造成不必要的浪费。近些年来，随着新技术、新材料的出现，设备制造技术不断提高，出现了一种新型的静止补偿装置，它采用了晶闸管等先进的电力电子技术。图14-5所示为静止补偿装置系统的接线示意图。它包含三个部分：晶闸管开关投切的电容器组（TSC）、晶闸管相角控制的电抗器组（TCR）、调节器系统。它具有响应时间快、维护简单、可靠性高等优点，具备容性补偿和感性补偿功能。

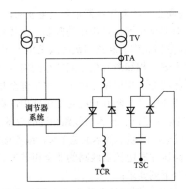

图14-5　静止补偿器系统的接线示意图

当系统由于某种原因发生工频过电压时，TSC支路断开，TCR支路导通，吸收无功功率，从而降低工频过电压。根据需要，可改变TCR、TSC支路的导通

相角，达到调节系统无功功率、控制系统电压、提高系统稳定性的目的。

3. 降低电网的零序电抗

由式（14-3）可知，减少电网的零序电抗，可以降低接地系数，从而降低单相接地引起的工频过电压。这在大开机运行方式下，效果更为明显。属于这方面的措施有：

（1）在短路电流允许的条件下，增加变压器中性点的接地。

（2）输电线路采用良导体地线。PW工程选用HLGJ-95铜芯铝合金线可比GJ-70钢绞线的零序阻抗降低1/3左右。对于长340km的500kV线路，可使不对称效应降低约0.08。

（3）在三相并联电抗器的次级，专门装设三角接线的绕组或利用变压器三角接线的三次绕组。

4. 将长线分段

在长线的中段建立中间开关站，把长线分成两段，使线路分段操作。只有在技术经济合理时才采用此措施。常常需与系统专业统筹安排，与中间落点统一规划。

中间系统的接入，不但可以减少零序入口阻抗、降低不对称接地系数，当中间落点有负荷时，还可削弱电容效应。30Mvar无功负荷，比接一台30Mvar的电抗器作用还大。

5. 充分利用已装设的电气装置

有些装置并非为限制工频过电压而设置，但它却可以在这方面发挥一定的作用。例如：

（1）如果线路上串接有串联电容补偿装置，相当于减少了线路感抗，削弱了电容电流引起的工频电压升高。

（2）发电机装设的自动电压调整器，可以将工频稳态过电压降低5%～10%。

6. 降低发电机电动势

在满足送电基本要求的前提下，将电源电动势维持在一个较低的水平，可以使工频过电压成比例地下降。因此在设计初期就要为此创造以下条件：

（1）改变系统的无功分配，就地平衡无功功率，以减少无功功率的流动，能够直接影响两侧电源的电动势。

（2）改变并联电抗器的运行方式。并联电抗器的接入，一方面削弱了电容效应，但同时却提高了电源电动势，因前者是主要的，所以能够降低工频过电压。若采用可控并联电抗器，就可以按照系统需要投切电抗器，从而扬长避短，优化系统运行条件。

（3）改变变压器分接头、降低发电机运行电压。采用有载调压，分接头下降5%，相当于电源电动势降低5%。

7. 制定合理的操作顺序和装设必要的系统继电保护装置

在拟定运行中的操作程序或确定系统同期并列点时，应避免从电源容量较小、等值阻抗较大的一侧向长线首先送电或最后断电。在二次回路设计时，应能提供上述保证，并可装设必要的继电保护装置，以便在紧急情况下确保事先指定的跳闸顺序的实现。例如在长线分段的系统中：

（1）采用高频保护的停讯回路，在任一侧断路器因故跳闸时，同时断开长线中间的断路器，避免由一侧电源带两段空线。

（2）采用解列装置，必要时迅速将系统解列，避免中间系统或小系统带空载长线。

（3）采用过电压保护装置，在出现较长时间工频稳态过电压时，作用于断路器跳闸，避免变压器和其他电气设备在较高工频过电压下运行时间太长。这种装置一般整定在 1.2 标幺值时动作，并有大于 0.1s 的延时，以躲过操作过电压。

二、谐振过电压

（一）谐振过电压的性质

交流电力系统中的电感、电容元件，在一定电源的作用下，并受到操作或故障的激发，使得某一自由振荡频率与外加强迫频率相等，形成周期性或准周期性的剧烈振荡，电压振幅急剧上升，出现所谓的谐振过电压。

谐振过电压的持续时间较长，甚至可以稳定存在，直到谐振条件被破坏为止。谐振过电压可在各级电网中发生，危及绝缘，烧毁设备，破坏保护设备的保护性能。

各种谐振过电压可以归纳为三种类型：线性谐振、铁磁谐振和参数谐振。

限制谐振过电压的基本方法：①尽量防止它发生，这就要在设计中做出必要的预测，适当调整电网参数，避免谐振发生；②缩短谐振存在的时间，降低谐振的幅值，削弱谐振的影响。一般是采用电阻阻尼进行抑制。

（二）线性谐振过电压及其限制

1. 线性谐振过电压的特点

（1）参与谐振的各电参量均为线性。电感元件不带铁芯或带有气隙的铁芯，并与电容元件组成串联回路。

（2）谐振发生在电网自振频率与电源频率相等或相近时。

（3）多为空载线路不对称接地故障的谐振、消弧线圈补偿网络的谐振和某些传递过电压的谐振等。

2. 消弧线圈补偿网络的消谐

消弧线圈网络在全补偿运行状态（脱谐度 $v=0$），

当发生单相接地、网络中出现零序电压时，便发生消弧线圈与导线对地电容的串联线性谐振。一般线路的阻尼率不超过 5%。因此，这种谐振将会使中性点位移达 0.5 标幺值。

消除这种谐振的方法是采用欠补偿或过补偿运行方式。

一般装在电网的变压器中性点的消弧线圈，以及具有直配线的发电机中性点的消弧线圈采用过补偿方式（即 $v<0$）。这样可以保证在线路进行切除操作时或发生线路断线时，使容抗更大，不会产生谐振。

对于采用单元连接的发电机中性点的消弧线圈，一般采用欠补偿方式（$v>0$）。这是因为单元接线的网络容抗比较固定，也不易发生断线；而采用欠补偿方式，发电机回路电容量较大，对于限制电容耦合传递过电压有利。

3. 变压器传递过电压的限制

变压器的高压侧发生不对称接地故障、断路器非全相或不同期动作而出现零序电压时，将通过电容耦合传递至低压侧。此时低压侧的传递电压 U_2 为：

$$U_2 = U_0 \frac{C_{12}}{C_{12} + 3C_0} \tag{14-7}$$

式中　U_0——高压侧出现的零序电压，kV；

　　　C_{12}——高低压绕组之间的电容，μF；

　　　C_0——低压侧相对地电容，μF。

变压器低压侧相对地过电压是传递电压 U_2 与低压侧相对地额定电压之和。这种过电压具有工频性质，将会危及绝缘或损坏避雷器。

避免产生零序过电压是防止变压器传递过电压的根本措施。这就要求尽量使断路器三相同期动作，避免在高压侧采用熔断器设备等。

在低压侧每相加装 0.1μF 以上的对地电容，加大式（14-7）中的 C_0，是一种可靠的限制方法。

4. 超高压、特高压线路谐振过电压的限制

（1）对非全相谐振过电压的限制。在线路处于非全相运行（分相操作的断路器故障或采用单相重合闸）时，需考虑健全相和断开相之间的相间电容耦合在断开相上引起的非全相谐振过电压。它是健全相和断开相之间的相间电容与断开相的对地电感串联谐振产生的。此类过电压过高会损害与线路相连的设备绝缘。非全相谐振过电压的频率基本上是工频，或者接近工频。

装有高压并联电抗器线路的非全相谐振过电压的限制应符合下列要求：

1）在高压并联电抗器的中性点接入接地电抗器，接地电抗器电抗值宜按接近完全补偿线路的相间电容来选择，应符合限制潜供电流的要求和对并联电抗器中性点绝缘水平的要求。对于同塔双回线路，宜计算回路之间的耦合对电抗值选择的影响。

2) 在计算非全相谐振过电压时，宜计算线路参数设计值和实际值的差异、高压并联电抗器和接地电抗器的阻抗设计值与实测值的偏差、故障状态下电网频率变化对过电压的影响。

可以采用频率扫描法来确定断开相上的电压和谐振频率。频率扫描法是指改变电源的频率，计算不同频率下的被研究对象的特性参数。在系统设计时，应避免出现非全相谐振过电压。

影响谐振过电压的因素很多，可以借助 EMPT 程序来研究。

例如，对于图 14-6 所示的网络，按照正序分量法进行分析，单相非全相开断时的谐振条件见表 14-8。为简化起见，分析时忽略了电源内阻、线路电阻及电感，仅考虑以集中参数表示的线路电容和电抗器的电感。

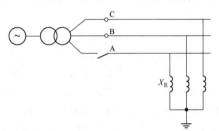

图 14-6　线路带电抗器时的非全相谐振

表 14-8　单相非全相开断时的谐振条件

电抗器形式	参数特点	谐振条件
由三个单相电抗器接成 Y 型、中性点直接接地的电抗器组；三相五柱式、中性点直接接地的电抗器组	$L_1 = L_0$	$\omega L_1 = \dfrac{1}{\omega(C_0 + 2C_{12})}$
三相三柱电抗器	$L_1 > L_0$	$3\omega(C_0 + 2C_{12}) = \dfrac{1}{\omega L_0} + \dfrac{2}{\omega L_1}$

对 330kV 系统，设 $C_0 \approx 6.5 C_{12}$，$C_1 = C_0 + 3C_{12} \approx 9.5 C_{12}$，则 $\omega L_1 = \dfrac{1}{\omega(C_0 + 2C_{12})}$ 可改写为式（14-8），即若并联电抗器补偿容量是线路充电容量的 90% 时，就满足线性谐振条件。

$$\omega L_1 = \frac{1}{0.9\omega C_1} \qquad (14\text{-}8)$$

式中　L_1 ——电抗器正序电感，μH；

$\quad\quad L_0$ ——电抗器零序电感，μH；

$\quad\quad C_1$ ——线路正序电容，μF；

$\quad\quad C_{12}$ ——线路相间电容，$C_{12} = (C_1 - C_0)/3$，μF；

$\quad\quad C_0$ ——线路零序电容，μF。

当系统满足谐振条件时，可在电抗器中性点与地之间串接小电抗 X_n，以增大电抗器的零序电抗，消除

工频共振的条件。中性点小电抗的接法如图 14-7 所示，图中 X_n 可按下式估计：

$$X_n = \frac{X_L^2}{\dfrac{1}{\omega C_{12}} - 3X_L} + \frac{X_L - X_{L0}}{3} \qquad (14\text{-}9)$$

式中　X_L ——电抗器正序电抗，Ω；

$\quad\quad X_{L0}$ ——电抗器零序电抗，Ω。

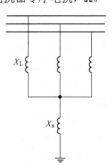

图 14-7　电抗器组中性点接入小电抗

单相电抗器 $X_L = X_{L0}$，三相电抗器 $X_L = 2X_{L0}$。中性点小电抗的选择应兼顾熄灭潜供电弧的要求，并应研究中性点的过电压水平，校验、选择中性点的绝缘水平。

（2）对高次谐波谐振过电压的限制。在超高压、特高压系统中，由电源侧断路器合闸末端接有空载变压器的空载线路，或者经过空载线路末端的空载变压器，或者由只带有空载线路的变压器低压侧合闸以及特高压线路末端变压器的低压侧系统解列等情况下，可能因为这些操作引起的过渡过程的激发，使变压器铁芯磁饱和、电感做周期性变化，回路等值电感在 2 倍工频下的电抗与 2 倍工频下线路入口容抗接近相等时，可能产生以 2 次谐波为主的高次谐波谐振过电压。

范围 II 的系统中，限制 2 次谐波为主的高次谐波谐振过电压的措施应符合下列要求：

1) 不宜采用产生 2 次谐波谐振的运行方式、操作方式，在故障时应防止出现该种谐振的接线；当确实无法避免时，可在发电厂线路继电保护装置内增设过电压速断保护，以缩短该过电压的持续时间。

2) 当带电母线对空载变压器合闸出现谐振过电压时，在操作断路器上宜加装合闸电阻。

（三）铁磁谐振过电压及其限制

1. 铁磁谐振过电压的特点

（1）谐振回路由带铁芯的电感元件（如空载变压器、电压互感器）和系统的电容元件组成。因铁芯电感元件的饱和现象，使回路的电感参数呈非线性。

（2）共振频率可以等于电源频率（基波共振），也可为其简单分数（分次谐波共振）或简单倍数（高次谐波共振）。

（3）在一定的情况下可自激产生，但大多需要有外部激发条件。回路中事先经历过足够强烈的过渡过程的冲击扰动。它可突然产生或消失；当激发消除后，常能自保持。

（4）在一定的回路损耗电阻的情况下，其幅值主要受到非线性电感本身严重饱和的限制。

2. 断线引起的铁磁谐振过电压的限制

电网因断线、断路器非全相动作、熔断器一相或两相熔断等而造成非全相运行时，电网电容与空载或轻载运行的变压器的励磁电感可能组成多种多样的串联谐振回路，产生基频、分频或高频谐振。它可使电网中性点位移、绝缘闪络、避雷器爆炸。

限制断线引起的铁磁谐振过电压的措施有：

（1）在线路上不采用熔断器。

（2）采取措施，保证断路器不发生非全相拒动，或在发生拒动时，利用保护装置作用于上一级跳闸。

（3）在中性点接地电网中，操作中性点不接地的负载变压器时，将变压器中性点临时接地。

3. 电磁式电压互感器引起的铁磁谐振过电压的限制

中性点不接地系统中，由于电压互感器突然合闸，一相或两相绕组出现涌流，线路单相弧光接地时出现涌流以及发生传递过电压时，可能使电磁式电压互感器三相电感不同程度地产生严重饱和，形成三相或单相共振回路，激发各次谐波谐振过电压。其中以分频谐振过电压危害最大，严重时可使电压互感器过热爆炸。

系统采用带有均压电容的断路器开断连接有电磁式电压互感器的空载母线，经验算可产生铁磁谐振过电压时，宜选用电容式电压互感器。当已装有电磁式电压互感器时，运行中应避免引起谐振的操作方式，可装设专门抑制此类铁磁谐振的装置。

可采用下列措施消除由于电压互感器饱和引起的铁磁谐振过电压：

（1）选用励磁特性饱和点高的电磁式电压互感器，或只用电容式电压互感器。

（2）减少同一系统中电压互感器中性点接地的数量，除电源侧电压互感器高压绕组中性点接地外，其他电压互感器中性点不宜接地。

（3）在零序回路中加阻尼电阻。电压互感器开口三角绕组为零序电压绕组，在此绕组两端装设 $R \leq 0.4X_m$ 的电阻（X_m 为电压互感器在线电压作用下归算至三角绕组上的单相绕组的励磁阻抗）。当只在网内一台电压互感器装设电阻时，X_m 应为网内所有电压互感器励磁阻抗的并联值。这种情况可能使电阻阻值过小，超过电压互感器的容量负担。此时，可通过低频率继电器，以便只在发生分频谐振时将电阻短时接入三角绕组；也可用零序过电压继电器将电阻投入三角绕组；

还可用零序过电压继电器将电阻投入 1min，然后再自动切除。

对于 35kV 及以下电网，推荐用白炽灯泡代替电阻。35kV 电网可接 220V、500W 灯泡，6～10kV 电网可接 220V、200W 灯泡。

（4）增大对地电容，可以破坏谐振条件。当 X_{C0} 为系统每相对地分布容抗时，可在 10kV 及以下母线上装设中性点接地的星形接线电容器组或用一段电缆代替架空线，以减少 X_{C0}，使 $X_{C0} < 0.01X_m$。

（5）当 K_{13} 为互感器一次绕组与开口三角形绕组的变比时，可在电压互感器的开口三角形绕组装设值不大于 X_m/K_{13}^2 的电阻或装设其他专门消除此类铁磁谐振的装置。

（6）电压互感器高压绕组中性点可接入单相电压互感器或消谐装置。

4. 串联补偿电网中铁磁谐振过电压的限制

线路接有串联电容 C 和并联电抗 L，即形成 L-C 串联回路。当关合线路首端断路器，或在线路末端故障跳闸，或投入串联补偿 C 时，都会引起回路的过渡过程和铁芯电感的涌流现象，从而激发谐振。由于 C 和 L 均较大，共振总是具有低频（1/3 次或更低次谐波）性质。

限制串联补偿电网中铁磁谐振过电压的措施有：

（1）利用串联补偿装置的主保护间隙，在串补两端出现较高过电压时，瞬时击穿，将阻尼电阻接入回路中。

（2）并联电抗器的中性点经 100Ω 左右的电阻接地，可以限制谐振的产生。

5. 变压器铁磁谐振过电压的限制

限制变压器铁磁谐振过电压的措施有：

（1）经验算断路器非全相操作时产生的铁磁谐振过电压，危及 110kV 及 220kV 中性点不接地变压器的中性点绝缘时，变压器中性点宜装设间隙，间隙应符合工频过电压的限制措施要求。

（2）当继电保护装置设有缺相保护时，110kV 及 220kV 变压器不接地的中性点可装设无间隙 MOA，应验算其吸收能量。该避雷器还应符合雷电过电压下保护变压器中性点标准分级绝缘的要求。

（四）发电机自励磁参数谐振过电压及其限制

1. 发电机自励磁参数谐振过电压的特点

（1）与电容组成谐振回路的电感参数作周期性变化（如同步发电机的电抗在 $X_d \sim X_q$ 之间的周期性变化），变化频率一般为电源频率的偶数倍。

（2）谐振所需能量由改变电感参数的原动机供给，它不仅可补偿回路中电阻的损耗，并且使回路的储能越积越多，保证了谐振的发展。

（3）谐振电压与电流理论上能趋于无穷大，但实际常受电感铁芯磁饱和的影响，使回路自动偏离谐振条件。

2. 发电机自励磁参数谐振过电压的限制

电网中的发电机在不同情况下运行，同步电抗在 $X_d \sim X_q$ 或 $X_d' \sim X_q'$ 之间周期性变化。如果发电机的外电路具有容抗性质（例如仅带有空载线路），而且参数配合得当，即使励磁电流很小，也可激发工频参数谐振，引起发电机端电压和电流急剧上升，而产生自励磁电压。它是参数谐振过电压的一种。由于变压器和发电机的磁饱和限制，这种过电压一般不超过 1.5 标幺值至 2 标幺值，但其作用时间很长。

设计中可采用下列措施消除发电机自励磁参数谐振过电压：

（1）采用快速自动调节励磁装置，一般能消除过电压和过电流上升速度很慢（以秒计）的同步自励磁，但不能消除上升速度极快的异步自励磁。发电机异步自励磁电压，仅能用速动过电压继电保护切机以限制其作用时间。

（2）设置必要的自动装置或保护装置，保证对空载线路的充电合闸在大容量系统侧进行，不在孤立电机侧进行。

（3）避免发电机带空载线路启动或避免以全电压向空载线路合闸。

（4）增加投入发电机的容量，使其大于空载线路的充电功率，破坏产生自励磁的条件。若变压器容量 P_T 与发电机容量 P_G 相等，则产生自励磁的条件为：

$$
\left.
\begin{aligned}
\tan \alpha l &> \frac{\dfrac{P_G}{P_n}}{X_d\% + X_T\%} \\[2mm]
\tan \alpha l &> \frac{\dfrac{P_G}{P_n}}{X_q\% + X_T\%}
\end{aligned}
\right\}
\tag{14-10}
$$

式中　P_G——发电机总容量，kW；

P_n——线路自然功率，kW；

$X_d\%$、$X_q\%$——发电机电抗；

$X_T\%$——变压器漏抗；

α——相位系数，$\alpha = 0.06°/\text{km}$；

l——线路长度，km。

（5）在超高压、特高压电网中，可利用装在线路侧的并联电抗器来消除自励磁过电压。并联电抗器的容量 Q_L 可按式（14-11）选取：

$$
\left.
\begin{aligned}
\frac{Q_L}{P_n} &> \tan \alpha l - \frac{\dfrac{P_G}{P_n}}{X_d\% + X_T\%} \\[2mm]
\frac{Q_L}{P_n} &> \tan \alpha l - \frac{\dfrac{P_G}{P_n}}{X_q\% + X_T\%}
\end{aligned}
\right\}
\tag{14-11}
$$

式中　Q_L——并联电抗器的容量，kV·A。

三、操作过电压

（一）操作过电压的性质

电网中的电容、电感等储能元件，在发生故障或操作时，由于其工作状态发生突变，将发生能量转换的过渡过程，电压的强制分量与暂态分量叠加形成所谓的操作过电压。其作用时间约在几毫秒到数十毫秒之间。幅值一般不超过 4 标幺值。

操作过电压的幅值和波形与电网的运行方式、故障类型、操作对象以及操作过程中多种随机因素的影响有关，一般采取实测或者模拟计算进行定量分析。

（二）操作过电压的允许水平

操作过电压是决定电网绝缘水平的依据之一，特别是在超高压、特高压电网中，有时起着决定性的作用。

1. 相对地操作过电压水平

相对地操作过电压水平一般不宜超过表 14-9 的要求。

表 14-9　相对地操作过电压的允许水平

最高电压范围	范围 I						范围 II
系统额定电压（kV）	35 及以下低电阻接地系统	66 及以下（除低电阻接地系统外）	110、220	330	500	750	1000
相对地操作过电压（标幺值）	3.2	4.0	3.0	2.2	2.0	1.8	1.6（变电站侧）、1.7（线路侧）

2. 相间操作过电压水平

3~220kV，宜取相对地内过电压的 1.3 标幺值至 1.4 标幺值；330kV，可取相对地内过电压的 1.4 标幺值至 1.45 标幺值；500kV，可取相对地内过电压的 1.5 标幺值；750kV，可取相对地内过电压的 1.7 标幺值；

1000kV，可取相对地内过电压的 2.9 标幺值。

确定相间绝缘时，相间典型过电压由两个幅值相等、极性相反的分量组成。两分量的电位可分别取相间典型过电压的+50%和−50%或者+60%和−40%，后者对设备绝缘的耐受要求要严于前者。

（三）间歇电弧过电压及其限制

1. 间歇电弧过电压的性质

中性点不接地电网，发生单相接地时流过故障点的电流为电容电流。经验表明，3～10kV 电网的电容电流超过 30A、35kV 及以上电网的电容电流超过 10A 时，接地电弧不易自行熄灭，常形成熄灭和重燃交替的间歇性电弧。因而导致电磁能的强烈振荡，使故障相、非故障相和中性点都产生过电压。

这种过电压一般不超过 3.0 标幺值，极少达到 3.5 标幺值，低于绝缘的耐受水平。但它波及全电网，持续时间长，易发展成为相间故障，特别是对绝缘较弱的旋转电机构成威胁，影响安全运行。

2. 限制措施

当电网的单相接地电流超过限值时，可采用消弧线圈或者高电阻接地方式，以减少单相接地电流，促成电弧自熄，防止发展成相间短路或烧损设备。

中性点不接地电网电容电流的允许值以及中性点接地方式的选择详见本章第一节。

消弧线圈并不能限制间歇性电弧过电压的最大值，甚至在某些情况下可使过电压值更大。但它可使燃弧时间大为缩短，减少重燃次数，从而降低高幅值过电压出现的概率。

（四）开断空载变压器过电压及其限制

1. 开断空载变压器过电压的性质

空载变压器的励磁电流很小，因此在开断时不一定在电流过零时熄弧，而在某一数值下被强制切断。这时，储存在电感线圈上的磁能将转化成为充电于变压器杂散电容上的电能，并振荡不已，使变压器各电压侧均出现过电压。

开断空载变压器时由于断路器强制熄弧（截流）产生的过电压，与断路器形式、变压器铁芯材料、绕组形式、回路元件参数和系统接地方式等有关。

当开断具有冷轧硅钢片的变压器时，过电压一般不超过 2.0 标幺值，可不采取保护措施。

开断具有热轧硅钢片铁芯的 110kV 及 220kV 变压器的过电压一般不超过 3.0 标幺值；66kV 及以下变压器一般不超过 4.0 标幺值。

空载变压器合闸产生的操作过电压一般不超过 2.0 标幺值，可不采取保护措施。

2. 限制措施

对冷轧硅钢片、纠结式线圈、220kV 及以下电压的变压器，一般不需对开断空载变压器过电压进行保护。除此以外，均应采取保护措施。

开断空载变压器过电压的能量很小，其对绝缘的作用不超过雷电冲击波的作用。因此，采用 MOA 即可获得可靠保护效果。但需注意以下问题：

（1）避雷器应接在断路器和变压器之间，在非雷雨季节也不得断开。

（2）如果变压器的高、低压侧电网中性点接地方式一致，避雷器可在高压侧或低压侧只装一组；如果中性点接地方式不一致，而且利用低压侧的避雷器保护高压侧时，低压侧应装设操作残压较低的避雷器。考虑到一般变压器高压绕组的绝缘裕度较低压绕组低，以及限制大气过电压和其他类型操作过电压的需要，变压器高压侧总是装设有避雷器的。

（3）对 6～10kV 容量较小的干式变压器，当采用真空断路器时，可在一次侧加设 0.1μF 左右的电容器。若将电容器安装在低压侧，电容值应取 $C_2 = 0.1K^2$（K 为变压器的变比）。

（4）灭弧性能较差的断路器，或者断路器断口间装设有 10000Ω 以上的高阻值并联电阻，或者变压器的某一电压侧连接有大于 100m 的电缆时，开断空载变压器过电压会大为降低。但在工程设计中不宜采用上述方法作为专门的限制措施。

（5）在可能只带一条线路运行的变压器中性点消弧线圈上，宜用 MOA 限制切除最后一条线路两相接地故障时，强制开断消弧线圈电流在其上产生的过电压。

（五）开断并联电抗器过电压及其限制

1. 开断并联电抗器过电压的性质

并联电抗器在超高压、特高压系统中和静止补偿装置中都需要装设。开断并联电抗器和开断空载变压器一样，都是开断感性负载，开断过程中如出现截流，就会产生过电压。但两者有以下两点不同：

（1）开断的电流为电抗器的额定电流，远比开断空载变压器的励磁电流要大。

（2）切断电流时，断路器断口间的瞬态恢复电压固有频率不同，开断变压器的频率为数百赫兹，开断电抗器却为数千赫兹或更大，使断路器更难开断。

国内外的统计表明，大的开断电流反而截流值较低，不会产生过高的过电压。但高频率的恢复电压会给无分闸并联电阻的断路器带来熄弧困难，容易产生重燃，并可能产生高频重燃过电压，损坏断路器。

并联电抗补偿装置合闸产生的操作过电压一般不超过 2.0 标幺值，可不采取保护措施。

2. 限制措施

（1）选用带分闸并联电阻的断路器。

（2）在断路器与并联电抗器之间装设 MOA。

（3）在超高压、特高压并联电抗器前不装设断路器，把并联电抗器视作线路的一部分，用线路断路器进行操作。

（4）电压较低的并联电抗器，采用了熄弧能力较强的真空断路器时，可在回路中装设 R-C 阻容吸收装置，作为限制断路器强制熄弧截流产生过电压的后备保护。它可以降低截流值，扼制重燃时的高频电流，减缓过电压波头，使断路器易于熄弧。电容值及电阻值通过试验确定。

（5）对范围Ⅱ的并联电抗器开断时，也可使用选相分闸装置。

（六）开断高压感应电动机过电压及其限制

1. 开断高压感应电动机过电压的性质

开断高压电动机也是开断感性负载。它可能产生三种类型的过电压，即截流过电压、三相同时开断过电压和高频重复重击穿过电压。

过电压幅值与断路器熄弧性能、电动机和回路元件参数等有关。三相同时开断过电压和高频重复重击穿过电压仅出现于截流能力很强的真空断路器开断时。

截流过电压主要发生在电动机空载运行开断时，开断空载电动机的过电压一般不超过 2.5 标幺值，而更高的过电压则发生在电动机启动或制动过程中开断时。因为此时电动机的磁场储能要大得多，振荡频率高于 1kHz，截流过电压和三相同时开断过电压可能超过 4.0 标幺值。

高频重复重击穿过电压是由于开断后产生的高频振荡，使断路器发生多次重燃造成的。其频率高达 $10^5 \sim 10^6$Hz，陡度极大，幅值随着重燃次数的增加而提高，过电压可能超过 5.0 标幺值。

开断高压感应电动机过电压容易损坏断路器，并严重危害电动机的主绝缘和匝间绝缘。电动机容量越小，这种过电压越高。当 6kV 电动机容量小于 200kW 时，采用真空断路器时应采取保护措施。

高压感应电动机合闸的操作过电压一般不超过 2.0 标幺值，可不采取保护措施。

2. 限制措施

（1）当断路器开断高压感应电动机时，宜在断路器与电动机之间装设旋转电机用 MOA。MOA 的参数应与电动机的绝缘水平相配合。

（2）当采用真空断路器时，为了降低过电压陡度，可在避雷器旁并联一组 0.5μF 左右的电容器。

（3）在断路器与电动机之间装设能耗极低的 R-C 阻容吸收装置。电容和电阻串联。电容 C 可为 0.5～5μF，电阻 R 可为数十欧至数百欧。其作用是消耗过电压的能量，并限制重燃时的高频电流。

（七）关合（重合）空载线路过电压及其限制

1. 关合（重合）空载线路过电压的性质

空载线路合闸时，由于线路电感-电容的振荡将产生合闸过电压。线路重合时，由于电源电动势较高以及线路上残余电荷的存在，加剧了这一电磁振荡过程，使过电压进一步提高。

（1）范围Ⅱ中，切除空载线路过电压已被限制到一定水平以内，而线路合闸和重合闸过电压对系统中设备绝缘配合有决定性影响，应该结合系统条件预测空载线路合闸、单相重合闸和成功、非成功的三相重合闸（如运行中使用时）的相对地和相间过电压。

预测这类操作过电压的条件如下：

1）对于发电机—变压器—线路单元接线的空载线路合闸，线路合闸后，电源母线电压为系统最高电压；对于发电厂出线则为相应运行方式下的实际母线电压。

2）成功的三相重合闸前，线路受端曾发生单相接地故障；非成功的三相重合闸时，线路受端有单相接地故障。

（2）空载线路合闸、单相重合闸和成功的三相重合闸（如运行中使用时），在线路上产生的相对地统计过电压，对 330kV、500kV、750kV 和 1000kV 系统分别不宜大于 2.2 标幺值、2.0 标幺值、1.8 标幺值和 1.7 标幺值。

（3）范围Ⅰ的线路合闸和重合闸过电压一般不超过 3.0 标幺值，通常无须采取限制措施。

（4）下列因素将影响过电压的数值：

1）工频暂态过电压。工频暂态过电压是关合（重合）空载长线过电压的强制分量，所以影响工频暂态过电压的诸因素也是影响关合（重合）空载长线过电压的因素。

2）合闸初相位。合闸时，电源电压与线路残余电压极性相反，尤其在合闸初相位接近为±90°时，过电压将最大。

3）线路残余电压。断路器开断线路，电容电流过零熄弧时，滞留在线路上的电荷形成残余电压。其值与断路器开断性能和线路泄漏状况有关。

4）重合闸。永久性故障的健全相工频过电压比瞬时接地时要高。所以，不成功的重合闸过电压幅值高于成功的重合闸过电压。三相自动重合闸，特别是不成功的三相重合闸，过电压最为严重。单相重合闸时，由于故障相在跳闸后残余电压很小，加之系统零序回路的阻尼作用大于正序回路，使得单相重合闸与关合空载长线过电压相近。

5）断路器同期性能。三相动作不同期时，因为相间耦合，会使后合闸相上的残余电压增加 10%～30%。

2. 限制措施

（1）降低工频暂态过电压。限制工频暂态过电压的措施，也是限制关合（重合）空载长线过电压的措施。

（2）削弱线路残余电压。采用单相重合闸能够避免残余电压的影响；线路上若装有电磁式电压互感器，残余电荷可在 0.04s 以内基本泄入大地；断路器若装有数千欧中值分闸并联电阻，会在开断过程中给残余电荷提供一个泄漏途径；采用同期性能好的断路器，可减少相间耦合电压；线路电阻以及过电压较高时冲击电晕现象的存在所产生的能量损耗会引起自由分量的衰减，使过电压幅值降低。

（3）同步合闸。通过自动控制装置，实现断路器的断口间无电压合闸，使暂态过程降低到最微弱的程度。

（4）采用带合闸电阻的断路器。这是限制合闸过电压的有效措施。应注意，合闸电阻一般仅为数百欧（为低值电阻），大大小于分闸电阻值。

（5）采用氧化锌避雷器作为后备保护。合闸过电压往往延续数个半波，对于有间隙的避雷器，可能会多次动作，应注意校验其通流容量。

（6）对范围Ⅱ，当系统的工频过电压符合本节有关工频过电压允许值的要求且符合以下参考条件时，可仅用安装于线路两端（线路断路器的线路侧）上的金属氧化物避雷器（MOA）将这类操作引起的线路的相对地统计过电压限制到要求值以下。这些参考条件是：

1）发电机—变压器—线路单元接线时仅用 MOA 限制合闸、重合闸过电压的参考条件见表 14-10。

表 14-10　仅用 MOA 限制合闸、重合闸过电压的条件

系统标称电压（kV）	发电机容量（MW）	线路长度（km）	系统标称电压（kV）	发电机容量（MW）	线路长度（km）
330	200	<100	500	200	<100
				300	<150
	300	<200		≥500	<200

2）系统中发电厂出线时的参考条件：330kV，<200km；500kV，<200km。

在其他条件下，可否仅用 MOA 限制合闸和重合闸过电压，需经校验确定。

为限制此类过电压，也可在线路上适当位置安装 MOA。

3. 断路器合闸电阻的选择

（1）合闸电阻的选择原则。

具有合闸电阻的断路器接线如图 14-8 所示。

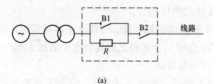

(a)

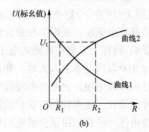

(b)

图 14-8　具有合闸电阻的断路器接线
（a）接线图；（b）V 形曲线

合闸时，先合辅助触头 B2，接入合闸电阻 R 后再合主触头 B1、短接 R，完成合闸操作。合闸分为两个阶段。

第一阶段，在 R 被串入回路中时，若 R=0，合闸过电压 U 最大。随着 R 的增大，过电压将减小，见图 14-8（b）中曲线 1。

第二阶段，合上 B1 后，若 R=0 就无过电压，线路电压为电源电压。随 R 增大，过电压也增大。当 R=∞ 时，即为无电阻合闸，见图 14-8（b）中曲线 2。

这两个阶段组合的曲线称为 V 形曲线。其交点过电压最低，对应的电阻 R 为理想合闸电阻。若限制过电压为 U_t，合闸电阻可在 $R_1 \sim R_2$ 之间选取。

为了尽量减少通过电阻的电流，保证热稳定，R 值选较大的 R_2 为好。同时，R 较大，对辅助触头的灭弧能力的要求也可降低。因此，R 值的选择往往由第二阶段的合闸所决定。

（2）合闸电阻的阻值估算。合闸电阻的阻值可按式（14-12）估算：

$$R \leqslant \frac{Z_c}{\beta \sin \alpha l \sqrt{\left[\dfrac{\beta(K_c-1)}{K-\beta}\right]^2 - 1}} \quad (14\text{-}12)$$

式中　R——合闸电阻，Ω；

Z_c——线路波阻抗，330kV，Z_c=310Ω；500kV，Z_c=280Ω；750kV，Z_c≈256Ω；1000kV，Z_c≈250Ω。

β——工频暂时过电压，标幺值。

α——相位系数，一般 α =0.06°/km。

l——线路长度，km。

K_c——合闸过电压，标幺值。

K——要求限制到的过电压倍数。

式（14-12）只适用于线路上未装并联电抗器的情况。但实际上在超高压、特高压线路中，大多数均装有并联电抗器。同时，在电网结构、电源容量、线路长度等条件均不相同的情况下，分别要求断路器装设不同的并联电阻是不切合实际的。研究表明，最佳电阻值为（0.5～2.0）Z_c。对于定型的断路器，只能装设固定数值的电阻，通常根据过电压水平的限制要求和相应的 V 形曲线，综合研究确定恰当的电阻值。由于采用低值电阻时会流过较大的电流，电阻的通流容量和热稳定性难以达到要求，在制造上存在一定的困难，所以实际采用的电阻值比最佳电阻值大，一般取 400～600Ω。为了充分发挥合闸电阻的作用，要求有足够的电阻接入时间，一般取 8～15ms。

如果要求进一步限制合闸过电压，可考虑采用多级并联电阻或非线性并联电阻。

目前，我国部分 330kV 断路器上使用的合闸电阻

值为 400Ω；500kV 断路器上使用的合闸电阻值为 400、500Ω；750kV 系统中的断路器采用 400～600Ω 的合闸电阻，接入时间不小于 8ms；1000kV 系统中的断路器采用 400～600Ω 的合闸电阻，以 600Ω 较合适，接入时间不小于 13ms。国外 500kV 断路器并联电阻为 350～1000Ω，接入时间为 6～10ms。

（八）开断空载长线过电压及其限制

1．开断空载长线过电压的性质

空载长线相当于一个容性负载。在断路器开断工频电容电流过零熄弧后，便会有一个接近幅值的相电压被残留在线路上。若此时断路器触头发生重燃，相当于一次合闸，使线路重新获得能量。电压波的振荡反射，使过电压按重燃次数依次递增。

开断空载长线过电压具有明显的随机性。断路器触头的重燃、重燃后电弧熄灭的角度和断路器的同期性能等都是随机变量，因而使这种过电压难以进行定量计算，多需要借助实测统计。过电压的大小尚与母线电容量、出线回路数、线路长度、电源阻抗等因素有关。

空载线路开断时，如断路器发生重击穿，将产生操作过电压。

（1）对范围 II 的线路断路器，应要求在电源对地电压为 1.3 标幺值条件下开断空载线路不发生重击穿。

（2）对范围 I，110kV 及 220kV 开断架空线路宜采用重击穿概率极低的断路器，该过电压不超过 3.0 标幺值；开断电缆线路应采用重击穿概率极低的断路器，该过电压不宜大于 3.0 标幺值。

（3）对范围 I，66kV 及以下系统中，开断空载线路断路器发生重击穿时的过电压一般不超过 3.5 标幺值。开断前系统已有单相接地故障，使用一般断路器操作时产生的过电压可能超过 4.0 标幺值。为此，选用操作断路器时，应该使其开断空载线路过电压不超过 4.0 标幺值。

2．限制措施

（1）采用不重燃或重燃率较低的断路器是解决这种过电压的根本措施。SF₆ 断路器、压缩空气断路器、带有压油活塞的少油断路器（如 SW6 型），在开断空载线路时重燃率较低。

（2）线路侧接入电磁式电压互感器。由于电磁式电压互感器直流电阻约为 3～15kΩ，通过它泄放残留电荷，可使重燃过电压降低 30% 左右。当线路很长，超过了断路器保证的切空线长度时，可采用此辅助措施。

（3）采用并联电抗器。并联电抗的存在，可使线路电压振荡频率接近于工频，恢复电压上升速率下降，可以避免重燃或者降低重燃后的过电压幅值。应注意，一般并不为限制这种过电压而专门设置并联电抗器。

（4）断路器加装分闸并联电阻。并联电阻在开断过程中短时接入回路，可以泄放残留电荷、降低恢复电压，从而避免重燃或降低重燃过电压。阻值一般取数千欧（为中值电阻），可按式 14-13 估算：

$$R = \frac{3}{\omega C_0} \qquad (14\text{-}13)$$

式中　R——并联电阻阻值，Ω；

　　　C_0——线路对地电容，μF；

　　　ω——角频率，$\omega = 2\pi f$。

我国以前采用的 kW-330 型空气断路器曾装设 3000Ω 的并联电阻。随着不重燃或重燃率较低的断路器的日益普及，现在一般不再采用分闸并联电阻。

（5）采用氧化锌避雷器。一般将此措施作为最后一道防线。

（九）开断电容器组过电压及其限制

1．开断电容器组电压的性质

开断电容器组产生过电压的原理与开断空载长线过电压类似，都是由于断路器重燃引起的。开断三相中性点不接地的电容器时，再加上断路器三相不同期，会在电容器端部、极间和中性点上都出现较高的过电压。过电压的幅值会随着重燃次数增加而递增。

3～66kV 系统开断并联电容补偿装置如断路器发生单相重击穿时，电容器高压端对地过电压可能超过 4.0 标幺值。开断前电源侧有单相接地故障时，该过电压将更高。开断时如发生两相重击穿，电容器极间过电压可能超过 $2.5\sqrt{2}$ 倍的电容器额定电压。

如果开断电容器时，母线上带有线路或其他电容器组，将会降低重燃后的初始电压，从而降低过电压幅值。减小断路器三相的不同期性，将减小中性点的位移电压，从而降低对地过电压。

2．限制措施

（1）当电容器组容量在数兆乏以上时，可采用灭弧能力强的 SF₆ 断路器或真空断路器。因为开断操作时该类断路器不发生重燃，这是限制此种过电压的根本措施。

（2）装设金属氧化物避雷器保护。对于需频繁投切的补偿装置，宜按图 14-9（a）装设并联电容补偿装置金属氧化物避雷器（F1 或 F2），作为限制单相重击穿过电压的后备保护装置。在电源侧有单相接地故障不要求进行补偿装置开断操作的条件下，宜采用 F1。断路器操作频繁且开断时可能发生重击穿或者合闸过程中触头有弹跳现象时，宜按图 14-9（b）装设并联电容补偿装置金属氧化物避雷器（F1 及 F3 或 F4）。F3 或 F4 用以限制两相重击穿时在电容器极间出现的过电压。当并联电容补偿装置电抗器的电抗率不低于 12% 时，宜采用 F4。

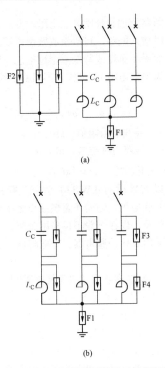

图 14-9 并联电容补偿装置的避雷器保护接线

（a）单相重击穿过电压的保护接线；

（b）单、两相重击穿过电压的保护接线

将电容器组分为若干个小组，分别用断路器进行操作控制。当被切除的电容器容量相对于母线电容较小时，由于过电压起始值的降低，将降低重燃率或降低过电压幅值。需注意，电容器分组的目的，主要是为了无功调节的方便，兼顾断路器的开断能力和避雷器的通流能力。

（十）解列过电压及其限制

1. 解列过电压的性质

解列过电压主要发生在两个电网的超高压、特高压联络线上，一般有以下两种情况：

（1）线路两端电源的电动势相角差因故摆开很大，超过 120°甚至达到 180°时，系统因失步解列，使断路器两侧电压产生振荡。线路末端的过电压和断路器触头间的恢复电压都可能超过工频暂态过电压的 2 倍。

（2）线路末端发生非对称接地短路。断路器断开时，也会产生类似的过电压振荡，但幅值一般不超过工频暂态过电压的 1.5～1.7 倍。

由于影响解列过电压的各种不利因素（较大的相角差、较小的电源容量、较长的线路、较远的短路点位置等）很少重叠发生，因此产生最大解列过电压的概率不大，其危险性不超过合闸过电压。

2. 限制措施

（1）安装于出线断路器线路侧的金属氧化物避雷器或者磁吹阀型避雷器是限制此种过电压的有效措施。

（2）装有中值分闸并联电阻的断路器可降低解列过电压。但当断路器装设了限制合闸过电压的低值合闸电阻后，则不必为限制解列过电压再另设分闸电阻，以免断路器的结构过于复杂。权衡利弊后，也可考虑分、合闸共用一个 1kΩ 左右的并联电阻。

（3）有条件时也可采用自动化装置，在两电网的电动势摆动超过允许角度前，就在指定的解列点将断路器及时断开。

（十一）故障清除过电压

故障清除过电压主要是在线路发生接地或短路故障后，故障线路的断路器切除故障电流时，在故障线路的健全相和相邻健全线路上出现的过电压。清除线路短路故障时，在相邻的健全线路上的过电压是故障清除过电压中的主要类型。

产生此类过电压的原因为：

（1）发生故障或切除故障时，设备和线路对地等值电容上的初始电压与其强制电压不相等，会产生瞬态过电压。

（2）断路器开断故障电流，相当于在断路器上加一个与故障电流反向的电流源，其电流波在相邻的健全线路上流动和折射、反射而形成瞬态过电压。

四、GIS 中快速暂态过电压

在电力系统中，气体绝缘金属封闭开关设备（GIS）中的隔离开关在分合空母线时，由于触头运动速度慢，开关本身的灭弧性能差，触头间会发生多次重燃，这种重击穿放电引起高频振荡形成快速暂态过程，产生的阶跃电压行波通过 GIS 和与之相连的设备传播，在每个阻抗突变的节点上发生多次折射和反射，使波形畸变，引起陡波前电压，即快速暂态过电压（very fast transient overvoltage，VFTO）。该电压具有上升时间短及幅值高的特点，其波形和幅值受 GIS 结构和外部设备布置影响。这种过电压对 GIS 设备的母线支撑件、套管以及所连接的二次设备都有很大的危险，近年来已经引起电力系统运行、设计和电力设备制造企业的高度重视。

（一）VFTO 的产生

GIS 中的隔离开关和断路器的操作会产生快速暂态过程，其中隔离开关操作尤为常见。GIS 中的设备及元件均工作在稍不均匀场中，隔离开关为插入式的同轴圆柱体，操作中触头运动速度慢，断口在 SF_6 气体中会发生多次的预击穿和重击穿。在每一电压跳变将产生波前很陡的阶跃电压波，并向断口两侧传播。由于这一电压的上升速率极快，因此称其为陡波前过电压。GIS 中 SF_6 的绝缘性能和灭弧性能远优于空气，因此，相邻设备的间距和母线长度都比相应敞开式开关设备（AIS）小很多，产生的阶跃电压波会在 SF_6 内不断地产生和来回传递，在节点上发生多次、复杂的折射、反射和叠加，使暂态的频率剧增，高达数百兆赫。

（二）VFTO 的特点

由于 GIS 中设备节点多、间距小、介质灭弧性能强、击穿时沿极短，因此，由开关设备操作、发生接地故障或隔离开关切、合小电容电流时引发的暂态过电压与传统 AIS 操作过电压完全不同。在此电压作用下，绝缘介质会表现出不同的特性。VFTO 的波前很陡，过电压波形中含有明显的高频电压分量，频率依GIS 结构和母线长度而异，通常在 0.1～10MHz，更高的会达 100MHz。VFTO 的幅值大小与隔离开关触头间电弧重燃次数、相位、被开断母线上的残余电荷有关，具有随机性。

1. 幅值

GIS 中开关设备操作产生的 VFTO 幅值不高，通常不超过 2.0 标幺值，有时可能超过 2.5 标幺值。隔离开关、断路器操作均会产生 VFTO，前者幅值更高。由于 GIS 结构复杂，在同一时刻不同节点的电压幅值不同，甚至相差很大。隔离开关操作所产生的 VFTO 幅值可能低于设备标准雷电冲击耐受电压，但其陡度很高，对绕组式设备的绝缘威胁很大。

2. 陡度

在断口击穿的过程中，火花导电通道会在几个纳秒建立起来，在均匀或稍不均匀电场中，通道形成冲击波的上升时间 $t_r(ns)$ 为

$$t_r = 13.3k_1/(\Delta us) \qquad (14\text{-}14)$$

式中　Δu——击穿前电压值，kV；

　　　k_1——火花常数，k_1=50kV·ns/cm；

　　　s——火花长度，cm。

对于正常设计的 GIS，电压上升时间 t_r 为 3～20ns，随电场的非均匀度而异。

3. 频率

VFTO 的波形较为复杂，波形中包含多种频率分量。

（1）几十甚至数百千赫的基本振荡频率，此频率电压由整个系统决定，绝缘设计不取决于其数值。

（2）数十兆赫的高频振荡，由行波在 GIS 内发展形成，是构成 VFTO 的主要部分。其数值决定绝缘设计。

（3）高达数百兆赫的特高频振荡，但幅值很低。

（三）VFTO 的影响因素

1. 残余电荷

当隔离开关开断带电的 GIS 母线时，母线上可能存在的残余电荷会影响 VFTO 的幅值。电源侧、母线侧以及支撑绝缘子上的过电压幅值与残余电荷近似为线性关系，残余电荷越多，过电压幅值越高。在不同残余电荷下，同一节点的过电压波形相同，但波形不同。VFTO 幅值较大的节点和操作支路上受残余电荷

的影响比 GIS 其他节点更大。

残余电荷电压与负载侧电容电流大小、开关速度、重燃时刻及母线上的泄漏有关，电容电流影响最大。开断前电容电流越大，母线上储存的电荷越多，残余电荷电压越高。若最后一次重燃前符合母线侧残余电压为相电压峰值，且最后一次重燃又发生在电源侧电压反极性峰值处，则过电压最大，但这种情况出现的概率很小。

2. 变压器的入口电容 C_T

由于 GIS 中的 VFTO 频率很高，在此电压作用下，变压器呈现明显的电容特性，因此用 C_T 等效变压器并不失去其准确性。计算和理论分析表明，在由隔离开关分断电弧重燃引发的 VFTO 中，C_T 越大，VFTO 的幅值越高。变压器入口电容 C_T 与其结构、电压等级、额定容量等因素有关。一般来讲，C_T 随电压等级、变压器额定容量的增大而增加。

3. 电压上升时间 t_r

GIS 中冲击电压的上升时间通常在 3～20ns，t_r 增加使 VFTO 幅值下降。由于电压上升时间的增大，回路中存在的电阻损耗增加，阻尼效果明显，因此，使t_r 较小时 VFTO 中的极高频分量迅速衰减、消失。

4. GIS 的支路长度

GIS 支路长度对 VFTO 幅值有显著影响，这种影响没有明显的规律。在一定条件下，母线长度较小的改变会引起某些节点电压的巨大变化。支路长度变化对不同节点过电压的影响程度不同，主干支路的长度变化比分支支路的长度变化对 VFTO 幅值影响更大。

5. 开关弧道电阻 R_{arc} 的影响

隔离开关起弧时，弧道电阻 R_{arc} 为一时变电阻，对过电压有阻尼作用。过电压的大小随 R_{arc} 的增加呈下降趋势，因而在隔离开关触头间串联适当的电阻可有效地降低 VFTO 幅值。

6. 其他因素的影响

由于 VFTO 的结构复杂，涉及的设备多，因此，影响因素很多。如 GIS 的布置、内部结构、接线方式、设备性能及外部设备等。有些因素对 VFTO 的幅值影响较大，而有些设备对 VFTO 的振荡频率影响更大，而对 VFTO 幅值影响不大。

（四）VFTO 的危害

随着超高压、特高压 GIS 的应用，VFTO 的危害引起了更多的关注。运行经验表明，330kV 及以上的GIS，当隔离开关或断路器操作时，会引起其内部或外部设备的事故。

1. 暂态地电位升高

隔离开关或断路器操作在 GIS 中产生的 VFTO 会导致暂态地电位升高，尽管其衰减很快，但它会产生火花放电，甚至外壳击穿，危及人身和设备安全。

2. 对二次设备的影响

VFTO 可以通过电压互感器或电流互感器内部的杂散电容传入与其相连的二次电缆，进入二次设备。通过接地网进入二次电缆的屏蔽层，进而感应到二次电缆的芯线。因此，GIS 运行时二次设备始终处在严重的电磁污染环境中，严重干扰保护、控制和测量设备的正常可靠工作。

3. 对变压器的影响

当 GIS 内部出现 VFTO，VFTO 以行波的方式经过母线传播到变压器套管时，一部分耦合到架空线上沿架空线传播，危及外接设备的绝缘；一部分进入变压器绕组，VFTO 陡度在变压器处可达 0.49MV/μs，沿变压器绕组近似呈现指数分布，其作用甚至超过截波，因此，变压器首端和某些部位承受较高的过电压。VFTO 所含的谐波分量会引起变压器绕组的局部共振，尤其当变压器通过气体绝缘管道母线（GIL）与 GIS 连接时更严重，从而引起变压器绝缘击穿。

（五）VFTO 的防护措施

（1）采用快速动作的隔离开关。尽可能缩短隔离开关的切合动作时间，减少重击穿的出现频度和次数，降低 VFTO 产生概率。

（2）在隔离开关和断路器断口上并联合闸电阻。可以有效地阻尼 VFTO 行波的上升时间和减小 VFTO 的幅值。但应注意，合闸电阻会使隔离开关和断路器的操作结构复杂，使得单相接地时电弧燃弧时间增长、潜供电流增大。

（3）优化操作程序和简化接线。通过改变操作程序和简化接线减小 VFTO 产生的概率。

（4）改善设备本身的绝缘性能。如变压器，在设计制造中可采取纵、横补偿均压的方法，改善变压器绕组在 VFTO 下的绕组电位分布，加强变压器线端局部线圈的匝间绝缘和改善局部电场，合理选择变压器入口电容等。

（5）装设避雷器。在变压器出口处装设避雷器。

第三节　雷电过电压保护

一、雷电产生的机理

（一）雷电的形成

1. 雷云的形成

雷云的带电过程可能是综合性的。强气流将云中水滴吹裂时，较大的水滴带正电，而较小的水滴带负电，小水滴同时被气流带走，于是云的各部带有不同的电荷。此外，水在结冰时，冰粒上会带正电，而被风吹走的剩余的水将带负电，而且带电过程也可能和它们吸收离子、相互撞击或融合的过程有关。实测表明，在 5～10km 的高度主要是负电荷的云层，但在云的底部也往往有一块不大区域的正电荷聚集，如图 14-10 所示。

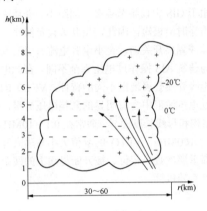

图 14-10　雷云电荷的分布

带电的云块称为雷云。云层中的电荷分布也远不是均匀的，往往形成好多个电荷密集中心。每个电荷中心的电荷为 0.1～10C，而一块大雷云同极性的总电荷则可达数百库。雷云中的平均场强约为 150kV/m，而在雷击时可达 340kV/m。雷云下面地表的电场一般为 10～40kV/m，最大可达 150kV/m。

2. 雷电放电

当雷云中电荷密集处的电场强度达到 2500～3000kV/m 时，就会发生放电，称为雷云放电。大部分雷云放电发生在云和云之间或云内异性电荷之间，而不是通常所想象的云和地之间。雷击大地的次数虽然只占雷云放电总次数的很小一部分，但却直接威胁着人类生命财产安全和电力系统的安全可靠运行。

雷云对大地有静电感应，即在雷云下的大地中感应出异性电荷，两者形成一个特殊的大电容器，随着雷云中电荷的逐步积累，空间的电场强度不断增大。当雷云中电荷密集处的电场强度达到空气击穿场强时，就产生强烈碰撞游离，形成指向大地的一段导电通道，称为雷电先导。由负雷云伸向大地的先导称为下行负先导。下行负先导放电不是连续向下发展的，而是一级一级地向前推进，每级发展的速度约为 10^7m/s，延续时间约为 1μs，间歇时间约为几十微秒。由于有所停歇，故总的平均速度只有（1～8）×10^5m/s。先导中的线电荷密度约为（0.1～1）×10^{-3}C/m，电晕半径约为 0.6～6m，纵向电位梯度约为 100～500kV/m。下行先导在发展中会分成数支，这和空气中原来随机存在的离子团有关。当下行先导接近地面时，地面较突出的部分会开始迎着它发出向上的放电，这种放电称为迎面先导。迎面先导可以是一个，也可以有几个。当迎面先导的一个与下行先导的一支相遇时，会产生强烈的"中和"过程，引起数十乃至数百千安的大电流，并伴随着雷鸣和闪光，这就是雷云放电的主放电阶段，同时它使空气急剧膨胀，发出震耳的雷鸣。主放电存在的时间极短，约为 50～100μs。主放电的过程是逆着负先导通道由下向上发展的，速度为光速的 1/20～1/2，离开地面越高则速度越小，平均值约为光速的 0.175 倍。主放电到达云端时即宣告结束，接着云中的残余电荷经过主放电通道流下来，称为余光阶段。余光阶段对应的电流不大，持续时间较长。

雷云中可能存在几个电荷中心，所以第一个电荷中心完成上述放电过程后，可能引起第二个、第三个中心向第一个中心放电，并沿原先的通道到达大地。因此，雷电可能是多重性的，每次放电相隔 0.6ms～0.8s，平均约 65ms，放电的数目平均为 2～3 个，最多可达 42 个。第二次及以后的放电，其先导都是由上而下连续发展的，而主放电仍是由下向上发展的，而且放电电流一般较小，不超过 50kA，但电流陡度大大增加。图 14-11 所示为下行负雷云放电过程。

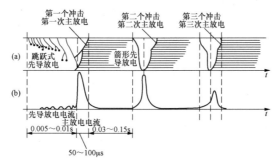

图 14-11 下行负雷云放电过程
（a）下行负雷云的光学照片描绘图；（b）放电过程中雷电流的变化情况

对正雷云来说，其下行雷的放电过程与上述负雷云的放电过程基本相同，但下行正先导的逐级发展现象不明显，其主放电波头长达几百微秒，波尾长达几千微秒。

当地面有高耸的突出物时，无论正、负雷云都有可能先出现有突出的物体上行的先导，这种雷称为上行雷。负上行雷（此时雷云为正极性）的上行先导是逐级发展的，每级长度约 5～18m，负先导的电阻可估计为 10kΩ/m；正上行雷上行先导的逐级发展不明显，正先导的电阻可估计为 0.05～1kΩ/m。从总体上说，无论正、负的上行先导，因为雷云的导电性能不好，大部分并无主放电过程发生。到达雷云时，一般电流都只为数百安，持续时间可达 0.1s。即使在上行先导碰到雷云的电荷密集区而发生放电时，电流也不太大，一般在 10kA 以下。

在对地的雷云放电中，雷电的极性是由雷云中电荷的极性来定义的。雷云中的正电荷对地放电称为正极性雷电，负电荷对地放电称为负极性雷电。测量结果表明，90%左右的雷电是负极性的，这是由于雷云下部往往带负电荷的缘故。

3. 雷暴日和雷暴小时

通常用雷暴日和雷暴小时来表示雷电活动的频繁程度。在一天中只要听到雷声就算一个雷暴日，在 1h 内只要听到雷声就算一个雷暴小时。一年内雷暴日的总数或雷暴小时的总数称为年雷暴日数或年雷暴小时数。在我国大部分地区，一个雷暴日约折合 3 个雷暴小时。

我国各地雷暴日的多少与纬度及距海洋的远近有关。海南省及雷州半岛雷电活动频繁而强烈，年平均雷暴日高达 100～133，北回归线（北纬 23.5°）以南一般在 80 以上（但台湾省只有 30 左右），北回归线到长江一带约为 40～80，长江以北大部分地区（包括东北）多为 20～40，西北多在 20 以下。西藏沿雅鲁藏布江一带约达 50～80。我国把年平均雷暴日不超过 15 的地区叫少雷区，超过 15 但不超过 40 的地区叫中雷区，超过 40 但不超过 90 的地区叫多雷区，超过 90 的地区或根据运行经验雷害特别严重的地区叫强雷区。雷暴开始的月份各地也相差较大，长江流域一般在三月，而西北地区则推迟到五月。到十月以后，长江以北地区雷暴就基本停止了。

（二）雷电的关键参数

雷电的关键参数有主放电通道波阻抗、雷电流幅值及其概率分布、雷电流波形和陡度、雷电流极性、重复放电次数和地面落雷密度。

1. 主放电通道波阻抗

从工程实用的角度和地面感受的实际效果出发，先导通道可近似为由电感和电容组成的均匀分布参数的导电通道。其波阻抗为：

$$Z_0 = \sqrt{\frac{L_0}{C_0}} \qquad (14-15)$$

式中 Z_0——波阻抗，Ω；

L_0——每米通道的电感量，H/m；

C_0——每米通道的电容量，F/m。

L_0 和 C_0 分别按式（14-6）和式（14-7）估算。

$$L_0 = \frac{\mu_0}{2\pi} \ln\left(\frac{1}{r}\right) \tag{14-16}$$

$$C_0 = \frac{2\pi\varepsilon_0}{\ln\left(\dfrac{l}{r_y}\right)} \tag{14-17}$$

上两式中　μ_0——空气的磁导系数，数值上等于 $4\pi \times 10^{-7}$；

　　　　ε_0——空气的介电常数，数值上等于 8.86×10^{-12}；

　　　　l——空气的主放电长度，m；

　　　　r——主放电电流的高导通道半径，m；

　　　　r_y——主放电通道的电晕半径，m。

由于主放电的参数是随机的，所以 Z_0 的估值也有一定的分散性。研究表明，主放电通道波阻抗与主放电通道雷电流大小有关，雷电流越大，其值越小，一般 Z_0 为 300～3000Ω。建议雷电通道的波阻抗 Z_0 为 300～400Ω。

2. 雷电流幅值及其概率分布

主放电过程可视为一个电流波 i_0 沿着波阻抗为 Z_0 的先导通道投射到雷击点的波过程。对应的电压入射波 $u_0 = i_0 Z_0$。雷电流的幅值是指雷击小的接地阻抗的物体时流过该物体的电流。图 14-12 所示是雷击地面时的示意图和等值电路。

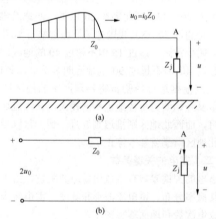

图 14-12　雷击地面时的示意图和等值电路

（a）示意图；（b）等值电路

由电压入射波 u_0 可求出通过雷击点接地电阻 Z_j 的电流为：

$$i = \frac{2u_0}{Z_0 + Z_j} = \frac{2Z_0 i_0}{Z_0 + Z_j} \tag{14-18}$$

实际测量雷电流时，$Z_j \ll Z_0$，所以得 $i = 2i_0$，即

实测到的雷电流为沿雷电通道传来的入射电流的 2 倍，这就是我们定义的雷电流。

某一次雷击的电流幅值是随机的，它与雷云中电荷多少有关，又与雷电活动的频繁程度有关。其变化的范围也很大，最小只有几千安，最大可达 200kA 以上。对大量实例的雷电流幅值进行统计可得其幅值概率分布曲线。

例如在浙江省新杭线 I 回路共测得 703 次雷击数据，将雷击塔顶的 104 个数据中的 95 个负极性数据进行拟合，得到雷电流拟合公式，即年平均雷暴日超过 20 的地区雷电流幅值的概率分布为：

$$\lg P = -\frac{I}{88} \tag{14-19}$$

式中　P——雷电流幅值超过 I 的概率；

　　　I——雷电流幅值，kA。

年平均雷暴日在 20 及以下的地区，概率分布将减小，推荐计算公式为：

$$\lg P = -\frac{I}{44} \tag{14-20}$$

图 14-13 对应式（14-19），为我国目前一般地区使用的雷电流幅值概率曲线。

3. 雷电流波形和陡度

雷电流的波头 τ_t 值大致为 1～4μs，平均在 2.6μs 左右，波长 τ 值在 40μs 左右，我国在直击雷防雷设计中采用 2.6/40μs 波形。雷电波波前的平均陡度为：

$$\alpha = \frac{I}{2.6} \tag{14-21}$$

式中　α——雷电流陡度，kA/μs，一般认为陡度 50kA/μs 是最大极限。

经过简化后，图 14-14 表示了三种常用的计算波形。

（1）标准冲击波形如图 14-14（a）所示，由双指数公式表示为：

$$i = I_0(e^{-\alpha t} - e^{-\beta t}) \tag{14-22}$$

式中　I_0——某一固定电流值；

　　　α、β——两个常数；

　　　t——作用时间。

这是一种与实际雷电流波形最为接近的等效计算波形。

（2）等效斜角波前波形如图 14-14（b）所示，斜角平顶波的陡度 α 可由给定的雷电流幅值 I 和波前时间确定。斜角波的数学表达式简单，便于分析与雷电流波前有关的波过程和发生在 10μs 以内的各种波过程。

（3）等效半余弦波前波形如图 14-14（c）所示，雷电流的波前部分接近半余弦波，可用式（14-23）表达：

$$i = 0.5I(1 - \cos\omega t) \tag{14-23}$$

式中　I——雷电流幅值，kA；

　　　　ω——角频率，$\omega = \pi/\tau_t = 1.2\,\mathrm{rad/s}$。

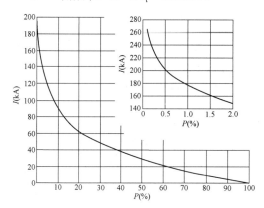

图 14-13　雷电流幅值概率曲线

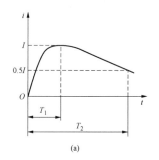

(a)

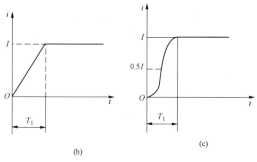

(b)　　　　　　　　(c)

图 14-14　雷电流等效波形

（a）标准冲击波形；

（b）等效斜角波前波形；（c）等效半余弦波前波形

半余弦波头的最大陡度出线在 $t = 0.5\tau_t$ 处，其值等于平均陡度的 $\pi/2$ 倍。这种波形多用于分析雷电流波前的作用，因为用余弦函数波前计算雷电流通过电感支路时所引起的压降比较方便。在设计特殊高塔时，采用此种表示将使计算更加接近于实际。

4. 雷电流极性

雷电流极性由雷云电荷的极性决定。当雷云电荷为正时，所发生的雷云放电为正极性放电，雷电流极性为正；反之，雷电流极性为负。据统计，90%左右的雷电是负极性的，而且一般电气绝缘负极性的冲击耐压要比正极性高，所以在防雷设计中以负极性雷为准。

5. 重复放电次数

在一个雷云单体中，常常有多个电荷密集中心，因此，一次雷云放电也常常包含多次放电脉冲，简称多重放电。根据 6000 次实测统计，平均重复放电 2～3 次，最多 42 次。放电之间的间歇时间通常为 30～50ms，最短为 15ms，最长达 700ms，而且间歇时间随放电次数增多而加长。

6. 地面落雷密度

每雷暴日、每平方千米的地面落雷次数称为地面落雷密度 γ。世界各国的取值情况不同，在我国，各地的 γ 值随着年平均雷暴日数 T 的不同而不同。一般 T 较大的地区，γ 也较大。在雷暴日数 $T = 40$ 的地区，γ 取值为 0.07。

如果测量的是每年、每平方千米的地面落雷次数 N_g，则 γ 与 N_g 的区别在于前者是针对每雷暴日而言，而后者是针对每年而言，两者的关系为 $N_g = \gamma T$。

在雷云经常经过的峡谷，易形成雷云的向阳或迎风的山坡，土壤电阻率突变地带低电阻率地区的 γ 值比一般地区大很多，在选厂选线时应注意调查易击区，以便躲开或加强防护措施。

二、雷电过电压

雷电过电压可分为直击雷过电压、感应雷过电压和侵入雷电波过电压。雷直击于线路引起的过电压，称为直击雷过电压；雷击于线路附近地面，由于静电感应和电磁感应在导线上产生的过电压称为感应雷过电压；输电线路受到雷击，雷电波沿导线侵入到发电厂的电气设备，产生的过电压称为侵入雷电波过电压。

衡量线路耐雷性能的主要指标是耐雷水平和雷击跳闸率。

耐雷水平是指雷击线路时线路绝缘不发生闪络的最大雷电流幅值，单位为 kA。线路的耐雷水平越高，防雷性能越好。

雷击跳闸率是指雷电活动强度都折算为每年 40 个雷暴日和 100km 线路长度的条件下，每年雷击而引起的线路跳闸的次数，单位为次/（100km·年）。它是衡量线路耐雷性能的综合指标。

（1）雷击次数 $N_0 = 40$ 的地区，避雷线或导线平均高度为 h 的线路，每 100km 每年的雷击次数为：

$$N = 0.28(D + 4h) \qquad (14\text{-}24)$$

式中　D——两根避雷线间的距离，m。

（2）在线路冲击闪络的总数中，可能转化为稳定工频电弧的比例称为建弧率 η。按下式计算：

$$\eta = (4.5E^{0.75} - 14) \times 10^{-2} \qquad (14\text{-}25)$$

式中　E——作用于电弧路径的平均电位梯度，kV/m。

若 $E \leq 6kV/m$，可以认为建弧率 $\eta=0$，线路不会因雷击引起跳闸。

（3）架空线路的雷击跳闸率 n 应是雷击杆塔跳闸率 n_1 和绕击导线跳闸率 n_2 之和，即

$$n = n_1 + n_2$$
$$= NgP_{I1}\eta + NP_aP_{I2}\eta \qquad (14-26)$$
$$= N(gP_{I1} + P_aP_{I2})\eta$$

式中　P_{I1}——不小于雷击塔顶耐雷水平 I_1 的概率；

　　　P_{I2}——不小于雷击塔顶耐雷水平 I_2 的概率；

　　　P_a——线路绕击率；

　　　g——击杆率，即雷击杆塔次数占雷击总次数的比值。

（一）直击雷过电压

各电压等级线路应有的耐雷水平见表 14-11。

表 14-11　　　　　　　　各电压等级线路应有的耐雷水平

额定电压（kV）	35	66	110	220	330	500
耐雷水平 I_0（kA）	20~30	30~60	40~75	75~110	100~150	125~175
雷电流超过 I_0 的概率（%）	59~46	46~21	35~14	14~5.6	7.3~2.0	3.8~1.0

66kV 及以下架空线路一般无避雷线，遭受直击雷的概率较大，110kV 及以上线路均敷设有一根或两根避雷线。但是在有避雷线保护的线路中，由于各种随机因素，仍然会有雷绕过避雷线而击于导线的可能性。

1. 雷直击于架空线的直击雷过电压

（1）无避雷线。雷击导线时，雷电流沿导线向两侧分流，形成过电压波向两侧传播，如图 14-15 所示。

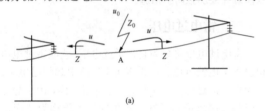

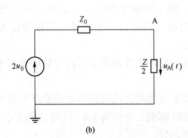

图 14-15　雷击导线

（a）示意图；（b）等值电路

当雷直击架空线路时，等于沿主放电通道（波阻抗为 Z_0）袭来一个幅值为 $I/2$ 的电流波。由于架空线长度远大于雷电波波长，架空线可视为无限长导线，此时雷电流波遇到的是两侧导线的波阻并联后的 $Z/2$，取 $Z_0 \approx Z/2$，近似认为在雷击点没有波的折射、反射发生，于是可求得雷击点的直击雷过电压的幅值为

$$U_A = \frac{I}{2} \cdot \frac{Z}{2} = \frac{IZ}{4} \qquad (14-27)$$

若考虑电晕的影响，取 220kV 及以下线路的波阻 Z 为 400Ω，则雷击点电位为

$$U_A = 100I \qquad (14-28)$$

绝缘子串 50% 的正极性冲击放电电压为 $U_{50\%}$，如果 $U_A > U_{50\%}$，线路绝缘就发生闪络。

（2）有避雷线。雷绕击导线时产生的过电压与无避雷线的情况相同。

2. 击杆率 g 和绕击率 P_a

击杆率 g 指雷击杆塔次数占雷击线路总次数的比例，一般可按表 14-12 所列数值取值。

表 14-12　　　击　杆　率　g

避雷线根数	1	2
平原	1/4	1/6
山区	1/3	1/4

装设避雷线后，雷绕击于导线的概率用绕击率 P_a 表示。

对平原地区线路

$$\lg P_a = \frac{\alpha\sqrt{h}}{86} - 3.9 \qquad (14-29)$$

对山区线路

$$\lg P_a = \frac{\alpha\sqrt{h}}{86} - 3.35 \qquad (14-30)$$

上两式中　P_a——绕击率，指雷击线路中出现绕击的概率；

　　　α——杆塔上避雷线对外侧导线的保护角，（°）；

　　　h——杆塔高度，m。

山区线路的绕击率约为平地线路的 3 倍，或相当于保护角增大 8° 的情况。用两根避雷线时，只要其间距不超过避雷线与中间导线高度差的 5 倍，中间导线被绕击的概率极小，可忽略不计。

（二）感应雷过电压

1. 线路的感应雷过电压

（1）无避雷线。实际测量结果证实，当 $S > 65m$ 时，感应过电压幅值 U_g 可近似地按式（14-31）计算

$$U_{\mathrm{g}} = \frac{25Ih_{\mathrm{d}}}{S} \qquad (14\text{-}31)$$

式中　U_{g}——感应电压幅值，kV；

　　　I——雷电流的幅值，kA；

　　　h_{d}——导线悬挂的平均高度，m；

　　　S——雷击点距线路的水平距离，m。

　　由于雷击地面时雷击点的自然接地电阻较大，雷电流幅值 I 一般不超过 100kA。实测证明，感应过电压一般不超过 $400\sim500\mathrm{kV}$。110kV 及以上的线路，由于绝缘水平较高，一般不会引起闪络事故。

　　（2）有避雷线。当雷击线路附近大地时，需考虑避雷线的电磁屏蔽作用。应用叠加原理，假设避雷线不接地，导线和避雷线上感应过电压分别为：

$$U'_{\mathrm{gd}} = \frac{25Ih_{\mathrm{d}}}{S} \qquad (14\text{-}32)$$

$$U'_{\mathrm{gb}} = \frac{25Ih_{\mathrm{b}}}{S} = U'_{\mathrm{gd}}\frac{h_{\mathrm{b}}}{h_{\mathrm{d}}} \qquad (14\text{-}33)$$

式中　U'_{gd}、U'_{gb}——导线和避雷线上感应过电压幅

　　　　　　　　　　　值，kV；

　　　h_{d}、h_{b}——导线和避雷线对地平均高度，m。

　　但实际上避雷线接地时的电位为零值。为此，设想在不接地的避雷线上叠加一个 $-U'_{\mathrm{gb}}$ 的电压，于是此电压将在导线上产生耦合电压 $-kU'_{\mathrm{gb}}$，k 是避雷线与导线间的耦合系数。若取 $\dfrac{h_{\mathrm{b}}}{h_{\mathrm{d}}}\approx1$，则 $-kU'_{\mathrm{gb}}\approx-kU'_{\mathrm{gd}}$，作用在绝缘串两端的感应雷电压下降为：

$$U_{\mathrm{gd}} \approx U'_{\mathrm{gd}} - kU'_{\mathrm{gd}} = 25\frac{Ih_{\mathrm{b}}}{S}(1-k) \qquad (14\text{-}34)$$

　　耦合系数越大，则感应过电压越低。对于单避雷线，$k=0.2$；对于双避雷线，$k=0.3$。

　　2. 雷击杆塔塔顶时导线上的感应过电压

　　（1）无避雷线。当 $S<65\mathrm{m}$ 时，对地雷击一般都

会被杆塔所吸引。雷直击杆塔时，导线上的感应过电压近似为：

$$U_{\mathrm{g}} = \alpha h_{\mathrm{d}} = \frac{I}{2.6}h_{\mathrm{d}} \qquad (14\text{-}35)$$

式中　U_{g}——导线上感应过电压幅值，kV；

　　　α——感应过电压系数，kV/m，其值等于以 kA/μs 为单位的雷电流的平均陡度值。

　　（2）有避雷线。考虑避雷线的屏蔽作用，导线上的感应电压可写成

$$U'_{\mathrm{gd}} = \alpha h_{\mathrm{d}}(1-k) \qquad (14\text{-}36)$$

式中　U'_{gd}——导线上感应过电压幅值，kV；

　　　α　——感应过电压系数，kV/m；

　　　h_{d}——导线对地平均高度，m；

　　　k——避雷线与导线间的耦合系数。

　　3. 避雷针遭雷击后产生的感应过电压

　　如图 14-16（a）所示，设避雷针的针体 N 点附近有孤立导体 P，当雷击避雷针而使针体电位抬高时，在高电位电场的作用下，在针体附近有限长的孤立导体 P 上将出现静电感应过电压 U_{s}，其值为：

$$U_{\mathrm{S}} = U_{\mathrm{N}}\frac{C_{12}}{C_{12} + C_{22}} \qquad (14\text{-}37)$$

　　如图 14-16（b）所示，设针体附近存在开口环，则雷击避雷针时雷电流 i 在避雷针周围形成的磁场将使开口环的开口处出现电磁感应过电压 U_{M}，其值为：

$$U_{\mathrm{M}} = M\frac{\mathrm{d}i}{\mathrm{d}t} = \left(0.2c\ln\frac{a+b}{a}\right)\frac{\mathrm{d}i}{\mathrm{d}t} \qquad (14\text{-}38)$$

式中　c——见图 14-16（b）中标注。

　　严重时可使空气间隙击穿，从而使油气或爆炸物起火爆炸。

　　可见，在安装避雷针后仍然有可能发生严重的直击雷害事故，需限制雷电流的幅值及其陡度。

　　（三）侵入雷电波过电压

　　输电线路受到雷击，雷电波沿导线侵入到发电厂

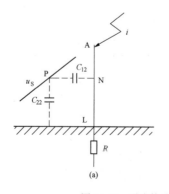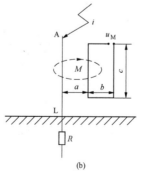

（a）　　　　　　　　　　　（b）

图 14-16　雷击接地导线产生的过电压

（a）静电感应过电压；（b）电磁感应过电压

的电气设备，产生的过电压称为侵入雷电波过电压。过电压幅值与发电厂进线段保护耐雷水平、雷击点距配电装置的距离、导线电晕衰减、电气接线、运行方式、设备位置和保护设备的性能有关。

三、直击雷的保护范围和保护措施

（一）装设直击雷保护的范围

1. 应装设直击雷保护装置的设施

发电厂的直击雷过电压保护，可采用避雷针、避雷线、避雷带和钢筋焊接成网等。下列设施应装设直击雷保护装置：

（1）屋外配电装置，包括组合导线和母线廊道。

（2）烟囱、冷却塔和输煤系统的高建筑物（如转运站、输煤栈桥、输煤筒仓、煤粉分离器等）。

（3）油处理室、燃油泵房、露天油罐及其架空管道、装卸油台、大型变压器修理间、易燃材料仓库等建筑物。

（4）乙炔发生站、制氢站、露天氢气罐、氢气罐储存室、天然气调压站、天然气架空管道及其露天贮罐。

（5）多雷区的牵引站。

（6）微波塔机房和大型计算机房。

（7）雷电活动特殊强烈地区的主厂房、主控制室和高压屋内配电装置室。

（8）无钢筋的砖木结构的主厂房。

2. 可不装设直击雷保护装置的设施

（1）发电厂有钢筋结构的主厂房、主控制室和配电装置室。

（2）为保护其他设备而装设的避雷针，不宜装在独立的主控制室和 35kV 及以下的高压屋内配电装置室的顶上。

（3）已在相邻高建筑物保护范围内的建筑物或设备。

（4）发电厂的煤场。

（二）直击雷保护措施

（1）对主厂房需装设的直击雷保护，或为保护其他设备而在主厂房上装设的避雷针，应采取如下措施：

1）加强分流。用扁钢将所有避雷针水平连接起来，并与主厂房柱内钢筋焊接成一体。在适当地方接引下线，一般应每隔 10～20m 引一根。引下线数目尽可能多些。

2）防止反击。设备的接地点尽量远离避雷针接地引下线的入地点；避雷针接地引下线尽量远离电气设备；为了防止引下线向发电机回路发生反击而可能危及发电机绝缘，宜在靠近避雷针引下线的发电机出口处装设一组避雷器。

3）装设集中接地装置。上述接地应与主接地网连接，并在连接处加装集中接地装置，其工频接地电阻应不大于 10Ω。

（2）主控制楼（室）、网络控制楼及屋内配电装置直击雷的保护措施如下：

1）若有金属屋顶或屋顶上有金属结构时，将金属部分接地。

2）若屋顶为钢筋混凝土结构时，应将其钢筋焊接成网接地。

3）若屋顶为非导电结构时，应采用避雷带保护。该避雷带的网格应为 8～10m，每隔 10～20m 应设接地引下线。该接地引下线应与主接地网连接，并在连接处加装集中接地装置，其接地电阻应不大于 10Ω。

（3）峡谷地区的发电厂宜用避雷线保护。

（4）建筑物屋顶上的设备金属外壳、电缆金属外皮和建筑物金属构件，均应接地。

（5）需装设直击雷保护装置的设施，其接地可利用发电厂的主接地网，但应在直击雷保护装置附近装设集中接地装置。

（6）对于气体绝缘金属封闭开关设备（GIS），不需要专门设立避雷针、避雷线，而是利用 GIS 金属外壳作为接闪器，并将其接地。对其引出线敞露部分或 HGIS 的露天母线等，则应设避雷针、避雷线予以保护。

发电厂必须进行直击雷保护的对象和措施见表 14-13。

表 14-13　　　发电厂必须进行直击雷保护的对象和措施

序号	建（构）筑物名称	建（构）筑物的结构特点	防雷措施
1	35kV 屋外配电装置	钢筋混凝土结构	装设独立避雷针；应专门敷设接地线接地
2	110kV 及以上配电装置	金属结构	在架上装设避雷针或独立避雷针；避雷针可经金属架地线接地
		钢筋混凝土结构	在架上装设避雷针或独立避雷针；应专门敷设接地线接地
3	屋外安装的变压器		装设独立避雷针
4	屋外组合导线及母线桥		装设独立避雷针；在不能装设独立避雷针时，可以考虑在附近主厂房屋顶装设避雷针，但应满足本节三、（二）、（1）的要求

续表

序号	建（构）筑物名称	建（构）筑物的结构特点	防雷措施
5	主控制楼（室）	金属结构　金属架构接地	但在雷电活动特殊强烈地区应设独立避雷针
		钢筋混凝土结构　钢筋焊接成网并接地	
6	屋内配电装置	钢筋混凝土结构　钢筋焊接成网并接地	
7	制氢站、露天氢气贮罐、氢气罐贮存室、易燃油泵房、露天易燃油贮罐、厂区内的架空易燃油管道、装卸油台和天然气管道、露天天然气贮罐		装设独立避雷针保护并应采取防止感应雷的措施
8	变压器检修间	钢筋混凝土结构　钢筋焊接成网并接地	
9	主厂房	钢筋混凝土结构	钢筋焊接成网并接地，但在雷电活动特殊强烈地区应装设独立避雷针
10	烟囱	砖或钢筋混凝土结构	烟囱口装设避雷针并专设引下线接地，其接地电阻应不大于10Ω
11	冷却水塔	金属结构石棉水泥板护板	金属结构接地，其接地电阻应不大于10Ω
		金属结构木板护板	金属结构上装设避雷针，金属结构接地，其接地电阻应不大于10Ω
		钢筋混凝土结构	在冷却水塔口装设避雷针，机力通风塔口装设避雷带，带专设引下线接地，引下线不少于2根，其接地电阻应不大于10Ω
12	岸边水泵房、厂外除灰泵房	钢筋混凝土结构	钢筋焊接成网并接地，其接地电阻应不大于10Ω
13	细粉分离器	金属结构	应构成良好电气回路，并将相邻各细粉分离器用两根导体连接成等电位。每个细粉分离器应单独与总接地网连接，并在连接处加装集中接地装置，其接地电阻应不大于10Ω
14	卸煤装置	钢筋混凝土结构	钢筋焊接成网并接地，其接地电阻不大于10Ω，但装卸桥或门型抓时，只需钢轨接地

（三）有易燃物、可燃物设施的建（构）筑物的保护

1. 独立避雷针保护的对象

有爆炸危险且爆炸后可能波及发电厂内主设备或严重影响发供电的建（构）筑物（如制氢站、露天氢气贮罐、氢气罐储存室、易燃油泵房、露天易燃油贮罐、厂区内的架空易燃油管道、装卸油台和天然气管道以及露天天然气贮罐等），应用独立避雷针保护，并应采取防止感应雷的措施。

2. 避雷针与设备间尺寸

避雷针与易燃油贮罐和氢气、天然气等罐体及其呼吸阀等之间的空气中距离，避雷针及其接地装置与罐体、罐体的接地装置和地下管道的地中距离应符合式（14-39）、式（14-40）的要求。避雷针与呼吸阀的水平距离不应小于3m，避雷针尖高出呼吸阀不应小于3m。避雷针的保护范围边缘高出呼吸阀顶部不应小于2m。避雷针的接地电阻不宜超过10Ω。在高土壤电阻率地区，如接地电阻难以降到10Ω，允许采用较高的电阻值，但空气中距离和地中距离必须符合式（14-39）、式（14-40）的要求。避雷针与5000m^3以上

贮罐呼吸阀的水平距离不应小于5m，避雷针尖高出呼吸阀不应小于5m。

3. 接地要求

露天贮罐周围应设闭合环形接地体，接地电阻不应超过30Ω，无独立避雷针保护的露天贮罐不应超过10Ω，接地点不应少于两处，接地点间距不应大于30m，架空管道每隔20～25m应接地一次，接地电阻不应超过30Ω。如金属罐体和管道的壁厚不小于4mm，并已接地，则可不在避雷针的保护范围内，但易燃油和天然气贮罐及其管道应在避雷针的保护范围内。易燃油贮罐的呼吸阀、易燃油和天然气贮罐的热工测量装置应进行重复接地，即与贮罐的接地体用金属线相连。不能保持良好电气接触的阀门、法兰、弯头等管道连接处应跨接。

4. 对供电电源的要求

对这类设施的供电，一律采用电缆，不允许将架空线引入建筑物。电缆的金属铠装在供电端须接地，而直接进入建筑物的电缆铠装则应接在防感应雷接地网上。不允许任何用途的架空导线靠近建筑物，其距离不小于10m。

（四）避雷针、避雷线的装设原则及其接地装置的要求

1. 独立避雷针的接地装置的要求

（1）独立避雷针（线）宜设独立的接地装置。

（2）在非高土壤电阻率地区，其工频接地电阻不宜超过10Ω。当有困难时，该接地装置可与主接地网连接，使两者的接地电阻都得到降低。但为了防止经过接地网反击35kV及以下设备，要求避雷针与主接地网的地下连接点至35kV及以下设备与主接地网的地下连接点，沿接地体的长度不得小于15m。经15m长度，一般能将接地体传播的雷电过电压衰减到对35kV及以下设备不危险的程度。

（3）独立避雷针不应设在人经常通行的地方，避雷针及其接地装置与道路或出入口等的距离不宜小于3m，否则应采取均压措施，或铺设砾石或沥青地面。

2. 架构或房顶上安装避雷针的要求

（1）电压110kV及以上的配电装置，一般将避雷针装在配电装置的架构或房顶上，但在土壤电阻率大于1000Ω·m的地区，宜装设独立避雷针。否则，应通过验算，采取降低接地电阻或加强绝缘等措施，防止造成反击事故。

（2）66kV的配电装置，可将避雷针装在配电装置的架构或房顶上，但在土壤电阻率大于500Ω·m的地区，宜装设独立避雷针。

（3）35kV及以下高压配电装置架构或房顶不宜装避雷针，因其绝缘水平很低，雷击时易引起反击。

（4）装在架构上的避雷针应与接地网连接，并应在其附近装设集中接地装置。装有避雷针的架构上，接地部分与带电部分间的空气中距离不得小于绝缘子串的长度；但在空气污秽地区，如有困难，空气中距离可按非污秽区标准绝缘子串的长度确定。

（5）避雷针与主接地网的地下连接点至变压器接地线与主接地网的地下连接点，沿接地体的长度不得小于15m。

3. 变压器门型架构上安装避雷针或避雷线的要求

（1）当土壤电阻率大于350Ω·m时，在变压器门型架构上和在离变压器主接地线小于15m的配电装置的架构上，不得装设避雷针、避雷线。

（2）当土壤电阻率不大于350Ω·m时，应根据方案比较确有经济效益，经过计算采取相应的放置反击措施后，可在变压器门型架构上装设避雷针、避雷线。

（3）装在变压器门型架构上的避雷针应与接地网连接，并应沿不同方向引出3根或4根放射形水平接地体，在每根水平接地体上离避雷针架构3～5m处应装设1根垂直接地体。

（4）6～35kV变压器应在所有绕组出线上或在离变压器电气距离不大于5m条件下装设金属氧化物避雷器（MOA）。

（5）高压侧电压35kV发电厂，在变压器门型架构上装设避雷针时，发电厂接地电阻不应超过4Ω。

4. 线路的避雷线引接到发电厂的要求

（1）110kV及以上配电装置，可将线路的避雷线引到出线门型架构上，在土壤电阻率大于1000Ω·m的地区，应装设集中接地装置。

（2）35～66kV配电装置，在土壤电阻率不大于500Ω·m的地区，允许将线路的避雷线引接到出线门型架构上，但应装设集中接地装置。在土壤电阻率大于500Ω·m的地区，避雷线应架设到线路终端杆塔为止。从线路终端杆塔到配电装置的一档线路的保护，可采用独立避雷针，也可在线路终端杆塔上装设避雷针。

5. 烟囱和装有避雷针和避雷线架构附近的电源线的要求

（1）发电厂烟囱附近的引风机及其电动机的机壳应与主接地网连接，并应装设集中接地装置。该接地装置宜与烟囱的接地装置分开，如不能分开，引风机的电源线应采用带金属外皮的电缆，电缆的金属外皮应与接地装置连接。

（2）机械通风冷却塔上电动机的电源线、装有避雷针和避雷线的架构上的照明灯电源线，均必须采用直接埋入地下的带金属外皮的电缆或穿入金属管的导线。电缆外皮或金属管埋地长度在10m以上，可与35kV及以下配电装置的接地网及低压配电装置相连接，以防止当装设在架构上的避雷针、避雷线落雷时，威胁人身和设备安全。

（3）不得在装有避雷针、避雷线的构筑物上架设未采取保护措施的通信线、广播线和低压线（符合防雷要求的照明线、微波电缆除外）。

6. 独立避雷针、避雷线与配电装置带电部分间的空气中距离，以及独立避雷针、避雷线的接地装置与接地网间的地中距离的要求

（1）独立避雷针与配电装置带电部分、发电厂电气设备接地部分、架构接地部分之间的空气中距离，应符合式（14-39）的要求：

$$S_a \geqslant 0.2R_i + 0.1h_j \qquad (14-39)$$

式中　S_a——空气中距离，m；

　　　R_i——避雷针的冲击接地电阻，Ω；

　　　h_j——避雷针校验点的高度，m。

（2）独立避雷针的接地装置与发电厂接地网间的地中距离，应符合式（14-40）的要求：

$$S_e \geqslant 0.3R_i \qquad (14-40)$$

式中　S_e——地中距离，m。

（3）避雷线与配电装置带电部分、发电厂电气设

备接地部分以及架构接地部分间的空气中距离，应符合以下要求。

1）对一端绝缘、另一端接地的避雷线，S_a 应满足

$$S_a \geqslant 0.2R_i + 0.1(h+\Delta l) \qquad (14\text{-}41)$$

式中　h——避雷线支柱的高度，m；

Δl——避雷线上校验的雷击点与最近接地支柱的距离，m。

2）对两端接地的避雷线，S_a 应满足

$$S_a \geqslant \beta'[0.2R_i+0.1(h+\Delta l)] \qquad (14\text{-}42)$$

式中　β'——避雷线分流系数。

3）避雷线分流系数可按式（14-43）计算。

$$\beta' = \frac{1+\dfrac{\tau_t R_i}{12.4(l_2+h)}}{1+\dfrac{\Delta l+h}{l_2+h}+\dfrac{\tau_t R_i}{6.2(l_2+h)}} \qquad (14\text{-}43)$$

$$\approx \frac{l_2+h}{l_2+\Delta l+2h} = \frac{l'-\Delta l+h}{l'+2h}$$

式中　l_2——避雷线上校验的雷击点与另一端支柱间的距离，m；

l'——避雷线两支柱间的距离，m；

τ_t——雷电流的波头长度，一般取 2.6μs。

4）避雷线的接地装置与发电厂接地网间的地中距离，对一端绝缘另一端接地的避雷线，应按式（14-41）校验；对两端接地的避雷线应符式（14-44）的要求。

$$S_e \geqslant 0.3\beta' R_i \qquad (14\text{-}44)$$

5）除上述要求外，对避雷针和避雷线，S_a 不宜小于 5m，S_e 不宜小于 3m。对 66kV 及以下配电装置，包括组合导线、母线廊道等，应降低感应过电压，当条件许可时，应增大 S_a。

（五）避雷线保护的技术要求

（1）避雷线应具有足够的截面积和机械强度。一般采用镀锌钢绞线，截面积不小于 35mm²，在腐蚀性较大的场所，还应适当加大截面积或采取其他防腐措施，在 200m 以上档距，宜采用不小于 50mm² 截面积。

（2）避雷线的布置，应尽量避免万一断落时造成全厂停电或大面积停电事故。例如尽量避免避雷线与母线互相交叉的布置方式，尽量避免避雷线布置在变压器的正上方等。

（3）当避雷线附近（侧面或下方）有电气设备、导线或 66kV 及以下架构时，应验算避雷线对上述设施的间隙距离。

（4）为降低雷电过电压，应尽量降低避雷线接地端的接地电阻，一般不宜超过 10Ω（工频）。

（5）应尽量缩短一端绝缘的避雷线的档距，以便减小雷击点到接地装置的距离，降低雷击避雷线时的过电压。

（6）对一端绝缘的避雷线，应通过计算选定适当数量的绝缘子个数。

（7）当有两根及以上一端绝缘的避雷线并行敷设时，为降低雷击时的过电压，可考虑将各条避雷线的绝缘末端用与避雷线相同的钢绞线连接起来，构成雷电通路，以减小阻抗，降低过电压。

四、避雷针、避雷线保护范围计算

发电厂避雷针、避雷线的防直击雷保护范围宜采用折线法计算，对于部分高耸建（构）筑物（一般高度不小于 60m）的防直击雷保护范围宜采用滚球法进行校验。

（一）折线法确定避雷针、避雷线的保护范围

1. 避雷针保护范围计算

（1）单支避雷针的保护范围计算。

单支避雷针的保护范围（见图 14-17）应按下列方法确定。

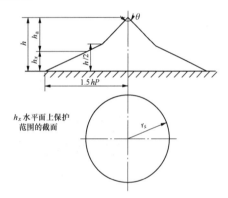

图 14-17　单支避雷针的保护范围

（θ—保护角，当 $h\leqslant 30\text{m}$ 时，$\theta=45°$）

1）避雷针在地面上的保护半径，应按式（14-45）计算。

$$r_0 = 1.5hP \qquad (14\text{-}45)$$

式中　r_0——避雷针在 h_0 水平面上的保护半径，m；

h——避雷针高度，m，当 $h>120\text{m}$ 时，可取其等于 120m；

P——避雷针高度影响系数，当 $h\leqslant 30\text{m}$ 时，$P=1$；当 $30\text{m}<h\leqslant 120\text{m}$ 时，$P=\dfrac{5.5}{\sqrt{h}}$；当 $h>120\text{m}$，$P=0.5$。

2）在被保护物高度 h_x 水平面上的保护半径，应按下列方法确定。

①当 $h_x\geqslant 0.5h$ 时，保护半径应按式（14-46）确定。

$$r_x = (h-h_x)P = h_aP \qquad (14\text{-}46)$$

式中　r_x——避雷针在 h_x 水平面上的保护半径，m；

h_x——被保护物的高度，m；

h_a——避雷针保护的有效高度，m。

②当 $h_x < 0.5h$ 时，保护半径应按式（14-47）确定。

$$r_x = (1.5h - 2h_x)P \qquad (14-47)$$

（2）两支等高避雷针的保护范围计算。

两支等高避雷针保护范围（见图14-18），应按下列方法确定。

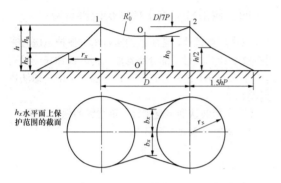

图 14-18　高度为 h 的两支等高避雷针的保护范围

1）两针外侧的保护范围按单支避雷针的计算方法确定。

2）两针间的保护范围应按通过两针顶点及保护范围上部边缘最低点 O 的圆弧确定，圆弧的半径为 R'_0。0 点为假想避雷针的顶点，其高度应按式（14-48）计算。

$$h_0 = h - D/(7P) \qquad (14-48)$$

式中　h_0——两针间保护范围上部边缘最低点的高度，m；

D——两针间的距离，m。

3）两针间 h_x 水平面上保护范围的一侧最小宽度 b_x 按图14-19确定。

4）两针间距离与针高之比 D/h 不宜大于5。

（3）多支等高避雷针的保护范围计算。

多支等高避雷针的保护范围（见图 14-20）应按下列方法确定。

1）三支等高避雷针所形成的三角形的外侧保护范围应分别按两支等高避雷针的计算方法确定。在三角形内被保护物最大高度 h_x 水平面上，各相邻避雷针间保护范围的一侧最小宽度 $b_x \geqslant 0$ 时，全部面积可受到保护。

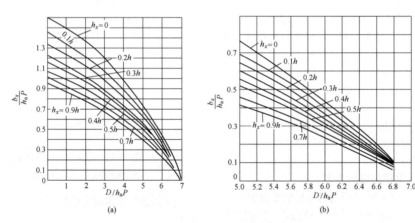

(a)

(b)

图 14-19　两等高避雷针间保护范围的一侧最小宽度（b_x）与 $D/(h_aP)$ 的关系

（a）$D/(h_aP)=0\sim7$；（b）$D/(h_aP)=5\sim7$

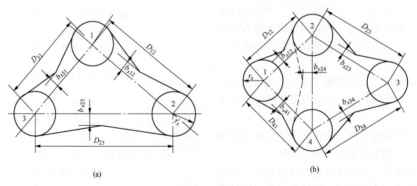

(a)

(b)

图 14-20　三支、四支等高避雷针在 h_x 水平面上的保护范围

（a）三支等高避雷针在 h_x 水平面上的保护范围；（b）四支等高避雷针在 h_x 水平面上的保护范围

2）四支及以上等高避雷针所形成的四角形或多角形，可先将其分成两个或数个三角形，然后分别按三支等高避雷针的方法计算，划分时必须是相邻近的三支避雷针。

（4）不等高避雷针的保护范围计算。

1）两支不等高避雷针的保护范围。两支不等高避雷针保护范围（见图 14-21），应按下列方法确定。

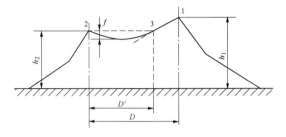

图 14-21　两支不等高避雷针的保护范围

①两支不等高避雷针外侧的保护范围应分别按单支避雷针的计算方法确定。

②两支不等高避雷针间的保护范围应按单支避雷针的计算方法，先确定较高避雷针 1 的保护范围，然后由较低避雷针 2 的顶点，做水平线与避雷针 1 的保护范围相交于点 3，取点 3 为等效避雷针的顶点。

③不等高化成等高避雷针间距离：

当 $h_2 \geq 0.5h_1$ 时，$D' = D - (h_1 - h_2)P$　（14-49）

当 $h_2 < 0.5h_1$ 时，$D' = D - (1.5h_1 - 2h_2)P$　（14-50）

式中　D'——避雷针 2 和等效避雷针 3 间的距离，m；

D——两支不等高避雷针 1 和 3 间的距离，m。

④用较低避雷针按等高避雷针确定避雷针 2 和 3 之间的保护范围。通过避雷针 2 和 3 顶点及保护范围上部边缘最低点的圆弧，其弓高应按下式计算：

$$f = D'/(7P)　（14-51）$$

式中　f——圆弧的弓高，m。

化成等高避雷针后，两等高针间的保护最低点高度 h_0' 按式（14-52）计算。

$$h_0' = h_2 - f　（14-52）$$

此时，P 应由 h_2 确定。

2）多支不等高避雷针的保护范围。对多支不等高避雷针所形成的多边形，各相邻两避雷针的外侧保护范围应按两支不等高避雷针的计算方法确定；三支不等高避雷针，在三角形内被保护物最大高度 h_x 水平面上，各相邻避雷针间保护范围一侧最小宽度 $b_x \geq 0$ 时，全部面积可受到保护；四支及以上不等高避雷针所形成的多角形，其内侧保护范围可仿照等高避雷针的方法确定。

（5）不同地面标高的避雷针保护范围计算。

1）不同地面标高的单支避雷针保护范围。不同地面标高的单支避雷针保护范围分别以不同地平面（即避雷针高度不同）确定所在地平面被保护物的保护半径，见图 14-22。

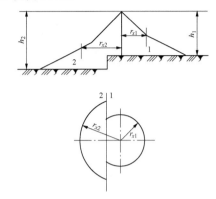

图 14-22　不同地面标高的单支避雷针保护范围

由图可见，以地平面 1 为基准，避雷针高为 h_1，按单支避雷针保护范围方法确定保护 h_{x1} 的保护半径为 r_{x1}，以地平面 2 为基准，避雷针高为 h_2，保护 h_{x2} 的保护半径为 r_{x2}。

2）不同地面标高的两支避雷针保护范围。不同地面标高的两支避雷针保护范围（见图 14-23）的确定如下。

①两支避雷针外侧，按单支避雷针保护范围确定。

②两支避雷针内侧，分别以不同地平面，按两支避雷针内侧保护范围方法，确定所在地平面内被保护物的保护范围。若两地面的标高不一样（即不在同一水平面上），两针间保护一侧最小宽度，分别按不同地平面确定不同的 b_{x1}、b_{x2}，如图 14-23 中实线保护范围。若两地被保护标高一样，不论按哪一地平面确定，两针间保护一侧最小宽度是一样的。如被保护标高同为 h_{x1}，则保护范围 2 的平面为虚线；被保护标高同为 h_{x2}，则保护范围 1 的平面为虚线。

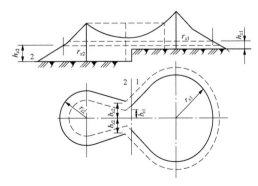

图 14-23　不同地面标高的两支避雷针保护范围

（6）山地和坡地上避雷针的保护范围计算。

山地和坡地上的避雷针，由于地形、地质、气象及雷电活动的复杂性,避雷针的保护范围应有所减小,应按下列方法确定。

1)避雷针的保护范围可按式(14-45)~式(14-47)计算。

2)两等高避雷针保护范围 b_x 按图 14-19 确定的 b_x 乘以 0.75 求得,上部边缘最低点高度可按式(14-53)计算。

$$h_0 = h - D/(5P) \tag{14-53}$$

3)两不等高避雷针保护范围的弓高可按式(14-54)计算,即

$$f = D'/(5P) \tag{14-54}$$

化成等高避雷针后,两等高针间的保护最低点高度 h_0' 计算式为:

$$h_0' = h_2 - f \tag{14-55}$$

4)利用山势设立的远离被保护物的避雷针不得作为主要保护装置。

2. 避雷线保护范围计算

(1)单根避雷线的保护范围计算。

单根避雷线在 h_x 水平面上每侧保护范围(见图14-24)的宽度,应按下列方法确定。

1)当 $h_x \geq h/2$ 时,每侧保护范围的宽度应按下式计算:

$$r_x = 0.47(h - h_x)P \tag{14-56}$$

2)当 $h_x < h/2$ 时,每侧保护范围的宽度应按下式计算:

$$r_x = (h - 1.53h_x)P \tag{14-57}$$

(2)两根等高平行避雷线的保护范围计算。

两根等高避雷线保护范围(见图 14-25)应按下列方法确定。

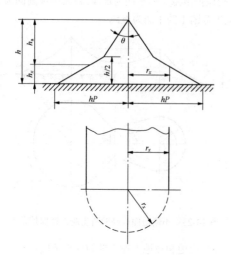

图 14-24　单根避雷线的保护范围

(当 $h \leq 30m$ 时,$\theta = 25°$)

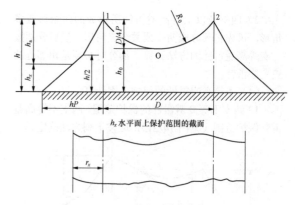

图 14-25　两根等高避雷线的保护范围

1)两避雷线外侧的保护范围应按单根避雷线的计算方法确定。

2)两避雷线间各横截面的保护范围应由通过两避雷线 1、2 点及保护范围边缘最低点 O 的圆弧确定。O 点的高度应按下式计算:

$$h_0 = h - D/(4P) \tag{14-58}$$

式中　h_0——两避雷线间保护范围上部边缘最低点的高度,m;

　　　h——避雷线高度,m;

　　　D——两避雷线间距离,m。

3)两避雷线端部的外侧保护范围按单根避雷线保护范围计算。两避雷线间端部保护最小宽度 b_x 应按下列方法确定:

①当 $h_x \geq h_0/2$ 时,b_x 应按下式计算:

$$b_x = 0.47(h_0 - h_x)P \tag{14-59}$$

②当 $h_x < h_0/2$ 时,b_x 应按下式计算:

$$b_x = (h_0 - 1.53h_x)P \tag{14-60}$$

(3)不等高避雷线的保护范围计算。

两根不等高避雷线保护范围确定方法与两根不等高避雷针保护范围的确定方法相同。

(4)相互靠近的避雷针和避雷线的联合保护范围计算。

相互靠近的避雷针和避雷线的联合保护范围可按下列方法确定:

1)避雷针、线外侧保护范围可分别按单针、线的保护范围确定。

2)内侧保护范围可将不等高针、线划为等高针、线,再将等高针、线视为等高避雷线计算。

(二)滚球法确定避雷针、避雷线的保护范围

1. 建筑物的防雷分类

建筑物应根据其重要性、使用性质、发生雷电事故的可能性和后果,按防雷要求分为三类。

(1)在可能发生对地闪击的地区,遇下列情况之

一时，应划为第一类防雷建筑物：

1）凡制造、使用或贮存炸药及其制品的危险建筑物，因电火花而引起爆炸、爆轰，会造成巨大破坏和人身伤亡者。

2）具有 0 区或 20 区爆炸危险场所的建筑物。

3）具有 1 区或 21 区爆炸危险场所的建筑物，因电火花而引起爆炸，会造成巨大破坏和人身伤亡者。

（2）在可能发生对地闪击的地区，遇下列情况之一时，应划为第二类防雷建筑物：

1）国家级重点文物保护的建筑物。

2）国家级的会堂、办公建筑物、大型展览和博览建筑物、大型火车站和飞机场、国宾馆、国家级档案馆、大型城市的重要给水泵房等特别重要的建筑物。

3）国家级计算中心、国际通信枢纽等对国民经济有重要意义的建筑物。

4）国家特级和甲级大型体育馆。

5）制造、使用或贮存火炸药及其制品的危险建筑物，且电火花不易引起爆炸或不致造成巨大破坏和人身伤亡者。

6）具有 1 区或 21 区爆炸危险场所的建筑物，且电火花不易引起爆炸或不致造成巨大破坏和人身伤亡者。

7）具有 2 区或 22 区爆炸危险场所的建筑物。

8）有爆炸危险的露天钢制封闭气管。

9）预计雷击次数大于 0.05 次/a 的部、省级办公建筑物及其他重要或人员密集的公共建筑物以及火灾危险场所。

10）预计雷击次数大于 0.25 次/a 的住宅、办公楼等一般性民用建筑物或一般性工业建筑物。

（3）在可能发生对地闪击的地区，遇下列情况之一时，应划为第三类防雷建筑物：

1）省级重点文物保护的建筑物及省级档案馆。

2）预计雷击次数大于或等于 0.01 次/a，且小于或等于 0.05 次/a 的部、省级办公建筑物和其他重要或人员密集的公共建筑物，以及火灾危险场所。

3）预计雷击次数大于或等于 0.05 次/a，且小于或等于 0.25 次/a 的住宅、办公楼等一般性民用建筑物或一般性工业建筑物。

4）在平均雷暴日大于 15d/a 的地区，高度在 15m 及以上的烟囱、水塔等孤立的高耸建筑物；在平均雷暴日小于或等于 15d/a 的地区，高度在 20m 及以上的烟囱、水塔等孤立的高耸建筑物。

2. 确定滚球半径

滚球法是以 h_r 为半径的一个球体，沿需要进行防直击雷保护的部位滚动，当球体只触及接闪器（包括被利用作为接闪器的金属物），或只触及接闪器和地面（包括与大地接触并能承受雷击的金属物），而不

触及需要保护的部位时，则该部分就得到接闪器的保护。

接闪器应由下列的一种或多种组成：独立避雷针、架空避雷线或架空避雷网、直接装设在建筑物上的避雷针、避雷带或避雷网。

（1）滚球半径和保护建筑物的接闪器布置应符合表 14-14 的规定。

表 14-14　滚球半径及接闪器布置

建筑物防雷类别	滚球半径 h_r（m）	避雷网网格尺寸（≤，m×m）
第一类防雷建筑物	30	5×5 或 6×4
第二类防雷建筑物	45	10×10 或 12×8
第三类防雷建筑物	60	20×20 或 24×16

（2）粮、棉及易燃物大量集中的露天堆场，当其年预计雷击次数大于或等于 0.05 时，应采用独立避雷针或架空避雷线防直击雷。独立避雷针和架空避雷线保护范围的滚球半径可取 100m。

3. 避雷针保护范围计算

（1）单支避雷针的保护范围计算。

单支避雷针的保护范围（见图 14-26）应按下列方法确定。

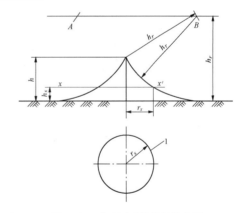

图 14-26　单支避雷针的保护范围
（1-xx' 平面上保护范围的截面）

1）当避雷针高度 $h \leq h_r$ 时：

① 距地面 h_r 处作一平行于地面的平行线。

② 以针尖为圆心，h_r 为半径，作弧线交于平行线的 A、B 两点。

③ 以 A、B 为圆心，h_r 为半径作弧线，该弧线与针尖相交并与地面相切。弧线到地面为其保护范围。保护范围为一个对称的锥体。

④ 避雷针在 h_x 高度的 xx' 平面上和地面上的保护半径，应按下列公式计算：

$$r_x = \sqrt{h(2h_r - h)} - \sqrt{h_x(2h_r - h_x)} \qquad (14\text{-}61)$$

$$r_0 = \sqrt{h(2h_r - h)} \qquad (14\text{-}62)$$

式中　r_x——避雷针在 h_x 高度的 xx' 平面上的保护半径，m；

　　　　h_r——滚球半径，按上节方法确定，m；

　　　　h_x——被保护物的高度，m；

　　　　r_0——避雷针在地面上的保护半径，m。

2）当避雷针高度 $h > h_r$ 时，在避雷针上取高度等于 h_r 的一点代替单支避雷针针尖作为圆心。其余的做法应符合本小节 1）的规定。式（14-43）和式（14-44）中的 h 用 h_r 代入。

（2）两支等高避雷针的保护范围计算。

两支等高避雷针的保护范围（见图 14-27），在避雷针高度 $h \leqslant h_r$ 的情况下，当两支避雷针的距离 $D \geqslant 2\sqrt{h(2h_r - h)}$ 时，应各按单支避雷针所规定的方法确定；当 $D < 2\sqrt{h(2h_r - h)}$ 时，应按下列方法确定。

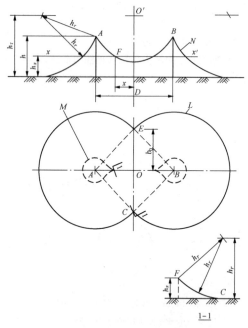

图 14-27　两支等高避雷针的保护范围

（L—地面上保护范围的截面；M-xx′平面上保护范围的截面；

N-AOB轴线的保护范围）

1）$AEBC$ 外侧的保护范围，应按单支避雷针的方法确定。

2）C、E 点应位于两针间的垂直平分线上。在地面每侧的最小保护宽度 b_0 应按下式计算：

$$b_0 = CO = EO = \sqrt{h(2h_r - h) - \left(\frac{D}{2}\right)^2} \qquad (14\text{-}63)$$

3）在 AOB 轴线上，距中心线任一距离 x 处，其

在保护范围边线上的保护高度 h_x 按下式计算。

$$h_x = h_r - \sqrt{(h_r - h)^2 + \left(\frac{D}{2}\right)^2 - x^2} \qquad (14\text{-}64)$$

该保护范围上边线是以中心线距地面 h_r 的一点 O' 为圆心，以 $\sqrt{(h_r - h)^2 + \left(\frac{D}{2}\right)^2}$ 为半径所做的圆弧 AB。

4）两针间 $AEBC$ 内的保护范围，ACO 部分的保护范围应按以下方法确定：

①在任一保护高度 h_x 和 C 点所处的垂直平面上，以 h_x 作为假想避雷针，并应按单支避雷针的方法逐点确定（见图 14-27 的 1-1 剖面图）。

②确定 BCO、AEO、BEO 部分的保护范围的方法与 ACO 部分的相同。

5）确定 xx' 平面上保护范围截面的方法。以单支避雷针的保护半径 r_x 为半径，以 A、B 为圆心作弧线与四边形 $AEBC$ 相交；以单支避雷针的（$r_0 - r_x$）为半径，以 E、C 为圆心作弧线与上述弧线相交。见图 14-27 中的粗虚线。

（3）两支不等高避雷针的保护范围计算。

两支不等高避雷针的保护范围，在 A 避雷针的高度 h_1 和 B 避雷针的高度 h_2 均 $\leqslant h_r$ 的情况下，当两支避雷针距离 $D \geqslant \sqrt{h_1(2h_r - h_1)} + \sqrt{h_2(2h_r - h_2)}$ 时，应各按单支避雷针所规定的方法确定；当 $D < \sqrt{h_1(2h_r - h_1)} + \sqrt{h_2(2h_r - h_2)}$ 时，应按下列方法确定。

1）$AEBC$ 外侧的保护范围应按照单支避雷针的方法确定。

2）CE 线或 HO' 线的位置应按下式计算：

$$D_1 = \frac{(h_r - h_2)^2 - (h_r - h_1)^2 + D^2}{2D} \qquad (14\text{-}65)$$

3）在地面上每侧的最小保护宽度 b_0 按下式计算：

$$b_0 = CO = EO = \sqrt{h_1(2h_r - h_1) - D_1^2} \qquad (14\text{-}66)$$

4）在 AOB 轴线上，A、B 间保护范围上边线位置应按下式计算：

$$h_x = h_r - \sqrt{(h_r - h_1)^2 + D_1^2 - x^2} \qquad (14\text{-}67)$$

式中　x——距 CE 线或 HO' 线的距离。

该保护范围上边线是以 HO' 线上距地面 h_r 的一点 O' 为圆心，以 $\sqrt{(h_r - h_1)^2 + D_1^2}$ 为半径所作的圆弧 AB。

5）两针间 $AEBC$ 内的保护范围，ACO 与 AEO 是对称的，BCO 与 BEO 是对称的，ACO 部分的保护范围应按下列方法确定：

①在任一保护高度 h_x 和 C 点所处的垂直平面上，以 h_x 作为假想避雷针，按单支避雷针的方法逐点确定，见图 14-28 的 1-1 剖面图。

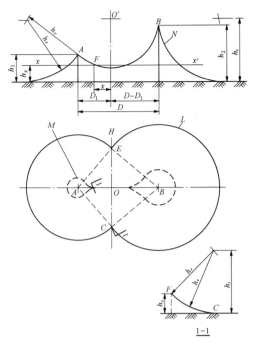

图 14-28　两支不等高避雷针的保护范围

（L—地面上保护范围的截面；M-xx'平面上保护范围的截面；

N-AOB 轴线的保护范围）

②确定 AEO、BCO、BEO 部分的保护范围的方法与 ACO 部分的相同。

6）确定 xx' 平面上保护范围截面的方法应与双支等高避雷针相同。

（4）矩形布置的四支等高避雷针的保护范围计算。

矩形布置的四支等高避雷针的保护范围，在 $h \leqslant h_r$ 的情况下，当 $D_3 \geqslant 2\sqrt{h(2h_r - h)}$ 时，应各按双支等高避雷针的方法确定；当 $D_3 < 2\sqrt{h(2h_r - h)}$ 时，应按下列方法确定。

1）四支避雷针外侧的保护范围应各按两支避雷针的方法确定。

2）B、E 避雷针连线上的保护范围见图 14-29 中 1-1 剖面图，外侧部分应按单支避雷针的方法确定。两针间的保护范围应按下列方法确定：

①以 B、E 两针针尖为圆心、h_r 为半径作弧相交于 O 点，以 O 点为圆心、h_r 为半径作弧线，该弧线与针尖相连的这段圆弧即为针间保护范围。

②保护范围最低点的高度 h_0 应按下式计算：

$$h_0 = \sqrt{h_r^2 - \left(\frac{D_3}{2}\right)^2} + h - h_r \qquad (14\text{-}68)$$

3）图 14-29 中 2-2 剖面的保护范围，以 P 点的垂直线上的 O 点（距地面的高度为 $h_r + h_0$）为圆心、h_r

为半径作弧线，与 B、C 和 A、E 两支避雷针所作出的在该剖面的外侧保护范围延长弧线相交于 F、H 点。

F 点（H 点与此类同）的位置及高度可按下列公式计算：

$$(h_r - h_x)^2 = h_r^2 - (b_o + x)^2 \qquad (14\text{-}69)$$

$$(h_r + h_0 - h_x)^2 = h_r^2 - \left(\frac{D_1}{2} - x\right)^2 \qquad (14\text{-}70)$$

4）确定图 14-29 中 3-3 剖面保护范围的方法与 2-2 剖面相同。

5）确定四支等高避雷针中间在 h_0 至 h 之间于 h_y 高度的 yy' 平面上保护范围截面的方法：以 P 点（距地面的高度为 $h_r + h_0$）为圆心、以 $\sqrt{2h_r(h_y - h_0) - (h_y - h_0)^2}$ 为半径作圆或弧线，与各两支避雷针在外侧所作的保护范围截面组成该保护范围截面，见图 14-29 中的虚线。

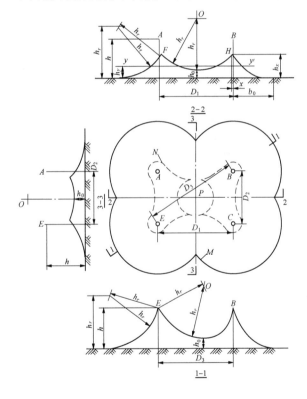

图 14-29　四支等高避雷针的保护范围

（M—地面上保护范围的截面；M-yy'平面上保护范围的截面）

4. 避雷线保护范围计算

（1）单根避雷线的保护范围计算。

单根避雷线的保护范围，当避雷线的高度 $h \geqslant 2h_r$ 时，无保护范围；当避雷线的高度 $h < 2h_r$ 时，应按下列方法确定。

确定架空避雷线的高度时应计及弧垂的影响。在无法确定弧垂的情况下，当等高支柱间的距离小于

120m 时架空避雷线中点的弧垂宜采用 2m，距离为 120～150m 时宜采用 3m。

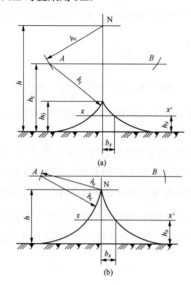

图 14-30　单根架空避雷线的保护范围

（a）当 h 小于 2h_r，且大于 h_r 时；（b）当 h 小于或等于 h_r 时

N—避雷线

1）距地面 h_r 处作一平行于地面的平行线。

2）以避雷线为圆心、h_r 为半径，作弧线交于平行线的 A、B 两点。

3）以 A、B 为圆心，h_r 为半径作弧线，该两弧线相交或相切，并与地面相切。该弧线到地面为保护范围。

4）当 h_r＜h＜2h_r 时，保护范围最高点的高度 h_0 应按下式计算：

$$h_0 = 2h_r - h \qquad (14-71)$$

5）避雷线在 h_x 高度的 xx' 平面上的保护宽度 b_x，应按下式计算：

$$b_x = \sqrt{h(2h_r - h)} - \sqrt{h_x(2h_r - h_x)} \qquad (14-72)$$

式中　b_x——避雷线在 h_x 高度的 xx' 平面上的保护宽度，m；

　　　　h——避雷线的高度，m；

　　　　h_r——滚球半径，m；

　　　　h_x——被保护物的高度，m。

6）避雷线两端的保护宽度应按单支避雷针的方法确定。

（2）两根等高避雷线的保护范围计算。

两根等高避雷线的保护范围，应按下列方法确定。

1）在避雷线高度 h≤h_r 的情况下，当 D≥ $2\sqrt{h(2h_r - h)}$ 时，应各按单根避雷线所规定的方法确定；当 D＜$2\sqrt{h(2h_r - h)}$ 时，应按下列方法确定。

①两根避雷线的外侧，各按单根避雷线的方法确定。

②两根避雷线之间的保护范围按以下方法确定：以 A、B 两避雷线为圆心，h_r 为半径作圆弧交于 O 点，以 O 点为圆心，h_r 为半径作弧线交于 A、B 点。

③两避雷线之间保护范围最低点的高度 h_0 按下式计算：

$$h_0 = \sqrt{h_r^2 - \left(\frac{D}{2}\right)^2} + h - h_r \qquad (14-73)$$

④避雷线两端的保护范围按两支避雷针的方法确定，但在中线上 h_0 线的内移位置按以下方法确定，见图 14-31 中 1-1 剖面：以两支避雷针所确定的保护范围中最低点的高度 $h'_0 = h_r - \sqrt{(h_r - h)^2 + \left(\frac{D}{2}\right)^2}$ 作为假想避雷针，将其保护范围的延长弧线与 h_0 线交于 E 点。内移位置的距离 x 也可按下式计算：

$$x = \sqrt{h_0(2h_r - h_0)} - b_0 \qquad (14-74)$$

式中　b_0——按式（14-63）计算。

2）在避雷线高 h_r＜h＜2h_r，且避雷线之间的距离 $2[h_r - \sqrt{h(2h_r - h)}]$＜D＜2$h_r$ 的情况下，应按下列方法确定：

①距地面 h_r 处作一与地面平行的线；

②以避雷线 A、B 为圆心，h_r 为半径作弧线相交于 O 点并与平行线相交或相切于 C、E 点；

③以 O 点为圆心，h_r 为半径作弧线交于 A、B 点；

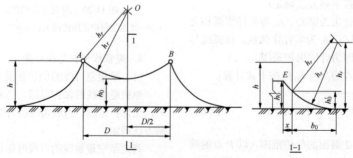

图 14-31　两根等高避雷线在高度 h≤h_r 时的保护范围

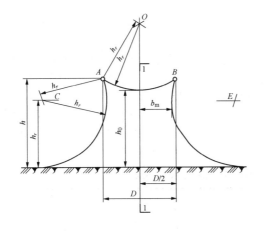

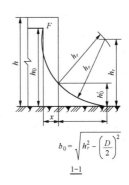

图 14-32　两根等高避雷线在高度 $h_r < h < 2h_r$ 时的保护范围

④以 C、E 为圆心，h_r 为半径作弧线交于 A、B 并与地面相切；

⑤两避雷线之间保护范围最低点的高度 h_0 按下式计算：

$$h_0 = \sqrt{h_r^2 - \left(\frac{D}{2}\right)^2} + h - h_r \qquad (14\text{-}75)$$

⑥最小保护宽度 b_m 位于 h_r 高处，其值按下式计算：

$$b_m = \sqrt{h(2h_r - h)} + \frac{D}{2} - h_r \qquad (14\text{-}76)$$

⑦避雷线两端的保护范围按两支高度 h_r 的避雷针确定，但在中线上 h_0 线的内移位置按以下方法确定，见图 14-32 中 1-1 剖面：以两支高度 h_r 的避雷针所确定的保护范围中最低点的高度 $h_0' = \left(h_r - \dfrac{D}{2}\right)$ 作为假想避雷针，将其保护范围的延长弧线与 h_0 线交于 F 点。内移位置的距离 x 也可按下式计算：

$$x = \sqrt{h_0(2h_r - h_0)} - \sqrt{h_r^2 - \left(\frac{D}{2}\right)^2} \qquad (14\text{-}77)$$

5. 其他保护范围计算

本节图 14-26～图 14-32 中所画的地面也可是位于建筑物上的接地金属物、其他接闪器。当接闪器在"地面上保护范围的截面"的外周线触及接地金属物、其他接闪器时，各图的保护范围均适用于这些接闪器；当接地金属物、其他接闪器是处在外周线之内且位于被保护部位的边沿时，应按以下方法确定所需断面的保护范围，如图 14-33 所示。

（1）以 A、B 为圆心，h_r 为半径作弧线相交于 O 点；

（2）以 O 为圆心，h_r 为半径作弧线 AB，弧线 AB 应为保护范围的上边线。

注：当接闪器在"地面上保护范围的截面"的外周线触及的是屋面时，各图的保护范围仍有效，但外周线触及的屋面及其外部得不到保护，内得到保护。

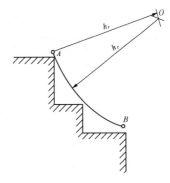

图 14-33　确定建筑物上任两接闪器在所需断面上的保护范围

A—接闪器；B—接地金属物或接闪器

五、高压架空输电线路的雷电过电压保护

（一）线路的雷电过电压保护的要求

（1）输电线路防雷保护设计时，应根据线路在电网中的重要性、运行方式、当地原有线路的运行经验、线路路径的雷电活动情况、地闪密度、地形地貌和土壤电阻率，通过经济技术比较制订出差异化的设计方案。

（2）少雷区除外的其他地区的 220～750kV 线路应沿全线架设双避雷线。110kV 线路可沿全线架设避雷线，在山区和强雷区，宜架设双避雷线。在少雷区可不沿全线架设避雷线，但应装设自动重合闸装置。35kV 及以下线路，不宜全线架设避雷线。

（3）除少雷区外，6kV 和 10kV 钢筋混凝土配电线路，宜采用瓷或其他绝缘材料的横担，并应以较短的时间切除故障，以减少雷击跳闸和断线事故。

（4）杆塔处避雷线对边导线的保护角，应符合下列要求：

1）对于单回路，330kV 及以下线路的保护角不宜大于 15°，500～750kV 线路的保护角不宜大于 10°。

2）对于同塔双回或多回路，110kV 线路的保护角不宜大于 10°，220kV 及以上线路的保护角不宜大于 0°。

3）单避雷线线路保护角不宜大于 25°。

4）重覆冰线路的保护角可适当加大。

5）多雷区和强雷区的线路可采用负保护角。

（5）双避雷线线路，杆塔处两根避雷线间的距离不应大于导线与避雷线间垂直距离的 5 倍。

（6）有避雷线线路的反击耐雷水平不宜低于表 14-15 所列数值。

（7）雷季干燥时，有避雷线线路在杆塔不连避雷线时，测量的线路杆塔的工频接地电阻不宜超过表 14-16 所列数值。

表 14-15 有避雷线线路的反击耐雷水平（kA）

系统标称电压（kV）	35	66	110	220	330	500	750
单回线路	24～36	31～47	56～68	87～96	120～151	158～177	208～232
同塔双回线路			50～61	79～92	108～137	142～162	192～224
发电厂进线保护段	36	47	68	96	151	177	232

注 反击耐雷水平的较高和较低值分别对应线路杆塔冲击接地电阻 7Ω 和 15Ω。

表 14-16 有避雷线线路的耐雷水平（kA）

土壤电阻率 ρ（Ω·m）	$\rho \leq 100$	$100 < \rho \leq 500$	$500 < \rho \leq 1000$	$1000 < \rho \leq 2000$	$\rho > 2000$
接地电阻（Ω）	10	15	20	25	30

注 1. 土壤电阻率超过 2000Ω·m，接地电阻很难降低到 30Ω 时，可采用 6～8 根总长不超过 500m 的放射形接地体，或采用连续伸长接地体，接地电阻不受限制。

2. 变电站进线段杆塔工频接地电阻不宜高于 10Ω。

（8）有避雷线的线路应防止雷击档距中央避雷线反击导线，档距中央导线和避雷线间距应符合下列要求：

1）范围Ⅰ的输电线路，15℃无风时档距中央导线与避雷线间的最小距离 S_1 宜按下式计算：

$$S_1 = 0.012l + 1 \tag{14-78}$$

式中 S_1——导线与地线间的距离，m；

l——档距长度，m。

2）范围Ⅱ的输电线路，15℃无风时档距中央导线与避雷线间的最小距离 S_2 宜按下式计算：

$$S_2 = 0.015l + 1 \tag{14-79}$$

（9）钢筋混凝土杆铁横担和钢筋混凝土横担线路的避雷线支架、导线横担与绝缘子固定部分或瓷横担固定部分之间，宜有可靠的电气连接并与接地引下线相连。主杆非预应力钢筋已有绑扎或焊接连成电气通路时，可兼作接地引下线。利用钢筋兼作接地引下线的钢筋混凝土电杆，其钢筋与接地螺母、铁横担间应有可靠的电气连接。

（10）中雷区及以上地区 35kV 及 66kV 无避雷线线路宜采取措施，减少雷击引起的多相短路和两相异点接地引起的断线事故，钢筋混凝土杆和铁塔宜接地。在多雷区接地电阻不宜超过 30Ω，其余地区接地电阻可不受限制。钢筋混凝土杆和铁塔应充分利用其自然接地作用，土壤电阻率不超过 100Ω·m 或有运行经验的地区，可不另设人工接地装置。

（11）两端与架空线路相连接的长度超过 50m 的电缆，应在其两端装设 MOA；长度不超过 50m 的电缆，可只在任何一端装设 MOA。

（12）绝缘避雷线放点间隙的型式和间隙距离，应根据线路正常运行时避雷线上的感应电压、间隙动作后续流熄弧和继电保护的动作条件确定。

（二）线路交叉部分的保护应符合的要求

（1）当导线运行温度为 40℃或当设计允许温度 80℃的导线运行温度为 50℃时，同级电压线路相互交叉或与较低电压线路、通信线路交叉时的两交叉线路导线间或上方线路导线与下方线路避雷线间的垂直距离，不得小于表 14-17 所列数值。对按允许载流量计算导线截面的线路，还应校验当导线为最高允许温度时的交叉距离，此距离应大于操作过电压要求的空气间隙距离，且不得小于 0.8m。

表 14-17 同级电压线路相互交叉或与较低电压线路、通信线路交叉时的两交叉线路导线间或上方线路导线与下方线路避雷线间的垂直距离

系统标称电压（kV）	6、10	20～110	220	330	500	750
交叉距离（m）	2	3	4	5	6(8.5)	7(12)

注 括号内为至输电线路杆顶或至通信线路之交叉距离。

（2）6kV 及以上的同级电压线路相互交叉与较低

电压线路、通信线路交叉时，交叉档应采取下列保护措施：

1）交叉档两端的钢筋混凝土杆或铁塔，不论有无避雷线，均应接地。

2）交叉距离比表 14-17 所列数值大 2m 及以上时，交叉档可不采取保护措施。

3）交叉点至最近杆塔的距离不超过 40m，可不在此线路交叉档的另一杆塔上装设交叉保护用的接地装置。

（三）大跨越档的雷电过电压保护应符合的要求

1. 范围 I 架空线路大跨越档的雷电过电压保护的要求

（1）全高超过 40m 有避雷线的杆塔，每增高 10m，应增加一个绝缘子，避雷线对边导线的保护角应符合杆塔处避雷线对边导线的保护角规定。接地电阻不应超过表 14-16 所列数值的 50%，当土壤电阻率大于 2000Ω·m 时，不宜超过 20Ω。全高超过 100m 的杆塔，绝缘子数量应结合运行经验，通过雷电过电压的计算确定。

（2）为沿全线架设避雷线的 35kV 新建线路中的大跨越段，宜架设避雷线或安装线路防雷用避雷器，并应比一般线路增加一个绝缘子。

（3）根据雷击档距中央避雷线时防止反击的条件，防止反击要求的大跨越档导线与避雷线间的距离不得小于表 14-18 的要求。

表 14-18　防止反击要求的大跨越档导线与避雷线的距离

系统标称电压（kV）	35	66	110	220
距离（m）	3.0	6.0	7.5	11.0

2. 范围 II 架空线路大跨越档的雷电过电压保护的要求

（1）大跨越在雷电过电压下安全运行年数不宜低于 50a。

（2）大跨越线路随杆塔高度增加宜增加杆塔的绝缘水平。导线对杆塔的空气间隙距离应根据雷电过电压计算确定。绝缘子串的长度宜根据雷电过电压计算进行校核。

（3）根据雷击档距中央避雷线时控制反击的条件，大跨越档距中央导线与避雷线间的距离应通过雷电过电压的计算确定。

（4）大跨越杆塔的避雷线保护角不宜大于一般线路的保护角。

（5）宜安装线路避雷器，以提高安全水平并降低综合造价。

（四）减少雷击引起双回线路同时闪络跳闸概率的措施

同塔双回 110kV 和 220kV 线路，可采取下列形成不平衡绝缘的措施以减少雷击引起双回线路同时闪络跳闸的概率：

（1）在一回线路上适当增加绝缘。

（2）在一回线路上安装绝缘子并联间隙。

（五）线路防雷用避雷器

多雷区、强雷区或地闪密度较高的地段，除改善接地装置、加强绝缘和选择适当的避雷线保护角外，可采取安装线路防雷用避雷器的措施来降低线路雷击跳闸率，并应符合下列要求：

（1）安装线路避雷器宜根据技术经济原则因地制宜地制定实施方案。

（2）线路避雷器宜在下列地点安装：多雷地区发电厂进线段且接地电阻较大的杆塔；山区线路易击段杆塔和易击杆；山区线路杆塔接地电阻过大、易发生闪络且改善接地电阻困难也不经济的杆塔；大跨越的高杆塔；多雷区同塔双回路线路易击段的杆塔。

（3）线路避雷器在杆塔上的安装方式应符合下列要求：

1）110、220kV 单回线路宜在 3 相绝缘子串旁安装；

2）330～750kV 单回线路可在两边相绝缘子串旁安装；

3）同塔双回线路宜在一回路线路绝缘子串旁安装。

（六）绝缘子并联间隙

中雷区及以上地区或地闪密度较高的地区，可采取安装绝缘子并联间隙的措施保护绝缘子，并应符合下列要求：

（1）绝缘子并联间隙与被保护的绝缘子的雷电放电电压之间的配合应做到雷电过电压作用时并联间隙可靠动作，同时不宜过分降低线路绕击或反击耐雷水平。

（2）绝缘子并联间隙应在冲击放电后有效地导引工频短路电流电弧离开绝缘子本体，以免其灼伤。

（3）绝缘子并联间隙的安装应牢固，并联间隙本体应有一定的耐电弧和防腐蚀能力。

六、发电厂的雷电过电压保护

配电装置雷电侵入波的过电压保护采用的是 MOA（或者阀型避雷器）及与避雷器相配合的进线保护段等保护措施。

110kV 以下的配电装置电气设备绝缘与避雷器通过雷电流与 5kA 幅值的残压进行配合；110～330kV 配电装置电气设备绝缘与避雷器通过雷电流为 10kA 幅值的残压进行配合；500kV 及以上的配电装置电气

设备绝缘与避雷器通过雷电流为 20kA 幅值的残压进行配合。

避雷器动作时，其端子上的过电压被限制在可以接受的幅值内，从而达到保护电气设备绝缘的目的。

进线保护段的作用，在于利用其阻抗来限制雷电流幅值和利用其电晕衰耗来降低雷电波陡度，并通过进线段上避雷器的作用，使之不超过绝缘配合所要求的数值。

（一）范围 I 发电厂高压配电装置的雷电侵入波过电压保护

（1）发电厂应采取措施防止或减少近区雷击闪络。未沿全线架设避雷线的 35～110kV 架空送电线路，应在变电站 1～2km 的进线段架设避雷线。

220kV 架空输电线路，在 2km 进线保护段范围内以及 35～110kV 线路在 1～2km 进线保护段范围内的杆塔耐雷水平应符合表 14-15 的要求。

进线保护段上的避雷线保护角宜不超过 20°，最大不应超过 30°。

（2）未沿全线架设避雷线的 35～110kV 线路，其变电站的进线段应采用图 14-34 所示的保护接线。

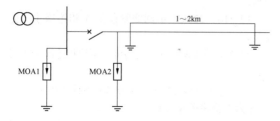

图 14-34　35kV～110kV 发电厂的进线保护接线

在雷季，发电厂 35～110kV 进线的隔离开关或断路器经常断开运行，同时线路侧又带电，应在靠近隔离开关或断路器处装设一组 MOA。在木杆或木横担钢筋混凝土杆线进线段的首端，应装设一组 MOA，其工频接地电阻不宜超过 10Ω。铁塔或铁横担的钢筋混凝土杆线路，以及全线有避雷线的线路，其进线段首端，一般不装设 MOA。

（3）全线架设避雷线的 66～220kV 发电厂，当进线的隔离开关或断路器与上述情况相同时，宜在靠近隔离开关或断路器处装设一组 MOA。

（4）为防止雷击线路断路器跳闸后待重合时间内重复雷击引起发电厂电气设备的损坏，多雷区及运行中已出现过此类事故的地区的 66～220kV 敞开式发电厂和电压范围 II 发电厂的 66～220kV 侧，线路断路器的线路侧宜安装一组 MOA。

（5）发电厂的 35kV 及以上电缆进线段，在电缆与架空线的连接处应装设 MOA，其接地端应与电缆金属外皮连接。对三芯电缆，末端的金属外皮应直接

接地［见图 14-35（a）］；对单芯电缆，应经金属氧化物电缆护层保护器（CP）接地［见图 14-35（b）］。

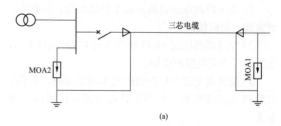

(a)

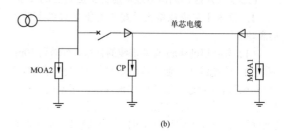

(b)

图 14-35　具有 35kV 及以上电缆段的发电厂进线保护接线
（a）三芯电缆段的变电站进线保护接线；
（b）单芯电缆段的变电站进线保护接线

如电缆长度不超过 50m 或虽超过 50m，但经校验装一组 MOA 即能符合保护要求，图 14-35 中可只装 MOA1 或 MOA2。如电缆长度超过 50m，且断路器在雷季经常断路运行时，应在电缆末端装设 MOA。连接电缆段的 1km 架空线路应架设避雷线。全线电缆—变压器组接线的发电厂内是否需装设 MOA，应根据电缆另一端有无雷电过电压波侵入的可能，经校验确定。

（6）具有架空进线的 35kV 及以上发电厂的敞开式高压配电装置中 MOA 的配置应符合下列要求：

1）35kV 及以上装有标准绝缘水平的设备和标准特性 MOA 且高压配电装置采用单母线、双母线或分段的电气主接线时，MOA 可仅安装在母线上。MOA 与主变压器间的最大电气距离可按表 14-19 确定。

表 14-19　　　MOA 至主变压器间的
　　　　　　　最大电气距离　　　　　（m）

系统标称电压（kV）	进线长度（km）	进线路数			
		1	2	3	≥4
35	1.0	25	40	50	55
	1.5	40	55	65	75
	2.0	50	75	90	105
66	1.0	45	65	80	90
	1.5	60	85	105	115
	2.0	80	105	130	145

续表

系统标称电压（kV）	进线长度（km）	进 线 路 数			
		1	2	3	≥4
110	1.0	55	85	105	115
	1.5	90	120	145	165
	2.0	125	170	205	230
220	2.0	125(90)	195(140)	235(170)	265(190)

注　1. 全线有避雷线进线长度取 2km，进线长度在 1～2km
　　　间时的距离按补插法确定。

　　2. 标准绝缘水平指 35、66、110kV 及 220kV 变压器、
　　　电压互感器标准雷电冲击全波耐受电压分别为 200、
　　　325、480kV 及 950kV。括号内数值对应的雷电冲击
　　　全波耐受电压为 850kV。

对其他电器的最大距离可相应增加 35%。MOA 与主被保护设备的最大电气距离超过规定值时，可在主变压器附近增设一组 MOA。发电厂内所有 MOA 应以最短的接地线与配电装置的主接地网连接，同时应在其附近装设集中接地装置。

2）架空进线采用双回路杆塔，有同时遭到雷击的可能，确定阀式避雷器与变压器与变压器最大电气距离时，应按一路考虑，且在雷季中宜避免将其中一路断开。

3）在本小节第（4）部分的情况下，线路入口 MOA 与被保护设备的电气距离不超过规定值时，可不在母线上安装 MOA。

4）架空进线采用同塔双回路杆塔，确定 MOA 与变压器与变压器最大电气距离时，进线路数应按一路考虑，且在雷季中宜避免将其中一路断开。

5）对电气接线比较特殊的情况，可通过计算或模拟试验确定最大电气距离。

（7）对于 35kV 及以上具有架空或电缆进线、主接线特殊的敞开式或 GIS 变电站，应通过仿真计算确定保护方式。

（8）有效接地系统中的中性点不接地的变压器，如中性点采用分级绝缘且未装设保护间隙，应在中性点装设中性点 MOA。如中性点采用全绝缘，但发电厂为单进线且为单台变压器运行，也应在中性点装设 MOA。

不接地、消弧线圈接地和高电阻接地系统中的变压器中性点，可不装设保护装置，但多雷区单进线发电厂且变压器中性点引出时，宜装设 MOA；中性点接有消弧线圈的变压器，如有单线运行可能，也应在中性点装设 MOA。

（9）自耦变压器应在其两个自耦合的绕组出线上装设 MOA，该 MOA 应装在自耦变压器和断路器之间，并采用图 14-36 的 MOA 保护接线。

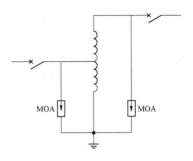

图 14-36　自耦变压器的 MOA 保护接线

（10）35～220kV 开关站，应根据其重要性和进线路数等条件，在母线上或进线上装设 MOA。

（11）与架空线路连接的三绕组自耦变压器、变压器（包括一台变压器与两台电机相连的三绕组变压器）的低压绕组如有开路运行的可能时，或者对于发电厂双绕组变压器，当发电机断开由高压侧倒送厂用电时，应在变压器低压绕组三相出线上装设 MOA，以防来自高压绕组的雷电波的感应电压危及低压绕组绝缘。但如该绕组连有 25m 及以上金属外皮电缆段，则可不装设 MOA。

（12）发电厂的 6kV 和 10kV 配电装置的雷电侵入波过电压的保护应符合下列要求：

1）发电厂的 6kV 和 10kV 配电装置，应在每组母线和架空进线上装设电站型和配电型 MOA，并应采用图 14-37 所示的保护接线。MOA 至 6～10kV 主变压器的电气距离宜符合表 14-20 所列数值。

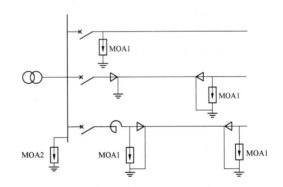

图 14-37　6kV 和 10kV 配电装置雷电侵入波过电压的保护接线

表 14-20　MOA 至 6～10kV 主变压器的最大电气距离

雷季经常运行的进线路数	1	2	3	≥4
最大电气距离（m）	15	20	25	30

2）架空进线全部在厂区内，且受到其他建筑物屏蔽时，可只在母线上装设 MOA。

3）有电缆段的架空线路，MOA 应装设在电缆头附近，其接地端应与电缆金属外皮相连。如各架空进

线均有电缆段时，MOA 与主变压器的最大电气距离可不受限制。

4）MOA 应以最短的接地线与发电厂的主接地网连接，可通过电缆金属外皮连接。MOA 附近应装设集中接地装置。

5）6kV 和 10kV 配电站，当无站用变压器时，可仅在每路架空地线上装设 MOA。

注：配电站指站内仅有起开闭和分配电能作用的配电装置，而母线上无主变压器。

（二）范围Ⅱ发电厂高压配电装置的雷电侵入波过电压保护

（1）2km 架空进线保护段范围内的杆塔耐雷水平应该符合表 14-12 的要求。应采取措施防止或减少近区雷击闪络。

（2）发电厂高压配电装置的雷电侵入波过电压保护用 MOA 的设置和保护方案，宜通过仿真计算确定。

（3）发电厂 330kV 及以上电压等级的主变压器和并联电抗器的进线侧需装设 MOA，且应尽量靠近设备本体布置；每回线路的入口需装设 MOA。

（4）发电厂采用一台半断路器接线时，在每台主变压器进线回路和每回线路的入口需装设 MOA。当主变压器经较长的架空线、气体绝缘管型母线或电缆接至高压配电装置时，是否需要增设 MOA 可通过校验确定。

（5）变压器和高压并联电抗器的中性点经接地电抗器接地时，中性点上应装设 MOA 保护。

（三）气体绝缘金属封闭开关设备（GIS）的雷电侵入波过电压保护

（1）66kV 及以上无电缆段进线的 GIS 发电厂保护（见图 14-38）应符合下列要求：

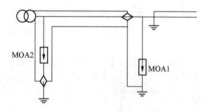

图 14-38　无电缆段进线的 GIS 发电厂保护

1）在 GIS 管道与架空线路的连接处应装设 MOA，其接地端应与管道金属外壳连接。

2）变压器或 GIS 一次回路的任何电气部分至 MOA1 间的最大电气距离对 66kV 系统不超过 50m 时，对 110kV 及 220kV 系统不超过 130m 时，或当经校验装设一组 MOA 即能符合保护要求时，可只装设 MOA1。

3）连接 GIS 管道的架空线路进线保护段的长度不应小于 2km，且应符合杆塔处地线对边导线的保护角要求。

（2）66kV 及以上进线有电缆段的 GIS 发电厂的

雷电侵入波过电压保护应符合下列要求：

1）在电缆段与架空线路的连接处应装设 MOA，其接地端应与电缆的金属外皮连接。

2）三芯电缆段进 GIS 发电厂的保护接线［见图 14-39（a）］，末端的金属外皮应与 GIS 管道金属外壳连接接地。

3）对单芯电缆段进 GIS 发电厂的保护接线［图 14-39（b）］，应经金属氧化物电缆护层保护器（CP）接地［图 14-39（b）］。

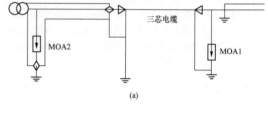

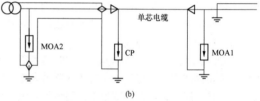

图 14-39　6kV 和 10kV 配电装置雷电侵入波过电压的保护接线

（a）三芯电缆段进 GIS 变电站的保护接线；

（b）单芯电缆段进 GIS 配电装置的保护接线

4）电缆末端至变压器或 GIS 一次回路的任何电气部分间的最大电气距离不超过表 14-20 要求的规定值可不装设 MOA2。当超过时，经校验装一组 MOA 能符合保护要求，图 14-38 中可不装设 MOA2。

5）对连接电缆段的 2km 架空线路应架设避雷线。

（3）进线全长为电缆的 GIS 发电厂内是否装设 MOA，应根据电缆另一端有无雷电过电压波侵入，经校验确定。

（四）小容量发电厂雷电侵入波过电压保护

（1）3150～5000kVA 的发电厂 35kV 侧，可根据负荷的重要性及雷电活动的强弱等条件适当简化保护接线（见图 14-40），发电厂进线段的避雷线长度可减少到 500～600m，但其 MOA 的接地电阻不应超过 5Ω。

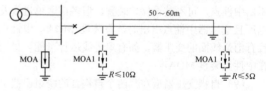

图 14-40　3150～5000kVA 的 35kV
发电厂的简易保护接线

（2）小于 3150kVA 供非重要负荷的发电厂 35kV 侧，根据雷电活动的强弱，可采用图 14-41（a）的保护接线；容量为 1000kVA 及以下的发电厂，可采用图 14-41（b）的保护接线。

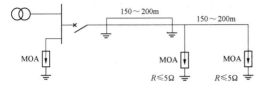

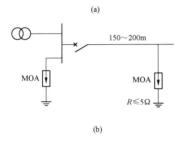

图 14-41　小于 3150kVA 发电厂的简易保护接线
（a）采用地线保护的接线；（b）不采用地线保护的接线

（3）小于 3150kVA 供非重要负荷的 35kV 分支发电厂，根据雷电活动的强弱，可采用图 14-42 的保护接线。

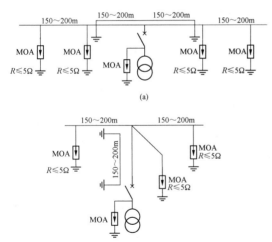

图 14-42　小于 3150kVA 分支发电厂的简易保护接线
（a）分支线较短时的保护接线；（b）分支线较长时的保护接线

（4）简易保护接线的发电厂 35kV 侧，MOA 与主变压器或电压互感器间的最大电气距离不宜超过 10m。

（五）配电系统的雷电过电压保护

（1）10～35kV 配电系统中的配电变压器的高压侧应靠近变压器装设 MOA。该 MOA 的接地线应与变压器金属外壳等连在一起接地。

（2）10～35kV 配电变压器的低压侧宜装设一组 MOA，以防止反变换波和低压侧雷电侵入波击穿绝

缘。该 MOA 的接地线应与变压器金属外壳等连在一起接地。

（3）10～35kV 柱上断路器和负荷开关应装设 MOA 保护。经常断路运行而又带电的柱上断路器、负荷开关或隔离开关，应在带电侧装设 MOA，其接地线应与柱上断路器的金属外壳连接，接地电阻不宜超过 10Ω。

（4）装设在架空线路上的电容器宜装设 MOA 保护。MOA 应靠近电容器安装，其接地线应与电容器金属外壳等连在一起接地，接地电阻不宜超过 10Ω。

（5）架空配电线路使用绝缘导线时，应根据雷电活动情况和已有运行经验采取防止雷击导线断线的防护措施。

（六）旋转电机的雷电过电压保护

（1）与架空线路直接连接的旋转电机（发电机、同步调相机、变频机和电动机）的保护方式，应根据电机容量、雷电活动的强弱和对运行可靠性的要求确定。旋转电机雷电过电压保护用 MOA 可按限制操作过电压用 MOA 的基本要求确定。

（2）单机容量为 25000～60000kW 的旋转电机，宜采用图 14-43 所示的保护接线。60000kW 以上的电机，不应与架空线路直接连接。进线电缆段宜直接埋设在土壤中，以充分利用其金属外皮的分流作用；当进线电缆段未直接埋设时，可将电缆金属外皮多点接地。进线段上的 MOA 的接地端，应与电缆的金属外皮和地线连在一起接地，接地电阻不应大于 3Ω。

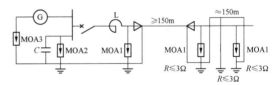

图 14-43　25000～60000kW 旋转电机的保护接线
MOA1—配电 MOA；MOA2—旋转电机 MOA；
MOA3—旋转电机中性点 MOA；G—发电机；
L—限制短路电流用电抗器；C—电容器；
R—接地电阻

（3）单机容量为 6000～25000kW（不含 25000kW）的旋转电机，宜采用图 14-44 所示的保护接线。在多雷区，可采用图 14-43 所示的保护接线。

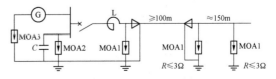

图 14-44　6000～25000kW（不含 25000kW）
旋转电机的保护接线

（4）单机容量为 6000～12000kW 的旋转电机，出线回路中无限流电抗器时，宜采用有电抗线圈的图 14-45 所示的保护接线。

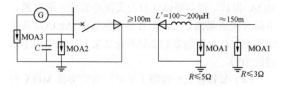

图 14-45 6000～12000kW 旋转电机的保护接线

（5）单机容量为 1500～6000kW（不含 6000kW）或少雷区 60000kW 及以下的旋转电机，可采用图 14-46 所示的保护接线。在进线保护段长度内，应装设避雷针或避雷线。

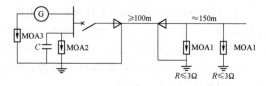

图 14-46 1500～6000kW（不含 6000kW）旋转电机和少雷区 60000kW 及以下旋转电机的保护接线

（6）单机容量为 6000kW 及以下的旋转电机或牵引站的旋转电机可采用图 14-47 有电抗线圈或限流电抗器的保护接线。

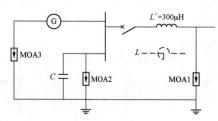

图 14-47 6000kW 及以下的旋转电机或牵引站旋转电机的保护接线

（7）容量为 25000kW 及以上的旋转电机，应在每台电机出线处装设一组旋转电机 MOA。25000kW 以下的旋转电机，MOA 应靠近电机装设，MOA 可装在电机出线处；如接在每一组母线上的电机不超过两台时，MOA 可装在每组母线上。

（8）当旋转电机的中性点能引出且未直接接地时，应在中性点上装设旋转电机中性点 MOA。

（9）保护旋转电机用的避雷线，对边导线的保护角不应大于 20°。

（10）为保护旋转电机匝间绝缘和防止感应过电压，装在每相母线上的电容器，包括电缆段电容在内应为 0.25～0.5μF；对于中性点不能引出或双排非并绕组的电机，装在每相母线上的电容器，包括电缆段

电容在内应为 1.5～2μF。电容器宜有短路保护。

（11）无架空直配线的发电机，当发电机与升压变压器之间的母线或组合导线无金属屏蔽部分的长度大于 50m 时，应采取防止感应过电压的措施，可在发电机回路或母线的每相导线上装设不小于 0.15μF 的电容器或旋转电机用 MOA；或可按范围 I 发电厂高压配电装置的雷电侵入波过电压保护要求［见本节"五、（一）中（8）"］装设 MOA，该 MOA 应选用旋转电机用 MOA。

（12）在多雷区，经变压器与架空线路连接的非旋转电机，如变压器高压侧的系统标称电压为 66kV 及以下时，为防止雷电过电压经变压器绕组的电磁传递而危及电机的绝缘，宜在电机出线上装设一组旋转电机用 MOA。变压器高压侧的系统标称电压为 110kV 及以上时，电机出线上是否装设 MOA 可经校验确定。

（七）微波通信站的过电压保护

1. 天线的保护

微波天线宜有防直击雷的保护措施。避雷针可固定在微波塔上，微波塔的金属结构也可作为接闪器。

微波塔的接地电阻一般不超过 5Ω；在土壤电阻率较低的有条件的地区，不宜超过 1Ω；高土壤电阻率地区（如山区或者岩石地区）除采取上述措施外，还应根据地形、地质条件采取扩大接地网、在微波塔附近增设水平均压带、垂直接地极或者采用物理降阻等措施，使接地电阻小于 10Ω。

接地体应围绕塔基做成闭合环形，以尽量减小接触电压和跨步电压。

微波塔上的照明灯电源线，应采用金属外皮电缆，或将导线穿入金属管。金属外皮或金属管至少应在上下两端与塔身相连，并应水平埋入地中，埋入的长度宜在 15m 以上才允许引入机房或引至配电装置或者配电变压器。

在高土壤电阻率地区，电缆埋入地中的长度应超过 10m，必要时可用降阻剂泄流。

微波塔的栈桥以及外楼梯构件的主筋必须与微波机房的接地装置可靠连接，连接点不少于 3 处。

独立微波塔与其他建筑物之间的空气净距应不小于 5m。

2. 微波机房的保护

（1）波导管或同轴电缆的金属外皮，必须在上下两端与塔身金属结构电气连接，并在引入机房前的进口处与接地体再次连接。在多雷区且馈线较长时，宜在中间加一个与塔身的连接点，并在机房（包括与值班室合并的机房）内与接地网连接。

（2）机房应有防直击雷的保护措施。如已处于微波塔的保护范围内，可不另设直击雷保护装置。

沿机房顶四周，应敷设闭合保护带。在机房外，应围绕机房敷设水平闭合接地带。在机房内，应围绕机房敷设环形接地母线。机房内各种电缆的金属外皮、设备的金属外壳和不带电的金属部分、各种金属管道、金属门框等建筑物金属结构、金属进风道、走线架、滤波器架等，以及保护接地、工作接地，均应以最短距离与环形接地母线连接。环形接地母线与外部闭合接地带和房顶闭合保护带间，至少应用 4 个对称布置的连接线互相连接，相邻连接线间的距离不宜超过 18m。在机器集中处或重要设施如波导管、水管等入机房处，可适当调整连接线的位置，或增加连接线，使上述设施以最短的距离与连接线连接。机房内的走线架每隔 5m 应接地一次。

（3）机房的接地网与微波塔的接地网间，至少应有 2 根接地带连接。

（4）机房内的电力线、通信线应有金属外皮或金属屏蔽层，或敷设在金属管内。引出、引入机房的电力线、通信线，其金属外皮或金属管在屋外水平埋入地中的长度，不应少于 15m。

（5）由机房引到附近建筑物内的金属管道，在机房外埋入地中的长度应在 10m 以上。如不能直埋地中，至少应在金属管道屋外部分沿长度均匀分布在两处接地，每处接地电阻不宜大于 10Ω；在高土壤电阻率地区，每处接地电阻不宜大于 30Ω，但宜适当增加接地的点数。

（6）微波机房的工作接地、保护接地和防雷接地应共用一个接地装置。

（7）微波机房和其他生产用房接地装置的接地电阻不应大于 5Ω，高土壤电阻率地区（如山区或者岩石地区）除采取上述措施外，还应根据地形、地质条件采取扩大接地网、在微波塔附近增设水平均压带、垂直接地极或者采用物理降阻等措施，使接地电阻小于 10Ω。

机房应尽量避免与办公楼设在一起，而宜单独建立。

3．接地

发电厂内微波站的接地装置与发电厂主接地网的可靠连接点应不少于两个。微波站距离发电厂较远时，可设独立的接地网；微波站与发电厂之间的电力线、通信线以及金属管道等应采取隔离措施。

4．对供电设备的保护

为通信站供电的变压器，高低压侧均应装设避雷器。在多雷的山区，还宜根据运行经验，适当加强防雷措施。如在其前一个电杆装避雷器。

对于机房内的电力线、通信线，应在机房内装设避雷装置。通信线的不运行线对，应在终端配线架上接地。

为了防止地线上流过不平衡电流使地线电位升高，对通信产生干扰，保护接地可和中性线（零线）分开。中性线与相线一样对地绝缘，即采用 TN-S 系统。这种接线的好处是：

（1）设备机壳上平时保持零电位，对弱电无干扰。

（2）当发生短路时，短路电流可从中性线回流。即使发生接地短路，因地线上原是零电位，对人身和设备威胁较小。

七、避雷器

（一）概述

1．用途

电力系统输变电和配电设备在运行中受到各种各样的电压作用，如长期作用的工作电压，由于接地故障、甩负荷、谐振以及其他原因产生的暂时过电压、雷电过电压和操作过电压。雷电过电压和操作过电压可能有非常高的数值，单纯靠提高设备绝缘水平的方法来承受这两种过电压，既不符合经济考虑，也往往在技术上行不通。积极的方法是采用专门的过电压限制器，将入侵或突发的过电压限制在一个电力设备的绝缘能够承受的范围之内。避雷器是应用最广泛最有效的过电压限制器。它实质上是过电压能量的吸收器，它与被保护设备并联运行，当作用电压超过一定幅值以后，避雷器总是先动作，通过它自身泄放掉大量的能量、限制过电压、保护电气设备。

2．使用条件

避雷器与被保护设备并联安装，为使电气设备得到可靠保护，避雷器应满足下列基本条件：

（1）能长期承受系统的正常持续运行电压，并可以短时承受经常出现的暂时过电压。

（2）在过电压的作用下，放电电压低于被保护设备绝缘的冲击耐压。

（3）能承受过电压作用下产生的能量。

（4）灭弧性能好，能迅速切断工频续流，过电压消失后应能迅速恢复正常工作状态。

3．类别

保护间隙、排气式避雷器、阀式避雷器均属于有间隙避雷器。目前排气式避雷器只是用作发电厂进线段保护的辅助手段，用来保护容量小、重要性不大的发电厂及输电线路上个别绝缘薄弱路段。如用作大跨度和交叉档的保护，也可与电缆段相配合，在直流电机的防雷保护中起限流作用。

金属氧化物避雷器一般情况下不需要串联放电间隙，又称无间隙避雷器。

（二）保护间隙

1．保护间隙

保护间隙目的是为了使工频续流电弧在电动力和

上升热气流的作用下向上运动并拉长,有利于电弧的自行熄灭,角型保护间隙如图 14-48 所示。在我国保护间隙多用于 3~10kV 的配电系统中,保护间隙虽有一定的限制过电压的效果,但不能避免供电中断。其优点是结构简单、价格低;主要缺点是熄弧能力低,与被保护设备的伏秒特性不易配合,动作后产生截波,不能保护带绕组的设备,往往需要与其他保护措施配合使用。

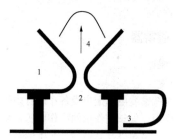

图 14-48　角型保护间隙

1—主放电体;2—放电间隙;3—辅助间隙;
4—电弧运动方向

进线段保护间隙的选择不应小于表 14-21 所列数值。

表 14-21　　保护间隙的主间隙最小值　　（mm）

额定电压（kV）	3	6	10	20	35	63	110	
							中性点直接接地	中性点非直接接地
间隙数值	8	15	25	100	210	400	700	750

保护间隙的结构应符合下列要求:

（1）应保证间隙稳定不变。

（2）应防止间隙动作时电弧跳到其他设备上,以免与间隙并联的绝缘子受热损坏、电极被烧坏;

（3）间隙的电极宜镀锌。

电压为 66~110kV 的保护间隙,可装设在耐张绝缘子串上。中性点非直接接地的电力网,应使单相间隙动作时有利于灭弧;电压为 3~35kV 级,宜采用角型保护间隙。

3~35kV 的保护间隙,宜在其接地引下线中串接一辅助间隙,以防止外物使间隙短路。辅助间隙可采用表 14-22 所列数值。

表 14-22　　辅助间隙的数值　　（mm）

额定电压（kV）	3	6~10	26	35
辅助间隙数值	5	10	15	20

（三）金属氧化物避雷器（MOA）

1. 基本工作原理

金属氧化物的阀片以氧化锌为主,掺以微量的氧化铋、氧化钴、氧化锰等添加剂制成,具有极其优异的非线性特性。在正常工作电压下,其阻值很大（电阻率高达 $10^{10} \sim 10^{11} \Omega \cdot m$）,通过的漏电流很小,而在过电压的作用下,阻值会急剧变小。其伏安特性可用公式 $u = CI^{a}$ 表示,非线性系数 a 与电流大小有关,a 一般只有 0.01~0.04,即使在大冲击电流（如 10kA）下,a 也不会超过 0.1,可见其非线性要比碳化硅阀片好。因此,用这种阀片制成的 MOA 可以省去串联的火花间隙,成为无间隙避雷器。

2. MOA 的分类

（1）按电压等级分类。

MOA 按额定电压值来分类,可分为高压类、中压类和低压类。高压类指 66kV 及以上电压等级的 MOA,大致可划分为 1000、750、500、330、220、110、66kV 七个电压等级;中压类指 3~66kV 的 MOA,大致可划分为 3、6、10、35kV 四个电压等级;低压类值 3kV 以下的 MOA,大致可划分为 1、0.5、0.38、0.22kV 四个电压等级。

（2）按用途分类。

MOA 按用途可划分为系统用线路型、系统用电站型、系统用配电型、并联补偿电容器保护型、电气铁道型、电动机及电动机中性点型、变压器中性点型。

（3）按外套材料分类。

1）瓷外套型。瓷外套型 MOA 按耐污秽性能分为五个等级,a、b 级为普通型,c 级为用于中等污秽地区（爬电比距 20mm/kV）、d 级为用于重污秽地区（爬电比距 25mm/kV）、e 级为用于特重污秽地区（爬电比距 31.8mm/kV）。

2）复合外套型。复合外套 MOA 是用复合硅橡胶材料做外套,并选用高性能的氧化锌电阻片,内部采用特殊结构,用先进工艺方法装配而成,具有硅橡胶材料和氧化锌电阻片的双重优点。

3）罐式。有金属氧化物避雷器（MOA）、均压罩、外壳、放电计数器以及绝缘盆和电联接器等部分组成。其主要元件阀片封闭在接地的金属壳体内,壳体内部充以绝缘性能优异、稳定性好的 SF_{6} 气体作为绝缘介质。罐式 MOA 主要是为全封闭组合电器配套使用,用来保护电气设备的绝缘免受操作过电压和雷电过电压的冲击损坏,并与断路器、隔离开关、互感器等设备共同组成封闭式组合电器。罐式 MOA 具有缩小绝缘距离,占地面积小、内部电气性能不受外界大气、污秽等条件影响等优点,对伏安特性比较平坦的 GIS 保护特别有利。

4）按结构性能分类。MOA 按照结构可分为无间隙（W）、带串联间隙（C）和带并联间隙（B）。

3. MOA 的电气特性参数

（1）标称放电电流。

MOA 的标称放电电流分为五类，在选用时应根据避雷器的应用场合和避雷器的技术参数来选择，见表 14-23 所示。

（2）额定电压。

电气装置保护用 MOA 的额定电压可按式（14-80）或式（14-81）选取，确定参数时应依据系统暂时过电压的幅值、持续时间和 MOA 的工频电压耐受时间特性。有效接地和低电阻接地系统，接地故障清除时间不大于 10s 时，MOA 的额定电压可按式（14-80）选取；非有效接地系统，接地故障清除时间大于 10s 时，MOA 的额定电压可按式（14-81）选取。

表 14-23   MOA 技 术 参 数

标称放电电流（峰值，kA）	避雷器额定电压 U_N（有效值，kV）	大电流冲击电流值（峰值，kA）	大电流压力释放电流值（有效值，kA）	小电流压力释放电流值（有效值，A）	避雷器适用场合
20	$420 \leqslant U_N \leqslant 468$	100	80、63、40、20	800	电站用避雷器 发电机用避雷器
	$600 \leqslant U_N \leqslant 648$	100	100、80、63		
	$U_N = 828$	400	100		
10	$90 \leqslant U_N \leqslant 468$	100(65)	40、20、10		
5	$4 \leqslant U_N \leqslant 25$	65(40)	16		配电用避雷器
	$5 \leqslant U_N \leqslant 17$		—		补偿电容器用避雷器
	$5 \leqslant U_N \leqslant 90$		16		电站用避雷器
	$5 \leqslant U_N \leqslant 108$		16		电气化铁道用避雷器
	$42 \leqslant U_N \leqslant 84$		10		电动机用避雷器
2.5	$4 \leqslant U_N \leqslant 13.5$	25	5		低压避雷器
1.5	$0.28 \leqslant U_N \leqslant 0.5$	10	—		电机中性点用避雷器
	$2.4 \leqslant U_N \leqslant 15.2$		5		变压器中性点避雷器
	$60 \leqslant U_N \leqslant 207$		5		电站用避雷器

注 括号内大电流冲击峰值为推荐值。

$$U_R \geqslant U_T \qquad (14\text{-}80)$$
$$U_R \geqslant 1.25 U_T \qquad (14\text{-}81)$$

式中 U_R——MOA 的额定电压，kV；

     U_T——系统的暂时过电压，kV。

当系统工频过电压符合本章第二节《内部过电压保护》"一、（二）工频过电压的允许水平"规定时，各种系统 MOA 的额定电压可按表 14-24 选择。

具有发电机和旋转电机的系统的相对地 MOA 的额定电压，对应接地故障清除时间不大于 10s 时，不应低于旋转电机额定电压的 1.05 倍；接地故障清除时间大于 10s 时，不应低于旋转电机额定电压的 1.3 倍。

旋转电机用 MOA 的持续运行电压不宜低于 MOA 额定电压的 80%。旋转电机中性点用 MOA 的额定电压，不应低于相应相对地 MOA 额定电压的 $1/\sqrt{3}$。

（3）持续运行电压和持续运行电流选择。

1）避雷器最大持续运行电压。电气装置保护用相对地 MOA 的持续运行电压不应低于系统的最高相电压 U_m。变压器、并联电抗器中性点 MOA 的持续运行电压应按额定电压和适当的荷电率确定。

当系统工频过电压符合本章第二节《内部过电压保护》"一、（二）工频过电压的允许水平"规定时，各种系统 MOA 的持续运行电压可按表 14-24 选择。

表 14-24   MOA 持续运行电压和额定电压

系统中性点接地方式		持续运行电压（kV）		额定电压（kV）	
		相地	中性点	相地	中性点
有效接地	110kV	$U_m/\sqrt{3}$	$0.27 U_m / 0.46 U_m$	$0.75 U_m$	$0.35 U_m / 0.58 U_m$
	220kV	$U_m/\sqrt{3}$	$0.1 U_m$ $(0.27 U_m / 0.46 U_m)$	$0.75 U_m$	$0.35 k U_m$ $(0.35 U_m / 0.58 U_m)$
	330～1000kV	$U_m/\sqrt{3}$	$0.1 U_m$	$0.75 U_m$	$0.35 k U_m$

系统中性点接地方式		持续运行电压（kV）		额定电压（kV）	
		相地	中性点	相地	中性点
非有效接地	不接地	$1.1\,U_m$	$0.64\,U_m$	$1.38\,U_m$	$0.8\,U_m$
	谐振接地	U_m	$U_m/\sqrt{3}$	$1.25\,U_m$	$0.72\,U_m$
	低电阻接地	$0.8\,U_m$	$0.46\,U_m$	U_m	$U_m/\sqrt{3}$
	高电阻接地	U_m	$U_m/\sqrt{3}$	$1.25\,U_m$	$U_m/\sqrt{3}$

注　1. 110、220kV 中性点斜线的上、下方数据分别对应系统无和有失地的条件。

2. 220kV 括号外、内数据分别对应变压器中性点经接地电抗器接地和不接地。

3. 220kV 变压器中性点经接地电抗器接地和 330～750kV 变压器或高压并联电抗器中性点经接地电抗器接地，当接地电抗器的电抗与变压器或高压并电抗器的零序电抗之比等于 n 时，k 为 $3n/(1+3n)$。

4. 本表不适用于 110、220kV 变压器中性点不接地且绝缘水平低于本章第四节表 14-44 所列数值的系统。

2）持续运行电流。持续运行电流是指在持续运行电压下流过避雷器的工频电流，包括阻性电流和容性电流。持续运行电流通常在数百至上千微安之间，阻性电流在几十至几百微安之间。

（4）工频电压耐受时间。工频电压耐受时间指在规定动作负荷条件下，对金属氧化物施加不同大小的暂时过电压，避雷器不损坏、不发生热崩溃所对应的最长持续时间。

（5）冲击保护水平。

避雷器标称放电电流（8/20μs）下的残压值为避雷器的雷电冲击保护水平。陡波标称放电电流（1/5μs）下的残压值与标称放电电流下的残压值之比不得大于 1.15。避雷器雷电冲击保护水平应满足保护电力设备绝缘配合的要求。即满足电气设备全波冲击绝缘水平与雷电冲击保护水平之比不得小于 1.4。避雷器操作冲击电流（波前 30～100μs）下的残压值为避雷器的操作冲击保护水平。操作冲击绝缘配合系数应满足：电气设备的操作冲击绝缘水平与操作冲击保护水平之比值不得小于 1.15。

（6）参考电流和参考电压。

工频参考电流用于确定避雷器工频参考电压的工频电流阻性分量的峰值（如果电流是非对称的，取两个极性中较高的峰值）。工频参考电压是在避雷器通过工频参考电流时测出的避雷器的工频电压峰值除以 $\sqrt{2}$。直流参考电流用于确定避雷器直流参考电压，直流参考电流通常为 1～20mA。在直流参考电流下测出的避雷器上的电压即为直流参考电压（kV）。

（7）压比。

压比为阀片在标称电流下的残压与其参考电压的比值。压比越小，表明通过冲击大电流时的残压越低，避雷器的保护性能越好。

（8）荷电率。

持续运行电压的峰值与直流参考电压的比值称为避雷器的荷电率。荷电率的高低直接影响到避雷器的老化过程，通常取 55%～70%。

（9）流通容量。

流通容量分雷电冲击电流和长时间方波电流两种。前者包括 4/10μs、65kA 大电流耐受 2 次和 8/20μs 标称雷电流耐受 20 次；后者为 2ms 方波电流和长线能量释放，其电流幅值与电压等级、输电线路长度有关，耐受 20 次。

（10）外绝缘水平。

爬电比距可按式（14-82）确定：

$$\lambda = L/U_m \qquad (14\text{-}82)$$

式中　L——瓷套爬电距离，cm；

U_m——系统最高工作线电压，kV。

MOA 爬电比距的选择，要根据不同污秽等级的要求值进行选取，在选择上要取上限值，以确保其运行的安全性。

4. 有间隙 MOA

在配电网中出现单相接地、谐振过电压、操作过电压时，无论电压高低、能量大小、持续时间长短，无间隙 MOA 都会动作以泄放过电压能量。这是无间隙 MOA 与碳化硅阀式避雷器在限制过电压时的本质区别。在配电网络中用无间隙 MOA 替代有间隙碳化硅阀式避雷器，应注意不能排除高幅值长时间过电压作用下损坏的可能性，故不能将 MOA 作为限制间隙电弧接地过电压和谐振过电压的保护措施。相同保护水平下 MOA 造价比碳化硅阀式避雷器高，一般情况下，中性点非有效接地系统中不推荐使用无间隙 MOA。而限制开断电容器组、开断电动机时产生的过电压，则应用无间隙 MOA 具有明显的优越性。

带间隙 MOA 集成了 MOA 和碳化硅阀式避雷器

的优点，有间隙隔离工频电压，又无工频续流，还可以降低残压。

表 14-25 列出了我国 110～500kV 交流 MOA 的电气特性。

表 14-25　110～500kV 交流 MOA 的电气特性

系统额定电压（有效值，kV）	避雷器额定电压（有效值，kV）	系统最高电压（有效值，kV）	持续运行电压（有效值，kV）	工频参考电流（峰值，mA）	工频参考电压（峰值，kV）	陡波冲击残压（峰值，kV）波头 1μs	陡波冲击残压（峰值，kV）波头 5μs	操作冲击电压（峰值，kV）	雷电冲击残压（峰值，kV，波形 8/20μs）5kA	雷电冲击残压（峰值，kV，波形 8/20μs）10kA	雷电冲击残压（峰值，kV，波形 8/20μs）20kA
110	96	126	75	2	148	262	275	212	222	238	255
	100		78			273	286	221	232	248	266
	108		84			295	309	239	250	268	278
220	192	252	150	2	272	524	549	414	443	476	510
	200		156		283	546	573	431	462	496	532
	216		168.5		322	622	652	491	527	565	602
330	288	363	219	3	407	725	768	578	618	665	712
	312		237		410	730	774	582	622	670	716
500	420	550	318	3	594	1045	1097	826	894	950	1026
	444		324		628	1095	1149	875	937	995	1075
	468		330		662	1465	1222	920	996	1059	1143

（四）特高压避雷器

在特高压绝缘配合上，世界各国研究的结果都倾向于采用高性能的避雷器，可进一步提高输电系统的可靠性，降低系统的绝缘水平，减少输变电设备的体积和质量。特高压领域中操作波放电特性直接影响线路、设备的外绝缘尺寸及造价。解决这一问题的途径是尽量降低操作过电压水平。

表 14-26 列出了我国 750kV 和 1000kV 特高压避雷器的技术参数。

表 14-26　750kV 和 1000kV 特高压避雷器技术参数

项目名称	Y20W-600/1380GW	YH20W-648/1391GW	YH20W-828/1620
系统电压（有效值，kV）	750	750	1000
避雷器额定电压（有效值，kV）	600	648	828
持续运行电压（有效值，kV）	462	498	635
雷电冲击电流 20kA 下残压（峰值，kV）	1380	1491	1620
操作冲击电流 2kA 下残压（峰值，kV）	1142	1234	1437
4/10μs 大电流冲击耐受（kA）	100	100	400
吸收能量（MJ）	11.4	12.4	50
工频耐受电压（有效值，kV）	1040	1040	1100
雷电冲击耐受电压（峰值，kV）	2350	2350	2250
操作冲击耐受电压（峰值，kV）	1675	1675	1675
避雷器外套型式	瓷套	瓷套、复合外套	瓷套、罐式、复合外套
使用场合	电站	电站、线路	电站、线路

第四节　绝　缘　配　合

一、绝缘配合原则

绝缘配合就是根据系统中可能出现的各种电压和保护装置的特性来确定设备的绝缘水平；或者根据已有设备的绝缘水平，选择适当的保护装置，以便把作用于设备上的各种电压所引起的设备损坏和影响连续运行的概率，降低到在经济上和技术上能接受的水平。也就是说，绝缘配合是要正确处理各种电压、各种限压措施和设备绝缘耐受能力三者之间的配合关系，全面考虑设备造价、维修费用以及故障损失三个方面，力求取得较高的经济效益。不同系统，因结构不同以及在不同发展阶段，可以有不同的绝缘水平。

GB 311.1—2012《绝缘配合　第 1 部分：定义、原则和规则》、GB/T 311.2—2013《绝缘配合　第 2 部分：使用导则》和 GB/T 50064—2014《交流电气装置的过电压保护和绝缘配合设计规范》均给出绝缘配合的方法。GB 311.1—2012 和 GB/T 311.2—2013 是依据 IEC 60071-1∶2006 和 IEC 60071-2∶1996 修改采用（MOD）的标准，IEC 60071-1 和 IEC 60071-2 是国际通行采用的绝缘标准。对于缓波前过电压的绝缘配合，当采用确定法时，GB/T 311.2 考虑了因避雷器限制过电压产生的统计分布畸变，并给出了修正方法；当采用简化统计法时，GB/T 311.2 给出了根据可接受的故障率确定配合因数的方法。对于快波前过电压，GB/T 311.2 考虑了避雷器和被保护设备之间的距离、并结合可接受的故障率，给出了确定耐受电压的绝缘配合方法。在我国 750kV 和 1000kV 绝缘配合研究专题中，大多采用 GB 311.1 和 GB/T 311.2 给出的方法。GB/T 50064—2014 适用范围的最高电压为 750kV，与 GB/T 311.2 相比，增加了 GIS 相对地绝缘与快速暂态过电压 VFTO 的绝缘配合方法。

本节给出的主要绝缘配合方法是依据 GB 311.1 和 GB/T 311.2，其中本节"七、配电装置电气设备的绝缘配合"和"八、绝缘子串及空气间隙的绝缘配合"是 GB/T 50064 确定的配合方法。

对于作用在电气设备的各种不同电压，绝缘配合的基本原则如下：

1. 工频运行电压和暂时过电压的绝缘配合

（1）电气装置外绝缘应符合现场污秽度等级下的耐受持续运行电压要求。电气设备应能在设计寿命内承受持续运行电压。

（2）电气设备应能承受一定幅值和时间的工频运行电压和暂时过电压。

2. 缓波前过电压的绝缘配合

电气设备的操作冲击绝缘水平，以避雷器相应保护水平为基础，进行绝缘配合。配合时，对非自恢复绝缘采用惯用法；对自恢复绝缘则仅将绝缘强度作为随机变量的统计法。

3. 快波前过电压的绝缘配合

电气设备的雷电冲击强度，以避雷器相应保护水平为基础进行绝缘配合。配合时，对非自恢复绝缘采用惯用法；对自恢复绝缘则仅将绝缘强度作为随机变量。

二、绝缘配合方法

绝缘配合方法有确定性法（惯用法）、统计法和简化统计法。

1. 确定性法（惯用法）

确定性法即惯用法，是在惯用过电压（即可接受的接近于设备安装点的预期最大过电压）与耐受电压之间，按照设备制造和电力系统的运行经验选取适宜的配合系数。

当设备故障率的统计数据无法通过试验获得时，一般采用确定性法。

确定性法通常适用于非自恢复绝缘设备的绝缘配合、范围Ⅰ设备在各电压和过电压下的绝缘配合以及范围Ⅰ和范围Ⅱ设备的快波前过电压绝缘配合。

2. 统计法

统计法旨在对设备的故障率定量，并将其作为选取额定耐受电压和绝缘设计的一个性能指标。

统计法把过电压和绝缘强度都看作是随机变量，在已知过电压幅值及绝缘闪络电压统计特性后，用计算方法求出绝缘闪络的概率来确定故障率。

通过逐点对不同绝缘类型和不同网络状态的重复计算可以得到由绝缘故障引起的系统的总故障率。

统计法不仅定量地给出设计的安全程度，并能在考虑设备年折旧费、年运行维修费用的基础上按照事故损失最小的原则进行优化设计，选择最佳绝缘。

统计法通常用适用于自恢复绝缘设备的绝缘配合、范围Ⅱ设备的缓波前过电压绝缘配合。

3. 简化统计法

在简化统计法中，对概率曲线的形状做了若干假定，如假定过电压满足已知标准偏差的正态分布，而绝缘强度满足修正的维泊尔（Weibull）概率分布，从而可用与一给定概率相对应的点来代表一条曲线。在过电压概率曲线中称该点的纵坐标为"统计过电压"，其概率不大于 2%；而在绝缘耐受电压曲线中则称该点的纵坐标为"统计冲击耐受电压"，设备的冲击耐受电压的参考概率取为 90%。

简化统计法是对某类过电压在统计冲击耐受电压和统计过电压之间，选取一个统计配合因数，使所确定的故障率从系统的运行可靠性和费用两方面看是可以接受的。

简化统计法通常适用于自恢复绝缘设备的绝缘配合、范围Ⅱ设备的缓波前过电压绝缘配合。

三、绝缘配合的作用电压波形

1. 设备上的作用压力

设备在运行中可能受到的作用电压，按照作用电压的幅值、波形和持续时间，可分为以下 6 类：

（1）持续工频电压（其值不超过设备最高电压 U_m，持续时间等于设备设计的运行寿命），起源于正常运行条件下的系统运行；

（2）暂时过电压（包括工频电压升高、谐振过电压），起源于故障、操作（如甩负荷）、谐振或它们的组合；

（3）缓波前过电压，主要起源于操作或故障，远方雷击架空线也可引起缓波前过电压；

（4）快波前过电压，主要起源雷击，操作或故障也会引起快波前过电压，如当设备通过短线接入或断

开时、或外绝缘闪络时，会产生快波前过电压；

（5）特快波前过电压，主要起源于气体绝缘全封闭组合电器（GIS）中隔离开关操作；

（6）联合过电压，起源于上述任何一种起因，由同时作用于相间（或纵）绝缘的两个相端子的每个端子和地之间的两个电压分量组成。

这 6 种作用电压的典型波形见表 14-27。

表 14-27　　过电压的类型和波形、标准电压波形以及标准耐受电压试验

类　别	低　频　电　压		瞬　态　电　压		
	持续	暂时	缓波前	快波前	特快波前
电压波形					
电压波形范围	f=50Hz $T_t \geqslant 3600$s	10Hz$<f<500$Hz 0.02s$\leqslant T_t \leqslant 3600$s	20μs$<T_p \leqslant 5000\mu$s $T_2 \leqslant 20$ms	0.1μs$<T_1 \leqslant 20\mu$s $T_2 \leqslant 300\mu$s	$T_f \leqslant 100$ns 0.3MHz$<f_1<100$MHz 30kHz$<f_2<300$kHz
标准电压波形	f=50Hz T_t a	45Hz$\leqslant f \leqslant 55$Hz T_t = 60s	T_p=250μs $T_2 \leqslant 2500\mu$s	T_1=1.2μs T_2=50μs	a
标准耐压试验	a	短时工频试验	操作冲击试验	雷电冲击试验	a

a 由有关技术委员会规定。

2. 绝缘配合时考虑的标准波形

（1）标准短时工频电压，持续时间为 60s 的工频正弦电压；

（2）标准操作冲击电压，具有峰值时间为 250μs 和半峰值时间为 2500μs 冲击电压；

（3）标准雷电冲击电压，具有波前时间为 1.2μs 和半峰值时间为 50μs 的冲击电压。

3. 设备最高电压 U_m 的范围

设备最高分为两个范围：

范围Ⅰ：1kV$<U_m \leqslant$252kV；3

范围Ⅱ：U_m>252kV。

四、耐受电压试验

1. 标准参考大气条件

标准化的耐受电压适用的标准参考大气条件为：

（1）温度，t_o=20℃；

（2）气压，P_o=101.3kPa；

（3）绝对湿度，h_o=11g/m^3。

2. 标准耐受电压试验类型

标准耐受电压试验类型如下：

（1）短时工频试验；

（2）操作冲击试验；

（3）雷电冲击试验；

（4）联合操作冲击试验；

（5）联合电压试验。

操作冲击试验和雷电冲击试验可以是耐受试验，也可以是 50%破坏性放电试验。此时，绝缘对额定耐受冲击电压的耐受能力可由其 50%破坏性放电电压的测量值中推出，它只适用于自恢复绝缘。

短时工频试验是耐受试验。

3. 试验类型的选择

（1）对应于不同的系统最高电压，选择不同类型的绝缘试验。一般地，每一最高电压范围内的绝缘性能，只需采用两种绝缘试验就足以检验设备的标准绝缘水平：

1）对于范围Ⅰ内的设备，采用短时工频耐受电压试验和雷电冲击耐受电压试验。

2）对于范围Ⅱ内的设备，采用雷电冲击耐受电压试验和操作冲击耐受电压试验。

在范围Ⅰ中，标准短时工频耐受电压或标准雷电冲击耐受电压应当涵盖要求的相对地、相间操作冲击耐受电压以及要求的纵绝缘耐受电压。

在范围Ⅱ中，标准操作冲击耐受电压应当涵盖持续工频电压（如果相关的设备标准中没有规定数值）以及要求的短时工频耐受电压。

（2）标准额定耐受电压应从以下值中选取：

1）标准额定短时工频电压有效值：10、20、28、38、42、50、70、95、115、140、185、230、275、325、360、395、460、510、570、630、680、710、740、790、830、900、960、975、1050、1100、1200kV。

2）标准额定冲击耐受电压峰值：20、40、60、75、95、125、145、170、250、325、450、550、650、750、850、950、1050、1175、1300、1425、1550、1675、1800、1950、2100、2250、2400、2550、2700、2900、3100kV。

五、绝缘配合程序

绝缘配合程序是选取设备的最高电压，以及与之相应的、表征设备绝缘特征的一组标准耐受电压的过程。绝缘配合的流程框图见图 14-49。选择一组最优的标准额定耐受电压 U_w，可能需要反复考虑程序的某些输入数据，并重复程序的某些部分。图中绝缘特性是指内绝缘、外绝缘、自恢复绝缘、非自恢复绝缘、相对地绝缘、相间绝缘、纵绝缘以及绝缘材料介质特性等。

从绝缘配合流程框图中可以看出，绝缘配合程序包括以下四个步骤：

（一）代表性电压和过电压（U_{rp}）的确定

把运行中实际作用在绝缘上的电压和过电压，用具有标准波形的电压和过电压来表示，这一过电压称为代表性电压和过电压（U_{rp}）。代表性电压和过电压与实际作用在绝缘上的电压和过电压，在绝缘上产生相同的电气效应，并可用一个数值、一组数值或者某种概率分布来表示。

1. 持续工频电压和暂时过电压的代表性过电压 U_{rp}

（1）持续工频电压是常量且等于最高系统电压 U_s。正常运行条件下工频电压在幅值上会有一定变化，

且系统各点间也会有差异。然而，从绝缘配合的目的来说，U_{rp} 应为恒定值。

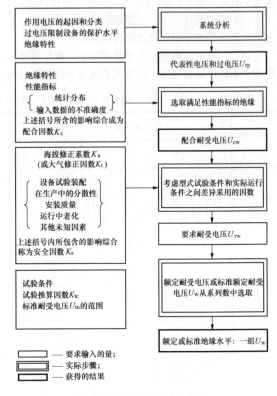

图 14-49　绝缘配合流程框图

（2）暂时过电压的典型过电压由其幅值、电压波形和持续时间确定。作为绝缘配合之目的，认为代表性暂时过电压具有标准短时（1min）工频电压的波形。其幅值可用一个值（假定最大值），一组峰值，或峰值的完整统计分布来表征。代表性暂时过电压的幅值的选取应考虑：

1）运行中实际过电压的幅值和持续时间；

2）所考虑的绝缘的工频耐受特性（幅值/持续时间）。

作为简化，幅值可取为等于运行中实际持续时间小于 1min 的实际最大过电压，而持续时间可取为1min。

在特殊情况下，可以采用统计配合法，用运行中预期的暂时过电压的幅值/持续时间分布频率来表示代表性过电压。

2. 缓波前过电压的代表性过电压 U_{rp}

避雷器不动作时的过电压的概率分布用其2%值（相对地用 U_{e2} 表示，相间用 U_{p2} 表示）、偏差及其截断值（相对地用 U_{et} 表示，相间用 U_{pt} 表示）来表征。一般地，概率分布可近似用 50%值和截断值之间的高斯分布来表示，或者使用修正过的维泊尔分布来

表示。

避雷器不动作时的典型过电压（U_{rp}）：相对地为 $U_{rp}=U_{et}$；相间 $U_{rp}=U_{pt}$。

采用避雷器保护操作过电压时的典型过电压（U_{rp}）：相对地 $U_{rp}=U_{ps}$；U_{ps} 是避雷器的操作冲击保护水平，相间 $U_{rp}=\min (U_{pt}, 2U_{ps})$，即代表性过电压 U_{rp} 是 U_{pt} 和 $2U_{ps}$ 中的较小值。

3. 快波前过电压的代表性过电压 U_{rp}

取避雷器的雷电冲击保护水平 U_{pl}，并考虑避雷器与被保护设备之间的距离影响。当简化估算被保护对象上的代表性过电压时，可以按以下公式计算：

$$U_{rp}=U_{pl}+2St \qquad U_{pl}\geqslant 2St \qquad (14\text{-}83)$$
$$U_{rp}=2U_{pl} \qquad U_{pl}<2St \qquad (14\text{-}84)$$

式中 U_{rp}——代表性过电压，kV；

U_{pl}——避雷器雷电冲击保护水平，kV；

S——入侵波陡度，kV/μs；

t——雷电传播时间，μs。

当采用简化统计法时，并考虑避雷器与被保护设备之间的距离以及可接受故障率的影响，代表性过电压可以按以下公式计算：

$$U_{rp}=U_{pl}+AL/[n(L_{sp}+L_a)] \qquad (14\text{-}85)$$

式中 U_{rp}——代表性过电压，kV；

A——代表与相连的架空线路雷电性能；

n——与配电装置相连的最少架空线路；

L——避雷器到线路的引线长度、避雷器接地的引线长度、避雷器和被保护设备间的相导线长度、避雷器有效部分长度之和；

L_{sp}——线路档距；

L_a——雷电闪络率等于可接受故障率时的架空线长度。

（二）配合耐受电压（U_{cw}）的确定

配合耐受电压（U_{cw}）是指对每一个电压等级的设备而言，在绝缘结构满足实际运行要求的性能指标的前提下，该绝缘所能承受的过电压。

$$U_{cw}=K_cU_{rp} \qquad (14\text{-}86)$$

式中 K_c——配合因数。

采用确定性法时，K_c 取值为 K_{cd}，K_{cd} 为确定性配合因数。

采用简化统计法时，K_c 取值为 K_{cs}，K_{cs} 为统计配合因数。

（三）要求耐受电压（U_{rw}）的确定

要求耐受电压（U_{rw}）是指为了验证在寿命期限内绝缘性能是否满足实际运行要求而进行的标准耐受试验中绝缘所必须承受的试验电压。要求耐受电压（U_{rw}）的波形与配合耐受电压相同。

对内绝缘时

$$U_{rw}=K_sU_{cw} \qquad (14\text{-}87)$$

对外绝缘时

$$U_{rw}=K_aK_sU_{cw} \qquad (14\text{-}88)$$

式中 K_s——安全系数，对内绝缘 $K_s=1.15$，对外绝缘 $K_s=1.05$；

K_a——大气修正因数。

大气校正因数可根据下述公式计算

$$K_a=e^{q\left(\frac{H}{8150}\right)} \qquad (14\text{-}89)$$

式中 H——超过海平面的高度，m；

q——指数。

q 的确定方法如下：

对空气间隙或者清洁绝缘子的短时工频耐受电压，$q=1.0$。

雷电冲击耐受电压，$q=1.0$。

对操作冲击耐受电压，q 按图 14-50 确定。对于由两个分量组成的电压，电压值是各分量的和。

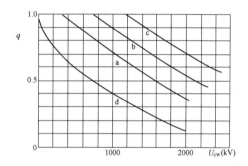

图 14-50 指数 q 与配合操作冲击耐受电压的关系

a—相对地绝缘；b—纵绝缘；c—相间绝缘；

d—棒－板间隙（标准间隙）

对污秽绝缘子，指数 q 的数值仅供参考。对污秽绝缘子的长时间试验以及短时工频耐受电压试验（如果当要求时），对于标准绝缘子 q 可低至 0.5，而对于防雾型可高至 0.8。

（四）额定绝缘水平的选择

额定绝缘水平是指由标准耐受电压中选取的一组表征设备绝缘性能的耐受电压。额定绝缘水平确保绝缘满足要求耐受电压（U_{rw}），同时也是最经济的。

为了加强标准化，利用运行经验，将设备的最高运行电压与标准耐受电压相关联，对设备的绝缘水平进行了标准化规定，称为标准绝缘水平。从表 14-28 和表 14-29 中选取耐受电压的正常环境为海拔不超过 1000m。

范围Ⅰ（$1\text{kV}<U_m\leqslant 252\text{kV}$）的标准绝缘水平见表 14-28。

范围Ⅱ（$U_m > 252kV$）的标准绝缘水平见表 14-29。对于范围Ⅱ的纵绝缘，联合耐受电压的标准操作冲击分量在表 14-29 中给出，而反极性工频分量的峰值为 $U_m \times \sqrt{2}/\sqrt{3}$。

表 14-28 　　　　　范围Ⅰ（$1kV < U_m \leqslant 252kV$）的标准绝缘水平　　　　　（kV）

系统标称电压 U_s（有效值）	设备最高电压 U_m（有效值）	额定雷电冲击耐受电压（峰值）		额定短时工频耐受电压（有效值）
		系列Ⅰ	系列Ⅱ	
3	3.6	20	40	18
6	7.2	40	60	25
10	12.0	60	75 90	30/42***；35
15	18	75	95 105	40；45
20	24.0	95	125	50；55
35	40.5	185/200*		80/95***；85
66	72.5	325		140
110	126	450/480*		185；200
220	252	(750)**		(325)**
		850		360
		950		395
		1050		460

注　系统标称电压 3~20kV 所对应设备系列Ⅰ的绝缘水平，在我国仅用于中性点直接接地（包括小电阻接地）系统。

* 　该栏斜线下之数据仅用于变压器类设备的内绝缘。

** 　220kV 设备，括号内的数据不推荐使用。

*** 该栏斜线上之数据为设备外绝缘在湿状态下之耐受电压（或称为湿耐受电压）；该栏斜线下之数据为设备外绝缘在干燥状态下之耐受电压（或称为干耐受电压）。在分号"；"之后的数据仅用于变压器类设备的内绝缘。

表 14-29 　　　　　范围Ⅱ（$U_m > 252kV$）的标准绝缘水平　　　　　（kV）

系统标称电压 U_s（有效值）	设备最高电压 U_m（有效值）	额定操作冲击耐受电压（峰值）				额定雷电冲击耐受电压（峰值）		额定短时工频耐受电压（有效值）
		相对地	相间	相间与相对地之比	纵绝缘**	相对地	纵绝缘	相对地
1	2	3	4	5	6	7	8	9	10***
330	363	850	1300	1.50	950	850(+295)*	1050		(460)
		950	1425	1.50			1175		(510)
500	550	1050	1675	1.60	1175	1050(+450)*	1425		(630)
		1175	1800	1.50			1550		(680)
		1300****	1950	1.50			1675		(740)
750	800	1425	—	—	1550	1425(+650)*	1950		(900)
		1550	—	—			2100		(960)
1000	1100	—	—	—	1800	1675(+900)*	2250	2400(+900)*	(1100)
		1800	—	—			2400		

* 　栏 7 和栏 9 括号中之数值是加在同一极对应端子上的反极性工频电压的峰值。

** 　绝缘的操作冲击耐受电压选取栏 6 或栏 7 之数值，决定于设备的工作条件，在有关设备标准中规定。

*** 栏 10 括号内之短时工频耐受电压值 IEC 60071-1 未予规定。

**** 表示除变压器以外的其他设备。

对于范围Ⅱ的纵绝缘，联合耐受电压的标准雷电冲击分量等于相应的相对地耐受电压（见表14-29），而反极性工频分量的峰值为$(0.7\sim1.0)\times U_m\times\sqrt{2}/\sqrt{3}$。

各类设备的雷电冲击耐受电压见表14-30。

各类设备的短时（1min）工频耐受电压见表14-31。

变压器中性点绝缘水平见表14-32。

表 14-30　　　　　　　　　**各类设备的雷电冲击耐受电压**　　　　　　　　　　（kV）

系统标称电压（有效值）	设备最高电压（有效值）	额定雷电冲击耐受电压（峰值）						截断雷电冲击耐受电压（峰值）
		变压器	并联电抗器	耦合电容器、电力互感器	高压电力电缆	高压电器类	母线支柱绝缘子、穿墙套管	变压器类设备的内绝缘
3	3.6	40	40	40	—	40	40	45
6	7.2	60	60	60	—	60	60	65
10	12	75	75	75	—	75	75	85
15	18	105	105	105	105	105	105	115
20	24	125	125	125	125	125	125	140
35	40.5	185/200*	185/200*	185/200*	200	185	185	220
66	72.5	325	325	325	325	325	325	360
		350	350	350	350	350	350	385
110	126	450/480*	450/480*	450/480*	450	450	450	530
		550	550	550	550	550		
220	252	850	850	850	850	850	850	950
		950	950	950	950 1050	950 1050	950 1050	1050
330	363	1050	—	—	—	1050	1050	1175
		1175	1175	1175	1175 1300	1175	1175	1300
500	550	1425	—	—	1425	1425	1425	1550
		1550	1550	1550	1550	1550	1550	1675
		—	1675	1675	1675	1675	1675	—
750	800	1950	1950	1950	1950	1950	1950	2145
		—	2100	2100	2100	2100	2100	2310
1000	1100	2350	2250	2260	3360	2260	2550	2400
		—	2400	2400	2400	2400	2700	2560

注　1. 表中所列的3～20kV的额定雷电冲击耐受电压为表14-28中系列Ⅱ绝缘水平。

　　2. 对高压电力电缆是指热态状态下的耐受电压。

*　斜线下之数据仅用于该类设备的内绝缘。

表 14-31　　　　　　　　**各类设备的短时（1min）工频耐受电压**　　　　　　　　（kV）

系统标称电压（有效值）	设备最高电压（有效值）	内绝缘、外绝缘（湿试/干试）				母线支柱绝缘子	
		变压器	并联电抗器	耦合电容器、高压电器类、电压互感器、电流和穿墙套管	高压电力电缆	湿试	干试
1	2	3*	4*	5**	6**	7	8
3	3.6	18	18	18/25		18	25
6	7.2	25	25	23/30		23	32
10	12	30/35	30/35	30/42		30	42
15	18	40/45	40/45	40/55	40/45	40	57

续表

系统标称电压（有效值）	设备最高电压（有效值）	内绝缘、外绝缘（湿试/干试）				母线支柱绝缘子	
		变压器	并联电抗器	耦合电容器、高压电器类、电压互感器、电流和穿墙套管	高压电力电缆	湿试	干试
20	24	50/55	50/55	50/65	50/65	50	68
35	40.5	80/85	80/85	80/95	80/85	80	100
66	72.5	140	140	140	140	140	165
		160	160	160	160	160	185
110	126	185/200	185/200	185/200	185/200	185	265
220	252	360	360	360	360	360	450
		395	395	395	395	395	495
					460		
330	363	460	460	460	460		
		510	510	510	510 570	570	
500	550	630	630	630	630		
		680	680	680	650	680	
				740	740		
750	800	900	900	900	900	900	
				960	960		
1000	1100	1100***	1100	1100	1100	1100	

注　表中 330～1000kV 设备之短时工频耐受电压仅供参考。

*　　该栏斜线下的数据为该类设备的内绝缘和外绝缘干耐受电压，该栏斜线上的数据为该类设备的外绝缘湿耐受电压。

**　　该栏斜线下的数据为该类设备的外绝缘干耐受电压。

***　　对于特高压电力变压器，工频耐受电压时间为 5min。

表 14-32　　　　　　　　　　　　变压器中性点绝缘水平　　　　　　　　　　　　（kV）

系统标称电压（有效值）	设备最高电压（有效值）	中性点接地方式	雷电全波和截波耐受电压（峰值）	短时工频耐受电压（有效值，内、外绝缘，干试与湿试）
110	126	不固定接地	250	95
220	252	固定接地	185	85
		不固定接地	400	200
330	363	固定接地	185	85
		不固定接地	550	230
500	550	固定接地	185	85
		经小电阻接地	325	140
750	800	固定接地	185	85
1000	1100	固定接地	325	140
			185	85

选择额定（标准）绝缘水平前，需要对要求耐受电压（U_{rw}）进行换算。范围Ⅰ中需要把要求的操作冲击耐受电压换算成短时工频和雷电冲击耐受电压；范围Ⅱ中需要把要求的短时工频耐受电压换算成操作冲

击耐受电压。

对范围Ⅰ，将要求的操作冲击耐受电压换算到短时工频耐受电压和雷电冲击耐受电压的试验换算因数 K_t 见表 14-33。

表 14-33 对范围Ⅰ由要求的操作冲击耐受电压换算成短时工频和雷电冲击耐受电压的试验换算因数

绝　　缘	短时工频耐受电压[①]	雷电冲击耐受电压
外绝缘		
—空气间隙和清洁的绝缘子，干状态	$0.6+U_{rw}/8500$	$1.05+U_{rw}/6000$
—相对地	$0.6+U_{rw}/12700$	$1.05+U_{rw}/9000$
—相间—清洁的绝缘子，湿状态	0.6	1.3
内绝缘—GIS—液体浸渍绝缘—固体绝缘	0.70.50.5	1.251.101.00

注　①　试验换算因数包括由峰值变换成有效值的因数 $1/\sqrt{2}$；

　　　　U_{rw} 是要求的操作冲击耐受电压，单位 kV。

短时工频耐受电压或者雷电冲击耐受电压等于要求的操作冲击耐受电压与表中试验换算因数的积。该因数适用于相对地、相间及纵绝缘耐受电压。

对范围Ⅱ，将要求的短时工频耐受电压换算到操作冲击耐受电压的试验换算因数见表 14-34。

表 14-34 范围Ⅱ内由要求的短时工频耐受电压换算成操作冲击耐受电压的试验换算因数

绝　　缘	换算成操作冲击耐受电压的试验换算因数
外绝缘	
—空气间隙和清洁的绝缘子，干状态	1.4
—清洁的绝缘子，湿状态	1.7
内绝缘—GIS—液体浸渍绝缘—固体绝缘	1.62.32.0

注　试验换算因数包括由有效值变换成峰值的因数 $\sqrt{2}$。

操作冲击耐受电压等于要求的短时工频耐受电压与表中试验换算因数的积。试验换算因数也适用于纵绝缘。

六、电气设备的绝缘配合

出于标准化的需要，设备额定耐受电压一般按照满足海拔 1000m 的要求考虑。

为了验证绝缘在实际运行中某种类型的过电压作用下、在整个运行期间内满足给定性能指标所进行的标准耐受试验中，绝缘必须能够耐受的试验电压称为"要求耐受电压"，用 U_{rw} 表示。

（一）工频运行电压和暂时过电压下的绝缘配合

1. 工频运行电压下的绝缘配合

电气装置外绝缘应符合现场污秽度等级下的耐受持续运行电压要求。

2. 工频暂时过电压下的绝缘配合

配电装置电气设备应能承受一定幅值和时间的工频过电压和谐振过电压。在绝缘配合中不考虑谐振过电压。

与工频暂时过电压配合的电气设备的要求耐受电压 U_{rw} 按照表 14-35 所列公式计算。

表 14-35 电气设备的工频要求耐受电压 U_{rw}

分　类	相对地	相　间
内绝缘	$U_{rw}=K_cK_sU_{rp}$	$U_{rw}=\sqrt{3}\cdot K_cK_sU_{rp}$
外绝缘	$U_{rw}=K_sK_aU_{cw}$ $U_{cw}=K_cU_{rp}$	$U_{rw}=K_sK_aU_{cw}$ $U_{cw}=\sqrt{3}\cdot K_cU_{rp}$

注　U_{rw}—电气设备的工频要求耐受电压，kV；

　　　U_{rp}—代表性过电压，由系统工频暂时过电压研究确定，kV；

　　　K_c—配合因数，对内绝缘及外绝缘，取 $K_c=1$；

　　　K_s—安全因数，对内绝缘 $K_s=1.15$，对外绝缘 $K_s=1.05$；

　　　K_a—海拔修正因数，出于标准化的需要，设备额定耐受电压一般按照满足海拔 1000m 的要求考虑。

（二）缓波前过电压下的绝缘配合

缓波前过电压下的绝缘配合的方法，对内绝缘一般采用确定性法，对外绝缘采用简化统计法。

1. 确定性法

对于受避雷器保护的设备，设定最大过电压等于避雷器的操作冲击保护水平 U_{ps}。

但是，在此情况下，在过电压的统计分布中可能发生严重的偏移。保护水平与预期的缓波前过电压幅值相比较低时此偏移更明显，绝缘耐受强度的微小变化（或在避雷器保护水平的值内），对故障率可能有大的影响。

为了考虑此种影响，推荐根据避雷器的操作冲击保护水平 U_{ps} 与相对地预期过电压 U_{e2} 的 2%值之比估算确定性配合因数 K_{cd}，图 14-51 给出了这种关系。

对于不受避雷器保护的设备，设定最大过电压等于截断值（U_{et} 或 U_{pt}），而确定性配合因数 $K_{cd}=1$。

采用确定性法，与缓波前过电压配合的电气设备的要求耐受电压 U_{rw} 按照表 14-36 所列公式计算。

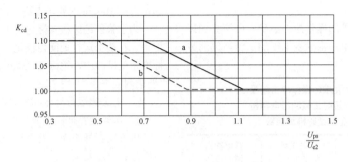

图 14-51　确定性配合因数 K_{cd} 的估算

a—适用于避雷器保护水平的配合因数，以获得相对地配合耐受电压（也适用于纵绝缘）；

b—适用于两倍避雷器保护水平的配合因数，以获得相对地配合耐受电压

表 14-36　与缓波前过电压配合的电气
设备的要求耐受电压 U_{rw} 计算公式

绝缘类别	相对地	相　间
内绝缘	$U_{rw} = K_{cd}K_s U_{rp}$ $U_{rp} = \min(U_{ps}, U_{et})$	$U_{rw} = K_{cd}K_s U_{rp}$ $U_{rp} = \min(2U_{ps}, U_{pt})$
外绝缘	$U_{rw} = K_s K_a U_{cw}$ $U_{cw} = K_{cd} U_{rp}$ $U_{rp} = \min(U_{ps}, U_{et})$	$U_{rw} = K_s K_a U_{cw}$ $U_{cw} = K_{cd} U_{rp}$ $U_{rp} = \min(2U_{ps}, U_{pt})$

注　U_{rp}—代表性过电压，kV。

　　U_{ps}—避雷器的操作冲击保护水平，kV。

　　K_{cd}—确定性配合因数。若 U_{rp} 取 U_{ps}（相对地）或者 $2U_{ps}$（相间），K_{cd} 按照图 14-51 确定；若 U_{rp} 取 U_{et}（相对地）或者 U_{pt}（相间），$K_{cd}=1$。

　　K_s—安全因数，对内绝缘 $K_s=1.15$，对外绝缘 $K_s=1.05$。

　　K_a—海拔修正因数；出于标准化的需要，设备额定耐受电压一般按照满足海拔 1000m 的要求考虑。

2. 统计法

在使用统计法中，首先需要根据技术分析及运行经验，确定可接受的故障率。故障率用预期的绝缘故障的平均频率表示（如每年的故障数），作为过电压作用引起的事件结果。GB/T 311.2—2013 推荐的统计法是基于过电压的峰值。对于特定事件的相对地过电压的频率分布根据下述假设确定：

1）对任何给定的过电压的波形，除了最高峰值外，其他峰值都忽略；

2）取最高峰值的波形与标准操作冲击的波形一样；

3）取最高过电压峰值都为相同极性，即是对绝缘最严的极性。

一旦过电压频率分布以及相应绝缘的击穿概率分布给定，相对地的绝缘可按式（14-90）和式（14-91）计算。

$$R = \int_0^\infty f(U)P(U)\mathrm{d}U \qquad (14\text{-}90)$$

式中　R——相对地绝缘的故障风险率；

　　$f(U)$——过电压的频率密度；

　　$P(U)$——冲击电压 U 作用下的绝缘的闪络概率，见图 14-52。

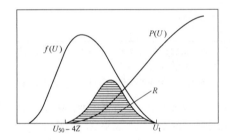

图 14-52　故障率的估算

$$R = \int_{U_{50}-4Z}^{U_t} f(U)P(U)\mathrm{d}U \qquad (14\text{-}91)$$

式中　$f(U)$——用截断高斯或维伯尔函数表示的过电压出现的频率密度；

　　$P(U)$——用修正的维伯尔函数表示的绝缘的放电概率；

　　U_t——过电压概率分布的截断值；

　　U_{50}——自恢复绝缘的 50%放电电压；

　　Z——标准偏差；

　　$U_{50}-4Z$——放电概率的截断值。

如果出现多个独立峰值，则一相的总的故障率可以按所考虑的全部峰值的故障率来计算。例如，如果在特定的相上的一次操作冲击包含三个整的峰值，引起的故障危险率分别是 R_1、R_2 和 R_3，则对于切合操作的相对地的故障危险率 R 为

$$R=1-(1-R_1)(1-R_2)(1-R_3) \qquad (14\text{-}92)$$

如果过电压分布基于相峰值法，且三相中的绝缘是一样的，则总的故障率 R_t 为

$$R_t=1-(1-R)^3 \qquad (14\text{-}93)$$

如果使用事件峰值法，则总的故障率 R_t 为

$$R_t=R \qquad (14-94)$$

3. 简化统计法

如果用各自曲线上的一个点能够确定过电压和绝缘强度的分布，则根据冲击波的幅值可以用简化统计法。用统计法过电压标记过电压分布，超过该电压的概率为 2%。用统计耐受电压标记绝缘强度分布，在该电压下绝缘呈现 90% 的耐受概率。统计配合因数（K_{cs}）是统计耐受电压与统计过电压之比。

由过电压和设备绝缘强度的统计分布曲线上确定统计操作过电压水平 U_{e2}（大于或等于 U_{e2} 的概率为 2%）和绝缘的统计耐受电压 U_{cw}（相应的耐受概率不低于 90%），统计配合因数 $K_{cs}=U_{cw}/U_{e2}$。可接受的故障率 R 由图 14-53 中相应的曲线决定。

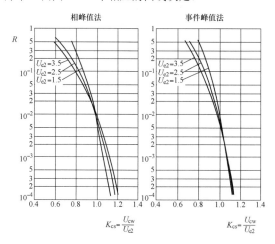

图 14-53　缓波前过电压下外绝缘的
故障率与统计配合因数 K_{cs} 的关系

（三）快波前过电压的绝缘配合

1. 确定性法

对快波前雷电过电压，取过电压的设定最大值计算配合耐受电压，确定性配合因数 $K_{cd}=1$。这是因为计算代表性雷电过电压包括了概率影响。对快波前操作过电压，可采用与缓波前过电压一样的方法。

2. 统计法

统计法是基于代表性雷电过电压的概率分布。由于过电压的概率分布是通过雷电过电压预设概率除以总的过电压次数求得的，且概率密度函数 $f(U)$ 是结果的导数，因此可以用式（14-90）计算故障风险率，而绝缘故障率等于故障风险率乘以总的雷电过电压次数。

七、配电装置电气设备的绝缘配合

1. 配电装置电气设备绝缘与持续运行电压、暂时过电压的绝缘配合的要求

（1）配电装置电气设备外绝缘应符合相应现场污

秽度等级下耐受持续运行电压的要求。

（2）配电装置电气设备应能承受持续运行电压及一定幅值暂时过电压，并应符合下列要求：

1）内绝缘短时工频耐受电压 $u_{e.\sim.i}$ 的有效值应符合下式的要求：

$$u_{e.\sim.i} \geqslant k_{11}U_{p.g} \qquad (14-95)$$

式中　k_{11}——设备内绝缘短时工频耐压配合系数，取 1.15。

2）外绝缘短时工频耐受电压 $u_{e.\sim.o}$ 的有效值应符合下式的要求：

$$u_{e.\sim.o} \geqslant k_{12}U_{p.g} \qquad (14-96)$$

式中　k_{12}——设备外绝缘短时工频耐压配合系数，取 1.15。

3）断路器同极断口间内绝缘的短时工频耐受电压 $u_{e.\sim.c.i}$ 的有效值应计算反极性持续运行电压的影响，并应符合下式的要求：

$$u_{e.\sim.c.i} \geqslant u_{e.\sim.i} + k_m\sqrt{2}U_m/\sqrt{3} \qquad (14-97)$$

式中　k_m——断口耐受电压折扣系数，设备电压为 330kV 和 500kV 时，k_m 取 0.7 或 1.0，设备电压为 750kV 时 k_m 取 1.0。

4）断路器同极断口间外绝缘的短时工频耐受电压 $u_{e.\sim.c.o}$ 的有效值应计算反极性持续运行电压的影响，并应符合下式的要求：

$$u_{e.\sim.c.o} \geqslant u_{e.\sim.o} + k_m\sqrt{2}U_m/\sqrt{3} \qquad (14-98)$$

2. 配电装置电气设备承受暂时过电压幅值和时间的要求

电气设备承受一定幅值和时间暂时过电压标幺值的要求应符合表 14-37～表 14-41 的规定。变压器上过电压的基准电压应取相应分接头下的额定电压，其余设备上过电压的基准电压应取最高相电压。

表 14-37　　110～330kV 电气设备承受
暂时过电压的要求

时间（s）	1200	20	1	0.1
电力变压器和自耦变压器	1.10/1.10	1.25/1.25	1.90/1.50	2.00/1.58
分流电抗器和电磁式电压互感器	1.15/1.15	1.35/1.35	2.00/1.50	2.10/1.58
开关设备、电容式电压互感器、电流互感器、耦合电容器和汇流排支柱	1.15/1.15	1.60/1.60	2.20/1.70	2.40/1.80

注　标幺值，分子的数值代表相对地绝缘；分母的数值代表相对相绝缘。

表 14-38　500kV 变压器、电容式电压互感器及耦合电容器承受暂时过电压的要求

时　间	连续	8h	2h	30min	1min	30s
变压器	1.1	—	—	1.2	1.3	—
电容式电压互感器	1.1	1.2	1.3			1.5
耦合电容器	—		1.3			1.5

注　表中数据为标幺值。

表 14-39　500kV 并联电抗器承受暂时过电压的要求

时　间	120min	60min	40min	20min	10min	3min	1min	20s	3s
备用状态下投入	1.15	—	1.20	1.25	1.30		1.40	1.50	—
运行状态	—	1.15	—	1.20	1.25	1.30	—	1.40	1.50

注　表中数据为标幺值。

表 14-40　750kV 变压器承受暂时过电压的要求

时　间	连续（空载）	连续（额定电流）	20s	1s	0.1s
标幺值	1.1	1.05	1.25	1.5	1.58

表 14-41　750kV 并联电抗器承受暂时过电压的要求

时　间	20min	3min	1min	20s	8s	1s
标幺值	1.15	1.2	1.25	1.3	1.4	1.5

3. 配电装置电气设备与操作过电压的绝缘配合的要求

（1）电气设备内绝缘应符合下列要求。

1）电气设备内绝缘相对对地操作冲击耐压要求值 $u_{e.s.i}$ 应符合式（14-99）的要求。

$$u_{e.s.i} \geqslant k_{13}U_{s.p} \qquad (14\text{-}99)$$

式中　k_{13}——设备内绝缘相对地操作冲击耐压配合系数，取 1.15。

2）断路器同极断口间内绝缘操作冲击耐压 $u_{e.s.c.i}$ 应符合式（14-100）的要求。

$$u_{e.s.c.i} \geqslant (u_{e.s.i} + k_m\sqrt{2}U_m/\sqrt{3}) \qquad (14\text{-}100)$$

（2）GIS 相对地绝缘与 VFTO 的绝缘配合应符合式（14-101）的要求。

$$u_{GIS.1.i} \geqslant k_{14}U_{tw.p} \qquad (14\text{-}101)$$

式中　$u_{GIS.1.i}$——GIS 雷电冲击耐压要求值；

　　　$U_{tw.p}$——避雷器陡波冲击保护水平，kV；

　　　k_{14}——GIS 相对地绝缘 VFTO 配合系数，取 1.15。

（3）电气设备外绝缘应符合下列要求。

1）电气设备外绝缘相对地操作冲击耐压 $u_{e.s.o}$ 应符合式（14-102）的要求。

$$u_{e.s.o} \geqslant k_{15}U_{s.p} \qquad (14\text{-}102)$$

式中　k_{15}——设备外绝缘相对地操作冲击耐压配合系数，取 1.05。

2）断路器、隔离开关同极端口间外绝缘操作冲击耐压 $u_{e.s.c.o}$，应符合式（14-103）的要求。

$$u_{e.s.c.o} \geqslant (u_{e.s.o} + k_m\sqrt{2}U_m/\sqrt{3}) \qquad (14\text{-}103)$$

4. 配电装置电气设备与雷电过电压的绝缘配合的要求

（1）电气设备内绝缘应符合下列要求。

1）电气设备内绝缘的雷电冲击耐压 $u_{e.l.i}$ 应符合式（14-104）的要求。

$$u_{e.l.i} \geqslant k_{16}U_{l.p} \qquad (14\text{-}104)$$

式中　k_{16}——设备内绝缘的雷电冲击耐压配合系数，MOA 紧靠设备时可取 1.25，其他情况可取 1.40。

2）变压器、并联电抗器及电流互感器截波雷电冲击耐压可取相应设备全波雷电冲击耐压的 1.1 倍。

3）断路器同极断口间内绝缘的相对地雷电冲击耐压 $u_{e.l.c.i}$ 应符合式（14-105）的要求。

$$u_{e.l.c.i} \geqslant u_{e.l.i} + k_m\sqrt{2}U_m/\sqrt{3} \qquad (14\text{-}105)$$

（2）电气设备外绝缘应符合下列要求。

1）电气设备外绝缘的雷电冲击耐压 $u_{e.l.o}$ 应符合式（14-106）的要求。

$$u_{e.l.o} \geqslant k_{17}U_{l.p} \qquad (14\text{-}106)$$

式中　k_{17}——设备外绝缘的雷电冲击耐压配合系数，取 1.40。

2）断路器同极断口间外绝缘以及隔离开关同极断口间绝缘的雷电冲击耐压 $u_{e.l.c.o}$ 应符合式（14-107）的要求。

$$u_{e.l.c.o} \geqslant u_{e.l.o} + k_m\sqrt{2}U_m/\sqrt{3} \qquad (14\text{-}107)$$

5. 电气设备耐受电压的选择

电气设备耐受电压应按 GB 311.1《绝缘配合　第 1 部分：定义、原则和规则》中额定耐受电压系列值中的相应值来选择。

海拔 1000m 及以下地区一般条件下电气设备的额定耐受电压的规定如下：

（1）范围 I 电气设备的额定耐受电压按表 14-42 的规定确定；

（2）范围 II 电气设备的额定耐受电压按表 14-43 的规定确定。

表 14-42　　　　　　　　　　　　　范围 I 电气设备的额定耐受电压

系统标称电压（kV）	设备最高电压（kV）	设备类别	额定雷电冲击耐受电压（kV）				额定短时（1min）工频耐受电压（有效值，kV）			
			相对地	相间	断口		相对地	相间	断口	
					断路器	隔离开关			断路器	隔离开关
6	7.2	变压器	60(40)	60(40)	—	—	25(20)	25(20)	—	—
		开关	60(40)	60(40)	60	70	30(20)	30(20)	30	34
10	12	变压器	75(60)	75(60)	—	—	35(28)	35(28)	—	—
		开关	75(60)	75(60)	75(60)	85(60)	42(28)	42(28)	42(28)	49(35)
15	18	变压器	105	105	—	—	45	45	—	—
		开关	105	105	115		46	46	56	
20	24	变压器	125(95)	125(95)	—	—	55(50)	55(50)	—	—
		开关	125	125	125	145	65	65	65	79
35	40.5	变压器	185/200	185/200	—	—	80/85	80/85	—	—
		开关	185	185	185	215	95	95	95	118
66	72.5	变压器	350	350	—	—	150	150	—	—
		开关	325	325	325	375	155	155	155	197
110	126	变压器	450/480	450/480	—	—	185/200	185/200	—	—
		开关	450、550	450、550	450、550	520、630	200、230	200、230	200、230	225、265
220	252	变压器	850、950	850、950	—	—	360、395	360、395	—	—
		开关	850、950	850、950	850、950	950、1050	360、395	360、395	360、395	410、460

注　1．分子、分母数据分别对应外绝缘和内绝缘。

　　2．括号内、外数据分别对应低电阻和非低电阻接地系统。

　　3．开关类设备将设备最高电压称作"额定电压"。

　　4．110kV 开关设备、220kV 开关设备和变压器存在两种额定耐受电压的，表中用"、"分开。

表 14-43　　　　　　　　　　　　　范围 II 电气设备的额定耐受电压

系统标称电压（kV）	设备最高电压（kV）	额定雷电冲击耐受电压（kV）		额定操作冲击耐受电压（kV）			额定短时（1min）工频耐受电压（有效值，kV）	
		相对地	断口	相对地	相间	断口	相对地	断口
330	363	1050/1050	1050+205 或 1050+295	850	1275	800+295	460	460+150 或 460+210
		1175/1175	1175+205 或 1175+295	950	1425	850+295	510	510+150 或 510+210
500	550	1550/1550	1550+315 或 1550+450	1050	1760	1050+450	680	680+220 或 680+315
		1675/1675	1675+315 或 1675+450	1175	1950	1175+450	740	740+220 或 740+315
750	800	1950/2100	2100+650	1550/1550	—	1300+650	900/960	960+460

注　分子与分母分别对应变压器和断路器。

（3）电力变压器、高压并联电抗器中性点及其接地电抗器的额定耐受电压应按表14-44的规定确定。

表14-44　电力变压器、高压并联电抗器
中性点及其接地电抗器的额定耐受电压

系统标称电压（kV）	系统最高电压（kV）	中性点接地方式	雷电全波和截波（kV）	短时（1min）工频（有效值，kV）
110	126	不接地	250	95
220	252	直接接地	185	85
		经接地电抗器接地	185	85
		不接地	400	200
330	363	直接接地	185	85
		经接地电抗器接地	250	105
500	550	直接接地	185	85
		经接地电抗器接地	325	140
750	800	直接接地	185	85
		经接地电抗器接地	480	200

注　中性点经接地电抗器接地时，其电抗值与变压器或高压并联电抗器的零序电抗之比不大于1/3。

6. 发电机额定耐受电压及冲击绝缘的要求

发电机额定耐受电压及冲击绝缘应符合表14-45。

表14-45　发电机额定耐受电压及冲击绝缘水平

额定电压（kV）	工频耐压有效值（kV）	冲击水平峰值（kV）
3.15	7.3	12.9
6.3	13.6	24
10.5	22	38.9
13.8	28.6	50.6
15.75	32.5	57.5
18	37	65.4
20	41	72.5
22	45	79.5
24	49	86.6
26	53	93.7
27	55	97.2

八、绝缘子串及空气间隙的绝缘配合

（1）绝缘子串的绝缘配合应同时符合下列要求。

1）每串绝缘子片数应符合相应现场污秽度等级下耐受持续运行电压的要求。

2）操作过电压要求的绝缘子串正极性操作冲击电压50%放电电压 $u_{s.i.s}$ 应符合式（14-108）的要求。

$$u_{s.i.s} \geq k_4 U_{s.p} \quad (14\text{-}108)$$

式中　$U_{s.p}$——避雷器操作冲击保护水平，kV；

k_4——绝缘子串操作过电压配合系数，取1.27。

3）雷电过电压要求的绝缘子串正极性雷电冲击电压波50%放电电压 $u_{s.i.l}$ 应符合式（14-109）的要求。

$$u_{s.i.l} \geq k_5 U_{l.p} \quad (14\text{-}109)$$

式中　$U_{l.p}$——避雷器雷电冲击保护水平，kV；

k_5——绝缘子串雷电过电压配合系数，取1.4。

（2）导线对构架受风偏影响的空气间隙，各种电压下用于绝缘配合的风偏角计算风速的选用原则应与输电线路相同。导线对构架空气间隙应符合下列要求：

1）持续运行电压下风偏后导线对杆塔空气间隙的工频50%放电电压 u_s。

2）相对地工频过电压下无风偏导线对构架空气间隙的工频50%放电电压 $u_{s.\sim.v}$ 应符合式（14-110）的要求。

$$u_{s.\sim.v} \geq k_6 U_{p.g} \quad (14\text{-}110)$$

式中　$U_{p.g}$——相对地最大工频过电压，kV，取1.4p.u.；

k_6——导线对构架无风偏空气间隙的工频过电压配合系数，取1.15。

3）相对地空气间隙的正极性操作冲击电压波50%放电电压 $u_{s.s.s}$ 应符合式（14-111）的要求。

$$u_{s.s.s} \geq k_7 U_{s.p} \quad (14\text{-}111)$$

式中　k_7——相对地空气间隙操作过电压配合系数，对有风偏间隙应取1.1，对无风偏间隙应取1.27。

4）相对地空气间隙的正极性雷电冲击电压50%放电电压 $u_{s.l}$ 应符合式（14-112）的要求。

$$u_{s.l} \geq k_8 U_{l.p} \quad (14\text{-}112)$$

式中　k_8——相对地空气间隙雷电过电压配合系数，取1.4。

（3）相间空气间隙应符合下列要求。

1）相间工频过电压下相间空气间隙的工频50%放电电压 $u_{s.\sim.p.p}$ 应符合式（14-113）的要求。

$$u_{s.\sim.p.p} \geq k_9 U_{P.P} \quad (14\text{-}113)$$

式中　$U_{P.P}$——母线处相间最大工频过电压（kV），取 $1.3\sqrt{3}$ p.u.（标幺值）；

k_9——相间空气间隙工频过电压配合系数，取1.15。

2）相间空气间隙的50%操作冲击电压波放电电压 $u_{s.s.p.p}$ 应按下式计算。

$$u_{s.s.p.p} = k_{10} U_{s.p} \quad (14\text{-}114)$$

式中　k_{10}——相间空气间隙操作过电压配合系数，取2.0。

3）雷电过电压要求的相间空气间隙距离可取雷电过电压要求的相对地空气间隙的 1.1 倍。

（4）最小空气间隙应符合下列要求。

1）海拔 1000m 及以下地区范围 I 各种电压要求的最小空气间隙应符合表 14-46 的规定。

表 14-46　海拔 1000m 及以下地区范围 I 各种
电压要求的最小空气间隙　　　　（mm）

系统标称电压（kV）	持续运行电压	工频过电压		操作过电压		雷电过电压	
	相对地	相对地	相间	相对地	相间	相对地	相间
35	100	150	150	400	400	400	400
66	200	300	300	650	650	650	650
110	250	300	500	900	1000	900	1000
220	550	600	900	1800	2000	1800	2000

注　持续运行电压的空气间隙适用于悬垂绝缘子串有风偏间隙。

2）海拔 1000m 及以下地区，6～20kV 高压配电装置最小相对地或相间空气间隙应符合表 14-47 规定。

表 14-47　海拔 1000m 及以下地区 6～20kV
高压配电装置的最小相对地或
相间空气间隙　　　　（mm）

系统标称电压（kV）	户外	户内
6	200	100
10	200	125
15	300	150
20	300	180

3）海拔 1000m 及以下地区范围 II 的最小空气间隙应符合表 14-48 的规定。

表 14-48　海拔 1000m 及以下地区范围 II
最小空气间隙　　　　（mm）

系统标称电压（kV）	持续运行电压	工频过电压		操作过电压		雷电过电压	
	相对地	相对地	相间	相对地	相间	相对地	相间
330	900	1100	1700	2000	2300	1800	2000
500	1300	1600	2400	3000	3700	2500	2800
750	1900	2200	3750	4800	6500	4300	4800

注　持续运行电压的空气间隙适用于悬垂绝缘子串有风偏间隙。

九、电气设备绝缘配合程序算例

绝缘配合程序包括确定各类作用在设备上有代表性的电压，以及根据可接受的保护裕度或可接受的性能，以选取相应的标准（或额定）耐受电压。以下算例以 1100kV 设备的绝缘配合为例，清楚地说明了绝缘配合程序的步骤。

基本数据：系统标称电压，U_s=1000kV；设备最高电压，U_m=1100kV；海拔，h=1000m。

污秽等级为轻到中等。

1. 确定代表性过电压 U_{rp} 值

有代表性的暂时过电压和缓波前过电压由系统研究（瞬态网络分析，数字模拟，或两者结合）和现场实测结果确定。

（1）暂时过电压（有效值）

1）线路断路器的线路侧：U_{rp}=1.4p.u.=889kV；

2）线路断路器的配电装置侧：U_{rp}=1.3p.u.=826kV。

（2）缓波前过电压

考虑空载线路合闸、单相重合闸、接地故障及其切除等，在配电装置产生的相对地统计过电压峰值不大于 1.6 倍标幺值。

$$U_{e2}=1.6p.u.=1437kV$$

在配电装置内和线路端可装金属氧化物避雷器 MOA 以限制此种过电压。MOA 的额定电压为 828kV 时的操作冲击保护水平 U_{ps} 为：

$$U_{ps}=1460kV$$

（3）快波前过电压

1）简化统计法。快波前过电压取为 MOA 的雷电冲击保护水平为 U_{pl}，即其 20kA（8/20μs）时的残压，当 MOA 的额定电压为 828kV 时的雷电冲击保护水平 U_{pl} 为：

$$U_{pl}=1620kV$$

2）EMTP 计算法。EMTP 程序计算设备上的雷电侵入波过电压作为代表性雷电过电压。

配电装置运行方式包括一般运行方式中最苛刻的接线方式，即一线一变（一回线路一台变压器）方式和特殊运行方式（线路断路器断开方式）。考虑配电装置典型接线，避雷器和被保护设备之间的距离见表 14-49。

表 14-49　1000kV 配电装置避雷器和被保护
设备之间的典型距离　　　　（m）

变压器离 MOA 距离	电抗器离 MOA 距离	断路器离 MOA 距离
20	20	90

设备上雷电侵入波过电压计算结果见表 14-50。

表 14-50　1000kV 配电装置设备上典型雷电
侵入波过电压水平 U_{rp}　　　　（kV）

变压器	电抗器	断路器
1714	1986	1832

2. 确定配合耐受电压 U_{cw} 值

配合耐受电压 U_{cw} 是由配合因数 K_c 乘以代表性过

电压 U_{rp} 求得的。对于确定性法，$K_c=K_{cd}$；对于统计法，$K_c=K_{cs}$。应分别求取内绝缘和外绝缘的配合耐受电压。

（1）内绝缘的 U_{cw}。分别确定内绝缘的工频、缓波前以及快波前的 U_{cw}。

1）暂时过电压。对该类过电压，配合耐受电压等于代表性暂时过电压，换言之，配合因数 $K_c=1$。于是相对地的 $U_{cw}=889kV$。

2）缓波前过电压。对于受避雷器保护的设备，其最大缓波前过电压等于避雷器的操作冲击保护水平，即 $1460kV$。考虑到缓波前过电压统计分布的非对称，根据图 14-51 求取 K_{cd}。

$U_{ps}/U_{c2}=1.016$，$K_{cd}=1.03$（或 $K_{cd}=1.0$）。

受避雷器保护的设备上配合耐受电压为：

$U_{cw}=1460×1.03=1504$（kV）[或 $1460×1.0=1460$（kV）]。

3）快波前过电压。

采用简化统计法时，对于受避雷器保护的设备，最大快波前过电压等于避雷器的雷电冲击保护水平，即 $U_{rp}=1620kV$。

考虑到避雷器和被保护设备之间的距离 L，应按式（14-115）计算求取该距离影响产生的附加电压。相关参数分别为：

$$U_{cw}=U_{pl}+AL/[n(L_{sp}+L_a)] \quad (14\text{-}115)$$

式中 A——表征雷电影响的参数，kV，考虑导线为 8 分裂时 $A=17000kV$；

n——与配电装置相连的最少架空线路，本例中取 $n=1$；

L——避雷器到线路的引线长度、避雷器接地的引线长度、避雷器和被保护设备间的相导线长度、避雷器有效部分长度之和，本例中取 $L=30m$；

L_{sp}——线路档距，本例中取 $L_{sp}=400m$；

L_a——雷电闪络率等于可接受故障率时的架空线长度，假定可接受故障率（R_a）为 0.001/年，线路雷电闪络率（R_m）为 0.1/（100km·年），计算得 $L_a=1.0km$。

附加电压 $AL/[n(L_{sp}+L_a)]≈364kV$。于是：

$U_{cw}=1620+364=1984kV$

采用 EMTP 计算法时，配合系数取为 1.0，代表性雷电过电压也就是配合耐受电压。变压器，$U_{cw}=1714kV$；断路器，$U_{cw}=1832kV$；电抗器，$U_{cw}=1986kV$。

（2）外绝缘的 U_{cw}。根据绝缘特性，采用统计法来确定外绝缘的缓波前过电压的配合耐受电压；当然，统计法也适用于快波前过电压，但在范围Ⅱ通常没必要这样做。

1）暂时过电压的 U_{cw}，与内绝缘的 U_{cw} 相同。

2）缓波前过电压的 U_{cw}。统计配合因数 K_{cs} 值由经验已经证明的可接受的绝缘故障风险来确定。图 14-53 给出了故障风险率 R 和 K_{cs} 的关系。通常 R 的可接受值为 10^{-3}，于是 $K_{cs}=1.06$。配合耐受电压 $U_{cw}=1460×1.06=1548kV$。

3）快波前过电压。

采用简化统计法时，不必确定快波前过电压的配合耐受电压，因为由操作冲击耐受电压确定的最小外绝缘或空气间隙足以满足雷电冲击耐受电压所要求的。

采用 EMTP 计算法时，与内绝缘相同。

变压器，$U_{cw}=1714kV$；断路器，$U_{cw}=1832kV$；电抗器，$U_{cw}=1986kV$。

3. 确定要求耐受电压 U_{rw}

要求耐受电压是将配合耐受电压乘以安全因数 K_s 来求取。K_s 取值如下：

——内绝缘：$K_s=1.15$（一般运行方式）和 1.1（特殊运行方式）；

——外绝缘：$K_s=1.05$。

对外绝缘，还应考虑大气修正因数（包括海拔）K_a。计算结果见表 14-51。

表 14-51　$U_m=1100kV$ 设备要求耐受电压的计算结果表

U_{rw}		外绝缘	内绝缘
		U_{rw}	U_{rw}
短时工频（有效值，kV）	相对地	922/922	1022/950
操作冲击（峰值，kV）	相对地	1730/1770（纵绝缘）	1730/(1679)
雷电冲击[1]	相对地	2356	2282
雷电冲击[2]	变压器	2035	1971
	断路器	2176	2107
	电抗器	2358	2185

[1] 按照 GB 311.2—2013 附录 E.4 方法计算得到的结果。

[2] 按照 GB 311.2—2013 附录 E.6 方法计算得到的结果。

（1）内绝缘的 U_{rw}。

1）暂时过电压：线路侧：$U_{rw}=889×1.15=1022kV$（有效值）；配电装置母线设备：$U_{rw}=826×1.15=950kV$（有效值）。

2）缓波前过电压：

$U_{rw}=1504×1.15=1730kV$/（$1460×1.15=1679kV$）。

3）快波前过电压：

1）$U_{rw}=1984×1.15=2282kV$。

2）变压器：$U_{rw}=1714×1.15=1971kV$；

断路器：$U_{rw}=1832×1.15=2107kV$；

电抗器：$U_{rw}=1986×1.1=2185kV$。

（2）外绝缘的 U_{rw}。

1）暂时过电压。因考虑污秽绝缘子的短时工频试验的大气修正因数，参见 GB 311.1—2012 附录 B，$q=0.5$，考虑海拔 $H=1000m$ 时，可求得 $K_a=1.063$。于是：

线路侧：$U_{rw}=889×1.05×1.063=992kV$（有效值）

配电装置母线设备：$U_{rw}=826×1.05×1.063=922kV$（有效值）

2）缓波前过电压。缓波前过电压的大气修正因数，主要是考虑海拔，对于 1000m 相对地绝缘，可由 GB 311.1—2012 附录 B 查得指数 q。$U_{cw}=1548kV$，查得 $q=0.51$，$K_a=1.064$。于是：$U_{rw}=1548×1.05×1.064=1730kV$。

纵绝缘的缓波前过电压，$K_a=1.089$。于是：$U_{rw}=1548×1.05×1.089=1770kV$。

3）快波前过电压，$q=1$，$K_a=1.131$，于是：

$U_{rw}=1984×1.05×1.131=2356kV$；

变压器：$U_{rw}=1714×1.05×1.131=2035kV$；

断路器：$U_{rw}=1832×1.05×1.131=2176kV$；

电抗器：$U_{rw}=1986×1.05×1.131=2358kV$。

（3）短时工频耐受电压换算至操作冲击耐受电压。应将要求短时工频耐受电压换算到等效的操作冲击耐受电压（SIW），参见表 14-51。

1）内绝缘：

线路侧：$SIW=1022kV×2.0=2044kV$；

配电装置母线设备：$SIW=950kV×2.3=2185kV$。

2）外绝缘：

线路侧：$SIW=992kV×1.7=1686kV$；

配电装置母线设备：$SIW=922kV×1.7=1567kV$。

4. 标准绝缘水平 U_w 的确定

设备相对地绝缘的标准耐受电压根据要求耐受电压数值在 GB 311.1—2012 给出的标准化电压系列数中选取，选取的原则是最接近但大于要求耐受电压数值的标准电压值。

（1）内绝缘的 U_w。

1）对暂时过电压：取 1100kV（有效值）可满足要求。

2）对缓波前过电压。按照上文要求 2185kV 的操作冲击电压，考虑到这一要求，由于该值在 GB 311.1—2012 中不是绝缘水平的标准系列值，可用工频电压进行试验，取 1100kV（有效值）。

鉴于以上情况，因此内绝缘的操作冲击标准绝缘水平取 1800kV。

3）对快波前过电压（相对地）：①取 2400kV 可满足所有内绝缘的要求；②变压器、电抗器取 2250kV；断路器取 2400kV。

（2）外绝缘的 U_w。

1）对暂时过电压：取 1100kV（有效值）可满足要求。

2）对缓波前过电压：取 1800kV 可满足要求。

3）对快波前过电压：①取 2400kV 可满足要求；②变压器（套管）、电抗器和断路器取 2400kV。

对开关设备的纵绝缘，缓波前过电压为：一端施加 1675kV 操作冲击电压，另一端施加 900kV（峰值）的工频电压可满足要求。快波前过电压为：一端施加 2400kV 雷电冲击电压，另一端施加 900kV（峰值）的工频电压可满足要求。

十、保证规定的冲击耐受电压的空气间隙

1. 范围 I

标准额定雷电冲击耐受电压相对地和相间的空气距离根据表 14-52 确定。如果标准额定雷电冲击耐受电压和标准额定短时工频耐受电压的比值高于 1.7，则标准额定短时工频耐受电压可以忽略。

表 14-52 标准额定雷电冲击耐受电压和最小的空气距离之间的关系（海拔 1000m）

标准额定雷电冲击耐受电压（kV）	最小空气距离（mm）	
	棒—构架	导线—构架
20	60	
40	60	
75	120	
95	160	
125	220	
145	270	
170	320	
200	380	
250	480	
325	630	
380	750	
450	900	
550	1100	
650	1300	
750	1500	
850	1700	1600
950	1900	1700
1050	2100	1900
1175	2350	2200
1300	2600	2400
1425	2850	2600
1550	3100	2900
1675	3350	3100
1800	3600	3300
1950	3900	3600
2100	4200	3900
2250	4500	4200
2400	4800	4500
2550	5100	4800
2700	5400	5100

注 标准额定雷电冲击耐受电压适用于相对地和相间。对于相对地，最小距离适用于导线—构架以及棒—构架。对于相间，最小距离适用于棒—构架。

2. 范围Ⅱ

标准额定雷电冲击耐受电压和标准额定操作冲击耐受电压的相对地距离分别是根据表 14-53 和表 14-54 确定的棒—构架的较高值。

标准额定雷电冲击耐受电压和标准额定操作冲击耐受电压的相间距离分别是根据表 14-53 棒—构架和表 14-54 棒—导线确定的较高值。

这些数仅在确定要求耐受电压时所考虑的海拔内是有效的。

需要承受标准额定雷电冲击耐受电压的范围Ⅱ中的纵绝缘的距离可以通过把 0.7 倍最高系统相对地电压峰值加上标准额定雷电冲击耐受电压后得到的电压除以 500kV/mm 来求得。

范围Ⅱ中的纵绝缘标准额定操作冲击耐受电压需要的距离小于相应的相间距离。该距离通常仅出现在型式试验的设备中且表 14-53 和表 14-54 没有给出最小距离。

表 14-53　标准额定操作冲击耐受电压和最小相对地空气距离之间的关系

标准额定操作冲击耐受电压（kV）	最小相对地距离（mm）	
	棒—构架	导线—构架
750	1900	1600
850	2400	1800
950	2900	2200
1050	3400	2600
1175	4100	3100
1300	4800	3600
1425	5600	4200
1550	6400	4900
1675	7400	5700
1800	8300	6500
1950	9500	7400

表 14-54　标准额定操作冲击耐受电压和最小相间空气距离之间的关系

标准额定操作冲击耐受电压			最小相间距离（mm）	
相对地（kV）	相间值与相对地值之比	相间值（kV）	导线—导线平行	棒—导线
750	1.50	1125	2300	2600
850	1.50	1275	2600	3100
850	1.60	1360	2900	3400
950	1.50	1425	3100	3600
950	1.70	1615	3700	4300
1050	1.50	1675	3600	4200

续表

标准额定操作冲击耐受电压			最小相间距离（mm）	
相对地（kV）	相间值与相对地值之比	相间值（kV）	导线—导线平行	棒—导线
1050	1.60	1680	3900	4600
1175	1.50	1763	4200	5000
1300	1.70	2210	6100	7400
1425	1.70	2423	7200	9000
1550	1.60	2480	7600	9400
1550	1.70	2635	8400	10000
1675	1.65	2764	9100	10900
1675	1.70	2848	9600	11400
1800	1.60	2880	9900	11600
1800	1.65	2970	10400	12300
1950	1.60	3120	11300	13300

第五节　实　用　公　式

一、发电机、变压器、架空线和电缆的电感、电容计算

（一）发电机、变压器的电感、电容的计算

1. 电感的计算

$$L = \frac{10X(\%)U_N^2}{2\pi f S_N} \qquad (14-116)$$

式中　$X(\%)$——发电机或变压器的漏抗百分数；

U_N——发电机或变压器的额定电压，kV；

S_N——发电机或变压器的额定容量，kVA；

f——电源频率。

2. 电容的计算

（1）发电机的电容计算过程详见该节感应过电压计算内容。

（2）变压器每相对地电容见表 14-55。

表 14-55　变压器每相对地电容

变压器额定电压（kV）	高压侧（pF）	低压侧（pF）
35～66	400～800	1000～2500
110	800～1200	2000～4000
220	1000～2000	3000～6000
330	1500～3500	4500～9000
500	2000～5000	6000～12000

（二）架空电力线的电感、电容的计算

1. 架空电力线电感 L_0 的计算

$$L_0 = \frac{\mu_0}{2\pi}\ln\frac{2h}{r}(\text{H/m}) \qquad (14-117)$$

式中 μ_0——空气磁导率，$\mu_0 = 4\pi \times 10^{-7}\text{H/m}$；

h——导线平均对地高度，m；

r——导线半径或分裂导线的等值半径，m。

一般架空电力线单位电感为 $1\sim1.5\mu\text{H/m}$。

2. 电容的计算

$$C_0 = \frac{2\pi\varepsilon_0}{\ln\frac{2h}{r}} \quad (14\text{-}118)$$

式中 ε_0——空气磁导率，$\varepsilon_0 = \frac{10^{-9}}{36\pi}\text{F/m}$。

一般架空电力线单位电容为 $7\sim9\text{pF/m}$。

（三）电力电缆的电感、电容的计算

1. 电感的计算

$$L_0 = \frac{\mu_0}{2\pi}\ln\frac{r_2}{r_1}(\text{H/m}) \quad (14\text{-}119)$$

式中 r_1——电缆芯线半径，m；

r_2——电缆外皮内半径，m。

2. 电容的计算

$$C_{oc} = \frac{2\pi\varepsilon_r\varepsilon_0}{\ln\frac{r_2}{r_1}} \quad (14\text{-}120)$$

式中 ε_r——电缆绝缘材料相对介电常数，一般$\varepsilon_r=3$。

二、各种波通道的波阻抗

（一）架空电力线的波阻抗

$$Z = 60\ln\frac{2h}{r} = 138\lg\frac{2h}{r}\ (\Omega) \quad (14\text{-}121)$$

一般 220kV 及以下架空电力线波阻抗取 400Ω；330kV 的波阻抗取 310Ω；500kV 的波阻抗取 280Ω。

（二）架空地线的波阻抗

一般单根避雷线的波阻抗取 400Ω；强电晕（如雷击避雷线档距中央）时取 350Ω；双根避雷线的波阻抗取 250Ω。

（三）电力电缆的波阻抗

1. 单根电缆的波阻抗

$$Z = \frac{60}{\sqrt{\varepsilon_r}}\ln\frac{r_2}{r_1} \quad (14\text{-}122)$$

一般单芯电缆的波阻抗为 $30\sim60\Omega$。

2. 三芯电缆的波阻抗

$3\sim10\text{kV}$ 三芯电缆的波阻抗见表 14-56。

表 14-56　电力电缆的三相波阻抗　（Ω）

电缆标准截面积（mm²）	电波沿一相流动			电波沿三相流动		
	3（kV）	6（kV）	10（kV）	3（kV）	6（kV）	10（kV）
25	19.5	29.0	37.0	10.0	15.0	19.0
35	16.5	25.5	32.0	8.5	13.0	16.0

续表

电缆标准截面积（mm²）	电波沿一相流动			电波沿三相流动		
	3（kV）	6（kV）	10（kV）	3（kV）	6（kV）	10（kV）
50	13.5	22.5	29.0	7.0	11.5	14.5
70	11.5	19.0	25.5	6.0	9.5	13.0
95	10.0	16.5	22.0	5.0	8.5	11.5
120	9.0	15.0	20.0	4.5	7.5	10.5
150	8.0	13.0	17.5	4.0	6.5	9.0
185	7.5	11.5	16.0	3.5	6.0	8.0
240	6.5	10.0	14.0	3.2	5.2	7.0
300	6.0	9.0	12.5	3.0	4.5	6.2

（四）杆塔的波阻抗

一般杆塔的波阻抗和等值电感见表 14-57。

表 14-57　杆塔波阻抗和等值电感

杆塔形式	波阻抗（Ω）	电感（μH/m）
无拉线钢筋混凝土单杆	250	0.84
有拉线钢筋混凝土单杆	125	0.42
无拉线钢筋混凝土双杆	125	0.42
铁塔	150	0.50
门形铁塔	125	0.42

三、感应过电压计算

（一）发电机出口处感应过电压

当雷击避雷针时，在附近组合导线或敞露母线桥上将产生感应过电压，该感应过电压在发电机出口的幅值为

$$U_{fg} = \frac{C_Z}{C_Z + C}300hf(l) \quad (14\text{-}123)$$

$$f(l) = \frac{1}{l}\ln(l + \sqrt{1+l^2}) \quad (14\text{-}124)$$

$$C = C_f + C_m \quad (14\text{-}125)$$

式中 h——组合导线（或导线）高度，m；

C_Z——组合导线（或导线）每相对地电容，μF；

l——组合导线（或导线）长度，m；

C_f——发电机电容，μF；

C_m——要求母线上安装的电容，μF。

（二）组合导线（或导线）每相对地电容

（1）当三相水平排列时，每相对地电容为。

$$C_Z = \frac{R_1^2 - R_1(R_2+R_3) + R_2R_3}{9\Delta}(\mu\text{F/km}) \quad (14\text{-}126)$$

$$R_1 = 2\ln\frac{2h}{r} \quad (14\text{-}127)$$

$$R_2 = \ln \frac{\dfrac{d^2}{h^2}+4}{\dfrac{d^2}{h^2}} \quad (14\text{-}128)$$

$$R_3 = \ln \frac{\dfrac{d^2}{h^2}+1}{\dfrac{d^2}{h^2}} \quad (14\text{-}129)$$

$$\Delta = R_1^3 - R_1(2R_2^2 + R_3) + 2R_3 R_2^2 \quad (14\text{-}130)$$

式中　r——导线半径，m；

　　　d——导线相对距离，m；

　　　h——导线对地高度，m。

（2）当三相任意排列，每相对地电容为

$$C = \frac{1}{\alpha_{11} + \alpha_{12}} \times \frac{1}{9 \times 10^6} \ (\mu F/m) \quad (14\text{-}131)$$

$$\alpha_{11} = 2\ln \frac{2h_p}{r} \quad (14\text{-}132)$$

$$\alpha_{12} = 2\ln \sqrt{\frac{4h_p}{d_p}+1} \quad (14\text{-}133)$$

$$d_p = \frac{d_{AB} + d_{BC} + d_{AC}}{3} \quad (14\text{-}134)$$

式中　　　r——导线半径，m；

　　　h_p——导线平均对地高度，m；

　　　d_p——平均相间距离，m；

d_{AB}、d_{BC}、d_{AC}——相间距离，m。

（三）发电机对地电容

（1）经验公式一：

$$C_f = K \frac{1}{1.13 \times 10.5} \times \frac{Q\mu L}{3\Delta i_s} \ (\mu F/相) \quad (14\text{-}135)$$

式中　K——校正系数，数值为 0.5；

　　　Q——发电机定子槽数；

　　　μ——槽内导线铜的周长，mm；

　　　Δi_s——槽内绝缘厚度，mm。

（2）经验公式二：

$$C_f = \frac{\varepsilon_r Z(2h_n + b_n)l}{3 \times 36\pi d \times 10^5} \ (\mu F/相) \quad (14\text{-}136)$$

式中　ε_r——相对介质常数；

　　　Z——定子槽数；

　　　h_n——槽高，cm；

　　　b_n——槽宽，cm；

　　　l——定子铁芯总长度，cm；

　　　d——电机绝缘厚度，cm。

（3）经验公式三：

对于高速汽轮发电机，其单相对地电容计算公式为

$$C_f = \frac{0.84 \times GS}{\sqrt{U_N(1 + 0.08U_N)}} \ (\mu F/相) \quad (14\text{-}137)$$

式中　S——发电机容量，MVA；

　　　U_N——线电压，kV；

　　　G——系数，当 t=15～20℃时，G=0.0187。

四、变压器中性点过电压和绝缘水平

（一）变压器中性点的大气过电压

当雷击线路，冲击波侵入变压器时，只有三相同时来波是最严重的。因为此时中性点相当于开路的情况。侵入波在中性点将产生振荡，但由于铁芯损耗和电感电容的作用，波头长度将被拉缓为 45～150μs，振荡电压 U_{bo} 不超过雷电侵入波幅值的二倍，按下式计算：

$$U_{bo} = \gamma_o U_r \quad (14\text{-}138)$$

式中　γ_o——振荡系数，一般情况连续式绕组为 1.8，纠结式绕组由于改善了电容分布γ_o 约为 1.5～1.6；

　　　U_r——雷电侵入波幅值，不超过变压器冲击试验电压，kV。单相进波为三相进波的 1/3；两相进波为三相进波的 2/3。

大气过电压对分级绝缘的变压器中性点是有危害的，需要进行保护。对全绝缘的变压器中性点，三相进波也甚危险，但由于雷电波三相同时侵入的概率仅占 10% 左右，只在多雷区单进线的变电站装避雷器保护。进行绝缘配合时，通过中性点避雷器的雷电流可取 1kA，作为计算残压的依据。

（二）系统接地短路时在中性点引起的过电压

1. 中性点不接地系统

（1）单相接地时，电网允许短时间运行，此时中性点的稳态电压为相电压。

（2）单相接地发展为间歇性电弧接地时，正常相电压可达 3～4 倍相电压。此时分配在中性点上的电压 U_{bo} 为

$$U_{bo} = \frac{1}{1 + 0.5}(3～4)U_{xg} = (2～2.7)U_{xg} \quad (14\text{-}139)$$

式中　U_{xg}——最高运行相电压。

（3）在切除单相接地的空载线路时，由于切空线的过电压基础是线电压，容易引起短路器重燃。此时分配在中性点的电压可达到相电压的 3 倍左右。

2. 中性点经消弧线圈接地的系统

当终端变电站中性点连接有消弧线圈时，如果出现两相短路，电弧不能为消弧线圈熄灭。在断路器跳闸后，和切空载变压器的情形相似，会产生由于消弧线圈中的磁能转变为电能而形成的过电压。此时过电压的幅值较高，但能量不大。

3. 中性点直接接地系统

（1）单相接地时，变压器中性点的暂态过电压。对中间变电站：

$$U_{bo} = \gamma_o \frac{1+2K_c}{3} U_{xg} \qquad (14\text{-}140)$$

$$K_c = \frac{C_{ab}}{C_{ab}+C_o} \qquad (14\text{-}141)$$

式中　C_{ab}——线路相间电容；

C_o——线路相对地电容。

对终端变电站：

$$U_{bo} = 2\gamma_o \frac{1+2K_c}{3} U_{xg} \qquad (14\text{-}142)$$

（2）单相接地时，变压器中性点的稳态过电压。

单相接地时，在中性点直接接地系统中，变压器的中性点稳态电压取决于系统零序阻抗与正序阻抗的比值，即

$$U_{b0} = \gamma_o \frac{K_x}{2+K_x} U_{xg} \qquad (14\text{-}143)$$

$$K_x = \frac{x_o}{x_1} \qquad (14\text{-}144)$$

式中　x_o——系统零序电抗；

x_1——系统正序电抗。

K_x 一般不超过 3。若 $K_x=3$，则 $U_{bo}=0.6U_{xg}$。

（3）在谐振区发生单相接地时，变压器中性点的过电压。

单相短路故障发生在距离终端变电站 l 处，其起始电压的行波将在故障点与变电站之间产生多次反射，形成频率为 $v/4l$（v 为波速）的振荡。当此振荡频率接近或等于变压器内部自振频率时，则在变压器内部出现谐振现象。中性点电压降大幅度提高。根据实测结果，其暂态电压可以估计为

$$U_{bo} = (2\sim2.5) \times 2 \times \frac{1+2K_x}{3} U_{xg} \qquad (14\text{-}145)$$

即比未谐振时的最大暂态电压增幅 2 倍左右。据计算，110kV 不同容量变压器的谐振故障点，大约在距离变压器 4.5～6km 左右。考虑到此种过电压出现概率极小，可不作为保护设备的选择依据。

（三）非全相运行时在中性点引起的过电压

电网非全相运行时，中性点会出现异常的过电压。在正常情况下和非正常情况下都会有非全相运行的可能。属于正常运行的情况有：①线路采用单相重合闸时；②线路采用熔断器在操作或非全相熔断时。属于非正常运行的情况有：用同期性能不良或可能产生单相、两相拒动的断路器切除或合闸线路时；线路发生断线时。

1. 单侧电源的情况

（1）单侧电源在单相合闸时，中性点过电压为相电压 U_{xg}。

（2）若为两相合闸，中性点处于两相绕组的中点，过电压为 $\frac{\sqrt{3}}{2}U_{xg}$。

（3）在单相合闸时，如果变压器的励磁电感和各

相对地电容匹配，有可能产生铁磁谐振。此时分配在中性点上的过电压可能达到 $2U_{xg}$。若断路器同步性能良好，能在 6ms 内相继完成三相合闸，由先合闸相激发起来的铁磁谐振过电压便会很快消失。所以，断路器的不同期性超过 10ms 以上时，中性点应按规程规定采取必要的保护措施。

2. 双侧电源的情况

当双侧都有电源又单相合闸时，情况要比仅有单侧电源严重。因为此时两侧电源可能发生不同步现象，中性点的电压将为两系统相电压之差。在相角差为 180°时，中性点过电压可达 $2U_{xg}$。

单侧有电源的变压器，如果本来带电动机或调相机运行，当电源线路跳闸又非全相重合，亦属此种情况。

（四）变压器中性点的绝缘水平

变压器中性点的绝缘水平由过电压及其保护设备的保护水平决定。GB/T 50064—2014 规定的变压器中性点绝缘水平见表 14-32。

五、发电机、变压器及其他电气设备的入口电容

（一）发电机入口电容

$$C_r = \frac{C_{f1}}{2\beta m} \qquad (14\text{-}146)$$

式中　C_r——发电机入口电容，μF；

C_{f1}——发电机单相对地电容，μF；

m——每相绕组的匝数；

$\beta = \sqrt{\dfrac{C_z}{C_z+4C_{zz}}}$，一般 $C_z \gg C_{zz}, \beta \approx 1$；

C_z——发电机每匝绕组对地电容，$C_z = \dfrac{C_{f1}}{m}$，μF；

C_{zz}——发电机每匝绕组纵向电容，μF。

（二）变压器入口电容

变压器入口电容与变压器电压、容量、绕组结构有关，可通过测量获得。一般可参考表 14-58。

表 14-58　变 压 器 入 口 电 容

电压等级（kV）	高压侧（pF）	低压侧（pF）
35	250～550	600～1500
110	550～800	1000～2500
220	800～1500	2000～4000
330	1000～2500	3000～6000
500	1500～3500	4000～8000

（三）高压电气设备入口电容

高压电气设备的入口电容与设备型式、额定电压有关，可由厂家提供。一般可参考表 14-59。

表 14-59　高压电器的入口电容

电器名称		入口电容（pF）	平均电容（pF）
互感器		200~500	300
断路器	有并联电容	300~800	500
	无并联电容	200~500	300

电器名称		入口电容（pF）	平均电容（pF）
隔离开关		30~80	50
套管	一般型	100~200	150
	电容型	150~300	200

第十五章

接 地 装 置

第一节　一般规定和要求

一、一般规定

（1）电力系统、装置或设备的某些可导电部分应按规定接地。接地装置应充分利用自然接地极，但应校验自然接地极的热稳定性。接地按功能可分为系统接地、保护接地、雷电保护接地和防静电接地。

（2）发电厂内，不同用途和不同额定电压的电气装置或设备，除另有规定外应使用一个总的接地网。接地网的接地电阻应符合其中最小值的要求。

（3）设计接地装置时，应计及土壤干燥或降雨和冻结等季节变化的影响，接地电阻、接触电压和跨步电压在四季中均应符合相关规范的要求。但雷电保护接地的接地电阻，可只采用在雷季中土壤干燥状态下的最大值。

（4）确定发电厂接地装置的型式和布置时，考虑保护接地的要求，应降低接触电压和跨步电压，使其不超过允许值。在条件特别恶劣的场所，例如水田中，接触电压和跨步电压的允许值宜适当降低。

（5）低压系统接地可采用以下几种型式：

1）TN 系统。TN 系统有一点直接接地，装置的外露导电部分用保护线与该点连接。按照中性线与保护线的组合情况，TN 系统有以下 3 种型式：①TN-S 系统。整个系统的中性线与保护线是分开的。②TN-C-S 系统。系统中有一部分中性线与保护线是合一的。③TN-C 系统。整个系统的中性线与保护线是合一的。所有用电设备的金属外壳都应和电源变压器保护接地线连接。

2）TT 系统。TT 系统有一个直接接地点，电气装置的外露导电部分接至电气上与低压系统的接地点无关的接地装置。

3）IT 系统。IT 系统的带电部分与大地间不直接连接（经阻抗接地或不接地），而电气装置的外露导电部分则是接地的。

（6）在中性点非直接接地的低压电力网中，应防止变压器高、低压绕组间绝缘击穿引起的危险。变压器低压侧的中性线或一个相线上必须装设击穿熔断器。

以安全电压（12、24、36V）供电的网络中，为防止高电压窜入引起危险，应将安全电压供电网络的中性线或一个相线接地；如接地确有困难，也可与该变压器一次侧的中性线连接。

（7）电气设备的人工接地极（管子、角钢、扁钢和圆钢等）应尽可能使在电气设备所在地点附近对地电压分布均匀。大接地短路电流电气设备，一定要装设环形接地网，并加装均压带。

二、保护接地的范围

（一）电力系统、装置或设备应接地部分

（1）有效接地系统中部分变压器的中性点和有效接地系统中部分变压器、谐振接地、低电阻接地以及高电阻接地系统的中性点所接设备的接地端子。

（2）高压并联电抗器中性点接地电抗器的接地端子。

（3）电机、变压器和高压电器等的底座和外壳。

（4）发电机中性点柜的外壳、发电机出线柜、封闭母线的外壳和变压器、开关柜等（配套）的金属母线槽等。

（5）气体绝缘金属封闭开关设备（GIS）的接地端子。

（6）配电、控制和保护用的屏（柜、箱）等的金属框架。

（7）箱式变电站和环网柜的金属箱体等。

（8）发电厂电缆沟和电缆隧道内以及地上各种电缆金属支架等。

（9）屋内外配电装置的金属架构和钢筋混凝土架构，以及靠近带电部分的金属围栏和金属门。

（10）电力电缆接线盒、终端盒的外壳，电力电缆的金属护套或屏蔽层，穿线的钢管和电缆桥架等。

（11）装有地线（架空地线，又称避雷线）的架空线路杆塔。

（12）除沥青地面的居民区外，其他居民区内不接地、消弧线圈接地和高电阻接地系统中无避雷线架空线路的金属杆塔和钢筋混凝土杆塔。

（13）装在配电线路杆塔上的开关设备、电容器等电气装置。

（14）高压电气装置传动装置。

（15）附属于高压电气装置的互感器的二次绕组和铠装控制电缆的外皮。

（二）附属于高压电气装置和电力设施的可不接地金属部分

（1）在木质、沥青等不良导电地面的干燥房间内，交流标称电压 380V 及以下、直流标称电压 220V 及以下的电气设备外壳，但当维护人员可能同时触及电气设备外壳和接地物件时除外。

（2）安装在配电屏、控制屏和配电装置上的电测量仪表、继电器和其他低压电器等的外壳，以及当发生绝缘损坏时在支持物上不会引起危险电压的绝缘子金属底座等。

（3）安装在已接地的金属架构上，且保证电气接触良好的设备。

（4）标称电压 220V 及以下的蓄电池室内的支架。

（5）除另有规定外，由发电厂区域内引出的铁路轨道。

（6）如电气设备与机床的机座之间能保证可靠接触，可将机床的机座接地，机床上的电动机和电器便不必接地。

三、接地电阻值

（一）工频接地电阻

工频接地电阻是根据通过接地极流入地中工频交流电流求得的电阻。工频接地电阻允许值见表 15-1，表中 R 为考虑到季节变化的最大接地电阻值。

表 15-1　　工频接地电阻允许值

应用范围	电气系统特点	接地电阻（Ω）
发电厂	有效接地、低阻接地系统。保护接地接至接地网的厂用变压器的低压侧采用 TN 系统，低压电气装置采用（含建筑物钢筋）保护总等电位联结系统	$R \leqslant 2000/I_G$ [①]
		$R \leqslant 5000/I_G$ [②]
	不接地、谐振接地和高电阻接地系统。保护接地接至接地网的厂用变压器的低压侧电气装置，采用（含建筑物钢筋）保护总等电位联结系统	$R \leqslant 120/I_g$ [③] $\leqslant 4$
高压配电电气装置	工作于不接地、谐振接地和高电阻接地系统，向 1kV 及以下低压电气装置供电的高压配电电气装置	$R \leqslant 50/I$ [④] $\leqslant 4$
	工作于低阻接地系统的高压配电电气装置	$R \leqslant 2000/I_G \leqslant 4$

续表

应用范围	电气系统特点	接地电阻（Ω）
低压电气装置	低压 TN 系统，向低压供电的配电变压器的高压侧工作于不接地、谐振接地和高电阻接地系统	$R \leqslant 50/I \leqslant 4$
	低压 TN 系统，向低压供电的配电变压器的高压侧工作于低电阻接地系统	$R \leqslant 2000/I_G \leqslant 4$
	低压 TT 系统	$R_A \leqslant 50/I_a$ [⑤]
	低压 IT 系统	$R \leqslant 50/I_d$ [⑥]

① I_G—计算用经接地网入地的最大接地故障不对称电流有效值，A。

② 当接地网的接地电阻不满足 $R \leqslant 2000/I_G$ 时，可通过技术经济比较适当增大接地电阻，接地网的地电位升高可提高至 5kV。必要时，经专门计算，且采取的措施可确保人身和设备安全可靠时，接地网地电位升高还可进一步提高。但应符合下列要求：

— 保护接地接至发电厂接地网的厂用变压器的低压侧，应采用 TN 系统，且低压电气装置应采用（含建筑物钢筋）保护等电位联结接地系统。

— 应采用扁铜（或铜绞线）与二次电缆屏蔽层并联敷设。扁铜应至少在两端就近与接地网连接。当接地网为钢材时，尚应防止铜、钢连接产生腐蚀。扁铜较长时，应多点与接地网连接。二次电缆屏蔽层两端应就近与扁铜连接。扁铜的截面应满足热稳定的要求。

— 应评估计入短路电流非周期分量的接地网电位升高条件下，发电厂内 6kV 或 10kV 金属氧化物避雷器吸收能量的安全性。

— 可能将接地网的高电位引向厂外或将低电位引向厂内的设备，应采取下列防止转移电位引起危害的隔离措施：

1）厂用变压器向厂外低压电气装置供电时，其 0.4kV 绕组的短路（1min）交流耐受电压应比厂接地网地电位升高 40%。向厂外供电用低压线路采用架空线，其电源中性点不在厂内接地，改在厂外适当的地方接地。

2）对外的非光纤通信设备加隔离变压器。

3）通向厂外的管道采用绝缘段。

4）铁路轨道分别在两处加绝缘鱼尾板等。

— 设计接地网时，应计算接触电压和跨步电压，并应通过实测加以验证。

③ I_g— 计算用的接地网入地对称电流，A。

④ I— 计算用的单相接地故障电流，谐振接地系统为故障点残余电流，A。

⑤ R_A— 季节变化时接地装置的最大接地电阻与外露可导电部分的保护导体电阻之和，Ω；

I_a— 保护电器自动动作的动作电流，当保护电器为剩余电流保护时，I_a 为额定剩余电流动作电流 $I_{\triangle n}$，A。

⑥ I_d— 相导体（线）和外露可导电部分间第一次出现阻抗可不计的故障时的故障电流，A。

计算接地网入地电流和故障电流时，应考虑以下几方面：

（1）工作于有效接地、低电阻接地系统的发电厂，I_G 应采用设计水平年系统最大运行方式下在接地网内、外发生接地故障时，经接地网流入地中并计及直流分量的最大接地故障不对称电流有效值。对其计算时，还应考虑系统中各接地中性点间的故障电流分配，以及避雷线中分走的接地故障电流（架空避雷线对地绝缘的线路除外）。

（2）工作于不接地、谐振接地和高电阻接地系统的发电厂，I_g 采用的是接地网入地对称电流有效值。其原因在于不接地、谐振接地和高电阻接地系统发生单相接地故障后，虽然对地短路电流中也存在着直流分量，但因不立即跳闸，较快衰减的直流的影响已可不必考虑。

谐振接地系统中，计算接地网的入地对称电流时：对于装有自动跟踪补偿消弧装置（含非自动调节的消弧线圈）的发电厂电气装置的接地网，计算电流等于接在同一接地网中同一系统各自动跟踪补偿消弧装置额定电流总和的 1.25 倍；对于不装自动跟踪补偿消弧装置的发电厂电气装置的接地网，计算电流等于系统中断开最大一套自动跟踪补偿消弧装置或系统中最长线路被切除时的最大可能残余电流值。

（3）在中性点不接地的网络中，计算电流采用单相接地电容电流，可按下式计算：

$$I = \frac{U(35L_1 + L_j)}{350} \tag{15-1}$$

式中　I——单相接地电容电流，A；
　　　U——网络线电压，kV；
　　　L_1——电缆线路长度，km；
　　　L_j——架空线路长度，km。

（二）冲击接地电阻

冲击接地电阻是根据通过接地极流入地中冲击电流求得的电阻（接地极上对地电压的峰值与电流的峰值之比）。冲击接地电阻允许值见表 15-2。

表 15-2　　　　　　　　　　　　　　　　冲击接地电阻允许值

名　　称	接地装置特点		接地电阻（Ω）
独立避雷针	一般电阻率地区		$R \leqslant 10$
	高电阻率地区	接地装置不与主接地网连接	对 R_i 不做规定，但应满足：$S_a \geqslant 0.2R_i + 0.1h_i$，且不宜小于 5m；$S_e \geqslant 0.3R_i$，且不宜小于 3m
		接地装置与主接地网连接	对 R_i 不做规定，但至 35kV 及以下设备接地点沿接地极长度不得小于 15m
配电装置构架、建筑物上避雷针			对 R_i 不做规定，但与主接地网连接处应埋设集中接地装置，至变压器接地点的沿接地极长度不小于 15m
架空线路杆塔，无地线	6kV 及以上杆塔		$R \leqslant 30$
架空线路杆塔，有地线	$\rho \leqslant 100$		$R \leqslant 10$
	$100 < \rho \leqslant 500$		$R \leqslant 15$
	$500 < \rho \leqslant 1000$		$R \leqslant 20$
	$1000 < \rho \leqslant 2000$		$R \leqslant 25$
	$\rho > 2000$		$R \leqslant 30$
避雷器	装设在地面的支柱上		对 R_i 不做规定，但与主接地网连接处应埋设集中接地装置，至变压器接地点的沿接地极长度不得小于 15m
防静电接地			$R \leqslant 30$

注　S_a—独立避雷针与配电装置带电部分、电气设备接地部分、构架接地部分之间的空气中距离，m；

　　S_e—独立避雷针的接地装置与接地网之间的地中距离，m；

　　R_i—冲击接地电阻，Ω；

　　R—工频接地电阻，Ω；

　　h_i—避雷针校验点的高度，m。

第二节 接地电阻计算及测量

一、土壤和水的电阻率

土壤和水的电阻率参考值见表 15-3，表中所列电阻率仅供缺乏资料时参考，工程设计应以实测的土壤电阻率为依据。

土壤电阻率在一年中是变化不定的，确定土壤电阻率值时，应考虑到测量时的具体条件，比如季节、天气等因素，设计中采用的计算值为：

$$\rho = \rho_0 \varphi \qquad (15\text{-}2)$$

式中　ρ——土壤电阻率，$\Omega \cdot m$；

　　　ρ_0——实测土壤电阻率，$\Omega \cdot m$；

　　　φ——季节系数，见表 15-4。

表 15-3　　　　　　　　　　　　土壤和水的电阻率参考值　　　　　　　　　　　　（$\Omega \cdot m$）

类别	名　称	电阻率近似值	不同情况下电阻率的变化范围		
			较湿时（一般地区、多雨区）	较干时（少雨区、沙漠区）	地下水含盐碱时
土	陶黏土	10	5～20	10～100	3～10
	泥炭、泥灰岩、沼泽地	20	10～30	50～300	3～30
	捣碎的木炭	40	—	—	—
	黑土、园田土、陶土	50	30～100	50～300	10～30
	白垩土、黏土	60			
	砂质黏土	100	30～100	50～300	10～30
	黄土	200	100～200	250	30
	含砂黏土、砂土	300	100～1000	1000 以上	30～100
	河滩中的砂	—	300	—	—
	煤	—	350	—	—
	多石土壤	400	—	—	—
	上层红色风化黏土、下层红色页岩	500（30%湿度）	—	—	—
	表层土夹石、下层砾石	600（15%湿度）	—	—	—
砂	砂、砂砾	1000	25～1000	1000～2500	—
	砂层深度大于 10m	1000	—	—	—
	地下水较深的草原				
	地面黏土深度不大于 1.5m				
	底层多岩石				
岩石	砾石、碎石	5000	—	—	—
	多岩山地	5000	—	—	—
	花岗岩	200000	—	—	—
混凝土	在水中	40～55	—	—	—
	在湿土中	100～200	—	—	—
	在干土中	500～1300	—	—	—
	在干燥的大气中	12000～18000	—	—	—
矿	金属矿石	0.01～1	—	—	—
水	海水	1～5	—	—	—
	湖水、池水	30	—	—	—

类别	名　称	电阻率近似值	不同情况下电阻率的变化范围		
			较湿时（一般地区、多雨区）	较干时（少雨区、沙漠区）	地下水含盐碱时
水	泥水、泥炭中的水	15～20	—	—	—
	泉水	40～50	—	—	—
	地下水	20～70	—	—	—
	溪水	50～100	—	—	—
	河水	30～280	—	—	—
	污秽的冰	300	—	—	—
	蒸馏水	1000000	—	—	—

表 15-4　根据土壤性质决定的季节系数

土壤性质	深度（m）	φ_1	φ_2	φ_3
黏土	0.5～0.8	3	2	1.5
黏土	0.8～3	2	1.5	1.4
陶土	0～2	2.4	1.36	1.2
砂砾盖于陶土	0～2	1.8	1.2	1.1
园地	0～3	—	1.32	1.2
黄沙	0～2	2.4	1.56	1.2
杂以黄沙的砂砾	0～2	1.5	1.3	1.2
泥炭	0～2	1.4	1.1	1.0
石灰石	0～2	2.5	1.51	1.2

注　φ_1——测量前数天下过较长时间的雨时用之；

　　φ_2——测量时土壤具有中等含水量时用之；

　　φ_3——测量时土壤干燥或测量前降雨不大时用之。

水电阻率在不同温度时略有变化。在缺乏水电阻率的温度修正系数时，当水温在 3～35℃变化时，可用下式计算：

$$\rho_t = \rho_c e^{0.025(t_c - t)} \tag{15-3}$$

式中　ρ_c——水温为 t_c（℃）的水电阻率实测值，$\Omega \cdot m$；

　　　ρ_t——水温为 t（℃）的水电阻率值，$\Omega \cdot m$。

二、等值土壤电阻率的测量和选取

（一）土壤电阻率的测量

设计电厂的接地系统，必须了解厂址的土壤结构、对于建造在高土壤电阻率地区的电厂，地质结构一般比较复杂，应对厂址及附近的地质结构做细致地勘查。春天的土壤湿度最低，电阻率最高，宜在春季测量土壤电阻率，并调研冻土层的厚度。

土壤电阻率的测量方法主要有土壤试样分析法、三极法和四极法。

（1）土壤试样分析法的原理是通过钻探得到地下不同深度的土壤试样，在实验室中进行试样分析，得

到随深度变化的电阻率分布情况。一般是用已知尺寸的土壤试样相对两面间所测得的电阻值来推算试样的电阻率，这种测试方法会带来一定的误差，因为该值包含了电极与土壤试样的接触电阻和电极电阻，这些都是未知的。在实际中很少有均匀的土壤，一般测量得到的是土壤的等值电阻率或土壤的视在电阻率。

（2）三极法的原理是测量埋入地中的标准垂直接地极的接地电阻，然后利用接地电阻的计算公式反推出电阻率。改变垂直接地极的深度，得到土壤视在电阻率随深度变化的曲线。这种方法的缺点是测量的深度有限，最多在 10m 以内。

（3）四极法包括电极均布（等测量间距）和电极非均布测量方式。目前，我国接地电阻测量国家标准推荐采用的土壤电阻率测量方法是四极法，一般采用等测量间距的温纳（Wenner）四极法，如图 15-1 所示。该方法测量工作量小，测量结果准确度高。四个测量电极沿着一条直线被打进土壤中，相隔等距离 a，打入深度 b。然后测量两个中间电极之间的电压，用它除以两个外侧的电流极之间的电流就给出一个电阻值 R。

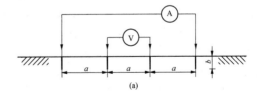

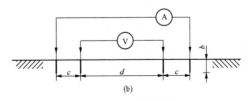

图 15-1　温纳四极法

（a）电极均布；（b）电极非均布

土壤视在电阻率 ρ_a 可以由测量得到的电阻值和极间距离换算得到，即

$$\rho_a = \frac{4\pi aR}{1 + \dfrac{2a}{\sqrt{a^2 + 4b^2}} - \dfrac{a}{\sqrt{a^2 + b^2}}} \qquad (15\text{-}4)$$

式中 ρ_a——土壤的视在电阻率，$\Omega \cdot m$；

$\quad\quad R$——测量得到的电阻，Ω；

$\quad\quad a$——相邻测试电极之间的距离，m；

$\quad\quad b$——相量电极打入地中的深度，m。

如果 b 远小于 a，即在探头仅仅穿透地面一小段距离时，式（15-4）可简化为：

$$\rho_a = 2\pi aR \qquad (15\text{-}5)$$

测量极间距较小时电流倾向于在表面流动，而大跨距时更多的电流则渗透到深层土壤中。地质勘探时近似假设：当土壤层电阻率反差不是过大时，测量得到的给定探头间距 a 时的土壤率代表深度为 a 的土壤视在电阻率。因此，从每一个极间距 a 值所测得的电阻值 R，可得出对应的视在电阻率 ρ_a，将 ρ_a 与对应的 a 绘成曲线，可了解到土壤电阻率随深度变化的情况。

土壤电阻率测量时，测量电极宜采用直径为 20mm、长度为 0.5~1.0m 的圆钢作为电极，测量电流极打入地中一般不小于 20cm，有时为了增大测量电流可将电流极打入地中更深，或增加电流极的数量。测量电压极打入地中一般不小于 10cm。四个测量电极应保持在一条直线上排列，并采用直流电源和直流测量仪表。

电厂厂址的土壤电阻率测量最小的极间距宜为 0.6~1.0m，最大的极间距不宜小于电厂区域对角线的长度，以反映电厂工频短路时散流区域的土壤特性。为得到土壤的视在土壤电阻率随极间距的变化特性，测量极间距可取 1、2、5、10、15、20、30、50、80、100、150、200m⋯序列，大致以 50m 的间隔直到最大极间距。

（二）土壤电阻率的选取

工程场地中不同地点和不同深度的土壤电阻率是不同的。在计算接地电阻时选取一个等值的土壤电阻率进行计算是每个工程中都要解决的问题。对于不同深度处不同的 ρ 值，可以选取接地极预计的埋设深度处的 ρ 值；对于在水平方向不同点的可以取各点之平均值。计算用土壤电阻率应在实测土壤电阻率的基础上考虑季节系数，如式（15-2）所示。

全厂区域内，均匀土壤中的等值土壤电阻率可采用水平接地极埋设深度处的各测量点的土壤电阻率平均值。典型的上/下层土壤或场地内两个区域的土壤电阻率均有明显的差异，应分别计算上/下层或两个区域内的土壤电阻率平均值，并按典型双层土壤中的接地装置计算接地电阻。

三、自然接地极接地电阻的估算

接地极为埋入土壤或特定的导电介质（如混凝土或焦炭）中与大地有电接触的可导电部分。接地极一般分为自然接地极和人工接地极。直接与大地接触的各种金属构件、金属井管、钢筋混凝土建（构）筑物的基础、金属管道和设备等用来兼作接地极的金属导体称为自然接地极。埋入地中专门用于接地的金属导体称为人工接地极。人工接地极以水平接地极为主，并辅以垂直接地极。

（一）架空避雷线

架空避雷线作为自然接地极时，接地电阻 R_m 为：

$n < 20$ 时 $\quad R_m = \sqrt{Rr}\,\mathrm{cth}\left(\sqrt{\dfrac{r}{R}}\,n\right) \qquad (15\text{-}6)$

$n \geqslant 20$ 时 $\quad R_m = \sqrt{Rr} \qquad (15\text{-}7)$

$$r = \frac{\rho_{bl} L}{S} \qquad (15\text{-}8)$$

式中 R——有避雷线的每基杆塔工频接地电阻，Ω；

$\quad\quad n$——带避雷线的杆塔数；

$\quad\quad r$——一档避雷线的电阻，Ω；

$\quad\quad \rho_{bl}$——避雷线电阻率，钢线的 $\rho_{bl} = 0.15 \times 10^{-6}\,\Omega \cdot m$；

$\quad\quad L$——档距长度，m；

$\quad\quad S$——避雷线截面积，mm^2。

$\mathrm{cth}\left(\sqrt{\dfrac{r}{R}}\,n\right)$ 为双曲线函数，即 $\mathrm{cth}(x) = \dfrac{e^x + e^{-x}}{e^x - e^{-x}}$。

（二）埋地管道（管道系统长度小于 2km 时）

埋地管道（管道系统长度小于 2km 时）作自然接地极时，接地电阻 R 为：

$$R = \frac{\rho}{2\pi l}\left(\ln\frac{l^2}{2rh}\right) \qquad (15\text{-}9)$$

式中 ρ——土壤电阻率，$\Omega \cdot m$；

$\quad\quad h$——接地极几何中心埋深，m；

$\quad\quad l$——接地极长度，m；

$\quad\quad r$——管道的外半径，m。

（三）电缆外皮（及管道系统长度大于 2km 时）

电缆外皮（及管道系统长度大于 2km 时）作为自然接地极时，接地电阻 R 为：

$$R = \sqrt{rr_l}\,\mathrm{cth}\left(\sqrt{\dfrac{r_l}{r}} \cdot l\right) K \qquad (15\text{-}10)$$

式中 r——沿接地极直线方向每纵长 1m 的土壤扩散电阻，$\Omega \cdot m$，一般 $r = 1.69\rho$（ρ 为埋设电缆线路的土壤电阻率）；

$\quad\quad l$——埋于土中电缆的有效长度，m；

$\quad\quad K$——考虑麻护层的影响而增大扩散电阻的系数，见表 15-5，对水管 $K = 1$；

$\quad\quad r_l$——电缆外皮的交流电阻，$\Omega \cdot m$；三芯动力电缆的 r_1 值见表 15-6。

表 15-5　　　　　系　数　K　值

土壤电阻率（Ω·m）	50	100	200	500	1000	2000
K	6.0	2.6	2.0	1.4	1.2	1.05

表 15-6　电力电缆外皮的电阻 r_1（埋深 70cm）

1m 长铠装电缆皮的电阻（$\times 10^{-6}\Omega/m$）

电缆规格	电压（kV）				
	3	6	10	20	35
铠装 3×70	14.7	11.3	10.1	4.4	2.6
3×95	12.8	10.9	9.4	4.1	2.4
3×120	11.7	9.7	8.5	3.8	2.3
3×150	9.8	8.5	7.1	3.5	2.2
3×185	9.4	7.7	6.6	3.0	2.1

注　对于中性点接地的电力网的 r_1 按本表增大 10%～20% 计算。

当有多根电缆敷设在一处时，其总扩散电阻按式（15-11）计算，即

$$R' = \frac{R}{\sqrt{n}} \qquad (15-11)$$

式中　R——每根电缆外皮的扩散电阻，Ω；

n——敷设在一处的电缆根数。

（四）基础接地

对整个厂房的钢筋混凝土基础的工频接地电阻（基础钢筋连续焊接成网，并与厂区地网多点连接），可用等效平板法计算。当土壤是均匀时，基础的工频接地电阻 R 为：

$$R = \frac{K\rho_1}{\sqrt{ab}} \qquad (15-12)$$

式中　a、b——矩形平板的长、宽，即建筑物的长和宽，m；

ρ_1——顶层土壤的电阻率，$\Omega \cdot m$；

K——系数，从图 15-2 查出。

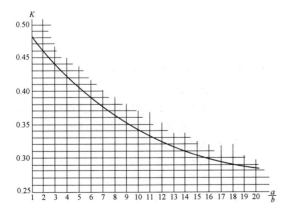

图 15-2　确定基础接地计算中 K 值的曲线

式（15-12）适用于装配式整体式基础；对于桩基式基础，其 R 按上式算出后增加 10%。

整个厂区基础接地体的工频接地电阻 R_{zh} 由下式确定：

$$R_{zh} = \beta R \qquad (15-13)$$

式中　R——电厂总平面范围内的等效平板的工频接地电阻，根据式（15-12）求出，但这时 a 和 b 分别为电厂总平面的长和宽，Ω；

β——系数，由图 15-3 查出。

图 15-3 中 λ 为建筑密度的建筑系数，由式（15-14）得：

$$\lambda = \frac{\sum\limits_1^n S_i}{S} \qquad (15-14)$$

式中　$\sum\limits_1^n S_i$——电厂内具有钢筋混凝土基础并采取钢筋接地措施的生产性建筑物占地面积的总和，m^2；

S——电厂总平面的面积，m^2。

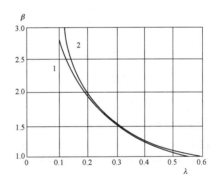

图 15-3　β 和 λ 值的关系曲线

1—土壤为均匀构造；2—土壤为不均匀构造

【例 1】

（1）3×200MW 主厂房 $a \times b = 230 \times 90 (m^2)$，假定 $\rho_1 = 80\Omega \cdot m$（砂质黏土），$a/b = 2.561$，由图 15-2 曲线查取 $K = 0.45$，得

$$R = \frac{K\rho_1}{\sqrt{ab}} = \frac{0.45 \times 80}{\sqrt{230 \times 90}} = \frac{36}{143.9} = 0.25(\Omega)$$

（2）电厂总平面 $a \times b = 900 \times 600(m^2)$，$a/b = 1.33$，由图 15-2 曲线查取 $K = 0.475$，得

$$R = \frac{K\rho_1}{\sqrt{ab}} = \frac{0.475 \times 80}{\sqrt{900 \times 600}} = 0.0517(\Omega)$$

假定 $\lambda = 0.15$，由图 15-3 查 $\beta = 2.5$，得

$$R_{zh} = \beta R = 2.5 \times 0.01517 = 0.13(\Omega)$$

四、人工接地极工频接地电阻的计算

人工接地极通常是由水平接地极和垂直接地极组合而成。水平敷设时可采用圆钢、扁钢；垂直敷设时可采用角钢、钢管。腐蚀较重地区采用铜或铜覆钢材时，水平敷设的人工接地极可采用圆铜、扁铜、铜绞线、铜覆钢绞线、铜覆圆钢或铜覆扁铜；垂直敷设的人工接地极可采用圆铜、铜覆圆钢等。

（一）均匀土壤中垂直接地极的接地电阻

均匀土壤中垂直接地极示意如图 15-4 所示，当 $l \geq d$ 时，垂直接地极的接地电阻可按式（15-15）计算，即

$$R_{v} = \frac{\rho}{2\pi l}\left(\ln\frac{8l}{d} - 1\right) \qquad (15\text{-}15)$$

式中　R_v——垂直接地极的接地电阻，Ω；

ρ——土壤电阻率，$\Omega \cdot m$；

l——垂直接地极的长度，m；

d——接地极用圆导体时，圆导体的直径，m。

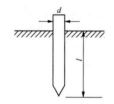

图 15-4　垂直接地极的示意图

当接地极用其他型式导体时，如图 15-5 所示，其等效直径 d 可按下列方法计算：

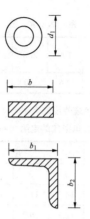

图 15-5　几种型式钢材的计算用尺寸

管状导体，$d = d_1$；扁导体，$d = \frac{b}{2}$；等边角钢，$d = 0.84b$，$b = b_1 = b_2$；不等边角钢，$d = 0.71[b_1 \cdot b_2 \cdot (b_1^2 + b_2^2)]^{0.25}$。

（二）均匀土壤中不同形状水平接地极的接地电阻

均匀土壤中不同形状水平接地极的接地电阻 R_h 计算式为：

$$R_{h} = \frac{\rho}{2\pi L}\left(\ln\frac{L^2}{hd} + A\right) \qquad (15\text{-}16)$$

式中　R_h——水平接地极的接地电阻，Ω；

L——水平接地极的总长度，m；

h——水平接地极的埋设深度，m；

d——水平接地极的直径或等效直径，m；

A——水平接地极的形状系数，可按表 15-7 的规定采用。

表 15-7　　　　　　　　　　　　　　水平接地极的形状系数 A 值

水平接地极形状	一	L	人	○	＋	□	✳	✳	✳	✳
形状系数 A	-0.6	-0.18	0	0.48	0.89	1	2.19	3.03	4.71	5.65

（三）均匀土壤中水平接地极为主边缘闭合的复合接地极（接地网）的接地电阻

均匀土壤中水平接地极为主边缘闭合的复合接地极（接地网）的接地电阻 R_n 计算式为：

$$R_n = a_1 R_e \qquad (15\text{-}17)$$

$$a_1 = \left(3\ln\frac{L_0}{\sqrt{S}} - 0.2\right)\frac{\sqrt{S}}{L_0} \qquad (15\text{-}18)$$

$$R_e = 0.213\frac{\rho}{\sqrt{S}}(1 + B) + \frac{\rho}{2\pi L}\left(\ln\frac{S}{9hd} - 5B\right) \qquad (15\text{-}19)$$

$$B = \frac{1}{1 + 4.6\dfrac{h}{\sqrt{S}}} \qquad (15\text{-}20)$$

式中　R_n——任意形状边缘闭合接地网的接地电阻，Ω；

R_e——等值（即等面积、等水平接地极总长度）方形接地网的接地电阻，Ω；

S——接地网的总面积，m^2；

d——水平接地极的直径或等效直径，m；

h——水平接地极的埋设深度，m；

L_0——接地网的外缘边线总长度，m；

L——水平接地极的总长度，m。

（四）均匀土壤中人工接地极工频接地电阻的简易计算

均匀土壤中人工接地极工频接地电阻的简易计算式见表15-8。

表15-8　人工接地极工频接地电阻（Ω）简易计算式

接地极型式	简易计算式
垂直式	$R \approx 0.3\rho$
单根水平式	$R \approx 0.03\rho$
复合式 （接地网）	$R \approx 0.5\dfrac{\rho}{\sqrt{S}} = 0.28\dfrac{\rho}{r}$ 或 $R \approx \dfrac{\sqrt{\pi}}{4} \times \dfrac{\rho}{\sqrt{S}} + \dfrac{\rho}{L} = \dfrac{\rho}{4r} + \dfrac{\rho}{L}$

注 1. 垂直式为长度3m左右的接地极。

　　2. 单根水平式为长度60m左右的接地极。

　　3. 复合式中，S 为大于 $100m^2$ 的闭合接地网的面积；r 为与接地网面积 S 等值的圆的半径，即等效半径，m。

（五）典型双层土壤中人工接地极的接地电阻

（1）深埋垂直接地极的接地电阻，示意如图15-6所示。

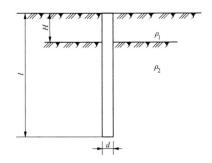

图15-6　深埋接地极示意

$$R = \frac{\rho_a}{2\pi l}\left(\ln\frac{4l}{d} + C\right) \tag{15-21}$$

$l < H$ 时：
$$\rho_a = \rho_1 \tag{15-22}$$

$l > H$ 时：
$$\rho_a = \frac{\rho_1\rho_2}{\dfrac{H}{l}(\rho_2 - \rho_1) + \rho_1} \tag{15-23}$$

$$C = \sum_{n=1}^{\infty}\left(\frac{\rho_2 - \rho_1}{\rho_2 + \rho_1}\right)^n \ln\frac{2nH + l}{2(n-1)H + l} \tag{15-24}$$

式中　ρ_a——土壤电阻率，Ω·m。

（2）土壤具有图15-7所示的两个剖面结构时，水平接地网的接地电阻 R 为：

$$R = \frac{0.5\rho_1\rho_2\sqrt{S}}{\rho_1 S_2 + \rho_2 S_1} \tag{15-25}$$

式中　S_1、S_2——覆盖在 ρ_1、ρ_2 土壤电阻率上的接地网的面积，m^2；

　　　　S——接地网总面积，m^2。

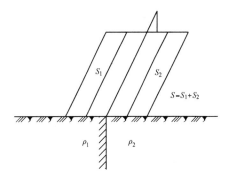

图15-7　两种土壤电阻率的接地网

（六）架空线路杆塔

架空线路杆塔接地装置可采用自然接地极、人工接地极或两者均有的型式，其工频接地电阻可按下式计算：

$$R = \frac{\rho}{2\pi L}\left(\ln\frac{L^2}{hd} + A_t\right) \tag{15-26}$$

式中　ρ——土壤电阻率，Ω·m；

　　　　L——水平接地极的总长度，m，可按表 15-9 取值；

　　　　h——水平接地极的埋设深度，m；

　　　　d——水平接地极的直径或等效直径，m；

　　　　A_t——架空线路杆塔水平接地极的形状系数，可按表15-9取值。

表15-9　A_t 与 L 的意义与取值

接地装置种类	形　状	参　数
铁塔接地装置		$A_t = 1.76$ $L = 4(l_1 + l_2)$
钢筋混凝土杆放射型接地装置		$A_t = 2.0$ $L = 4l_1 + l_2$
钢筋混凝土杆环型接地装置		$A_t = 1.0$ $L = 8l_2$（当 $l_1 = 0$ 时） $L = 4l_1$（当 $l_1 \neq 0$ 时）

各种型式接地装置工频接地电阻的计算，可采用表15-10中的简易计算式。

表15-10　各种型式接地装置的工频
接地电阻简易计算式

接地装置型式	杆塔型式	接地电阻简易计算式
n 根水平射线（$n\leqslant12$，每根长约60m）	各型杆塔	$R\approx\dfrac{0.062\rho}{n+1.2}$
沿装配式基础周围敷设的深埋式接地极	铁塔	$R\approx0.07\rho$
	门型杆塔	$R\approx0.04\rho$
	V型拉线的门型杆塔	$R\approx0.045\rho$
装配式基础的自然接地极	铁塔	$R\approx0.1\rho$
	门型杆塔	$R\approx0.06\rho$
	V型拉线的门型杆塔	$R\approx0.09\rho$
钢筋混凝土杆的自然接地极	单杆	$R\approx0.3\rho$
	双杆	$R\approx0.2\rho$
	拉线单、双杆	$R\approx0.1\rho$
	一个拉线盘	$R\approx0.28\rho$
深埋式接地与装配式基础自然接地的综合	铁塔	$R\approx0.05\rho$
	门型杆塔	$R\approx0.03\rho$
	V型拉线的门型杆塔	$R\approx0.04\rho$

注　表中 R 为接地电阻（Ω）；ρ 为土壤电阻率（Ω·m）。

五、接地极冲击接地电阻

（一）单独接地极的冲击接地电阻

$$R_i = aR \qquad (15-27)$$

式中　R_i——单独接地极的冲击接地电阻，Ω；
　　　R——单独接地极的工频接地电阻，Ω；
　　　a——单独接地极的冲击系数。

单独接地极冲击系数 a 的计算如下列公式：
垂直接地极：

$$a = 2.75\rho^{-0.4}(1.8+\sqrt{L})$$
$$[0.75-\exp(-1.50I_i^{-0.2})] \qquad (15-28)$$

单端流入冲击电流的水平接地极：

$$a = 1.62\rho^{-0.4}(5.0+\sqrt{L})$$
$$[0.79-\exp(-2.3I_i^{-0.2})] \qquad (15-29)$$

中部流入冲击电流的水平接地极：

$$a = 1.16\rho^{-0.4}(7.1+\sqrt{L})$$
$$[0.78-\exp(-2.3I_i^{-0.2})] \qquad (15-30)$$

冲击系数的数值见表15-11～表15-13。
表15-11为长2～3m、直径6cm以下的垂直接地

极，冲击电流波头 3～6μs 时的冲击系数 a。

表15-11　单独接地极的冲击系数（一）

土壤电阻率（Ω·m）	冲击电流（kA）			
	5	10	20	40
100	0.85～0.90	0.75～0.85	0.5～0.75	0.5～0.6
500	0.6～0.7	0.5～0.6	0.35～0.45	0.25～0.30
1000	0.45～0.55	0.35～0.45	0.25～0.30	

注　表中较大值用于3m长的接地极，较小值用于2m长的接地极。

表15-12为宽2～4cm扁钢或直径1～2cm圆钢水平带形接地极，由一端引入雷电流，冲击电流波头3～6μs时的冲击系数 a。

表15-12　单独接地极的冲击系数（二）

土壤电阻率（Ω·m）	长度（m）	冲击电流（kA）			
		5	10	20	40
100	5	0.80	0.75	0.65	0.50
	10	1.05	1.00	0.90	0.80
	20	1.20	1.15	1.05	0.95
500	5	0.60	0.55	0.45	0.30
	10	0.80	0.75	0.60	0.45
	20	0.95	0.90	0.75	0.60
	30	1.05	1.00	0.90	0.80
1000	10	0.60	0.55	0.45	0.35
	20	0.80	0.75	0.60	0.50
	40	1.00	0.95	0.85	0.75
	60	1.20	1.15	1.10	0.95
2000	20	0.65	0.60	0.50	0.40
	40	0.80	0.75	0.65	0.55
	60	0.95	0.90	0.80	0.75
	80	1.10	1.05	0.95	0.90
	100	1.25	1.20	1.10	1.05

表15-13为宽2～4cm扁钢或直径1～2cm圆钢水平带形接地极，由环中心引入雷电流，引入处与环有3～4个连线，冲击电流波头3～6μs时的冲击系数 a。

表15-13　单独接地极的冲击系数（三）

土壤电阻率（Ω·m）	100			500			1000		
冲击电流（kA）	20	40	80	20	40	80	20	40	80
环直径4m	0.60	0.45	0.35	0.50	0.40	0.25	0.35	0.25	0.20
环直径8m	0.75	0.65	0.55	0.55	0.45	0.30	0.40	0.30	0.25
环直径12m	0.80	0.70	0.60	0.60	0.50	0.35	0.45	0.40	0.30

注　在计算环形接地装置的冲击接地电阻 R_i 时，其工频接地电阻 R 可按稳态公式计算，计算时不考虑连线的对地电导。

计算雷电保护接地装置所采用的土壤电阻率应取雷季中最大值，并按下式计算：

$$\rho = \rho_0 \cdot \varphi \qquad (15\text{-}31)$$

式中 ρ——土壤电阻率，$\Omega \cdot m$；

ρ_0——雷季中无雨水时所测得的土壤电阻率，$\Omega \cdot m$；

φ——考虑土壤干燥所取的季节系数，应按表15-14的规定取值。

表 15-14 雷电保护接地装置的季节系数 φ

埋深（m）	φ值	
	水平接地极	2～3m 的垂直接地极
0.5	1.4～1.8	1.2～1.4
0.8～1.0	1.25～1.45	1.15～1.3
2.5～3.0	1.0～1.1	1.0～1.1

注 测定土壤电阻率时，如土壤比较干燥，则应采用表中的较小值；如比较潮湿，则应采用较大值。

表 15-15 接地极的冲击利用系数

接地极型式	接地线的根数	冲击利用系数	备　　注
n 根水平射线（每根长 10～80m）	2 3 4～6	0.83～1.0 0.75～0.90 0.65～0.80	较小值用于较短的射线
以水平接地极连接的垂直接地极	2 3 4 6	0.80～0.85 0.70～0.80 0.70～0.75 0.65～0.70	$\dfrac{D}{l}=2\sim3$ 较小值用于 $\dfrac{D}{l}=2$ 时
自然接地极	拉线棒与拉线盘间 铁塔的各基础间 门型、各种拉线杆塔的各基础间	0.6 0.4～0.5 0.7	——

注 D——垂直接地极间距；l——垂直接地极长度。

（2）由水平接地极连接的 n 根垂直接地极组成的接地装置，其冲击接地电阻可按下式计算：

$$R_i = \frac{\dfrac{R_{vi} \times R'_{hi}}{n}}{\dfrac{R_{vi}}{n} + R'_{hi}} \times \frac{1}{\eta_i} \qquad (15\text{-}33)$$

式中 R_{vi}——每根垂直接地极的冲击接地电阻，Ω；

R'_{hi}——水平接地极的冲击接地电阻，Ω。

六、发电厂接地网接地电阻的测量方法

（一）交流电流表—电压表法

交流电流表—电压表法的电极布置见图15-8，电流极与接地网边缘之间的距离 d_{13}，一般取接地网最大对角线长度 D 的 4～5 倍，以使其间的电位分布出现一平缓区段。在一般情况下，电压极到接地网的距离约为电流极到接地网的距离的 50%～60%。测量时，沿接地网和电流极的连线移动三次，每次移动距离为 d_{13} 的 5%左右，如三次测得的电阻值接近即可。

（二）复合接地极的冲击接地电阻

当接地装置由较多水平接地极或垂直接地极组成时，为减少相邻接地极的屏蔽作用，垂直接地极的间距不应小于其长度的两倍；水平接地极的间距不宜小于5m。

（1）由 n 根等长水平放射形接地极组成的接地装置，其冲击接地电阻可按式（15-32）计算。

$$R_i = \frac{R_{hi}}{n} \times \frac{1}{\eta_i} \qquad (15\text{-}32)$$

式中 R_{hi}——每根水平放射形接地极的冲击接地电阻，Ω；

η_i——计及各接地极间相互影响的冲击利用系数。

各种接地极的冲击利用系数 η_i 可采用表 15-15 的数值。

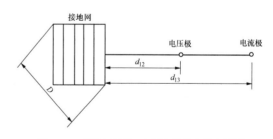

图 15-8 交流电流表—电压表法的电极布置图

如 d_{13} 取 4～5D 有困难，在土壤电阻率较均匀的地区，可取 2D，d_{12} 取 D；在土壤电阻率不均匀的地区或城区，d_{13} 取 3D，d_{12} 取 1.7D。

电压极、电流极也可采用图15-9的三角形布置方法。一般取 $d_{12}=d_{13}\geq 2D$，夹角 $\theta \approx 30^\circ$。

（二）电位降法

电位降法将电流输入待测接地极，并记录该电流与该接地极和电位极间电压的关系。要设置一个电流极，以便向待测接地极输入电流，如图15-10所示。

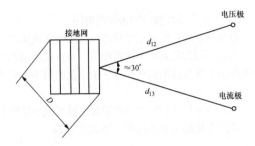

图 15-9　交流电流表—电压表法的电极三角形布置图

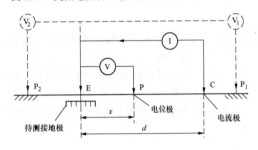

图 15-10　电位降法示意图

流过待测接地极 E 和电流极 C 的电流 I 是地面电位变化，沿电极 C、P、E 方向的电位曲线如图 15-11 所示。以待测接地极 E 为参考点测量地面电位，为方便计，假定 E 点电位为零电位。

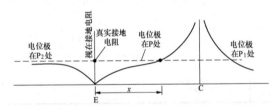

图 15-11　各种间距 x 时的视在接地电阻

电位降法的内容是画出 $V/I=R$ 随电极间距 x 变化的曲线。电位极从待测接地极处开始，逐点向外移动，每一点测出一个视在接地阻抗值。画出视在接地阻抗随间距变化的曲线，该曲线转入水平阶段的欧姆值，即当作待测接地极的真实接地阻抗值（见图 15-12）。

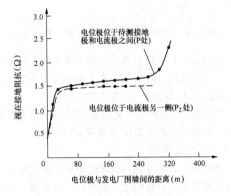

图 15-12　高阻抗接地系统实例

（三）测量注意事项

（1）测量时，接地装置宜与避雷线断开。

（2）电流极、电压极应布置在与线路或地下金属管道垂直的方向上，且应远离附近的架空输电线路。

（3）应避免在雨后立即测量接地电阻。

（4）采用交流电流表—电压表法，电极的布置宜采用图 15-9 的方式。可以减小引线间互感的影响；电压极附近的电位变化较缓。

（5）应在发电厂未投运前进行测量；如在投运后进行测量，则应在发电厂尽可能运行在最小运行方式情况下进行测量，以降低中性点电流的干扰。

（6）对于电位降法，由于这种经验方法仅仅在水平段非常分明时，其结果才比较正确，因此在应用时要特别仔细。

第三节　接触电压和跨步电压

一、接触电压和跨步电压及其允许值

（一）接触电压和跨步电压的概念

如图 15-13（a）所示，当接地故障（短路）电流流过接地装置时，大地表面形成分布电位，在地面上到设备水平距离为 1m 处与设备外壳、架构或墙壁离地面的垂直距离 2m 处两点间的电位差，称为接触电压。接地网孔中心对接地网接地极的最大电位差，称为最大接触电压。

如图 15-13（b）所示，当接地故障（短路）电流流过接地装置时，地面上水平距离为 1m 的两点间的电位差，称为跨步电压。接地网外的地面上水平距离 1m 处对接地网边缘接地极的最大电位差，称为最大跨步电压。

实际上，人体受电击时，常常是在离设备较远处接触到被接地的与接地网同电位的设备外壳、支架、操动机构、金属遮拦等物件。因此，计算接触电压时，采用所谓网孔电压，即指接地网方格网孔中心地面上与接地网的电位差。对于长条网孔而言，是指相当于方格网孔中心地面上的地方与接地网的电位差。接地网内的最大接触电压，发生在边角网孔上，对长条网孔接地网而言，发生在相当于方格网孔边角孔的地方。最大跨步电压发生在接地网外直角处，且距接地网边缘距离为（$h-0.5$）和（$h+0.5$）的两点间（h 为埋深，m）。

由于接地网内绝大部分地区的接触电压都要比边角网孔的接触电压小；在边角网孔地区，通常并没有布置什么设备，而是作为交通道路、堆放备品、贮存材料等。因此，只要在这些边角网孔的地区，适当加强均压，或敷设高电阻率的地表层，就可以相当安全地采用次边角网孔的接触电压，即指用边角网孔沿接地网对角线相邻的网孔电压来设计。

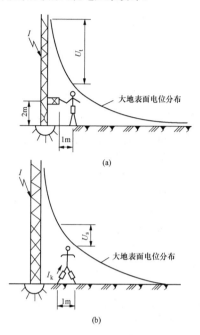

图 15-13 接地网的接触电压和跨步电压
（a）接触电压；（b）跨步电压

对方格网孔而言，次边角网孔电压比边角网孔电压小 30% 左右；对长条网孔而言，小于 20% 左右。

（二）接触电压和跨步电压的允许值

确定发电厂接地网的型式和布置时，其接触电压和跨步电压应符合下列要求。

（1）在 110kV 及以上有效接地系统和 6～35kV 低电阻接地系统发生单相接地或同点两相接地时，发电厂接地网的接触电压和跨步电压不应超过由下列公式计算所得的数值。

$$U_t = \frac{174 + 0.17\rho_s C_s}{\sqrt{t_s}} \qquad (15\text{-}34)$$

$$U_s = \frac{174 + 0.7\rho_s C_s}{\sqrt{t_s}} \qquad (15\text{-}35)$$

$$C_s = 1 - \frac{0.09 \times \left(1 - \dfrac{\rho}{\rho_s}\right)}{2h_s + 0.09} \qquad (15\text{-}36)$$

式中　U_t——接触电压允许值，V；
　　　U_s——跨步电压允许值，V；
　　　C_s——地表衰减系数，工程计算可按式（15-36）计算；
　　　ρ_s——表层土壤电阻率，$\Omega \cdot m$；
　　　ρ——下层土壤电阻率，$\Omega \cdot m$；
　　　t_s——接地故障电流持续时间，与接地装置热

稳定校验的接地故障等效持续时间 t_e 取相同值，s；
　　　h_s——表层土壤厚度，m。

对于体重 50kg 的人，人体可承受的最大交流电流有效值为 $I_b = \dfrac{116}{\sqrt{t_s}}$（mA）。

对于体重 70kg 的人，人体可承受的最大交流电流有效值为 $I_b = \dfrac{157}{\sqrt{t_s}}$（mA）。

人体的电阻 R_b（Ω）变动范围很大，我国一直采用 1500Ω。人脚站在土壤电阻率为 ρ_s 的地面上时的电阻 R_g（Ω）可视为一个直径 16cm 金属板置于地面上的电阻，该电阻经计算为 $3\rho_s$；对于接触电压回路，$R_g = \dfrac{3\rho_s}{2} = 1.5\rho_s$；对于跨步电压回路，$R_g = 2 \times 3\rho_s = 6\rho_s$。对于地表敷设高电阻率表层材料，而下层仍为低电阻率土壤时，引入一个校正系数 C_s。因此，式（15-34）、式（15-35）是根据上述条件得出的：

$$U_t = I_b(R_b + R_g) = \frac{0.116}{\sqrt{t_s}}(1500 + 1.5\rho_s C_s)$$
$$= \frac{174 + 0.17\rho_s C_s}{\sqrt{t_s}}$$

$$U_s = I_b(R_b + R_g) = \frac{0.116}{\sqrt{t_s}}(1500 + 6\rho_s C_s)$$
$$= \frac{174 + 0.7\rho_s C_s}{\sqrt{t_s}}$$

如故障回路具有重合闸装置时，两次短暂电击之间的无电流时间不应计入，且间断的两次电击对人体影响的严重程度比承受一次要重，比两次连续承受要轻。因此，t_s 值可按一次电击时间并适当加大。

（2）6～66kV 不接地、谐振接地和高电阻接地的系统，发生单相接地故障后，当不迅速切除故障时，发电厂接地网的接触电压和跨步电压不应超过由下列公式计算所得的数值：

$$U_t = 50 + 0.05\rho_s C_s \qquad (15\text{-}37)$$

$$U_s = 50 + 0.2\rho_s C_s \qquad (15\text{-}38)$$

（3）在条件特别恶劣的场所，例如矿山井下和水田中，接触电压和跨步电压的允许值宜适当降低。

二、接触电压和跨步电压的计算

（一）入地短路电流的计算

1. 计算步骤

经发电厂接地网的入地接地故障电流，应计及故障电流直流分量的影响，设计接地网时应按接地网最大入地电流 I_G 进行设计。I_G 可按下列步骤确定：

（1）确定接地故障对称电流 I_f。

（2）根据系统及线路设计采用的参数，确定故障电流分流系数 S_f，进而计算接地网入地对称电流 I_g。

（3）计算衰减系数 D_f，将其乘以入地对称电流 I_g，得到计及直流偏移的经接地网入地的最大接地故障不对称电流有效值 I_G，即 $I_G = D_f \cdot I_g$。

（4）发电厂内、外发生接地短路时，经接地网入地的故障对称电流可分别按下列公式计算：

$$I_g = (I_{max} - I_n)S_{f1} \qquad (15\text{-}39)$$

$$I_g = I_n S_{f2} \qquad (15\text{-}40)$$

式中　I_{max}——发电厂内发生接地故障时的最大接地故障对称电流有效值，A；

I_n——发电厂内发生接地故障时流经其设备中性点的电流，A；

S_{f1}、S_{f2}——发电厂内、外发生接地故障时的分流系数。

2. 故障电流分流系数 S_f 的计算

在发电厂内、线路上发生接地故障时，线路上出线接地故障电流。故障电流经地线、杆塔分流后，剩余部分通过发电厂的接地网流入大地。这部分电流即为接地网的入地接地故障对称电流 I_g，I_g 与接地故障对称电流 I_f 的比值为故障电流分流系数 S_f。S_f 计算可分为厂内接地故障和厂外接地故障两种情况。

（1）厂内接地故障时分流系数 S_{f1} 的计算。

1）对厂内单相接地故障，假设每个档距内的导线参数和杆塔接地电阻均相同，如图 15-14 所示。此时不同位置的架空线路地线上流过的零序电流可按下列公式计算：

$$I_{B(n)} = \left[\frac{e^{\beta(s+1-n)} - e^{-\beta(s+1-n)}}{e^{\beta(s+1)} - e^{-\beta(s+1)}} \left(1 - \frac{Z_m}{Z_s}\right) + \frac{Z_m}{Z_s} \right] \times I_b \qquad (15\text{-}41)$$

$$e^{-\beta} = \frac{1 - \sqrt{\dfrac{Z_s \cdot D}{12 \cdot R_{st} + Z_s \cdot D}}}{1 + \sqrt{\dfrac{Z_s \cdot D}{12 \cdot R_{st} + Z_s \cdot D}}} \qquad (15\text{-}42)$$

$$Z_s = \frac{3r_s}{k} + 0.15 + j0.189 \ln \frac{D_g}{\sqrt[k]{a_s D_s^{k-1}}} \qquad (15\text{-}43)$$

钢芯铝绞线：　　$a_s = 0.95 a_0$ 　　（15-44）

有色金属线：　$a_s = (0.724 \sim 0.771)a_0$ 　（15-45）

钢绞线：　　$a_s = a_0 \times 10^{-6.9 X_{ne}}$ 　　（15-46）

$$Z_m = 0.15 + j0.189 \ln \frac{D_g}{D_m} \qquad (15\text{-}47)$$

单地线时：　$D_m = \sqrt[3]{D_{1A} D_{1B} D_{1C}}$ 　　（15-48）

双地线时：　$D_m = \sqrt[6]{D_{1A} D_{1B} D_{1C} D_{2A} D_{2B} D_{2C}}$ 　（15-49）

式中　Z_s——单位长度的地线阻抗，Ω/km；

s——架空线路杆塔数量；

Z_m——单位长度的相线与地线之间的互阻抗，Ω/km；

D——档距的平均长度，km；

r_s——单位长度地线的电阻，Ω/km；

a_0——地线的半径，m；

a_s——地线的将电流化为表面分布后的等值半径，m；

X_{ne}——单位长度的内感抗，Ω/km；

k——地线的根数；

D_s——地线之间的距离，m；

D_m——地线之间的几何均距，m；

D_g——地线对地的等价镜像距离，$D_g = 80\sqrt{\rho}$，m；ρ 为大地等值电阻率，$\Omega \cdot m$。

2）当 $n=1$ 时，分流系数 S_{f1} 可按下式计算：

$$\begin{aligned} S_{f1} &= 1 - \frac{I_{B(1)}}{I_b} \\ &= 1 - \left[\frac{e^{\beta \cdot s} - e^{-\beta \cdot s}}{e^{\beta(s+1)} - e^{-\beta(s+1)}} \left(1 - \frac{Z_m}{Z_s}\right) + \frac{Z_m}{Z_s} \right] \end{aligned} \qquad (15\text{-}50)$$

3）当 $s > 10$ 时，S_{f1} 可简化为下式：

$$S_{f1} = 1 - \left[e^{-\beta} \cdot \left(1 - \frac{Z_m}{Z_s}\right) + \frac{Z_m}{Z_s} \right] \qquad (15\text{-}51)$$

当缺少参数、资料，初步估算时，$S_{f1}=0.5$。

（2）厂外短路故障时分流系数 S_{f2} 的计算。

1）对于厂外单相接地故障，如图 15-15 所示。不同位置的地线上流过的零序电流可按下式计算：

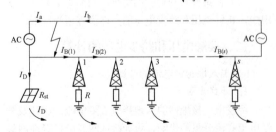

图 15-14　厂内接地故障示意图

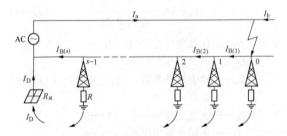

图 15-15　厂外短路故障示意图

$$I_{B(n)} = \left[\frac{e^{\beta(s+1-n)} - e^{-\beta(s+1-n)}}{e^{\beta(s+1)} - e^{-\beta(s+1)}} \left(1 - \frac{Z_m}{Z_s}\right) \right. \tag{15-52}$$
$$\left. + \frac{Z_m}{Z_s} \right] \times I_a$$

2）当 $n=s$ 时，$e^{-\beta}$ 计算表达式（15-42）中的 R_{st} 应更换为杆塔接地电阻 R，分流系数 S_{f2} 按下式计算：

$$S_{f2} = 1 - \frac{I_{B(s)}}{I_n}$$
$$= 1 - \left[\frac{e^{\beta} - e^{-\beta}}{e^{\beta(s+1)} - e^{-\beta(s+1)}} \left(1 - \frac{Z_m}{Z_s}\right) + \frac{Z_m}{Z_s} \right] \tag{15-53}$$

3）当 $s > 10$ 时，S_{f2} 可简化为下式：

$$S_{f2} = 1 - \frac{Z_m}{Z_s} \tag{15-54}$$

当缺少参数、资料，初步估算时，$S_{f2}=0.9$。

（3）故障电流衰减系数 D_f。

接地计算中，对接地故障电流中对称分量电流引入的校正系数，以考虑短路电流的过冲效应。衰减系数 D_f 为入地的接地故障不对称电流有效值 I_G 与接地故障对称电流有效值 I_g 的比值。

典型的衰减系数 D_f 值可按表 15-16 中 t_f 和 X/R 的关系确定。

表 15-16　　典型的衰减系数 D_f 值

故障时延 t_f(s)	50Hz 对应的周期	衰减系数 D_f			
		$X/R=10$	$X/R=20$	$X/R=30$	$X/R=40$
0.05	2.5	1.2685	1.4172	1.4965	1.5445
0.10	5	1.1479	1.2685	1.3555	1.4172
0.20	10	1.0766	1.1479	1.2125	1.2685
0.30	15	1.0517	1.1010	1.1479	1.1919
0.40	20	1.0390	1.0766	1.1130	1.1479
0.50	25	1.0313	1.0618	1.0913	1.1201
0.75	37.5	1.0210	1.0416	1.0618	1.0816
1.00	50	1.0158	1.0313	1.0467	1.0618

（二）地电位升高的计算

在系统单相接地故障电流入地时，地电位的升高可按下式计算：

$$V = I_G \cdot R \tag{15-55}$$

式中　V ——接地网地电位升高，V；
　　　I_G ——经接地网入地的最大接地故障不对称电流有效值，A；
　　　R ——接地网的工频接地电阻，Ω。

（三）均匀土壤中接地网接触电压和跨步电压的计算

1. 一般规定

（1）以下计算内容只适用于均匀土壤中接地网接触电压和跨步电压的计算；且不包括均匀土壤中不规则、复杂结构的等间距布置和不等间距布置的接地网，以及分层土壤中的接地网接触电压和跨步电压的计算。

（2）接地网接地极的布置可分为等间距布置和不等间距布置。等间距布置时，接地网的水平接地极采用 10~20m 的间距布置。接地极间距的大小应根据地面电气装置接地布置的需要决定。不等间距布置的接地网接地极从中间到边缘应按一定的规律由稀到密布置，以使接地网接地极上分布的电流均匀，达到均衡地表电位分布、降低接触电压和跨步电压又可节约投资的目的。

2. 等间距布置接地网的接触电压和跨步电压的计算

（1）最大接触电压。

计算接触电压时，采用接地网网孔中心地面上与接地网的电位差。网孔电压表征接地网的一个网孔内可能出现的最大接触电压，即最大接触电压为最大网孔电压。

1）接地网初始设计时的网孔电压 U_m 可按下列公式计算：

$$U_m = \frac{\rho I_G K_m K_i}{L_M} \tag{15-56}$$

$$K_m = \frac{1}{2\pi}\left[\ln\left(\frac{D^2}{16hd} + \frac{(D+2h)^2}{8Dd} - \frac{h}{4d} \right) \right.$$
$$\left. + \frac{K_{ii}}{K_h} \ln\frac{8}{\pi(2n-1)} \right] \tag{15-57}$$

$$K_h = \sqrt{1 + h/h_0} \tag{15-58}$$

式中　ρ ——土壤电阻率，Ω·m；
　　　K_m ——网孔电压几何校正系数；
　　　K_i ——接地网不规则校正系数，用来计及推导 K_m 时的假设条件引入的误差；
　　　I_G ——计及直流偏移的经接地网入地的最大接地故障不对称电流有效值，A；
　　　L_M ——有效埋设长度，m；
　　　D ——接地网平行导体间距，m；
　　　d ——接地网导体直径或等效直径，m，见图 15-5 及其说明；
　　　h ——接地网埋深，m；
　　　K_h ——接地网埋深系数；
　　　h_0 ——参考埋深，取 1m；

K_{ii}——因内部导体对角网孔电压影响的校正加权系数。

2）式（15-56）~式（15-58）对埋深在 0.25~2.50m 范围的接地网有效。当接地网具有沿接地网周围布置的垂直接地极、在接地网四角布置垂直接地极或沿接地网四周和其内部布置的垂直接地极时，$K_{ii}=1$。

3）对无垂直接地极或只有少数垂直接地极，且垂直接地极不是沿外周或四角布置时，K_{ii} 可按下式计算：

$$K_{ii} = 1/(2n)^{2/n} \tag{15-59}$$

式中 n——矩形或等效矩形接地网一个方向的平行导体数。

4）对于矩形和不规则形状的接地网的计算，n 可按下式计算：

$$n = n_a n_b n_c n_d \tag{15-60}$$

5）式（15-60）中，对于方形接地网，$n_b=1$；对于方形和矩形接地网，$n_c=1$；对于方形、矩形和 L 形接地网，$n_d=1$。对于其他情况，可按下列公式计算：

$$n_a = \frac{2L_c}{L_p} \tag{15-61}$$

$$n_b = \sqrt{\frac{L_p}{4\sqrt{A}}} \tag{15-62}$$

$$n_c = \left(\frac{L_x L_y}{A}\right)^{\frac{0.7A}{L_x L_y}} \tag{15-63}$$

$$n_d = \frac{D_m}{\sqrt{L_x^2 + L_y^2}} \tag{15-64}$$

式中 L_c——水平接地网导体的总长度，m；

L_p——接地网的周边长度，m；

A——接地网面积，m²；

L_x——接地网 x 方向的最大长度，m；

L_y——接地网 y 方向的最大长度，m；

D_m——接地网上任意两点间最大的距离，m。

6）如果进行简单的估计，在计算 K_m 和 K_i 以确定网孔电压时可采用 $n = \sqrt{n_1 n_2}$，n_1 和 n_2 为 x 和 y 方向的导体数。

7）接地网不规则校正系数 K_i 可按下式计算：

$$K_i = 0.644 + 0.148n \tag{15-65}$$

8）对于无垂直接地极的接地网，或只有少数分散在整个接地网的垂直接地极，这些垂直接地极没有分散在接地网四角或接地网的周边上，有效埋设长度 L_M 按下式计算：

$$L_M = L_c + L_R \tag{15-66}$$

式中 L_R——所有垂直接地极的总长度，m。

9）对于在边角有垂直接地极的接地网，或沿接地网四周和其内部布置垂直接地极时，有效埋设长度 L_M 按下式计算：

$$L_M = L_c + \left[1.55 + 1.22\left(\frac{L_r}{\sqrt{L_x^2 + L_y^2}}\right)\right] L_R \tag{15-67}$$

式中 L_r——每个垂直接地极的长度，m。

（2）最大跨步电压。

1）跨步电压 U_s 与几何校正系数 K_s、校正系数 K_i、土壤电阻率 ρ、接地系统单位导体长度的平均流散电流有关，可按下列公式计算：

$$U_s = \frac{\rho I_G K_s K_i}{L_s} \tag{15-68}$$

$$L_s = 0.75L_c + 0.85L_R \tag{15-69}$$

式中 I_G——计及直流偏移的经接地网入地的最大接地故障不对称电流有效值，A；

L_s——埋入地中的接地系统导体有效长度，m。

2）发电厂接地系统的最大跨步电压出现在平分地网边角直线上，从边角点开始向外 1m 远的地方。对于一般埋深 h 在 0.25~2.5m 范围的接地网，K_s 可按下式计算：

$$K_s = \frac{1}{\pi}\left(\frac{1}{2h} + \frac{1}{D+h} + \frac{1-0.5^{n-2}}{D}\right) \tag{15-70}$$

3. 不等间距布置接地网的接触电压和跨步电压的计算

（1）不等间距布置接地网的布置规则应符合下列要求。

1）不等间距布置的长方形接地网，如图 15-16 所示。长或宽方向的第 i 段导体长度 L_{ik} 占边长 L 的百分数 S_{ik} 可按下式计算：

$$S_{ik} = \frac{L_{ik}}{L} \times 100\% \tag{15-71}$$

式中 L——接地网的边长，在长方向，$L=L_1$，在宽方向，$L=L_2$。

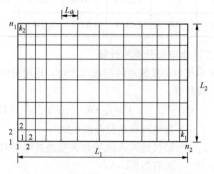

图 15-16 不等间距布置的长方形接地网

2）接地网长方向的导体根数为 n_1 和宽方向的导体根数为 n_2。长方向上导体分段数为 $k_1=n_1-1$，宽方向上的导体分段数为 $k_2=n_2-1$。

3）S_{ik} 与导体分段数 k 和从周边导体数起的导体段的序号 i 的关系见表15-17。因接地网的对称性，如某方向的导体分段为奇数，则列出了$(k+1)/2$ 个数据；当 k 为偶数，则列出了 $k/2$ 个数据，其余数据可以根据对称性赋值。$k \geqslant 7$，对表中结果进行拟合，则 S_{ik} 可按下列公式计算：

$$S_{ik} = b_1 \exp(-ib_2) + b_3 \tag{15-72}$$

表 15-17　　　　　　　　S_{ik} 与导体分段数 k 和从周边导体数起的导体段的序号 i 的关系

k \ i	1	2	3	4	5	6	7	8	9	10
3	27.50	45.00								
4	17.50	32.50								
5	12.50	23.50	28.33							
6	8.75	17.50	23.75							
7	71.4	13.57	18.57	21.43						
8	5.50	10.83	15.67	18.00						
9	4.50	8.94	12.83	15.33	16.73					
10	3.75	7.50	11.08	13.08	14.58					
11	3.18	6.36	9.54	11.36	12.73	13.46				
12	2.75	5.42	8.17	10.00	11.33	12.33				
13	2.38	4.69	6.77	8.92	10.23	11.15	11.69			
14	2.00	3.86	6.00	7.86	9.28	10.24	10.76			
15	1.56	3.62	5.35	6.82	8.07	9.12	10.01	10.77		
16	1.46	3.27	4.82	6.14	7.28	8.24	9.07	9.77		
17	1.38	2.97	4.35	5.54	6.57	7.47	8.24	8.90	9.47	
18	1.14	2.58	3.86	4.95	5.91	6.67	8.15	8.15	8.71	
19	1.05	2.32	3.47	4.53	5.47	6.26	7.53	7.53	8.11	8.36
20	0.95	2.15	3.20	4.15	5.00	5.75	7.00	7.00	7.50	7.90

当 $7 \leqslant k \leqslant 14$ 时：

$$\begin{cases} b_1 = -1.8066 + 2.6681 \lg k - 1.0719 \lg^2 k \\ b_2 = -0.7649 + 2.6992 \lg k - 1.6188 \lg^2 k \\ b_3 = 1.8520 - 2.8568 \lg k + 1.1948 \lg^2 k \end{cases} \tag{15-73}$$

当 $14 < k \leqslant 25$ 时：

$$\begin{cases} b_1 = -0.00064 - 2.50923/(k+1) \\ b_2 = -0.03083 + 3.17003/(k+1) \\ b_3 = 0.00967 + 2.21653/(k+1) \end{cases} \tag{15-74}$$

当 $25 < k \leqslant 40$ 时：

$$\begin{cases} b_1 = -0.0006 - 2.50923/(k+1) \\ b_2 = -0.03083 + 3.17003/(k+1) \\ b_3 = 0.00969 + 2.2105/(k+1) \end{cases} \tag{15-75}$$

式中　b_1、b_2 和 b_3——与 k 有关的常数。

（2）不等间距布置接地网时，接地电阻按下列公式计算：

$$R = k_{Rh} k_{RL} k_{Rm} k_{RN} k_{Rd} (1.068 \times 10^{-4} + 0.445/\sqrt{S}) \rho \tag{15-76}$$

$$\begin{cases} k_{Rh} = 1.061 - 0.070 \sqrt[5]{h} \\ k_{RL} = 1.144 - 0.13 \sqrt{L_1/L_2} \\ k_{RN} = 1.256 - 0.367 \sqrt{N_1/N_2} + 0.126 N_1/N_2 \\ k_{Rm} = (1.168 - 0.079 \sqrt[5]{m}) k_{RN} \\ k_{Rd} = 0.931 + 0.0174 \sqrt[3]{d} \\ m = (N_1 - 1)(N_2 - 1) \end{cases} \tag{15-77}$$

式中　　　　　　ρ——土壤电阻率，$\Omega \cdot m$；
k_{Rh}、k_{RL}、k_{Rm}、k_{RN}、k_{Rd}——
接地电阻的埋深、形状、网孔数目、导体根数和导体直径对接地电阻的影响系数；

L_1、L_2——接地网的长度和宽度，m；

N_1、N_2——长宽方向布置的导体根数；

m——接地网的网孔数目。

（3）最大接触电压 U_T 按下列公式计算：

$$U_T = k_{TL}k_{Th}k_{Td}k_{TS}k_{TN}k_{Tm}V \qquad (15\text{-}78)$$

$$\begin{cases} k_{TL} = 1.215 - 0.269\sqrt[3]{L_2/L_1} \\ k_{Th} = 1.612 - 0.654\sqrt[3]{h} \\ k_{Td} = 1.527 - 1.494\sqrt[4]{d} \\ k_{TN} = 64.301 - 232.65\sqrt[6]{N} \\ \qquad + 279.65\sqrt[3]{N} - 110.32\sqrt{N} \\ k_{TS} = -0.118 + 0.445\sqrt[12]{S} \\ k_{Tm} = 9.727 \times 10^{-3} + 1.356/\sqrt{m} \\ N = N_2/N_1 \end{cases} \qquad (15\text{-}79)$$

式中　　　　$V = I_G R$——接地网的最大接地电位升高；

k_{TL}、k_{Th}、k_{Td}、k_{TS}、k_{TN}、k_{Tm}——最大接触电压的形状、埋深、接地导体直径、接地网面积、接地极导体根数及接地网网孔数目影响系数。

（4）最大跨步电压 U_S 按下列公式计算：

$$U_S = k_{SL}k_{Sh}k_{Sd}k_{SS}k_{SN}k_{Sm}V \qquad (15\text{-}80)$$

$$\begin{cases} k_{SL} = 29.081 - 1.862\sqrt{l} + 435.18l \\ \qquad + 425.68l^{1.5} + 148.59l^2 \\ k_{Sh} = 0.454\exp(-2.294\sqrt[3]{h}) \\ k_{Sd} = -2780 + 9623\sqrt[36]{d} - 11099\sqrt[18]{d} \\ \qquad + 4265\sqrt[12]{d} \\ k_{SN} = 1.0 + 1.416 \times 10^6\exp(-202.7N) \\ \qquad - 0.306\exp[29.264(N-1)] \\ k_{SS} = 0.911 + 19.104\sqrt{S} \\ k_{Sm} = k_{SN}(34.474 - 11.541\sqrt{m} + 1.43m \\ \qquad - 0.076m^{1.5} + 1.455 \times 10^{-3}m^2) \\ N = N_2/N_1 \\ l = L_1/L_2 \end{cases} \qquad (15\text{-}81)$$

式中　k_{SL}、k_{Sh}、k_{Sd}、k_{SS}、k_{SN}、k_{Sm}——最大跨步电位差的形状、埋深、接地导体直径、接地网面积、接地体导体根数及接地网网孔数目影响系数。

三、提高接触电压和跨步电压允许值的措施

当人工接地网的地面上局部地区的接触电压和跨步电压超过允许值，因地形、地质条件的限制扩大接地网的面积有困难，全面增设均压带又不经济时，可采取下列措施：

（1）在经常维护的通道、操动机构四周、保护网附近局部增设 1～2m 网孔的水平均压带，可直接降低大地表面电位梯度，此方法比较可靠，但需增加钢材消耗。

（2）铺设砾石地面或沥青地面，用以提高地表面电阻率，以降低人身承受的电压。此时地面上的电位梯度并不改变。

1）采用碎石、砾石或卵石的高电阻率路面结构层时，其厚度不小于 15～20cm。电阻率可取 2500Ω·m。

2）采用沥青混凝土结构层时，其厚度为 4cm。电阻率取 500Ω·m。

3）为了节约，也可将沥青混凝土重点使用。如只在经常维护的通道、操动机构的四周、保护网的附近铺设，其他地方可用砾石或碎石覆盖。

采用高电阻率路面的措施，在使用年限较久时，若地面的砾石层充满泥土或沥青地面破裂时，则不安全。因此，定期维护是必需的。

具体采用哪种措施，应因地制宜地选定。

第四节　高土壤电阻率地区的接地装置

一、接地要求及降低土壤电阻率的措施

在高土壤电阻率（$\rho > 500$Ω·m）地区，接地装置要做到规定的接地电阻值可能会在技术经济上极不合理。因此，其接地电阻允许值可相应放宽。

在小接地短路电流系统中，电力设备的接地电阻不大于 30Ω。

在大接地短路电流系统中，发电厂的接地电阻不大于 5Ω，但应满足系统发生接地短路时，接触电压和跨步电压的要求。

独立避雷针（线）的独立接地装置的接地电阻做到 10Ω 有困难时，允许采用较高的接地电阻值，并可与主接地网连接，但从避雷针与主接地网的地下连接点至 35kV 及以下设备的接地导体（线）与主接地网的地下连接点，沿接地极的长度不得小于 15m，且避雷针到被保护设施的空中距离和地中距离还应符合防止避雷针对被保护设备反击的要求。

在高土壤电阻率地区，应尽量降低发电厂的接地电阻，其基本措施是将接地网在水平面上扩展、向纵深方向发展或改善土壤电阻率。这包括扩大接地网面积、引外接地、增加接地网的埋设深度、利用自然接地极、深埋垂直接地极、局部换土、爆破接地技术、利用接地模块、深井接地技术等。应注意各种降阻方法都有其应用的特定条件，针对不同地区、不同条件采用不同的方法才能有效地降低接地电阻；各种方法也不是孤立的，在使用过程中必须相互配合，以获得显著的降阻效果。

高土壤电阻率地区，为降低发电厂的接地电阻，有下列措施可供选用。

（一）敷设引外接地极

如在发电厂 2000m 以内有较低电阻率的土壤时，可敷设引外接地极，构建辅助接地网，以降低厂内的接地电阻。引外接地极的导体一般采用两根或多根，以增加可靠性。经过公路的引外线，埋设深度不应小于 0.8m。

对于独立避雷针的引外接地，如附近有低电阻率的地层，为了减小冲击接地电阻，可以采用引外接地，其最大引外长度可由下式计算：

$$L_{\max} = 1.67\rho^{0.4} + 25\,(m) \qquad (15\text{-}82)$$

式中 ρ——土壤电阻率，$\rho \geq 500\Omega \cdot m$。

超过最大引外长度时，引外接地效果不大。

（二）深钻式接地极

当地下较深处的土壤电阻率较低时，可采用井式、深钻式接地极或采用爆破式接地技术，达到降阻的要求。深钻式接地极是通过伸长垂直接地极、加大电流在深层低电阻率土壤中的散流，从而达到降低接地电阻的目的。这种降阻方法一般适用于地下较深处有土壤电阻率较低的地质结构，也适用于冰冻土地区；该方法将平面地网改作立体地网，用下层低电阻率的地层进行降阻。

（1）在选择深钻式接地方式时，应考虑以下几点：

1）选在地下水较丰富及地下水位较高的地方。

2）接地网附近如有金属矿体，可将接地极插在矿体上，利用矿体来延长或扩大人工接地极的几何尺寸。

3）多年冻土地区，深钻式接地极可选在融区处。

4）深钻式接地极的间距宜大于 20m，可不计互相屏蔽的影响。

5）埋设垂直接地极的深井中宜灌注长效接地降阻剂，并采用压力灌浆法进行。

（2）深井爆破式接地技术。

若发电厂处在岩石较多的地区，还可采用深井爆破的方式，将深井下半部的岩石炸裂，以便使接地降阻剂能沿着裂缝渗透，进一步增大降阻效果。在采用

深井接地降阻之前，先必须进行技术经济比较，否则可能造成巨大的浪费。深井主要分为直深井和斜深井两种形式。

爆破接地技术的基本原理是采用钻孔机在地中垂直钻一定直径和深度的深孔，在孔中插入接地电极，然后沿孔的整个深度隔一定距离安放一定量的炸药来进行爆破，将岩石爆裂、爆松，接着用压力机将调成浆状的低电阻率材料压入深孔中及爆破制裂产生的缝隙中，以达到通过低电阻率材料将地下巨大范围的土壤内部沟通并加强接地电极与土壤或岩石的接触，从而达到在大范围内改良土壤的特性，实现较大幅度降低接地电阻的目的，单根垂直接地极采用深孔爆破接地技术后形成的填充了降阻剂的区域示意如图 15-17 所示。

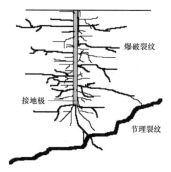

图 15-17 单根垂直接地极采用深孔爆破接地技术后形成的填充了降阻剂的区域

（三）填充电阻率较低的物质

1. 填充物

在水平接地极、垂直接地极周围填充电阻率较低的物质或降阻剂，可以明显改善土壤电阻率，降低接地电阻；但应确保填充材料不会加速接地极的腐蚀。

（1）换土。在接地极附近利用低电阻率的黏土（$\rho \leq 100\Omega \cdot m$）换填高电阻率的土壤，是降低土壤电阻率最直接的办法。采用此方法之前，必须对厂区周围的土壤进行勘测，明确所换土壤的电阻率值及其经济性，以免造成经济上的浪费。

（2）降阻剂。在接地极附近施用低电阻率的材料。置换材料的特征应保证：电阻率低、不易流失、性能稳定、易于吸收和保持水分、无强烈腐蚀作用，并且施工简便、经济合理。降阻剂就其降阻方式的不同可分为以下三种类型：

1）食盐或食盐与木炭的混合物。它是靠电解质溶液中的离子渗透到土壤的空隙中来降低土壤的电阻率。

2）化学降阻。化学降阻剂是一种电解质与胶凝材料结合而成的胶凝状导电物质，即用脲醛树脂、丙烯树脂之类的高分子有机化合物作为主要胶凝材料，加上食盐等盐类物质作为电解质，在引发剂的作用下

发生聚合反应生成的一种具有网状分子结构的高分子共聚物。它靠包围于高分子网格中的电解质导电。

3）无机降阻剂。无机降阻剂是一种以石墨为导电材料，加上石灰、水泥、石膏或水玻璃等无机材料用水调制后固结而成的固体导电物质。

单纯用食盐作电解质的降阻剂在雨水冲刷下很容易流失，再加食盐对钢铁的腐蚀性较大，因此目前已很少采用。化学降阻剂和无机降阻剂中的导电物质不易流失，是目前工程实际中常用的两种将阻剂，这两种降阻剂也称长效降阻剂。

2. 降阻剂的敷设

降阻剂的敷设可以采用置换法和浸渍法。置换法是用低电阻率的材料置换接地极附近小范围内的高电阻率土壤。置换材料必须磨碎，填入坑（沟）内的置换材料应分层捣紧，敷设时应保持25%～30%的湿度。为防止可溶物流失及季节变化对材料电阻率的影响，在材料四周可填置一层低电阻率的黏土。浸渍法是用高压泵将低电阻率的材料在凝固前压入高电阻率的地层中。

3. 填充方式可采用人工接地坑（沟）

采用低电阻率的材料置换接地极附近小范围内的高电阻率的土石，对减小单个或集中接地极的工频接地电阻具有显著的效果。但对减小冲击接地电阻的效果却不大，甚至在大的冲击电流作用下，置换材料被电弧和火花放电所短路，不起作用。因此，当用于冲击接地时，在技术经济条件允许的情况下，应适当增大人工接地坑（沟）的几何尺寸。

（四）敷设离子接地极

离子接地极由陶瓷合金化合物组成，电极外表是铜合金，导电性好，外表面耐腐蚀能力强。其工作原理为：离子接地极内部含有特制的电解离子化合物，能够吸收空气中的水分，通过潮解作用，将活性电解离子不断地、有效释放到周围土壤中，从而降低土壤电阻率，使得周围土壤的导电性能持续保持在较高的水平，从而使故障电流可以有效地扩散到周围的土壤中，降低接地电阻，充分发挥接地系统的保护作用。敷设有离子接地极的接地网，其接地电阻值常年保持稳定，变化幅度极小，非常适合于各种系统的接地装置中作为垂直或水平接地极应用。单套接地单元分主体和离子体，主体外表采用铜合金，使用寿命可长达30年以上；离子体因在不同土壤性质中，离子的扩散情况不同，其使用寿命也差异较大，能否达到30年寿命有待进一步考证。

在恶劣的土壤环境下，因土壤中缺乏自由离子，土壤电阻率过高，金属导体的接地效果不十分理想，离子接地极用于此种场合，能有效解决自由离子缺乏的问题。离子接地极的污染性、腐蚀性、降阻效果以及长效性不断存在争议，但为土壤电阻率较高、接地

网面积不够，而要降低接地电阻提供了一个选择。

（五）接地模块

接地模块是一种以碳素材料为主体的接地极，它由导电性、稳定性较好的非金属矿物质组成；接地模块按着产品形状可以分：梅花形、圆柱形、方形等。接地模块自身有较强的吸湿、保湿能力和稳定的导电性；模块主体本身是抗腐蚀材料，其金属骨架采用表面经抗腐蚀处理的金属材料，抗腐蚀性能好，使用寿命达到30年以上；接地模块的主体材料与土壤的物理结构相似，能与土壤结合为一体，增大了接地极的有效散流面积，降低了接地极与土壤的接触电阻，达到良好的降阻效果。

（六）敷设水下接地网

（1）首先充分利用水工建筑物（水塔、水井、水池等）以及其他与水接触的金属部分作为自然接地极。此时在水中钢筋混凝土结构物内绑扎成的许多钢筋网中，选择一些纵横交叉点加以焊接，并与接地网连接起来。当水的电阻率ρ=10～50$\Omega \cdot m$时，位于水下钢筋混凝土每100m^2表面积散流电阻约为2～3Ω。

（2）水力发电厂可在水库、上游围堰、施工导流隧洞、尾水渠、下游河道或附近的水源中的最低水位以下区域敷设人工接地极。

（3）当利用水工建筑物作为自然接地极仍不满足要求或有困难时，应优先在就近的水中（河水、井水、池水）敷设引外接地装置。该人工接地装置应注意如下几点：

1）尽可能敷设于水源流速不大处或静水中，并妥为固定。在静水中可用大石压住，动水中则需少量锚固。

2）在水域宽阔处，首先应尽可能加宽占用水域的面积，其次才向水域的长度方向发展。

3）水下接地网应与自然接地极保持足够的距离，以减少相互屏蔽的影响。

4）水下接地网与岸上接地网的连接，可以利用自然接地极。有条件时，在连接处宜设置接地测量井。

5）若水中含有较严重的腐蚀物时，钢材应镀锌，或采取其他防腐措施。

6）当用河水时，只有含盐量较大时才有效。

（4）深水井接地技术。

地下水可以填充土壤中的空隙，增大土壤的散流面积，缩短土壤的散流通道，这是地下水影响土壤电阻率的原因。土壤的湿度越大，土壤电阻率越低，含有丰富导电离子的地下水对土壤电阻率的影响更加明显。在有地下水的地区可以采用深水井接地技术来降低接地电阻，它是利用水井积水的原理制作的接地极，如图15-18所示，在地中挖一深井，在井壁内布置不锈钢管或热镀锌钢管接地极，钢管的直径约5cm，钢管壁上必须留有通水孔。利用钢管内的空间作为深水

井的储水空间，钢管的金属既是接地极的导体，又是深水井的井壁。另外水井的上端不能封死，必须留有通气孔以形成压力差，确保地下水分子的运动，在接地极的周围形成明显的低电阻率区，从而降低了接地极的接地电阻。

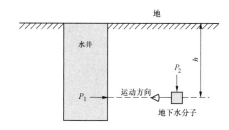

图 15-18　水井积水原理图

（七）充分利用架空线路的地线

把发电厂所接线路的地线全部连接起来，电流通过地线散流，对降低接地电阻也是有效的。

（八）永冻土地区采取降低土壤电阻率的措施

多年冻土的电阻率极高，可达未冻土电阻率的数十倍。可采取以下降低其土壤电阻率的特殊措施：

（1）将接地网敷设在融化地带或融化地带的水池或水坑中。

（2）可敷设深钻式接地极，或充分利用井管或其他深埋在地下的金属构件作接地极，还应敷设深垂直接地极，其深度应保证深入冻土层下面的土壤至少 5m。

（3）在房屋地基融化范围内敷设接地网。

（4）在接地极周围人工处理土壤，以降低冻结温度和土壤电阻率。

（九）季节冻土或季节干旱地区采取降低土壤电阻率的措施

（1）季节冻土层或季节干旱形成的高电阻率层的厚度较浅时，可将接地网埋在高电阻率层下0.2m。

（2）已采用多根深钻式接地极降低接地电阻时，可将水平接地网正常埋设。

（3）季节性的高电阻率层厚度较深时，可将水平接地网正常埋设，在接地网周围及内部接地极交叉点布置短垂直接地极，其长度宜深入季节性高电阻率层下面 2m。

二、水下接地网接地电阻的估算

水下接地网一般可用 20×4mm² 的扁钢或 Φ10 的圆钢焊成外缘闭合的矩形网，网内用纵横连接带构成的网孔不宜多于 32 个。

当河水电阻率 ρ_s 和河床电阻率 ρ_0 之比为 1：6 时，水下接地网的接地电阻 R_w 可按下式计算：

$$R_w = K_s \times \frac{\rho_s}{40} \qquad (15-83)$$

式中　K_s——接地电阻系数，可由图 15-19 曲线查得，图中 H 为水深。

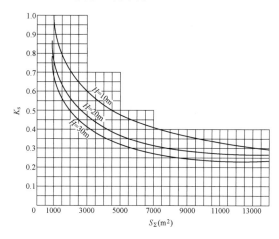

图 15-19　接地电阻系数 K_s 和接地网面积 S_Σ 关系曲线（ρ_s：ρ_0=1：6）

当河水电阻率 ρ_s 和河床电阻率 ρ_0 之比为 1：4 或 1：10 时，水下接地网的接地电阻系数可按图 15-20 或图 15-21 查得。

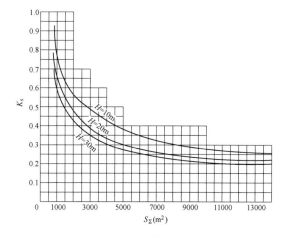

图 15-20　接地电阻系数 K_s 和接地网面积 S_Σ 关系 曲线（ρ_s：ρ_0=1：4）

三、人工改善土壤电阻率的接地电阻

（一）人工接地坑

因为最大的电位梯度发生在距垂直接地极边缘 0.5～1m 处，并考虑到施工困难，所以人工接地坑的坑径不宜过大，一般可用上部直径 2m，下部直径 1m，坑深 3m 左右，接地极长度为 2.5～3m，埋深为 0.6～0.8m，如图 15-22 所示。

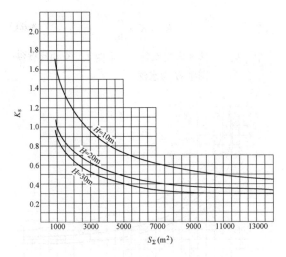

图 15-21　接地电阻系数 K_s 和接地网面积
S_Σ 关系曲线（$\rho_s:\rho_0=1:10$）

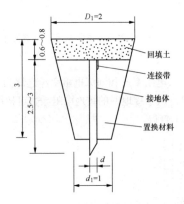

图 15-22　人工接地坑

人工接地坑的接地电阻一般应由现场测量得到。当已知置换材料和原地层的电阻率时，可用下式估算：

$$R_k = \frac{\rho_y}{2\pi l}\ln\frac{4l}{d_1} + \frac{\rho_z}{2\pi l}\ln\frac{d_1}{d} \qquad (15\text{-}84)$$

式中　R_k——人工接地坑的接地电阻，Ω；
　　　ρ_z——置换材料的电阻率，$\Omega\cdot m$；
　　　ρ_y——原地层的电阻率，$\Omega\cdot m$；
　　　l——垂直接地极长度，m；
　　　d——垂直接地极直径，m，对扁钢和角钢见图 15-5 说明；
　　　d_1——计算直径，m。

（二）人工接地沟

人工接地沟的几何尺寸，一般上部宽度 B_1=1.6m，下部宽度 B_2=0.8m，沟深 1.1～1.3m，接地极埋深 0.6～0.8m，计算直径 1m，如图 15-23 所示。

人工接地沟的接地电阻可用下式估算：

$$R_g = \frac{\rho_y}{2\pi l_p}\ln\frac{2l_p}{d_1} + \frac{\rho_z}{2\pi l_p}\ln\frac{l_p}{d} \qquad (15\text{-}85)$$

式中　R_g——人工接地沟的接地电阻，Ω；
　　　l_p——水平接地极长度，m；
　　　d——水平接地极直径，m，对扁钢和角钢见图 15-5 说明；
　　　d_1——计算直径（人工接地沟梯形断面的内切圆直径），m。

其他符号说明与式（15-36）相同。

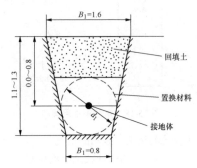

图 15-23　人工接地沟

四、工频反击过电压及其保护措施

在大接地短路电流系统中，高土壤电阻率地区的发电厂，当接地电阻达不到规定值时，电阻允许值可以放宽，但应满足本章表 15-1 中注②的要求。

（一）低压系统的接地方式

由于厂用变压器的保护接地接至发电厂接地网，且与厂用变压器的低压中性点共用接地，干式变压器基本固体绝缘和附加固体绝缘应能承受暂时过电压为 U_n+1200U（U_n 为低压系统标称相电压），对于 $R\leqslant$ 2000/I_G，但 $R>$1200/I_G 的情况，为确保人身和低压电气装置的安全，低压侧（380/200V）应采用 TN 系统且低压电气装置采用（含建筑物钢筋的）保护等电位联结接地系统。低压 TN 系统发生接地故障时，接触电压可能达到 100～150V，从人身安全考虑，也应采取保护等电位联结。

当 $R<$1200/I_G 时，保护接地接至接地网的厂用变压器的低压接地系统的形式不予限制，但低压电气装置应采用（含建筑物钢筋的）保护等电位联结。

当提供接地网接地电阻和地电位升高允许值时，更应考虑厂用变压器低压侧中性点的接地与变压器保护接地共用条件下人身和设备的安全。因此，保护接地接至发电厂接地网的厂用变压器的低压侧，应采用 TN 系统，且低压电气装置应采用（含建筑物钢筋的）保护等电位联结。

（二）二次电缆的保护措施

发电厂接地网地电位升高直接与二次系统的安全性相关。系统发生接地故障时接地网中流动的电流，将在二次电缆的芯线与屏蔽层之间，或二次设备的信号线或电源线与地之间产生电位差。当此电位差超过二次电缆或二次设备绝缘的工频耐受电压时，二次电缆或设备将会发生绝缘破坏。因此，必须将极限电位升高控制在二次系统安全值之内。一般的二次电缆 2s 工频耐受电压较高（不小于 5kV）。二次设备，如综合自动化设备，其工频绝缘耐受电压为 2kV/1min。从安全出发，二次系统的绝缘耐受电压可取 2kV。

二次系统在短路时承受的地电位升高，还决定于二次电缆的接地方式。

二次电缆屏蔽层单端接地时，电缆屏蔽层中没有电流流过，接地故障时二次电缆芯线上的感应电位很小，二次电缆承受的电位差即为地电位升高。该电位差施加在二次电缆的绝缘上，因此地电位升高直接取决于二次电缆绝缘的交流耐压及二次设备绝缘的交流耐压值。

当电缆的屏蔽层双端接线至接地网时，接地故障电流注入接地网会有部分电流从电缆的屏蔽层中流过，将在二次电缆的芯线上感应较高的电位，从而使作用在二次电缆的芯与屏蔽层电位差减小。对于二次电缆的不同布置方式及不同接地故障点位置，通过大量的计算表明，双端接地电缆上感应的芯—屏蔽层电位差通常不到地网电位的 20%；甚至土壤电阻率为 50Ω·m 左右、边长大于 100m 的接地网，即使在二次电缆层屏蔽层接地点附近发生接地故障时，芯—屏蔽层电位差小于地网电位升高的 40%。目前，发电厂已实现保护在电气装置处就近设置，其二次电缆一般都较短，如果二次电缆的长度小于接地网边长的一半，则在最严酷的条件下，芯—屏蔽层电位差也小于地网电位升高的 40% 甚至更小。因此，采用二次电缆屏蔽层双端接地，可以将地电位升高放宽到 2kV/40%= 5kV。采用二次电缆屏蔽层双端接地的方式，即使短路时地电位升高达到 5kV，但作用在二次电缆芯—屏蔽层之间和二次设备上的电位差只有 2kV，满足二次系统安全的要求。

二次电缆屏蔽层双端接地带来的一个问题是，接地故障时有部分故障电流流过二次电缆的屏蔽层，如果故障电流较大，则有可能烧毁屏蔽层。可在电缆沟中与二次电缆平行布置一根扁铜或铜绞线，且接至接地网，二次电缆与扁铜可靠连接。这样接地故障时，由于扁铜的阻抗比二次电缆屏蔽层的阻抗小得多，因此故障电流主要从扁铜中流过，而流过二次电缆的屏蔽层的电流较小，可以消除屏蔽层双端接地时可能烧毁二次电缆的危险。

（三）低压线路隔离接地电位的措施

为防止高电位引向厂外及低电位引向厂内，对低压线路应采取隔离措施。

（1）当厂用变压器向厂外低压用户供电时，由于变压器外壳已连接至厂接地网，为此应避免接地网过高的地电位升高对厂用变压器低压绕组造成反击。一般条件下，10/0.4kV 变压器 0.4kV 侧的短时交流耐受电压仅为 3kV。为此，当接地网地电位升高超过 2kV 时，需要考虑：厂用变压器的 0.4kV 侧绕组的短路（1min）交流耐受电压应比厂内接地网地电位升高超过 40%，以确保接地网地电位升高不会反击至低压系统。而向厂外供电用低压线路应采用架空线，其电源（变压器低压绕组）中性点不在厂内接地，改在厂外适当的地方接地，以免将接地网的高电位引出。

在厂区内的水泥杆铁横担低压线路，也不宜接地。

（2）引出厂区外的低压线路，如在电源侧安装有低压避雷器时，宜在避雷器前接一组 RC1A 或 RL1 型熔断器，熔体的额定电流为 5A。接地网的暂态电位升高，使避雷器击穿放电后造成短路、熔体熔断，从而隔离接地电位。

（3）采用电缆向厂区外的用户供电时，除电源中性点不在厂区内接地而改在用户处接地外，最好使用全塑电缆。如为铠装电缆，电缆在进入用户处，应将铠装或铅（铝）外皮剥掉 0.5~1m，或采用其他隔离或绝缘措施。

（4）与厂用变压器共用电源的低压引出线路，宜在用户进线处的相线和中性线上装设自动空气开关，开关后面的相线和中性线上安装击穿保险器。这样，当接地网的高电位引入用户，避雷器击穿放电造成短路时，利用自动空气开关的瞬时脱扣器便可迅速同零线一并切除。

（四）铁路轨道和管道隔离接地电位的措施

（1）铁路轨道，至少在两处将钢轨接头用耐压 50kV 的绝缘鱼尾板隔离，两处间距离应大于一列火车的长度，以防列车通过时将绝缘装置短路。

（2）直接埋在地下引出厂外的油、水、气管，不需要采取隔离电位措施。实践证明，在厂区外的水管上的电位，只有电流流入处电位的一小部分。

（3）架空引出厂区外的金属管道，宜采用一段绝缘的管段，或在法兰连接处加装橡皮垫、绝缘垫圈和将螺栓穿在绝缘套内等绝缘措施。

（五）通信线路的保护措施

通信线路的保护措施有以下几种方法。

（1）采用用户保安器保护，如图 15-24 所示。当接地网电位升高时，保安器击穿放电造成短路，管形熔丝熔断，一般能隔离接地电位。但需要人工处理间隙和更换熔丝后，才能恢复通信。

（2）采用排流线圈和放电器保护，如图 15-25 所示。这种方法的优点是可以自动恢复通信，缺点是将接地网的高电位引到市电话局或生活区用户处，故在用户侧需加装保安器。

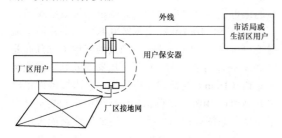

图 15-24　采用用户保安器保护通信线路

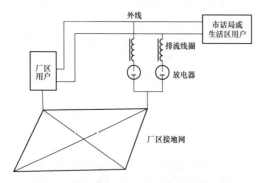

图 15-25　采用排流线圈和放电器保护通信线路

（3）在电信回路中接入隔离变压器，是隔离接地电位的有效方法。缺点是对人工电话振铃回路或自动电话振铃回路及拨号回路的低频信号电流产生较大的衰减和畸变。

（4）对于与发电厂连接的通信线路，也要考虑地电位升高的高电位引出及其隔离措施。目前，发电厂的通信线路一般采用光缆通信线路，此问题可以不予考虑。非采用光纤通信线路时，则必须采用专门的隔离变压器，其一次、二次绕组间绝缘的交流 1min 耐压值不应低于 15kV。

第五节　接地装置的布置

一、接地网的布置

（一）接地网布置的一般原则

（1）发电厂的接地装置应充分利用以下自然接地极：

1）埋设在地下的金属管道（易燃和有爆炸介质的管道除外）；

2）金属井管；

3）与大地有可靠连接的建筑物及构筑物的金属结构和钢筋混凝土基础；

4）水工建筑物及类似建筑物的金属结构和钢筋混凝土基础；

5）穿线的钢管，电缆的金属外皮；

6）非绝缘的架空地线。

（2）当利用自然接地极和外引接地装置时，应采用不少于两根导线在不同地点与水平接地网相连接。

（3）在利用自然接地极后，接地电阻尚不能满足要求时，应装置人工接地极。对于大接地短路电流系统的发电厂则不论自然接地极的情况如何，还应敷设人工接地极。

（4）对于发电厂，不论采用何种形式的人工接地极，如井式接地体、深钻式接地、引外接地等，都应敷设以水平接地极为主的人工接地网。面积较大的接地网降低接地电阻主要靠大面积水平接地极，它既有均压、减小接触电压和跨步电压的作用，又有散流的作用。

一般情况下，发电厂接地网中的垂直接地极对工频电流散流作用不大。防雷接地装置可采用垂直接地极用于避雷针、避雷线和避雷器附近，加强集中接地和泄雷电流。

人工接地网的外缘应闭合，外缘各角应做成圆弧形，圆弧的半径不宜小于均压带间距的 1/2，接地网内应敷设水平均压带，接地网的埋设深度不宜小于 0.8m。在冻土地区，接地网的敷设可详见本章第四节所采取的措施。

（5）35kV 及以上接地网边缘经常有人出人的走道处，应铺设砾石、沥青路面或在地下装设两条与接地网相连的均压带。可采用帽檐式均压带；但在经常有人出入的地方，结合交通道路的施工，采用高电阻率的路面结构层作为安全措施，要比埋设帽檐式辅助均压带方便；具体采用哪种方式应因地制宜。

敷设帽檐式均压带，可显著降低跨步电压和接触电压。关于均压带的布置方式和尺寸示意图及举例见图 15-26 和表 15-18。

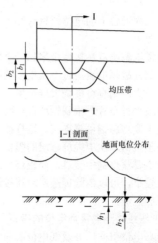

图 15-26　帽檐式均压带的间距和埋深示意图

表 15-18　　帽檐式均压带的间距和埋深　　（m）

间距 b_1	1	2	3
间距 b_2	2	4.5	6
埋深 h_1	1	1	1.5
埋深 h_2	1.5	1.5	2

（6）6kV 和 10kV 配电站，当采用建筑物的基础作接地极，且接地电阻满足规定值时，可不另设人工接地。

（7）配电变压器的接地装置宜敷设闭合环形，以防止因接地网流过中性线的不平衡电流在雨后地面积水或泥泞时接地装置附近的跨步电压引起行人和牲畜的触电事故。

均压网的设计示例见图 15-27。

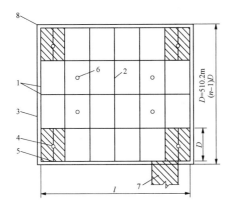

图 15-27　均压网设计示例图
1—均压带，由 ϕ14 圆钢或 40×4 扁钢做成；2—加强均压网电路连接的接地带；3—砖石围墙；4—最大（边角孔）接触电压计算点；5—降低最大（边角孔）接触电压的附加均压带，或在此区内（斜线）采用高电阻率地面结构层；6—一次边角网孔接触电压计算点；7—出、入口交通道路；8—围墙外缘

（二）接地井的设置

接地井的主要作用，是在一部分接地装置与其他部分的接地装置需分开单独测量时使用。为了便于分别测量接地电阻，有条件时可在下列地点设接地井：

1）对接地电阻有要求的单独集中接地装置；

2）屋外配电装置的扩建端；

3）若干对降低接地电阻起主要作用的自然接地极与总接地网连接处。

此外，为降低发电厂的接地电阻，其接地装置应尽量与线路的非绝缘架空地线相连接，但应有便于分开的连接点，以便测量接地电阻。可在地线上加装绝缘件，并在地线延长与金属构架之间装设可拆的连接端子，其中属于线路设计范围的部分，应向线路设计部分提出要求。

（三）接地装置的敷设

1.接地极的敷设

（1）为减少相邻接地极的屏蔽作用，垂直接地极的间距不应小于其长度的两倍，水平接地极的间距不宜小于 5m。

（2）接地极与建筑物的距离不宜小于 1.5m。

（3）围绕屋外配电装置、屋内配电装置、主控制楼（继电器室）、主厂房及其他需要装设接地网的建筑物，敷设环形接地网。这些接地网之间的相互连接不应少于两根干线。大接地短路电流系统的发电厂各主要分接地网之间宜多根连接。为确保接地的可靠性，接地干线至少应在两点与地网连接。自然接地极至少应在两点与接地干线相连接，连接处一般需设置便于分开的断接卡。扩建接地网时，新、旧接地网连接应通过接地井多点连接。

（4）地下接地极敷设完后的土沟，其回填土内不应夹有石块和建筑垃圾；外取的土壤不得有较强的腐蚀性；在回填土时应分层夯实。室外接地回填应有100～300mm 高度的防沉层。在山区石质地段或电阻率较高的土质区段，应在土沟中至少先回填100mm 厚的净土垫层，再敷接地极，然后用净土分层夯实回填。

（5）接地网中均压带的间距 D 应考虑设备布置的间隔尺寸、尽量减小埋设接地网的土建工程量及节省钢材。视接地网面积的大小，D 一般可取 5、10m。对 330kV 及以上电压等级的大型接地网，也可采用20m 间距。但对经常需巡视操作的地方和全封闭电器则可局部加密（如 D 取 2～3m）。

2.接地导体（线）的敷设

（1）发电厂电气装置中，下列部位应采用专门敷设的接地导体（线）接地：

1）发电机机座或外壳，出线柜、中性点柜的金属底座和外壳，封闭母线的外壳；

2）110kV 及以上钢筋混凝土构件支座上电气装置的金属外壳；

3）箱式变电站和环网柜的金属箱体；

4）直接接地的变压器中性点；

5）变压器、发电机和高压并联电抗器中性点所接自动跟踪补偿消弧装置提供感性电流的部分、接地电抗器、电阻器或变压器等的接地端子；

6）GIS 的接地母线、接地端子；

7）避雷器，避雷针和地线等的接地端子。

（2）当不要求采用专门敷设的接地导体（线）接地时，应符合下列要求：

1）电气装置的接地导体（线）宜利用金属构件、

普通钢筋混凝土构件的钢筋、穿线的钢管和电缆的铅、铝外皮等，但不得使用蛇皮管、保温管的金属网或外皮，以及低压照明网络的导线铅皮作接地导体（线）。

2）可利用生产用的起重机的轨道、走廊、平台、电缆竖井、起重机与升降机的构架、运输皮带的钢梁、电除尘器的构架等金属结构。

3）操作、测量和信号用低压电气装置的接地导体（线）可利用永久性金属管道，但可燃液体、可燃或爆炸性气体的金属管道除外。

4）利用上述所列材料作接地导体（线）时，应保证其全长为完好的电气通路，当利用串联的金属构件作为接地导体（线）时，金属构件之间应以截面积不小于 $100mm^2$ 的钢材焊接。

（3）明敷的接地导体（线）的安装应符合下列要求：

1）接地导体（线）的安装位置应合理，便于检查，无碍设备检修和运行巡视，但暗敷的穿线钢管和地下的金属构件除外。

2）接地导体（线）的安装应美观，防止因加工方式造成接地线截面减小、强度减弱而容易生锈。

3）支持件间的距离，在水平直线部分宜为 0.5～1.5m；垂直部分宜为 1.5～3m；转弯部分宜为 0.3～0.5m。

4）接地导体（线）应水平或垂直敷设，亦可与建筑物倾斜结构平行敷设；在直线段上，不应有高低起伏及弯曲等现象。

5）接地导体（线）沿建筑物墙壁水平敷设时，离地面距离宜为 250～300mm；接地导体（线）与建筑物墙壁间的间隙宜为 10～15mm。

6）在接地导体（线）跨越建筑物伸缩缝、沉降缝处时，应设置补偿器；补偿器可用接地线本身弯成弧状代替。

7）明敷接地导体（线），在导体的全长度或区间段及每个连接部位附近的表面，应涂以 15～100mm 宽度相等的绿色和黄色相间的条纹标识。当使用胶带时，应使用双色胶带。中性线宜涂淡蓝色标识。

（4）当敷设室内接地干线，且明敷的接地干线影响房间美观时，可酌情改为暗敷。敷设于地面或墙壁的抹面层内，敷设将临时接地端子和设备的接地导体（线）都连好引出，并经验收合格后再隐蔽。临时接地端子外漏，并与墙保持 10～15mm 的间隙。

（5）接地导体（线）应采取防止发生机械损伤和化学腐蚀的措施。与公路、铁道或管道等交叉的地方，以及其他有可能发生机械损伤的地方，均应用钢管或角钢等加以保护；接地导体（线）在穿过墙壁、楼板和地坪处应加装钢管或其他坚固的保护套。有化学腐蚀的部位还应采取防腐措施。热镀锌钢材焊接时将破坏热镀锌防腐，应在焊痕外 100mm 内做防腐处理。

（6）在接地导体（线）引进建筑物的入口处或在检修用临时接地点处，均应刷白色底漆并标以黑色标识，同一接地体不应出现两种不同的标识。

（7）当电缆穿过零序电流互感器时，电缆头的接地线应通过零序电流互感器后接地；由电缆头至穿过零序电流互感器的一段电缆金属护层和接地线应对地绝缘。

（8）高压配电间隔和静止补偿装置的栅栏门铰链处应用软铜线连接，以保持良好接地。

（9）高频感应电热装置的屏蔽网、滤波器、电源装置的金属屏蔽外壳。高频回路中外露导体和电气设备的所有屏蔽部分和与其连接的金属管道均应接地，并宜与接地干线连接。与高频滤波器相连的射频电缆应全程伴随截面积 $100mm^2$ 以上的铜质接地线。

（10）避雷引下线与暗管敷设的电缆、光缆最小平行距离应为 1.0m，最小垂直交叉距离应为 0.3m；保护地线与暗管敷设的电缆、光缆最小平行距离应为 0.05m，最小垂直交叉距离应为 0.02m。

3. 接地导体（线）的连接

发电厂电气装置中，接地导体（线）的连接应符合下列要求：

（1）钢接地导体（线）使用搭接焊接方式，其搭接长度应为：扁钢为其宽度的 2 倍（且至少 3 个棱边焊接）；圆钢为其直径的 6 倍；圆钢与扁钢连接时，搭接长度为圆钢直径的 6 倍；扁钢与钢管、扁钢与角钢焊接时，为了连接可靠，除应在其接触部位两侧进行焊接外，并应焊以用钢带弯成的弧形（或直角形）卡子或直接由钢带本身弯成弧形（或直角形）与钢管（或角钢）焊接。

（2）接地导体（线）为铜（包含铜覆钢材）与铜或铜与钢的连接工艺采用放热焊接方式，其熔接接头应符合以下要求：被连接的导体必须完全包在接头里；应保证连接部位的金属应完全熔化，连接牢固；放热焊接接头的表面应平滑；接头应无贯穿性的气孔。

（3）当利用钢管作接地导体（线）时，钢管连接处应保证有可靠的电气连接。当利用穿线的钢管作接地导体（线）时，引向电气设备的钢管与电气设备之间，应有可靠的电气连接。

（4）接地导体（线）与管道等伸长接地极的连接处宜焊接。连接地点应选在近处，在管道因检修而可能断开时，接地装置的接地电阻仍能符合要求。管道上表计和阀门等处，均应装设跨接线。

（5）采用铜或铜覆钢材的接地导体（线）与接地极的连接，应采用放热焊接；接地导体（线）与电气装置的连接，可采用螺栓连接或焊接。螺栓连接时的允许温度为 250℃，连接处接地导体（线）应适当加大截面积，且应设置防松螺帽或防松垫片。采用钢绞线、铜绞线等作接地线引下时，宜用压接端子与接地体连接。

（6）电气装置每个接地部分应以单独的接地导体（线）与接地母线相连接，严禁在一个接地导体（线）中串接多个需要接地的部分。

（7）沿电缆桥架敷设铜绞线、镀锌扁钢及利用沿桥架构成电气通路的金属构件，如安装托架用的金属构件作为接地干线时，电缆桥架接地时应符合：电缆桥架全长不大于 30m 时，不应少于 2 处与接地干线相连；全长大于 30m 时，应每隔 20～30m 增加与接地干线的连接点；电缆桥架的起始端和终点端应与接地网可靠连接。

（8）金属电缆桥架的接地应符合：电缆桥架连接部位宜采用两端压接镀锡铜鼻子的铜绞线跨接。跨接线最小允许截面积不小于 4mm²；镀锌电缆桥架间连接板的两端不跨接接地线时，连接板每端应有不少于 2 个有防松螺帽或防松垫圈的螺栓固定。

（四）GIS 的接地

（1）气体绝缘金属封闭开关设备（GIS）区域应设置专用接地网，并成为发电厂总接地网的一个组成部分。该专用接地网具有如下功能：能防止故障时人触摸该设备的金属外壳遭到电击；释放分相式设备外壳的感应电流；快速流散开关设备操作引起的快速瞬态电流。

（2）GIS 外部近区故障人触摸其金属外壳时，区域专用接地网应保证触及者手—脚间的接触电压应满足式（15-86），即

$$\sqrt{U_{t\max}^2 + (U'_{to\max})^2} < U_t \qquad (15\text{-}86)$$

式中 $U_{t\max}$——设备区域专用接地网最大接触电压差，由人脚下的点所决定；

$U'_{to\max}$——设备外壳上、外壳之间或外壳与任何水平/垂直支架之间金属到金属因感应产生的最大电压差；

U_t——接触电压允许值。

（3）位于居民区的全室内或地下 GIS，应校核接地网边缘、围墙或公共道路处的跨步电压。厂址所在地区土壤电阻率较高时，紧靠围墙外的人行道路宜采用沥青路面。

（4）GIS 专业接地网与发电厂总接地网的连接，不应少于 4 根。对于 GIS 金属外壳接地引下线，其截面积热稳定的校验电流按单相接地故障时最大不对称电流有效值取值。4 根连接线截面的热稳定校验电流，按单相接地故障时最大不对称电流有效值的35%取值。

（5）GIS 的接地导体（线）及其连接应满足：三相共箱式或分相式 GIS 的金属外壳与其基座上接地母线的连接方式应按制造厂要求执行。而其采用的连接方式，应确保无故障时所有金属外壳运行在地电位水平。当在指定点接地时，应确保母线各段外壳之间电压差在允许范围内。GIS 基座上的接地母线与 GIS 区域专业接地网连接。接地母线较长时，其中部宜另加接地线，并连接至接地网。接地线与 GIS 基座上接地母线应采用螺栓连接方式，且应采取防锈蚀措施。

（6）当 GIS 布置于建筑物内时，建筑物地基内的钢筋应与人工敷设的接地网相连接。建筑物立柱、钢筋混凝土地板（楼板）内的钢筋等与建筑物地基内的钢筋，应相互连接，并良好焊接。室内还应设置环形接地母线，室内各种需要需接地的设备（包括前述各种钢筋）均应连接至环形接地母线。环形接地母线还应与 GIS 区域专用接地网相连接。

（7）当 GIS 露天布置或装设在室内与土壤直接接触的地面上时，其接地开关、氧化锌避雷器的专用接地端子与 GIS 接地母线的连接处，宜装设集中接地装置。

（8）GIS 与电力电缆或与变压器/电抗器直接相连时，电力电缆护层或 GIS 与变压器/电抗器之间套管的变压器/电抗器侧，应通过接地导体（线）以最短路径接到接地母线或 GIS 区域专用接地网。GIS 外壳和电缆护套之间，以及 GIS 外壳和变压器/电抗器套管之间的隔离（绝缘）元件，应安装相应的隔离保护器。

（五）携带式和移动式电气设备的接地

（1）携带式电气设备应用专用芯线接地，严禁利用其他用电设备的零线接地；零线和接地线应分别与接地装置相连接。

（2）携带式电气设备的接地线应采用软铜绞线，其截面积不小于 1.5mm²。

（3）由固定的电源或由移动式发电设备供电的移动式机械的金属外壳或底座，应和这些供电电源的接地装置有可靠连接；在中性点不接地的电网中，可在移动式机械附近装设接地装置，以代替敷设接地线，并应首先利用附近的自然接地极。

（4）移动式电气设备和机械的接地应符合固定式电气设备接地的规定，但下列情况可不接地：①移动式机械自用的发电设备直接放在机械的同一金属框架上，又不供给其他设备用电；②当机械由专用的移动式发电设备供电，机械数量不超过 2 台，机械距移动式发电设备不超过 50m，且发电设备和机械的外壳之间有可靠的金属连接。

二、雷电保护接地

（1）主厂房装设直击雷保护装置或为保护其他设备而在主厂房上装设避雷针时，应采取加强分流、设

备的接地点尽量远离避雷针接地引下线的入地点、避雷针接地引下线远离电气装置等防止反击的措施。避雷针的接地引下线可与主接地网连接，并在连接处加装集中接地装置。

主控制室、配电装置室和35kV及以下变电站的屋顶上如装设直击雷保护装置时，若为金属屋顶或屋顶上有金属结构时，则应将金属部分接地；屋顶为钢筋混凝土结构时，则应将其焊接成网接地；结构为非导电的屋顶时，则应采用避雷带保护，该避雷带的网格为8～10m，并每隔10～20m设接地引下线。该接地引下线可与主接地网连接，并在连接处加装集中接地装置。

（2）发电厂有爆炸危险且爆炸后可能波及发电厂内主设备或严重影响发供电的建（构）筑物（如制氢站、露天氢气贮罐、氢气罐储存室、易燃油泵房、露天易燃油贮罐、厂区内的架空易燃油管道、装卸油台和天然气管道以及露天天然气贮罐等），应采用独立避雷针保护，并应采取防止雷电感应的措施。

避雷针的接地电阻不宜超过10Ω，在高土壤电阻率地区，接地电阻难以降到10Ω，且空气中距离、地中距离满足相关规范要求时，可采用较高的接地电阻。

（3）露天贮罐周围应设置闭合环形接地装置，接地电阻不应超过30Ω，无独立避雷针保护的露天贮罐不应超过10Ω，接地点不应小于两处，接地点间距不应大于30m。架空管道每隔20～25m应设置防感应雷接地一次，接地电阻不应超过30Ω。易燃油贮罐的呼吸阀、易燃油和天然气贮罐的热工测量装置，应用金属导体或相应贮罐的接地装置连接。不能保持良好电气接触的阀门、法兰、弯头等管道连接处应跨接。

（4）独立避雷针宜设置独立的接地装置。在非高土壤电阻率地区，接地电阻不宜超过10Ω。避雷针接地装置与主接地网的地中距离不能满足规范要求或根据需要，可与主接地网连接，但避雷针与接地网的连接点至变压器、35kV及以下设备接地导体（线）与接地网连接点之间，沿接地极的长度不应小于15m，并在连接处加装集中接地装置。独立避雷针不应设在人经常通行的地方，避雷针及其接地装置与道路或出入口的距离不宜小于3m，否则应采取均压措施或铺设砾石、沥青地面。采用沥青或沥青混凝土作为绝缘隔离层时，沥青混凝土的平均击穿强度约为土壤的3倍，故隔离层的厚度b可由式（15-87）决定。

$$b = 0.15R_i - 0.5S \qquad (15-87)$$

式中　S——接地极之间的实际距离，m；
　　　R_i——避雷针的冲击接地电阻，Ω。
绝缘隔离层的深度和宽度还应满足：

$$S_1 + S_2 + b \geqslant S_d \qquad (15-88)$$

式中　S_1——隔离层边缘到主接地网的最小距离，m；
　　　S_2——隔离层边缘到避雷针接地装置的最小距离，m；
　　　b——隔离层厚度，m；
　　　S_d——地中距离，m。

（5）发电厂配电装置构架上避雷针（含悬挂避雷线的架构）的接地引下线可与接地网连接，并在连接处加装集中接地装置。引下线与接地网的连接点至变压器、35kV及以下设备接地导体（线）与接地网连接点之间，沿接地极的长度不应小于15m。

（6）装有避雷针和避雷线的构架上的照明灯电源线，必须采用直埋于地下的带金属护层的电缆或穿入金属管的绝缘导线。电缆金属外皮护层或金属管必须接地，埋地长度应在10m以上，方可与35kV及以下配电装置的接地网及低压配电装置的接地网相连。机力通风塔上电动机的电源线也照此办理。

（7）严禁在装有避雷针、线的构架上架设低压线、通信线和广播线。

（8）发电厂避雷器的接地导体（线）应与接地网连接，且应在连接处设置集中接地装置。

（9）防感应雷和防静电接地可共用一个接地装置，接地电阻应符合两种接地中较小值的要求。

三、防静电接地

发电厂易燃油、可燃油、天然气和氢气等贮罐、装卸油台、铁路轨道、管道、鹤管、套筒及油槽车等防静电接地的接地位置、接地导体（线）、接地极布置方式等，应符合下列要求：

（1）铁路轨道、管道及金属桥台，应在其始端、末端、分支处以及每隔50m处设防静电接地，鹤管应在两端接地。

（2）厂区内的铁路轨道应在两处用绝缘装置与外部轨道隔离。两处绝缘装置间的距离应大于一列火车的长度。

（3）净距小于100mm的平行或交叉管道，应每隔20m用金属线跨接。

（4）不能保持良好电气接触的阀门、法兰、弯头等管道连接处也应跨接。跨接线可采用直径不小于8mm的圆钢。

（5）油槽车应设防静电临时接地卡。

（6）易燃油、可燃油和天然气浮动式贮罐顶，应用可挠的跨接线与罐体相连，且不应少于两处。跨接线可用截面积不小于25mm²的钢绞线、铜绞线或铜覆钢绞线。

（7）浮动式电气测量的铠装电缆应埋入地中，长度不宜小于50m。

（8）金属罐罐体钢板的接缝、罐顶与罐体之间以及所有管、阀与罐体之间应保证可靠的电气连接。

（9）防静电接地每处的接地电阻不宜超过30Ω。

（10）进入天然气区、氢区、氨区，严禁携带手机、火种，严禁穿带铁掌的鞋，并在进入上述区前进行静电释放。

四、发电厂二次系统的接地

（一）常规二次回路和设备的接地

（1）常规二次机柜的金属外壳、电缆的金属外铠和电缆设施应安全接地。

（2）有交流电源输入的二次机柜应有工作接零。供电电缆中应含零线芯。零线芯不应与二次机柜的金属外壳相连接。

当为三相五线制交流电源向二次机柜供电时，供电电缆中应含零线芯（N）和保护接地线（PE）芯。接地线（PE）芯应与二次机柜的金属外壳相连接。

（3）发电厂控制室及保护小室应独立敷设与主接地网紧密连接的二次等电位接地网，在系统发生近区故障和雷击事故时，以降低二次设备间电位差，减少对二次回路的干扰。

（4）公用电压互感器的二次回路只允许在控制室内有一点接地，为保证接地可靠，各电压互感器的中性线不得接有可能断开的开关或熔断器等。已在控制室一点接地的电压互感器二次绕组，宜在开关场将二次绕组中性点经放电间隙或氧化锌阀片接地，其击穿电压峰值应大于$30I_{max}$（单位为 V；I_{max}为电网接地故障时通过厂内的可能最大接地电流有效值，单位为kA）。应定期检查放电间隙或氧化锌阀片，防止造成电压二次回路多点接地的现象。

（二）抗干扰接地

（1）装有电子装置的屏柜应设有供公用零电位基准点逻辑接地的总接地板。总接地板铜排的截面积应不小于$100mm^2$。

（2）当单个屏柜内部的多个装置的信号逻辑零电位点分别独立，并且不需引出装置小箱（浮空）或需与小箱壳体连接时，总接地铜排可不与屏体绝缘；各装置小箱的接地引线应分别与总接地铜排可靠连接。

（3）当屏柜上多个装置组成一个系统时，屏柜内部各装置的逻辑接地点均应与装置小箱壳体绝缘，并分别引接至屏柜内总接地铜排。总接地铜排应与屏柜壳体绝缘。组成一个控制系统的多个屏柜组装在一起时，只应有一个屏柜的总接地铜排有引出地线连接至安全接地网。其他屏柜的绝缘总接地铜排均应分别用绝缘铜绞线接至有接地引出线的屏柜的绝缘总接地铜排上。

当采用没有隔离的 RS-232-C 从一个房间到另一个房间进行通信时，它们必须共用同一接地系统。如果不能将各建筑物中的电气系统都接到一个公共的接地系统时，它们彼此的通信必须实现电气上的隔离，如采用隔离变压器、光隔离、隔离化的短程调制解调器。

（4）零电位母线应仅在一点用绝缘铜绞线或电缆就近连接至接地干线上（如控制室夹层的环形接地母线上）。零电位母线与主接地网相连处不得靠近有可能产生较大故障电流和较大电气干扰的场所，如避雷器、高压隔离开关、旋转电机附近及其接地点。

（5）在继电器室屏柜下层的电缆沟（夹层）内，按屏柜布置的方向敷设$100mm^2$的专用首末端连接的铜排（缆），形成继电器室内的等电位接地网。

应在主控室、继电器室、敷设二次电缆的沟道、配电装置的就地端子箱及保护用结合滤波器等处，使用截面积不小于$100mm^2$的裸铜排（缆）敷设与主接地网连接的等电位接地网。

分散布置的保护继电器小室、通信室与继电器室之间，应使用截面积不小于$100mm^2$的与厂内主接地网相连接的铜排（缆）将保护继电器小室与继电器室的等电位接地网可靠连接。

沿二次电缆的沟道敷设截面积不少于$100mm^2$的裸铜排（缆），构建室外的等电位接地网等电位接地网。

继电器室内的等电位接地网必须与厂内的主接地网可靠连接。

微机型继电保护装置屏内的交流供电电源（照明、打印机和调制解调器）的中性线（零线）不应接入等电位接地网。

（6）保护和控制装置的屏柜下部应设有截面积不小于$100mm^2$的接地铜排。屏柜上装置的接地端子应用截面积不小于$4mm^2$的多股铜线和接地铜排相连。接地铜排应用截面积不小于$50mm^2$的铜缆与保护室内的等电位接地网相连。各屏柜的总接地铜排应首末可靠连接成环网，并仅在一点引出与电力安全接地网相连。为保证连接可靠，连接线必须用至少4根以上、截面积不小于$50mm^2$的铜缆（排）构成共点接地。

配电装置的就地端子箱内应设置截面积不少于$100mm^2$的裸铜排，并使用截面积不少于$100mm^2$的铜缆与电缆沟道内的等电位接地网连接。

（7）由开关场的变压器、断路器、隔离开关和电流互感器、电压互感器等设备至开关场就地端子箱之间的二次电缆应经金属管从一次设备的接线盒（箱）引至电缆沟，并将金属管的上端与上述设备的底座和金属外壳良好焊接，下端就近与主接地网良好焊接。上述二次电缆的屏蔽层在就地端子箱处单端使用截面面积不小于$4mm^2$多股铜质软导线可靠连接至等电位接地网的铜排上，在一次设备的接线盒（箱）处不接地。

（8）采用电力载波作为纵联保护通道时，应沿高频电缆敷设截面积为 $100mm^2$ 铜导线，在结合滤波器处，该铜导线与高频电缆屏蔽层相连且与结合滤波器一次接地引下线隔离，铜导线及结合滤波器二次的接地点应设在距结合滤波器一次接地引下线入地点 $3\sim5m$ 处；铜导线的另一端应与保护室的等电位地网可靠连接。

（9）逻辑接地系统的接地线应符合下列规定：

1）逻辑接地线应采用绝缘铜绞线或电缆，不允许使用裸铜线，不允许与其他接地线混用。

2）逻辑接地绝缘铜绞线或电缆的截面积应符合：零电位母线（铜排）至接地网之间不应小于 $35mm^2$；屏间零电位母线间的连接线不应小于 $16mm^2$。

3）逻辑接地线与接地极的连接应采用焊接，不允许采用压接。

4）逻辑接地线的布线应尽可能短。

（三）计算机系统的接地

（1）计算机系统应有稳定、可靠的接地。计算机系统的保护性接地和功能性接地宜共用一组接地装置。

（2）发电厂的计算机宜利用电力保护接地网，与电力保护接地网一点相连，不宜设置独立的计算机接地系统。当为小接地电流系统或低压配电网时，接入电力保护接地网的接地电阻不能满足计算机接地电阻的要求时，应补充接地极。

（3）计算机系统应设有截面积不小于 $100mm^2$ 的零电位接地铜排，以构成零电位母线。零电位母线应仅由一点焊接引出两根并联的绝缘铜绞线或电缆，并于一点与最近的交流接地网的接地干线焊接，如焊接至控制室电缆夹层的环形接地母线上。环形接地母线应与室外接地网可靠连接，室外接地网应至少有两处与主接地网相连。计算机零电位母线接入主接地网的接地点与大电流入地点沿接地导体的距离不宜小于 15m。

（4）计算机系统内的逻辑地、信号地、屏蔽地均应用绝缘铜绞线或电缆接至总接地铜排，达到"一点接地"的要求。

（5）主机及外设的接地方式如下：

1）主机和外设机柜应与基础绝缘，对地绝缘电阻应大于 $50M\Omega$，并与钢制电缆管、电缆槽道等绝缘。

2）集中布置机柜的接地，应用绝缘铜绞线或电缆引接至总接地铜排。

3）距离主机较远的外设（如 I/O 通道、CRT 控制台等）的接地，应用绝缘铜绞线或电缆直接引接至总接地铜排。

4）打印机等电噪声较大的外设，可通过三孔电源插座的接地脚接地。

5）继电器柜、操作台等与基础不绝缘的机柜，不得接到总接地铜排，可就近接地。

（6）计算机信号电缆屏蔽层的接地方式如下：

1）当信号源浮空时，屏蔽层应在计算机侧接地。

2）当信号源接地时，屏蔽层应在信号源侧接地。

3）当放大器浮空时，屏蔽层的一端宜与屏蔽罩相连；另一端宜共模接地（当信号源接地时接信号地；当信号源浮空时接现场地）。

（7）各种用途接地导体（线）的截面选择符合表 15-19 的规定。

表 15-19　各种用途接地导体（线）的截面选择表

序号	连接对象	接地铜线最小截面积 (mm^2)
1	总接地板——接地点	35
2	计算机系统地——总接地板	16
3	机柜间链式接地连接线	2.5
4	机柜与钢筋接地连接线	2.5
5	外设经三孔插头接地	按厂家预供电缆规范

注　1. 表中接地导体（线）采用绝缘铜绞线或电缆。
　　2. 计算机系统地包括逻辑地、信号地、屏蔽地。

（四）调度楼、通信站和微波站二次系统的接地

（1）调度通信综合楼内的通信站应与同一楼内的动力装置、建筑物避雷装置共用一个接地网。

（2）调度通信综合楼及通信机房接地引下线可利用建筑物主体钢筋和金属地板构架等，钢筋自身上、下连接点应采用搭焊接，且其上端应与房顶避雷装置、下端应与接地网、中间应与各层均压网或环形接地母线焊接成电气上连通的笼式接地系统。

（3）位于发电厂的通信站的接地装置应至少用两根规格不小于 40mm×4mm 的镀锌扁钢与厂内的接地网均压相连。

（4）通信机房顶上应敷设闭合均压网（带）并与接地装置连接，房顶平面任一点到均压带的距离均不应大于 5m。

（5）通信机房内应围绕机房敷设环形接地母线，截面积应不小于 $90mm^2$ 的铜排或 $120mm^2$ 的镀锌扁钢。围绕机房建筑应敷设闭合环形接地装置。环形接地装置、环形接地母线和房顶闭合均压带之间，至少用 4 根对称布置的连接线（或主钢筋）相连，相邻连接线之间的距离不宜超过 18m。

（6）机房内各种电缆的金属外皮、设备的金属外壳和框架、进风道、水管等不带电金属部分、门窗等建筑物金属结构以及保护接地、工作接地等，应以最短距离与环形接地母线连接。电缆沟道、竖井内的金属支架至少应两点接地，接地点间距离不宜超

过 30m。

（7）各类设备保护地线宜用多股铜导线，其截面面积应根据最大故障电流确定，一般为 25～95mm^2；导线屏蔽层的接地线截面面积，应大于屏蔽层截面面积的 2 倍。接地线的连接应确保电气接触良好，连接点应进行防腐处理。

（8）连接两个变电站之间的导引电缆的屏蔽层必须在离变电站接地网边沿 50～100m 处可靠接地，以大地为通路，实施屏蔽层的两点接地。一般可在进变电站前的最后一个工井处实施导引电缆的屏蔽层接地。接地极的接地电阻 R≤4Ω。

（9）屏蔽电源电缆、屏蔽通信电缆和金属管道引入室内前应水平直埋 10m 以上，埋深应大于 0.6m，电缆屏蔽层和铁管两端接地，并在入口处接入接地装置。如不能埋入地中，至少应在金属管道室外部分沿长度均匀分布在两处接地，接地电阻应小于 10Ω；在高土壤电阻率地区，每处的接地电阻不应大于 30Ω，且应适当增加接地处数。

（10）微波塔上同轴馈线金属外皮的上端及下端应分别就近与铁塔连接，在机房入口处与接地装置再连接一次；馈线较长时应在中间加一个与塔身的连接点；室外馈线桥始末两端均应和接地装置连接。

（11）微波塔上的航标灯电源线应选用金属外皮电缆或将导线穿入金属管，金属外皮或金属管至少应在上下两端与塔身金属结构连接，进机房前应水平直埋 10m 以上，埋深应大于 0.6m。

（12）微波塔接地装置应围绕塔基做成闭合环形接地网。微波塔接地装置与机房接地装置之间至少用 2 根规格不小于 40mm×4mm 的镀锌扁钢连接。

（13）直流电源的"正极"在电源设备侧和通信设备侧均应接地，"负极"在电源机房侧和通信机房侧应接压敏电阻。

第六节 接地装置选择

一、接地装置的材质及防腐蚀设计

（1）接地极、接地导体（线）可采用钢质、铜覆钢、铜，一般采用钢质材料，但移动式电力设备的接地导体（线）、三相四线制的照明电缆的接地芯线以及采用钢接地有困难时除外；钢质接地材料应进行热镀锌处理。

（2）由于裸铝导体易腐蚀，所以在地下不得采用裸铝导体作为接地极或接地导体（线）。

（3）发电厂中，当厂区土壤具有腐蚀性或受到微生物污染和酸性物质污染时，除实测土壤电阻率外，还应进行氧化还原电位和 pH 值测试。土壤电阻率在 50Ω·m 及以下、对钢材有强腐蚀作用的土壤中的接地网应采取防腐措施。

（4）腐蚀较重地区的 330kV 及以上发电厂，以及腐蚀严重地区的 110kV 发电厂，通过技术经济比较后，接地网可采用铜材、铜覆钢材或其他防腐蚀措施。铜覆钢材的铜层厚度不应低于 0.254mm。采用铜材、铜覆钢材或阴极保护等防腐蚀措施后，一般不再考虑土壤对接地导体截面腐蚀的影响。

（5）当接地网有两种不同的金属互相连接时（如铜材与钢材），在土壤中就构成了腐蚀电池，其中具有较正电位的金属（惰性，如铜材）将作为阴极受到保护，而具有较负电位的金属（活泼，如钢材）将作为阳极受到强烈腐蚀；铜材和钢材相连时构成的电池中，电动势大约为 0.6～0.8V，这样大的电位差即使在土壤电阻率很高的土壤中也会产生很大的腐蚀电流，因此需要采取相应的防腐措施，避免或减轻电偶腐蚀。可在铜（铜覆钢）与钢相连接部位的大于 2m 范围内的铜接地导体涂装绝缘材料，在与铜连接的钢材端加强阴极保护。

（6）土壤不腐蚀或弱腐蚀的厂区，接地网一般采用钢材，但应进行热镀锌处理；镀锌层不应低于 0.070mm，以满足防止腐蚀的要求。一般需要考虑土壤对接地导体截面腐蚀的影响。接地网计及腐蚀影响后，接地装置的设计使用年限（截面选择），应与地面工程的设计使用年限一致。接地装置的防腐蚀设计，一般情况下应吸取当地的运行经验，宜按当地的腐蚀数据进行处理，当无当地数据时，可暂按下列数据：

1）镀锌或镀锡的扁钢、圆钢埋于地下的部分，其腐蚀速度取 0.065mm/年（指总厚度），但对焊接处需涂防腐材料。

2）无防腐措施的接地线，其腐蚀速度（指两侧总厚度）取值如下：

ρ=50～300Ω·m 地区，扁钢取 0.1～0.2mm/a，圆钢取 0.3～0.4mm/a；

ρ>300Ω·m 以上地区，扁钢取 0.05～0.1mm/a，圆钢取 0.07～0.3mm/a；

ρ<50Ω·m 地区，应考虑铜材、铜覆钢材或阴极保护等措施。

（7）接地导体（线）与接地极或接地极之间的焊接点，应涂防腐材料。对于敷设在屋内或地面上的接地导体（线），一般均应采取防腐措施，如镀锌、镀锡或涂防腐漆；这样可不必按埋于地下条件考虑，只留少量裕度即可，但对于埋于电缆沟或其他极潮湿地区的接地线，应按埋于地下的条件考虑。

（8）不得使用蛇皮管、保温管的金属网或外皮以及低压照明网络的导线铝皮作接地导体（线）。

二、接地装置的规格选择

（一）接地装置的最小尺寸

人工接地极，水平敷设时可采用圆钢、扁钢；垂直敷设时可采用角钢、钢管。腐蚀较严重地区采用铜或铜覆钢材时，水平敷设的人工接地极可采用圆铜、扁铜、铜绞线、铜覆钢绞线、铜覆圆钢或铜覆扁钢；垂直敷设的人工接地极可采用圆铜或铜覆圆钢等。

接地网采用钢材时，按机械强度要求的钢接地材料的最小尺寸应符合表 15-20 的要求。接地网采用铜或铜覆钢材时，按机械强度要求的铜或铜覆钢材的最小尺寸，应符合表 15-21 的要求。

表 15-20　钢接地材料的最小尺寸

种　类	规格及单位	地　上	地　下
圆钢	直径（mm）	8	8/10
扁钢	截面积（mm²）	48	48
	厚度（mm）	4	4
角钢	厚度（mm）	2.5	4
钢管	管壁厚（mm）	2.5	3.5/2.5

注　1. 地下部分圆钢的直径，表中分子、分母数据分别对应于架空线路和发电厂的接地网。
　　2. 地下部分钢管的壁厚，表中分子、分母数据分别对应于埋于土壤和埋于室内素混凝土地坪中。
　　3. 架空线路杆塔的接地极引出线，其截面积不应小于 50mm²，并应热镀锌。

表 15-21　铜或铜覆钢接地材料的最小尺寸

种　类	规格及单位	地上	地　下
铜棒	直径（mm）	8	水平接地极为 8
			垂直接地极为 15
扁铜	截面积（mm²）	50	50
	厚度（mm）	2	2
铜绞线	截面积（mm²）	50	50
铜覆圆钢	直径（mm）	8	10
铜覆钢绞线	直径（mm）	8	10
铜覆扁钢	截面积（mm²）	48	48
	厚度（mm）	4	4

注　1. 铜绞线单股直径不小于 1.7mm。
　　2. 各类铜覆钢的尺寸为钢材的尺寸，铜层厚度不小于 0.254mm。

（二）接地导体（线）的截面选择和热稳定校验

接地装置包括接地导体（线）和接地极。接地导体（线）为在系统、装置或设备的给定点与接地极或接地网之间提供导电通路或部分导电通路的导体（线）；接地极为埋入土壤或特定的导电介质（如混凝土或焦炭）中与大地有电接触的可导电部分，包括水平接地极和垂直接地极。可以根据短路电流值计算接地导体（线）的截面，从而确定接地极的截面。

根据热稳定条件，接地导体（线）的最小截面积应符合式（15-89）的要求。

$$S_g \geq \frac{I_G}{C}\sqrt{t_e} \qquad (15\text{-}89)$$

式中　S_g——接地导体（线）的最小截面积，mm²；计及土壤、大气对接地装置的影响腐蚀和设计使用年限后，接地装置的截面积仍应满足最小截面积 S_g 的要求；

I_G——流过接地导体（线）的最大接地故障不对称电流有效值，A，按工程设计水平年系统最大运行方式确定；

t_e——接地故障的等效持续时间，与 t_s 相同，s；

C——接地导体（线）材料的热稳定系数，根据材料的种类、性能及最大允许温度和接地故障前接地导体（线）的初始温度确定。

在校验接地导体（线）的热稳定时，I_G 应采用表 15-22 所列数值，接地导体（线）的初始温度一般取 40℃。各种材质接地导体（线）的热稳定系数 C 和最大允许温度见表 15-23 所列数值。铜和铜覆钢材采用放热焊接方式时的最大允许温度，应根据土壤腐蚀的严重程度经验算分别取 900、800℃或 700℃。爆炸危险场所，应按专用规定选取。

表 15-22　校验接地导体（线）热稳定用的 I_G 值

系统接地方式	I_G
有效接地	三相同体设备：单相接地故障电流
	三相分体设备：单相接地或三相接地流过接地导体（线）的最大接地故障电流
低电阻接地	单相接地故障电流
不接地、谐振接地和高电阻接地	流过接地导体（线）的最大接地故障电流
中性点直接接地的低压电力网的接地线和中性线	导电部分与被接地部分或零线间发生短路时，流过接地导体（线）的最大接地故障电流
各种电力网中用的携带式接地线	发生各种类型短路时，流过接地导体（线）的最大接地故障电流

表 15-23　校验各类型接地导体（线）热稳
定用的 C 值及最大允许温度

接地导体 （线）的材质	最大允许温度 （℃）	热稳定系数 C
钢	400	70
铝	300	120
铜	700 800 900	249 259 268
铜覆钢绞线 （电导率40%）	700 800 900	167 173 179
铜覆钢绞线 （电导率30%）	700 800 900	144 150 155
铜覆钢绞线 （电导率20%）	700 800 900	119 124 128

注　校验不接地、谐振接地和高电阻接地系统中，电气装置
接地导体（线）在单相接地故障时的热稳定，敷设在地
上的接地导体（线）长时间温度不应高于150℃，敷设
在地下的接地导体（线）长时间温度不应高于100℃。

热稳定校验用的时间可按下列要求计算：

（1）发电厂的继电保护装置配置有两套速动主保
护、近接地后备保护、断路器失灵保护和自动重合闸
时，t_e 可按式（15-90）取值。

$$t_e \geqslant t_m + t_f + t_o \qquad (15\text{-}90)$$

式中　t_m——主保护动作时间，s；

$\quad\quad t_f$——断路器失灵保护动作时间，s；

$\quad\quad t_o$——断路器开断时间，s。

（2）配有一套速动主保护、近或远（或远近结合
的）后备保护和自动重合闸，有或无断路器失灵保护
时，t_e 可按式（15-91）取值。

$$t_e \geqslant t_o + t_r \qquad (15\text{-}91)$$

式中　t_r——第一级后备保护的动作时间，s。

（三）接地极的截面

根据热稳定条件，未考虑腐蚀时，接地装置接地
极的截面积不宜小于连接至该接地装置的接地导体
（线）截面积的75%。

第七节　阴　极　保　护

一、阴极保护的原则

（一）阴极保护的目的及范围

阴极保护是通过降低腐蚀电位，使被保护体腐蚀
速度显著减小而实现电化学保护的一种方法。工矿企
业中的金属构筑物和金属管道，由于它们与空气、水

和土壤长期接触，发生金属电化学腐蚀而造成的损失
是相当严重的。

防止腐蚀的主要方法有涂防护层和阴极保护两
种：地面上的构筑物主要靠绝缘涂层保护；埋于地下
或浸于水中的构筑物，土壤和水中环境的腐蚀性较大，
一般是采用绝缘涂层和阴极保护联合保护的方法。

对沿海、沿江地区和水质、土壤腐蚀性较强的发
电厂，可考虑采用阴极保护装置。在我国南方地区地
下水位高，土壤电阻率低，土壤中水分、盐分的含量
高，金属腐蚀尤为严重，可考虑采用阴极保护装置。
发电厂中阴极保护的对象为接地网等地下金属
设施。

（二）阴极保护的方式

接地网阴极保护分为牺牲阳极法和外加电流法两
种方式。两种方式均是对被保护的金属施加一定的负
电流，使其产生阴极极化，以此抑制金属电化学腐蚀。

（1）牺牲阳极阴极保护。

牺牲阳极法是通过与作为牺牲阳极的金属组元耦
接而对被保护体提供负电流以实现阴极保护的一种电
化学保护方法；作为牺牲阳极的金属与被保护体（阴
极）耦接而形成电化学电池，并在其中呈低电位，通
过阳极溶解释放负电流以对被保护体进行阴极保护。
牺牲阳极法的原理图如图15-28所示。

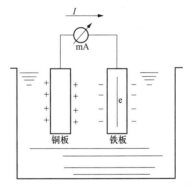

图 15-28　牺牲阳极法原理示意图

牺牲阳极大多使用锌合金或镁合金材料，并制成
成品以供安装。锌合金阳极的特点是：密度大，理论
发生电量较小，电流效率高，在保护钢结构物时，有
一定自调节电流和电位的作用；适于在低电阻率（$\rho \leqslant$
$10\Omega \cdot m$）土壤中使用。镁合金阳极的特点是：密度小，
电位偏负，对钢的驱动电压大，但电流效率低；适于
在较高电阻率（$\rho > 10\Omega \cdot m$）土壤中使用。

对于埋地牺牲阳极，其周围必须用专门的回填料
将它包起来，以降低阳极的接地电阻率并防止阳极表
面钝化。在安装时，将阳极埋入地下用绝缘导线与被
保护金属结构连接。

（2）外加电流阴极保护。

外加电流法是通过外部电源向被保护体提供负电流以实现阴极保护的一种电化学保护方法；系统由直流电源、辅助阳极和参比电极等组成。

外加直流电源用来产生阳极与被保护金属结构之间的电位差。电源的正极接在辅助阳极上，负极接在被保护物上。电源可采用整流器或恒电位仪，一般当被保护物运行工况稳定，介质的导电性和腐蚀性较稳定时，可以采用手动控制的整流器。当被保护物运行工况复杂，介质的导电性和腐蚀性不稳定时，或者对需要严格控制电位的设施则应采用自动控制的恒电位仪。恒电位仪可根据环境条件的变化，调节输出电流的大小，使被保护结构物的电位总处在要求的保护范围内。外加电流法的原理图如图15-29所示。

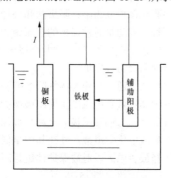

图15-29　外加电流法原理示意图

辅助阳极的作用是将电源提供的直流电经由介质传送到被保护的构筑物上去，代替被保护金属结构承受了腐蚀，其尽可能埋设在电阻率较低的土壤里。辅助阳极一般使用废钢、硅铁、石墨等，在经济上合理时也可采用贵金属阳极。

参比电极的作用是测量被保护物的电位、保护状况，并为恒电位仪提供控制信号。

（3）两种方法的优缺点及其应用。

牺牲阳极法无须电源，运行维护较为简便，只需测试被保护金属的电位是否满足要求即可。牺牲阳极法具有对邻近地下金属构筑物不造成干扰影响的优点。但牺牲阳极的激励电势较小，输出电流也较小，不适用于保护大口径裸管线或大口径绝缘包装质量低劣的管线。

外加电流法可随外界条件的变化（如温度、土壤或其他介质电阻率的变化、被保护金属涂层的变化等）而自动调节外加电流，将电解质中阴极极化电位调节到最佳保护电位值；辅助阳极消耗低、使用寿命长。辅助阳极电流量大、作用半径也大，易于实现大功率保护；外加电流法具有对邻近地下金属构筑物造成干扰影响的缺点；由于需外加电源装置，因此必须设置安放这些装置的建筑物，还必须设置人员对这些装置进行巡视及检修。

发电厂厂区内通常采用牺牲阳极法。在有条件实施区域性阴极保护的场合，宜采用深井阳极地床的外加电流阴极保护。

采用哪种方式，应因地制宜，以求经济技术合理。对于保护电流需要量小，特别是周围无电源、维护不易、土壤电阻率低以及某些特定场合中以采用牺牲阳极法为宜。凡是电源易解决，要求对其他构筑物干扰影响小的地区，保护电流需要量大的情况下以采用外加电流法为宜。

（三）保护电位和保护电流密度

（1）接地网在实施阴极保护时，最小保护电位应为-0.85V（相对于铜/饱和硫酸铜参比电极）；当有微生物腐蚀时，最小保护电位应为-0.95V。或由接地网的自然电位负向极化100mV。

（2）保护电流密度：

1）土壤电阻率在20Ω·m及以下时，电流密度应大于20mA/m²。

2）土壤电阻率在20～50Ω·m时，电流密度应取10～20mA/m²。

3）土壤电阻率在50Ω·m以上时，电流密度取10mA/m²。

4）当土壤的氧化还原电位在-200mV以下的厌氧条件下时，易受到硫酸盐还原菌的作用而加速腐蚀，应结合情况增加保护电流密度。

5）当pH值小于4.5时，土壤的腐蚀性增强，应结合情况增加保护电流密度。

二、阴极保护的设计

（一）设计的基本步骤

（1）收集电厂的土质资料，并对其土样进行分析，评价土壤的腐蚀程度。

（2）确定阴极保护的方式。

（3）确定最佳保护电位。

（4）计算接地极被保护面积，在计算时应考虑一定的余量。

（5）确定保护电流密度，计算保护电流量。

（6）选用阳极型号并合理布置阳极。

（7）根据需要设置测试桩。

（8）进行阳极寿命验算。

（二）牺牲阳极保护装置

（1）牺牲阳极材料选择。

1）当土壤电阻率在10Ω·m及以下时，采用锌合金牺牲阳极。

2）当土壤电阻率在10Ω·m以上时，采用镁合金牺牲阳极。

3）根据土壤电阻率和使用年限选择阳极规格型号，宜采用标准规格型号的阳极。常见埋地阳极的规格型号见表15-24。

表 15-24 常用埋地阳极的规格型号

阳极	长×(上底+下底)×高(mm)	质量(kg)
锌阳极	1000×(78+88)×85	50
	1000×(65+75)×65	33
	800×(60+80)×65	25
	550×(58+64)×60	15
	600×(40+48)×45	9
镁阳极	700×(130+150)×125	22
	700×(100+120)×105	14
	700×(90+100)×90	11
	700×(75+85)×80	8
	700×(55+60)×55	4

4)为了降低牺牲阳极的接地电阻,防止阳极表面钝化,保持阳极的活性,埋入地下的牺牲阳极周围必须加装专用的填充料;锌阳极、镁阳极填充料配方见表 15-25。

表 15-25 锌合金、镁合金阳极的填充料配方

阳极	填充料成分及含量(%)			
	膨润土	MgSO₄	CaSO₄2H₂O	Na₂SO₄10H₂O
锌合金阳极	50	—	25	25
镁合金阳极	50	25	25	—

(2)牺牲阳极的布置与安装。

1)牺牲阳极宜沿水平接地极等距离均匀布置。

2)在土壤腐蚀性特别强的部位、与异种金属连接的部位应增设牺牲阳极,加强保护。

3)牺牲阳极与被保护接地极之间采用电缆连接,电缆与阳极钢芯应可靠焊接,电缆长度应留有一定裕量。

4)牺牲阳极采用卧式开槽埋设,与水平接地极离开距离宜不小于 500mm,阳极顶部埋深距地面不小于 1m 或与水平接地极埋设在同一标高。埋设时应充分灌水,并达到饱和后回填。

5)牺牲阳极填料厚度应一致、密实,其组装示意图如图 15-30 所示。

(三)外加电流法保护装置

(1)外加电流阳极材料选择。

1)在盐渍土壤、海滨滩涂、酸性土壤、含硫酸根离子较高的土壤区,阳极材料应采用含铬高硅铸铁、钛基金属氧化物阳极。

2)在其他土壤区阳极材料可选用高硅铸铁、含铬高硅铸铁、钛基金属氧化物、钢铁阳极。

(2)外加电流阳极的布置与安装。

1)阳极的布置位置应根据整个厂区地下金属构筑物的分布及保护电流需要量的分布情况确定,宜布置在:①地下水位较高或潮湿低洼处;②土壤电阻率在 50Ω·m 以下处;③土层厚、无石块、便于打井施工处。

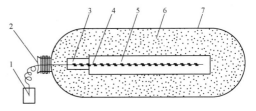

图 15-30 埋地阳极组装示意图
1—接线图;2—阳极电缆;3—密封接头;4—铁芯;
5—阳极;6—填充料;7—布袋

2)阳极的安装应采用深井式阳极结构,阳极地床中心至地面应安装排气管。

(3)外加电流法电缆选择。

1)阴极和阳极电缆应有足够的截面,通常允许的压降不超过 2V;参比电极电缆应采用屏蔽电缆;电缆与阳极的接头以及电缆与参比电极的接头应进行加固与密封处理,并用密封接线盒保护;电缆与阴极的接头应保持良好的电性连接,并要采取防腐处理。

2)参比电极的位置应安装在原电池作用最大的一些点的附近,同时应注意远离辅助阳极。

3)被保护管线与其他系统的连接处应设置绝缘法兰,以防止保护电流的流失和保护电流对其他系统的干扰。绝缘法兰应装设在室内或干燥的阀井内,以便检查维修。

(4)外加电流法电气系统图。

外加电流法的电气系统接线原理如图 15-31 所示。

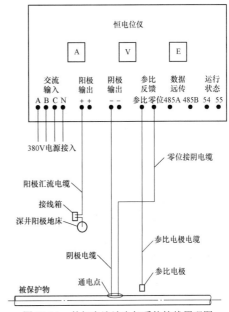

图 15-31 外加电流法电气系统接线原理图

（四）测试桩和参比电极

（1）为了检测阴极保护参数，应在发电厂有代表性的区域设置参比电极和测试桩，测试桩的标志应醒目。

（2）测试桩的埋设要牢固稳定。测试桩可用不锈钢、玻璃钢、混凝土制作。

（3）采用埋地型参比电极。在牺牲阳极保护系统中，参比电极可检测接地网的保护电位、牺牲阳极的开路电位、工作电位；在外加电流保护系统中，参比电极可检测被保护系统的保护电位并为恒电位仪提供控制信号。

（4）根据工程需要，可选用铜/饱和硫酸铜参比电极、锌参比电极。

（5）测试装置的安装需满足以下要求：

1）宜选择下列位置安装测试装置：强制电流阴极保护的汇流点；牺牲阳极中间点；穿跨越管道两端；杂散电流干扰区；套管安装处；绝缘装置处；强制电流阴极保护的末端。

2）装置的测试电缆与管道连接可采用铝热焊剂焊接，做到连接牢固、电气导通，且在连接处必须进行防腐绝缘处理。

3）管道回填时，测试电缆应保持一定的松弛度。

4）装置必须坚固、耐久、易于检测，且按一定方向顺序排列编号。

（6）参比电极组装示意图如图 15-32 所示。

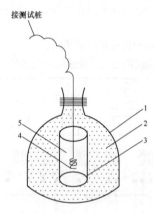

图 15-32　参比电极组装示意图
1—棉布袋；2—填充料；3—陶瓷筒；
4—铜芯；5—饱和硫酸铜溶液

三、阴极保护的计算方法

（一）牺牲阳极阴极保护计算

牺牲阳极阴极保护的计算步骤如下：

（1）保护电流计算。

保护电流按式（15-92）计算，即

$$I = i \cdot S \qquad (15\text{-}92)$$

式中　I——保护电流，A；

$\quad\quad i$——保护电流密度，A/m^2；

$\quad\quad S$——保护面积，m^2。

（2）阳极接地电阻计算。

阳极接地电阻按式（15-93）计算，即

$$R = \frac{\rho}{2\pi L}\left[\ln\frac{2L}{D_1}\left(1 + \frac{\frac{L_1}{4t}}{\ln^2\frac{L_1}{D_1}} + \frac{\rho_1}{\rho}\ln\frac{D_1}{D}\right)\right] \qquad (15\text{-}93)$$

式中　L——阳极长度，m；

$\quad\quad L_1$——填料包长度，m；

$\quad\quad D$——阳极当量直径，m；

$\quad\quad D_1$——填料包直径，m；

$\quad\quad \rho$——土壤电阻率，Ω·m；

$\quad\quad \rho_1$——填充料电阻率，Ω·m；

$\quad\quad t$——从地面至阳极中心的埋深，m。

（3）牺牲阳极发生电流计算。

每支阳极的发生电流按式（15-94）计算，即

$$I_f = \frac{\Delta E}{R} \qquad (15\text{-}94)$$

式中　I_f——每支阳极的发生电流，A；

$\quad\quad \Delta E$——阳极驱动电位，V；锌合金阳极取 $\Delta E = 0.25$V，镁合金阳极取 $\Delta E = 0.65$V；

$\quad\quad R$——阳极接地电阻，Ω。

（4）每只阳极平均发生电流计算。

每只阳极平均发生电流按式（15-95）计算，即

$$I_{av} = 0.7I_f \qquad (15\text{-}95)$$

式中　I_{av}——每支阳极平均发生电流，A；

$\quad\quad I_f$——每支阳极的发生电流，mA。

（5）牺牲阳极使用寿命计算。

牺牲阳极使用寿命按式（15-96）计算，即

$$Y = \frac{1000QG}{8760I_{av}} \times \frac{1}{K_1} \qquad (15\text{-}96)$$

式中　Y——阳极使用寿命，a；

$\quad\quad Q$——阳极实际电容量，A·h/kg；

$\quad\quad G$——每只阳极质量，kg；

$\quad\quad 1/K_1$——阳极利用系数，取 0.85。

（6）牺牲阳极数量计算。

牺牲阳极数量按式（15-97）计算，即

$$N = \frac{I}{I_f} \qquad (15\text{-}97)$$

式中　N——牺牲阳极数量，支。

（二）外加电流阴极保护计算

外加电流阴极保护的计算步骤如下。

（1）阳极接地电阻计算。

深井式阳极接地电阻按式（15-98）计算，即

$$R = \frac{\rho}{2\pi L} \ln \frac{2L}{d} \qquad (15\text{-}98)$$

式中 R——阳极接地电阻，Ω；

ρ——土壤电阻率，$\Omega \cdot m$；

L——阳极长度，含填料，m；

d——阳极直径，含填料，m。

（2）阳极寿命计算。

阳极寿命按式（15-99）计算，即

$$T = \frac{K_2 \cdot m}{g \cdot I} \qquad (15\text{-}99)$$

式中 T——阳极寿命，a；

K_2——阳极利用系数，取 $0.7 \sim 0.85$；

m——阳极质量，kg；

g——阳极消耗率，$kg/(A \cdot a)$；

I——阳极工作电流，A。

（3）阳极数量计算。

阳极数量按式（15-100）计算，即

$$N = \frac{I}{I_f} \qquad (15\text{-}100)$$

式中 N——阳极数量，支；

I——保护电流，Λ；

I_f——每支阳极的发生电流，mA。

（4）恒电位仪功率计算。

恒电位仪功率按式（15-101）计算，即

$$P = \frac{I \cdot U}{\eta} \qquad (15\text{-}101)$$

式中 P——恒电位仪功率，W；

I——恒电位仪输出电流，A；

U——恒电位仪输出电压，取 60V；

η——恒电位仪效率。

第十六章

电缆选择与敷设

第一节 电缆选择

一、电缆分类及型号标记

电缆按用途、绝缘及缆芯材料分类，并从型号标记中区分出来。

电缆型号由拼音及数字组成，拼音表示电缆用途及绝缘、缆芯材料；数字表示铠装及外护层材料。其形式及标记如下：

X-X　X　X　X　X　X　X　X-X
①-②　③　④　⑤　⑥　⑦　⑧　⑨-⑩

其中，①燃烧特性：Z（ZR）—阻燃，ZA—阻燃 A 类，ZB—阻燃 B 类，ZC—阻燃 C 类，ZD—阻燃 D 类，W—无卤，D—低烟，D—低卤，U—低毒，N（NH）—耐火，NJ—耐火加冲击，NS—耐火加喷水。

②用途：电力电缆省略，K—控制电缆，P—信号电缆，DJ—计算机电缆，BP—变频电缆，Y—移动电缆。

③绝缘：YJ—交联聚乙烯，Z—纸绝缘，V—聚氯乙烯，Y—聚乙烯，X—橡胶，G—硅橡胶，F（F200，F250，F46）—氟塑料。

④缆芯：T—铜芯，也不必表示；L—铝芯。

⑤派生代号：P—编织屏蔽，P1—镀锡铜丝，P2—铜带屏蔽，P3（PL）—铝塑复合带屏蔽。

⑥内护套：Y—聚乙烯，V—聚氯乙烯，Q—铅包，L—铝包，H—橡套，HF—非燃性橡套，LW—皱纹铝，TW—皱纹铜，GW—皱纹不锈钢，VF—丁腈聚氯乙烯，E—低烟无卤聚烯烃。

⑦派生代号：P—编织屏蔽，P1—镀锡铜丝，P2—铜带屏蔽，P3（PL）—铝塑复合带屏蔽，Z（-Z）—纵向阻水，D—不滴流。

⑧铠装：1—联锁钢带，2—双钢带，3—细圆钢丝，4—粗圆钢丝，5—皱纹钢带，6—非磁性金属带，7—非磁性金属丝，8—铜丝编织，9—钢丝编织。

⑨外护层：1—纤维外被，2—聚氯乙烯，3—聚乙烯或聚烯烃，4—弹性体，5—交联聚烯烃。

⑩电压等级：相电压/线电压，单位为 kV。

注 1：⑤内，P、P1 是钢丝订货时宜专门注明。

注 2：⑧内，7 是铝或不锈钢订货时宜专门注明。

注 3：②～⑨一般依次为绝缘材料、导体材料、内护层、外护层。

举例："ZC-VLV22-1"表示 C 级阻燃 1kV 铝芯聚氯乙烯绝缘聚氯乙烯护套内钢带铠装电力电缆，其结构如图 16-1 所示。

表 16-1　　铠装层及外护层标记

标记	铠装层	外护层
0	无	无
1	联锁钢带	纤维外被
2	双钢带	聚氯乙烯
3	细圆钢丝	聚乙烯或聚烯烃
4	粗圆钢丝	弹性体
5	皱纹钢带	交联聚烯烃
6	非磁性金属带	
7	非磁性金属丝	
8	铜丝编织	
9	钢丝编织	

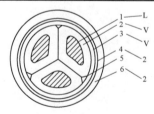

图 16-1　VLV22-1 电缆结构

1—铝导线；2—聚氯乙烯绝缘；3—聚氯乙烯内护套；
4—铠装层；5—填料；6—聚氯乙烯外护套

二、电缆型号选择

1. 缆芯材料选择

（1）控制电缆应采用铜导体。

（2）用于下列情况的电力电缆，应选用铜导体：

1）电机励磁、重要电源、移动式电气设备等需保持连接，具有高可靠性的回路。

2）振动剧烈、有爆炸危险或对铝有腐蚀等严酷的工作环境。

3）耐火电缆。

4）紧靠高温设备布置。

5）安全性要求高的公共设施。

6）工作电流较大，需增多电缆根数时。

7）海底电缆。

8）核电厂常规岛及其附属设施。

除限于产品仅有铜导体和以上 8 种情况外，35kV 及以下一般负荷回路的电缆导体材质可选用铜导体、铝导体或铝合金导体。

2. 绝缘及内护层选择

（1）电缆绝缘类型的选择，应符合下列规定：

1）在使用电压、工作电流及其特征和环境条件下，电缆绝缘特性不应小于常规预期使用寿命。

2）应根据运行可靠性、施工和维护的简便性以及允许最高工作温度与造价的综合经济性等因素选择。

3）应符合防火场所的要求，并应利于安全。

4）明确需要与环境保护协调时，应选用符合环保的电缆绝缘类型。

（2）常用电缆的绝缘类型的选择，应符合下列规定：

高、低压电缆绝缘类型选择除以下情况外，低压电缆宜选用聚氯乙烯或交联聚乙烯型挤塑绝缘类型，高压电缆宜选用交联聚乙烯绝缘类型。

1）移动式电气设备等经常弯移或有较高柔软性要求的回路，应使用橡皮绝缘等电缆。

2）放射线作用场所，应按绝缘类型的要求，选用交联聚乙烯或乙丙橡皮绝缘等耐射线辐照强度的电缆。

3）60℃ 以上的高温场所，应按经受高温及其持续时间和绝缘类型要求，选用耐热聚氯乙烯、交联聚乙烯或乙丙橡皮绝缘等耐热型电缆；100℃ 以上的高温环境，宜选用矿物绝缘电缆。高温场所不宜选用普通聚氯乙烯绝缘电缆。

4）−15℃ 以下的低温环境，应按低温条件和绝缘类型要求，选用交联聚乙烯、聚乙烯绝缘、耐寒橡皮绝缘电缆。低温环境不宜用聚氯乙烯绝缘电缆。

5）在人员密集的公共设施，以及有低毒阻燃性防火要求的场所，可选用交联聚乙烯或乙丙橡皮等不含卤素的绝缘电缆。防火有低毒性要求时，不宜选用聚氯乙烯电缆。核电厂应选用交联聚乙烯或乙丙橡皮等低烟、无卤的绝缘电缆。

除以上 5 种情况外，6kV 以下回路，可选用聚氯乙烯绝缘电缆。

对 3kV 及以上的高压交联聚乙烯电缆，应选用内、外半导电屏蔽层与绝缘层 3 层共挤工艺特征的型式。

（3）电缆护层的选择，应符合下列要求：

1）交流系统单芯电力电缆，当需要增强电缆抗外力时，应选用非磁性金属铠装层，不得选用未经非磁性有效处理的钢制铠装。

2）在潮湿、含化学腐蚀环境或易受水浸泡的电缆，其金属层、加强层、铠装上应有聚乙烯外护层，水中电缆的粗钢丝铠装应有挤塑外护层。

3）在人员密集的公共设施，以及有低毒要求的场所，应选用聚乙烯或乙丙橡皮等不含卤素的外护层。有低毒要求时，不应选用聚氯乙烯外护层。

4）除−15℃ 以下的低温环境或药用化学液体浸泡场所，以及有低毒要求的电缆挤塑外护层宜选用聚乙烯外，其他可选用聚氯乙烯外护层。

5）用在有水或化学液体浸泡场所的 3～35kV 重要性或 35kV 以上交联聚乙烯电缆，应具有符合使用要求的金属塑料复合阻水层、金属套等径向防水构造。敷设于水下的高压交联聚乙烯电缆应具有纵向阻水构造，海底电力电缆还宜选用铅护套作为径向防水措施。

6）外护套材料应与电缆最高允许工作温度相适应。

（4）自容式充油电缆的加强层类型，当线路未设置塞止式接头时最高与最低点之间高差，应符合下列规定：

1）仅有铜带等径向加强层时，容许高差应为 40m；但用于重要回路时宜为 30m。

2）径向和纵向均有铜带等加强层时，容许高差为 80m；但用于重要回路时宜为 60m。

（5）直埋敷设时电缆外护层的选择，应符合下列规定：

1）电缆承受较大压力或有机械损伤危险时，应具有加强层或钢带铠装。

2）在流砂层、回填土地带等可能出现位移的土壤中，电缆应有钢丝铠装。

3）白蚁严重危害地区用的挤塑电缆，应选用较高硬度的外护层，也可在普通外护层上挤包较高硬度的薄外护层，其材质可采用尼龙或特种聚烯烃共聚物等，也可采用金属套或钢带铠装。

4）地下水位较高的地区，应选用聚乙烯外护层。

5）除上述情况外，可选用不含铠装的外护层。

6）高压交联聚乙烯电缆应具有可靠的防水结构。

（6）空气中固定敷设时电缆护层的选择，应符合下列规定：

1）小截面挤塑绝缘电缆直接在臂式支架上敷设时，宜具有钢带铠装。

2）在地下客运、商业设施等安全性要求高而鼠害严重的场所，塑料绝缘电缆应具有金属包带或钢带铠装。

3）电缆位于高落差的受力条件时，多芯电缆应具有钢丝铠装，交流单芯电缆应选用非磁性金属铠装层。

4）敷设在桥架等支承密集的电缆，可不具有铠装。

5）明确需要与环境保护相协调时，不得采用聚氯乙烯外护层。

除以上明确不能使用的场合外，以及 60℃ 以上高温场所应选用聚乙烯等耐热外护层的电缆外，其他宜选用聚氯乙烯外护层。

3. 铠装及外被层选择

（1）敷设在 E 型支架上的电缆，一般选用钢带铠装电缆（标记为 20）；对潮湿或腐蚀性场所，选用聚氯乙烯外护套的内铠装电缆（标记为 22）。

（2）敷设在桥架上或穿管的电缆，可选用无铠装的全塑电缆（无标记）。

（3）直埋电缆，选用聚乙烯或聚氯乙烯护套的内铠装电缆（标记为 23、22）。

（4）敷设在可能发生位移的土壤或其他可能受拉力处的电缆，选用细钢丝或粗钢丝铠装电缆（标记为 32、42）。

（5）环境温度低于 -15℃ 时不宜用普通聚氯乙烯绝缘及护套电缆。

4. 电压及芯数选择

电缆的额定电压应等于或大于所在网络的额定电压，电缆的最高工作电压不得超过其额定电压的 15%。

（1）控制电缆额定电压的选择，不应低于该回路工作电压，并应符合下列规定：

1）沿高压电缆并行敷设的控制电缆（导引电缆），应选用相适合的额定电压。

2）除上述情况外，控制电缆宜选用 450/750V。

（2）控制电缆芯数的选择，应符合下列规定：

1）控制、信号电缆应选用多芯电缆。当芯线截面积为 1.5mm² 和 2.5mm² 时，电缆芯数不宜超过 24 芯。当芯线截面积为 4mm² 和 6mm² 时，电缆芯数不宜超过 10 芯。

2）控制电缆宜留有适当的备用芯线。备用芯线宜结合电缆长度、芯线的截面积及电缆敷设条件等因素综合考虑。

3）下列情况的回路，相互间不应合用同一根控制电缆：

a. 交流电流和交流电压回路、交流和直流回路、强电和弱电回路。

b. 低电平信号回路与高电平信号回路。

c. 交流断路器双套跳闸线圈的控制回路以及分相操作的各相弱电控制回路。

d. 来自开关场电压互感器二次的 4 根引入线和电压互感器开口三角绕组的 2 根引入线均应使用各自独立的电缆。

4）弱电回路的每一对往返导线，应属于同一根控制电缆。

三相动力回路电缆，一般选用三芯或四芯（当为四线制时）电缆，当距离超过电缆制造长度时，可选用单芯电缆。但不得用钢带铠装，并应三相绞敷或捆好。

不同敷设条件选用的电缆型号见表 16-2。

表 16-2　不同敷设条件常用电缆型号选择

名称	不同敷设条件		
	桥架	E 型支架	直埋
6/10kV 铜芯电力电缆	YJY YJV	YJY20 或 22 YJV20 或 22	YJY22 或 23 YJV22 或 23
1kV 铜芯电力电缆	VV YJV	VV20 或 22 YJV20 或 22	VV 22 或 23 YJV 22 或 23
0.5kV 控制电缆	KVV KYV	KVV20 或 22 KYV20 或 22	KVV22 或 23 KYV22 或 23
0.25kV 信号电缆	PVV	PVV20 或 22	PVV22 或 23

注　对潮湿的沟或隧道内，电缆外护宜用"22"。

四芯电缆中性线截面积见表 16-3。常用电缆型号、特性及使用范围见表 16-4。

表 16-3　　四芯电缆中性线截面积　　（mm²）

主线芯	中性线芯	主线芯	中性线芯
2.5	2.5	50	25
4	4	70	35
6	6	95	50
10	10	120	70
16	16	150	70
25	16	185	95
35	16		

表 16-4　　常用电缆型号名称及使用范围

序号	电缆型号		名称	使用范围
	铜芯	铝芯		
1	VV	VLV	聚氯乙烯绝缘及护套电力电缆	敷设在桥架、槽盒、电缆沟及隧道中，在电缆沟及隧道中时电缆支架间距需取 400～600mm
2	YJV	YJLV	交联聚乙烯绝缘、聚氯乙烯护套电力电缆	
3	YJY	YJLY	交联聚乙烯绝缘、聚乙烯护套电力电缆	严寒地区使用，敷设在桥架、电缆沟及隧道中，在电缆沟及隧道中时电缆支架间距需取 400～600mm

续表

序号	电缆型号 铜芯	电缆型号 铝芯	名称	使用范围
4	VV22	VLV22	聚氯乙烯绝缘及内护套、钢带铠装、聚氯乙烯外护层电力电缆	可用于三芯电缆直埋敷设，但不能承受大的拉力
5	YJV22	YJLV22	交联聚乙烯绝缘、聚氯乙烯内护套、钢带铠装、聚氯乙烯外护层电力电缆	可用于三芯电缆直埋敷设，但不能承受大的拉力
6	VV32	VLV32	聚氯乙烯绝缘及内护套、细钢丝铠装、聚氯乙烯外护层电力电缆	三芯电缆敷设在流沙层、回填土地带可能发生位移的土壤中时采用
7	YJV32	YJLV32	交联聚乙烯绝缘、聚氯乙烯内护套、细钢丝铠装、聚氯乙烯外护层电力电缆	
8	VV62	VLV62	聚氯乙烯绝缘及内护套、非磁性金属带铠装、聚氯乙烯外护层电力电缆	可用于交流单芯220V或两芯380V直埋敷设，但不能承受大的拉力
9	YJV62	YJLV62	交联聚乙烯绝缘、聚氯乙烯内护套、非磁性金属带铠装、聚氯乙烯外护层电力电缆	
10	KVV	—	聚氯乙烯绝缘、聚氯乙烯护套控制电缆	敷设在桥架、槽盒、电缆沟及隧道中，不能承受机械外力作用
11	KVV22	—	聚氯乙烯绝缘、聚氯乙烯护套、钢带内铠装控制电缆	电缆直埋敷设时采用，能承受机械外力作用，但不能承受大的拉力
12	KYV	—	聚乙烯绝缘、氯乙烯护套控制电缆	敷设在桥架、槽盒、电缆沟及隧道中，不能承受机械外力作用
13	KYV22	—	聚乙烯绝缘、氯乙烯护套、钢带内铠装控制电缆	可用于直埋敷设，能承受机械外力作用，但不能承受大的拉力
14	KVVP2-22	—	聚氯乙烯绝缘、铜带绕包总屏蔽、聚氯乙烯护套、钢带内铠装控制电缆	
15	KYJV	—	交联聚乙烯绝缘、聚乙烯护套控制电缆	敷设在桥架、槽盒、电缆沟及隧道中，不能承受机械外力作用

续表

序号	电缆型号 铜芯	电缆型号 铝芯	名称	使用范围
16	KYJVP	—	交联聚氯乙烯绝缘、铜丝编制屏蔽、聚氯乙烯护套控制电缆	敷设在桥架、槽盒、电缆沟及隧道中，不能承受机械外力作用
17	DJYVP	—	聚乙烯绝缘、对绞组铜线编织总屏蔽、聚氯乙烯护套计算机电缆	固定敷设在室内、电缆沟或管道内
18	DJYPVP	—	聚乙烯绝缘、对绞组铜线编织分屏蔽、聚氯乙烯护套计算机电缆	

三、电力电缆截面选择

（1）电力电缆导体截面的选择，应符合下列规定：

1）最大工作电流作用下的电缆导体温度不应超过电缆使用寿命的允许值。持续工作回路的电缆导体工作温度，应符合表 16-5 的规定。

表 16-5　常用电力电缆导体的最高允许温度

电缆			最高允许温度（℃）	
绝缘类别	型式特征	电压（kV）	持续工作	短路暂态
聚氯乙烯	普通	≤6	70	160（140）
交联聚乙烯	普通	≤500	90	250
自容式充油	普通牛皮纸	≤500	80	160
	半合成纸	≤500	85	160

注　括号内数值适用于截面大于 $300mm^2$ 的聚氯乙烯绝缘电缆。

2）最大短路电流和短路时间作用下的电缆导体温度应符合表 16-5 的规定。

3）最大工作电流作用下连接回路的电压降不应超过表 16-6 的允许值。

表 16-6　电缆压降允许值

用电设备	允许压降
高压电动机	5%
低压电动机	5%，10%（个别特别远的）
起重机	15%

4）10kV 及以下电力电缆截面除应符合上述 1）～3）的要求外，还宜按电缆的初始投资与使用寿命期间的运行费用综合经济的原则选择。10kV 及以下电力电缆经济电流截面计算方法见（17）。

5）多芯电力电缆导体最小截面，铜导体不宜小于 $2.5mm^2$，铝导体不宜小于 $4mm^2$。

6）敷设于水下的电缆，当需导体承受拉力且较合理时，可按抗拉要求选择截面。

（2）10kV 及以下常用电缆按 100%持续工作电流确定电缆导体允许最小截面，宜符合敷设条件不同时电缆允许持续载流量的校正系数和 10kV 及以下常用电力电缆允许 100%持续载流量的规定，其载流量按照下列使用条件差异影响计入校正系数后的实际允许值应大于回路的工作电流：

1）环境温度差异。

2）直埋敷设时土壤热阻系数差异。

3）电缆多根并列的影响。

4）户外架空敷设无遮阳时的日照影响。

载流量修正计算方法见（14）。

（3）除（2）规定的情况外，电缆按 100%持续工作电流确定电缆导体允许最小截面时，应经计算或测试验证，计算内容和参数选择应符合下列规定：

1）含有高次谐波负荷的供电回路电缆或中频负荷回路使用的非同轴电缆，应计入集肤效应和邻近效应增大等附加发热的影响。

2）交叉互联接地的单芯高压电缆，单元系统中 3 个区段不等长时，应计入金属套的附加损耗发热的影响。

3）敷设于保护管中的电缆应计入热阻影响，排管中不同孔位的电缆还应分别计入互热因素的影响。

4）敷设于封闭、半封闭或透气式耐火槽盒中的电缆，应计入包含该型材质及其盒体厚度、尺寸等因素对热阻增大的影响。

5）施加在电缆上的防火涂料、包带等覆盖层厚度大于 1.5mm 时，应计入其热阻影响。

6）沟内电缆埋砂且无经常性水分补充时，应按砂质情况选取大于 2.0K·m/W 的热阻系数计入电缆热阻增大的影响。

（4）电缆导体工作温度大于 70℃的电缆，计算持续允许载流量时，应符合下列规定：

1）数量较多的该类电缆敷设于未装机械通风的隧道、竖井时，应计入对环境温升的影响。

2）电缆直埋敷设在干燥或潮湿土壤中，除实施换土处理能避免水分迁移的情况外，土壤热阻系数取值不宜小于 2.0K·m/W。

（5）电缆持续允许载流量的环境温度应按使用地区的气象温度多年平均值确定，并应符合表 16-7 的规定。

表 16-7　电缆持续允许载流量的环境温度　　（℃）

电缆敷设场所	有无机械通风	选取的环境温度
土中直埋	—	埋深处的最热月平均地温
水下	—	最热月的日最高水温平均值

续表

电缆敷设场所	有无机械通风	选取的环境温度
户外空气中、电缆沟	—	最热月的日最高温度平均值
有热源设备的厂房	有	通风设计温度
	无	最热月的日最高温度平均值另加 5℃
一般性厂房、室内	有	通风设计温度
	无	最热月的日最高温度平均值
户内电缆沟	无	最热月的日最高温度平均值另加 5℃[①]
隧道		
隧道	有	通风设计温度

① 当数量较多的该类电缆敷设于未装机械通风的隧道、竖井时，不能直接采取仅加 5℃。

（6）通过不同散热区段的电缆导体截面的选择。

1）回路总长未超过电缆制造长度时，应符合下列规定：

a. 重要回路，全长宜按其中散热较差区段条件选择同一截面；

b. 非重要回路，可对大于 10m 区段散热条件按段选择截面，但每回路不宜多于 3 种规格；

c. 水下电缆敷设有机械强度要求需增大截面时，回路全长可选同一截面。

2）回路总长超过电缆制造长度时，宜按区段选择电缆导体截面。

（7）对非熔断器保护回路，应按满足短路热稳定条件确定电缆导体允许最小截面，并应遵照（16）的规定计算；对采用熔断器保护的下列低压回路情况，可不校验电缆最小热稳定截面：

1）用限流熔断器或额定电流为 60A 以下的熔断器保护回路。

2）当熔件的额定电流不大于电缆额定载流量的 2.5 倍，且供电回路末端的最小短路电流大于熔件额定电流的 5 倍时。

（8）选择短路计算条件，应符合下列规定：

1）计算用系统接线应采用正常运行方式，且宜按工程建成后 5～10 年发展规划。

2）短路点应选取在通过电缆回路最大短路电流可能发生处。对单电源回路，最大短路电流可能发生处如下：

a. 对无电缆中间接头的回路，短路点应取在电缆末端，但当电缆长度不超过 200m 时，也可取在电缆首端；

b. 当电缆线路较长且有中间接头时，短路点应取在电缆线路第一个中间接头处。

3）宜按三相短路计算。

4）短路电流的作用时间应取保护动作时间与断路器开断时间之和。对电动机、低压变压器等直馈线，保护动作时间应取主保护时间，其他情况宜取后备保护时间。

5）当 1kV 及以下供电回路装有限流作用的保护电器时，该回路宜按限流后最大短路电流值校验。

（9）1kV 及以下电源中性点直接接地时，三相四线制系统的电缆中性线导体或保护接地中性线导体截面，不得小于按线路最大不平衡电流持续工作所需最小截面；有谐波电流影响的回路，应符合下列规定：

1）气体放电灯为主要负荷的回路，中性线导体截面不宜小于相导体截面。

2）存在高次谐波电流时，计算中性导体的电流应计入谐波电流的效应。当中性线导体电流大于相导体电流时，电缆相导体截面应按中性线导体电流选择，四芯或五芯电缆内中性线导体与相导体材料相同和截面相等时，电缆载流量的降低系数应按表 16-8 的规定确定。

3）除上述情况外，中性线截面不宜小于 50%的相芯线截面。

（10）当三相四线制系统中仅存在三次谐波电流时，四芯或五芯等截面电缆载流量的降低系数应遵照表 16-8 的规定。含有三次以上谐波电流时的降低系数计算可参见"有谐波专用变频电缆载流量修正系数计算方法"。

表 16-8　电缆载流量的降低系数

相电流中三次谐波分量（%）	降低系数	
	按相电流选择截面	按中性导体电流选择截面
0～15	1.0	—
>15，且≤33	0.86	—
>33，且≤45	—	0.86
>45	—	1.0

（11）1kV 及以下电源中性点直接接地时，配置中性线、保护接地中性线或保护接地线系统的电缆导体截面的选择，应符合下列规定：

1）中性线、保护接地中性线导体截面，应符合（9）的规定；配电干线采用单芯电缆作保护接地中性线时，导体截面应符合卜列规定：

a．铜导体不小于 10mm²；

b．铝导体不小于 16mm²。

2）保护接地线导体截面，应满足回路保护电器可靠动作的要求，并应符合表 16-9 的规定。

表 16-9　按热稳定要求的保护接地线导体允许最小截面　　（mm²）

电缆相线导体截面	保护接地线导体允许最小截面
$S \leq 16$	S
$16 < S \leq 35$	16
$35 < S \leq 400$	$S/2$
$400 < S \leq 800$	200
$S > 800$	$S/4$

注　S 为电缆相线导体截面。

3）采用多芯电缆的干线，其中性线和保护接地线合一的铜导体截面不应小于 2.5mm²。

（12）电力电缆金属屏蔽层的有效截面应满足在可能的短路电流作用下温升值不超过绝缘与外护层的短路允许最高温度平均值。

（13）当多回供电回路采用单芯电缆供电时，应核算电缆排列方式对单芯电缆载流量的影响，并采用对电缆载流量影响最小的排列方式。

（14）按持续允许电流选择。

1）计算公式。

敷设在空气中和土壤中的电缆容许载流量按下式计算：

$$KI_{xu} \geq I_g \qquad (16\text{-}1)$$

式中　I_g——电缆长期持续工作电流，A；

I_{xu}——电缆在标准敷设条件下的额定载流量，A，见附录 F；

K——不同敷设条件下综合校正系数为：

空气中单根敷设　$K=K_t \times K_a \times K_h$

空气、桥架中多根敷设 $K=K_t \times K_1 \times K_a \times K_h$

空气中穿管敷设　　$K=K_t \times K_2 \times K_h$

土壤中单根敷设　　$K=K_t \times K_3 \times K_h$

土壤中多根敷设　　$K=K_t \times K_4 \times K_h$

土壤中穿管敷设　　$K=K_t \times K_5 \times K_h$

K_t——环境温度不同于标准温度时的校正系数，见表 16-10；

K_1——空气、桥架中并列敷设电缆时的校正系数，见表 16-11；

K_a——空气中敷设电缆无遮阳时的校正系数；

K_h——电缆中含谐波电流时的校正系数，参见"有谐波专用变频电缆载流量修正系数计算方法"，6 脉冲变频器可取 0.92，12 脉冲以上可取 1；

K_2——空气中穿管敷设电缆时的校正系数，低压电缆取 0.8，3～10kV 电缆取 0.85，35kV 及以上电缆取 1；

K_3——直埋敷设电缆因土壤热阻不同时的校

正系数，见表 16-12。电缆表皮温度超出 50℃时需考虑水分迁移现象对载流量的影响，疏松沙土等含水量小的地方取 3.5K·m/W，其他地方取 3.0K·m/W；

K_4——直埋敷设电缆多根电缆并列时的校正系数；

K_5——土壤中穿管敷设电缆时的校正系数，按地中环境温度下的空气敷设载流量校正系数。

除表 16-10 以外的其他环境温度下载流量的校正系数 K 可按下式计算：

$$K = \sqrt{\frac{\theta_m - \theta_2}{\theta_m - \theta_1}} \quad (16\text{-}2)$$

式中 θ_m——电缆导体最高工作温度，℃；

θ_1——对应于额定载流量的基准环境温度，℃；

θ_2——实际环境温度，℃。

表 16-10   **35kV 及以下电缆在不同环境温度时的载流量校正系数**

导体工作温度（℃）	空气中				土壤中			
	30	35	40	45	20	25	30	35
60	1.22	1.11	1.0	0.86	1.07	1.0	0.93	0.85
65	1.18	1.09	1.0	0.89	1.06	1.0	0.94	0.87
70	1.15	1.08	1.0	0.91	1.05	1.0	0.94	0.88
80	1.11	1.06	1.0	0.93	1.04	1.0	0.95	0.90
90	1.09	1.05	1.0	0.94	1.04	1.0	0.96	0.92

表 16-11   **电线电缆在空气中多根并列敷设时载流量的校正系数**

线缆根数		1	2	3	4	6	4	6
排列方式		○	○ ○	○○○	○○○○	○○○○○○	○○○ / ○○○	○○○ / ○○○
线缆中心距离	S=d	1.0	0.9	0.85	0.82	0.80	0.8	0.75
	S=2d	1.0	1.0	0.98	0.95	0.90	0.9	0.90
	S=3d	1.0	1.0	1.0	0.98	0.96	1.0	0.96

注 本表系产品外径相同时的载流量校正系数，d 为电缆的外径。当电线电缆外径不同时，d 值建议取各产品外径的平均值。

表 16-12   **不同土壤热阻系数时电缆载流量的校正系数**

土壤热阻系数（K·m/W）	分类特征（土壤特性和雨量）	校正系数
0.8	土壤很潮湿，经常下雨。如湿度大于 9% 的沙土；湿度大于 10% 的沙—泥土等	1.05
1.2	土壤潮湿，规律性下雨。如湿度大于 7% 但小于 9% 的沙土；湿度为 12%～14% 的沙—泥土等	1.0
1.5	土壤较干燥，雨量不大。如湿度为 8%～12% 的沙—泥土等	0.93
2.0	土壤干燥，少雨。如湿度大于 4% 但小于 7% 的沙土；湿度为 4%～8% 的沙—泥土等	0.87
3.0	多石地层，非常干燥。如湿度小于 4% 的沙土等	0.75

注 1. 适用于缺乏实测土壤热阻系数时的粗略分类，对 110kV 及以上电缆线路工程，宜以实测方式确定土壤热阻系数。

    2. 校正系数适于附录 F 各表中采取土壤热阻系数为 1.2K·m/W 的情况，不适用于三相交流系统的高压单芯电缆。

表 16-13   **土中直埋多根并行敷设时电缆载流量的校正系数**

线缆间净距（mm）	不同敷设根数时的载流量校正系数					
	1 根	2 根	3 根	4 根	5 根	6 根
100	1.00	0.9	0.85	0.80	0.78	0.75
200	1.00	0.92	0.87	0.84	0.82	0.81
300	1.00	0.93	0.90	0.87	0.86	0.85

注 不适用于三相交流系统单芯电缆。

表 16-14　　　　　　　　　　多根电缆并列辐射在空气中综合校正系数 $K=K_tK_1$

电缆并列根数	电缆间距 S	环境温度	35℃				40℃			
		缆芯温度	60℃	65℃	80℃	90℃	60℃	65℃	80℃	90℃
		K_1 ＼ K_t	0.845	0.865	0.905	0.92	0.756	0.791	0.853	0.877
4	$S=d$	0.82	0.693	0.709	0.742	0.754	0.62	0.648	0.699	0.719
4	$S=2d$	0.95	0.802	0.822	0.86	0.874	0.718	0.751	0.81	0.833
6	$S=d$	0.8	0.676	0.692	0.724	0.736	0.605	0.633	0.682	0.702
6	$S=2d$	0.9	0.76	0.778	0.814	0.828	0.68	0.712	0.767	0.789
2×3	$S=d$	0.75	0.633	0.649	0.679	0.69	0.567	0.59	0.64	0.658

表 16-15　　根据排管中电缆的位置和截面不同而采用的校正系数 a

电缆截面（mm）	排管孔号			
	1	2	3	4
3×25	0.44	0.46	0.47	0.51
3×35	0.54	0.57	0.57	0.60
3×50	0.67	0.69	0.69	0.71
3×70	0.81	0.84	0.84	0.85
3×95	1.00	1.00	1.00	1.00
3×120	1.14	1.13	1.13	1.12
3×150	1.33	1.30	1.29	1.26
3×185	1.50	1.46	1.45	1.38
3×240	1.78	1.70	1.68	1.55

表 16-16　　根据点按额定电压不同而采用的系数 b

电缆额定电压（kV）	10	6	3 及以下
b 的数值	1	1.05	1.09

表 16-17　　根据全部排管块中电缆的日平均负荷不同而采用的校正系数 c

平均负荷/额定负荷	1.0	0.85	0.7
c 的数值	1.0	1.07	1.16

2）有谐波专用变频电缆载流量修正系数计算方法。

对专用变频电缆某一相导体，电缆载流量修正系数公式为：

$$HDF=\left[1+\sum_{n-2}^{n}\alpha(n)^2\beta(n)\right]^{\frac{1}{2}}$$
$$\alpha(n)=I_n/I_1$$
$$\beta(n)=r_{ac}(n)/r_{ac}(1)$$

（16-3）

式中　$\alpha(n)$——各次谐波电流相对于基波电流比值，当电缆有对称布置中性线时，对 $3n$ 次谐波，此项系数需乘以 2；

$\beta(n)$——各次谐波电缆电阻与基波电阻比值。

a. 各次谐波电缆电阻与基波电阻比值计算公式为：

$$\beta(n)=\frac{r_{ac}(n)}{r_{dc}}$$
$$=1+X_s(n)+X_{sp}(n)+X_{cp}(n)$$

（16-4）

集肤效应增大系数按下式计算：

$$X_s(n)=\frac{K_a}{2}\times\frac{M_0(K_a)}{M_1(K_a)}\times$$
$$\sin\left[\theta_1(K_a)-\theta_0(K_a)-\frac{\pi}{4}\right]-1$$

（16-5）

$$K=\sqrt{\mu\sigma2\pi f}$$

（16-6）

临近效应增大系数按下式计算：

$$X_{sp}(n)=F(X_p)\left(\frac{D_c}{S}\right)^2\times$$
$$\left[\frac{1.18}{F(X_p)+0.27}+0.312\sqrt{n}\left(\frac{D_c}{S}\right)^2\right]$$

（16-7）

$$X_p=\frac{K}{\sqrt{\sigma\pi r_{dc}}}\sqrt{K_p}$$

（16-8）

$$F(X)=\frac{X}{2}\times\frac{M_0(X)}{M_1(X)}\times$$
$$\sin\left[\theta_1(X)-\theta_0(X)-\frac{\pi}{4}\right]-1$$

（16-9）

电缆有非磁性金属屏蔽时增大系数按下式计算，当电缆有对称布置中性线时，对 $3n$ 次谐波，此项系数取 0：

$$X_{cp}(n)=\frac{r_s}{r_{dc}}\sum_{m=1}^{3}\frac{\left(\frac{2S'}{D_{sm}}\right)^{2^n}}{4^{m-1}\left(\frac{2.6416\times10^4 r_s}{n}\right)^2+1}$$

（16-10）

式中　$X_s(n)$——交流电阻集肤效应增大系数；

$X_{sp}(n)$——交流电阻导体临近效应增大系数；

$X_{cp}(n)$——交流电阻电缆敷设的管道增大系数；

$r_{ac}(n)$——n 次谐波单位长度电缆的交流电阻，Ω/m；

r_{dc}——单位长度电缆的直流电阻，Ω/m；

α——导线半径（扇形导体时为等截面圆导体半径），mm；

μ——初始磁导率（铜为 $4\pi\times10^{-7}$H/m）；

σ——导线电导率（铜取 5.714×10^7S/m）；

n——谐波次数；

D_c——导线直径，mm；

K_p——经验系数，见表 16-18；

S——导线间隔距离，间距不同时 $S=\sqrt[n]{S_1 \times S_n \times \cdots}$，mm；

S'——导线与屏蔽层等效间距，为 $0.578D_s$，mm；

r_s——单位长度的屏蔽层直流电阻，Ω/m；

D_{sm}——屏蔽层的平均直径，mm；

D_s——电缆绝缘的外径，mm；

D_p——屏蔽层的内径，mm；

M_0、M_1——贝赛尔函数；

θ_1、θ_0——贝赛尔函数。

b. 专用变频电缆为多根并行敷设时，由于三芯电缆相当于单芯电缆正三角形布置，对任一根电缆其他电缆正序、负序分量在电缆屏蔽层内的合成感应电势基本为 0，且零序分量一般含量很少，故不同电缆间导体临近效应对载流量的影响不必计。

c. 对专用变频电缆中性线导体，电缆载流量修正系数公式与相线相同，但只需计算 $3n$ 次谐波电流影响。当需计入中性线导体内零序电流发热对相线载流量影响时，可在相线修正系数计算时对 $3n$ 次数谐波电流取 $\alpha(n)=2I_n/I_1$，同时 $X_{cp}(n)$ 对 $3n$ 次数谐波电流取 0 即可。

d. 贝赛尔函数求解时，n 阶贝赛尔函数的一般型式为：

$$x^2\frac{d^2y}{dx^2}+x\frac{dy}{dx}+(x^2-n^2)y=0 \quad (16-11)$$

可得到第一类贝赛尔函数：

$$J_n(x)=\sum_{m=0}^{\infty}(-1)^m\frac{x^{n+2m}}{2^{n+2m}m!(n+m)!} \quad (16-12)$$
$$(n=0,1,2,\cdots)$$

式中 M_0、θ_0——分别为 $J_0\left(x\times e^{\frac{3\pi}{4}i}\right)$ 的幅值和相角，可由 MATHCAD 等计算工具直接求解；

M_1、θ_1——分别为 $J_1\left(x\times e^{\frac{3\pi}{4}i}\right)$ 的幅值和相角，可由 MATHCAD 等计算工具直接求解。

（15）常用电缆载流量表。

常用铜芯电缆敷设在环境温度为 40℃时，电缆载流量分别见表 16-19～表 16-22。

表 16-18 K_p 推荐值

导线结构	镀层	处理	K_p	导线结构	镀层	处理	K_p
同心圆	无	无	1	压紧的弧形	无	无	0.6
同心圆	镯或合金	无	1	压紧的弧形	锡或合金	无	0.7
同心圆	无	有	0.6	压紧的弧形	无	有	0.37
压紧的圆	无	有	0.6	压紧的弧形	无	有	0.39

表 16-19 1～3kV 油纸、聚氯乙烯绝缘电缆空气中敷设时允许载流量 （A）

护套		有钢铠护套			无钢铠护套		
电缆导体最高工作温度（℃）		80			70		
电缆芯数		单芯	二芯	三芯或四芯	单芯	二芯	三芯或四芯
电缆导体截面（mm²）	2.5	—	—	—	—	23	19
	4	—	39	34	—	31	27
	6	—	52	45	—	40	35
	10	—	67	57	—	57	49
	16	—	89	76	—	77	67
	25	150	120	102	123	102	89
	35	183	143	126	148	123	106
	50	224	178	150	190	156	134
	70	281	224	195	231	190	166
	95	344	276	235	285	233	200
	120	402	316	276	332	272	233
	150	459	361	323	379	312	272
	185	534	—	368	439	—	317

续表

护套		有钢铠护套			无钢铠护套		
电缆导体最高工作温度（℃）		80			70		
电缆芯数		单芯	二芯	三芯或四芯	单芯	二芯	三芯或四芯
电缆导体截面（mm²）	240	639	—	436	529	—	379
	300	735	—	494	610	—	423
环境温度（℃）		40					

注　1. 适用于铜芯电缆，铜芯电缆的允许持续载流量值可乘以 0.78。

　　2. 单芯只适用于直流。

表 16-20　　　　　**1～3kV 交联聚乙烯绝缘电缆空气中敷设时允许载流量**　　　　（A）

电缆芯数		三芯		单芯							
单芯电缆排列方式				品字形				水平形			
金属层接地点				单侧		两侧		单侧		两侧	
电缆导体材质		铝	铜	铝	铜	铝	铜	铝	铜	铝	铜
电缆导体截面（mm²）	25	91	118	100	132	100	132	114	150	114	150
	35	114	150	127	164	127	164	146	182	141	178
	50	146	182	155	196	155	196	173	228	168	209
	70	178	228	196	255	196	251	228	292	214	264
	95	214	273	241	310	241	305	278	356	260	310
	120	246	314	283	360	278	351	319	410	292	351
	150	278	360	328	419	319	401	365	479	337	392
	185	319	410	372	479	365	461	424	546	369	438
	240	378	483	442	565	424	546	502	643	424	502
	300	419	552	506	643	493	611	588	738	479	552
	400	—	—	611	771	579	716	707	908	546	625
	500	—	—	712	885	661	803	830	1026	611	693
	630	—	—	826	—	734	894	963	1177	680	757
环境温度（℃）		40									
电缆导体最高工作温度（℃）		90									

注　1. 允许载流量的确定，还应符合电缆导体工作温度大于70℃时的计算规定。

　　2. 水平形排列电缆相互间中心距为电缆外径的 2 倍。

表 16-21　　　　　　　　**6kV 三芯电力电缆空气中敷设时允许载流量**　　　　　　（A）

绝缘类型		不滴流纸	聚氯乙烯		交联聚乙烯	
钢铠护套		有	无	有	无	有
电缆导体最高工作温度（℃）		80	70		90	
电缆导体截面（mm²）	10	—	52			
	16	75	70		—	—
	25	102	92		—	
	35	119	110		147	
	50	150	139		182	
	70	190	166		223	

续表

绝缘类型		不滴流纸	聚氯乙烯		交联聚乙烯	
钢铠护套		有	无	有	无	有
电缆导体最高工作温度（℃）		80	70		90	
电缆导体截面（mm²）	95	236	206	—	270	—
	120	275	239	—	317	—
	150	316	273	—	357	—
	185	361	317	—	417	—
	240	431	378	—	488	—
	300	482	417	—	557	—
	400	—	—	—	651	—
	500	—	—	—	753	—
环境温度（℃）		40				

注　1. 适用于铜芯电缆，铝芯电缆的允许持续载流量值可乘以 0.78。

　　2. 电缆导体工作温度大于 70℃时，允许载流量还应符合相应的规定。

表 16-22　　　　　　　　　10kV 三芯电力电缆允许载流量　　　　　　　　（A）

绝缘类型		不滴流纸		交联聚乙烯			
钢铠护套				无		有	
电缆导体最高工作温度（℃）		65		90			
敷设方式		空气中	直埋	空气中	直埋	空气中	直埋
电缆导体截面（mm²）	16	61	76	—	—	—	—
	25	81	102	129	116	129	116
	35	99	123	159	142	159	135
	50	119	143	188	161	182	155
	70	152	178	230	196	223	196
	95	184	218	283	235	276	235
	120	217	253	324	264	317	264
	150	244	284	365	288	359	283
	185	281	317	418	325	413	319
	240	337	374	488	377	481	377
	300	381	419	559	428	552	423
	400	—	—	653	488	646	482
	500	—	—	747	552	740	547
环境温度（℃）		40	25	40	25	40	25
土壤热阻系数（K·m/W）		—	1.2	—	2.0	—	2.0

注　1. 适用于铜芯电缆，铝芯电缆的允许持续载流量值可乘以 0.78。

　　2. 电缆导体工作温度大于 70℃时，允许载流量还应符合相应的规定。

（16）按短路热稳定选择。

1）计算公式。

电缆导体允许最小截面，由式（16-13）确定：

$$C=\frac{1}{\eta}\sqrt{\frac{Jq}{\alpha K_\rho}\ln\frac{1+\alpha(\theta_m-20)}{1+\alpha(\theta_p-20)}} \qquad (16\text{-}14)$$

$$S\geqslant\frac{\sqrt{Q}}{C}\times10^2 \qquad (16\text{-}13)$$

$$\theta_p=\theta_0+(\theta_H-\theta_0)\left(\frac{I_p}{I_H}\right)^2 \qquad (16\text{-}15)$$

式中 S——电缆热稳定要求最小截面，mm^2；

J——热功当量系数，取 1.0；

q——电缆导体的单位体积热容量，$J/(cm^3 \cdot ℃)$，铝芯取 2.48，铜芯取 3.4；

θ_m——短路作用时间内电缆导体允许最高温度，℃；

θ_p——短路发生前的电缆导体最高工作温度，℃；

θ_H——电缆额定负荷的电缆导体允许最高工作温度，℃；

θ_0——电缆所处的环境温度最高值，℃；

I_H——电缆的额定负荷电流，A；

I_p——电缆实际最大工作电流，A；

α——20℃时电缆导体的电阻温度系数，1/℃，铜芯为 0.00393、铝芯为 0.00403；

ρ——20℃时电缆导体的电阻系数，$\Omega \cdot cm/cm^2$，铜芯为 0.0184×10^{-4}、铝芯为 0.031×10^{-4}；

η——计入包含电缆导体充填物热容影响的校正系数，对 3～10kV 电动机馈线回路，宜取 η=0.93，其他情况可按 η=1；

K——电缆导体的交流电阻与直流电阻之比值，可由表 16-23 选取。

上式中，除电动机馈线回路外，均可取 $\theta_p = \theta_H$。

Q 值确定方式，应符合下列规定：

a. 对发电厂 3～10kV 厂用电动机馈线回路，当机组容量为 100MW 及以下时：

$$Q=I^2(t+T_b) \quad (16-16)$$

b. 对发电厂 3～10kV 厂用电动机馈线回路，当机组容量大于 100MW 时，Q 的表达式见表 16-24。

表 16-24　机组容量大于 100MW 时

发电厂电动机馈线回路 Q 值表达式

t（s）	T_b（s）	T_d（s）	Q 值（$A^2 \cdot S$）
0.15	0.045	0.062	$0.195I^2+0.22II_d+0.09I_d^2$
	0.06		$0.21I^2+0.23II_d+0.09I_d^2$
0.2	0.045	0.062	$0.245I^2+0.22II_d+0.09I_d^2$
	0.06		$0.26I^2+0.24II_d+0.09I_d^2$

注　1. 对于电抗器或 $U_o\%$ 小于 10.5 的双绕组变压器，取 T_b=0.045，其他情况取 T_b=0.06。

2. 对中速断路器，t 可取 0.15s；对慢速断路器，t 可取 0.2s。

c. 除发电厂 3～10kV 厂用电动机馈线外的情况：

$$Q=I^2 \times t$$

式中 I——系统电源供给短路电流的周期分量起始有效值，A；

t——短路持续时间，s；

T_b——系统电源非周期分量的衰减时间常数，s。

2）计算图表。

在具体工程中，可直接查以下得出热稳定系数 C 及热效应 Q，再按式（16-13）计算出热稳定截面 S。

常用材料的电阻率和电阻温度系数见表 16-25。电缆芯的集肤效应系数 K 见表 16-26。3～10kV 铝芯纸绝缘及交联聚乙烯绝缘电缆在额定负荷下短路的热稳定系数见表 16-27。

表 16-23　K 值选择用表

电缆类型	6～35kV 挤塑					自容式充油		
导体截面（mm^2）	95	120	150	185	240	240	400	600
芯数　单芯	1.002	1.003	1.004	1.006	1.010	1.003	1.011	1.029
芯数　多芯	1.003	1.006	1.008	1.009	1.021	—	—	—

表 16-25　常用材料的电阻率和电阻温度系数

材料名称	20℃时电阻率 ρ_{20}（$\times 10^{-6}\Omega \cdot cm$）	电阻温度系数 α（$\times 10^{-3}$1/℃）	材料名称	20℃时电阻率 ρ_{20}（$\times 10^{-6}\Omega \cdot cm$）	电阻温度系数 α（$\times 10^{-3}$1/℃）
铜	1.84	3.93	钢带铠装	13.80	4.50
铝	3.10	4.03	黄铜	3.50	3.00
护层铅或铅合金	21.40	4.00	不锈钢	70.00	可以忽略

表 16-26　电缆芯的集肤效应系数 K

电缆结构	电缆芯额定截面（mm^2）							
	150	185	240	300	400	500	625	800
三芯电缆	1.01	1.02	1.035	1.052	1.095			
单芯电缆或分相铅包电缆	1.008	1.008	1.0105	1.025	1.050	1.080	1.125	1.200

表 16-27　电缆芯在额定负荷及
短路时的最高容许温度及热稳定系数 C 值

电缆种类和绝缘材料		最高容许温度（℃）		热稳定系数 C
		额定负荷时	短路时	
普通油浸纸绝缘	3kV（铝芯）	80	200	87
	6kV（铝芯）	65	200	93
	10kV（铝芯）	60	200	95
	20～35kV（铜芯）	50	175	
交联聚乙烯绝缘	10kV 及以下（铝芯）	90	200	82
	20kV 及以上（铝芯）	80	200	86
聚氯乙烯绝缘	60～330kV（铜芯）	65	130	
聚乙烯绝缘		70	140	
自容式充油电缆		75	160	

注　有中间接头的电缆在短路时的最高容许温度：锡焊接头为 120℃，压接接头为 150℃，电焊或气焊接头与无接头相同。

（17）电缆经济截面计算。

1）电缆总成本计算。

电缆线路损耗引起的总成本由线路损耗的能源费用和提供线路损耗的额外供电容量费用两部分组成。考虑负荷增长率 a 和能源成本增长率 b，电缆总成本计算如下：

$$C_T = C_I + I_{max}^2 \times R \times L \times F \qquad (16\text{-}17)$$

$$F = \frac{N_P \times N_C \times (\tau \times P + D)\Phi}{1 + i/100} \qquad (16\text{-}18)$$

$$\Phi = \sum_{n=1}^{N}(r^{n-1}) = \frac{1 - r^N}{1 - r} \qquad (16\text{-}19)$$

$$r = \frac{(1 + a/100)^2(1 + b/100)}{1 + i/100} \qquad (16\text{-}20)$$

式中　C_T——电缆总成本，元；
　　　C_I——电缆本体及安装成本，元，由电缆材料费用和安装费两部分组成；
　　I_{max}——第一年导体最大负荷电流，A；
　　　R——单位长度的视在交流电阻，Ω；
　　　L——电缆长度，m；
　　　F——由式（16-17）定义的辅助量，元/kW；
　　　N_p——每回路相线数目，取 3；
　　　N_c——传输同样型号和负荷值的回路数，取 1；
　　　τ——最大负荷损耗时间，h，即相当于负荷始终保持为最大值，经过 τ 小时后，线路中的电能损耗与实际负荷在线路中

引起的损耗相等，可使用最大负荷利用时间（T）近似求 τ 值，$\tau = 0.85T$；
　　　P——电价，元/kWh，对最终用户取现行电价，对发电企业取发电成本，对供电企业取供电成本；
　　　D——由于线路损耗额外的供电容量的成本，元/（kW·年），可取 252 元/（kW·年）；
　　　Φ——由式（16-19）定义的辅助量；
　　　i——贴现率，%，可取全国现行的银行贷款利率；
　　　N——经济寿命，年，采用电缆的使用寿命，即电缆从投入使用一直到使用寿命结束的整个时间年限；
　　　r——由式（16-20）定义的辅助量；
　　　a——负荷增长率，%，在选择导体截面时所使用的负荷电流是在该导体截面允许的发热电流之内的，当负荷增长时，有可能会超过该截面允许的发热电流，其波动对经济电流密度的影响很小，可忽略不计，取 0；
　　　b——能源成本增长率，%，取 2%。

2）电缆经济电流截面计算。

a．每相邻截面的 A_1 值计算式如下：

$$A_1 = \frac{S_{1t} - S_{2t}}{S_1 - S_2}[\text{元}/(\text{m} \cdot \text{mm}^2)] \qquad (16\text{-}21)$$

式中　S_{1t}——电缆截面为 S_1 的初始费用，包括单位长度电缆价格和单位长度敷设费用总和，元/m；
　　　S_{2t}——电缆截面为 S_2 的初始费用，包括单位长度电缆价格和单位长度敷设费用总和，元/m。

同一种型号电缆的 A 值平均值计算式如下：

$$A = \frac{\sum_{n=1}^{n} A_n}{n}[\text{元}/(\text{m} \cdot \text{mm}^2)] \qquad (16\text{-}22)$$

式中　n——同一种型号电缆标称截面档次数，截面范围可取 25～300mm²。

b．电缆经济电流截面计算。

经济电流密度计算式如下：

$$J = \sqrt{\frac{A}{F \times \rho_{20} \times B \times [1 + \alpha_{20}(\theta_m - 20)] \times 1000}} \qquad (16\text{-}23)$$

电缆经济电流截面计算式如下：

$$S_j = I_{max}/J$$

式中　J——经济电流密度，A/mm²；
　　　S_j——经济电缆截面，mm²；
　　　B——可取平均值 1.0014；
　　ρ_{20}——20℃时电缆导体的电阻率，Ω·mm²/m；

铜芯为 $0.0184×10^{-9}$、铝芯为 $0.031×10^{-9}$，计算时可分别取 18.4 和 31；

α_{20}——20℃时电缆导体的温度系数（1/℃），铜芯为 0.00393、铝芯为 0.00403。

3）10kV 及以下电力电缆最大负荷年利用小时数大于 5000h 且线路长度较长时，宜按经济电流密度选择电缆截面，并宜符合下列要求：

a. 按照工程条件、电价、电缆成本、贴现率等计算拟选用的 10kV 及以下铜芯或铝芯的聚氯乙烯、交联聚乙烯绝缘等电缆的经济电流密度值。

b. 对备用回路的电缆，如备用的电动机回路等，宜按正常使用运行小时数的一半选择电缆截面。对一些长期不使用的回路，不宜按经济电流密度选择截面。

c. 当电缆经济电流截面比按热稳定、容许电压降或持续载流量要求的截面小时，则应按热稳定、容许电压降或持续载流量较大要求截面选择。当电缆经济电流截面介于电缆标称截面档次之间，可视其接近程度，选择较接近一档截面，且宜偏小选取。

d. 简化计算时，可仅选取比按电缆长期持续工作电流所选择电缆截面（或更多根数）更大的截面（或更多根数）进行电缆总成本对比，选取总成本最低的截面（或根数）。

（18）按电压损失校验。

对供电距离较远、容量较大的电缆线路或电缆—架空混合线路（如煤、灰、水系统），应校验其电压损失。

各种用电设备容许电压降如下：

高压电动机≤5%；

低压电动机≤5%（一般），≤10%（个别特别远的电动机）；≤15%～30%（启动时端电压降）；

电焊机回路≤10%；

起重机回路≤15%（交流），≤20%（直流）。

1）计算公式。

三相交流　$\Delta U\% = 173 I_g L\left(r\cos\varphi + x\sin\varphi\right)/U$ （16-24）

单相直流　$\Delta U\% = 200 I_g L\left(r\cos\varphi + x\sin\varphi\right)/U$ （16-25）

直流线路　　　　　　$\Delta U\% = \dfrac{173}{U} I_g L r$　　　（16-26）

式中　U——线路工作电压，三相为线电压，单相为相电压，V；

I_g——计算工作电流，A；

L——线路长度，km；

r——电缆运行时单位长度直流电阻，Ω/km；

x——电缆单位长度的电抗，Ω/km；

$\cos\varphi$——功率因数。

2）计算表格。

三相线路可直接根据导线截面及负荷功率因数查表得出每 kW·km（或 MW·km）。电压损失百分数，再按下式求总的电压损失：

$$\Delta U\% = \Delta U\% P L \qquad (16\text{-}27)$$

式中　$\Delta U\%$——每 kW·km（或 MW·km）电压损失的百分数，%，分别见表 16-28、表 16-29、表 16-30；

P——线路负荷，kW 或 MW；

L——线路长度，km。

表 16-28　　　　　　　　0.38kV 交联聚乙烯绝缘电力电缆线路电压损失表

电缆截面（mm²）		电阻（Ω/km）	感抗（Ω/km）	电压损失［%/（A·km）］					
				cosφ					
				0.5	0.6	0.7	0.8	0.9	1.0
铝芯	3×4	8.742	0.097	2.031	2.426	2.821	3.214	3.605	3.985
	3×6	5.828	0.092	1.365	1.627	1.889	2.15	2.409	2.656
	3×10	3.541	0.085	0.841	0.999	1.157	1.314	1.469	1.614
	3×16	2.230	0.082	0.541	0.640	0.738	0.836	0.931	1.016
	3×25	1.426	0.082	0.357	0.420	0.482	0.542	0.601	0.650
	3×35	1.019	0.080	0.264	0.308	0.351	0.393	0.434	0.464
	3×50	0.713	0.079	0.194	0.224	0.253	0.282	0.308	0.325
	3×70	0.510	0.078	0.147	0.168	0.188	0.207	0.225	0.232
	3×95	0.376	0.077	0.116	0.131	0.145	0.158	0.170	0.171
	3×120	0.297	0.077	0.098	0.109	0.120	0.129	0.137	0.135
	3×150	0.238	0.077	0.085	0.093	0.101	0.108	0.113	0.108
	3×185	0.192	0.078	0.075	0.081	0.087	0.091	0.094	0.080
	3×240	0.148	0.077	0.064	0.069	0.072	0.075	0.076	0.067

电缆截面（mm²）		电阻（Ω/km）	感抗（Ω/km）	电压损失 [%/（A·km）]					
				cosφ					
				0.5	0.6	0.7	0.8	0.9	1.0
铜芯	3×4	5.332	0.097	1.253	1.494	1.733	1.971	2.207	2.430
	3×6	3.554	0.092	0.846	1.006	1.164	1.221	1.476	1.620
	3×10	2.175	0.085	0.529	0.626	0.722	0.816	0.909	0.991
	3×16	1.359	0.082	0.342	0.402	0.460	0.518	0.574	0.619
	3×25	0.870	0.082	0.231	0.268	0.304	0.340	0.373	0.397
	3×35	0.622	0.080	0.173	0.199	0.224	0.249	0.271	0.284
	3×50	0.435	0.079	0.130	0.148	0.165	0.180	0.194	0.198
	3×70	0.310	0.078	0.101	0.113	0.124	0.134	0.143	0.141
	3×95	0.229	0.077	0.083	0.091	0.098	0.105	0.109	0.104
	3×120	0.181	0.077	0.072	0.078	0.083	0.087	0.090	0.083
	3×150	0.145	0.077	0.063	0.068	0.071	0.074	0.075	0.060
	3×185	0.118	0.078	0.058	0.061	0.063	0.064	0.064	0.054
	3×240	0.091	0.077	0.051	0.053	0.054	0.054	0.053	0.041

注　缆芯电阻按缆芯温度为 80℃ 计算。

表 16-29　　　　　　　　　　6kV 交联聚乙烯绝缘电力电缆线路电压损失

电缆截面（mm²）		电阻（Ω/km）	感抗（Ω/km）	电压损失 [%/（MW·km）]			电压损失 [%/（A·km）]		
				cosφ			cosφ		
				0.8	0.85	0.9	0.8	0.85	0.9
铝芯	3×16	2.230	0.124	6.453	6.408	6.361	0.054	0.050	0.060
	3×25	1.426	0.111	4.193	4.152	4.111	0.035	0.037	0.038
	3×35	1.019	0.105	3.049	3.011	2.972	0.025	0.027	0.028
	3×50	0.713	0.099	2.187	2.151	2.114	0.018	0.019	0.020
	3×70	0.510	0.093	1.611	1.577	1.542	0.013	0.014	0.014
	3×95	0.376	0.089	1.230	1.198	1.164	0.010	0.011	0.011
	3×120	0.297	0.087	1.006	0.975	0.942	0.008	0.009	0.009
	3×150	0.238	0.085	0.838	0.808	0.776	0.007	0.007	0.007
	3×185	0.192	0.082	0.704	0.674	0.644	0.006	0.006	0.006
	3×240	0.148	0.080	0.578	0.549	0.519	0.005	0.005	0.005
铜芯	3×16	1.359	0.124	4.033	3.988	3.942	0.034	0.035	0.037
	3×25	0.870	0.111	2.648	2.608	2.566	0.022	0.023	0.024
	3×35	0.622	0.105	1.947	1.909	1.869	0.016	0.017	0.018
	3×50	0.435	0.099	1.415	1.379	1.341	0.012	0.012	0.013
	3×70	0.310	0.093	1.055	1.021	0.986	0.009	0.009	0.009
	3×95	0.229	0.089	0.822	0.789	0.756	0.007	0.007	0.007
	3×120	0.181	0.087	0.684	0.653	0.620	0.006	0.006	0.006
	3×150	0.145	0.085	0.580	0.549	0.517	0.005	0.005	0.005
	3×185	0.118	0.082	0.499	0.469	0.438	0.004	0.004	0.004
	3×240	0.091	0.080	0.419	0.391	0.360	0.004	0.003	0.003

注　缆芯电阻按缆芯温度为 80℃ 计算。

表 16-30　　　　　　　　　　　　　　　　10kV 交联聚乙烯绝缘电力电缆线路电压损失

电缆截面（mm²）		电阻（Ω/km）	感抗（Ω/km）	电压损失［%/（MW·km）］			电压损失［%/（A·km）］		
				cosφ			cosφ		
				0.8	0.85	0.9	0.8	0.85	0.9
铝芯	3×16	2.230	0.133	2.330	2.312	2.294	0.032	0.034	0.036
	3×25	1.426	0.120	1.516	1.500	0.021	0.021	0.022	0.023
	3×35	1.019	0.113	1.104	1.089	1.074	0.015	0.016	0.017
	3×50	0.713	0.107	0.793	0.779	0.765	0.011	0.012	0.012
	3×70	0.510	0.101	0.586	0.573	0.559	0.008	0.008	0.009
	3×95	0.376	0.096	0.448	0.436	0.423	0.006	0.006	0.007
	3×120	0.297	0.095	0.368	0.356	0.343	0.005	0.005	0.005
	3×150	0.238	0.093	0.308	0.296	0.283	0.004	0.004	0.004
	3×185	0.192	0.090	0.260	0.248	0.236	0.004	0.004	0.004
	3×240	0.148	0.087	0.213	0.202	0.190	0.003	0.003	0.003
铜芯	3×16	1.359	0.133	1.459	1.441	1.423	0.020	0.021	0.022
	3×25	0.870	0.120	0.960	0.944	0.928	0.013	0.014	0.015
	3×35	0.622	0.113	0.707	0.692	0.677	0.010	0.010	0.011
	3×50	0.435	0.107	0.515	0.501	0.487	0.007	0.007	0.008
	3×70	0.310	0.101	0.386	0.373	0.359	0.005	0.006	0.006
	3×95	0.229	0.096	0.301	0.289	0.276	0.004	0.004	0.004
	3×120	0.181	0.095	0.252	0.240	0.227	0.004	0.004	0.004
	3×150	0.145	0.093	0.215	0.203	0.190	0.003	0.003	0.003
	3×185	0.118	0.090	0.186	0.174	0.162	0.003	0.003	0.003
	3×240	0.091	0.087	0.156	0.145	0.133	0.002	0.002	0.002

注　缆芯电阻按缆芯温度为 80℃ 计算。

第二节　电缆敷设

一、敷设电缆的一般要求

（1）选择电缆路径时，应符合以下要求：

1）满足安全要求条件下，应保证电缆路径最短；

2）应避免电缆遭受机械性外力、过热、腐蚀等危害；

3）避开规划中需要施工的地方；

4）充油电缆线路通过起伏地形时，应保证供油装置合理配置；

5）便于施工及维修。

（2）以下电缆应尽可能分开或分隔敷设：

1）不同机组之间；

2）同一机组双套辅机之间；

3）工作与备用电源之间；

4）全厂公用负荷之间；

5）动力与控制电缆之间。

具体防火分隔要求详见本章第四节。

（3）决定电缆构筑物尺寸时，除考虑扩建规模外，还应留出不少于 20% 的备用支（托）架或排管孔眼。

（4）直接支持电缆的普通支架（臂式支架）、吊架的允许跨距，宜符合表 16-31 所列数值。

（5）电缆应在下列地点用夹头固定：

1）垂直敷设时在每个支架上；

2）水平敷设在首末两端、转弯及接头处。

（6）电缆的弯曲半径，不得小于表 16-32 的数值。

（7）垂直或沿陡坡敷设的电缆，在最高最低点之间的最大允许高度差见表 16-33。

（8）电缆从地下引出地面的 2m 部分，一段应采用金属保护管或保护罩保护，确无机械损伤场所的铠装电缆可不加保护。

（9）电缆的金属外皮、支托架及保护管均应可靠接地。

（10）带避雷针的投光灯，其引线应用裸钢带铠装电缆，要在土中直埋 10m 以上再进入电缆沟，潮湿地区该电缆应穿入金属管内。

（11）抑制电气干扰强度的弱电回路控制和信号电缆，宜采取下列措施：

1）当与电力电缆在同一通道时，宜敷设在专用槽盒内；

2）控制电缆不宜与 110kV 及以上电缆在同一电缆通道内敷设；

3）敷设于配电装置内的控制和信号电缆，与耦合电容器或电容式电压互感、避雷器或避雷针接地处的距离，宜在可能范围内远离；

4）沿控制和信号电缆平行敷设一根不小于 $100mm^2$ 的铜排（缆）作金属屏蔽线，其两端及每隔 30m 与主接地网连接；

5）控制电缆的路径宜远离高压母线、避雷器和避雷针的接地点以及并联电抗器、电容式电压互感器、耦合电容器、电容式套管等设备，电缆路径中与运行设备无关的电缆应予拆除。

（12）明敷电缆尽可能避免太阳直晒，必要时加装遮阳罩。

（13）明敷电缆通道宜布置在热管道下方，电缆

与各种管线距离及防火隔热要求，见本章第四节。

（14）电缆布线的基本原则为：

表 16-31　电缆支持点间的最大允许距离　　　（mm）

电缆特征	敷设方式	
	水平	垂直
未含金属套、铠装的全塑小截面电缆	400①	1000
除上述情况外的中、低压电缆	800	1500
35kV 及以上高压电缆	1500	3000

① 维持电缆较平直时，该值可增加 1 倍。

表 16-32　　电缆的允许弯曲半径
（电缆外径的倍数）

电缆型式		多芯	单芯
聚氯乙烯绝缘		10	10
橡皮绝缘	非裸铅包或钢铠护套	10	10
	裸铅包护套	15	15
	钢铠护套	20	20
交联聚乙烯绝缘（35kV 及以下）		15	20
油浸纸绝缘	铅包 铠装	15	25
	铅包 无铠装	20	25
	铅包 外径在 40mm 以下时	25	25
	铅包 外径在 40mm 以上时	30	30

表 16-33　　　　　　　　　　　　电力电缆敷设的最大允许高差

电缆类型	额定电压（kV）	结构类型	允许敷设高差（m）		备注
			铅包	铝包	
油浸纸绝缘电缆	3 及以下	无铠装	20	20	当实际敷设高差超过所列数值，应选用塞止式接头或另选用其他类型电力电缆
		有铠装	25	25	
	6～10	有铠装或无铠装	15	20	
	20～35	有铠装或无铠装	5	—	
油浸纸滴干绝缘电缆	1～10	统铅包型	100	100	
		分相铅包型	300	—	
不滴流浸渍纸绝缘电缆	1～10	全部型式	不受限制		当实际敷设高差超过 200m 时，应加固定，以承受电缆本身重量
聚氯乙烯绝缘电缆	1，6	全部型式	不受限制		当实际敷设高差超过 200m 时，应加固定，以承受电缆本身重量
交联聚乙烯绝缘电缆	6～35	全部型式	不受限制		当实际敷设高差超过 200m 时，应加固定，以承受电缆本身重量

1）同一通道内电缆宜按电力电缆电压等级由高至低、强电至弱电控制（信号）电缆、通信电缆及计算机电缆"由上而下"的顺序排列。同一工程中，电缆上下排列顺序应相同。

2）同一层电缆沟内支架或架空桥架上电缆以少交叉为原则，一般为近处在两边，远处放中间，必须交叉时应尽量在始终端进行。

3）不同单元的电缆尽量分开。

4）隧道交叉口及电缆夹层人孔通道和出入口处的跨越电缆，应保证高度不小于1.4m。

（15）电缆占用的支架长度。电力电缆之间一般按有间距敷设，控制电缆可紧靠敷设，每根电缆占用支架长度可参考以下数值估算：

6kV 电缆平均外径 40～50mm，占用支架长度 80～100mm；

380V 电缆平均外径 30～40mm，占用支架长度 60～80mm；

控制电缆平均外径 20～30mm，占用支架长度 30～40mm。

（16）电缆桥架的弯曲半径不应小于电缆的弯曲半径。

二、电缆构筑物型式及特点

常用电缆构筑物有桥架、电缆沟、电缆隧道、排管、直埋、吊架等，如图16-2～图16-9所示，此外还有主控、集控室下面电缆夹层及垂直敷设电缆的竖井等。

（1）电缆沟具有投资省、占地少、走向灵活且能容纳较多电缆等优点。缺点是检修维护不便，容虽积灰、积水。

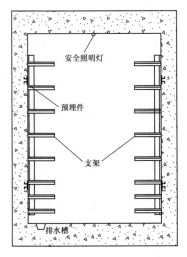

图16-2　电缆隧道

（2）电缆隧道能容纳大量电缆，具有敷设、检修和更换电缆方便等优点。缺点是投资大、耗材多、易

积水。

（3）电缆排管能有效防火，但施工复杂，电缆敷设、检修和更换不方便，且因散热不良需降低电缆载流量。

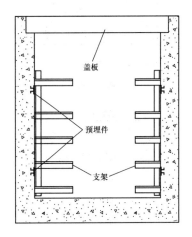

图16-3　室内电缆沟

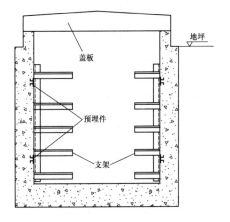

图16-4　屋外配电装置电缆沟

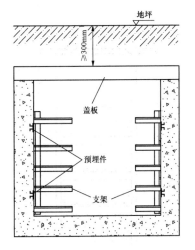

图16-5　厂区电缆沟

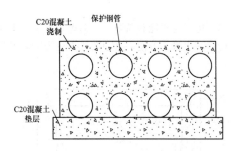

图 16-6　电缆排管

图 16-7　电缆吊架

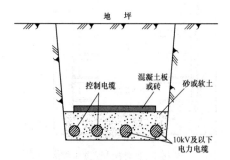

图 16-8　电缆直埋

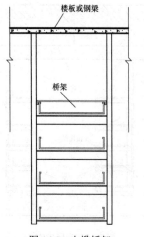

图 16-9　电缆桥架

（4）电缆直埋施工方便，投资省，散热条件好。但检修更换电缆不方便，不能防止外来机械扭伤和各种水土侵蚀。

（5）架空电缆桥架有如下主要优点：

1）不存在积水问题，提高了电缆可靠性；

2）简化了地下设施，避免了与地下管沟交叉碰撞；

3）托架有工厂定型成套产品，可保证质量，外观整齐美观；

4）可密集敷设大量控制电缆，有效利用有限空间；

5）托架表面光洁，横向间距小，可敷设价廉的无铠装全塑电缆；

6）封闭式槽架有利于防火、防爆和抗干扰。

但架空电缆存在以下缺点：

1）施工、检修和维护都较困难；

2）与架空管道交叉多；

3）架空电缆受外界火源（油、煤粉起火）影响的概率较大；

4）投资和耗用钢材多；

5）设备尚需配套，如屏、柜、电动机需要上进线等；

6）设计和施工工作量较大。

三、电缆敷设方式选择

电缆敷设方式应根据工程条件、环境特点和电缆类型、数量等因素，满足运行可靠、便于维护和技术经济合理的要求进行选择。

厂区和厂房内宜采用架空敷设方式，不同区域的电缆通道规划宜采用如下方式：

（1）厂区电缆通道应与工程综合管架统一考虑，电缆通道宜设置在综合管架的顶层，直线段也可悬挂在综合管架的侧面，若需单独设立架空电缆通道，宜符合工程统一规划，且尽量做到与环境协调。

（2）主厂房电气电缆主通道的设置宜与热控（自动化）专业统一考虑。汽机房和锅炉房宜采用梁侧和楼板下架空敷设方式，配电室楼板下无高温热源、易燃气体、易爆气体或易燃液体且空间足够时，可不设电缆夹层。

（3）输煤系统有条件时宜设有独立的电缆主通道，电缆主通道宜采用架空敷设方式，并设置于建筑物外。输煤系统建筑物内宜采用架空电缆通道为主、电缆沟为辅的敷设方式，电缆桥架宜采用梯形桥架，每一层宜加盖板。

（4）其他辅助厂房有条件时，宜采用架空与电缆沟结合的混合敷设方式。

（5）当高差较大的电缆通道相连时，可采用钢质电缆竖井。

一般工程可参考表 16-34 选择敷设方式。

表 16-34 中括号内的地面槽沟方式适用于地下水位较高处，但不适于 330kV 及以上超高压配电装置。

同一通道少于 6 根的 35kV 及以下电力电缆，在厂区通往远距离辅助设施的可采用直埋。

但厂区地下管网较多的地段，可能有熔化金属、高温液体溢出的场所，不宜采用直埋。已确定将扩建、有化学腐蚀或杂散电流腐蚀的土壤范围内，不应采用直埋。

地下水位不高的厂区、建筑物内，当电缆数量较多且不便架空敷设时，可采用电缆沟。有化学腐蚀液体溢流、可燃气体或粉尘弥漫，或有防爆、防火要求的厂房内，不宜采用电缆沟，当仅有可燃气体或粉尘弥漫的场所，采用电缆沟时，电缆敷设后沟内应埋砂将电缆掩埋。

机组单元（集中）控制室、继电器室下宜设置电缆夹层。电缆数量较少时，也可采用活动地板。

四、电缆清册及编号

（一）电缆清册

电缆清册是订购电缆和指导施工的依据，是运行维护的档案资料，应列入每根电缆的编号、起讫点、型号、规格、长度，并分类统计出总长度（控制电缆还应列出每根电缆备用芯数）。清册的一般形式如表 16-35 所示。

表 16-34　电缆敷设方式参考

车间名称	底层			运转层	
	6/10kV 电缆	380V 电缆	控制电缆	380V 电缆	控制电缆
汽机房	架空、沟	架空、沟	架空、沟	架空	架空
锅炉房	架空、沟	架空、沟	架空、沟	架空	架空
厂用配电室	架空、沟	架空、沟	架空、沟	架空、沟	架空、沟
屋外高压配电装置	沟、隧道	沟、隧道（地面槽沟）	沟、隧道（地面槽沟）		
屋内高压配电装置	沟、隧道	沟、隧道	沟、隧道	架空	架空
输煤系统	架空、沟	架空、沟	架空、沟	架空	架空
辅助车间	架空、沟	架空、沟	架空、沟	架空	架空
厂区及厂外	架空、沟、直埋	架空、沟、直埋	架空、沟、直埋		
控制室					夹层

表 16-35　电缆清册示例

序号	安装单位	始端设备名称	终端设备名称	电缆编号	电缆型号	电缆规格（mm×mm）	电缆长度（m）
1	1 号机组 6kV 1A 段动力电缆	1 号机组 6kV 1A 段 13 柜	1 号炉引风机 1A	10BBA131003	ZRC-YJY-6/6kV	3×120	407

电缆长度根据敷设路径量出后，需加上表 16-36 的附加长度及预留量。

表 16-36　35kV 及以下电缆敷设度量时的附加长度

项目名称		附加长度（m）
电缆终端的制作		0.5
电缆接头的制作		0.5
由地坪引至各设备的终端处	电动机（按接线盒对地坪的实际高度）	0.5～1
	配电屏	1

续表

项目名称		附加长度（m）
由地坪引至各设备的终端处	车间动力箱	1.5
	控制屏或保护屏	2
	厂用变压器	3
	主变压器	5
	磁力启动器或事故按钮	1.5

注　对厂区引入建筑物，直埋电缆因地形及埋设的要求，电缆沟、隧道、吊架的上下引接，电缆终端、接头等所需的电缆预留量，可取图纸量出的电缆敷设路径长度的 5%。

（二）电缆编号

1. 对电缆编号的要求

电缆编号是识别电缆的标志，故要求全厂编号不重复，并具有一定含义和规律，能表达电缆的特性。

电缆编号由拼音字母及数字组成；字母表示安装单位或安装设备的名称、电压；数字表示机组、设备和回路序号及特征。

安装单位以电压、线路、机组及车间等特征来划分。

安装设备以发电机、变压器、厂用设备及辅机等电气元件来划分。

为了适应计算机辅助设计的要求，对习惯的编号做了局部的修改，如拼音字母规定用大写 A、B、C、D…（不用 a、b、c…），数字用 1、2、3、4…（不用 Ⅰ、Ⅱ、Ⅲ…），其字符不应超过 17 位。

2. 电缆编号

（1）电缆编号由两部分组成：第一部分分类元素为安装单元编码，由各自系统的设备编码构成。第二部分 4 位数字组成数码元素。

（2）第一部分分类元素即安装单元编码同以上设备编码。分类元素分以下两种：

1）厂用部分分类元素为 6 位，即取各设备标识系统编码的前 6 位。

例如："1 号机组 10kV 1B 段 1 号柜"设备标识系统编码为 10BBB01AA001，其电缆编号第一部分分类元素为 10BBB01。

2）二次部分分类元素为 10 位，即取各设备标识系统编码的"前 7 位+3 位（后 5 位中去除 00 剩余的 3 位）"。

例如："1 号主变压器出线端子箱"设备标识系统编码为 10BAT01GG001，其电缆编号第一部分分类元素为 10BAT01GG1。

（3）第二部分数码元素模式为：NNNN。四个数字字符为数目字编码。具体规定如下：

第一个数字符表示电缆分类组名称。

1——动力电缆　6kV

2——动力电缆　400/230V

3——控制电缆

4——直流电缆

第二位至第四位数字表示电缆编号，具体规定如下：

100～199 为控制电缆

001～099 为动力电缆

其中控制电缆根据连接设备的不同再详细分区域。

100～110 主控制室至汽机房

111～120 主控制室至 6kV 配电装置

120～129 主控制室至变压器

130～139 汽机房内联络电缆

140～159 辅助厂房内联络电缆等

（4）举例：

从"1 号机组 10kV 1B 段 1 号柜"至某电动机动力电缆的设备标识系统编码：10BBB011001。

从"1 号主变压器出线端子箱"至主控室控制电缆的设备标识系统编码：10BAT01GG13121。

第三节　电缆构筑物的布置及要求

一、电缆隧道

（1）电缆隧道应保持的最小允许尺寸，如表 16-37 及图 16-10 所示。

表 16-37　　　　　　　　　　　　　隧道内部的尺寸　　　　　　　　　　　　（mm）

序号	尺寸名称		符号	一般	最小值
1	隧道高度（净距）		B	2000	1900
2	通道宽度	单侧有支架	A	900	800
		双侧有支架	A_s	1000	1000
3	电缆桥架层间垂直距离[①]	控制电缆	m_k	150～200	120
		电力电缆	m	200（250）	200（250）
4	电缆水平净距	控制电缆		依固定电缆方式而定	无规定
		电力电缆	t	等于电缆外径 d	
5	最上排格架至顶部的距离	控制电缆	C_k	250～300	—
		电力电缆	C	300～400	—
6	最低格架距底部距离		G	100～150	—

① 当用桥架时，格架层间距为 250～300mm，电缆允许重叠堆放；括号内数字用于 20～35kV 电缆。

（2）隧道安全孔数目及要求如下：

1）长度在 75m 以内，安全孔不应少于 2 个。

2）隧道纵向安全孔间距不宜大于 75m。

3）隧道首末端安全孔距隧道端部应不大于 5m 处设置。

4）人孔直径应不小于 700mm。

（3）电缆隧道的防火要求见第四节。

（4）对隧道防止地下水的入侵和积水有如下措施：

1）严禁管沟水排入隧道。

2）与管沟交叉处应密封好。

3）保证土建施工质量，隧道壁应有防潮层。

4）应保证有 0.5%～1% 的排水坡度，应有排水小沟将水引至集水井排到下水道，必要时设自动启停的排水泵。

（5）与管沟交叉方式如下：

1）降低或提高隧道标高，但应考虑好排水。

2）压缩隧道高空（不小于 1.4m）及支架间距（不小于 150mm），或增加隧道宽及支架长，减少支架层数。

（6）电缆隧道在转直角弯处，应按图 16-11 所示的要求设计，其中 W 为隧道宽度。

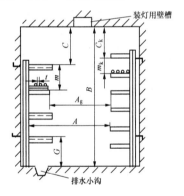

图 16-10　隧道结构示意图

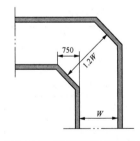

图 16-11　隧道转直角弯的要求

（7）隧道人孔盖板应能用同一的钥匙从外面或从里面打开，打开后不能自动关上，盖板的重量应考虑一个人能开启。人孔内应有固定的铁梯。

（8）厂区的电缆隧道，一般低于地面 300mm，以免在土壤冻结时产生应力或有重物压坏隧道。

（9）电缆隧道宜采用自然通风。长距离的隧道宜适当分区实行独立通风。当有较多电缆且电缆导体工作温度持续达到 70℃ 以上时，可装设机械通风，但火灾发生时机械通风装置应可靠地自动关闭。

（10）寒冷地区，应有防冻措施。

（11）隧道内应装设 36V 照明。

（12）为固定电缆支架，沿隧道全长预埋 60mm×6mm 扁钢（单侧 2 根，双侧 4 根）或其他铁件（见图 16-2）。

二、电缆沟

（1）电缆沟应保持的最小尺寸如表 16-38 及图 16-12 所示。

（2）沟内通道宽度一般按以下原则考虑：

1）沟深小于 650mm，通道宽 300～400mm。

2）沟深大于或等于 650mm，通道宽为 450～500mm（单侧有支架）或 500～600mm（双侧，有支架）。

表 16-38　　　　电缆沟内部的尺寸　　　　（mm）

序号	尺寸名称		符号	一般	最小值
1	通道宽度	单侧有支架	A	400～500	300
		双侧有支架	A_g	400～600	300
2	电缆桥架层间垂直距离①	控制电缆	m_k	150	120
		电力电缆	m	150（200）	150（200）
3	电力电缆间水平净距		t	等于电缆外径 d	
4	最上排格架至顶部盖板净距		C	150～200	—
5	最低格架至沟底净距		G	50～150	—

① 括号内数字适用于 20～35kV 电缆。

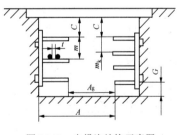

图 16-12　电缆沟结构示意图

（3）电缆沟的型式。

1）屋内电缆沟：盖板与地板平，当容易积灰积水时，用水泥沙浆封死。

2）厂区户外电缆沟：沟壁宜高出地坪 100mm。为不影响厂区排水，可分区在电缆沟上部设置用于厂区地面排水的钢筋混凝土渡槽。

3）电缆沟从厂区进入厂房处及与隧道连接处应设

置防火隔墙，详见本章第四节。

4）电缆沟底排水坡度不小于 0.5%～1%，且不能排向厂房内侧。

5）电缆沟盖板宜采用质轻强度高的角钢边框钢筋水泥板。

6）为固定电缆支架，沿沟全长埋设 40mm×6mm 扁钢（单侧 2 根，双侧 4 根）或其他铁件。

7）电缆沟转直角弯处按图 16-13 要求设计。

图 16-13　电缆沟转直角弯的要求（单位：mm）

8）电缆沟与公路、铁路交叉方式：

a. 此段改用排管、两端做井坑；

b. 采用暗沟，沟需加固，使用能承车辆重量。

9）电缆沟与各种管沟交叉方式：

a. 与循环水管沟交叉分别见图 16-14～图 16-16，图 16-14 为电缆外露，水管检修时需保护好电缆。

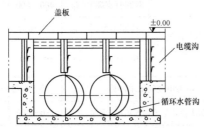

图 16-14　电缆沟与循环水管沟交叉图（一）

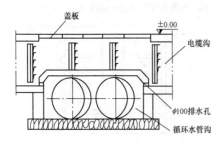

图 16-15　电缆沟与循环水管沟交叉图（二）

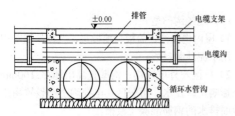

图 16-16　电缆沟与循环水管沟交叉图（三）

b. 与工业水管沟交叉分别见图 16-17、图 16-18，前者管沟在上、缆沟在下，要做好该段电缆沟的排水；后者工业水管夹套管直接穿越电缆沟，要求套管与沟壁连接处连接密封好。

c. 电缆沟与冲灰沟交叉见图 16-19，通常用排管或铁管从灰沟的上部穿过。

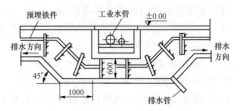

图 16-17　电缆沟与工业水管沟交叉图（一）

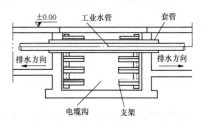

图 16-18　电缆沟与工业水管沟交叉图（二）

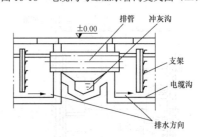

图 16-19　电缆沟与冲灰沟交叉图

三、架空桥架

（1）桥架布置尺寸如表 16-39 及图 16-20 所示。

表 16-39　　　　桥架布置尺寸　　　　（mm）

序号	尺寸名称		符号	一般	允许值
1	托架垂直间距	梯架	m	300	≥250①
		槽架	m_R	300	≥250
2	托架垂直净距		n	150	≥120
3	托架距顶棚	梯架	C	400	≥300
		槽架	C_R	400	≥400
4	托架水平距离		A	800	≥500
5	托架宽度	吊架	B	400～800	≤1200
		双侧架	B_S	200～500	≤600

① 控制电缆可减 50mm，6～10kV 交联聚乙烯应加 50mm。

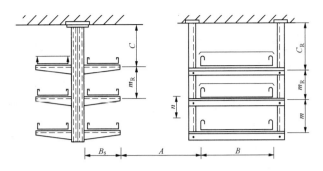

图 16-20　电缆桥架结构示意图

（2）桥架底部距地面高度：厂房内不小于 2m；通过室外道路处不小于 4.5m。

（3）固定托架的支吊架水平距离一般为 2～3m，垂直间距为 3～6m。转弯处的托架亦应固定，固定点宜取托架长度的 1/4 处。

（4）桥架长度大于 30m（钢）或 15m（铝合金）时，宜设伸缩板。

（5）梯型桥架不允许穿越燃油泵房、制氢站等危险区，并应尽可能避开有机械损伤或腐蚀性场所。

（6）桥架通过栅格通道下或室外布置时应加盖板。

（7）桥架的弯曲半径须满足电缆弯曲半径的要求，一般不小于 300～600mm。

（8）桥架从室内穿到室外时，向下倾斜坡度不应小于 1%。

（9）桥架系统应保证电气上的可靠连接并接地，当作为主接地导体时，托架每隔 10～20m 应重复接地一次（当采用非导电桥架时，应敷专用接地线）。

（10）重载托架应验算其强度，除承受电缆荷载外，还应计及一个人的检修荷载（800N）。此时托架挠度不应大于 0.5%。

（11）托架的路径应考虑安装维修的方便，留出一定的活动空间。

（12）水平托架上的电缆一般不必固定，为了保证电力电缆间净距，亦可每隔 10m 或转弯处加以固定；垂直敷设电缆每 2m 固定一次。

（13）电缆在托架上的充满度按下述要求确定：动力电缆一般按散热要求布置，即保持电缆之间净距不小于电缆外径；控制电缆可重叠堆放。当位置受到限制时，可按表 16-40 的占积率敷设，但载流量应作校正。

（14）架空托架与热管道距离及其防火阻燃要求见本章第四节。

（15）托架的选型一般为：

1）动力电缆及控制电缆宜选用梯型桥架；当有防火隔暴要求时，可选用封闭式槽型桥架。

2）弱电电缆宜选用封闭式槽型托架（托盘），当选用屏蔽型电缆时，亦可选用梯型桥架。

3）室外腐蚀性场所应选用防腐性能好的桥架（如热镀锌、镀铝、涂防腐漆或选用铝合金桥架）。

表 16-40　电缆允许布置层数与占积率

名称	布置层数	占积率（%）
6kV 电力电缆	1	40～50
380V 电力电缆	2	50～70
控制电缆	3	50～70
弱电电缆	3	50～70

四、电缆排管

（1）电缆排管孔眼应不小于电缆外径的 1.5 倍。此外，对电力电缆，排管孔眼应不小于 100mm；对控制电缆，排管孔眼应不小于 75mm。

（2）排管顶部至地面的距离：在厂房内为 200mm；在人行道下为 500mm；一般地区为 700mm。

（3）在变更方向及分支处均应设置排管井坑。当直线距离超过 30m 时，亦应设置排管井坑。

（4）井坑深度不小于 1800mm，人孔直径不小于 700mm。

（5）排管应有倾向井坑 0.5%～1%的排水坡度。

（6）排管材料按如下选择：

1）高于地下水位 1m 以上可用石棉水泥管或混凝土管；

2）潮湿地区的排管材料应不与铅层起化学作用，例如 PVC（塑料管）；

3）地下水位以下的排管，应有可靠的防潮层。

（7）各种排管及井坑如图 16-21～图 16-24 所示。敷设电力电缆和控制电缆的排管尺寸见表 16-41 和表 16-42。

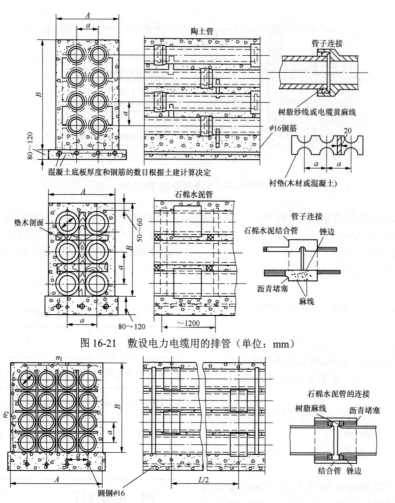

图 16-21　敷设电力电缆用的排管（单位：mm）

图 16-22　敷设控制电缆用的排管

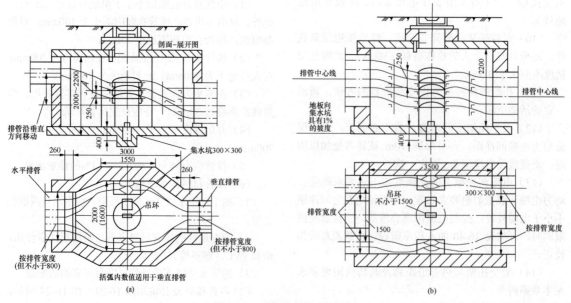

图 16-23　直线排管的中间井坑
（a）单列排管；（b）双列排管

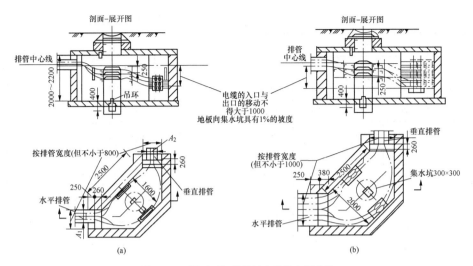

图 16-24　用于两组排管转直角的中间井坑

（a）用于水平排列的 2～3 根管子的排管；（b）用于水平排列的 4～6 根管子的排管

表 16-41　　　　　　　　　　　　　敷设电力电缆用的排管尺寸　　　　　　　　　　　（mm）

排列方式			垂直排列					水平排列				
管子数目		水平的	2	2	2	2	2	3	3	4	5	6
		垂直的	2	3	4	5	6	1	2	2	2	2
尺寸	陶土管	$D=100$ $a=195$　A	555	555	555	555	555	750	750	945	1130	1325
		B	510	705	900	1095	1280	315	510	510	510	510
		$D=125$ $a=230$　A	630	630	630	630	630	860	860	1090	1320	1550
		B	590	820	1050	1280	1510	360	590	590	590	590
		$D=150$ $a=265$　A	690	690	690	690	690	950	960	1230	1490	1760
		B	670	935	1200	1465	1730	390	670	670	670	670
	石棉水泥管	$D=100$ $a=146$　A	370	370	370	370	370	520	520	650	800	940
		B	320	460	610	760	900	170	320	320	320	320
		$D=125$ $a=171$　A	410	410	410	410	410	585	585	755	925	1100
		B	370	540	710	880	1050	200	370	370	370	370
		$D=150$ $a=198$　A	470	470	470	470	470	670	670	865	1060	1260
		B	420	620	820	1030	1220	230	420	420	420	420

注　本表为图 16-21 之附表，表内 D 值为排管内径。

表 16-42　敷设电力电缆用的排管尺寸　　（mm）

每排支管数		排　管　尺　寸			
水平	垂直	石棉水泥管		陶土管	
n_1	n_2	A	B	A	B
2	2	320	270	370	330
2	3	320	390	370	470
2	4	320	510	370	610
2	5	320	630	370	750

续表

每排支管数		排　管　尺　寸			
水平	垂直	石棉水泥管		陶土管	
n_1	n_2	A	B	A	B
3	2	440	270	510	330
3	3	440	390	510	470
3	4	440	510	510	610
3	5	440	630	510	750

续表

每排支管数		排 管 尺 寸			
水平	垂直	石棉水泥管		陶土管	
n_1	n_2	A	B	A	B
3	6	440	750	510	890
4	2	560	270	660	330
4	3	560	390	660	470
4	4	560	510	660	610
4	5	560	630	660	750
4	6	560	750	660	890
5	2	680	270	800	270
5	3	680	390	800	470
5	4	680	510	800	610
5	5	680	630	800	750
a		120		140	
衬垫	材料	木		参见图 16-22	
	断面	30×30			

注 本表为图 16-22 之附表,图中 L 为管的长度。

(8)国外引进工程采用 PVC（塑料）排管,如下:

1）高、低压动力和控制电缆均用薄壁 PVC 管,管径为 150mm 或 100mm,导管间距为 228mm 或 150mm;弱电电缆用热镀锌钢管,管径为 101mm 或 51mm,导管间距为 150mm 或 100mm。

2）每根导管直径按所敷电缆的充满率为 40% 来选择,管子数量要考虑 50% 备用量。

3）按电缆所允许的牵引力决定人孔或手孔间距,直线段人孔（手孔）最大间距约为 76m。

4）高、低压动力电缆之间,动力与控制和弱电电缆之间的排管和人孔（手孔）均应分开。

5）不同机组,同一机组双套辅机或电源的动力和控制电缆,一般要敷设于不同的排管内。两组高压动力电缆排管之间保持 1.5m 间距。

6）高压电缆排管人孔尺寸为 2m×2m×1.7m（深）;低压动力、控制及弱电电缆排管人孔为 1.5m×1.5m×1.7m（深）;手孔尺寸为 1m×1m×0.8m（深）。

(9）PVC 混凝土排管及其引出导管如图 16-25、图 16-26 所示。与国内方式比有以下优点:

1）防火要求高,地下全部用排管,地上用耐燃电缆架空敷设,上下有竖井相通。

2）用 PVC 管具有重量轻、耐腐蚀、表面光滑、有利电缆敷设等优点。

3）因有专用施工机具,故人孔间距大。

4）因排管容量不能调节,故备用孔眼多。

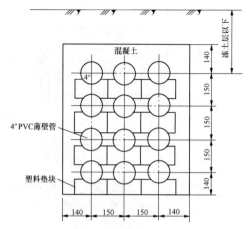

图 16-25 混凝土 PVC 排管（单位:mm）

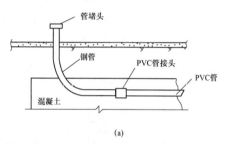

(a)

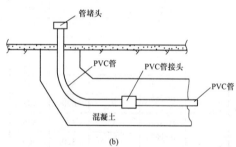

(b)

图 16-26 排管内导管露出地面
(a)钢导管;(b)PVC 导管

五、电缆保护管

(1）一般选用水煤气钢管或 PVC 管,埋设时应根据环境条件及土壤腐蚀程度采取涂漆、镀锌或包塑等适合环境要求的防腐措施。

(2）电力电缆引至电动机时,每根保护管应只穿 1 根电缆,电力电缆引至就地控制箱时,每根保护管穿 1 根电力电缆外,可穿除电流回路外的多根控制电缆。同回路单芯电力电缆 3 相 3 根可穿同一根钢质保护管,但不应再穿控制电缆。保护管的内径不宜小于单根电缆外径或多根电缆包络外径的 1.5 倍。

(3）保护管的弯曲半径一般取管径的 10 倍,但应不小于所穿入电缆的允许弯曲半径。

(4）保护管埋管深度不宜小于 0.5m,与铁路交叉处不宜小于 1m,明敷管固定间距不超过 3m,并列管间宜留有不小于 20mm 的空隙。

（5）每根电缆保护管的弯头不宜超过 3 个，直角弯不宜超过 2 个。超过规定时，空气中敷设的保护管可分段敷设，段间采用金属软管连通。

（6）电缆保护管与电缆截面的配合如表 16-43、表 16-44。

（7）U 型管的埋设见图 16-27，图中 H 为埋设深度，R 为弯曲半径。

表 16-43　　　　　　　　　电力电缆保护管与电缆最大允许截面配合表　　　　　　　　　（mm²）

芯数	管径（mm）	1kV				6kV				10kV	
		VLV	VLV22	ZLQ20	ZLQ22	YJLV	YJLV22	ZLQ20	ZLQ22	YJLV	ZLQ22
一芯	25	35	16	10	4						
	32	70	50	25	16						
	40	150	95	70	50	50					
	50	240	150	150	120	150			120	95	95
	70	500	400	400	400	400		300	240	300	
	80	800	630						500		
二芯	25	6	4								
	32	16	10	4	6						
	40	50	35	35	16						
	50	95	70	95	70						
	70	240	185	185	150						
	80										
三芯	25	6	4								
	32	16	10	4	4						
	40	35	25	25	16						
	50	95	50	70	50						
	70	150	120	150	120	50	25	95	70		
	80	185	185	185	185	95	50	150	120	35	25
	100	300	240	240	240	185	150	240	240	120	70
	125					240	240			240	185
四芯	25	4									
	32	10	6	6							
	40	16	16	16	10						
	50	50	35	50	35						
	70	120	95	120	95						
	80	185	150	185	150						
	100	240	240		240						
	125										

注　管子有接头，或管子较长、弯头较多时，电缆最大允许截面应缩小 1～2 级。

表 16-44　　　　　　　　　控制电缆保护管与最大允许电缆截面及芯数配合表　　　　　　　　　（mm²）

电缆型号	管径（mm）	电缆芯数											
		4	5	7	10	12	14	19	21	24	30	37	48
KVV、KXV 500V	25	6	2.5		1.5								
	32	10		6	2.5		2.5	1.5					
	44			10	6		2.5			1.5			
	50									2.5	2.5	2.5	

电缆型号	管径(mm)	电缆芯数											
		4	5	7	10	12	14	19	21	24	30	37	48
KVV22 500V	25	4											
	32	10	6	6	2.5		1.5						
	40		10	10	6		4	2.5		1.5			
	50									2.5	2.5	2.5	
KXV22 500V	25												
	32	6	6	4									
	40	10	10	10	4		2.5	1.5					
	50				10		4	2.5		2.5	2.5	1.5	
	70											2.5	
PVV 250V	25					φ1							
	32							φ1					
	40											φ1	
	50												φ1
PVV22 250V	32					φ1							
	40								φ1				
	50											φ1	
	70												φ1

注　φ1 指线芯直径 1mm 允许芯数。

六、电缆竖井

电缆竖井布置一般要求如下：

（1）竖井位置应靠墙或柱子，且便于跟电缆隧道或沟相连。

（2）不与周围管道、风道交叉。

（3）敷设检查方便，电缆路径要短。

（4）在多灰尘场所，应有密封措施。

（5）砖和混凝土材质封闭式电缆竖井应设有人员进出施工、维护的门和爬梯，人员活动空间不宜小800mm，见图 16-28。

（6）竖井底部基础应高出地面 50～100mm，以防水流入。

（7）竖井架应考虑检查时人的附加重量。

（8）钢质电缆竖井内应设有固定和绑扎电缆的支架，竖井两侧应设有安装、维护人员可及的间距不大于 1.5m 的可方便进行安装或维护的检修孔，检修孔的边长应与钢质电缆竖井的宽度相配合。

七、电缆夹层

（1）夹层净高不应小于2m。

（2）支吊架最低一层格架距底一般为 1000mm，但过道处的人孔支架距底不应小于 1400mm，见图 16-29。

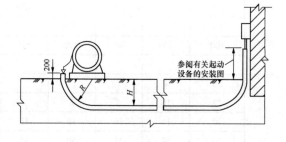

图 16-27　U 型管埋设图（单位：mm）

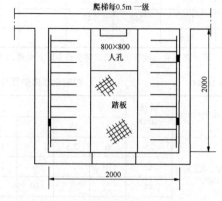

图 16-28　大型电缆竖井（单位：mm）

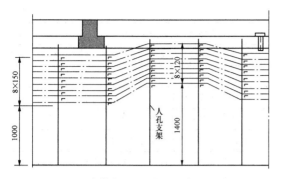

图 16-29　电缆夹层人孔支架（单位：mm）

（3）支架的布置应使屏上电缆引接方便，应避免屏内端子受力。

（4）无关管道不得穿过电缆夹层。

（5）夹层内的防火要求详见本章第四节。

八、直埋

（1）电缆埋深不得小于 0.7m，至地下构筑物基础不应小于 0.3m。

（2）建筑物基础离开直埋电缆距离应大于 600mm。

（3）直埋敷设应在其上下铺设一层厚度不少于 100mm 的无腐蚀性的软土或黄砂，并沿电缆埋地部分全长覆盖宽度不小于电缆两侧各 50mm 的混凝土板加以保护。也可把电缆放入预制钢筋混凝土槽盒内后填满砂或细土，然后盖上槽盒盖保护。为识别电缆走向，应沿电缆路径直线段每隔 100m 处、转弯处及有接头的地方设置标桩或永久性标志。

（4）当采用电缆穿碳素波纹管敷设时，且应沿波纹管顶全长浇注厚度不小于 100mm 的混凝土，宽度不应小于管外侧 50mm，电缆不必含铠装。

（5）含有酸、碱强腐蚀及有白蚁危害、热源、电化腐蚀、杂散电流影响和易遭机械力损伤的区域未经处理不得直埋电缆。

（6）各种直埋电缆的断面及技术要求见图 16-30 及表 16-45。

（7）直埋电缆间，直埋电缆与各种管线、公路、铁路之间交叉接近的距离，见表 16-46 及图 16-31～图 16-34。

（8）不得将电缆平行敷设于管道或另一条电缆的正上方或正下方。

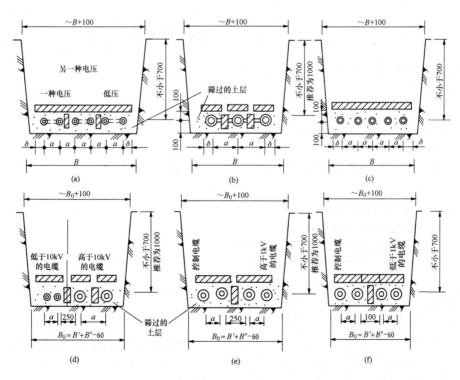

图 16-30　各种直埋断面图（单位：mm）

（a）适用于 10kV 及以下的电力电缆；（b）适用于 10kV 及以上的电力电缆；（c）适用于控制电缆；
（d）适用于 10kV 以上及以下的电力电缆；（e）适用于 1kV 以上的电力电缆及控制电缆；（f）适用于 1kV 以下的电力电缆及控制电缆

注：电缆敷设地区为标准土壤，没有杂散电流。图中尺寸 B'、B'' 表示两种不同类型电缆的 B 值，可按表中 B 查得。

表 16-45　各种直埋电缆（壕沟）尺寸　　（mm）

顺序号	壕沟内电缆根数	尺寸 a	B	δ
		10kV 及以下的电缆		
1	1		350	125
2	2	150	400	110
3	2	300	550	100
4	3	150	550	100
5	3	200	700	100
6	3	250	800	125
7	4	150	700	85
8	4	200	900	130
9	4	250	1100	125
10	5	150	800	75
11	5	200	1100	100
12	5	250	1300	125
13	6	150	1100	125
14	6	200	1300	125
15	6	250	1600	125
		10kV 以上的电缆		
1	1		350	125
2	2	350	700	125
3	3	350	1100	125
4	4	350	1400	125
		控制电缆		
1	1～3	80	350	115～75
2	4～5	80	550	130～90
3	6～8	80	800	135～95
4	9～10	80	900	115～75
5	11～12	80	1100	100～10

注　1. 表中 a 值对于 10kV 以下的电缆作为参考距离，10kV 以上的作为最小允许距离。

2. 在不得已情况下，10kV 以上的电力电缆之间及至相邻电缆间的距离可以降低为 100mm，但其间应置隔板。

3. 与其他机构管理电缆或通信电缆不能保持 500mm 距离时，则需在其间加隔板。

表 16-46　电缆之间或与其他管道交叉、接近的距离

电缆直埋敷设时的配置情况		平行	交叉
控制电缆之间		—	0.5①
电力电缆之间或与控制电缆之间	10kV 及以下电力电缆	0.1	0.5①
	10kV 以上电力电缆	0.25②	0.5①
不同部门使用的电缆		0.5②	0.5①
电缆与地下管沟	热力管沟	2③	0.5①
	油管或易（可）燃气管道	1	0.5①
	其他管道	0.5	0.5①
电缆与铁路	非直流电气化铁路路轨	3	1.0
	直流电气化铁路路轨	10	1.0
电缆与建筑物基础		0.6③	—

续表

电缆直埋敷设时的配置情况	平行	交叉
电缆与公路边	1.0③	—
电缆与排水沟	1.0③	—
电缆与树木的主干	0.7	—
电缆与 1kV 以下架空线电杆	1③	—
电缆与 1kV 以上架空线杆塔基础	4.0③	—

① 用隔板分隔或电缆穿管时不得小于 0.25m。

② 用隔板分隔或电缆穿管时不得小于 0.1m。

③ 特殊情况时，减少值不得大于 50%。

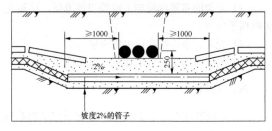

图 16-31　直埋电缆相互交叉（单位：mm）

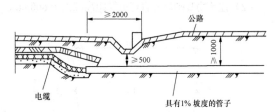

图 16-32　直埋电缆与公路交叉（单位：mm）

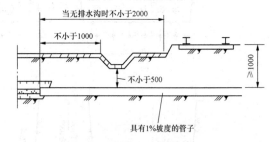

图 16-33　直埋电缆与铁道交叉（单位：mm）

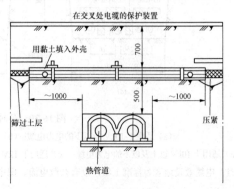

图 16-34　直埋电缆与热管道交叉（单位：mm）

第四节　电缆防火及阻燃

电缆火灾事故直接烧坏大量电缆和设备，造成大面积停电。为了杜绝这类恶性事故的发生，工程设计中应重视和做好电缆防火工作，认真贯彻落实各项防火阻燃措施。

一、起火原因

电缆火灾事故中，有 3/4 是外部失火引起的，有 1/4 是电缆本身故障自燃的，这些起因有：

（1）汽机油系统漏油遇高温管起火。
（2）带油电气设备故障喷油起火。
（3）电焊火花引燃。
（4）锅炉防爆门爆破引燃。
（5）煤粉堆积在电缆上起火。
（6）电缆接头及终端盒故障自燃。
（7）电缆绝缘老化、受潮、过热引起短路自燃。

二、防火对策

（1）离开热源和火源。

1）缆道尽可能离开蒸汽及油管道，电缆与各种管道最小允许距离见表 16-47。当小于表 16-47 中距离时，则应在接近或交叉段前后 1m 处采取保护措施。

2）可燃气体或可燃液体的管沟中不应敷设电缆。如无隔热措施，热管沟中亦不应敷设电缆。

3）制粉系统的防爆门避免直接朝向明敷电缆。

4）有爆炸和着火的场所（如制氢站、油泵房等）不应架空明敷电缆。

表 16-47　电缆与各种管道最小允许距离　（mm）

名称	电力电缆		控制电缆	
	平行	垂直	平行	垂直
蒸汽管道	1000	500	500	250
一般管道	500	300	500	250

（2）隔离易燃易爆物。

1）在易受外部着火影响的区域，如汽机头部、汽轮机油系统、制粉系统防爆门、排渣孔及高温管道附近，应采用防火槽盒、罩盖等保护电缆。

2）带油电气设备（如高压电流、电压互感器）附近电缆沟盖应密封好。

（3）分隔不同机组及系统。

1）每条缆道所通过的电缆，一般应符合以下原则：

a. 发电机容量为 200MW 及以上时，为 1 台机组的电缆；

b. 发电机容量为 100MW 及以上且 200MW 以下时，不宜超过 2 台机组的电缆；

c. 发电机容量为 100MW 以下时，不宜超过 3 台机组的电缆。

2）同一机组双套辅机之间及工作、备用电源之间尽可能分道敷设。当只能敷设于同一通道时，则应分别布置于有耐火板分隔的不同支（托）架或缆道两侧支架上。

3）全厂性重要公用负荷（如有 I 类负荷的水泵房、化水及消防泵等），其同类负荷不应全部集中在同一缆道内，当无法分开时，则应采取以下措施：

a. 沟内应用耐火墙板分隔或填沙；

b. 部分电缆敷设于耐火槽盒或穿管；

c. 部分电缆涂刷防火涂料或包防火带。

4）动力与控制电缆应敷设于不同支、托架上并用耐火板或罩盖分隔。

（4）封堵电缆孔洞。

1）通向控制室（主控、集控、网控）电缆夹层的所有墙孔和竖井口均用耐火材料严密封堵。

2）电缆穿越不同车间隔墙及楼板处亦应封堵。

3）所有屏、柜、箱下部电缆孔洞间均应用耐火材料封堵。

（5）设置防火墙及阻火段。以下部位电缆隧道、沟及托架应设置防火隔墙或阻火段：

1）不同厂房或车间交界处。

2）室外进入室内处。

3）配电室母线分段处。

4）不同电压配电装置交界处。

5）不同机组及主变压器的缆道连接处。

6）长距离缆道每隔 100m 处。

7）隧道与主控、集控、网控室连接处应设带门的防火墙，并能在失火时自动或远方手动关闭防火门。

8）厂区围墙处隧道应设带锁防火门。

架空水平布置的中低压电缆在 3 层以下时可不设阻火段。

（6）防止电缆故障自燃。

1）防止电缆构筑物积灰、积水，必要时采用架空或穿管敷设。

2）保证电缆头制作工艺，在电缆集中处用耐火板分隔，在接头盒附近的电缆涂刷防火涂料。

3）火力发电厂主厂房、输煤系统、燃油系统及其他易燃、易爆场所宜选用阻燃电缆。

4）在外部火势作用一定时间内需维持通电的下列场所或回路，明敷的电缆应实施耐火防护或选用具有耐火性的电缆：

a. 消防、报警、应急照明、直流电源、UPS 电源和交流保安电源等重要回路；

b. 计算机监控、双重化继电保护等控制回路的双回路合用同一通道未相互隔离时其中一个回路；

c. 水泵房、化学水处理、输煤系统、油泵房等重要电源的双回供电回路合用同一电缆通道而未相互隔离时的其中一个回路。

5）控制隧道温度，当有较多电缆且电缆导体工作温度持续达到70℃以上时，可装设机械通风，但火灾发生时机械通风装置应可靠地自动关闭。

6）当电缆明敷时，在电缆中间接头两侧各2～3m长的区段以及沿该电缆并行敷设的其他电缆同一长度范围内，应采取防火措施。

（7）设置自动报警与专用消防装置。

三、防火材料及设施

主要的防火封堵材料有：有机/无机堵料、阻火包、阻火模块、封堵板材、阻火包带、防火涂料等，其特点及选用原则见表16-48。

表16-48   防火材料特点及选用原则

名称	材质	选用场所	耐火等级	特点
柔性有机堵料	合成树脂为粘结剂的复合防火阻燃剂	小型孔洞、电缆管、孔洞及防火包的缝隙，较大的孔洞需有底板	一级≥180min；二级≥120min；三级≥60min。耐火性能包括耐火完整性及耐火隔热性。火力发电厂防火堵料应选用三级及以上产品	可塑性好；在高温或火焰作用下迅速膨胀凝结为坚硬阻火的固体
无机堵料	耐高温无机材料和速固材料混合而成	室内外的电缆沟、小型电缆贯穿孔洞，孔洞需有底板		用水调和后迅速固化，施工方便；无味、无毒、防火、防水
阻火包	玻璃纤维布内部填充特种耐火、隔热材料和膨胀材料	大容量电缆沟、孔洞及隧道，适用于需经常更换或增减电缆的场合或施工工程中暂时性的防火措施		使用方便；遇火吸收热量并迅速膨胀炭化；有效期一般为3年
阻火模块	无机膨胀材料和少量高效胶联材料			使用方便；有效期可达15年以上
防火封堵板材	分为有机、无机、复合型	A型板：大型孔洞、竖井。B型板：一般孔洞、电缆沟、隧道。C型板：电缆层间板		—
阻火包带	—	缠绕于阻火段两侧用于阻止电缆延燃		遇火时能迅速膨胀形成炭化体
防火涂料	由叔丙乳液等水性材料添加各种防火阻燃剂、增塑剂组成	涂刷于阻火段两侧用于阻止电缆延燃；电缆通长涂刷做耐火分隔	—	遇火时能生成均匀致密的海绵状泡沫隔热层

主要的防火设施有阻火隔墙、阻火夹层、阻火段及阻火隔板等，其制作要求如下。

1. 防火隔墙

（1）隧道防火隔墙见图16-35。

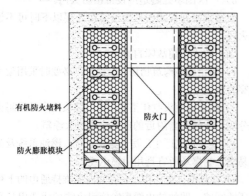

有机防火堵料

防火门

防火膨胀模块

图16-35 电缆隧道防火隔墙

1）材料可采用防火膨胀模块，要求充填密实，

2000mm×2000mm电缆隧道防火墙用防火膨胀模块约0.45m³。

2）隔墙两侧1.6m长电缆涂刷防火涂料5～7次，每次干后再涂，用料约50kg。

3）隔墙两侧装2mm×800mm宽防火隔板（2mm钢板），用螺栓固定在电缆支架上。

4）隧道两侧底角用砖砌120mm×120mm排水小孔。

（2）电缆沟防火隔墙见图16-36。

做法与隧道相同，但两侧电缆无需涂防火涂料及装隔板。但应考虑好沟的排水，1000mm×1000mm电缆沟防火墙用防火膨胀模块约0.18m³。

（3）电缆桥架防火封堵见图16-37。

1）桥架上下采用防火盖板及防火隔板，电缆间采用有机防火堵料，电缆与盖板间采用防火膨胀模块。

2）防火封堵点两侧各1m长处电缆涂刷防火涂料5～7次，每次干后再涂，干燥后厚度≥（1±0.1）mm。

3）钢制桥架两侧 1m 处金属刷防火涂料 5～7 次，干燥后厚度≥0.1mm。

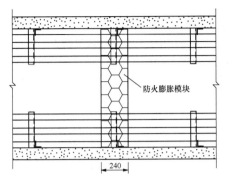

图 16-36　电缆沟防火隔墙（单位：mm）

2. 阻火夹层

带人孔竖井阻火夹层见图 16-38。电缆钢制竖井阻火夹层见图 16-39。具体做法如下：

（1）为了施工安全方便，夹层固定支架最好在敷设电缆之前装好。

（2）阻火夹层上下用耐火隔板，中间一层用防火膨胀模块。

（3）封堵竖井孔洞时，隔板间隙应用有机堵料充填。圆钢间距为 100mm。

（4）夹层上下 1m 处电缆包缠阻火包带或涂防火涂料 5～7 次，干燥后厚度≥（1±0.1）mm。

（5）人孔尺寸为 800mm×600mm，可用移动防火板及带铰链活动盖板密封人孔。

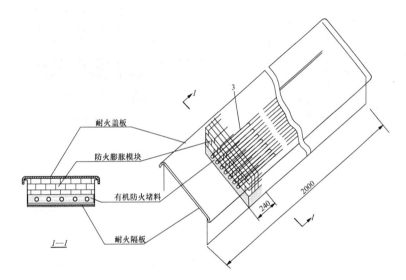

图 16-37　电缆桥架防火封堵（单位：mm）

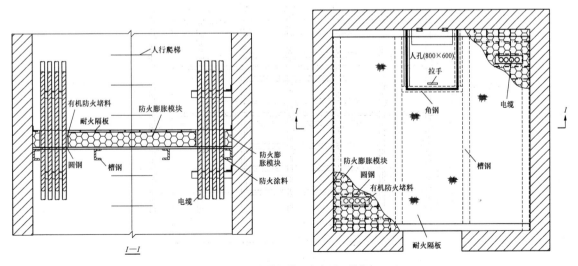

图 16-38　带人孔电缆竖井阻火夹层（单位：mm）

3. 防火段

阻火段外形尺寸见图16-40。具体要求如下：

（1）支架为 5 层时，2m 长一段电缆涂刷防火涂料 5 次（或包防火带）。

（2）支架为 10 层时，2m 长一段电缆涂刷防火涂料 6 次，并在其上部 6 层每 2 层用 6m 长耐火隔板分隔。控制电缆可用封闭式耐火盒分段。

4. 阻火隔板

用于不同电压、不同系统或控制、电力电缆之间的分隔。

5. 中间接头盒防火段

接头盒周围电缆包防火带或涂防火涂料 4 次。其外形尺寸见图16-41。

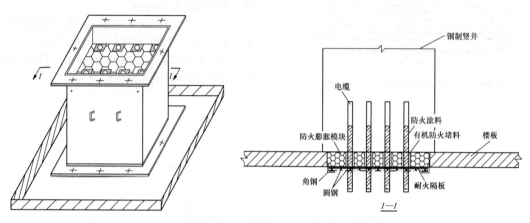

图 16-39　电缆钢制竖井阻火夹层

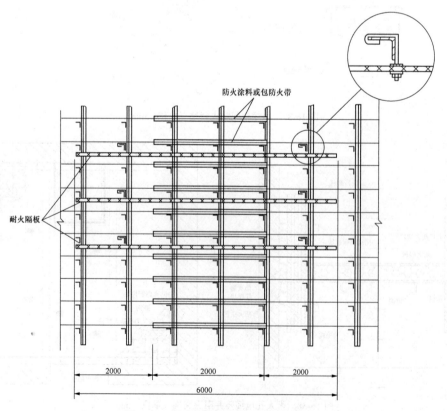

图 16-40　架空电缆阻火段（单位：mm）

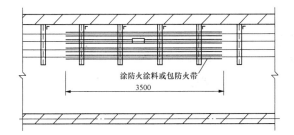

图 16-41　中间接头盒防火段（单位：mm）

第五节　电缆支架及桥架

一、对电缆支架及桥架的要求

（1）应牢固可靠，除承受电缆重量外，还应考虑安装和维护的附加荷重（约 80kg）。

（2）采用非燃性材料，一般用型钢或钢板制作，但在腐蚀性场所其表面应作防腐处理或选用耐腐蚀材料。

（3）表面应光滑无毛刺。

二、电缆支架及夹头

1. 电缆支架

常用电缆支架有角钢支架、装配式支架及铸铁支架。角钢支架由现场焊接，被广泛用于沟、隧道及夹层内。装配式支架由工厂制作，现场装配，一般用于无腐蚀性场所，不适于架空及较潮湿的沟和隧道内。铸铁支架适于腐蚀性环境及湿度大的沟和隧道内。

此外，还有铸铝、铸塑、陶瓷及玻璃钢支架等，均具有一定的防腐性能。现主要介绍以下两种。

（1）角钢支架。角钢支架外形如图 16-42 所示。根据使用场所不同，分隧道用支架、竖井用支架、电缆沟用支架、吊架、夹层内支架等，格架层间距离一般为 150～200mm（当用槽盒时为 250～300mm）。

（2）装配式电缆支架。装配式电缆支架如图 16-43 所示，它有以下特点：

1）立柱用槽钢，格架用钢板冲压成需要的孔眼。

2）立柱孔眼以 60mm 为模数，根据需要格架层间装配成 120mm（控制电缆用）、180mm、240mm（电力电缆用）。

3）格架长为 200、300、400mm 三种规格。

2. 电缆夹头

常用电缆夹头如图 16-44 所示。Ⅱ形及 Γ 形用于固定控制电缆，Ω 形、U 形能牢固地固定电缆，且 U 形夹头便于调整，但加工复杂，只宜于工厂成批生产。

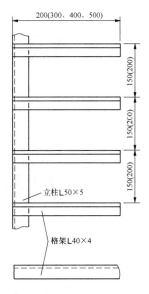

图 16-42　角钢电缆支架

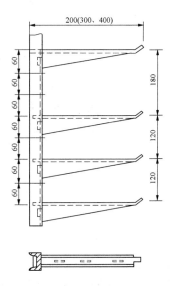

图 16-43　装配式电缆支架（单位：mm）

三、电缆桥架及附件

电缆桥架特别适于架空敷设全塑电缆，具有容积大、外形美、可靠性高、利于工厂化生产等优点。可根据不同用途和使用环境，分别选用普通型和防腐型的梯架及槽架，要求更高的还可选用铝合金桥架。现将桥架的结构用途及选用分述如下。

（一）电缆桥架的结构及用途

电缆桥架由托架、支吊架及附件组成。

1. 托架

托架是敷设电缆的部件，按不同用途分为梯形和槽型（又称托盘）托架两种。前者形状似梯，用于敷

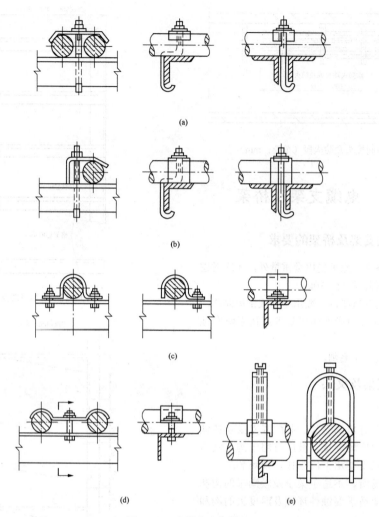

图 16-44　电缆夹头安装图

（a）Ⅱ 形夹头；（b）Γ 形夹头；（c）Ω 形夹头；（d）M 形夹头；（e）U 形夹头

设一般动力电缆和控制电缆；后者直接用厚为 2mm 左右钢板卷成槽状（盘状），用于敷设需要屏蔽的弱电电缆和有防火隔爆要求的其他电缆。梯形和槽形托架的外形分别见图 16-45、图 16-46。

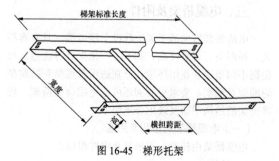

图 16-45　梯形托架

托架按不同要求分直线型，变宽型，30°、60°、90°平弯，垂直弯及三通、四通等，其中槽架又分底有孔无孔两种。梯形桥架组装图见图 16-47。

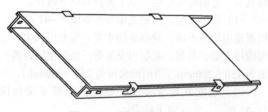

图 16-46　槽形托架（托盘）

2. 支吊架及吊架

（1）支吊架：支吊架是支撑桥架重量的主要部件，由立柱、托臂及固定底座组成。

立柱由工字钢、槽钢或异型钢冲制而成，其固定方式有直立式、悬挂式和侧壁式。直立式是立柱上下两端用底座固定于天棚和地板上，适用于电缆夹层，可单侧或双侧装托架。悬挂式仅上端用底座固定在天棚上，亦可单侧或双侧装托架。壁侧式是支架一侧直接用螺栓或电焊固定在墙壁或支架上，适于沟、隧道或沿墙敷设电缆处,只能一侧装设托架。

托臂用 3mm 左右的钢板冲压成型,有固定式和装配式两种。固定式直接焊于立柱上,装配式可在现场按需要调节位置。还有一种托臂无需立柱,可直接用膨胀螺栓或电焊固定在墙上。支吊架与梯架组装见图 16-48。

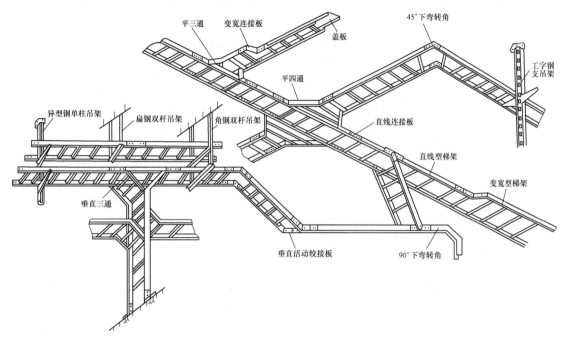

图 16-47 梯形电缆桥架安装示意图

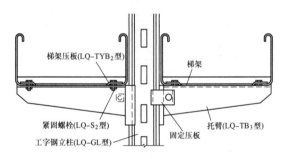

图 16-48 梯架在工字钢双侧支吊架上的安装示意图

(2)吊架:亦为悬吊托架之用,依荷载不同,可分别选用双杆扁钢吊架和双杆角钢吊架,因吊架为两端固定托臂,故强度高、荷载大,较适于悬吊宽盘托架,但拉引电缆没有支撑式支吊架方便。吊架与托架组装见图 16-49。

3. 附件

附件包括桥架的固定部分、连接部分和引下部分。

固定部分:用于固定支吊架及托盘,有膨胀螺栓、双头螺栓、射钉螺栓和固定卡、电缆夹卡等。

连接部分:用于连接各种托架,有直接板、角接板和铰链接板等,见图 16-47。

引下部分:把电缆从托架上引至电动机等用电设备的部件,有引接板和引线管等,见图 16-50。

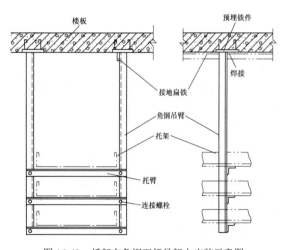

图 16-49 托架在角钢双杆吊架上安装示意图

(二)桥架的选用及订货

工程设计应根据缆流分布确定缆道路径,选择桥架及其附件的型号、规格,并分别统计出所需数量,作为向厂家订货的依据。具体步骤如下:

(1)确定缆道走廊。设计应首先根据缆流分布,规划缆道走向,与机、土等专业协商,确定缆道走廊位置及允许通过断面,并了解缆道周围工艺管道及梁、柱、楼板等情况。

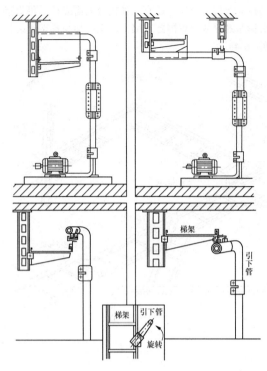

图 16-50　引线管安装示意图

（2）确定支架固定方式。根据路径周围情况，确定各段支架固定方式（直立式、悬挂式、壁侧式、单端、双端固定）。

（3）选择电缆桥架。根据使用环境及缆道内各类电缆数量，选择托架类型、规格及层数，并以此确定支吊架形式及规格。

（4）验算桥架强度。对电缆数量较多的重载托架，应核验其机械强度：

1）根据托架上电缆规格及数量，估算托架单位长度荷载。

2）根据托架型号及跨距（一般为 2m），查荷载曲线（见制造厂样本），得托架最大允许荷载，其值应大于或等于托盘计算荷载（应计及检修荷载 784N），如不满足则应另选强度较高的托架。

（5）统计桥架材料。

根据布置图中表示的支、托架型号、规格、层数、支架间距及托架升降、拐弯、交叉、分支等，分别统计出支架、托架、连接板、水平弯、垂直弯、三通、四通及紧固件数量。

根据使用环境的要求，选择盖板型号规格并统计其数量。

根据每一用电设备电缆规格，选择引下保护管型号、规格，并统计其所需数量。

将以上统计好的托架、支吊架及其零部件按不同型号、规格分别换算成重量。

将上述数据填写在订货清单上，其内容包括：名称、型号、规格、数量、质量。

第六节　电缆终端盒及接头盒

一、电缆终端盒

用于 1～35kV 电力电缆的附件，根据其结构型式的不同，主要有冷缩型电缆终端盒及热缩型电缆终端盒。

1. 冷缩型电缆终端盒

主要材料为硅橡胶，具有良好的绝缘性能、耐紫外线老化、耐气候性，因冷缩型电缆附件在工厂内预制，安装时只需将附件套装在已处理好的电缆上即可，其产品质量在工厂内能得到控制，现场安装工作量少，但价格较高，主要应用于 6～35kV 电缆。户内型见图 16-51，户外型见图 16-52，预制型见图 16-53。

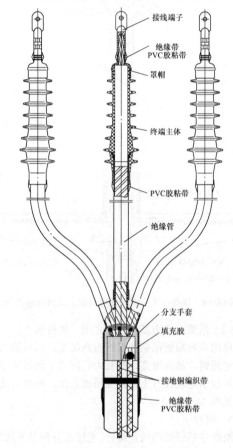

图 16-51　三芯冷缩式户内终端

2. 热缩型电缆终端盒

主要材料为橡塑复合材料，具有结构简单、成本低的优点，但耐久度差，材料性能随时间和环境改变而降低，且安装时必须有加热源，主要应用于 3～6kV 电缆。户内型见图 16-54，户外型见图 16-55。

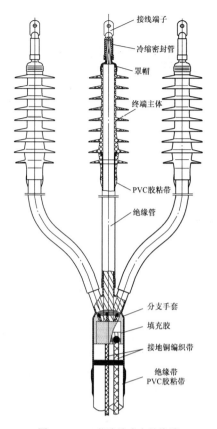

图 16-52　三芯冷缩式户外终端

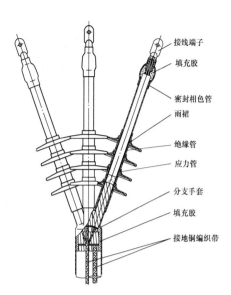

图 16-54　三芯热缩式户内终端

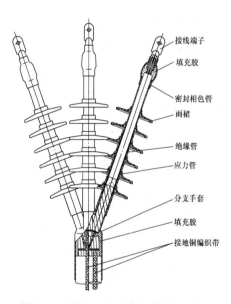

图 16-55　户内-1 型环氧树脂终端盒结构图

二、电缆接头盒

（1）冷缩式中间接头盒（见图 16-56）：与热缩式中间接头盒比较，具有施工简单方便、耐腐蚀、绝缘特性好等优点，但对施工环境和操作工艺要求较高。

（2）热缩式中间接头盒（见图 16-57）：与冷缩式中间接头相比，具有造价低、现场安装方便的优点，但耐久度差，安装时必须有加热源，主要应用于 3～6kV 电缆。

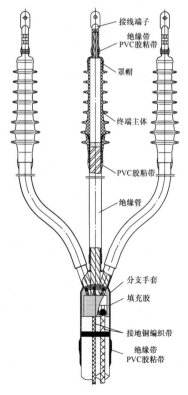

图 16-53　三芯预制式户内终端

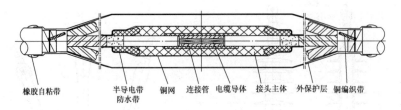

图 16-56　10kV 冷缩式中间接头示意图

橡胶自粘带　半导电带 防水带　铜网　连接管　电缆导体　接头主体　外保护层　铜编织带

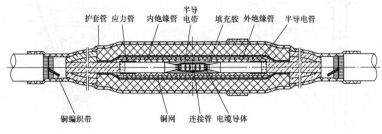

图 16-57　10kV 热缩式中间接头示意图

护套管 应力管 内绝缘管 半导 电带 填充胶 外绝缘管 半导电管

铜编织带　铜网　连接管　电缆导体

第七节　110kV 及以上 高压电缆的选择与敷设

110kV 及以上电缆有自容式充油电缆及挤包绝缘电缆两大类。挤包绝缘电缆又有交联聚乙烯电缆和低密度聚乙烯电缆两种型式。自容式充油电缆断面如图 16-58 所示，交联聚乙烯电缆断面如图 16-59 所示。

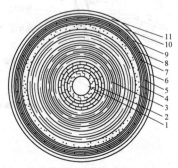

图 16-58　ZQCY23 电缆断面（220kV）

1—油道；2—导线芯；3—纸绝缘；4—铅护层；

5、7—衬垫层；6、9—径向钢带；8—纵向铜带；

10—护层绝缘；11—麻被层

高压电缆设计内容包括：拟定使用条件，选择电缆型号，计算载流量，选择和校验电缆截面；确定护层接地方式，计算护层感应过电压，选择护层保护器；供油系统计算及压力箱选择；电缆及其附件的布置及安装等。

一、拟定使用条件，选择电缆型号

使用条件包括：额定电压、传输容量、系统短路

容量、敷设地点的环境温度、海拔及高差、敷设方式及路径等。当为埋地下或沟内填沙敷设时，还应提供土壤和沙的热阻系数。地下工程、高落差场所等宜优先采用交联聚乙烯电缆。

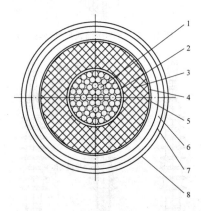

图 16-59　XLPE 电缆断面（110kV）

1—导线芯；2—导电屏蔽层；3—绝缘层；4—绝缘屏蔽层；

5—屏蔽层；6—沥青；7—外护套；8—石墨

根据以上使用条件，参照表 16-49，选用合适的电缆型式，如有特殊要求，可与厂家协商。

二、高压电缆的载流量

高压电缆载流量不仅取决于缆芯截面及结构，还与敷设方式、电缆的布置及护层的接地方式有关，其计算比较繁杂，一般工程设计可直接查制造厂提供的载流量表，交联聚乙烯绝缘电缆在不同敷设方式、不同相距及护层接地方式下，其电缆载流量见表 16-50。

表 16-49　　　　　　　　　　　　国产高压电缆的结构和技术特性

电缆型式	电压等级（kV）	使用环境	导电线芯截面（mm²）	绝缘厚度（mm）	电缆外径（mm）	电缆近似质量（kg/m）	线芯对护层间的耐压水平（kV）工频耐压（有效值）	局部放电电压（有效值）	雷电冲击电压±10次（峰值）	冲击后15min工频耐压（有效值）	护层耐压（kV）1min直流耐压（有效值）	雷电冲击电压（峰值）
YJLW02（03）交联聚乙烯绝缘皱纹铝套塑料护套电力电缆	110	隧道、电缆沟,潮湿环境及地下水位较高处,能承受一定压力	240～2500	16～19	88～135	7～34	160/30min	96	550	160	±25	37.5
	220	同上	400～2500	24～27	117～154	12～38	318/30min	190	1050	254	±25	47.5
	330	同上	630～2500	28～31	141～168	19～42	440/60min	330	1425	440	±25	62.5
	500	同上	800～2500	31～34	154～175	23～44	580/60min	435	1550	580	±25	72.5
YJLW02（03）-Z交联聚乙烯绝缘皱纹铝套塑料护套纵向防水电力电缆	110	同上,电缆可纵向阻水	240～2500	16～19	88～135	7～34	160/30min	96	550	160	±25	37.5
	220	同上	400～2500	24～27	117～154	12～38	318/30min	190	1050	254	±25	47.5
	330	同上	630～2500	28～31	141～168	19～42	440/60min	330	1425	440	±25	62.5
	500	同上	800～2500	31～34	154～175	23～44	580/60min	435	1550	580	±25	72.5
YJQ02（03）交联聚乙烯绝缘铅套塑料护套电力电缆	110	同上,电缆可纵向阻水	240～2500	16～19	78～123	12～46	160/30min	96	550	160	±25	37.5
	220	同上,电缆可纵向阻水	400～2500	24～27	102～138	18～49	318/30min	190	1050	254	±25	47.5
YJLLW02（03）交联聚乙烯绝缘皱纹铝套塑料护套电力电缆（铝芯）	110	隧道、电缆沟,潮湿环境及地下水位较高处,能承受一定压力	240～2500	16～19	88～135	6～18	160/30min	96	550	160	±25	37.5

表 16-50　　　　　铜芯交联聚乙烯绝缘电缆最高长期工作温度下载流量　　　　　（A）

导体截面（mm²）	66 空气中 ⚪⚪	66 直埋 ⚪⚪	66 空气中 ⚪⚪⚪	66 直埋 ⚪⚪⚪	110 空气中 ⚪⚪	110 直埋 ⚪⚪	110 空气中 ⚪⚪⚪	110 直埋 ⚪⚪⚪	220 空气中 ⚪⚪	220 直埋 ⚪⚪	220 空气中 ⚪⚪⚪	220 直埋 ⚪⚪⚪	330 空气中 ⚪⚪	330 直埋 ⚪⚪	330 空气中 ⚪⚪⚪	330 直埋 ⚪⚪⚪	500 空气中 ⚪⚪	500 直埋 ⚪⚪	500 空气中 ⚪⚪⚪	500 直埋 ⚪⚪⚪
95	355	325	375	340	—	—	—	—	—	—	—	—	—	—	—	—	—	—	—	—
120	405	370	430	390	—	—	—	—	—	—	—	—	—	—	—	—	—	—	—	—
150	165	415	485	435	—	—	—	—	—	—	—	—	—	—	—	—	—	—	—	—
185	530	470	555	490	—	—	—	—	—	—	—	—	—	—	—	—	—	—	—	—
240	625	545	650	570	615	535	650	555	—	—	—	—	—	—	—	—	—	—	—	—

续表

导体截面（mm²）	电压等级（kV）																			
	66				110				220				330				500			
	○○/○○		○○○		○○/○○		○○○		○○/○○		○○○		○○/○○		○○○		○○/○○		○○○	
	空气中	直埋	空气中	直埋	空气中	直埋	空气中	直埋	空气中	直埋	空气中	直埋	空气中	直埋	空气中	直埋	空气中	直埋	空气中	直埋
300	715	615	750	645	710	605	745	635	—	—	—	—	—	—	—	—	—	—	—	—
400	820	695	865	735	810	685	860	720	805	670	850	680	—	—	—	—	—	—	—	—
500	950	790	1010	835	935	780	1000	825	920	750	985	775	—	—	—	—	—	—	—	—
630	1090	890	1170	950	1075	860	1155	935	965	850	1130	880	1115	926	1124	953	—	—	—	—
800	1330	1060	1435	1120	1295	1035	1395	1090	1280	985	1385	1010	1264	1034	1335	1068	1250	950	1355	975
1000	1515	1185	1640	1250	1470	1150	1585	1225	1455	1080	1560	1130	1502	1196	1591	1245	1415	1040	1515	1085
1200	1650	1275	1800	1360	1600	1235	1730	1320	1585	1140	1710	1215	1632	1282	1735	1340	1545	1095	1665	1170
1400	1780	1360	1955	1460	1735	1325	1890	1415	1730	1205	1880	1290	1768	1371	1890	1438	1690	1160	1835	1240
1600	1930	1445	2135	1560	1860	1405	2025	1505	1845	1260	2005	1350	1888	1446	2025	1522	1800	1210	1950	1295
1800	2050	1505	2260	1640	1965	1470	2150	1575	1950	1290	2130	1425	1994	1509	2145	1595	1900	1240	2100	1365
2000	2160	1565	2415	1725	2075	1535	2280	1655	2050	1310	2265	1450	2105	1575	2276	1670	2010	1260	2215	1400
2200	2260	1625	2560	1810	2180	1620	2415	1740	2165	1350	2400	1500	2122	1616	2354	1718	2115	1295	2335	1440
2500	2380	1700	2720	1910	2320	1680	2580	1820	2305	1410	2530	1580	2305	1689	2506	1800	2265	1360	2475	1520

注　1. 载流量计算条件，到底最高工作温度90℃；短路时最高温度250℃；单回路相间距为电缆直径+70mm。

　　2. 空气中环境温度为35℃，直埋土壤热阻为1.0K·m/W，埋深1000mm。

　　3. 护套接地方式：单点接地或交叉互联。

表 16-51　　　　　　　　　　　　　国产电缆型号及结构特点

厂家名称	额定电压（kV）	电缆型号	电缆截面（mm²）	资质	产品结构特点
河北新宝丰电线电缆有限公司	110（126）	YJLW02、YJLW03、YJLW02-Z、YJLW03-Z	240、300、400、500、630、800、1000、1200、（1400）、1600	型式试验报告	适用于通常安装和运行条件下使用的单芯电缆，但不适用于特殊条件下使用的电缆，如海底电缆
	220（252）	YJLW02、YJLW03、YJLW02-Z、YJLW03-Z	400、500、630、800、1000、1200、（1400）、1600、（1800）、2000、（2200）、2500	型式试验报告、预鉴定试验报告	适用于通常安装和运行条件下使用的单芯电缆，但不适用于特殊条件下使用的电缆，如海底电缆
	500（550）	YJLW02、YJLW03、YJLW02-Z、YJLW03-Z	800、1000、1200、1400、1600、1800、2000、2200、2500	型式试验报告、预鉴定试验报告	适用于通常安装和运行条件下使用的单芯电缆，但不适用于特殊用途电缆，如海底电缆等
宝胜普睿司曼电缆有限公司	110（126）	YJQ02、YJQ03、YJLW02（–Z）、YJLW03（–Z）、ZRYJLW02（–Z）、ZRYJLW03（–Z）	240、300、400、500、630、800、1000、1200、1400、1600	型式试验报告	适用于通常安装和运行条件下固定线路使用的单芯电缆，电缆导体的最高长期工作温度为90℃，短路时（最长时间不超过5s）电缆导体最高温度不超过250℃，不适用于特殊条件下使用，如海底电缆
	220（252）	YJQ02、YJQ03、YJLW02（–Z）、YJLW03（–Z）、ZRYJLW02（–Z）、ZRYJLW03（–Z）	400、500、630、800、1000、1200、（1400）、1600、（1800）、2000、（2200）、2500	型式试验报告、预鉴定试验报告	适用于通常安装和运行条件下固定线路使用的单芯电缆，电缆导体的最高长期工作温度为90℃，短路时（最长时间不超过5s）电缆导体最高温度不超过250℃，不适用于特殊条件下使用，如海底电缆

厂家名称	额定电压 （kV）	电缆型号	电缆截面 （mm²）	资质	产品结构特点
宝胜普睿司曼电缆有限公司	500（550）	YJLW02（−Z）、 YJLW03（−Z）、 ZRYJLW02（−Z）、 ZRYJLW03（−Z）	800、1000、1200、1400、 1600、1800、2000、 2200、2500	型式试验报告、 预鉴定试验报告	适用于通常安装和运行条件下固定线路使用的单芯电缆，电缆导体的最高长期工作温度为90℃，短路时（最长时间不超过5s），电缆导体最高温度不超过250℃，不适用于特殊条件下使用，如海底电缆
青岛汉缆股份有限公司	66/110	YJLW02（03）	240、300、400、630、 800、1000、1200、1400、 1600	型式试验报告、 预鉴定试验报告	适用于通常安装和运行条件下使用的单芯电缆，但不适用于特殊条件下使用的电缆，如海底电缆
	127/220	YJLW02（03）	400、630、800、1000、 1200、1400、1600、 2000、2200、2500	型式试验报告、 预鉴定试验报告	适用于通常安装和运行条件下使用的单芯电缆，但不适用于特殊条件下使用的电缆，如海底电缆
	290/500	YJLW02（03）	800、1000、1200、1400、 1600、2000、2200、2500	型式试验报告、 预鉴定试验报告	适用于通常安装和运行条件下使用的单芯电缆，但不适用于特殊条件下使用的电缆，如海底电缆

三、护层的接地方式及感应过电压

单芯电缆通过交流电产生交变磁场，在电缆金属护层上产生感应电势，其大小与电缆长度有关，达到一定值将危及人身安全，故要求护层一端或两端接地。

当电缆导体通过短路电流或大气、操作过电压冲击波时，护层将感应出更高电压，故不接地端应装设护层绝缘保护器。

（1）交流系统单芯电力电缆外护层感应电压计算。

交流系统中单芯电缆线路1回或2回的各相按通常配置排列情况下，在电缆金属套上任一点非直接接地处的正常感应电势值 E_S，可按下式计算：

$$E_S = L \times E_{SO} \tag{16-28}$$

式中　E_S——感应电动势，V；

　　　L——电缆金属套的电气通路上任一部位与其直接接地处的距离，km；

　　　E_{SO}——单位长度的正常感应电动势，V/km。

E_{SO} 的表达式汇列于表16-52。

（2）交流系统单芯电力电缆外护层感应过电压计算。

1）电缆金属套一端互联接地，另一端接电压限制器，此时仅需计算单相接地感应电压最大，其他短路方式不必计算。电缆金属套一端互联接地时外护层所受电压见表16-53。

2）电缆金属套交叉互联，电压限制器 Y0 接线。电缆金属套交叉互联电压限制器 Y0 接线外护层所受电压见表16-54。

表16-52　　　　　　　　　　　　　E_{SO} 的 表 达 式

电缆回路数	每根电缆相间中心距均等时的配置排列特征	A 或 C 相 （边相）	B 相 （中间相）	符号 Y	符号 a、b、X_s、r、I、f、S
1	2 根电缆并列	IX_s	IX_s	—	
1	3 根电缆呈等边三角形	IX_s	IX_s	—	$a = (2\omega\ln2)\times10^{-4}(\Omega/\text{km})$
1	3 根电缆呈直角形	$\dfrac{I}{2}\sqrt{3Y^2+\left(X_s-\dfrac{a}{2}\right)^2}$	IX_s	$X_s+\dfrac{a}{2}$	$b = (2\omega\ln5)\times10^{-4}(\Omega/\text{km})$
1	3 根电缆呈直线并列	$\dfrac{I}{2}\sqrt{3Y^2+\left(X_s-a\right)^2}$	IX_s	X_s+a	$X_s = \left(2\omega\ln\dfrac{s}{r}\right)\times10^{-4}(\Omega/\text{km})$
2	两回电缆等距直线并列 （相序同）	$\dfrac{I}{2}\sqrt{3Y^2+\left(X_s-\dfrac{b}{2}\right)^2}$	$I\left(X_s+\dfrac{a}{2}\right)$	$X_s+a+\dfrac{b}{2}$	$\omega = 2\pi f$
2	同上（但相序排列互反）	$\dfrac{I}{2}\sqrt{3Y^2+\left(X_s-\dfrac{b}{2}\right)^2}$	$I\left(X_s+\dfrac{a}{2}\right)$	$X_s+a-\dfrac{b}{2}$	其中　r——电缆金属套的平均半径，m； I——电缆导体正常工作电流，A； f——工作频率，Hz； S——各电缆相邻中心距，m

注　回路电缆情况，假定其每回 I、r 均等。

表 16-53　　　　　　　　　　　　　　电缆金属套一端互联接地时外护层所受电压

流经限制器的冲击电流	限制器所受工频电压	外护层所受电压		短路方式	计算公式
		工频	冲击		
$\dfrac{2U_{im}}{Z_1 + Z_L}$	U_A	U_A	KU_A	A 相接地	$\dot{U}_A = -(\dot{I}X_s + \dot{I}_2 R_1)$

表 16-54　　　　　　　　　电缆金属套交叉互联电压限制器 Y0 接线外护层所受电压

流经限制器的冲击电流	限制器所受电压	外护层所受电压		短路方式	计算公式
		工频	冲击		
$\dfrac{2U_{im}}{Z_1 + Z_L}$	U_C 或 U_C'	U_C 或 U_C'	KU_C 或 KU_C'	三相短路	$\dot{U}_C = -\dot{I}\left[-\dfrac{1}{2}(X_s + Z_{00} - 2Z_{01}) + j\dfrac{\sqrt{3}}{2}(X_s - Z_{00})\right]$
				A、C 两相短路	$\dot{U}_C = -\dot{I}(X_s - Z_{00})$
				A 相接地 / 电缆头地网内短路	$\dot{U}_C = -\dot{I}Z_{00} + \dfrac{1}{Z_a + R_2 + R_1}\left[(X_s + R_2)\times\left(R_1 + \dfrac{Z_a}{3}\right)\dot{I}\right.$ $\left. -R_1\left(R_2 + \dfrac{2}{3}Z_a\right)\dot{I}_2\right]$ $\dot{U}_C' = \dot{I}Z_{00} + \left[R_2 - \dfrac{(X_s + R_2)\left(R_2 + \dfrac{Z_a}{3}\right)\dot{I}}{Z_a + R_2 + R_1}\right]\dot{I}$ $\dfrac{-R_1\left(R_2 + \dfrac{2}{3}Z_a\right)}{Z_a + R_2 + R_1}\dot{I}_2$
				地网外短路	$\dot{U}_C = -\dot{I}Z_{00} + \dfrac{1}{Z_a + R_2 + R_1}\left[X_s\left(R_1 + \dfrac{Z_a}{3}\right)\dot{I}\right.$ $\left. -R_1\left(R_2 + \dfrac{2}{3}Z_a\right)\dot{I}_2\right]$ $\dot{U}_C' = -\dot{I}Z_{00} - \dfrac{I\times X_s + I_2\times R_1}{Z_a + R_2 + R_1}\left(R_2 + \dfrac{Z_a}{3}\right)$

3）电缆金属套一端互联地加回流线，接地电流以回流线为回路时：

$$\dot{U}_{sA} = \left(R_p + j2\omega\times10^{-7}L\ln\dfrac{D_A^2}{r_p r_s}\right)\dot{I}$$

$$\dot{U}_{sB} = \left(R_p + j2\omega\times10^{-7}L\ln\dfrac{D_A D_B}{r_p d}\right)\dot{I} \qquad (16\text{-}29)$$

$$\dot{U}_{sC} = \left(R_p + j2\omega\times10^{-7}L\ln\dfrac{D_A D_C}{r_p 2d}\right)\dot{I}$$

4）电缆金属套一端互联地加回流线，部分接地电流以大地为回路时：

$$\dot{U}_{SA} = \dot{I}Z_{AA} - (\dot{I}_0 + \dot{I}_p)Z_{PA}$$

$$\dot{U}_{SB} = \dot{I}Z_{BA} - (\dot{I}_0 + \dot{I}_p)Z_{PB} \qquad (16\text{-}30)$$

$$\dot{U}_{SC} = \dot{I}Z_{CA} - (\dot{I}_0 + \dot{I}_p)Z_{PC}$$

$$\dot{I}_p = \dfrac{R_1 + R_2 + Z_{PA}}{R_1 + R_2 + Z_{PP}}I - I_0 \qquad (16\text{-}31)$$

表 16-53～表 16-54 及以上式中

$\dot{U}_{SA}$、$\dot{U}_{SB}$、$\dot{U}_{SC}$ ——分别为 A、B、C 相电缆金属套对回流线的电压，kV；

$\dot{I}$ ——总的短路电流，kA；

$\dot{I}_2$ ——经过地网入地的短路电流，kA；

$\dot{I}_0$ ——通过回流线直接回归的接地电流，kA；

$\dot{I}_p$ ——回流线上感应的电压所形成的以大地为回路的循环电流，kA；

R_1、R_2 ——电缆金属套两端接地电阻，Ω；

U_{im} ——沿线路传来的雷电波幅值，等于线路的 50%放电电压（$U_{50\%}$）；

K ——残工比，

$$K = \frac{电压限制器10kA冲击电流下的残压（幅值）}{电压限制器工频耐压值（有效值）};$$

X_S ——电缆金属套的电抗，

$$X_S = \text{j}2\times10^{-7}\omega L\ln\frac{D}{r'_s}, \ \Omega;$$

Z_{01} ——中相和边相金属的互感阻抗，$Z_{01} = \text{j}2\times10^{-7}\omega L\ln\frac{D}{d}$，$\Omega$；

Z_{00} ——边相和边相金属套的互感阻抗，$Z_{00} = \text{j}2\times10^{-7}\omega L\ln\frac{D}{2d}$，$\Omega$；

Z_a ——交叉互联的三相电缆金属套的等值阻，$Z_a = R_s + \text{j}X_a = R_s + \text{j}(X_s + Z_{01} + Z_{00})$，$\Omega$；

R_s ——电缆金属套电阻，Ω；

Z_1 ——电缆导体对金属套的波阻抗，$Z_1 = \frac{1}{2\pi}\left(\ln\frac{r_s}{r_1}\right)\sqrt{\frac{\mu}{\varepsilon}}$，$\Omega$；

Z_L ——架空线路波阻抗，Ω；

R_p ——回路线总阻抗，Ω；

Z_{AA} ——A 相电缆金属套和发生接地故障的 A 相的导体之间以大地为回路的互感阻抗，

$$Z_{AA} = R_g + \text{j}2\times10^{-7}\omega L\ln\frac{D}{r_s},$$

Ω；

Z_{BA}、Z_{CA} ——分别为 B、C 相电缆金属套与接地的 A 相的导体之间以大地为回路的互感阻抗，

$$Z_{BA} = R_g + \text{j}2\times10^{-7}\omega L\ln\frac{D}{d},$$

$$Z_{CA} = R_g + \text{j}2\times10^{-7}\omega L\ln\frac{D}{2d},$$

Ω；

Z_{PA}、Z_{PB}、Z_{PC} ——分别为 A、B、C 相电缆金属套之间以大地为回路的互感阻抗，$Z_{PA} = R_g + \text{j}2\times10^{-7}\omega L\ln\frac{D}{D_A}$，$Z_{PB} = R_g + \text{j}2\times10^{-7}\omega L\ln\frac{D}{D_B}$，$Z_{PC}$

$$= R_g + \text{j}2\times10^{-7}\omega L\ln\frac{D}{D_C},$$

Ω；

Z_{PP} ——回流电线自感阻抗，$Z_{PP} = R_p + R_g + \text{j}2\times10^{-7}\omega L\ln\frac{D}{r_p}$，$\Omega$；

R_g ——大地电阻，$R_g = R'_g L$，而 $R'_g = \pi^2 f\times10^{-7}$，$\Omega$；

r_s ——电缆金属套半径，mm；

r_1 ——电缆导体半径，mm；

r_p ——回流线等值半径，mm；

L ——电缆护套的长度，m；

f ——工作频率，Hz；

d ——电缆间距离，m；

D ——地中等值电流的深度，$D = 660\sqrt{\dfrac{\rho}{f}}$，m；

ρ ——土壤电阻率，$\Omega\cdot m$；

D_A、D_B、D_C ——分别为回流线至 A、B、C 相电缆的间距，m；

μ ——电缆主绝缘的导磁系数，H/m；

ε ——电缆主绝缘的介电系数，F/m。

（3）高压交流单芯电力电缆线路的金属套上任一点非直接接地处的正常感应电势应遵照上述公式计算。电缆线路的正常感应电势最大值应满足下列规定：

1）未采取能有效防止人员任意接触金属套的安全措施时，不应大于 50V；

2）除上述情况外，不应大于 300V。

（4）高压交流单芯电力电缆线路的金属套上任一点非直接接地处在系统短路时的感应电势，系统短路时电缆金属套产生的工频感应电势，不应超过电缆护层绝缘耐受强度或护层电压限制器的工频耐压。

（5）高压交流系统单芯电力电缆金属套接地方式的选择应符合下列规定：

1）线路不长，且能满足（3）、（4）要求时，应采取在线路一端或中央部位单点直接接地，如图 16-60 所示。

2）线路较长，单点直接接地方式无法满足（3）、（4）要求时，水下电缆、35kV 及以下电缆或输送容量较小的 35kV 以上电缆，可采取在线路两端直接接地，如图 16-61 所示。

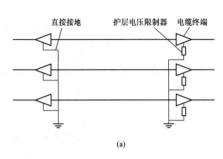 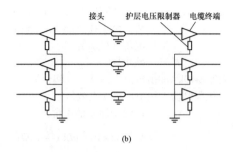

图 16-60　线路一端或中央部位单点直接接地

（a）线路一端单点直接接地；（b）线路中央部位单点直接接地

3）除上述情况外的长线路宜划分适当的单元，且在每个单元内按 3 个长度宜均等区段，应设置绝缘接头或实施电缆金属套的绝缘分隔，以交叉互联接地，如图 16-62 所示。

注：设置护层电压限制器适合 35kV 以上电缆，35kV 电缆需要时可设置，35kV 以下电缆不需设置。

（6）高压交流系统单芯电力电缆线路金属护层一端接地，且与不同电气设备连接时，电缆金属护层的接地点应符合下列规定：

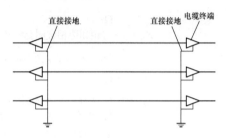

图 16-61　线路两端直接接地

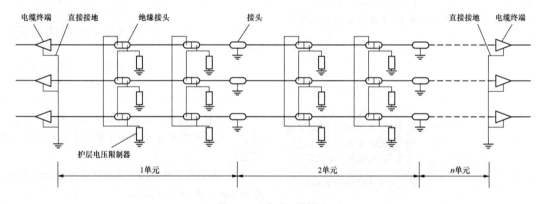

图 16-62　交叉互联接地

1）电缆一端连接变压器，另一端连接架空线路，金属护层的接地点应设置在与架空线路连接的一端，并三相互联接地，另一端设护层电压限制器。

2）电缆一端连接 GIS，另一端连接架空线路，金属护层的接地点应设置在与架空线路连接的一端，并三相互联接地，另一端装设护层电压限制器。

3）电缆一端连接 GIS，另一端连接变压器，金属护层的接地点宜设置在与 GIS 连接的一端，并三相互联接地，另一端装设护层电压限制器。

（7）交流系统单芯电力电缆及其附件的外护层绝缘等部位应设置过电压保护，并应符合下列规定：

1）35kV 以上单芯电力电缆的外护层、电缆直连式 GIS 终端的绝缘筒，以及绝缘接头的金属套绝缘分隔部位，当其耐压水平低于可能的暂态过电压时，应

添加保护措施，且宜符合下列规定：

a. 单点直接接地的电缆线路，在其金属套电气通路的末端，应设置护层电压限制层。

b. 交叉互联接地的电缆线路，每个绝缘接头应设置护层电压限制层。线路终端非直接接地时，该终端部位应设置护层电压限制层。

c. GIS 终端的绝缘筒上，宜跨接护层电压限制层或电容器。

2）35kV 单芯电力电缆金属套单点直接接地，且有增强护层绝缘保护需要时，可在线路未接地的终端设置护层电压限制层。

（8）护层电压限制器参数的选择应符合下列规定：

1）可能最大冲击电流作用下护层电压限制层的残压不应大于电缆护层的冲击耐压被 1.4 所除的数值。

2）在系统短路时产生的最大工频感应过电压作用下，在可能长的切除故障时间内，护层电压限制层应能耐受。切除故障时间应按 5s 以内计算。

3）可能最大冲击电流累积作用 20 次后，护层电压限制层不应损坏。

（9）护层电压限制层的配置连接，应符合下列规定：

1）护层电压限制层配置方式应按暂态过电压抑制效果、满足工频感应过电压下的参数匹配、便于监察维护等因素综合确定，并应符合下列规定：

a．交叉互联线路中绝缘接头处护层电压限制层的配置及其连接可选取桥形非接地、Y0 或桥形接地等三相接线方式；

b．交叉互联线路未接地的电缆终端、单点直接接地的电缆线路宜按 Y0 接线配置护层电压限制层。

2）护层电压限制层连接回路应符合下列规定：

a．连接线应尽量短，其截面应满足系统最大暂态电流通过时的热稳定要求；

b．连接回路的绝缘导线、隔离开关等装置的绝缘性能不应低于电缆外护层绝缘水平；

c．护层电压限制器接地箱的材质及其防护等级应满足其使用环境的要求。

四、高压电缆及其附件的布置与安装

（一）高压电缆敷设及其构筑物的布置

1．电缆敷设要求

（1）敷设方式：高压电缆可以直埋，也可在沟内或隧道内敷设。厂区内一般用沟敷设，厂房内或电缆较多时用隧道敷设。

（2）排列方式：单芯电缆三相排列方式可分水平排列、垂直排列和等边三角形排列。在沟内和直埋电缆一般为水平排列，隧道内一般为垂直排列。水平和垂直排列均存在三相互感不等、阻抗不对称的问题，故线路较长时需进行换位。等边三角形排列三相对称，但构筑物较复杂，施工维修亦不方便，采用较少。

（3）相间距离：单芯电缆相间距离应根据护层感应电压、施工维修和防火等要求综合考虑。对护层一点接地，相距宜大些；对护层两点接地，相距宜小些，具体尺寸见图 16-63～图 16-67。

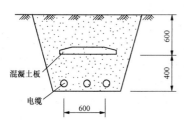

图 16-63　土壤直埋电缆（单位：mm）

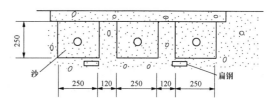

图 16-64　电缆沟尺寸（一）（单位：mm）

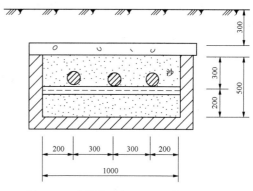

图 16-65　电缆沟尺寸（二）（单位：mm）

2．电缆构筑物布置

110～330kV 各种电缆构筑物的布置尺寸及要求如下：

（1）直埋电缆：其外形尺寸见图 16-63。其埋深不小于 1000mm，为防机械损伤，电缆上面应敷设一层无石块沙土，并铺一层水泥板。在穿越公路、铁路时用水泥排管。

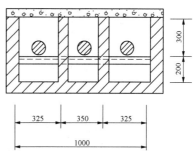

图 16-66　电缆沟尺寸（三）（单位：mm）

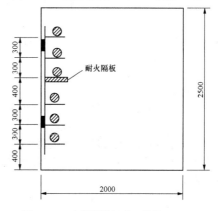

图 16-67　电缆隧道尺寸（单位：mm）

（2）电缆沟：其外形尺寸见图 16-64～图 16-66。根据防火要求，沟内应填沙或相间设防火隔板，或电缆外皮涂防火涂料。厂区电缆沟盖板应低于地面300mm，为防止水流入，施工结束后沟盖用水泥封好。

（3）电缆隧道：布置尺寸见图 16-67。电缆为垂直排列，双回路电缆之间应设防火隔板，其中一回还应涂防火涂料或防火包带。支架之间水平跨距不大于1500mm。

（二）电缆附件布置及安装

1. 终端盒

电缆终端盒外形见图 16-68～图 16-69，其支架宜采用能中间穿电缆的角铁支架。当工作电流超过1000A 时，支架不应构成闭合磁路。终端盒带电部分对地及与邻近设备距离应符合规程要求。

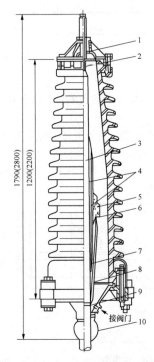

图 16-68 110（220）kV 自容式充油电缆增绕式终端（单位：mm）
1—出线杆；2—芯管；3—电缆绝缘线芯；4—增绕绝缘；
5—环氧树脂套管；6—屏蔽环；7—应力锥屏蔽层；
8—支架；9—扎丝；10—铅封

2. 连接盒

除普通连接盒外，还有绝缘连接盒和塞止连接盒。绝缘连接盒用于长线路交叉互联接地时分段用；塞止连接盒用于分隔油压，使各段油压不偏离允许值。

连接盒应设工井，其尺寸应满足安装维修要求。

3. 供油箱

供油箱有重力油箱和压力油箱，目前多用压力油箱分相布置，每相直接安放在该电缆较高一端的终端

盒支架上或塞止连接盒工井内。

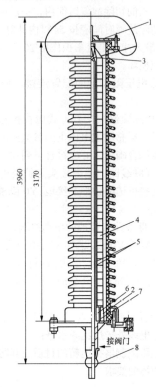

图 16-69 330kV 自容式充油电缆电容饼式终端（单位：mm）
1—出线杆；2—镀锡软接线；3—皱纹纸填充；4—电容饼；
5—增绕绝缘；6—撑板；7—应力锥屏蔽；8—铅封

压力油箱至电缆的油管用卡子固定于支架上，因尾管至油管接头这段油管与电缆护层同电位，故应与固定支架绝缘。

两端的电缆终端尾管上应装油压表（见图 16-70）。仪表与支架应绝缘，油压越限时发出信号。

4. 护层绝缘保护器

保护器以分相布置为好，当位置受限时，亦可共箱布置。布置位置应考虑人不会触及保护器带电部分，同时又便于巡视和检查。保护器上宜装过电压动作记录器。

5. 电流互感器

为测量和保护需要，在单芯电缆终端盒上套上芯式电流互感器，并将其固定于人手接触不到之处，见图 16-70。

6. 电缆固定夹

电缆固定方式有二：一是刚性固定，用普通电缆夹将电缆固定在支架上，使其不能移动；二是挠性固定（见图 16-71），虽然双螺母拧紧，但架子卡子有长形圆孔可前后移动。

（1）单芯电缆用的夹具，不得形成磁闭合回路，与电缆接触面应无毛刺，且应符合下列规定：

1）在紧邻终端、接头或者转弯处部位的电缆上，

应有不少于 1 处的刚性固定。

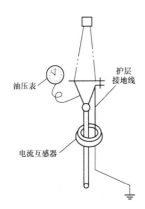

图 16-70　护层接地线穿过电流互感器的示意图

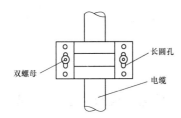

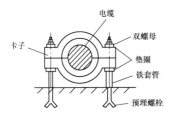

图 16-71　挠性固定电缆卡图

2）在垂直或斜坡上的高位侧，宜有不少于 2 处的刚性固定。

3）电缆蛇形敷设的每一节距部位，宜采用挠性固定。

电缆各支持点之间的距离，35kV 及以上的高压电缆一般水平敷设不大于 1500mm，垂直敷设不大于 2000mm。

（2）单芯电缆固定铝合金夹具强度计算。交流单芯电力电缆固定部件的机械强度应验算短路电动力条件，并宜满足式（16-32）：

$$F \geq \frac{2.05 I_m^2 LK}{D} \times 10^{-7}$$　（16-32）

式中　F——夹具、扎带等固定部件的抗张强度，N；

I_m——通过电缆回路的最大短路电流峰值，A；

D——电缆相间中心距离，m；

L——在电缆上安置夹具、扎带等的相邻跨距，m；

K——安全系数，取大于 2。

第八节　伴 热 电 缆

一、概述

伴热电缆通过直接或间接的热交换补充被伴热管道的损失，以达到升温、保温或防冻的正常工作要求，现被广泛引用于管道及储罐的保温及防冻。

电伴热与传统蒸汽相比具有如下特点：发热均匀、控温准确、易实现自动化管理、防爆性能及可靠性高、寿命长、发热效率高、设计及施工简单、维护工作量小。

电伴热的主要原理是电热带接通电源后，电流由一根线芯经过导电的 PTC 材料到另一线芯而形成回路。电能使导电材料升温，其电阻随即增加，当芯带温度升至某值之后，电阻大到几乎阻断电流的程度，其温度不再升高，与此同时电热带向温度较低的被加热体系传热。

二、伴热电缆的分类

常用伴热电缆分为自限温型、矿物绝缘型、高温型。

（1）自限温型：此电热带随温度升高阻值变大、功率变小，由于其启动时电流较大，所以使用长度一般不超过 100m，电热带可随意剪切，无论多长，通上额定电压都能发热。一般用于 150℃ 以下的伴热场所，结构详见图 16-72。

图 16-72　自限温伴热电缆示意图

（2）矿物绝缘型：此电热带是由金属线芯（发热体）、线芯周围紧密环绕着的矿物质氧化镁（绝缘层）及经过多次拉制过的金属管构成，连续工作温度可达 250～590℃，使用长度为 18～680m。结构详见图 16-73。

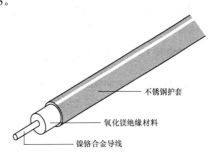

图 16-73　矿物绝缘伴热电缆示意图

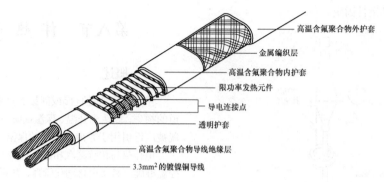

图 16-74　高温伴热电缆示意图

（3）高温型：此电热带由玻璃纤维或其他耐高温材料制成，连续工作温度为 200℃ 以内，耐温 300℃ 以内，长度 1～50m 不等，用于温度超过自限温型伴热电缆温度范围场合。

三、伴热电缆的选型

1. 通用的参数和要求

（1）最低环境温度。

（2）环境条件，如是否为酸、碱、盐雾等腐蚀性环境。

（3）爆炸性危险区域：采用 NEC 还是 IEC 的分区方式。

（4）要求附件的防护等级，如电源接线盒。

（5）温度控制要求，如不采用温控器控制、采用机械式管线温控器或电子温控器控制。

2. 温度参数

（1）每一根管线的维持温度。

（2）每一根管线的暴露温度或其操作温度和设计温度。

3. 与管线相关的参数

（1）管内介质。

（2）管线直径。

（3）保温材料、保温层厚度。

（4）管线长度。轴测图材料表中如果为切割长度，应考虑管道附件的长度。

（5）管线上一些散热件的数量，如阀门、法兰、管线支架、过滤器、泵等，这样在设计时考虑一定长度伴热带的裕量，在安装时多缠绕一些伴热带，以弥补这些部位的热损失。

四、管线热损失的简化基本公式

管线的热损失按如下简化公式计算：

$$q = \frac{2\pi K_1(T_p - T_a)}{\ln\left(\dfrac{D_2}{D_1}\right)} \qquad (16-33)$$

式中　q——每单位长度管道的热损失，W/m；

T_p——要求的维持温度，℃；

T_a——最低设计环境温度，℃；

D_1——内保温层内径，m；

D_2——内保温层外径（如果有外保温层，外保温层的内径），m；

K_1——内保温层在其平均温度下的导热系数，W/（m·K）。

五、设备热损失的简化基本公式

假定罐体表面全部保温，则其热损失按如下简化公式计算：

$$\left.\begin{array}{l} Q_{INS} = \dfrac{KA_S}{l}(t_m - t_{min}) \\[2mm] A_S = 2\pi r^2 + 2\pi rh = 2\pi r(r + h) \\[2mm] r = \dfrac{D}{2} \end{array}\right\} \qquad (16-34)$$

式中　Q_{INS}——热损失，W；

K——保温材料的导热系数；

l——保温层厚度；

A_S——罐体表面积，m^2；

t_m——维持温度，℃；

t_{min}——最低环境温度，℃。

伴热电缆的计算书由三部分组成：

（1）设计条件，即前面所说的设计所需的设计参数。

（2）伴热设计，包括伴热带的型号、长度、在要求温度下的输出功率、启动电流、工作电流、操作功率、工作电压等。

（3）回路编号，表示伴热回路所在的配电柜编号和回路编号。

六、伴热电缆设计施工中的注意事项

伴热电缆设计施工有如下注意事项：

（1）伴热电缆在储存、搬运、安装及使用时不许扭曲，不许反复弯折，严禁损坏外护套，破坏绝缘。

（2）安装时要避开易燃、易爆介质可能积聚的沟坑、暗角等部位。

（3）选用伴热电缆时注意其防爆温度组别，不得超过易燃介质闪点或自燃温度的 75%。

（4）施放伴热电缆时不要打硬折或长距离地在地面拖拉。

（5）伴热电缆的安装必须在介质管路系统全部安装结束，并经水压或气密试验合格后进行。保温层的施工必须在伴热电缆全部安装、调试结束，送电正常后进行。

（6）伴热电缆安装时遇到锐利的边棱、锐角应打磨光滑或垫上铝胶带，以防破坏外绝缘层。

（7）伴热电缆安装时最小弯曲半径原则上应不小于其厚度的 5 倍。

（8）伴热电缆安装时应紧贴在管道上，尽可能采用铝胶带粘贴，途经处的油污和水分应处理干净，每隔 0.5～0.8m 用耐热胶带将电热带沿径向固定。

（9）安装伴热电缆附件时，应留一定裕量，以备

检修使用，对于 PTC 并联式伴热电缆，因其是由许多段发热节并联组合而成，所以其首尾各有几十厘米的冷端，安装时应从发热的部位开始，首尾两端的发热体（尤其是并联式的发热丝）应尽可能剪短，严禁外露，严禁与外编织网或管道接触。

（10）除了自控温伴热电缆外，其他规格伴热电缆安装时不允许交叉、重叠。

（11）接线时，伴热电缆与附件要正确、可靠连接，谨防短路，同时将编织网连接起来接地。

（12）完成安装后，应进行绝缘测试，用 500V 或 1000V 绝缘电阻表测试，伴热电缆线芯与编织网或金属管道间的绝缘电阻应不小于 2MΩ。

（13）如需对伴热管线进行蒸汽吹扫，必须在停电 2h 后进行，扫线温度不宜长期超过 205℃。

（14）若冰霜安装时，必须遵循《中华人民共和国爆炸危险场所电气安全规程》和 GB 50058《爆炸危险环境电力装置设计规范》中的相关条文。

第十七章

照　明　设　计

第一节　照明方式、种类及照明标准值

一、照明方式

照明按其装设方式可分为：一般照明、分区一般照明、局部照明和混合照明。

1. 一般照明

一般照明是为照亮整个场所而设置的均匀照明，不考虑局部的特殊需要，是最基本的照明方式。对于工作位置密度很大而照明方向无特殊要求的场所，或受生产技术条件限制、不适合装设局部照明或采用混合照明不合理的场所，通常应采用一般照明。

2. 分区一般照明

对于同一场所内某一特定区域或不同的地段进行不同的工作，而且要求的照度也不相同时，为了有效地节约能源，可按不同的照度设计成分区一般照明。如在工业车间中，工作区和通道区的照明可设计成不同照度的分区一般照明。

3. 局部照明

对于特定的视觉工作使用的，为照亮某个局部而设置的照明称为局部照明。局部照明通常用于下述情况：局部地点需要较高的照度，且对照射方向有特殊要求的；由于遮挡而使一般照明照射不到某些范围的；需要减少工作区内反射眩光的。为了防止明暗不均匀，产生视觉疲劳或事故，在工作场所内不应只装设局部照明。

火力发电厂宜装设局部照明的工作地点可见表17-1。

4. 混合照明

混合照明是由一般照明与局部照明组成的照明方式。对于部分作业面要求照度高，但作业面密度不大的场所，若只装设一般照明，会大大增加该场所的照明安装功率，在技术经济方面是不合理的。若采用混合照明，即以增加照射距离较近的局部照明来提高作业面照度，使用较小的功率，取得较高的照度，节约了电能。为了降低光环境中的不舒适程度，混合照明中的一般照明的照度不应低于混合照明照度的10%，且不应低于20lx。

表 17-1　　火力发电厂装设局部照明的工作场所

工作场所	
锅炉房	钢球磨煤机轴承油位观察孔 中速磨石子煤斗视察孔 水力除渣渣斗视察孔 锅炉本体汽包水位计
汽机房	凝汽器及高、低压加热器水位计 除氧器水位计 汽轮发电机本体罩内 励磁机整流子、励端隔音罩内
配电室	高压成套配电柜内
化学水处理室	离子交换器液面视察孔
燃气发电厂	燃气轮发电机本体罩内

二、照明种类

火力发电厂的照明种类可分为：正常照明、应急照明、警卫照明和障碍照明。

1. 正常照明

正常照明是所有工作场所均应设置的永久安装的在正常情况下使用的室内外照明，一般既可单独使用，也可与应急照明、同时使用，但控制线路必须分开。

2. 应急照明

应急照明是因正常照明的电源失效而启用的照明。应急照明包括备用照明、疏散照明。

（1）备用照明是在当正常照明因故障熄灭后，可能会造成爆炸、火灾和人身伤亡等严重事故场所，或停止工作会造成很大影响或经济损失的场所而设的继续工作用的或暂时继续进行正常活动的照明，或在发生火灾时为了保证消防正常进行而设置的照明。

（2）疏散照明是在当正常照明因故障熄灭后，为了避免发生意外事故，而需要对人员进行安全疏散时，在出口和通道设置的指示出口及方向的疏散标志灯和照亮疏散通道而设置的照明，目的是用以确保安全出口、通道能有效辨认，协助人员行进时能看清道路。

（3）火力发电厂装设应急照明的工作场所可见表17-2。

表 17-2　　火力发电厂装设应急照明的工作场所

工作场所		备用照明	疏散照明
燃、汽机房及其辅助车间	汽机房运转层	√	
	汽机房底层的凝汽器、凝结水泵、给水泵、循环水泵等处	√	
	励磁设备间	√	
	加热器平台	√	
	发电机出线小室	√	
	除氧层	√	
	除氧间管道层	√	
	直接空冷风机处	√	
	直接空冷平台楼梯		√
锅炉房及其辅助车间	锅炉房运转层	√	
	锅炉房底层的磨煤机、送风机处	√	
	除灰车间		√
	引风机间	√	
	燃油泵房	√	
	给粉机平台	√	
	锅炉本体楼梯		√
	司水平台	√	
	回转式预热器	√	
	燃油控制室	√	
	给煤机	√	
	煤仓胶带层	√	
	除灰控制室	√	
运煤系统	碎煤机室	√	
	运煤转运站		√
	运煤栈桥		√

续表

工作场所		备用照明	疏散照明
运煤系统	地下运煤装置		√
	运煤控制室	√	
	翻车机室	√	
脱硫脱硝系统	吸收塔	√	
	脱硫装置	√	
电气车间	控制室、工程师站室	√	
	继电器室及电子设备间	√	
	屋内配电装置	√	
	厂（站）用配电装置（动力中心）	√	
	蓄电池室	√	
	通信机房、系统通信机房	√	
	柴油发电机室	√	
通道楼梯及其他	控制楼至主厂房天桥		√
	生产办公楼至主厂房天桥		√
	主要通道、主要出入口		√
	楼梯间、钢梯		√
	汽车库、消防车库	√	
	气体灭火储瓶间	√	
供水系统	循环水泵房	√	
	消防水泵房	√	
化水系统	化学水处理室控制室	√	
	制氢站、储氢站	√	

3. 警卫照明

有警戒任务的场所，应根据警戒范围的要求设置警卫照明。

4. 障碍照明

有危及航行安全的建筑物、构筑物上，应根据航行要求设置障碍照明。火力发电厂中的烟囱、冷却塔、取、排水口及码头按照航空（航运）管理部门的规定要求设置障碍照明。

三、照明标准值

照明的数量和质量包括照度、照度均匀度、眩光限制、光源显色等几方面内容，具体要求为照明标准值中的照度标准值、统一眩光值（UGR）、照度均匀度 U_0 和一般显色指数（R_a）四个值。

（一）照度标准值

照度是照明的数量指标。照度标准值是在照明设计时所选用的照度值，照度标准值是分级的，火力发电厂照明的照度标准值按以下系列分级：0.5、1、3、5、10、15、20、30、50、75、100、150、200、300lx和500lx。

火力发电厂各生产车间、辅助建筑、交通运输及露天工作场所作业面上的平均照度值，不应低于表 17-3～表 17-5 所规定的数值。其他建筑物的照度标准值，应参照 GB 50034《建筑照明设计标准》执行。

表 17-3 火力发电厂各生产车间和工作场所工作面上的照明标准值

生产车间和工作场所		参考平面及其高度	照度标准值（lx）	UGR	U_0	R_a
汽轮机部分	汽机房运转层	地面	200	—	0.6	60
	高、低压加热器平台	地面	100	—	0.6	60
	发电机出线小室	地面	100	—	0.6	60
	除氧器、管道层	地面	100	—	0.6	60
	热力管道阀门室	地面	100	—	0.6	40
	汽机房底层	地面	100	—	0.6	60
锅炉部分	引风机、送风机、排粉机、磨煤机、一次风机、二次风机等转动设备附近及司炉操作区、燃烧器区	地面	100	—	0.6	60
	锅炉房通道	地面	50	—	0.6	40
	锅炉本体步道平台、楼梯、给煤（粉）机平台	地面	30	—	0.6	40
	煤仓间	地面	75	—	0.6	60
	渣斗间及其平台	地面	30	—	0.6	40
	电除尘器本体	地面	50	—	0.6	60
脱硫脱硝	吸收塔	地面	30	—	0.6	60
	脱硫装置	地面	100	—	0.6	60
	液氨储存间	地面	100	—	0.6	60
	尿素储存间	地面	100	—	0.6	60
电气热控部分	机组控制室、网络控制室、辅网控制室	0.75m 水平面	500	19	0.6	80
	主控制室	0.75m 水平面	500	19	0.6	80
	继电器室、电子设备间	0.75m 水平面	300	22	0.6	80
		1.5m 垂直面	150	22	0.6	80
	高、低压厂用配电装置室	地面	200	—	0.6	80
	6～500kV 屋内配电装置	地面	200	—	0.6	80
	电容器室、电抗器室、变压器室	地面	100	—	0.6	60
	蓄电池室、通风配电室、调酸室	地面	100	—	0.6	60
	电缆半层、电缆夹层	地面	30（100）	—	0.4	60
	电缆隧道	地面	15（100）	—	0.6	60
	阀厅	地面	200	—	0.6	60
	屋内 GIS 室	地面	200	—	0.6	80
	不停电电源室（UPS）、柴油发电机室	地面	200	25	0.6	60
通信部分	通信机房	0.75m 水平面	300	19	0.6	80
	系统通信机房	0.75m 水平面	200	—	0.6	60
化学水部分	化学水处理室	地面	100	—	0.6	60

生产车间和工作场所		参考平面及其高度	照度标准值（lx）	UGR	U_0	R_a
化学水部分	化学水控制室	0.75m 水平面	200	—	0.6	80
	药剂配置间、计量间	0.75m 水平面	300	—	0.6	80
	化验室、天平室、值班化验台	0.75m 水平面	300	—	0.6	80
	油处理室、油再生设备间、电解室、储酸室、加酸间（处）、加药间、水泵间	地面	100（200）	—	0.6	60
运煤除灰部分	翻车机控制室	0.75m 水平面	300	22	0.6	80
	地下卸煤沟	地面	50	—	0.6	40
	干煤棚、推煤机库、卸煤沟	地面	30	—	0.6	20
	翻车机室、运煤转运站、绞车室、碎煤机室	地面	100	—	0.6	60
	运煤栈桥	地面	50	—	0.6	40
	运煤检修间	地面	150	—	0.6	60
	灰浆泵房、灰渣泵房、除尘器间	地面	100	—	0.6	60
	电除尘控制室、运煤集中控制室	地面	300	22	0.6	80
	圆形煤场	地面	30	—	0.6	20
水工部分	循环水泵房、补给水泵房、消防水泵房	地面	100	—	0.6	60
	循环水泵房控制室	0.75m 水平面	300	22	0.6	80
	工业水泵房、生活水泵房、机力塔风机室等、空冷设备间	地面	100	—	0.6	60
	直接空冷平台	地面	30	—	0.6	40
	直接空冷风机小室	地面	50	—	0.6	60
辅助生产厂房部分	焊接车间	0.75m 水平面	200	—	0.6	60
	金工车间	0.75m 水平面	200	—	0.6	60
	锻工车间、热处理车间	地面至 0.5m 水平面	200	—	0.6	20
	铸工车间	地面	200	—	0.6	80
	木工车间	地面	200	—	0.6	—
	变压器电机修理间	0.75m 水平面	200	—	0.6	—
	电气试验室、热工试验室	0.75m 水平面	200	22	0.6	—
	标准计量室	0.75m 水平面	300	19	0.6	—
	仪表、继电器修理间等	0.75m 水平面	300	19	0.6	—
	空气压缩机室	地面	150	—	0.6	—
	乙炔站、制氢站	地面	100	—	0.6	—
	启动锅炉房	地面	100（200）	—	0.6	—
	天然气增压站	地面	100	—	0.6	—
	大件贮存库	1.0m 水平面	50	—	0.4	20
	中、小件贮存库	1.0m 水平面	100	—	0.6	60
	精细件贮存库	1.0m 水平面	200	—	0.6	80
	乙炔瓶库、氧气瓶库、电石库、危险品库	地面	50	—	0.6	40

续表

生产车间和工作场所		参考平面及其高度	照度标准值（lx）	UGR	U₀	Rₐ
辅助生产厂房部分	工具库	地面	100	—	0.6	60
	汽车库停车间	地面	75	28	0.6	60
	汽车库充电室	地面	100	25	0.6	60
	汽车库检修间	地面	200	25	0.6	60
	重油泵房、燃油泵房	地面	100	—	0.6	60
	燃油泵控制室	地面	300	22	0.6	80

表 17-4　　　　　　　　　火力发电厂辅助建筑的照明标准值

工作场所	参考平面及其高度	照度标准值（lx）	UGR	U₀	Rₐ
办公室、资料室、会议室、报告厅	0.75m 水平面	300	19	0.6	80
工艺室、绘图室、设计室	0.75m 水平面	500	19	0.6	80
打字室	0.75m 水平面	300	19	0.6	80
食堂、单身宿舍、更衣室	0.75m 水平面	200	22	0.6	80
浴室、厕所、盥洗室、车间休息室	地面	100	—	0.6	60
楼梯间	地面	30	—	0.6	60
门厅	地面	100	—	0.6	60
有屏幕显示的办公室	0.75m 水平面	500	19	0.6	80

表 17-5　　　　　　火力发电厂厂区露天工作场所及交通运输线上的照明标准值

工作场所		参考平面及其高度	照度标准值（lx）	UGR	U₀	Rₐ
屋外工作场所	屋外配电装置变压器气体继电器、油位指示器、隔离开关断口部分、断路器的排气指示器	作业面	20	—	—	—
	变压器和断路器的引出线、电缆头、避雷器、隔离开关和断路器的操动机构、断路器的操作箱	作业面	20	—	—	—
	屋外成套配电装置（GIS）	地面	20	—	—	—
	贮煤场	地面	3	—	—	20
	露天油库	地面	30	—	—	20
码头	装卸码头	地面	10	—	0.25	20
站台	视觉要求较高的站台	地面	15	—	0.25	20
	卸油卸货站台及一般站台	地面	10	—	0.25	20
其他构筑物	水位标尺、闸门位置指示器、水箱标尺	作业面	10	—	0.25	20
	机力塔步道平台	作业面	15	—	0.25	20
道路和广场	主干道	地面	10	—	0.4	20
	次干道、铁路专用线（厂内部分）	地面	5	—	0.25	20
	厂前区	地面	10	—	0.4	20

（1）当采用高强气体放电灯作为一般照明时，在经常有人工作的车间，其照度值不宜低于 50lx。

（2）火力发电厂应急照明的照度值可按表 17-3 中照度标准值的 10%～15% 选取。火力发电厂机组控制室、系统网络控制室、辅网控制室的应急照明照度宜按照度标准值的 30% 选取，直流应急照明照度及其他控制室应急照明照度可分别按照度标准值的10%和15%选取。

（3）主要通道上疏散照明的照度值不应低于1lx。

（4）经常有人值班的无窗车间宜按表17-3规定的照度值提高一级选取。

（二）照度均匀度

（1）照度均匀度是规定表面上的最小照度与平均照度之比。

（2）公共建筑的工作房间和工业建筑作业区域内的一般照明照度均匀度不应小于0.7，而作业面邻近周围的照度均匀度不应小于0.5。

（3）房间或场所内的通道和其他非作业区域一般照明的照度值不宜低于作业区域一般照明照度值的1/3。

（4）与主控制室、网络控制室、单元控制室、集中控制室相邻且相通的距出入口10m左右范围内的走廊通道、楼梯间的照度值之比，不宜超过5倍。

（三）眩光限制

眩光是指在视野内由于亮度分布或范围不适宜，在空间或时间上存在着极端的亮度对比，以致引起不舒适和降低目标可见度的视觉状况。眩光可分为：直接眩光、反射眩光、失能眩光、不舒适眩光、光幕反射。

1. 灯具遮光角

灯具遮光角是指光源最边缘一点和灯具出口的连线与水平线之间的夹角。眩光限制首先应从直接型灯具的遮光角来加以限制，直接型灯具的遮光角不应小于表17-6中的值。

表17-6　　　　　灯具最小遮光角

光源的平均亮度 （kcd/m²）	遮光角 （°）	光源的平均亮度 （kcd/m²）	遮光角 （°）
1～20	10	50～500	20
20～50	15	≥500	30

2. 统一眩光值（UGR）

统一眩光值（UGR）是评价室内照明不舒适眩光的量化指标，它是度量处于视角环境中的照明。

装置发出的光对人眼引起不舒适感主观反应的心理参量，其值可按CIE的UGR公式借助计算机来计算。UGR值可分为28、25、22、19、16、13、10七挡值。28为刚刚不可忍受，25为不舒适，22为刚刚不舒适，19为舒适与不舒适界限，16为刚刚可接受，13为刚刚感觉到，10为无眩光感觉。

火力发电厂各生产车间、辅助建筑、交通运输及露天工作场所作业面上的统一眩光值（UGR）可参照表17-3～表17-5的数值。

（四）光源颜色

1. 光源的色表

室内照明光源的色表用其色温和相关色温来表征，可分为Ⅰ、Ⅱ、Ⅲ组。Ⅰ组为暖色表的光源，其色温或相关色温为小于3300K，一般常用于家庭的起居室、卧室、病房或天气寒冷的地方等；Ⅱ组为中间色表的光源，其色温或相关色温为3300～5300K，一般常用于办公室、教室、仪表装配、机加工车间及火力发电厂大部分建筑；Ⅲ组为冷色表的光源，其色温或相关色温大于5300K，一般常用热加工车间、高照度场所以及天气炎热地区等。各光源的色温见本章第二节。

2. 光源的显色指数

人工照明一般用一般显色指数（R_a）作为评价光源的显色性指标。光源显色性指标越高，其显色性越好，颜色失真小，最高值为100，即被测光源的显色性与标准参照光源的显色性完全相同。一般认为R_a为80～100显色性优良，R_a为50～79显色性一般，R_a小于50显色性较差。

在GB 50034《建筑照明设计标准》中，一般显色指数（R_a）取值为90、80、60、40、20。长期有人工作和停留的房间和场所，照明光源的一般显色指数（R_a）不宜小于80，在灯具安装高度大于6m的工业建筑场所内的照明，R_a可以小于80，但必须能够识别安全色。

火力发电厂各生产车间、辅助建筑、交通运输及露天工作场所作业面上的一般显色指数的最小允许值可参照表17-3～表17-5的数值。

光源的一般显色指数（R_a）见本章第二节。

第二节　照明光源、附件及其选择

一、照明光源的种类

火力发电厂目前常用的照明光源有：普通白炽灯、荧光灯、高压钠灯、金属卤化物灯和发光二极管（LED光源）。

（一）白炽灯

白炽灯是最早的电光源，因其具有光效低、寿命短的不足，将逐步被其他光效高的光源替代，但又因其具有显色性好、价格低廉、可调光、没有电磁波等优点，在有些场所中仍会少量使用。

（二）荧光灯

荧光灯按其外形分为双端荧光灯和单端荧光灯。直管荧光灯为双端荧光灯，自镇流紧凑型荧光灯、环形荧光灯、无极荧光灯为单端荧光灯。

1. 直管荧光灯

直管荧光灯根据灯管直径的多少分为T8、T5等，T8直径为26mm，T5直径为16mm，由蓝、绿、红谱带区域发光的三种稀土荧光粉制成的荧光灯为三基色荧光灯，三基色T8和T5荧光灯，光效更高、寿命长、显色性好，在火电厂中得到广泛的应用。

直管荧光灯的技术数据见表 17-7～表 17-10。

2. 自镇流紧凑型荧光灯

自镇流紧凑型荧光灯与白炽灯泡和荧光灯管相

比，具有发光效率高、使用方便的优点，在火电厂中已逐步替代了白炽灯的应用。

自镇流紧凑型荧光灯的技术数据见表 17-11～表 17-12。

表 17-7   **T8 三基色直管荧光灯技术数据（一）**

型号	功率 （W）	光通量 （lm）	显色指数 R_a	色温 （K）	平均寿命 （h）	外形尺寸 （直径×长度，mm×mm）	灯头型号
L18W/865	18	1300	80	6500	15000	26×590	G13
L18W/840	18	1350	82	4000	15000	26×590	G13
L18W/830	18	1350	82	3000	15000	26×590	G13
L36W/865	36	3250	80	6500	15000	26×1200	G13
L36W/840	36	3350	82	4000	15000	26×1200	G13
L36W/830	36	3350	82	3000	15000	26×1200	G13
L58W/865	58	5000	80	6500	15000	26×1500	G13
L58W/840	58	5200	82	4000	15000	26×1500	G13
L58W/830	58	5200	82	3000	15000	26×1500	G13

注   以上数据由制造厂家提供，具体工程按照实际制造厂数据核算。

表 17-8   **T8 三基色直管荧光灯技术数据（二）**

型号	功率 （W）	光通量 （lm）	显色指数 R_a	色温 （K）	平均寿命 （h）	外形尺寸 （直径×长度，mm×mm）	灯头型号
TL-D 18W/827	18	1350	82	2700	15000	26×604	G13
TL-D 18W/830	18	1350	83	3000	15000	26×604	G13
TL-D 18W/840	18	1350	82	4000	15000	26×604	G13
TL-D 18W/865	18	1275	80	6500	15000	26×604	G13
TL-D 36W/827	36	3250	82	2700	15000	26×1213.6	G13
TL-D 36W/830	36	3250	83	3000	15000	26×1213.6	G13
TL-D 36W/840	36	3250	82	4000	15000	26×1213.6	G13
TL-D 36W/865	36	3050	80	6500	15000	26×1213.6	G13
TL-D 58W/830	58	5150	83	3000	15000	26×1514.2	G13
TL-D 58W/840	58	5200	82	4000	15000	26×1514.2	G13
TL-D 58W/865	58	4800	80	6500	15000	26×1514.2	G13

注   以上数据由制造厂家提供，具体工程按照实际制造厂数据核算。

表 17-9   **T5 高光效直管荧光灯技术数据**

型号	功率 （W）	光通量 （lm）	显色指数 R_a	色温 （K）	平均寿命 （h）	外形尺寸 （直径×长度，mm×mm）	灯头型号
HE14W/865	14	1300	80	6500	24000	16×549	G5
HE14W/840	14	1350	80	4000	24000	16×549	G5
HE14W/830	14	1350	80	3000	24000	16×549	G5
HE21W/865	21	2000	80	6500	24000	16×849	G5
HE21W/840	21	2100	80	4000	24000	16×849	G5
HE21W/830	21	2100	80	3000	24000	16×849	G5
HE28W/865	28	2750	80	6500	24000	16×1149	G5

续表

型号	功率 (W)	光通量 (lm)	显色指数 R_a	色温 (K)	平均寿命 (h)	外形尺寸 （直径×长度，mm×mm）	灯头型号
HE28W/840	28	2900	80	4000	24000	16×1149	G5
HE28W/830	28	2900	80	3000	24000	16×1149	G5
HE35W/865	35	3500	80	6500	24000	16×1449	G5
HE35W/840	35	3650	80	4000	24000	16×1449	G5
HE35W/830	35	3650	80	3000	24000	16×1449	G5

注 以上数据由制造厂家提供，具体工程按照实际制造厂数据核算。

表 17-10　　　　　　　　　　　**MASTER TL5 HE Eco 高光效直管荧光灯技术数据**

型号	功率 (W)	光通量 (lm)	显色指数 Ra	色温 (K)	平均寿命 (h)	外形尺寸 （直径×长度，mm×mm）	灯头型号
MASTER TL5 HE Eco I3=14W/830	14	1150	85	3000	25000	16×549	G5
MASTER TL5 HE Eco I3=14W/840	14	1150	85	4000	25000	16×549	G5
MASTER TL5 HE Eco I3=14W/865	14	1075	85	6500	25000	16×549	G5
MASTER TL5 HE Eco I3=21W/830	21	1800	85	3000	25000	16×849	G5
MASTER TL5 HE Eco I3=21W/840	21	1800	85	4000	25000	16×849	G5
MASTER TL5 HE Eco I3=28W/830	28	2600	85	3000	25000	16×1148	G5
MASTER TL5 HE Eco I3=28W/840	28	2600	85	4000	25000	16×1148	G5
MASTER TL5 HE Eco I3=28W/865	28	2425	85	6500	25000	16×1148	G5
MASTER TL5 HE Eco I3=35W/830	35	3100	85	3000	25000	16×1449	G5
MASTER TL5 HE Eco I3=35W/840	35	3100	85	4000	25000	16×1449	G5
MASTER TL5 HE Eco I3=35W/865	35	2875	85	6500	25000	16×1449	G5

注 以上数据由制造厂家提供，具体工程按照实际制造厂数据核算。

表 17-11　　　　　　　　　　　　　　大功率电子节能灯技术数据

型号	功率 (W)	光通量 (lm)	显色指数 R_a	色温 (K)	平均寿命 (h)	外形尺寸 （直径×长度，mm×mm）	灯头型号
DULU× EL HO 45W/865	45	2850	80	6500	10000	84×247	E40
DULU× EL HO 45W/840	45	3000	80	4000	10000	84×236	E27
DULU× EL HO 45W/865	45	2850	80	6500	10000	84×236	E27
DULU× EL HO 65W/865	65	4000	80	6500	10000	94×257	E40
DULU× EL HO 65W/840	65	4200	80	4000	10000	94×246	E27
DULU× EL HO 65W/865	65	4000	80	6500	10000	94×246	E27
DULU×STAR HW 65W/865	65	3900	80	6500	6000	74×241	E27

注 以上数据由制造厂家提供，具体工程按照实际制造厂数据核算。

表 17-12 标准型电子节能灯技术数据

型号	功率（W）	光通量（lm）	显色指数 R_a	色温（K）	平均寿命（h）	外形尺寸 （直径×长度，mm×mm）	灯头型号
DULUXSTAR 5W/827	5	250	80	2700	10000	36×111	E27
DULUXSTAR 5W/865	5	240	80	6500	10000	36×111	E27
DULUXSTAR 8W/827	8	390	80	2700	10000	43×112	E27
DULUXSTAR 8W/865	8	380	80	6500	10000	43×112	E27
DULUXSTAR 11W/827	11	590	80	2700	10000	43×117	E27
DULUXSTAR 11W/865	11	540	80	6500	10000	43×117	E27
DULUXSTAR 15W/827	15	900	80	2700	10000	43×133	E27
DULUXSTAR 15W/865	15	870	80	6500	10000	43×133	E27
DULUXSTAR 20W/827	20	1200	80	2700	10000	48×152	E27
DULUXSTAR 20W/865	20	1170	80	6500	10000	48×152	E27
DULUXSTAR 23W/827	23	1400	80	2700	10000	48×166	E27
DULUXSTAR 23W/865	23	1330	80	6500	10000	48×166	E27

注 以上数据由制造厂家提供，具体工程按照实际制造厂数据核算。

3. 无极荧光灯

无极荧光灯由高频发生器、耦合器和灯泡三部分组成。玻管采用硬质玻璃，管内充入惰性气体及微量水银，管壁涂敷高效三波长荧光粉，灯管两端涂敷导电胶，并施加高压，使灯管内气体电离，水银蒸气受激发放电，受激原子返回基态时辐射出波长为253.7nm 的紫外线，灯泡内壁的荧光粉受到紫外线激发产生可见光。无极荧光灯具有高光效、无频闪、高显色性（R_a 值大于 80）、能快速启动、功率因数高等优点，反复可启动性能好，可在 0.1s 内瞬间启动。因其具有瞬时启动的优点，可在应急照明系统中得到应用。

（三）高压钠灯

高压钠灯是一种利用高压钠蒸气放电产生可见光的电光源。高压钠灯具有发光效率高、寿命长、透雾能力强等优点，其缺点是显色性差。中显色高压钠灯和高显色高压钠灯虽然改善了显色性，但因其光效较低，在发电厂中仍应用较少。高压钠灯主要用于辨色要求不高的场所，如道路照明、发电厂输煤系统照明。

高压钠灯的技术数据见表 17-13～表 17-14。

表 17-13 VIALOX® NAV® -T SUPER 6Y®型高光效高压钠灯技术数据

型号	功率（W）	光通量（lm）	色温（K）	平均寿命（h）	外形尺寸 （直径×长度，mm×mm）	灯头型号
NAV-T 70W SUPER 6Y	70	6600	2000	32000	39×156	E27
NAV-T 100W SUPER 6Y	100	10700	2000	32000	47×210	E40
NAV-T 150W SUPER 6Y	150	17500	2000	32000	47×210	E40
NAV-T 250W SUPER 6Y	250	33200	2000	32000	47×257	E40
NAV-T 400W SUPER 6Y	400	56500	2000	32000	47×285	E40

注 以上数据由制造厂家提供，具体工程按照实际制造厂数据核算。

表 17-14 SON-T 型高压钠灯技术数据

型号	功率（W）	光通量（lm）	显色指数 R_a	色温（K）	平均寿命（h）	外形尺寸 （直径×长度，mm×mm）	灯头型号
SON-T 70W E E27 SLV	70	6000	25	2000	48000	39×156	E27
SON-T 100W E E40 SLV	100	9000	25	2000	48000	47×210	E40
SON-T 150W E E40 SLV	150	15450	25	2000	48000	47×210	E40

型号	功率（W）	光通量（lm）	显色指数 R_a	色温（K）	平均寿命（h）	外形尺寸 （直径×长度，mm×mm）	灯头型号
SON-T 250W E E40 SLV	250	28000	25	2000	48000	47×257	E40
SON-T 400W E E40 SLV	400	48000	25	2000	48000	47×285	E40

注　以上数据由制造厂家提供，具体工程按照实际制造厂数据核算。

（四）金属卤化物灯

金属卤化物灯是将金属卤化物充入电弧管内，利用金属原子电离激发发光的电光源。金属卤化物灯具有光效高（大于80lm/W）、寿命长（大功率最高可达10000h）、显色性较好（R_a 值大于 80）等优点，目前在发电厂中广泛应用。

金属卤化物灯的技术数据见表 17-15。

（五）发光二极管光源（LED）

发光二极管光源是指以发光二极管（LED）为发光体的光源。它是利用固体半导体芯片作为发光材料，当两端加上正向电压，半导体中载流子发生复合，放出过剩能量而引起光子发射产生可见光。与传统照明光源相比较，发光二极管光源具有寿命长、节能环保、体积小、易控制、无频闪等优点。发光二极管光源配有专用的驱动电源。

目前发光二极管光源随着性价比的不断提高，在火力发电厂中已逐步替代传统光源。

发光二极管光源的技术数据见表 17-16。

表 17-15　　　　　　　　　　　**金属卤化物灯技术数据**

型号	功率（W）	光通量（lm）	显色指数 R_a	平均寿命（h）	外形尺寸 （直径×长度，mm×mm）	灯头型号
HQI-T 70W/WDL	70	5300	≥80	12000	25×84	G12
HQI-T 70W/NDL	70	5800	≥80	12000	25×84	G12
HQI-T 150W/WDL	150	13000	≥80	12000	25×84	G12
HQI-T 150W/NDL	150	13000	≥80	12000	25×84	G12
HQI-T 250W/D CLEAR PRO	250	20000	≥80	12000	47×266	E40
HQI-BT 400W/D CLEAR PRO	400	35000	≥80	12000	63×285	E40
HQI-E 70/N CLEAR	70	5800	≥80	12000	56×141	E27
HQI-E 70/N COATED	70	5600	≥80	12000	56×141	E27
HQI-E 100/N CLEAR	100	8700	≥80	9000	56×141	E27
HQI-E 100/N COATED	100	8500	≥80	9000	56×141	E27
HQI-E 150/N CLEAR	150	13500	≥80	9000	56×141	E27
HQI-E 150/N COATED	150	13350	≥80	12000	56×141	E27
HQI-E 250/N/SI CLEAR	250	20500	≥80	12000	91×228	E40
HQI-E 250/N/SI COATED	250	20500	≥80	12000	91×228	E40
HQI-E 400/N/SI CLEAR	400	36000	≥80	12000	122×280	E40
HQI-E 400/N/SI COATED	400	33000	≥80	12000	122×280	E40

注　以上数据由制造厂家提供，具体工程按照实际制造厂数据核算。

表 17-16　　　　　　　　　　　**超值系列第二代 LED T8 灯管**

型号	功率 （W）	光通量 （lm）	显色指数 R_a	色温 （K）	光束角度 （°）	外形尺寸 （直径×长度，mm×mm）
ST8-HC2-070 8W/830	8	700	80	3000	270	28×602
ST8-HC2-080 8W/840	8	800	80	4000	270	28×602

型号	功率 (W)	光通量 (lm)	显色指数 R_a	色温 (K)	光束角度 (°)	外形尺寸 (直径×长度，mm×mm)
ST8-HC2-080 8W/865	8	800	80	6500	270	28×602
ST8-HC4-145 16W/830	16	1450	80	3000	270	28×1212
ST8-HC4-160 16W/840	16	1600	80	4000	270	28×1212
ST8-HC4-160 16W/865	16	1600	80	6500	270	28×1212
ST8-HC4-170 18W/830	18	1700	80	3000	270	28×1212
ST8-HC4-190 18W/840	18	1900	80	4000	270	28×1212
ST8-HC4-190 18W/865	18	1900	80	6500	270	28×1212
ST8-HC2-070 9W/740	9	700	70	4000	270	28×602
ST8-HC2-070 9W/765	9	700	70	6500	270	28×602
ST8-HC4-140 17W/740	17	1400	70	4000	270	28×1212
ST8-HC4-140 17W/765	17	1400	70	6500	270	28×1212

注 以上数据由制造厂家提供，具体工程按照实际制造厂数据核算。

表 17-16 中所列光源能在传统电感镇流器线路中安全简单地替换原有光源。

用于工业照明的大功率 LED 光源通常为许多小颗粒 LED 密集排列而成，光源与灯具驱动器集成在一体。

二、光源的选择

表 17-17 列出了火电厂中几种常用光源的应用场所。

表 17-17　常用光源的应用场所

序号	光源名称	应用场所	备注
1	白炽灯	对电磁干扰有严格要求，且其他光源无法满足的特殊场所	单灯功率不宜大于 40W
2	荧光灯	办公室、控制室、配电室等高度较低的房间	
3	紧凑型荧光灯	走廊、楼梯间、门厅、高度较低的房间的室内照明	
4	无极荧光灯	应急照明系统和换光源困难的场所	
5	高压钠灯	蒸汽浓度较大或灰尘较多的场所、道路照明、贮煤场、码头和无显色要求的厂房照明	
6	金属卤化物灯	道路照明、高大的工业厂房照明	
7	发光二极管光源（LED）	疏散标志灯、道路照明、高度较低的房间的室内照明	

三、光源的主要附件

（一）镇流器

1. 镇流器的类别

镇流器是气体放电灯为稳定放电电流用的器件，分为电感镇流器和电子镇流器两类。电感镇流器分为普通型和节能型，节能型电感整流器的功耗比普通型电感整流器的功耗小许多，考虑满足能效标准要求，电感镇流器应选择节能型电感整流器。用于荧光灯的电子镇流器分为可控制电子镇流器和应急照明专用的交流/直流镇流器。

2. 镇流器的选择

（1）荧光灯应配用电子镇流器或节能型电感镇流器。

（2）对频闪效能有限制的场所，应选用高频电子镇流器。

（3）镇流器的谐波、电磁兼容和能效应符合现行国家标准。

（4）高压钠灯、金属卤化物灯宜配用节能型电感镇流器；在电压偏差较大的场所，宜配用恒功率镇流器；功率较小者，可配用电子镇流器。

（二）触发器

触发器是其自身或与其他部件配合产生启动放电灯所需的电压脉冲，但对电极不提供预热的器件。能够提供放电灯电极预热，并与串联的镇流器一起产生脉冲电压使灯启动的器件是启动器。

高强气体放电灯的启动方式分为内触发和外触发两种。当采用外触发方式时，触发器与光源的距离应满足现场使用要求。

高强气体放电灯的触发器分为半并联触发器和并联触发器。应根据光源的类型和功率选择触发器的形式和参数。

（三）补偿电容器

气体放电灯照明线路的功率因数一般较低，为了提高线路的功率因数，减少线路损耗，通常采用单灯补偿，即在镇流器的输入端接入一只容量合适的电容器，将单灯功率因数提高到 0.85~0.9。

在 GB 50034—2013《建筑照明设计标准》中要求，高强气体放电灯补偿后的功率因数不应低于 0.85，较 2002 版标准要求的 0.9 有所降低，主要是对于大于 250W 以上的大功率气体放电灯使用电感镇流器时，从经济和可行性方面综合考虑，功率因数不应低于 0.85 较合适。火力发电厂中气体放电灯的功率大多数在 250W 以下，只有个别场所应用到 400W 的气体放电灯。

表 17-18 为火力发电厂中气体放电灯补偿电容选用表。

表 17-18　气体放电灯补偿电容选用表

光源类型及规格（w）		补偿电容量（μF）	工作电流（A）		补偿后功率因数
			无补偿电容	有补偿电容	
高压钠灯	50	10	0.76	0.30	≥0.90
	70	12	0.98	0.42	
	100	15	1.2	0.59	
	150	22	1.8	0.88	
	250	35	3.0	1.40	
金属卤化物灯	70	12		0.43	≥0.90
	100	12		0.61	
	150	13		0.76	
	175	13		0.90	
	250	18		1.26	
荧光灯	18	2.8	0.164	0.091	≥0.90
	30	3.75	0.273	0.152	
	36	4.75	0.327	0.182	

注　当气体放电灯采用电子镇流器时，触发器和补偿电容将集成到电子镇流器中。

第三节　照明灯具的选择与布置

一、灯具的选择及布置原则

灯具是将一个或多个光源发射的光线重新分布，或改变其光色的装置，包括固定和保护光源以及将光源与电源连接所必需的所有部件，但不包括光源本身。

照明灯具应根据使用环境条件、光强分布、房间用途、限制眩光等选择，在满足这些技术条件下，应选用效率高、便于维护的照明灯具。

灯具的选择和布置除了考虑初次投资外，同时应考虑使用期内的电能损耗和运行维护费用。

（一）灯具的分类

1. 按照使用的光源分类

主要有荧光灯灯具、高强气体放电灯灯具、LED 灯具。

2. 按照使用的安装方式分类

主要有吊灯、吸顶灯、嵌入式灯具、线槽灯、发光顶棚、高杆灯、草坪灯。

3. 按照特殊场所使用环境分类

主要有防尘灯、防水防潮灯、防腐灯、防爆灯。

火电发电厂中常用的三防灯具有防水、防尘、防腐功能，四防灯具有防水、防尘、防腐、防振功能。

4. 按照防触电保护类型分类

GB 7000.1—2015《灯具　第 1 部分：一般要求与试验》规定，灯具按防触电保护类型分为Ⅰ、Ⅱ、Ⅲ类。

Ⅰ类灯具为灯具的防触电保护不仅依靠基本绝缘，而且还包括附加的安全措施，即易触及的导体部件连接到设施的固定布线中的保护接地导体上，使易触及的导体部件在基本绝缘失效时不致带电。

Ⅱ类灯具为灯具的防触电保护不仅依靠基本绝缘，而且具有附加安全措施，例如双重绝缘或加强绝缘，但没有保护接地或依赖安装条件的保护措施。

Ⅲ类灯具为灯具的防触电保护依靠电源电压为安全特低电压，其中不会产生高于安全特低电压（SELV）的灯具。

5. 按照光通在上下空间的分布分类

按照光通在上下空间的分布，灯具可分为以下五种类型：A 直接型（光通分配：向上 0%~10%；向下 100%~90%）；B 型—半直接型（光通分配：向上 10%~40%；向下 90%~60%）；C 型—直接—间接型（均匀扩散）（光通分配：向上 40%~60%；向下 60%~40%）；D 型—半间接型（光通分配：向上 60%~90%；向下 40%~10%）；E 型—间接型（光通分配：向上 90%~100%；向下 10%~0%）。

6. 按照 1/2 照度角分类

按照 1/2 照度角，灯具可分为特窄照型、窄照型、中照型、广照型、特光照型。不同类型的灯具布置时，应满足该灯具的最大允许距高比。

（二）灯具选择的一般原则

选择灯具时，首先要确定适合该工作场所的光源，再根据照明房间的性质和特点、视觉工作要求、眩光限制、环境条件、预期的照明效果、初次投资和后期运行维护费用综合考虑。

1. 按灯具的配光特性选择灯具

（1）按光强分布选择灯具。

任何照明灯具在空间各方向的发光强度都不一样。对于室内照明灯具，通常用极坐标来表示。以极坐标圆点为中心，把灯具在各个方向的发光强度用矢量表示出来，连接矢量的端点，即形成光强分布曲线（亦称配光曲线）。

不同工作场所应选择配光特性合适的灯具。如只考虑水平照明的工作场所，室形指数大的场所应选择直接型（宽配光）灯具。

（2）按室形指数选用配光合理的灯具。

室内照明应按室形指数选用配光合理的灯具，灯具的配光应符合表 17-19 的规定。

表 17-19　　灯具配光的选择

室形指数（RI）	灯具最大允许距高比（L/H）	配光种类
5～1.7	1.5～2.5	宽配光
1.7～0.8	0.8～1.5	中配光
0.8～0.5	0.5～1.0	窄配光

注　L/H 中，L 为灯具的间距，H 为灯具的计算高度。

室形指数应按下式计算：

$$RI = \frac{L \times W}{h_{rc} \times (L + W)} \quad (17-1)$$

式中　RI——室形指数；

L——房间长度，m；

W——房间宽度，m；

h_{rc}——照明器至计算面高度，m。

（3）按限制眩光要求选择照明灯具。

长期工作或停留的房间或场所，直接型灯具的遮光角不应小于表 17-6 的规定。

2．按使用环境条件选择照明灯具

在按使用环境选择照明器的型式时，需注意温度、湿度、振动、污秽、腐蚀等情况。

（1）潮湿场所应采用相应防护等级的防水灯具。

（2）有腐蚀性气体和蒸汽的场所应采用耐腐蚀材料制成的密闭式灯具。若采用开启式灯具，各部分应有防腐、防水措施。

（3）高温场所宜采用散热性能好、耐高温的灯具。

（4）多尘埃的场所应采用防护等级不低于 IP5X 的灯具。

（5）在装有锻锤、大型桥式吊车等振动、摆动较大场所使用的灯具应有防振和防脱落措施。

（6）在易受机械损伤、光源自行脱落可能造成人员伤害或财物损失的场所使用的灯具应有防护措施。

（7）在有爆炸危险场所使用的灯具应符合现行国家标准 GB 50058《爆炸危险环境电力装置设计规范》中的有关规定。

（8）需防止紫外线照射的场所应采用隔紫灯具或无紫光源。

3．按灯具效率选择灯具

在满足眩光限制和配光要求条件下，灯具的效率应符合下列规定：

（1）直管型荧光灯灯具的效率不应低于表 17-20 的规定。

表 17-20　　直管型荧光灯灯具的效率　　（%）

灯具出光口形式	开敞式	保护罩（玻璃或塑料）		格栅
		透明	磨砂、棱镜	
灯具效率	75	70	55	65

（2）紧凑型荧光灯筒灯灯具的效率不应低于表 17-21 的规定。

表 17-21　　紧凑型荧光灯筒灯灯具的效率　　（%）

灯具出光口形式	开敞式	保护罩	格栅
灯具效率	55	50	45

（3）小功率金属卤化物筒灯灯具的效率不应低于表 17-22 的规定。

表 17-22　小功率金属卤化物灯筒灯灯具的效率　（%）

灯具出光口形式	开敞式	保护罩	格栅
灯具效率	60	55	50

（4）高强度气体放电灯灯具的效率不应低于表 17-23 的规定。

表 17-23　　高强度气体放电灯灯具的效率　　（%）

灯具出光口形式	开敞式	格栅或透光罩
灯具效率	75	60

（5）发光二极管筒灯的效能不应低于表 17-24 的规定。

表 17-24　　发光二极管筒灯的效能　　（lm/W）

色温	2700K		3000K		4000K	
灯具出光口形式	格栅	保护罩	格栅	保护罩	格栅	保护罩
灯具效能	55	60	60	65	65	70

（6）发光二极管灯盘的效能不应低于表 17-25 的规定。

表 17-25　　发光二极管灯盘的效能　　（lm/W）

色温	2700K		3000K		4000K	
灯具出光口形式	反射式	直射式	格栅	保护罩	格栅	保护罩
灯盘效能	60	65	65	70	70	75

4. 按安装方式选择照明灯具

不同的布灯方案将确定灯具的不同安装方式和安装高度，布灯方案的选择一方面要考虑厂房柱距和跨度的限制，同时还需考虑工艺专业的管道、电气专业的电缆桥架的影响。为限制直接眩光，灯具最低悬挂高度应不低于表 17-26 所列出的数值。

表 17-26　室内照明灯具的最低悬挂高度

序号	光源种类	灯具型式	灯具遮光角（°）	光源功率（W）	最低挂高（m）
1	荧光灯	无反射罩		≤40 >40	2.2 3.0
		有反射罩		≤40 >40	2.2 2.2
2	金属卤化物灯	有反射罩	10～30	<150 150～250 250～400 >400	4.5 5.5 6.5 7.5
	高压钠灯、混光光源	有反射罩带格栅	>30	<150 150～250 250～400 >400	4.0 4.5 5.5 6.5

5. 应急灯的选择

应急灯的选择，应满足下列要求：

（1）按不同环境要求可选用开启式、防水防尘式、隔爆式。

（2）应急灯的放电时间，应按不低于 60min 计算。

（三）照明器布置的一般原则

（1）工作面上的照度应不低于表 17-3～表 17-5 所规定的照度值，且要求照度均匀。

（2）要限制眩光作用到最低限度，没有阴影昏暗感。

（3）照明器间的距离（L）和计算高度（H）之比值应当恰当。当 L/H 值小时，照度的均匀度好，但照明器的数量增多；当 L/H 值大时，照度的均匀度差。常用的 L/H 值见表 17-19。边排照明器距墙的距离可取 0.25L～0.5L（前者用于墙边有工作位置时，后者用于墙边无工作位置时）。L 值可按图 17-1 取得。

（4）维护检修应安全方便。照明器与带电体应保证安全净距。配电室、变压器、变电站的母线上方、水池等处，不应装设照明器。装有行车的场所，照明器沿口不得低于屋架、行架、或梁的下弦。

（5）生产厂房照明器一般采用均匀布置，典型布灯方案见图 17-2。

（6）除均匀布置外，照明器还可进行选择性布置，如对汽轮机本体、锅炉水位计等处，以及需要加强强度或消除阴影的场所，可装设局部照明，为提高空间照度值，有时可采用顶灯和壁灯相结合的布置方式。

（7）在下列地点均应装设室外照明：各级电压的屋外配电装置，经常通行的主干道路，露天贮煤场、厂前区广场、喷水池，装卸煤及其他货物的站台或码头，场内铁路专用线或道岔附近。

（8）厂区道路照明灯杆距离宜为 30～40m，灯杆距路边的距离宜为 0.5～1.0m，且应避开上下水管道，供热管沟等地下设施。

二、汽机房照明器的选择与布置

汽机房底层和中间层的地面有水泵、油站及各种控制设备及仪表，需要足够的照度，其上部有各种管道和电缆桥架，灯具的安装高度受到一定限制。灯具的布置方案有两种，一种为灯具选用块板灯，配金属卤化物灯光源，将吸壁安装在柱上或管吊在楼板下，设计示例见图 17-3、图 17-5；另一种为钢线槽下吸荧

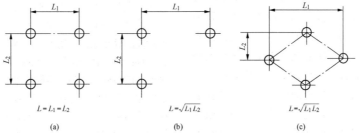

图 17-1　均匀布灯几种形式的投影图

（a）正方形；（b）矩形；（c）菱形

L_1—单排布灯的灯间距离；L_2—多排布灯的排间垂直距离

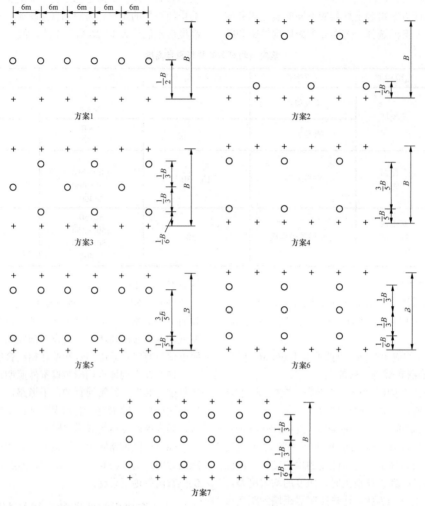

图 17-2 生产厂房典型布灯方案

光灯的安装方式，这种方案光线比较柔和，但荧光灯的光效光强不如金属卤化物灯，且更换灯管的工作量比较大，设计示例见图17-4、图17-6。

有可能有氢气泄漏的场所应采用防爆灯具。

汽机房运转层视看对象有转速表、温度表、压力表油窥视孔和就地热工仪表盘等比较精密的仪表，对照明的要求较高，除装设一般照明外，还应有汽轮机本体局部照明。一般照明装置选用铝抛光反射深照型照明器，局部照明装置采用车床灯安装在汽轮机本体需要监视的部位或由厂家成套提供。除此之外，尚应考虑一定的应急照明，以保证在非常情况下继续工作。由于汽轮机本体附近是高温环境，汽轮机本体的局部照明线路应采用 BV-105 型耐高温导线穿钢管敷设。汽机房运转层照明布置设计示例见图 17-7。

三、锅炉本体照明器的选择与布置

火力发电厂的锅炉一般为露天、半露天或全封闭布置。锅炉本体周围环境温度高、尘埃多、有蒸汽、管道复杂、炉体高耸、巡视步道盘根错节、行走不便，要求照明装置防水防尘，检修维护安全、方便。一般选用防水、防尘、防腐型照明器。锅炉顶部的汽包水位计处需装设局部应急照明装置。照明线路应采用 BV-105 型耐高温导线穿钢管明敷设。锅炉本体灯具的布置方案有三种：第一种为采用三（四）防灯，立管安装在锅炉平台布道栏杆上，为安装检修安全方便，可采用旋转式或伸缩式活动检修灯杆，其安装图如图17-8所示；第二种为采用荧光灯，将荧光灯安装在栏杆或吸在平台下，这两种采用的灯具相对较多，维护工作量大；第三种为采用投光灯，一套投光灯照2~3层平台，此方案灯具少，维护工作量小，其照明布置断面示例见图17-9。

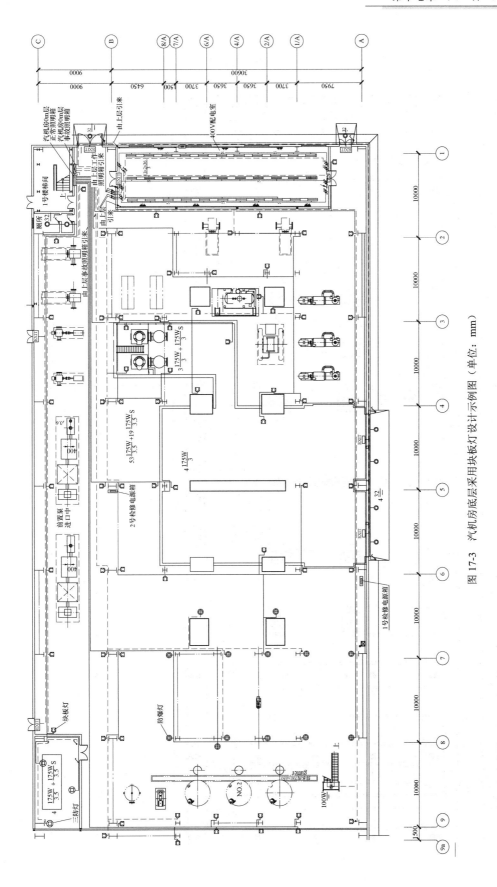

图 17-3 汽机房底层采用块板灯设计示例图（单位：mm）

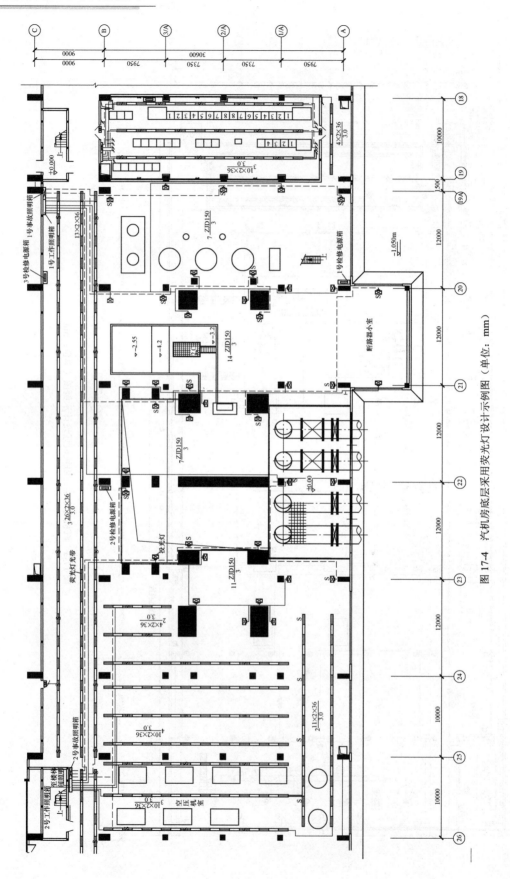

图 17-4　汽机房底层采用荧光灯设计示例图（单位：mm）

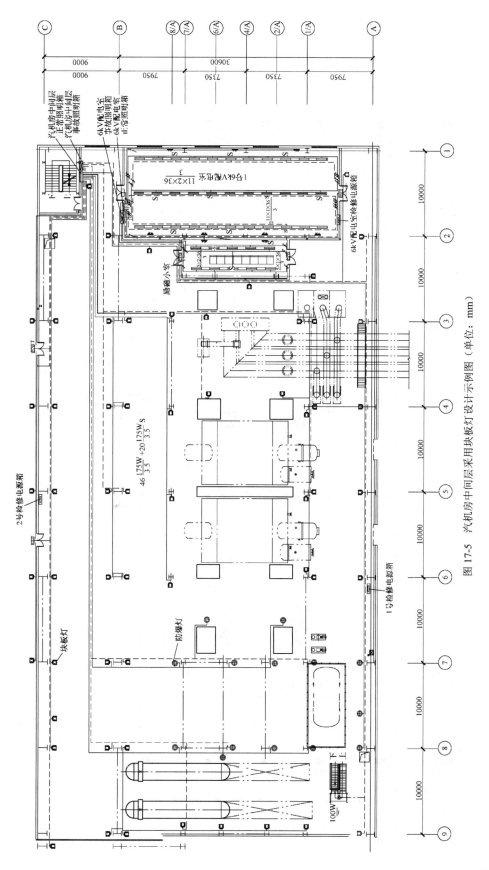

图 17-5 汽机房中间层采用块板灯设计示例图（单位: mm）

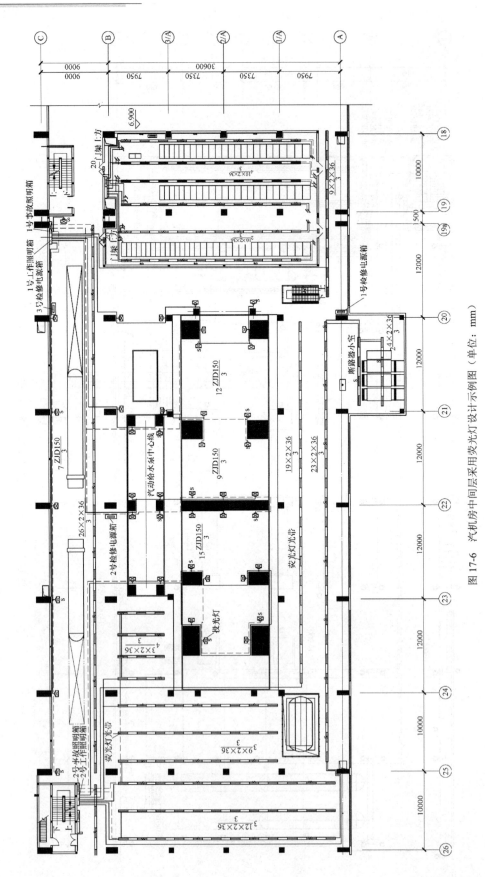

图 17-6 汽机房中间层采用荧光灯设计示例图（单位：mm）

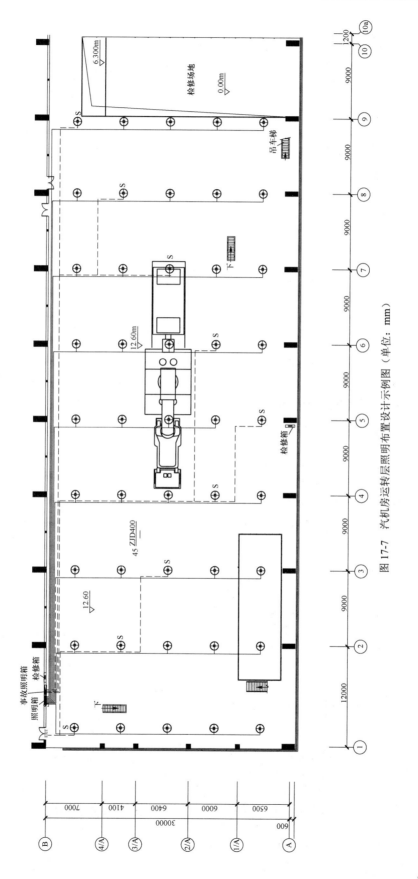

图 17-7 汽机房运转层照明布置设计示例图（单位：mm）

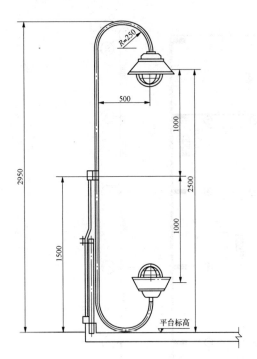

图 17-8　弯管灯检修活动接头安装图（单位：mm）

四、控制室照明器的选择与布置

（一）控制室照明器的选择

火力发电厂的控制室有主控制室、集中控制室、单元控制室、网络控制室等。控制室是火力发电厂的指挥中心，因此其对照明的要求较高，一般照明照度值不应小于500lx。选择照明器时应适当注意美观，但不宜装设花灯，可选用铝合金小孔栅格光带，成套嵌入式灯带等照明器。为减少眩光，还可采用间接照明嵌入式灯带。

（二）控制室照明的布置方式

主控制室、集中控制室、单元控制室、网络控制室中屏台的布置形式分为一字形、弧形、π字形、背靠背折形、面对面弧形等，照明器的布置应与之相适应。控制室各种照明布置示例见图 17-10、图 17-11。

（三）避免仪表及显示器反光的措施

（1）在需要有效限制工作面上光幕反射和反射眩光的控制室，应采用如下措施：

1）避免将灯具安装在干扰区内。应合理确定天棚发光带的位置，使操作台、仪表及显示器对值班人员操作位置都不产生反光。如图 17-12 所示，值班员视觉范围是一定的，对于盘前站态为 abcd 区，对于值班操作台前坐态为 efgh 区，以表盘最上面一层仪表的最高点 M 为基点（法线通过点），可以确定：

O～A 区为非反光区（对于站态和坐态的人视觉

都不产生反光），其中 E～A 区是布置光带的最佳位置。

A～B 区对站态人的视觉产生反光，C～D 区对坐态人的视觉产生反光，这两区域都不宜布置发光带。

B～C 也是非反光区，对于站态和坐态的人视觉都不产生反光。

2）采用低光泽度的表面装饰材料。要求天棚和墙壁的表面采用亚光材料制成。

3）限制灯具亮度。

4）墙面的平均照度不宜低于 50lx，吊顶的平均照度不宜低于 30lx。

（2）有视觉显示终端的控制室，在与灯具中垂线成 65°～90°范围内的灯具亮度限值应符合表 17-27 的规定。

表 17-27　　　　灯具平均亮度限值　　　　单位：cd/m²

屏幕分类	屏幕亮度	高亮度屏幕 $L>200$	中亮度屏幕 $L \leqslant 200$
暗底亮图像		≤3000	≤1500
亮底暗图像		≤1500	≤1000

（四）控制室照明设计中应注意的其他问题

1. 提高表盘的垂直照度

控制室的被照对象不仅有水平工作面，更重要的还有表盘及显示屏的垂直面和操作台的倾斜面。为使垂直照度与水平照度相接近，可采取以下措施：

（1）采用方向性照明装置（如倾斜型照明器）。

（2）采用阶梯式天棚结构。

（3）合理布置照明装置，主要是合理选择靠近主盘的第一条光带的位置。其最佳位置可由下式计算：

$$A = (H - h)\tan 35° - 0.5B \qquad (17\text{-}2)$$

式中　A——发光带边缘至表盘的最佳尺寸，m；

　　　B——照明器宽度，m；

　　　H——天棚高度，m；

　　　h——表盘仪表区的中心部位，一般为 1.8m。

2. 提高照度的均匀度

（1）为减轻视觉疲劳，应尽量设法提高照度的均匀度，降低室内的亮度比。为此，当采用发光带作均匀布置时，可参照以下原则确定发光带的布置尺寸：

1）发光带至墙边距离宜选取（0.25～0.5）倍光带间距离。

2）发光带的最少排数为：

$$M = \frac{A}{L} \qquad (17\text{-}3)$$

式中　M——发光带的最少排数；

　　　A——房间宽度，m；

　　　L——发光带最大允许间距，m。

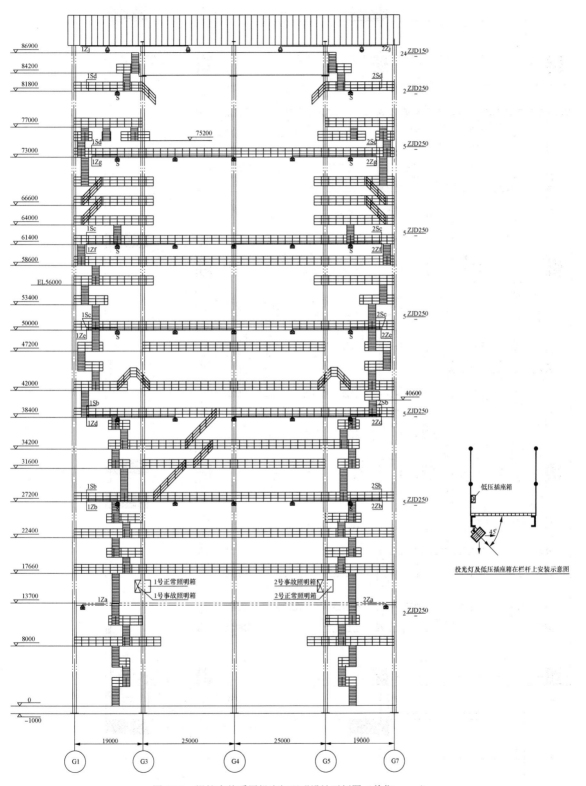

图 17-9 锅炉本体采用投光灯照明设计示例图（单位：mm）

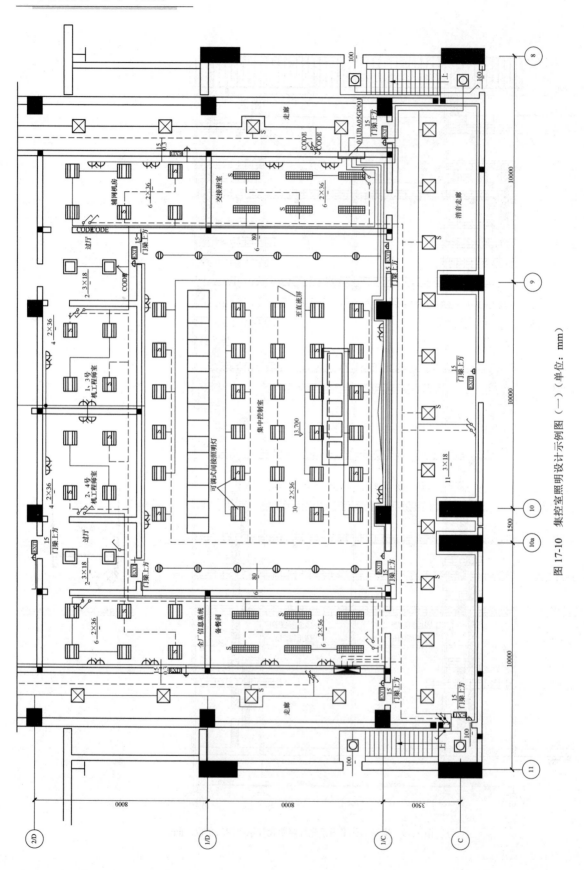

图 17-10 集控室照明设计示例图（一）（单位：mm）

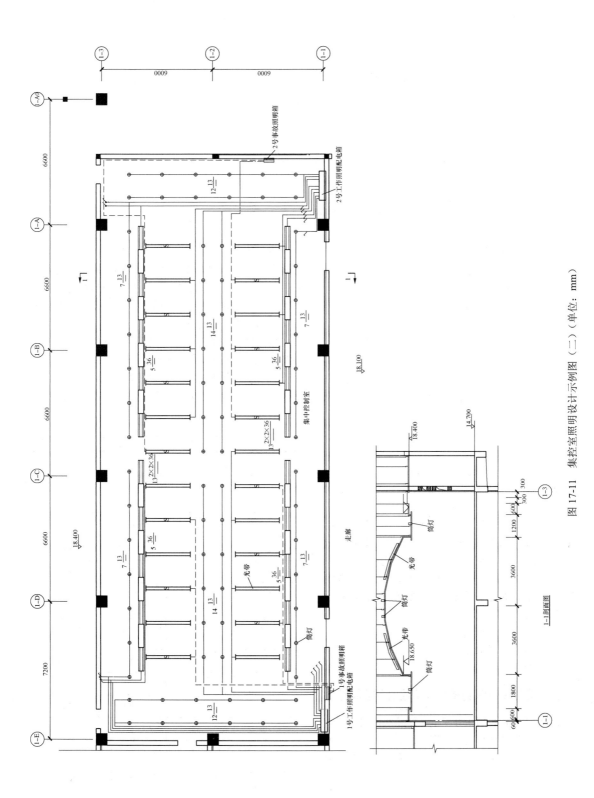

图 17-11 集控室照明设计示例图（二）（单位：mm）

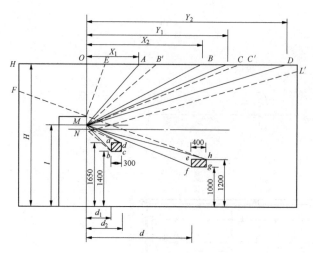

图 17-12　光源和人眼的位置关系

3）发光带纵向照明器个数为：

$$N = \frac{B}{C} \quad (17-4)$$

式中　N——发光带纵向照明器个数；

　　　B——房间长度，m；

　　　C——照明器的单位长度，m。

4）发光带最大允许间距为：

$$L = KH \quad (17-5)$$

式中　L——发光带最大允许间距，m；

　　　H——照明器安装高度，m；

　　　K——最大距高比，一般宜选取 0.88～1.75。

3. 改进光源的光色

控制室可选用较低色温（例如，色温为 3500～4300K）的白色或暖白色荧光灯作为控制室照明光源。

4. 提高应急照明的质量

早期的应急照明多用白炽灯光源，在事故时光色突然改变，视力不能立即适应。目前多用荧光灯或 LED 光源作为应急照明光源。荧光灯需用交流电源，当用直流电源时需经逆变器供电，逆变器可设计成集中式或分散式，亦可采用交直流荧光灯应急照明自动控制装置供电。

5. 改善维护和检修条件

嵌入式荧光灯要求为下检修方式，宜考虑设置专门的升降检修平台。

五、屋内配电装置照明器的选择与布置

屋内配电装置是用来分配电能的场所，安装有高压开关设备、继电保护设备、测量仪表、母线及其他辅助厂设备。一般不设低窗，只设高窗、百叶窗，无固定值班人员。

在屋内配电装置内布置照明器时，要特别注意与带电体的安全距离。照明器不能安装在配电间隔和母线上方，只有在中低压封闭开关柜室或巡视走廊上方才允许安装顶灯，照明器与带电体的安全距离不应小于表 17-28 所列数值。

配电间隔内的照明器一般选用墙壁灯，对于 GIS 配电装置，可在通道上方安装高悬块板灯。一般要将照明器安装在设备的连接头、开关设备的断开点、断路器的油位计及电气设备开断位置状态指示器附近，操作走廊、维护走廊一般选用荧光灯。

表 17-28　屋内外配电装置照明器距带电体的安全距离

屋内		屋外	
电压等级 （kV）	安全距离 （m）	电压等级 （kV）	安全距离 （m）
1～3	0.825	1～10	0.95
3	0.85	15～20	1.05
10	0.875	35	1.15
15	0.90	60	1.40
20	0.93	110J	1.65
35	1.05	110	1.75
60	1.30	220J	2.55
110J	1.60	330J	3.35
110	1.70	500J	5.15
220J	2.55		

注　110J、220J、330J、500J 系指中性点直接接地的电力网。

屋内配电装置照明器布置示例见图 17-13。

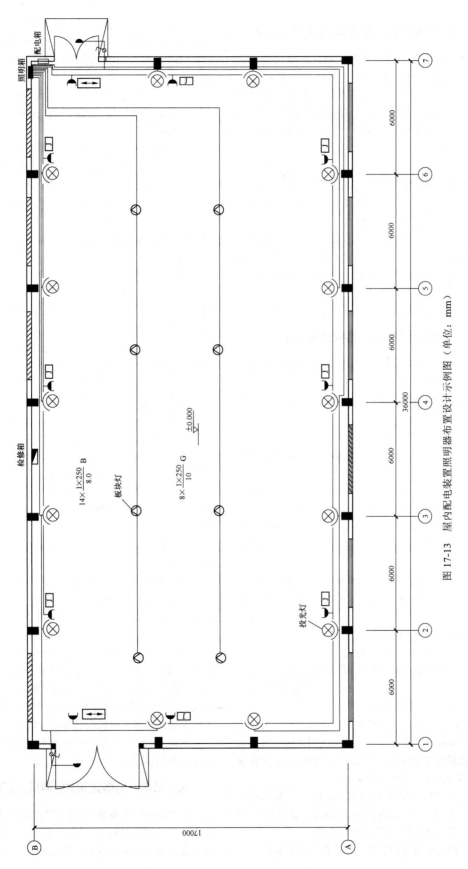

图 17-13 屋内配电装置照明器布置设计示例图（单位：mm）

六、屋外配电装置照明器的选择与布置

屋外配电装置占地面积大，高压电气设备布置不集中，而是有规律地排列，值班人员要定期巡视，有些设备要就地操作，有的视看对象（如油位指示、压力指示、温度指示、连接端子等）所处位置较高，眩光和阴影应尽量减少，还应注意照明器与带电体的安全距离。

屋外配电装置的照明器，当采用集中布置时，宜采用双面或多面照射，投光灯或高强气体放电灯，宜装在灯塔上，有条件时应利用避雷针塔或附近高建筑物。此种照明方式目前应用较少。

当分散布置照明方式时，一般采用灯柱安装方式或地面安装的泛光照明方式，此安装方式可根据需要调整照射角度，同时方便检修维护，火力发电厂屋外配电装置目前多数采用此种方式。

屋外配电装置照明布置图示例见图 17-14。

七、高耸构筑物照明器的选择与布置

火力发电厂中烟囱、冷却塔、通信微波天线塔等高耸构筑物在工程初步设计阶段，应与当地航空、交通管理部门联系，取得对建筑物障碍标志灯的具体要求。

1. 障碍标志照明设置的一般原则

（1）在民用机场净空保护区域内，当高度在 45m 以上的建筑物和构筑物必须设航空障碍标志灯。

（2）在民用机场净空保护区域外，但在民用机场进近管制区域内［即以民用机场基准（跑道中心点）为中心，以 50km 为半径划定的区域］，高出地面高程达 150m 及以上的建筑物和构筑物应装设航空障碍标志灯。

（3）在建有高架直升机停机坪的城市中，有可能影响飞行安全的建筑物和构筑物应装设航空障碍标志灯。

2. 高耸构筑物照明器的选择与布置

（1）障碍灯应符合以下规定：

1）中光强 B 型障碍灯应为红色闪光灯，晚间运行。闪光频率应在每分钟 20～60 次，闪光的有效光强不小于 2000×（1±25%）cd。

2）高光强 A 型障碍灯应为白色闪光灯全天候运行。闪光频率应为每分钟 40～60 次，闪光的有效光强随背景亮度变光强闪光，白天应为 200000cd，黄昏或黎明为 20000cd，夜间为 2000cd。

3）所有障碍灯应同时闪光，高光强 A 型障碍灯应自动变光强，中光强 B 型障碍灯应自动启闭，所有障碍灯应能自动监控，使其保证正常状态。

（2）障碍标志灯的装设位置应符合下列规定：

1）高度小于或等于 45m 的烟囱，可只在烟囱顶部设一层障碍灯；高度超过 45m 的烟囱应设置多层障碍灯，各层的间距不应大于 52m，并尽可能相等。

2）烟囱顶部的障碍灯宜设在烟囱顶端以下 1.5～3m 范围内，高度超过 150m 的烟囱可设置在烟囱顶端以下 7.5m 范围内。

3）每层障碍灯的数量应根据其所在标高烟囱的外径确定。外径小于或等于 6m 时，每层设 3 个障碍灯；外径超过 6m，但不大于 30m 时，每层设 4 个障碍灯；外径超过 30m，每层设 6 个障碍灯。

4）高度超过 150m 的烟囱顶层应采用高光强 A 型障碍灯。若烟囱按规定刷了标志漆，仅顶层采用高光强 A 型障碍灯，其他各层可采用中光强 B 型障碍灯。若烟囱没刷标志漆，距顶层灯 75～105m 范围内应再设一层高光强 A 型障碍灯，在两层高光强 A 型障碍灯之间设一层中光强 B 型障碍灯。高度小于 150m 的烟囱，若烟囱按规定刷了标志漆，各层均可采用中光强 B 型障碍灯；若烟囱没刷标志漆，烟囱顶层应采用高光强 A 型障碍灯。

5）当冷却塔需要装设障碍灯时，应在冷却塔顶部装设 6 个障碍灯。高度超过 150m 的冷却塔应采用高光强 A 型障碍灯。

对于高度超过 150m 的冷却塔，考虑冷却塔和烟囱距离较近，烟囱高度均高于冷却塔且烟囱均按要求装设了多层障碍灯，故冷却塔可仅在顶层装设障碍灯。当厂址处于航道附近，且航空管理部门有要求时，可在距冷却塔顶部 75～105m 再增设一层 A 型高光强障碍灯。

6）其他高建筑物和构筑物障碍灯的装设应依工程具体情况而定。

高建筑物标志灯供电电源，属保安类，应由保安电源供电；当无保安电源时，由就近可靠的 380/220V 配电柜供电。标志灯回路，不允许"T"接其他用电负荷。

其控制方式一般采用光电自动控制，也可采用在集中控制室、单元控制室、主控制室进行远方手动控制。由照明配电箱引至高耸构筑物障碍标志照明灯的导线，宜采用铜芯绝缘导线穿镀锌钢管沿爬梯明敷设，也可采用铜芯塑料绝缘内铠装电力电缆。

烟囱、冷却塔的障碍标志照明布置示例见图 17-15～图 17-17。

八、易燃、易爆建筑物照明器的选择与布置

火力发电厂中易燃、易爆建筑物包括乙炔发生站、制氢站（或储氢站）、汽油库、加氨间、液氨储存间、煤粉仓、油库、燃油泵房、蓄电池室、调酸室、压缩

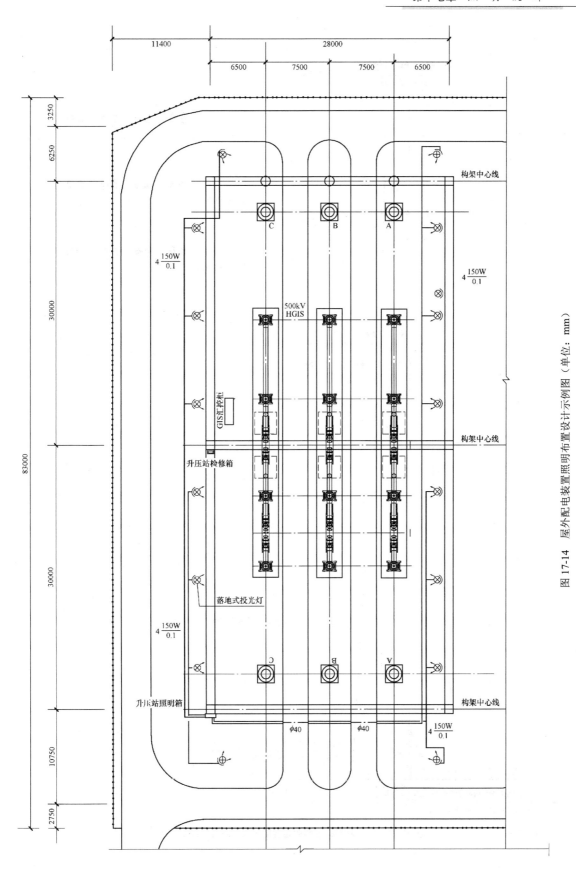

图 17-14 屋外配电装置照明布置设计示例图（单位：mm）

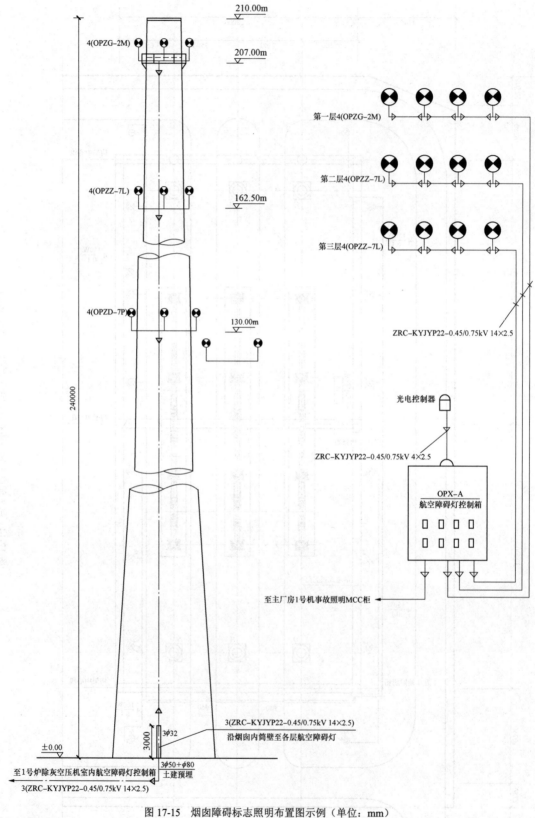

图 17-15　烟囱障碍标志照明布置图示例（单位：mm）

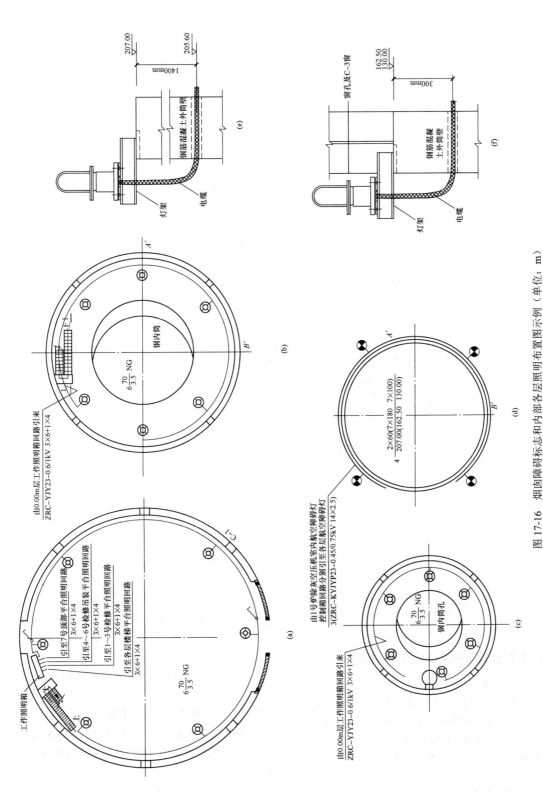

图 17-16 烟囱障碍标志和内部各层照明布置图示例（单位：m）

(a) ±0.00m 标高层孔洞布置图；(b) 1 号（27.0m 标高）检修平台扶梯照明布置图；(c) 2～7 号检修平台扶梯照明布置图；(d) 207.00（162.50 130.00）层航空障碍灯照明；
(e) OPZG-2M 航空障碍灯安装示意图；(f) OPZZ-7L 航空障碍灯安装示意图

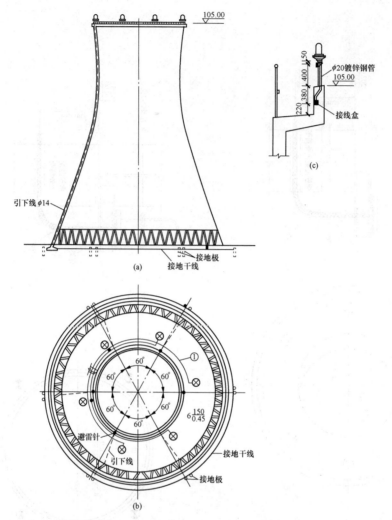

图 17-17　冷却水塔飞行障碍标志照明布置示例图
（a）冷却水塔标志照明立面图；（b）冷却水塔标志照明平面布置图；（c）冷却水塔顶部标志灯安装详图
①—电线管或电缆

机室等。这类场所照明器一般应选用防爆类照明器或矿山灯，其照明线路应采用三根（其中一根为专用接零地线）铜芯绝缘导线穿管敷设。照明箱、开关、插座一般应装设在房间外面或采用防爆电器，以防止火花引起火灾或爆炸事故。

九、厂区道路照明器的选择与布置

1. 厂区道路照明器的选择

厂区道路照明的设计应根据路面的平均亮度、路面亮度均匀度、眩光和诱导性的要求来确定照明器类型、光源类型、光源容量和灯杆的高度。设计中尽量采用高压钠灯，是因为高压钠灯光效高、节能效果显著、灯泡寿命长、透雾性好。

2. 厂区道路照明布置的一般原则

（1）布置道路照明时，应充分考虑照明器的光强分布特性，使整个路面获得较高的平均亮度和合适的亮度均匀度，并尽量限制眩光，方便维修。

（2）厂区道路照明一般采用单侧布置。当路面宽度超过 9m 或照度要求较高时，可在道路两侧对称或交叉布置。在特殊条件下，也可布置在建筑物外墙上。

（3）常用的几种路灯布置方式及适用条件，见表17-29。

3. 厂区道路照明器的安装要求

（1）在主干道及交叉路口，采用 250～400W 高压钠灯时，灯具的安装高度应根据灯具配光类型和路面宽度确定。

（2）灯杆距离宜为 30～40m，交叉路口或岔道口应有照明。

（3）布置照明灯杆时，应避开上下水道，管沟等地下设施，并与消防栓保持 2m 距离。灯杆（柱）距路边的距离宜为 1～1.5m。

（4）为防止不舒服眩光，一般灯具的仰角宜控制在 5°左右。CIE 规定悬臂长度不宜超过安装高度的 1/4。

表 17-29 路灯布置方式及适用条件

	单侧布灯	两侧交叉布灯	丁字路口布灯	弯道布灯	十字路口布灯
路灯布置方式					
适用条件	路面宽度不大于 9m 或照度要求不高的道路	路面宽度大于 9m，或照度要求较高的道路	运输繁忙的丁字路口	道路弯曲处（一般在弯道外侧布灯，在曲率半径小的弯道上布灯的纵向间距应予适当缩小）	运输繁忙的十字路口

4．厂区道路照明的供电线路

（1）厂区道路照明的电源一般由就近 400V 厂用 MCC 单独供电。

（2）厂区道路照明电线路宜采用电缆直埋敷设方式。

（3）对距离较长的道路照明与连接照明器数量较多的场所，也可采用三相五线制。

（4）厂区道路照明的控制宜采用光电自动控制或定时钟自动控制，局部范围内也可采用手动集中控制。

（5）厂区道路照明的电源回路应装设保护，每套路灯也应装设熔断保护器。

5．厂区道路照明布置示例

厂区道路照明布置示例见图 17-18。

十、贮煤场照明器的选择与布置

火力发电厂的贮煤场场地宽阔、煤堆高大、反射率低，斗轮堆取料机、推煤机等日夜工作，但该场所对照度要求不高。照明器一般选用投光灯集中布置，或采用高压钠灯，按道路照明布置形式分散布置。贮煤场照明布置示例，见图 17-19。

封闭煤场照明装置一般由煤场钢结构供货商成套供货，常采用功率为 400W 或 250W 的块板灯和投光灯吸壁或吸顶安装在钢架上。

十一、生产办公楼及一般厂房照明器的选择与布置

（1）生产办公楼的照明器一般选用高效荧光灯，在会议室还可采用装饰灯对环境加以美化。一般采用吸顶安装方式，在有吊顶的房间宜采用嵌入式安装。

（2）火力发电厂的辅助生产厂房，如化学水处理室、金工车间、机修车间、油泵房、水泵房、酸碱库及各类材料库等处的照明器，选择时应注意照度和显色性，一般采用均匀布置，其安装方式以吸顶、吊杆为主，在跨度小于 12m 的车间也可用墙壁安装。生产厂房照明器布置方案见图 17-2，化学水处理室照明布置示例见图 17-20。

第四节 照 度 计 算

一、照度计算方法

火力发电厂通常要对汽机房、锅炉房、主控制室、网络控制室、单元控制室、电子设备间、化学水处理室等主要生产场所进行照度计算。

若已知照明器的型式、布置、数量及光源的容量，即可计算工作面上某点的照度值；反之，已知规定的照度值，亦可根据照明器的型式、布置、反射条件等情况，确定光源的容量和照明器的数量。

照度计算的基本方法有以下三种：

（1）利用系数法；

（2）逐点计算法；

（3）单位容量估算法。

在工程设计中，经常可根据实际经验确定大多数厂房和房间的照明器安装的容量和数量，也可用单位容量法进行估算，但须用利用系数法或逐点计算法进行核算。各种方法的适用范围见表 17-30。

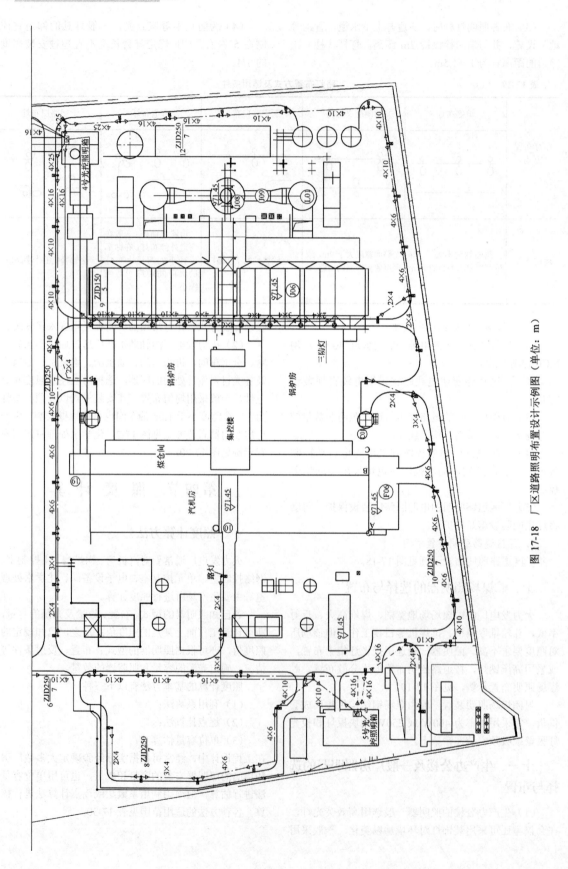

图 17-18　厂区道路照明布置设计示例图（单位：m）

表 17-30   照度计算方法的特点及适用范围

方法名称		特点	适用范围	示例
利用系数法	利用系数法	此计算方法考虑了直射光及反射光两部分所产生的照度,计算结果为水平面上的平均照度,计算结果比较准确	计算均匀布置和选择性布置得室内水平面上的平均照度,特别适用于反射条件较好的房间	均匀布置的汽机房、化学水处理室、金工车间、机炉电检修间、材料库及室外照明
	查概算曲线法		一般生产厂房及生活用房的概略计算	
逐点计算法	平方反比法	此法只考虑直射光产生的照度,可计算任意面上某一点的直射照度	适用采用直射照明器的场所,可直接求得水平面上的平均距离,也可乘上系数求得任意面上照度	主控制室、网络控制室、单元控制室、电子设备间、有计算机屏幕的控制屏(台)上垂直面和倾斜面,汽机房、化学水处理室、水泵间、灰浆泵房、运煤系统、室外道路照明等及其他要求精确验算工作面上照度的场所
	等照度曲线法			
	方位系数法		使用线光源的场所,可求得任意面上某一点的照度	
单位容量估算法		不能计算照度,只能根据照度标准,对需要装设的照明器做出粗略的估计,得到平均的照度	一般生产及生活用房的照明器数量的概略计算	不要求精确验算照度值,而且照明器均匀布置的场所或分区照明,如辅助厂房等

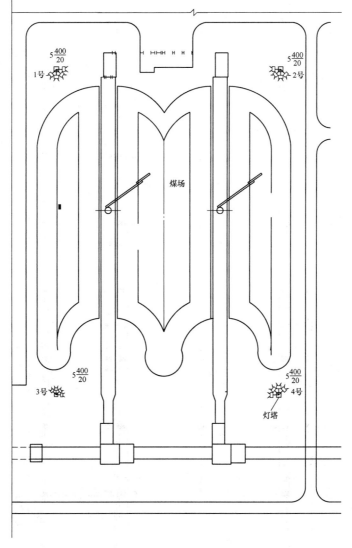

图 17-19   煤场照明布置示例图

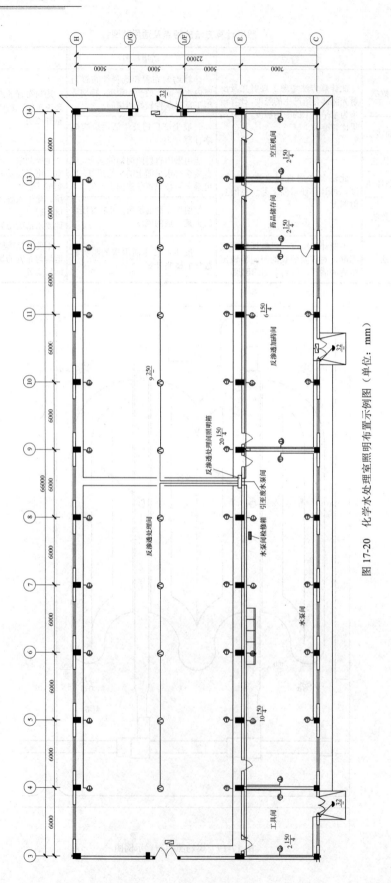

图 17-20 化学水处理室照明布置示例图（单位：mm）

二、利用系数法

利用系数（CU）是表示室内照明器投射到工作面上的光通量（包括直射光和经房间的天棚、墙壁的反射光）占照明器光源发出的总光通量的百分数。它是由照明器的特性、房间的大小、空间各平面的反射系数等条件决定的。

当照明器均匀布置，光源采用白炽灯、荧光灯、荧光灯带、高压钠灯、金属卤化物的场所，可采用此方法计算工作面上的水平照度。

1. 计算公式

当已知房间的面积（长、宽）计算高度、照明器型式和光源的光通量时，可按下式计算工作面上的平均照度：

$$E_c = \frac{LL/_F \times N \times CU \times LLF}{A} \tag{17-6}$$

式中　E_c——工作面上的平均照度，lx；

　　　$LL/_F$——每个照明器的光通量，lm；

　　　N——光源数量；

　　　LLF——减光系数（维护系数），$LLF = LLD \times LDD$；

　　　LLD——房间表面光损失系数（查表）；

　　　LDD——照明器污秽光损失系数（查图）；

　　　A——被照面计算面积，m^2；

　　　CU——利用系数。

2. 利用系数确定

利用系数（CU）的取值，决定于室空间比（RCR）和房间的反射情况，包括屋顶反射率（P_c）、墙面反射率（P_w）、地面反射率（P_f）。各种照明器均有自己的利用系数，由制造厂提供，CU 值一般取 0.4 以上，若计算的 CU 值小于 0.4 时，应另选照明器的型式、容量或改变安装高度。

当房间平面是正四边形时，按下式确定 RCR 值：

$$RCR = 5\frac{h_{rc} \times (L+W)}{A} \tag{17-7}$$

式中　L——计算面积长度，m；

　　　W——计算面积宽度，m；

　　　h_{rc}——照明器至计算面的高度，m。

当房间平面不是正四边形时，按下式确定 RCR 值为：

$$RCR = 2.5\frac{h_{rc} \times P}{A} \tag{17-8}$$

式中　P——房间平面周长，m。

当 RCR 为 6～7 或更大时，此方法就不能适用，应用逐点法计算。

3. LLF—减光系数（维护系数）的确定

减光系数由房间表面光损失系数（LLD）照明器

污秽光损失系数（LDD）所决定。一般地，可根据不同的环境取 0.6～0.8 之间的数值，见表 17-31。

表 17-31　　　　维护系数表（LLF）

环境污染特征	工作场所	照明器擦洗次数（次/年）	维护系数
清洁	机组控制室、系统网络控制室、辅网控制室、办公室、屋内配电装置、仪表间、试验室（实验室）、设计室、计算机室等	2	0.8
一般	汽机房、中央修配厂、装配车间、材料库、水（油）处理室、水泵房等	2	0.7
污染严重	锅炉房、运煤除灰系统、锻工车间、铸工车间、木工车间、通风机室、灰浆泵房等	3	0.6

4. 设计举例

已知某发电厂汽机房运转层 E_c=200lx，h_{rc}=16m，L=84m，W=30m，LL/F=33000lm，污秽等级一般，清扫周期一年，试求该发电厂汽机房运转层照度。

解：首先计算室空比：

$$RCR = 5 \times \frac{16 \times (84+30)}{84 \times 30} = 3.62$$

计算结果不大于 6，可用利用系数法计算：

用表 17-31 查得 LLF=0.7，用表 H-5 查得 CU=0.58

$$N = \frac{E_c \times L \times W}{LL/F \times CU \times LLF} = \frac{200 \times 84 \times 30}{33000 \times 0.58 \times 0.7} = 37.6$$

按 48 套灯具修正后：

$$E_c = \frac{33000 \times 45 \times 0.58 \times 0.7}{84 \times 30} = 239(lx)$$

三、点光源逐点计算法

逐点计算法一般用于精确计算描写某些特定点的照度，当某场所装有多只照明器时，则计算点的照度应为各个照明器分别对该计算点产生照度的总和。以下将点光源在两种不同工作面上的照度计算分别叙述如下：

（一）点光源在水平面上的照度计算

1. 平方反比法

基本计算公式为：

$$E_c = \frac{I_\theta \cos^2\theta}{H^2} \tag{17-9}$$

式中　E_c——水平工作面上的照度，lx；

　　　I_θ——照明器投射至被照点方向的光强，cd；

　　　H——计算高度，m。

为了简化计算，可利用已给出的表格计算水平工作面上的照度值，即实用计算公式为：

$$E_c = \frac{I_\theta \Phi E_s LLF}{100 \times 1000 K} \qquad (17\text{-}10)$$

式中　E_c——水平工作面上的照度，lx；

　　　I_θ——当光源光通量假定是 1000lm 时，θ 方向的光强值（cd），可查照明器给定的技术数据；

　　　Φ——每个照明器中光源的总光通量，lm；

　　　LLF——减光系数（维护系数），见表 17-31；

　　　E_s——当光强假定是 100cd 时的照度值（lx），见表 17-32。

2. 等照度曲线计算法

（1）凡对称配光的照明器可利用"空间等照度曲线"进行水工作平面上照度的计算。

已知计算高度 H 和计算点到照明器间的水平距离 d，就可以直接从"空间等照度曲线"上查得该点水平工作面上的照度值。但由于曲线是按光源的光通量为 1000lm 绘制的，因此还必须按实际光通量进行换算。当照明器内光源的总光通量为 Φ，且计算点是由于若干个照明器共同照射时，则计算点的照度应为：

$$E_c = \frac{\Phi LLF \sum e}{1000} \qquad (17\text{-}11)$$

式中：E_c——水平工作面上的照度，lx；

　　　I_θ——当光源光通量假定是 1000lm 时，θ 方向的光强值（cd），可查照明器给定的技术数据；

　　　Φ——每个照明器中光源的总光通量，lm；

　　　LLF——减光系数（维护系数），见表 17-31；

　　　$\sum e$——由附表 17-32 得到的各个照明器在计算点所产生的假设水平照度的总和，lx。

（2）非对称配光的照明器可利用"平面相对等照度曲线"和式（17-10）进行计算。嵌入式栅格荧光灯的"平面相对等照度曲线"示例见图 17-21。

（二）点光源在倾斜面上的照度计算

任意倾斜上一点的照度 E_q，可根据该点已知的水平照度 E_s，按下式求得：

$$E_q = E_s \varphi \qquad (17\text{-}12)$$

$$\varphi = \cos\gamma \pm \frac{P}{H}\sin\gamma \qquad (17\text{-}13)$$

式中　γ——被照明 Q 的背光一面与水平面间的夹角，见图 17-22；

　　　φ——倾斜照度系数，可由式（17-13）求得，也可从图 17-23 直接查出，当倾斜面位于图 17-24 中阴影部分的范围内时，式（17-16）中的±应取"+"号；

　　　H——计算高度，m；

　　　P——照明器在水平面的投影点至倾斜面与

水平面交线的垂直距离，m。

对于垂直面上的照度，仍按任意倾斜面上照度计算公式进行计算，式中的 $\gamma = 90°$，见图 17-24。

四、单位容量估算法

单位容量估算法是一种粗略的照度计算方法，在工程设计中比较快捷，但对有些场所需要利用系数法或逐点计算法进行核算。

总的照明容量为：

$$\sum P = P_s S \qquad (17\text{-}14)$$

单位面积容量为：

$$P_s = \frac{\sum P}{S} \qquad (17\text{-}15)$$

单个照明器容量为：

$$P = \frac{\sum P}{N} \qquad (17\text{-}16)$$

式中　$\sum P$——总的照明容量，W；

　　　P_s——单位面积照明容量，W/m^2；

　　　S——房间面积，m^2；

　　　P——每个照明器容量，W；

　　　N——照明器数量。

单位面积照明容量应不大于该场所照明功率密度值，火力发电厂各场所的照明功率密度值见表 17-47。

五、投光灯的选择和照度计算

选择投光灯，要先对投光灯进行布置，确定投光灯的平面位置、数量和安装高度，然后进行照度计算。

1. 投光灯安装高度

在实际工程中，先要确定投光灯的最小允许高度 H_{min}，确保投光灯处于观察视线以上，以消除或避免眩光。H_{min} 值按下式计算：

$$H_{min} \geqslant \sqrt{\frac{I_{max}}{300}} \qquad (17\text{-}17)$$

式中　H_{min}——投光灯最小安装高度，m；

　　　I_{max}——投光灯轴线光强最大值，cd。

2. 投光灯的数量和总容量

确定投光灯的数量和总的装置容量，可按光通量法或单位容量法进行计算。

（1）按光通量法计算时，先用式（17-17）选定投光灯安装高度和单个投光灯容量，再求投光灯的数量。

$$N = \frac{EA}{\Phi \eta U U_1 LLF} \qquad (17\text{-}18)$$

表17-32

光源至计算点的投射角 θ 及 100cd 光源对水平面上不同计算点的假设照度 E_s

d (m)　　lx/100cd

H(m)	0	1	2	3	4	5	6	7	8	9	10	11	12	13	14	15	16	18	20	22	24	26	28	30	40
2	0°0' 25.00	27° 17.85	45° 8.850	56° 4.275	63° 2.245	68° 1.298	71° 0.802	74° 0.528	76° 0.355	78° 0.255	79° 0.190	80° 0.142	81° 0.113	81° 0.090	82° 0.070	82° 0.058	83° 0.048	84° 0.038	84° 0.025	85° 0.020	85° 0.015	86° 0.013	86° 0.008	86° 0.007	87° 0.000
3	0°0' 11.11	18° 9.500	34° 6.400	45° 3.933	53° 2.400	59° 1.522	63° 1.000	67° 0.680	69° 0.477	72° 0.356	73° 0.264	75° 0.205	76° 0.161	77° 0.126	78° 0.100	79° 0.084	80° 0.070	81° 0.050	81° 0.036	82° 0.027	83° 0.021	83° 0.016	84° 0.012	84° 0.011	86° 0.004
4	0°0' 6.250	14° 5.707	27° 4.472	37° 3.200	45° 2.210	51° 1.524	56° 1.006	60° 0.764	63° 0.559	66° 0.419	68° 0.320	70° 0.249	72° 0.198	73° 0.159	74° 0.130	75° 0.107	76° 0.090	78° 0.064	79° 0.047	80° 0.037	81° 0.028	81° 0.022	82° 0.018	82° 0.015	84° 0.006
5	0°0' 4.000	11° 3.771	22° 3.202	31° 2.522	39° 1.904	45° 1.414	50° 1.050	54° 0.785	58° 0.595	61° 0.458	63° 0.358	66° 0.283	67° 0.228	69° 0.185	70° 0.152	72° 0.126	73° 0.106	74° 0.077	76° 0.057	77° 0.044	78° 0.034	79° 0.027	80° 0.022	82° 0.017	83° 0.008
6	0°0' 2.778	9° 2.673	18° 2.372	27° 1.987	34° 1.600	40° 1.260	45° 0.982	49° 0.766	53° 0.600	56° 0.474	59° 0.378	61° 0.305	63° 0.249	66° 0.205	67° 0.170	68° 0.142	69° 0.120	71° 0.088	73° 0.066	75° 0.051	76° 0.040	77° 0.032	78° 0.026	79° 0.021	81° 0.009
7	0°0' 2.041	8° 1.980	16° 1.814	23° 1.585	30° 1.336	36° 1.100	41° 0.893	45° 0.722	49° 0.583	52° 0.473	55° 0.385	58° 0.316	60° 0.261	62° 0.218	63° 0.183	65° 0.154	66° 0.131	69° 0.097	71° 0.074	72° 0.057	74° 0.045	75° 0.036	76° 0.029	77° 0.024	80° 0.010
8	0°0' 1.563	7° 1.527	14° 1.427	21° 1.283	27° 1.118	32° 0.958	37° 0.800	41° 0.672	45° 0.552	48° 0.458	51° 0.381	54° 0.318	56° 0.267	58° 0.225	60° 0.191	62° 0.163	63° 0.140	66° 0.105	68° 0.080	70° 0.063	72° 0.050	73° 0.040	74° 0.032	75° 0.026	79° 0.012
9	0°0' 1.235	6° 1.212	13° 1.148	18° 1.054	24° 0.943	29° 0.825	34° 0.711	38° 0.697	42° 0.515	45° 0.437	48° 0.370	51° 0.314	53° 0.267	55° 0.228	57° 0.196	59° 0.168	61° 0.146	63° 0.110	66° 0.085	68° 0.067	69° 0.053	71° 0.043	72° 0.035	73° 0.029	77° 0.013
10	0°0' 1.000	5°43' 0.985	11° 0.943	17° 0.879	22° 0.801	27° 0.716	31° 0.631	35° 0.550	36° 0.476	42° 0.411	45° 0.354	48° 0.305	50° 0.263	52° 0.227	54° 0.196	56° 0.171	58° 0.149	61° 0.115	63° 0.089	66° 0.071	67° 0.057	69° 0.046	70° 0.038	72° 0.032	76° 0.014
12	0°0' 0.694	4°46' 0.687	9° 0.668	14° 0.634	18° 0.593	23° 0.546	27° 0.497	30° 0.451	34° 0.400	37° 0.356	40° 0.315	43° 0.278	45° 0.246	47° 0.217	49° 0.191	51° 0.169	53° 0.150	56° 0.119	59° 0.094	61° 0.076	63° 0.062	65° 0.051	67° 0.043	68° 0.036	73° 0.017

续表

d (m) ＝ lx/100cd

H (m)	0	1	2	3	4	5	6	7	8	9	10	11	12	13	14	15	16	18	20	22	24	26	28	30	40
14	0°0' 0.510	4°5' 0.506	8° 0.495	12° 0.477	16° 0.454	20° 0.426	23° 0.396	27° 0.365	30° 0.334	33° 0.304	36° 0.275	38° 0.248	41° 0.223	43° 0.201	45° 0.180	47° 0.162	49° 0.146	52° 0.118	55° 0.096	58° 0.079	60° 0.065	62° 0.054	63° 0.046	65° 0.039	71° 0.018
16	0°0' 0.391	3°35' 0.388	7° 0.382	11° 0.371	14° 0.357	17° 0.339	21° 0.321	24° 0.300	27° 0.280	29° 0.259	32° 0.238	35° 0.219	37° 0.200	39° 0.183	41° 0.167	43° 0.152	45° 0.138	48° 0.115	51° 0.095	54° 0.080	56° 0.067	58° 0.056	60° 0.048	62° 0.041	68° 0.020
18	0°0' 0.309	3°11' 0.307	6° 0.303	9° 0.297	13° 0.287	16° 0.276	18° 0.264	21° 0.250	24° 0.236	27° 0.221	29° 0.206	31° 0.192	34° 0.178	36° 0.165	33° 0.152	40° 0.140	42° 0.129	45° 0.109	48° 0.092	51° 0.079	53° 0.067	55° 0.057	57° 0.049	59° 0.042	66° 0.021
20	0°0' 0.250	2°51' 0.249	5°43' 0.246	9° 0.242	11° 0.236	14° 0.228	17° 0.219	19° 0.210	22° 0.200	24° 0.190	27° 0.179	29° 0.168	31° 0.158	33° 0.147	35° 0.137	37° 0.128	39° 0.119	42° 0.103	45° 0.088	48° 0.076	50° 0.066	52° 0.057	54° 0.049	56° 0.043	63° 0.022
24	0°0' 0.174	2°23' 0.173	4°45' 0.172	7° 0.170	10° 0.166	12° 0.163	14° 0.158	16° 0.154	18° 0.148	21° 0.143	23° 0.137	25° 0.130	27° 0.124	28° 0.118	30° 0.112	32° 0.106	34° 0.100	37° 0.089	40° 0.079	43° 0.070	45° 0.061	47° 0.054	49° 0.048	51° 0.042	59° 0.024
27	0°0' 0.137	2°7' 0.137	4°14' 0.136	6° 0.135	8° 0.133	10° 0.130	12° 0.128	15° 0.124	17° 0.121	18° 0.117	20° 0.113	22° 0.109	24° 0.105	26° 0.100	27° 0.096	29° 0.092	31° 0.087	34° 0.079	37° 0.071	39° 0.064	42° 0.057	44° 0.051	46° 0.046	48° 0.041	56° 0.024
30	0°0' 0.111	1°54' 0.111	3°50' 0.111	5°43' 0.109	8° 0.108	9° 0.107	11° 0.105	13° 0.103	15° 0.100	17° 0.098	18° 0.095	20° 0.092	22° 0.089	23° 0.086	25° 0.083	27° 0.080	28° 0.077	31° 0.070	34° 0.064	36° 0.058	39° 0.053	41° 0.048	43° 0.043	45° 0.039	53° 0.024
36	0°0' 0.077	1°36' 0.077	3°11' 0.077	4°46' 0.076	6° 0.076	8° 0.075	9° 0.074	11° 0.073	13° 0.072	14° 0.070	16° 0.069	17° 0.067	18° 0.066	20° 0.064	21° 0.052	23° 0.061	24° 0.059	27° 0.055	29° 0.052	31° 0.048	34° 0.044	36° 0.041	38° 0.038	40° 0.035	48° 0.023
40	0°0' 0.063	1°26' 0.062	2°52' 0.062	4°17' 0.062	5°43' 0.062	7° 0.061	9° 0.060	10° 0.060	11° 0.059	13° 0.058	14° 0.057	15° 0.056	17° 0.055	18° 0.054	19° 0.053	21° 0.051	22° 0.050	24° 0.047	27° 0.045	29° 0.042	31° 0.039	33° 0.037	35° 0.034	37° 0.032	45° 0.022

注 H—计算点与光源的高度差; d—计算点与光源的水平距。

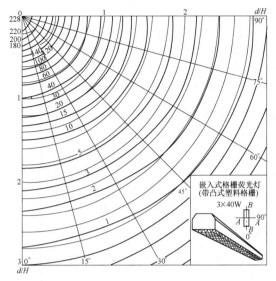

图 17-21 嵌入式栅格荧光灯平面相对等照度

曲线 1000lx $K=1$

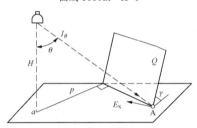

图 17-22 倾斜面上 A 点照度计算示意图

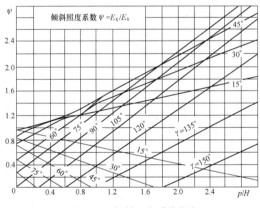

图 17-23 倾斜照度系数曲线

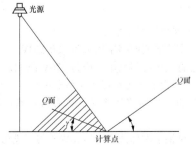

图 17-24 倾斜面上与 γ 角的关系示意图

式中 N——投光的数量；

E——被照面要求的照度值，lx；

A——照明场所面积，m^2；

Φ_1——所选定的投光灯中光源的光通量，lm；

η——投光灯效率；

U——利用系数；

U_1——照度均匀度；

LLF——减光系数（维护系数），见表 17-31。

（2）按单位容量计算时，先根据单位面积容量求取总面积需要的容量，再按假定的单个投光灯容量，求安装总容量。

$$P = mP_sS = 0.25P_sS \qquad (17-19)$$

式中 P——所需投光灯总容量，W；

m——投光灯系数，一般取 0.2～0.28；

P_s——单位容量，W/m^2。

3. 投光灯平均照度

投光灯平均照度按下式计算：

$$E = \frac{N\Phi_1\eta UU_1LLF}{A} \qquad (17-20)$$

式中各字母的含义同前。

4. 计算举例

采用 28 只 400W 高压钠灯对一煤场照明，光通量 Φ_1=48000lm，投光灯的效率 η=0.6，安装高度为 21m，照明场所的面积 A=36000m^2，U=0.7，U_1=0.75，LLF=0.7，求其平均照度值。

解：由式（17-20）得：

$$E = \frac{N\Phi_1\eta UU_1LLF}{A}$$

$$= \frac{28\times48000\times0.7\times0.6\times0.75\times0.7}{36000}$$

$$= 8.23\,(lx)$$

六、利用照明软件计算照度

对于发电厂行业来说，涉外工程中经常会应用 DIALux 软件，用于照度计算。

DIALux 是一款照明设计软件，适用于绝大多数灯具厂家提供的灯具，能满足目前几乎所有照明设计及计算的要求。DIALux 提供了整体照明系统数据，可精确计算出所需的照度，并提供完整的书面报表。

照明灯具厂家的数据以"DIALux 插件"（电子灯具目录）的形式与 DIALux 软件相匹配，目前已有 43 家灯具制造厂参与进来，并且仍在不断扩大。

以某国外燃油电站汽机房照明为设计举例，汽机房尺寸为 100m×40m，灯具安装高度为 3.5m，单套灯具功率为 250W，该灯具光通量为 19000lm，汽机房内安装灯具 80 套。

在 DIALux 软件中,本实例汽机房中 80 套灯具的布置简图如图 17-25 所示。

与此对应,水平工作面上照度分布如图 17-26 所示。

DIALux 软件计算出照度数值见图 17-27。

本设计举例汽机房水平工作面的照度用 DIALux 软件计算出来的结果为 235lx。

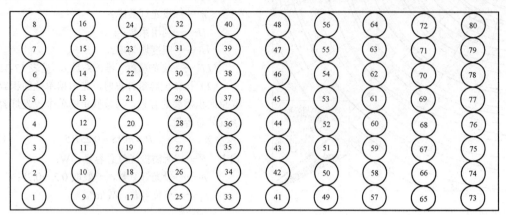

图 17-25　汽机房灯具布置简图

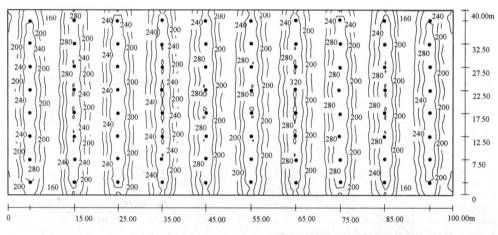

图 17-26　水平工作面上照度分布图

Surface	ρ[%]	E_{av}[l_x]	E_{min}[l_x]	E_{max}[l_x]	u_0
Workplane	/	235	147	333	0.626
Floor	20	228	162	293	0.713
Ceiling	70	162	61	1874	0.378
Walls(4)	50	260	168	501	/

图 17-27　DIALux 软件计算出的照度数值

第五节　照明网络供电和照明控制

一、照明网络电压

1. 正常照明网络电压

正常照明网络电压应为 380/220V。

2. 应急照明网络电压

应急交流照明网络电压应为 380/220V。

应急直流照明网络电压应为 220V 或 110V。

3. 检修及其他场所照明网络电压

(1) 供一般检修用携带式作业灯,其电压应为 24V。

(2) 供锅炉本体或金属容器内检修用携带式作业等,其电压应为 12V。

（3）隧道照明电压宜采用 24V。如采用 220V 电压时，应有防止触电的安全措施，并应敷设灯具外壳专用接地线。

（4）特别潮湿的场所、高温场所、具有导电灰尘的场所、具有导电地面的场所的照明灯具，当其高度低于 2.2m 时，应当有防止触电的安全措施或采用 24V 以下电压。

4. 电压偏差允许值

（1）照明器端电压不应高于额定电压的 105%，也不宜低于其额定电压的下列数值：

1）一般工作场所为 95%。

2）远离供电电源的小面积一般工作场所难以满足 95%要求时，可为 90%。

（2）应急照明、道路照明、警卫照明及电压为 12～24V 的照明，照明器端电压为额定电压为 90%。

二、正常照明网络供电方式

1. 正常照明网络的供电方式设置原则

（1）火力发电厂低压厂用电的中性点为直接接地系统，且机组单机容量为 200MW 以下时，主厂房的正常照明宜由动力和照明网络共用的低压厂用变压器供电。

（2）火力发电厂低压厂用电的中性点为非直接接地系统或机组单机容量为 200MW 及以上时，主厂房的正常照明宜由高压或低压厂用电系统引接的集中照明变压器供电。从低压厂用电系统引接的照明变压器也可采用分散设置的方式。

（3）火力发电厂辅助车间的正常照明宜采用与动力系统共用变压器供电方式。

（4）燃机电厂可不设置照明变压器。

（5）火力发电厂由集中照明变压器供电的主厂房正常照明母线应采用单母线接线。

（6）室内照明与室外照明应分别设照明干线。

2. 照明变压器的备用设置原则

（1）可采用正常照明变压器互为备用方式，两台机组照明变压器互为备用。

（2）可采用检修变压器兼作照明备用变压器。

（3）当低压厂用电系统为直接接地系统时，可用低压厂用备用变压器兼作照明备用变压器。

3. 集中照明变压器与分散照明变压器供电方式

（1）集中照明变压器可由厂用高压或厂用低压系统供电。

（2）分散照明变压器宜由就近的低压厂用系统供电。分散照明变压器的单台容量不宜大于 100kV·A。

（3）照明变压器宜采用 Dy11 接线。

三、应急照明网络供电方式

1. 容量为 200MW 及以上火力发电组的应急交流照明设置原则

（1）单机容量为 200MW 及以上火力发电机组的单元控制室、集中控制室、网络控制室与柴油发电机室应设置直流应急照明和交流应急照明，当正常照明电源消失时，应满足及时处理故障的要求。

（2）容量为 200MW 及以上火力发电组的应急交流照明回路的供电应满足以下要求：

1）交流应急照明电源应由保安段供电。

2）当两台机组为一个集中控制室时，集中控制室的应急交流照明应由两台机组的交流应急照明电源分别向集中控制室供电。

3）重要辅助车间的应急交流照明宜由保安段供电。

（3）交流应急照明变压器的容量、台数宜按下列原则选择：

1）火力发电厂主厂房集中交流应急照明变压器的容量可按单台正常集中照明变压器容量的 20%选取。200MW 及以上火力发电厂机组每台机可设一台交流应急照明变压器，交流应急照明变压器可不设备用变压器。

2）当火力发电厂主厂房及重要的辅助车间采用分散交流应急照明变压器时，单台容量宜为 5～15kV·A。

（4）远离主厂房的重要辅助车间应急照明，宜采用应急灯。

2. 容量为 200MW 以下机组的应急交流照明回路的供电

（1）单机容量为 200MW 以下的火力发电厂的正常/应急直流照明应由直流系统供电。应急照明与正常照明可同时点亮，正常时由低压 380/220V 厂用电供电，事故时自动切换到蓄电池直流母线供电。

（2）发电厂主控制室与集中控制室的应急照明，除常明灯外，也可为正常时由低压 380/220V 厂用电供电，事故时自动切换到蓄电池直流母线供电。

（3）应急照明切换装置应布置在方便操作的地方。

（4）远离主厂房的重要辅助车间应急照明宜采用应急灯。

四、照明供电线路

（1）照明主干线路应符合下列要求：

1）正常照明主干线路宜采用 TN 系统。

2）应急照明主干线路，当经交直流切换装置供电时应采用单相，当只由保安电源供电时应采用 TN 系统。

3）照明主干线路上连接的照明配电箱数量不宜

超过 5 个。

（2）照明分支线路宜采用单相；对距离较长的道路照明与连接照明器数量较多的场所，也可采用三相。

（3）距离较远的 24V 及以下的低压照明线路宜采用单相，也可采用 380/220V 线路，经降压变压器以 24V 及以下电压分段供电。

（4）厂区道路照明供电线路应与室外照明线路分开。建筑物入口门灯可由该建筑物内的照明分支线路供电，但应加装单独的开关。

（5）每一照明单相分支回路的电流不宜超过 16A，所接光源数或发光二极管灯具数不宜超过 25 个。

（6）对高强气体放电灯的照明回路，每一单相分支回路电流不宜超过 25A，并应按启动及再启动特性校验保护电器，且检验线路的电压损失值。

（7）应急照明网络中不应装设插座。

（8）插座回路宜与照明回路分开，每回路额定电流不宜小于 16A，且应设置剩余电流保护装置。

（9）有爆炸危险的场所装设的照明配电箱的出线回路应装设双极开关。

（10）在气体放电灯的频闪效应对视觉作业有影响的场所应采用以下措施之一：

1）采用高频电子镇流器。

2）相邻灯具分接在不同相序。

五、照明负荷计算

1. 照明线路负荷计算

（1）照明分支线路负荷按下式计算：

$$P_{js}=\Sigma\left[P_z\left(1+a\right)+P_S\right] \qquad (17\text{-}21)$$

（2）照明主干线路负荷按下式计算：

$$P_{js}=\Sigma\left[KxP_z\left(1+a\right)+P_S\right] \qquad (17\text{-}22)$$

（3）照明不均匀分布负荷按下式计算：

$$P_{js}=\Sigma\left[K_x\times3P_{zd}\left(1+a\right)+P_S\right] \qquad (17\text{-}23)$$

式中　P_{js}——照明计算负荷，kW；

　　　　P_z——正常照明或应急照明装置容量，kW；

　　　　P_S——插座负荷，kW；

　　　　P_{zd}——最大一相照明装置容量，kW；

　　　　K_x——照明装置需要系数，可参照表 17-33；

　　　　a——镇流器与其他附件损耗系数，白炽灯、卤钨灯 $a=0$，气体放电灯，无极荧光灯 $a=0.2$。

表 17-33　　　照明装置需要系数 K_x

工作场所	K_x 值	
	正常照明	应急照明
主厂房、运煤系统	0.9	1.0
主控制楼、屋内配电装置	0.85	1.0

续表

工作场所	K_x 值	
	正常照明	应急照明
化学水处理室、中心修配厂	0.85	—
办公室、试验室、材料库	0.8	—
屋外配电装置	1.0	—

2. 照明变压器容量选择

照明变压器宜按下式选择：

$$S_t\geqslant\Sigma\left[K_tP_z\left(1+a\right)/\cos\varphi+P_S/\cos\varphi\right] \qquad (17\text{-}24)$$

式中　S_t——照明变压器额定容量，kV·A；

　　　　K_t——照明负荷同时系数，可参照表 17-34；

　　　$\cos\varphi$——光源功率因数，白炽灯、卤钨灯 $\cos\varphi=1$，荧光灯、发光二极管、无极荧光灯 $\cos\varphi=0.9$，高强气体放电灯 $\cos\varphi=0.85$。

表 17-34　　　照明负荷同时系数 K_t

工作场所	K_t 值	
	正常照明	应急照明
汽机房	0.8	1.0
锅炉房	0.8	1.0
主控制楼	0.8	0.9
运煤系统	0.7	0.8
屋内配电装置	0.3	0.3
屋外配电装置	0.3	—
辅助生产建筑物	0.6	—
办公室	0.7	—
道路及警卫照明	1.0	—
其他露天照明	0.8	—

3. 照明线路导线截面选择

照明线路导线截面应按线路计算电流选择，按所允许电压损失、机械允许的最小导线截面进行校验，并应与供电回路保护设备相互配合。

选择导线截面可按下列步骤进行。

（1）按线路计算电流选择导线截面：

$$KI_{cy}\geqslant I_{js} \qquad (17\text{-}25)$$

式中　I_{cy}——导线持续允许载流量（A），参照表 17-35、表 17-36；

　　　　I_{js}——照明线路计算电流，A；

　　　　K——导线在不同环境温度时载流量的校正系数，参照表 17-37。

1）当照明负荷为一种光源时，线路计算电流可按如下进行计算。

a. 单相照明线路计算电流。

白炽灯、卤钨灯　$I_{js}=P_{js}/U_{exg}$ 　　(17-26)

气体放电灯 $I_{js}=P_{js}/(U_{exg}\times\cos\varphi)$ 　(17-27)

式中　I_{js}——照明线路计算电流，A；

　　　P_{js}——线路计算负荷，kW；

　　　U_{exg}——线路额定相电压，kV；

　　　$\cos\varphi$——光源功率因数。

b. 三相四线照明线路计算电流。

白炽灯、卤钨灯 $I_{js}=\dfrac{P_{js}}{\sqrt{3}U_{ex}}$ 　　(17-28)

气体放电灯 $I_{js}=\dfrac{P_{js}}{\sqrt{3}U_{ex}\cos\varphi}$ 　(17-29)

式中　U_{ex}——线路额定线电压，kV。

表 17-35　　　　　　　　　单芯塑料绝缘导线的持续允许载流量　　　　　　　　　　　　(A)

截面（mm²)	在空气中敷设	导线穿金属管敷设时，管内穿导线的根数					导线穿阻燃塑料管敷设时，管内穿导线的根数				
		2 根	3 根	4 根	5 根	6 根	2 根	3 根	4 根	5 根	6 根
	铜	铜	铜	铜	铜	铜	铜	铜	铜	铜	铜
1.0	19	14	13	11	10	9	12	11	10	9	8
1.5	24	19	17	16	14	12	16	15	13	12	11
2.5	32	26	24	22	20	18	24	21	19	17	15
4	42	35	31	28	25	23	31	28	25	23	20
6	55	47	41	37	33	30	41	36	32	28	25
10	75	65	57	50	44	39	56	49	44	39	34
16	105	82	73	65	55	48	72	65	57	50	44
25	138	107	95	85			95	85	75		
35	170	133	115	105			120	105	93		
50	215	165	146	130			150	132	117		
70	265	205	183	165			185	167	185		
95	325	250	228	200			230	240	215		
120	375	290	200	230			270	240	215		
150	430	330	300	265			305	275	250		

表 17-36　500V BW 型塑料护套线明敷时载流量（A）

截面（mm×mm)	环境温度		
	25℃	30℃	35℃
2×1.5	18	17	15
2×2.5	25	23	21
2×4	34	31	29
2×6	45	42	38
2×10	65	60	55
3×1.5	16	15	13
3×2.5	23	22	20
3×4	36	28	25
3×6	39	26	33
3×10	59	54	50

表 17-37　导线载流量温度校正系数

线芯工作温度（℃)	环境温度（℃)								
	5	10	15	20	25	30	35	40	45
80	1.17	1.13	1.09	1.04	1.0	0.95	0.9	0.85	0.8
65	1.22	1.17	1.12	1.06	1.0	0.94	0.87	0.79	0.71
60	1.25	1.20	1.13	1.07	1.0	0.93	0.85	0.76	0.66
50	1.34	1.26	1.18	1.09	1.0	0.90	0.78	0.63	0.45

2）当照明负荷为两种光源时，线路计算电流可按如下进行计算。

$$I_{js}=\sqrt{(I_{js1}\times\cos\varphi_1+I_{js2}\times\cos\varphi_2)^2}+\sqrt{(I_{js1}\sin\varphi_1+I_{js2}\sin\varphi_2)^2}\quad(17-30)$$

对气体放电灯　　　取 $\cos\varphi_1=0.9$，$\sin\varphi_1=0.436$

对白炽灯、卤钨灯　　取 $\cos\varphi_2=1$，$\sin\varphi_2=0$

$$I_{js}=\sqrt{(0.9\times I_{js1}+I_{js2})^2+(0.436I_{js1})^2} \qquad (17\text{-}31)$$

式中　I_{js1}、I_{js2}——分别为两种光源的计算电流，A；
$\cos\varphi_1$、$\cos\varphi_2$——分别为两种光源的功率因数。

（2）按线路允许电压损失校验导线截面：

$$\Delta U_y\%\geqslant\Delta U\% \qquad (17\text{-}32)$$

式中　$\Delta U_y\%$——线路允许电压损失，%；
$\Delta U\%$——线路的电压损失，%。

1）单相线路电压损失计算：

$$\Delta U\%=I_{js}L(R_0\cos\varphi+X_0\sin\varphi) \qquad (17\text{-}33)$$

式中　R_0、X_0——线路单位长度的电阻与电抗，Ω/km；
L——线路长度，km；
$\cos\varphi$——线路功率因数；
$\Delta U\%$——线路的电压损失，%。

线路单位长度电抗 X_0，可用下式计算：

$$X_0=0.145\lg\frac{2L'}{D}+0.0157\mu \qquad (17\text{-}34)$$

式中　L——导线间的距离，m，对三相线路为导线间的几何均距，380V 及以下的三相架空线路，可取 $L=0.5$m；
D——导线直径，mm；
μ——导线相对导磁率，对有色金属 $\mu=1$，对铁导线 $\mu>1$，并均与负载电流有关。

2）三相四线平衡线路电压损失计算：

$$\Delta U\%=\Sigma(R_0\cos\varphi+X_0\sin\varphi)\times I_{js}\times L \qquad (17\text{-}35)$$

3）电压损失的简化计算。

当线路负荷的功率因数 $\cos\varphi=1$，且负荷均匀分布时，电压损失的计算公式可简化为：

$$\Delta U\%=\Sigma M/CS \qquad (17\text{-}36)$$

式中　ΣM——线路的总负荷力矩，km·m，$\Sigma M=\Sigma P_{js}\times L$；
S——导线截面，mm^2；
C——电压损失计算系数，与导线材料、供电系统、电压有关，参照表 17-38。

表 17-38　　　电压损失计算系数 C

线路额定电压（V）	供电系统	C值计算式	C 值	
			铜	铝
380/220	三相四线	$10rU^2$ex	70	41.6
380	单项交流或直流两线系统	$5rU^2$ex	35	20.8
220			11.7	6.96
110			2.94	1.74
36			0.32	0.19
24			0.14	0.083
12			0.035	0.021

注　1. 线芯工作温度为 50℃；
2. U_{ex} 为额定线电压，U_{exg} 为额定相电压，单位为 kV；
3. r 为电导率，铜线 $r=48.5$m/(Ω·mm^2)，铝线 $r=28.8$m/(Ω·mm^2)。

为了工程方便，也可查表 17-39～表 17-41，得出不同导线截面在不同允许电压降下的负荷力矩值。

表 17-39　　　　　　　380/220V 三相四线系统铜导线负荷力矩　　　　　　　　（kW·m）

电压损失（%）	截面（mm²）										
	1.5	2.5	4	6	10	16	25	35	50	70	95
0.2	21	35	56	84	140	224	350	490	700	980	1330
0.4	42	70	112	168	280	448	700	980	1400	1960	2660
0.6	63	105	168	252	420	672	1050	1470	2100	2940	3990
0.8	84	140	224	336	560	896	1400	1960	2800	3920	5320
1.0	105	175	280	420	700	1120	1750	2450	3500	4900	6650
1.2	126	210	336	584	840	1344	2100	2940	4200	5880	7980
1.4	147	245	392	588	980	1568	2450	3430	4900	6860	9310
1.6	168	280	448	672	1120	1792	2800	3920	5600	7840	10640
1.8	189	315	504	756	1260	2016	3150	4410	6300	8820	11970
2.0	210	350	560	840	1400	2240	3500	4900	7000	9800	13300
2.2	231	385	616	924	1540	2464	3850	5390	7700	10780	14630
2.4	252	420	672	1008	1680	2688	4200	5880	8400	11760	15960
2.6	273	455	728	1092	1820	2912	4550	6370	9100	12740	17290
2.8	294	490	784	1176	1960	3136	4900	6860	9800	13720	18320
3.0	315	525	840	1260	2100	3360	5250	7350	10500	14700	19950

续表

电压损失（%）	截面（mm²）										
	1.5	2.5	4	6	10	16	25	35	50	70	95
3.2	336	560	896	1344	2240	3584	5600	7840	11200	15680	21280
3.4	357	595	952	1428	2380	3808	5950	8330	11900	16660	22610
3.6	378	630	1008	1512	2520	4032	6300	8820	12600	17640	23940
3.8	399	665	1064	1596	2660	4256	6650	9310	13300	18620	25270
4.0	420	700	1120	1680	2800	4480	7000	9800	14000	19600	26600
4.2	441	735	1176	1764	2940	4704	7350	10290	14700	20580	27930
4.4	462	770	1232	1848	3080	4928	7700	10780	15400	21560	29260
4.6	483	805	1288	1932	3220	5152	8050	11270	16100	22540	30590
4.8	504	840	1344	2016	3360	5376	8400	11760	16800	23520	31920
5.0	525	875	1400	2100	3500	5600	8750	12250	17500	24500	33250

表 17-40　　380/220V 铜导线负荷力矩　　（kW・m）

截面（mm²）　电压损失（%）	单相带零钱						两线三线					
	1	1.5	2.5	4	6	10	16	1.5	2.5	4	6	10	16
0.2	2.3	3.5	5.9	9.4	14	23.4	37.4	9.3	15.6	24.9	37.2	62.2	99.5
0.4	4.7	7	11.8	18.7	28.1	46.8	74.9	18.7	31.1	49.8	74.4	124.4	199
0.6	7	10.5	17.7	28.1	42.1	70.2	112.8	28	46.7	74.6	111.6	186.6	298.5
0.8	9.4	14	23.6	37.4	56.2	93.6	149.8	37.3	62.2	99.5	148.8	248.6	398
1.0	11.7	17.6	29.5	46.8	70.2	117	187.2	46.7	77.8	124.4	186	311	497.5
1.2	14	21.1	35.4	56.2	84.2	140.4	224.6	56	93.3	149.3	223.2	373.2	597
1.4	16.4	24.6	41.3	65.5	98.3	163.8	262.1	65.3	108.9	174.2	260.4	435.4	696.5
1.6	18.7	28.1	47.2	74.9	112.3	187.2	299.5	74.6	124.4	199	297.6	497.6	796
1.8	21.1	31.6	53.1	84.2	126.4	210.6	337	84	140	223.9	334.8	559.8	895.5
2.0	23.4	35.1	59	93.6	140.4	234	374.4	93.3	155.5	248.8	372	622	995
2.2	25.7	38.6	64.9	103	154.4	257.4	411.8	102.6	171.1	273.7	409.2	684.2	1094.5
2.4	28.1	42.1	70.8	112.3	168.5	280.8	449.3	112	186.6	298.6	446.4	746.4	1194
2.6	30.4	45.6	76.7	121.7	182.5	304.2	486.7	121.3	202.2	323.4	483.6	808.6	1293.5
2.8	32.8	49.1	82.6	131	196.6	327.6	524.2	130.6	217.7	348.3	520.8	870.8	1393
3	35.1	52.7	88.5	140.4	210.6	351	561.6	140	233.3	373.2	558	933	1492.5
3.2	37.4	56.2	94.4	149.8	224.6	374.4	599	149.3	248.8	398.1	595.2	995.2	1592
3.4	39.8	59.7	100.3	159.1	238.7	397.8	636.5	158.6	264.4	423	632.4	1057.4	1691.5
3.6	42.1	63.2	106.2	168.5	252.7	421.2	673.9	167.9	280	447.8	669.6	1119.6	1791
3.8	44.5	66.7	112.1	177.8	266.8	444.6	711.4	177.3	295.5	472.7	706.8	1181.8	1890.5
4.0	46.8	70.2	118	187.2	280.8	468	748.8	186.6	311	497.6	744	1244	1990
4.2	49.1	73.7	123.9	196.6	294.8	491.4	786.2	195.9	326.6	522.5	781.2	1306.2	2089.5
4.4	51.5	77.2	129.8	205.9	308.9	514.8	823.7	205.3	342.1	547.4	818.4	1368.4	2189

续表

| 截面（mm²） | 单相带零钱 | | | | | | | 两线三线 | | | | | |
电压损失（%）	1	1.5	2.5	4	6	10	16	1.5	2.5	4	6	10	16
4.6	53.8	80.7	135.7	215.3	322.9	538.2	861.1	214.6	357.7	572.2	855.6	1430.6	2288.5
4.8	56.2	84.2	141.6	224.6	337	561.6	898.6	223.9	373.2	597.1	892.8	1492.8	2388
5.0	58.5	87.8	147.5	234	351	585	936	233.3	388.8	622	930	1555	2487.5

表 17-41　　　　　　　　　　　　低压系统铜导线负荷力矩　　　　　　　　　　　（kW·m）

| 截面（mm²） | 直流和单相交流 12V | | | | | 直流和单相交流 36V | | | | |
电压损失（%）	2.5	4	6	10	16	2.5	4	6	10	16
1	0.0525	0.084	0.126	0.21	0.336	0.475	0.76	1.14	1.9	3.04
2	0.105	0.168	0.252	0.42	0.672	0.95	1.52	2.28	3.8	6.08
3	0.1575	0.525	0.378	0.63	1.008	1.425	2.28	3.42	5.7	9.12
4	0.21	0.336	0.504	0.84	1.344	1.9	3.04	4.56	7.6	12.16
5	0.2625	0.42	0.63	1.05	1.68	2.375	3.8	5.7	9.5	15.2
6	0.315	0.504	0.756	1.26	2.016	2.85	4.56	6.84	11.4	18.24
7	0.3675	0.588	0.882	1.47	2.352	3.325	5.32	7.98	13.3	21.28
8	0.42	0.672	1.008	1.68	2.688	3.8	6.08	9.12	15.2	24.32
9	0.4725	0.756	1.134	1.89	3.024	4.275	6.84	10.26	17.1	27.36
10	0.525	0.84	1.21	2.1	3.36	4.75	7.6	11.4	19	30.4

4）电流力矩法计算电压降。

适用于连接有荧光灯、高压钠灯及其他气体放电灯的线路，其简化计算公式为：

$$\Delta U\% = M\Delta U'\% \qquad (17-37)$$

$$M = I_{js}L \qquad (17-38)$$

式中　M——电流力矩，A·km；

　　　I_{js}——回路计算电流，A；

　　　L——线路长度，km；

　　$\Delta U\%$——每 1A·km 电压损失的百分数，1kV 聚氯乙烯电力电缆用于三相 380V 系统的见表 17-42，1kV 交联聚氯乙烯电力电缆用于三相 380V 系统的见表 17-43。

5）设计举例

有一供荧光灯负荷的线路，其负荷容量为 12kW，荧光灯采用电感镇流器，有补偿电容器，线路电压为 380/220V，采用交联聚氯乙烯铜芯电缆穿管敷设，导线截面为 4 根 10mm²，试计算线路上的电压损失。（线路长度为 0.12km，镇流器功率损耗为灯管功率的

20%。）

解：线路电流计算：

$$I = \frac{P_z(1+\alpha)}{\sqrt{3}\ U\cos\varphi}$$

$$= \frac{12\times(1+0.2)}{\sqrt{3}\times0.38\times0.9}$$

$$= 24.31（A）$$

电流力矩为：

$$M = IL$$

$$= 24.31\times0.12$$

$$= 2.917（A·km）$$

根据表 17-43 查得 380/220V 铜芯导线穿管敷设线路导线截面为 10mm²、功率因数取 0.9 时的 1A·km 电流力矩的电压损失为 0.909%，其线路的总电压损失为：

$$\Delta U\% = 2.917\times0.909\%$$

$$= 2.65\%$$

（3）按机械强度校验导线截面。

机械强度所允许的最小导线截面见表 17-44。

表 17-42   **1kV 聚氯乙烯电力电缆用于三相 380V 系统的电压损失**

截面（mm²）		电阻 θ=60℃ (Ω/km)	感抗 (Ω/km)	电压损失 [%/（A·km）]					
				cos φ					
				0.5	0.6	0.7	0.8	0.9	1.0
铜	2.5	7.981	0.100	1.858	2.219	2.579	2.938	3.294	3.638
	4	4.988	0.093	1.174	1.398	1.622	1.844	2.065	2.274
	6	3.325	0.093	0.795	0.943	1.091	1.238	1.383	1.516
	10	2.035	0.087	0.498	0.588	0.678	0.766	0.852	0.928
	16	1.272	0.082	0.322	0.378	0.433	0.486	0.538	0.580
	25	0.814	0.075	0.215	0.250	0.284	0.317	0.349	0.371
	35	0.581	0.072	0.161	0.185	0.209	0.232	0.253	0.265
	50	0.407	0.072	0.121	0.138	0.153	0.168	0.181	0.186
	70	0.291	0.069	0.094	0.105	0.115	0.125	0.133	0.133
	95	0.214	0.069	0.076	0.084	0.091	0.097	0.102	0.098
	120	0.169	0.069	0.066	0.071	0.076	0.081	0.083	0.077
	150	0.136	0.070	0.059	0.063	0.066	0.069	0.070	0.062
	185	0.110	0.070	0.053	0.056	0.058	0.059	0.059	0.050
	240	0.085	0.070	0.047	0.049	0.050	0.050	0.049	0.039

表 17-43   **1kV 交联聚氯乙烯电力电缆用于三相 380V 系统的电压损失**

截面（mm²）		电阻 θ=80℃ (Ω/km)	感抗 (Ω/km)	电压损失 [%/（A·km）]					
				cos φ					
				0.5	0.6	0.7	0.8	0.9	1.0
铜	4	5.332	0.097	1.253	1.494	1.733	1.971	2.207	2.430
	6	3.554	0.092	0.846	1.006	1.164	1.321	1.476	1.620
	10	2.175	0.085	0.529	0.626	0.722	0.816	0.909	0.991
	16	1.359	0.082	0.342	0.402	0.460	0.518	0.574	0.619
	25	0.870	0.082	0.231	0.268	0.304	0.340	0.373	0.397
	35	0.622	0.080	0.173	0.199	0.224	0.249	0.271	0.284
	50	0.435	0.079	0.130	0.148	0.165	0.180	0.194	0.198
	70	0.310	0.078	0.101	0.113	0.124	0.134	0.143	0.141
	95	0.229	0.077	0.083	0.091	0.098	0.105	0.109	0.104
	120	0.181	0.077	0.072	0.078	0.083	0.087	0.090	0.083
	150	0.145	0.077	0.063	0.068	0.071	0.074	0.075	0.600
	185	0.118	0.078	0.058	0.061	0.063	0.064	0.064	0.054
	240	0.091	0.077	0.051	0.053	0.054	0.054	0.053	0.041

表 17-44 机械强度允许的最小导线截面

布线系统形式	线路用途	导体最小截面（mm²）	
		铜	铝
固定敷设的电缆和绝缘电线	电力和照明线路	1.5	2.5
	信号和控制线路	0.5	—
固定敷设的裸导体	电力（供电）线路	10	16
	信号和控制线路	4	—

续表

布线系统形式	线路用途	导体最小截面（mm²）	
		铜	铝
用绝缘电线和电缆的柔性连接	任何用途	0.75	—
	特殊用途的特低压电路	0.75	—

（4）中性线（N 线）截面按下列条件选择：

1）单相及二相线路中，中性线截面应与相线截面相同；

2）三相四线制线路中，当负荷为白炽灯或卤钨灯时，中性线截面应按相线载流量的50%选择；当负荷为气体放电灯时，中性线截面应满足不平衡电流及谐波电流的要求，且不小于相线截面。

3）在可能分相切断的三相线路中，中性线截面应与相线截面相等，如数条线路共用一条中性线时，其截面应按最大负荷相的电流选择。

（5）保护地线（PE线）截面的选择。

照明分支回路中的保护地线（PE线）截面的选择，应与中性线截面相同。

4. 照明导线类型选择

（1）有爆炸与火灾危险、潮湿、振动、维护不便的场所，应选用铜芯绝缘导线。

（2）高温工作场所，应采用铜芯耐高温绝缘导线。

六、照明控制

（一）传统控制方式

传统的照明控制方式有：跷板开关控制（包括：单联开关、双联开关、三联开关、单联双控开关、单联三控开关）；声控开关控制；光控开关控制。

传统的照明控制方式比较简单，实施方便，但操作不方便，不节能。如主厂房汽轮机、主厂房锅炉区域照明设施地理位置分散、数量众多，采用传统照明无法实现人走灯灭的要求，需采用智能控制方式。

（二）智能控制方式

采用智能控制方式需装设一套智能照明控制系统。智能照明控制系统是一个由上位监控机、通信网络、智能照明配电终端或智能照明控制终端等构成的分层分布网络。目前应用较多的智能照明控制系统有施耐德公司的C-BUS系统，ABB公司的i-BUS系统。系统的主要功能有：场景控制功能，发电厂中的控制室可应用此功能；恒照度控制功能，办公室和厂房中靠近窗户的灯具可根据天然光的影响进行开关；定时控制功能，可用于路灯照明和夜景照明；就地手动控制功能；群组合控制；应急处理功能；远方控制功能等。

系统实施控制的就地设备主要是智能照明配电终端、智能照明控制终端。

1. 智能照明配电终端及智能照明控制终端

（1）智能照明配电终端。

智能照明配电终端即将普通的照明配电箱改为采用动力及控制保护一体化智能开关的照明配电箱，一体化开关集成配电操作开关、电气保护及通信功能为一体，除可就地操作外，还可接受通信网络传送的操作命令，从而实现各照明供电回路的就地控制及远程

监控，实现灯具的分区域开关。控制权限按照就地手动控制→远程自动控制→远程手动控制的优先级顺序实施。通信协议一般采用与配电系统常用协议一致，为MODBUS、PROFIBUS等协议，与建筑供配电系统网络连接方便。可以在上位监控机预设不同的工作模式。

（2）智能照明控制终端。

智能照明的控制终端安装在照明配电箱与灯具之间。智能照明控制终端由输出继电器或调光模块、控制面板、照度动态检测器及移动传感器等单元构成，根据需要采用输出继电器或调光模块，输出继电器与智能照明配电箱类似实现供电回路的通断，调光模块可实现供电回路的功率控制（调光）或通断，当需要调光功能时灯具需要采用具有调光功能的灯具，两者均有逻辑编程功能，可直接实现场景模式设定。

调光模块根据预设场景工作模式，根据各种传感器监测输入对不同回路光源输出进行调节。调光模块利用电磁调压及电子感应技术对荧光灯及气体放电灯等光源进行调节，即可以调节照度，自动平滑地调节电路的电压和电流幅度，从而调节光源输出，也可以在维持电压之上进行调压，通过限制过电压及减少冷态冲击电流提高灯具寿命，改善照明电路中不平衡负荷所带来的额外功耗，提高功率因数，降低灯具和线路的工作温度。

智能照明终端支持智能建筑的EIB、C-BUS等总线协议，可与楼宇自动化系统较好地融合，与建筑的安保、消防等连接成一个网络。控制终端也支持红外无线遥控。智能照明控制终端可实现预设场景工作模式控制，实现照明效果随人员移动控制，随不同区域照度要求、自然采光情况控制，随夜间、白天工作、休息等不同时段场景模式控制。

2. 发电厂智能照明控制系统构成

发电厂不同区域、建筑物具有不同的运行巡视要求及工作环境，智能照明配电终端与智能照明控制终端均可应用于发电厂智能照明控制系统。对于汽机房、锅炉房及辅助厂房车间等场所，运行巡视安排相对固定且不属于人员密集场所，环境较恶劣，调光方式意义不大且需增加投资，可考虑采用智能照明配电箱或智能照明终端的输出继电器构成智能照明控制。在设计过程中，根据区域功能合理划分照明箱配电回路覆盖范围。当从简化系统层级角度考虑，可考虑采用智能照明配电终端；当从与楼宇自动化系统融合角度考虑，可考虑采用智能照明控制终端。

对于生产办公楼、集控室等环境较好、人员流动性较大且环境较好的建筑物，也可考虑采用智能照明配电箱或智能照明终端的输出继电器构成智能照明控

制。当对照明控制水平要求较高时，可采用智能照明终端调光模块，可根据预设场景、移动传感器及照度检测器输入等动态调节照明效果，实现丰富的工作场景模式控制。

发电厂设统一的照明监控上位机对全厂照明进行控制管理。监控系统应具有远程监控、分组管理、用电管理、负荷分析、设备地理信息管理等功能。系统应可与安防系统、消防系统等联网。

智能照明控制系统结构示意图见图17-28。

3. 火力发电厂智能照明控制系统可实现的功能

（1）能实现如下实时监控功能：自动巡测功能；数据采集功能；可视化监测；控制中心可以随意开关任何一组路灯或开关自定义群组的路灯；现场按预先设计好的时间计划自动调节路灯开关时间，设定控制策略；控制中心可以及时准确地获取故障灯的位置信息。

（2）实现的设备管理功能有：资料维护；日常维护；故障查询。

（3）可进行亮灯率计算、用电管理、负荷分析、生成分析曲线和报表。

第六节 照 明 装 置

一、照明线路的敷设与控制方式

照明线路的敷设方式可分为明线敷设和暗线敷设两种。在确定照明线路的敷设方式时，应考虑场所的用途、建筑结构及其环境特点等因素，以达到照明线路整齐、美观、牢固可靠、检修安全方便、节约投资的目的。照明线路的走向及布置应与配电箱及其他电气设备的安装位置统一考虑，使之合理，并尽量避免照明线路与油、水、汽、消防管道设备的相互交叉、影响。

1. 照明线路的敷设

对照明线路敷设有以下要求：

（1）在有爆炸危险、特别潮湿以及有可能受到机械损伤的场所，照明线路应采用钢管敷设，不能采用硬塑料管。导线一般采用塑料绝缘导线（BV型）或橡皮绝缘导线（BX型或BLX型）。在有酸、碱腐蚀性的屋内或屋外敷设的管线，应有耐（防）腐蚀的措施，如采用暗管敷设、铜芯塑料导线或采用硬塑料管等。

（2）照明导线穿管敷设时，导线（包括绝缘层）截面积的总和不应超过管子内截面积的40%或管子内径不小于导线束直径的1.4～1.5倍。塑料绝缘导线穿管配合表可按表17-45的规定选择。

（3）一般情况下，管内敷设多组照明回路的导线

时，其总根数不应超过6根；在有爆炸危险的场所，管内敷设导线的总根数不应超过4根。

（4）不同电压等级和不同照明种类的导线，不能共管敷设。

（5）屋外配电装置、组合导线及母线桥下面，不应有照明架空线路穿过。

（6）除上述各类场所外，其他场所均可采用塑料绝缘塑料护套线（BVV或BLVV型）明线敷设。

表17-45　500V塑料绝缘导线穿管配合表

线芯截面（mm²）	焊接钢管及阻燃塑料电线管管内穿导线根数					电线管管内穿导线根数				
	2	3	4	5	6	2	3	4	5	6
1.0	15		20			15		20		25
1.5	15		20		25		20		25	
2.5	15	20		25			20		25	
4	15	20		25			20	25		32
6	20		25			20		25	32	
10	25		32			32			40	
16	25		32		40	32		40		
25	32		40		50	40				
35	40			50		40				
50	40		50		70					
70	40		50		70					
95	50		70							
120	50		70	80						
150			70	80						
185	70	80								

注　1. 本表适用于BV型单芯导线。

2. 当管线长度等于或大于50m，一个弯，大于40m，两个弯；等于或大于20m，三个弯（弯曲角度均指90°～或105°）时，装设接线盒，或应选用大一级的管径。

3. 每两个120°、135°、150°的弯曲角度，相当一个90°或105°的角度。

4. 管径单位为mm。

2. 照明线路的控制

（1）在主要生产厂房内的一般照明，宜在照明配电箱内集中控制。对经常无人到达的场所（厂用配电装置、发电机出线小室、通道、出入口等处）的照明，应设单独的开关，分散控制。

（2）正常照明分支线路的零线上，不应装设断路器和开关设备。

（3）集中控制的照明分支线路上，不应连接插座及其他电气设备。

（4）厂区道路照明、烟囱、冷却塔等高大建筑物的障碍标志照明的控制，宜采用光电自动控制或时钟控制，也可在集中控制室或在主控制室远方控制。

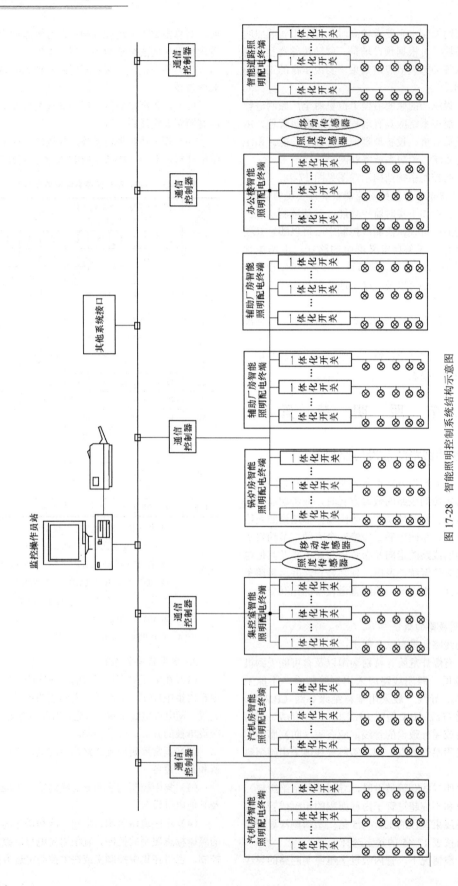

图 17-28　智能照明控制系统结构示意图

二、照明线路的保护及保护电器的选择

照明线路导线和电缆所允许的载流量,不应小于回路上自动空气开关脱扣器的整定电流。照明线路采用的微型断路器具有过载长延时保护和短路瞬时保护功能。漏电断路器具有接地故障保护功能。

(1)照明用微型断路器选择。

长延时过电流脱扣器整定电流按下式确定:

$$I_1 \geqslant K_1 \cdot I_j \qquad (17-39)$$

式中 K_1——可靠系数,见表 17-46;

I_j——照明负荷计算电流,A。

瞬时过电流脱扣器整定电流按下式确定:

$$I_2 \geqslant K_2 \cdot I_j \qquad (17-40)$$

式中 K_2——可靠系数,见表 17-46。

表 17-46 可 靠 系 数

可靠系数	白炽灯、卤钨灯	荧光灯、无极荧光灯、LED 灯	金属卤化物灯、高压钠灯
K_1	1.1	1.2	1.3
K_2	4~7	4~7	4~7

(2)剩余电流保护器的选择。

剩余电流保护器一般用于电厂中的插座配电回路,其动作电流不大于 30mA,动作时间不应大于 0.1s。

(3)照明箱进线断路器除满足配电回路额定电流外,还应考虑进线断路器与下级出线断路器,进线断路器与上级配电柜馈线断路器间的保护选择性的配合,当照明箱进线断路器与上级配电柜馈线断路器困难时可选择刀开关。

三、照明开关、插座的选用和安装

(1)生产厂房、车间不应使用拉线开关;在有爆炸危险的场所,严禁装设普通开关。

(2)照明开关宜安装在便于操作的出入口处。

(3)照明开关的安装高度一般取其中心距地面 1.3m 高。

(4)插座的选择:

1)对各种不同电压等级的插座,其插孔形状应有所不同;

2)所有单相插座均应为带专用地线的三孔插座;

3)在有爆炸危险的场所,应采用防爆型插座;

4)潮湿、多尘的场所或屋外装设的插座,应采用密封防水型插座。

(5)插座的安装高度:

1)在生产厂房、车间内插座的安装高度,一般为中心高度距所在地面 0.3~1.3m;

2)在办公室和一般环境的室内插座的安装高度,一般为中心高度距所在地面 0.5~0.8m;

(6)明敷设的照明分支线路,在引至开关、插座的部分,若采用非防护型导线时,应有保护措施,如采用电线钢管或线槽。

四、照明配电箱的选择和布置

(1)照明配电箱应按照明种类、工作电压、工作电流、有无进出线开关、工作场所环境条件进行选择。

(2)照明配电箱一般选用具有自动空气开关作为进出线开关的型式。其安装方式可根据使用场所环境条件确定为明式或暗式安装,如在主控制室、网络控制室、计算机室、集中控制室、单元控制室等类型场所,一般宜选用暗式安装。

(3)在有爆炸危险的场所,应装设防爆型照明配电箱。如采用非防爆型照明配电箱,则应将其装设在附近正常环境的场所。

(4)对潮湿和有腐蚀性气体的场所,不应装设普通开启型照明配电箱。

(5)照明配电箱的布置,应靠近负荷中心,并便于操作和维护。

(6)照明配电箱的安装高度,一般为箱底距所在地面高度 1.3~1.5m。

(7)照明配电箱应留有适当的备用出线回路。

五、照明装置的接地

(1)火力发电厂照明网络的接地型式,宜采用 TN-C-S 系统。即车间照明配电箱的电源线中,其中性线(N 线)和保护地线(PE 线)合并,而照明配电箱以后分支线的中性线(N 线)和保护地线(PE 线)分开。

(2)下列照明装置应接地:照明配电柜、照明配电箱、照明变压(携带式或固定式)及其支架、电缆接线盒的外壳、导线与电缆的金属外壳、金属保护管、需要接地的灯具、照明灯杆、插座、开关的金属外壳等。

正常照明配电箱与配电屏(包括专用屏)的工作中性线(N 线)母线,应就近接入接地网。

(3)二次侧为 24V 及以下的降压变压器,严禁采用自耦降压变压器。其二次侧中性点或一端应直接接地,电源侧应装设短路保护。

(4)照明网络的接地电阻不应大于 4Ω。工作中性线(N 线)的重复接地电阻,不应大于 10Ω。

(5)当应急照明直接由蓄电池供电或经切换装置后由蓄电池直流供电时,其照明配电箱中性线(N 线)母线不应接地。箱子外壳应接丁专用接地线。

在有爆炸危险的场所,其接地应符合 GB 50058《爆炸危险环境电力装置设计规范》的规定。

(6)照明网络的工作中性线(N 线)必须有两端

接地，可按下列方式接地：

1）在具有一个或若干个照明配电箱的建筑物内，可将底层照明配电箱的工作中性线（N 线）母线与外壳同时接入接地装置；

2）当建筑物或构筑物无接地装置时，可在就近设独立接地装置，其接地电阻不应大于 30Ω；

3）当建筑物与构筑物的照明配电箱进线设有室外进户线支架时，宜将工作中性线（N 线）与支架同时和接地网相连；

4）中性点直接接地的低压架空线的工作中性线（N 线），其干线和分支线的终端以及沿线每一公里处，应重复接地（但距接地点不超过 50m 者除外）。重复接地，应尽量利用自然接地体。

（7）当采用 I 类灯具时，灯具的外露可导电部分应可靠接地。

（8）安全特低电压供电应采用安全隔离变压器，其二次侧不应做保护接地。

第七节 发电厂照明装置技术表和照明功率密度值

本节给出了发电厂中主要照明场所的环境特征、火灾危险类别、爆炸危险类别、推荐灯具型式、推荐采用光源类型、导线型号及敷设方式、控制方式、照明功率密度值。

发电厂照明装置技术表和照明功率密度值见表17-47，火电厂中各照明场所的功率密度值不应大于表中数值。

表 17-47　　　　　　　　　　　发电厂照明装置技术表和照明功率密度值

场所名称		环境特征	火灾危险性类别	爆炸危险类别	推荐灯具型式	光源	导线型号及敷设方式	控制方式	照明功率密度值（W/m²）
汽机房	底层	有蒸汽泄漏、潮湿、设备及管道错综复杂	丁	—	配照灯、荧光灯、宽配光的块板灯	ZJD、TLD	BV 穿管敷设	集中	4
	运转层	有行车、空间高大、有蒸汽	丁	—	窄配光块板灯	ZJD		集中	7
	循环水泵坑循环水泵间	特别潮湿	戊	—	防水防尘灯、深照型块板灯	ZJD、NG		集中	4
	加热器	高温、有蒸汽泄漏、空间较低	丁	—	块板灯、荧光灯	ZJD、NG		集中	4
	除氧器和管道层	高温、管道多、有蒸汽	丁	—	配照灯、块板灯	ZJD、NG		集中	4
	汽轮机本体	高温、震动大、视看目标小	丙	—	24V 局部照明灯，由厂家成套供货	CFG、TLD、PZ		就地	4
	凝汽器及高、低压加热器	高温、有蒸汽泄漏、视看对象位置低	丁	—	24V 局部照明灯或专用水位计照明灯	ZJD、NG		就地	4
	发电机出线小室	有裸露高压母线，平时定期检查巡视	丙	—	墙壁灯座、安全灯	CFG、TLD		就地	4
	就地热工仪表盘	根据所在场所而定	丙	—	荧光灯	TLD、CFG		就地	4
锅炉房	底层	多灰尘、潮湿	丁	—	防水防尘灯、配照灯、块板灯	ZJD、NG、TLD	BV 穿管敷设	集中	5
	运转层	多灰尘、高温、有遮光现象	丁	—	防水防尘灯、配照灯、块板灯	ZJD、NG、TLD		集中	5
	锅炉本体	多灰尘、高温、扶梯平台多，行走不便、露天及半露天	丁	—	防水防尘灯、配照灯、块板灯	ZJD、NG、TLD		集中	2.5
	磨煤机油坑	有火灾危险、潮湿	戊	—	安全灯	TLD、CFG		就地	5
	水力除灰机械处	特别潮湿且多灰尘	丁	—	防水防尘灯、配照灯	ZJD、NG、TLD		集中	5

续表

场所名称		环境特征	火灾危险性类别	爆炸危险类别	推荐灯具型式	光源	导线型号及敷设方式	控制方式	照明功率密度值（W/m²）
锅炉房	运煤皮带层（煤仓间）、给煤机层及煤斗间	多灰尘、皮带运转快、易伤人	丁	—	防水防尘灯、配照灯	ZJD、NG、	BV 穿管敷设	集中	5
	旋风分离器	室外、多尘、较高温	丁	—	广照灯、投光灯	ZJD、NG、		就地	5
	热工仪表小室	正常环境	丁	—	荧光灯	TLD、CFG		就地	9.5
	引风机室	多灰尘、噪声大	丁	—	防水防尘灯、配照灯	ZJD、NG、		集中	5
	脱硫装置	多灰尘、露天环境	丁	—	三防灯	CFG、PZ	BV 穿管敷设	就地	5
电气车间	单元控制或集中控制室	正常环境	丁	—	阻燃型栅格发光带、发光天棚或成套荧光栅格灯具	TLD、CFG、TLD	BV 穿管暗敷	集中	16
	控制室	正常环境	戊	—	格栅荧光灯、间接照明灯	TLD、CFG、LED		集中	16
	电子计算机室	正常环境	戊	—	格栅荧光灯、间接照明灯	TLD、CFG、LED		集中	16
	继电保护盘室、电子设备间	正常环境	戊	—	格栅荧光灯	TLD、CFG		集中	16
	不停电电源室	正常环境	戊	—	荧光灯	TLD、CFG		就地	4
	蓄电池室、调酸室套间、端电池室、风机室	有腐蚀性酸气、有爆炸性混合物	乙	IIC	防爆灯（IIC T1 级）、防腐蚀灯	TLD、CFG	BV 穿管敷设	集中	4
	通信室	正常环境	丁	—	荧光灯	TLD、CFG	BV 穿管暗敷	就地	9.5
	电缆半层	正常环境、层高低	丁	—	荧光灯	TLD、CFG		就地	3
	电缆隧道	潮湿、有触电危险	丁	—	荧光灯	TLD、CFG		就地	3
	柴油机房	有燃油、有可能产生火灾危险	丙	IIA	防爆灯（IIA T3 级）	ZJD、LED		就地	4
	变压器、电抗器、开关设备、出线小室	正常环境	丙	—	荧光灯、块板灯	TLD、CFG	BV 穿管敷设	就地	7
	维护走廊、操作走廊、母线层	正常环境	丁	—	荧光灯、块板灯	TLD、CFG		集中	5
	高、低压厂用配电室、直流配电装置室	正常环境	丁	—	荧光灯	TLD、CFG		集中	7
	屋内高压配电装置	正常环境	丙	—	荧光灯、块板灯	TLD、CFG		集中	7

续表

场所名称		环境特征	火灾危险性类别	爆炸危险类别	推荐灯具型式	光源	导线型号及敷设方式	控制方式	照明功率密度值（W/m²）
运煤系统	运煤皮带栈桥	煤粉含量很多、有火灾危险	戊	—	三防灯、四防灯、荧光灯	NG、ZJD、CFG		集中	3
	翻车机（地下）	煤粉含量很多	戊	—	三防灯、四防灯	NG、ZJD、CFG		集中	4.5～5
	翻车机控制室	正常环境	戊	—	格栅荧光灯	TLD、CFG	BV 穿管暗敷	集中	8～9.5
	取样间	煤灰量较少	戊	—	三防灯、四防灯	NG、ZJD	BV 穿管敷设	就地	4.5～5
	拉紧装置间	煤灰量较少	戊	—	三防灯、四防灯	NG、ZJD、CFG		集中	3
	煤场	露天环境	丁	—	投光灯	NG、ZJD	BV 穿管敷设	就地	2
	推煤机库	正常环境	丁	—	三防灯、四防灯	NG、ZJD		就地	5
	地上卸煤沟	半露天、煤粉很多	丁	—	三防灯、四防灯	NG、ZJD		就地	3
	运煤集中控制室	正常环境	丁	—	阻燃型发光带或成套荧光栅格灯具	TLD、CFG	BV 穿管暗敷	就地	9.5
	运煤检修间	正常环境	丙	—	三防灯、四防灯	NG、ZJD		就地	5
	运煤转运站	煤粉含量很多、有火灾危险	丁	—	三防灯、四防灯	NG、ZJD		集中	5
	碎煤机室	煤粉含量很多、有火灾危险	丁	—	三防灯、四防灯	NG、ZJD		集中	5
	干煤棚	煤粉含量很多、有火灾危险	丙	—	三防灯、四防灯	NG、ZJD		集中	2
除灰系统	灰浆泵房、灰渣泵房、柱塞泵房	潮湿	戊	—	荧光灯、防水防尘灯、块板灯	NG、ZJD、TLD	BV 穿管敷设	就地	5
	除尘器本体	露天环境	丁	—	三防灯、四防灯	NG、ZJD		集中	5
	浓缩池本体	露天环境	戊	—	三防灯、四防灯	NG、ZJD		集中	5
	浓缩池底层	正常环境	戊	—	三防灯、四防灯	NG、ZJD		集中	5
化学水处理系统	化水处理间	潮湿、设备管道多、有吊车	戊	—	三防灯、四防灯	NG、ZJD		集中	4
	水泵间	潮湿、有吊车	戊	—	荧光灯、块板灯	NG、ZJD、TLD		集中	4
	化学药剂间（加药间）	潮湿	丁	—	荧光灯、块板灯	NG、ZJD、TLD		就地	4
	石灰搅拌间	粉尘多、有腐蚀	丁	—	三防灯	NG、ZJD		就地	4
	油处理室	有火灾危险	丙	—	荧光灯	TLD	BV 穿管敷设同	就地	4
	酸碱计量间	酸碱气体腐蚀严重	乙	—	防水防尘灯、配照灯	NG、ZJD		就地	9.5
	酸、碱库石灰库（池）	酸碱气体腐蚀严重、无人值班	丁	—	三防灯、防腐蚀灯	NG、ZJD		就地	4
	化学水控制室	正常环境	丁	—	荧光灯、格栅荧光灯、筒灯	TLD、CFG	BV 穿管暗敷	就地	9.5
	加氯间	有腐蚀气体	乙	—	三防灯、防腐蚀灯	NG、ZJD		就地	4
脱硝系统	加氨间	有火灾及爆炸危险、有腐蚀	甲	IIA	防爆灯（IIA T1 级）防腐蚀灯	ZJD	BV 穿管敷设	就地	4
	液氨储存间	有火灾及爆炸危险、有腐蚀	甲	IIA	防爆灯（IIA T1 级）防腐蚀灯	ZJD		就地	5
	尿素储存间	正常环境	丁	—	荧光灯、块板灯	ZJD、TLD		就地	5

续表

场所名称		环境特征	火灾危险性类别	爆炸危险类别	推荐灯具型式	光源	导线型号及敷设方式	控制方式	照明功率密度值（W/m²）
供水系统	海水泵房	潮湿、半水下建筑	戊	—	荧光灯、三防灯、块板灯	TLD、NG、ZJD		就地	5
	循环水泵房	潮湿、半水下建筑	戊	—	荧光灯、块板灯	TLD、NG、ZJD		就地	5
	深井水泵房	潮湿	戊	—	块板灯	NG、ZJD		就地	5
	工业水泵房生活水泵房	潮湿、半水下建筑	戊	—	荧光灯、块板灯	TLD、NG、ZJD		就地	5
	加药间	潮湿、有腐蚀气体	戊	—	三防灯、防腐蚀灯	NG、ZJD	BV 穿管敷设	就地	4
	污水泵房	潮湿、半水下建筑	戊	—	块板灯	NG、ZJD		就地	5
	空冷设备间	正常环境	戊		三防灯、块板灯	NG、ZJD		就地	5
屋外构筑物	屋外配电装置	露天环境	丙		块板灯、投光灯	NG、ZJD	电缆穿管敷设、电缆直埋或沟内敷设	集中	
	厂区道路	露天环境	—	—	庭院灯、高压钠路灯	NG、ZJD LED、WJY		光控时控	
	烟囱外部	露天环境、灰尘多、高大	戊	—	高光强、中光强航空障碍灯	随灯具		光控时控	
	烟囱下部	无天然采光及采暖、灰尘多、	戊	—	三防灯	NG、ZJD		就地	4
	露天油库	露天环境	丙	—	高压钠路灯、投光灯	NG、ZJD		集中	
其他建筑物	燃油泵房	有油蒸汽、有可能产生火灾危险	乙	IIA	防爆灯（IIA T3 级）	TLD	BV 穿管敷设	就地	5
	汽油库	有火灾及爆炸危险	甲	IIA	防爆灯（IIA T3 级）	TLD		就地	5
	乙炔库	有火灾及爆炸危险	甲	IIC	防爆灯（IIC T2 级）	TLD		就地	5
	乙炔站	有火灾及爆炸危险	甲	IIC	防爆灯（IIC T2 级）	TLD		就地	5
	制氢站	有火灾及爆炸危险	甲	IIC	防爆灯（IIC T1 级）	ZJD		就地	5
	易燃品库	有火灾及爆炸危险	甲	IIA	防爆灯（IIC 级）	TLD	BV 穿管敷设	就地	4
	危险品库	有火灾及爆炸危险	甲	IIA	防爆灯（IIC 级）	TLD、CFG		就地	4
	氧气站	有火灾危险	乙	—	块板灯、荧光灯	ZJD、TLD		就地	4
	金工车间	正常环境	丙	—	块板灯	NG、ZJD		就地	8
	铸木工车间	多灰尘、高温、有火灾危险	丙	—	块板灯、荧光灯	TLD、ZJD		就地	8
	锻工车间	高温、有震动、多烟尘	丙	—	要求厂家配套	ZJD	BV 穿管敷设	就地	8
	办公室	正常环境	丙	—	荧光灯、筒灯	TLD、CFG		就地	9
	试验室	正常环境	丙	—	荧光灯、筒灯	TLD、CFG		就地	9.5
	射源库	有射线	戊	—	荧光灯、筒灯	TLD、CFG	BV 穿管暗敷	就地	9.5
	一般库房	一般为正常环境	丙	—	荧光灯、块板灯	TLD、CFG		就地	5
	浴室	特别潮湿	戊	—	壁龛灯、防水防尘灯	TLD、CFG		就地	5

注 1. 具有防水、防尘、防腐蚀性能的灯具简称"三防灯"；具有防水、防尘、防腐蚀、防振性能的灯具简称"四防灯"。

2. 对于燃气轮机爆炸场所的照明装置应按防爆规程要求设置。

3. 光源代码为：TLD—荧光灯；ZJD—金属卤化物灯；CFG—紧凑型荧光灯；NG—高压钠灯；LED—发光二极管；WJD—无极荧光灯。

附　　录

附录 A　钢构发热计算

一、空气中钢构损耗发热计算

（一）母线周围无钢时的磁场强度

无钢时，三相母线地合成磁场强度只是位置和时间的函数，可以准确地用计算公式求得，计算母线周围无钢时的磁场强度，可以作为有钢时比较的基准，还可以用来初步估算缺乏实验数据时有钢磁场强度的极限值，以及比较钢构在不同布置时的损耗。

无钢时磁场强度的坐标分量 H_{ox} 和 H_{oy} 可表示成以 $\frac{1}{2\pi S}$ 为基准的相对值。即：

$$h_{ox} = \frac{H_{ox}}{I/2\pi S}, \quad h_{oy} = \frac{H_{oy}}{I/2\pi S} \tag{A-1}$$

式中　S——母线相间距离，cm；

　　　I——母线电流，A。

为了供设计使用，可根据式（A-1）给出三相并排母线附近空间的磁场强度相对有效值的分布 h_{ox} 和 h_{oy} 的网络图（见图 A-1、图 A-2），利用这些网络图可求得大电流母线附近任意点的磁场强度，避免繁琐的计算。

（二）有钢时钢构表面磁场强度

1. 三相并排布置时母线附近的横越钢条

（1）钢条表面磁场强度。为了能简易地计算钢条表面的磁场强度，根据式（A-2）和式（A-3）按工程实用范围绘出 $h_{max}-（u、d/S）$ 和 $\left(\dfrac{h_{min}}{h_{max}}\right)-d/s$ 的关系曲线（见图 A-3 和图 A-4），利用这些曲线可简便地计算横越钢条磁场强度的最大值 H_{max} 和最小值 H_{min}。

$$h_{max} = H_{max}/\frac{I_m}{2\pi d} \tag{A-2}$$

$$= (1.073 - 0.44d/S) \times (0.7 + 0.3e^{\frac{u}{20}})$$

$$\left(\frac{H_{min}}{H_{max}}\right)^{1.58} = \left(\frac{h_{min}}{h_{max}}\right)^{1.58} \approx 0.8d/S \tag{A-3}$$

式中　　　　d——母线轴线到钢条截面形心轴的距离，cm；

　　　　　　S——母线相间距离，cm；

　　　　$I_m/2\pi d$——单根母线下 d 处的无钢磁场强度，A/cm；

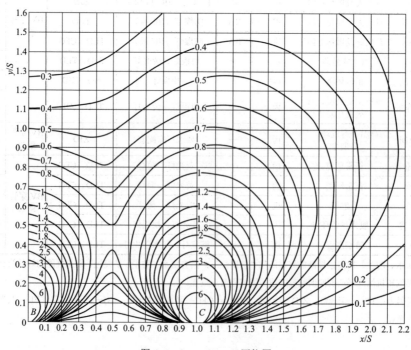

图 A-1　$h_{ox}-x/S$, y/S 网络图

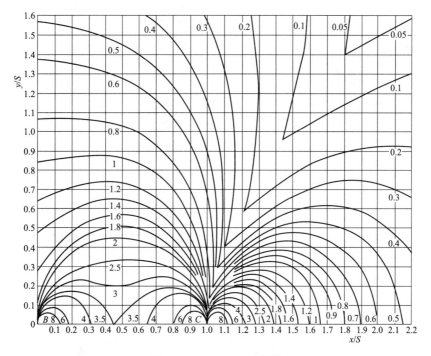

图 A-2　$h_{oy}-x/S$，y/S 网络图

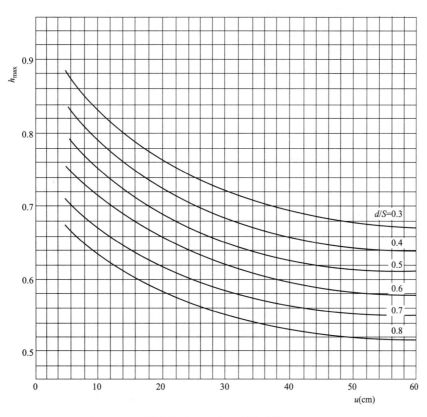

图 A-3　$h_{max}-$（u、d/S）曲线

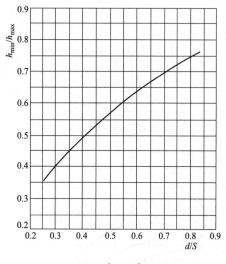

图 A-4 $\dfrac{h_{\min}}{h_{\max}} - \dfrac{d}{S}$ 曲线

型钢截面	u 的计算公式	几何均距 g（cm）
续表		
	$u \approx 2(a+2b)-5c$	当 $\dfrac{b}{a}=0.2\sim0.7$，$c \ll a$ $g \approx 0.232a+0.293b$
	$u \approx 2(a+2b-4c)$	当 $\dfrac{b}{a}=0.25\sim0.7$， $c \ll a$ $g \approx 0.238a+0.22b$
	$u=\pi D$	$g=0.7788r$
	$u=2(a+b)$	$g \approx 0.223b(a+b)$

$\left(1.073-0.44\dfrac{d}{S}\right)$——无钢时的互消系数；

$\left(0.7+0.3\mathrm{e}^{-\frac{u}{20}}\right)$——有钢时的畸变系数，$u$ 为钢条横截面周长（cm），u 按表 A-1 中公式计算。

如果钢条是由几根组合的，u 取各钢条截面周长总和。

当钢条有两根及以上并排时，上面求得的 $H_{\max}$ 需乘以系数 K_p，K_p 值与钢条的根数和钢条间的距离 a 有关。根据对小截面钢条（$u=20$cm 以下）的试验，在 $d/S=0.4\sim0.7$ 的范围内，K_p 可由图 A-5 按钢条的根数和 a/d 值求得，$H_{\min}$ 值不需修正。

表 A-1　　各种型钢截面的周长 u
及几何均距计算公式

型钢截面	u 的计算公式	几何均距 g（cm）
	$u=1.95(a+b)$	当 $\dfrac{b}{a}=0.5\sim1.0$，$c \ll a$ $g=0.207a+0.186b$ 当 $a=b$　$g \approx 0.393a$

当钢条上装有外胶装支柱绝缘子用以支持母线时，由于绝缘子底座的影响，钢条表面磁场强度峰值降低，因此全钢条的平均磁场强度可取上述的 $H_{\min}$ 值。

当母线在横越钢条附近有直角转弯时，如图 A-11 所示，在计算钢条轴线上的磁场强度时，则应分别按有限长母线求出各段母线在钢条轴线上的无钢磁场强度峰值，然后叠加。即：

$$H_{o\max}=\dfrac{1}{S}(H_{oa}+H_{ob}+H_{oc}) \tag{A-4}$$

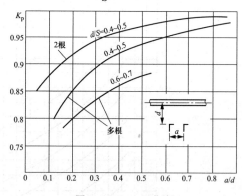

图 A-5　$K_p—a/d$ 曲线

$$
\begin{aligned}
H_{oa}=H_{oc}=\dfrac{I_m}{2\pi d}\times\dfrac{1}{4}\times\Bigg\{&-1.707+\dfrac{2}{\left(\dfrac{S}{d}\right)^2+1}\times\left(\dfrac{1}{\sqrt{2+\left(\dfrac{S}{d}\right)^2}}+1\right)\\
&-\dfrac{1}{\left(\dfrac{2S}{d}\right)^2+1}\times\left[\left(\dfrac{1}{\sqrt{2+\left(\dfrac{2S}{d}\right)^2}}+1\right)\right]^2+3\left[1.707-\dfrac{1}{\left(2\dfrac{S}{d}\right)^2+1}\times\left(\dfrac{1}{\sqrt{2+\left(\dfrac{2S}{d}\right)^2}}+1\right)\right]^2\Bigg\}^{\frac{1}{2}}
\end{aligned}\tag{A-5}
$$

$$H_{ob}=\frac{I_M}{2\pi d}\times\frac{1}{2}\left[1.707-\frac{1}{\left(\frac{S}{d}\right)^2+1}\times\left(\frac{1}{\sqrt{2+\left(\frac{S}{d}\right)^2}}+1\right)\right] \qquad\text{(A-6)}$$

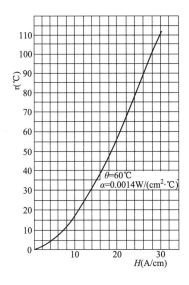

图 A-6　τ—H 曲线

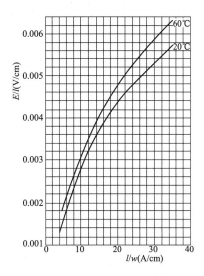

图 A-7　P—H 曲线

（2）钢条温升。在一般工程条件下，由已知的 H_{max} 值，按式（A-7）计算即可得到钢条最热点的温升 τ_{max}。

$$\tau_{max}=0.00072\frac{H^{1.58}}{\alpha_a} \qquad\text{（A-7）}$$

对于闭合回路：

$$\tau_{max}=\frac{0.00072}{\alpha_a}\left(\frac{I_g}{u}\right)^{1.58} \qquad\text{（A-8）}$$

式中　H——钢条表面的磁场强度，A/cm；

α_a——钢条表面的散热系数，W/（cm^2 · ℃），一般取 α_a=0.0014，W/（cm^2 · ℃）；

I_g——每根钢条中流过的电流（环流），A；

u——钢条横截面的周长，cm。

为了便于设计，图 A-6 示出 τ-H 的关系曲线，由已知的 H_{max} 值，从该图可直接查到 τ_{max} 值。当 α_a 不是 0.0014W/（cm^2 · ℃）和温度不是 60℃时，可用系数 $\frac{0.0014}{\alpha_a}$[1+0.0025(θ_m-60°)] 来修正。

（3）功率损耗。图 A-7 示出适用于一般钢材的磁场强度与单位表面积的有功功率损耗的实用曲线，当计算钢条功率损耗时，只需根据已求得的 H_{max}、H_{min} 值，即可由该图查得钢条单位表面积的最大和最小有功功率损耗 P_{max} 和 P_{min}，然后取钢条长度为 3S（小于 3S 取实际长度），按下式计算钢条的有功功率损耗。

$$P=\frac{3}{2}Su（P_{max}+P_{min}） \qquad\text{（A-9）}$$

式中　S——母线的相间距离，cm。

2. 三相并排母线附近的闭合钢构回路

（1）闭合回路中的感应电动势：为避免烦琐的计算又能方便地求得三相母线附近任何位置上与母线平行的直线导体中每米的感应电动势。图 A-8、图 A-9 绘出了垂直于三相并排母线的 x-y 平面上任一点感应电动势 E_a/l（实部）和 E_b/l（虚部）与其相对坐标 x/S，y/S 的网络图。但应注意这两个网络图只包括 x-y 平面的第一象限。当 y 为负时，可当作正值查用；当 x 为负时，只须对 E_a/l 取负值。图中感应电动势的单位为 V/（m · A）。利用这些网络图，就可根据与母线平行的直线导体的相对坐标，由网络图查得每米每安的感应电动势。

图 A-11 中母线桥的 A、B 钢条与三相母线平行，并构成闭合回路，其中 A、B 钢条的感应电动势根据 A、B 钢条各自在 x-y 平面上的相对坐标（取并排母线的轴线为 x 轴）x/S，y/S。由图 A-8 和图 A-9 查得 E_{Aa}/l，E_{Ab}/l 和 E_{Ba}/l 和 E_{Bb}/l，则 A、B 钢条中每米每安的感应电动势为：

$$\dot{E}_A/l=E_{Aa}/l+jE_{Ab}/l$$

$$\dot{E}_B/l = E_{Ba}/l + jE_{Bb}/l$$

当母线电流为 I_M（A）时，由 A、B 钢条构成的闭合回路中每米感应电动势为：

$$\dot{E}_{AB}/l = (\dot{E}_A/l - \dot{E}_B/l)I_M$$
$$= \left[\left(\frac{\dot{E}_{Aa}}{l} - \frac{\dot{E}_{Ba}}{l}\right) + j\left(\frac{\dot{E}_{Ab}}{l} - \frac{\dot{E}_{Bb}}{l}\right)\right]I_M \quad \text{(A-10)}$$

式中 l——与母线平行的闭合回路的长度，m。

（2）闭合回路的阻抗计算。闭合回路的阻抗可写为：

$$z = r + jx = r + j(x_N + x_W) \quad \text{(A-11)}$$

式中 r、x_N——闭合回路的电阻和内电抗，Ω，$x_N = 0.6r$；

x_W——闭合回路的外电抗，Ω。

由钢条构成闭合回路的电阻和内电抗，它们与回路电流有关，精确计算是很困难的。图 A-10 给出实用铁磁材料的各项参数平均曲线，利用这些曲线，只需知道钢条表面的磁强 $H = \dfrac{1}{u}$（A/m），就可求得钢条的电阻和内电抗。当回路是长直的、钢条截面是均一的时，闭合回路的外电抗可按下式计算：

$$x_W = \frac{\omega\mu_0}{\pi} l\ln\frac{d}{g} \quad \text{(A-12)}$$

式中 d——两根平行长直钢条间的距离，cm；

g——钢条横截面的几何均距，对扁钢、角钢、槽钢和工字钢按 $g \approx 0.1u$（cm）计算；

l——两平行钢条的长度，cm。

当回路是矩形闭合钢框时：

$$x_W = \frac{\omega\mu_0}{\pi}l\ln\left[a\ln\frac{2a}{a+b} + b\ln\frac{2a}{b+c}\right.$$
$$\left. + (a+b)\ln\frac{b}{g} - 2(a+b-c)\right] \quad \text{(A-13)}$$

式中 a——矩形钢框的长，cm；

b——矩形钢框的宽，cm；

c——矩形钢框的对角线，cm；

l——矩形钢框的周长，cm。

（3）闭合钢构回路感应环流 I_g 的计算。感应环流 I_g 可用下式利用计算器凑算，先假设 I_g 值。

长直闭合回路：

$$\dot{E}_{AB}/l = \left|0.144u^{-0.58}I_g^{0.58} + j0.88u^{-0.58}\times I_g^{0.58} + j\frac{x_W}{l}I_g\right|$$
$$\text{(A-14)}$$

矩形闭合回路：

$$\dot{E}_{AB} = \left|0.072lu^{-0.58}I_g^{0.58} + j0.044lu^{-0.58}\times I_g^{0.58} + jx_W I_g\right|$$
$$\text{(A-15)}$$

若用计算器进行试凑计算时，将上式化为：

$$\frac{\dot{E}_{AB}}{l} = \left|aI_g^{0.58} + jbI_g^{0.58} + jcI_g\right|$$

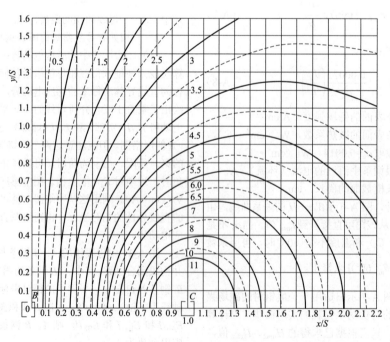

图 A-8 三相并排母线 E_a/l [$\times 10^{-5}$V/（m·A）] 网络图

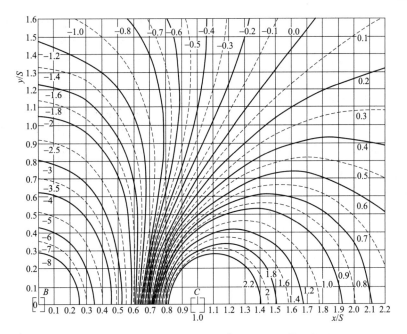

图 A-9　三相并排母线 E_b/l ［×10⁻⁵V/（m·A）］ 网络图

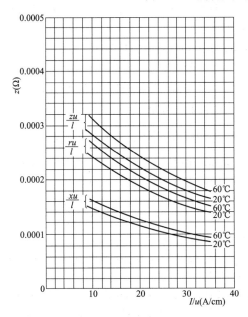

图 A-10　$\dfrac{zu}{l}$、$\dfrac{ru}{l}$、$\dfrac{xu}{l}$—$\dfrac{1}{u}$ 曲线

（4）计算闭合回路中由 I_g 引起的功率损耗。由 $H=\dfrac{I_g}{u}$，查图 A-7 求得钢条单位表面积的有功功率损耗，就可算出钢条的总功率损耗：

$$P=lup \qquad\qquad （A-16）$$

式中　l——I_g 流过钢条的长度，cm；

　　　u——钢条截面周长，cm；

　　　p——钢条单位表面积的有功功率损耗，W/cm²。

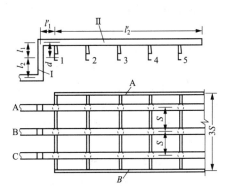

图 A-11　钢构组成的母线桥

（5）构成闭合回路的横越钢条。长直闭合回路的横越钢条只需计算涡流发热损耗，方法与计算三相并排母线附近的横越钢条的方法相同。矩形闭合回路的横越钢条除了 I_g 流过钢条产生的功率损耗外，还需加上涡流发热损耗。

（6）温升。由 $H=\dfrac{I_g}{u}$，查图 A-6 求得闭合回路钢条的温升 τ（℃）。

【例1】如图 A-11 所示，已知母线电流 I_m=7000A，相间距离 $s=100$cm，母线轴线到横越钢条载面形心轴线的距离 $d=50$cm，A、B 钢条均为 10 号槽钢。设母线桥长 $L_A=50$m，试计算母线桥 A、B 钢条构成闭合回路的损耗和温升。

解：（1）已知 $s=100$cm、$d=50$cm，10 号槽钢截面周长 $u=2$（10+2×5.3）−5×0.5=38.7cm。

则 A、B 钢条的相对坐标 $x/s=\pm1.5$、$y/s=0.5$，查图 A-8 和图 A-9 得：

$$\frac{E_{Aa}}{l}=-\frac{E_{Ba}}{l}=7\times10^{-5}\,\mathrm{V}/(\mathrm{m\cdot A})$$

$$\frac{E_{Ab}}{l}=\frac{E_{Bb}}{l}=1.04\times10^{-5}\,\mathrm{V}/(\mathrm{m\cdot A})$$

由式（A-10）得：

$$\frac{\dot{E}_{AB}}{l}=[(7+7)+j(1.04-1.04)]\times10^{-6}\times7000$$
$$=0.98\angle0°(\mathrm{V}/\mathrm{m})$$

（2）闭合回路的外电抗：

按平行长直导体计算，由式（A-12）得：

$$\frac{x_{w}}{l}=\frac{2\pi\times50\times4\pi\times10^{-7}}{\pi}\ln\frac{300}{0.1\times38.7}$$
$$=5.467\times10^{-4}(\Omega/\mathrm{m})$$

（3）利用式（A-14）用计算器试凑法计算环流 I_{g}：

$$0.98=|0.144\times38.7^{-0.58}I_{g}^{0.58}+j0.088$$
$$\times38.7^{-0.58}I_{g}^{0.58}+j5.467\times10^{-4}I_{g}|$$
$$=|0.0173I_{g}^{0.58}+j0.01056I_{g}^{0.58}+j5.467\times10^{-4}I_{g}|$$

计算时，先不计 x_{w} 算出 I_{g}，作为 I_{g} 的第一次参考值，以后试算 2～3 次即可算出 I_{g}。经试算得 $I_{g}=552$A。

（4）由环流 I_{g} 引起的功率损耗和温升：

由 $H=\dfrac{I_{g}}{u}=\dfrac{552}{38.7}=14.26$A/cm，查图 A-7 得 $p=0.047$W/cm^{2}，A、B 钢条构成的闭合回路的总功率损耗为：

$$P=lup=2\times(5000+300)\times38.7$$
$$\times0.047\times10^{-3}=19.28\,(\mathrm{kW})$$

（5）闭合回路中横越钢条的功率损耗和温升：因为是长直梯形闭合回路，只需计算横越钢条中的涡流损耗。

设：横越钢条的间距为 2m，共有横越钢条 26 根。根据图 A-1、图 A-2 及图 A-7 可查得每根钢条损耗为 371.5W，温升 32℃。

（6）闭合回路总功率损耗：

$$\Sigma P=19.28+0.7663+0.3715\times26=29.71(\mathrm{kW})$$

【例2】图 A-12 所示三相长直母线附近装设钢保护遮栏，纵向钢框 M 是用以固定网框 N，它们都是用 60×60×5（mm）的角钢制成。已知 $I_{w}=7000$A，$S=100$cm，$d=50$cm，保护遮栏长 50m，每个网框宽 0.8m，高 2m。试计算：①M 与 N 钢框接触好时，保护遮栏的损耗和温升；②M 与 N 钢框绝缘，M 钢框形成的闭合回路被断开，各 N 钢框有间隙时，保护遮栏的损耗和温升。

解：（1）M 与 N 钢框接触良好时，保护遮栏的损耗和温升。

这时整个保护遮栏可简化为长直梯形回路计算。

1）由图 A-8 和图 A-9 查得并算出 M 钢框中的感应电动势 $E_{MM}/l=0.835$V/m。

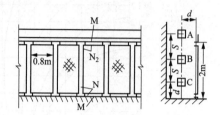

图 A-12　并排母线附近的保护遮栏

2）外电抗按平行长直组合钢条计算，由于 M 与 N 钢框靠得很近，邻近效应的影响使组合钢条的周长只增加 1.5 倍。故 $u=1.95\times(2\times6)\times1.5=35.1$cm，$g=0.1u=3.51$cm，则：

$$x_{u}=\frac{2\pi\times50\times4\pi\times10^{-7}}{\pi}\ln\frac{200}{3.51}$$
$$-5.078\times10^{-4}(\Omega/\mathrm{m})$$

3）闭合回路的环流 I_{g} 用式（A-14）进行试凑计算。

$$0.835=|0.144\times35.1^{-0.58}I_{g}^{0.58}+j^{0.088}$$
$$\times35.1^{-0.58}I_{g}^{0.58}+j5.078\times10^{-4}I_{g}|$$
$$=|0.0183I_{g}^{0.58}+j0.0112I_{g}^{0.58}+j5.078\times10^{-4}I_{g}|$$

试算结果 $I_{g}=412$A。

4）I_{g} 引起的功率损耗和温升：由 $H=\dfrac{I_{g}}{u}=\dfrac{412}{35.1}=11.74$A/cm，由图 A-7 查得 M 钢框的单位表面积的功率损耗 $P=0.035$W/cm^{2}，M 钢框的损耗为：

$$P_{1}=lup=2\times(5000+200)\times35.1$$
$$\times0.035\times10^{-3}=12.78(\mathrm{kW})$$

由图 A-6 查得 M 钢框的温升 $\tau=24$℃。

5）保护遮栏网框 N 的损耗和温升：N 网框的纵框环流损耗按长直梯形回路计算。这里只需计算横越钢框的损耗。考虑到网框间的横越钢框靠得很近，按组合钢条计算，即钢框的截面周边长度 u 增加一倍，$u=1.95\times(2\times6)\times2=46.8$cm，因而磁强 H 减小，由前面介绍的方法求得 $H_{max}=13.8$A/cm，$H_{min}=7.86$A/cm；$P_{max}=0.044$W/cm^{2}，$P_{min}=0.018$W/cm^{2}，按 61 块网框计算，横越钢框的总损耗为：

$$P_{2}=\frac{1}{2}(0.044+0.018)\times200\times46.8$$
$$\times61\times10^{-3}=17.7(\mathrm{kW})$$

钢框最热点的温升 $\tau_{max}=31$℃。

6）保护遮栏的总功率损耗：

$$P=P_{1}+P_{2}=12.78+17.7=30.48\,(\mathrm{kW})$$

（2）M 与 N 钢框相互绝缘和 M 钢框形成的闭合回路被断开时的损耗和温升。

这时只需计算网框 N 的损耗和温升。

1）N 矩形钢框的感应电动势由上可得 $E_N=0.835\times0.8=0.668V$

2）N 矩形钢框的阻抗，钢框中垂直于母线的两根钢框只计算内阻抗，没有外电抗，平行于母线的两根钢框除计算内阻抗外，还需计算外电抗，即

$$x_w = \frac{2\pi\times50\times4\pi\times10^{-7}}{\pi}\times0.8\ln\frac{200}{2.34}$$
$$=4.47\times10^{-4}(\Omega)$$

3）N 钢框中的环流 I_g，取钢框的周长 $l=(2+0.8)\times2=5.6m$，由式（A-15）：

$$0.668=|0.072\times5.6\times23.4^{-0.58}I_g^{0.58}+j0.044$$
$$\times5.6\times23.4^{-0.58}I_g^{0.58}+j4.47\times10^{-4}I_g|$$
$$=|0.065I_g^{0.58}+j0.0396I_g^{0.58}+j4.47\times10^{-4}I_g|$$

计算结果 $I_g=41A$。

4）N 钢框中 I_g 引起的功率损耗和总损耗，由

$$H=\frac{I_g}{u}=\frac{41}{23.4}=1.75A/cm$$，可见环流功率损耗很少，按 61 块网框计算只有 1.586kW。钢框中横越钢框的涡流功率损耗前面已求得，保护遮栏的总功率损耗为：

$$P=17.7+1.586=19.286（kW）$$

可见采取措施后可使功率损耗减小约 40%。横越钢框的温升略高 2℃。

二、混凝土中钢筋损耗的发热计算

常用的混凝土配筋尺寸是：直径 $2R=0.6\sim2.0cm$，钢筋间距 $b=10\sim20cm$。

（一）混凝土单面散热

图 A-13 所示混凝土中单层钢筋网络，其中纵筋与母线平行，横筋与母线垂直。它们由矩形网格组成复杂闭合网络。

1．纵筋的损耗和温升

设纵横钢筋接触良好，中间的横筋没有电流通过，纵筋环流经过两端若干横筋形成闭合回路。因此，纵筋按长直闭合回路计算。下面介绍并排母线下 4S 范围内（约 27 根）的纵筋网络环流引起的损耗和温升。

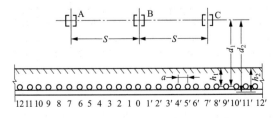

图 A-13　混凝土中的钢筋网路

（1）由图 A-8、图 A-9 查得第 k 根钢筋的感应电动势 E_k/l，算出 $u/l=\frac{1}{n}\sum_{k=1}^{n}E_k/l$（$n$ 为钢筋根数，l 为纵筋长度），$\Delta E_k/l=|E_k/l-u/l|$。

（2）先不计外电抗，由 $\Delta E_k/l$ 并设钢筋温度为 60℃ 查图 A-14 查得 I'_{kg}/u 算出 I'_{kg}（u 是钢筋截面的周长）。

（3）计及外电抗。对已算出的 I'_{kg} 进行修正，即 $I_k=K_g I'_{kg}$。K_g 按以下原则确定。

1）对于 $\phi16$ 钢筋和 7000A 母线电流，$K_g=0.78$；

2）钢筋直径每增（减）4mm，K_g 减（加）0.045；

3）母线电流 $<7000A$ 时，每减 1000A，K_g 加 0.022；

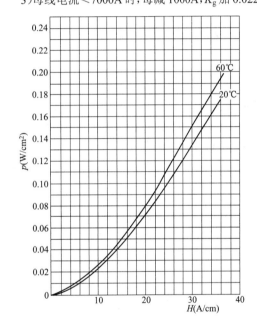

图 A-14　$E/l—I/\omega$ 曲线

4）母线电流 $>7000A$ 时，每加 1000A，K_g 减 0.016。

当钢筋分布范围按 $4S$ 计算时，每根钢筋的外电抗 $x_w=1.2\times10^{-3}\Omega/m$，分布范围按 $3S$ 时 $x_w=0.96\times10^{-3}$（Ω/m）。

（4）由 $H_k=\frac{I_k}{u}$ 查图 A-14 求得 P_k（W/cm²），按下式计算功率损耗：

$$P_k=uLP_k \tag{A-17}$$

总功率损耗：

$$P=\sum_{k=1}^{n}p_k \tag{A-18}$$

（5）纵筋的温升，最热的纵筋位于 C 相偏外的地方，计算该根钢筋的温升只需计及附近 1.5S 范围内（即 9~11 根）钢筋的发热，更远的钢筋影响很小，可不予考虑。该第 k 根钢筋最热，温升为 τ_{1max}，有：

$$\tau_{1max} = \frac{1}{2\pi\lambda_t}\omega\left\{p_k\ln\frac{2h_1}{R} + \frac{p_{k-1}+p_{k+1}}{2}\times\ln\left[1+\left(\frac{2h_1}{a}\right)^2\right] + \frac{p_{k-2}+p_{k+2}}{2}\times\ln\left[1+\frac{1}{4}\left(\frac{2h_1}{a}\right)^2\right] + \frac{p_{k-3}+p_{k+3}}{2}\right.$$

(A-19)

$$\left.\times\ln\left[1+\frac{1}{9}\left(\frac{2h_1}{a}\right)^2\right] + \frac{p_{k-4}+p_{k+4}}{2}\times\ln\left[1+\frac{1}{16}\left(\frac{2h_1}{a}\right)^2\right] + \frac{p_{k-5}+p_{k+5}}{2}\times\ln\left[1+\frac{1}{25}\left(\frac{2h_1}{a}\right)^2\right]\right\}(\text{℃})$$

式中　p_k——损耗最大的纵筋单位表面积有功损耗，W/cm^2；

h_1——计及混凝土表面向大气散热后，钢筋的埋设深度，它等于 $h_{N1}+\dfrac{\lambda_t}{a_F}$（cm）（$h_{N1}$ 为纵钢筋的实际埋深）。

在一般工程条件下，混凝土的导热率 $\lambda_t=0.012$W/（cm·℃），混凝土表面的散热系数 $a_F=0.0009$W/（cm^2·℃），则 $h_t=h_{N1}+13$cm。

2. 横筋的损耗和温升

横筋的发热是由涡流损耗产生的，沿横筋轴向损耗和温升是不均匀的，需要计及轴向的热传导。

（1）按空气中横越钢条发热的计算方法，先计算横筋的磁强 H_{max} 和 H_{min}，由于并排的钢筋较多，需乘以修正系数 K_p，K_p 由图 A-5 的曲线查得。再由图 A-7 求得 p_{max} 和 p_{min}。故总损耗是：

$$P = m\frac{3uS}{2}(p_{max}+p_{min})$$（A-20）

式中　m——横筋的根数；

S——母线相间距离，cm。

（2）横筋最热点温升仍处于 C 相偏外的地方，设温升为 τ_{2max}，有：

$$\tau_{2max} = up_{max}R\frac{3000+2uRr}{3000+3uRr}$$（A-21）

$$R = \frac{1}{2\pi\lambda_t}\ln\left[\frac{a}{\pi r}\text{sh}\left(2\pi\frac{h_2}{a}\right)\right]$$（A-22）

式中　R——沿 1cm 长钢筋的混凝土的散热热阻，℃/W；

p_{max}——横筋最热点的有功损耗，W/cm^2；

h_2——同 h_1，$h_2=h_{N2}+B$（h_{N2} 为横钢筋的实际埋深）；

r——横筋的半径，cm。

（3）考虑纵横钢筋间温升的相互影响，这时最热点的温升是：

$$\tau_{max} = \tau_{1max}+K\tau_{2max}$$（A-23）

式中　K——影响系数，当横筋 $\dfrac{2r}{a}\approx\dfrac{1}{5}$ 时，取 0.3；

$\dfrac{2r}{a}\approx\dfrac{1}{10}$ 时，取 0.2，$\dfrac{2r}{a}\approx\dfrac{1}{20}$ 时，取 0.1。

【例 3】 如图 A-13 所示，已知 $I_M=7000$A，$S=100$cm，$d_1=60$cm，$d_2=61.5$cm，$a=15$cm，纵筋直径 $2r_1=1.2$cm，埋深 1.6cm，纵筋长度 $l=50$m，横筋直径 $2r_2=1.6$cm，埋深 3.2cm，试计算钢筋的功率损耗和温升。

解：（1）纵筋的功率损耗和温升，按上述方法计算结果列于表 A-2。

由表 A-2 可知，发热分别集中在 A 和 C 相附近的钢筋中。纵筋总功率损耗为 9.95kW。

8 号纵筋有功损耗最大，按式（A-19）计算 $\tau_{1max}=19.5$℃。

（2）横筋的功率损耗和温升，按前述方法求得 $p_{max}=0.033$W/cm^2，$p_{min}=0.022$W/cm^2，横筋总数共 $\dfrac{5000}{15}+1\approx334$ 根，则总功率损耗为：

$$P = 334\frac{3\times5\times100}{2}\times(0.033+0.022)$$
$$\times10^{-3}=13.85（\text{kW}）$$

按式（A-22）求得 $R=103.37$cm·℃/W，按式（A-21）求得位于 8 号纵筋附近横筋的温升 $\tau_{2max}=15.5$℃。

表 A-2　　　　　　　　　　　　　　　　　纵筋功率损失计算结果

钢筋号	0	1 1'	2 2'	3 3'	4 4'	5 5'	6 6'	7 7'	8 8'	9 9'	10 10'	11 11'	12 12'	13 13'
$\dfrac{\Delta E}{l}\times10^{-3}$(V/m)	3.45	3.4	3.34	3.4	3.72	4.14	4.54	4.83	5.0	4.88	4.63	4.4	4.13	3.87
I'_g（A）（不计 x_W）	45.2	42.6	43.4	42.6	49	59.6	68.6	77	82.6	77.7	69.8	65.6	58.4	53.2
I_g（A）（计 x_W）	35.3	33.2	33.8	33.2	38.2	46.5	53.5	60	64.4	60.6	54	51.2	45.6	41.5
up（W/cm）	0.09	0.079	0.083	0.079	0.102	0.14	0.177	0.196	0.24	0.215	0.181	0.162	0.13	0.113
$P=upl$（W）	450	396	415	396	509	716.3	886	980	1187.6	1074.5	905	810.6	659.8	565.5

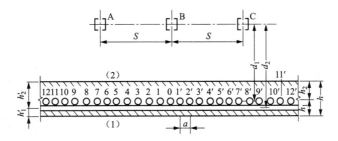

图 A-15　混凝土楼板中的钢筋网

（3）全部纵横钢筋的功率损耗和最热点温升，总功率损耗：

$$\Sigma P = 9.95 + 13.85 = 23.8 \quad (\text{kW})$$

由 $\dfrac{2r_2}{a} = \dfrac{1.6}{15} \approx \dfrac{1}{10}$，取 $K=0.2$，故按式（A-23）

$$\tau_{\max} = 19.5 + 0.2 \times 15.5 = 22.6 \quad (\text{℃})$$

（二）混凝土双面散热

图 A-15 示三相并排母线下混凝土楼板，其中有

$$\tau_{1\max} = \frac{1}{2\pi\lambda_1} u \left\{ P_k \ln \frac{2h}{\pi R} \sin\left(\frac{\pi h_1}{h}\right) + (p_{k-1} + p_{k+1}) \times \ln\left[0.77\sqrt{1 + \left(\frac{2h_1}{a}\right)^2} \right] + (p_{k-2} + p_{k+2}) \right.$$

$$\times \ln\left[0.815 \times \sqrt{1 + \frac{1}{4}\left(\frac{2h_1}{a}\right)^2} \right] + (p_{k-3} + p_{k+3}) \times \ln\left[0.86\sqrt{1 + \frac{1}{9}\left(\frac{2h_1}{a}\right)^2} \right] \tag{A-24}$$

$$\left. + (p_{k-4} + p_{k+4}) \times \ln\left[0.9\sqrt{1 + \frac{1}{16}\left(\frac{2h_1}{a}\right)^2} \right] \right\}$$

式中　$h_1 = h_{N1} + 13$ ［h_{N1} 为钢筋至楼板面（1）的埋深］；
　　　$h_2 = h_{N2} + 13$ ［h_{N2} 为钢筋至楼板面（2）的埋深］；
　　　$h = h_1 + h_2$。

2. 横筋最热点的温升

用式（A-21）计算：

$$\tau_{2\max} = u p_{\max} R \frac{3000 + 2urR}{3000 + 3urR}$$

其中

$$R = \frac{1}{2\pi\lambda_1} \left[\frac{h_2}{h} \ln\left(\frac{a}{\pi r} \text{sh} \frac{2\pi h_1}{a} + \frac{h_1}{h} \right) \right.$$
$$\left. \times \ln\left(\frac{a}{\pi r} \text{sh} \frac{2\pi h_2}{a} - 2\pi \frac{h_1 h_2}{ha} \right) \right] \tag{A-25}$$

3. 钢筋最热点的温升

用式（A-23）计算钢筋最热点的温升。

【例 4】　如图 A-15 已知混凝土地板厚为 10cm，纵横钢筋对楼板面（1）的埋深分别是 3cm 和 1.6cm，其他已知条件与【例3】相同，试计算钢筋的功率损耗和温升。

解　钢筋的功率损耗值同【例3】。

纵筋最高温升在 8 号钢筋，按式（A-24）计算，由图 $h_1 = 3 + 13 = 16\text{cm}$，$h_2 = 7 + 13 = 20\text{cm}$，$h = h_1 + h_2 = 36\text{cm}$，

一层钢筋，钢筋的损耗发热量，从地板的两面散出。纵横钢筋中的功率损耗计算与单面散热的计算相同，但钢筋的温升按下式计算。

1. 最热纵筋的温升

同单面散热一样，只计算最热钢筋附近 9～11 根钢筋的发热量，设第 k 根钢筋最热，温升为 $\tau_{1\max}$，有：

可算得温升 $\tau_{1\max} = 15.3\text{℃}$。

横筋最热点也位于 8 号纵筋附近，按式（A-21）和式（A-25）计算，由 $h_1' = 1.6 + 13 = 14.6\text{cm}$，$h_2' = 8.4 + 13 = 21.4\text{cm}$，$h = h_1' + h_2' = 36\text{cm}$，算得 $R = 63.05\text{cm·℃/W}$，$\tau_{2\max} = 11.39\text{℃}$。

钢筋最热点的温升 $\tau_{\max} = 15.3 + 0.2 \times 11.39 = 17.58\text{℃}$。

三、屏蔽环与屏蔽栅的计算

（一）屏蔽环（短路环）

在横越钢条最热点处，装设屏蔽环可减少功率损耗，降低钢条温升。图 A-16 示内胶装支柱绝缘子两旁各装设一个屏蔽环，环的截面按下述方法计算。

（1）按母线电流的 10%，取电流密度 0.9A/mm²，为简便把两环当作一环计算，初选屏蔽环的截面。

（2）根据屏蔽环安装的位置，由图 A-1 查得该处钢条轴线上的 h_{ox} 值，按下式计算 H_{ox} 和屏蔽环的电流 I_{ph}：

$$H_{ox} = h_{ox} \frac{I_M}{2\pi S} \tag{A-26}$$

$$I_{ph} = H_{ox}(b + \pi r) \tag{A-27}$$

式中　b——屏蔽环的宽度，cm；

　　　r——屏蔽环外周长 w 的等效半径，cm，$r = \dfrac{u}{2\pi}$。

（3）按屏蔽环长期工作温度不高于60℃，并考虑它的散热面积减少后，屏蔽环长期允许电流应大于I_{ph}。可由下式校验：

$$I = I_x \sqrt{\frac{60-40}{70-25} \times \frac{2}{3}} \geqslant I_{ph} \qquad (A-28)$$

式中　I_x——所选截面在最高允许温度70℃，环境温度25℃时的长期允许电流。

（4）装屏蔽环后，环内磁强为无环时的$\frac{1}{6} \sim \frac{1}{8}$，全钢条的平均损耗约为无环时的$\frac{1}{2} \sim \frac{1}{4}$（双环约1/4）。钢条温升近似地按钢条磁强谷值$H_{min}$计算。

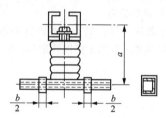

图 A-16　屏蔽环

【例5】在图A-11中，钢条1位于各相母线下最热点的温升很高$\tau_{max}=67.5℃$，为降低温升，在内胶装支柱绝缘子的两旁各装一个铝屏蔽环，试选择环的尺寸。

解：已知等效母线的电流$I'_M=10965A$，钢条最热点的无钢磁场$H_{omax}=30.54A/cm$。

初选屏蔽环截面$S = \dfrac{10965 \times 0.1}{0.9} = 1218mm^2$，选80×6mm的铝环两个。屏蔽环套在10号槽钢上，其外周长$w=37cm$，则环内电流：

$$I_{ph} = 30.54 \times \left(8 \times 2 + \frac{37}{2}\right) = 1054(A)$$

80×6的铝屏蔽环在25℃时的允许电流为1150A，经温度修正后允许电流：

$$I = 1150 \times \sqrt{\frac{60-40}{70-25} \times \frac{2}{3}} = 626 > \frac{1054}{2} = 527(A)$$

所选屏蔽环满足要求。此时钢条1的损耗约降低到$P_1=192W$，屏蔽环本身的损耗约23W，为不装屏蔽环时的损耗的1/3。钢条的温升降低到26.5℃，为不装环时的2/5。效果较好。

（二）屏蔽栅

图 A-11 示在三相母线下面装设有三个纵向导体组成的长屏蔽栅，屏蔽栅用矩形铝导体做成，尺寸的选择和屏蔽效果的计算方法如下：

（1）假定三个截面相同，先按图A-8、图A-9查得母线电流在屏蔽栅中引起的感应电动势$\dfrac{\dot{E}_{Ma}}{l}$、

$\dfrac{\dot{E}_{Mb}}{l}$、$\dfrac{\dot{E}_{Mc}}{l}$（V/m）。

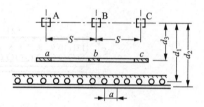

图 A-17　屏蔽栅

（2）按母线电流的30%和电流密度0.9A/mm²，初选屏蔽栅导体的截面，则导体截面的几何均距$g=0.2236(a+b)$，a为导体的厚度（cm），b为宽度（cm），然后按下式计算屏蔽栅的电流：

$$\left.\begin{aligned}
\dot{I}_a &= j\frac{2\pi}{\omega\mu_0} \times \left[\frac{(\dot{E}_{Mc}/l - \dot{E}_{Mb}/l)\ln S/2g}{(2\ln S/g)^2 - (\ln S/2g)^2}\right.\\
&\quad \left. - \frac{2(E_{Ma}/l - E_{Mb}/l)\ln S/g}{(2\ln S/g)^2 - (\ln S/2g)^2}\right]\\
\dot{I}_c &= j\frac{2\pi}{\omega\mu_0} \times \left[\frac{(\dot{E}_{Ma}l/ - \dot{E}_{Mb}/l)\ln S/2g}{(2\ln S/g)^2 - (\ln S/g)^2}\right.\\
&\quad \left. - \frac{(\dot{E}_{Mc}/l + \dot{E}_{Mb}/l)\ln S/g}{(2\ln S/g)^2 - (\ln S/g)^2}\right]\\
\dot{I}_b &= -(\dot{I}_a + \dot{I}_c)
\end{aligned}\right\} \qquad (A-29)$$

（3）根据I_a、I_b、I_c取电流密度0.9A/mm²，校验所选屏蔽栅的截面。由于I_a、I_c大于I_b，A、C相下屏蔽栅导体截面大于B相下的导体截面，其几何均距增大，使电抗减少和屏蔽栅电流增大，但影响较小，一般可不必修正。

（4）屏蔽效果的计算：先按图A-1和式（A-1）计算有栅和无栅时横越钢条最热点轴线上的H_{omax}。按图A-8、图A-9或式（A-30）计算有栅和无栅时最热点纵向钢条的感应电动势。如屏蔽栅的位置适当，可使钢条的磁强或感应电动势削弱到最小，则屏蔽效果最好。

$$\begin{aligned}
\frac{\dot{E}_k}{L} &= -\frac{\omega\mu_0}{2\pi}I_m\left(\frac{\sqrt{3}}{2}\ln\frac{d_A}{d_C} + j\frac{1}{2}\ln\frac{d_A d_C}{d_B^2}\right)\\
&= I_m\left(5.44\ln\frac{d_C}{d_A} + j3.14\ln\frac{d_B^2}{d_A d_C}\right) \times 10^{-5}
\end{aligned} \qquad (A-30)$$

对于三相母线水平并排布置时，以B相母线轴为原点，并使x轴沿AC取向时，则：

$$d_A = \sqrt{(x+s)^2 + y^2};$$
$$d_B = \sqrt{x^2 + y^2};$$
$$d_C = \sqrt{(x-s)^2 + y^2}$$

【例6】如图 A-17 所示，已知三相母线电流$I_m=$

10000A，S=100cm，d_1=60cm，d_2=61.5cm，d_3=50cm，试选择屏蔽栅导体和计算屏蔽栅的屏蔽效果。

解：由式（A-30）或图 A-8、图 A-9 求得 $\dfrac{\dot{E}_{Ma}}{l}=0.77+j0.06V/m$、$\dfrac{\dot{E}_{Mb}}{l}=-j0.51V/m$、$\dfrac{\dot{E}_{Mc}}{l}=-0.77+j0.06V/m$；按母线电流的 30%，电流密度 0.9A/mm^2，初选屏蔽栅矩形铝导体截面为 125×10mm^2，几何均距 $g=0.2236×（12.5+1）=3.02cm$；按式（A-29）算得 $\dot{I}_a=3063\angle-72.4°A$、$\dot{I}_b=1848×\angle180°A$、$\dot{I}_c=3063\angle+72.4°A$。根据所求得的电流，选择 A、C

相下屏蔽栅的矩形铝导体截面为两片 125×10mm^2，B 相下屏蔽栅为一片 125×10mm^2，与初选截面相符。

屏蔽效果的计算，由图 A-1 和式（A-1）计算横越钢筋无栅时最热点的磁场强度 H_{omax} 为 22.3A/cm，有栅时最热点的磁场减小到 13A/cm。由图 A-8、图 A-9 或式（A-30）求得无栅时最热点纵向钢筋中的感应电动势为 0.68V/m，有栅时感应电动势减小到 0.15V/m 即有栅时最热点的磁场强度和感应电动势分别减小了 42% 和 78%，可见屏蔽效果较好。

附录 B 电工产品使用环境条件

环境因素		一般	湿热	干热	高原 2000	高原 3000	高原 4000	高原 5000	化工腐蚀	船舶	汽车、拖拉机	煤矿防爆	工厂防爆	冶金
海拔高度 (m)		≤1000	≤1000	≤1000	2000	3000	4000	5000	≤1000	0				
空气温度	年最高 (℃)	40	40	45	35	30	25	20	40	45	75	35	40	(60)
	年最低 (℃)	取下列数值之一：+5, −10, −25, −40	0	−5	取下列数值之：−, +5, −10, −25, −40	同左	同左	同左	−40	−25	−40			(−25, −40)
	年平均 (℃)	(20)	25	30	15	10	5	0						
	月平均最高 (℃)	(35)	36	43	30	25	20	15						
	日平均 (℃)	(30)	35	40	25	20	15	10						
	最大日温差 (℃)	(30)		30	30	30	30	30						
空气相对湿度 (%)		90 (25℃)	95 (25℃)	10 (40℃)	90 (15℃)	90 (10℃)	90 (5℃)	90 (0℃)	90 (25℃)	≤95	90 (25℃)	90~97 (25℃)	90 (25℃)	90 (25℃)
气压	最低 (Pa)	84000	84000	84000	72000	64000	56000	48000	84000					
	平均 (Pa)	90000	90000	90000	79500	70000	61500	54000	94000					
冷却水最高温度 (℃)		(30)	33	35										
一米深地下最高温度 (℃)		(25)	32	32	22	19	16	13						
太阳辐射最大强度 (W/m²)		(970)	970	1110	1110	1110	1250	1250	970					
最大降雨强度 (mm/10min)		(30)	50		30	30	30	30	50					
最大风速 (m/s)		(30)	35	40	△	△	△	△						

续表

环境因素	环境条件：一般	湿热	干热	高原			化工腐蚀	船舶	汽车、拖拉机	煤矿防爆	工厂防爆	冶金
露、雪、霜、冰	△	△	△	△	△	△	△	△	△		△	
霉菌		○						○	○	○	△	
盐雾	△		△					○	△		△	
灰土与砂土	△		○（户外）△（户内）	△	△	△	△	○	○	○	△	○
雷电	△	○		△	△	△		△				
有害动物	△	○	○					○				
腐蚀性气体　氯（mg/m³）							3				△	
氯化氢（mg/m³）							15				△	
二氧化硫及三氧化硫（mg/m³）							40				△	
氮的氧化物（mg/m³）							10				△	
氟化物（mg/m³）							15				△	
硫化氢（mg/m³）							>4.50				△	
氨（mg/m³）							40				△	
酸雾、碱雾							○				△	
腐蚀粉尘							△	△			△	
爆炸性混合物										○	○	○

续表

环境因素	环境条件									
	一般	湿热	干热	高原	化工腐蚀	船舶	汽车、拖拉机	煤矿防爆	工厂防爆	冶金
油雾						△				
倾斜度						45°				
摇摆度						22.5°				
冲击						△	○	○		△
振动						○	○			○
水浪						△				
噪声						○	△			
电磁干扰	△					○	△			
其他要求				以上参数只供参考用，不代表分级标准。				工作面窄，设备经常移动		
标准代号		JB830—75	JB830—75		JB/Z99—67	JB848—66、JB850—66	JB2261—77			

注 括号中的数值是参考值；符号"○"表示设计时须考虑；符号"△"表示提出具体情况和要求时考虑之。

附录 C　金属氧化锌避雷器主要技术参数

表 C-1　典型的电站和配电用避雷器参数

(kV)

避雷器额定电压 U_r（有效值）	避雷器持续运行电压 U_c（有效值）	标称放电电流 20kA 等级 电站避雷器				标称放电电流 10kA 等级 电站避雷器				标称放电电流 5kA 等级 电站避雷器				标称放电电流 5kA 等级 配电避雷器			
		陡波冲击电流残压	雷电冲击电流残压	操作冲击电流残压	直流1mA参考电压不小于	陡波冲击电流残压	雷电冲击电流残压	操作冲击电流残压	直流1mA参考电压不小于	陡波冲击电流残压	雷电冲击电流残压	操作冲击电流残压	直流1mA参考电压不小于	陡波冲击电流残压	雷电冲击电流残压	操作冲击电流残压	直流1mA参考电压不小于
		（峰值）不大于				（峰值）不大于				（峰值）不大于				（峰值）不大于			
5	4.0									15.5	13.5	11.5	7.2	17.3	15.0	12.8	7.5
10	8.0									31.0	27.0	23.0	14.4	34.6	30.0	25.6	15.0
12	9.6									37.2	32.4	27.6	17.4	41.2	35.8	30.6	18.0
15	12.0									46.5	40.5	34.5	21.8	52.5	45.6	39.0	23.0
17	13.6									51.8	45.0	38.3	24.0	57.5	50.0	42.5	25.0
51	40.8									154.0	134.0	114.0	73.0				
84	67.2									254	221	188	121				
90	72.5					264	235	201	130	270	235	201	130				
96	75					280	250	213	140	288	250	213	140				
(100)	78					291	260	221	145	299	260	221	145				
102	79.6					297	266	226	148	305	266	226	148				
108	84					315	281	239	157	323	281	239	157				

续表

避雷器额定电压 U_r（有效值）	避雷器持续运行电压 U_c（有效值）	标称放电电流 20kA 等级 电站避雷器				标称放电电流 10kA 等级 电站避雷器				标称放电电流 5kA 等级 电站避雷器				标称放电电流 5kA 等级 配电避雷器			
		陡波冲击电流残压（峰值）不大于	雷电冲击电流残压（峰值）不大于	操作冲击电流残压不大于	直流1mA参考电压不小于	陡波冲击电流残压（峰值）不大于	雷电冲击电流残压（峰值）不大于	操作冲击电流残压不大于	直流1mA参考电压不小于	陡波冲击电流残压	雷电冲击电流残压（峰值）不大于	操作冲击电流残压不大于	直流1mA参考电压不小于	陡波冲击电流残压（峰值）不大于	雷电冲击电流残压	操作冲击电流残压	直流1mA参考电压不小于
192	150					560	500	426	280								
(200) [a]	156					582	520	442	290								
204	159					594	532	452	296								
216	168.5					630	562	478	314								
288	219					782	698	593	408								
300	228					814	727	618	425								
306	233					831	742	630	433								
312	237					847	760	643	442								
324	246					880	789	668	459								
420	318	1170	1046	858	565	1075	960	852	565								
444	324	1238	1106	907	597	1137	1015	900	597								
468	330	1306	1166	956	630	1198	1070	950	630								
600	462	1518	1380	1142	810												
618	498	1639	1491	1226	875												

a 过渡。

表 C-2　　　　　　　　　　　　　典型的并联补偿电容器用避雷器参数　　　　　　　　　　　　　（kV）

避雷器额定电压 U_r（有效值）	避雷器持续运行电压 U_c（有效值）	标称放电电流 5kA 等级		
		雷电冲击电流残压	操作冲击电流残压	直流 1mA 参考电压
		（峰值）不大于		不小于
5	4.0	13.5	10.5	7.2
10	8.0	27.0	21.0	14.4
12	9.6	32.4	25.2	17.4
15	12.0	40.5	31.5	21.8
17	13.6	46.0	35.0	24.0
51	40.8	134.0	105.0	73.0
84	67.2	221	176	121
90	72.5	236	190	130

表 C-3　　　　　　　　　　　　　　　　典型的电机用避雷器参数　　　　　　　　　　　　　　　　（kV）

避雷器额定电压 U_r（有效值）	避雷器持续运行电压 U_c（有效值）	标称放电电流 5kA 等级				标称放电电流 2.5kA 等级			
		发电机用避雷器				电动机用避雷器			
		陡波冲击电流残压	雷电冲击电流残压	操作冲击电流残压	直流 1mA 参考电压	陡波冲击电流残压	雷电冲击电流残压	操作冲击电流残压	直流 1mA 参考电压
		（峰值）不大于			不小于	（峰值）不大于			不小于
4	3.2	10.7	9.5	7.6	5.7	10.7	9.5	7.6	5.7
8	6.3	21.0	18.7	15.0	11.2	21.0	18.7	15.0	11.2
13.5	10.5	34.7	31.0	25.0	18.6	34.7	31.0	25.0	18.6
17.5	13.8	44.8	40.0	32.0	24.4				
20	15.8	50.4	45.0	36.0	28.0				
23	18.0	57.2	51.0	40.8	31.9				
25	20.0	62.9	56.2	45.0	35.4				

表 C-4　　　　　　　　　　　　　　　　典型的低压避雷器参数　　　　　　　　　　　　　　　　（kV）

避雷器额定电压 U_r（有效值）	避雷器持续运行电压 U_c（有效值）	标称放电电流 1.5kA 等级	
		雷电冲击电流残压	直流 1mA 参考电压
		（峰值）不大于	不小于
0.28	0.24	1.3	0.6
0.5	0.42	2.6	1.2

表 C-5　　　　　　　　　　　　　典型的变压器中性点用避雷器参数　　　　　　　　　　　　　（kV）

避雷器额定电压 U_r（有效值）	避雷器持续运行电压 U_c（有效值）	标称放电电流 1.5kA 等级		
		需电冲击电流残压	操作冲击电流残压	直流 1mA 参考电压
		（峰值）不大于		不小于
60	48	144	135	85
72	58	186	174	103
96	77	260	243	137
144	116	320	299	205
207	166	440	410	292

表 C-6 典型的线路避雷器参数 （kV）

避雷器额定电压 U_r	避雷器持续运行电压 U_c	标称放电电流20kA 等级				标称放电电流10kA 等级				标称放电电流 5kA 等级				系统标称电压
		陡波冲击电流残压	雷电冲击电流残压	操作冲击电流残压	直流1mA参考电压	陡波冲击电流残压	雷电冲击电流残压	操作冲击电流残压	直流1mA参考电压	陡波冲击电流残压	雷电冲击电流残压	操作冲击电流残压	直流1mA参考电压	
（有效值）		（峰值）不大于			不小于	（峰值）不大于			不小于	（峰值）不大于			不小于	（有效值）
17	13.6									57.5	50	42.5	25	10
51	40.8									154	134	114	73	35
54	43.2									163	142	121	77	
96	75					288	250	213	140	288	250	213	140	66
108	84					315	281	239	157	323	281	239	157	110
114	89					341	297	252	165					
216	168.5					630	562	478	314					220
312	237					847	760	643	442					330
324	246					880	789	668	459					
444	324	1238	1106	907	597	1137	1015	900	597					500
468	330	1306	1166	956	630	1198	1070	950	630					

附录 D　380V 系统短路电流计算曲线

D.1　附图

图 D.1.1-1～图 D.1.8-12 给出了 500～2500kV·A 系列不同变压器形式/不同阻抗采用铝芯、铜芯电缆三相短路电流周期分量有效值和各种截面铝芯电缆长度的关系曲线，各图说明见表 D.1.1～表 D.1.8。

表 D.1.1　　500kV·A 变压器

图号	变压器型式	容量（kV·A）	短路类型	电缆类型	短路阻抗
图 D.1.1-1	油浸	500	三相	铝芯	4%
图 D.1.1-2	油浸	500	单相	铝芯	4%
图 D.1.1-3	干式	500	三相	铜芯	4%
图 D.1.1-4	干式	500	三相	铝芯	4%
图 D.1.1-5	干式	500	单相	铜芯	4%
图 D.1.1-6	干式	500	单相	铝芯	4%

表 D.1.2　　630kV·A 变压器

图号	变压器型式	容量（kV·A）	短路类型	电缆类型	短路阻抗
图 D.1.2-1	油浸	630	三相	铝芯	4.5%
图 D.1.2-2	油浸	630	单相	铝芯	4.5%
图 D.1.2-3	干式	630	三相	铜芯	4%
图 D.1.2-4	干式	630	三相	铜芯	6%
图 D.1.2-5	干式	630	三相	铝芯	4%
图 D.1.2-6	干式	630	三相	铝芯	6%
图 D.1.2-7	干式	630	单相	铜芯	4%
图 D.1.2-8	干式	630	单相	铜芯	6%
图 D.1.2-9	干式	630	单相	铝芯	4%
图 D.1.2-10	干式	630	单相	铝芯	6%

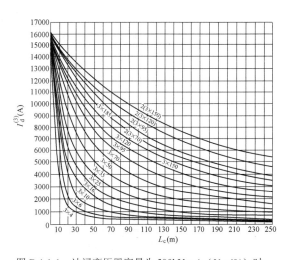

图 D.1.1-1　油浸变压器容量为 500kV·A（U_d=4%）时，380/220V 电动机回路三相短路电流周期分量有效值和各种截面铝芯电缆长度的关系曲线

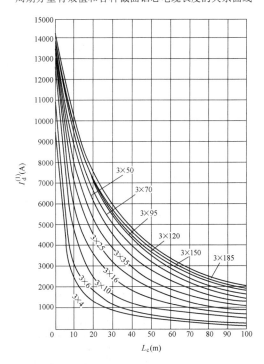

图 D.1.1-2　油浸变压器容量为 500kV·A（U_d=4%）时，380/220V 电动机回路单相短路电流周期分量有效值和各种截面的三芯铝芯塑料电缆长度的关系曲线

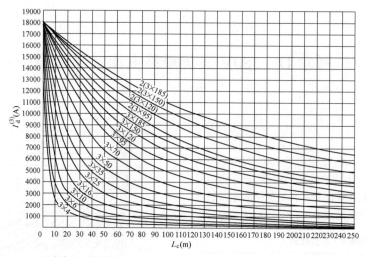

图 D.1.1-3 干式变压器容量为 500kV·A（U_d=4%）时，380/220V 电动机回路三相短路
电流周期分量有效值和各种截面铜芯电缆长度的关系曲线

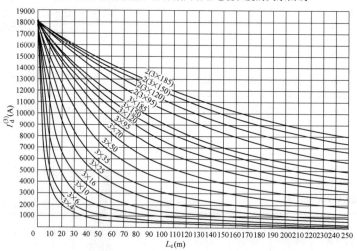

图 D.1.1-4 干式变压器容量为 500kV·A（U_d=4%）时，380/220V 电动机回路三相短路
电流周期分量有效值和各种截面铝芯电缆长度的关系曲线

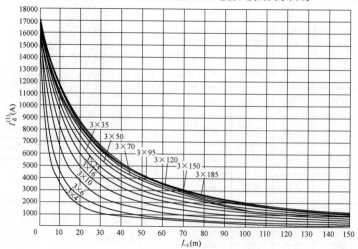

图 D.1.1-5 干式变压器容量为 500kV·A（U_d=4%）时，380/220V 电动机回路单相短路
电流周期分量有效值和各种截面铜芯电缆长度的关系曲线

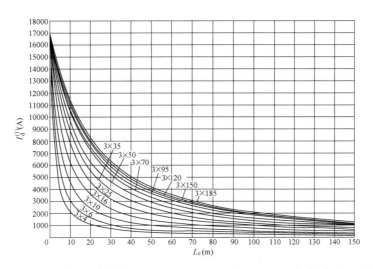

图 D.1.1-6　干式变压器容量为 500kV・A（U_d=4%）时，380/220V 电动机回路单相短路
电流周期分量有效值和各种截面铝芯电缆长度的关系曲线

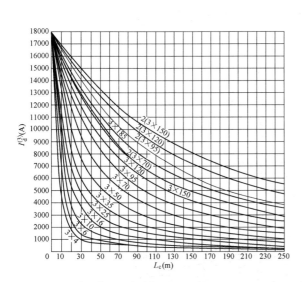

图 D.1.2-1　油浸变压器容量为 630kV・A（U_d=4.5%）时，
380/220V 电动机回路三相短路电流周期分量有效值和
各种截面铝芯电缆长度的关系曲线

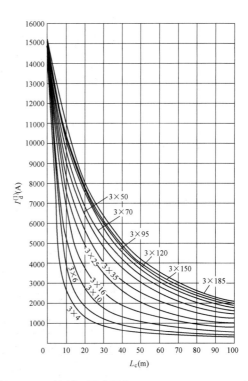

图 D.1.2-2　油浸变压器容量为 630kV・A（U_d=4.5%）时，
380/220V 电动机回路单相短路电流周期分量有效值和
各种截面的三芯铝芯塑料电缆长度的关系曲线

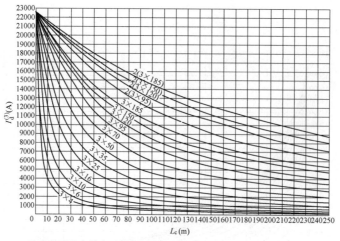

图 D.1.2-3　干式变压器容量为 630kV·A（U_d=4%）时，380/220V 电动机回路三相短路
电流周期分量有效值和各种截面铜芯电缆长度的关系曲线

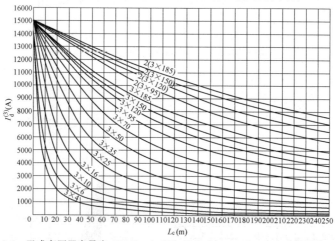

图 D.1.2-4　干式变压器容量为 630kV·A（U_d=6%）时，380/220V 电动机回路三相短路
电流周期分量有效值和各种截面铜芯电缆长度的关系曲线

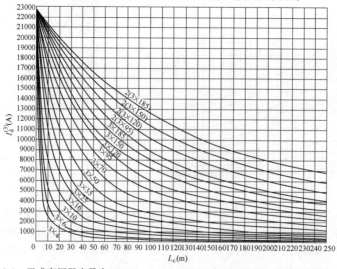

图 D.1.2-5　干式变压器容量为 630kV·A（U_d=4%）时，380/220V 电动机回路三相短路
电流周期分量有效值和各种截面铝芯电缆长度的关系曲线

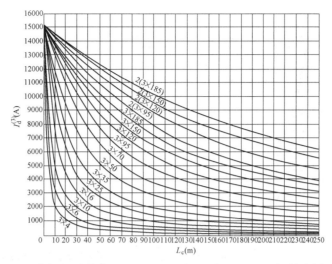

图 D.1.2-6　干式变压器容量为 630kV·A（U_d=6%）时，380/220V 电动机回路三相短路
电流周期分量有效值和各种截面铝芯电缆长度的关系曲线

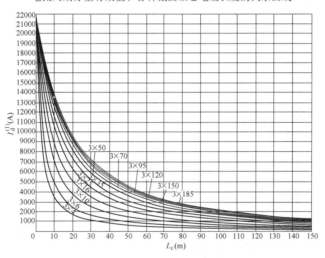

图 D.1.2-7　干式变压器容量为 630kV·A（U_d=4%）时，380/220V 电动机回路单相短路
电流周期分量有效值和各种截面铜芯电缆长度的关系曲线

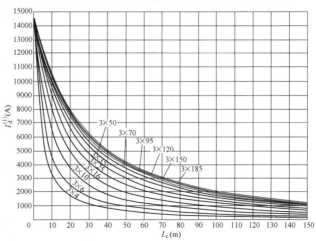

图 D.1.2-8　干式变压器容量为 630kV·A（U_d=6%）时，380/220V 电动机回路单相短路
电流周期分量有效值和各种截面铜芯电缆长度的关系曲线

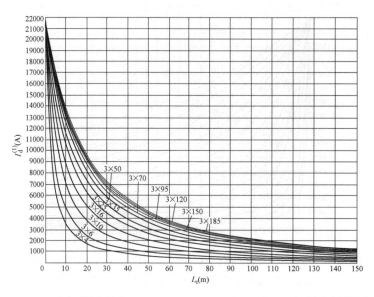

图 D.1.2-9　干式变压器容量为 630kV·A（U_d=4%）时，380/220V 电动机回路单相短路
电流周期分量有效值和各种截面铝芯电缆长度的关系曲线

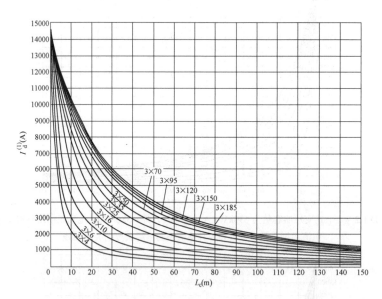

图 D.1.2-10　干式变压器容量为 630kV·A（U_d=6%）时，380/220V 电动机回路单相短路
电流周期分量有效值和各种截面铝芯电缆长度的关系曲线

表 D.1.3　　　　　　　　　　　　　　　　**800kV·A 变压器**

图号	变压器型式	容量（kV·A）	短路类型	电缆类型	短路阻抗
图 D.1.3-1	油浸	800	三相	铝芯	4.5%
图 D.1.3-2	油浸	800	单相	铝芯	4.5%
图 D.1.3-3	干式	800	三相	铜芯	6%
图 D.1.3-4	干式	800	三相	铝芯	4%

图号	变压器型式	容量（kVA）	短路类型	电缆类型	短路阻抗
图 D.1.3-5	干式	800	三相	铝芯	6%
图 D.1.3-6	干式	800	单相	铜芯	6%
图 D.1.3-7	干式	800	单相	铝芯	4%
图 D.1.3-8	干式	800	单相	铝芯	6%

表 D.1.4　　　　　　　　　　　　　1000kV・A 变压器

图号	变压器型式	容量（kV・A）	短路类型	电缆类型	短路阻抗
图 D.1.4-1	油浸	1000	三相	铝芯	4.5%
图 D.1.4-2	油浸	1000	单相	铝芯	4.5%
图 D.1.4-3	干式	1000	三相	铜芯	6%
图 D.1.4-4	干式	1000	三相	铝芯	4%
图 D.1.4-5	干式	1000	三相	铝芯	6%
图 D.1.4-6	干式	1000	单相	铜芯	6%
图 D.1.4-7	干式	1000	单相	铝芯	4%
图 D.1.4-8	干式	1000	单相	铝芯	6%

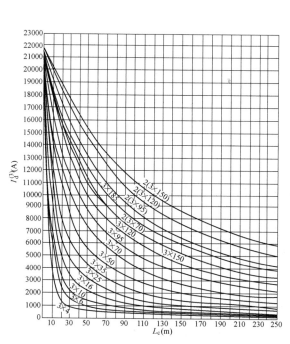

图 D.1.3-1　油浸变压器容量为 800kV・A（U_d=4.5%）时，380/220V 电动机回路三相短路电流周期分量有效值和各种截面铝芯电缆长度的关系曲线

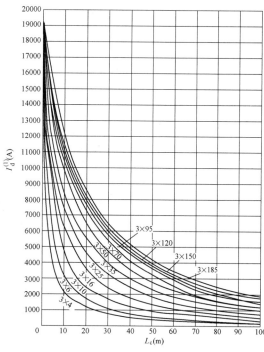

图 D.1.3-2　油浸变压器容量为 800kV・A（U_d=4.5%）时，380/220V 电动机回路单相短路电流周期分量有效值和各种截面的三芯铝芯塑料电缆长度的关系曲线

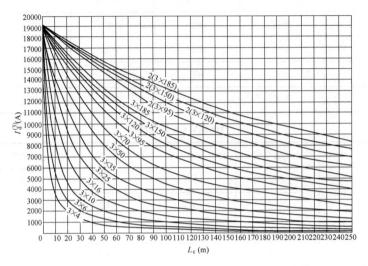

图 D.1.3-3　干式变压器容量为 800kV·A（U_d=6%）时，380/220V 电动机回路三相短路
电流周期分量有效值和各种截面铜芯电缆长度的关系曲线

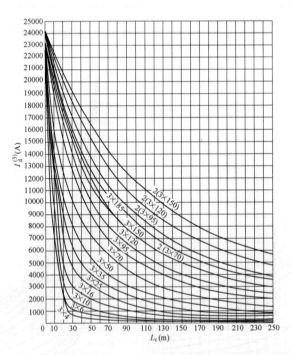

图 D.1.3-4　干式变压器容量为 800kV·A（U_d=4%）时，380/220V 电动机回路三相短路
电流周期分量有效值和各种截面铝芯电缆长度的关系曲线

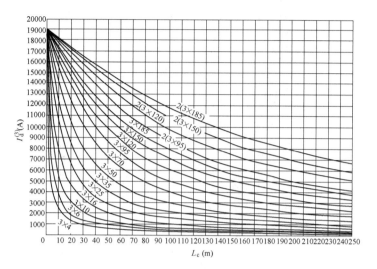

图 D.1.3-5　干式变压器容量为 800kV·A（U_d=6%）时，380/220V 电动机回路三相短路
电流周期分量有效值和各种截面铝芯电缆长度的关系曲线

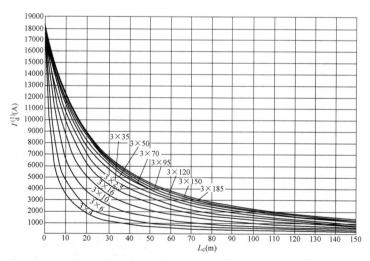

图 D.1.3-6　干式变压器容量为 800kV·A（U_d=6%）时，380/220V 电动机回路单相短路
电流周期分量有效值和各种截面铜芯电缆长度的关系曲线

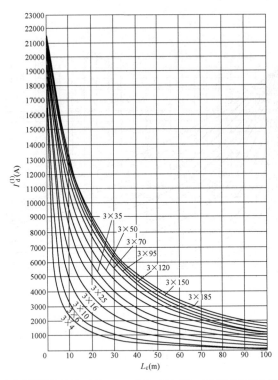

图 D.1.3-7　干式变压器容量为 800kV·A（U_d=4%）时，380/220V 电动机回路单相短路
电流周期分量有效值和各种截面三芯铝芯电缆长度的关系曲线

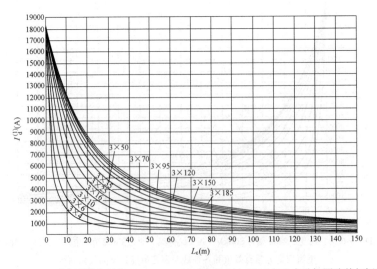

图 D.1.3-8　干式变压器容量为 800kV·A（U_d=6%）时，380/220V 电动机回路单相短路
电流周期分量有效值和各种截面铝芯电缆长度的关系曲线

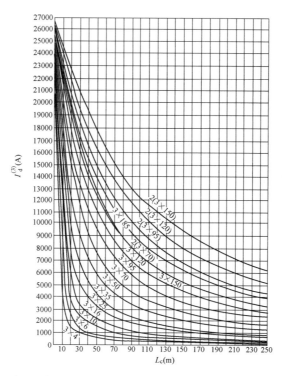

图 D.1.4-1　油浸变压器容量为 1000kV·A（U_d=4.5%）时，380/220V 电动机回路三相短路
电流周期分量有效值和各种截面铝芯电缆长度的关系曲线

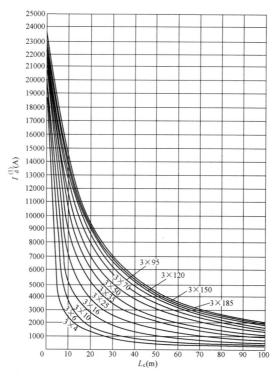

图 D.1.4-2　油浸变压器容量为 1000kV·A（U_d=4.5%）时，380/220V 电动机回路单相短路
电流周期分量有效值和各种截面三芯铝芯塑料电缆长度的关系曲线

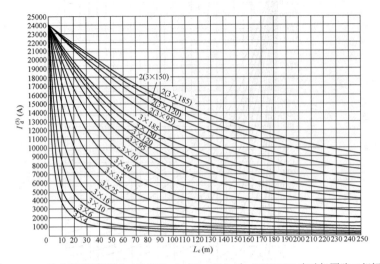

图 D.1.4-3　干式变压器容量为 1000kV·A（U_d=6%）时，380/220V 电动机回路三相短路电流周期分量有效值和各种截面铜芯电缆长度的关系曲线

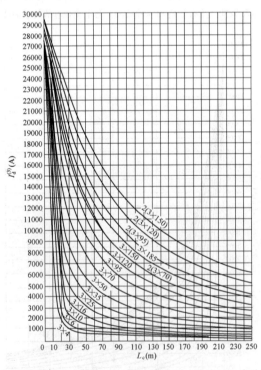

图 D.1.4-4　干式变压器容量为 1000kV·A（U_d=4%）时，380/220V 电动机回路三相短路电流周期分量有效值和各种截面铝芯电缆长度的关系曲线

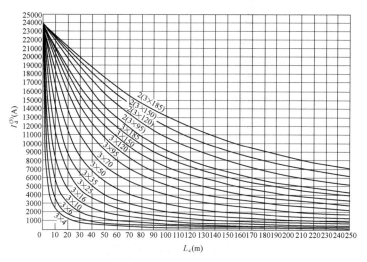

图 D.1.4-5　干式变压器容量为 1000kV·A（U_d=6%）时，380/220V 电动机回路三相短路
电流周期分量有效值和各种截面铝芯电缆长度的关系曲线

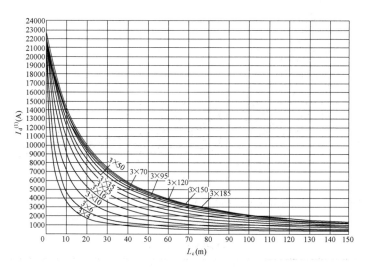

图 D.1.4-6　干式变压器容量为 1000kV·A（U_d=6%）时，380/220V 电动机回路单相短路
电流周期分量有效值和各种截面铜芯电缆长度的关系曲线

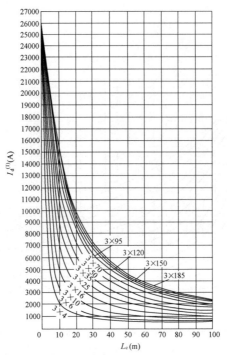

图 D.1.4-7　干式变压器容量为 1000kV·A（U_d=4%）时，380/220V 电动机回路单相短路
电流周期分量有效值和各种截面三芯铝芯塑料电缆长度的关系曲线

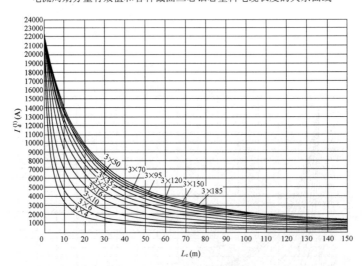

图 D.1.4-8　干式变压器容量为 1000kV·A（U_d=6%）时，380/220V 电动机回路单相短路
电流周期分量有效值和各种截面铝芯电缆长度的关系曲线

表 D.1.5　　　　　　　　　　　　1250kV·A 变压器

图号	变压器型式	容量（kV·A）	短路类型	电缆类型	短路阻抗
图 D.1.5-1	油浸	1250	三相	铝芯	6%
图 D.1.5-2	油浸	1250	单相	铝芯	6%
图 D.1.5-3	干式	1250	三相	铜芯	6%
图 D.1.5-4	干式	1250	三相	铝芯	6%

图号	变压器型式	容量（kV·A）	短路类型	电缆类型	短路阻抗
图 D.1.5-5	干式	1250	单相	铝芯	6%
图 D.1.5-6	干式	1250	单相	铝芯	6%

表 D.1.6 **1600kV·A 变压器**

图号	变压器型式	容量（kV·A）	短路类型	电缆类型	短路阻抗
图 D.1.6-1	油浸	1600	三相	铝芯	8%
图 D.1.6-2	油浸	1600	单相	铝芯	8%
图 D.1.6-3	干式	1600	三相	铜芯	6%
图 D.1.6-4	干式	1600	三相	铜芯	8%
图 D.1.6-5	干式	1600	三相	铝芯	6%
图 D.1.6-6	干式	1600	三相	铝芯	8%
图 D.1.6-7	干式	1600	单相	铜芯	6%
图 D.1.6-8	干式	1600	单相	铜芯	8%
图 D.1.6-9	干式	1600	单相	铝芯	6%
图 D.1.6-10	干式	1600	单相	铝芯	8%

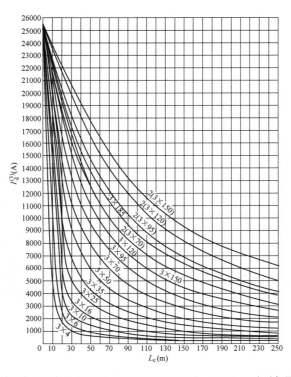

图 D.1.5-1　油浸变压器容量为 1250kV·A（U_d=6%）时，380/220V 电动机回路三相短路
电流周期分量有效值和各种截面铝芯电缆长度的关系曲线

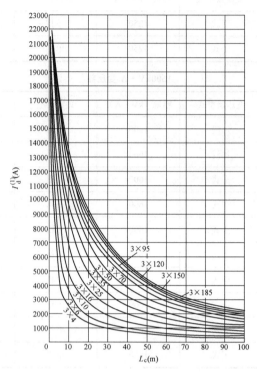

图 D.1.5-2　油浸变压器容量为 1250kV·A（U_d=6%）时，380/220V 电动机回路单相短路电流周期分量有效值和各种截面三芯铝芯塑料电缆长度的关系曲线

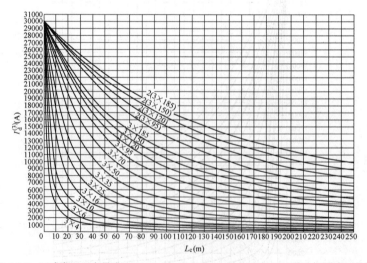

图 D.1.5-3　干式变压器容量为 1250kV·A（U_d=6%）时，380/220V 电动机回路三相短路电流周期分量有效值和各种截面铜芯塑料电缆长度的关系曲线

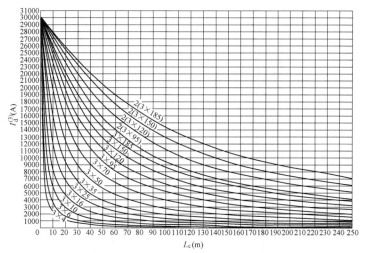

图 D.1.5-4　干式变压器容量为 1250kV·A（U_d=6%）时，380/220V 电动机回路三相短路
电流周期分量有效值和各种截面铝芯塑料电缆长度的关系曲线

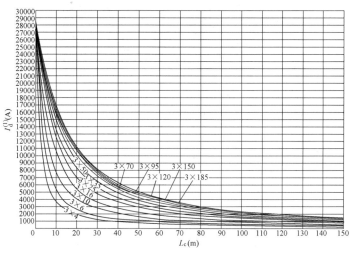

图 D.1.5-5　干式变压器容量为 1250kV·A（U_d=6%）时，380/220V 电动机回路单相短路
电流周期分量有效值和各种截面铜芯塑料电缆长度的关系曲线

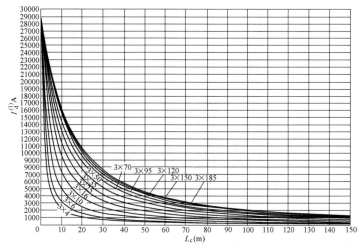

图 D.1.5-6　干式变压器容量为 1250kV·A（U_d=6%）时，380/220V 电动机回路单相短路
电流周期分量有效值和各种截面铝芯塑料电缆长度的关系曲线

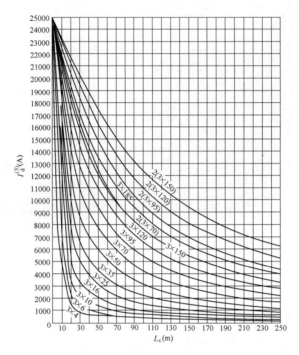

图 D.1.6-1 油浸变压器容量为 1600kV·A（U_d=8%）时，380/220V 电动机回路三相短路
电流周期分量有效值和各种截面铝芯电缆长度的关系曲线

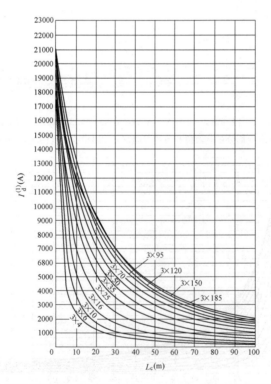

图 D.1.6-2 油浸变压器容量为 1600kV·A（U_d=8%）时，380/220V 电动机回路单相短路
电流周期分量有效值和各种截面三芯铝芯塑料电缆长度的关系曲线

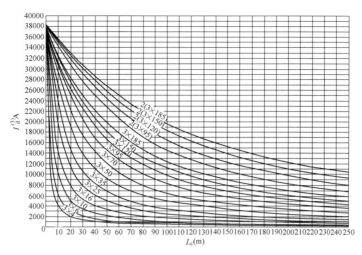

图 D.1.6-3　干式变压器容量为 1600kV・A（U_d=6%）时，380/220V 电动机回路三相短路
电流周期分量有效值和各种截面铜芯电缆长度的关系曲线

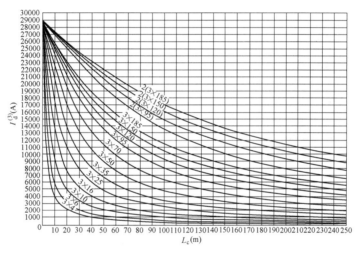

图 D.1.6-4　干式变压器容量为 1600kV・A（U_d=8%）时，380/220V 电动机回路三相短路
电流周期分量有效值和各种截面铜芯电缆长度的关系曲线

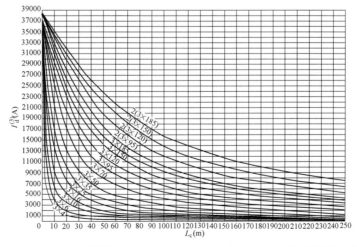

图 D.1.6-5　干式变压器容量为 1600kV・A（U_d=6%）时，380/220V 电动机回路三相短路
电流周期分量有效值和各种截面铝芯电缆长度的关系曲线

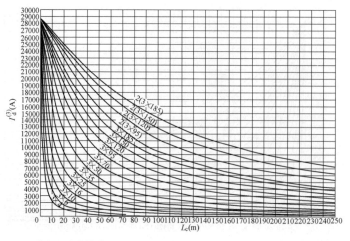

图 D.1.6-6　干式变压器容量为 1600kV·A（U_d=8%）时，380/220V 电动机回路三相短路
电流周期分量有效值和各种截面铝芯电缆长度的关系曲线

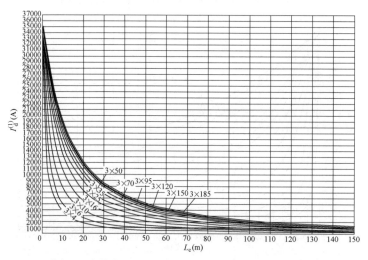

图 D.1.6-7　干式变压器容量为 1600kV·A（U_d=6%）时，380/220V 电动机回路单相短路
电流周期分量有效值和各种截面铜芯电缆长度的关系曲线

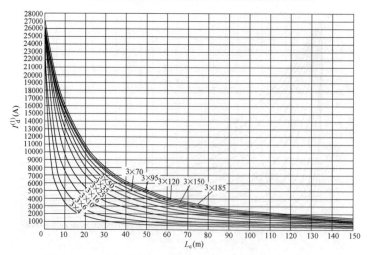

图 D.1.6-8　干式变压器容量为 1600kV·A（U_d=8%）时，380/220V 电动机回路单相短路
电流周期分量有效值和各种截面铜芯电缆长度的关系曲线

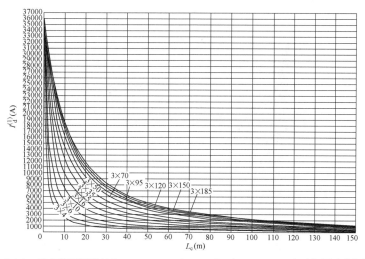

图 D.1.6-9　干式变压器容量为 1600kV·A（U_d=6%）时，380/220V 电动机回路单相短路
电流周期分量有效值和各种截面铝芯电缆长度的关系曲线

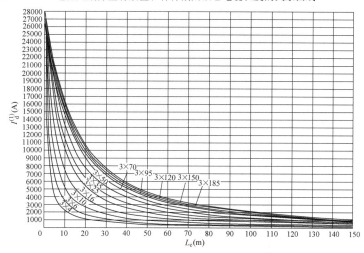

图 D.1.6-10　干式变压器容量为 1600kV·A（U_d=8%）时，380/220V 电动机回路单相短路
电流周期分量有效值和各种截面铝芯电缆长度的关系曲线

表 D.1.7　　　　　　　　　　　　　　　　　2000kV·A 变压器

图号	变压器型式	容量（kV·A）	短路类型	电缆类型	短路阻抗
图 D.1.7-1	油浸	2000	三相	铝芯	10%
图 D.1.7-2	油浸	2000	单相	铝芯	10%
图 D.1.7-3	干式	2000	三相	铜芯	6%
图 D.1.7-4	干式	2000	三相	铜芯	8%
图 D.1.7-5	干式	2000	三相	铝芯	6%
图 D.1.7-6	干式	2000	三相	铝芯	8%
图 D.1.7-7	干式	2000	三相	铝芯	10%
图 D.1.7-8	干式	2000	单相	铜芯	6%
图 D.1.7-9	干式	2000	单相	铜芯	8%
图 D.1.7-10	干式	2000	单相	铝芯	6%
图 D.1.7-11	干式	2000	单相	铝芯	8%
图 D.1.7-12	干式	2000	单相	铝芯	10%

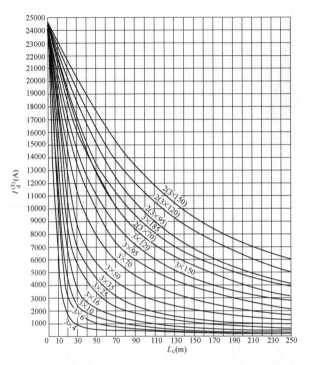

图 D.1.7-1　油浸变压器容量为 2000kV・A（U_d=10%）时，380/220V 电动机回路三相短路
电流周期分量有效值和各种截面铝芯电缆长度的关系曲线

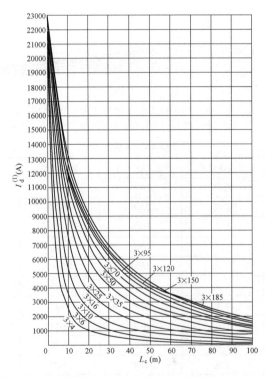

图 D.1.7-2　油浸变压器容量为 2000kV・A（U_d=10%）时，380/220V 电动机回路单相
短路电流周期分量有效值和各种截面三芯铝芯塑料电缆长度的关系曲线

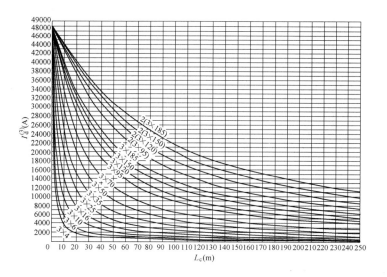

图 D.1.7-3　干式变压器容量为 2000kV·A（U_d=6%）时，380/220V 电动机回路三相短路
电流周期分量有效值和各种截面铜芯电缆长度的关系曲线

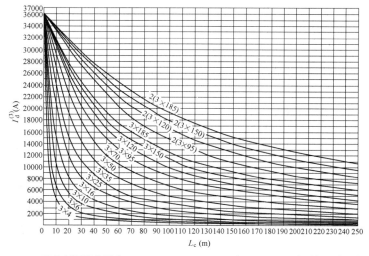

图 D.1.7-4　干式变压器容量为 2000kV·A（U_d=8%）时，380/220V 电动机回路三相短路
电流周期分量有效值和各种截面铜芯电缆长度的关系曲线

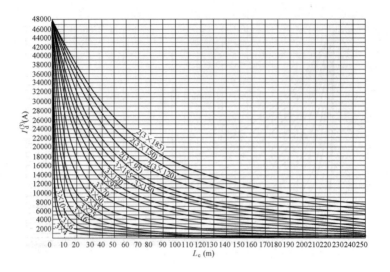

图 D.1.7-5　干式变压器容量为 2000kV·A（U_d=6%）时，380/220V 电动机回路三相短路
电流周期分量有效值和各种截面铝芯电缆长度的关系曲线

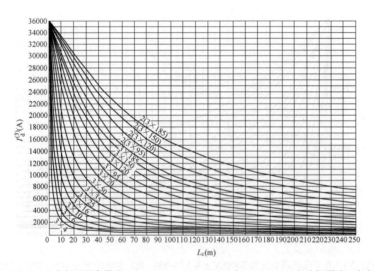

图 D.1.7-6　干式变压器容量为 2000kV·A（U_d=8%）时，380/220V 电动机回路三相短路
电流周期分量有效值和各种截面铝芯电缆长度的关系曲线

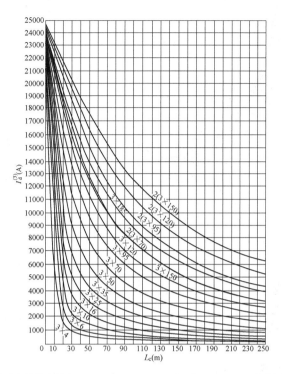

图 D.1.7-7　干式变压器容量为 2000kV·A（U_d=10%）时，380/220V 电动机回路三相短路
电流周期分量有效值和各种截面铝芯电缆长度的关系曲线

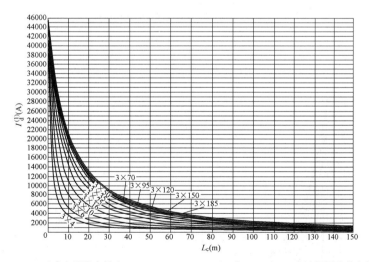

图 D.1.7-8　干式变压器容量为 2000kV·A（U_d=6%）时，380/220V 电动机回路单相短路
电流周期分量有效值和各种截面铜芯电缆长度的关系曲线

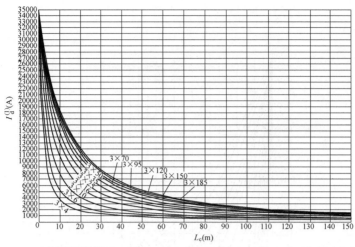

图 D.1.7-9　干式变压器容量为 2000kV·A（U_d=8%）时，380/220V 电动机回路单相短路
电流周期分量有效值和各种截面铜芯电缆长度的关系曲线

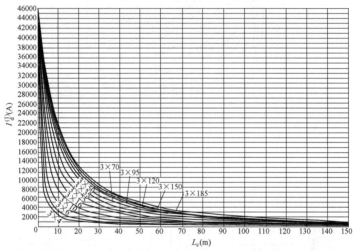

图 D.1.7-10　干式变压器容量为 2000kV·A（U_d=6%）时，380/220V 电动机回路单相短路
电流周期分量有效值和各种截面铝芯电缆长度的关系曲线

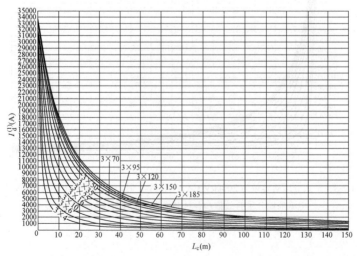

图 D.1.7-11　干式变压器容量为 2000kV·A（U_d=8%）时，380/220V 电动机回路单相短路
电流周期分量有效值和各种截面铝芯电缆长度的关系曲线

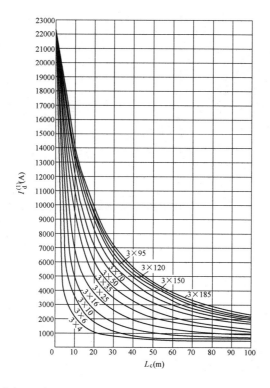

图 D.1.7-12　干式变压器容量为 2000kV·A（U_d=10%）时，380/220V 电动机回路单相短路
电流周期分量有效值和各种截面三芯铝芯塑料电缆长度的关系曲线

表 D.1.8 2500kV·A 变压器

图号	变压器型式	容量（kV·A）	短路类型	电缆类型	短路阻抗
图 D.1.8-1	干式	2500	三相	铜芯	6%
图 D.1.8-2	干式	2500	三相	铜芯	8%
图 D.1.8-3	干式	2500	三相	铜芯	10%
图 D.1.8-4	干式	2500	三相	铝芯	6%
图 D.1.8-5	干式	2500	三相	铝芯	8%
图 D.1.8-6	干式	2500	三相	铝芯	10%
图 D.1.8-7	干式	2500	单相	铜芯	5%
图 D.1.8-8	干式	2500	单相	铜芯	8%
图 D.1.8-9	干式	2500	单相	铜芯	10%
图 D.1.8-10	干式	2500	单相	铝芯	6%
图 D.1.8-11	干式	2500	单相	铝芯	8%
图 D.1.8-12	干式	2500	单相	铝芯	10%

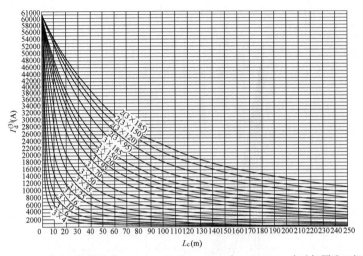

图 D.1.8-1　干式变压器容量为 2500kV·A（U_d=6%）时，380/220V 电动机回路三相短路
电流周期分量有效值和各种截面铜芯电缆长度的关系曲线

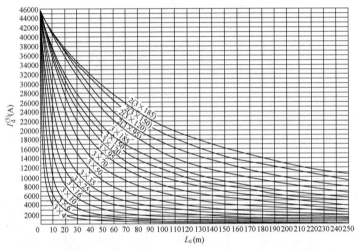

图 D.1.8-2　干式变压器容量为 2500kV·A（U_d=8%）时，380/220V 电动机回路三相短路
电流周期分量有效值和各种截面铜芯电缆长度的关系曲线

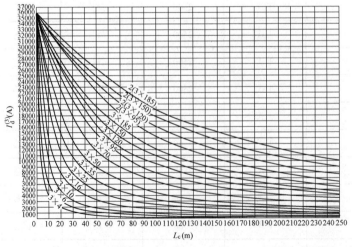

图 D.1.8-3　干式变压器容量为 2500kV·A（U_d=10%）时，380/220V 电动机回路三相短路
电流周期分量有效值和各种截面铜芯电缆长度的关系曲线

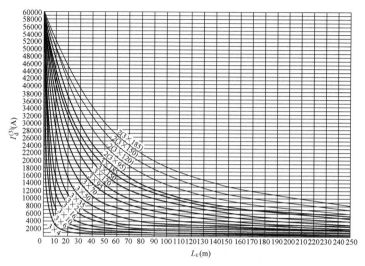

图 D.1.8-4　干式变压器容量为 2500kV·A（U_d=6%）时，380/220V 电动机回路三相短路
电流周期分量有效值和各种截面铝芯电缆长度的关系曲线

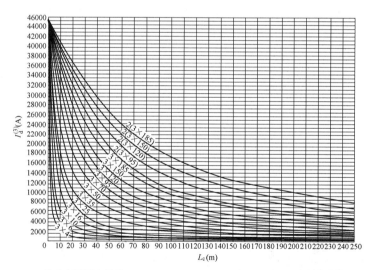

图 D.1.8-5　干式变压器容量为 2500kV·A（U_d=8%）时，380/220V 电动机回路三相短路
电流周期分量有效值和各种截面铝芯电缆长度的关系曲线

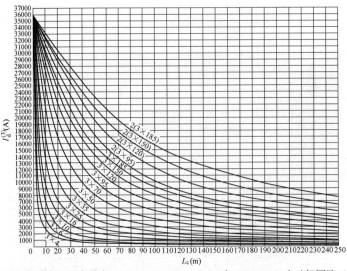

图 D.1.8-6　干式变压器容量为 2500kV·A（U_d=10%）时，380/220V 电动机回路三相短路
电流周期分量有效值和各种截面铝芯电缆长度的关系曲线

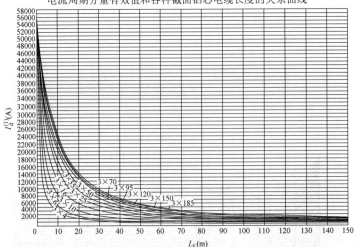

图 D.1.8-7　干式变压器容量为 2500kV·A（U_d=6%）时，380/220V 电动机回路单相短路
电流周期分量有效值和各种截面铜芯电缆长度的关系曲线

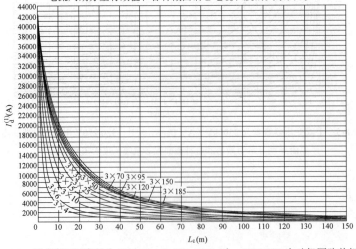

图 D.1.8-8　干式变压器容量为 2500kV·A（U_d=8%）时，380/220V 电动机回路单相短路
电流周期分量有效值和各种截面铜芯电缆长度的关系曲线

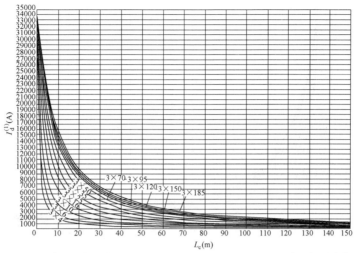

图 D.1.8-9　干式变压器容量为 2500kV·A（U_d=10%）时，380/220V 电动机回路单相短路
电流周期分量有效值和各种截面铜芯电缆长度的关系曲线

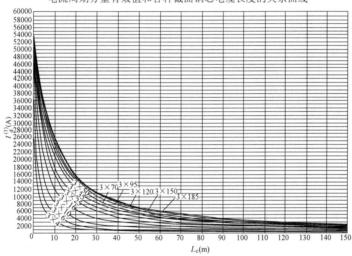

图 D.1.8-10　干式变压器容量为 2500kV·A（U_d=6%）时，380/220V 电动机回路单相短路
电流周期分量有效值和各种截面铝芯电缆长度的关系曲线

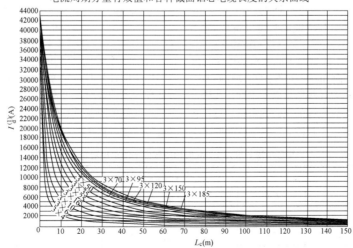

图 D.1.8-11　干式变压器容量为 2500kV·A（U_d=8%）时，380/220V 电动机回路单相短路
电流周期分量有效值和各种截面铝芯电缆长度的关系曲线

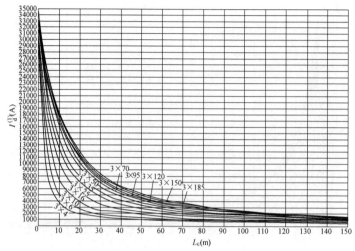

图 D.1.8-12　干式变压器容量为 2500kV·A（U_d=10%）时，380/220V 电动机回路单相短路
电流周期分量有效值和各种截面铝芯电缆长度的关系曲线

D.2　附图使用注意事项

D.2.1　三相短路电流计算曲线附图使用注意事项

（1）500～2500kV·A 的低压厂用变压器，其电缆配电回路的三相短路电流，可按电缆截面和长度在附图中查取；两相短路电流可按相应的三相短路电流值乘以系数 $\sqrt{3}/2$ 求得。

（2）以塑料绝缘三芯铝芯电缆计算的，对其他型式的铝芯电缆亦可适用。

（3）图中 L_c 为中央配电屏直接供电的电缆长度。若负荷由车间配电盘供电，当干线和支线的电缆截面及导体材料不同时，应按式（D.2.1）归算至同一截面的电缆长度，然后按此长度查取短路电流。

$$L_c = L_1 + L_2 \cdot \frac{S_1 \rho_2}{S_2 \rho_1} \qquad (D.2.1)$$

式中　L_c——归算至同一截面的电缆计算长度，m；
L_1、S_1、ρ_1——分别为所列电缆的长度（m）、截面（mm²）、电阻系数（Ω·mm²/m）；
L_2、S_2、ρ_2——分别为不同截面不同材料的电缆长度（m）、截面（mm²）、电阻系数（Ω·mm²/m）。

（4）考虑到短路电流计算结果的通用性，在进行短路电流计算时，只考虑电缆的电阻和电抗。设计者在使用本曲线时，可根据工程的实际情况，将回路中低压元件的阻抗折算成等效的电缆附加长度，对短路电流值进行修正。

（5）三相短路电流值未计电动机反馈电流。

D.2.2　单相短路电流计算曲线附图使用注意事项

（1）低压厂用变压器为"Dyn"接线。

（2）500～2500kV·A 的低压厂用变压器，其电缆配电回路的单相短路电流，可按电缆截面和长度在附图中查取。

（3）零回路接地扁铁等值规格为 2 根 40mm×4mm。

（4）电缆长度超过 100m 时，可按式（D.2.2）进行计算。

$$I_d^{(1)} = I_{d(100)}^{(1)} \cdot \frac{100}{L} \qquad (D.2.2)$$

式中　$I_d^{(1)}$——单相短路电流，A；
L——电缆的实际长度，m；
$I_{d(100)}^{(1)}$——电缆长度为 100m 时相应截面下的单相短路电流，A，可由表 D.2.2-1、表 D.2.2-2 查取。

（5）考虑到短路电流计算结果的通用性，在进行短路电流计算时，只考虑电缆的电阻和电抗。设计者在使用本曲线时，可根据工程的实际情况，将回路中低压元件的阻抗折算成等效的电缆附加长度，对短路电流值进行修正。

表 D.2.2-1　　　　　铝芯电缆长度为 100m 时相应截面下的单相短路电流

电缆截面（mm²）	油浸变压器容量（kV·A）						
	500	630	800	1000	1250	1600	2000
	阻抗电压（%）						
	4	4.5	4.5	4.5	6	8	10
3×4	203	203	203	204	204	204	204
3×6	291	292	292	293	293	293	293

电缆截面 （mm²）	油浸变压器容量（kV·A）						
	500	630	800	1000	1250	1600	2000
	阻抗电压（%）						
	4	4.5	4.5	4.5	6	8	10
3×10	448	449	451	452	453	453	453
3×16	648	551	655	658	658	659	660
3×25	868	875	883	888	889	891	892
3×35	1064	1075	1088	1098	1098	1101	1102
3×50	1276	1293	1314	1330	1329	1333	1335
3×70	1465	1488	1518	1541	1539	1543	1547
3×95	1616	1644	1683	1713	1710	1715	1719
3×120	1727	1760	1806	1840	1836	1841	1846
3×150	1797	1833	1883	1922	1917	1922	1927
3×185	1860	1898	1954	1996	1990	1995	2001

表 D.2.2-2　　　　　　　　铝芯电缆长度为 100m 时相应截面下的单相短路电流

电缆截面 （mm²）	干式变压器容量（kV·A）														
	500	630	630	800	800	1000	1000	1250	1600	1600	2000	2000	2000	2500	2500
	阻抗电压（%）														
	4	4	6	4	6	4	5	6	6	8	6	8	10	6	8
3×4	203	203	203	204	204	204	204	204	204	204	204	204	204	204	204
3×6	292	292	292	292	292	293	293	293	293	293	293	293	293	293	293
3×10	450	452	450	452	452	453	453	454	454	454	455	454	453	455	455
3×16	654	658	654	656	658	659	660	662	664	662	665	664	660	666	665
3×25	882	889	881	885	889	891	894	899	902	899	905	902	892	907	905
3×35	1089	1101	1085	1092	1099	1102	1109	1117	1123	1117	1128	1123	1103	1132	1127
3×50	1318	1338	1311	1321	1333	1336	1349	1362	1374	1362	1382	1373	1336	1388	1381
3×70	1535	1564	1522	1528	1555	1550	1580	1600	1618	1600	1630	1616	1548	1641	1629
3×95	1694	1733	1676	1697	1719	1725	1752	1778	1802	1777	1819	1799	1721	1832	1816
3×120	1808	1853	1785	1822	1836	1855	1875	1907	1936	1905	1956	1931	1848	1973	1953
3×150	1900	1951	1872	1901	1930	1938	1975	2012	2045	2009	2069	2040	1929	2088	2065
3×185	1974	2030	1941	1974	2006	2014	2056	2097	2134	2094	2160	2127	2003	2182	2156

附录 E 35kV 及以下电缆载流量表

表 E-1、表 E-3 为 1～3kV 电缆空气中敷设时允许载流量表；表 E-2、表 E-4 为 1～3kV 电缆直埋敷设时允许载流量表；表 E-5、表 E-6 为 6kV 电缆空气中及直埋敷设时允许载流量表；表 E-7 为 10kV 三芯电力电缆允许载流量；表 E-8 为 6～35kV 交联聚乙烯（铝）电力电缆长期允许载流量。

表 E-1 1～3kV 聚氯乙烯绝缘电缆空气中敷设时允许载流量

绝缘类型	聚氯乙烯		
护套	无钢铠护套		
电缆导体最高工作温度（℃）	70		
电缆芯数	单芯	二芯	三芯或四芯
电缆导体截面（mm²） 2.5	—	18	15
4	—	24	21
6	—	31	27
10	—	44	38
16	—	60	52
25	95	79	69
35	115	95	82
50	147	121	104
70	179	147	129
95	221	181	155
120	257	211	181
150	294	242	211
185	340	—	246
240	410	—	294
300	473	—	328
环境温度（℃）	40		

注 1. 适用于铝芯电缆，铜芯电缆的允许持续载流量值可乘以 1.29。

  2. 单芯只适用于直流。

表 E-2 1～3kV 聚氯乙烯绝缘电缆直埋敷设时允许载流量

绝缘类型	聚氯乙烯					
护套	无钢铠护套			有钢铠护套		
电缆导体最高工作温度（℃）	70					
电缆芯数	单芯	二芯	三芯或四芯	单芯	二芯	三芯或四芯
电缆导体截面（mm²） 4	47	36	31	—	34	30
6	58	45	38	—	43	37
10	81	62	53	77	59	50
16	110	83	70	105	79	68
25	138	105	90	134	100	87
35	172	136	110	162	131	105
50	203	157	134	194	152	129
70	244	184	157	235	180	152
95	295	226	189	281	217	180
120	332	254	212	319	249	207
150	374	287	242	365	273	237
185	424	—	273	410	—	264
240	502	—	319	483	—	310
300	561	—	347	543	—	347
400	639	—	—	625	—	—
500	729	—	—	715	—	—
630	846	—	—	819	—	—
800	981	—	—	963	—	—
土壤热阻系数（K·m/W）	1.2					
环境温度（℃）	25					

注 1. 适用于铝芯电缆，铜芯电缆的允许持续载流量值可乘以 1.29。

  2. 单芯只适用于直流。

表 E-3　　　　　　　　**1～3kV 交联聚乙烯绝缘电缆空气中敷设时允许载流量**

电缆芯数	三芯		单芯							
单芯电缆排列方式			品字形				水平形			
金属套接地点			单侧		两侧		单侧		两侧	
电缆导体材质	铝	铜	铝	铜	铝	铜	铝	铜	铝	铜
电缆导体截面（mm²）　25	91	118	100	132	100	132	114	150	114	150
35	114	150	127	164	127	164	146	182	141	178
50	146	182	155	196	155	196	173	228	168	209
70	178	228	196	255	196	251	228	292	214	264
95	214	273	241	310	241	305	278	356	260	310
120	246	314	283	360	278	351	319	410	292	351
150	278	360	328	419	319	401	365	479	337	392
185	319	410	372	479	365	461	424	546	369	438
240	378	483	442	565	424	546	502	643	424	502
300	419	552	506	643	493	611	588	738	479	552
400	—	—	611	771	579	716	707	908	546	625
500	—	—	712	885	661	803	830	1026	611	693
630	—	—	826	1008	734	894	963	1177	680	757
环境温度（℃）	40									
电缆导体最高工作温度（℃）	90									

注　1. 允许载流量的确定，还应符合电缆导体温度大于70℃时的计算规定。
　　2. 水平形排列电缆相互间中心距为电缆外径的2倍。

表 E-4　　　　　　　　**1～3kV 交联聚乙烯绝缘电缆直埋敷设时允许载流量**

电缆芯数	三芯		单芯			
单芯电缆排列方式			品字形		水平形	
金属套接地点			单侧		单侧	
电缆导体材质	铝	铜	铝	铜	铝	铜
电缆导体截面（mm²）　25	91	117	104	130	113	143
35	113	143	117	169	134	169
50	134	169	139	187	160	200
70	165	208	174	226	195	247
95	195	247	208	269	230	295
120	221	282	239	300	261	334
150	247	321	269	339	295	374
185	278	356	300	382	330	426
240	321	408	348	435	378	478
300	365	469	391	495	430	543
400	—	—	456	574	500	635
500	—	—	517	635	565	713
630	—	—	582	704	635	796
电缆导体最高工作温度（℃）	90					
土壤热阻系数（K·m/W）	2.0					
环境温度（℃）	25					

注　水平形排列电缆相互间中心距为电缆外径的2倍。

表 E-5　6kV 三芯电力电缆空气中敷设时允许载流量

绝缘类型	聚氯乙烯		交联聚乙烯	
钢铠护套	无	有	无	有
电缆导体最高工作温度（℃）	70		90	
电缆导体截面（mm²） 10	40	—	—	—
16	54	—	—	—
25	71	—	—	—
35	85	—	114	—
50	108	—	141	—
70	129	—	173	—
95	160	—	209	—
120	185	—	246	—
150	212	—	277	—
185	246	—	323	—
240	293	—	378	—
300	323	—	432	—
400	—	—	505	—
500	—	—	584	—
环境温度（℃）	40			

注　1. 适用于铝芯电缆，铜芯电缆的允许持续载流量值可乘以 1.29。

　　2. 电缆导体工作温度大于 70℃时，允许载流量还应符合第 3.4 条的规定。

表 E-6　6kV 三芯电力电缆直埋敷设时允许载流量

绝缘类型	聚氯乙烯		交联聚乙烯	
钢铠护套	无	有	无	有
电缆导体最高工作温度（℃）	70		90	
电缆导体截面（mm²） 10	51	50	—	—
16	67	65	—	—
25	86	83	87	87
35	105	100	105	102
50	126	126	123	118
70	149	149	148	148
95	181	177	178	178
120	209	205	200	200
150	232	228	232	222
185	264	255	262	252

续表

绝缘类型	聚氯乙烯		交联聚乙烯	
钢铠护套	无	有	无	有
电缆导体最高工作温度（℃）	70		90	
电缆导体截面（mm²） 240	309	300	300	295
300	346	332	343	333
400	—	—	380	370
500	—	—	432	422
土壤热阻系数（K·m/W）	1.2		2.0	
环境温度（℃）	25			

注　适用于铝芯电缆，铜芯电缆的允许持续载流量值可乘以 1.29。

表 E-7　10kV 三芯电力电缆允许载流量

绝缘类型	交联聚乙烯			
钢铠护套	无		有	
电缆导体最高工作温度（℃）	90			
敷设方式	空气中	直埋	空气中	直埋
电缆导体截面（mm²） 16	—	—	—	—
25	100	90	100	90
35	123	110	123	105
50	146	125	141	120
70	178	152	173	152
95	219	182	214	182
120	251	205	246	205
150	283	223	278	219
185	324	252	320	247
240	378	292	373	292
300	433	332	428	328
400	506	378	501	374
500	579	428	574	424
16	—	—	—	—
环境温度（℃）	40	25	40	25
土壤热阻系数（K·m/W）	—	2.0	—	2.0

注　1. 适用于铝芯电缆，铜芯电缆的允许持续载流量值可乘以 1.29。

　　2. 电缆导体工作温度大于 70℃时，允许载流量还应符合相应规定。

表 E-8　　　　　　**6～35kV 交联聚乙烯（铝）电力电缆长期允许载流量**　　　　　　（A）

导线截面（mm²）	空气中敷设			直埋敷设（ρ=80℃·cm/W）（3.53m·K/W）		
	6kV	10kV	20～35kV	6kV	10kV	20～35kV
6	48					
10	60	60		70		
16	85	80		95	90	
25	100	95	85	110	105	90
35	125	120	110	135	130	115
50	155	145	135	165	150	135
70	190	180	165	205	185	165
95	220	205	180	230	215	185
120	255	235	200	260	245	210
150	295	270	230	295	275	230
185	345	320		345	325	250
240				395	375	

注　1. 本表引自《电力电缆运行规程》。

　　2. 缆芯最高工作温度，6～10kV 为+90℃，20～35kV 为+80℃，周围环境温度为+25℃。

附录 F 软导线的技术性能和荷重资料

本附录列出常用软导线的技术性能，常用各型软导线的技术性能见表 F-1～表 F-8。各表中的长期允许载流量均是在基准环境+25℃、导线表面黑度为 0.9、海拔 1000m 的条件下计算得到的，其中最高允许温度+70℃的载流量不考虑日照和风的影响，最高允许温度+80℃的载流量考虑日照 0.1W/cm^2 和风速 0.5m/s 的影响。

表 F-1   JL 铝绞线性能

标称截面铝	规格号	计算面积（mm^2）	单线根数 n	直径（mm）		单位长度质量（kg/km）	额定拉断力（kN）	直流电阻（20℃）（Ω/km）	长期允许载流量（A）	
				单线	绞线				+70℃	+80℃
10	10	10	7	1.35	4.05	27.4	1.95	2.8633	55	81
16	16	16	7	1.71	5.12	43.8	3.04	1.7896	77	109
25	25	25	7	2.13	6.40	68.4	4.50	1.1453	106	144
40	40	40	7	2.70	8.09	109.4	6.80	0.7158	147	194
63	63	63	7	3.39	10.2	172.3	10.39	0.4545	204	260
100	100	100	19	2.59	12.9	274.8	17.00	0.2877	284	348
125	125	125	19	2.89	14.5	343.8	21.25	0.2302	334	402
160	160	160	19	3.27	16.4	439.8	26.40	0.1798	399	470
200	200	200	19	3.66	18.3	549.7	32.00	0.1439	468	542
250	250	250	19	4.09	20.5	687.1	40.00	0.1151	549	626
315	315	315	37	3.29	23.0	867.9	51.97	0.0916	647	725
400	400	400	37	3.71	26.0	1102.0	64.00	0.0721	770	846
450	450	450	37	3.94	27.5	1239.8	72.00	0.0641	833	908
500	500	500	37	4.15	29.0	1377.6	80.00	0.0577	899	972
560	560	560	37	4.39	30.7	1542.9	89.60	0.0515	975	1046
630	630	630	61	3.63	32.6	1738.3	100.80	0.0458	1062	1128
710	710	710	61	3.85	34.6	1959.1	113.60	0.0407	1156	1218
800	800	800	61	4.09	36.8	2207.4	128.00	0.0361	1261	1316
900	900	900	61	4.33	39.0	2483.3	144.00	0.0321	1372	1419
1000	1000	1000	61	4.57	41.1	2759.2	160.00	0.0289	1480	1519
1120	1120	1120	91	3.96	43.5	3093.5	179.20	0.0258	1606	1635
1250	1250	1250	91	4.18	46.0	3452.6	200.00	0.0231	1740	1756
1400	1400	1400	91	4.43	48.7	3866.9	284.00	0.0207	1884	1887
1500	1500	1500	91	4.58	50.4	4143.1	240.00	0.1913	1981	1974

表 F-2   JLHA2 铝合金绞线性能

标称截面铝合金	规格号	面积（mm^2）	单线根数 n	直径（mm）		单位长度质量（kg/km）	额定拉断力（kN）	直流电阻（20℃）（Ω/km）	长期允许载流量（A）	
				单线	绞线				+70℃	+80℃
20	16	18.4	7	1.83	5.49	50.4	5.48	1.7896	79	110
30	25	28.8	7	2.29	6.86	78.7	8.49	1.1453	108	146
45	40	46.0	7	2.89	8.68	125.9	13.58	0.7158	152	197
75	63	12.5	7	3.63	10.9	198.3	21.39	0.4545	210	263
120	100	115	19	2.78	13.9	316.3	23.95	0.2877	293	354

标称截面铝合金	规格号	面积（mm²）	单线根数 n	直径（mm）		单位长度质量（kg/km）	额定拉断力（kN）	直流电阻（20℃）（Ω/km）	长期允许载流量（A）	
				单线	绞线				+70℃	+80℃
145	125	144	19	3.10	15.5	395.4	42.44	0.2302	343	408
185	160	184	19	3.51	17.6	506.1	54.32	0.1798	410	478
230	200	230	19	3.93	19.6	632.7	67.91	0.1439	480	551
300	250	288	19	4.39	22.0	790.8	84.88	0.1151	564	636
360	315	363	37	3.53	24.7	998.9	106.95	0.0916	665	737
465	400	460	37	3.98	27.9	1268.4	135.81	0.0721	788	856
520	450	518	37	4.22	29.6	1426.9	152.79	0.0641	857	924
580	500	575	37	4.45	31.2	1585.5	169.76	0.0577	925	988
650	560	645	61	3.67	33.0	1778.4	190.14	0.0516	1002	1062
720	630	725	61	3.89	35.0	2000.7	213.90	0.0458	1092	1147
825	710	817	61	4.13	37.2	2254.8	241.07	0.0407	1189	1238
930	800	921	61	4.38	39.5	2540.6	271.62	0.0361	1297	1338
1050	900	1036	91	3.81	41.8	2861.1	305.58	0.0321	1410	1443
1150	1000	1151	91	4.01	44.1	3179.0	339.53	0.0289	1521	1544
1300	1120	1289	91	4.25	46.7	3560.5	380.27	0.0258	1651	1662
1450	1250	1439	91	4.49	49.4	3973.7	424.41	0.0231	1789	1786

表 F-3　　　　　　　　　　　　　　　　　　JLHA1 铝合金绞线性能

标称截面铝合金	规格号	面积（mm²）	单线根数 n	直径（mm）		单位长度质量（kg/km）	额定拉断力（kN）	直流电阻（20℃）（Ω/km）	长期允许载流量（A）	
				单线	绞线				+70℃	+80℃
20	16	18.6	7	1.84	5.52	50.8	6.04	1.7896	79	110
30	25	29.0	7	2.30	6.90	79.5	9.44	1.1453	108	146
45	40	46.5	7	2.91	8.72	127.1	15.10	0.7158	152	197
75	63	73.2	7	3.65	10.9	200.2	23.06	0.4545	210	263
120	100	116	19	2.79	14.0	319.3	37.76	0.2877	293	354
145	125	145	19	3.12	15.6	399.2	47.20	0.2302	343	408
185	160	186	19	3.53	17.6	511.0	58.56	0.1798	410	478
230	200	232	19	3.95	19.7	638.7	73.20	0.1439	480	551
300	250	290	19	4.41	22.1	798.4	91.50	0.1151	564	636
360	315	366	37	3.55	24.8	1008.4	115.29	0.0916	665	737
465	400	465	37	4.00	28.0	1280.5	146.40	0.0721	788	856
520	450	523	37	4.24	29.7	1440.5	164.70	0.0641	857	924
580	500	581	37	4.47	31.3	1600.6	183.00	0.0577	925	988
650	560	651	61	3.69	33.2	1795.3	204.96	0.0516	1002	1062
720	630	732	61	3.91	35.2	2019.8	230.58	0.0458	1092	1147
825	710	825	61	4.15	37.3	2276.2	259.86	0.0407	1189	1238
930	800	930	61	4.40	39.6	2564.8	292.80	0.0361	1297	1338
1050	900	1046	91	3.83	42.1	2888.3	329.40	0.0321	1410	1443
1150	1000	1162	91	4.03	44.4	3209.3	366.00	0.0289	1521	1544
1300	1120	1301	91	4.27	46.9	3594.4	409.92	0.0258	1651	1662

表F-4   JL/G1A、JL/G1B、JL/G2A、JL/G2B、JL/G3A 钢芯铝绞线性能

标称截面 铝/钢	规格号	钢比(%)	面积(mm²) 铝	面积(mm²) 钢	面积(mm²) 总和	单线根数 铝	单线根数 钢	单线直径(mm) 铝	单线直径(mm) 钢	直径(mm) 钢芯	直径(mm) 绞线	单位长度质量(kg/km)	额定拉断力(kN) JL/G1A	JL/G1B	JL/G2A	JL/G2B	JL/G3A	直流电阻(20℃)(Ω/km)	长期允许载流量(A) +70℃	+80℃
16/3	16	17	16	2.67	18.7	6	1	1.84	1.84	1.84	1.84	64.6	6.08	5.89	6.45	6.27	6.83	1.7934	79	111
25/4	25	17	25	4.17	29.2	6	1	2.30	2.30	2.30	2.30	100.9	9.13	8.83	9.71	9.42	10.25	1.1478	109	147
40/6	40	17	40	6.67	46.7	6	1	2.91	2.91	2.91	2.91	161.5	14.40	13.93	15.33	14.87	16.20	0.7174	152	198
65/10	63	17	63	10.5	73.5	6	1	3.66	3.66	3.66	3.66	254.6	21.63	20.58	22.37	21.63	24.15	0.4555	211	265
100/17	100	17	100	16.7	117	6	1	4.61	4.61	4.61	4.61	403.8	34.33	32.67	35.50	34.33	38.33	0.2869	293	355
125/7	125	6	125	6.94	132	18	1	2.97	2.97	2.97	14.8	397.9	29.17	28.68	30.14	29.65	31.04	0.2304	338	405
125/20	125	16	125	20.4	145	26	7	2.47	1.92	5.77	15.7	503.9	45.69	44.27	48.54	47.12	51.39	0.2310	345	410
160/9	160	6	160	8.89	169	18	1	3.36	3.36	3.36	16.8	509.3	36.18	35.29	37.42	36.80	38.67	0.1800	403	473
160/26	160	16	160	26.1	186	26	7	2.80	2.18	6.53	17.7	644.9	57.69	55.86	61.34	59.51	64.99	0.1805	411	480
200/11	200	6	200	11.1	211	18	1	3.76	3.76	3.76	18.8	636.7	44.22	43.11	45.00	44.22	46.89	0.1440	473	546
200/32	200	16	200	32.6	233	26	7	3.13	2.43	7.30	19.8	806.2	70.13	67.85	74.69	72.41	78.93	0.1444	483	553
250/25	250	10	250	24.6	275	22	7	3.80	2.11	6.34	21.6	880.6	68.72	67.01	72.16	70.44	75.60	0.1154	561	634
250/40	250	16	250	40.7	291	26	7	3.50	2.72	8.16	22.2	1007.7	87.67	84.82	93.37	90.52	98.66	0.1155	568	639
315/22	315	7	315	21.8	337	45	7	2.99	1.99	5.97	23.9	1039.6	79.03	77.51	82.08	80.55	85.13	0.0917	658	732
315/50	315	16	315	51.3	366	26	7	3.93	3.05	9.16	24.9	1269.7	106.83	101.70	114.02	110.43	121.20	0.0917	670	741
400/28	400	7	400	27.7	428	45	7	3.36	2.24	6.73	26.9	1320.1	98.36	96.42	102.23	100.29	106.10	0.0722	781	854
400/50	400	13	400	51.9	452	54	7	3.07	3.07	9.21	27.6	1510.3	123.04	117.85	130.30	126.67	137.56	0.0723	789	859
450/30	450	7	450	31.1	481	45	7	3.57	2.38	7.14	28.5	1485.2	107.47	105.29	111.82	109.64	115.87	0.0642	846	917
450/60	450	13	450	58.3	508	54	7	3.26	3.26	9.77	29.3	1699.1	138.42	132.58	146.58	142.50	154.75	0.0643	855	923
500/35	500	7	500	34.6	536	45	7	3.76	2.51	7.52	30.1	1650.2	119.41	116.09	124.25	121.83	128.74	0.0578	913	981
500/65	500	13	500	64.8	565	54	7	3.43	3.43	10.3	30.9	1887.9	153.80	147.31	162.87	158.33	171.94	0.0578	923	989
560/40	560	7	560	38.7	599	45	7	3.98	2.65	7.96	31.8	1848.2	133.74	131.03	139.16	136.45	144.19	0.0516	990	1055
560/90	560	13	560	70.9	631	54	19	3.63	2.18	10.9	32.7	2103.4	172.59	167.63	182.52	177.56	192.45	0.0516	1002	1064
630/45	630	7	630	43.6	674	45	7	3.63	2.81	8.44	33.8	2079.2	150.45	147.40	156.55	153.50	162.21	0.0459	1078	1139
630/80	630	13	630	79.8	710	54	19	3.85	2.31	11.6	34.7	2366.3	191.77	186.19	202.94	197.36	213.32	0.0459	1090	1147
710/50	710	7	710	49.1	759	45	7	4.48	2.99	8.96	35.9	2343.2	169.56	166.12	176.43	172.99	282.81	0.0407	1175	1231
710/90	710	13	710	89.9	800	54	19	4.09	2.45	12.3	36.8	2666.8	216.12	209.83	228.71	222.42	240.41	0.0407	1188	1240
800/35	800	4	800	34.6	835	72	7	3.76	2.51	7.52	37.6	2480.2	167.41	164.99	172.25	169.83	176.74	0.0361	1273	1324
800/65	800	8	800	66.7	867	84	7	3.48	3.48	10.4	38.3	2732.7	205.33	198.67	214.67	210.00	224.00	0.0362	1282	1330
800/100	800	13	800	101	901	54	19	4.34	2.61	13.0	39.1	3004.2	243.52	236.43	257.71	250.61	270.88	0.0362	1294	1338
900/40	900	4	900	38.9	939	72	7	3.99	2.66	7.98	39.9	2790.2	188.33	185.61	193.78	191.06	198.83	0.0321	1386	1429
900/75	900	8	900	75.0	975	84	7	3.69	3.69	11.1	40.6	3074.2	226.50	219.00	231.75	226.50	244.50	0.0322	1395	1434
1000/45	1000	4	1000	43.2	1043	72	7	4.21	2.80	8.41	42.1	3100.3	209.26	206.23	215.31	212.28	220.93	0.0289	1496	1530
1120/50	1120	4	1120	47.3	1167	72	19	4.45	1.78	8.90	44.5	3464.9	234.53	231.22	241.15	237.84	247.77	0.0258	1622	1646
1120/90	1120	8	1120	91.2	1211	84	19	4.12	2.47	12.4	45.3	3811.5	283.17	276.78	295.94	289.55	307.79	0.0258	1635	1654
1250/50	1250	4	1250	52.8	1303	72	19	4.70	1.88	9.40	47.0	3867.1	261.75	258.06	269.14	265.44	267.53	0.0231	1756	1767
1250/100	1250	8	1250	102	1352	84	19	4.35	2.61	13.1	47.9	4253.9	316.04	308.91	330.29	323.16	343.52	0.0232	1767	1773

注   表中性能同样适用于 JL/G1AF、JL/G2AF、JL/G3AF 防腐型钢芯铝绞线，但单位长度质量应按相应计算方法计算。

表 F-5

JLHA2/G1A、JLHA2/G1B、JLHA2/G3A 钢芯铝合金绞线性能

标称截面 铝合金/钢	规格号	铝比 (%)	面积 (mm²)			单线根数		单线直径 (mm)		直径 (mm)		单位长度质量 (kg/km)	额定拉断力 (kN)			直流电阻 (20℃) (Ω/km)	长期允许载流量 (A)	
			铝	钢	总和	铝	钢	铝	钢	钢芯	绞线		JLHA2/G1A	JLHA2/G1B	JLHA2/G3A		+70℃	+80℃
18/3	16	17	18.4	3.07	21.5	6	1	1.98	1.98	1.98	5.93	74.4	9.02	8.81	9.88	1.793	81	112
30/5	25	17	28.8	4.80	33.6	6	1	2.47	2.47	2.47	7.41	116.2	13.96	13.62	15.25	1.147	112	149
40/7	40	17	46.0	7.67	53.7	6	1	3.13	3.13	3.13	9.38	185.9	22.02	21.25	24.17	0.717	156	201
70/12	63	17	72.5	12.1	84.6	6	1	3.92	3.92	3.92	11.8	292.8	34.68	33.48	37.58	0.455	217	269
115/6	100	6	115	6.39	121	18	1	2.85	2.85	2.85	14.3	366.4	41.24	40.79	42.97	0.2880	296	356
145/8	125	6	144	7.99	152	18	1	3.19	3.19	3.19	16.0	458.0	51.23	50.43	53.47	0.230	347	411
145/23	125	16	144	23.4	167	26	7	2.65	2.06	6.19	16.8	579.9	69.86	68.22	76.42	0.231	354	416
185/10	160	6	184	10.2	194	18	1	3.61	3.61	3.61	18.0	586.2	65.58	64.56	68.03	0.180	414	481
185/30	160	16	184	30.0	214	26	7	3.00	2.34	7.01	19.0	742.3	88.52	86.42	96.61	0.180	423	487
230/13	200	6	230	12.8	243	18	1	4.04	4.04	4.04	20.2	732.8	81.97	80.69	85.04	0.144	485	554
230/38	200	16	230	37.5	268	26	7	3.36	2.61	7.83	21.3	927.9	110.64	108.02	120.77	0.144	497	563
290/28	250	10	288	28.3	316	22	7	4.08	2.27	6.80	23.1	1013.5	117.09	115.12	124.72	0.115	576	644
290/45	250	16	288	46.9	335	26	7	3.75	2.92	8.76	23.8	1159.8	138.31	135.03	150.96	0.115	583	649
365/25	315	7	363	25.1	388	45	7	3.20	2.14	6.41	25.6	1196.5	136.28	134.52	143.30	0.091	675	744
365/60	315	16	363	59.0	422	26	7	4.21	3.28	9.83	26.7	1461.4	171.90	166.00	188.44	0.091	688	753
460/30	400	7	460	31.8	492	45	7	3.61	2.41	7.22	28.9	1519.4	172.10	169.87	180.69	0.072	800	864
460/60	400	13	460	59.7	520	54	7	3.29	3.29	9.88	29.7	1738.3	201.46	195.49	218.17	0.072	809	871
520/35	450	7	518	35.8	554	45	7	3.83	2.55	7.66	30.6	1709.3	193.61	191.10	203.28	0.064	869	932
520/67	450	13	518	67.1	585	54	7	3.49	3.49	10.5	31.5	1955.6	226.64	219.93	245.44	0.064	880	939
575/40	500	7	575	39.8	615	45	7	4.04	2.69	8.07	32.3	1899.3	215.12	212.33	225.86	0.057	938	998
575/75	500	13	575	74.6	650	54	7	3.68	3.68	11.1	33.2	2172.9	251.82	244.36	269.73	0.057	950	1005
645/45	560	7	645	44.6	689	45	7	4.27	2.85	8.54	34.2	2127.2	240.93	237.82	252.97	0.051	1018	1073
645/80	560	13	645	81.6	726	54	19	3.90	2.34	11.7	35.1	2420.9	283.21	277.49	305.25	0.051	1030	1081
725/30	630	4	725	31.3	756	72	7	3.58	2.39	7.16	35.8	2248.0	249.62	247.43	258.08	0.045	1101	1153
725/90	630	13	725	91.8	817	54	19	4.13	2.48	12.4	37.2	2723.5	318.61	312.18	343.4	0.045	1120	1166
820/35	710	4	817	35.3	852	72	7	3.80	2.53	7.60	38.0	2533.4	281.32	278.85	290.85	0.040	1201	1246
820/100	710	13	817	104	921	54	19	4.39	2.63	13.2	39.5	3069.4	359.06	351.82	387.01	0.040	1221	1260
920/40	800	4	921	39.8	961	72	7	4.04	2.69	8.07	40.4	2854.6	316.98	314.19	327.72	0.036	1310	1347
920/75	800	8	921	76.7	997	84	7	3.74	3.74	11.2	41.1	3145.1	356.03	348.35	374.44	0.036	1318	1352
1040/45	900	4	1036	44.8	1081	72	7	4.28	2.85	8.6	42.8	3211.4	356.60	353.47	368.69	0.032	1424	1453
1040/85	900	8	1036	86.3	1122	84	7	3.96	3.96	11.9	43.6	3538.3	400.53	391.90	421.25	0.032	1434	1458
1150/95	1000	8	1151	93.7	1245	84	19	4.18	2.51	12.5	45.9	3916.8	446.37	439.81	471.67	0.028	1548	1563
1300/105	1120	8	1289	105	1391	84	19	4.42	2.65	13.3	48.6	4386.8	499.93	492.59	528.27	0.025	1680	1682

表 F-6　JLHA1/G1A、JLHA1/G1B、JLHA1/G3A、JLHA2/G3A 钢芯铝合金绞线性能

标称截面 铝合金/钢	规格号	钢比 (%)	面积 (mm²)			单线根数		单线直径 (mm)		直径 (mm)		单位长度质量 (kg/km)	额定拉断力 (kN)			直流电阻 (20℃) (Ω/km)	长期允许载流量 (A)	
			铝	钢	总和	铝	钢	铝	钢	钢芯	绞线		JLHA1/G1A	JLHA1/G1B	JLHA1/G3A		+70℃	+80℃
18/3	16	17	18.6	3.10	21.7	6	1	1.99	1.99	1.99	5.96	75.1	9.67	9.45	10.53	1.7934	81	112
30/5	25	17	29.0	4.84	33.9	6	1	2.48	2.48	2.48	7.45	117.3	14.96	14.62	16.27	1.1478	112	149
35/7	40	17	46.5	7.75	54.2	6	1	3.14	3.14	3.14	9.42	187.7	23.63	22.85	25.79	0.7174	156	201
70/12	63	17	73.2	12.2	85.4	6	1	3.94	3.94	3.94	11.8	295.6	36.48	35.26	39.41	0.4555	217	269
115/6	100	6	116	6.46	123	18	1	2.87	2.87	2.87	14.3	369.9	45.12	44.67	46.86	0.2880	296	356
145/8	125	6	145	8.07	153	18	1	3.21	3.21	3.21	16.0	462.3	56.08	55.27	58.34	0.2304	347	411
145/23	125	16	145	23.7	169	26	7	2.67	2.07	6.22	16.9	585.4	74.88	73.22	81.50	0.2310	354	416
185/10	160	6	186	10.3	196	18	1	3.63	3.63	3.63	18.1	591.8	69.92	68.89	72.40	0.1800	414	481
185/30	160	16	186	30.3	216	26	7	3.02	2.35	7.04	19.1	749.4	94.94	92.82	103.11	0.1805	423	487
230/13	200	6	232	12.9	245	18	1	4.05	4.05	4.05	20.3	739.8	87.40	86.11	90.50	0.1444	485	554
230/38	200	16	232	37.8	270	26	7	3.37	2.62	7.87	21.4	936.7	118.67	116.02	128.89	0.1444	497	563
290/28	250	10	290	28.5	319	22	7	4.10	2.28	6.83	23.2	1023.2	124.02	122.02	131.72	0.1154	576	644
290/45	250	16	290	47.3	338	26	7	3.77	2.93	8.80	23.9	1170.9	145.43	142.12	158.21	0.1155	583	649
365/25	315	7	366	25.3	391	45	7	3.22	2.15	6.44	25.7	1207.9	148.56	146.78	155.64	0.0917	675	744
365/60	315	16	366	59.6	426	26	7	4.23	3.29	9.88	26.8	1475.3	180.86	174.90	197.55	0.0917	688	753
460/30	400	7	465	32.1	497	45	7	3.63	2.42	7.25	29.0	1533.9	183.03	180.78	191.71	0.0722	800	864
460/60	400	13	465	60.2	525	54	7	3.81	3.31	9.93	29.8	1754.9	217.32	211.29	234.19	0.0723	809	871
520/35	450	7	523	36.1	559	45	7	3.85	2.56	7.69	30.8	1725.6	205.91	203.38	215.67	0.0642	869	932
520/67	450	13	523	67.8	591	54	7	3.51	3.51	10.5	31.6	1974.2	239.26	232.48	255.52	0.0643	880	939
575/40	500	7	581	40.2	621	45	7	4.05	2.70	8.11	32.4	1917.3	228.79	225.98	239.63	0.0578	938	998
575/75	500	13	581	75.3	656	54	7	3.70	3.70	11.1	33.3	2193.6	265.84	258.31	283.91	0.0578	950	1005
645/45	560	7	651	45.0	696	45	7	4.29	2.86	8.58	34.3	2147.4	256.24	253.09	268.39	0.0516	1018	1073
645/80	560	13	651	82.4	733	54	19	3.92	2.35	11.8	35.3	2444.0	298.92	293.15	321.17	0.0516	1030	1081
725/30	630	4	732	31.6	764	72	7	3.60	2.40	7.20	36.0	2269.4	266.64	264.42	275.18	0.0459	1101	1153
725/90	630	13	732	92.7	825	54	19	4.15	2.49	12.5	37.4	2749.5	336.28	329.79	361.32	0.0459	1120	1166
820/35	710	4	825	35.6	861	72	7	3.82	2.55	7.64	38.2	2557.6	300.59	298.00	310.12	0.0407	1201	1246
820/100	710	13	825	104	929	54	19	4.41	2.65	13.2	39.7	3098.6	378.98	371.67	407.20	0.0407	1221	1260
920/40	800	4	930	40.2	970	72	7	4.05	2.70	8.11	40.5	2881.8	338.59	335.78	349.43	0.0361	1310	1347
920/75	800	8	930	77.5	1007	84	7	3.75	3.75	11.3	41.3	3175.1	378.01	370.26	396.60	0.0362	1318	1352
1040/45	900	4	1046	45.2	1091	72	7	4.30	2.87	8.60	43.0	3242.0	380.91	377.75	393.11	0.0321	1424	1453
1040/85	900	8	1046	87.1	1133	84	7	3.98	3.98	11.9	43.8	3572.0	425.26	416.54	446.17	0.0322	1434	1458
1150/95	1000	8	1162	94.6	1257	84	19	4.20	2.52	12.6	46.2	3954.1	473.86	467.24	499.40	0.0289	1548	1563
1300/105	1120	8	1301	106	1407	84	19	4.44	2.66	13.3	48.9	4428.6	530.72	523.30	559.33	0.0258	1680	1682

表 F-7　　　　　　　　耐热铝合金钢芯绞线（导线率 **60%IACS**）的长期允许载流量　　　　　　　（A）

标称截面（铝/钢）（mm²）	最高允许温度								
	+70℃	+80℃	+90℃	+100℃	+110℃	+120℃	+130℃	+140℃	150℃
400/50	783	853	949	1034	1112	1184	1251	1314	1374
500/65	918	983	1096	1197	1288	1373	1451	1526	1597
630/80	1088	1144	1278	1398	1506	1606	1700	1788	1873
800/100	1279	1323	1481	1622	1749	1867	1978	2082	2181
1440/120	1938	1925	2167	2381	2576	2756	2925	3084	3236

表 F-8　　　　　　　　　　　　　　扩 径 导 线 的 性 能

项目	截面（mm²）			外径（mm）	拉断力（N）	弹性系数（M/mm²）	线胀系数（1/℃）	20直流电阻（Ω/km）	导线截流量（A）		单位重量（kg/km）
	铝	钢	总						70℃	80℃	
扩径钢芯铝路绞线											
LGJK-300	301	72	373	27.4	143000	86500	18.1×10⁻⁶	0.100	669	729	1420
LGJK-630	630	150	780	48	206000	71000	18.1×10⁻⁶	0.04666	1247	1251	2985
LGJK-800	800	150	950	49	215000	67000	18.1×10⁻⁶	0.03656	1422	1422	3467
LGJK-1200	1000	150	1150	51	225000	53800	19.3×10⁻⁶	0.02948	1612	1603	3997
LGJK-1250	1250	150	1400	52	235000	60800	19.9×10⁻⁶	0.02317	1833	1818	4712
铝钢扩径空芯导线											
LGKK-600	587	49.5	636	51	152000	73000	19.9×10⁻⁶	0.0506	1230	1223	2690
LGKK-900	906.4	84.83	991.23	49	209000	59900	20.4×10⁻⁶	0.03317	1493	1493	3620
LGKK-1400	1387.8	106	1493.8	57	295000	59200	20.8×10⁻⁶	0.02163	1976	1934	5129
特轻型铝合金线											
LGJQT-1400	1399.6	134.3	1533.9	51	336000	57300	20.4×10⁻⁶	0.02138	1892	1882	4962

常用绝缘子串组合情况及荷重见表 F-9～表 F-15。

表 F-9　　绝缘子串组合情况

单串

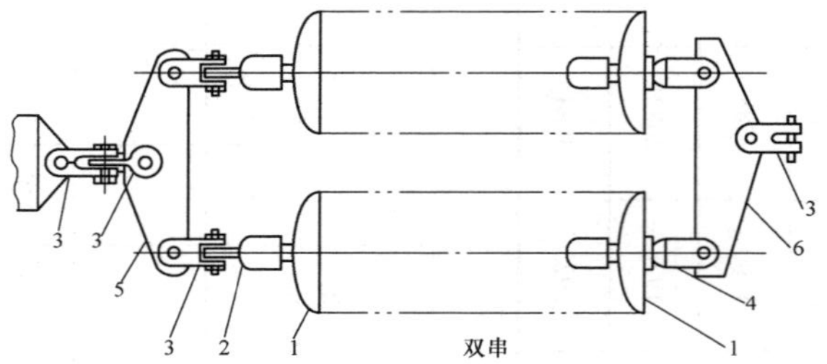

双串

连接元件编号、名称及型号

组合方式	1 绝缘子串			2 球头挂环			3 挂板			3' U型挂环			4 碗头挂板			5 联板			6 联板		
	型号	长度(mm)	重量(kg)	型号	长宽(mm)	重量(kg)	型号	长宽(mm)	重量(kg)	型号	长宽(mm)	重量(kg)	型号	长宽(mm)	重量(kg)	型号	长宽(mm)	重量(kg)	型号	长宽(mm)	重量(kg)
单串	X-4.5(XW-4.5)	146(180)	5.0(7.0)	QP-7	50	0.27	Z-7	60	0.56												
	XP-7	146	4.0	QP-7	50	0.27	Z-10	70	0.87				W_s-7	70	0.97						
	XP-10	155	5.2	QP-10	50	0.32	Z-12	80	1.16				W_s-10	85	1.2						
	XP-16	155	6.0	QP-16	60	0.5	Z-16	90	2.38				W_s-16	95	2.64						
双串	XP-4.5	146	5.0	QP-7	50	0.27	Z-7	60	0.56	U-7	60	0.44	W_s-7	70	0.97	L_s-1225	65	5.54	L-1040	0	4.43
	XP-7	146	4.0	QP-7	50	0.27	Z-10	70	0.87	U-10	70	0.54	W_s-7	70	0.97	L_s-1225	65	5.54	L-1040	70	4.43
	XP-10	155	5.2	QP-10	50	0.32	Z-12	80	1.16	U-12	80	0.95	W_s-10	85	1.2	L_s-1225	65	5.54	L-1240	100	4.66
	XP-16	155	6.0	QP-16	60	0.5	Z-16	90	2.38	U-16	90	1.47	W_s-16	90	2.64	L_s-1226	65	5.54	L-1640	100	5.8

表 F-10 　　　　　　　　　　　XWP-16 单串固定（双分裂导线）耐张绝缘子串组装

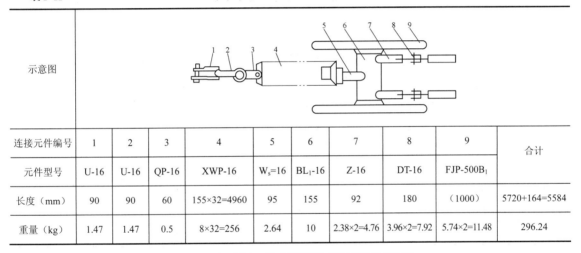

连接元件编号	1	2	3	4	5	6	7	8	合计
元件型号	U-16	U-16	QP-16	XWP-16	W_S=16	BL_1-16	Z-16	FJP-500B_2	
长度（mm）	90	90	60	155×32=4960	95	155	90	（820）	5540+164=5704
重量（kg）	1.47	1.47	0.5	8×32=256	2.64	10	2.38×2=4.76	5.18×2=10.36	287.2

表 F-11 　　　　　　　　　　　XWP-16 单串可调（双分裂导线）耐张绝缘子串组装

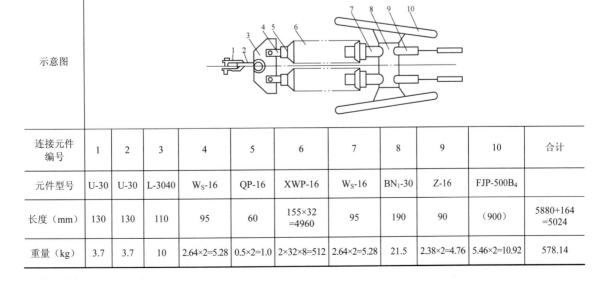

连接元件编号	1	2	3	4	5	6	7	8	9	合计
元件型号	U-16	U-16	QP-16	XWP-16	W_s=16	BL_1-16	Z-16	DT-16	FJP-500B_1	
长度（mm）	90	90	60	155×32=4960	95	155	92	180	（1000）	5720+164=5584
重量（kg）	1.47	1.47	0.5	8×32=256	2.64	10	2.38×2=4.76	3.96×2=7.92	5.74×2=11.48	296.24

表 F-12 　　　　　　　　　　　500kV 双串（固定、双分裂导线）耐张绝缘子串组装

连接元件编号	1	2	3	4	5	6	7	8	9	10	合计
元件型号	U-30	U-30	L-3040	W_S-16	QP-16	XWP-16	W_S-16	BN_1-30	Z-16	FJP-500B_4	
长度（mm）	130	130	110	95	60	155×32 =4960	95	190	90	（900）	5880+164 =5024
重量（kg）	3.7	3.7	10	2.64×2=5.28	0.5×2=1.0	2×32×8=512	2.64×2=5.28	21.5	2.38×2=4.76	5.46×2=10.92	578.14

表 F-13   **500kV 双串（可调、双分裂导线）耐张绝缘子串组装**

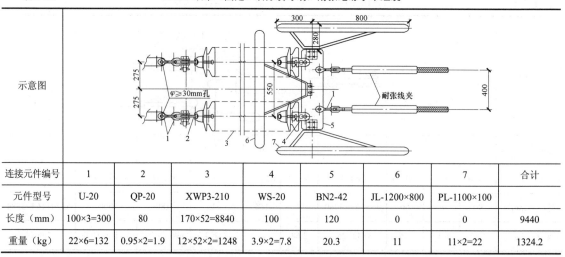

连接元件编号	1	2	3	4	5	6	7	8	9	10	11	合计
元件型号	U-30	U-30	L-3040	W_S-16	QP-16	XWP-16	W_S-16	BN_1-30	Z-16	DT-16	FJP-500B_2	
长度（mm）	130	130	110	95	60	155×32=4960	95	190	90	180	(1100)	6040+164=6204
重量（kg）	3.7	3.7	10	2.54×2=5.28	0.5×2=1.0	2×32×8=512	2.64×2=5.28	21.5	2.38×2=4.76	3.96×2=7.92	6.08×2=12.16	587.3

表 F-14   **750kV 双串（固定、双分裂导线）耐张绝缘子串组装**

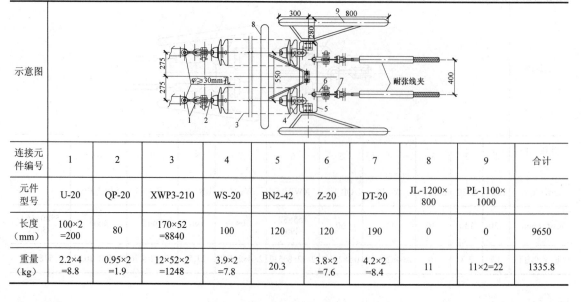

连接元件编号	1	2	3	4	5	6	7	合计
元件型号	U-20	QP-20	XWP3-210	WS-20	BN2-42	JL-1200×800	PL-1100×100	
长度（mm）	100×3=300	80	170×52=8840	100	120	0	0	9440
重量（kg）	22×6=132	0.95×2=1.9	12×52×2=1248	3.9×2=7.8	20.3	11	11×2=22	1324.2

表 F-15   **750kV 双串（可调、双分裂导线）耐张绝缘子串组装**

连接元件编号	1	2	3	4	5	6	7	8	9	合计
元件型号	U-20	QP-20	XWP3-210	WS-20	BN2-42	Z-20	DT-20	JL-1200×800	PL-1100×1000	
长度（mm）	100×2=200	80	170×52=8840	100	120	120	190	0	0	9650
重量（kg）	2.2×4=8.8	0.95×2=1.9	12×52×2=1248	3.9×2=7.8	20.3	3.8×2=7.6	4.2×2=8.4	11	11×2=22	1335.8

附录 G 工厂照明灯具的光学特性及参数

灯具的光学特性及参数包括：配光曲线、灯具效率、灯具亮度分布和遮光角、利用系数、最大允许距高比。

本附录中常用几种灯具的光度参数，详见表 G-1～表 G-5。

应根据灯具的光学特性及参数选择灯具。

当采用利用系数法计算照度时，利用系数由厂家样本或本附录相同灯具的光度参数中的利用系数表查取。

本附录表中，RCR 为室空间比，RI 为室形指数，RI=5/RCR。

表 G-1　TBS168/236M2 型嵌入式高效格栅灯具光度参数

型　号		TBS168/236 M2
生产厂		飞利浦公司
外形尺寸(mm)	长 L_1	1197
	宽 W	297
	高 H	94
光　源		T8-2×36W
灯具效率		72.5%
上射光通比		0
下射光通比		72.5%

配光曲线 cd/1000lm

灯具外形图

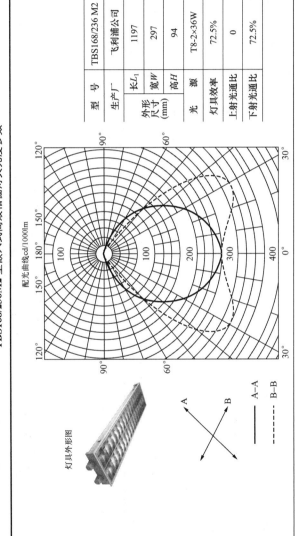

发光强度值

θ (°)		0	5	10	15	20	25	30	35	40	45
I_θ (cd)	B-B	278	280	290	306	323	339	344	328	288	214
	A-A	278	277	269	259	248	234	218	200	181	160

续表

θ(°)	50	55	60	65	70	75	80	85	90
I_θ(cd) B-B	131	57	23	10	5	2	1	0	0
I_θ(cd) A-A	138	114	90	66	44	28	16	7	1

利用系数表

有效顶棚反射比(%)	80		70		50		30		10		0
墙反射比(%)	50	30	50	30	50	30	50	30	30	10	0
地面反射比(%)	30	10	30	10	30	10	20	10	10	10	10
室形系数 RI											
0.60	0.40	0.38	0.39	0.38	0.37	0.32	0.32	0.29	0.32	0.29	0.28
0.80	0.48	0.45	0.47	0.46	0.44	0.40	0.39	0.36	0.39	0.36	0.34
1.00	0.54	0.50	0.53	0.52	0.50	0.45	0.45	0.42	0.44	0.42	0.40
1.25	0.61	0.55	0.59	0.57	0.55	0.51	0.50	0.47	0.49	0.47	0.45
1.50	0.65	0.59	0.64	0.61	0.58	0.55	0.54	0.51	0.53	0.51	0.49
2.00	0.72	0.64	0.70	0.67	0.63	0.60	0.59	0.57	0.59	0.57	0.55
2.50	0.76	0.67	0.74	0.70	0.66	0.64	0.63	0.61	0.62	0.60	0.59
3.00	0.79	0.69	0.77	0.72	0.68	0.66	0.65	0.63	0.64	0.63	0.61
4.00	0.82	0.71	0.80	0.75	0.71	0.69	0.68	0.66	0.66	0.65	0.64
5.00	0.85	0.73	0.82	0.77	0.72	0.70	0.69	0.68	0.68	0.67	0.65

表 G-2　TBS278/414M2 型嵌入式高效格栅灯具光度参数

型　号	TBS278/414 M2
生产厂	飞利浦公司
外形尺寸(mm) 长L_1	597
外形尺寸(mm) 宽W	597
外形尺寸(mm) 高H	52
光　源	T5-4×14W
灯具效率	71.1%
上射光通比	0
下射光通比	71.1%

配光曲线 cd/1000lm

灯具外形图

A—A
B—B

续表

发光强度值

θ（°）		0	2.5	7.5	12.5	17.5	22.5	27.5	32.5	37.5	42.5
I_θ（cd）	B-B	294	294	285	273	259	243	224	204	181	158
	A-A	294	293	295	297	295	287	277	262	243	219

θ（°）		47.5	52.5	57.5	62.5	67.5	72.5	77.5	82.5	87.5	90
I_θ（cd）	B-B	134	109	85	62	42	29	20	10	3	1
	A-A	191	150	98	53	31	20	12	7	3	1

利用系数表

有效顶棚反射比（%）	80	70	70	50	50	50	30	30	0	0	0
墙反射比（%）	50	50	30	50	30	10	30	10	30	10	10
地面反射比（%）	30	30	20	10	10	10	10	10	10	10	0
室形系数 RI											
0.60	0.37	0.36	0.35	0.35	0.35	0.30	0.30	0.27	0.29	0.27	0.25
0.80	0.44	0.44	0.42	0.41	0.42	0.37	0.36	0.33	0.36	0.33	0.32
1.00	0.50	0.49	0.48	0.46	0.47	0.42	0.41	0.38	0.41	0.38	0.37
1.25	0.56	0.55	0.53	0.51	0.51	0.47	0.46	0.43	0.46	0.43	0.42
1.50	0.60	0.59	0.57	0.54	0.55	0.51	0.50	0.47	0.49	0.47	0.45
2.00	0.67	0.65	0.62	0.59	0.60	0.56	0.55	0.53	0.54	0.52	0.51
2.50	0.71	0.69	0.65	0.65	0.63	0.59	0.58	0.56	0.57	0.56	0.54
3.00	0.74	0.72	0.68	0.64	0.65	0.62	0.61	0.59	0.60	0.58	0.57
4.00	0.77	0.75	0.70	0.66	0.67	0.64	0.63	0.62	0.62	0.61	0.59
5.00	0.79	0.77	0.72	0.67	0.68	0.66	0.65	0.64	0.64	0.63	0.61

表 G-3

FBH058/218 型嵌入式筒灯光度参数

灯具外形图

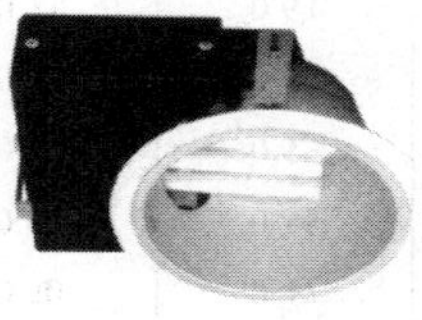

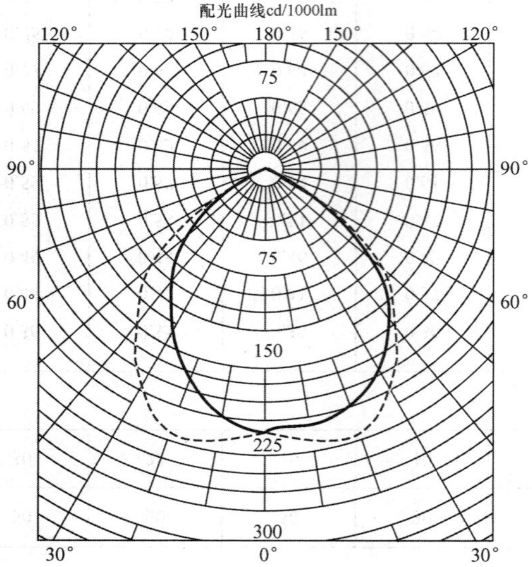

配光曲线 cd/1000lm

A—A ——————
B—B - - - - - -

型　号	FBH058/218	
生产厂	飞利浦公司	
外形尺寸(mm)	φ	190
	长 L_1	97
光　源	紧凑型荧光灯 2×18W	
灯具效率	61.2%	
上射光通比	0.6%	
下射光通比	60.7%	

发光强度值

θ (°)	0	6	12	18	24	30	36	42	48	54	60	66	72	78	84	90
I_θ (cd) B-B	220	225	232	235	228	211	188	162	141	100	51	17	7	3	1	0
A-A (90°)	220	216	216	212	204	191	176	155	125	86	49	20	7	3	1	1
A-A (270°)	22	215	206	192	175	155	136	119	97	67	35	16	8	4	2	0

θ (°)	96	102	108	114	120	126	132	138	144	150	156	162	168	174	180
I_θ (cd) B-B	0	0	0	0	0	0	0	0	0	0	0	0	0	0	0
A-A (90°)	1	1	1	1	1	1	0	0	0	0	0	0	0	0	1
A-A (270°)	0	0	0	0	0	1	1	1	1	1	0	0	0	0	0

利用系数表

有效顶棚反射比 (%)	80		70		50		30		0
墙反射比 (%)	50	30	50	20	50	30	50	30	0
地面反射比 (%)	30	10	30	10	30	10	30	10	0

续表

室形系数 RI										
0.60	0.28	0.27	0.28	0.27	0.23	0.23	0.21	0.23	0.21	0.20
0.80	0.34	0.32	0.34	0.33	0.29	0.29	0.26	0.28	0.26	0.25
1.00	0.39	0.36	0.38	0.37	0.33	0.32	0.30	0.32	0.30	0.29
1.25	0.43	0.40	0.43	0.41	0.37	0.36	0.34	0.36	0.34	0.33
1.50	0.47	0.42	0.46	0.44	0.39	0.39	0.37	0.38	0.37	0.35
2.00	0.51	0.46	0.50	0.47	0.43	0.42	0.41	0.42	0.40	0.39
2.50	0.54	0.48	0.53	0.50	0.47	0.45	0.43	0.45	0.43	0.42
3.00	0.56	0.49	0.55	0.51	0.49	0.46	0.45	0.46	0.44	0.43
4.00	0.58	0.51	0.57	0.53	0.50	0.48	0.47	0.48	0.46	0.45
5.00	0.60	0.51	0.58	0.54	0.51	0.49	0.48	0.49	0.47	0.46

表 G-4

BPC8720 型防爆平台灯具光度参数

灯具外形图

配光曲线cd/1000lm

型　　号	BPC8720
生产厂	海洋王公司
外形尺寸(mm) φ	181
外形尺寸(mm) 高H	268
光　　源	70、150W 金属卤化物灯
遮光角	
灯具效率	75%
上射光通比	15%
下射光通比	60%
最大允许距高比L/h	2.2

发光强度值

θ (°)	0	5	10	15	20	25	30	35	40	45	50	55	60	65
I_θ (cd)	56	53	50	50	70	86	96	112	119	129	132	122	136	169
θ (°)	70	75	80	85	90	95	100	105	110	115	120	125	130	135
I_θ (cd)	175	175	146	129	96	93	93	86	83	79	79	73	63	23

续表

利用系数表

地面反射比（%）：20

室空间比 RCR	有效顶棚反射比 80				有效顶棚反射比 70				有效顶棚反射比 50				有效顶棚反射比 30				0
墙反射比（%）	70	50	30	10	70	50	30	10	70	50	30	10	70	50	30	10	0
1	0.96	0.91	0.86	0.82	0.91	0.85	0.81	0.78	0.80	0.75	0.72	0.69	0.71	0.66	0.64	0.62	0.60
2	0.85	0.80	0.73	0.68	0.82	0.75	0.70	0.65	0.72	0.67	0.62	0.58	0.65	0.59	0.55	0.52	0.50
3	0.77	0.72	0.64	0.58	0.74	0.68	0.61	0.56	0.65	0.60	0.55	0.51	0.58	0.53	0.49	0.46	0.44
4	0.70	0.65	0.57	0.52	0.68	0.62	0.55	0.49	0.60	0.55	0.50	0.45	0.54	0.49	0.45	0.41	0.39
5	0.65	0.60	0.52	0.47	0.63	0.57	0.50	0.45	0.56	0.51	0.45	0.41	0.50	0.46	0.41	0.38	0.37
6	0.60	0.55	0.48	0.43	0.58	0.53	0.46	0.41	0.50	0.48	0.42	0.38	0.47	0.43	0.39	0.35	0.33
7	0.58	0.52	0.45	0.39	0.55	0.49	0.43	0.38	0.48	0.45	0.40	0.36	0.45	0.41	0.36	0.32	0.31
8	0.55	0.49	0.42	0.37	0.53	0.47	0.40	0.36	0.47	0.43	0.37	0.34	0.43	0.39	0.35	0.30	0.30
9	0.50	0.46	0.39	0.35	0.50	0.44	0.38	0.34	0.45	0.41	0.36	0.32	0.42	0.37	0.33	0.29	0.28
10	0.49	0.44	0.37	0.33	0.47	0.42	0.36	0.32	0.43	0.39	0.34	0.31	0.41	0.36	0.32	0.28	0.27

表 G-5 NGC9810A 型顶高灯灯具光度参数

灯具外形图

配光曲线 cd/1000lm
（曲线角度标注：90°、75°、60°、45°、30°、15°、0°；径向数值：150、300、450、600、750、900、1050）

型号	NGC9810A
生产厂	海洋王公司
外形尺寸（mm） φ	456
外形尺寸（mm） 高 H	630
光源	250W/400W 金卤灯
遮光角	35.7°
灯具效率	63.2%
上射光通比	0
下射光通比	63.2%
最大允许距高比 L/h	1.4

发光强度值

θ（°）	0	5	10	15	20	25	30	35	40	45	50	55	60	65	70	75	80
I_θ（cd）	858	818	763	710	600	596	530	437	259	98	74	41	0				

续表

利用系数表

有效顶棚反射比 (%)	80				70				50				30				0
墙反射比 (%)	70	50	30	10	70	50	30	10	70	50	30	10	70	50	30	10	0
地面反射比 (%)	20																
室空间比 RCR																	
1	0.84	0.83	0.81	0.79	0.83	0.81	0.79	0.77	0.80	0.78	0.76	0.75	0.76	0.75	0.74	0.72	0.68
2	0.75	0.71	0.68	0.68	0.75	0.74	0.70	0.67	0.72	0.71	0.68	0.65	0.70	0.68	0.66	0.64	0.61
3	0.70	0.68	0.63	0.59	0.67	0.62	0.59	0.58	0.65	0.61	0.58	0.52	0.62	0.59	0.57	0.55	0.54
4	0.62	0.56	0.52	0.50	0.61	0.56	0.52	0.51	0.59	0.54	0.51	0.49	0.57	0.53	0.50	0.48	0.48
5	0.56	0.50	0.46	0.43	0.55	0.50	0.46	0.43	0.54	0.49	0.45	0.43	0.52	0.48	0.45	0.42	0.43
6	0.51	0.46	0.41	0.39	0.51	0.45	0.41	0.39	0.49	0.44	0.41	0.38	0.48	0.44	0.40	0.35	0.39
7	0.47	0.41	0.37	0.35	0.47	0.41	0.37	0.35	0.45	0.40	0.37	0.35	0.44	0.40	0.37	0.34	0.35
8	0.43	0.38	0.34	0.32	0.43	0.37	0.34	0.30	0.42	0.37	0.33	0.30	0.41	0.36	0.33	0.30	0.32
9	0.40	0.35	0.31	0.29	0.40	0.34	0.31	0.29	0.39	0.34	0.31	0.28	0.38	0.34	0.30	0.27	0.29
10	0.37	0.32	0.28	0.26	0.37	0.32	0.28	0.25	0.36	0.31	0.28	0.24	0.35	0.31	0.28	0.24	0.27

主要量的符号及其计量单位

量 的 名 称	符号	计量单位	量 的 名 称	符号	计量单位
电流	I	A（kA）	时间	t	s（ms）
电压	U	V（kV）	时间常数	T	s（ms）
频率	f	Hz	爬电比距	λ	mm/kV
功率因数	$\cos\varphi$		电压系数	C	
效率	η		电磁干扰		dB（μV/m）
电容	C	μF（F）	噪声		dB（A）
电感	L	mH	温度	T 或 t、θ	℃（K）
电阻	R	Ω	压力	p	Pa（kPa）
电抗	X	Ω	空气湿度		g/m^2
阻抗	Z	Ω	加速度		m/s^2
容量	S	VA（kV·A、MV·A）	海拔高度	h	m
有功功率	P	W（kW、MW）	风速	v	m/s
无功功率	Q	var（kvar、Mvar）	比热	c	J/（kg·℃）
极对数	p		密度	γ	kg/m^3
磁通	Φ	Wb	容积	V	dm^3
电场强度	E	kV/cm（kV/m）	面积	A、S	m^2（cm^2、mm^2）
电流密度	J（j）	A/mm^2	直径	D（d）	mm
短路电流热效应	Q	A^2·s	距离	D（d）	m（km、cm、mm）
变压器变比	n		长度	L（l）	m
变压器阻抗电压百分值	$U_d\%$		弧垂	f	mm
电抗器的百分电抗值	$X_k\%$		质量	m	kg（t）
分接开关在主分接位置时的变压器额定变比	t_r		惯性矩	I	cm^4
转矩	M	N·m	应力	σ	N/cm^2
转速	n	r/min	力	F	N 或 kgf
转动惯量	GD^2	kg·m^2	弹性模数	E	N/cm^2（N/mm^2）
转差率	s		弯矩	M	N·m（N·cm）
导体电阻率	ρ	Ω·mm^2/m	挠度	y	cm
土壤电阻率	ρ	Ω·m	SF$_6$气体湿度		μL/L
电缆主绝缘的导磁系数	μ	H/m	光通量	Φ	lm
电缆主绝缘的介电系数	ε	F/m	发光强度	I	cd

量 的 名 称	符号	计量单位	量 的 名 称	符号	计量单位
亮度	L	cd/m^2	灯具效能		lm/W
照度	E	lx	照明功率密度	LPD	W/m^2
色温	T_c	K	电流力矩	M	A·km
一般显色指数	R_a		室形指数	RI	
光源的发光效能		lm/W	室空间比	RCR	
角度		°	利用系数	CU	

参 考 文 献

[1] 水利电力部西北电力设计院. 电力工程电气设计手册 电气一次部分. 北京: 中国电力出版社, 1989.

[2] 李瑞荣. 短路电流实用计算. 北京: 中国电力出版社, 2003.

[3] 汪耕, 李希明, 等. 大型汽轮发电机设计、制造与运行. 上海: 上海科学技术出版社, 2012.

[4] 肖湘宁. 电力系统次同步振荡及其抑制方法. 北京: 机械工业出版社, 2014.

[5] 刘振亚. 特高压电网. 北京: 中国经济出版社, 2005.

[6] 韩安荣. 通用变频器及其应用. 北京: 机械工业出版社,

[7] 编委会. 钢铁企业电力设计手册. 北京: 冶金工业出版社, 1996.

[8] 保定天威保变电气股份有限公司编写组. 电力变压器手册. 北京: 机械工业出版社, 2000.

[9] 北京照明学会. 照明设计手册. 北京: 中国电力出版社, 2006.

[10] GB/T 50064—2014, 交流电气装置的过电压保护和绝缘配合设计规范. 北京: 中国计划出版社, 2014.

[11] GB 311.1—2012, 绝缘配合 第1部分: 定义、原则和规则. 北京: 中国标准出版社, 2012.

[12] GB 311.2—2013, 绝缘配合 第2部分: 使用导则. 北京: 中国标准出版社, 2013.

[13] GB 50057—2010, 建筑物防雷设计规范. 北京: 中国计划出版社, 2011.

[14] 关志成, 朱英浩, 周小谦, 等. 中国电气工程大典 第10卷 输变电工程. 北京: 中国电力出版社, 2010.

[15] GB/T 21714.1—2008, 雷电防护 第1部分: 总则. 北京: 中国标准出版社, 2008.

[16] GB 50697—2011, 1000kV 变电站设计规范. 北京: 中国计划出版社, 2011.